이 책에 도움을 주신 선생님

서울

강동민 뉴파인 서초고등관
강민수 전문과외
강민종 명석학원
강연주 상도뉴스터디학원
강영미 슬로비매쓰
강예린 한국삼육고등학교
강윤기 아이겐수학학원
강은녕 탑수학학원
강정모 한영외국어고등학교
강종철 쿠메수학교습소
강현숙 유니크학원
고문숙 멘토스학원
고선양 윤선생 동작센터
고수환 상승곡선학원
고영민 해볼수학학원
고혜원 전문과외
고희권 교우보습학원
공예린 진실한애플트리
공정현 대공수학 교습소
곽의순 TSM 하이츠수학학원
구난영 셀프스터디수학학원
구본근 뷰티풀마인드 수학학원
구순모 세진학원
구정아 정현수학학원
구회선 선수학학원
권가영 로드맵수학학원
권경아 매쓰몽 대치본원
권나영 전문과외
권민학 대학나무학원
권상호 수학은권상호 수학학원
권용만 은광여자고등학교
권유혜 전문과외
권은진 참수학뿌리국어학원
권정기 배움틀수학학원
권혜정 패턴수학교습소
김강현 대치이강학원
김강환 뉴파인 안국고등관
김경아 성지사관학원
김경진 대치 파인만
김경진 창일중학교
김경화 금천로드맵 수학전문학원
김국환 매쓰플러스수학학원
김규연 강서수력발전소수학교습소
김규은 경기여자고등학교
김금화 라플라스 수학
김기덕 메가매쓰수학학원
김나리 강남예일학원
김덕락 티포인트 에듀
김도규 김도규수학학원
김동철 청산학원
김명후 김명후 수학학원
김문경 연세YT어학원
김미란 스마트해법수학
김미아 일등수학 교습소
김미영 하이스트 금천
김미영 명수학교습소
김미영 동대문대성학원
김미진 채움수학
김미희 행복한수학쌤 전문과외
김민수 PGA전문가집단학원
김민아 송파청솔학원
김민재 탑엘리트학원
김민정 전문과외
김민지 강북 메가스터디학원
김민창 전문과외
김범준 수풀림수학전문가학원
김병호 국선수학학원
김보민 이투스수학학원 상도점
김삼섭 뉴파인
김상철 미래탐구마포
김상혁 세종학원
김선경 개념폴리아학원
김선용 목동 미래탐구
김선정 시그마수학
김성경 개념폴리아 대치관
김성민 카이수학교습소
김성재 맑음수학밝음국어학원
김세훈 대성다수인학원
김수림 개념폴리아 대치관
김수민 통수학학원
김수영 뉴파인 반포고등관
김수진 CMS
김수진 깊은수학학원
김수진 싸인매쓰
김승원 솔(sol)수학학원
김애경 이지수학
김어진 목동PGA중등부 본원
김여옥 매쓰홀릭수학
김연재 대치 미래탐구
김영유 김샘학원 성북캠퍼스
김영재 한그루수학
김영준 강남압구정매쓰탑학원
김영진 전문과외
김예름 세이노수학
김예진 강안교육
김예진 오디세이
김용배 뉴파인 반포고등관
김용우 참수학
김윤길 매쓰뷰수학전문학원
김윤태 김종철 국어수학전문학원
김윤희 유니수학교습소
김은경 대치영어수학전문학원
김은영 황혜영수학과학학원
김은영 선우수학
김은찬 엑시엄수학전문학원
김이현 고덕에듀플렉스
김인기 중계 학림학원
김인영 압구정 파인만
김재연 알티씨 수학
김재현 CMS고등연구소
김재현 GMS학원
김정아 지올수학
김정철 티포인트에듀학원 대치점
김정화 시매쓰방학센터
김정훈 이투스수학학원 왕십리뉴타운점
김종필 격상수학교습소
김주현 홍익대학교부속중학교
김주희 장한학원
김지연 더올림학원
김지연 전문과외
김지혜 수학,리본
김진구 뉴파인
김진규 서울바움수학
김진영 이대부속고등학교
김진우 쏘윌학원

김태영 신대방페르마수학학원
김태현 미투스카이 수학학원
김태환 GnB영어학원
김하늘 역경패도 수학전문
김하민 서강학원
김하연 전문과외
김항기 숭인중학교
김해찬 The 다원수학 목동관
김현미 김현미수학학원
김현수 세빛학원
김현아 전문과외
김현욱 리마인드수학
김현주 숙명여자고등학교
김현지 전문과외
김형근 무명수학
김형진 수학혁명학원
김홍수 김홍학원
김효선 토이300컴퓨터교습소
김효정 상위권수학
김흥규 광신고등학교
김희야 공부방
김희훈 수학에 미친 사람들
나소민 파인만 영재고센터
나태산 중계 학림학원
남호성 퍼씰수학전문학원
도영경 올라수학교습소
류다인 전문과외 및 수박씨닷컴 인강강사
류도현 류샘수학학원
류동석 수학사냥
류재권 서초TOT학원
류정민 사사모플러스수학학원
류지혜 대치둥
류현의 개념폴리아
만금조 미래인재
목지아 수리티수학학원
문선주 IVY수학
문성호 차원이다른수학학원
문소정 SNT 에듀
문용근 칼수학 학원
문재웅 성북메가스터디
문지훈 Moon Math
민남홍 김현미수학전문학원
민수진 엔학고레
박경보 최고수챌린지에듀 학원
박경원 파인만 영재고센터
박교국 목동 로드맵수학학원
박근백 맨토스학원
박기은 베리타스학원
박동진 토마스아카데미, 대치이강프리미엄
박명훈 김샘학원 성북캠퍼스
박미라 매쓰몽
박상언 파인만 영재고센터
박상후 강북 메가스터디학원
박서희 펌핑영어수학학원
박설아 수학을 삼키다
대치 시대인재 수학스쿨
최고수챌린지에듀
세이학원
나다어 학원
전문과외
비채 수학원
박수정 대원국제중학교
박시현 뉴파인 반포고등관
박연주 전문과외
박연희 박연희깨침수학교습소
박영규 하이스트핏 수학교습소
박용우 일신학원
박용우 신등용문학원
박유림 개념폴리아 대치관
박은순 명성영재사관학원
박이슬 로드맵수학전문학원
박정화 청어람수학원
박정훈 전문과외
박종수 뉴파인
박종원 구로 상아탑학원
박종윤 발산에듀플렉스
박주현 장훈고등학교
박준현 집중수학교습소
박지견 비채 수학원
박진아 빨간펜수학의달인 면목1호점 수학교습소
박진희 박선생수학전문학원
박태흥 CMS서초영재관
박현 압구정 파인만
박현미 개념폴리아학원
박현주 나는별학원
박혜성 이튼앤뉴튼 학원
박혜진 강북수재학원
박홍식 연세수학원
방효건 서준학원
배용현 감탄교육화곡학원
배재형 배재형수학
백송이 YBM학원
백운경 일신학원
백운경 전문과외
백지현 전문과외
변세정 더원학원(대치점)
서근환 대진고등학교
서다인 수학의봄학원
서동혁 이화여자고등학교
서민국 대치 시대인재 특목센터
서수연 수학전문 순수학원
서순진 참좋은학원
서용준 전문과외
서원준 잠실시그마수학학원
서재윤 하이텐수학교습소
서중은 블루플렉스학원
서지원 성덕여자중학교
서한나 라엘수학
서호근 깊은생각 대치
석현욱 잇올스파르타
선철 일신학원
성기주 라플라스수학학원
성성아 SNS수학전문학원
성우진 CMS서초영재관
손권민경 원인학원
손민정 두드림에듀
손석운 대치해강학원
손충모 공감수학
송경호 마트스터디빨간펜 수학의달인학원
송동인 대치명인학원
송준민 송수학
송진우 도진우 수학 연구소
송태주 뷰티풀마인드수학학원
송해선 불곰에듀
송희 유리한 수 수학교습소 수리안학원
신관식 동작미래탐구
신기호 신촌 메가스터디학원
신대용 신수학교습소
신연우 삼성대성다수인학원
신우림 대치 다원교육
신은진 상위권수학학원
신인철 매쓰스터디 수학 교습소
신지현 미래탐구 대치
신채민 정수학학원
심지현 심지수학 교습소
심창섭 피앤에스수학학원
심혜영 열린문수학학원
안대호 말글국어 더함수학 학원
안도연 목동AMC수학
안명준 심해하이츠학원
안수진 사당 유진보습학원
안태선 대원고등학교
양강일 대원고등학교
양광열 구주이배학원 카이관
양원규 일신학원
양철웅 Kevin Math Clinic
양해영 청출어람학원
양희석 열정신념수학
엄상희 최강명진학원
엄유빈 유빈쌤수학
엄지영 세이노학원
엄지희 티포인트에듀학원
엄지희 티포인트에듀학원
엄태웅 엄선생수학교습소
엄태진 뉴파인 반포고등관
여혜연 전문과외
오동건 이룸수학학원
오명석 중계미래탐구 영재과고센터
오민호 서초TOT학원
오선진 선덕고등학교
오유림 뉴파인 반포고등관
오정임 대치 파인만
오주연 수학의기술
오한별 광문고등학교
옥광일 미들맨의참견수학학원
왕한비 왕쌤수학학원
용호준 cbc수학학원
우교영 수학에미친사람들
원상연 CMS서초영재관
원종운 뉴파인 압구정고등관
원준희 CMS 대치영재관
위명훈 황수비수학학원
위형채 에이치앤제이형설학원
유가영 으뜸수학학원
유동근 대원여자고등학교
유라헬 스톨키아

유병철 성북미래탐구
유봉영 류선생 수학 교습소
유상빈 서초TOT학원
유석원 서초TOT학원
유승빈 서울예술고등학교
유승우 중계탑클래스은행사거리학원
유재영 뉴파인 압구정관
유재현 일신학원
유지훈 뉴파인 압구정관
유철문 유철문 수학교습소
유형기 유형기 수학교습소
유혜리 상위권수학 반포자이점
윤상문 청어람수학원
윤수현 조이학원
윤여균 전문과외
윤여훈 위례광장엠베스트해법영어학원
윤영숙 윤영숙수학학원
윤오상 윤오상수학학원
윤원기 세종과학고등학교
윤인환 대치 미래탐구
윤정욱 대치 파인만
윤형중 씨알학당
윤혜영 수수배학원
윤희영 해냄수학학원
은현 목동 CMS 입시센터
이건우 송파이지엠 수학학원
이경용 열공학원
이경주 이지수학학원
이규만 수퍼수학학원
이다혜 강한영수학원
이동훈 PGA전문가집단학원
이루마 김샘학원 성북캠퍼스
이무송 황혜영수학과학학원
이문희 이문희수학
이민수 씨알학당
이민아 정수학
이민지 대원고등학교
이민호 강안교육
이병근 2C나라수학학원
이보롬 다원교육
이산 다원교육
이상문 P&S 학원
이상현 1타수학 전문학원
이상훈 골든벨수학학원
이선우 전문과외
이선혜 쎈수학러닝센터
북아현수학교습소
이선호 서울바움수학
이성용 이성용수학
이성재 지앤정 학원
이세복 일타수학학원
이송이 더쌤 수학 전문학원
이수지 GMA개념원리국제수학교육원
은평역촌제1교육원
이수호 수학의미래
이승재 대원여자고등학교
이승현 CMS서초영재관
이승호 동작 미래탐구
이예림 대원여자고등학교
이완규 TOPIA ACADEMY
이용우 올림피아드학원 강동고덕캠퍼스
이용준 수학의비밀로고스학원
이원용 필과수학원
이원제 삼성 대성 다수인 학원
이원희 수학공작소
이유예 스카이플러스학원
이유진 마포고등학교
이윤구 최강수학학원
이윤주 와이제이 수학
이은선 대치올림피아드2관
이은숙 포르테 수학교습소
이은영 은수학교습소
이재명 수라밸강동본원제1관수학학원
이재복 동작미래탐구학원
이재서 최상위수학학원
이재용 이재용 수학학원
이재홍 라임영어수학원
이재환 조재필 수학학원
이정석 CMS서초영재관
이정아 제이에이학원
이정호 정샘수학교습소
이정훈 수참수학
이정희 이쌤수학
이종욱 미래탐구학원
이주경 생각의숲수학교습소
이주연 하이씨앤씨
이주하 TOP고려학원
이주희 고덕엠수학
이준철 강동구주이배
이지연 단디수학학원
이지연 필탑학원
이지우 제이앤수학원
이지혜 세레나영어수학학원
이지혜 대치 파인만
이진 수박에듀학원
이진덕 카이스트수학학원
이진명 메가에스디학원
이진용 청어람수학원
이진희 서준학원
이채민 개념폴리아학원 대치본관
이충안 채움수학
이충훈 대광고등학교
이학송 뷰티풀마인드 수학학원
이혁 강동메르센수학학원
이현우 뉴파인 반포고등관
이현주 방배 스카이에듀
이현환 백상영수학원
이혜림 다오른수학교습소
이혜림 대동세무고등학교
이혜수 슈리샘 수학교실
이혜영 미림여자고등학교
이혜인 대치 미래탐구 학원
이호재 성북메가스터디학원
이효준 꿈선생
이희제 PGA오목관
임갑봉 중계학림학원
임계연 미래지도자학원
임규철 원수학
임다혜 시대인재 수학스쿨
임민정 전문과외
임민호 마이티마우스학원
임민희 셈수학교습소
임성국 전문과외
임소연 오주중학교
임소영 123수학
임수진 열공학원
임은희 세종학원
임지우 수학싸부
임현우 선덕고등학교
임현정 전문과외
장석진 이덕재수학이미선국어
장성우 파인만 영재고센터
장성훈 미독수학학원
장세영 스펀지 영어수학 학원
장영신 위례솔중학교
장우진 짱쌤의공감수학교습소
장우혁 목동깡수학2호관학원
장지식 피큐브아카데미
장진구 CMS 서초영재관
장현진 장현진수학보습학원
장혜윤 수리원교육수학학원
장효진 블랙백수학학원
전병훈 전병훈수학학원
전성식 맥스360전성식수학학원
전성환 깊은생각
전수정 개념폴리아
전은경 제이매쓰 수학발전소
전은나 상상수학학원
전정현 강동 청어람 수학원
전종현 강안교육
전지수 전문과외
전지영 탑클래스영수학원
전진남 지니어스논술교습소
전현실 전현실 수학공부방
전형주 메이저수학학원
전혜인 성북메가스터디
정다운 올림수학
정다운 해내다수학교습소
정다운 정다운수학교습소
정대교 피큐브 아카데미
정대영 대치 파인만
정무웅 강동드림보습학원
정민경 바른마테마티카
정민준 성북메가스터디
정민환 뉴파인 서초고등관
정보람 (주)베스티안학원
정봉석 산책학원
정선미 선미쌤 수학과외교실
정소영 목동깡수학2호관학원
정영아 정이수학교습소
정원길 제일보습학원
정원선 전문과외
정유미 휴브레인 학원
정유진 전문과외
정은경 꼼꼼수학
정장현 나다어 학원
정재윤 성덕고등학교
정준 서울 동대문구 장안동
정지연 제이수학 교습소
정지윤 대치 파인만
정진아 정선생 수학
정찬민 목동매쓰원수학학원
정태섭 강북세일학원
정하윤 랑수학교습소
정현광 광성고등학교
정혜영 최상위권수학학원
정혜진 브레인매쓰
정화진 진화수학학원
정환동 CNC 0.1%의대수학
정효석 수심달 수학학원
조명선 대치 파인만
조병훈 꿈을담는수학
조성환 파스칼수학교습소
조성환 파스칼수학교습소
조수진 다원교육
조아람 로드맵수학
조원해 연세YT어학원
조은경 아이파크해법수학
조은우 한솔플러스수학학원
조재묵 잉글리시무무 차수학
조햇봄 조햇봄 수학 학습실
조현탁 전문가집단
조희정 T&S STUDY
주병준 남다른 이해
주선미 1001의행복한학원
주용호 아찬수학교습소
주은재 강동청산학원
주재우 미래탐구성북학원
주정미 수학의 꽃, JUDY MATH
주정식 최강수학학원
주종대 강북세일학원
주진교 월계셈스터디학원
주한나 남강고등학교
지명훈 선덕고등학교
지민경 고래수학교습소
진주현 전문과외
진충완 더블유수학학원
차민준 프리미엄이투스수학학원
차용우 서울외국어고등학교
차일훈 엠솔교육
채미진 이안학원
채성진 수학에빠진학원
채정하 해봄수학교습소
채종원 분석수학강서1관
최광섭 엔콕학원
최동욱 숭의여자고등학교
최문석 압구정 파인만
최미진 압구정 파인만
최병옥 최코치수학학원
최병진 현진학원
최병호 니엘리더스스쿨(기독교대안학교)
최보솜 파인만 영재고센터
최서훈 피큐브 아카데미
최성재 수학공감학원
최성희 최쌤수학학원
최연진 세화여자고등학교
최영준 문일고등학교
최용희 알파벌학원
최우정 두드림 에듀
최윤아 대원여자고등학교
최종석 강북수재학원
최지선 함영원 수학학원
최찬희 CMS서초영재관
최철우 탑수학학원
최현수 메이드학원
최형준 더하이스트수학학원
최희서 최상위권수학교습소
탁승환 파인만 영재고센터(잠원)
편순창 알면쉽다연세수학학원
하상연 강동구주이배 카이관
하태성 은평G1230
하현엽 청어람수학원(강동)
한나희 우리해법수학
한동용 이투스앤써
한명석 아드폰테스
한민희 목동한수학학원
한병욱 깊은생각
한선아 공감수학학원
한승우 씨앗매쓰
한승환 짱솔학원 반포점
한인숙 제이엘학원
한지우 홀론학원
한진광 퍼팩트수학보습학원
한태인 러셀 강남
한현주 PMG학원
함정훈 압구정함수학
허민 뷰티풀마인드 수학학원
허윤정 미래탐구 대치
허지숙 아특학원
허지은 진실한 애플트리 학원
형민우 대원여자고등학교
홍상민 수학도서관
홍설 백인대장 훈련소
홍성주 굿매쓰수학교습소
홍성진 대치 김&홍 수학전문학원
홍성현 서초TOT학원
홍슬기 깐깐한슬기수학
홍재화 티다른수학교습소
홍준기 CMS 서초영재관
황남상 수학의 황제 학원, 레인메이커
학원, 세일학원, 강안학원,
하이스트학원
황병남 대원고등학교
황유진 가재울중학교
황의숙 The나은학원
황정미 카이스트수학학원

부산

고경희 대연고등학교
권병국 케이스학원
권영린 과사람학원
김경희 해운대 영수전문 와이스터디
김대현 연제고등학교
김명선 김쌤 수학
김민규 다비드수학교습소
김수현 베스트스쿨학원
김유상 끝장수학
김은경 전문과외
김은진 수딴's 수학전문학원
김점화 온영수학원
김정선 해법단과학원
김정은 한수연하이매쓰수학학원
김지연 김지연수학교습소
김지연 한수연하이매쓰수학학원
김지훈 블랙박스수학전문학원
김진호 해운대 에듀플렉스
김태경 Be수학학원
김태진 한빛단과학원
김학진 학림학원
김현경 민샘수학
김효상 코스터디학원
김훈 매쓰힐수학학원
나기열 프로매스수학교습소
노하영 확실한수학학원

류형수 연제한샘학원
모란 매씨아영수학원
문서현 명품수학
문은진 우리들학원
박대성 키움수학교습소
박서현 선재학원
박성찬 프라임학원
박연주 연주수학
박재용 해운대 영수전문 와이스터디
배철우 하단종로학원
서평승 신의학원
손희옥 손선생사고력수학학원
송민정 송샘수학
송유림 하이매쓰수학
심정영 서문단과학원
심혜정 명품수학
안찬종 더에듀기장학원
여지윤 수딴's 수학학원
오인혜 하단초등학교 방과후 수학교실
오창희 폴인수학학원
우화영 명지국제해법수학과외 (공부방)
원옥영 괴정스타삼성영수학원
유소영 파플수학
윤서현 이제스트
윤희정 하이매쓰수학
이경덕 수딴's 수학학원
이경수 경:수학
이연희 오른수학
이영웅 전문과외
이은련 더플러스수학교습소
이정동 국제수학원
이정화 가야 수학의 힘
이종민 전문과외
이지연 확실한수학학원
이지영 렛츠스터디공부방
이지은 한수연하이매쓰
이하영 뉴런학습코칭센터
이현광 현광수학학원
이효정 이효정 고등/입시/대학수학
임소정 폴인수학학원
장인숙 더베스트학원
장정화 하이원수학
장혜선 자하연학원
전경훈 이츠매쓰
전완재 강앤전 수학학원
전우성 이안단과학원
정원미 효림학원
정은주 전문과외
정의진 남천다수인
정희정 정쌤수학
조민지 삼환공부방고등부
조우영 위드유수학학원
조은영 MIT수학아카데미
조훈 캔필학원
채송화 채송화수학
최수정 이루다 수학
최응경 Be수학학원
최정현 더쎈수학학원
최준승 남천다수인학원
한주환 과사람학원(해운센터)
허윤정 올림수학전문학원
허재화 프리메수학
황보미 전문과외
황성필 대치명인학원
황인재 마스터 플랜 수학학원
황진영 전문과외
황하남 수학의봄날학원

인천

강옥수 수학의 온도
강원우 수학을탐하다
고준호 유베스트학원
곽경은 쭌에듀학원
구서영 시크릿아카데미학원
기미나 기쌤수학
기혜선 체리온탑수학영어학원
김교희 홍수학최영어학원
김국련 용현G1230학원
김남신 S수학과학학원
김도영 태풍학원
김미희 희수학
김보경 오아수학 공부방
김세윤 강화펜타스학원
김유미 꼼꼼수학교습소
김윤호 종로학원하늘교육 동춘학원
김응수 케이엠수학교습소
김재웅 감성수학 송도점
김재현 예스에이블
김준 쭌에듀학원
김진완 성일올림학원
김현정 무결수학학원
김현호 온풀이 수학 1관 학원
김혜영 전문과외
김혜지 중앙에이플러스학원
김효선 코다에듀
나원균 공부방
남덕우 Fun수학클리닉
노기성 노기성개인과외교습
문성진 청라페르마
문초롱 인천자유자재학원
박소이 다빈치창의수학교습소
박용석 절대학원
박은주 NGU math
박재섭 구월SKY수학과학전문학원
박정아 인천자유자재학원
박정우 이지앤강영어수학학원
박찬수 뉴파인
박창수 온풀이 1관 수학 학원
박치문 제일고등학교
박한민 감탄교육
박해석 비상영수학원
박효성 지코스수학학원
변은경 델타수학
서대원 구름주전자
서미란 파이데이아학원
석동방 송도GLA학원
석호열 인천 숭덕여자고등학교
손선진 송도일품수학과학전문학원
손영훈 개리함수학
송대익 청라 ATOZ수학과학학원
송세진 부평페르마수학학원
신진수 강화펜타스학원
신현준 전문과외
안예원 에엄수학
안혜림 U2M 올림피아드 교육
엄진웅 서인천고등학교
오상원 불로종로엠학원
오선아 시나브로수학
오정민 갈루아수학
오지연 오지연수학학원
오현석 삼산고등학교
왕건일 토모수학학원
유미선 전문과외
유상현 프라임 수학학원
유성규 현수학전문학원
유연준 두드림클래스
유진희 지니수학
이경희 드림수학
이달주 문일여자고등학교
이미선 전문과외
이선미 이수수학
이승주 명신여자고등학교
이애희 부평해법수학교실
이영수 위니드수학학원 부개캠퍼스
이원재 이루다 교육학원
이은영 캠퍼스수학
이재섭 903 ACADEMY
이충열 루원로드맵수학학원
이필규 신현엠베스트
이혜경 이혜경고등수학학원
이혜선 (씨크릿)우리공부
이호자 전문과외
임지원 전문과외
장혜림 와풀수학
장효근 유레카수학학원
전우진 인사이트수학학원
정대웅 와이드수학
정운휘 연수김샘수학
정윤교 온풀이 수학 1관 학원
정은영 밀턴학원
조민관 서이학원
조민기 더배움보습학원 조쓰매쓰
조윤주 동암수학놀이터
조준호 인명여자고등학교
조현숙 부일클래스
지경일 팁탑학원
진샘 시크릿아카데미
채선영 전문과외
채수현 밀턴수학
최경수 코다에듀학원
최덕호 엠스퀘어 수학교습소
최문경 영웅아카데미
최민환 PTM영어수학전문학원
최수현 수학의길수학교습소
최정운 강화펜타스학원
최지인 이공고등영수전문학원
최진 절대학원
최진아 엘리트학원
추승형 무결학원
한영진 라야스케이브
한예슬 웅진스마트 중등센터
허진선 공부방 (수학나무)
현미선 써니수학
현진명 에임학원
홍미영 연세 영어 수학
홍은영 홍이수학교습소
홍종우 인명여자고등학교
홍창우 인성여자고등학교
황면식 늘품과학수학학원

대구

강민영 선재수학
고민정 전문과외
곽미선 좀다른수학
곽병무 다원MDS학원
구정모 대구여자상업고등학교
구현태 나인쌤 수학전문학원
권기현 이렇게좋은수학교습소
권보경 수%수학
김갑철 계성고등학교
김동영 통쾌한수학
김득현 차수학 사월보성점
김미소 에스엠과학수학학원
김미정 일등수학
김수영 봉덕김쌤수학학원
김수진 지니수학
김영진 더퍼스트 김진학원
김용운 조성애세움영어수학
김재홍 경일여자중학교
김종희 킨수학학원
김지연 찐수학공부방
김지연 전문과외
김지은 성화여자고등학교
김진욱 정화여자고등학교
김창섭 섭수학과학학원
김채영 믿음수학학원
김태진 구정남수학전문학원
김태환 로고스 수학학원(침산원)
김해은 한상철수학과학학원
김혜빈 정직한 선생님들
김혜빈 학남고등학교
류지혜 도이엔수학학원
문소연 장선생수학학원
문윤정 능인고등학교
문철희 송원학원
민병문 엠플수학 학원
박경득 파란수학
박도희 샤인수학
박민정 빡쎈수학교습소
박산성 Venn 수학
박선희 전문과외
박옥기 매쓰플랜수학학원
박원철 경원고등학교
박정욱 연세스카이(SKY)수학학원
박준 전문과외
박준혁 Pnk수학교습소
박태호 프라임수학교습소
박현주 Math 플래너
방소연 나인쌤수학학원
백상민 매천필즈수학원
백태민 수% 수학
백현식 바른입시학원
서경도 보승수학study
성웅경 더빡쎈수학학원
신수진 폴리아수학학원
신현영 수학신 수학교습소
양강일 양쌤수학과학학원
양은실 제니스클래스
오세욱 IP수학과학
오지은 엠프로수학
유화진 진수학
윤기호 샤인수학학원
윤서영 대구 대륜고등학교
윤선하 윤쌤수학
윤준희 전문과외
이규철 좋은수학
이나경 대구 지성학원
이남희 이남희수학
이명희 잇츠생각수학
이상범 전문과외
이우승 이우승수학전문학원
이은주 전문과외
이인호 본투비수학교습소
이일균 수학의달인수학교습소
이지교 이쌤수학
이지민 아이플러스 수학
이진욱 시지이룸수학학원
이태형 가토수학과학학원
이한조 닥터엠에스 수학과학학원
임신옥 KS수학학원
임유진 박진수학
장두영 가토수학과학학원
장세완 장선생수학학원
장현정 전문과외
전수민 전문과외
전지영 전지영수학
정동근 빡쎈수학학원
정민호 스테듀입시학원
정은숙 페르마학원
정재현 율사학원
조필재 샤인수학학원
주기험 경원고등학교
진국령 업앤탑수학과학학원
최대진 엠프로수학학원
최시연 이룸수학교습소
최재영 세르파수학교습소
최현정 MQ멘토수학
최현희 다온스터디
하태호 하이퍼수학학원
황가영 루나수학
황지현 위드제스트수학학원

광주

강민결 전문과외
강승완 첨단시매쓰수학학원
고민정 레벨업 수학공부방
공민지 전문과외
기유식 기유식수학학원
김국진 김국진짜학원
김국철 필즈수학학원
김귀순 광명1203수학과외교실
김대균 김대균수학학원
김미경 임팩트수학학원
김미라 막강수학영어전문학원
김성문 창평고등학교
김수홍 김수홍수학학원
김원진 메이블수학전문학원
김은석 만문제수학전문학원
김재광 디투엠영수전문보습학원
김종민 하이퍼수학
김태성 일곡 손수진 과학&수학 전문학원
나혜경 고수학학원

류창암 멘토영수학원
문여림 열림수학전문학원
문정연 전문과외
박상현 EZ수학
박충현 본수학과학전문학원
변석주 153유클리드수학전문학원
빈선욱 빈선욱수학전문학원
손광일 송원고등학교
손영준 페르마 수학학원
송광혜 두란노학원
송슬기 538수학 학원
송승용 송승용수학학원
신서영 신샘수학전문학원
신예준 JS영수영재학원
안기운 이지수학학원
양귀제 광주 양선생수학전문학원
양동식 A+수리수학원
오지영 광주수학날개
윤정숙 R=V+D(알브이디학원)
윤현미 더조은영어수학학원
이강우 대치공감학원
이상혁 류영종시그마유수학전문학원
이승열 루트원수학학원
이요한 제일수학학원
이윤희 공부방
이주헌 리얼매쓰수학전문학원
이창현 알파수학학원
이채연 알파수학학원
이채원 고수학 학원
이헌기 보문고등학교
임태관 매쓰멘토수학전문학원
장민경 장민경플랜수학학원
장성태 장성태수학학원
장영진 새움수학전문학원
정다원 광주인성고등학교
정다희 다희쌤수학
정미연 차수학더큰영어학원
정원섭 수리수학학원
정태규 가우스수학전문학원
정형진 BMA영수학원
정희현 현수학
조용남 조선생수학전문학원
조은주 조은수학교습소
조일양 서안수학
조현진 조현진수학학원
조형서 전문과외
천소현 SDL영수학원
천지선 한수위 수학 전문 학원
최선미 헤다학원
최성호 광주동신여자고등학교
최승원 최승원수학학원
최지웅 매쓰피아
최호영 본수학과학전문학원

대전

강유식 연세제일학원
강은옥 쎈수학영어공부방
강홍규 최강학원
강희규 종로학원 하늘교육
고지훈 지적공감학원
고현석 고구려학원
김근아 닥터매쓰205
김기범 경일학원
김기평 둔산필즈학원
김복응 더브레인코어 학원
김상진 일인주의 입시학원
김수현 생각하는황소
김승환 청운학원
김옥자 대전구봉중학교
김지현 파스칼 대덕학원
김진 발상의전환 수학전문학원
김태형 청명대입학원
김하은 고려바움수학학원
김한빛 한빛수학
김홍철 토브수학교습소
나효명 열린아카데미
류재원 대전 양영학원
박병휘 양영학원
박세훈 생각의 힘 수학학원
박연실 빅마마수학
배용제 엘엔케이한울학원
배지후 해마특목학원
서동원 수학의 중심학원
서영준 힐탑학원
선진규 로하스학원
손일형 손일형수학
송규성 하이클래스학원
송정은 바른수학전문교실
양상규 생각의힘수학학원
우현석 EBS수학우수학원
유준호 더브레인코어학원
윤석주 윤석주수학전문학원
이규영 쉐마수학학원
이선희 매쓰인메이 학원
이수진 대전관저중학교
이일녕 양영학원
이지훈 이지훈 수학과학
인승열 리드인수학나무수학교습소
임병수 모티브에듀학원
장용훈 프라임수학
장현상 진명학원
전하윤 전문과외
정서인 안녕,수학
조민건 브레인뱅크
조용호 오르고 수학학원
조충현 로하스학원
조태제 대전티제이(TJ)수학전문학원
차영진 연세언더우드수학
최지영 둔산마스터학원
홍진국 와이즈만 대덕테크노센터
황성필 일인주의학원
황은실 대전 모티브에듀학원

울산

강규리 퍼스트클래스수학전문학원
고영준 비엠더블유수학전문학원
공경민 삼산영재영수학원
권상수 호크마수학전문학원
권희선 국과수단과학원
김경문 와이즈만 영재교육
김민정 전문과외
김봉조 퍼스트클래스 수학영어전문학원
김성현 전문과외
김수영 학명수학학원
김영배 김쌤수학과학학원
김용선 FX수학전문학원
김제득 퍼스트클래스수학전문학원
김현조 깊은생각수학
나순현 물푸레수학교습소
문준호 파워영수학원
문호영 울산 pmp영어수학전문학원
박민식 위더스수학전문학원
박원기 에듀프레소종합학원
박정임 에임하이학원
박혜민 강한수학전문학원
배성문 더프라임수학학원
서예원 해법멘토영어수학학원
성수경 위룰수학영어전문학원
안지환 에스티에스교육학원
오종민 수학공작소학원
유지대 유지대수학학원
이명섭 퍼센트수학 전문학원
이한나 꿈꾸는 고래 학원
정운용 울산옥동멘토수학영어학원
최규종 울산 뉴토모수학전문학원
최영희 재미진최쌤수학
최이영 한양수학학원
한창희 한선생&최선생studyclass
허다민 김쌤수학과학학원

세종

강태원 원수학
권현수 권현수 수학전문학원
김수경 김수경 수학교실
김양수 도담고등학교
김영웅 새롬고등학교
김재현 세종국제고등학교
김혜림 너희가 꽃이다
김홍주 도담고등학교
박지연 리얼매쓰
송조아 프롬수학
오현지 오쌤수학
윤여민 전문과외
이경미 매쓰 히어로
이민호 세종과학예술영재학교
이정환 세종과학예술영재학교
이지희 보람고등학교
이태호 상상이상학원
임희석 최선수학학원
장은지 비앤피공부방
장준영 백년대계입시학원
허욱 전문과외

경기

강덕영 김샘학원
강민석 연세나로학원
강민정 한진홈스쿨
강민지 필업단과전문학원
강상욱 교일학원
강서연 수학의 아침
강성천 이강학원
강수정 노마드 수학학원
강영미 쌤과통하는학원
강예슬 수학의품격
강유정 참좋은 보습학원
강정희 쓱싹쌤 과외
강춘기 마테마타 수학학원 후곡캠퍼스
강태희 파주 한민고등학교
강현우 11페이지수학전문학원
강혜경 메릭스해법수학교습소
경지현 화서탑이지수학학원
고동국 고동국수학학원
고명지 고쌤수학
고민지 최강영수학원
고상준 엠제이준수학학원
고안나 기찬에듀기찬수학
고은우 다원교육
고정림 고수학 학원
고지윤 고수학전문학원
고효정 최고다학원
곽도영 퇴계원고등학교
구태우 여주비상에듀기숙학원
권민선 이든샘학원
권민희 이든샘학원
권세욱 하피수학학원
권소연 한빛에듀
권소영 이자경고등수학학원
권은주 나만수학
권정현 LMPS수학학원
권지우 수학앤마루
금상원 광명 리케이온
김건우 전문과외
김경래 수학공장
김경민 평촌 바른길수학학원
김경진 경진수학학원
김경호 호수학
김경훈 전문과외
김경희 유레카수학 교습소
김규철 콕수학오드리영어보습학원
김기영 NK 인피니트 영수 전문 학원
김남진 산본파스칼학원
김도완 프라매쓰 수학 학원
김도윤 유투엠 풍무본원
김동수 낙생고등학교
김동수 김동수 학원
김동은 전문과외
김동현 JK영어수학전문학원
김동현 수학의 아침 수내 특목자사관
김명길 엔터스카이입시학원
김명철 팽성참좋은보습학원
김미경 최상위권수학교습소
김미미 수학놀이터
김미선 예일영수학원
김미옥 알프 수학교실
김민경 더원수학
김민경 경화여자중학교
김민정 김민정 입시연구소
김민정 어울림수학
김민정 독한수학학원
김바른 판다교육
김병욱 청평 한샘 학원
김보경 필수학학원
김복순 금빛영수전문학원
김복현 시온고등학교
김상오 리더포스학원
김상윤 막강한수학학원
김새로미 입실론수학학원
김서영 다인수학교습소
김석원 김석원수학학원
김선옥 수학n진쌤
김선정 수공감학원
김선혜 수학의 아침 영재관
김성민 아라매쓰학원
김성은 블랙박스수학과학전문학원
김성진 수학의아침
김성현 제일학원
김세준 SMC수학
김소영 예스셈올림피아드
김소희 멘토해법수학
김수지 독한수학학원
김수진 동탄2대림수학
김순호 더원매쓰수학학원
김승현 대치매쓰포유 동탄캠퍼스
김신행 꿈의발걸음영수학원
김영남 갓매쓰학원
김영빈 이든학원
김영식 수학대가
김영아 브레인캐슬 수학공부방
김영옥 서원고등학교
김영준 청솔수학
김옥기 더(the) 바른수학학원
김용대 입시코드학원
김용덕 매쓰토리수학제2관학원
김용환 마타수학 수지
김용희 솔로몬 학원
김원철 수학의 아침 중등영재관
김유성 SG청운학원
김유진 씨드학원
김윤경 구리국빈학원
김윤재 이투스신영통학원
김은선 오길수학전문학원
김은영 칸영수학원
김은정 플레이매쓰
김은지 탑브레인수학과학학원
김은향 최강엠베스트
김이철 이칠이수학학원
김재영 공부방
김정현 수학의아침
김정환 필립스아카데미-Math센터
김정훈 센텀수학학원
김종균 케이수학학원
김종남 제너스학원
김종대 김앤문연세학원
김종찬 김종찬입시전문학원
김종화 퍼스널개별지도학원
김주용 스타수학
김준 제이엠학원
김준형 석필학원
김지명 정상수학학원
김지선 전문과외
김지영 엠베스트se쌍령본원
김지원 대치명인학원
김지윤 광교오드수학
김지현 엠코드학원
김지효 수담학원
김지훈 오산 G1230학원
김지훈 안양외국어고등학교
김진국 스터디엠케이
김진민 에듀스템수학전문학원
김진성 아우리수학교육
김창영 에듀포스학원

- **김초록** 메가스터디러셀
- **김태우** 연세나로학원 (수원점)
- **김태익** 여주자영농업고등학교
- **김태진** 프라임리만수학학원
- **김태학** 평택드림에듀(공부방)
- **김태형** 에이플수학학원
- **김하현** 전문과외
- **김학림** 수만휘기숙학원
- **김학준** 수담수학학원
- **김해청** 에듀엠 수학학원
- **김현경** 소사스카이보습학원
- **김현숙** 일산대진고등학교
- **김현우** 최강영수학원
- **김현자** 생각하는수학공간학원
- **김현정** 더클레버수학학원
- **김현정** 생각하는Y.와이수학
- **김현정** 정원학원
- **김현주** 서부세종학원
- **김현지** 이투스수학(수지 신봉점)
- **김현지** 수리샘홈스쿨
- **김형수** 생각의 수학
- **김형수** 마이멘토수학학원
- **김혜미** 에이블학원
- **김혜정** 수학을 말하다
- **김호숙** 호수학원
- **김호원** 원수학전문학원
- **김후광** LMS학원
- **김희성** 멘토수학교습소
- **김희영** 신의수학학원
- **김희주** 생각하는 수학공간학원
- **나상오** 향동대세학원
- **나영우** 평촌에듀플렉스
- **나혜림** 마녀수학
- **나혜원** 청북고등학교
- **남상보** 청평 한샘 학원
- **남선규** 윌러스영수학원
- **남세희** 영수공부방
- **남현미** 해법수학원동초점
- **노예리** 더바른수학전문학원
- **노희정** 마테마타학원
- **류용수** 메가스터디 러셀 분당
- **문근호** 더오름수학
- **문벼라** 그로우매쓰학원
- **문성환** 정자영통서울학원
- **문승민** 더바른수학전문학원
- **문영인** M2수학학원
- **문의열** MIT 학원
- **문장원** 에스원 영수학원
- **문지현** 문쌤수학
- **문태현** 한올입시학원
- **문혜연** 입실론수학전문학원
- **민동건** 전문과외
- **민병옥** 동수원 김샘교육
- **민윤기** 알파수학
- **박가을** SMC수학
- **박경** 수학의 아침
- **박다희** 부천범박한솔플러스수학학원
- **박도솔** 도솔샘수학
- **박민주** 카라Math
- **박병호** 에듀스카이수학학원
- **박상근** 뉴스터디 학원
- **박상일** 수학의아침 수내캠퍼스
- **박상준** 대입몬스터
- **박성찬** 수원 정자 이강학원
- **박소연** 이투스247용인기숙학원
- **박수현** 씨앗학원
- **박수현** 리더가되는수학교습소
- **박순옥** 아이퍼스트학원
- **박시현** 수학의아침
- **박여진** 플로우교육 수학의아침
- **박연지** 상승에듀
- **박영주** 일산 후곡 쉬운수학
- **박용범** 용범수학
- **박우희** 푸른보습학원
- **박원용** 동탄트리즈나루수학학원
- **박윤호** 이룸학원
- **박은주** 탑이지수학/이지수학과학
- **박은진** 지오수학학원
- **박의순** Why수학전문학원
- **박인영** 성사중학교
- **박인영** 평촌 종로학원
- **박장우** 기찬에듀기찬수학
- **박재철** 12월의 영광
- **박재홍** 열린학원
- **박정길** 엠코드학원
- **박정아** 안산 세꿈영·수 전문학원
- **박정현** 서울삼육고등학교
- **박종모** 화성고등학교
- **박종선** 채원영수학원
- **박종순** 명품학원
- **박종필** 정석수학학원
- **박종헌** 하이탑 수학교습소
- **박종환** 이노센트수학학원
- **박주리** 수학에반하다
- **박준석** 오산G1230학원
- **박준선** SLB입시학원
- **박준영** 닉고등입시학원
- **박지은** 전문과외
- **박지현** 수학의아침
- **박지환** 디파인수학교습소
- **박진** 수학의아침
- **박진한** 엡실론학원
- **박찬현** 박종호수학교습소
- **박하늘** 일산 후곡 쉬운수학
- **박한솔** SnP수학학원
- **박현정** 빡꼼수학학원
- **박혜림** 다산미래학원
- **박희애** 수학의아침 광교캠퍼스
- **방미영** JMI수학학원
- **방상웅** 성지학원
- **배건태** 데카르트수학학원
- **배문한** 양명고등학교
- **배재준** 연세영어고려수학학원
- **배호영** 수이학원
- **백경주** 파인만학원
- **백미라** 신흥유투엠 수학학원
- **백윤희** 유클리드 수학
- **백흥룡** 성공학원
- **변은정** 파라곤 스카이수학
- **봉우리** 하이클래스 수학학원
- **봉현수** 청솔 김창훈 수학학원
- **서가영** 누리수학교습소
- **서두진** 홍성문수학2학원
- **서재화** 올탑학원
- **서정환** 아이디수학학원
- **서지은** JMI 수학학원
- **서한울** 수학의품격
- **서한주** 공부방
- **서희원** 함께하는수학 학원
- **선정연** 광주비상에듀
- **설성환** 설샘수학학원
- **설인호** 토비공부방
- **성인영** 정석공부방
- **성지희** snt수학학원
- **손동학** 청어람수학학원
- **손승태** 와부고등학교
- **손종규** 수학의 아침
- **손지영** 엠베스트에스이프라임학원
- **손해철** 강의하는 아이들 광교캠퍼스
- **손홍지** 아람입시학원
- **송숙희** 평택소마수학
- **송승은** 구리고등학교
- **송용선** 수학의아침
- **송치호** 대치명인학원(미금캠퍼스)
- **송태원** 맑은숲수학학원
- **송혜빈** 나무학원
- **송효은** 에듀플렉스
- **신경성** 한수학전문학원
- **신동형** 청어람 학원
- **신동휘** 김덕환 수리연구소
- **신선아** 이즈원 영어수학 전문학원
- **신수연** 김샘학원 동탄캠퍼스
- **신응순** 연세스피드학원
- **신정화** SnP수학학원
- **신준효** 열정과의지 수학보습학원
- **신현민** 김샘학원 동수원캠퍼스
- **신혜선** 유투엠구리인창
- **안계원** 탑솔루션수학학원
- **안명근** 의정부 맨투맨학원
- **안영균** 생각하는 수학공간
- **안영임** 안쌤공부방
- **안영주** 포스텍 수학학원
- **안주홍** 전문과외
- **안효진** 진수학
- **양은진** 수플러스수학
- **양진철** 영복여자고등학교
- **양태모** 분당영덕여자고등학교
- **양학선** YHS에듀
- **어성룡** 위너영수학원
- **어성웅** 어쌤수학학원
- **어완수** 대세학원
- **어재성** 수학의아침
- **염민식** 일로드수학학원
- **염승호** 전문과외
- **염철호** 하비투스
- **오경미** 쎈수학
- **오수진** 오름학원
- **오지혜** 수톡수학학원
- **용다혜** 용인동백에듀플렉스
- **우선혜** 엠코드수학
- **우수종** 우수학원
- **원종혁** 제이멘톡학원
- **유광준** 능력학원(본원)
- **유금숙** 수학발전소
- **유금표** 탑브레인수학과학학원
- **유남기** 의치한학원
- **유리** 수학의 아침 영재관
- **유승진** E&T 수학학원
- **유연재** 유연재수학
- **유영준** S&T입시전문학원
- **유진성** 마테마티카 수학학원
- **유채린** 한수경에듀보드
- **유현종** 에스엠티 수학전문학원
- **유호애** J & Y MATH
- **유호영** 전문과외
- **육동조** HSP 수학학원
- **윤덕환** 여주비상에듀
- **윤도형** PST 캠프입시학원
- **윤명호** MH에듀
- **윤문성** 평촌수학의봄날입시학원
- **윤미영** 상원고등학교
- **윤상완** 강의하는아이들 로드수학학원
- **윤여태** 103 수학
- **윤정민** 필탑학원
- **윤정웅** 수학의 아침
- **윤지혜** 천개의바람영수학원
- **윤지훈** 고수학
- **윤지훈** 탑클래스
- **윤채린** 전문과외
- **윤현웅** 수학을 수학하다
- **윤희** 희쌤의수학교습소
- **이강우** 광명대성N스쿨
- **이건도** 대치아론수학
- **이걸재** 고수학학원
- **이경미** 고잔고등학교
- **이경민** 차수학앤국풍2000학원 1관, 2관, 3관
- **이경수** 수학의 아침 광교캠퍼스
- **이경희** 플랜비공부방
- **이광후** 수학의아침
- **이규상** 유클리드수학
- **이규진** 교일학원
- **이규태** 이규태수학학원
- **이나래** 토리스터디
- **이나현** 엠브릿지수학
- **이대은** 여주비상에듀
- **이대훈** 현수학영어학원
- **이도일** Ola수학학원
- **이명환** 다산 더원 수학학원
- **이미영** 수학의아침
- **이민정** 전문과외
- **이봉주** 분당성지수학
- **이상윤** 엘에스수학전문학원
- **이상일** 캔디학원
- **이상준** E&T수학전문학원
- **이상호** 양명고등학교
- **이상훈** 다영국어수학
- **이서령** 더바른수학전문학원
- **이선영** 이선영영어
- **이설기** 영설수학학원
- **이설빈** 진성고등학교
- **이성용** 카이수학학원
- **이성일** IL학원
- **이성환** 메티우스 수학학원
- **이성희** 피타고라스 셀파수학교실
- **이세연** 수학의아침 중등입시센터 이매프리미엄관
- **이세현** 2H수학학원
- **이소진** 수학의 아침 광교 중등입시센터
- **이수동** 부천 E&T 수학전문학원
- **이수민** 으뜸창의영재교육연구소
- **이수정** 매쓰투미
- **이순희** 리더스에듀학원
- **이슬** 라온학원
- **이승만** 에릭수학교실
- **이승진** 안중 Q.E.D수학
- **이승철** 대치명인학원 후고캠퍼스
- **이승현** sn독학기숙학원
- **이아현** 전문과외
- **이영현** 대치명인학원
- **이영훈** 펜타수학학원
- **이용희** 필탑학원
- **이우선** 효성고등학교
- **이원녕** 이퓨스터디학원
- **이윤희** 전문과외
- **이은** 명품M수학전문학원
- **이은지** TRC티알씨수학학원
- **이인선** 후곡분석수학
- **이인성** 장안여자중학교
- **이장훈** 북부 세일학원, 개인 교습
- **이재민** 제이엠학원
- **이재민** 원탑학원
- **이재욱** 태화국제학교
- **이재희** 꿈으로가는길학원
- **이정빈** 폴라리스학원
- **이정은** 쎈수학러닝센터 평택비전학원
- **이정찬** 하길중학교
- **이정현** 필탑학원
- **이정훈** 한샘학원 덕계
- **이정희** JH영어수학학원
- **이종문** 전문과외
- **이종익** 분당 파인만 고등부
- **이종훈** 빨리강해지는학원
- **이주혁** 수학의 아침
- **이지연** 브레인리그
- **이지예** 뿌리깊은나무학원
- **이지인** 신한고등학교
- **이지혜** 이야기로여는생명수학 정자다니엘학원
- **이진국** 김수영보습학원
- **이진아** 공감수학학원
- **이진주** 원수학학원
- **이진택** 고려유에스학원
- **이창수** 일산화정와이즈만
- **이창용** A1에듀
- **이창훈** 나인에듀학원
- **이채열** 하제입시학원
- **이철호** 파스칼수학
- **이태희** 펜타수학학원
- **이한빈** 뉴스터디수학학원
- **이한솔** 더바른수학전문학원
- **이현이** 함께하는수학
- **이현희** 폴리아에듀
- **이형강** HK수학
- **이혜령** 프로젝트매쓰
- **이혜민** 대감수학영어
- **이혜수** 송산고등학교
- **이호형** 고수학학원
- **이화원** 탑수학학원
- **이화진** 쌤통학원
- **인병철** 시스템학원
- **임맑은** 이지매쓰수학학원
- **임선아** 이화수학학원
- **임영주** 쎈수학 다산학원
- **임우빈** 리얼수학학원

임율인 탑수학교습소
임은경 대명학원
임은정 마테마티카 수학학원
임진우 전문과외
임찬혁 차수학 동삭캠퍼스
임현주 온수학교습소
임형석 전문과외
임홍석 엔터스카이 학원
장경현 차수학학원
장동철 Q.E.D.학원
장민수 신미주수학공부방
장수현 백영고등학교
장영석 영설수학학원
장재영 이자경 수학학원
장종민 장종민의 열정수학
장지훈 수원 예일학원
장혜민 수학의아침 수지캠퍼스
전경은 가온수학
전경진 늘푸른수학원
전미란 이룸학원
전미영 영재공부방
전욱현 필탑학원
전은혜 전문과외
전일 생각하는수학공간학원
전지원 원프로교육
전진아 명인학원
전진우 명성교육
전진우 플랜지에듀학원
전희나 대치명인학원 이매캠퍼스
정경주 광교 공감수학
정광현 지트에듀케이션
정국천 안성탑클래스
정금재 혜윰수학전문학원
정길성 필탑학원
정다운 수학의 품격
정동실 수학의아침
정미숙 쑥쑥수학교실
정미윤 함께하는수학
정선희 플로우 교육(수학의 아침)
정소영 (주)판다교육학원
정순원 동탄목동초등학교
정승호 이프수학
정양헌 상승에듀
정연순 탑클래스
정영일 해윰수학영어학원
정영진 공부의자신감학원
정영채 평촌 페르마 수학학원
정용석 수학마녀학원
정우열 필업단과전문학원
정원구 레벨업학원
정원철 블루원수학전문학원
정유정 수학VS영어학원
정유진 와이엔매쓰
정은선 용인필탑학원
정은지 옥정 샤인학원
정의권 Why 수학전문학원
정장선 생각하는황소수학 동탄점
정재경 산돌수학학원
정지영 용쌤수학교육학원
정지영 SJ대치수학학원
정진섭 큐매쓰수학전문학원
정진영 J멘톡
정진욱 수원메가스터디학원
정태원 방선생수학학원
정태준 구주이배수학학원 구리본원
정필규 명품수학
정하준 2H수학학원
정한울 한울스터디
정해도 목동혜윰수학교습소
정현재 수만휘기숙학원
정현주 삼성영어쎈수학 은계학원
정황우 운정정석수학학원
조경희 E해법수학
조기민 장성중학교
조길한 제니스일등급학원
조미연 미연샘의 시김새
조병욱 생각과원리학원
조상숙 수학의 아침
조서민 유클리드수학학원
조석희 수학의 아침 수지캠퍼스
조선영 이야기로여는생명수학
정자다니엘학원
조성화 SH수학
조영곤 휴브레인수학전문학원
조영주 수학의 아침 증등입시센터
조욱 청산유수 수학
조은 전문과외
조은정 최강수학
조의상 강북/분당/서초메가스터디
기숙학원
조이정 온스마트
조정원 수학정원
조태현 경화여자고등학교
조현웅 추담교육컨설팅
조현정 깨단수학
조현화 온스마트수학
주광현 옥정 엠베스트학원
지슬기 지수학학원
진동준 용인필탑학원
진인수 지트에듀케이션
차무근 차원이다른수학학원
차세영 탑공부방
차슬기 브레인리그
차재선 경화여자고등학교
차재호 코나투스재수종합학원
차혁진 휴브레인위례학원
채희승 수학의 아침(수내)
최경천 연세에이플러스보습학원
최근정 SKY영수학원
최근혁 업앤업보습학원
최다혜 싹수학학원
최대원 수학의아침
최범균 경기 부천
최병희 원탑영어수학학원
최성실 씨큐브학원
최수지 싹수학학원
최수진 재밌는수학
최승권 스터디올킬학원
최애순 정자이지수학교습소
최영성 에이블 수학영어 학원
최영식 수학의신학원
최용재 연세나로학원
최유미 분당파인만
최윤형 청운수학전문학원
최정우 MAG수학
최정환 서울대S.E.M학원
최지나 스터디 3.0
최지윤 엠코드학원
최필녀 필쌤융합교실
최한나 수학의아침
최한샘 멘토학원
최헌기 김포고등학교
최형규 안성탑클래스
최효원 레벨업수학
표광수 수지 풀무질 수학전문학원
하정훈 하쌤학원
한경태 한경태수학전문학원
한규욱 마테마타 수학학원
한기언 한스수학교습소
한동희 38인의 수학생각
한미애 청북리더스보습학원
한미정 한쌤수학
한성윤 스카이웰수학학원
한성필 더프라임
한수민 SM수학학원
한수연 2WAY수학학원
한유호 에듀셀파 독학기숙학원
한은기 참선생학원 오산원동점
한인화 전문과외
한정우 동원고등학교
한준희 매스탑수학전문사동분원학원
한지희 이음수학
함영호 함영호고등전문수학클럽
허문수 삼성영어해법수학 능실학원
허형근 HK STUDY
현승평 화성고등학교
홍가영 성문학원
홍규성 전문과외
홍성문 홍성문 수학학원
홍성미 홍수학
홍성수 파스칼영재수학학원
홍세정 인투엠수학과학학원
홍승억 영앤수
홍유진 지수학학원(평촌)
홍의찬 원수학
황두연 딜라이트영어&수학
황미진 SG에듀
황삼철 멘토수학
황석진 낙생고등학교
황선아 서나수학
황애리 애리수학교습소
황영미 일신학원
황유미 대치명인학원 김포캠퍼스
황은지 멘토수학과학학원
황인영 더올림수학교습소
황재철 성빈학원
황준하 수학의아침중등관
황지훈 황지훈제2교실
황하나 수학의 아침 중등 영재관
황희찬 아이엘에스 학원

경남

강경희 T.O.P에듀 학원
강도윤 강도윤수학컨설팅학원
강장헌 T.O.P에듀 학원
강지혜 강선생수학학원
고민정 고민정수학교습소
고병옥 옥쌤수학과학
고성대 Math911
고성덕 진해용원고등학교
구아름 전문과외
권영애 아이비츠수학학원
권주희 피네 수학공부방
김광은 통영여자고등학교
김근우 더클래스학원
김동원 통영여자고등학교
김두성 두성수학학원
김미양 오렌지클래스학원
김민석 한수위 수학원
김민일 거창 대성일고등학교
김병철 CL학숙
김보경 오름수학
김상철 마산여자고등학교
김선희 책벌레학원
김양준 양산
김옥경 반디수학과학학원
김인덕 성지여자고등학교
김일용 GH 영수전문학원
김종서 마산중앙고등학교
김진형 수풀림수학학원
김치남 수나무학원
김태희 전문과외
김해성 김해성수학
김혜영 프라임 공부방
남준기 거제고등학교
노선균 에듀플렉스
노은애 핀아수학
노현석 비코즈수학전문학원
민동록 민쌤수학
박규태 에듀탑영수학원
박범수 마산제일고등학교
박소현 오름 수학전문학원
박영진 대치스터디수학학원
박인식 성지여자그등학교
박임수 고탑(GO TOP)수학
박정길 아쿰수학학원
박주연 마산무학여자고등학교
박진수 창원큰나래학원
박혜영 수과람영재학원
박혜인 참좋은과외전문학원
배미나 이루다학원
배종우 매쓰팩토리수학학원
백은애 매쓰플랜수학학원
백지현 백지현 수학교습소
서주량 한입수학 교습소
성중재 창원중앙고등학교
송상윤 비상한수학학원
안지영 모두의수학학원
안현령 해냄수학
여길동 더오름영수학원
염인순 전문과외
오성현 다락방 남양지점 학원
유인영 마산중앙고등학교
윤민혜 윤쌤수학
윤지희 마하사고력수학교습소
이근영 매스마스터 수학전문학원
이아름 애시앙 수학맛집
이유진 멘토수학교습소
이정호 창원경일고등학교
이정훈 장정미수학학원
이종호 미리벌학습관
이지수 수과람영재에듀
이지훈 엠베스트SE학원 신진주캠퍼스
이진우 마스터클래스학원
이채윤 거창대성고등학교
이현주 즐거운 수학
임병언 임병언수학전문교습소
임영기 마산무학여자고등학교
전창근 수과원 학원
정수문 혜성여자중학교
정승엽 해냄학원
정희섭 길이보인다원격학원
조창래 한빛국제학교
주하진 상남진수학교습소
천보문 산양중학교
최광실 공감영수전문학원
최소현 창원 큰나래학원
최은미 전문과외
하강만 하이수학학원(양산)
하윤석 거제 정금학원
한희광 성사학원
황연희 황's Study
황진호 타임수학
황초롱 마산중앙고등학교

경북

강경훈 예천여자고등학교
강혜연 Bk영수전문학원
공영대 늘품학원
권오준 필수학영어
권정숙 권샘 과외
권호준 인투학원
김대훈 이상렬입시학원
김동수 문화고등학교
김동욱 구미정보고등학교
김득락 우석여자고등학교
김미란 대성초이스학원
김보아 매쓰킹공부방
김상윤 더카이스트수학학원
김성용 이리풀수학학원
김영욱 차수학과학
김영희 김쌤수학
김유리 청림학원
김재경 필즈수학영어학원
김정훈 현일고등학교
김현범 수학스케치
김효현 반올림수학학원
류부윤 수학만영어도학원
박경빈 풍산고등학교
박동수 헤세드입시학원
박명호 로고스수학학원
박명훈 현일고등학교
박유건 닥터박 수학학원
박윤신 한국수학교습소
박정민 박정민수학과학학원
박준태 정석수학교습소
박진성 포항제철고등학교
박찬 박샘의 리얼수학 학원
배재현 수학만영어도학원
백기남 수학만영어도학원
성세현 이투스수학두호장량학원
성치경 포항제철고등학교, EBS
소효진 전문과외

손나래 이든샘영수학원
손주희 이루다수학과학
신승규 영남삼육고등학교
신은경 스터디멘토학원
신은경 스타매쓰사고력
신지헌 문영수 학원
염성군 근화여자고등학교
오예운 전문과외
윤장영 윤쌤아카데미
이경하 풍산고등학교
이경후 바이블수학(율곡동)
이기훈 필즈수학영어학원(주)
이다례 문매쓰 달쌤수학
이명숙 전문과외
이민선 공감수학학원
이상원 전문가집단 영수학원
이상현 인투학원
이서정 전문과외
이성국 포스카이학원
이성민 대성 초이스 학원
이승민 김천고등학교
이영성 영주여자고등학교
이완오 제일다비수
이인영 이상렬입시학원
이재억 안동고등학교
이형우 전문과외
이혜은 안동풍산고등학교
장금석 아름수학
장아름 아름수학
장창원 문명고등학교
전동형 필즈수학영어학원
전정현 YB일등급수학학원
정은주 전문과외
정주용 문일학원
조진우 늘품수학학원
조현정 올댓수학교습소
지한울 울쌤수학교습소
최선미 채움수학교습소
최수영 수학만영어도학원
최용규 한뜻입시학원
최이광 혜윰학원
표현석 안동풍산고등학교
하홍민 홍수학
홍순복 정석수학에듀
홍영준 하이맵수학학원
홍현기 비상아이비츠학원

전남

강성현 에토스학원
고호섭 벌교고등학교
김광현 한수위수학학원
김영은 나주금천중학교
김영충 이지수학학원
김은경 목포덕인고등학교
박미옥 목포폴리아학원
박진성 해남한가람학원
백지하 엠앤엠
성준우 광양제철고등학교
이강화 강승학원
이유선 하이탑학원
이태현 하이탑학원
임동묵 문향고등학교

임정원 순천매산고등학교
정운화 정운수학
조두희 예 수학교습소
조예은 한솔수학학원
진양수 목포덕인고등학교
한지선 전문과외
한화형 한수학 학원

전북

권정욱 전문과외
김광현 마리학원
김민하 송앤박 영수학원
김석진 영스타트학원
김성혁 S수학전문학원
김재순 김재순수학
김학용 로드맵수학 과학 학원
민연화 YMS입시전문학원
박광수 박선생해법수학
박미화 엄쌤수학전문학원
박선미 박선생해법수학
박세진 부안고등학교
박세희 멘토이젠수학
박소영 전주 혁신 최상위 수학
박영진 필즈수학학원
박은경 더해봄수학학원
박은미 박은미수학교습소
박지유 박지유수학전문학원
박지은 리더스영수전문학원
박철우 청운학원
서지연 전문과외
성영재 성영재수학학원
송시영 블루오션수학학원
신영진 유나이츠 학원
심우성 오늘은수학학원
안형진 혁신 청람수학전문학원
양서진 오늘도신이나학원
양은지 군산중앙고등학교
양재호 양재호카이스트학원
양형준 대들보 수학
오윤하 오늘도 신이나
원동한 하이업 수학전문학원
유현수 수학당
유혜정 수학당
윤병오 이투스247익산
이송심 와이엠에스입시전문학원
이정현 로드맵수학학원
이태임 해냄공부방
이하은 성영재수학전문학원
이혜상 S수학전문학원
임미수 마스터수학학원
임승진 이터널수학영어학원
장재은 와이엠에스
정광호 이카루스학원
정미현 전주 이투스 수학학원 평화점
정용재 성영재수학전문학원
정혜승 샤인학원
정환희 릿지수학학원
조세진 수학의길
최명희 MH수학클리닉학원
최성훈 최성훈수학학원
최윤 엠투엠(MtoM)수학학원
현수지 S&P 영수 전문학원

충남

곽선예 올팍수학학원
권덕한 서령고등학교
권순필 에이커리어학원
권오운 G.O.A.T 수학학원
권효정 전문과외
김근하 김샘수학
김나영 에듀플러스 학원
김민식 공문수학학원
김정연 전문과외
김정화 도도수학논술
김태윤 라온수학학원
김태화 김태화수학학원
김현영 마루공부방
남구현 강의하는 아이들 내포캠퍼스
남기현 부여여자고등학교
박유진 제이홈스쿨
박재혁 명성학원
서승우 천안담다수학
서정기 시너지S클래스
성유림 Jns오름학원
송명준 JNS오름학원
송은선 전문과외
송화정 북일고등학교
신경미 Honeytip(전문과외)
신유미 무한수학학원
신태천 수학영재학원
옥정화 수학나무&독해숲
원동진 서일고등학교
유정수 천안고등학교
유창훈 시그마학원
윤도경 고트수학학원
윤보희 충남삼성고등학교
윤재웅 베테랑수학전문학원
윤지훈 대성n학원
이근영 천북중학교
이봉이 봉쌤수학
이승훈 탑씨크리트교육
이아람 퍼펙트브레인학원
이영우 수학의아침
이예솔 헬로미스터에듀
이은아 한다수학학원
이재장 깊은수학학원
이종원 개념폴리아
이종혁 안면도 이투스 기숙학원
이주희 공부방
임재남 매쓰티지수학학원
장정수 GOAT수학학원
전성호 시너지S클래스학원
전혜영 타임수학학원
정광수 혜윰국영수단과학원
정은실 복자여자고등학교
조미선 전문과외
조현정 J.J수학전문학원
채영미 미매쓰
최문근 천안중앙고등학교
최소영 빛나는수학
최원석 명사특강
한상훈 신불당 한일학원
한진규 한뜻학원
한호선 두드림 영어수학학원
허영재 와이즈만 영재센터

충북

강지은 전문과외
구강서 상류수학전문학원
권기윤 스카이학원
권용운 권용운수학학원
김가희 매쓰프라임수학학원
김경희 점프업수학공부방
김대호 온수학전문학원
김동영 이룸수학학원
김미선 선쌤수학
김미화 참수학공간학원
김병용 수학하는 사람들 학원
김윤주 타임수학
김재광 노블가온수학학원
김정호 생생수학
김주희 매쓰프라임수학학원
김현주 루트수학학원
남가경 키움수학학원장
노희경 용암드림탑학원
류동균 탐N수 수학학원
류재혜 카이스트학원
문지혁 수학의 문
민정욱 훈민수학
박연경 전문과외
박준범 충주고등학교
서호철 충주대원고등학교
설세령 페르마학원
신병욱 패러다임학원
양세경 세경수학교습소
오금지 라온수학
윤성길 엑스클래스 수학학원
윤성희 윤성수학
이경미 행복한수학
이예찬 입실론수학학원
이지수 일신여자고등학교
전병호 충주시
정수연 정수학
조병교 필립올림푸스학원 에르매쓰학원
조선경 혜윰수학
조수현 에이치 영어 수학 학원
조영수 수학의문
조윤화 전문과외
조형우 와이파이수학학원
최민주 가경루트수학학원
한상호 한매쓰 수학전문학원(주)

강원

강장섭 강장섭수학전문학원
김종현 강원대학교사범대학부설 고등학교
김선희 MDA교육
김성영 빨리강해지는 수학과학 학원
김성준 김성준 수학학원
김윤 잇올스파르타
김은경 세모가꿈꾸는수학당학원
김현성 단관김현성수학전문학원
김홍기 더 쉬운수학
김희중 공부에반하다학원
노명훈 노명훈쌤의 알수학학원
모지홍 XYZ수학학원
민보라 사유에듀학원

박교식 삼육어학원
박도은 뉴메트학원
박미경 수올림수학전문학원
박상윤 박상윤수학교습소
박세정 간동고등학교
박준규 홍인학원
배형진 화천학습관
백경수 수학의 부활 이코수학
송현욱 반전팩토리학원
신인선 진광고등학교
신현정 Hj 스터디
안현지 전문과외
오준환 수학다움학원
오현주 오선생수학
온성진 ASK수학학원
이경복 전문과외
이두환 키움수학학원
이보람 이보람 수학과학 학원
이상록 입시전문유승학원
이승우 이쌤수학전문학원
정문영 초석학원
정복인 하이탑수학학원
정인혁 수학과통하다
최문호 춘천고등학교
최수남 강릉 영.수배움교실
최재현 고대수학과학학원
최정현 최강수학전문학원
한효관 수학의부활이코수학

제주

고민호 알파수학 교습소
김대환 The원 수학
김연희 whyplus 수학교습소
김정미 제이매쓰
김지영 생각틔움수학교실
김태근 전문과외
김홍남 셀파우등생학원
류혜선 RnK영어수학학원
박승우 남녕고등학교
박찬 찬수학학원
오동조 에임하이학원
오재일 재동학원
유지훈 신제주 뉴스터디
이상민 서이현아카데미학원
이수정 온새미로수학학원
이승환 예일분석수학
이현우 루트원플러스입시학원
장영환 제로링수학교실
편미경 편쌤수학
현수진 학고제 입시학원

유형 ON

수학의 바이블

유형 ON

1권

수학 Ⅱ

Always Here For You

수학 공부의 왕도는 '문제를 많이' 풀어 보는 것입니다.
백번 설명을 듣는 것보다 한 문제라도 더 풀어 보는 것이
실력 향상의 지름길입니다.
그렇다고 무작정 푸는 것만이 옳은 길은 아닙니다.
체계적으로 분류된 '유형별로' 풀어 보고,
적당한 텀을 두어 '의미 있게 반복'하는 것.
이것이 바로 옳은 길입니다.
옳은 길로 갈 수 있도록 총력을 기울여 만들었습니다.
온(모든) 유형으로 100점을 켜(on)세요!

모든 유형을 싹 담은

수학의 바이블 유형 ON

1 꼭 풀어봐야 할 문제를 알잘딱깔센 있게 구성하여 학교시험 완벽 대비

- 내신 시험을 완벽히 준비할 수 있도록 시험에 나오는 모든 문제를 한 권에 담았습니다.
- 1권의 PART A의 문제를 한 번 더 풀고 싶다면 2권의 PART A'의 문제로 유형 집중 훈련을 할 수 있습니다.

2 유형 집중 학습 구성으로 수학의 자신감 up!

- 최신 기출 문제를 철저히 분석 / 유형별, 난이도별로 세분화하여 체계적으로 수학 실력을 키울 수 있습니다.
- 부족한 부분의 파악이 쉽고 집중 학습하기 편리한 구성으로 효과적인 학습이 가능합니다.

3 수능을 담은 문제로 문제 해결 능력 강화

- 사고력을 요하는 문제를 통해 문제 해결 능력을 강화하여 상위권으로 도약할 수 있습니다.
- 최신 출제 경향을 담은 기출 문제, 기출변형 문제로 수능은 물론 변별력 높은 내신 문제들에 대비할 수 있습니다.

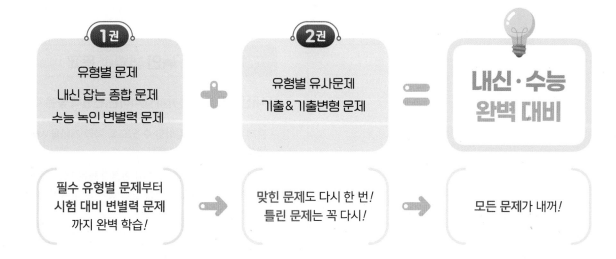

1권		2권		
유형별 문제 내신 잡는 종합 문제 수능 녹인 변별력 문제	+	유형별 유사문제 기출&기출변형 문제	=	내신·수능 완벽 대비
필수 유형별 문제부터 시험 대비 변별력 문제까지 완벽 학습!	→	맞힌 문제도 다시 한 번! 틀린 문제는 꼭 다시!	→	모든 문제가 내꺼!

이 책의 구성과 특장

1권   모든 유형을 싹 쓸어 담아 이 한 권에!

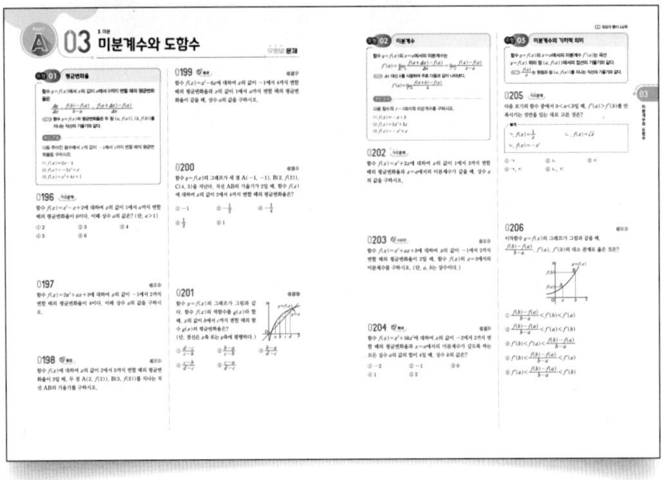

PART A   유형별 문제

>> **학교 시험에서 자주 출제되는 핵심 기출 유형**

- 교과서 및 각종 시험 기출 문제와 출제 가능성 높은 예상 문제를 싹 쓸어 담아 개념, 풀이 방법에 따라 유형화하였습니다.

- 학교 시험에서 출제되는 수능형 문제를 대비할 수 있도록 **수능 기출**, **평가원 기출**, **교육청 기출** 문제를 엄선하여 수록하였습니다.

- **확인 문제** 각 유형의 기본 개념 익힘 문제

- **대표문제** 유형을 대표하는 필수 문제

- **중요** 중요 빈출 문제, **서술형** 서술형 문제

- **■■■**, **■■■**, **■■■** 난이도 하, 중, 상

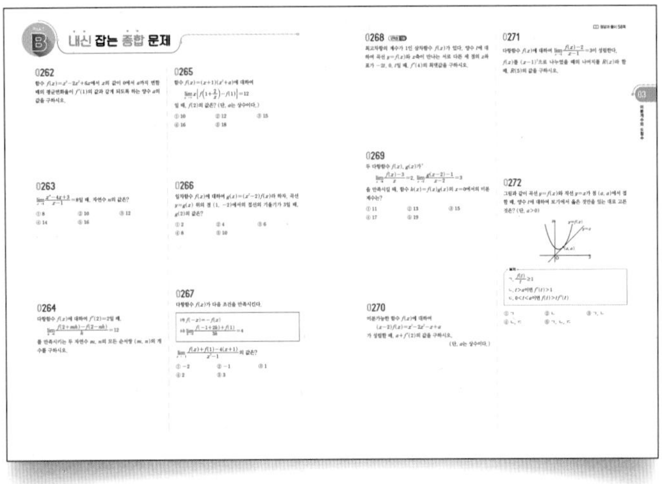

PART B   내신 잡는 종합 문제

>> **핵심 기출 유형을 잘 익혔는지 확인할 수 있는 중단원별 내신 대비 종합 문제**

- 각 중단원별로 반드시 풀어야 하는 문제를 수록하여 학교 시험에 대비할 수 있도록 하였습니다.

- 중단원 학습을 마무리하고 자신의 실력을 점검할 수 있습니다.

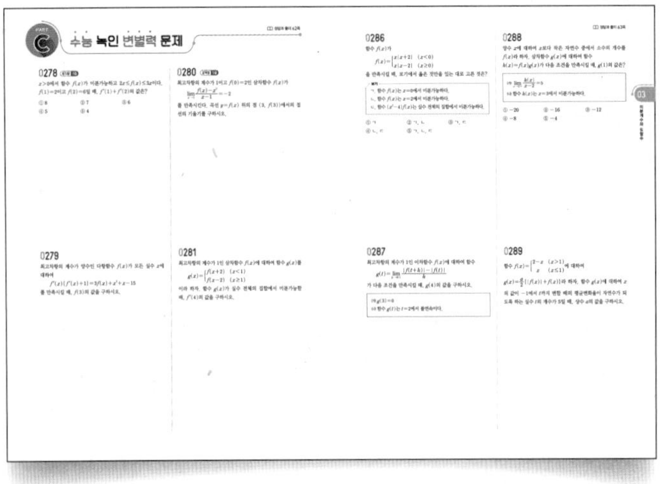

PART C   수능 녹인 변별력 문제

>> **내신은 물론 수능까지 대비하는 변별력 높은 수능형 문제**

- 문제 해결 능력을 강화할 수 있도록 복합 개념을 사용한 다양한 문제들로 구성하였습니다.

- 고난도 수능형 문제들을 통해 변별력 높은 내신 문제와 수능을 모두 대비하여 내신 고득점 달성 및 수능 고득점을 위한 실력을 쌓을 수 있습니다.

2권 맞힌 문제는 더 빠르고 정확하게 푸는 연습을, 틀린 문제는 다시 풀면서 완전히 내 것으로!

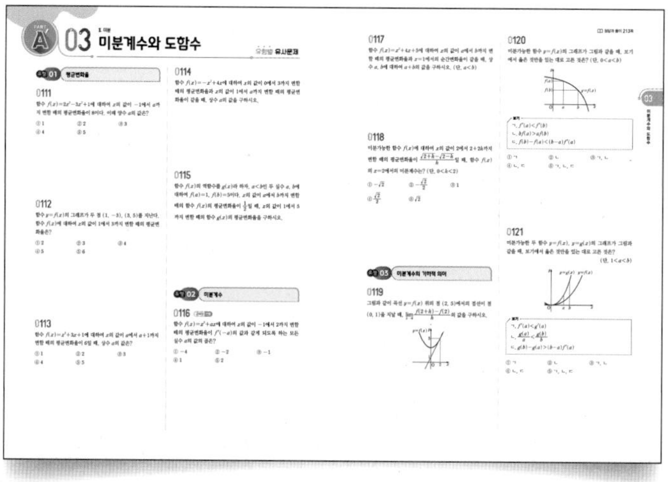

PART A′ 유형별 유사문제

≫ 핵심 기출 유형을 완벽히 내 것으로 만드는 유형별 연습 문제

- 1권 PART A의 동일한 유형을 기준으로 각 문제의 유사, 변형 문제로 구성하여 충분한 유제를 통해 유형별 완전 학습이 가능하도록 하였습니다. 맞힌 문제는 더 완벽하게 학습하고, 틀린 문제는 반복 학습으로 약점을 줄여나갈 수 있습니다.
- 수능 변형, 평가원 변형, 교육청 변형 문제로 기출 문제를 이해하고 비슷한 유형이 출제되는 경우에 대비할 수 있습니다.

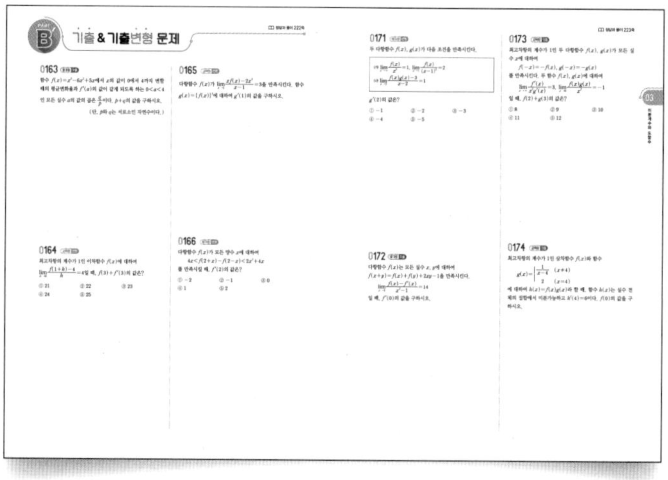

PART B′ 기출 & 기출변형 문제

≫ 최신 출제 경향을 담은 기출 문제와 우수 기출 문제의 변형 문제

- 기출 문제를 통해 최신 출제 경향을 파악하고 우수 기출 문제의 변형 문제를 풀어 보면서 수능 실전 감각을 키울 수 있습니다.

3권 풀이의 흐름을 한 눈에!

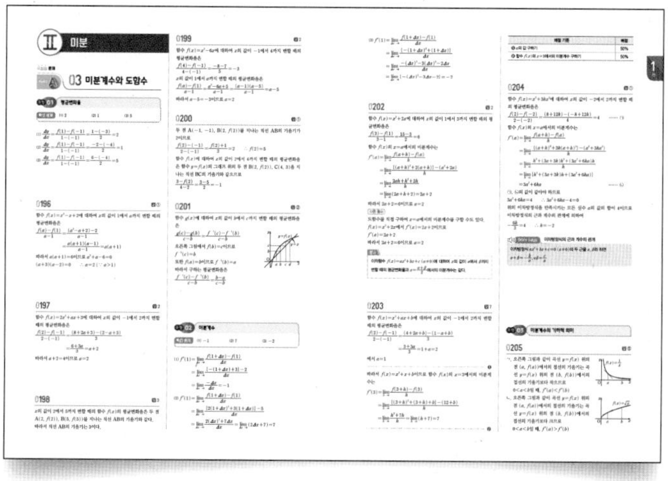

해설 정답과 풀이

≫ 완벽한 이해를 돕는 친절하고 명쾌한 풀이

- 문제 해결 과정을 꼼꼼하게 체크하고 이해할 수 있도록 친절하고 자세한 풀이를 실었습니다.
- Bible Says 문제 해결에 도움이 되는 학습 비법, 반드시 알아야 할 필수 개념, 공식, 원리
- 참고 해설 이해를 돕기 위한 부가적 설명

이 책의 차례

I

함수의 극한

함수의 극한

유형 01 함수의 극한과 그래프

(1) 좌극한과 우극한

x의 값이 a보다 작으면서 a에 한없이 가까워질 때, $f(x)$의 값이 일정한 수 L에 한없이 가까워지면 L을 $f(x)$의 $x=a$에서의 좌극한이라 하고 기호로 다음과 같이 나타낸다.

$x \to a-$일 때 $f(x) \to L$ 또는 $\lim\limits_{x \to a-} f(x)=L$

x의 값이 a보다 크면서 a에 한없이 가까워질 때, $f(x)$의 값이 일정한 수 L에 한없이 가까워지면 L을 $f(x)$의 $x=a$에서의 우극한이라 하고 기호로 다음과 같이 나타낸다.

$x \to a+$일 때 $f(x) \to L$ 또는 $\lim\limits_{x \to a+} f(x)=L$

(2) 그래프에서 함수의 좌극한, 우극한

그래프 위에 화살표를 그려서 좌극한, 우극한, 함숫값을 구한다.

예 오른쪽 그림에서 x의 값이 0보다 작으면서 0에 한없이 가까워질 때, $f(x)$의 값은 1에 한없이 가까워지므로 좌극한 값은 $\lim\limits_{x \to 0-} f(x)=1$

마찬가지 방법으로 우극한 값을 구하면

$\lim\limits_{x \to 0+} f(x)=2$

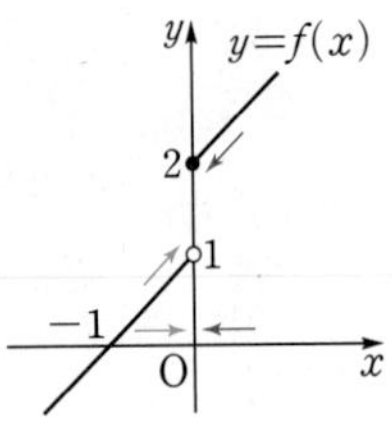

Tip $\lim\limits_{x \to a} f(\square)$ 꼴이 주어진 경우 $\square=t$로 놓고

$x \to a$일 때, $\square \to \triangle$이면 $\lim\limits_{x \to a} f(\square)=\lim\limits_{t \to \triangle} f(t)$임을 이용한다.

이는 유형 03 합성함수의 극한에서 상세히 다룬다.

0001 대표문제 수능 기출

함수 $y=f(x)$의 그래프가 그림과 같다.

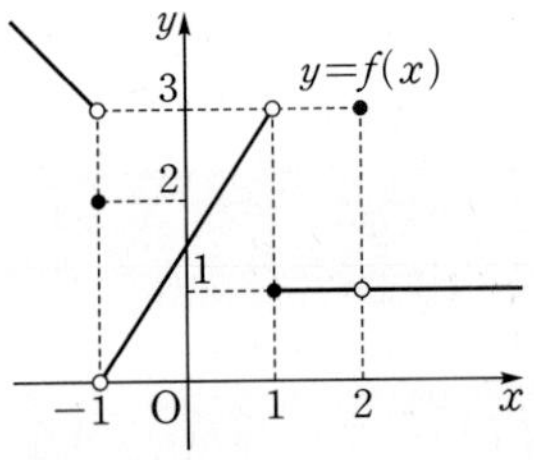

$\lim\limits_{x \to -1-} f(x)+\lim\limits_{x \to 2} f(x)$의 값은?

① 1 ② 2 ③ 3
④ 4 ⑤ 5

0002

함수 $y=f(x)$의 그래프가 그림과 같다.

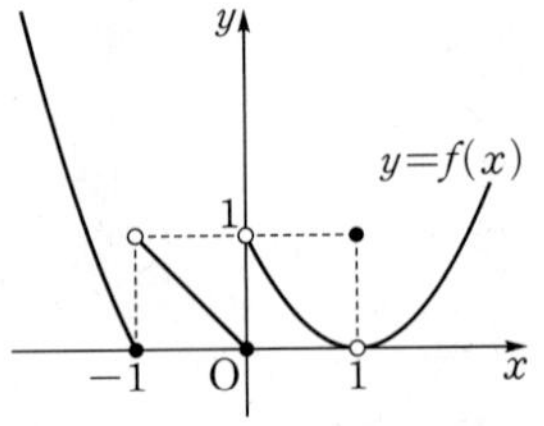

$\lim\limits_{x \to -1-} f(x)+\lim\limits_{x \to 0+} f(x)+\lim\limits_{x \to 1} f(x)$의 값을 구하시오.

0003 중요

실수 전체의 집합에서 정의된 함수 $y=f(x)$의 그래프가 그림과 같다.

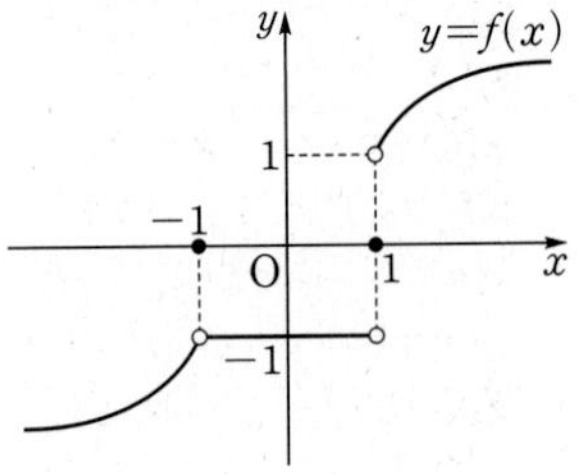

$\lim\limits_{x \to \infty} f\left(\dfrac{x+1}{x-1}\right)+\lim\limits_{x \to -1} f(x)$의 값은?

① −2 ② −1 ③ 0
④ 1 ⑤ 2

0004 교육청 기출

함수 $y=f(x)$의 그래프가 그림과 같다.

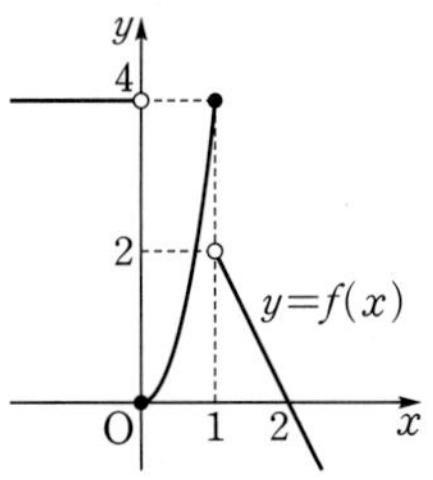

$\lim_{x \to 1+} f(x) - \lim_{x \to 0-} \frac{f(x)}{x-1}$의 값은?

① -6 ② -3 ③ 0
④ 3 ⑤ 6

0005

함수 $y=f(x)$의 그래프가 그림과 같다.

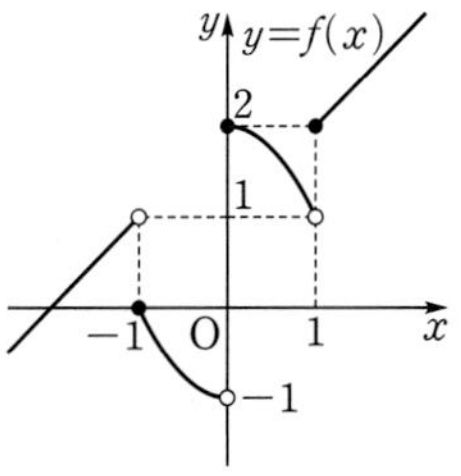

$\lim_{x \to 1-} f(x) + \lim_{x \to 1+} f(-x)$의 값은?

① 0 ② 1 ③ 2
④ 3 ⑤ 4

0006

함수 $y=f(x)$의 그래프가 그림과 같다.

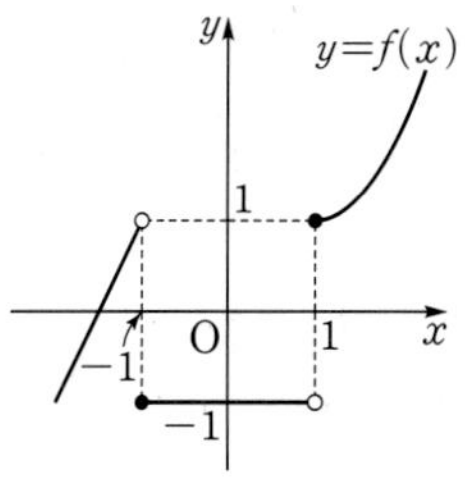

$\lim_{x \to 0+} f(1-x) + \lim_{x \to 1+} f(-x)$의 값은?

① -2 ② -1 ③ 0
④ 1 ⑤ 2

0007

두 함수 $y=f(x)$, $y=g(x)$의 그래프가 그림과 같다.

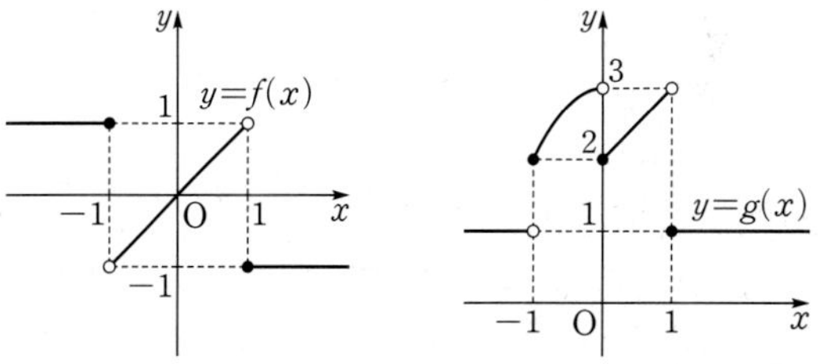

$\lim_{x \to 1-} f(x) = a$일 때, $\lim_{x \to a+} f(x-2) + \lim_{x \to a-} g(-x+1)$의 값은?

① 0 ② 1 ③ 2
④ 3 ⑤ 4

0008 중요

함수 $y=f(x)$의 그래프가 그림과 같다.

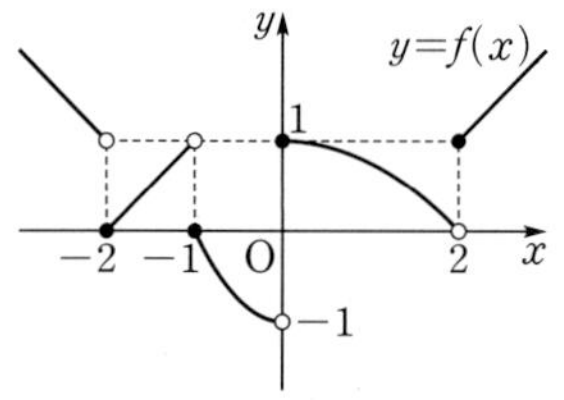

$\lim_{x\to k-}f(x)>\lim_{x\to k+}f(x)$를 만족시키는 모든 실수 k의 값의 합은?

① -3 ② -2 ③ -1
④ 0 ⑤ 1

0009

$-2\le x\le 2$에서 정의된 함수 $y=f(x)$의 그래프가 그림과 같을 때, 보기에서 옳은 것만을 있는 대로 고른 것은?

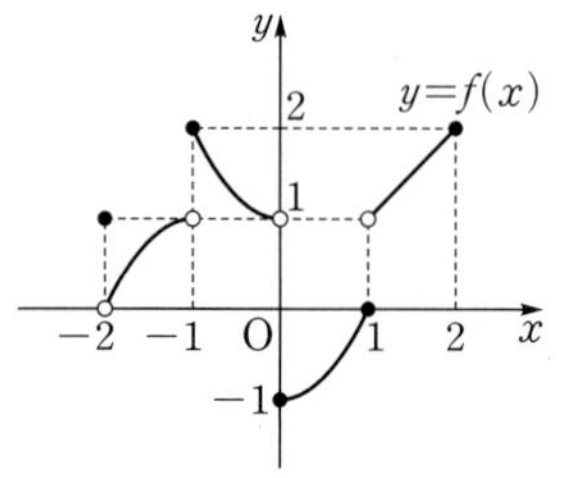

보기

ㄱ. $\lim_{x\to -2+}f(x)+\lim_{x\to 2-}f(x)=2$
ㄴ. $\lim_{x\to -1+}f(x)+\lim_{x\to 2-}f(x-1)=3$
ㄷ. $\lim_{x\to k-}f(x)<\lim_{x\to k+}f(x)$를 만족시키는 실수 k의 개수는 2이다. (단, $-2<k<2$)

① ㄱ ② ㄴ ③ ㄱ, ㄴ
④ ㄱ, ㄷ ⑤ ㄱ, ㄴ, ㄷ

유형 02 함수의 극한값과 존재조건

함수 $f(x)$의 $x=a$에서의 좌극한과 우극한이 모두 존재하고 그 값이 α로 같으면 $\lim_{x\to a}f(x)$가 존재하고 그 극한값은 α이다. 또한 그 역도 성립한다.

$$\lim_{x\to a-}f(x)=\lim_{x\to a+}f(x)=\alpha \iff \lim_{x\to a}f(x)=\alpha$$

확인 문제

다음 극한값이 존재하는지 조사하고, 존재하면 그 극한값을 구하시오.

(1) $\lim_{x\to 0}\frac{1}{x}$ (2) $\lim_{x\to 1}\frac{x-1}{|x-1|}$

(3) $\lim_{x\to 2}\frac{(x-2)^2}{|x-2|}$ (4) $\lim_{x\to -1}\frac{|x+1|}{2x^2+x-1}$

0010 대표문제

보기에서 극한값이 존재하는 것만을 있는 대로 고른 것은?

보기

ㄱ. $\lim_{x\to 0}\frac{1}{x^2}$ ㄴ. $\lim_{x\to 1}|x-1|$
ㄷ. $\lim_{x\to -1}\frac{|x+1|}{x+1}$ ㄹ. $\lim_{x\to 2}\frac{x^2-4}{x-2}$

① ㄱ, ㄴ ② ㄱ, ㄷ ③ ㄴ, ㄷ
④ ㄴ, ㄹ ⑤ ㄴ, ㄷ, ㄹ

0011

함수 $f(x)=\begin{cases}x^2+k & (x<1)\\ 2x+1 & (x\ge 1)\end{cases}$에 대하여 $\lim_{x\to 1}f(x)$의 값이 존재하기 위한 상수 k의 값을 구하시오.

0012 중요

함수 $f(x)=\begin{cases} \dfrac{x^2-4}{|x-2|} & (x<2) \\ a & (x\ge 2) \end{cases}$에 대하여 $\lim_{x\to 2} f(x)$의 값이 존재할 때, 상수 a의 값을 구하시오.

0013

함수 $y=f(x)$의 그래프가 그림과 같을 때, 보기에서 옳은 것만을 있는 대로 고른 것은?

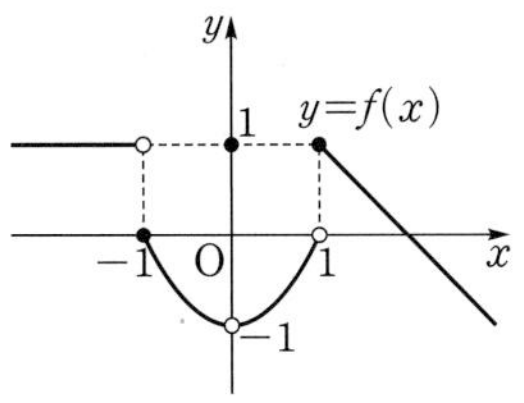

보기

ㄱ. $\lim_{x\to -1+} f(x)=0$

ㄴ. $\lim_{x\to 0} f(x)$의 값이 존재한다.

ㄷ. $\lim_{x\to -1-} f(x)+\lim_{x\to 1-} f(x)=1$

① ㄱ　② ㄴ　③ ㄱ, ㄴ
④ ㄱ, ㄷ　⑤ ㄱ, ㄴ, ㄷ

0014 서술형

함수 $f(x)=\begin{cases} -x^2+a & (x<-1) \\ bx+4 & (-1\le x<1) \\ 2x^2+x+3 & (x\ge 1) \end{cases}$이 모든 실수 k에 대하여 $\lim_{x\to k-} f(x)=\lim_{x\to k+} f(x)$일 때, $f(-2)$의 값을 구하시오. (단, a, b는 상수이다.)

유형 03 합성함수의 극한

두 함수 $f(x)$, $g(x)$에 대하여 $\lim_{x\to a+} g(f(x))$의 값은 $f(x)=t$로 놓고 경우에 따라 다음과 같이 구한다.

(1) $x\to a+$일 때, $t\to k+$이면
$\lim_{x\to a+} g(f(x))=\lim_{t\to k+} g(t)$

(2) $x\to a+$일 때, $t\to k-$이면
$\lim_{x\to a+} g(f(x))=\lim_{t\to k-} g(t)$

(3) $x\to a+$일 때, $t=k$이면
$\lim_{x\to a+} g(f(x))=g(k)$

0015 대표문제

함수 $y=f(x)$의 그래프가 그림과 같을 때,
$\lim_{x\to -1-} f(x)+\lim_{x\to 1+} f(f(x))$의 값은?

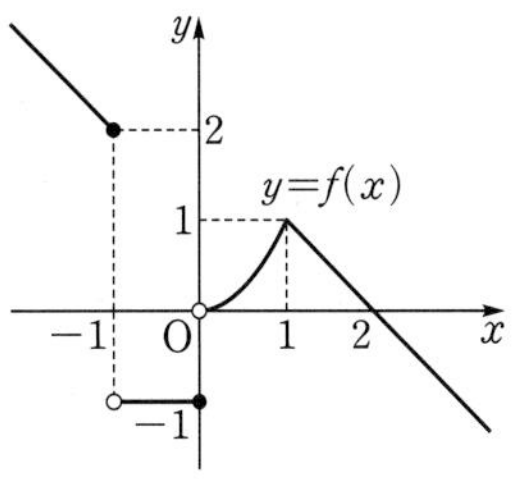

① -1　② 0　③ 1
④ 2　⑤ 3

0016

함수 $f(x)=\begin{cases} 1 & (x<0) \\ 2x-1 & (x\ge 0) \end{cases}$에 대하여
$\lim_{x\to 0-} f(f(x))+\lim_{x\to 0+} f(f(x))$의 값을 구하시오.

0017 교육청 기출

함수 $y=f(x)$의 그래프가 그림과 같다.

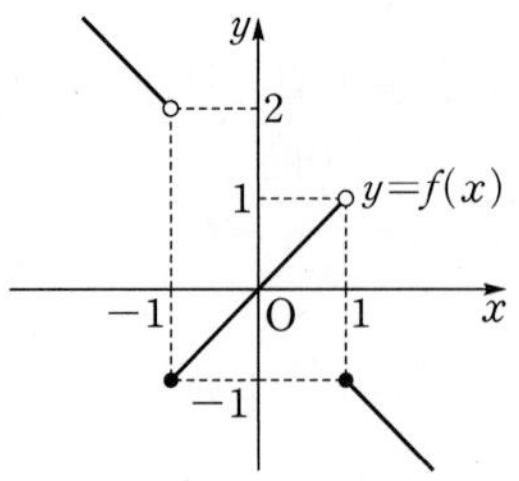

$\lim_{x\to 0+} f(x-1)+\lim_{x\to 1+} f(f(x))$의 값은?

① -2 ② -1 ③ 0
④ 1 ⑤ 2

0018

함수 $y=f(x)$의 그래프가 그림과 같을 때,
$\lim_{x\to 0+} f(f(x))+\lim_{x\to 1-} f(f(x))$의 값은?

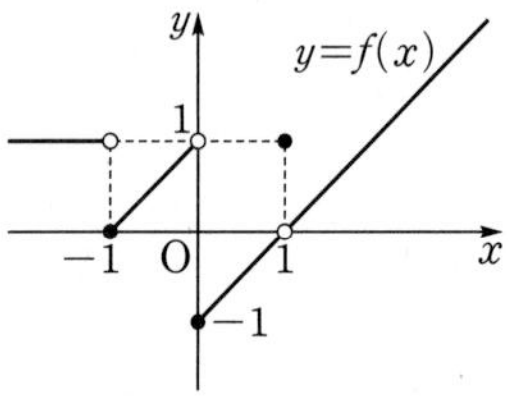

① -2 ② -1 ③ 0
④ 1 ⑤ 2

0019 중요

두 함수 $y=f(x)$, $y=g(x)$의 그래프가 그림과 같을 때,
$\lim_{x\to 1+} g(f(x))+\lim_{x\to 0-} f(g(x))$의 값을 구하시오.

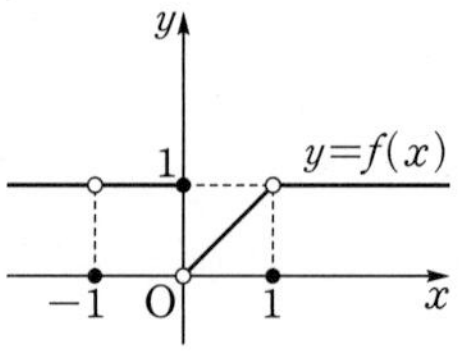

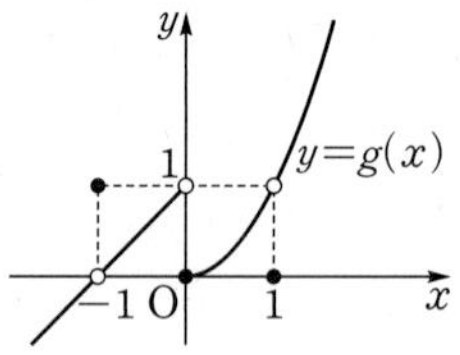

0020

두 함수 $y=f(x)$, $y=g(x)$의 그래프가 그림과 같을 때, 보기에서 극한값이 존재하는 것만을 있는 대로 고른 것은?

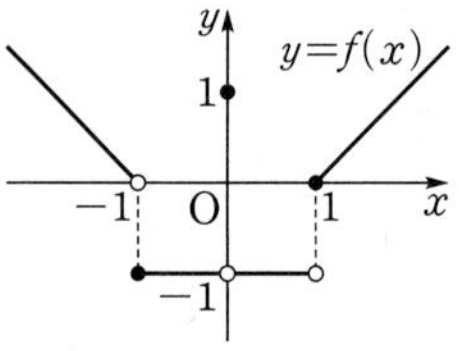

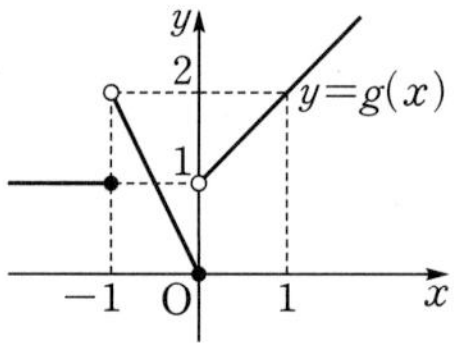

보기

ㄱ. $\lim_{x\to 1} f(1-x)$ ㄴ. $\lim_{x\to 0} f(g(x))$
ㄷ. $\lim_{x\to 1} g(f(x))$

① ㄱ ② ㄴ ③ ㄱ, ㄴ
④ ㄱ, ㄷ ⑤ ㄱ, ㄴ, ㄷ

유형 04 $[x]$ 꼴을 포함한 함수의 극한

$[x]$가 x보다 크지 않은 최대의 정수일 때, 정수 n에 대하여
(1) $x \to n+$일 때, $[x]=n$이므로 $\lim_{x \to n+}[x]=n$
(2) $x \to n-$일 때, $[x]=n-1$이므로 $\lim_{x \to n-}[x]=n-1$
Tip $[x]$ 꼴을 포함한 함수의 극한은 정수 n을 기준으로 좌극한과 우극한이 다르다.

0021 대표문제

$\lim_{x \to 2+}\frac{[x]^2+2x}{[x]}+\lim_{x \to 2-}\frac{[x]^2-x}{2[x]}$의 값은?
(단, $[x]$는 x보다 크지 않은 최대의 정수이다.)

① $\frac{7}{2}$ ② 4 ③ $\frac{9}{2}$
④ 5 ⑤ $\frac{11}{2}$

0022

함수 $f(x)=[x]^2+a[x]$에 대하여 등식
$$\lim_{x \to 3-}f(x)=\lim_{x \to 3+}f(x)$$
가 성립할 때, 상수 a의 값은?
(단, $[x]$는 x보다 크지 않은 최대의 정수이다.)

① -5 ② -3 ③ -1
④ 1 ⑤ 3

0023 중요

함수 $f(x)=2[x]^3-a[x]$에 대하여 $\lim_{x \to 2}f(x)$의 값이 존재하기 위한 상수 a의 값을 구하시오.
(단, $[x]$는 x보다 크지 않은 최대의 정수이다.)

0024

$\lim_{x \to n}\frac{[x]^2+3x}{[x]}$의 값이 존재하도록 하는 정수 n의 값은?
(단, $[x]$는 x보다 크지 않은 최대의 정수이다.)

① 1 ② 2 ③ 3
④ 4 ⑤ 5

0025

함수 $y=f(x)$의 그래프가 그림과 같을 때,
$\lim_{x \to 1+}f([x])+\lim_{x \to 1-}[f(x+1)]$의 값은?
(단, $[x]$는 x보다 크지 않은 최대의 정수이다.)

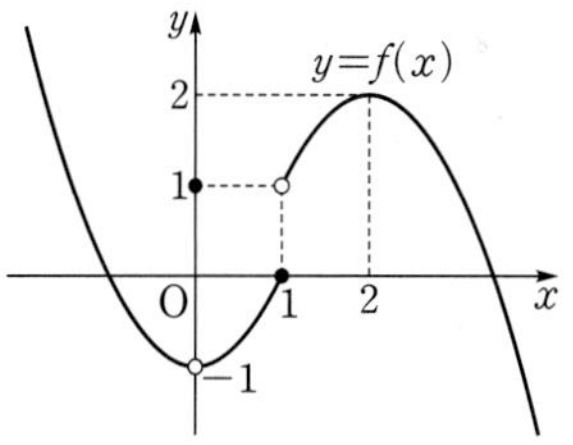

① -2 ② -1 ③ 0
④ 1 ⑤ 2

유형 05 함수의 극한에 대한 성질

두 함수 $f(x)$, $g(x)$에 대하여
$\lim_{x\to a} f(x)=\alpha$, $\lim_{x\to a} g(x)=\beta$ (α, β는 실수)일 때

(1) $\lim_{x\to a}\{f(x)\pm g(x)\}=\lim_{x\to a} f(x)\pm\lim_{x\to a} g(x)=\alpha\pm\beta$

(2) $\lim_{x\to a} cf(x)=c\lim_{x\to a} f(x)=c\alpha$ (단, c는 상수)

(3) $\lim_{x\to a} f(x)g(x)=\lim_{x\to a} f(x)\times\lim_{x\to a} g(x)=\alpha\beta$

(4) $\lim_{x\to a}\dfrac{f(x)}{g(x)}=\dfrac{\lim_{x\to a} f(x)}{\lim_{x\to a} g(x)}=\dfrac{\alpha}{\beta}$ (단, $g(x)\neq 0$, $\beta\neq 0$)

0026 대표문제

두 함수 $f(x)$, $g(x)$가

$$\lim_{x\to 1} f(x)=4,\ \lim_{x\to 1} g(x)=3$$

을 만족시킬 때, $\lim_{x\to 1}\{3f(x)-2g(x)\}$의 값을 구하시오.

0027

두 함수 $f(x)$, $g(x)$가

$$\lim_{x\to\infty} f(x)=4,\ \lim_{x\to\infty} g(x)=2$$

를 만족시킬 때, $\lim_{x\to\infty}\dfrac{3f(x)-g(x)}{2f(x)-3g(x)}$의 값을 구하시오.

0028

두 함수 $f(x)$, $g(x)$에 대하여

$$\lim_{x\to 2} f(x)=10,\ \lim_{x\to 2}\{f(x)-2g(x)\}=4$$

일 때, $\lim_{x\to 2} g(x)$의 값은?

① -3 ② -1 ③ 0
④ 1 ⑤ 3

0029

함수 $f(x)$가 $\lim_{x\to -1}(x+1)f(x)=1$을 만족시킬 때,

$\lim_{x\to -1}\dfrac{(x^2+4x+3)f(x)}{x^2+1}$의 값은?

① -1 ② 0 ③ $\dfrac{1}{2}$
④ 1 ⑤ 2

0030 중요

두 함수 $f(x)$, $g(x)$가

$$\lim_{x\to 0}\frac{f(x)}{x}=3,\ \lim_{x\to 0}\frac{g(x)}{x^2}=2$$

를 만족시킬 때, $\lim_{x\to 0}\dfrac{g(x)+x}{f(x)-2x}$의 값은?

① -2 ② -1 ③ 0
④ 1 ⑤ 2

0031 교육청 기출

두 함수 $f(x)$, $g(x)$가

$$\lim_{x\to\infty}\{2f(x)-3g(x)\}=1,\ \lim_{x\to\infty} g(x)=\infty$$

를 만족시킬 때, $\lim_{x\to\infty}\dfrac{4f(x)+g(x)}{3f(x)-g(x)}$의 값은?

① 1 ② 2 ③ 3
④ 4 ⑤ 5

정답과 풀이 5쪽

유형 06 $\frac{0}{0}$ 꼴 극한값의 계산

(1) **유리식인 경우**
분모, 분자를 인수분해한 후 분모의 식을 0으로 만드는 인수를 약분한다.
(2) **무리식인 경우**
분모, 분자에 근호가 있는 쪽을 유리화한 후 극한값을 구한다.

확인 문제

다음 극한값을 구하시오.

(1) $\lim_{x\to1}\frac{2x^2-x-1}{x-1}$ (2) $\lim_{x\to4}\frac{\sqrt{x}-2}{x-4}$

(3) $\lim_{x\to2}\frac{2x-4}{\sqrt{x+2}-2}$

0032 대표문제

$\lim_{x\to2}\frac{x^2-3x+2}{x^2-2x}+\lim_{x\to1}\frac{x^3+x^2-2x}{x^2-1}$의 값을 구하시오.

0033

$\lim_{x\to-1}\frac{x^2-2x-3}{x+1}+\lim_{x\to3}\frac{x-3}{\sqrt{x+1}-2}$의 값은?

① -2 ② -1 ③ 0
④ 1 ⑤ 2

0034

$\lim_{x\to0}\frac{\sqrt{1+x}-\sqrt{1-x}}{\sqrt{4+x}-\sqrt{4-x}}$의 값을 구하시오.

0035

함수 $f(x)$에 대하여 $\lim_{x\to3}f(x)=3$일 때,

$\lim_{x\to3}\frac{(x-3)f(x)}{x^2-9}$의 값은?

① $\frac{1}{6}$ ② $\frac{1}{3}$ ③ $\frac{1}{2}$
④ $\frac{2}{3}$ ⑤ $\frac{5}{6}$

0036 중요

함수 $f(x)$에 대하여 $\lim_{x\to4}f(x)=3$일 때,

$\lim_{x\to4}\frac{(x-4)f(x)}{\sqrt{x}-2}$의 값을 구하시오.

0037

다항함수 $f(x)$에 대하여

$$\lim_{x\to3}\frac{x^3-27}{(x^2-9)f(x)}=\frac{1}{2}$$

일 때, 다항식 $f(x)$를 $x-3$으로 나누었을 때의 나머지를 구하시오.

유형 07 $\frac{\infty}{\infty}$ 꼴 극한값의 계산

분모의 최고차항으로 분모, 분자를 각각 나눈다.

(1) **(분자의 차수) > (분모의 차수)인 경우**

➡ ∞ 또는 $-\infty$로 발산

(2) **(분자의 차수) = (분모의 차수)인 경우**

➡ 최고차항의 계수의 비로 수렴

(3) **(분자의 차수) < (분모의 차수)인 경우**

➡ 0으로 수렴

Tip $x \to -\infty$일 때의 극한값은 $-x=t$로 치환하여 $x \to -\infty$일 때 $t \to \infty$임을 이용한다.

확인 문제

다음 극한값을 구하시오.

(1) $\lim_{x \to \infty} \frac{4x^2-2x}{2x^2+6x+3}$ (2) $\lim_{x \to -\infty} \frac{5x-3}{3x+2}$

(3) $\lim_{x \to \infty} \frac{2x}{\sqrt{x^2+1}+2}$

0038 대표문제

$\lim_{x \to \infty} \frac{2x^2-2x-3}{x^2+3x} + \lim_{x \to \infty} \frac{\sqrt{4x^2+1}-3}{x-1}$의 값을 구하시오.

0039

$\lim_{x \to -\infty} \frac{\sqrt{x^2+3}-4}{x+2}$의 값을 구하시오.

0040 중요

함수 $f(x)$에 대하여 $\lim_{x \to \infty} \frac{f(x)}{x}=3$일 때, $\lim_{x \to \infty} \frac{3x+2f(x)}{4x-f(x)}$의 값을 구하시오.

0041

$\lim_{x \to -\infty} \frac{\sqrt{x^2+3}+2x}{\sqrt{4x^2+x+2}-x}$의 값은?

① -1 ② $-\frac{2}{3}$ ③ $-\frac{1}{3}$

④ $\frac{1}{3}$ ⑤ $\frac{2}{3}$

0042

함수 $f(x)=2x^2+ax$에 대하여 $\lim_{x \to 0} \frac{f(x)}{x}=4$일 때, $\lim_{x \to \infty} \frac{x^3+2f(x)}{2xf(x)}$의 값은? (단, a는 상수이다.)

① $\frac{1}{8}$ ② $\frac{1}{4}$ ③ $\frac{1}{2}$

④ 1 ⑤ 2

0043

$\lim_{x \to 1} \frac{2x^2-3x+1}{x^2-3x+2}=a$일 때, $\lim_{x \to -\infty} \frac{3ax}{\sqrt{x^2-2ax}+\sqrt{4x^2-a}}$의 값을 구하시오.

유형 08 $\infty-\infty$ 꼴 극한값의 계산

(1) **다항식인 경우**

➡ 최고차항으로 묶은 후 극한값을 구한다.

(2) **무리식인 경우**

➡ 근호가 있는 쪽을 유리화하여 $\frac{\infty}{\infty}$ 꼴로 변형한다.

확인 문제

다음 극한값을 구하시오.

(1) $\lim_{x\to\infty}(\sqrt{x^2+3}-x)$

(2) $\lim_{x\to\infty}(\sqrt{x^2-2x}-\sqrt{x^2+2x})$

0044 대표문제

$\lim_{x\to\infty}(\sqrt{9x^2+2}-3x)+\lim_{x\to\infty}(\sqrt{x^2+4x}-\sqrt{x^2-4x})$의 값을 구하시오.

0045

$\lim_{x\to\infty}\frac{1}{x-\sqrt{x^2-4x+5}}$의 값은?

① $\frac{1}{4}$　② $\frac{1}{2}$　③ 1

④ 2　⑤ 4

0046

$\lim_{x\to-\infty}(\sqrt{x^2-6x}+x)$의 값은?

① 1　② 2　③ 3

④ 4　⑤ 5

0047

$\lim_{x\to-\infty}\frac{1}{\sqrt{x^2+2x}+x}$의 값은?

① -2　② -1　③ $-\frac{1}{2}$

④ $\frac{1}{2}$　⑤ 1

0048 중요

$\lim_{x\to3}\frac{2\sqrt{x+1}-4}{x-3}=a$, $\lim_{x\to-\infty}(\sqrt{x^2-6x+1}-\sqrt{x^2+6x})=b$

라 할 때, 실수 a, b에 대하여 ab의 값을 구하시오.

0049

$\lim_{x\to\infty}(\sqrt{x^2+5x+1}-\sqrt{x^2-3x})=a$,

$\lim_{x\to\infty}\frac{1}{\sqrt{4x^2+4x+5}-2x}=b$라 할 때, 실수 a, b에 대하여 $a+b$의 값은?

① 3　② 4　③ 5

④ 6　⑤ 7

유형 09 $\infty\times0$ 꼴 극한값의 계산

$\infty\times0$ 꼴의 극한은 $\frac{0}{0}$, $\frac{\infty}{\infty}$ 꼴로 변형하여 구한다.

(1) 분모, 분자가 모두 다항식인 경우
➡ 통분하여 인수분해한다.

(2) 분모, 분자에 무리식이 있는 경우
➡ 근호가 있는 쪽을 유리화한다.

확인 문제

다음 극한값을 구하시오.

(1) $\lim_{x\to0}\frac{1}{x}\left(\frac{1}{x-2}+\frac{1}{2}\right)$

(2) $\lim_{x\to1}(\sqrt{x}-1)\left(2-\frac{2}{x-1}\right)$

0050 대표문제

$\lim_{x\to-2}\frac{1}{x+2}\left(\frac{x^2}{x-2}+1\right)$의 값은?

① $\frac{1}{4}$ ② $\frac{1}{2}$ ③ $\frac{3}{4}$
④ 1 ⑤ $\frac{5}{4}$

0051

다음 중에서 옳지 않은 것은?

① $\lim_{x\to-3}\frac{x^2+4x+3}{x+3}=-2$

② $\lim_{x\to\infty}(\sqrt{x^2+3x}-\sqrt{x^2-3x})=3$

③ $\lim_{x\to-\infty}\frac{\sqrt{x^2+2x}+1}{x+3}=-1$

④ $\lim_{x\to2}(x-2)\left(1+\frac{3x}{x-2}\right)=6$

⑤ $\lim_{x\to1}\frac{1}{\sqrt{x}-1}\left(\frac{1}{x-3}+\frac{1}{2}\right)=\frac{1}{2}$

0052

$\lim_{x\to1}\frac{16x}{x^2-1}\left(\frac{2}{\sqrt{x+3}}-1\right)$의 값은?

① -2 ② -1 ③ $-\frac{1}{4}$
④ $-\frac{1}{2}$ ⑤ $-\frac{1}{16}$

0053 중요

보기에서 옳은 것만을 있는 대로 고른 것은?

보기

ㄱ. $\lim_{x\to3}\frac{\sqrt{x+6}-3}{x-3}=\frac{1}{6}$

ㄴ. $\lim_{x\to-\infty}(x+\sqrt{x^2-2x+3})=2$

ㄷ. $\lim_{x\to4}\frac{2}{\sqrt{x}-2}\left(\frac{1}{x-1}-\frac{1}{3}\right)=-2$

ㄹ. $\lim_{x\to\infty}x^2\left(1-\frac{x}{\sqrt{x^2+4}}\right)=2$

① ㄱ ② ㄱ, ㄴ ③ ㄱ, ㄷ
④ ㄱ, ㄹ ⑤ ㄱ, ㄷ, ㄹ

0054

함수 $f(x)=x^2+1$에 대하여

$\lim_{x\to\infty}\{\sqrt{f(x)+x}-\sqrt{f(x)-x}\}=a$, $\lim_{x\to-\infty}x^2\left(1+\frac{x}{\sqrt{f(x)}}\right)=b$

라 할 때, 실수 a, b에 대하여 $a+2b$의 값을 구하시오.

유형 10 미정계수의 결정

두 함수 $f(x)$, $g(x)$에 대하여

(1) $\lim_{x\to a}\frac{f(x)}{g(x)}=\alpha$ (α는 실수)일 때

$\lim_{x\to a}g(x)=0$이면 $\lim_{x\to a}f(x)=0$이다.

(2) $\lim_{x\to a}\frac{f(x)}{g(x)}=\alpha$ ($\alpha\neq0$인 실수)일 때

$\lim_{x\to a}f(x)=0$이면 $\lim_{x\to a}g(x)=0$이다.

0055 대표문제 교육청 기출

두 상수 a, b에 대하여 $\lim_{x\to-1}\frac{x^2+4x+a}{x+1}=b$일 때, $a+b$의 값을 구하시오.

0056

$\lim_{x\to2}\frac{\sqrt{x+2}+a}{x-2}=b$일 때, 상수 a, b에 대하여 $\frac{a}{b}$의 값은?

① -8 ② -4 ③ -2 ④ 4 ⑤ 8

0057

$\lim_{x\to-1}\frac{ax^3+x+b}{x+1}=7$일 때, 상수 a, b에 대하여 $a+b$의 값은?

① 1 ② 2 ③ 3 ④ 4 ⑤ 5

0058

$\lim_{x\to1}\frac{x-1}{x^2+ax+b}=\frac{1}{5}$일 때, 상수 a, b에 대하여 $a-b$의 값은?

① 5 ② 6 ③ 7 ④ 8 ⑤ 9

0059 중요

$\lim_{x\to-2}\frac{\sqrt{x+a}-b}{x+2}=\frac{1}{4}$일 때, 상수 a, b에 대하여 ab의 값을 구하시오.

0060

$\lim_{x\to\infty}(\sqrt{x^2+2x+3}-ax)=b$를 만족시키는 상수 a, b에 대하여 $a+b$의 값을 구하시오.

0061 서술형

$\lim_{x\to1}\frac{1}{x-1}\left(\frac{1}{a}-\frac{1}{x+b}\right)=\frac{1}{4}$을 만족시키는 상수 a, b에 대하여 a^2+b^2의 값을 구하시오. (단, $a>0$)

유형 11 다항함수의 결정

두 다항함수 $f(x)$, $g(x)$에 대하여

(1) $\lim_{x\to\infty}\frac{f(x)}{g(x)}=\alpha$ ($\alpha\neq0$인 실수)일 때 두 다항함수 $f(x)$, $g(x)$의 차수는 같고 최고차항의 계수의 비가 α이다.

(2) $\lim_{x\to a}\frac{f(x)}{g(x)}=\alpha$ (α는 실수)일 때 $\lim_{x\to a}g(x)=0$이면 $\lim_{x\to a}f(x)=0$이다.

Tip 함수 $f(x)$가 다항함수이면 모든 실수 a에 대하여 $\lim_{x\to a}f(x)=f(a)$이다.

0062 대표문제 평가원 기출

삼차함수 $f(x)$가

$$\lim_{x\to0}\frac{f(x)}{x}=\lim_{x\to1}\frac{f(x)}{x-1}=1$$

을 만족시킬 때, $f(2)$의 값은?

① 4 ② 6 ③ 8 ④ 10 ⑤ 12

0063

다항함수 $f(x)$가

$$\lim_{x\to\infty}\frac{f(x)}{x^2+2x+3}=2,\ \lim_{x\to2}\frac{f(x)}{x^2-3x+2}=12$$

를 만족시킬 때, $f(3)$의 값을 구하시오.

0064 중요

다항함수 $f(x)$가

$$\lim_{x\to\infty}\frac{f(x)-2x^3}{2x^2}=2,\ \lim_{x\to0}\frac{f(x)}{x}=3$$

을 만족시킬 때, $f(1)$의 값을 구하시오.

0065

다항함수 $f(x)$가 $\lim_{x\to\infty}\frac{f(x)-3x^2}{x}=2$를 만족시킬 때, $\lim_{x\to0+}x^2f\left(\frac{1}{x}\right)$의 값을 구하시오.

0066 중요

다항함수 $f(x)$가 다음 조건을 만족시킬 때, $f(2)$의 값을 구하시오.

(가) $\lim_{x\to0+}x^2f\left(\frac{1}{x}\right)=1$

(나) $\lim_{x\to1}\frac{f(x)}{x^2-1}=4$

0067 서술형

다항함수 $f(x)$가 다음 조건을 만족시킨다.

(가) $\lim_{x\to\infty}\left\{\frac{f(x)}{x^2}-2\right\}=0$

(나) $\lim_{x\to1}\frac{f(x)-x}{x-1}=2$

$f(4)$의 값을 구하시오.

유형 12 함수의 극한의 대소 관계

$\lim_{x\to a} f(x)=\alpha$, $\lim_{x\to a} g(x)=\beta$ (α, β는 실수)일 때, a에 가까운 모든 x에 대하여

(1) $f(x)\le g(x)$이면 $\lim_{x\to a} f(x)\le \lim_{x\to a} g(x)$

(2) $f(x)\le h(x)\le g(x)$이고 $\alpha=\beta$이면 $\lim_{x\to a} h(x)=\alpha$

0068 대표문제

함수 $f(x)$가 모든 양의 실수 x에 대하여

$$3x-2<xf(x)<3x+1$$

을 만족시킬 때, $\lim_{x\to\infty} f(x)$의 값은?

① -3　② -1　③ 0　④ 1　⑤ 3

0069

함수 $f(x)$가 모든 실수 x에 대하여

$$-2x^2+3x\le f(x)\le 2x^2+3x$$

를 만족시킬 때, $\lim_{x\to 0+} \frac{f(x)}{x}$의 값을 구하시오.

0070

함수 $f(x)$가 모든 양의 실수 x에 대하여

$$2x^2-3x\le (x^2+2)f(x)\le 2x^2+5x$$

를 만족시킬 때, $\lim_{x\to\infty} f(x)$의 값을 구하시오.

0071

함수 $f(x)$가 모든 실수 x에 대하여

$$2x^2+1<f(x)<2x^2+3$$

을 만족시킬 때, $\lim_{x\to\infty} \frac{\{f(x)\}^2}{2x^4+x^2}$의 값은?

① 1　② 2　③ 3　④ 4　⑤ 5

0072 중요

함수 $f(x)$가 모든 양의 실수 x에 대하여

$$\frac{x^2-2x}{3x+5}\le f(x)\le \frac{x^2+2x}{3x+2}$$

를 만족시킬 때, $\lim_{x\to\infty} \frac{f(2x)}{x}$의 값은?

① $\frac{1}{2}$　② $\frac{2}{3}$　③ $\frac{3}{4}$　④ 1　⑤ $\frac{3}{2}$

0073

함수 $f(x)$가 모든 실수 x에 대하여 $|f(x)-3x|<1$을 만족시킬 때, $\lim_{x\to\infty} \frac{\{f(x)\}^2}{x^2-4x+5}$의 값을 구하시오.

유형 13 함수의 극한에 대한 성질의 진위판단

함수의 극한에 대한 성질을 이용하여 주어진 보기의 참, 거짓을 판별한다. 성질을 적용할 수 없는 경우에는 반례를 찾아본다.

확인 문제

두 함수 $f(x)$, $g(x)$에 대하여 다음의 참, 거짓을 판별하시오.

(1) $\lim_{x\to a}f(x)$와 $\lim_{x\to a}\{f(x)-g(x)\}$의 값이 모두 존재하면 $\lim_{x\to a}g(x)$의 값도 존재한다.

(2) $\lim_{x\to a}f(x)$와 $\lim_{x\to a}\frac{g(x)}{f(x)}$의 값이 모두 존재하면 $\lim_{x\to a}g(x)$의 값도 존재한다.

(3) $\lim_{x\to a}f(x)$와 $\lim_{x\to a}f(x)g(x)$의 값이 모두 존재하면 $\lim_{x\to a}g(x)$의 값도 존재한다.

(4) $\lim_{x\to a}f(x)$와 $\lim_{x\to a}f(x)g(x)$의 값이 모두 존재하고 $\lim_{x\to a}f(x)\neq0$이면 $\lim_{x\to a}g(x)$의 값도 존재한다.

0074 대표문제

두 함수 $f(x)$, $g(x)$에 대하여 보기에서 옳은 것만을 있는 대로 고른 것은? (단, a는 실수이다.)

보기

ㄱ. $\lim_{x\to a}\{f(x)+g(x)\}$와 $\lim_{x\to a}\{f(x)-g(x)\}$의 값이 존재하면 $\lim_{x\to a}g(x)$의 값도 존재한다.

ㄴ. $\lim_{x\to a}g(x)$와 $\lim_{x\to a}\frac{f(x)}{g(x)}$의 값이 모두 존재하면 $\lim_{x\to a}f(x)$의 값도 존재한다.

ㄷ. $\lim_{x\to a}\{f(x)-g(x)\}=0$이면 $\lim_{x\to a}f(x)=\lim_{x\to a}g(x)$이다.

① ㄱ ② ㄱ, ㄴ ③ ㄱ, ㄷ
④ ㄴ, ㄷ ⑤ ㄱ, ㄴ, ㄷ

0075

두 함수 $f(x)$, $g(x)$에 대하여 보기에서 옳은 것만을 있는 대로 고른 것은? (단, a는 실수이다.)

보기

ㄱ. 모든 실수 x에 대하여 $f(x)<g(x)$이고 $\lim_{x\to a}f(x)$, $\lim_{x\to a}g(x)$가 존재하면 $\lim_{x\to a}f(x)<\lim_{x\to a}g(x)$이다.

ㄴ. $\lim_{x\to a}f(x)=\infty$, $\lim_{x\to a}g(x)=\infty$이면 $\lim_{x\to a}\frac{f(x)}{g(x)}=1$이다.

ㄷ. 모든 실수 x에 대하여 $f(x)<g(x)<f(x+1)$이고 $\lim_{x\to\infty}f(x)=2$이면 $\lim_{x\to\infty}\frac{g(x)}{x}=0$이다.

① ㄱ ② ㄴ ③ ㄷ
④ ㄱ, ㄷ ⑤ ㄴ, ㄷ

0076

함수 $f(x)$에 대하여 보기에서 옳은 것만을 있는 대로 고른 것은?

보기

ㄱ. $\lim_{x\to0}\frac{x}{f(x)}=0$이면 $\lim_{x\to0}f(x)=0$이다. (단, $f(x)\neq0$)

ㄴ. $\lim_{x\to\infty}x^2f(x)=2$이면 $\lim_{x\to\infty}f(x)=0$이다.

ㄷ. 함수 $f(x)$가 모든 양의 실수 x에 대하여 $3x^2<f(x)<3x^2+x$이면 $\lim_{x\to\infty}\frac{f(x)}{\sqrt{x^4+1}}=3$이다.

① ㄱ ② ㄴ ③ ㄷ
④ ㄱ, ㄷ ⑤ ㄴ, ㄷ

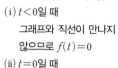

유형 14 새롭게 정의된 함수의 극한

두 함수의 그래프의 교점의 개수, 방정식의 실근의 개수 또는 조건을 만족시키는 새로운 함수의 식을 세우고 극한값을 구한다.

예 함수 $y=|x|$의 그래프와 직선 $y=t$가 만나는 점의 개수를 $f(t)$라 할 때, $\lim_{t\to0-}f(t)$, $\lim_{t\to0+}f(t)$의 값을 구해 보자.

(i) $t<0$일 때
그래프와 직선이 만나지 않으므로 $f(t)=0$

(ii) $t=0$일 때
그래프와 직선이 한 점에서 만나므로 $f(0)=1$

(iii) $t>0$일 때
그래프와 직선이 서로 다른 두 점에서 만나므로 $f(t)=2$

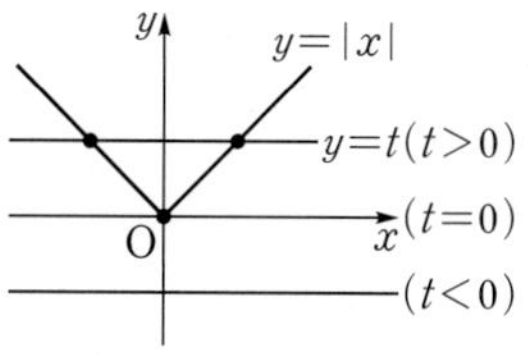

(i)~(iii)에서 $f(t)=\begin{cases}0 & (t<0)\\1 & (t=0)\\2 & (t>0)\end{cases}$ 이므로

$\lim_{t\to0-}f(t)=0$, $\lim_{t\to0+}f(t)=2$

0077 대표문제

실수 t에 대하여 직선 $y=t$가 함수 $y=|x^2-2|$의 그래프와 만나는 점의 개수를 $f(t)$라 할 때, $\lim_{t\to0-}f(t)+\lim_{t\to2+}f(t)$의 값은?

① 2 ② 3 ③ 4
④ 5 ⑤ 6

0078

실수 t에 대하여 원 $x^2+y^2=t^2$과 직선 $y=2$가 만나는 점의 개수를 $f(t)$라 할 때, $\lim_{t\to-2-}f(t)+\lim_{t\to2-}f(t)+f(2)$의 값은?

① 1 ② 2 ③ 3
④ 4 ⑤ 5

0079 중요

실수 k에 대하여 직선 $y=2x+k$와 중심이 점 $(2, 3)$이고 반지름의 길이가 $\sqrt{5}$인 원이 만나는 서로 다른 점의 개수를 $f(k)$라 할 때, $\lim_{k\to-6+}f(k)+\lim_{k\to4-}f(k)$의 값을 구하시오.

0080

실수 전체의 집합에서 정의된 함수 $y=f(x)$의 그래프가 그림과 같다.

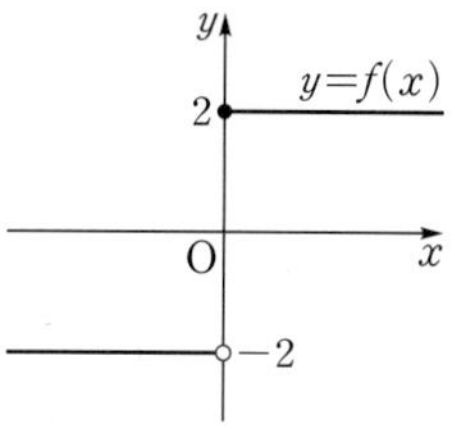

실수 t에 대하여 함수 $y=f(x)$의 그래프와 직선 $y=x+t$가 만나는 점의 개수를 $g(t)$라 할 때, $\lim_{t\to-2-}g(t)+\lim_{t\to2-}g(t)$의 값을 구하시오.

0081

두 집합

$A=\{x\,|\,(x-a)(x-a+1)=0\}$,
$B=\{x\,|\,(x+1)(x-1)\le0\}$

에 대하여 $f(a)=n(A\cap B)$라 할 때, $\lim_{a\to-1+}f(a)+\lim_{a\to1-}f(a)+f(2)$의 값을 구하시오.

(단, a는 실수이다.)

유형 15 함수의 극한과 도형

도형의 성질을 이용하여 좌표평면에서 선분의 길이, 점의 좌표 등을 식으로 나타내고 극한값을 구한다.

[도형의 성질]

(1) 두 점 사이의 거리

좌표평면 위의 두 점 $A(x_1, y_1)$, $B(x_2, y_2)$ 사이의 거리는

$\overline{AB}=\sqrt{(x_2-x_1)^2+(y_2-y_1)^2}$

(2) 원 위의 한 점에서의 접선의 방정식

원 $x^2+y^2=r^2$ 위의 점 (a, b)에서의 접선의 방정식은

$ax+by=r^2$

(3) 수직인 두 직선의 기울기

기울기가 각각 m, m'인 두 직선이 서로 수직이면

$mm'=-1$

(4) 선분의 수직이등분선의 방정식

선분 AB의 수직이등분선을 l이라 하면

① 직선 l과 직선 AB의 기울기의 곱은 -1이다.

② 직선 l은 선분 AB의 중점을 지난다.

0082 대표문제

그림과 같이 제1사분면에서 두 곡선 $y=x^2$, $y=\frac{1}{4}x^2$이 직선 $y=k$ $(k>0)$와 만나는 점을 각각 A, B라 하자.
$4\lim_{k\to\infty}(\overline{OB}-\overline{OA})$의 값을 구하시오. (단, O는 원점이다.)

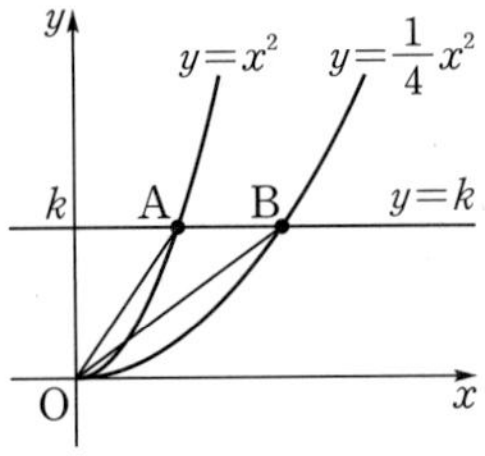

0083 수능 기출

그림과 같이 직선 $y=x+1$ 위에 두 점 $A(-1, 0)$과 $P(t, t+1)$이 있다. 점 P를 지나고 직선 $y=x+1$에 수직인 직선이 y축과 만나는 점을 Q라 할 때, $\lim_{t\to\infty}\frac{\overline{AQ}^2}{\overline{AP}^2}$의 값은?

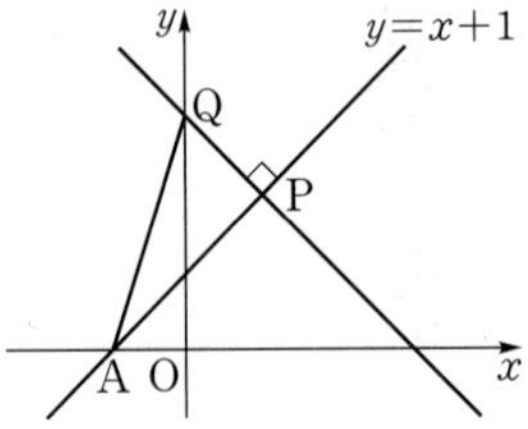

① 1　② $\frac{3}{2}$　③ 2　④ $\frac{5}{2}$　⑤ 3

0084 중요

그림과 같이 곡선 $y=\frac{1}{3}x^2$ 위의 점 $P\left(t, \frac{1}{3}t^2\right)$과 원점 O에 대하여 선분 OP의 수직이등분선이 y축과 만나는 점의 y좌표를 $f(t)$라 할 때, $\lim_{t\to0+}f(t)$의 값은? (단, $t>0$)

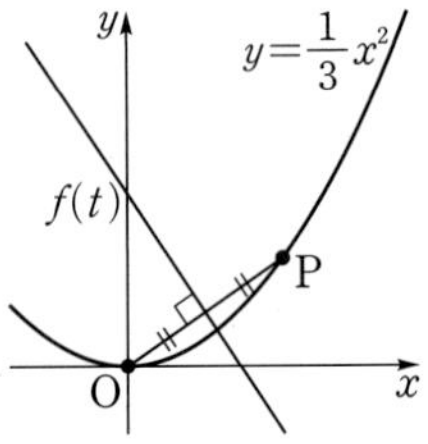

① $\frac{1}{2}$　② 1　③ $\frac{3}{2}$　④ 2　⑤ $\frac{5}{2}$

0085 교육청 기출

그림과 같이 두 점 A$(a,\ 0)$, B$(0,\ 3)$에 대하여 삼각형 OAB에 내접하는 원 C가 있다. 원 C의 반지름의 길이를 r라 할 때, $\lim_{a\to 0+}\frac{r}{a}$의 값은? (단, O는 원점이다.)

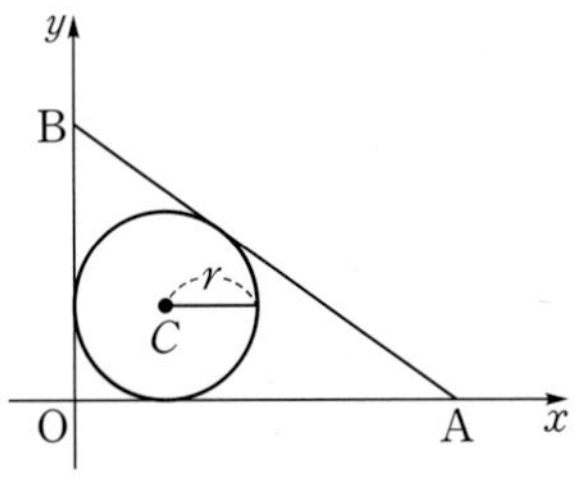

① $\frac{1}{6}$ ② $\frac{1}{5}$ ③ $\frac{1}{4}$
④ $\frac{1}{3}$ ⑤ $\frac{1}{2}$

0086 서술형

그림과 같이 원 $x^2+y^2=4$ 위의 점 P$(t,\ \sqrt{4-t^2}\,)$ $(0<t<2)$에서의 접선이 x축과 만나는 점을 Q, 점 P에서 x축에 내린 수선의 발을 H라 하자. 원 $x^2+y^2=4$가 x축의 양의 방향과 만나는 점을 A라 할 때, $\lim_{t\to 2-}\frac{\overline{\text{HQ}}}{\overline{\text{HA}}}$의 값을 구하시오.

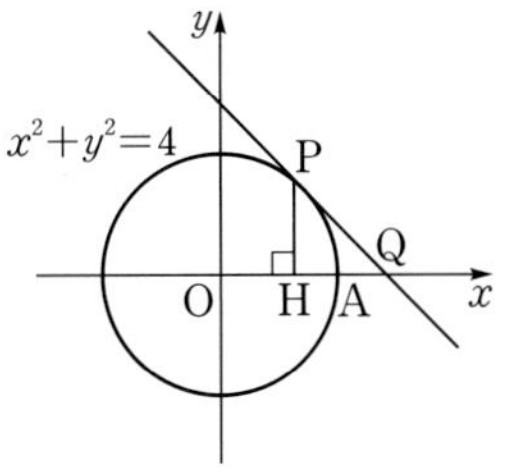

0087 중요

그림과 같이 곡선 $y=\sqrt{2x}$ 위의 점 P$(t,\ \sqrt{2t}\,)$ $(t>0)$를 지나고 선분 OP에 수직인 직선이 x축과 만나는 점을 Q라 하자. 삼각형 OPQ의 넓이를 $S(t)$라 할 때, $\lim_{t\to\infty}\frac{\{S(t)\}^2}{t^3}$의 값은? (단, O는 원점이다.)

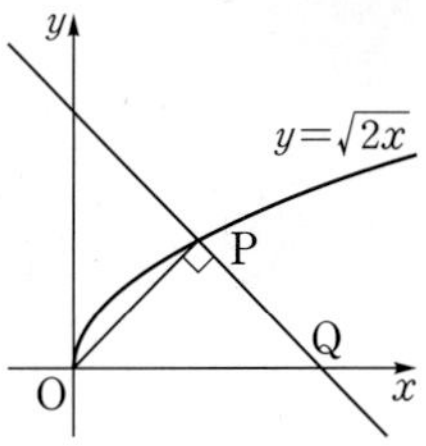

① $\frac{1}{4}$ ② $\frac{1}{2}$ ③ 1
④ 2 ⑤ 4

0088

그림과 같이 두 곡선 $y=x^2-2x$, $y=2\sqrt{x+1}-2$가 직선 $x=t$ $(0<t<2)$와 만나는 점을 각각 A, B라 하고 직선 $x=t$가 x축과 만나는 점을 H라 하자. 두 삼각형 OAH, OBH의 넓이를 각각 $f(t)$, $g(t)$라 할 때, $\lim_{t\to 0+}\frac{g(t)}{f(t)}$의 값은? (단, O는 원점이다.)

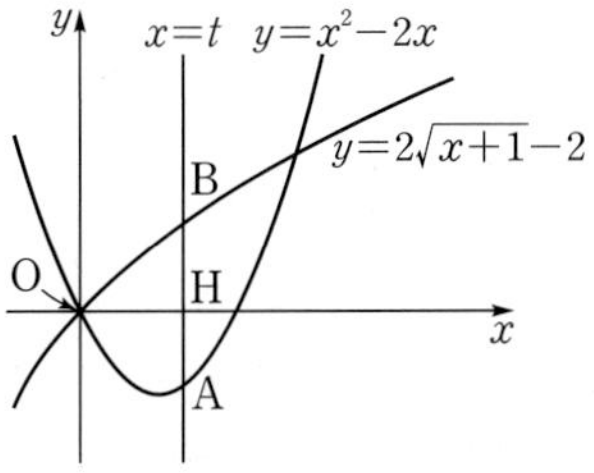

① $\frac{1}{4}$ ② $\frac{1}{2}$ ③ 1
④ 2 ⑤ 4

PART B

내신 잡는 종합 문제

0089 교육청 기출

함수 $y=f(x)$의 그래프가 그림과 같다.

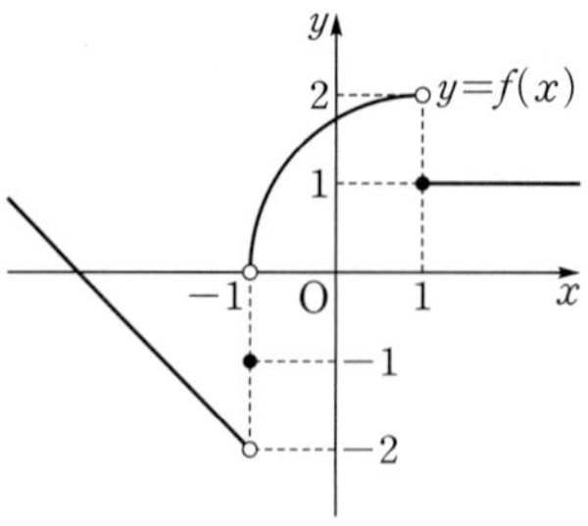

$\lim_{x\to-1-} f(x)=a$일 때, $\lim_{x\to a+} f(x+3)$의 값은?

① -2 ② -1 ③ 0
④ 1 ⑤ 2

0090

$\lim_{x\to2+} \frac{x^2-4}{|x-2|}=a$, $\lim_{x\to3-} \frac{[x+3]}{[x^2-9]}=b$일 때, 실수 a, b에 대하여 $a+b$의 값은?

① -2 ② -1 ③ 0
④ 1 ⑤ 2

0091

두 함수 $f(x)$, $g(x)$가

$$\lim_{x\to\infty}\{f(x)-2g(x)\}=2,\ \lim_{x\to\infty}g(x)=\infty$$

를 만족시킬 때, $\lim_{x\to\infty}\frac{2f(x)+g(x)}{3f(x)-g(x)}$의 값은?

① -1 ② 0 ③ 1
④ 2 ⑤ 3

0092

$\lim_{x\to a}\frac{x^2-a^2}{x-a}=4$, $\lim_{x\to\infty}(\sqrt{x^2+ax}-\sqrt{x^2+bx})=6$일 때, 상수 a, b에 대하여 $a+b$의 값은?

① -14 ② -12 ③ -10
④ -8 ⑤ -6

0093

$\lim_{x\to1}\frac{f(x-1)-1}{x-1}=2$일 때, $\lim_{x\to0}\frac{\{f(x)\}^2-f(x)}{x^2+x}$의 값은?

① -2 ② -1 ③ 0
④ 1 ⑤ 2

0094 교육청 기출

두 상수 a, b에 대하여 $\lim_{x\to-2}\frac{x+2}{\sqrt{x+a}-b}=6$일 때, $a+b$의 값을 구하시오.

0095

$x>0$일 때, $\sqrt{x^2+4x}-x<f(x)<\dfrac{1}{\sqrt{x^2+x}-x}$을 만족시키는 함수 $f(x)$에 대하여 $\lim_{x\to\infty} f(x)$의 값은?

① $\frac{1}{2}$ ② 1 ③ $\frac{3}{2}$
④ 2 ⑤ $\frac{5}{2}$

0096

함수 $y=f(x)$의 그래프가 그림과 같다.

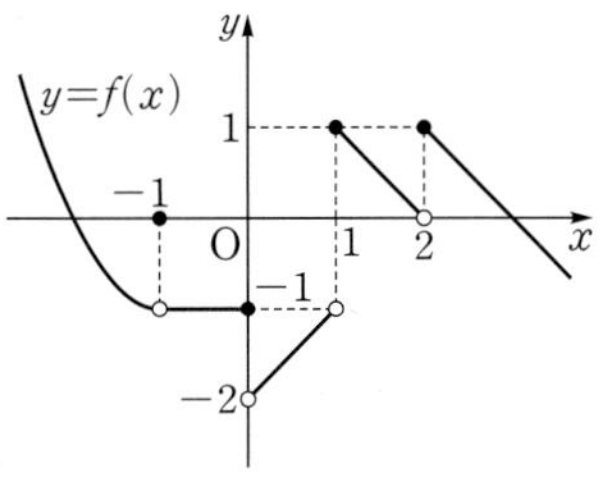

함수 $g(x)=x^2+x$에 대하여 $\lim_{x\to1-} g(f(x))+\lim_{x\to1+} f(g(x))$의 값을 구하시오.

0097

삼차함수 $f(x)$가

$$\lim_{x\to1}\frac{f(x)}{x-1}=6,\ \lim_{x\to-1}\frac{f(x)}{x+1}=-2$$

를 만족시킬 때, $f(2)$의 값은?

① 8 ② 10 ③ 12
④ 14 ⑤ 16

0098

두 다항함수 $f(x)$, $g(x)$가 다음 조건을 만족시킨다.

> (가) $\lim_{x\to2} f(x)>\lim_{x\to2} g(x)$
> (나) $\lim_{x\to2}\{f(x)+g(x)\}=2$
> (다) $\lim_{x\to2} f(x)g(x)=-3$

$\lim_{x\to2}\dfrac{f(x)}{g(x)}$의 값은?

① -3 ② -2 ③ -1
④ 1 ⑤ 3

0099

두 함수

$$f(x)=\begin{cases} x+a & (x\le a) \\ -x+1 & (x>a) \end{cases},\ g(x)=x(x-a)$$

에 대하여 $\lim_{x\to a} f(x)g(x+2)$의 값이 존재하도록 하는 모든 실수 a의 값의 합은?

① -2 ② $-\frac{5}{3}$ ③ $-\frac{4}{3}$
④ -1 ⑤ $-\frac{2}{3}$

0100 교육청 기출

다항함수 $f(x)$가 다음 조건을 만족시킬 때, $f(3)$의 값을 구하시오.

> (가) $\lim_{x\to\infty}\dfrac{f(x)}{x^3}=0$
> (나) $\lim_{x\to1}\dfrac{f(x)}{x-1}=1$
> (다) 방정식 $f(x)=2x$의 한 근이 2이다.

0101

두 집합

$A=\{x|x^2-4x+3=0\}$,

$B=\{x|(x-k)(x-k-3)\le 0\}$

에 대하여 $f(k)=n(A\cap B)$라 할 때,

$\lim_{k\to -2+} f(k)+\lim_{k\to 1-} f(k)+f(3)$의 값을 구하시오.

(단, k는 실수이다.)

0102 교육청 기출

그림과 같이 좌표평면에서 곡선 $y=\sqrt{2x}$ 위의 점 $\mathrm{P}(t, \sqrt{2t})$가 있다. 원점 O를 중심으로 하고 선분 OP를 반지름으로 하는 원을 C, 점 P에서의 원 C의 접선이 x축과 만나는 점을 Q라 하자. 원 C의 넓이를 $S(t)$라 할 때, $\lim_{t\to 0+}\frac{S(t)}{\overline{\mathrm{OQ}}-\overline{\mathrm{PQ}}}$의 값은? (단, $t>0$)

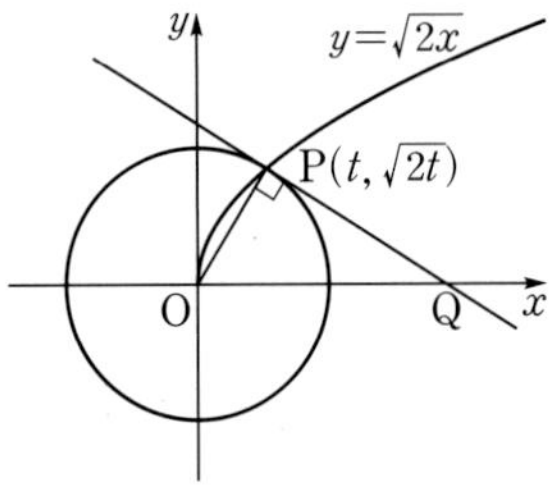

① $\sqrt{2}\pi$ ② 2π ③ $2\sqrt{2}\pi$
④ 4π ⑤ $4\sqrt{2}\pi$

서술형 대비하기

0103

다항함수 $f(x)$가 다음 조건을 만족시킨다.

> (가) 모든 양의 실수 x에 대하여
> $3x^3-5x^2\le xf(x)\le 3x^3-2x^2+4x$이다.
> (나) $\lim_{x\to 2}\frac{f(x)-8}{x-2}=8$

$f(4)$의 값을 구하시오.

0104

최고차항의 계수가 1인 삼차함수 $f(x)$가 다음 조건을 만족시킨다.

> (가) $\lim_{x\to 1}\frac{f(x)}{x-1}=2$
> (나) $f(2)\ge 7$

$f(3)$의 최솟값을 구하시오.

정답과 풀이 22쪽

0105 평가원 기출

정의역이 $\{x|-2\leq x\leq 2\}$인 함수 $y=f(x)$의 그래프가 $0\leq x\leq 2$에서 그림과 같고 정의역에 속하는 모든 실수 x에 대하여 $f(-x)=-f(x)$이다.

이때 $\lim_{x\to -1+}f(x)+\lim_{x\to 2-}f(x)$의 값은?

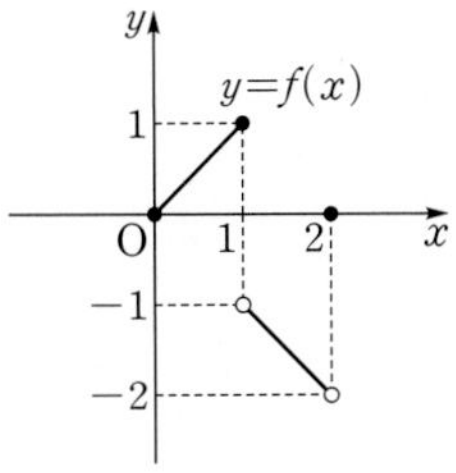

① -3 ② -1 ③ 0
④ 1 ⑤ 3

0106

두 자연수 a, b에 대하여 $\lim_{x\to 3}\frac{x^2-9}{|x-a|-|a-3|}=b$일 때, $a+b$의 최댓값은?

① 5 ② 7 ③ 8
④ 10 ⑤ 14

0107

두 함수 $f(x)$, $g(x)$가 다음 조건을 만족시킨다.

> (가) $\lim_{x\to\infty}f(x)=\infty$
> (나) $\lim_{x\to\infty}\frac{2f(x)+g(x)}{f(x)-g(x)}=5$ (단, $f(x)\neq g(x)$)

$\lim_{x\to\infty}\frac{3f(x)-g(x)}{2f(x)+3g(x)}=\frac{q}{p}$일 때, $p+q$의 값을 구하시오.

(단, p와 q는 서로소인 자연수이다.)

0108

두 함수 $y=f(x)$, $y=g(x)$의 그래프가 그림과 같을 때, 보기에서 옳은 것만을 있는 대로 고른 것은?

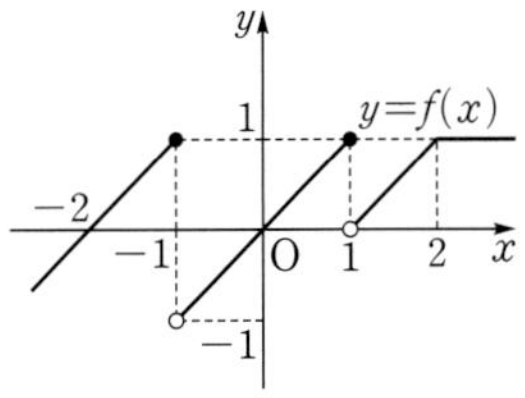

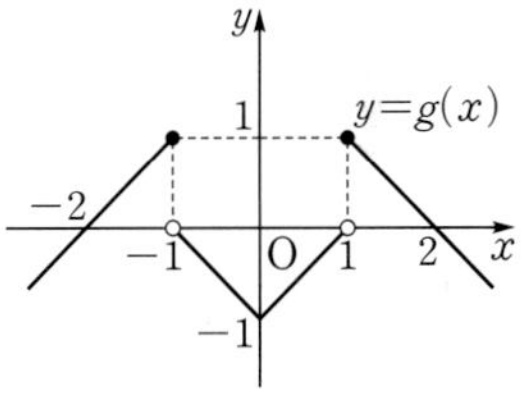

보기

ㄱ. $\lim_{x\to 1+}f(f(x))=0$
ㄴ. $\lim_{x\to 1}f(g(x))$의 값이 존재한다.
ㄷ. $\lim_{x\to -1}g(f(x))=0$

① ㄱ ② ㄴ ③ ㄱ, ㄴ
④ ㄱ, ㄷ ⑤ ㄱ, ㄴ, ㄷ

0109

일차함수 $f(x)$와 이차함수 $g(x)$가 다음 조건을 만족시킨다.

(가) $f(x)-g(x)=x^2+3x-4$
(나) $\lim_{x \to 1} \frac{f(x)+g(x)}{x-1}=3$

$f(3)+g(2)$의 값을 구하시오.

0110

실수 t에 대하여 함수 $f(x)=\begin{cases} \frac{x+2}{x+1} & (x<-1) \\ x^2-2x-1 & (x \geq -1) \end{cases}$의 그래프가 직선 $y=t$와 만나는 점의 개수를 $g(t)$라 할 때, $\lim_{t \to a-} g(t) \neq \lim_{t \to a+} g(t)$를 만족시키는 모든 실수 a의 값의 합을 구하시오.

0111 수능 기출

최고차항의 계수가 1인 이차함수 $f(x)$가

$$\lim_{x \to a} \frac{f(x)-(x-a)}{f(x)+(x-a)}=\frac{3}{5}$$

을 만족시킨다. 방정식 $f(x)=0$의 두 근을 α, β라 할 때, $|\alpha-\beta|$의 값은? (단, a는 상수이다.)

① 1 ② 2 ③ 3
④ 4 ⑤ 5

0112

$x>1$일 때, $[x]$보다 작은 소수의 개수를 $f(x)$라 하자.

$\lim_{x \to k-} f(x) \neq \lim_{x \to k+} f(x)$를 만족시키는 10 이하의 자연수 k의 값의 합을 구하시오.

(단, $[x]$는 x보다 크지 않은 최대의 정수이다.)

0113

다항함수 $f(x)$가

$$\lim_{x\to 0+}\frac{x^2f\left(\frac{1}{x}\right)-1}{1-x}=1,\ \lim_{x\to\infty}xf\left(\frac{2}{x}\right)=2$$

를 만족시킬 때, $f(2)$의 값은?

① 6 ② 7 ③ 8
④ 9 ⑤ 10

0114 교육청 기출

1보다 큰 실수 t에 대하여 그림과 같이 점 $\mathrm{P}\left(t+\frac{1}{t},\ 0\right)$에서 원 $x^2+y^2=\frac{1}{2t^2}$에 접선을 그었을 때, 원과 접선이 제1사분면에서 만나는 점을 Q, 원 위의 점 $\left(0,\ -\frac{1}{\sqrt{2}t}\right)$을 R라 하자. 삼각형 ORQ의 넓이를 $S(t)$라 할 때, $\lim_{t\to\infty}\{t^4\times S(t)\}$의 값은?

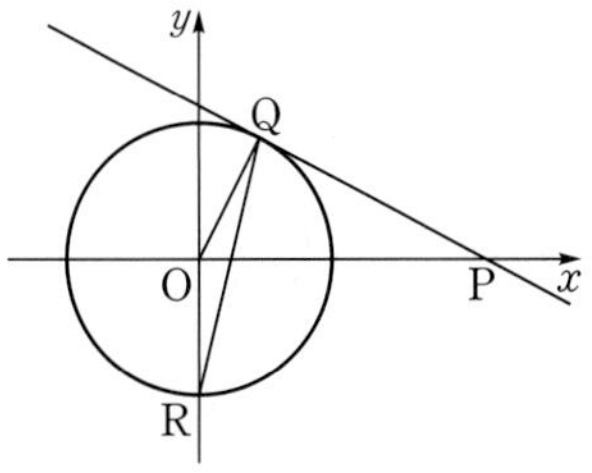

① $\frac{\sqrt{2}}{8}$ ② $\frac{\sqrt{2}}{4}$ ③ $\frac{1}{2}$
④ $\frac{\sqrt{2}}{2}$ ⑤ 1

0115 수능 기출

상수항과 계수가 모두 정수인 두 다항함수 $f(x)$, $g(x)$가 다음 조건을 만족시킬 때, $f(2)$의 최댓값은?

> (가) $\lim_{x\to\infty}\frac{f(x)g(x)}{x^3}=2$
> (나) $\lim_{x\to 0}\frac{f(x)g(x)}{x^2}=-4$

① 4 ② 6 ③ 8
④ 10 ⑤ 12

0116

함수 $f(x)$가 다음 조건을 만족시킨다.

> (가) $-1\le x\le 1$에서 $f(x)=|x|$이다.
> (나) 모든 실수 x에 대하여 $f(x+2)=f(x)$이다.

$t>1$인 실수 t에 대하여 직선 $y=\frac{1}{2t}(x+1)$과 함수 $y=f(x)$의 그래프의 교점의 개수를 $g(t)$라 할 때, $3\le\lim_{t\to k-}g(t)\le 5$를 만족시키는 모든 자연수 k의 값의 합을 구하시오.

함수의 연속

유형 01 함수의 연속

(1) **함수의 연속**
함수 $f(x)$가 다음 조건을 모두 만족시킬 때, $x=a$에서 연속이다.
(i) 함숫값 $f(a)$가 존재한다.
(ii) 극한값 $\lim_{x \to a} f(x)$가 존재한다.
(iii) $\lim_{x \to a} f(x) = f(a)$

(2) **함수의 불연속**
함수 $f(x)$가 $x=a$에서 연속이 아닐 때, $f(x)$는 $x=a$에서 불연속이라 한다.

확인 문제

다음 함수가 $x=2$에서 연속인지 불연속인지 조사하시오.

(1) $f(x)=|x-2|$

(2) $f(x)=\dfrac{1}{|x-2|}$

(3) $f(x)=\begin{cases} \dfrac{x^2-4}{x-2} & (x\neq 2) \\ 3 & (x=2) \end{cases}$

(4) $f(x)=\begin{cases} x^2-2 & (x\leq 2) \\ -x+4 & (x>2) \end{cases}$

0117 대표문제

$x=1$에서 연속인 함수인 것만을 보기에서 있는 대로 고른 것은?

보기

ㄱ. $f(x)=\begin{cases} \dfrac{x^2-x}{x-1} & (x\neq 1) \\ 1 & (x=1) \end{cases}$

ㄴ. $g(x)=\begin{cases} \sqrt{x-1}+2 & (x\neq 1) \\ 3 & (x=1) \end{cases}$

ㄷ. $h(x)=\begin{cases} \dfrac{|x-1|}{x-1} & (x\neq 1) \\ 1 & (x=1) \end{cases}$

① ㄱ ② ㄴ ③ ㄱ, ㄴ
④ ㄱ, ㄷ ⑤ ㄴ, ㄷ

0118

다음 함수 중 $x=2$에서 불연속인 함수는?

① $f(x)=\begin{cases} x^2-3 & (x\neq 2) \\ 1 & (x=2) \end{cases}$

② $f(x)=\begin{cases} |x-2| & (x\neq 2) \\ 0 & (x=2) \end{cases}$

③ $f(x)=\begin{cases} x^2-3 & (x\geq 2) \\ 3-x & (x<2) \end{cases}$

④ $f(x)=\begin{cases} \dfrac{x^2-3x+2}{x-2} & (x\neq 2) \\ 2 & (x=2) \end{cases}$

⑤ $f(x)=\begin{cases} \dfrac{x^2-x-2}{x-2} & (x\neq 2) \\ 3 & (x=2) \end{cases}$

0119 중요

함수 $f(x)=\begin{cases} \dfrac{g(x)}{x} & (x\neq 0) \\ 2 & (x=0) \end{cases}$ 이 $x=0$에서 연속이 되도록 하는 함수 $g(x)$를 보기에서 있는 대로 고른 것은?

보기

ㄱ. $g(x)=x^2+2x$
ㄴ. $g(x)=|x^2-2x|$
ㄷ. $g(x)=|x|(x+2)$

① ㄱ ② ㄴ ③ ㄱ, ㄴ
④ ㄱ, ㄷ ⑤ ㄴ, ㄷ

유형 02 함수의 그래프와 연속

함수 $y=f(x)$의 그래프가 $x=a$에서
(1) 이어져 있으면 $f(x)$는 $x=a$에서 연속이다.
(2) 끊어져 있으면 $f(x)$는 $x=a$에서 불연속이다.

0120 대표문제 수능 기출

함수 $y=f(x)$의 그래프가 그림과 같을 때, 보기에서 옳은 것만을 있는 대로 고른 것은?

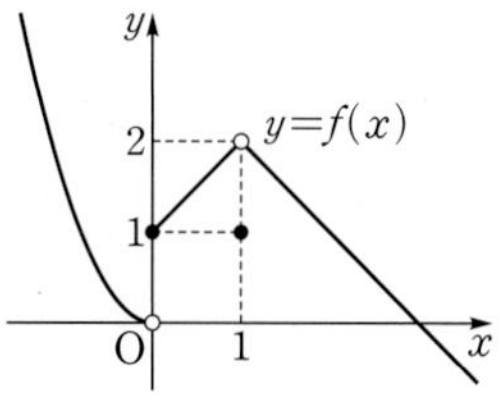

보기

ㄱ. $\lim_{x\to 0+} f(x)=1$
ㄴ. $\lim_{x\to 1} f(x)=f(1)$
ㄷ. 함수 $(x-1)f(x)$는 $x=1$에서 연속이다.

① ㄱ ② ㄱ, ㄴ ③ ㄱ, ㄷ
④ ㄴ, ㄷ ⑤ ㄱ, ㄴ, ㄷ

0121

함수 $y=f(x)$의 그래프가 그림과 같다.

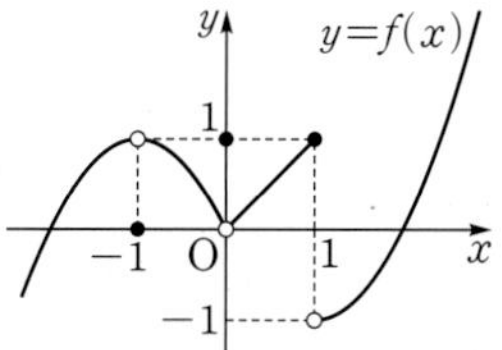

보기에서 옳은 것만을 있는 대로 고른 것은?

보기

ㄱ. $\lim_{x\to -1} f(x)=1$
ㄴ. $\lim_{x\to -1-} f(-x)=1$
ㄷ. 함수 $f(x)f(x-1)$은 $x=0$에서 연속이다.

① ㄱ ② ㄷ ③ ㄱ, ㄷ
④ ㄴ, ㄷ ⑤ ㄱ, ㄴ, ㄷ

0122

함수 $y=f(x)$의 그래프가 그림과 같을 때, 보기에서 옳은 것만을 있는 대로 고른 것은?

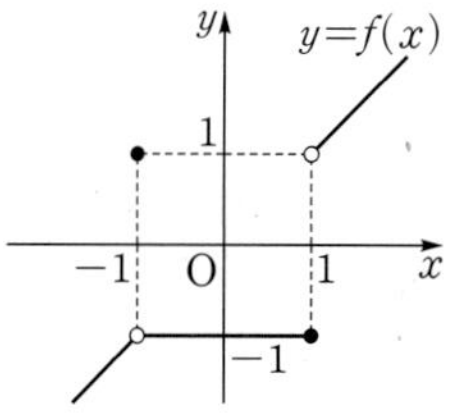

보기

ㄱ. $\lim_{x\to -1} f(x)=-1$
ㄴ. 함수 $|f(x)|$는 $x=1$에서 연속이다.
ㄷ. 함수 $\{f(x)\}^2$은 $x=1$에서 연속이다.

① ㄱ ② ㄱ, ㄴ ③ ㄱ, ㄷ
④ ㄴ, ㄷ ⑤ ㄱ, ㄴ, ㄷ

0123 중요

두 함수 $y=f(x)$, $y=g(x)$의 그래프가 그림과 같다.

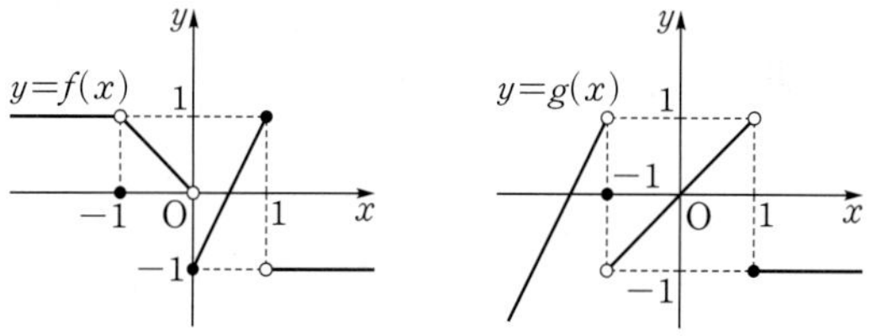

보기에서 옳은 것만을 있는 대로 고른 것은?

보기

ㄱ. $\lim_{x\to -1+} f(x)g(x)=-1$
ㄴ. 함수 $f(x)g(x)$는 $x=0$에서 연속이다.
ㄷ. 함수 $f(x)g(x)$는 $x=1$에서 연속이다.

① ㄱ ② ㄱ, ㄴ ③ ㄱ, ㄷ
④ ㄴ, ㄷ ⑤ ㄱ, ㄴ, ㄷ

유형 03 함수가 연속일 조건

(1) 구간

두 실수 a, b $(a<b)$에 대하여 집합

$\{x|a\le x\le b\}$, $\{x|a\le x<b\}$,

$\{x|a<x\le b\}$, $\{x|a<x<b\}$

를 각각 구간이라 하며, 이것을 기호로 각각

$[a, b]$, $[a, b)$, $(a, b]$, (a, b)

와 같이 나타낸다.

(2) 연속함수

함수 $f(x)$가 어떤 구간에 속하는 모든 실수에서 연속일 때, $f(x)$는 그 구간에서 연속 또는 그 구간에서 연속함수라 한다.

(3) 함수가 연속일 조건

① 함수 $f(x)=\begin{cases} g(x) & (x\ne a) \\ k & (x=a) \end{cases}$가 모든 실수 x에서 연속이려면 $\lim_{x\to a-} g(x)=\lim_{x\to a+} g(x)=k$이어야 한다.

② 함수 $f(x)=\begin{cases} g(x) & (x<a) \\ h(x) & (x\ge a) \end{cases}$가 모든 실수 x에서 연속이려면 $\lim_{x\to a-} g(x)=\lim_{x\to a+} h(x)=h(a)$이어야 한다.

Tip 다항함수는 모든 실수에서 연속이다.

0124 대표문제

함수

$$f(x)=\begin{cases} 3x+4 & (x\ne 2) \\ a & (x=2) \end{cases}$$

가 실수 전체의 집합에서 연속일 때, 상수 a의 값은?

① 6 ② 7 ③ 8
④ 9 ⑤ 10

0125

함수

$$f(x)=\begin{cases} 2x+a & (x\le 3) \\ ax+4 & (x>3) \end{cases}$$

이 실수 전체의 집합에서 연속일 때, $f(4)$의 값은?
(단, a는 상수이다.)

① 6 ② 7 ③ 8
④ 9 ⑤ 10

0126 평가원 기출

함수

$$f(x)=\begin{cases} 2x+a & (x\le -1) \\ x^2-5x-a & (x>-1) \end{cases}$$

이 실수 전체의 집합에서 연속일 때, 상수 a의 값은?

① 1 ② 2 ③ 3
④ 4 ⑤ 5

0127 중요

함수

$$f(x)=\begin{cases} \dfrac{x^2+x-6}{x-2} & (x\ne 2) \\ k & (x=2) \end{cases}$$

가 실수 전체의 집합에서 연속일 때, 상수 k의 값은?

① 1 ② 2 ③ 3
④ 4 ⑤ 5

0128

함수

$$f(x)=\begin{cases} \sqrt{-x+a} & (x<1) \\ x^2+2x-1 & (x\ge 1) \end{cases}$$

이 $x=1$에서 연속일 때, 상수 a의 값은?

① 1 ② 2 ③ 3
④ 4 ⑤ 5

0129 중요

함수

$$f(x)=\begin{cases} \dfrac{a\sqrt{x+1}-2}{x-3} & (x\neq3) \\ b & (x=3) \end{cases}$$

이 $x=3$에서 연속일 때, 상수 a, b에 대하여 $a+b$의 값은?

① 1 ② $\frac{5}{4}$ ③ $\frac{3}{2}$
④ $\frac{7}{4}$ ⑤ 2

0130 평가원 기출

함수

$$f(x)=\begin{cases} \dfrac{x^2+3x+a}{x-2} & (x<2) \\ -x^2+b & (x\geq2) \end{cases}$$

가 $x=2$에서 연속일 때, $a+b$의 값은?

(단, a, b는 상수이다.)

① 1 ② 2 ③ 3
④ 4 ⑤ 5

0131 서술형

함수

$$f(x)=\begin{cases} x-3 & (x<a) \\ x^2-9 & (x\geq a) \end{cases}$$

에 대하여 함수 $|f(x)|$가 실수 전체의 집합에서 연속이 되도록 하는 모든 실수 a의 값의 합을 구하시오.

유형 04 $(x-a)f(x)$ 꼴의 함수의 연속

연속함수 $g(x)$에 대하여 함수 $f(x)$가 $g(x)=(x-a)f(x)$를 만족시킬 때, $f(x)$가 모든 실수 x에서 연속이면

$$f(a)=\lim_{x\to a}\frac{g(x)}{x-a}$$

0132 대표문제

실수 전체의 집합에서 연속인 함수 $f(x)$가

$$(x-3)f(x)=x^2-x-6$$

을 만족시킬 때, $f(3)$의 값은?

① 1 ② 2 ③ 3
④ 4 ⑤ 5

0133

$x>-6$인 모든 실수 x에서 연속인 함수 $f(x)$가

$$(x+2)f(x)=\sqrt{x+6}-2$$

를 만족시킬 때, $f(-2)$의 값은?

① $\frac{1}{8}$ ② $\frac{1}{6}$ ③ $\frac{1}{4}$
④ $\frac{1}{2}$ ⑤ 1

0134

$x\neq1$인 모든 실수 x에서 연속인 함수 $f(x)$가

$$(x-2)f(x)=1-\frac{1}{x-1}$$

을 만족시킬 때, $f(2)$의 값을 구하시오.

0135 중요 서술형

실수 전체의 집합에서 연속인 함수 $f(x)$가

$$(x+1)f(x)=ax^3+bx$$

를 만족시킨다. $f(-1)=4$일 때, $f(3)$의 값을 구하시오.

(단, a, b는 상수이다.)

0136

실수 전체의 집합에서 연속인 함수 $f(x)$가

$$(x-1)f(x)=\sqrt{x^2+a}+b$$

를 만족시킨다. $f(1)=\frac{1}{2}$일 때, 상수 a, b에 대하여 $a+b$의 값은?

① 1 ② 2 ③ 3
④ 4 ⑤ 5

0137

실수 전체의 집합에서 연속인 함수 $f(x)$가

$$(x-a)f(x)=x^2-3x+2$$

를 만족시킨다. $f(a)=1$일 때, $a+f(5)$의 값을 구하시오.

(단, a는 상수이다.)

유형 05 합성함수의 연속

두 함수 $f(x)$, $g(x)$에 대하여 함수 $f(g(x))$가

$$\lim_{x\to a-}f(g(x))=\lim_{x\to a+}f(g(x))=f(g(a))$$

를 만족시키면 $x=a$에서 연속이다.

Tip 함수 $g(x)$가 $x=a$에서 연속이고 함수 $f(x)$가 $x=g(a)$에서 연속이면 함수 $f(g(x))$는 $x=a$에서 연속이다.

0138 대표문제 평가원 기출

닫힌구간 $[-1, 4]$에서 정의된 함수 $y=f(x)$의 그래프가 그림과 같다.

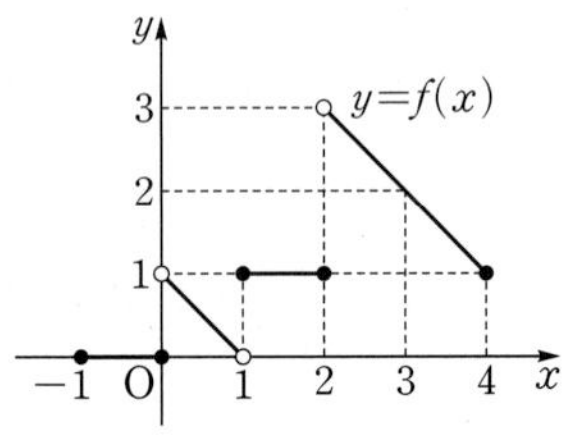

보기에서 옳은 것만을 있는 대로 고른 것은?

보기
ㄱ. $\lim_{x\to 1-}f(x)<\lim_{x\to 1+}f(x)$
ㄴ. $\lim_{t\to\infty}f\left(\frac{1}{t}\right)=1$
ㄷ. 함수 $f(f(x))$는 $x=3$에서 연속이다.

① ㄱ ② ㄷ ③ ㄱ, ㄴ
④ ㄴ, ㄷ ⑤ ㄱ, ㄴ, ㄷ

0139

두 함수 $f(x)=\begin{cases}3x-2 & (x<2)\\ x^2+1 & (x\geq 2)\end{cases}$, $g(x)=x^2+ax$에 대하여 함수 $g(f(x))$가 실수 전체의 집합에서 연속이 되도록 하는 상수 a의 값은?

① -10 ② -9 ③ -8
④ -7 ⑤ -6

0140

두 함수 $y=f(x)$, $y=g(x)$의 그래프가 그림과 같을 때, $x=1$에서 연속인 함수인 것만을 보기에서 있는 대로 고른 것은?

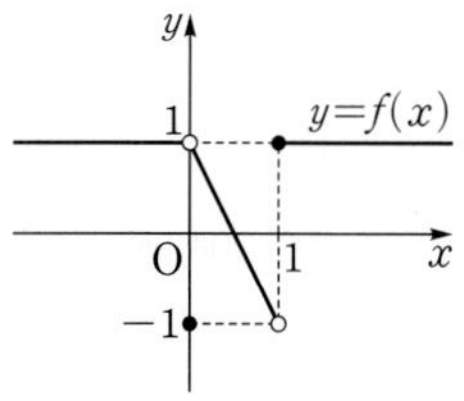

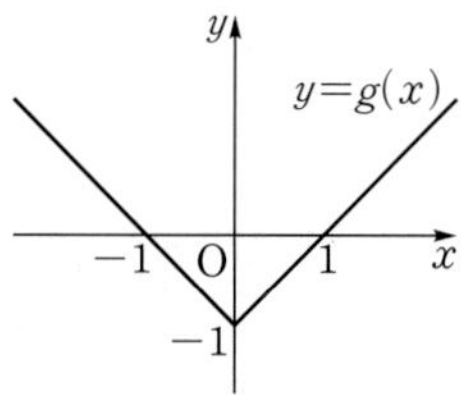

보기

ㄱ. $f(x)g(x)$　　ㄴ. $f(g(x))$
ㄷ. $g(f(x))$

① ㄱ　② ㄱ, ㄴ　③ ㄱ, ㄷ
④ ㄴ, ㄷ　⑤ ㄱ, ㄴ, ㄷ

0141

두 함수 $y=f(x)$, $y=g(x)$의 그래프가 그림과 같을 때, 보기에서 옳은 것만을 있는 대로 고른 것은?

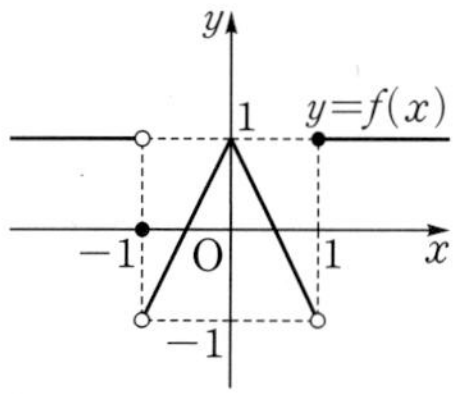

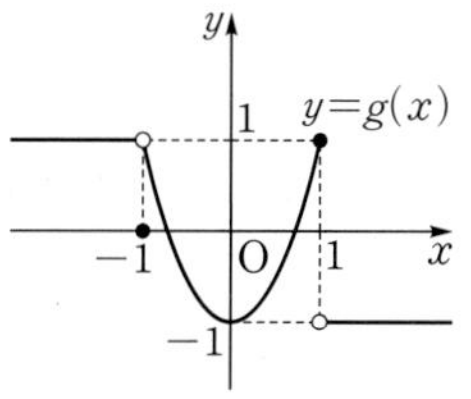

보기

ㄱ. $\lim_{x\to -1} f(x)g(x)=-1$
ㄴ. 함수 $\{f(x)\}^2$은 $x=-1$에서 연속이다.
ㄷ. 함수 $g(f(x))$는 $x=0$에서 연속이다.

① ㄱ　② ㄴ　③ ㄱ, ㄴ
④ ㄱ, ㄷ　⑤ ㄱ, ㄴ, ㄷ

유형 06 $[x]$ 꼴을 포함한 함수의 연속

함수 $[f(x)]$의 연속성을 판단할 때는 $f(x)=n$ (n은 정수)을 만족시키는 x의 값에서 연속성을 조사하면 된다.

Tip 정수 n에 대하여 $x \to a$일 때

$f(x) \to n+$이면 $\lim_{x\to a}[f(x)]=n$

$f(x) \to n-$이면 $\lim_{x\to a}[f(x)]=n-1$

0142 대표문제

함수 $f(x)=[x]^2+a[x]$가 $x=3$에서 연속일 때, 상수 a의 값은? (단, $[x]$는 x보다 크지 않은 최대의 정수이다.)

① -5　② -4　③ -3
④ -2　⑤ -1

0143

함수 $f(x)=\begin{cases} [x^2-2x] & (x\neq 1) \\ k & (x=1) \end{cases}$이 $x=1$에서 연속일 때, 상수 k의 값은?

(단, $[x]$는 x보다 크지 않은 최대의 정수이다.)

① -2　② -1　③ 0
④ 1　⑤ 2

0144

$x>1$에서 정의된 함수 $f(x)=\dfrac{[x]^2+2x}{[x]}$가 $x=k$에서 연속일 때, 자연수 k의 값을 구하시오.

(단, $[x]$는 x보다 크지 않은 최대의 정수이다.)

유형 07 연속함수의 성질

두 함수 $f(x)$, $g(x)$가 $x=a$에서 연속이면 다음 함수도 $x=a$에서 연속이다.

(1) $cf(x)$ (단, c는 상수)　(2) $f(x)\pm g(x)$

(3) $f(x)g(x)$　(4) $\dfrac{f(x)}{g(x)}$ (단, $g(a)\neq 0$)

0145 대표문제

실수 전체의 집합에서 정의된 두 함수 $f(x)$, $g(x)$에 대하여 보기에서 옳은 것만을 있는 대로 고른 것은?

보기

ㄱ. 두 함수 $f(x)$, $f(x)+g(x)$가 $x=a$에서 연속이면 $g(x)$도 $x=a$에서 연속이다.

ㄴ. 두 함수 $f(x)$, $f(x)g(x)$가 $x=a$에서 연속이면 $g(x)$도 $x=a$에서 연속이다.

ㄷ. 두 함수 $f(x)$, $\dfrac{g(x)}{f(x)}$가 $x=a$에서 연속이면 $g(x)$도 $x=a$에서 연속이다.

① ㄱ　② ㄷ　③ ㄱ, ㄴ
④ ㄱ, ㄷ　⑤ ㄱ, ㄴ, ㄷ

0146

실수 전체의 집합에서 정의된 두 함수 $f(x)$, $g(x)$가 $x=a$에서 연속일 때, 보기의 함수 중 $x=a$에서 항상 연속인 함수의 개수를 구하시오.

보기

ㄱ. $|f(x)|$　ㄴ. $\{g(x)\}^2$

ㄷ. $\dfrac{g(x)}{f(x)}$　ㄹ. $f(g(x))$

유형 08 곱의 꼴로 나타낸 함수가 연속일 조건

(1) 함수 $f(x)g(x)$가 $x=a$에서 연속이려면
$\lim_{x\to a} f(x)g(x)=f(a)g(a)$

(2) 함수 $\dfrac{f(x)}{g(x)}$가 $x=a$에서 연속이려면
$\lim_{x\to a}\dfrac{f(x)}{g(x)}=\dfrac{f(a)}{g(a)}$ (단, $g(a)\neq 0$)

(3) $x\neq a$인 모든 실수 x에서 연속인 함수 $f(x)$에 대하여 함수 $f(x)f(x+a)$가 실수 전체의 집합에서 연속이려면 $x=0$, $x=a$에서 연속이어야 한다.

0147 대표문제

두 함수

$$f(x)=\begin{cases}-x+3 & (x\leq 2)\\ x+1 & (x>2)\end{cases},\quad g(x)=x+k$$

에 대하여 함수 $f(x)g(x)$가 $x=2$에서 연속일 때, 상수 k의 값은?

① -2　② -1　③ 0
④ 1　⑤ 2

0148 교육청 기출

함수 $y=f(x)$의 그래프가 그림과 같다.

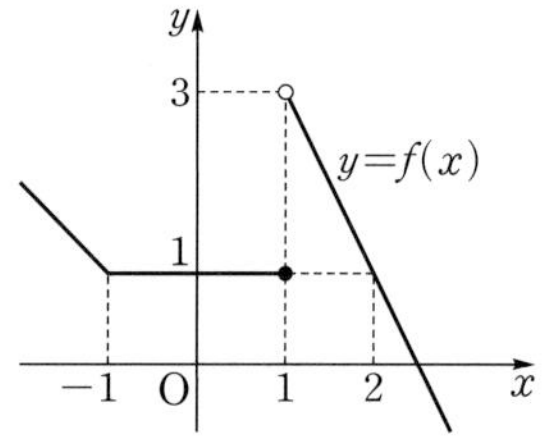

함수 $(x^2+ax+b)f(x)$가 $x=1$에서 연속일 때, $a+b$의 값은? (단, a, b는 실수이다.)

① -2　② -1　③ 0
④ 1　⑤ 2

0149

함수

$$f(x)=\begin{cases} 2x & (x<1) \\ x-1 & (x\geq 1) \end{cases}$$

에 대하여 함수 $g(x)=f(x)\{f(x)+k\}$가 $x=1$에서 연속이 되도록 하는 상수 k의 값은?

① -2 ② -1 ③ 0
④ 1 ⑤ 2

0150 중요

두 함수

$$f(x)=\begin{cases} x^2-2x+3 & (x<1) \\ 3 & (x\geq 1) \end{cases},\ g(x)=ax+1$$

에 대하여 함수 $\frac{g(x)}{f(x)}$가 실수 전체의 집합에서 연속일 때, 상수 a의 값은?

① -1 ② $-\frac{1}{2}$ ③ $-\frac{1}{4}$
④ $\frac{1}{4}$ ⑤ $\frac{1}{2}$

0151

두 함수

$$f(x)=\begin{cases} \frac{1}{x+1} & (x<-1) \\ 2 & (x\geq -1) \end{cases},\ g(x)=x^2+ax+b$$

에 대하여 함수 $f(x)g(x)$가 실수 전체의 집합에서 연속일 때, 상수 a, b에 대하여 $a+b$의 값을 구하시오.

0152 서술형

함수

$$f(x)=\begin{cases} 2x-9 & (x<a) \\ -2x+a & (x\geq a) \end{cases}$$

에 대하여 함수 $\{f(x)\}^2$이 실수 전체의 집합에서 연속이 되도록 하는 모든 실수 a의 값의 합을 구하시오.

0153 수능 기출

두 함수

$$f(x)=\begin{cases} x+3 & (x\leq a) \\ x^2-x & (x>a) \end{cases},\ g(x)=x-(2a+7)$$

에 대하여 함수 $f(x)g(x)$가 실수 전체의 집합에서 연속이 되도록 하는 모든 실수 a의 값의 곱을 구하시오.

0154 중요

함수

$$f(x)=\begin{cases} x+a & (x<1) \\ 2x-3 & (x\geq 1) \end{cases}$$

에 대하여 함수 $g(x)=f(x)f(x-2)$가 실수 전체의 집합에서 연속이 되도록 하는 상수 a의 값은?

① -2 ② -1 ③ 0
④ 1 ⑤ 2

유형 09 새롭게 정의된 함수의 연속

두 함수의 그래프의 교점의 개수, 방정식의 실근의 개수 또는 조건을 만족시키는 새로운 함수의 식을 세우고 연속성을 조사한다.

예 곡선 $y=x^2+2$와 직선 $y=t$가 만나는 점의 개수를 $f(t)$라 하면

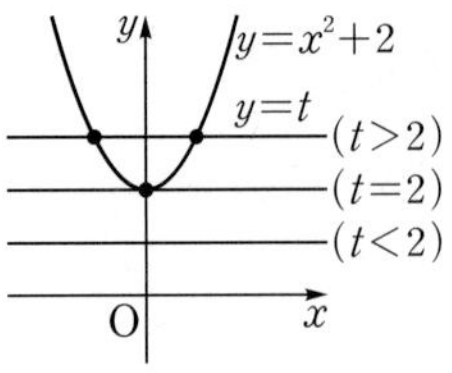

(i) $t<2$일 때
곡선과 직선이 만나는 점의 개수가 0이므로 $f(t)=0$
(ii) $t=2$일 때
곡선과 직선이 만나는 점의 개수가 1이므로 $f(t)=1$
(iii) $t>2$일 때
곡선과 직선이 만나는 점의 개수가 2이므로 $f(t)=2$

(i)~(iii)에서 $f(t)=\begin{cases} 0 & (t<2) \\ 1 & (t=2) \\ 2 & (t>2) \end{cases}$이므로 함수 $f(t)$는 $t=2$에서 불연속이다.

0155 대표문제

실수 t에 대하여 x에 대한 이차방정식 $x^2-2tx+2t+3=0$의 서로 다른 실근의 개수를 $f(t)$라 하자. 함수 $f(t)$가 $t=a$에서 불연속일 때, 모든 실수 a의 값의 합은?

① -2 ② -1 ③ 0
④ 1 ⑤ 2

0156

실수 t에 대하여 원 $x^2+y^2=4$와 직선 $y=t$의 교점의 개수를 $f(t)$라 하자. 함수 $(t+a)f(t)$가 양의 실수 전체의 집합에서 연속이 되도록 하는 상수 a의 값은?

① -2 ② -1 ③ 0
④ 1 ⑤ 2

0157 중요

실수 t에 대하여 직선 $y=t$와 함수 $y=|x^2-1|$의 그래프의 교점의 개수를 $f(t)$라 하자. 함수 $(t-a)f(t)$가 $t=0$에서만 불연속일 때, 상수 a의 값은?

① -2 ② -1 ③ 0
④ 1 ⑤ 2

0158

연립부등식 $\begin{cases} x^2+x-2<0 \\ x^2-(a+2)x+2a\le 0 \end{cases}$을 만족시키는 정수 x의 개수를 $f(a)$라 하자. 함수 $f(a)$가 불연속이 되는 실수 a의 개수를 구하시오.

0159 서술형

실수 t에 대하여 직선 $x-\sqrt{3}y-t=0$과 중심이 점 $(1,\ 0)$이고 반지름의 길이가 2인 원의 교점의 개수를 $f(t)$라 하자. 최고차항의 계수가 1인 이차함수 $g(t)$에 대하여 함수 $f(t)g(t)$가 실수 전체의 집합에서 연속일 때, $g(10)$의 값을 구하시오.

유형 10 최대 · 최소 정리

함수 $f(x)$가 닫힌구간 $[a, b]$에서 연속이면 $f(x)$는 그 구간에서 반드시 최댓값과 최솟값을 갖는다.

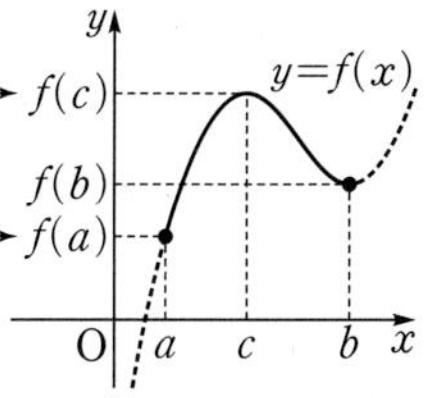

Tip 주어진 구간에서의 최댓값과 최솟값을 구할 때는 함수의 그래프를 이용한다.

0160 대표문제

닫힌구간 $[-2, 1]$에서 함수 $f(x)=-\dfrac{2}{x-2}$의 최댓값을 M, 함수 $g(x)=x^2+2x$의 최솟값을 m이라 할 때, $M+m$의 값은?

① -2　② -1　③ 0
④ 1　⑤ 2

0161

닫힌구간 $[-2, a]$에서 함수 $f(x)=\dfrac{1}{x^2+4x+7}$의 최댓값과 최솟값의 차가 $\dfrac{1}{4}$일 때, 양수 a의 값을 구하시오.

0162

닫힌구간 $[0, 2]$에서 함수 $f(x)=-\sqrt{3-x}+1$의 최댓값을 M, 함수 $g(x)=\dfrac{x+4}{x+1}$의 최솟값을 m이라 할 때, $M+m$의 값을 구하시오.

유형 11 사잇값의 정리

(1) **사잇값의 정리**
함수 $f(x)$가 닫힌구간 $[a, b]$에서 연속이고 $f(a)\neq f(b)$일 때, $f(a)$와 $f(b)$ 사이에 있는 임의의 값 k에 대하여
$f(c)=k$
인 c가 열린구간 (a, b)에 적어도 하나 존재한다.

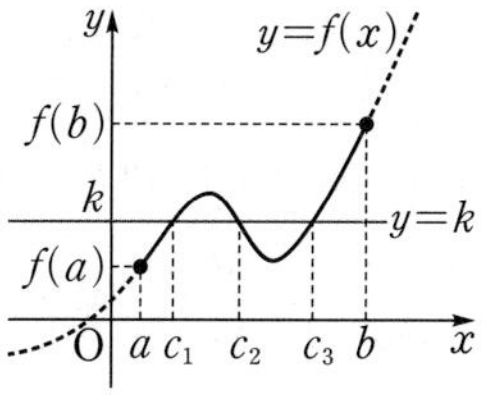

(2) **사잇값의 정리의 활용**
함수 $f(x)$가 닫힌구간 $[a, b]$에서 연속이고 $f(a)f(b)<0$이면 $f(c)=0$인 c가 열린구간 (a, b)에 적어도 하나 존재한다.

주의 위의 명제의 역은 성립하지 않는다.

0163 대표문제

방정식 $x^3-3x^2+3x+2=0$이 오직 하나의 실근을 가질 때, 다음 중 이 방정식의 실근이 존재하는 구간은?

① $(-2, -1)$　② $(-1, 0)$　③ $(0, 1)$
④ $(1, 2)$　⑤ $(2, 3)$

0164

방정식 $x^3-2x^2+x+k=0$이 열린구간 $(1, 2)$에서 중근이 아닌 오직 하나의 실근을 갖기 위한 실수 k의 값의 범위는?

① $-3<k<-1$　② $-2<k<0$
③ $-1<k<1$　④ $0<k<2$
⑤ $1<k<3$

0165

실수 전체의 집합에서 연속인 함수 $f(x)$가

$f(-2)=2$, $f(0)=1$, $f(1)=-2$,
$f(2)=2$, $f(3)=-1$, $f(5)=2$

를 만족시킬 때, 방정식 $f(x)=0$은 적어도 n개의 실근을 갖는다. 이때 n의 최댓값은?

① 1 ② 2 ③ 3
④ 4 ⑤ 5

0166

연속함수 $f(x)$가 $f(0)=k-3$, $f(1)=k+2$를 만족시킨다. 방정식 $f(x)=x$가 열린구간 $(0, 1)$에서 중근이 아닌 오직 하나의 실근을 갖도록 하는 모든 정수 k의 값의 합을 구하시오.

0167

실수 전체의 집합에서 연속인 함수 $f(x)$가 다음 조건을 만족시킨다.

(가) 모든 실수 x에 대하여 $f(-x)=-f(x)$이다.
(나) $f(-1)f(3)>0$

방정식 $f(x)=0$의 실근의 개수의 최솟값은?

① 2 ② 3 ③ 4
④ 5 ⑤ 6

0168 중요

실수 전체의 집합에서 연속인 함수 $f(x)$가

$f(-1)=-3$, $f(1)=2$

를 만족시킬 때, 열린구간 $(-1, 1)$에서 반드시 실근을 갖는 방정식을 보기에서 있는 대로 고른 것은?

보기
ㄱ. $f(x)=x$
ㄴ. $xf(x)=2x+1$
ㄷ. $x^2f(x)=x+2$

① ㄱ ② ㄴ ③ ㄱ, ㄴ
④ ㄱ, ㄷ ⑤ ㄱ, ㄴ, ㄷ

0169

다항함수 $f(x)$가 다음 조건을 만족시킨다.

(가) $\lim_{x\to-2}\frac{f(x)}{x+2}=3$ (나) $\lim_{x\to1}\frac{f(x)}{x-1}=6$

방정식 $f(x)=0$이 열린구간 $(-3, 3)$에서 가질 수 있는 실근의 개수의 최솟값을 구하시오.

정답과 풀이 37쪽

0170

이차함수 $f(x)=-x^2+5x+2$에 대하여 함수 $\dfrac{f(x)}{f(x)-k}$가 실수 전체의 집합에서 연속이 되도록 하는 정수 k의 최솟값은?

① 5 ② 6 ③ 7
④ 8 ⑤ 9

0171

함수 $f(x)=[x]^2+ax[x+1]$이 $x=2$에서 연속일 때, 상수 a의 값은? (단, $[x]$는 x보다 크지 않은 최대의 정수이다.)

① -2 ② $-\dfrac{3}{2}$ ③ -1
④ $-\dfrac{1}{2}$ ⑤ 0

0172

함수

$$f(x)=\begin{cases} x^2+3x-1 & (x<1) \\ x-3 & (x\geq1) \end{cases}$$

에 대하여 함수 $g(x)=|f(x)-k|$가 $x=1$에서 연속이 되도록 하는 실수 k의 값은?

① -1 ② $-\dfrac{1}{2}$ ③ 0
④ $\dfrac{1}{2}$ ⑤ 1

0173 수능 기출

함수

$$f(x)=\begin{cases} -3x+a & (x\leq1) \\ \dfrac{x+b}{\sqrt{x+3}-2} & (x>1) \end{cases}$$

이 실수 전체의 집합에서 연속일 때, $a+b$의 값을 구하시오.
(단, a와 b는 상수이다.)

0174

실수 전체의 집합에서 연속인 함수 $f(x)$가

$$(x-a)f(x)=(x-2)|x-a|$$

를 만족시킬 때, $f(a)$의 값은? (단, a는 상수이다.)

① -2 ② -1 ③ 0
④ 1 ⑤ 2

0175

함수

$$f(x)=\begin{cases} x+2 & (x\leq a) \\ x^2+3x+2 & (x>a) \end{cases}$$

에 대하여 함수 $g(x)=(x-3)f(x)$가 $x=a$에서 연속이 되도록 하는 모든 실수 a의 값의 합은?

① -2 ② -1 ③ 0
④ 1 ⑤ 2

0176 평가원 기출

이차함수 $f(x)$가 다음 조건을 만족시킨다.

(가) 함수 $\dfrac{x}{f(x)}$는 $x=1$, $x=2$에서 불연속이다.
(나) $\lim_{x \to 2} \dfrac{f(x)}{x-2}=4$

$f(4)$의 값을 구하시오.

0177 교육청 기출

함수 $y=f(x)$의 그래프가 그림과 같다.

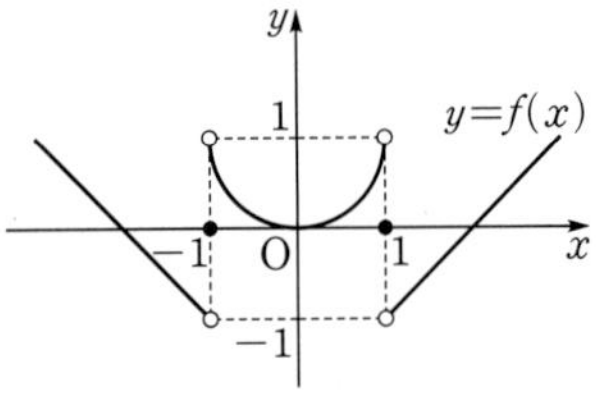

보기에서 옳은 것만을 있는 대로 고른 것은?

보기
ㄱ. $\lim_{x \to -1+} f(x)=1$
ㄴ. $\lim_{x \to 1+} \{f(x)+f(2-x)\}=0$
ㄷ. 함수 $(f \circ f)(x)$는 $x=1$에서 연속이다.

① ㄱ ② ㄷ ③ ㄱ, ㄴ
④ ㄴ, ㄷ ⑤ ㄱ, ㄴ, ㄷ

0178

최고차항의 계수가 1인 이차함수 $f(x)$와 함수

$$g(x)=\begin{cases} x-2 & (x \neq 2) \\ 1 & (x=2) \end{cases}$$

에 대하여 함수 $\dfrac{f(x)}{g(x)}$가 실수 전체의 집합에서 연속일 때, $f(4)$의 값을 구하시오.

0179

실수 전체의 집합에서 연속인 함수 $f(x)$가

$$f(-2)=-1,\ f(2)=1$$

을 만족시킬 때, 열린구간 $(-2, 2)$에서 반드시 실근을 갖는 방정식을 보기에서 있는 대로 고른 것은?

보기
ㄱ. $f(x)+x^2=4$
ㄴ. $xf(x)=f(-x)$
ㄷ. $\{f(x)\}^2=x^2f(-x)+1$

① ㄱ ② ㄷ ③ ㄱ, ㄴ
④ ㄱ, ㄷ ⑤ ㄱ, ㄴ, ㄷ

0180 평가원 기출

실수 전체의 집합에서 정의된 두 함수 $f(x)$와 $g(x)$에 대하여

$x<0$일 때, $f(x)+g(x)=x^2+4$
$x>0$일 때, $f(x)-g(x)=x^2+2x+8$

이다. 함수 $f(x)$가 $x=0$에서 연속이고
$\lim_{x \to 0-} g(x) - \lim_{x \to 0+} g(x)=6$일 때, $f(0)$의 값은?

① -3　② -1　③ 0
④ 1　⑤ 3

0181

함수 $f(x)=\begin{cases} x^2-1 & (|x| \le 1) \\ -2x+1 & (|x|>1) \end{cases}$에 대하여 보기에서 옳은 것만을 있는 대로 고른 것은?

보기
ㄱ. 함수 $(x-1)f(x)$는 $x=1$에서 연속이다.
ㄴ. 함수 $f(x)f(x+2)$는 $x=-1$에서 연속이다.
ㄷ. 함수 $(f \circ f)(x)$는 $x=0$에서 연속이다.

① ㄱ　② ㄷ　③ ㄱ, ㄴ
④ ㄴ, ㄷ　⑤ ㄱ, ㄴ, ㄷ

서술형 대비하기

0182

함수 $f(x)=\begin{cases} x+a & (0 \le x<1) \\ x^2+bx+5 & (1 \le x<2) \end{cases}$가 다음 조건을 만족시킨다.

(가) 모든 실수 x에 대하여 $f(x)=f(x+2)$이다.
(나) 함수 $f(x)$는 실수 전체의 집합에서 연속이다.

$f(4)+f(5)$의 값을 구하시오.

0183

실수 t에 대하여 x에 대한 이차방정식 $x^2-2tx-3t+4=0$의 서로 다른 실근의 개수를 $f(t)$라 하자. 최고차항의 계수가 1인 이차함수 $g(t)$에 대하여 함수 $f(t)g(t)$가 모든 실수 t에서 연속일 때, $g(4)$의 값을 구하시오.

0184

다항함수 $f(x)$에 대하여 함수 $g(x)$가

$$g(x)=\begin{cases}\dfrac{f(x)-2x^2}{x-2} & (x\neq 2)\\ k & (x=2)\end{cases}$$

이다. 함수 $g(x)$가 실수 전체의 집합에서 연속이고 $\lim_{x\to\infty}g(x)=4$일 때, $k+f(3)$의 값은? (단, k는 상수이다.)

① 20 ② 22 ③ 24 ④ 26 ⑤ 28

0185

함수 $y=f(x)$의 그래프가 그림과 같다.

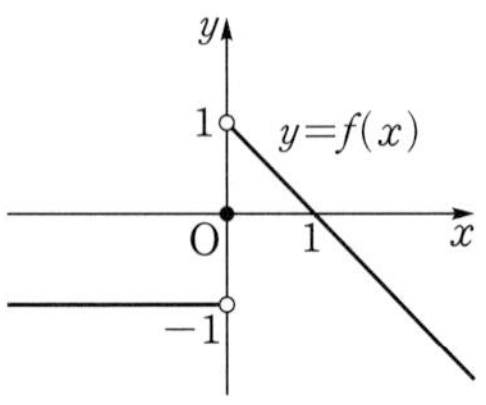

두 함수 $g(x)$, $h(x)$를

$$g(x)=\frac{f(x)-|f(x)|}{2},\quad h(x)=\frac{f(x)+|f(x)|}{2}$$

라 할 때, 보기에서 옳은 것만을 있는 대로 고른 것은?

보기

ㄱ. $\lim_{x\to 0+}g(x)=0$

ㄴ. 함수 $h(x)$는 $x=0$에서 연속이다.

ㄷ. 함수 $g(x)h(x)$는 실수 전체의 집합에서 연속이다.

① ㄱ ② ㄴ ③ ㄱ, ㄴ ④ ㄱ, ㄷ ⑤ ㄱ, ㄴ, ㄷ

0186 수능 기출

실수 전체의 집합에서 연속인 함수 $f(x)$가 모든 실수 x에 대하여

$$\{f(x)\}^3-\{f(x)\}^2-x^2f(x)+x^2=0$$

을 만족시킨다. 함수 $f(x)$의 최댓값이 1이고 최솟값이 0일 때, $f\left(-\frac{4}{3}\right)+f(0)+f\left(\frac{1}{2}\right)$의 값은?

① $\frac{1}{2}$ ② 1 ③ $\frac{3}{2}$ ④ 2 ⑤ $\frac{5}{2}$

0187

실수 k에 대하여 직선 $y=\frac{1}{2}x+k$가 함수 $y=\sqrt{x-3}$의 그래프와 만나는 점의 개수를 $f(k)$라 하자. 함수 $f(k)$가 $k=a$에서 불연속일 때, 모든 실수 a의 값의 합은?

① -3 ② $-\frac{5}{2}$ ③ -2 ④ $-\frac{3}{2}$ ⑤ -1

0188 수능 기출

함수

$$f(x)=\begin{cases} x+1 & (x\le 0) \\ -\frac{1}{2}x+7 & (x>0) \end{cases}$$

에 대하여 함수 $f(x)f(x-a)$가 $x=a$에서 연속이 되도록 하는 모든 실수 a의 값의 합을 구하시오.

0189

실수 전체의 집합에서 연속인 함수 $f(x)$가 다음 조건을 만족시킨다.

> (가) 모든 실수 x에 대하여 $f(x)+f(-x)=1$
> (나) $\lim_{x\to -1}\frac{f(x)-3}{x+1}$과 $\lim_{x\to 2}\frac{f(x)-2}{x-2}$의 값이 모두 존재한다.

보기에서 옳은 것만을 있는 대로 고른 것은?

보기

ㄱ. $f(1)+f(-2)=-2$
ㄴ. 방정식 $f(x)=0$은 열린구간 $(-2, 2)$에서 적어도 3개의 실근을 갖는다.
ㄷ. 방정식 $\{f(x)\}^2-x^2=1$은 열린구간 $(-1, 1)$에서 적어도 2개의 실근을 갖는다.

① ㄱ ② ㄴ ③ ㄱ, ㄷ
④ ㄴ, ㄷ ⑤ ㄱ, ㄴ, ㄷ

0190

양의 실수 전체의 집합에서 정의된 함수

$$f(x)=\begin{cases} \frac{6}{x} & (x\text{는 자연수가 아니다.}) \\ -x+k & (x\text{는 자연수}) \end{cases}$$

가 $x=1$에서 연속이다. 함수 $f(x)$가 불연속이 되는 x의 값을 작은 수부터 순서대로 α_1, α_2, α_3, $\cdots$이라 할 때, $f(\alpha_1)+f(\alpha_2)+\cdots+f(\alpha_5)$의 값을 구하시오.

0191

실수 t에 대하여 x에 대한 삼차방정식 $x^3+2tx^2+5tx=0$의 서로 다른 실근의 개수를 $f(t)$라 하자. 최고차항의 계수가 1인 이차함수 $g(t)$에 대하여 함수 $f(t)g(t-2)$가 실수 전체의 집합에서 연속일 때, $g(7)$의 값을 구하시오.

0192 평가원 기출

두 함수

$$f(x)=\begin{cases} -2x+3 & (x<0) \\ -2x+2 & (x\geq 0) \end{cases},\ g(x)=\begin{cases} 2x & (x<a) \\ 2x-1 & (x\geq a) \end{cases}$$

가 있다. 함수 $f(x)g(x)$가 실수 전체의 집합에서 연속이 되도록 하는 상수 a의 값은?

① -2 ② -1 ③ 0
④ 1 ⑤ 2

0193

실수 t에 대하여 구간 $[-1, 1]$에서 함수 $y=|x-t|$의 그래프와 직선 $y=1$이 만나는 점의 개수를 $f(t)$라 하자. 최고차항의 계수가 1인 이차함수 $g(t)$에 대하여 함수 $f(t)g(t)$가 불연속인 점이 1개일 때, $g(3)$의 최댓값을 구하시오.

0194

함수 $f(x)=\begin{cases} 1 & (x<-1) \\ 0 & (-1\leq x<1) \\ -1 & (x\geq 1) \end{cases}$과 최고차항의 계수가 1인 이차함수 $g(x)$가 다음 조건을 만족시킨다.

> (가) 함수 $f(x)g(x)$가 불연속인 점의 개수는 1이다.
> (나) 함수 $f(x)g(x-k)$가 실수 전체의 집합에서 연속이 되도록 하는 실수 k가 존재한다.

$g(2)<0$일 때, $g(5)$의 값을 구하시오.

0195

정의역이 실수 전체의 집합이고 치역이 집합 $\{-1, 1\}$인 함수 $f(x)$가 다음 조건을 만족시킨다.

> (가) 함수 $(x^2-3x)f(x)$는 실수 전체의 집합에서 연속이다.
> (나) $f(x)=-1$을 만족시키는 정수 x의 개수는 4이다.

$f(k)=1$을 만족시키는 10 이하의 모든 자연수 k의 값의 합을 구하시오.

Ⅱ

미분

03 미분계수와 도함수

유형 01 평균변화율

함수 $y=f(x)$에서 x의 값이 a에서 b까지 변할 때의 평균변화율은

$$\frac{\Delta y}{\Delta x}=\frac{f(b)-f(a)}{b-a}=\frac{f(a+\Delta x)-f(a)}{\Delta x}$$

Tip 함수 $y=f(x)$의 평균변화율은 두 점 $(a, f(a))$, $(b, f(b))$를 지나는 직선의 기울기와 같다.

확인 문제

다음 주어진 함수에서 x의 값이 -1에서 1까지 변할 때의 평균변화율을 구하시오.

(1) $f(x)=2x-1$

(2) $f(x)=-3x^2+x$

(3) $f(x)=x^3+4x+1$

0196 대표문제

함수 $f(x)=x^3-x+2$에 대하여 x의 값이 1에서 a까지 변할 때의 평균변화율이 6이다. 이때 상수 a의 값은? (단, $a>1$)

① 2 ② 3 ③ 4 ④ 5 ⑤ 6

0197

함수 $f(x)=2x^2+ax+3$에 대하여 x의 값이 -1에서 2까지 변할 때의 평균변화율이 4이다. 이때 상수 a의 값을 구하시오.

0198 중요

함수 $f(x)$에 대하여 x의 값이 2에서 5까지 변할 때의 평균변화율이 3일 때, 두 점 $\mathrm{A}(2, f(2))$, $\mathrm{B}(5, f(5))$를 지나는 직선 AB의 기울기를 구하시오.

0199 중요

함수 $f(x)=x^2-6x$에 대하여 x의 값이 -1에서 4까지 변할 때의 평균변화율과 x의 값이 1에서 a까지 변할 때의 평균변화율이 같을 때, 상수 a의 값을 구하시오.

0200

함수 $y=f(x)$의 그래프가 세 점 $\mathrm{A}(-1, -1)$, $\mathrm{B}(2, f(2))$, $\mathrm{C}(4, 3)$을 지난다. 직선 AB의 기울기가 2일 때, 함수 $f(x)$에 대하여 x의 값이 2에서 4까지 변할 때의 평균변화율은?

① -1 ② $-\frac{1}{2}$ ③ $-\frac{1}{4}$ ④ $\frac{1}{2}$ ⑤ 1

0201

함수 $y=f(x)$의 그래프가 그림과 같다. 함수 $f(x)$의 역함수를 $g(x)$라 할 때, x의 값이 b에서 c까지 변할 때의 함수 $g(x)$의 평균변화율은?
(단, 점선은 x축 또는 y축에 평행하다.)

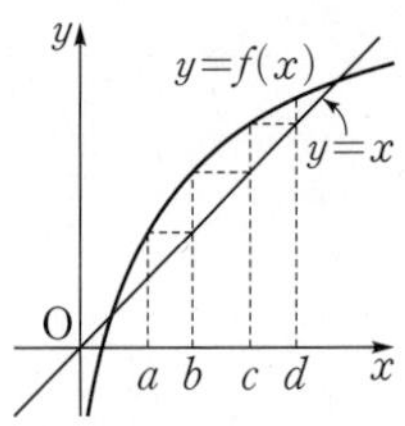

① $\frac{d-c}{c-b}$ ② $\frac{b-a}{c-b}$ ③ $\frac{b-a}{d-c}$ ④ $\frac{c-b}{d-c}$ ⑤ $\frac{c-a}{d-c}$

유형 02 미분계수

함수 $y=f(x)$의 $x=a$에서의 미분계수는

$$f'(a)=\lim_{\Delta x\to 0}\frac{f(a+\Delta x)-f(a)}{\Delta x}=\lim_{x\to a}\frac{f(x)-f(a)}{x-a}$$

Tip Δx 대신 h를 사용하여 주로 다음과 같이 나타낸다.

$$f'(a)=\lim_{h\to 0}\frac{f(a+h)-f(a)}{h}$$

확인 문제

다음 함수의 $x=1$에서의 미분계수를 구하시오.

(1) $f(x)=-x+3$
(2) $f(x)=2x^2+3x$
(3) $f(x)=-x^3+x$

0202 대표문제

함수 $f(x)=x^2+2x$에 대하여 x의 값이 1에서 3까지 변할 때의 평균변화율과 $x=a$에서의 미분계수가 같을 때, 상수 a의 값을 구하시오.

0203 서술형

함수 $f(x)=x^2+ax+b$에 대하여 x의 값이 -1에서 2까지 변할 때의 평균변화율이 2일 때, 함수 $f(x)$의 $x=3$에서의 미분계수를 구하시오. (단, a, b는 상수이다.)

0204 중요

함수 $f(x)=x^3+3kx^2$에 대하여 x의 값이 -2에서 2까지 변할 때의 평균변화율과 $x=a$에서의 미분계수가 같도록 하는 모든 실수 a의 값의 합이 4일 때, 상수 k의 값은?

① -2 ② -1 ③ 0
④ 1 ⑤ 2

유형 03 미분계수의 기하적 의미

함수 $y=f(x)$의 $x=a$에서의 미분계수 $f'(a)$는 곡선 $y=f(x)$ 위의 점 $(a, f(a))$에서의 접선의 기울기와 같다.

Tip $\frac{f(a)}{a}$는 원점과 점 $(a, f(a))$를 지나는 직선의 기울기와 같다.

0205 대표문제

다음 보기의 함수 중에서 $0<a<b$일 때, $f'(a)>f'(b)$를 만족시키는 것만을 있는 대로 고른 것은?

보기
ㄱ. $f(x)=\frac{1}{x}$　　ㄴ. $f(x)=\sqrt{x}$
ㄷ. $f(x)=-x^2$

① ㄱ ② ㄴ ③ ㄷ
④ ㄱ, ㄷ ⑤ ㄴ, ㄷ

0206

이차함수 $y=f(x)$의 그래프가 그림과 같을 때, $\frac{f(b)-f(a)}{b-a}$, $f'(a)$, $f'(b)$의 대소 관계로 옳은 것은?

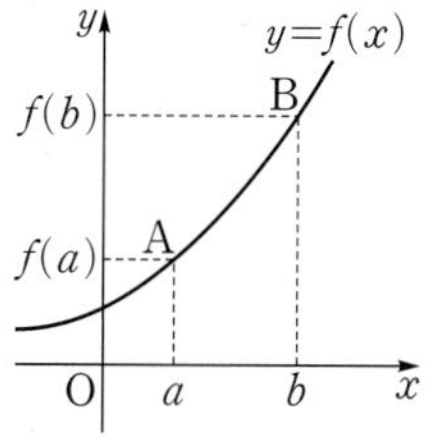

① $\frac{f(b)-f(a)}{b-a}<f'(b)<f'(a)$
② $\frac{f(b)-f(a)}{b-a}<f'(a)<f'(b)$
③ $f'(b)<f'(a)<\frac{f(b)-f(a)}{b-a}$
④ $f'(b)<\frac{f(b)-f(a)}{b-a}<f'(a)$
⑤ $f'(a)<\frac{f(b)-f(a)}{b-a}<f'(b)$

0207

미분가능한 함수 $f(x)$에 대하여 그림과 같이 곡선 $y=f(x)$와 직선 $y=2x$가 원점에서 접할 때, 보기에서 옳은 것만을 있는 대로 고른 것은? (단, $0<a<b$)

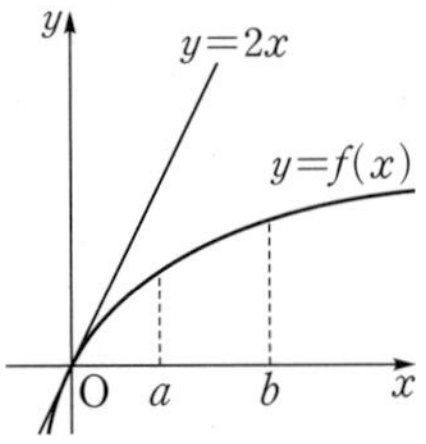

보기

ㄱ. $f'(a)<2$　　ㄴ. $f'(a)>f'(b)$

ㄷ. $(b-a)f'(0)<f(b)-f(a)$

① ㄱ　② ㄴ　③ ㄱ, ㄴ
④ ㄴ, ㄷ　⑤ ㄱ, ㄴ, ㄷ

0208

다항함수 $y=f(x)$의 그래프와 직선 $y=x$가 그림과 같이 원점과 점 $(1,\ 1)$에서 만날 때, 보기에서 옳은 것만을 있는 대로 고른 것은? (단, $0<a<1<b$)

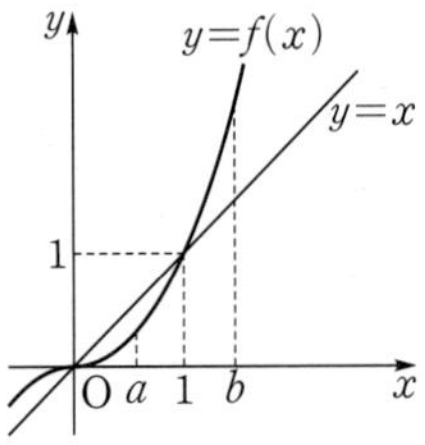

보기

ㄱ. $f(b)-f(a)>b-a$

ㄴ. $(b-a)f(a)>a\{f(b)-f(a)\}$

ㄷ. $f(b)-f(a)<(b-a)f'(b)$

① ㄱ　② ㄴ　③ ㄱ, ㄴ
④ ㄱ, ㄷ　⑤ ㄱ, ㄴ, ㄷ

유형 04 미분계수를 이용한 극한값의 계산 (1)

함수 $f(x)$에 대하여 $f'(a)$가 존재할 때

$$\lim_{\square\to0}\frac{f(a+\square)-f(a)}{\square}=f'(a)$$

Tip 위의 식과 같이 □ 부분을 같게 만들어 극한값을 구한다.

(1) $\lim_{h\to0}\frac{f(a+nh)-f(a)}{mh}=\frac{n}{m}f'(a)$

(2) $\lim_{h\to0}\frac{f(a+mh)-f(a+nh)}{h}=(m-n)f'(a)$

(3) $\lim_{x\to\infty}x\left\{f\left(a+\frac{m}{x}\right)-f\left(a+\frac{n}{x}\right)\right\}=(m-n)f'(a)$

0209 대표문제

다항함수 $f(x)$에 대하여 $f'(2)=3$일 때,

$\lim_{h\to0}\frac{f(2+3h)-f(2-2h)}{h}$의 값을 구하시오.

0210 중요

다항함수 $f(x)$에 대하여

$$\lim_{h\to0}\frac{f(1-2h)-f(1+h)}{6h}=4$$

일 때, $f'(1)$의 값은?

① -16　② -8　③ -4
④ -2　⑤ -1

0211

다항함수 $f(x)$에 대하여

$$\lim_{h\to0}\frac{f(1+4h)-f(1-5h)}{3h}=9$$

일 때, 곡선 $y=f(x)$ 위의 점 $(1,\ f(1))$에서의 접선의 기울기를 구하시오.

0212 중요

다항함수 $f(x)$에 대하여 $f'(3)=4$일 때,

$\lim_{x\to\infty} x\left\{f\left(3+\frac{2}{x}\right)-f(3)\right\}$의 값은?

① 4 ② 8 ③ 12
④ 16 ⑤ 20

0213

다항함수 $f(x)$에 대하여 $f(2)=2$, $f'(2)=4$일 때,

$\lim_{h\to 0}\frac{1}{h}\left\{\frac{1}{f(2)}-\frac{1}{f(2+h)}\right\}$의 값을 구하시오.

0214 서술형

다항함수 $f(x)$에 대하여 $\lim_{h\to 0}\frac{f(1+h)-f(1-h)}{h}=4$일 때, $\lim_{x\to\infty} x\left\{f\left(1+\frac{2}{x}\right)-f\left(1-\frac{1}{x}\right)\right\}$의 값을 구하시오.

유형 05 미분계수를 이용한 극한값의 계산 (2)

함수 $f(x)$에 대하여 $f'(a)$가 존재할 때

$$\lim_{\square\to a}\frac{f(\square)-f(a)}{\square-a}=f'(a)$$

Tip 위의 식과 같이 □ 부분을 같게 만들어 극한값을 구한다.

(1) $\lim_{x\to a}\frac{f(x)-f(a)}{x-a}=f'(a)$

(2) $\lim_{x\to a}\frac{af(x)-xf(a)}{x-a}=af'(a)-f(a)$

(3) $\lim_{x\to a}\frac{x^2f(a)-a^2f(x)}{x-a}=2af(a)-a^2f'(a)$

0215 대표문제

곡선 $y=f(x)$ 위의 점 $(1, f(1))$에서의 접선의 기울기가 3일 때, $\lim_{x\to 1}\frac{f(x^2)-f(1)}{x-1}$의 값을 구하시오.

0216

다항함수 $f(x)$에 대하여

$$f'(3)=1,\ \lim_{x\to 3}\frac{9f(x)-x^2f(3)}{x-3}=-3$$

일 때, $f(3)$의 값은?

① -3 ② -2 ③ -1
④ 1 ⑤ 2

0217

미분가능한 함수 $f(x)$에 대하여

$$\lim_{x\to 2}\frac{f(x-2)-1}{x^2-4}=3$$

일 때, $f(0)+f'(0)$의 값을 구하시오.

0218

다항함수 $f(x)$에 대하여

$$\lim_{x \to 2} \frac{f(x)-f(2)}{x^2-4} = -1$$

일 때, $\lim_{h \to 0} \frac{f(2-h)-f(2+3h)}{h}$의 값을 구하시오.

0219 중요

다항함수 $f(x)$에 대하여

$$\lim_{x \to \infty} \frac{x}{2}\left\{f\left(1+\frac{2}{x}\right)-f\left(1-\frac{1}{x}\right)\right\}=3$$

일 때, $\lim_{x \to 1} \frac{f(x^4)-f(1)}{x-1}$의 값은?

① 4 ② 6 ③ 8
④ 10 ⑤ 12

0220 서술형

다항함수 $f(x)$에 대하여 함수 $y=f(x)$의 그래프가 y축에 대하여 대칭이고 $f'(2)=-1$, $f'(4)=-3$일 때,

$\lim_{x \to -2} \frac{f(x^2)-f(4)}{f(x)-f(2)}$의 값을 구하시오.

유형 06 관계식이 주어졌을 때 미분계수 구하기

함수 $f(x)$에 대한 관계식이 주어진 경우 미분계수는 다음과 같은 순서로 구한다.

❶ 주어진 관계식의 x, y에 적당한 수를 대입하여 $f(0)$의 값을 구한다.

❷ $f'(a)=\lim_{h \to 0} \frac{f(a+h)-f(a)}{h}$의 $f(a+h)$에 주어진 관계식을 대입하여 $f'(a)$의 값을 구한다.

0221 대표문제

미분가능한 함수 $f(x)$가 모든 실수 x, y에 대하여

$$f(x+y)=f(x)+f(y)$$

를 만족시키고 $f'(0)=3$일 때, $f'(2)$의 값을 구하시오.

0222 중요

미분가능한 함수 $f(x)$가 임의의 두 실수 x, y에 대하여

$$f(x+y)=f(x)+f(y)+3xy-2$$

를 만족시키고 $f'(1)=1$일 때, $f'(4)$의 값은?

① 2 ② 4 ③ 6
④ 8 ⑤ 10

0223

미분가능한 함수 $f(x)$가 $f(x)>0$이고, 모든 실수 x, y에 대하여

$$f(x+y)=4f(x)f(y)$$

를 만족시킨다. $f'(0)=2$일 때, $\frac{f'(3)}{f(3)}$의 값을 구하시오.

정답과 풀이 49쪽

유형 07 미분가능성과 연속성

(1) 식이 주어진 경우

함수 $f(x)$가 실수 a에 대하여

① $\lim_{x \to a} f(x)=f(a)$이면 $x=a$에서 연속이다.

② $\lim_{h \to 0} \frac{f(a+h)-f(a)}{h}$가 존재하면 $x=a$에서 미분가능하다.

참고 함수 $f(x)$가 $x=a$에서 미분가능하면 $x=a$에서 연속이다. 그러나 역은 성립하지 않는다.

(2) 그래프가 주어진 경우

① 함수 $f(x)$가 $x=a$에서 불연속이면 그래프가 $x=a$에서 끊어져 있다.

② 함수 $f(x)$가 $x=a$에서 미분가능하지 않으면 그래프가 $x=a$에서 끊어져 있거나 꺾인 모양이다.

0224 대표문제

다음 보기의 함수 중 $x=0$에서 연속이지만 미분가능하지 않은 함수인 것만을 있는 대로 고른 것은?

(단, $[x]$는 x보다 크지 않은 최대의 정수이다.)

보기

ㄱ. $f(x)=[x]$　　ㄴ. $f(x)=x-|x|$

ㄷ. $f(x)=\sqrt{x^2}$　　ㄹ. $f(x)=x|x|$

① ㄱ, ㄴ　② ㄴ, ㄷ　③ ㄴ, ㄹ

④ ㄷ, ㄹ　⑤ ㄴ, ㄷ, ㄹ

0225

함수 $y=f(x)$의 그래프가 그림과 같을 때, 함수 $f(x)$가 불연속인 점은 m개, 미분가능하지 않은 점은 n개이다. 이때 $m+n$의 값을 구하시오.

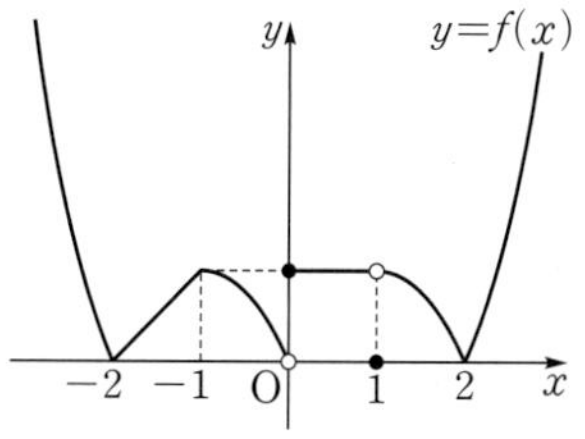

0226 중요

두 함수 $f(x)=|x-1|$, $g(x)=\begin{cases} -x+1 & (x<1) \\ 2x-2 & (x \geq 1) \end{cases}$에 대하여 $x=1$에서 미분가능한 함수인 것만을 보기에서 있는 대로 고른 것은?

보기

ㄱ. $(x-1)f(x)$　　ㄴ. $f(x)g(x)$

ㄷ. $\{g(x)\}^2$

① ㄱ　② ㄴ　③ ㄱ, ㄴ

④ ㄴ, ㄷ　⑤ ㄱ, ㄴ, ㄷ

0227

함수 $y=f(x)$의 그래프가 그림과 같을 때, 보기에서 옳은 것만을 있는 대로 고른 것은?

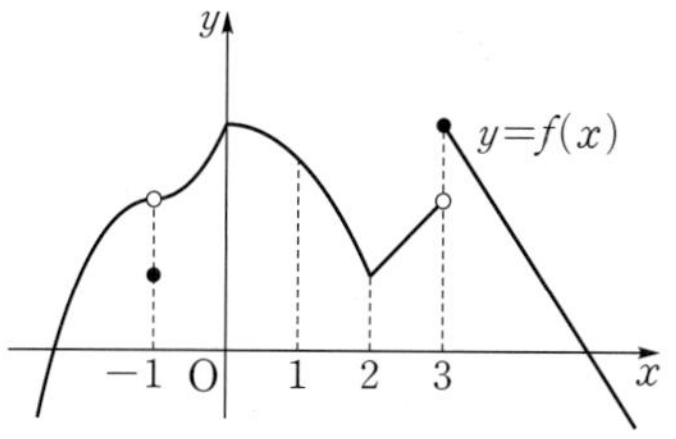

보기

ㄱ. $\lim_{x \to -1} f(x)$의 값은 존재하지 않는다.

ㄴ. 함수 $f(x)$가 불연속이 되는 점은 2개이다.

ㄷ. 함수 $(x^2-2x-3)f(x)$는 실수 전체의 집합에서 연속이다.

ㄹ. 함수 $f(x)$가 미분가능하지 않은 점은 4개이다.

① ㄱ, ㄴ　② ㄴ, ㄷ　③ ㄴ, ㄹ

④ ㄷ, ㄹ　⑤ ㄴ, ㄷ, ㄹ

유형 08 미분법 공식

(1) $y=x^n$ (n은 양의 정수) ➡ $y'=nx^{n-1}$
(2) $y=c$ (c는 상수) ➡ $y'=0$
(3) $y=cf(x)$ ➡ $y'=cf'(x)$
(4) $y=f(x)\pm g(x)$ ➡ $y'=f'(x)\pm g'(x)$ (복부호동순)

확인 문제

다음 함수를 미분하시오.
(1) $y=2x^4$
(2) $y=-3x+7$
(3) $y=-x^2+6x-5$

0228 대표문제

함수 $f(x)=2x^3-ax+2$에 대하여 $f'(1)=0$일 때, $f(-1)$의 값을 구하시오. (단, a는 상수이다.)

0229 중요

함수 $f(x)=x^2+ax+b$에 대하여

$f(1)=0,\ f'(-1)=-1$

일 때, $f(2)$의 값은? (단, a, b는 상수이다.)

① 1 ② 2 ③ 3
④ 4 ⑤ 5

0230 서술형

최고차항의 계수가 1인 삼차함수 $f(x)$에 대하여

$f(0)=2,\ f'(1)=-3,\ f'(-1)=1$

일 때, $f(3)$의 값을 구하시오.

유형 09 곱의 미분법

(1) $y=f(x)g(x)$ ➡ $y'=f'(x)g(x)+f(x)g'(x)$
(2) $y=f(x)g(x)h(x)$
➡ $y'=f'(x)g(x)h(x)+f(x)g'(x)h(x)$
$+f(x)g(x)h'(x)$
(3) $y=\{f(x)\}^n$ (n은 자연수) ➡ $y'=n\{f(x)\}^{n-1}f'(x)$

확인 문제

다음 함수를 미분하시오.
(1) $y=(x^2-3x+1)(2x-1)$
(2) $y=x(x-1)(x+2)$
(3) $y=(2x^2+x-3)^3$
(4) $y=(x+1)^2(x^2-3)$

0231 대표문제

함수 $f(x)=(x^3+a)(x^2+x+1)$에 대하여 $f'(1)=6$일 때, 상수 a의 값은?

① -3 ② -2 ③ -1
④ 0 ⑤ 1

0232 평가원 기출

다항함수 $f(x)$에 대하여 함수 $g(x)$를

$g(x)=(x^2+3)f(x)$

라 하자. $f(1)=2$, $f'(1)=1$일 때, $g'(1)$의 값은?

① 6 ② 7 ③ 8
④ 9 ⑤ 10

0233

다항함수 $f(x)=(x^2+2)(ax+b)$에 대하여 곡선 $y=f(x)$ 위의 점 $(1,\ 3)$에서의 접선의 기울기가 8일 때, 상수 a, b에 대하여 ab의 값은?

① -2 ② -1 ③ 2
④ 4 ⑤ 6

유형 10 미분계수와 도함수

미분계수와 도함수의 정의를 이용하여 주어진 값을 구한다.
(1) 함수 $f(x)$에 대한 극한값 구하기
❶ 미분계수의 정의를 이용하여 주어진 식을 $f'(a)$가 포함된 식으로 변형한다.
❷ 도함수 $f'(x)$를 구한다.
❸ $f'(a)$의 값을 구하여 ❶의 식에 대입한다.
(2) 미분가능한 함수 $f(x)$에 대하여
$\lim_{x \to a}\frac{f(x)-b}{x-a}=c$ (c는 실수)이면 $f(a)=b$, $f'(a)=c$

0234 대표문제

함수 $f(x)=x^4-2x^3-4$에 대하여 $\lim_{x \to 1}\frac{\{f(x)\}^2-\{f(1)\}^2}{x-1}$의 값을 구하시오.

0235 교육청 기출

함수 $f(x)=x^3-2x^2+ax+1$에 대하여
$\lim_{h \to 0}\frac{f(2+h)-f(2)}{h}=9$일 때, 상수 a의 값은?

① 1 ② 3 ③ 5
④ 7 ⑤ 9

0236

함수 $f(x)=x^3+ax+b$가 $\lim_{x \to 2}\frac{f(x)-3}{x-2}=5$를 만족시킬 때, 상수 a, b에 대하여 $a+b$의 값은?

① 1 ② 2 ③ 3
④ 4 ⑤ 5

0237 중요

다항함수 $f(x)$가 $\lim_{x \to 1}\frac{f(x)-4}{x-1}=3$을 만족시킨다.
함수 $g(x)=x^2f(x)$에 대하여 $g'(1)$의 값을 구하시오.

0238

함수 $f(x)=x^3+ax^2+bx+3$에 대하여

$$\lim_{h \to 0}\frac{f(1+h)-f(1)}{h}=5,$$

$$\lim_{h \to 0}\frac{f(-2-2h)-f(-2)}{h}=-4$$

가 성립할 때, $f(2)$의 값을 구하시오. (단, a, b는 상수이다.)

0239 중요

두 다항함수 $f(x)$, $g(x)$가

$$\lim_{x \to 2}\frac{f(x)-5}{x-2}=1,\ \lim_{x \to 2}\frac{g(x)-2}{x-2}=3$$

을 만족시킬 때, 함수 $h(x)=f(x)g(x)$에 대하여 $h'(2)$의 값은?

① 13 ② 14 ③ 15
④ 16 ⑤ 17

0240

함수 $f(x)=(x-1)(x^2+3)$에 대하여

$\lim_{x\to\infty} 3x\left\{f\left(1+\frac{1}{x}\right)-f\left(1-\frac{2}{x}\right)\right\}$의 값을 구하시오.

0241 서술형

미분가능한 함수 $f(x)$, $g(x)$가 다음 조건을 만족시킨다.

(가) $\lim_{x\to1}\frac{f(x^2)-2}{x-1}=4$

(나) $\lim_{h\to0}\frac{g(1-3h)-3}{h}=6$

함수 $i(x)=f(x)g(x)$에 대하여 $i'(1)$의 값을 구하시오.

0242 수능 기출

두 다항함수 $f(x)$, $g(x)$가

$$\lim_{x\to0}\frac{f(x)+g(x)}{x}=3,\ \lim_{x\to0}\frac{f(x)+3}{xg(x)}=2$$

를 만족시킨다. 함수 $h(x)=f(x)g(x)$에 대하여 $h'(0)$의 값은?

① 27　② 30　③ 33
④ 36　⑤ 39

유형 11 치환을 이용한 극한값의 계산

$\frac{0}{0}$꼴의 극한에서 분모 또는 분자의 차수가 높으면 다음과 같은 순서로 극한값을 구한다.

❶ 차수가 높은 식의 일부를 $f(x)$로 치환한다.

❷ $\lim_{x\to a}\frac{f(x)-f(a)}{x-a}$ 꼴로 식을 변형하여 극한값을 구한다.

0243 대표문제

$\lim_{x\to-1}\frac{x^5-4x-3}{x+1}$의 값은?

① -2　② -1　③ 0
④ 1　⑤ 2

0244 중요

$\lim_{x\to1}\frac{x^n-3x+2}{x-1}=10$을 만족시키는 자연수 n의 값은?

① 11　② 13　③ 15
④ 17　⑤ 19

0245

$\lim_{x\to2}\frac{x^n-2x^2+6x-20}{x-2}=a$일 때, 자연수 n과 상수 a에 대하여 $n+a$의 값을 구하시오.

유형 12 도함수와 항등식

$f(x)$, $f'(x)$를 포함한 항등식이 주어진 경우 다음과 같은 순서로 $f(x)$를 구한다.

❶ 조건에 맞게 $f(x)$의 식을 세운다.

❷ 도함수 $f'(x)$를 구하여 주어진 관계식에 대입한 후 항등식의 성질을 이용하여 $f(x)$를 구한다.

0246 대표문제 평가원 기출

함수 $f(x)=ax^2+b$가 모든 실수 x에 대하여

$$4f(x)=\{f'(x)\}^2+x^2+4$$

를 만족시킨다. $f(2)$의 값은? (단, a, b는 상수이다.)

① 3 ② 4 ③ 5 ④ 6 ⑤ 7

0247

이차함수 $f(x)$가 모든 실수 x에 대하여

$$(x-1)f'(x)+f(x)=3x^2+4x-1$$

을 만족시킬 때, $f(-1)$의 값은?

① -4 ② -2 ③ 0 ④ 2 ⑤ 4

0248

최고차항의 계수가 양수인 다항함수 $f(x)$가

$$f(x)f'(x)=2x^3+9x^2+11x+3$$

을 만족시킬 때, $f(3)$의 값을 구하시오.

유형 13 구간으로 나누어 정의된 함수의 미분가능성

미분가능한 함수 $f(x)$, $g(x)$에 대하여

$h(x)=\begin{cases} f(x) & (x<a) \\ g(x) & (x\ge a)\end{cases}$가 $x=a$에서 미분가능하면

(1) 함수 $h(x)$는 $x=a$에서 연속이다.

➡ $\lim_{x\to a-} f(x)=\lim_{x\to a+} g(x)=g(a)$

(2) 함수 $h(x)$는 $x=a$에서 미분계수가 존재한다.

➡ $f'(a)=g'(a)$

[방법 1] 미분법을 이용

$h'(x)=\begin{cases} f'(x) & (x<a) \\ g'(x) & (x>a)\end{cases}$에서 $f'(a)=g'(a)$

임을 보인다.

[방법 2] 미분계수의 정의를 이용

$$\lim_{x\to a-}\frac{f(x)-f(a)}{x-a}=\lim_{x\to a+}\frac{g(x)-g(a)}{x-a}$$

임을 보인다.

Tip 두 함수 $f(x)$, $g(x)$가 다항함수로 주어진 경우 [방법 1]을 이용하면 계산 시간을 줄일 수 있다.

0249 대표문제

함수

$$f(x)=\begin{cases} ax^2+4 & (x<-1) \\ -4x+a & (x\ge -1)\end{cases}$$

이 $x=-1$에서 미분가능할 때, $f(-2)+f(0)$의 값은? (단, a는 상수이다.)

① 10 ② 12 ③ 14 ④ 16 ⑤ 18

0250 중요

함수

$$f(x)=\begin{cases} 2x^2+ax+3 & (x<1) \\ 2x+b & (x\ge 1)\end{cases}$$

이 $x=1$에서 미분가능할 때, 상수 a, b에 대하여 $a+b$의 값을 구하시오.

0251 평가원 기출

함수

$$f(x)=\begin{cases} x^3+ax+b & (x<1) \\ bx+4 & (x\geq 1) \end{cases}$$

이 실수 전체의 집합에서 미분가능할 때, $a+b$의 값은?

(단, a, b는 상수이다.)

① 6　② 7　③ 8
④ 9　⑤ 10

0252 교육청 기출

두 함수 $f(x)=|x+3|$, $g(x)=2x+a$에 대하여 함수 $f(x)g(x)$가 실수 전체의 집합에서 미분가능할 때, 상수 a의 값은?

① 2　② 4　③ 6
④ 8　⑤ 10

0253 중요

두 함수 $f(x)=|x-1|$, $g(x)=\begin{cases} 2x & (x<1) \\ x+a & (x\geq 1) \end{cases}$에 대하여 함수 $h(x)=f(x)g(x)$가 실수 전체의 집합에서 미분가능할 때, $h'(3)$의 값을 구하시오. (단, a는 상수이다.)

0254

함수 $f(x)=x^3-3x^2+2$에 대하여 함수 $g(x)$를

$$g(x)=\begin{cases} b-f(x) & (x<a) \\ f(x) & (x\geq a) \end{cases}$$

라 하자. 함수 $g(x)$가 실수 전체의 집합에서 미분가능하도록 하는 두 상수 a, b에 대하여 $a+b$의 값은? (단, $a>0$)

① -4　② -2　③ 0
④ 2　⑤ 4

0255 서술형

삼차함수 $f(x)$에 대하여 함수 $g(x)$를

$$g(x)=\begin{cases} 4x+4 & (x<-1) \\ f(x) & (-1\leq x<1) \\ x^2-2x+1 & (x\geq 1) \end{cases}$$

이라 하자. 함수 $g(x)$가 실수 전체의 집합에서 미분가능할 때, $f'(3)$의 값을 구하시오.

정답과 풀이 56쪽

유형 14 미분법과 다항식의 나눗셈

다항식 $f(x)$가
(1) $(x-a)^2$으로 나누어떨어지는 경우
$f(a)=0,\ f'(a)=0$
(2) $(x-a)^2$으로 나누어떨어지지 않는 경우
다항식 $f(x)$를 $(x-a)^2$으로 나누었을 때의 몫을 $Q(x)$, 나머지를 $R(x)$라 하면
$f(x)=(x-a)^2Q(x)+R(x)$
$f'(x)=2(x-a)Q(x)+(x-a)^2Q'(x)+R'(x)$

Tip 다항식 $f(x)$가 $f(a)=0,\ f'(a)=0$을 만족시키면 $f(x)$는 $(x-a)^2$을 인수로 갖는다.

0256 대표문제

다항식 $x^3-12x+a$가 $(x-b)^2$으로 나누어떨어질 때, 양수 a, b에 대하여 $a+b$의 값은?

① 16 ② 17 ③ 18
④ 19 ⑤ 20

0257

다항식 x^4-ax^2+b를 $(x-1)^2$으로 나누었을 때의 나머지가 $-2x+4$일 때, 상수 a, b에 대하여 $a+b$의 값은?

① 5 ② 6 ③ 7
④ 8 ⑤ 9

0258 중요

다항함수 $f(x)$가 $f(3)=2,\ f'(3)=-3$을 만족시킨다. $f(x)$를 $(x-3)^2$으로 나누었을 때의 나머지를 $R(x)$라 할 때, $R(1)$의 값을 구하시오.

0259

다항함수 $y=f(x)$의 그래프 위의 점 $(-2,\ 3)$에서의 접선의 기울기가 1이다. $f(x)$를 $(x+2)^2$으로 나누었을 때의 나머지를 $R(x)$라 할 때, $R(2)$의 값은?

① 5 ② 7 ③ 9
④ 11 ⑤ 13

0260 중요

최고차항의 계수가 1인 이차함수 $f(x)$가 다음 조건을 만족시킬 때, $f(5)$의 값을 구하시오.

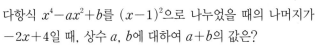

(가) $f'(2)=0$
(나) $f(x)$는 $f'(x)$로 나누어떨어진다.

0261

다항함수 $f(x)$에 대하여 $f(x)$를 $(x+1)^2$으로 나누었을 때의 나머지가 $3x+5$일 때, 곡선 $y=x^2f(x)$ 위의 점 $(-1,\ f(-1))$에서의 접선의 기울기는?

① -5 ② -4 ③ -3
④ -2 ⑤ -1

PART B

내신 잡는 종합 문제

0262

함수 $f(x)=x^3-2x^2+6x$에서 x의 값이 0에서 a까지 변할 때의 평균변화율이 $f'(1)$의 값과 같게 되도록 하는 양수 a의 값을 구하시오.

0263

$\lim_{x\to 1}\frac{x^n-4x+3}{x-1}=8$일 때, 자연수 n의 값은?

① 8 ② 10 ③ 12
④ 14 ⑤ 16

0264

다항함수 $f(x)$에 대하여 $f'(2)=2$일 때,

$$\lim_{h\to 0}\frac{f(2+mh)-f(2-nh)}{h}=12$$

를 만족시키는 두 자연수 m, n의 모든 순서쌍 $(m,\ n)$의 개수를 구하시오.

0265

함수 $f(x)=(x+1)(x^2+a)$에 대하여

$$\lim_{x\to\infty}x\left\{f\left(1+\frac{2}{x}\right)-f(1)\right\}=12$$

일 때, $f(2)$의 값은? (단, a는 상수이다.)

① 10 ② 12 ③ 15
④ 16 ⑤ 18

0266

일차함수 $f(x)$에 대하여 $g(x)=(x^2-2)f(x)$라 하자. 곡선 $y=g(x)$ 위의 점 $(1,\ -2)$에서의 접선의 기울기가 3일 때, $g(2)$의 값은?

① 2 ② 4 ③ 6
④ 8 ⑤ 10

0267

다항함수 $f(x)$가 다음 조건을 만족시킨다.

> (가) $f(-x)=-f(x)$
> (나) $\lim_{h\to 0}\frac{f(-1+2h)+f(1)}{3h}=4$

$\lim_{x\to -1}\frac{f(x)+f(1)-4(x+1)}{x^2-1}$의 값은?

① -2 ② -1 ③ 1
④ 2 ⑤ 3

0268 교육청 기출

최고차항의 계수가 1인 삼차함수 $f(x)$가 있다. 양수 t에 대하여 곡선 $y=f(x)$와 x축이 만나는 서로 다른 세 점의 x좌표가 $-2t$, 0, t일 때, $f'(4)$의 최댓값을 구하시오.

0269

두 다항함수 $f(x)$, $g(x)$가

$$\lim_{x\to 0}\frac{f(x)-3}{x}=2,\ \lim_{x\to 2}\frac{g(x-2)-1}{x-2}=3$$

을 만족시킬 때, 함수 $h(x)=f(x)g(x)$의 $x=0$에서의 미분계수는?

① 11 ② 13 ③ 15
④ 17 ⑤ 19

0270

미분가능한 함수 $f(x)$에 대하여

$$(x-2)f(x)=x^3-2x^2-x+a$$

가 성립할 때, $a+f'(2)$의 값을 구하시오.

(단, a는 상수이다.)

0271

다항함수 $f(x)$에 대하여 $\lim_{x\to 1}\frac{f(x)-2}{x-1}=3$이 성립한다.

$f(x)$를 $(x-1)^2$으로 나누었을 때의 나머지를 $R(x)$라 할 때, $R(5)$의 값을 구하시오.

0272

그림과 같이 곡선 $y=f(x)$와 직선 $y=x$가 점 (a, a)에서 접할 때, 양수 t에 대하여 보기에서 옳은 것만을 있는 대로 고른 것은? (단, $a>0$)

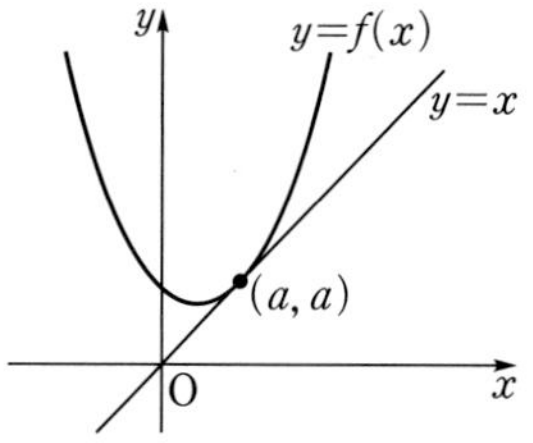

보기

ㄱ. $\frac{f(t)}{t}\geq 1$

ㄴ. $t>a$이면 $f'(t)>1$

ㄷ. $0<t<a$이면 $f(t)>tf'(t)$

① ㄱ ② ㄴ ③ ㄱ, ㄴ
④ ㄴ, ㄷ ⑤ ㄱ, ㄴ, ㄷ

0273 교육청 기출

$f(1)=-2$인 다항함수 $f(x)$에 대하여 일차함수 $g(x)$가 다음 조건을 만족시킨다.

> (가) $\lim_{x\to1}\frac{f(x)g(x)+4}{x-1}=8$
> (나) $g(0)=g'(0)$

$f'(1)$의 값은?

① 5　② 6　③ 7　④ 8　⑤ 9

0274

함수 $f(x)$가 $f(x)=x|x|+|x-1|(x+1)$일 때, 보기에서 옳은 것만을 있는 대로 고른 것은?

> 보기
> ㄱ. 함수 $f(x)$는 $x=0$에서 연속이다.
> ㄴ. 함수 $f(x)$는 $x=0$에서 미분가능하다.
> ㄷ. 함수 $f(x)$는 $x=1$에서 미분가능하다.

① ㄱ　② ㄴ　③ ㄱ, ㄴ　④ ㄱ, ㄷ　⑤ ㄱ, ㄴ, ㄷ

0275 수능 기출

최고차항의 계수가 1이고 $f(1)=0$인 삼차함수 $f(x)$가

$$\lim_{x\to2}\frac{f(x)}{(x-2)\{f'(x)\}^2}=\frac{1}{4}$$

을 만족시킬 때, $f(3)$의 값은?

① 4　② 6　③ 8　④ 10　⑤ 12

서술형 대비하기

0276

미분가능한 함수 $f(x)$가 다음 조건을 만족시킨다.

> (가) $f'(0)=4$
> (나) 임의의 두 실수 x, y에 대하여
> $f(x+y)=f(x)+f(y)+xy(x+y)$

$f'(n)\geq40$을 만족시키는 자연수 n의 최솟값을 구하시오.

0277

삼차함수 $f(x)$에 대하여 함수 $g(x)$가

$$g(x)=\begin{cases}x^2-4x+3 & (x<1)\\ f(x) & (1\leq x<3)\\ -2x+6 & (x\geq3)\end{cases}$$

이다. 함수 $g(x)$가 실수 전체의 집합에서 미분가능할 때, $f(-2)$의 값을 구하시오.

정답과 풀이 62쪽

0278 평가원 기출

$x>0$에서 함수 $f(x)$가 미분가능하고 $2x \le f(x) \le 3x$이다. $f(1)=2$이고 $f(2)=6$일 때, $f'(1)+f'(2)$의 값은?

① 8　② 7　③ 6　④ 5　⑤ 4

0279

최고차항의 계수가 양수인 다항함수 $f(x)$가 모든 실수 x에 대하여

$$f'(x)\{f'(x)+1\}=3f(x)+x^2+x-15$$

를 만족시킬 때, $f(3)$의 값을 구하시오.

0280 교육청 기출

최고차항의 계수가 1이고 $f(0)=2$인 삼차함수 $f(x)$가

$$\lim_{x\to1}\frac{f(x)-x^2}{x-1}=-2$$

를 만족시킨다. 곡선 $y=f(x)$ 위의 점 $(3, f(3))$에서의 접선의 기울기를 구하시오.

0281

최고차항의 계수가 1인 삼차함수 $f(x)$에 대하여 함수 $g(x)$를

$$g(x)=\begin{cases} f(x+2) & (x<1) \\ f(x-2) & (x\ge1) \end{cases}$$

이라 하자. 함수 $g(x)$가 실수 전체의 집합에서 미분가능할 때, $f'(4)$의 값을 구하시오.

0282

최고차항의 계수가 1인 삼차함수 $f(x)$가 다음 조건을 만족시킨다.

> (가) $f(x)$는 $f'(x)$로 나누어떨어진다.
> (나) 함수 $y=f(x)$의 그래프는 점 $(2, 6)$을 지난다.

$f(x)$를 $f'(x)$로 나누었을 때의 몫을 $g(x)$라 할 때,
함수 $h(x)=f(x)g(x)$에 대하여 $h'(2)$의 값을 구하시오.

0283

두 함수 $f(x)=x^2-x+2$, $g(x)=x+k$에 대하여

$$h(x)=\begin{cases} f(x) & (f(x)\ge g(x)) \\ g(x) & (f(x)<g(x)) \end{cases}$$

라 하자. $h(x)$가 미분가능하지 않은 점의 개수가 2일 때, 자연수 k의 최솟값을 구하시오.

0284 교육청 기출

함수 $f(x)=\frac{1}{2}x^2$에 대하여 실수 전체의 집합에서 정의된 함수 $g(x)$를

$$g(x)=\begin{cases} f(x) & (f(x)\le x) \\ x & (f(x)>x) \end{cases}$$

라 할 때, 보기에서 옳은 것만을 있는 대로 고른 것은?

> **보기**
> ㄱ. $g(1)=\frac{1}{2}$
> ㄴ. 모든 실수 x에 대하여 $g(x)\le x$이다.
> ㄷ. 실수 전체의 집합에서 함수 $g(x)$가 미분가능하지 않은 점의 개수는 2이다.

① ㄱ ② ㄷ ③ ㄱ, ㄴ
④ ㄴ, ㄷ ⑤ ㄱ, ㄴ, ㄷ

0285

함수 $f(x)=x^2-2|x|$에 대하여 함수 $|f(x)-t|$가 미분가능하지 않은 서로 다른 실수 x의 개수를 $g(t)$라 하자. 함수 $g(t)$가 불연속이 되는 모든 실수 t의 값의 합은?

① -2 ② -1 ③ 0
④ 1 ⑤ 2

0286

함수 $f(x)$가

$$f(x)=\begin{cases} x|x+2| & (x<0) \\ x|x-2| & (x\geq 0) \end{cases}$$

을 만족시킬 때, 보기에서 옳은 것만을 있는 대로 고른 것은?

보기

ㄱ. 함수 $f(x)$는 $x=0$에서 미분가능하다.

ㄴ. 함수 $f(x)$는 $x=2$에서 미분가능하다.

ㄷ. 함수 $(x^2-4)f(x)$는 실수 전체의 집합에서 미분가능하다.

① ㄱ ② ㄱ, ㄴ ③ ㄱ, ㄷ
④ ㄴ, ㄷ ⑤ ㄱ, ㄴ, ㄷ

0287

최고차항의 계수가 1인 이차함수 $f(x)$에 대하여 함수

$$g(t)=\lim_{h\to 0+}\frac{|f(t+h)|-|f(t)|}{h}$$

가 다음 조건을 만족시킬 때, $g(4)$의 값을 구하시오.

(가) $g(3)=0$

(나) 함수 $g(t)$는 $t=2$에서 불연속이다.

0288

양수 x에 대하여 x보다 작은 자연수 중에서 소수의 개수를 $f(x)$라 하자. 삼차함수 $g(x)$에 대하여 함수 $h(x)=f(x)g(x)$가 다음 조건을 만족시킬 때, $g(1)$의 값은?

(가) $\lim_{x\to 2+}\frac{h(x)}{x-2}=5$

(나) 함수 $h(x)$는 $x=3$에서 미분가능하다.

① -20 ② -16 ③ -12
④ -8 ⑤ -4

0289

함수 $f(x)=\begin{cases} 2-x & (x>1) \\ x & (x\leq 1) \end{cases}$에 대하여

$g(x)=\frac{a}{2}\{|f(x)|+f(x)\}$라 하자. 함수 $g(x)$에 대하여 x의 값이 -1에서 t까지 변할 때의 평균변화율이 자연수가 되도록 하는 실수 t의 개수가 5일 때, 상수 a의 값을 구하시오.

Ⅱ. 미분

04 도함수의 활용(1)

유형별 문제

유형 01 접선의 기울기

곡선 $y=f(x)$ 위의 점 $(a, f(a))$에서의 접선의 기울기는 $f'(a)$이다.

0290 대표문제

곡선 $y=x^3+ax+b$ 위의 점 $(2, 4)$에서의 접선의 기울기가 4일 때, 상수 a, b에 대하여 $a+b$의 값을 구하시오.

0291 중요

함수 $f(x)=x^3+2ax^2+bx+c$에 대하여 곡선 $y=f(x)$ 위의 점 $(1, 3)$에서의 접선의 기울기가 10, x좌표가 -1인 점에서의 접선의 기울기가 2일 때, $f(2)$의 값은? (단, a, b, c는 상수이다.)

① 16 ② 17 ③ 18 ④ 19 ⑤ 20

0292

곡선 $y=x^3+ax^2+bx$ 위의 점 $(1, 5)$에서의 접선과 $x=-3$인 점에서의 접선이 서로 평행할 때, 상수 a, b에 대하여 a^2+b^2의 값을 구하시오.

유형 02 곡선 위의 점에서의 접선의 방정식

함수 $f(x)$가 $x=a$에서 미분가능할 때, 곡선 $y=f(x)$ 위의 점 $(a, f(a))$에서의 접선의 방정식은

$$y-f(a)=f'(a)(x-a)$$

확인 문제

다음 곡선 위의 주어진 점에서의 접선의 방정식을 구하시오.

(1) $y=2x^2+3x-1$ $(1, 4)$

(2) $y=x^3-3x^2+5$ $(-1, 1)$

0293 대표문제 평가원 기출

곡선 $y=x^3-6x^2+6$ 위의 점 $(1, 1)$에서의 접선이 점 $(0, a)$를 지날 때, a의 값을 구하시오.

0294

곡선 $y=x^3-2x^2+a$ 위의 점 $(2, a)$에서의 접선이 점 $(0, 3)$을 지날 때, 상수 a의 값은?

① 8 ② 9 ③ 10 ④ 11 ⑤ 12

0295

곡선 $y=x^3+ax+4$ 위의 점 $(2, 4)$에서의 접선의 방정식이 $y=bx+c$일 때, 상수 a, b, c에 대하여 $a+b+c$의 값은?

① -12 ② -10 ③ -8 ④ -6 ⑤ -4

0296

곡선 $y=2x^3-4x^2+5$ 위의 두 점 $(1,\ 3)$, $(2,\ 5)$에서의 두 접선의 교점의 좌표가 $(a,\ b)$일 때, $a+b$의 값은?

① 3 ② $\frac{16}{5}$ ③ $\frac{17}{5}$
④ $\frac{18}{5}$ ⑤ $\frac{19}{5}$

0297 중요

곡선 $y=-x^3+ax+b$ 위의 점 $(1,\ 4)$에서의 접선이 점 $(3,\ 10)$을 지날 때, 상수 a, b에 대하여 a^2+b^2의 값을 구하시오.

0298

미분가능한 함수 $f(x)$에 대하여 곡선 $y=f(x)$ 위의 점 $(-1,\ 2)$에서의 접선의 기울기가 3일 때, 곡선 $y=x^2f(x)$ 위의 점 $(-1,\ 2)$에서의 접선의 y절편을 구하시오.

유형 03 접선에 수직인 직선의 방정식

곡선 $y=f(x)$ 위의 점 $(a,\ f(a))$를 지나고 이 점에서의 접선에 수직인 직선의 방정식은

$$y-f(a)=-\frac{1}{f'(a)}(x-a)\ (\text{단, } f'(a)\neq 0)$$

0299 대표문제 수능 기출

곡선 $y=x^3-3x^2+2x+2$ 위의 점 $\mathrm{A}(0,\ 2)$에서의 접선과 수직이고 점 A를 지나는 직선의 x절편은?

① 4 ② 6 ③ 8
④ 10 ⑤ 12

0300

곡선 $y=-2x^3+8x-4$ 위의 점 $(1,\ 2)$를 지나고 이 점에서의 접선과 수직인 직선의 방정식이 $ax+by-5=0$일 때, 상수 a, b에 대하여 a^2+b^2의 값을 구하시오.

0301 중요

곡선 $y=x^3-4x+4$ 위의 점 $(-1,\ 7)$을 지나고 이 점에서의 접선에 수직인 직선이 점 $(a,\ 15)$를 지날 때, a의 값은?

① 1 ② 3 ③ 5
④ 7 ⑤ 9

유형 04 기울기가 주어진 접선의 방정식

기울기가 m이고 곡선 $y=f(x)$에 접하는 직선의 방정식은 접점의 좌표를 $(t,\ f(t))$로 놓고 $f'(t)=m$인 t의 값을 구한 다음 $y-f(t)=m(x-t)$에 대입하여 구한다.

0302 대표문제 수능 기출

삼차함수 $f(x)=x^3+ax^2+9x+3$의 그래프 위의 점 $(1,\ f(1))$에서의 접선의 방정식이 $y=2x+b$이다. $a+b$의 값은? (단, a, b는 상수이다.)

① 1　② 2　③ 3
④ 4　⑤ 5

0303

곡선 $y=x^3-3x^2+4$에 접하고 직선 $3x+y+1=0$에 평행한 직선의 y절편은?

① 1　② 2　③ 3
④ 4　⑤ 5

0304

직선 $y=4x+k$가 곡선 $y=x^3-3x^2-5x+5$에 접할 때, 양수 k의 값은?

① 8　② 9　③ 10
④ 11　⑤ 12

0305 중요

곡선 $y=x^3-5x+2$에 접하고 기울기가 -2인 두 직선 사이의 거리는?

① $\frac{2\sqrt{5}}{5}$　② $\frac{4\sqrt{5}}{5}$　③ $\frac{8\sqrt{5}}{5}$
④ $2\sqrt{5}$　⑤ $\frac{16\sqrt{5}}{5}$

0306

곡선 $y=\frac{1}{3}x^3-2x^2+x+6$ 위의 서로 다른 두 점 A, B에서의 접선이 서로 평행하다. 점 A의 x좌표가 1일 때, 점 B에서의 접선의 y절편을 구하시오.

0307 서술형

함수 $f(x)=-x^3+3x^2-2x+3$에 대하여 곡선 $y=f(x)$ 위의 점 $(2,\ f(2))$에서의 접선과 기울기가 1이고 곡선 $y=f(x)$에 접하는 직선이 만나는 점의 좌표를 $(a,\ b)$라 할 때, $a+2b$의 값을 구하시오.

유형 05 곡선 밖의 한 점에서 그은 접선의 방정식

곡선 밖의 한 점 (x_1, y_1)에서 그은 접선의 방정식은 다음과 같은 순서로 구한다.

❶ 곡선 $y=f(x)$ 위의 접점의 좌표를 $(t, f(t))$로 놓고 접선의 방정식 $y-f(t)=f'(t)(x-t)$를 세운다.

❷ 점 (x_1, y_1)이 접선 위의 점임을 이용하여 t의 값을 구한다.

❸ ❷에서 구한 t의 값을 $y-f(t)=f'(t)(x-t)$에 대입하여 직선의 방정식을 구한다.

0308 대표문제

점 $(0, 2)$에서 곡선 $y=x^3+4$에 그은 접선의 방정식이 $y=ax+b$일 때, 상수 a, b에 대하여 $a+b$의 값은?

① 1 ② 2 ③ 3 ④ 4 ⑤ 5

0309

점 $(0, 1)$에서 곡선 $y=x^3+2x-1$에 그은 접선의 x절편은?

① -1 ② $-\frac{3}{5}$ ③ $-\frac{1}{5}$ ④ $\frac{1}{5}$ ⑤ $\frac{3}{5}$

0310 중요

점 $(-1, -2)$에서 곡선 $y=2x^2-3x+1$에 그은 두 접선의 기울기의 곱을 구하시오.

0311

점 $A(1, -4)$에서 곡선 $y=-x^3+x$에 그은 접선이 x축과 만나는 점을 B라 할 때, 선분 AB의 길이는?

① 4 ② $2\sqrt{5}$ ③ $2\sqrt{6}$ ④ $2\sqrt{7}$ ⑤ $4\sqrt{2}$

0312

점 $A(2, 7)$에서 곡선 $y=x^2+3x-2$에 그은 두 접선의 접점을 각각 B, C라 하자. 삼각형 ABC의 무게중심의 x좌표를 구하시오.

0313 중요

점 $(1, a)$에서 곡선 $y=x^2-2x$에 그은 두 접선이 서로 수직일 때, a의 값은?

① $-\frac{3}{2}$ ② $-\frac{5}{4}$ ③ -1 ④ 1 ⑤ $\frac{5}{4}$

유형 06 접선의 개수

이차함수의 그래프 또는 삼차함수의 그래프의 접선의 개수는 접점의 개수와 같다.

참고 곡선 밖의 점에서 그은 삼차함수의 그래프의 접선의 개수는 도함수의 활용(3)에서 추가로 다룬다.

0314 대표문제

점 (2, 0)에서 곡선 $y=x^3-x+2$에 그은 접선의 개수를 구하시오.

0315 중요

점 (0, a)에서 곡선 $y=x^2-2x+3$에 그은 접선이 2개가 되도록 하는 정수 a의 최댓값을 구하시오.

0316

곡선 $y=x^3-3x^2+4$에 접하고 기울기가 m인 접선이 2개가 되도록 하는 정수 m의 최솟값은?

① -2 ② -1 ③ 0 ④ 1 ⑤ 2

유형 07 접선이 곡선과 만나는 점

곡선 $y=f(x)$ 위의 점 $(t, f(t))$에서의 접선 $y=g(x)$가 이 곡선과 다시 만나는 점의 x좌표는 방정식 $f(x)=g(x)$의 $x\neq t$인 실근이다.

0317 대표문제 평가원 기출

곡선 $y=x^3+2x+7$ 위의 점 P$(-1, 4)$에서의 접선이 점 P가 아닌 점 (a, b)에서 곡선과 만난다. $a+b$의 값을 구하시오.

0318 중요

곡선 $y=x^3-2x^2+2x+2$ 위의 점 P(1, 3)에서의 접선이 이 곡선과 만나는 점 중 P가 아닌 점을 Q라 하자. 점 Q에서 이 곡선에 접하는 직선이 점 (2, a)를 지날 때, a의 값을 구하시오.

0319

그림과 같이 곡선 $y=x^3+x^2-4x$ 위의 점 P$(1, -2)$에서의 접선이 y축과 만나는 점을 Q, 이 곡선과 다시 만나는 점을 R라 할 때, $\overline{\text{PQ}}:\overline{\text{QR}}$는?

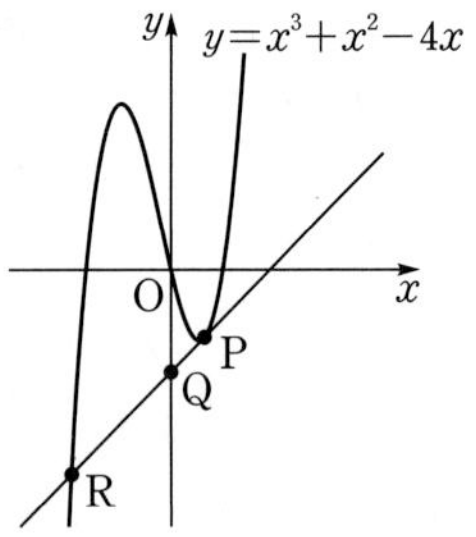

① 1 : 2 ② 1 : 3 ③ 2 : 3 ④ 2 : 5 ⑤ 3 : 4

유형 08 접선의 기울기의 최대, 최소

곡선 $y=f(x)$ 위의 점에서의 접선의 기울기의 최대, 최소는 $f'(x)$의 최대, 최소를 이용하여 구한다.

0320 대표문제

곡선 $y=x^3-3x^2+x+1$에 접하는 직선 중에서 기울기가 최소인 직선의 방정식이 $y=ax+b$일 때, 상수 a, b에 대하여 ab의 값은?

① -4 ② -2 ③ 0
④ 2 ⑤ 4

0321

곡선 $y=-\frac{1}{3}x^3-x^2+2x+\frac{2}{3}$에 접하는 직선 중에서 기울기가 최대인 직선의 x절편은?

① -1 ② $-\frac{2}{3}$ ③ $-\frac{1}{3}$
④ $\frac{1}{3}$ ⑤ $\frac{2}{3}$

0322 중요

곡선 $y=x^3-6x^2+10x$에 접하는 직선 중에서 기울기가 최소인 직선 l이 곡선과 접하는 점을 P라 하자. 점 P를 지나고 직선 l에 수직인 직선이 점 $(4,\ a)$를 지날 때, a의 값을 구하시오.

유형 09 항등식을 이용한 접선의 방정식

곡선 $y=f(x)$가 a의 값에 관계없이 항상 지나는 점은 $f(x)$의 식을 a에 대한 내림차순으로 정리하여 구한다.

0323 대표문제

곡선 $y=x^3+ax^2-(4a+3)x+4a$는 a의 값에 관계없이 항상 일정한 점 P를 지난다. 이 곡선 위의 점 P에서의 접선의 방정식이 $y=mx+n$일 때, 상수 m, n에 대하여 $m+n$의 값은?

① -15 ② -13 ③ -11
④ -9 ⑤ -7

0324 중요

곡선 $y=x^3+ax^2+(2a+2)x+a+3$은 a의 값에 관계없이 항상 일정한 점 P를 지난다. 점 P를 지나고 이 점에서의 접선에 수직인 직선이 점 $(k,\ 1)$을 지날 때, k의 값은?

① -7 ② -6 ③ -5
④ -4 ⑤ -3

0325 서술형

곡선 $y=x^3+ax^2-ax-3$은 a의 값에 관계없이 항상 두 점 P, Q를 지난다. 이 곡선 위의 두 점 P, Q에서의 접선이 서로 수직이 되도록 하는 모든 실수 a의 값의 합을 구하시오.

유형 10 공통인 접선

(1) 접점이 같은 경우

두 곡선 $y=f(x)$, $y=g(x)$가 점 $(a,\ b)$에서 공통인 접선을 가지면 $x=a$에서 함숫값과 미분계수가 같다.

$f(a)=g(a)=b$, $f'(a)=g'(a)$

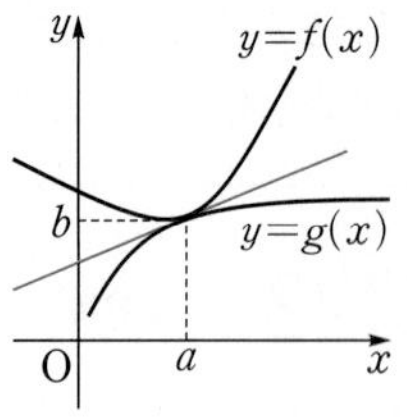

(2) 접점이 다른 경우

곡선 $y=f(x)$ 위의 점 $(a,\ f(a))$에서의 접선과 곡선 $y=g(x)$ 위의 점 $(b,\ g(b))$에서의 접선이 일치할 때, 두 접선

$y=f'(a)(x-a)+f(a)$, $y=g'(b)(x-b)+g(b)$의 식이 같음을 이용한다.

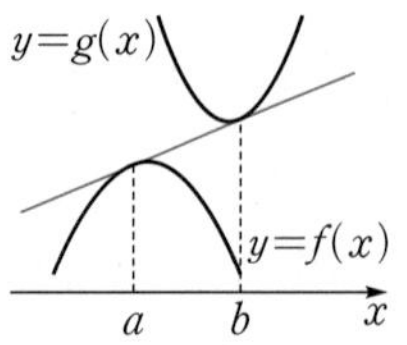

0326 대표문제

두 곡선 $y=x^3+2x^2+a$, $y=x^2+bx+c$가 점 $(1,\ 4)$에서 공통인 접선을 가질 때, 상수 a, b, c에 대하여 $a-b+c$의 값은?

① -6 ② -4 ③ -2
④ 0 ⑤ 2

0327

두 곡선 $y=x^3+x$, $y=3x^2+x-4$에 동시에 접하는 직선의 방정식이 $y=ax+b$일 때, 상수 a, b에 대하여 $a+b$의 값은?

① -5 ② -4 ③ -3
④ -2 ⑤ -1

0328 중요

두 곡선 $y=x^3+ax+2$, $y=3x^2-2$가 한 점에서 접할 때, 상수 a의 값은?

① -2 ② -1 ③ 0
④ 1 ⑤ 2

0329

곡선 $y=-x^2+3x-2$ 위의 점 $(-1,\ -6)$에서의 접선이 곡선 $y=x^3+ax-1$에 접할 때, 상수 a의 값은?

① 1 ② 2 ③ 3
④ 4 ⑤ 5

0330 서술형

곡선 $y=2x^2+x-1$ 위의 점 $(-1,\ 0)$에서의 접선이 곡선 $y=-x^2+ax-4$에 접할 때, 모든 실수 a의 값의 합을 구하시오.

유형 11 곡선과 원의 접선

곡선 $y=f(x)$와 원 C가 점 P에서 접할 때
(1) 원 C의 반지름의 길이는 원 C의 중심과 접점 P 사이의 거리와 같다.
(2) 원 C의 중심과 점 P를 지나는 직선은 점 P에서의 접선과 수직이다.

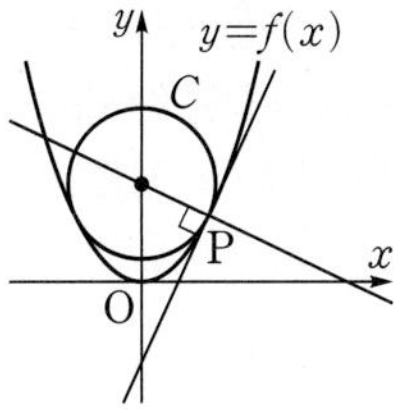

0331 대표문제

그림과 같이 중심의 좌표가 C(0, 3)인 원 C가 곡선 $y=\frac{1}{2}x^2$과 서로 다른 두 점에서 접한다. 원 C의 넓이가 $a\pi$일 때, 상수 a의 값을 구하시오.

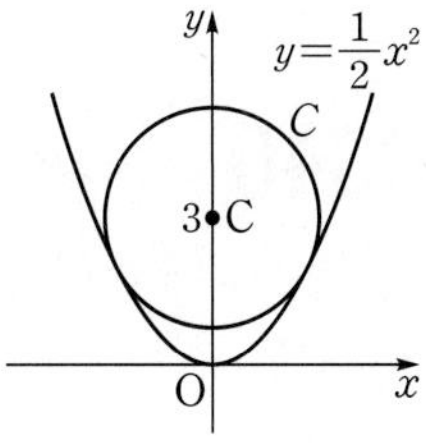

0332

곡선 $y=x^3+x$와 점 (1, 2)에서 접하고 중심이 y축 위에 있는 원의 중심의 좌표가 $(0, a)$일 때, a의 값은?

① $\frac{5}{4}$　② $\frac{3}{2}$　③ $\frac{7}{4}$
④ 2　⑤ $\frac{9}{4}$

0333

곡선 $y=-\frac{1}{3}x^3+\frac{5}{3}$와 점 $(-1, 2)$에서 접하고 중심이 x축 위에 있는 원의 반지름의 길이는?

① $\sqrt{2}$　② $\sqrt{3}$　③ 2
④ $\sqrt{6}$　⑤ $2\sqrt{2}$

유형 12 접선과 축으로 둘러싸인 도형의 넓이

주어진 조건을 이용하여 접선의 방정식을 구한 후 이 접선과 x축 및 y축이 만나는 점의 좌표를 이용하여 도형의 넓이를 구한다.

0334 대표문제

곡선 $y=x^3-3x^2+5$ 위의 점 (1, 3)에서의 접선과 x축 및 y축으로 둘러싸인 도형의 넓이는?

① 4　② 6　③ 8
④ 10　⑤ 12

0335

곡선 $y=-x^3+6x^2-4x-8$에 접하는 직선 중에서 기울기가 최대인 직선과 x축 및 y축으로 둘러싸인 도형의 넓이를 구하시오.

0336 중요

점 (2, 0)에서 곡선 $y=x^2-3$에 그은 두 접선과 y축으로 둘러싸인 도형의 넓이를 구하시오.

0337

곡선 $y=ax^3$ $(a>0)$ 위의 점 $(1, a)$에서의 접선과 x축 및 y축으로 둘러싸인 도형의 넓이가 2일 때, 상수 a의 값은?

① 1　② 2　③ 3　④ 4　⑤ 5

0338 중요

곡선 $y=-x^3+x+4$ 위의 점 $A(-1, 4)$에서의 접선 l과 점 A를 지나고 접선 l에 수직인 직선을 m이라 하자. 두 직선 l, m 및 x축으로 둘러싸인 도형의 넓이는?

① 12　② 16　③ 20　④ 24　⑤ 28

0339

점 $P(-1, -3)$에서 곡선 $y=x^2+2x+2$에 그은 두 접선의 접점과 점 P를 꼭짓점으로 하는 삼각형의 넓이를 구하시오.

유형 13 곡선 위의 점과 직선 사이의 거리

곡선 위를 움직이는 점 P와 직선 l 사이의 거리의 최대, 최소는 다음과 같은 순서로 구한다.

❶ 직선 l과 평행한 접선의 접점의 좌표를 구한다.

❷ 접점과 직선 l 사이의 거리가 구하는 거리의 최대, 최소이다.

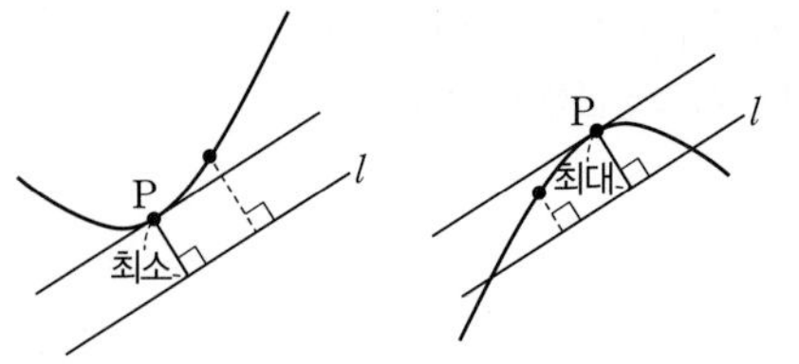

0340 대표문제

곡선 $y=x^2+3$ 위의 점과 직선 $y=2x-2$ 사이의 거리의 최솟값은?

① $\frac{\sqrt{5}}{5}$　② $\frac{2\sqrt{5}}{5}$　③ $\frac{3\sqrt{5}}{5}$　④ $\frac{4\sqrt{5}}{5}$　⑤ $\sqrt{5}$

0341

그림과 같이 곡선 $y=x^3+2$ $(x>0)$ 위의 점 P와 직선 $y=3x-5$ 사이의 거리가 최소가 되는 점 P의 좌표를 $P(a, b)$라 할 때, $a+b$의 값을 구하시오.

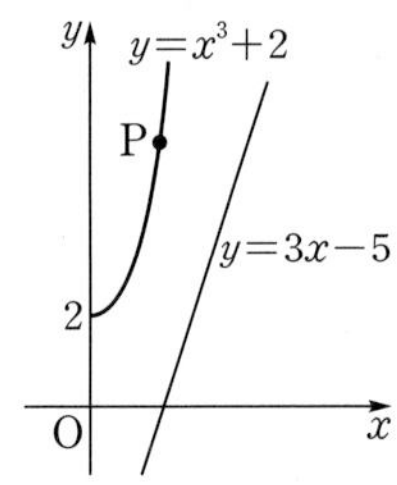

0342 중요 서술형

그림과 같이 곡선 $y=x^2-3x$ 위에 두 점 $A(-1, 4)$, $B(3, 0)$과 두 점 A, B 사이를 움직이는 곡선 위의 점 P가 있다. 삼각형 PAB의 넓이의 최댓값을 구하시오.

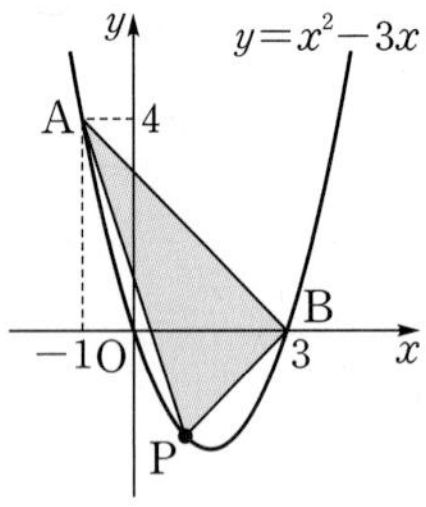

유형 14 롤의 정리

함수 $f(x)$가 닫힌구간 $[a, b]$에서 연속이고 열린구간 (a, b)에서 미분가능할 때, $f(a)=f(b)$이면

$f'(c)=0$

인 c가 a와 b 사이에 적어도 하나 존재한다.

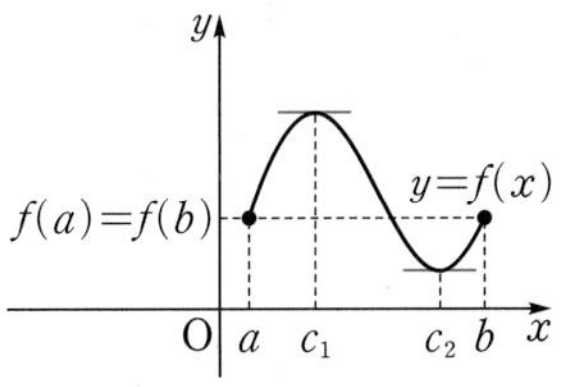

0343 대표문제

함수 $f(x)=x^3-3x^2+2$에 대하여 닫힌구간 $[0, 3]$에서 롤의 정리를 만족시키는 상수 c의 값을 구하시오.

0344

함수 $f(x)=x^4-2x^2+3$에 대하여 닫힌구간 $[-2, 2]$에서 롤의 정리를 만족시키는 상수 c의 개수를 구하시오.

0345

함수 $f(x)=x^3+3x^2-9x+2$에 대하여 닫힌구간 $[-a, a]$에서 롤의 정리를 만족시키는 상수 c가 존재할 때, $a+c$의 값을 구하시오. (단, a는 자연수이다.)

유형 15 평균값 정리

(1) **평균값 정리**

함수 $f(x)$가 닫힌구간 $[a, b]$에서 연속이고 열린구간 (a, b)에서 미분가능할 때,

$$\frac{f(b)-f(a)}{b-a}=f'(c)$$

인 c가 a와 b 사이에 적어도 하나 존재한다.

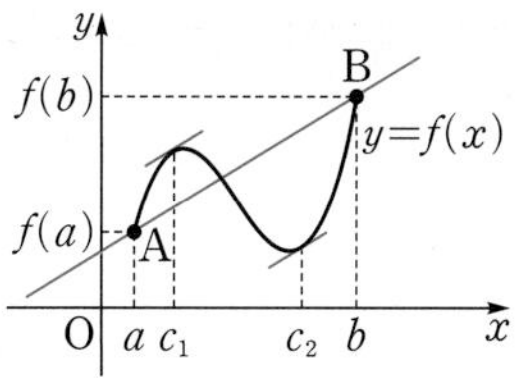

(2) **평균값 정리의 기하적 의미**

평균값 정리는 곡선 $y=f(x)$ 위의 두 점 $(a, f(a))$, $(b, f(b))$를 지나는 직선과 평행한 접선을 갖는 점이 열린구간 (a, b)에 적어도 하나 존재함을 의미한다.

Tip 평균값 정리에서 $f(a)=f(b)$인 경우가 롤의 정리이다.

0346 대표문제

함수 $f(x)=-2x^2+x+4$에 대하여 닫힌구간 $[-1, 3]$에서 평균값 정리를 만족시키는 상수 c의 값을 구하시오.

0347

함수 $y=f(x)$의 그래프가 그림과 같을 때, $\dfrac{f(b)-f(a)}{b-a}=f'(c)$를 만족시키는 상수 c의 개수는?

(단, $a<c<b$)

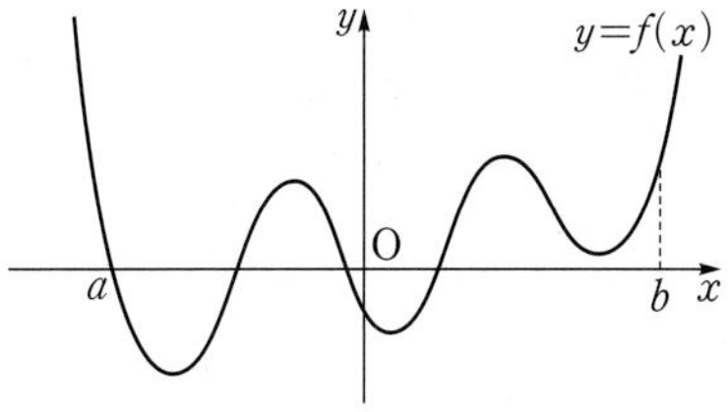

① 2 ② 3 ③ 4 ④ 5 ⑤ 6

0348

함수 $f(x)=x^3-2x+5$에 대하여 닫힌구간 $[0, a]$에서 평균값 정리를 만족시키는 상수 c가 $\sqrt{3}$일 때, a의 값은?

① 2 ② $\sqrt{6}$ ③ 3
④ $2\sqrt{3}$ ⑤ 4

0349 중요

함수 $f(x)=x^3-3x^2+1$에 대하여 닫힌구간 $[0, 3]$에서 롤의 정리를 만족시키는 상수를 c_1, 닫힌구간 $[-1, 5]$에서 평균값 정리를 만족시키는 상수를 c_2라 할 때, c_1+c_2의 값을 구하시오.

0350

함수 $f(x)$에 대하여

$$\frac{f(3)-f(-3)}{6}=f'(c)$$

인 c가 열린구간 $(-3, 3)$에 적어도 하나 존재하는 함수인 것만을 보기에서 있는 대로 고른 것은?

보기
ㄱ. $f(x)=2x^2$ ㄴ. $f(x)=|x|$
ㄷ. $f(x)=x|x|$

① ㄱ ② ㄴ ③ ㄱ, ㄴ
④ ㄱ, ㄷ ⑤ ㄴ, ㄷ

0351

함수 $f(x)=x^2-2x+2$에 대하여 상수 k $(0<k<1)$가

$$\frac{f(x+h)-f(x)}{h}=f'(x+kh)$$

를 만족시킬 때, $10k$의 값을 구하시오. (단, $h>0$)

0352 중요

실수 전체의 집합에서 미분가능한 함수 $f(x)$가

$$f(-1)=f(0)=-1,\ f(1)=f(3)=2$$

를 만족시킬 때, 보기에서 옳은 것만을 있는 대로 고른 것은?

보기
ㄱ. 방정식 $f(x)=0$은 열린구간 $(-1, 1)$에서 적어도 하나의 실근을 갖는다.
ㄴ. 방정식 $f'(x)=0$은 열린구간 $(-1, 3)$에서 적어도 2개의 실근을 갖는다.
ㄷ. 방정식 $f'(x)=3$은 열린구간 $(0, 1)$에서 적어도 하나의 실근을 갖는다.

① ㄱ ② ㄴ ③ ㄱ, ㄴ
④ ㄱ, ㄷ ⑤ ㄱ, ㄴ, ㄷ

0353

실수 전체의 집합에서 미분가능한 함수 $f(x)$가

$$\lim_{x\to\infty}f'(x)=5$$

를 만족시킬 때, $\lim_{x\to\infty}\{f(x+2)-f(x-2)\}$의 값을 구하시오.

PART B

내신 잡는 종합 문제

정답과 풀이 78쪽

0354

곡선 $y=2x^3+6x^2+2x-1$ 위의 점에서의 접선 중 기울기가 최소인 접선의 방정식을 $y=ax+b$라 할 때, 상수 a, b에 대하여 $a+b$의 값은?

① -10　② -9　③ -8　④ -7　⑤ -6

0355

곡선 $y=-2x^3+4x-2$ 위의 점 (a, b)에서의 접선이 직선 $y=\frac{1}{2}x+3$과 수직일 때, 이 접선의 y절편은? (단, $a<0$)

① -10　② -9　③ -8　④ -7　⑤ -6

0356

점 $A(1, -2)$에서 곡선 $y=x^3-2x^2+2$에 그은 접선이 y축과 만나는 점을 B라 할 때, 선분 AB의 길이는?

① $\sqrt{10}$　② $\sqrt{13}$　③ $\sqrt{17}$　④ $3\sqrt{2}$　⑤ $2\sqrt{5}$

0357

두 함수 $f(x)=x^3-ax-3$, $g(x)=6x^2+b$에 대하여 두 곡선 $y=f(x)$, $y=g(x)$가 $x=1$인 점에서 공통인 접선을 가질 때, $f(2)+g(2)$의 값을 구하시오. (단, a, b는 상수이다.)

0358 평가원 기출

원점을 지나고 곡선 $y=-x^3-x^2+x$에 접하는 모든 직선의 기울기의 합은?

① 2　② $\frac{9}{4}$　③ $\frac{5}{2}$　④ $\frac{11}{4}$　⑤ 3

0359

두 다항함수 $f(x)$, $g(x)$에 대하여 두 곡선 $y=f(x)$, $y=g(x)$의 교점 $(2, 3)$에서의 접선이 서로 일치한다. 함수 $h(x)=f(x)g(x)$에 대하여 곡선 $y=h(x)$ 위의 점 $(2, h(2))$에서의 접선의 기울기가 3일 때, $f'(2)+g'(2)$의 값은?

① 1　② 2　③ 3　④ 4　⑤ 5

0360 평가원 기출

곡선 $y=x^3-5x$ 위의 점 A(1, -4)에서의 접선이 점 A가 아닌 점 B에서 곡선과 만난다. 선분 AB의 길이는?

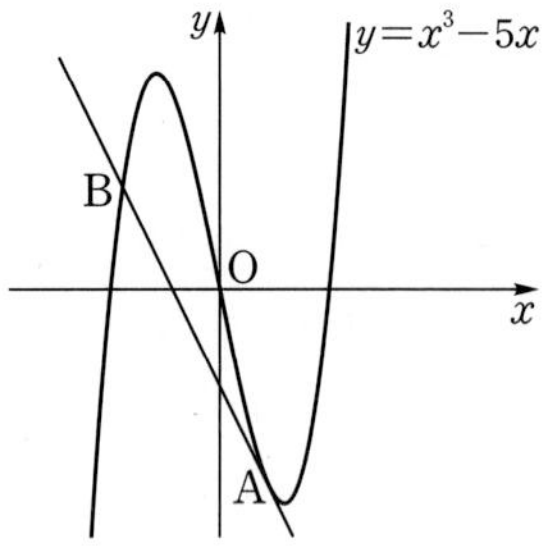

① $\sqrt{30}$ ② $\sqrt{35}$ ③ $2\sqrt{10}$
④ $3\sqrt{5}$ ⑤ $5\sqrt{2}$

0361

곡선 $y=x^3+2ax^2+(4a-2)x+2a-6$은 a의 값에 관계없이 항상 일정한 점 P를 지난다. 점 P를 지나고 이 점에서의 접선에 수직인 직선과 x축 및 y축으로 둘러싸인 도형의 넓이는?

① 12 ② 14 ③ 16
④ 18 ⑤ 20

0362

곡선 $y=x^3+(a+2)x^2+2ax+4$에 접하는 직선 중 직선 $4x+y+3=0$에 평행한 직선이 존재하지 않도록 하는 정수 a의 개수는?

① 3 ② 4 ③ 5
④ 6 ⑤ 7

0363 평가원 기출

곡선 $y=x^3-3x^2+x+1$ 위의 서로 다른 두 점 A, B에서의 접선이 서로 평행하다. 점 A의 x좌표가 3일 때, 점 B에서의 접선의 y절편의 값은?

① 5 ② 6 ③ 7
④ 8 ⑤ 9

0364 평가원 기출

곡선 $y=\frac{1}{3}x^3+\frac{11}{3}$ $(x>0)$ 위를 움직이는 점 P와 직선 $x-y-10=0$ 사이의 거리를 최소가 되게 하는 곡선 위의 점 P의 좌표를 (a, b)라 할 때, $a+b$의 값을 구하시오.

0365

실수 전체의 집합에서 미분가능한 함수 $f(x)$가 $f(1)=f(3)=3$이고 모든 실수 x에 대하여

$$f(-x)+f(x)=2$$

를 만족시킬 때, 보기에서 옳은 것만을 있는 대로 고른 것은?

보기

ㄱ. 방정식 $f(x)=0$은 열린구간 $(-1, 0)$에서 적어도 하나의 실근을 갖는다.

ㄴ. 방정식 $f'(x)=0$은 열린구간 $(-3, 3)$에서 적어도 2개의 실근을 갖는다.

ㄷ. 방정식 $f'(x)=2$는 열린구간 $(-1, 1)$에서 적어도 2개의 실근을 갖는다.

① ㄱ ② ㄴ ③ ㄱ, ㄴ
④ ㄱ, ㄷ ⑤ ㄱ, ㄴ, ㄷ

서술형 대비하기

0366

점 $(a, 0)$에서 곡선 $y=x^3-2x^2$에 그은 접선이 오직 하나만 존재하도록 하는 정수 a의 값을 구하시오.

0367

닫힌구간 $[0, 4]$에서 정의된 함수 $f(x)=\frac{1}{3}x^3-4x^2+6x$가 있다. 닫힌구간 $[0, 4]$에 속하는 서로 다른 임의의 두 실수 a, b에 대하여 $\frac{f(b)-f(a)}{b-a}=k$일 때, 가능한 모든 자연수 k의 값의 합을 구하시오.

PART C

수능 녹인 변별력 문제

0368

실수 전체의 집합에서 미분가능한 함수 $f(x)$가 다음 조건을 만족시킨다.

> (가) $f(1)=3$
> (나) 모든 실수 x에 대하여 $|f'(x)|\le 4$

$f(4)$의 최댓값과 최솟값의 합을 구하시오.

0369

최고차항의 계수가 1인 삼차함수 $f(x)$에 대하여 곡선 $y=f(x)$ 위의 점 $(0, 1)$에서의 접선과 곡선 $y=xf(x)$ 위의 점 $(2, 6)$에서의 접선이 평행할 때, $f(3)$의 값을 구하시오.

0370

닫힌구간 $[0, 4]$에서 정의된 함수 $f(x)=x^2(4-x)$와 일차함수 $g(x)$가 다음 조건을 만족시킨다.

> (가) $g(6)=0$
> (나) $0\le x\le 4$일 때, $f(x)\le g(x)$

$g(0)$의 최솟값을 구하시오.

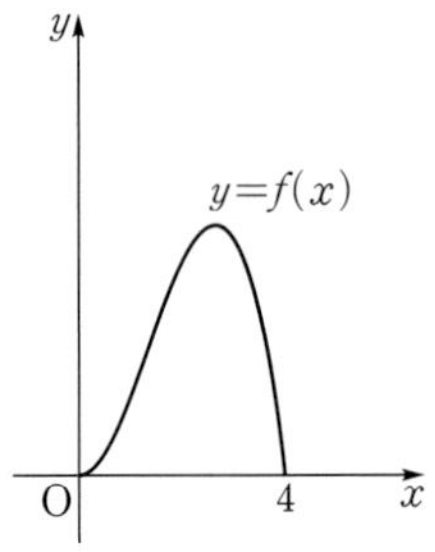

0371 수능 기출

두 다항함수 $f(x)$, $g(x)$가 다음 조건을 만족시킨다.

> (가) $g(x)=x^3f(x)-7$
> (나) $\lim_{x\to 2}\frac{f(x)-g(x)}{x-2}=2$

곡선 $y=g(x)$ 위의 점 $(2, g(2))$에서의 접선의 방정식이 $y=ax+b$일 때, a^2+b^2의 값을 구하시오.

(단, a, b는 상수이다.)

0372

최고차항의 계수가 1인 이차함수 $f(x)$에 대하여 곡선 $y=f(x)$ 위의 점 $(t,\ f(t))$에서의 접선의 y절편을 $g(t)$라 하자. 함수 $|g(t)|$가 $t=2$에서 미분가능하지 않을 때, $g(3)$의 값은?

① -7　② -6　③ -5　④ -4　⑤ -3

0373

중심이 곡선 $y=x^3+2x+1\ (x>0)$ 위의 점이고, 직선 $y=5x-6$과 접하는 원의 넓이의 최솟값은 $\frac{q}{p}\pi$이다. $p+q$의 값을 구하시오. (단, p와 q는 서로소인 자연수이다.)

0374

미분가능한 함수 $f(x)$에 대하여 그림과 같이 원점에서 곡선 $y=f(x)$에 그은 접선이 곡선 $y=f(x)$와 점 $\mathrm{A}(1,\ 2)$에서 접하고 점 B에서 만난다.

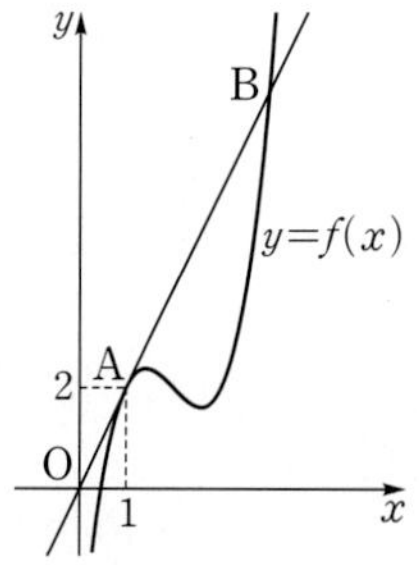

$f'(1)(t-1)+f(1)\geq f(t)$를 만족시키는 자연수 t의 개수가 4일 때, 선분 AB의 길이의 최솟값은?

① $2\sqrt{5}$　② $3\sqrt{5}$　③ $4\sqrt{5}$　④ $5\sqrt{5}$　⑤ $6\sqrt{5}$

0375 평가원 기출

최고차항의 계수가 a인 이차함수 $f(x)$가 모든 실수 x에 대하여

$|f'(x)|\leq 4x^2+5$

를 만족시킨다. 함수 $y=f(x)$의 그래프의 대칭축이 직선 $x=1$일 때, 실수 a의 최댓값은?

① $\frac{3}{2}$　② 2　③ $\frac{5}{2}$　④ 3　⑤ $\frac{7}{2}$

도함수의 활용(2)

유형 01 함수의 증가, 감소

(1) 함수의 증가, 감소

함수 $f(x)$가 어떤 구간에 속하는 임의의 두 수 x_1, x_2에 대하여

① $x_1 < x_2$일 때 $f(x_1) < f(x_2)$이면 $f(x)$는 이 구간에서 증가한다고 한다.

② $x_1 < x_2$일 때 $f(x_1) > f(x_2)$이면 $f(x)$는 이 구간에서 감소한다고 한다.

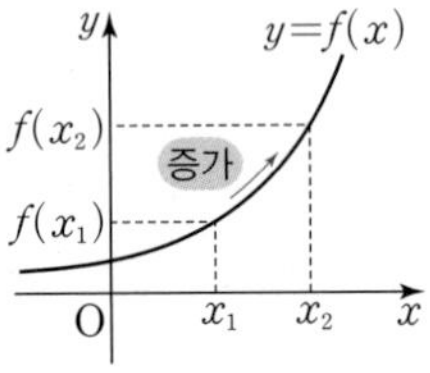

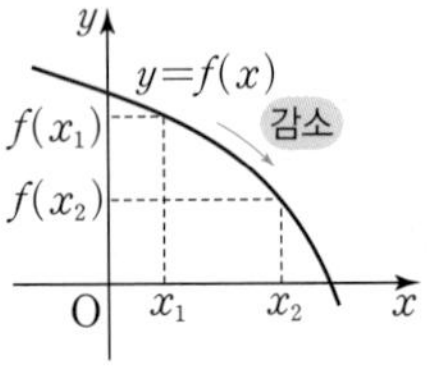

(2) 함수의 증가, 감소의 판정

함수 $f(x)$가 어떤 열린구간에서 미분가능할 때, 그 구간의 모든 x에 대하여

① $f'(x) > 0$이면 $f(x)$는 그 구간에서 증가한다.

② $f'(x) < 0$이면 $f(x)$는 그 구간에서 감소한다.

Tip 일반적으로 위의 명제의 역은 성립하지 않는다.

예 함수 $f(x)=x^3$은 구간 $(-\infty, \infty)$에서 증가하지만 $f'(x)=3x^2$에서 $f'(0)=0$이다.

확인 문제

주어진 구간에서 다음 함수의 증가와 감소를 조사하시오.

(1) $f(x)=-x^2$ $[0, \infty)$

(2) $f(x)=x^2-4x$ $[2, \infty)$

(3) $f(x)=x^3+1$ $(-\infty, \infty)$

0376 대표문제

함수 $f(x)=-x^3+3x^2+9x+5$가 증가하는 구간이 $[a, b]$일 때, $a+b$의 값은?

① -2 ② -1 ③ 0 ④ 1 ⑤ 2

0377

함수 $f(x)=x^3-6x^2-15x+2$가 감소하는 x의 값의 범위가 $a \le x \le b$일 때, 상수 a, b에 대하여 $a+b$의 값은?

① 0 ② 1 ③ 2 ④ 3 ⑤ 4

0378 중요

함수 $f(x)=2x^3+ax^2+bx+1$이 $x \le -2$, $x \ge 1$에서 증가하고, $-2 \le x \le 1$에서 감소할 때, 상수 a, b에 대하여 $a-b$의 값을 구하시오.

0379

함수 $f(x)=x^3+6x^2+ax+4$가 감소하는 x의 값의 범위가 $-3 \le x \le b$일 때, 상수 a, b에 대하여 $a+b$의 값은?

① 2 ② 4 ③ 6 ④ 8 ⑤ 10

유형 02 삼차함수가 실수 전체의 집합에서 증가 또는 감소할 조건

삼차함수 $f(x)$가 실수 전체의 집합에서
(1) 증가하면 모든 실수 x에 대하여 $f'(x) \ge 0$
(2) 감소하면 모든 실수 x에 대하여 $f'(x) \le 0$

0380 대표문제

함수 $f(x)=-x^3+ax^2+(a^2-4a)x+4$가 실수 전체의 집합에서 감소하도록 하는 정수 a의 개수는?

① 2 ② 3 ③ 4
④ 5 ⑤ 6

0381 수능 기출

함수 $f(x)=x^3+ax^2-(a^2-8a)x+3$이 실수 전체의 집합에서 증가하도록 하는 실수 a의 최댓값을 구하시오.

0382

함수 $f(x)=ax^3+2x^2-2x$가 구간 $(-\infty, \infty)$에서 감소하도록 하는 실수 a의 값의 범위는?

① $a \le -\frac{2}{3}$ ② $-\frac{2}{3} \le a < 0$ ③ $-\frac{2}{3} \le a < \frac{2}{3}$
④ $0 < a \le \frac{2}{3}$ ⑤ $a \ge \frac{2}{3}$

0383

함수 $f(x)=x^3+ax^2+5ax+3$이 $x_1 < x_2$인 임의의 두 실수 x_1, x_2에 대하여 $f(x_1) < f(x_2)$가 성립하도록 하는 실수 a의 최댓값을 M, 최솟값을 m이라 할 때, $M-m$의 값을 구하시오.

0384

실수 전체의 집합에서 정의된 함수

$$f(x)=-x^3-(a+2)x^2-3ax+1$$

이 임의의 두 실수 x_1, x_2에 대하여

$$x_1 \ne x_2 \text{이면 } f(x_1) \ne f(x_2)$$

가 성립하도록 하는 모든 정수 a의 값의 합을 구하시오.

0385 중요

실수 전체의 집합에서 정의된 함수

$$f(x)=\frac{2}{3}x^3+ax^2+(3a+8)x-2$$

의 역함수가 존재하도록 하는 정수 a의 개수를 구하시오.

유형 03 삼차함수가 주어진 구간에서 증가 또는 감소할 조건

삼차함수 $f(x)$에 대하여 주어진 구간에서
(1) $f(x)$가 증가하면 $f'(x) \geq 0$
(2) $f(x)$가 감소하면 $f'(x) \leq 0$

0386 대표문제

함수 $f(x)=-x^3+\frac{3}{2}x^2+ax+1$이 $1<x<2$에서 증가하도록 하는 실수 a의 최솟값은?

① 5 ② 6 ③ 7
④ 8 ⑤ 9

0387

함수 $f(x)=x^3+ax^2-15x+3$이 구간 $(-1, 3)$에서 감소하도록 하는 정수 a의 개수는?

① 4 ② 5 ③ 6
④ 7 ⑤ 8

0388 중요

함수 $f(x)=x^3-\frac{9}{2}x^2+(a-5)x+5$가 구간 $(1, 2)$에서 감소하고, 구간 $(3, \infty)$에서 증가하도록 하는 실수 a의 최댓값을 M, 최솟값을 m이라 할 때, $M+m$의 값을 구하시오.

유형 04 함수의 그래프와 증가, 감소

함수 $f(x)$의 도함수 $y=f'(x)$의 그래프가 어떤 구간에서
(1) x축보다 위쪽에 있으면 그 구간에서 $f(x)$는 증가한다.
(2) x축보다 아래쪽에 있으면 그 구간에서 $f(x)$는 감소한다.

0389 대표문제

함수 $f(x)$의 도함수 $y=f'(x)$의 그래프가 그림과 같을 때, 다음 중 옳은 것은?

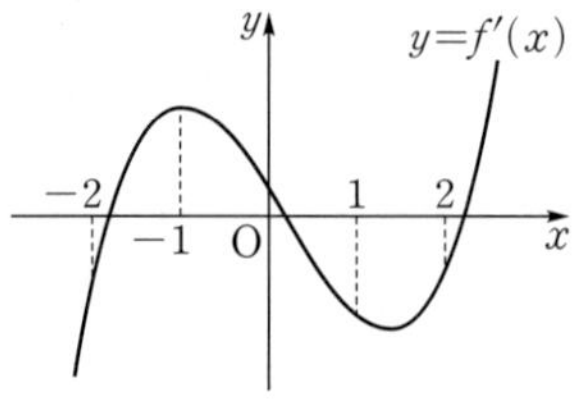

① 함수 $f(x)$는 구간 $(-\infty, -2)$에서 증가한다.
② 함수 $f(x)$는 구간 $(-2, -1)$에서 증가한다.
③ 함수 $f(x)$는 구간 $(-1, 0)$에서 감소한다.
④ 함수 $f(x)$는 구간 $(0, 1)$에서 감소한다.
⑤ 함수 $f(x)$는 구간 $(1, 2)$에서 감소한다.

0390

삼차함수 $f(x)$의 도함수 $y=f'(x)$의 그래프가 그림과 같을 때, 다음 중 함수 $f(x)$가 감소하는 구간은?

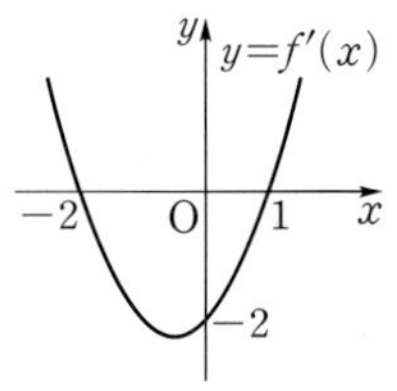

① $(-\infty, -2]$ ② $(-\infty, 0]$
③ $[-2, 0]$ ④ $[-1, 2]$
⑤ $[1, \infty)$

0391

실수 전체의 집합에서 미분가능한 함수 $y=f(x)$의 그래프가 그림과 같다. 함수 $\{f(x)\}^2$이 감소하는 구간이 $(-\infty, a]$ 또는 $[b, c]$일 때, $a+2b+3c$의 값을 구하시오.
(단, $f'(0)=f'(1)=0$)

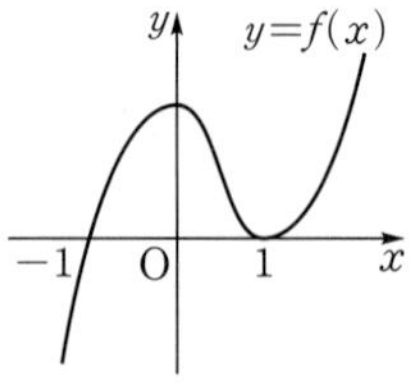

유형 05 함수의 극대, 극소

(1) 함수의 극대, 극소

함수 $f(x)$에서 $x=a$를 포함하는 어떤 열린구간에 속하는 모든 x에 대하여

① $f(x) \le f(a)$일 때, 함수 $f(x)$는 $x=a$에서 극대이고 극댓값은 $f(a)$이다.

② $f(x) \ge f(a)$일 때, 함수 $f(x)$는 $x=a$에서 극소이고 극솟값은 $f(a)$이다.

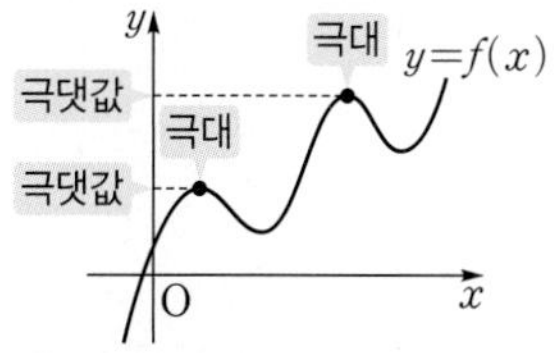

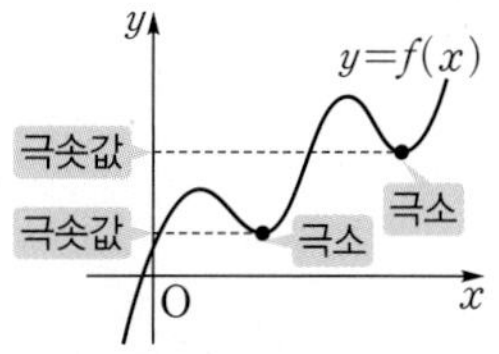

주의 극값은 여러 개 존재할 수 있고, 극댓값이 극솟값보다 반드시 큰 것은 아니다.

(2) 함수의 극대, 극소의 판정

미분가능한 함수 $f(x)$에 대하여 $f'(a)=0$일 때 $x=a$의 좌우에서

① $f'(x)$의 부호가 양에서 음으로 바뀌면 $f(x)$는 $x=a$에서 극대이고, 극댓값은 $f(a)$이다.

② $f'(x)$의 부호가 음에서 양으로 바뀌면 $f(x)$는 $x=a$에서 극소이고, 극솟값은 $f(a)$이다.

확인 문제

함수 $y=f(x)$의 그래프가 그림과 같을 때, 다음을 구하시오.

(1) 함수 $f(x)$의 극댓값

(2) 함수 $f(x)$의 극솟값

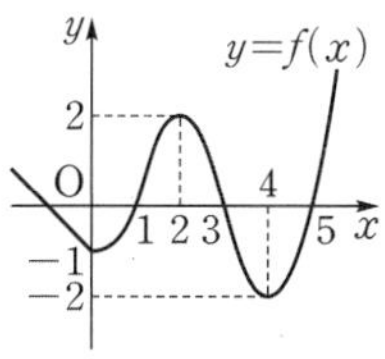

0392 대표문제 평가원 기출

함수 $f(x)=2x^3+3x^2-12x+1$의 극댓값과 극솟값을 각각 M, m이라 할 때, $M+m$의 값은?

① 13 ② 14 ③ 15
④ 16 ⑤ 17

0393

함수 $f(x)=-x^3+6x^2-9x+6$이 $x=a$에서 극솟값 b를 가질 때, 상수 a, b에 대하여 $a+b$의 값을 구하시오.

0394

함수 $f(x)=2x^3-9x^2+12x+a$가 극댓값 8을 가질 때, $f(x)$의 극솟값을 구하시오. (단, a는 상수이다.)

0395

함수 $f(x)=3x^4-4x^3-12x^2+10$의 모든 극값의 합은?

① -9 ② -7 ③ -5
④ -3 ⑤ -1

0396

함수 $f(x)=-x^3+3x^2+a$의 모든 극값의 곱이 -3이 되도록 하는 모든 실수 a의 값의 합을 구하시오.

유형 06 함수의 극대, 극소와 미정계수

미분가능한 함수 $f(x)$가 $x=a$에서 극값 b를 가지면
$f'(a)=0$, $f(a)=b$

Tip $f'(a)=0$이라고 해서 $f(x)$가 $x=a$에서 반드시 극값을 가지는 것은 아니다.

0397 대표문제 평가원 기출

함수 $f(x)=-\frac{1}{3}x^3+2x^2+mx+1$이 $x=3$에서 극대일 때, 상수 m의 값은?

① -3 ② -1 ③ 1
④ 3 ⑤ 5

0398

함수 $f(x)=x^3-3x^2+ax+b$가 $x=-1$에서 극댓값 7을 가질 때, $f(x)$의 극솟값은? (단, a, b는 상수이다.)

① -31 ② -25 ③ -19
④ -13 ⑤ -7

0399 중요

함수 $f(x)=x^3+ax^2+bx+c$가 $x=3$에서 극솟값 5를 갖고 $x=1$에서 극댓값을 가질 때, 함수 $f(x)$의 극댓값을 구하시오. (단, a, b, c는 상수이다.)

0400 수능 기출

함수 $f(x)=-x^4+8a^2x^2-1$이 $x=b$와 $x=2-2b$에서 극대일 때, $a+b$의 값은? (단, a, b는 $a>0$, $b>1$인 상수이다.)

① 3 ② 5 ③ 7
④ 9 ⑤ 11

0401 중요

최고차항의 계수가 1인 삼차함수 $f(x)$가 $x=1$에서 극솟값 2를 갖는다. $f(0)=4$일 때, $f(2)$의 값은?

① 6 ② 7 ③ 8
④ 9 ⑤ 10

0402 서술형

최고차항의 계수가 1인 삼차함수 $f(x)$가 다음 조건을 만족시킬 때, 함수 $f(x)$의 극솟값을 구하시오.

(가) $\lim_{x \to 1}\frac{f(x)+1}{x-1}=-9$
(나) 함수 $f(x)$는 $x=-2$에서 극댓값을 갖는다.

유형 07 함수의 극대, 극소의 활용

증감표를 이용하여 극댓값, 극솟값을 구하고 곱의 미분법, 도형의 성질, 함수의 대칭성 등을 적절히 이용하여 문제를 해결한다.

0403 대표문제 수능 기출

두 다항함수 $f(x)$와 $g(x)$가 모든 실수 x에 대하여

$$g(x)=(x^3+2)f(x)$$

를 만족시킨다. $g(x)$가 $x=1$에서 극솟값 24를 가질 때, $f(1)-f'(1)$의 값을 구하시오.

0404 중요

미분가능한 함수 $f(x)$에 대하여 함수 $g(x)=(2x-1)f(x)$가 $x=2$에서 극댓값 9를 가질 때, 곡선 $y=f(x)$ 위의 점 $(2, f(2))$에서의 접선의 y절편은?

① 6 ② 7 ③ 8
④ 9 ⑤ 10

0405

함수 $f(x)=x^3+(a+2)x^2-3x$에 대하여 $y=f(x)$의 그래프에서 극대가 되는 점과 극소가 되는 점이 원점에 대하여 대칭일 때, 상수 a의 값은?

① -2 ② -1 ③ 0
④ 1 ⑤ 2

0406

함수 $f(x)=x^3+3x^2+2$에 대하여 $y=f(x)$의 그래프에서 극대가 되는 점을 A, 극소가 되는 점을 B라 하자. 선분 AB를 $2:1$로 내분하는 점의 좌표를 (a, b)라 할 때, $a+b$의 값은?

① $\frac{5}{3}$ ② 2 ③ $\frac{7}{3}$
④ $\frac{8}{3}$ ⑤ 3

0407

함수 $f(x)=x^3-ax^2+3$에 대하여 곡선 $y=f(x)$ 위의 점 $(t, f(t))$에서의 접선의 y절편을 $g(t)$라 하자. 함수 $g(t)$가 $t=2$에서 극대일 때, $g'(1)$의 값을 구하시오.

(단, a는 상수이다.)

0408 서술형

함수 $f(x)=-x^3+6x^2-9x+a$에 대하여 곡선 $y=f(x)$가 극값을 갖는 점을 각각 A, B라 하자. 직선 AB와 x축 및 y축으로 둘러싸인 도형의 넓이가 4가 되도록 하는 모든 실수 a의 값의 합을 구하시오.

유형 08 도함수의 그래프와 극대, 극소

미분가능한 함수 $f(x)$의 도함수 $y=f'(x)$의 그래프와 x축의 교점의 x좌표가 a일 때, $x=a$의 좌우에서 $f'(x)$의 부호가
(1) 양에서 음으로 바뀌면 $f(x)$는 $x=a$에서 극대이다.
(2) 음에서 양으로 바뀌면 $f(x)$는 $x=a$에서 극소이다.

0409 대표문제

미분가능한 함수 $f(x)$의 도함수 $y=f'(x)$의 그래프가 그림과 같다. 함수 $f(x)$가 극대인 x의 개수를 m, 극소인 x의 개수를 n이라 할 때, $m-n$의 값을 구하시오.

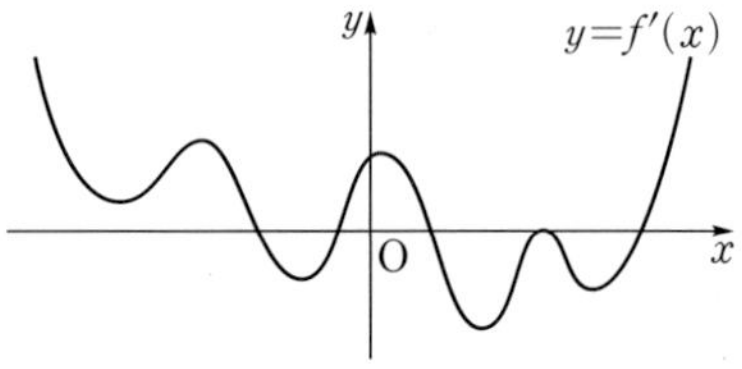

0410 중요

최고차항의 계수가 2인 삼차함수 $f(x)$의 도함수 $y=f'(x)$의 그래프가 그림과 같다. 함수 $f(x)$가 극솟값 -4를 가질 때, $f(x)$의 극댓값을 구하시오.

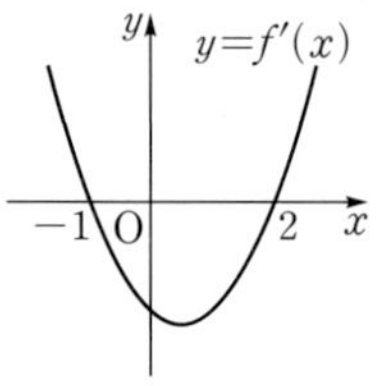

0411

두 다항함수 $f(x)$, $g(x)$의 도함수 $y=f'(x)$, $y=g'(x)$의 그래프가 그림과 같을 때, 함수 $h(x)=f(x)-g(x)$가 극소인 x의 값은?

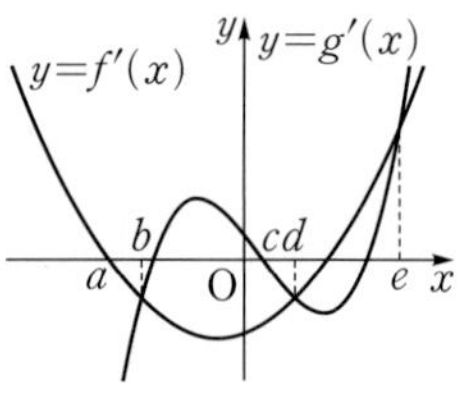

① a ② b ③ c
④ d ⑤ e

0412

미분가능한 함수 $f(x)$의 도함수 $y=f'(x)$의 그래프가 그림과 같을 때, 보기에서 옳은 것만을 있는 대로 고른 것은?

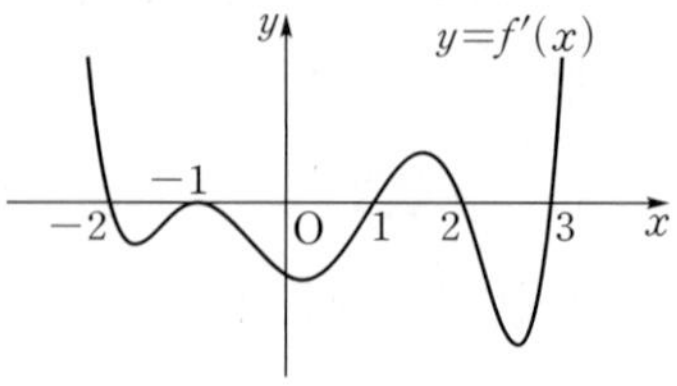

보기

ㄱ. 함수 $f(x)$는 구간 $(-2, -1)$에서 감소한다.
ㄴ. 함수 $f(x)$는 $x=-1$에서 극값을 갖는다.
ㄷ. 함수 $f(x)$가 극값을 갖는 x의 개수는 4이다.

① ㄱ ② ㄱ, ㄴ ③ ㄱ, ㄷ
④ ㄴ, ㄷ ⑤ ㄱ, ㄴ, ㄷ

0413

미분가능한 함수 $f(x)$의 도함수 $y=f'(x)$의 그래프가 그림과 같을 때, 보기에서 옳은 것만을 있는 대로 고른 것은?

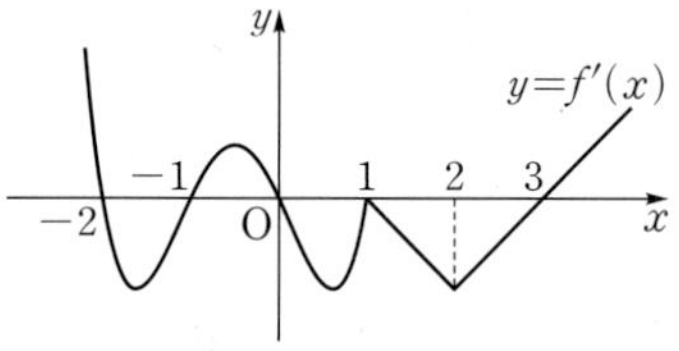

보기

ㄱ. 함수 $f(x)$는 $x=1$에서 미분가능하다.
ㄴ. 함수 $f(x)$는 $x=2$에서 극솟값을 갖는다.
ㄷ. 함수 $f(x)$가 극값을 갖는 x의 개수는 4이다.

① ㄱ ② ㄱ, ㄴ ③ ㄱ, ㄷ
④ ㄴ, ㄷ ⑤ ㄱ, ㄴ, ㄷ

정답과 풀이 88쪽

유형 09 함수의 그래프

함수 $y=f(x)$의 그래프의 개형은 다음과 같은 순서로 그린다.

❶ $f'(x)$를 구하고 $f'(x)=0$인 x의 값을 구한다.

❷ ❶에서 구한 x의 값의 좌우에서 $f'(x)$의 부호를 조사하여 $f(x)$의 증가, 감소를 표로 나타낸다.

❸ 함수 $f(x)$의 극값, $y=f(x)$의 그래프와 좌표축의 교점의 좌표를 구한다.

❹ 위에서 구한 값들을 이용하여 함수 $y=f(x)$의 그래프를 그린다.

0414 대표문제

다항함수 $f(x)$의 도함수 $y=f'(x)$의 그래프가 그림과 같을 때, 함수 $y=f(x)$의 그래프의 개형이 될 수 있는 것은?

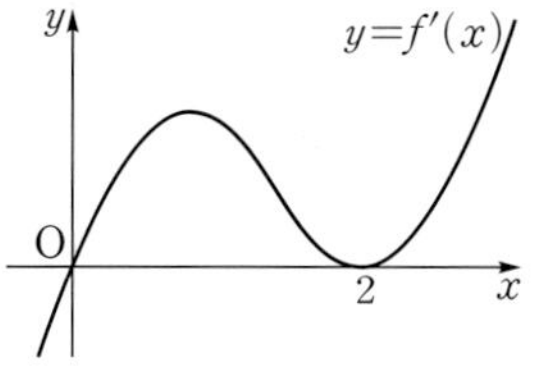

①
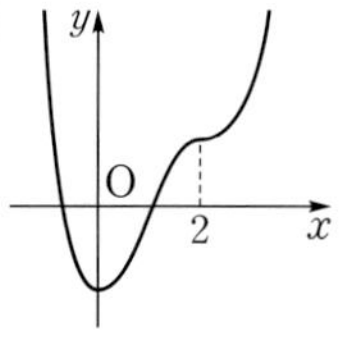

②
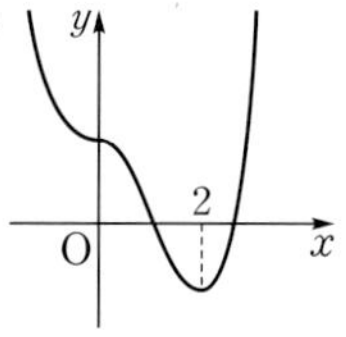

③
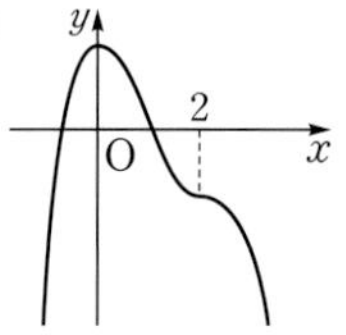

④
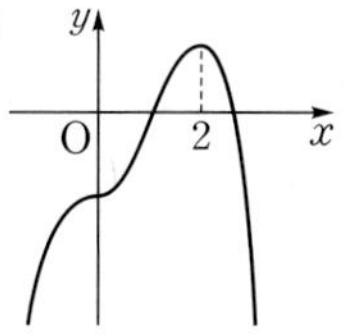

⑤
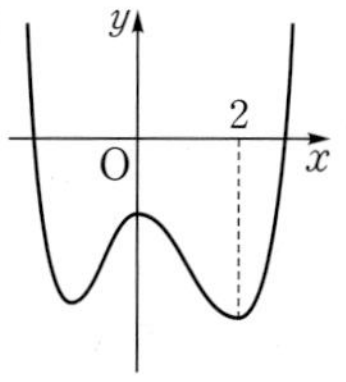

0415

실수 전체의 집합에서 미분가능한 함수 $f(x)$가 다음 조건을 만족시킨다.

> (가) $f'(-1)=f'(1)=0$
> (나) $|x|<1$일 때 $f'(x)>0$, $|x|>1$일 때 $f'(x)<0$이다.

$f(0)>0$일 때, 함수 $y=f(x)$의 그래프의 개형이 될 수 있는 것은?

①
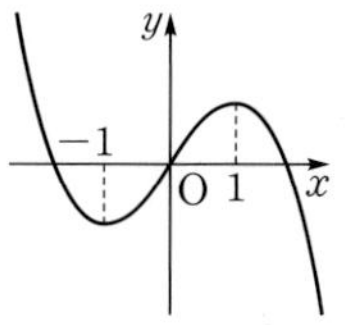

②
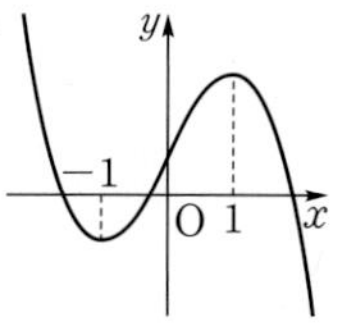

③
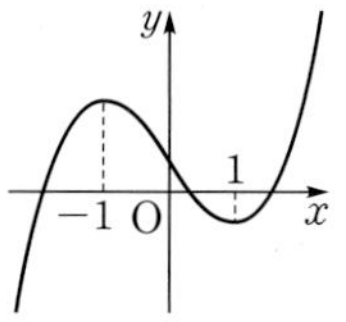

④
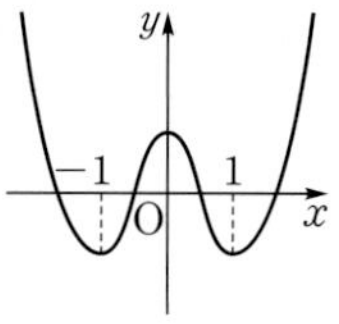

⑤
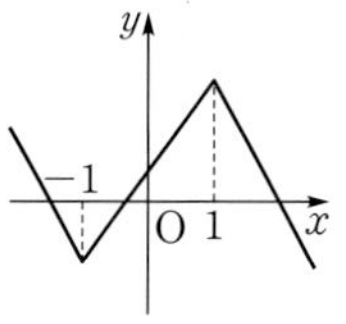

0416 중요

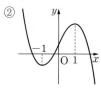

삼차함수 $f(x)$의 도함수 $y=f'(x)$의 그래프가 그림과 같다. $f(-2)=0$일 때, 함수 $y=f(x)$의 그래프와 x축이 만나는 점의 개수를 구하시오.

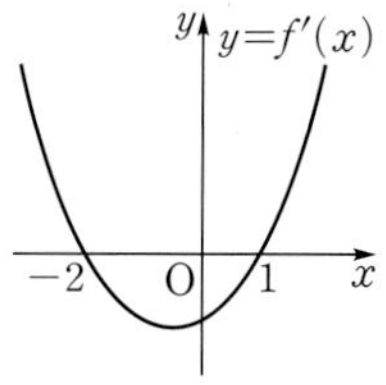

0417 중요

함수 $f(x)=2x^3-3x^2-12x+5$에 대하여 보기에서 옳은 것만을 있는 대로 고른 것은?

보기
ㄱ. 함수 $f(x)$는 극댓값 12를 갖는다.
ㄴ. 함수 $f(x)$는 구간 $(-\infty, -1)$, $(2, \infty)$에서 증가한다.
ㄷ. 함수 $y=f(x)$의 그래프와 x축의 교점은 3개이다.

① ㄱ ② ㄱ, ㄴ ③ ㄱ, ㄷ
④ ㄴ, ㄷ ⑤ ㄱ, ㄴ, ㄷ

0418

함수 $f(x)=-3x^4+4x^3+1$에 대하여 보기에서 옳은 것만을 있는 대로 고른 것은?

보기
ㄱ. 함수 $f(x)$는 구간 $(0, 1)$에서 증가한다.
ㄴ. 함수 $y=f(x)$의 그래프가 극값을 갖는 점은 1개이다.
ㄷ. 어떤 실수 x에 대하여 $f(x)>2$이다.

① ㄱ ② ㄱ, ㄴ ③ ㄱ, ㄷ
④ ㄴ, ㄷ ⑤ ㄱ, ㄴ, ㄷ

0419

실수 전체의 집합에서 미분가능한 함수 $f(x)$의 도함수 $y=f'(x)$의 그래프가 그림과 같다.

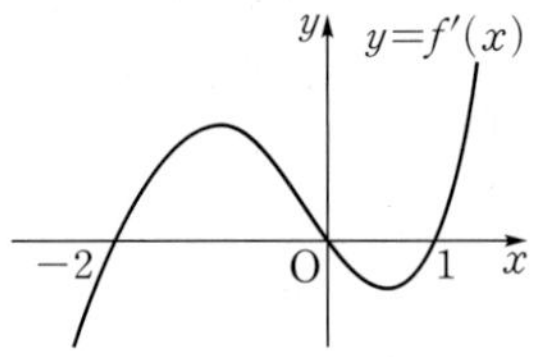

$f(-2)<0<f(1)$일 때, 보기에서 옳은 것만을 있는 대로 고른 것은?

보기
ㄱ. $f(0)>0$
ㄴ. 함수 $y=f(x)$의 그래프가 극값을 갖는 점은 3개이다.
ㄷ. 함수 $y=f(x)$의 그래프와 x축의 교점은 2개이다.

① ㄱ ② ㄱ, ㄴ ③ ㄱ, ㄷ
④ ㄴ, ㄷ ⑤ ㄱ, ㄴ, ㄷ

0420

실수 전체의 집합에서 미분가능한 함수 $f(x)$의 도함수 $y=f'(x)$의 그래프가 그림과 같다.

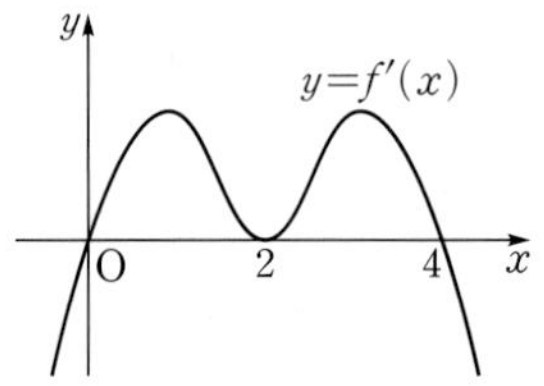

$f(0)=0$일 때, 보기에서 옳은 것만을 있는 대로 고른 것은?

보기
ㄱ. $0<f(1)<f(2)$
ㄴ. 함수 $y=f(x)$의 그래프가 극값을 갖는 점은 3개이다.
ㄷ. 함수 $y=f(x)$의 그래프와 x축의 교점은 2개이다.

① ㄱ ② ㄱ, ㄴ ③ ㄱ, ㄷ
④ ㄴ, ㄷ ⑤ ㄱ, ㄴ, ㄷ

유형 10 그래프를 이용한 삼차함수의 계수의 부호 결정

삼차함수 $f(x)=ax^3+bx^2+cx+d$의 그래프가
(1) $x \to \infty$일 때, $f(x) \to \infty$이면 $a>0$
$x \to \infty$일 때, $f(x) \to -\infty$이면 $a<0$
(2) y축의 양의 부분과 만나면 $d>0$
y축의 음의 부분과 만나면 $d<0$
(3) $x=\alpha$, $x=\beta$에서 극값을 가지면 이차방정식 $f'(x)=0$의 두 실근이 α, β임을 이용하여 b, c의 부호를 결정한다.

0421 대표문제

삼차함수 $f(x)=ax^3+bx^2+cx+d$에 대하여 $y=f(x)$의 그래프가 그림과 같을 때, 다음 중 상수 a, b, c, d의 부호로 옳은 것은?
(단, $f'(\alpha)=0$, $f'(\beta)=0$)

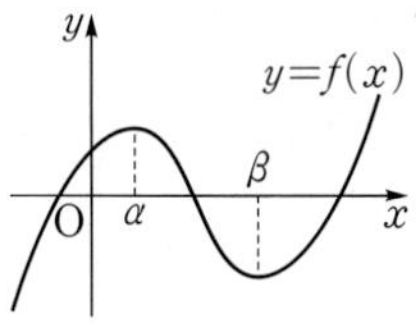

① $a>0$, $b>0$, $c>0$, $d>0$
② $a>0$, $b>0$, $c<0$, $d<0$
③ $a>0$, $b<0$, $c>0$, $d>0$
④ $a<0$, $b>0$, $c>0$, $d<0$
⑤ $a<0$, $b<0$, $c>0$, $d>0$

0422

삼차함수 $f(x)=ax^3+bx^2+cx+d$에 대하여 $y=f(x)$의 그래프가 그림과 같을 때, 상수 a, b, c, d에 대하여 다음 중 옳은 것은?
(단, $f'(-1)=0$, $f'(2)=0$)

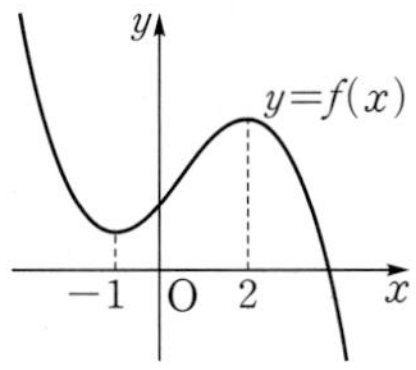

① $ab>0$　② $ac<0$　③ $ad>0$
④ $bc<0$　⑤ $bd<0$

0423

함수 $f(x)=ax^3+bx^2+cx+2$의 그래프가 그림과 같을 때, $\frac{|a|}{a}+\frac{|2b|}{b}+\frac{|3c|}{c}$의 값은?
(단, a, b, c는 0이 아닌 상수이다.)

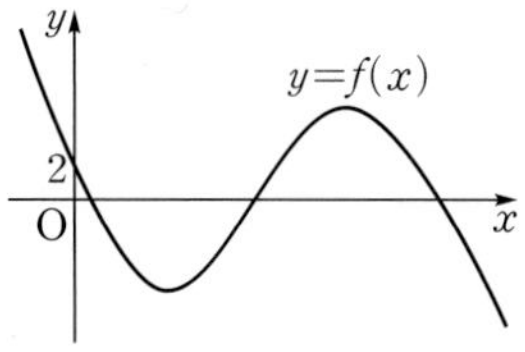

① -6　② -2　③ 0
④ 2　⑤ 6

0424 중요

삼차함수 $f(x)=x^3+ax^2+bx+c$가 $x=\alpha$에서 극대, $x=\beta$에서 극소일 때, 보기에서 옳은 것만을 있는 대로 고른 것은?
(단, a, b, c는 상수이다.)

보기
ㄱ. $\alpha<\beta$
ㄴ. $\alpha<0<\beta$이고 $f(\beta)=0$이면 $c>0$이다.
ㄷ. $\alpha<0<\beta$이고 $|\alpha|<|\beta|$이면 $ab>0$이다.

① ㄱ　② ㄱ, ㄴ　③ ㄱ, ㄷ
④ ㄴ, ㄷ　⑤ ㄱ, ㄴ, ㄷ

유형 11 삼차함수가 극값을 가질 조건

(1) 삼차함수 $f(x)$가 극값을 가질 조건
➡ 이차방정식 $f'(x)=0$이 서로 다른 두 실근을 갖는다.
➡ 이차방정식 $f'(x)=0$의 판별식 $D>0$
(2) 삼차함수 $f(x)$가 극값을 갖지 않을 조건
➡ 이차방정식 $f'(x)=0$이 중근 또는 허근을 갖는다.
➡ 이차방정식 $f'(x)=0$의 판별식 $D\le 0$

0425 대표문제 교육청 기출

함수 $f(x)=x^3+ax^2+(a^2-4a)x+3$이 극값을 갖도록 하는 모든 정수 a의 개수는?

① 5 ② 6 ③ 7
④ 8 ⑤ 9

0426

삼차함수 $f(x)=x^3+3x^2+kx+3$이 극값을 갖지 않도록 하는 실수 k의 최솟값을 구하시오.

0427

함수 $f(x)=-x^3+ax^2-(a^2+6a)x+1$이 극값을 갖도록 하는 정수 a의 최댓값과 최솟값의 합을 구하시오.

유형 12 삼차함수가 주어진 구간에서 극값을 가질 조건

삼차함수 $f(x)$가 구간 (a, b)에서 극댓값과 극솟값을 모두 가지면 이 구간에서 이차방정식 $f'(x)=0$이 서로 다른 두 실근을 갖는다.
따라서 다음 세 가지를 조사한다.
(1) 이차방정식 $f'(x)=0$의 판별식 $D>0$
(2) $f'(a)$, $f'(b)$의 값의 부호
(3) 함수 $y=f'(x)$의 그래프의 축의 방정식이 $x=m$일 때, $a<m<b$

0428 대표문제

함수 $f(x)=\frac{1}{3}x^3-2x^2+ax+1$이 구간 $(1, 4)$에서 극댓값과 극솟값을 모두 갖도록 하는 실수 a의 값의 범위는?

① $-1<a<0$ ② $0<a<1$ ③ $1<a<2$
④ $2<a<3$ ⑤ $3<a<4$

0429

함수 $f(x)=x^3+ax^2+(2a-4)x+2$가 구간 $(-2, \infty)$에서 극댓값과 극솟값을 모두 갖도록 하는 정수 a의 최댓값을 구하시오.

0430 중요

함수 $f(x)=-x^3-2ax^2+4a^2x+1$이 $-1<x<1$에서 극솟값을 갖고 $x>1$에서 극댓값을 갖도록 하는 실수 a의 값의 범위는?

① $-\frac{5}{2}<a<-\frac{3}{2}$ ② $-\frac{3}{2}<a<-\frac{1}{2}$
③ $-\frac{1}{2}<a<\frac{1}{2}$ ④ $\frac{1}{2}<a<\frac{3}{2}$
⑤ $\frac{3}{2}<a<\frac{5}{2}$

유형 13 사차함수가 극값을 가질 조건

(1) 사차함수 $f(x)$가 극댓값과 극솟값을 모두 가지면
삼차방정식 $f'(x)=0$이 서로 다른 세 실근을 갖는다.

(2) 사차함수 $f(x)$가 극댓값 또는 극솟값을 갖지 않으면
삼차방정식 $f'(x)=0$이 중근 또는 허근을 갖는다.

Tip 사차함수의 그래프가 극값을 갖는 점은 항상 1개 또는 3개이다.

0431 대표문제

함수 $f(x)=\frac{3}{4}x^4+4x^3+3ax^2$이 극댓값을 갖도록 하는 실수 a의 값의 범위가 $a<\alpha$ 또는 $\beta<a<\gamma$일 때, $\alpha+\beta+\gamma$의 값을 구하시오.

0432

함수 $f(x)=-x^4-8x^3-3ax^2$이 극솟값을 갖도록 하는 정수 a의 최댓값을 구하시오.

0433

함수 $f(x)=\frac{1}{4}x^4+\frac{2}{3}ax^3+3x^2$이 극댓값을 갖지 않도록 하는 실수 a의 최댓값을 M, 최솟값을 m이라 할 때, Mm의 값을 구하시오.

유형 14 함수의 그래프와 다항함수의 추론

함수의 그래프와 x축이 만나는 점, 대칭성, 극대와 극소 등 주어진 조건을 이용하여 그래프의 개형을 그리거나 함수식을 추론한다.

(1) 그래프가 x축과 접할 때
다항함수 $y=f(x)$의 그래프가 $x=a$에서 x축에 접한다.
➡ $f(a)=f'(a)=0$
➡ $f(x)$는 $(x-a)^2$을 인수로 갖는다.

(2) 다항함수의 대칭성
다항함수 $f(x)$가 모든 실수 x에 대하여
① $f(x)=f(-x)$인 경우
$y=f(x)$의 그래프는 y축에 대하여 대칭이고 $f(x)$의 식은 차수가 짝수인 항 또는 상수항으로만 이루어진다.
② $f(x)=-f(-x)$인 경우
$y=f(x)$의 그래프는 원점에 대하여 대칭이고 $f(x)$의 식은 차수가 홀수인 항으로만 이루어진다.

(3) 함수가 극값을 가질 때
다항함수 $f(x)$가 $x=a$에서 극값 b를 갖는다.
➡ $f(a)=b$, $f'(a)=0$
➡ $x=a$의 좌우에서 $f'(x)$의 부호가 바뀐다.

(4) 함수 $y=|f(x)|$의 그래프
다항함수 $f(x)$에 대하여 함수 $y=|f(x)|$의 그래프는 함수 $y=f(x)$의 그래프에서 $y<0$인 부분을 x축에 대하여 대칭이동하여 그린다.

(5) 함수 $|f(x)|$의 미분가능성
다항함수 $f(x)$에 대하여
① $f(a)=0$, $f'(a)=0$이면 함수 $|f(x)|$는 $x=a$에서 미분가능하다.
② $f(a)=0$, $f'(a)\neq0$이면 함수 $|f(x)|$는 $x=a$에서 미분가능하지 않다.

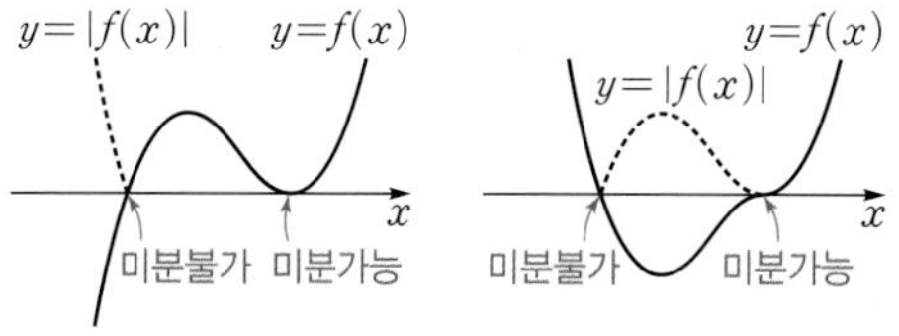

Tip 대수적인 방법과 그래프를 이용한 기하적 방법 두 가지를 주어진 조건에 맞게 적절히 이용한다.

0434 대표문제

최고차항의 계수가 1인 삼차함수 $f(x)$가 다음 조건을 만족시킬 때, $f(x)$의 모든 극값의 합을 구하시오.

(가) $f(1)=f(4)=0$
(나) 함수 $f(x)$는 $x=1$에서 극값을 갖는다.

0435

함수 $f(x)=|x^3+3x^2|$이 극값을 갖는 모든 실수 x의 값의 합은?

① -5　② -4　③ -3
④ -2　⑤ -1

0436

역함수가 존재하는 삼차함수 $f(x)$가

$$f'(1)=f(1)=0$$

을 만족시킬 때, $\dfrac{f(3)}{f(2)}$의 값을 구하시오.

0437

함수 $f(x)=\left|\dfrac{1}{4}x^4-2x^2\right|$이 극값을 갖는 실수 x의 개수는?

① 1　② 2　③ 3
④ 4　⑤ 5

0438 중요

최고차항의 계수가 1인 사차함수 $f(x)$가

$$f(1)=f'(1)=0,\ f(5)=f'(5)=0$$

을 만족시킬 때, 함수 $f(x)$의 극댓값은?

① 16　② 20　③ 24
④ 28　⑤ 32

0439 서술형

삼차함수 $f(x)$가 다음 조건을 만족시킨다.

> (가) 모든 실수 x에 대하여 $f(-x)=-f(x)$이다.
> (나) 함수 $f(x)$는 $x=1$에서 극솟값 -6을 갖는다.

함수 $f(x)$의 극댓값을 구하시오.

0440

최고차항의 계수가 양수인 삼차함수 $f(x)$가 $f(a)=f'(a)=0$, $f(b)=0$을 만족시킬 때, 보기에서 옳은 것만을 있는 대로 고른 것은? (단, $a>b$)

> **보기**
> ㄱ. 구간 (b, a)에서 함수 $f(x)$는 증가한다.
> ㄴ. $x<b$일 때, $f(x)<0$이다.
> ㄷ. 함수 $f(x)$는 $x=a$에서 극솟값 0을 갖는다.

① ㄱ　② ㄴ　③ ㄱ, ㄴ
④ ㄴ, ㄷ　⑤ ㄱ, ㄴ, ㄷ

0441 중요

$f(0)=f(3)=0$이고 최고차항의 계수가 양수인 삼차함수 $f(x)$에 대하여 함수 $|f(x)|$가 $x=3$에서 미분가능할 때, $\frac{f(6)}{f(2)}$의 값을 구하시오.

0442

$f(0)=6$인 삼차함수 $f(x)$가 다음 조건을 만족시킬 때, $f(x)$의 극솟값은?

(가) 모든 실수 x에 대하여 $f'(x)=f'(-x)$이다. (나) 함수 $f(x)$는 $x=2$에서 극댓값 14를 갖는다.

① -10 ② -8 ③ -6
④ -4 ⑤ -2

0443 서술형

함수 $f(x)=|-2x^3+9x^2-12x+a|$가 $x=2$에서 극솟값 3을 가질 때, $f(x)$의 극댓값을 구하시오.

유형 15 함수의 최대, 최소

함수 $f(x)$가 닫힌구간 $[a, b]$에서 연속이면 극댓값, 극솟값, $f(a)$, $f(b)$ 중에서 가장 큰 값이 최댓값, 가장 작은 값이 최솟값이다.

Tip 극댓값, 극솟값이 반드시 최댓값, 최솟값이 되는 것은 아니다.

0444 대표문제

구간 $[-2, 0]$에서 함수 $f(x)=x^3-3x^2-9x+6$의 최댓값을 M, 최솟값을 m이라 할 때, $M+m$의 값을 구하시오.

0445

함수 $f(x)=2x^4-8x^3+8x^2+5$의 최솟값은?

① 3 ② 4 ③ 5
④ 6 ⑤ 7

0446

구간 $[-2, 3]$에서 함수 $f(x)=-2x^3+6x^2+a$의 최솟값이 -10일 때, $f(x)$의 최댓값을 구하시오. (단, a는 상수이다.)

0447 평가원 기출

닫힌구간 $[1,\ 4]$에서 함수 $f(x)=x^3-3x^2+a$의 최댓값을 M, 최솟값을 m이라 하자. $M+m=20$일 때, 상수 a의 값은?

① 1 ② 2 ③ 3
④ 4 ⑤ 5

0448 중요

함수 $f(x)=x^3+ax^2+b$가 구간 $[-1,\ 2]$에서 최댓값 5를 갖는다. $f'(2)=0$일 때, 상수 a, b에 대하여 $a+b$의 값은?

① 1 ② 2 ③ 3
④ 4 ⑤ 5

0449

삼차함수 $f(x)=ax^3-3ax+b$가 구간 $[0,\ 3]$에서 최댓값 21, 최솟값 1을 가질 때, 상수 a, b에 대하여 $a+b$의 값은? (단, $a>0$)

① 4 ② 6 ③ 8
④ 10 ⑤ 12

0450

구간 $[2,\ 4]$에서 함수

$$f(x)=(x^2-4x+1)^3-12(x^2-4x+1)+3$$

의 최댓값과 최솟값의 합은?

① 9 ② 11 ③ 13
④ 15 ⑤ 17

0451

두 함수 $f(x)$, $g(x)$가

$$f(x)=-x^3+3x^2+7,\ g(x)=x^2\quad 2x\quad 1$$

일 때, $f(g(x))$의 최댓값을 구하시오.

0452

최고차항의 계수가 1인 삼차함수 $f(x)$의 도함수 $y=f'(x)$의 그래프가 그림과 같다. 함수 $f(x)$의 극댓값이 12일 때, 구간 $[-1,\ 4]$에서 함수 $f(x)$의 최솟값을 구하시오.

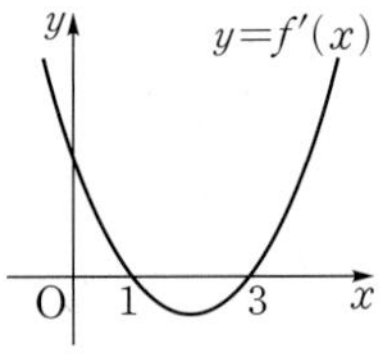

유형 16 함수의 최대, 최소의 활용

도형의 길이, 넓이, 부피를 한 문자에 대한 함수로 나타낸 후 최댓값 또는 최솟값을 구한다.

0453 대표문제

곡선 $y=x^2$ 위를 움직이는 점 P와 점 $(-3, 0)$ 사이의 거리의 최솟값은?

① 2 ② $\sqrt{5}$ ③ $\sqrt{6}$
④ $\sqrt{7}$ ⑤ $2\sqrt{2}$

0454

그림과 같이 곡선 $y=-x^2+6$과 x축으로 둘러싸인 부분에 내접하고 한 변이 x축 위에 있는 직사각형 ABCD의 넓이의 최댓값은?

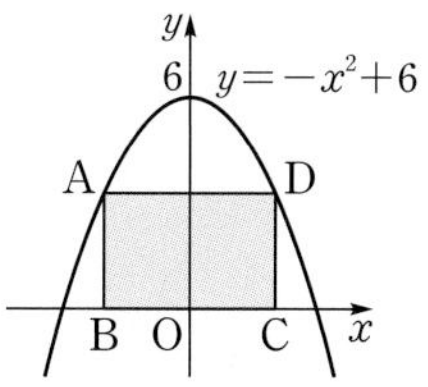

① 8 ② 10
③ $8\sqrt{2}$ ④ 12 ⑤ $12\sqrt{2}$

0455

그림과 같이 가로의 길이가 24, 세로의 길이가 15인 직사각형 모양의 종이의 네 귀퉁이에서 크기가 같은 정사각형을 잘라내고 남은 부분을 접어서 뚜껑이 없는 직육면체 모양의 상자를 만들려고 한다. 이 상자의 부피의 최댓값을 구하시오.

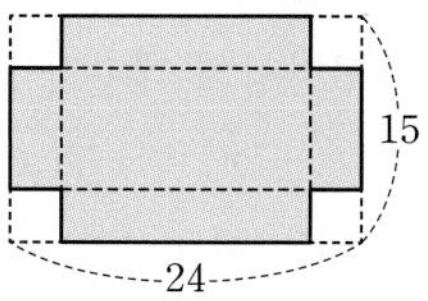

0456

두 점 A(1, 2), B(5, 2)에 대하여 점 P가 곡선 $y=-x^2+2$ 위를 움직일 때, $\overline{AP}^2+\overline{BP}^2$의 최솟값을 구하시오.

0457 중요

곡선 $y=-2x^2+6x$ $(0<x<3)$ 위의 점 P에서 x축에 내린 수선의 발을 H라 할 때, 삼각형 OPH의 넓이의 최댓값은?
(단, O는 원점이다.)

① 1 ② 2 ③ 4
④ 8 ⑤ 16

0458

밑면의 반지름의 길이가 3, 높이가 9인 원뿔에 내접하는 원기둥의 부피의 최댓값은?

① 6π ② 8π ③ 10π
④ 12π ⑤ 14π

PART B

내신 잡는 종합 문제

0459

함수 $f(x)$의 도함수 $y=f'(x)$의 그래프가 그림과 같을 때, $f(x)$가 극댓값을 갖는 x의 값의 합을 구하시오.

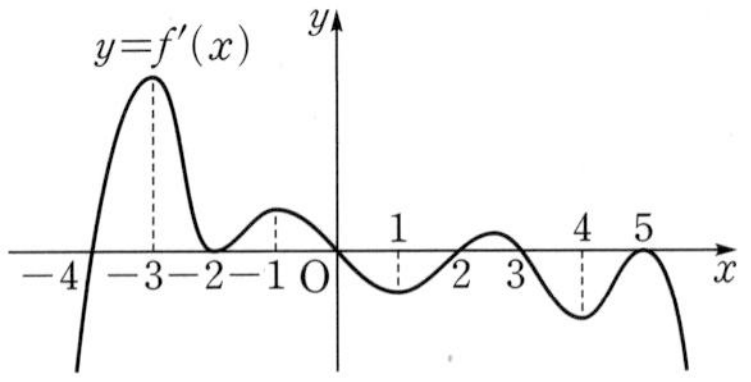

0460

다항함수 $f(x)$에 대하여 함수 $g(x)=(x^2-2x)f(x)$가 $x=3$에서 극솟값 -9를 가질 때, $f'(3)$의 값은?

① 2　② 4　③ 6　④ 8　⑤ 10

0461

함수 $f(x)=\begin{cases} 2x^2-4x+3 & (x\le1) \\ -x^2+6x-4 & (x>1) \end{cases}$이 $x=a$에서 극대, $x=b$에서 극소일 때, 상수 a, b에 대하여 $a+b$의 값을 구하시오.

0462

함수 $f(x)=x^3+ax^2+3x+5$가 감소하는 구간이 존재하도록 하는 자연수 a의 최솟값을 구하시오.

0463

함수 $f(x)=(x+1)^2(x-2)$에 대하여 함수 $y=f(x)$의 그래프가 극값을 갖는 두 점을 A, B라 할 때, 선분 AB의 길이는?

① $\sqrt{5}$　② $2\sqrt{2}$　③ $\sqrt{10}$　④ 4　⑤ $2\sqrt{5}$

0464

최고차항의 계수가 1인 삼차함수 $f(x)$가 모든 실수 x에 대하여 $f(-x)=-f(x)$이고 구간 $(-1, 1)$에서 감소할 때, $f(3)$의 최댓값을 구하시오.

0465

함수 $f(x)=\frac{2}{3}x^3-ax^2+(a+4)x$가 $x>-1$에서 극댓값과 극솟값을 모두 갖도록 하는 정수 a의 최솟값을 구하시오.

0466 교육청 기출

이차함수 $y=f(x)$의 그래프와 직선 $y=2$가 그림과 같다.

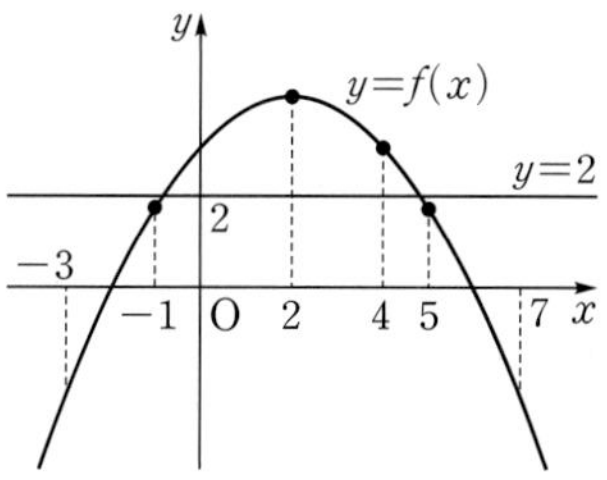

열린구간 $(-3, 7)$에서 부등식 $f'(x)\{f(x)-2\}\le 0$을 만족시키는 정수 x의 개수는? (단, $f'(2)=0$)

① 4　② 5　③ 6　④ 7　⑤ 8

0467

함수 $f(x)=x^3-(2a+1)x^2+(4a-1)x$가 $x=1$에서 극댓값을 갖도록 하는 정수 a의 최솟값을 구하시오.

0468 평가원 기출

양수 a에 대하여 함수 $f(x)=x^3+ax^2-a^2x+2$가 닫힌구간 $[-a, a]$에서 최댓값 M, 최솟값 $\frac{14}{27}$를 갖는다. $a+M$의 값을 구하시오.

0469

함수 $f(x)=-\frac{1}{2}x^4+\frac{4}{3}(a+1)x^3-9x^2$이 극솟값을 갖지 않도록 하는 정수 a의 개수를 구하시오.

0470

함수 $f(x)$의 도함수 $y=f'(x)$의 그래프가 그림과 같다. $f(0)=f(4)$일 때, 보기에서 옳은 것만을 있는 대로 고른 것은?

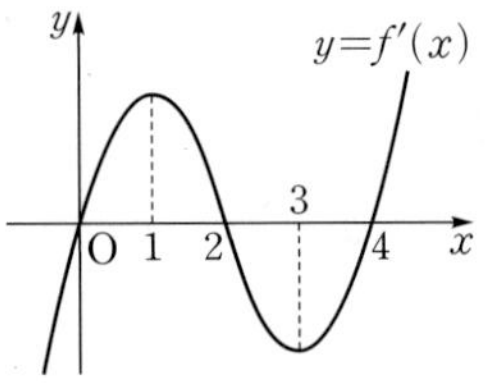

보기

ㄱ. 함수 $y=f(x)$의 그래프가 극값을 갖는 점은 3개이다.
ㄴ. $f(0)=2$이면 함수 $f(x)$의 최솟값은 2이다.
ㄷ. $f(2)<0$이면 함수 $|f(x)|$가 미분가능하지 않은 x는 4개이다.

① ㄱ ② ㄴ ③ ㄱ, ㄴ
④ ㄴ, ㄷ ⑤ ㄱ, ㄴ, ㄷ

0471 평가원 기출

함수 $f(x)=x^3-3ax^2+3(a^2-1)x$의 극댓값이 4이고 $f(-2)>0$일 때, $f(-1)$의 값은? (단, a는 상수이다.)

① 1 ② 2 ③ 3
④ 4 ⑤ 5

0472

$t>-1$인 실수 t에 대하여 구간 $[-1, t]$에서 함수 $f(x)=x^3-3x+1$의 최댓값을 $g(t)$라 할 때, $\sum_{k=1}^{3}g(k)$의 값은?

① 21 ② 23 ③ 25
④ 27 ⑤ 29

0473

최고차항의 계수가 2인 삼차함수 $f(x)$가 다음 조건을 만족시킬 때, $f(x)$의 극솟값은?

(가) $f(0)=0$
(나) 함수 $|f(x)|$는 $x=3$에서만 미분가능하지 않다.

① -10　② -8　③ -6
④ -4　⑤ -2

0474

삼차함수 $f(x)=ax^3+bx^2+cx+d$가 $x=\alpha$에서 극대, $x=\beta$에서 극소일 때, 보기에서 옳은 것만을 있는 대로 고른 것은? (단, a, b, c, d는 상수이다.)

보기
ㄱ. $\alpha<\beta$이면 $a>0$이다.
ㄴ. $\beta<0<\alpha$이고 $f(\beta)=0$이면 $d>0$이다.
ㄷ. $\alpha<0<\beta$이고 $|\alpha|<|\beta|$이면 $bc<0$이다.

① ㄱ　② ㄱ, ㄴ　③ ㄱ, ㄷ
④ ㄴ, ㄷ　⑤ ㄱ, ㄴ, ㄷ

서술형 대비하기

0475

한 변의 길이가 12인 정삼각형 모양의 종이가 있다. 그림과 같이 세 꼭짓점 주위에서 합동인 사각형을 잘라내고 남은 부분으로 뚜껑이 없는 삼각기둥 모양의 상자를 만들려고 한다. 상자의 부피의 최댓값을 구하시오.

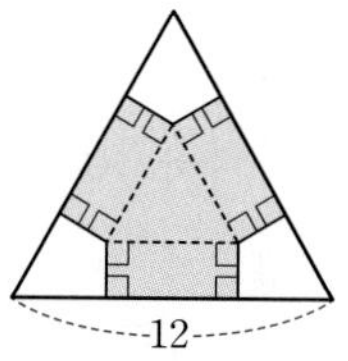

0476

최고차항의 계수가 1인 사차함수 $f(x)$가 다음 조건을 만족시킨다.

(가) 모든 실수 x에 대하여 $f(-x)=f(x)$이다.
(나) 함수 $f(x)$는 $x=1$에서 최솟값 3을 갖는다.

함수 $f(x)$의 극댓값을 구하시오.

0477

구간 $[-1, 2]$에서 함수 $f(x)=x^3-3|x|+3$의 극댓값을 M, 극솟값을 m이라 할 때, $M+m$의 값은?

① 3 ② 4 ③ 5 ④ 6 ⑤ 7

0478

역함수를 갖는 삼차함수

$$f(x)=\frac{1}{3}x^3+(a-3)x^2+(a-1)x+a-6$$

에 대하여 방정식 $f(x)=0$이 구간 $(0, 3)$에서 적어도 하나의 실근을 가지도록 하는 모든 정수 a의 값의 합을 구하시오.

0479

함수 $f(x)=3x^4-8x^3-6x^2+24x+2a$에 대하여 함수 $|f(x)|$가 실수 전체의 집합에서 미분가능하도록 하는 정수 a의 최솟값을 구하시오.

0480

최고차항의 계수가 1인 삼차함수 $f(x)$가

$$f(-1)=f(2)=0$$

을 만족시킨다. 함수 $f(x)$의 극솟값이 0일 때, $f(3)$의 값을 구하시오.

0481 평가원 기출

삼차함수 $y=f(x)$와 일차함수 $y=g(x)$의 그래프가 그림과 같고, $f'(b)=f'(d)=0$이다.

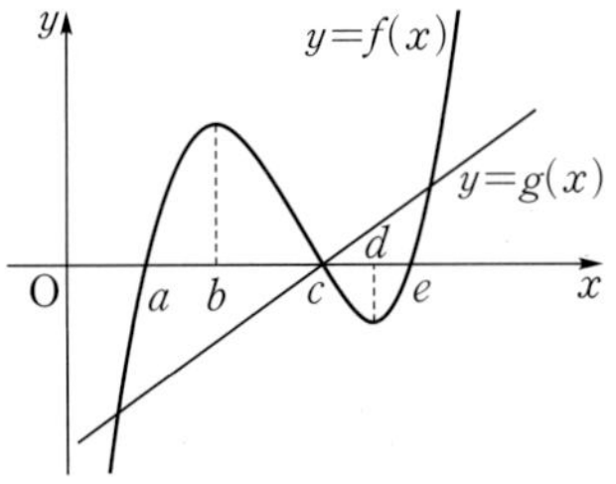

함수 $y=f(x)g(x)$는 $x=p$와 $x=q$에서 극소이다. 다음 중 옳은 것은? (단, $p<q$)

① $a<p<b$이고 $c<q<d$
② $a<p<b$이고 $d<q<e$
③ $b<p<c$이고 $c<q<d$
④ $b<p<c$이고 $d<q<e$
⑤ $c<p<d$이고 $d<q<e$

0482

최고차항의 계수가 양수인 사차함수 $f(x)$가
$f(a)=f'(a)=0$, $f(b)=0$을 만족시킬 때, 보기에서 옳은 것만을 있는 대로 고른 것은? (단, $a>b$)

보기

ㄱ. $f'(b)>0$이면 함수 $f(x)$는 극댓값을 갖는다.
ㄴ. $f'(b)=0$이면 함수 $f(x)$가 극값을 갖는 x는 3개이다.
ㄷ. $f'(b)\neq0$이면 함수 $y=f(x)$의 그래프는 x축과 서로 다른 세 점에서 만난다.

① ㄱ ② ㄱ, ㄴ ③ ㄱ, ㄷ
④ ㄴ, ㄷ ⑤ ㄱ, ㄴ, ㄷ

0483

실수 t에 대하여 $x\leq t$에서 함수 $f(x)=x^3+3x^2+2$의 최댓값을 $g(t)$라 하자. 함수 $g(t)$가 $t=a$에서만 미분가능하지 않을 때, 상수 a의 값을 구하시오.

0484 교육청 기출

실수 전체의 집합에서 정의된 함수 $f(x)$와 역함수가 존재하는 삼차함수 $g(x)=x^3+ax^2+bx+c$가 다음 조건을 만족시킨다.

모든 실수 x에 대하여 $2f(x)=g(x)-g(-x)$이다.

보기에서 옳은 것만을 있는 대로 고른 것은?
(단, a, b, c는 상수이다.)

보기

ㄱ. $a^2\leq3b$
ㄴ. 방정식 $f'(x)=0$은 서로 다른 두 실근을 갖는다.
ㄷ. 방정식 $f'(x)=0$이 실근을 가지면 $g'(1)=1$이다.

① ㄱ ② ㄱ, ㄴ ③ ㄱ, ㄷ
④ ㄴ, ㄷ ⑤ ㄱ, ㄴ, ㄷ

0485

역함수가 존재하는 삼차함수 $f(x)$가 다음 조건을 만족시킨다.

> (가) $f'(3)=0$
> (나) 함수 $|f(x)-4|$는 $x=2$에서 미분가능하지 않다.

$f(4)=6$일 때, $f'(1)$의 값을 구하시오.

0486

최고차항의 계수가 1이고 모든 실수 x에 대하여 $f(-x)=f(x)$인 사차함수 $f(x)$가 다음 조건을 만족시킬 때, $f(3)$의 값을 구하시오.

> (가) 함수 $f(x)$는 $x=2$에서 극솟값을 갖는다.
> (나) 함수 $|f(x)|$는 $x=1$에서 극솟값을 갖는다.

0487 평가원 기출

좌표평면 위에 점 $\mathrm{A}(0, 2)$가 있다. $0<t<2$일 때, 원점 O와 직선 $y=2$ 위의 점 $\mathrm{P}(t, 2)$를 잇는 선분 OP의 수직이등분선과 y축의 교점을 B라 하자. 삼각형 ABP의 넓이를 $f(t)$라 할 때, $f(t)$의 최댓값은 $\frac{b}{a}\sqrt{3}$이다. $a+b$의 값을 구하시오.

(단, a, b는 서로소인 자연수이다.)

0488 평가원 기출

실수 t에 대하여 곡선 $y=x^3$ 위의 점 (t, t^3)과 직선 $y=x+6$ 사이의 거리를 $g(t)$라 하자. 보기에서 옳은 것만을 있는 대로 고른 것은?

> **보기**
> ㄱ. 함수 $g(t)$는 실수 전체의 집합에서 연속이다.
> ㄴ. 함수 $g(t)$는 0이 아닌 극솟값을 갖는다.
> ㄷ. 함수 $g(t)$는 $t=2$에서 미분가능하다.

① ㄱ ② ㄷ ③ ㄱ, ㄴ
④ ㄴ, ㄷ ⑤ ㄱ, ㄴ, ㄷ

0489

최고차항의 계수가 양수인 다항함수 $f(x)$와 그 도함수 $f'(x)$가 모든 실수 x에 대하여

$$f(x)f'(x)=12x^3(x-2)(x-3)$$

을 만족시킨다. 함수 $f(x)$가 $x=0$에서 극값을 가질 때, $f(1)+f'(1)$의 값은?

① -14 ② -12 ③ -10
④ -8 ⑤ -6

0490 평가원 기출

사차함수 $f(x)$의 도함수 $f'(x)$가

$$f'(x)=(x+1)(x^2+ax+b)$$

이다. 함수 $y=f(x)$가 구간 $(-\infty,\ 0)$에서 감소하고 구간 $(2,\ \infty)$에서 증가하도록 하는 실수 a, b의 순서쌍 $(a,\ b)$에 대하여 a^2+b^2의 최댓값을 M, 최솟값을 m이라 하자. $M+m$의 값은?

① $\frac{21}{4}$ ② $\frac{43}{8}$ ③ $\frac{11}{2}$
④ $\frac{45}{8}$ ⑤ $\frac{23}{4}$

0491

최고차항의 계수가 1인 삼차함수 $f(x)$에 대하여 함수 $|f(x)|$가 $x=0$에서 극솟값 16을 갖는다. $f(4)=0$일 때, $f(x)$의 극솟값은?

① -32 ② -28 ③ -24
④ -20 ⑤ -16

0492

실수 t에 대하여 구간 $(-\infty,\ t]$에서 최고차항의 계수가 1인 삼차함수 $f(x)$의 최댓값을 $g(t)$라 하자. 두 함수 $f(x)$와 $g(t)$가 다음 조건을 만족시킬 때, $f(5)$의 값을 구하시오.

(가) 함수 $f(x)$는 $x=-1$에서 극댓값 4를 갖는다.
(나) $g(t)=4$를 만족시키는 실수 t의 최댓값은 3이다.

05 도함수의 활용 (2)

06 도함수의 활용(3)

유형 01 방정식 $f(x)=k$의 실근의 개수

(1) 방정식 $f(x)=0$의 서로 다른 실근의 개수
➡ 함수 $y=f(x)$의 그래프와 x축의 교점의 개수

(2) 방정식 $f(x)=k$의 서로 다른 실근의 개수
➡ 함수 $y=f(x)$의 그래프와 직선 $y=k$의 교점의 개수

Tip $f(x)=k$ 꼴의 방정식은 $f(x)-k=0$으로 변형하여 풀어도 된다.

확인 문제

다음 방정식의 서로 다른 실근의 개수를 구하시오.

(1) $x^3-3x^2+2=0$

(2) $x^4-2x^2=2$

0493 대표문제

방정식 $2x^3-3x^2-k=0$이 서로 다른 세 실근을 갖도록 하는 실수 k의 값의 범위는?

① $-2<k<-1$　② $-1<k<0$
③ $0<k<1$　④ $1<k<2$
⑤ $2<k<3$

0494 중요

방정식 $3x^4+4x^3-12x^2+k=0$이 서로 다른 세 실근을 갖도록 하는 모든 실수 k의 값의 합을 구하시오.

0495 평가원 기출

방정식 $x^3-x^2-8x+k=0$의 서로 다른 실근의 개수가 2일 때, 양수 k의 값을 구하시오.

0496

방정식 $x^4-4x^3-2x^2+12x-k=0$이 서로 다른 두 실근을 가질 때, 음수 k의 값은?

① -10　② -9　③ -8
④ -7　⑤ -6

0497 중요

미분가능한 함수 $f(x)$의 도함수 $y=f'(x)$의 그래프가 그림과 같다. $f(1)=4$, $f(3)=-3$일 때, 방정식 $3f(x)+k=0$이 서로 다른 세 실근을 갖도록 하는 정수 k의 개수를 구하시오.

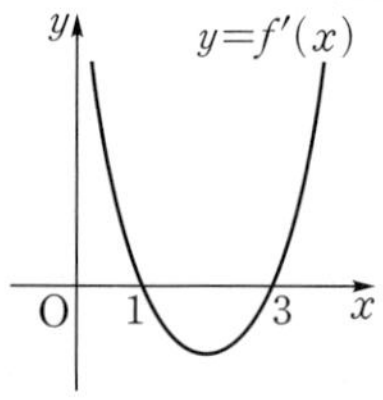

0498

방정식 $|x^3-3x+1|=2$의 서로 다른 실근의 개수를 구하시오.

0499

방정식 $|x^4-2x^2-2|=3$의 서로 다른 실근의 개수를 구하시오.

0500

최고차항의 계수가 1인 사차함수 $f(x)$가 $f(-2)=f(4)=0$, $f'(-2)=f'(4)=0$을 만족시킬 때, 방정식 $f(x)=k$의 서로 다른 실근의 개수가 3이 되도록 하는 정수 k의 값을 구하시오.

0501 중요 서술형

함수 $f(x)=x^3-3x^2+3$에 대하여 방정식 $|f(x)|=k$가 서로 다른 네 실근을 갖도록 하는 정수 k의 값을 구하시오.

유형 02 방정식의 실근의 부호

방정식 $f(x)=k$의 실근의 부호는 함수 $y=f(x)$의 그래프와 직선 $y=k$의 교점의 x좌표의 부호와 같다.

0502 대표문제

방정식 $x^3-3x+k=0$이 한 개의 양의 실근과 서로 다른 두 개의 음의 실근을 갖도록 하는 실수 k의 값의 범위가 $\alpha<k<\beta$일 때, $\alpha+\beta$의 값은?

① -2 ② -1 ③ 0
④ 1 ⑤ 2

0503

방정식 $2x^3+3x^2-12x+a=0$이 서로 다른 두 개의 양의 실근과 한 개의 음의 실근을 갖도록 하는 정수 a의 개수를 구하시오.

0504 중요

방정식 $3x^4+8x^3-6x^2-24x-k=0$이 한 개의 양의 실근과 서로 다른 두 개의 음의 실근을 갖도록 하는 모든 실수 k의 값의 합을 구하시오.

유형 03 삼차방정식의 근의 판별

극값을 갖는 삼차함수 $f(x)$에 대하여 삼차방정식 $f(x)=0$의 실근의 개수는 다음과 같다.

(1) (극댓값)×(극솟값)<0 ⟺ 서로 다른 세 실근

(2) (극댓값)×(극솟값)$=0$ ⟺ 서로 다른 두 실근 (중근과 다른 한 실근)

(3) (극댓값)×(극솟값)>0 ⟺ 단 하나의 실근 (한 실근과 두 허근)

0505 대표문제

방정식 $x^3+3x^2-9x+k=0$이 서로 다른 세 실근을 갖도록 하는 정수 k의 개수를 구하시오.

0506

방정식 $x^3-6x^2+9x-k=0$이 서로 다른 두 실근을 갖도록 하는 모든 실수 k의 값의 합은?

① 2 ② 3 ③ 4 ④ 5 ⑤ 6

0507

방정식 $x^3+\frac{3}{2}x^2-6x-k=0$이 한 실근과 두 허근을 갖도록 하는 자연수 k의 최솟값을 구하시오.

0508 중요

방정식 $2x^3-3ax^2+1=0$이 서로 다른 세 실근을 갖도록 하는 실수 a의 값의 범위는? (단, $a\neq0$)

① $0<a<1$ ② $a>1$ ③ $a<-1$ ④ $-1<a<0$ ⑤ $a>0$

0509

함수 $y=2x^3-9x^2+5$의 그래프를 y축의 방향으로 a만큼 평행이동하였더니 함수 $y=f(x)$의 그래프와 일치하였다. 방정식 $f(x)=0$이 서로 다른 두 실근을 갖도록 하는 모든 실수 a의 값의 합을 구하시오.

0510 중요 서술형

극값을 갖는 삼차함수 $f(x)=\frac{1}{3}x^3-ax+2a$에 대하여 방정식 $f(x)=0$이 오직 한 개의 실근을 갖도록 하는 정수 a의 개수를 구하시오.

유형 04 두 곡선의 교점의 개수

두 곡선 $y=f(x)$와 $y=g(x)$의 교점의 개수는 방정식 $f(x)=g(x)$, 즉 $f(x)-g(x)=0$의 서로 다른 실근의 개수와 같다.

0511 대표문제 평가원 기출

곡선 $y=x^3-3x^2+2x-3$과 직선 $y=2x+k$가 서로 다른 두 점에서만 만나도록 하는 모든 실수 k의 값의 곱을 구하시오.

0512 중요

두 곡선 $y=x^3-5x+3$, $y=3x^2+4x+k$가 오직 한 점에서 만나도록 하는 자연수 k의 최솟값을 구하시오.

0513

두 삼차함수 $f(x)$, $g(x)$의 도함수 $y=f'(x)$, $y=g'(x)$의 그래프가 그림과 같다.

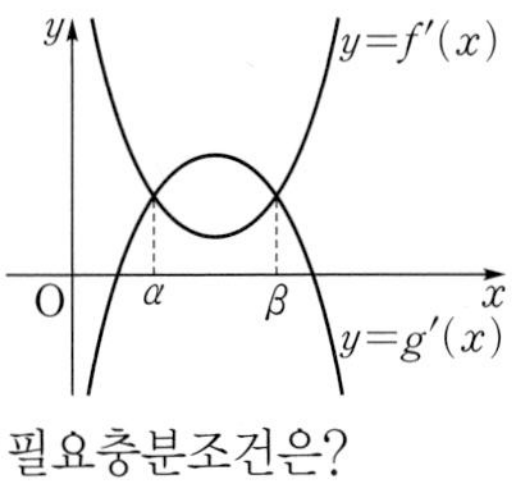

$h(x)=f(x)-g(x)$라 할 때, 다음 중 두 곡선 $y=f(x)$, $y=g(x)$가 서로 다른 세 점에서 만나기 위한 필요충분조건은?

① $h(\alpha)>0$, $h(\beta)<0$　② $h(\alpha)h(\beta)=0$
③ $h(\alpha)h(\beta)>0$　④ $h(\alpha)>h(\beta)$
⑤ $h(\alpha)<h(\beta)$

유형 05 곡선 밖의 점에서 그은 접선의 개수

곡선 밖의 한 점에서 곡선에 그을 수 있는 접선의 개수는 접점의 개수와 같다.

주의 사차함수와 같이 공통접선이 존재할 수 있는 경우에는 접선의 개수와 접점의 개수가 다를 수도 있음에 주의한다.

0514 대표문제

점 $(2,\ a)$에서 곡선 $y=x^3+2$에 서로 다른 세 개의 접선을 그을 수 있도록 하는 정수 a의 개수는?

① 5　② 6　③ 7
④ 8　⑤ 9

0515

점 $(1,\ a)$에서 곡선 $y=x^3+2x+1$에 서로 다른 세 개의 접선을 그을 수 있도록 하는 실수 a의 값의 범위가 $\alpha<a<\beta$일 때, $\alpha+\beta$의 값을 구하시오.

0516 중요

점 $(0,\ 1)$에서 곡선 $y=x^3+3ax^2$에 단 하나의 접선을 그을 수 있도록 하는 음수 a의 값의 범위는?

① $-3<a<-1$　② $-3<a<0$　③ $-2<a<-1$
④ $-2<a<0$　⑤ $-1<a<0$

06 도함수의 활용 (3)

유형 06 모든 실수 x에 대하여 성립하는 부등식

(1) 모든 실수 x에 대하여 부등식 $f(x)>0$이 성립하려면 (함수 $f(x)$의 최솟값)>0이어야 한다.
(2) 모든 실수 x에 대하여 부등식 $f(x)<0$이 성립하려면 (함수 $f(x)$의 최댓값)<0이어야 한다.

0517 대표문제 교육청 기출

모든 실수 x에 대하여 부등식 $x^4-4x-a^2+a+9\geq 0$이 항상 성립하도록 하는 정수 a의 개수는?

① 6　② 7　③ 8　④ 9　⑤ 10

0518 중요

모든 실수 x에 대하여 부등식 $x^4-4x^3+k\geq 0$이 항상 성립하도록 하는 정수 k의 최솟값을 구하시오.

0519 서술형

모든 실수 x에 대하여 부등식 $x^4-4a^3x+12\geq 0$이 항상 성립하도록 하는 실수 a의 최댓값을 M, 최솟값을 m이라 할 때, Mm의 값을 구하시오.

유형 07 주어진 구간에서 성립하는 부등식 - 최대, 최소를 이용

(1) 어떤 구간에서 부등식 $f(x)>0$이 성립하려면 그 구간에서 (함수 $f(x)$의 최솟값)>0이어야 한다.
(2) 어떤 구간에서 부등식 $f(x)<0$이 성립하려면 그 구간에서 (함수 $f(x)$의 최댓값)<0이어야 한다.

0520 대표문제

$x>1$에서 부등식 $x^3-6x^2+9x-a>0$이 항상 성립하도록 하는 실수 a의 값의 범위는?

① $a<0$　② $a<1$　③ $0<a<1$　④ $a>0$　⑤ $a>1$

0521 중요

$0\leq x\leq 4$에서 부등식 $x^3-3x^2+a\geq 0$이 항상 성립하도록 하는 실수 a의 최솟값을 구하시오.

0522

$x\geq 0$에서 부등식 $2x^3-3ax^2+8\geq 0$이 항상 성립하도록 하는 양수 a의 최댓값을 구하시오.

유형 08 주어진 구간에서 성립하는 부등식 - 증가, 감소를 이용

(1) 구간 (a, b)에서 증가하는 함수 $f(x)$에 대하여 이 구간에서 $f(x)>0$이 성립하려면 $f(a)\ge 0$이어야 한다.
(2) 구간 (a, b)에서 감소하는 함수 $f(x)$에 대하여 이 구간에서 $f(x)<0$이 성립하려면 $f(a)\le 0$이어야 한다.

0523 대표문제

$x>2$에서 부등식 $x^3-12x+a>0$이 항상 성립하도록 하는 실수 a의 최솟값을 구하시오.

0524 중요

$x<-1$에서 부등식 $2x^3-3x^2-12x+a<0$이 항상 성립하도록 하는 실수 a의 최댓값을 구하시오.

0525

$2<x<3$에서 부등식 $x^3-x^2+3x<x^2+2x+a$가 항상 성립하도록 하는 실수 a의 최솟값을 구하시오.

유형 09 부등식 $f(x)>g(x)$ 꼴의 활용

(1) 어떤 구간에서 곡선 $y=f(x)$가 곡선 $y=g(x)$보다 위쪽에 있으면 그 구간에서 $f(x)>g(x)$이다.
(2) 어떤 구간에서 곡선 $y=f(x)$가 곡선 $y=g(x)$보다 아래쪽에 있으면 그 구간에서 $f(x)<g(x)$이다.

Tip $f(x)>g(x)$ 꼴의 부등식은 $h(x)=f(x)-g(x)$라 하고 주어진 구간에서 $h(x)>0$이 성립하는지 확인한다.

0526 대표문제

두 함수 $f(x)=x^3+3x^2-6x$, $g(x)=3x-a$에 대하여 $x>0$에서 곡선 $y=f(x)$가 곡선 $y=g(x)$보다 위쪽에 있도록 하는 자연수 a의 최솟값을 구하시오.

0527 중요

두 함수 $f(x)=-x^4+2x^3$, $g(x)=-2x^3-a$에 대하여 곡선 $y=f(x)$가 곡선 $y=g(x)$보다 항상 아래쪽에 있도록 하는 정수 a의 최댓값은?

① -30 ② -29 ③ -28
④ -27 ⑤ -26

0528

두 함수 $f(x)=5x^3-10x^2+1$, $g(x)=5x^2-a$에 대하여 $0<x<3$에서 부등식 $f(x)\ge g(x)$가 항상 성립하도록 하는 실수 a의 최솟값은?

① 18 ② 19 ③ 20
④ 21 ⑤ 22

유형 10 속도와 가속도

수직선 위를 움직이는 점 P의 시각 t에서의 위치 x가 $x=f(t)$일 때, 시각 t에서의 점 P의 속도 v와 가속도 a는

(1) $v=\dfrac{dx}{dt}=f'(t)$ (2) $a=\dfrac{dv}{dt}=v'(t)$

Tip 속도의 절댓값 $|v(t)|$를 시각 t에서의 점 P의 속력이라 한다.

확인 문제

수직선 위를 움직이는 점 P의 시각 t에서의 위치 x가 $x=2t^2-3t+3$일 때, 다음을 구하시오.

(1) $t=1$에서의 점 P의 속도

(2) $t=2$에서의 점 P의 가속도

0529 대표문제 평가원 기출

수직선 위를 움직이는 점 P의 시각 t에서의 위치 x가

$$x=-t^2+4t$$

이다. $t=a$에서 점 P의 속도가 0일 때, 상수 a의 값은?

① 1 ② 2 ③ 3 ④ 4 ⑤ 5

0530

수직선 위를 움직이는 점 P의 시각 t에서의 위치 x가

$$x=t^3-3t^2+3$$

이다. 점 P의 가속도가 0인 순간의 점 P의 속도는?

① -15 ② -12 ③ -9 ④ -6 ⑤ -3

0531 중요

원점을 출발하여 수직선 위를 움직이는 점 P의 시각 t에서의 위치 x가

$$x=t^3-6t^2+9t$$

일 때, 점 P가 출발 후 다시 원점을 지나는 순간의 가속도를 구하시오.

0532

수직선 위를 움직이는 점 P의 시각 t에서의 위치 x가

$$x=\frac{2}{3}t^3-2t^2-5t$$

일 때, $0\le t\le 3$에서 점 P의 속력의 최댓값을 구하시오.

0533

수직선 위를 움직이는 점 P의 시각 t에서의 위치 x가

$$x=-2t^3+12t^2+a$$

이다. 점 P의 가속도가 0일 때, 점 P의 위치는 20이다. 상수 a의 값을 구하시오.

0534 중요 서술형

수직선 위를 움직이는 두 점 P, Q의 시각 t에서의 위치가 각각

$$P(t)=\frac{1}{3}t^3+6t+1,\ Q(t)=3t^2-3t-8$$

이다. 두 점 P, Q의 속도가 같아지는 순간 두 점 P, Q 사이의 거리를 구하시오.

정답과 풀이 116쪽

유형 11 속도, 가속도와 운동 방향

(1) 수직선 위를 움직이는 점 P가 운동 방향을 바꾸는 순간의 속도는 0이다.
(2) 수직선 위를 움직이는 두 점 P, Q가 서로 반대 방향으로 움직이면 (점 P의 속도) × (점 Q의 속도) < 0이다.

0535 대표문제

수직선 위를 움직이는 점 P의 시각 t에서의 위치 x가

$$x=\frac{2}{3}t^3+t^2-4t$$

일 때, 점 P가 운동 방향을 바꾸는 순간의 가속도를 구하시오.

0536

수직선 위를 움직이는 점 P의 시각 t에서의 위치 x가

$$x=t^3-9t^2+24t$$

이다. 점 P가 출발 후 운동 방향을 두 번 바꾸고 운동 방향을 바꾸는 순간의 위치를 각각 A, B라 할 때, 두 점 A, B 사이의 거리를 구하시오.

0537 중요

수직선 위를 움직이는 두 점 P, Q의 시각 t에서의 위치가 각각

$$x_P=t^2-2t+3,\ x_Q=t^2-6t-1$$

일 때, 다음 중 두 점 P, Q가 서로 반대 방향으로 움직이는 시각 t의 값의 범위는?

① $0<t<2$　② $1<t<3$　③ $2<t<4$　④ $1<t<2$ 또는 $t>3$　⑤ $1<t<3$ 또는 $t>4$

0538 중요

수직선 위를 움직이는 두 점 P, Q의 시각 t에서의 위치가 각각

$$P(t)=\frac{1}{3}t^3-2t^2+6t,\ Q(t)=t^3-5t^2+4t$$

이다. 선분 PQ의 중점을 M이라 할 때, 점 M이 출발 후 운동 방향을 바꾸는 횟수를 구하시오.

0539

수직선 위를 움직이는 점 P의 시각 t에서의 위치 x가

$$x=t^3-6t^2+a\ (a는\ 상수)$$

이다. 점 P가 출발 후 운동 방향이 원점에서 바뀔 때, a의 값을 구하시오.

0540 평가원 기출

수직선 위를 움직이는 점 P의 시각 $t\ (t\geq 0)$에서의 위치 x가

$$x=t^3+at^2+bt\ (a,\ b는\ 상수)$$

이다. 시각 $t=1$에서 점 P가 운동 방향을 바꾸고, 시각 $t=2$에서 점 P의 가속도는 0이다. $a+b$의 값은?

① 3　② 4　③ 5　④ 6　⑤ 7

유형 12 정지하는 물체의 속도와 움직인 거리

움직이는 물체가 제동을 건 후 t초 동안 움직인 거리를 xm라 할 때

(1) 제동을 건 지 t초 후의 속도는 $\frac{dx}{dt}$이다.

(2) 물체가 정지할 때의 속도는 0이다.

0541 대표문제

직선 선로를 달리는 열차가 제동을 건 후 t초 동안 움직인 거리를 xm라 하면 $x=24t-0.6t^2$이다. 열차가 제동을 건 후 멈출 때까지 움직인 거리를 구하시오.

0542

직선 도로를 달리는 자동차가 브레이크를 밟은 후 t초 동안 달린 거리를 xm라 하면 $x=32t-4t^2$이다. 이 자동차가 브레이크를 밟은 후 정지할 때까지 걸린 시간은?

① 2초 ② 3초 ③ 4초
④ 5초 ⑤ 6초

0543 중요

직선 선로를 달리는 열차가 제동을 건 후 t초 동안 움직인 거리를 xm라 하면 $x=30t-5t^2$이다. 이 열차가 목적지에 정확히 도착하려면 목적지로부터 전방 몇 m 지점에서 제동을 걸어야 하는지 구하시오.

유형 13 위로 던진 물체의 위치와 속도

지면에 수직으로 쏘아 올린 물체의 t초 후의 높이를 hm라 할 때

(1) t초 후의 물체의 속도는 $\frac{dh}{dt}$이다.

(2) 물체가 최고 높이에 도달할 때의 속도는 0이다.

0544 대표문제

지면에서 40m/s의 속도로 지면에 수직으로 쏘아 올린 공의 t초 후의 높이를 hm라 하면 $h=40t-5t^2$이다. 이 공이 최고 지점에 도달했을 때 지면으로부터의 높이는?

① 64m ② 68m ③ 72m
④ 76m ⑤ 80m

0545 중요 서술형

지면으로부터 45m의 위치에서 40m/s의 속도로 지면에 수직하게 위로 던진 물체의 t초 후의 높이를 hm라 하면 $h=45+40t-5t^2$이다. 이 물체가 지면에 떨어지는 순간의 속력은 몇 m/s인지 구하시오.

0546

지면에서 am/s의 속도로 지면에 수직하게 위로 던진 물체의 t초 후의 높이를 hm라 하면 $h=at-5t^2$이다. 물체가 지면으로부터의 높이가 최소 180m인 지점까지 도달하기 위한 양수 a의 최솟값을 구하시오.

유형 14 속도, 가속도와 그래프

수직선 위를 움직이는 점 P의 시각 t에서의 속도 $v(t)$의 그래프에서
(1) $v(t)>0$인 구간에서 점 P는 양의 방향으로 움직인다.
(2) $v(t)<0$인 구간에서 점 P는 음의 방향으로 움직인다.
(3) $v(t)=0$인 시각 t에서 점 P는 정지하거나 운동 방향을 바꾼다.
(4) 점 P의 가속도는 $v(t)$의 그래프가 증가하는 구간에서 양의 값을 갖고, $v(t)$가 감소하는 구간에서 음의 값을 갖는다.

0547 대표문제

원점을 출발하여 수직선 위를 움직이는 점 P의 시각 t에서의 속도 $v(t)$의 그래프가 그림과 같을 때, 보기에서 옳은 것만을 있는 대로 고른 것은?

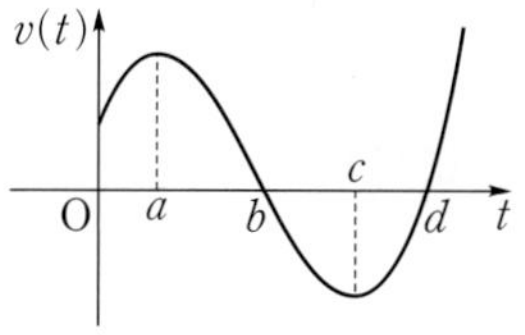

보기
ㄱ. $t=a$일 때, 점 P의 가속도는 0이다.
ㄴ. $t=b$일 때, 점 P는 운동 방향을 바꾼다.
ㄷ. $t=a$일 때와 $t=c$일 때, 점 P의 운동 방향은 서로 같다.
ㄹ. $b<t<d$일 때, 점 P의 속도는 감소한다.

① ㄱ, ㄴ ② ㄱ, ㄷ ③ ㄴ, ㄷ
④ ㄴ, ㄹ ⑤ ㄱ, ㄴ, ㄹ

0548 중요

수직선 위를 움직이는 점 P의 시각 t에서의 위치 x가 $x=f(t)$이다. 함수 $x=f(t)$의 그래프가 그림과 같을 때, 보기에서 옳은 것만을 있는 대로 고른 것은?

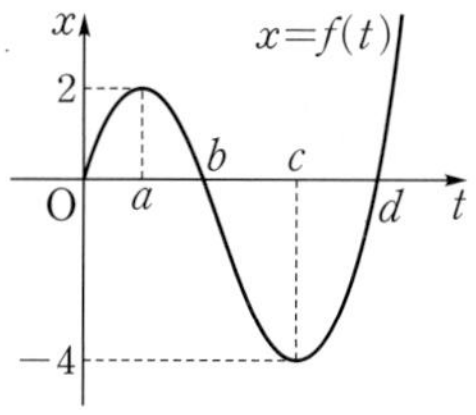

보기
ㄱ. $t=b$일 때, 점 P는 운동 방향을 바꾼다.
ㄴ. $t=c$일 때, 점 P의 속도는 0이다.
ㄷ. $0<t<d$에서 점 P는 $t=c$일 때 원점에서 가장 멀리 떨어져 있다.

① ㄱ ② ㄴ ③ ㄱ, ㄴ
④ ㄴ, ㄷ ⑤ ㄱ, ㄴ, ㄷ

0549

원점을 출발하여 수직선 위를 움직이는 점 P의 시각 t $(0\le t\le 6)$에서의 속도 $v(t)$의 그래프가 그림과 같을 때, 보기에서 옳은 것만을 있는 대로 고른 것은?

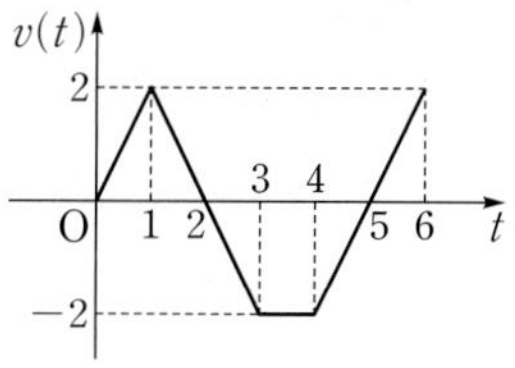

보기
ㄱ. $0<t<6$에서 점 P는 운동 방향을 두 번 바꾼다.
ㄴ. $0\le t\le 6$에서 점 P의 속력의 최댓값은 2이다.
ㄷ. $1<t<3$에서 점 P의 가속도는 일정하다.

① ㄱ ② ㄴ ③ ㄱ, ㄴ
④ ㄴ, ㄷ ⑤ ㄱ, ㄴ, ㄷ

0550

수직선 위를 움직이는 점 P의 시각 t에서의 위치를 $x=f(t)$라 할 때, $f(t)$는 t에 대한 삼차함수이고 함수 $x=f(t)$의 그래프는 그림과 같다. 점 P의 가속도가 0이 되는 시각은?

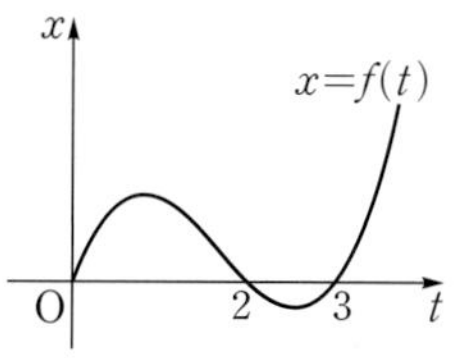

① 1 ② $\frac{4}{3}$ ③ $\frac{5}{3}$
④ 2 ⑤ $\frac{7}{3}$

유형 15 시각에 대한 변화율

어떤 물체의 시각 t에서의 길이가 l, 넓이가 S, 부피가 V일 때, 시각 t에서의 변화율은 다음과 같다.

(1) 길이의 변화율 : $\frac{dl}{dt}$

(2) 넓이의 변화율 : $\frac{dS}{dt}$

(3) 부피의 변화율 : $\frac{dV}{dt}$

0551 대표문제

잔잔한 호수에 돌을 던지면 동심원 모양의 원이 생긴다. 이 원의 반지름의 길이가 매초 2m씩 늘어날 때, 돌을 던진 지 3초 후의 원의 넓이의 변화율을 $a\pi\,\mathrm{m}^2/\mathrm{s}$라 하자. 이때 상수 a의 값을 구하시오.

0552

수직선 위를 움직이는 두 점 A, B의 시각 t에서의 위치가 각각

$$x_{\mathrm{A}}=t^2-t,\ x_{\mathrm{B}}=t^3+2t^2-t+1$$

일 때, $t=3$이 되는 순간의 선분 AB의 길이의 변화율을 구하시오.

0553

밑면의 반지름의 길이가 2cm, 높이가 7cm인 원기둥이 있다. 이 원기둥의 밑면의 반지름의 길이는 매초 1cm씩 길어지고 높이는 매초 1cm씩 짧아진다. 이 원기둥의 부피의 변화율이 0이 될 때, 원기둥의 부피를 구하시오.

0554

가로, 세로의 길이가 각각 6cm, 14cm인 직사각형이 있다. 가로의 길이는 매초 3cm씩 증가하고, 세로의 길이는 매초 1cm씩 증가할 때, 직사각형이 정사각형이 되는 순간의 넓이의 변화율을 구하시오.

0555

그림과 같이 키가 1.6m인 사람이 높이 4m의 가로등 바로 밑에서 출발하여 일직선으로 매초 1.5m의 일정한 속도로 걸어갈 때, 이 사람의 그림자의 길이의 변화율은?

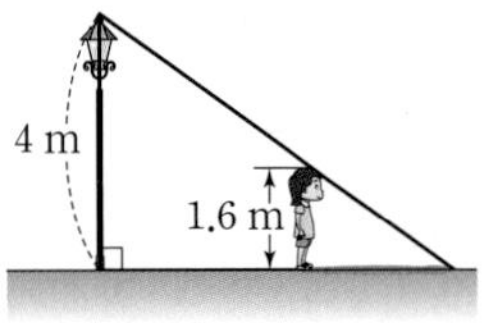

① 0.6m/s ② 1m/s ③ 1.4m/s
④ 1.8m/s ⑤ 2.2m/s

0556 중요 서술형

그림과 같이 밑면의 반지름의 길이가 12cm, 깊이가 18cm인 직원뿔 모양의 그릇이 있다. 이 그릇에 수면의 높이가 매초 3cm씩 올라가도록 물을 넣을 때, 물을 넣기 시작한 지 2초 후의 물의 부피의 변화율을 구하시오.

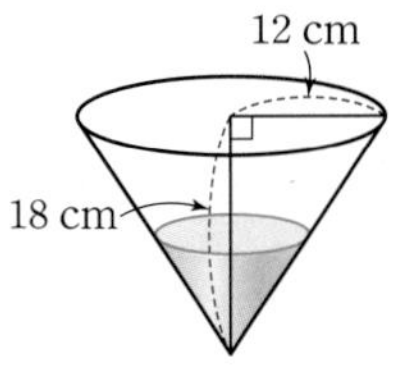

내신 잡는 종합 문제

정답과 풀이 120쪽

0557 수능 기출

곡선 $y=4x^3-12x+7$과 직선 $y=k$가 만나는 점의 개수가 2가 되도록 하는 양수 k의 값을 구하시오.

0558

모든 실수 x에 대하여 부등식 $3x^4-4x^3-12x^2+k>0$이 항상 성립하도록 하는 정수 k의 최솟값을 구하시오.

0559

밑면이 한 변의 길이가 2 cm인 정사각형이고 높이가 10 cm인 정사각기둥이 있다. 이 정사각기둥의 밑면의 한 변의 길이는 매초 1 cm의 비율로 길어지고 높이는 매초 1 cm의 비율로 짧아질 때, 5초 후의 정사각기둥의 부피의 변화율은?

① $12\,\text{cm}^3/\text{s}$ ② $15\,\text{cm}^3/\text{s}$ ③ $18\,\text{cm}^3/\text{s}$
④ $21\,\text{cm}^3/\text{s}$ ⑤ $24\,\text{cm}^3/\text{s}$

0560 평가원 기출

수직선 위를 움직이는 점 P의 시각 t $(t\geq 0)$에서의 위치 x가

$$x=t^3-5t^2+at+5$$

이다. 점 P가 움직이는 방향이 바뀌지 않도록 하는 자연수 a의 최솟값은?

① 9 ② 10 ③ 11
④ 12 ⑤ 13

0561

직선 선로를 달리는 열차가 제동을 건 후 t초 동안 움직인 거리를 x m라 하면 $x=20t-at^2$이다. 기관사가 100 m 앞에 있는 정지선을 발견하고 열차를 멈추기 위해 제동을 걸었더니 열차가 정지선을 넘지 않고 멈추었다. 이때 양수 a의 최솟값을 구하시오.

0562

삼차함수 $f(x)$가 다음 조건을 만족시킬 때, 방정식 $f(x)f'(x)=0$의 서로 다른 실근의 개수는?

(가) $f'(-1)=f'(3)=0$
(나) $f(-1)f(3)<0$

① 1 ② 2 ③ 3
④ 4 ⑤ 5

0563

수직선 위를 움직이는 점 P의 시각 t에서의 위치 x가

$$x=\frac{1}{3}t^3-\frac{5}{2}t^2+4t$$

일 때, 보기에서 옳은 것만을 있는 대로 고른 것은?

보기

ㄱ. $t=1$일 때, 점 P의 속도는 0이다.

ㄴ. $t=2$일 때, 점 P의 가속도는 -1이다.

ㄷ. 점 P는 출발 후 운동 방향을 두 번 바꾼다.

① ㄱ ② ㄴ ③ ㄱ, ㄴ
④ ㄴ, ㄷ ⑤ ㄱ, ㄴ, ㄷ

0564 평가원 기출

두 함수

$$f(x)=3x^3-x^2-3x,\ g(x)=x^3-4x^2+9x+a$$

에 대하여 방정식 $f(x)=g(x)$가 서로 다른 두 개의 양의 실근과 한 개의 음의 실근을 갖도록 하는 모든 정수 a의 개수는?

① 6 ② 7 ③ 8
④ 9 ⑤ 10

0565

수직선 위를 움직이는 두 점 P, Q의 시각 t에서의 위치는 각각

$$\mathrm{P}(t)=t^3-t^2+2t+1,\ \mathrm{Q}(t)=-t^3+2t^2+2t-1$$

이다. 두 점 P, Q가 출발한 후 두 점 사이의 거리가 최소가 되는 순간의 점 P의 속도는?

① 1 ② 2 ③ 3
④ 4 ⑤ 5

0566 평가원 기출

방정식 $2x^3+6x^2+a=0$이 $-2\le x\le 2$에서 서로 다른 두 실근을 갖도록 하는 정수 a의 개수는?

① 4 ② 6 ③ 8
④ 10 ⑤ 12

0567

두 함수 $f(x)=x^3+9x^2+k$, $g(x)=2x^2+3x+4$에 대하여 $-2\le x\le 3$에서 부등식 $f(x)\ge 3g(x)$가 항상 성립하도록 하는 실수 k의 최솟값은?

① 16 ② 17 ③ 18
④ 19 ⑤ 20

0568

수직선 위를 움직이는 두 점 P, Q의 시각 t에서의 위치를 각각 $f(t)$, $g(t)$라 할 때, 함수 $x=f(t)$, $x=g(t)$의 그래프가 그림과 같다. 보기에서 옳은 것만을 있는 대로 고른 것은?

(단, $f'(a)=f'(d)=g'(c)=0$)

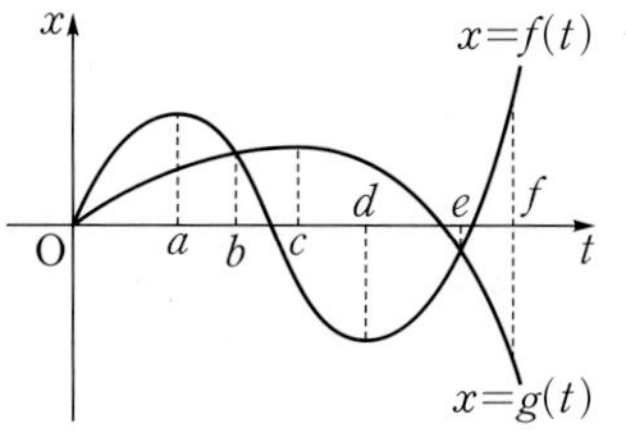

보기

ㄱ. $a<t<c$에서 점 P의 속도는 양수이다.
ㄴ. $0<t<f$에서 두 점 P, Q는 두 번 만난다.
ㄷ. $0<t<f$에서 점 P는 운동 방향을 두 번 바꾼다.
ㄹ. $d<t<e$에서 두 점 P, Q의 운동 방향은 서로 반대이다.

① ㄱ, ㄴ ② ㄴ, ㄷ ③ ㄴ, ㄹ
④ ㄱ, ㄴ, ㄹ ⑤ ㄴ, ㄷ, ㄹ

0569 평가원 기출

삼차함수 $f(x)$의 도함수의 그래프와 이차함수 $g(x)$의 도함수의 그래프가 그림과 같다. 함수 $h(x)$를
$h(x)=f(x)-g(x)$라 하자. $f(0)=g(0)$일 때, 보기에서 옳은 것만을 있는 대로 고른 것은?

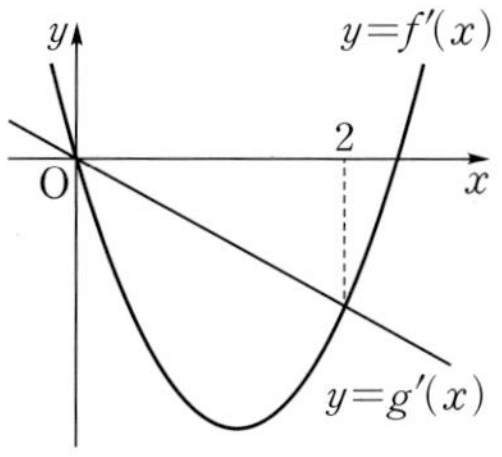

보기

ㄱ. $0<x<2$에서 $h(x)$는 감소한다.
ㄴ. $h(x)$는 $x=2$에서 극솟값을 갖는다.
ㄷ. 방정식 $h(x)=0$은 서로 다른 세 실근을 갖는다.

① ㄱ ② ㄴ ③ ㄱ, ㄴ
④ ㄱ, ㄷ ⑤ ㄱ, ㄴ, ㄷ

서술형 대비하기

0570

점 $(1,\ 0)$에서 곡선 $y=x^3+ax-1$에 서로 다른 두 개의 접선을 그을 수 있도록 하는 실수 a의 값을 구하시오.

(단, $a\neq0$)

0571

방정식 $|2x^3-3x^2-12x+3|=k$가 서로 다른 네 실근을 갖도록 하는 정수 k의 최댓값과 최솟값의 합을 구하시오.

PART C

수능 녹인 변별력 문제

0572

사차함수 $f(x)=-\frac{1}{2}x^4+12x^2+4ax$가 극솟값을 갖도록 하는 정수 a의 개수를 구하시오.

0573

원점을 출발하여 수직선 위를 움직이는 두 점 P, Q의 시각 t에서의 위치를 각각 $f(t)$, $g(t)$라 하자. 함수 $h(t)=f(t)-g(t)$에 대하여 함수 $y=h(t)$의 그래프가 그림과 같을 때, 보기에서 옳은 것만을 있는 대로 고른 것은?

(단, $h'(a)=h'(c)=0$)

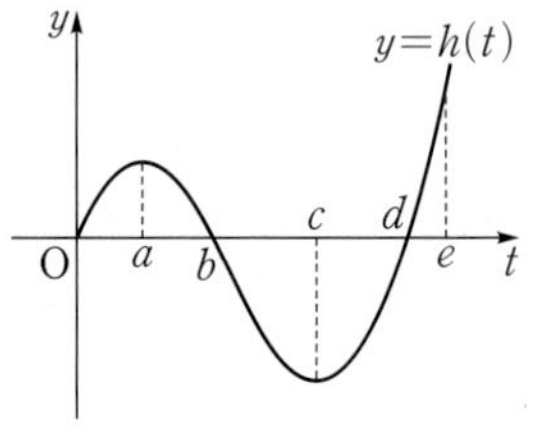

보기

ㄱ. $0<t<e$에서 두 점 P, Q는 두 번 만난다.

ㄴ. $0<t<e$에서 두 점 P, Q의 속도가 같은 순간이 두 번 있다.

ㄷ. $b<t<d$에서 점 Q가 점 P보다 원점에서 멀리 떨어져 있다.

① ㄱ ② ㄴ ③ ㄱ, ㄴ
④ ㄱ, ㄷ ⑤ ㄱ, ㄴ, ㄷ

0574

사차방정식 $3x^4-4x^3-12x^2=a$가 허근을 갖지 않도록 하는 모든 정수 a의 개수는?

① 5 ② 6 ③ 7
④ 8 ⑤ 9

0575

두 함수 $f(x)=x^3-3x^2+8$, $g(x)=-2x^2+8x+k$가 1 이상의 임의의 두 실수 x_1, x_2에 대하여 $f(x_1)\geq g(x_2)$를 만족시킬 때, 실수 k의 최댓값은?

① -5 ② -4 ③ -3
④ -2 ⑤ -1

정답과 풀이 123쪽

0576

수직선 위를 움직이는 두 점 P, Q의 시각 t에서의 위치가 각각

$$x_P=t^4-8t^3+18t^2-2t,\ x_Q=kt$$

이다. 두 점 P, Q가 출발한 후 속도가 같아지는 순간이 세 번 있다고 할 때, 정수 k의 개수를 구하시오.

0577

$-2\le x\le 1$에서 부등식 $|2x^3-3x^2+k|<16$을 만족시키는 정수 k의 최댓값을 M, 최솟값을 m이라 할 때, $M+m$의 값을 구하시오.

0578

최고차항의 계수가 1인 삼차함수 $f(x)$가 다음 조건을 만족시킬 때, $f(6)$의 값을 구하시오.

> (가) 함수 $f(x)$는 $x=2$에서 극댓값 7을 갖는다.
> (나) 방정식 $f(x)=3$은 서로 다른 두 실근을 갖는다.

0579 교육청 기출

자연수 a에 대하여 두 함수

$$f(x)=-x^4-2x^3-x^2,\ g(x)=3x^2+a$$

가 있다. 다음을 만족시키는 a의 값을 구하시오.

> 모든 실수 x에 대하여 부등식
> $$f(x)\le 12x+k\le g(x)$$
> 를 만족시키는 자연수 k의 개수는 3이다.

0580

$f(0)=2$이고 최고차항의 계수가 1인 사차함수 $f(x)$가 다음 조건을 만족시킬 때, $f(3)$의 값을 구하시오.

> (가) 모든 실수 x에 대하여 $f(-x)=f(x)$이다.
> (나) 방정식 $|f(x)|=2$의 서로 다른 실근의 개수는 5이다.

0581 수능 기출

다음 조건을 만족시키는 모든 삼차함수 $f(x)$에 대하여 $\dfrac{f'(0)}{f(0)}$의 최댓값을 M, 최솟값을 m이라 하자. Mm의 값은?

> (가) 함수 $|f(x)|$는 $x=-1$에서만 미분가능하지 않다.
> (나) 방정식 $f(x)=0$은 닫힌구간 $[3, 5]$에서 적어도 하나의 실근을 갖는다.

① $\frac{1}{15}$ ② $\frac{1}{10}$ ③ $\frac{2}{15}$
④ $\frac{1}{6}$ ⑤ $\frac{1}{5}$

0582

함수 $f(x)=x^3-3x-2+a$에 대하여 방정식 $f(f(x))=a$가 서로 다른 세 실근을 갖도록 하는 모든 실수 a의 값의 합을 구하시오.

0583 평가원 기출

삼차함수 $f(x)$의 도함수 $y=f'(x)$의 그래프가 그림과 같을 때, 보기에서 옳은 것만을 있는 대로 고른 것은?

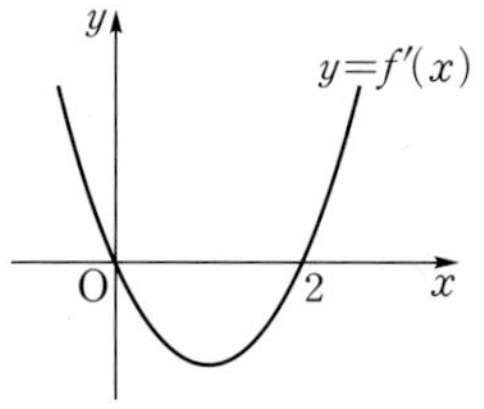

보기
ㄱ. $f(0)<0$이면 $|f(0)|<|f(2)|$이다.
ㄴ. $f(0)f(2)\geq 0$이면 함수 $|f(x)|$가 $x=a$에서 극소인 a의 값의 개수는 2이다.
ㄷ. $f(0)+f(2)=0$이면 방정식 $|f(x)|=f(0)$의 서로 다른 실근의 개수는 4이다.

① ㄱ ② ㄱ, ㄴ ③ ㄱ, ㄷ
④ ㄴ, ㄷ ⑤ ㄱ, ㄴ, ㄷ

Ⅲ

적분

부정적분

유형 01 부정적분의 정의

(1) **부정적분의 정의**

함수 $F(x)$의 도함수가 $f(x)$일 때, 즉

$F'(x)=f(x)$

일 때, $F(x)$를 함수 $f(x)$의 부정적분이라 한다.

(2) **부정적분**

함수 $f(x)$의 한 부정적분을 $F(x)$라 하면 $f(x)$의 모든 부정적분을

$F(x)+C$ (C는 상수)

꼴로 나타낼 수 있고, 이것을 기호로 $\int f(x)dx$와 같이 나타낸다. 즉, $F'(x)=f(x)$일 때,

$\int f(x)dx=F(x)+C$ (C는 상수)

이때 C를 적분상수라 한다.

확인 문제

다음 부정적분을 구하시오.

(1) $\int 2dx$

(2) $\int 3x^2dx$

0584 대표문제

함수 $f(x)$에 대하여

$$\int f(x)dx=x^3-3x^2+2x+C$$

가 성립할 때, $f(2)$의 값을 구하시오.

(단, C는 적분상수이다.)

0585

함수 $f(x)$의 부정적분 중 하나가 $6x^2+2x+1$일 때, $f(-1)$의 값은?

① -10　② -9　③ -8　④ -7　⑤ -6

0586 중요

함수 $F(x)=x^3+ax^2+4x$가 함수 $f(x)$의 부정적분 중 하나이고 $f'(1)=10$일 때, $F(2)$의 값을 구하시오.

(단, a는 상수이다.)

0587

함수 $f(x)$의 한 부정적분 $F(x)$와 또 다른 부정적분 $G(x)$에 대하여

$$F(x)=x^3-2x^2-4x+3,\ G(1)=1$$

일 때, $G(-1)$의 값을 구하시오.

0588 서술형

다항함수 $f(x)$에 대하여

$$\int \{2x^2-f(x)\}dx=\frac{2}{3}x^3-4x^2+2x+C$$

가 성립할 때, 방정식 $f(x)=x^2$의 모든 근의 합을 구하시오.

(단, C는 적분상수이다.)

정답과 풀이 127쪽

유형 02 부정적분과 미분의 관계

(1) $\frac{d}{dx}\int f(x)dx=f(x)$

(2) $\int \left\{\frac{d}{dx}f(x)\right\}dx=f(x)+C$ (C는 적분상수)

0589 대표문제

함수 $f(x)=2x^2-5x$에 대하여

$$F(x)=\frac{d}{dx}\int xf(x)dx$$

일 때, $F(3)$의 값은?

① 5 ② 7 ③ 9
④ 11 ⑤ 13

0590

함수 $F(x)=\int \left\{\frac{d}{dx}(x^3+2x)\right\}dx$에 대하여 $F(0)=3$일 때, $F(2)$의 값은?

① 13 ② 15 ③ 17
④ 19 ⑤ 21

0591

모든 실수 x에 대하여

$$\frac{d}{dx}\int (ax^2+2x+6)dx=3x^2+bx+c$$

가 성립할 때, 상수 a, b, c에 대하여 $a+b+c$의 값을 구하시오.

0592

함수 $f(x)$가 모든 실수 x에 대하여

$$\frac{d}{dx}\int (x-1)f(x)dx=x^3-2x^2+a$$

를 만족시킬 때, $f(2)$의 값을 구하시오. (단, a는 상수이다.)

0593 중요

함수 $f(x)=x^2-3x$에 대하여 두 함수 $g(x)$, $h(x)$를

$$g(x)=\frac{d}{dx}\int f(x)dx,$$

$$h(x)=\int \left\{\frac{d}{dx}f(x)\right\}dx$$

라 하자. $h(-1)=5$일 때, $g(2)+h(1)$의 값을 구하시오.

0594

함수 $f(x)=\int \left\{\frac{d}{dx}(4x-x^2)\right\}dx$의 최댓값이 8일 때, $f(3)$의 값을 구하시오.

0595

함수 $f(x)=\int\left\{\frac{d}{dx}(x^3+ax)\right\}dx$에 대하여 $f(2)=13$, $f'(1)=5$일 때, $f(4)$의 값을 구하시오. (단, a는 상수이다.)

0596 중요

두 다항함수 $f(x)$, $g(x)$가 다음 조건을 만족시킨다.

> (가) $f(x)+g(x)=\frac{d}{dx}\int(x^3+x^2+4)dx$
>
> (나) $\frac{d}{dx}\int\{f(x)-g(x)\}dx=x^3-x^2-4x$

$f(1)+g(2)$의 값을 구하시오.

0597

함수 $f(x)=x^{10}+x^9+x^8+\cdots+x^2+x$에 대하여 함수 $g(x)$는

$$g(x)=\int\left[\frac{d}{dx}\int\left\{\frac{d}{dx}f(x)\right\}dx\right]dx$$

이다. $g(0)=4$일 때, $g(1)$의 값을 구하시오.

유형 03 부정적분의 계산

> (1) n이 양의 정수일 때
>
> $\int x^n dx=\frac{1}{n+1}x^{n+1}+C$ (C는 적분상수)
>
> $\int 1dx=x+C$ (C는 적분상수)
>
> (2) $\int kf(x)dx=k\int f(x)dx$ (k는 0이 아닌 실수)
>
> $\int\{f(x)+g(x)\}dx=\int f(x)dx+\int g(x)dx$
>
> $\int\{f(x)-g(x)\}dx=\int f(x)dx-\int g(x)dx$

0598 대표문제

함수 $f(x)$에 대하여

$$f(x)=\int(4x^3+3x^2+2x+1)dx$$

이고 $f(0)=-5$일 때, $f(2)$의 값을 구하시오.

0599

함수 $f(x)$에 대하여

$$f(x)=\int\frac{x^3}{x+2}dx+\int\frac{8}{x+2}dx$$

이고 $f(0)=2$일 때, $f(3)$의 값을 구하시오.

0600 중요

함수 $f(x)$에 대하여

$$f(x)=\int(4x-8)dx$$

이다. 모든 실수 x에 대하여 $f(x)\geq 0$일 때, $f(1)$의 최솟값을 구하시오.

정답과 풀이 128쪽

유형 04 도함수가 주어졌을 때 함수 구하기

함수 $f(x)$의 도함수 $f'(x)$가 주어지면 다음과 같은 순서로 $f(x)$를 구한다.

❶ $f(x)=\int f'(x)dx$임을 이용하여 $f(x)$를 적분상수를 포함한 식으로 나타낸다.

❷ 주어진 함숫값을 이용하여 적분상수를 구한다.

❸ 적분상수를 ❶의 식에 대입하여 $f(x)$를 구한다.

0601 대표문제 수능 기출

함수 $f(x)$에 대하여 $f'(x)=3x^2+2x$이고 $f(0)=2$일 때, $f(1)$의 값을 구하시오.

0602

다항함수 $f(x)$가

$$f'(x)=-3x^2-kx+5,\ f(0)=f(2)=5$$

를 만족시킬 때, 상수 k의 값은?

① -2　② -1　③ 0　④ 1　⑤ 2

0603

함수 $f(x)$를 적분해야 할 것을 잘못하여 미분하였더니 $12x^2-18x$이었다. $f(1)=-1$일 때, $f(-1)$의 값을 구하시오.

0604

함수 $f(x)$에 대하여 $f'(x)=6x+a$이고 $f(1)=6$이다. 방정식 $f(x)=0$의 모든 근의 합이 -3일 때, 방정식 $f(x)=0$의 모든 근의 곱을 구하시오. (단, a는 상수이다.)

0605

함수 $f(x)$의 도함수 $f'(x)$가 $f'(x)=3x^2-6x+a$이고 $f(x)$가 이차식 x^2+x-2로 나누어떨어질 때, $f(-1)$의 값을 구하시오. (단, a는 상수이다.)

0606 중요 서술형

두 일차함수 $f(x)$, $g(x)$에 대하여

$$\frac{d}{dx}\{f(x)+g(x)\}=6,\ \frac{d}{dx}\{f(x)g(x)\}=18x$$

이고 $f(0)=2$, $g(0)=-2$일 때, $f(4)-g(4)$의 값을 구하시오.

유형 05 부정적분과 접선의 기울기

곡선 $y=f(x)$ 위의 임의의 점 $(x, f(x))$에서의 접선의 기울기는 $f'(x)$이므로

$$f(x)=\int f'(x)dx$$

0607 대표문제

점 $(0, 1)$을 지나는 곡선 $y=f(x)$ 위의 임의의 점 $(x, f(x))$에서의 접선의 기울기가 $3x^2+8x+2$일 때, $f(2)$의 값을 구하시오.

0608 서술형

곡선 $y=f(x)$는 점 $(0, 3)$을 지나고, 이 곡선 위의 임의의 점 $(x, f(x))$에서의 접선의 기울기는 $-4x+a$이다. 방정식 $f(x)=0$의 모든 근의 합이 3일 때, 상수 a의 값을 구하시오.

0609 중요

곡선 $y=f(x)$ 위의 임의의 점 $(x, f(x))$에서의 접선의 기울기가 $4x-12$이고 함수 $f(x)$의 최솟값이 -6일 때, 구간 $[-1, 4]$에서 $f(x)$의 최댓값을 구하시오.

유형 06 함수와 그 부정적분 사이의 관계식이 주어졌을 때 함수 구하기

미분가능한 함수 $f(x)$와 그 부정적분 $F(x)$ 사이의 관계식이 주어지면 다음과 같은 순서로 함수 $f(x)$를 구한다.

❶ 주어진 등식의 양변을 x에 대하여 미분한다.
❷ $F'(x)=f(x)$임을 이용하여 $f'(x)$를 구한다.
❸ $f(x)=\int f'(x)dx$임을 이용하여 $f(x)$를 적분상수를 포함한 식으로 나타내고 함숫값을 이용하여 적분상수를 구한다.
❹ ❸의 식에 적분상수를 대입하여 $f(x)$를 구한다.

0610 대표문제

다항함수 $f(x)$에 대하여 $\frac{d}{dx}F(x)=f(x)$이고,

$$F(x)=xf(x)-3x^4+2x^3$$

이 성립한다. $f(-1)=0$일 때, $f(2)$의 값을 구하시오.

0611

미분가능한 함수 $f(x)$에 대하여 $f(2)=2$, $f'(2)=-1$이고

$$\int g(x)dx=2x^2f(x)+C$$

가 성립할 때, $g(2)$의 값을 구하시오.

(단, C는 적분상수이다.)

0612

다항함수 $f(x)$에 대하여

$$xf(x)=\int f(x)dx+4x^3-6x^2$$

이 성립한다. $f(1)=-2$일 때, 방정식 $f(x)=0$의 모든 근의 곱은?

① $\frac{1}{3}$ ② $\frac{1}{2}$ ③ $\frac{2}{3}$
④ 1 ⑤ $\frac{3}{2}$

0613

일차함수 $f(x)$에 대하여

$$2\int f(x)dx=(x+1)f(x)-4x-1$$

이 성립한다. $f(2)=5$일 때, $f(3)$의 값을 구하시오.

0614 중요

다항함수 $f(x)$에 대하여

$$f(x)+\int xf(x)dx=\frac{1}{2}x^4-x^3+4x^2-3x$$

가 성립할 때, $f(1)$의 값은?

① 1　② 2　③ 3
④ 4　⑤ 5

0615 서술형

다항함수 $f(x)$가

$$f(x)+\int f(x)dx=\int (4x^2+5)dx$$

를 만족시킬 때, $f(-1)$의 값을 구하시오.

유형 07 부정적분과 함수의 연속성

함수 $f(x)$에 대하여 $f'(x)=\begin{cases} g(x) & (x<a) \\ h(x) & (x>a) \end{cases}$이고

$f(x)$가 $x=a$에서 연속이면

$$f(x)=\begin{cases} \int g(x)dx & (x<a) \\ \int h(x)dx & (x>a) \end{cases}$$ 에서

$$f(a)=\lim_{x\to a-}\int g(x)dx=\lim_{x\to a+}\int h(x)dx$$

0616 대표문제

실수 전체의 집합에서 연속인 함수 $f(x)$의 도함수가

$$f'(x)=\begin{cases} 4x-2 & (x<0) \\ 3x^2+1 & (x>0) \end{cases}$$

이고 $f(-1)=3$일 때, $f(2)$의 값을 구하시오.

0617 중요

실수 전체의 집합에서 연속인 함수 $f(x)$의 도함수가

$$f'(x)=2x+|x+1|$$

이고 $f(0)=2$일 때, $f(-2)+f(2)$의 값은?

① 9　② 11　③ 13
④ 15　⑤ 17

0618

연속함수 $f(x)$의 도함수 $y=f'(x)$의 그래프가 그림과 같다. 함수 $y=f(x)$의 그래프가 원점을 지날 때, $f(-3)+f(3)$의 값을 구하시오.

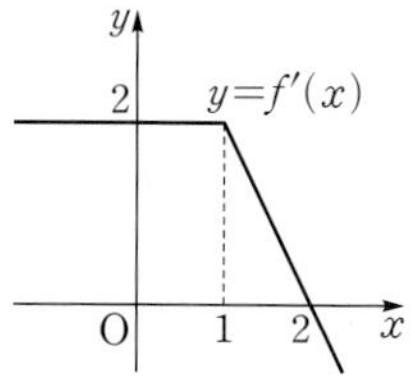

07 부정적분

유형 08 부정적분과 미분계수를 이용한 극한값의 계산

부정적분과 미분계수의 정의를 이용하여 $f(x)$ 또는 $f'(x)$의 식을 구한다.

0619 대표문제

함수 $f(x)=4x^3-6x^2+4$의 한 부정적분을 $F(x)$라 할 때, $\lim_{x\to3}\frac{F(x)-F(3)}{2x-6}$의 값을 구하시오.

0620

함수 $f(x)$에 대하여

$$\lim_{h\to0}\frac{f(x+h)-f(x-h)}{h}=6x^2-8x+4$$

가 성립하고 $f(1)=5$일 때, $f(2)$의 값은?

① 2 ② 4 ③ 6 ④ 8 ⑤ 10

0621 중요

함수 $f(x)=\int(x^2+ax+1)dx$에 대하여 $\lim_{h\to0}\frac{f(2+h)-f(2-2h)}{h}=3$일 때, 상수 a의 값을 구하시오.

유형 09 부정적분과 도함수의 정의를 이용하여 함수 구하기

$f(x+y)=f(x)+f(y)+k$ 꼴의 등식이 주어지면 다음과 같은 순서로 함수 $f(x)$를 구한다.

❶ 주어진 등식의 양변에 $x=0$, $y=0$을 대입하여 $f(0)$의 값을 구한다.

❷ $f'(x)=\lim_{h\to0}\frac{f(x+h)-f(x)}{h}$임을 이용하여 $f'(x)$를 구한다.

❸ $f(x)=\int f'(x)dx$임을 이용하여 $f(x)$를 구하고 $f(0)$을 이용하여 적분상수를 구한다.

0622 대표문제

미분가능한 함수 $f(x)$가 임의의 실수 x, y에 대하여

$$f(x+y)=f(x)+f(y)$$

를 만족시키고 $f'(0)=4$일 때, $f(7)$의 값을 구하시오.

0623

미분가능한 함수 $f(x)$가 임의의 실수 x, y에 대하여

$$f(x+y)=f(x)+f(y)-2xy$$

를 만족시키고 $f'(1)=1$일 때, $f(4)$의 값을 구하시오.

0624 중요 서술형

미분가능한 함수 $f(x)$가 임의의 실수 x, y에 대하여

$$f(x+y)=f(x)+f(y)-xy(x+y)$$

를 만족시키고 $f'(2)=2$일 때, $f(3)$의 값을 구하시오.

정답과 풀이 132쪽

유형 10 부정적분과 극대, 극소

함수 $f(x)$의 극값과 도함수 $f'(x)$가 주어지면 다음과 같은 순서로 $f(x)$를 구한다.

❶ $f(x)=\int f'(x)dx$임을 이용하여 $f(x)$를 적분상수를 포함한 식으로 나타낸다.

❷ 극값을 이용하여 적분상수를 구한다.

❸ ❶의 식에 적분상수를 대입하여 $f(x)$를 구한다.

Tip 미분가능한 함수 $f(x)$가 $x=a$에서 극값 b를 가지면
$f'(a)=0$, $f(a)=b$

0625 대표문제

함수 $f(x)$에 대하여 $f'(x)=3x^2-6x$이고 함수 $f(x)$의 극솟값이 -2일 때, $f(x)$의 극댓값을 구하시오.

0626 중요

삼차함수 $f(x)$의 도함수 $f'(x)$에 대하여 $y=f'(x)$의 그래프가 그림과 같다. 함수 $f(x)$의 극댓값과 극솟값이 각각 5, -3일 때, $f(-1)$의 값을 구하시오.

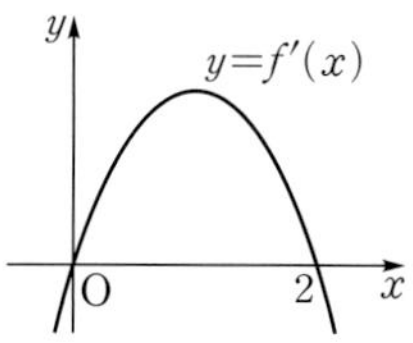

0627 교육청 기출

곡선 $y=f(x)$ 위의 임의의 점 $\mathrm{P}(x, y)$에서의 접선의 기울기가 $3x^2-12$이고 함수 $f(x)$의 극솟값이 3일 때, 함수 $f(x)$의 극댓값을 구하시오.

0628

최고차항의 계수가 1인 삼차함수 $f(x)$의 도함수 $f'(x)$는 $x=2$에서 최솟값 -3을 갖는다. 함수 $f(x)$의 극솟값이 6일 때, $f(x)$의 극댓값은?

① 6　② 8　③ 10　④ 12　⑤ 14

0629 중요

최고차항의 계수가 1인 삼차함수 $f(x)$가 $f'(-1)=f'(3)=0$을 만족시킨다. 함수 $f(x)$의 극댓값이 12일 때, $f(x)$의 극솟값을 구하시오.

0630

사차함수 $f(x)$의 도함수 $f'(x)$에 대하여 $y=f'(x)$의 그래프가 그림과 같다. 함수 $f(x)$의 극댓값이 4이고, 극솟값이 1일 때, $f(2)$의 값을 구하시오.

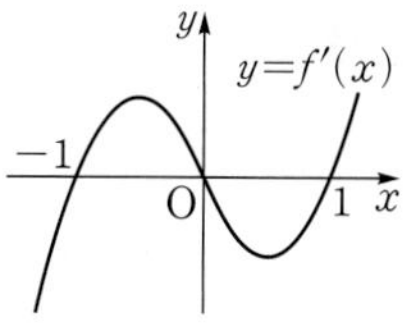

0631

두 함수 $F(x)$, $G(x)$는 $f(x)$의 한 부정적분이고 $F(0)=3$, $G(0)=-1$일 때, $F(3)-G(3)$의 값은?

① -4　② -2　③ 0
④ 2　⑤ 4

0632 평가원 기출

다항함수 $f(x)$가

$$f'(x)=3x^2-kx+1,\ f(0)=f(2)=1$$

을 만족시킬 때, 상수 k의 값은?

① 5　② 6　③ 7
④ 8　⑤ 9

0633

다항함수 $f(x)$의 도함수 $f'(x)$에 대하여

$$\int(2x-1)f'(x)dx=\frac{4}{3}x^3+3x^2-4x+C$$

이고 $f(2)=10$일 때, $f(-3)$의 값을 구하시오.

(단, C는 적분상수이다.)

0634

함수 $f(x)=\int(2x^3-ax^2+3)dx$에 대하여

$\lim_{x\to2}\frac{f(x)-f(2)}{x^2-5x+6}=5$일 때, $f'(1)$의 값을 구하시오.

(단, a는 상수이다.)

0635 평가원 기출

함수 $f(x)$가

$$f(x)=\int\left(\frac{1}{2}x^3+2x+1\right)dx-\int\left(\frac{1}{2}x^3+x\right)dx$$

이고 $f(0)=1$일 때, $f(4)$의 값은?

① $\frac{23}{2}$　② 12　③ $\frac{25}{2}$
④ 13　⑤ $\frac{27}{2}$

0636

곡선 $y=f(x)$ 위의 임의의 점 $(x, f(x))$에서의 접선의 기울기가 $-2x+6$이고 함수 $f(x)$의 최댓값이 12일 때, 구간 $[1, 4]$에서 $f(x)$의 최솟값을 구하시오.

0637

함수 $f(x)=3x^3-5x$에 대하여 두 함수 $g(x)$, $h(x)$를

$$g(x)=\frac{d}{dx}\int f(x)dx,$$

$$h(x)=\int\left\{\frac{d}{dx}f(x)\right\}dx$$

라 하자. $h(1)=3$일 때, $g(-1)+h(2)$의 값을 구하시오.

0638

함수 $f(x)$의 도함수 $f'(x)$가 $f'(x)=3x^2-6x+4$이고 함수 $y=f(x)$의 그래프가 직선 $y=x-1$에 접할 때, $f(2)$의 값을 구하시오.

0639

다항함수 $f(x)$에 대하여

$$f(x)+\int 2xf(x)dx=\frac{1}{2}x^4-2x^3-x^2-3x$$

가 성립할 때, $f(5)$의 값은?

① 6 ② 7 ③ 8
④ 9 ⑤ 10

0640

함수 $f(x)$가 다음 조건을 만족시킨다.

> (가) $f(x)=\int(4x^3+4x^2-8x)dx$
> (나) 모든 실수 x에 대하여 $f(x)\geq 0$이다.

$f(0)$의 최솟값을 $\frac{q}{p}$라 할 때, $p+q$의 값을 구하시오.
(단, p와 q는 서로소인 자연수이다.)

07 부정적분

0641

실수 전체의 집합에서 연속인 함수 $f(x)$의 도함수가

$$f'(x)=3x^2+|2x-4|$$

이고 $f(1)=3$일 때, $f(0)+f(3)$의 값을 구하시오.

0642

삼차함수 $f(x)$의 도함수 $f'(x)$는 $x=1$에서 최솟값 -12를 갖는다. 함수 $f(x)$가 $x=-1$에서 극댓값 8을 가질 때, $f(x)$의 극솟값은?

① -30　② -27　③ -24
④ -21　⑤ -18

서술형 대비하기

0643

다항함수 $f(x)$에 대하여

$$\lim_{x\to\infty}\frac{f'(x)}{x}=2,\ \lim_{x\to1}\frac{f(x)-3}{x^2-1}=4$$

일 때, 방정식 $f(x)=0$의 모든 근의 곱을 구하시오.

0644

다항함수 $f(x)$가 임의의 실수 x, y에 대하여

$$f(x+y)=f(x)+f(y)-2xy+1$$

을 만족시킨다. $f'(1)=2$일 때, $\lim_{x\to1}\frac{f(x)-f'(x)}{x-1}$의 값을 구하시오.

정답과 풀이 137쪽

0645 평가원 기출

이차함수 $f(x)$에 대하여 함수 $g(x)$가

$$g(x)=\int \{x^2+f(x)\}dx,\ f(x)g(x)=-2x^4+8x^3$$

을 만족시킬 때, $g(1)$의 값은?

① 1 ② 2 ③ 3
④ 4 ⑤ 5

0646

두 다항함수 $f(x)$, $g(x)$에 대하여

$$\frac{d}{dx}\{f(x)+g(x)\}=3,\ \frac{d}{dx}\{f(x)g(x)\}=4x+4$$

가 성립하고 $f(0)=1$, $g(0)=2$이다. 함수 $h(x)=\int [\{f(x)\}^2+\{g(x)\}^2]dx$에 대하여 $h(0)=-5$일 때, $h(3)$의 값을 구하시오.

0647

모든 실수 x에 대하여 미분가능한 함수 $f(x)$의 도함수가

$$f'(x)=\begin{cases} 3x^2-3x+a & (x<0) \\ 2x-6 & (x>0) \end{cases}$$

일 때, $f(x)$의 극댓값과 극솟값의 차는?

(단, a는 상수이다.)

① 11 ② $\frac{25}{2}$ ③ 14
④ $\frac{31}{2}$ ⑤ 17

0648

다항함수 $f(x)$가 모든 실수 x, y에 대하여

$$f(x+y)=f(x)+f(y)-3xy(x+y)+1$$

을 만족시키고 $f'(2)=0$이다. 함수 $f(x)$의 극댓값을 M, 극솟값을 m이라 할 때, $M-m$의 값을 구하시오.

0649

일차함수 $f(x)$의 한 부정적분 $F(x)$에 대하여

$$x^2f(x)+F(x)=\int(6x^2-4x-3)dx$$

가 성립한다. $F(0)=-9$일 때, 닫힌구간 $[-2, 1]$에서 함수 $xF(x)$의 최댓값은?

① 3 ② 5 ③ 7
④ 9 ⑤ 11

0650

함수 $f(x)$의 도함수 $f'(x)$가 $f'(x)=6x^2-2x+a$이고 함수

$$g(x)=\begin{cases}-f(x) & (x\le 0)\\ \dfrac{f(x)}{x} & (x>0)\end{cases}$$

가 실수 전체의 집합에서 연속일 때, $f(3)$의 값을 구하시오.

(단, a는 상수이다.)

0651

함수 $f(x)$가 실수 전체의 집합에서 연속이고, $|x|\neq 2$인 모든 실수 x에 대하여 도함수 $f'(x)$가

$$f'(x)=\begin{cases}-x^2 & (|x|<2)\\ 4 & (|x|>2)\end{cases}$$

일 때, 보기에서 옳은 것만을 있는 대로 고른 것은?

보기

ㄱ. 함수 $f(x)$는 $x=-2$에서 극댓값을 갖는다.
ㄴ. 모든 실수 x에 대하여 $f(x)=f(-x)$이다.
ㄷ. $f(0)=0$이면 $f(2)<0$이다.

① ㄱ ② ㄴ ③ ㄷ
④ ㄱ, ㄷ ⑤ ㄱ, ㄴ, ㄷ

0652

최고차항의 계수가 양수인 다항함수 $f(x)$가 다음 조건을 만족시킬 때, $f(3)$의 값을 구하시오.

(단, a는 상수이고, C는 적분상수이다.)

(가) 모든 실수 x에 대하여 $f(x)=-f(-x)$이다.
(나) $\int\{f(x)+f(x)f'(x)\}dx=2x^6+\frac{5}{2}x^4+ax^2+C$

정답과 풀이 139쪽

0653

두 다항함수 $f(x)$, $g(x)$가 다음 조건을 만족시킨다.

(가) $\frac{d}{dx}\{f(x)-g(x)\}=4$
(나) $\frac{d}{dx}[\{f(x)\}^2+\{g(x)\}^2]=20x-28$

$f(1)=-1$, $g(1)=1$일 때, $f'(2)g(2)+f(2)g'(2)$의 값은?

① -4 ② -2 ③ 0
④ 2 ⑤ 4

0654 교육청 기출

최고차항의 계수가 1인 삼차함수 $f(x)$가 $f(0)=0$, $f(\alpha)=0$, $f'(\alpha)=0$이고 함수 $g(x)$가 다음 두 조건을 만족시킬 때, $g\left(\frac{\alpha}{3}\right)$의 값은? (단, α는 양수이다.)

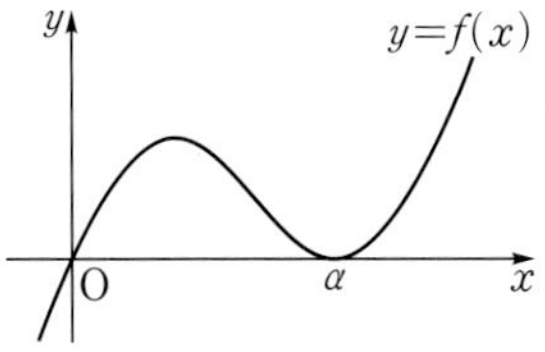

(가) 모든 실수 x에 대하여 $g'(x)=f(x)+xf'(x)$이다.
(나) $g(x)$의 극댓값이 81이고 극솟값이 0이다.

① 56 ② 58 ③ 60
④ 62 ⑤ 64

0655

최고차항의 계수가 양수인 사차함수 $f(x)$의 도함수 $f'(x)$가 다음 조건을 만족시킨다.

(가) 방정식 $f'(x)=0$의 해는 $x=0$ 또는 $x=3$이다.
(나) $f'(2)=-4$

함수 $f(x)$의 극솟값이 1일 때, $f(1)$의 값을 구하시오.

0656 교육청 기출

최고차항의 계수가 1인 삼차함수 $f(x)$가 다음 조건을 만족시킨다.

(가) $f'\left(\frac{11}{3}\right)<0$
(나) 함수 $f(x)$는 $x=2$에서 극댓값 35를 갖는다.
(다) 방정식 $f(x)=f(4)$는 서로 다른 두 실근을 갖는다.

$f(0)$의 값은?

① 12 ② 13 ③ 14
④ 15 ⑤ 16

정적분

유형 01 정적분의 정의

함수 $f(x)$가 실수 a, b를 포함하는 구간에서 연속이고 $f(x)$의 한 부정적분을 $F(x)$라 할 때,

(1) $F(b)-F(a)$를 '함수 $f(x)$의 a에서 b까지의 정적분'이라 하고, 이를 다음과 같이 여러 가지 표현으로 나타낸다.

$$\int_a^b f(x)\,dx=\Big[F(x)\Big]_a^b=F(b)-F(a)$$

(2) 정적분의 정의로부터 다음이 성립한다.

$$\int_a^a f(x)\,dx=0,\ \int_b^a f(x)\,dx=-\int_a^b f(x)\,dx$$

Tip 변수 x 대신 다른 문자로 나타내어도 그 값은 같다.

$$\int_a^b f(x)\,dx=\int_a^b f(y)\,dy=\int_a^b f(z)\,dz$$

확인 문제

다음 정적분의 값을 구하시오.

(1) $\int_0^3 x^2\,dx$

(2) $\int_4^4 (x+1)\,dx$

(3) $-\int_2^1 (3x^2-2)\,dx$

0657 대표문제

$\int_3^3 (x^2+1)\,dx+\int_{-1}^2 (4x^3-6x)\,dx$의 값은?

① 6 ② 7 ③ 8 ④ 9 ⑤ 10

0658

정적분 $\int_{-2}^1 (x+1)(x^2-x+1)\,dx$의 값은?

① $-\frac{5}{4}$ ② -1 ③ $-\frac{3}{4}$ ④ $-\frac{1}{2}$ ⑤ $-\frac{1}{4}$

0659

$\int_1^a (2x-5)\,dx=-2$를 만족시키는 모든 실수 a의 값의 합은?

① 1 ② 2 ③ 3 ④ 4 ⑤ 5

0660 중요

함수 $f(x)=6x^2-2a^2x+1$이 $\int_0^1 f(x)\,dx=-a+1$을 만족시킬 때, $f(1)$의 값은? (단, $a>0$)

① -2 ② -1 ③ 0 ④ 1 ⑤ 2

0661

함수 $f(x)$의 도함수가 $f'(x)=3x^2-6x+4$이고 $\int_0^2 f(x)\,dx=6$일 때, $f(3)$의 값을 구하시오.

0662

정적분 $\int_{-1}^{k}(4-2x)\,dx$의 값이 최대가 되도록 하는 상수 k의 값을 a, 그때의 정적분 값을 b라 할 때, $a+b$의 값을 구하시오.

0663

함수 $f(x)=3x-2$가

$$\int_0^1 \{f(x)\}^2 dx = k\left\{\int_0^1 f(x)\,dx\right\}^2$$

을 만족시킬 때, 상수 k의 값을 구하시오.

0664 서술형

1보다 큰 자연수 n에 대하여

$$\int_0^1 \left(x+\frac{x^2}{2}+\frac{x^3}{3}+\cdots+\frac{x^n}{n}\right)dx=\frac{99}{100}$$

일 때, n의 값을 구하시오.

유형 02 정적분의 계산 - 적분 구간이 같은 경우

두 함수 $f(x)$, $g(x)$가 실수 a, b를 포함하는 구간에서 연속일 때,

(1) $\int_a^b kf(x)\,dx=k\int_a^b f(x)\,dx$ (단, k는 실수)

(2) $\int_a^b \{f(x)+g(x)\}\,dx=\int_a^b f(x)\,dx+\int_a^b g(x)\,dx$

(3) $\int_a^b \{f(x)-g(x)\}\,dx=\int_a^b f(x)\,dx-\int_a^b g(x)\,dx$

0665 대표문제

정적분 $\int_1^2 (x^3-2x^2+3)\,dx+2\int_1^2\left(t+t^2-\frac{1}{2}t^3\right)dt$의 값은?

① 4 ② 5 ③ 6
④ 7 ⑤ 8

0666

정적분 $\int_0^1 \frac{x^3}{x+1}\,dx-\int_1^0 \frac{1}{t+1}\,dt$의 값은?

① $\frac{1}{3}$ ② $\frac{1}{2}$ ③ $\frac{2}{3}$
④ $\frac{5}{6}$ ⑤ 1

0667 중요

연속함수 $f(x)$에 대하여

$$\int_0^2 \{f(x)\}^2 dx=6,\ \int_0^2 xf(x)\,dx=4$$

일 때, 정적분 $\int_0^2 \{f(x)-3x\}^2 dx$의 값을 구하시오.

0668

두 연속함수 $f(x)$, $g(x)$가 다음 조건을 만족시킬 때, $\int_{-1}^{3}\{2f(x)-3g(x)\}\,dx$의 값을 구하시오.

(가) $\int_{-1}^{3}\{f(x)-g(x)\}\,dx=12$

(나) $\int_{-1}^{3}\{f(x)+g(x)\}\,dx=4$

유형 03 정적분의 계산 - 피적분함수가 같은 경우

함수 $f(x)$가 실수 a, b, c를 포함하는 구간에서 연속일 때,

$$\int_a^c f(x)\,dx+\int_c^b f(x)\,dx=\int_a^b f(x)\,dx$$

0669 대표문제

정적분

$$\int_{-1}^{2}(3x^2-2x-3)\,dx-\int_{3}^{2}(3x^2-2x-3)\,dx$$

의 값은?

① 8 ② 9 ③ 10 ④ 11 ⑤ 12

0670

연속함수 $f(x)$에 대하여

$$\int_{-2}^{1}f(x)\,dx+2\int_{1}^{4}f(x)\,dx=8,\ \int_{-2}^{4}f(x)\,dx=5$$

일 때, $\int_{1}^{4}f(x)\,dx$의 값을 구하시오.

0671 중요

함수 $f(x)=-4x^3+6x+a$에 대하여

$$\int_1^2 f(x)\,dx-\int_{-1}^{-3}f(x)\,dx+\int_{-1}^{1}f(x)\,dx=10$$

일 때, 상수 a의 값은?

① -10 ② -9 ③ -8 ④ -7 ⑤ -6

0672

함수 $f(x)=2x+a$에 대하여

$$\int_1^a f(x)\,dx-\int_1^3 f(x)\,dx=a^2+a-4$$

일 때, 양수 a의 값을 구하시오.

0673 수능 기출

이차함수 $f(x)$는 $f(0)=-1$이고,

$$\int_{-1}^{1}f(x)dx=\int_{0}^{1}f(x)dx=\int_{-1}^{0}f(x)dx$$

를 만족시킨다. $f(2)$의 값은?

① 11 ② 10 ③ 9 ④ 8 ⑤ 7

유형 04 정적분의 계산 - 구간마다 다르게 정의된 함수

함수 $f(x)=\begin{cases} g(x) & (x\le c) \\ h(x) & (x>c) \end{cases}$가 구간 $[a, b]$에서 연속이고 $a<c<b$일 때,

$$\int_a^b f(x)\,dx=\int_a^c g(x)\,dx+\int_c^b h(x)\,dx$$

0674 대표문제

함수 $f(x)=\begin{cases} x^2+2x-1 & (x\le 1) \\ 4x-2 & (x>1) \end{cases}$에 대하여 $\int_0^3 f(x)\,dx$의 값은?

① 12 ② $\frac{37}{3}$ ③ $\frac{38}{3}$
④ 13 ⑤ $\frac{40}{3}$

0675

함수 $f(x)=\begin{cases} -3x+2 & (x\le -1) \\ 4x^2+3x-6 & (x>-1) \end{cases}$에 대하여 $\int_{-2}^1 xf(x)\,dx$의 값은?

① -10 ② -9 ③ -8
④ -7 ⑤ -6

0676 서술형

함수 $f(x)=\begin{cases} 6x+k & (x<2) \\ 3x^2-4x & (x\ge 2) \end{cases}$가 실수 전체의 집합에서 연속일 때, 정적분 $\int_1^3 f(x)\,dx$의 값을 구하시오.

(단, k는 상수이다.)

0677 중요

함수 $y=f(x)$의 그래프가 그림과 같을 때, $\int_{-2}^2 f(x)\,dx$의 값은?

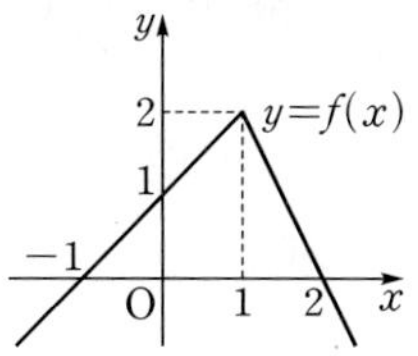

① 2 ② $\frac{9}{4}$ ③ $\frac{5}{2}$ ④ $\frac{11}{4}$ ⑤ 3

0678

미분가능한 함수 $f(x)$의 도함수가

$$f'(x)=\begin{cases} -6x+2 & (x<0) \\ 2x+2 & (x\ge 0) \end{cases}$$

이다. $f(1)=3$일 때, $\int_{-1}^1 f(x)\,dx$의 값은?

① -2 ② $-\frac{5}{3}$ ③ $-\frac{4}{3}$
④ -1 ⑤ $-\frac{2}{3}$

0679

함수 $f(x)=\begin{cases} 2x+2 & (x<1) \\ 3x^2-2x+3 & (x\ge 1) \end{cases}$에 대하여 $\int_0^a f(x-1)\,dx=4$를 만족시키는 모든 실수 a의 값의 합을 구하시오.

유형 05 정적분의 계산 - 절댓값 기호를 포함한 함수

절댓값 기호를 포함한 함수의 정적분은 다음과 같은 순서로 구한다.

❶ 절댓값 기호 안의 식의 값이 0이 되는 x의 값을 구한다.

❷ ❶에서 구한 x의 값을 경계로 적분 구간을 나누어 정적분의 값을 구한다.

Tip 절댓값 기호를 포함한 함수는 절댓값 기호 안의 식의 값이 0이 되는 x의 값을 경계로 구간을 나누어 식을 정리하면, 각 구간에서 식이 다르게 정의된 함수와 같다.
따라서 유형 04와 같은 방법으로 정적분의 값을 구한다.

0680 대표문제 수능 기출

$\int_{1}^{4}(x+|x-3|)\,dx$의 값을 구하시오.

0681

정적분 $\int_{-1}^{2}(4|x|^3-4|x|-1)\,dx$의 값을 구하시오.

0682 중요

등식 $\int_{0}^{a}|3x^2+6x-9|\,dx=12$를 만족시키는 실수 a의 값을 구하시오. (단, $a>1$)

0683

$0<a<6$일 때, 정적분 $\int_{0}^{6}|x-a|\,dx$의 최솟값은?

① 6 ② 7 ③ 8
④ 9 ⑤ 10

0684

두 함수 $f(x)=|x|+x$, $g(x)=3x^2-6x$에 대하여 정적분 $\int_{-2}^{3}f(g(x))\,dx$의 값은?

① 42 ② 44 ③ 46
④ 48 ⑤ 50

0685

최고차항이 양수인 이차함수 $f(x)$가

$f(-3)=f(1)=0$

을 만족시킨다. $\int_{0}^{2}|f(x)|\,dx=12$일 때, $f(2)$의 값은?

① 13 ② 14 ③ 15
④ 16 ⑤ 17

유형 06 우함수, 기함수의 정적분

닫힌구간 $[-a, a]$에서 함수 $f(x)$가

(1) 우함수, 즉 $f(-x)=f(x)$이면

$$\int_{-a}^{a} f(x)\,dx=2\int_{0}^{a} f(x)\,dx$$

(2) 기함수, 즉 $f(-x)=-f(x)$이면

$$\int_{-a}^{a} f(x)\,dx=0$$

참고 (1) n이 0 또는 짝수일 때, $\int_{-a}^{a} x^n\,dx=2\int_{0}^{a} x^n\,dx$

(2) n이 홀수일 때, $\int_{-a}^{a} x^n\,dx=0$

0686 대표문제

정적분

$$\int_{-3}^{1} (2x^3-x+1)\,dx+\int_{1}^{3} (2x^3-x+1)\,dx$$

의 값을 구하시오.

0687

함수 $f(x)=5x^4-x^3-3ax^2+x+a$에 대하여

$$\int_{-2}^{4} f(x)\,dx-\int_{0}^{4} f(x)\,dx+\int_{0}^{2} f(x)\,dx=16$$

일 때, 상수 a의 값을 구하시오.

0688 중요

다항함수 $f(x)$가 모든 실수 x에 대하여

$$f(-x)=f(x),\ \int_{0}^{1} f(x)\,dx=2$$

를 만족시킬 때, 정적분 $\int_{-1}^{1} (-x^3+5x+3)f(x)\,dx$의 값을 구하시오.

0689

일차함수 $f(x)$에 대하여

$$\int_{-2}^{2} xf(x)\,dx=-8,\ \int_{-2}^{2} x^2f(x)\,dx=16$$

일 때, $f(-2)$의 값을 구하시오.

0690

두 다항함수 $f(x)$, $g(x)$가 모든 실수 x에 대하여

$$f(x)-f(-x)=0,\ g(x)+g(-x)=0$$

을 만족시킨다. $\int_{-2}^{0} f(x)\,dx=3$, $\int_{0}^{2} g(x)\,dx=2$일 때,

$\int_{-2}^{2} \{4f(x)-3g(x)\}\,dx$의 값은?

① 21 ② 22 ③ 23
④ 24 ⑤ 25

0691 중요

함수 $f(x)$가 다음 조건을 만족시킬 때, $\int_{0}^{5} f(x)\,dx$의 값은?

> (가) 모든 실수 x에 대하여 $f(-x)=f(x)$이다.
> (나) $\int_{-10}^{5} f(x)\,dx=8$, $\int_{5}^{10} f(x)\,dx=2$

① 1 ② 2 ③ 3
④ 4 ⑤ 5

0692

다항함수 $f(x)$가 모든 실수 x에 대하여 $f(x)=-f(-x)$를 만족시킨다.

$$\int_{-4}^{7} f(x)\,dx=2\int_{0}^{7} f(x)\,dx-1,\ \int_{0}^{4} f(x)\,dx=3$$

일 때, $\int_{0}^{7} f(x)\,dx$의 값은?

① -4　② -2　③ 0　④ 2　⑤ 4

0693

정석분 $\int_{-2}^{2} |x|(x^2+4x-3)\,dx$의 값은?

① -6　② -4　③ -2　④ 2　⑤ 4

0694

최고차항의 계수가 1인 삼차함수 $f(x)$가 다음 조건을 만족시킬 때, $f(2)$의 값을 구하시오.

> (가) 함수 $y=f(x)$의 그래프는 원점에 대하여 대칭이다.
> (나) $\int_{-1}^{1} xf(x)\,dx=\frac{26}{15}$

유형 07 주기함수의 정적분

> 함수 $f(x)$가 정의되는 구간의 모든 실수 x에 대하여 $f(x+k)=f(x)$이면
> (1) $\int_{a}^{b} f(x)\,dx=\int_{a+nk}^{b+nk} f(x)\,dx$
> (2) $\int_{a}^{a+nk} f(x)\,dx=\int_{b}^{b+nk} f(x)\,dx$ (단, n은 정수)

0695 대표문제

연속함수 $f(x)$가 모든 실수 x에 대하여

$$f(x+3)=f(x),\ \int_{-1}^{2} f(x)\,dx=2$$

를 만족시킬 때, $\int_{-1}^{8} f(x)\,dx$의 값을 구하시오.

0696

연속함수 $f(x)$가 모든 실수 x에 대하여 $f(x)=f(x-2)$를 만족시킨다. $\int_{-1}^{3} f(x)\,dx=-1$, $\int_{0}^{5} f(x)\,dx=3$일 때, $\int_{-2}^{7} f(x)\,dx$의 값을 구하시오.

0697 중요 서술형

실수 전체의 집합에서 연속인 함수

$$f(x)=\begin{cases} 2x+2 & (0\le x<1) \\ -x+2a & (1\le x<3) \end{cases}$$

이 모든 실수 x에 대하여 $f(x+3)=f(x)$를 만족시킬 때, $\int_{0}^{19} f(x)\,dx$의 값을 구하시오.

유형 08 정적분을 포함한 등식 - 위끝, 아래끝이 상수인 경우

$f(x)=g(x)+\int_a^b f(t)\,dt$와 같이 적분 구간이 상수인 정적분을 포함한 등식이 주어졌을 때, $f(x)$는 다음과 같은 순서로 구한다.

❶ $\int_a^b f(t)\,dt=k$ (k는 상수)로 놓는다.

❷ $f(x)=g(x)+k$를 ❶의 식에 대입하여 k의 값을 구한다.

❸ k의 값을 $f(x)=g(x)+k$에 대입하여 $f(x)$를 구한다.

0698 대표문제

다항함수 $f(x)$가

$$f(x)=3x^2-4x+2\int_0^1 f(t)\,dt$$

를 만족시킬 때, $f(2)$의 값을 구하시오.

0699

함수 $f(x)$가

$$f(x)=|x-1|-\int_0^2 f(t)\,dt$$

를 만족시킬 때, $f(-1)$의 값은?

① $\frac{1}{3}$　② $\frac{2}{3}$　③ 1　④ $\frac{4}{3}$　⑤ $\frac{5}{3}$

0700 서술형

다항함수 $f(x)$가

$$f(x)=-3x^2+6x+\int_0^1 tf'(t)\,dt$$

를 만족시킬 때, 함수 $f(x)$의 최댓값을 구하시오.

0701 중요

다항함수 $f(x)$가

$$f(x)=3x^2+\int_0^1 (-2x+6)f(t)\,dt$$

를 만족시킬 때, $f(1)$의 값을 구하시오.

0702

함수 $f(x)=ax+b$가

$$f(x)=4x-\int_0^1 f(t)\,dt+\int_0^3 f(t)\,dt$$

를 만족시킬 때, 상수 a, b에 대하여 $a+b$의 값은?

① -15　② -14　③ -13　④ -12　⑤ -11

유형 09 정적분을 포함한 등식 - 위끝 또는 아래끝에 변수가 있는 경우

$\int_a^x f(t)\,dt=g(x)$와 같이 적분 구간에 변수 x가 있는 정적분을 포함한 등식이 모든 실수 x에 대하여 성립할 때, 다음 두 가지가 성립함을 이용하여 $f(x)$ 또는 $g(x)$를 구한다.

(1) 등식의 양변에 $x=a$를 대입하면 $g(a)=0$이다.

(2) 등식의 양변을 x에 대하여 미분하면 $f(x)=g'(x)$이다.

0703 대표문제 평가원 기출

다항함수 $f(x)$가 모든 실수 x에 대하여

$$\int_0^x f(t)\,dt=x^3+4x$$

를 만족시킬 때, $f(10)$의 값을 구하시오.

0704

다항함수 $f(x)$가 모든 실수 x에 대하여

$$\int_1^x tf(t)\,dt=2x^3-ax^2-4$$

를 만족시킬 때, $f(2)$의 값은? (단, a는 상수이다.)

① 12　② 14　③ 16　④ 18　⑤ 20

0705 중요

다항함수 $f(x)$가 모든 실수 x에 대하여

$$\int_2^x f(t)\,dt=2x^3-3x^2+\int_0^1 \frac{2}{3}xf(t)\,dt$$

를 만족시킬 때, $f(1)$의 값은?

① -2　② -1　③ 0　④ 1　⑤ 2

0706

함수 $f(x)=\int_x^{x+1}(t^2-2t+1)\,dt$에 대하여 정적분 $\int_1^2 f'(x)\,dx$의 값을 구하시오.

0707

다항함수 $f(x)$가 모든 실수 x에 대하여

$$\int_{-1}^x f(t)\,dt=x^3+ax^2-(a+2)x+5$$

를 만족시킬 때, $\lim_{h\to 0}\frac{f(-1+h)-f(-1-h)}{h}$의 값은? (단, a는 상수이다.)

① -30　② -28　③ -26　④ -24　⑤ -22

0708

다항함수 $f(x)$가 모든 실수 x에 대하여

$$\int_1^x \left\{\frac{d}{dt}f(t)\right\}dt=-3x^2+ax+1$$

을 만족시킨다. $f(1)=3$일 때, $\int_0^1 f(x)\,dx$의 값을 구하시오. (단, a는 상수이다.)

0709

다항함수 $f(x)$가 모든 실수 x에 대하여

$$\int_1^x f(t)\,dt=2x^3-3x^2+xf(x)$$

를 만족시킬 때, $f(-1)$의 값은?

① -12　② -11　③ -10　④ -9　⑤ -8

유형 10 정적분을 포함한 등식 - 위끝 또는 아래끝과 피적분함수에 변수가 있는 경우

$\int_a^x (x-t)f(t)\,dt=g(x)$와 같이 적분 구간에 변수 x가 있는 정적분을 포함한 등식이 모든 실수 x에 대하여 성립할 때, 다음 두 가지가 성립함을 이용하여 $f(x)$ 또는 $g(x)$를 구한다.

(1) 등식의 양변에 $x=a$를 대입하면 $g(a)=0$이다.

(2) 등식의 좌변을

$$\int_a^x (x-t)f(t)\,dt=x\int_a^x f(t)\,dt-\int_a^x tf(t)\,dt$$

로 변형한 후 양변을 x에 대하여 미분하여 정리하면

$\int_a^x f(t)\,dt=g'(x)$이다.

0710 대표문제

미분가능한 함수 $f(x)$에 대하여

$$\int_1^x (x-t)f(t)\,dt=2x^3-ax^2+1$$

이 성립할 때, $\int_1^a f(x)\,dx$의 값을 구하시오.

(단, a는 상수이다.)

0711

다항함수 $f(x)$가 모든 실수 x에 대하여

$$\int_0^x (x-t)f'(t)\,dt=x^4-2x^3$$

을 만족시키고 $f(0)=2$일 때, $f(2)$의 값을 구하시오.

0712 서술형

다항함수 $f(x)$가 모든 실수 x에 대하여

$$\int_{-1}^x (t-x)f(t)\,dt=x^3+ax^2-9x-5$$

를 만족시킬 때, $f(1)$의 값을 구하시오. (단, a는 상수이다.)

0713 중요

다항함수 $f(x)$가 모든 실수 x에 대하여

$$\int_a^x (x-t)f(t)\,dt=x^3-ax^2+2ax-8$$

을 만족시킬 때, $f(a)$의 값은? (단, a는 상수이다.)

① -10　② -9　③ -8
④ -7　⑤ -6

0714

미분가능한 함수 $f(x)$가 모든 실수 x에 대하여

$$f(x)=x^2-2x+\int_0^x (x-t)f'(t)\,dt$$

를 만족시킬 때, $f'(5)-f(5)$의 값을 구하시오.

0715

다항함수 $f(x)$가 모든 실수 x에 대하여

$$\int_0^x (x-2t)f(t)\,dt=\frac{1}{5}x^5-\frac{1}{2}x^4+ax^3$$

을 만족시킨다. $f(-1)=\frac{4}{3}$, $f(0)=0$일 때, $f(3)$의 값은?

(단, a는 상수이다.)

① -6　② -3　③ 0
④ 3　⑤ 6

유형 11 정적분으로 정의된 함수의 극대, 극소

정적분으로 정의된 함수 $F(x)$를 x에 대하여 미분하여 $F'(x)$를 구한 후 증감표를 이용하여 극댓값과 극솟값을 구한다.

Tip 극값을 갖는 x는 $F'(x)=0$인 x의 값의 좌우에서 $F'(x)$의 부호를 조사하여 판정한다.

0716 대표문제

함수 $f(x)=\int_0^x (t^2-t-2)\,dt$의 극댓값을 a, 극솟값을 b라 할 때, $a+b$의 값은?

① $-\frac{5}{2}$ ② $-\frac{7}{3}$ ③ $-\frac{13}{6}$

④ -2 ⑤ $-\frac{11}{6}$

0717 중요

함수 $f(x)=\int_0^x (-3t^2+at+b)\,dt$가 $x=3$에서 극댓값 27을 가질 때, $f(x)$의 극솟값을 구하시오.

(단, a, b는 상수이다.)

0718

다항함수 $f(x)$가 다음 조건을 만족시킬 때, $f(1)$의 값을 구하시오. (단, k는 상수이다.)

(가) 모든 실수 x에 대하여 $\int_0^x tf'(t)\,dt=\frac{2}{3}x^3+kx^2$이다.
(나) 함수 $f(x)$는 $x=-1$에서 극솟값 4를 갖는다.

0719 중요

이차함수 $f(x)=x^2+2kx+4$에 대하여 함수 $F(x)$를

$$F(x)=\int_0^x f(t)\,dt$$

라 할 때, 함수 $F(x)$가 극값을 갖지 않도록 하는 정수 k의 개수를 구하시오.

0720

삼차함수 $f(x)=\frac{1}{3}x^3-9x+k$에 대하여 함수 $F(x)=\int_0^x f(t)\,dt$가 극댓값을 갖도록 하는 자연수 k의 최댓값을 구하시오.

유형 12 정적분으로 정의된 함수의 최대, 최소

정적분으로 정의된 함수 $F(x)$를 x에 대하여 미분하여 $F'(x)$를 구한 후 증감표를 이용하여 최댓값과 최솟값을 구한다.

Tip 구간 $[a, b]$에서 연속인 함수 $f(x)$의 최댓값과 최솟값은 각각 주어진 구간에서의 극값, $f(a)$, $f(b)$ 중 가장 큰 값과 가장 작은 값이다.

0721 대표문제

닫힌구간 $[0, 5]$에서 정의된 함수

$$f(x)=\int_1^x (t^2-8t+12)\,dt$$

의 최댓값은?

① 2 ② $\frac{7}{3}$ ③ $\frac{8}{3}$

④ 3 ⑤ $\frac{10}{3}$

0722

함수 $f(x)$가 모든 실수 x에 대하여

$$\int_0^x (x-t)f(t)\,dt=\frac{1}{2}x^4+2x^3$$

을 만족시킬 때, $f(x)$의 최솟값을 구하시오.

0723 중요

$0\le x\le a$에서 함수

$$f(x)=\int_0^x (t^2-2t-3)\,dt$$

의 최댓값과 최솟값의 차가 $\frac{32}{3}$일 때, a의 값은? (단, $a>3$)

① 4 ② 5 ③ 6
④ 7 ⑤ 8

0724

함수 $f(x)=-x^2+2x-2$에 대하여 함수 $g(x)$를

$$g(x)=\int_0^x (x-t)f'(t)\,dt$$

라 할 때, $x\ge 0$에서 함수 $g(x)$의 최댓값은?

① $\frac{1}{3}$ ② $\frac{2}{3}$ ③ 1
④ $\frac{4}{3}$ ⑤ $\frac{5}{3}$

유형 13 정적분으로 정의된 함수의 그래프

다항함수 $f(x)$에 대하여 함수 $F(x)$가 $F(x)=\int_a^x f(t)\,dt$ 일 때 함수 $y=f(x)$ 또는 $y=F(x)$의 그래프가 주어지면 그래프를 이용하여 함수 $f(x)$ 또는 $F(x)$의 식을 구한 후 $F'(x)=f(x)$임을 이용한다.

0725 대표문제

다항함수 $f(x)$에 대하여 함수 $F(x)$를

$$F(x)=\int_1^x f(t)\,dt$$

라 하자. 이차함수 $y=F(x)$의 그래프는 그림과 같고 함수 $y=f(x)$의 그래프가 점 $(3, 6)$을 지날 때, $f(5)$의 값을 구하시오.

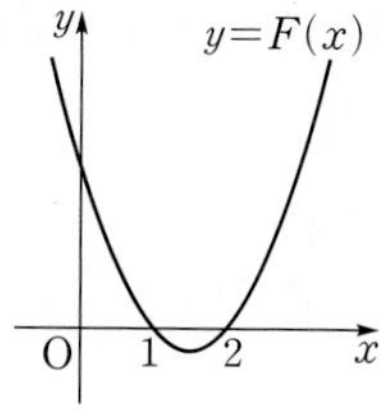

0726

이차함수 $y=f(x)$의 그래프가 그림과 같다. 함수 $F(x)=\int_x^{x+1} f(t)\,dt$가 $x=k$에서 최댓값을 가질 때, 상수 k의 값을 구하시오.

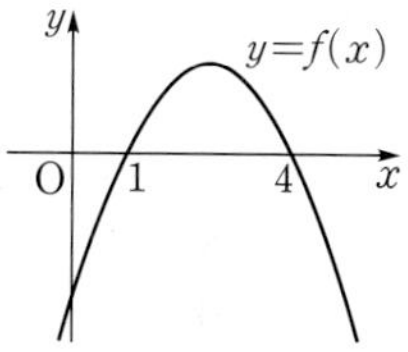

0727 중요

이차함수 $y=f(x)$의 그래프가 그림과 같을 때, 함수 $F(x)=\int_1^x f(t)\,dt$의 극댓값을 M, 극솟값을 m이라 하자. $M-3m$의 값을 구하시오.

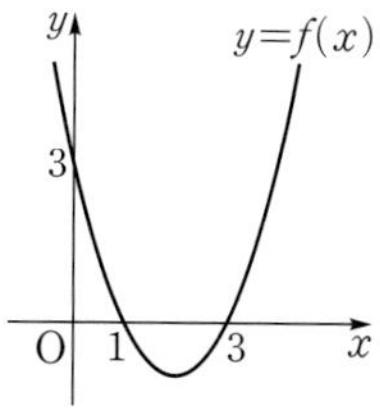

0728

미분가능한 함수 $y=f(x)$의 그래프가 그림과 같고

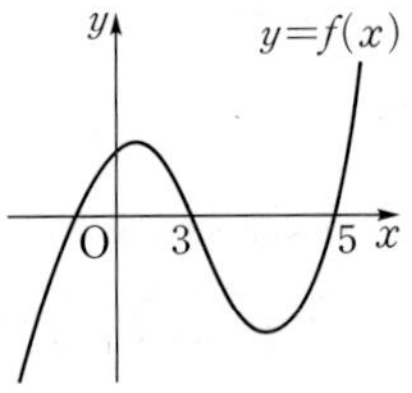

$$\int_0^3 f(t)\,dt=5,$$

$$\int_3^5 f(t)\,dt=-9$$

이다. 함수 $g(x)$가

$$g(x)=\int_0^x f(t)\,dt$$

일 때, 닫힌구간 $[0, 5]$에서 함수 $g(x)$의 최댓값과 최솟값의 합은?

① 1 ② 2 ③ 3
④ 4 ⑤ 5

0729

다항함수 $f(x)$에 대하여 함수 $F(x)$를

$$F(x)=\int_2^x f(t)\,dt$$

라 하자. 함수 $y=F(x)$의 그래프가 그림과 같을 때, 보기에서 옳은 것만을 있는 대로 고른 것은?

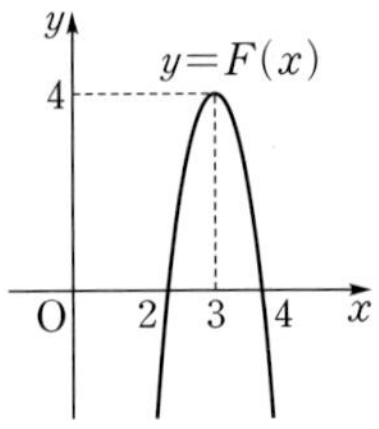

보기

ㄱ. $f(2)=0$
ㄴ. $F(3)+f(3)=4$
ㄷ. 함수 $f(x)$의 부정적분 중 하나를 $G(x)$라 하면 $G(2)=G(4)$이다.

① ㄱ ② ㄴ ③ ㄱ, ㄴ
④ ㄴ, ㄷ ⑤ ㄱ, ㄴ, ㄷ

유형 14 정적분으로 정의된 함수의 극한

함수 $f(x)$의 한 부정적분이 $F(x)$일 때,

(1) $\displaystyle\lim_{x\to0}\frac{1}{x}\int_a^{x+a} f(t)\,dt=\lim_{x\to0}\frac{F(x+a)-F(a)}{x}$
$=F'(a)=f(a)$

(2) $\displaystyle\lim_{x\to a}\frac{1}{x-a}\int_a^{x} f(t)\,dt=\lim_{x\to a}\frac{F(x)-F(a)}{x-a}$
$=F'(a)=f(a)$

0730 대표문제

함수 $f(x)=\int_0^x (6t^2-4t+3)\,dt$에 대하여

$$\lim_{x\to0}\frac{1}{x}\int_0^x f'(t)\,dt$$

의 값을 구하시오.

0731

$\displaystyle\lim_{h\to0}\frac{1}{h}\int_2^{2+3h}(x^3-2x+2)\,dx$의 값은?

① 16 ② 17 ③ 18
④ 19 ⑤ 20

0732

함수 $f(x)=x^2-3x+5$에 대하여

$$\lim_{x\to1}\frac{1}{x^3-1}\int_1^x f(t)\,dt$$

의 값은?

① -5 ② -3 ③ -1
④ 1 ⑤ 3

0733

다항함수 $f(x)$가

$$\lim_{x\to a}\frac{1}{x-a}\int_a^x f(t)\,dt=a^3-2a+1$$

을 만족시킬 때, $f(1)$의 값은?

① -2 ② -1 ③ 0
④ 1 ⑤ 2

0734 중요

함수 $f(x)=x^3-2x^2+4x+1$에 대하여

$$\lim_{x\to 1}\frac{1}{x-1}\int_1^{x^3} f(t)\,dt$$

의 값은?

① 3 ② 6 ③ 9
④ 12 ⑤ 15

0735 서술형

등식 $\lim_{x\to 0}\frac{1}{x}\int_0^x |t-4a|\,dt=2a^2+a-2$를 만족시키는 양수 a의 값을 구하시오.

0736

$\lim_{h\to 0}\frac{1}{h}\int_{1-3h}^{1+h}(x^3+ax^2-5)\,dx=16$을 만족시키는 상수 a의 값은?

① 2 ② 4 ③ 6
④ 8 ⑤ 10

0737

다항함수 $f(x)$가

$$f'(x)=3x^2+2x-2,\ f(0)=1$$

을 만족시킬 때, $\lim_{x\to -2}\frac{1}{x+2}\int_{-2}^x (t+1)f(t)\,dt$의 값은?

① -5 ② -4 ③ -3
④ -2 ⑤ -1

0738

함수 $f(x)=2x-6$에 대하여 미분가능한 함수 $g(x)$가

$$g'(x)=\lim_{h\to 0}\frac{1}{h}\int_x^{x+h} f(t)\,dt$$

를 만족시킨다. $g(2)=-6$일 때, $g(-2)$의 값을 구하시오.

0739 교육청 기출

$\lim_{x\to 2}\frac{1}{x^2-4}\int_2^x (t^2+3t-2)\,dt$의 값을 구하시오.

0740

닫힌구간 $[-2, 5]$에서 연속인 함수 $f(x)$가

$$\int_0^2 6f(x)\,dx=\int_{-2}^2 3f(x)\,dx=\int_0^5 f(x)\,dx=18$$

을 만족시킬 때, $\int_{-2}^5 f(x)\,dx$의 값은?

① 21　② 22　③ 23　④ 24　⑤ 25

0741 교육청 기출

함수 $y=4x^3-12x^2$의 그래프를 y축의 방향으로 k만큼 평행이동한 그래프를 나타내는 함수를 $y=f(x)$라 하자.

$\int_0^3 f(x)\,dx=0$을 만족시키는 상수 k의 값을 구하시오.

0742

다항함수 $f(x)$가

$$\int_0^2 x^2f'(x)\,dx+2\int_0^2 xf(x)\,dx=20$$

을 만족시킬 때, $f(2)$의 값은?

① 1　② 2　③ 3　④ 4　⑤ 5

0743

실수 전체의 집합에서 연속인 함수 $f(x)$에 대하여

$$f'(x)=\begin{cases}3x^2-6x+4 & (x<1)\\ 6x-5 & (x\geq 1)\end{cases},\ f(0)=0$$

일 때, $\int_0^2 f(x)\,dx$의 값은?

① 4　② $\frac{17}{4}$　③ $\frac{9}{2}$　④ $\frac{19}{4}$　⑤ 5

0744

미분가능한 함수 $f(x)$가 모든 실수 x에 대하여 $f'(x)>0$이고

$$f(3)=0,\ \int_{-2}^3 |f(x)|\,dx=2,\ \int_3^5 |f(x)|\,dx=5$$

를 만족시킬 때, 정적분 $\int_{-2}^5 f(x)\,dx$의 값을 구하시오.

0745 수능 기출

다항함수 $f(x)$가 모든 실수 x에 대하여

$$\int_1^x \left\{\frac{d}{dt}f(t)\right\}dt=x^3+ax^2-2$$

를 만족시킬 때, $f'(a)$의 값은? (단, a는 상수이다.)

① 1 ② 2 ③ 3 ④ 4 ⑤ 5

0746

다항함수 $f(x)$가 다음 조건을 만족시킨다.

> (가) 모든 실수 x에 대하여 $f(x)+f(-x)=0$이다.
> (나) $\int_{-3}^{2} f(x)\,dx=2$, $\int_{-2}^{5} f(x)\,dx=10$

$\int_3^5 f(x)\,dx$의 값은?

① 8 ② 9 ③ 10 ④ 11 ⑤ 12

0747

다항함수 $f(x)$에 대하여

$$\int_1^x \left\{\frac{d}{dt}(t+1)f(t)\right\}dt=x^3-2ax^2+5$$

가 성립할 때, $a+f(0)$의 값은? (단, a는 상수이다.)

① 6 ② 7 ③ 8 ④ 9 ⑤ 10

0748

이차함수 $f(x)$가 다음 조건을 만족시킬 때, $f(4)$의 값을 구하시오.

> (가) $\lim_{x\to 0}\frac{f(x)}{x}=2$
> (나) $\int_0^3 f(x)\,dx=18$

08 정적분

0749 평가원 기출

함수 $f(x)=-x^2-4x+a$에 대하여 함수

$$g(x)=\int_0^x f(t)\,dt$$

가 닫힌구간 $[0,\ 1]$에서 증가하도록 하는 실수 a의 최솟값을 구하시오.

0750

연속함수 $f(x)$가 다음 조건을 만족시킨다.

(가) 모든 실수 x에 대하여 $f(x+2)=f(x)$
(나) 모든 실수 x에 대하여 $f(1+x)=f(1-x)$
(다) $\int_5^8 f(x)\,dx=6$

$\int_0^{100} f(x)\,dx$의 값을 구하시오.

0751

두 함수 $f(x)$, $g(x)$에 대하여

$$f(x)=3x^2+\int_0^1 \{2f(t)+g(t)\}\,dt,$$

$$g(x)=2x+\int_0^1 \{f(t)-2g(t)\}\,dt$$

일 때, $\int_0^1 \{f(x)+g(x)\}\,dx$의 값은?

① -2 ② -1 ③ 0
④ 1 ⑤ 2

0752

다항함수 $f(x)$의 한 부정적분 $F(x)$에 대하여

$$F(x)-xf(x)=x^3-4x^2+5$$

가 성립한다. $f(0)=1$일 때, $\lim_{x\to -2}\frac{1}{x+2}\int_4^{x^2} f(t)\,dt$의 값은?

① -40 ② -38 ③ -36
④ -34 ⑤ -32

0753

다항함수 $f(x)$와 양수 a에 대하여 함수 $F(x)$를

$$F(x)=\int_a^x f(t)\,dt$$

라 하면 함수 $F(x)$는 삼차함수이고, $y=F(x)$의 그래프는 그림과 같다.

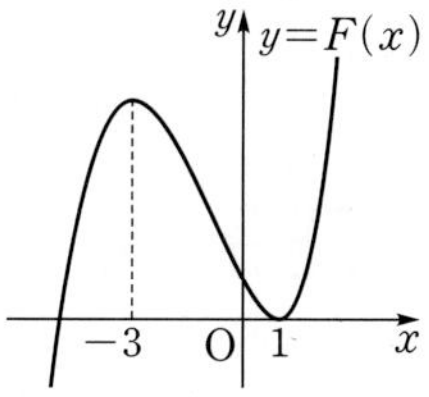

함수 $f(x)$의 극값이 -4일 때, 함수 $F(x)$의 극댓값은?

① $\frac{31}{3}$ ② $\frac{32}{3}$ ③ 11 ④ $\frac{34}{3}$ ⑤ $\frac{35}{3}$

0754

임의의 실수 x, y에 대하여 다항함수 $f(x)$가 다음 조건을 만족시킨다.

> (가) $f(x+y)=f(x)+f(y)-4xy$
> (나) $f'(1)=0$

함수 $F(x)=\int_0^x tf'(t)\,dt$일 때, $F(x)$의 극댓값은?

① $\frac{1}{3}$ ② $\frac{2}{3}$ ③ 1 ④ $\frac{4}{3}$ ⑤ $\frac{5}{3}$

서술형 대비하기

0755

최고차항의 계수가 1인 이차함수 $f(x)$에 대하여

$$\int_0^2 f(x)\,dx=\int_0^1 f(x)\,dx=\int_1^2 f(x)\,dx$$

를 만족시킬 때, $\int_{-1}^3 f(x)\,dx$의 값을 구하시오.

0756

이차함수 $y=f(x)$의 그래프가 그림과 같고 함수 $g(x)$를

$$g(x)=\int_1^{x+2} f(t)\,dt$$

라 할 때, $g(x)$의 극댓값을 M, 극솟값을 m이라 하자. $M-3m$의 값을 구하시오.

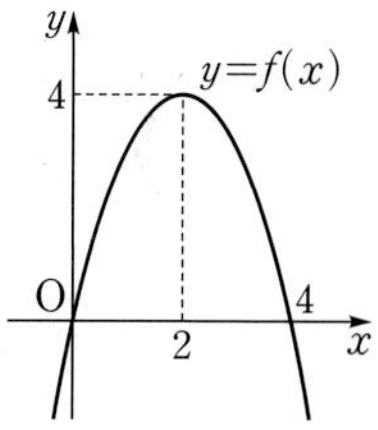

08 정적분

PART C

수능 녹인 변별력 문제

0757

실수 전체의 집합에서 연속인 함수 $f(x)$가 다음 조건을 만족시킬 때, $\int_{13}^{15} f(x)\,dx$의 값을 구하시오.

(가) $\int_0^3 f(x)\,dx=0$

(나) $\int_n^{n+5} f(x)\,dx=\int_n^{n+1} 2x\,dx$ (단, $n=0,\ 1,\ 2,\ \cdots$)

0758 수능 기출

이차함수 $f(x)$가 $f(0)=0$이고 다음 조건을 만족시킨다.

(가) $\int_0^2 |f(x)|dx=-\int_0^2 f(x)dx=4$

(나) $\int_2^3 |f(x)|dx=\int_2^3 f(x)dx$

$f(5)$의 값을 구하시오.

0759

삼차함수 $y=f(x)$, 일차함수 $y=g(x)$의 그래프가 그림과 같다. 함수 $h(x)=\int_0^x f(t)g(t)dt$에 대하여 보기에서 옳은 것만을 있는 대로 고른 것은?

(단, $f(\alpha)=f(\beta)=f(\gamma)=0$, $g(\beta)=0$이다.)

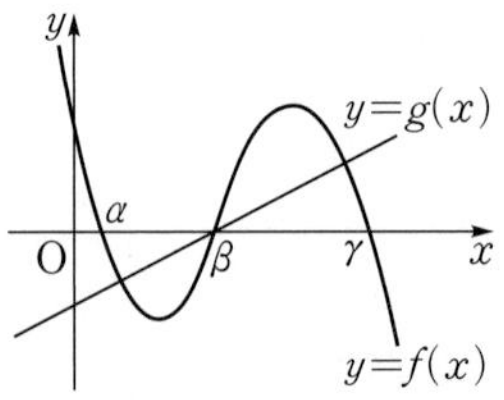

보기

ㄱ. 함수 $h(x)$는 열린구간 (α, β)에서 증가한다.

ㄴ. 함수 $h(x)$는 $x=\beta$에서 극대이다.

ㄷ. $h(\gamma)=0$이면 방정식 $h(x)=0$은 서로 다른 두 실근을 갖는다.

① ㄱ ② ㄴ ③ ㄱ, ㄴ
④ ㄱ, ㄷ ⑤ ㄱ, ㄴ, ㄷ

0760

최고차항의 계수가 1인 이차함수 $f(x)$에 대하여 함수 $g(x)$를

$$g(x)=\int_0^x (t+1)(t-2)f(t)\,dt$$

라 하자. 함수 $|g'(x)|$가 실수 전체의 집합에서 미분가능할 때, $\int_{-1}^2 f(x)\,dx$의 값은?

① -6 ② $-\frac{11}{2}$ ③ -5
④ $-\frac{9}{2}$ ⑤ -4

0761 수능 기출

두 다항함수 $f(x)$, $g(x)$가 모든 실수 x에 대하여

$$f(-x)=-f(x),\ g(-x)=g(x)$$

를 만족시킨다. 함수 $h(x)=f(x)g(x)$에 대하여

$$\int_{-3}^{3}(x+5)h'(x)dx=10$$

일 때, $h(3)$의 값은?

① 1 ② 2 ③ 3
④ 4 ⑤ 5

0762

최고차항의 계수가 1인 삼차함수 $f(x)$에 대하여 함수 $g(x)$를 $g(x)=\int_{-1}^{x}f(t)\,dt$라 하자. 함수 $g(x)$가 다음 조건을 만족시킬 때, $f(4)$의 값을 구하시오.

> (가) 함수 $g(x)$는 $x=1$에서 극댓값 4를 갖는다.
> (나) 함수 $g(x)$의 최솟값은 0이다.

0763

실수 t에 대하여 $0\le x\le 1$에서 함수 $f(x)=x^2-2tx+2$의 최솟값을 $g(t)$라 할 때, $\int_{-2}^{2}g(t)\,dt$의 값은?

① 5 ② $\frac{16}{3}$ ③ $\frac{17}{3}$
④ 6 ⑤ $\frac{19}{3}$

0764

삼차함수 $y=f(x)$의 그래프가 그림과 같다. 함수 $F(x)$를

$$F(x)=\int_{b}^{x}f(t)\,dt$$

라 할 때, 보기에서 옳은 것만을 있는 대로 고른 것은?

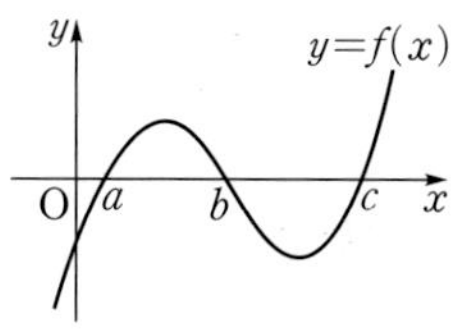

> **보기**
> ㄱ. $F(a)<0$
> ㄴ. 함수 $F(x)$는 $x=b$에서 극댓값을 갖는다.
> ㄷ. 방정식 $F(x)=0$은 서로 다른 세 실근을 갖는다.

① ㄱ ② ㄴ ③ ㄱ, ㄴ
④ ㄱ, ㄷ ⑤ ㄱ, ㄴ, ㄷ

0765

실수 전체의 집합에서 미분가능한 함수 $f(x)$의 도함수가

$$f'(x)=|x+1|+|x-1|$$

이다. $f(0)=0$일 때, $\int_{-2}^{3} f(x)\,dx$의 값은?

① 6　② $\frac{20}{3}$　③ $\frac{22}{3}$　④ 8　⑤ $\frac{26}{3}$

0766

이차함수 $f(x)$가 다음 조건을 만족시킬 때, $f(3)$의 값을 구하시오.

> (가) $f(0)=2$
> (나) $\lim_{x\to 2}\frac{1}{x-2}\int_{0}^{x} f(t)\,dt=6$

0767 교육청 기출

최고차항의 계수가 1인 삼차함수 $f(x)$에 대하여 함수 $g(x)$를

$$g(x)=\int_{0}^{x} f(t)\,dt+f(x)$$

라 할 때, 함수 $g(x)$는 다음 조건을 만족시킨다.

> (가) 함수 $g(x)$는 $x=0$에서 극댓값 0을 갖는다.
> (나) 함수 $g(x)$의 도함수 $y=g'(x)$의 그래프는 원점에 대하여 대칭이다.

$f(2)$의 값은?

① -5　② -4　③ -3　④ -2　⑤ -1

0768

함수 $y=f(x)$의 그래프가 그림과 같고 다음 조건을 만족시킨다.

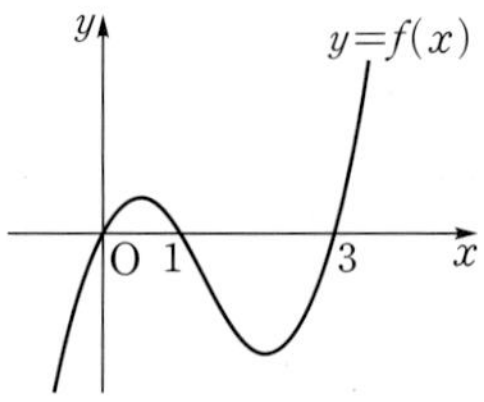

> (가) $\int_{0}^{1} 2f(x)\,dx=6$
> (나) $\int_{0}^{3} |f(x)|\,dx=7$

$g(x)=\int_{0}^{x} f(t)\,dt$라 할 때, 닫힌구간 $[0, 3]$에서의 함수 $g(x)$의 최댓값과 최솟값의 합을 구하시오.

0769

다항함수 $f(x)$가 모든 실수 x에 대하여

$$\{f(x)\}^2-2\int_0^x f(t)\,dt=x^4-\frac{8}{3}x^3+2x^2$$

을 만족시킬 때, $f(5)$의 값을 구하시오.

0770

일차함수 $f(x)$에 대하여 실수 전체의 집합에서 미분가능한 함수 $g(x)$가

$$g(x)=\int_0^x (x-t)f(t)\,dt+\int_0^1 f(t)\,dt$$

이고 다음 조건을 만족시킨다.

> (가) 함수 $g(x)$는 $x=2$에서 극값을 갖는다.
> (나) $\lim_{x\to 3}\frac{1}{x-3}\int_3^x g'(t)\,dt=6$

$f(10)$의 값을 구하시오.

0771 수능 기출

실수 전체의 집합에서 미분가능한 함수 $f(x)$가 다음 조건을 만족시킨다.

> (가) 닫힌구간 $[0, 1]$에서 $f(x)=x$이다.
> (나) 어떤 상수 a, b에 대하여 구간 $[0, \infty)$에서 $f(x+1)-xf(x)=ax+b$이다.

$60\times\int_1^2 f(x)\,dx$의 값을 구하시오.

0772

최고차항의 계수가 양수인 삼차함수 $f(x)$에 대하여 함수 $g(x)$를

$$g(x)=\int_1^x (t-1)f'(t)\,dt$$

라 하자. 함수 $g(x)$가 다음 조건을 만족시킬 때, $g(2)$의 값을 구하시오.

> (가) $g(0)=-1$
> (나) 함수 $g(x)$는 $x=0$에서 극솟값을 갖는다.
> (다) 방정식 $g(x)=0$이 서로 다른 두 실근을 갖는다.

정적분의 활용

유형 01 곡선과 x축 사이의 넓이

(1) **정적분의 기하적 의미**

함수 $f(x)$가 닫힌구간 $[a, b]$에서 연속이고 $f(x) \geq 0$일 때, 정적분 $\int_a^b f(x)dx$는 곡선 $y=f(x)$와 x축 및 두 직선 $x=a$, $x=b$로 둘러싸인 도형의 넓이 S와 같다.

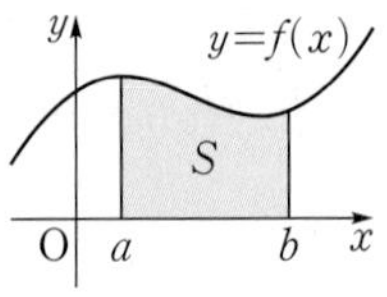

(2) **곡선과 x축 사이의 넓이**

함수 $f(x)$가 닫힌구간 $[a, b]$에서 연속일 때, 곡선 $y=f(x)$와 x축 및 두 직선 $x=a$, $x=b$로 둘러싸인 도형의 넓이 S는

$$S=\int_a^b |f(x)|dx$$

Tip 구간 $[a, b]$에서 함수 $f(x)$가 양, 음의 값을 모두 가질 때에는 $f(x)$의 값이 양수인 구간과 음수인 구간으로 나누어 넓이를 구한다.

0773 대표문제 평가원 기출

곡선 $y=6x^2-12x$와 x축으로 둘러싸인 부분의 넓이를 구하시오.

0774

곡선 $y=4x^3-4x$와 x축으로 둘러싸인 도형의 넓이를 구하시오.

0775 중요

곡선 $y=-x^2+4$와 x축 및 두 직선 $x=1$, $x=3$으로 둘러싸인 도형의 넓이를 구하시오.

0776

곡선 $y=-x^2+ax$와 x축으로 둘러싸인 도형의 넓이가 $\frac{9}{2}$일 때, 양수 a의 값을 구하시오.

0777

실수 전체의 집합에서 미분가능한 함수 $f(x)$가

$$f'(x)=6x^2-12x+4,\ f(1)=0$$

을 만족시킬 때, 곡선 $y=f(x)$와 x축으로 둘러싸인 도형의 넓이를 구하시오.

0778 중요 서술형

삼차함수 $y=f(x)$의 그래프가 그림과 같다. 곡선 $y=f(x)$와 x축으로 둘러싸인 도형의 넓이가 4일 때, $f'(2)$의 값을 구하시오.

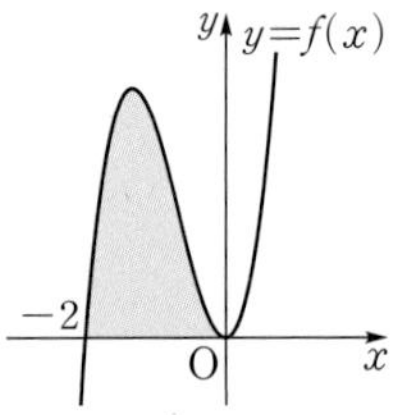

정답과 풀이 166쪽

0779

곡선 $y=-2x^3$과 x축 및 두 직선 $x=-2$, $x=a$로 둘러싸인 도형의 넓이가 $\frac{17}{2}$일 때, 양수 a의 값을 구하시오.

0780

다항함수 $f(x)$가 모든 실수 x에 대하여

$$xf(x)=\int_0^x tf'(t)dt+\frac{2}{3}x^3-5x^2+8x$$

를 만족시킬 때, 함수 $y=f(x)$의 그래프와 x축으로 둘러싸인 도형의 넓이를 구하시오.

0781 교육청 기출

두 양수 a, b $(a<b)$에 대하여 함수 $f(x)$를

$f(x)=(x-a)(x-b)$라 하자.

$$\int_0^a f(x)dx=\frac{11}{6},\ \int_0^b f(x)dx=-\frac{8}{3}$$

일 때, 곡선 $y=f(x)$와 x축으로 둘러싸인 부분의 넓이는?

① 4　② $\frac{9}{2}$　③ 5

④ $\frac{11}{2}$　⑤ 6

유형 02 곡선과 직선 사이의 넓이

곡선 $y=f(x)$와 직선 $y=mx+n$의 교점의 x좌표가 α, β $(\alpha<\beta)$일 때, 곡선과 직선 사이의 넓이 S는

$$S=\int_\alpha^\beta |mx+n-f(x)|dx$$

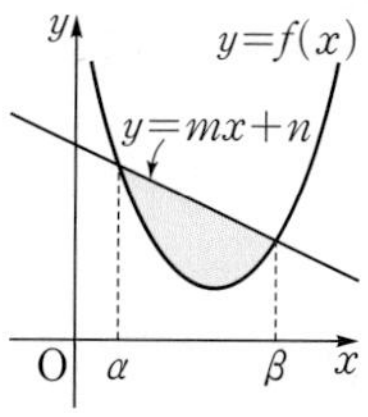

Tip 방정식 $f(x)=mx+n$을 풀어 곡선과 직선의 교점의 x좌표를 구하고 적분 구간을 정한 다음 곡선과 직선의 위치 관계를 파악하여 넓이를 나타내는 정적분 값을 구한다.

0782 대표문제

곡선 $y=3x^2-4x$와 직선 $y=2x$로 둘러싸인 도형의 넓이는?

① 1　② 2　③ 3

④ 4　⑤ 5

0783 중요

곡선 $y=x^3-2x+1$과 직선 $y=2x+1$로 둘러싸인 도형의 넓이를 구하시오.

0784

곡선 $y=x^2-ax$와 직선 $y=4x$로 둘러싸인 도형의 넓이가 36일 때, 양수 a의 값을 구하시오.

0785

함수 $y=|x^2-x|$의 그래프와 직선 $y=x$로 둘러싸인 도형의 넓이를 구하시오.

유형 03 두 곡선 사이의 넓이

두 곡선 $y=f(x)$, $y=g(x)$의 교점의 x좌표가 α, β $(\alpha<\beta)$일 때, 두 곡선 사이의 넓이 S는

$$S=\int_{\alpha}^{\beta}|f(x)-g(x)|dx$$

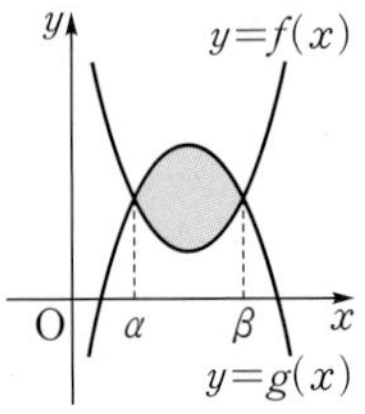

0786 대표문제

두 곡선 $y=x^2-4x+3$, $y=-x^2+6x-5$로 둘러싸인 도형의 넓이를 구하시오.

0787

두 곡선 $y=x^3+2x^2-1$, $y=-x^2+3$으로 둘러싸인 도형의 넓이는?

① $\frac{21}{5}$ ② $\frac{25}{4}$ ③ $\frac{27}{4}$
④ $\frac{34}{5}$ ⑤ $\frac{23}{3}$

0788 중요

그림과 같이 두 이차함수 $y=f(x)$, $y=g(x)$의 그래프가 $x=0$, $x=3$에서 만난다. 두 곡선 $y=f(x)$, $y=g(x)$로 둘러싸인 도형의 넓이가 9일 때, $g(2)-f(2)$의 값을 구하시오.

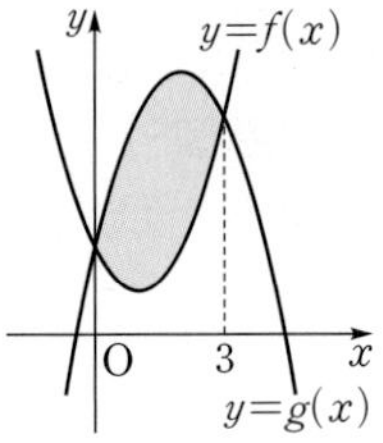

0789

함수 $f(x)=x^3+4$에 대하여 두 곡선 $y=f(x)$, $y=f'(x)$로 둘러싸인 도형의 넓이를 S라 할 때, $4S$의 값을 구하시오.

0790 평가원 기출

함수 $f(x)=x^2-2x$에 대하여 두 곡선 $y=f(x)$, $y=-f(x-1)-1$로 둘러싸인 부분의 넓이는?

① $\frac{1}{6}$ ② $\frac{1}{4}$ ③ $\frac{1}{3}$
④ $\frac{5}{12}$ ⑤ $\frac{1}{2}$

유형 04 곡선과 접선으로 둘러싸인 도형의 넓이

곡선과 접선으로 둘러싸인 도형의 넓이는 다음과 같은 순서로 구한다.

❶ 접선의 방정식을 구한다.
❷ 접점과 접점이 아닌 교점의 x좌표를 구하고 곡선과 접선을 그린다.
❸ 정적분을 이용하여 도형의 넓이를 구한다.

0791 대표문제

곡선 $y=x^2+1$과 이 곡선 위의 점 $(1,\ 2)$에서의 접선 및 y축으로 둘러싸인 도형의 넓이를 S라 할 때, $6S$의 값을 구하시오.

0792 중요

곡선 $y=x^3-3x^2+2x+2$와 이 곡선 위의 점 $(0,\ 2)$에서의 접선으로 둘러싸인 도형의 넓이는?

① $\frac{15}{4}$ ② $\frac{9}{2}$ ③ $\frac{21}{4}$
④ 6 ⑤ $\frac{27}{4}$

0793 서술형

그림과 같이 곡선 $y=x^2-2x+3$과 기울기가 2인 이 곡선의 접선 및 y축으로 둘러싸인 도형의 넓이를 $\frac{q}{p}$라 할 때, $p+q$의 값을 구하시오.
(단, p와 q는 서로소인 자연수이다.)

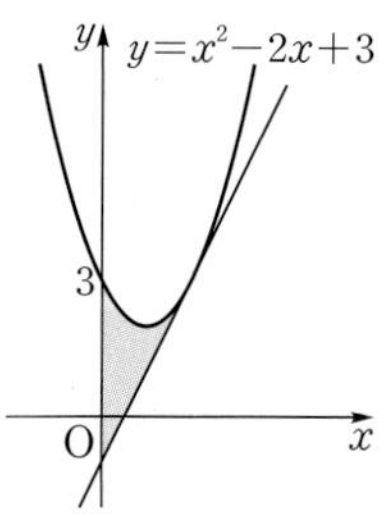

0794

점 $(0,\ -1)$에서 곡선 $y=x^2$에 그은 두 접선과 이 곡선으로 둘러싸인 도형의 넓이는?

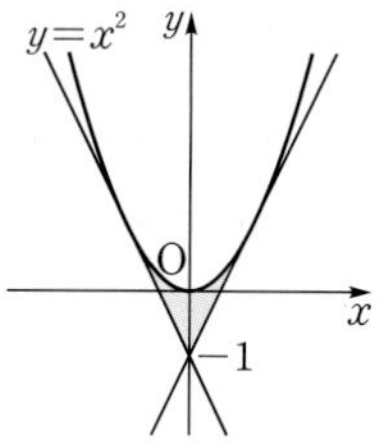

① $\frac{1}{3}$ ② $\frac{2}{3}$
③ 1 ④ $\frac{4}{3}$
⑤ $\frac{5}{3}$

0795 교육청 기출

최고차항의 계수가 -3인 삼차함수 $y=f(x)$의 그래프 위의 점 $(2,\ f(2))$에서의 접선 $y=g(x)$가 곡선 $y=f(x)$와 원점에서 만난다. 곡선 $y=f(x)$와 직선 $y=g(x)$로 둘러싸인 도형의 넓이는?

① $\frac{7}{2}$ ② $\frac{15}{4}$ ③ 4
④ $\frac{17}{4}$ ⑤ $\frac{9}{2}$

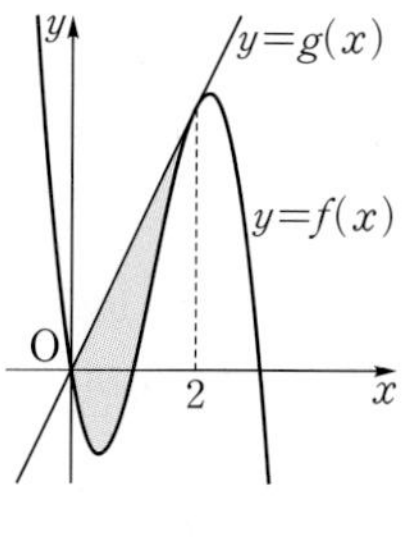

유형 05 두 도형의 넓이가 같을 조건

(1) 곡선 $y=f(x)$와 x축으로 둘러싸인 두 도형의 넓이를 S_1, S_2라 할 때, $S_1=S_2$이면

$$\int_a^b f(x)dx=0$$

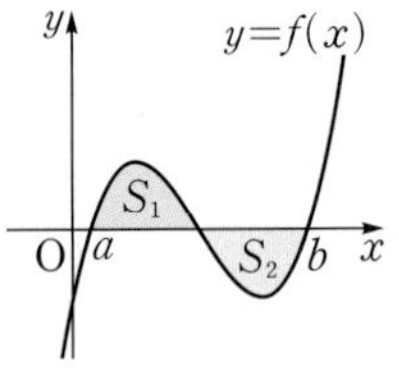

(2) 두 곡선 $y=f(x)$, $y=g(x)$로 둘러싸인 두 도형의 넓이를 S_1, S_2라 할 때, $S_1=S_2$이면

$$\int_a^b \{f(x)-g(x)\}dx=0$$

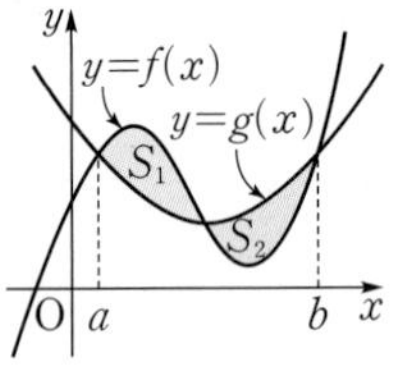

0796 대표문제

그림과 같이 곡선 $y=x(x-1)(x-k)$와 x축으로 둘러싸인 두 도형의 넓이가 서로 같을 때, 상수 k의 값을 구하시오.

(단, $k>1$)

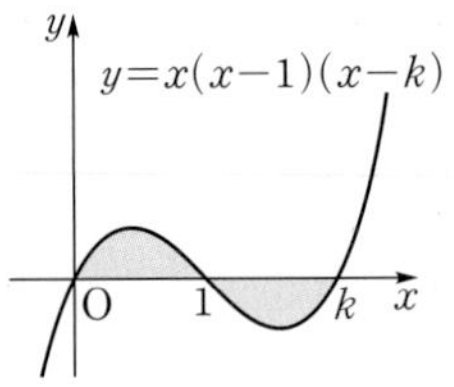

0797

그림과 같이 곡선 $y=-x^2+6x+k$와 x축, y축 및 직선 $x=3$으로 둘러싸인 두 도형의 넓이가 서로 같을 때, 상수 k의 값을 구하시오. (단, $-9<k<0$)

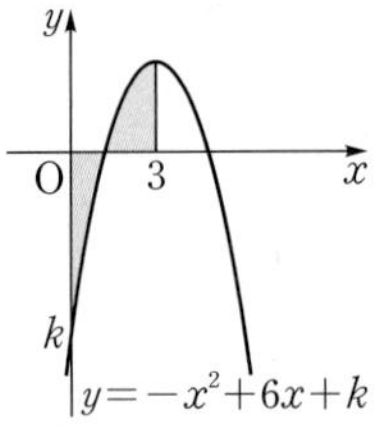

0798

곡선 $y=x^3-ax^2$과 x축으로 둘러싸인 도형의 넓이를 A, 곡선 $y=x^3-ax^2$과 x축 및 두 직선 $x=a$, $x=1$로 둘러싸인 도형의 넓이를 B라 하자. $A=B$일 때, 상수 a의 값은?

(단, $0<a<1$)

① $\frac{1}{4}$ ② $\frac{3}{8}$ ③ $\frac{1}{2}$
④ $\frac{5}{8}$ ⑤ $\frac{3}{4}$

0799 중요

그림과 같이 두 곡선 $y=-2x^2+2x$, $y=k(x-1)^2$으로 둘러싸인 도형의 넓이를 A, 두 곡선과 y축으로 둘러싸인 도형의 넓이를 B라 하자. $A=B$일 때, 상수 k의 값을 구하시오. (단, $k>0$)

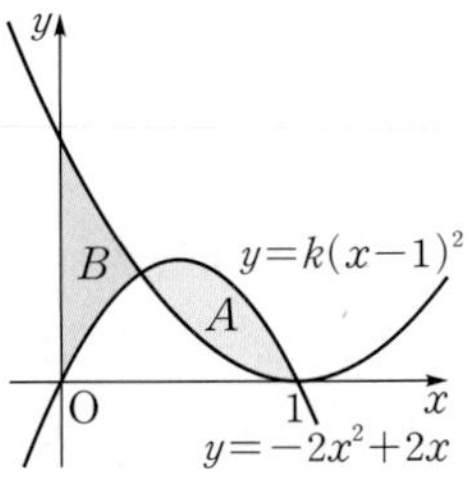

0800 서술형

그림과 같이 곡선 $y=3x^2-12x+k$와 x축 및 y축으로 둘러싸인 도형의 넓이를 S_1, 곡선 $y=3x^2-12x+k$와 x축으로 둘러싸인 도형의 넓이를 S_2라 하자. $2S_1=S_2$일 때, 상수 k의 값을 구하시오. (단, $0<k<12$)

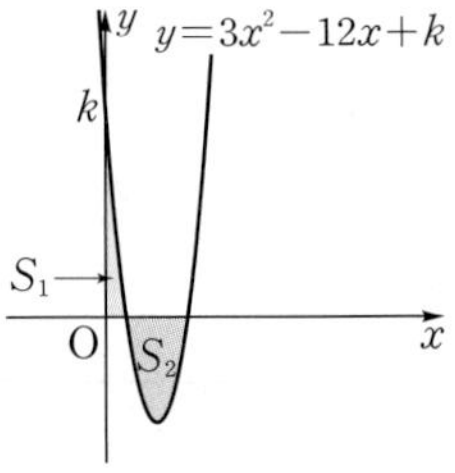

유형 06 도형의 넓이의 활용 - 이등분

곡선 $y=f(x)$와 x축으로 둘러싸인 도형이 곡선 $y=g(x)$에 의하여 이등분되면

$\int_a^b f(x)dx=S_1+S_2=2S_1$

$=2\int_a^c \{f(x)-g(x)\}dx$

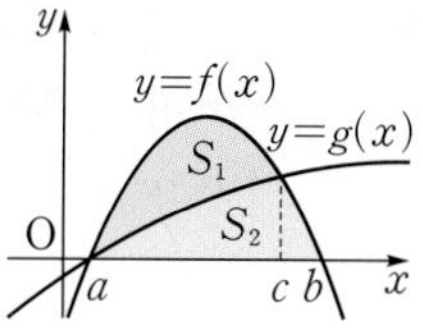

0801 대표문제

곡선 $y=x^2-3x$와 x축으로 둘러싸인 도형의 넓이를 직선 $y=mx$가 이등분할 때, 상수 m에 대하여 $2(m+3)^3$의 값을 구하시오.

0802

곡선 $y=-x^2+2x$와 직선 $y=mx$로 둘러싸인 도형의 넓이가 x축에 의하여 이등분될 때, 상수 m에 대하여 $(2-m)^3$의 값을 구하시오.

0803

곡선 $y=x^2-2x$와 직선 $y=2x$로 둘러싸인 도형의 넓이를 직선 $x=a$가 이등분할 때, 상수 a의 값은?

① 1 ② $\frac{3}{2}$ ③ 2 ④ $\frac{5}{2}$ ⑤ 3

0804 중요

그림과 같이 두 다항함수 $y=f(x)$, $y=g(x)$의 그래프가 직선 $y=x$와 $x=0$, $x=2$에서 만난다. $0\le x\le 2$에서 두 곡선 $y=f(x)$, $y=g(x)$로 둘러싸인 도형의 넓이가 직선 $y=x$에 의하여 이등분되고 $\int_0^2 f(x)dx=3$일 때, $\int_0^2 g(x)dx$의 값을 구하시오.

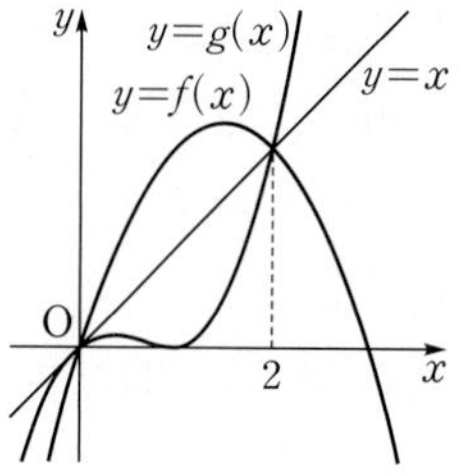

0805 평가원 기출

두 곡선 $y=x^4-x^3$, $y=-x^4+x$로 둘러싸인 도형의 넓이가 곡선 $y=ax(1-x)$에 의하여 이등분될 때, 상수 a의 값은? (단, $0<a<1$)

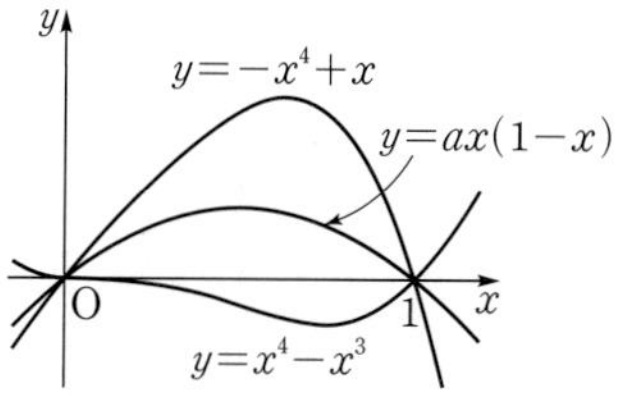

① $\frac{1}{4}$ ② $\frac{3}{8}$ ③ $\frac{5}{8}$ ④ $\frac{3}{4}$ ⑤ $\frac{7}{8}$

유형 07 도형의 넓이의 활용 - 최댓값, 최솟값

두 곡선 사이의 넓이를 정적분을 이용하여 나타내고 산술평균과 기하평균의 관계, 증감표 등을 이용하여 넓이의 최댓값, 최솟값을 구한다.

0806 대표문제

그림과 같이 곡선 $y=x(x-k)$와 x축 및 직선 $x=2$로 둘러싸인 도형의 넓이가 최소가 되도록 하는 상수 k에 대하여 k^2의 값을 구하시오.

(단, $0<k<2$)

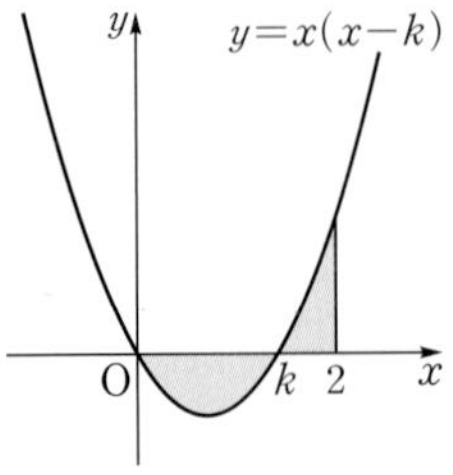

0807

두 곡선 $y=kx^3$, $y=-\frac{1}{k}x^3$과 직선 $x=1$로 둘러싸인 도형의 넓이의 최솟값은? (단, $k>0$)

① $\frac{1}{4}$ ② $\frac{1}{3}$ ③ $\frac{1}{2}$
④ 1 ⑤ 2

0808

그림과 같이 곡선 $y=3-x^2$과 x축으로 둘러싸인 도형에 내접하는 직사각형의 넓이가 최대일 때, 색칠한 부분의 넓이는?

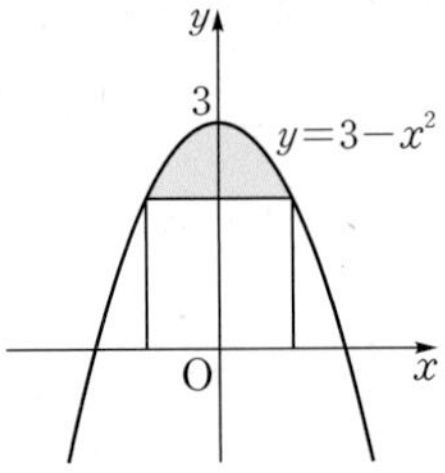

① 1 ② $\frac{4}{3}$
③ $\frac{5}{3}$ ④ 2 ⑤ $\frac{7}{3}$

유형 08 함수와 그 역함수의 정적분

함수 $y=f(x)$의 그래프와 그 역함수 $y=g(x)$의 그래프는 직선 $y=x$에 대하여 대칭임을 이용한다.

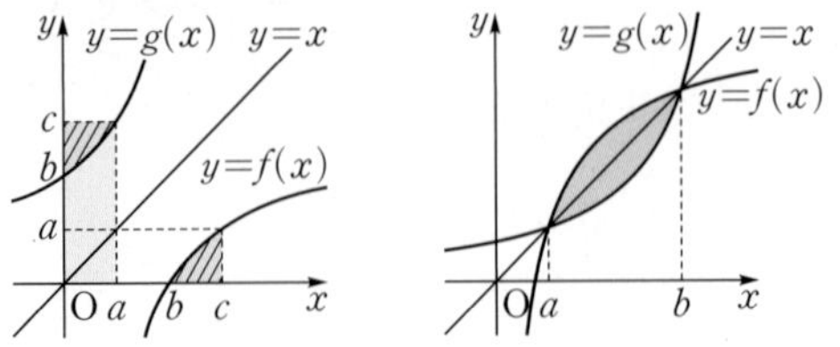

(1) **곡선 $y=f(x)$가 곡선 $y=g(x)$와 만나지 않는 경우**
위의 왼쪽 그림에서 빗금친 부분의 넓이가 서로 같음을 이용하여 정적분 값을 구한다.

$$\int_0^a g(x)dx=ac-\int_b^c f(x)dx$$

(2) **곡선 $y=f(x)$가 곡선 $y=g(x)$와 만나는 경우**
위의 오른쪽 그림과 같이 함수 $y=f(x)$의 그래프와 그 역함수 $y=g(x)$의 그래프의 두 교점의 x좌표가 a, b $(a<b)$일 때

$$\int_a^b |f(x)-g(x)|dx=2\int_a^b |f(x)-x|dx$$

Tip 역함수를 이용한 정적분 값은 곡선 $y=f(x)$와 직선 $y=x$의 교점이 존재하는지 확인하고 이를 이용하여 그래프의 개형을 그린 후 넓이가 같은 부분을 찾아 구한다.

0809 대표문제

함수 $y=f(x)$와 그 역함수 $y=g(x)$의 그래프가 그림과 같다. $f(3)=0$, $f(9)=3$이고 $\int_3^9 f(x)dx=10$을 만족시킬 때, 곡선 $y=g(x)$와 x축 및 두 직선 $x=0$, $x=3$으로 둘러싸인 도형의 넓이를 구하시오.

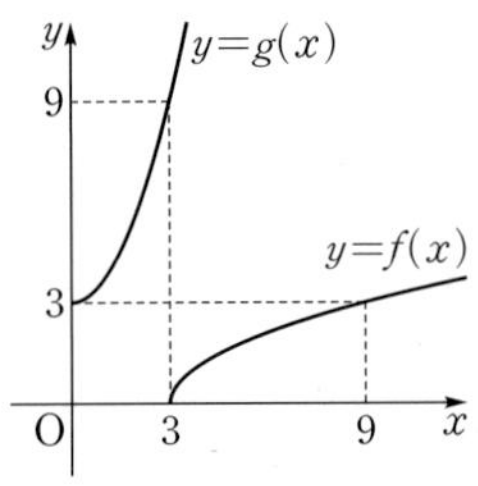

0810

함수 $f(x)=\sqrt{x-2}$의 역함수를 $g(x)$라 할 때, $\int_{2}^{6} f(x)dx+\int_{0}^{2} g(x)dx$의 값을 구하시오.

0811

그림과 같이 함수 $y=f(x)$의 그래프와 그 역함수 $y=g(x)$의 그래프가 두 점 $(1, 1)$, $(3, 3)$에서 만나고 $\int_{1}^{3} f(x)dx=5$일 때, 두 곡선 $y=f(x)$, $y=g(x)$로 둘러싸인 도형의 넓이를 구하시오.

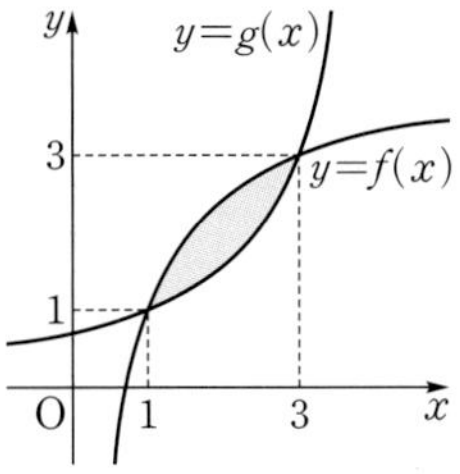

0812 중요

실수 전체의 집합에서 증가하는 함수 $f(x)$가

$f(1)=1$, $f(5)=5$

를 만족시키고 함수 $f(x)$의 역함수를 $g(x)$라 하자. $\int_{1}^{5} f(x)dx=10$일 때, $\int_{1}^{5} g(x)dx$의 값을 구하시오.

0813 서술형

함수 $f(x)=x^3$ $(x\geq 0)$의 역함수를 $g(x)$라 하자. 두 곡선 $y=f(x)$, $y=g(x)$로 둘러싸인 도형의 넓이를 S라 할 때, $10S$의 값을 구하시오.

0814 중요

함수 $f(x)=x^3+x$의 역함수를 $g(x)$라 할 때, $\int_{2}^{10} g(x)dx$의 값은?

① $\frac{49}{4}$ ② $\frac{51}{4}$ ③ $\frac{53}{4}$ ④ 14 ⑤ $\frac{29}{2}$

0815

삼차함수 $f(x)=x^3+3x^2+3x$의 역함수를 $g(x)$라 할 때, 두 곡선 $y=f(x)$, $y=g(x)$로 둘러싸인 도형의 넓이를 구하시오.

유형 09 함수의 주기, 대칭성을 이용한 도형의 넓이

(1) 우함수, 기함수의 정적분

닫힌구간 $[-a, a]$에서 함수 $f(x)$가

① 우함수, 즉 $f(-x)=f(x)$이면

$$\int_{-a}^{a} f(x)dx=2\int_{0}^{a} f(x)dx$$

② 기함수, 즉 $f(-x)=-f(x)$이면

$$\int_{-a}^{a} f(x)dx=0$$

(2) 주기함수의 정적분

모든 실수 x에 대하여 $f(x+p)=f(x)$를 만족시키는 함수 $f(x)$는 주기가 p인 주기함수이고, 이 함수 $f(x)$에 대하여 적분 구간의 길이가 p인 정적분 값은 적분 구간에 관계없이 항상 같다.

Tip 함수의 그래프가 다각형 모양으로 주어진 경우 도형의 넓이를 이용하여 정적분 값을 구하는 것이 편리하다.

예 그림과 같이 함수 $f(x)$는 주기가 2인 주기함수이므로

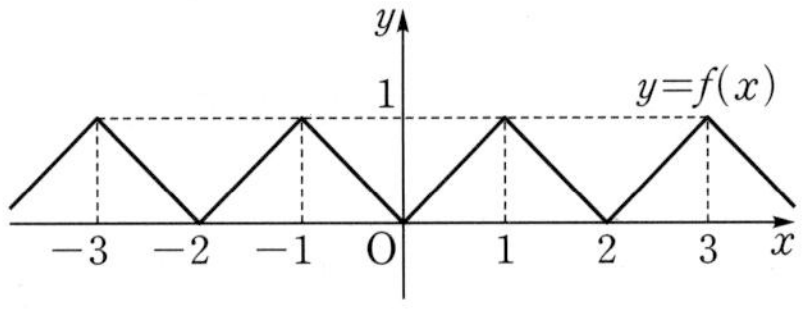

(1) $\int_{0}^{2} f(x)dx=\int_{2}^{4} f(x)dx=\int_{4}^{6} f(x)dx=\cdots$

(2) 임의의 실수 a에 대하여 $\int_{a}^{a+2} f(x)dx=\int_{0}^{2} f(x)dx$

0816 대표문제

함수 $f(x)$가 다음 조건을 만족시킨다.

> (가) $-1\le x\le 1$일 때, $f(x)=|x|-1$
> (나) 모든 실수 x에 대하여 $f(x)=f(x+2)$이다.

$\int_{-5}^{5} f(x)dx$의 값은?

① -8　② -7　③ -6
④ -5　⑤ -4

0817 교육청 기출

그림은 모든 실수 x에 대하여 $f(-x)=-f(x)$인 연속함수 $y=f(x)$의 그래프와 함수 $y=f(x)$의 그래프를 x축의 방향으로 1만큼, y축의 방향으로 1만큼 평행이동시킨 함수 $y=g(x)$의 그래프이다. $\int_{0}^{2} g(x)dx$의 값은?

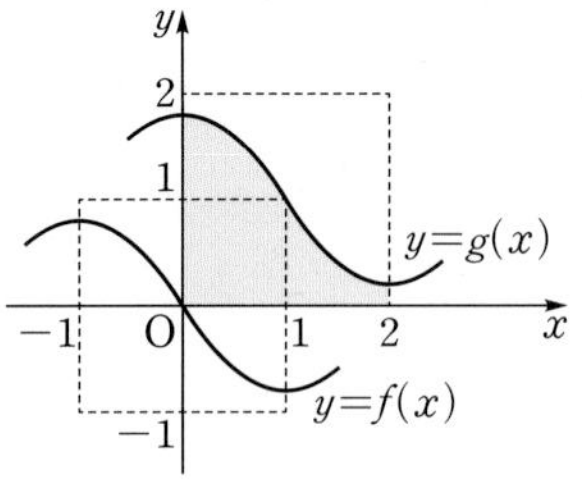

① $\frac{7}{4}$　② 2　③ $\frac{9}{4}$
④ $\frac{5}{2}$　⑤ $\frac{11}{4}$

0818 중요

실수 전체의 집합에서 정의된 함수 $f(x)$가 다음 조건을 만족시킨다.

> (가) $-2\le x\le 2$일 때, $f(x)=4-x^2$
> (나) 모든 실수 x에 대하여 $f(x)=f(x+4)$이다.

함수 $y=f(x)$의 그래프와 x축 및 두 직선 $x=0$, $x=20$으로 둘러싸인 도형의 넓이는?

① 50　② $\frac{160}{3}$　③ 60
④ $\frac{200}{3}$　⑤ $\frac{220}{3}$

0819

$f(0)=0$이고 실수 전체의 집합에서 증가하는 연속함수 $f(x)$가 다음 조건을 만족시킨다.

> (가) 모든 실수 x에 대하여 $f(x)=f(x-3)+2$이다.
> (나) $\int_0^3 f(x)dx=4$

함수 $y=f(x)$의 그래프와 x축 및 직선 $x=6$으로 둘러싸인 도형의 넓이를 구하시오.

0820 수능 기출

함수 $f(x)$는 모든 실수 x에 대하여 $f(x+3)=f(x)$를 만족시키고,

$$f(x)=\begin{cases} x & (0\le x<1) \\ 1 & (1\le x<2) \\ -x+3 & (2\le x<3) \end{cases}$$

이다. $\int_{-a}^{a} f(x)dx=13$일 때, 상수 a의 값은?

① 10　② 12　③ 14　④ 16　⑤ 18

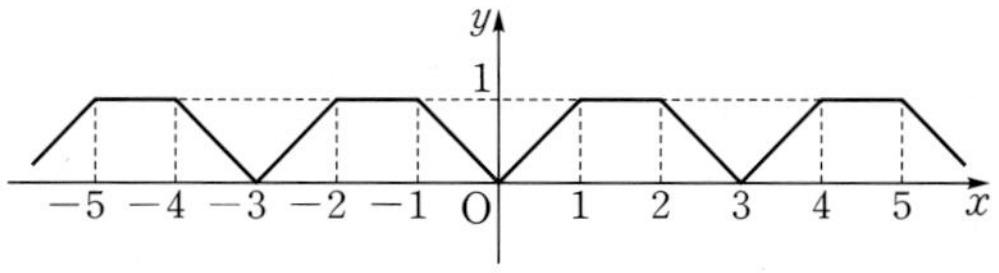

유형 10 위치와 위치의 변화량

수직선 위를 움직이는 점 P의 시각 t에서의 속도가 $v(t)$이고, 시각 $t=0$에서의 위치가 x_0일 때

(1) 시각 t에서 점 P의 위치 x는

$$x=x_0+\int_0^t v(t)dt$$

(2) 시각 $t=a$에서 $t=b$까지 점 P의 위치의 변화량은

$$\int_a^b v(t)dt$$

Tip 수직선 위를 움직이는 물체가 정지하거나 운동 방향을 바꿀 때의 속도는 0이다.

확인 문제

원점을 출발하여 수직선 위를 움직이는 점 P의 속도가 $v(t)=2t-4$일 때, 다음을 구하시오.

(1) $t=3$에서 점 P의 위치

(2) $t=1$에서 $t=2$까지 점 P의 위치의 변화량

0821 대표문제

좌표가 4인 점을 출발하여 수직선 위를 움직이는 점 P의 시각 t에서의 속도가 $v(t)=8-2t$일 때, $t=4$에서 점 P의 위치를 구하시오.

0822

원점을 출발하여 수직선 위를 움직이는 점 P의 시각 t에서의 속도가 $v(t)=-2t^2+6t$일 때, 점 P의 운동 방향이 바뀌는 시각에서의 점 P의 위치를 구하시오.

0823 중요

원점을 출발하여 수직선 위를 움직이는 점 P의 시각 t에서의 속도가 $v(t)=3t^2-2t-2$일 때, 점 P가 다시 원점을 통과하는 시각을 구하시오.

0824

지면에서 출발하여 지면과 수직으로 움직이는 열기구의 t분 후의 속도 $v(t)$ (m/min)이

$$v(t)=\begin{cases} t & (0\le t<20) \\ 60-2t & (20\le t\le 40) \end{cases}$$

이다. 열기구가 최고 높이에 도달했을 때 지면으로부터의 높이를 a m라 하자. a의 값을 구하시오.

0825 평가원 기출

수직선 위를 움직이는 점 P의 시각 t $(t\ge 0)$에서의 속도 $v(t)$가

$$v(t)=-4t+5$$

이다. 시각 $t=3$에서 점 P의 위치가 11일 때, 시각 $t=0$에서 점 P의 위치는?

① 11 ② 12 ③ 13 ④ 14 ⑤ 15

0826 중요

원점을 출발하여 수직선 위를 움직이는 두 점 P, Q의 시각 t에서의 속도가 각각

$$v_1(t)=t^2-8t+3,\ v_2(t)=-2t^2+4t-6$$

이다. 두 점 P, Q가 원점을 출발한 후 다시 만나는 시각은?

① 2 ② 3 ③ 4 ④ 5 ⑤ 6

유형 11 움직인 거리

수직선 위를 움직이는 점 P의 시각 t에서의 속도가 $v(t)$일 때, 시각 $t=a$에서 $t=b$까지 점 P가 움직인 거리는

$$\int_a^b |v(t)|dt$$

0827 대표문제

수직선 위를 움직이는 점 P의 시각 t $(t\ge 0)$에서의 속도 $v(t)$가

$$v(t)=-2t+4$$

일 때, $t=0$에서 $t=3$까지 점 P가 움직인 거리는?

① 4 ② 5 ③ 6 ④ 7 ⑤ 8

0828

원점을 출발하여 수직선 위를 움직이는 점 P의 시각 t에서의 속도 $v(t)$가 $v(t)=10-2t$일 때, 점 P가 처음으로 다시 원점으로 돌아올 때까지 움직인 거리를 구하시오.

0829 중요

지면에서 40 m/s의 속도로 지면과 수직인 방향으로 쏘아 올린 물체의 t초 후의 속도 $v(t)$ m/s가 $v(t)=-10t+40$이다. 이 물체가 최고 높이에 도달한 후 2초 동안 움직인 거리를 구하시오.

0830 중요

원점을 출발하여 수직선 위를 움직이는 점 P의 시각 t에서의 속도 $v(t)$가 $v(t)=-t^2+4t-3$일 때, 점 P가 원점을 출발할 때의 운동 방향과 반대 방향으로 움직인 거리는?

① 1　② $\frac{4}{3}$　③ $\frac{5}{3}$
④ 2　⑤ $\frac{7}{3}$

0831 평가원 기출

수직선 위를 움직이는 점 P의 시각 t $(t \geq 0)$에서의 속도 $v(t)$가

$$v(t)=t^2-at \ (a>0)$$

이다. 점 P가 시각 $t=0$일 때부터 움직이는 방향이 바뀔 때까지 움직인 거리가 $\frac{9}{2}$이다. 상수 a의 값은?

① 1　② 2　③ 3
④ 4　⑤ 5

0832 서술형

고속 열차가 출발하여 2 km를 달리는 동안은 t분 후의 속도 $v(t)$가 $v(t)=3t^2+2t$ (km/min)이고 그 이후로는 속도가 일정하다. 이 열차가 출발한 후 5분 동안 달린 거리를 a km라 할 때, a의 값을 구하시오.

유형 12 그래프에서의 위치와 움직인 거리

수직선 위를 움직이는 점 P의 시각 t에서의 속도 $v(t)$의 그래프가 그림과 같을 때

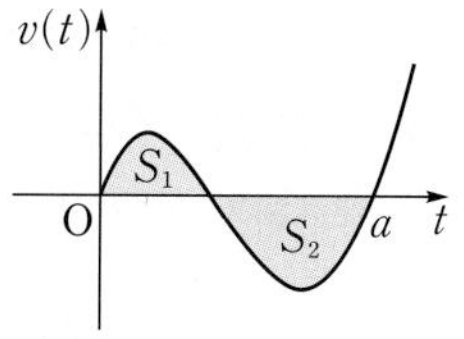

(1) 시각 $t=0$에서 $t=a$까지 점 P의 위치의 변화량은

$$\int_0^a v(t)dt=S_1-S_2$$

(2) 시각 $t=0$에서 $t=a$까지 점 P가 움직인 거리는

$$\int_0^a |v(t)|dt=S_1+S_2$$

0833 대표문제

원점을 출발하여 수직선 위를 움직이는 점 P의 시각 t에서의 속도 $v(t)$의 그래프가 그림과 같을 때, 보기에서 옳은 것만을 있는 대로 고른 것은?

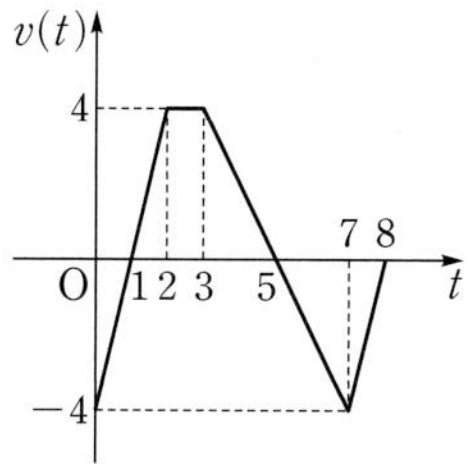

보기

ㄱ. 점 P는 출발 후 $t=8$일 때까지 운동 방향을 두 번 바꾼다.
ㄴ. $t=2$일 때, 점 P는 원점을 지난다.
ㄷ. 출발 후 8초 동안 점 P가 움직인 거리는 18이다.

① ㄱ　② ㄴ　③ ㄱ, ㄴ
④ ㄴ, ㄷ　⑤ ㄱ, ㄴ, ㄷ

0834

원점을 출발하여 수직선 위를 움직이는 점 P의 시각 t에서의 속도 $v(t)$의 그래프가 그림과 같을 때, 점 P가 출발 후 운동 방향을 두 번째로 바꿀 때까지 움직인 거리를 구하시오.

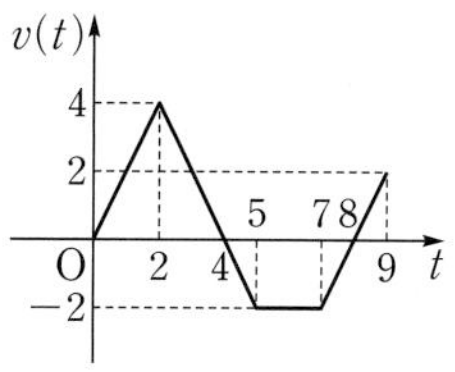

0835

좌표가 -4인 점을 출발하여 수직선 위를 움직이는 점 P의 시각 t에서의 속도 $v(t)$의 그래프가 그림과 같다. $t=5$에서 점 P가 원점을 지날 때, $t=0$에서 $t=7$까지 점 P가 움직인 거리를 구하시오. (단, $a>0$)

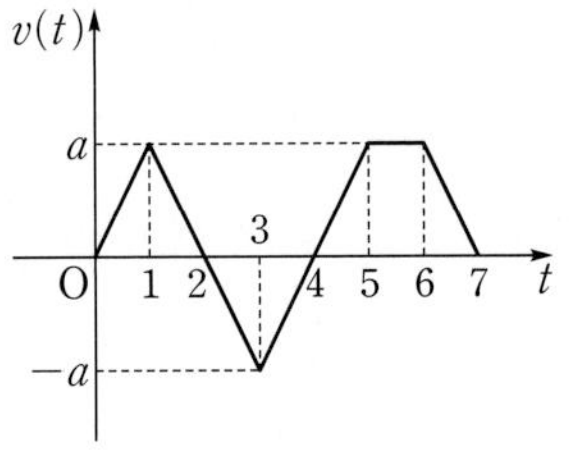

0836

원점을 출발하여 수직선 위를 움직이는 점 P의 시각 t $(0\le t\le c)$에서의 속도 $v(t)=t^2-4t+k$의 그래프가 그림과 같다. 점 P가 $t=c$에서 다시 원점을 지날 때, 상수 k의 값은?

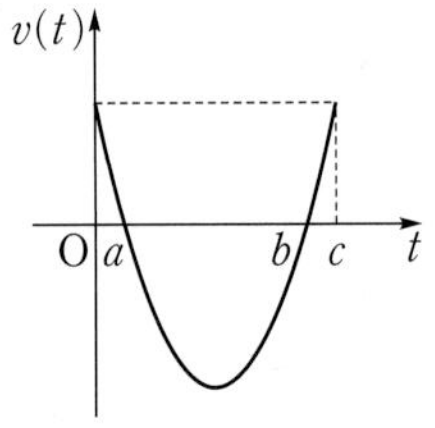

① 2　② $\frac{7}{3}$　③ $\frac{8}{3}$
④ 3　⑤ $\frac{10}{3}$

0837 중요

원점을 출발하여 수직선 위를 움직이는 점 P의 시각 t에서의 속도 $v(t)$의 그래프가 그림과 같다. $\int_0^2 v(t)dt=2$, $\int_2^6 v(t)dt=0$이고 $t=5$에서의 점 P의 위치가 -2일 때, $t=2$에서 $t=6$까지 점 P가 움직인 거리를 구하시오.

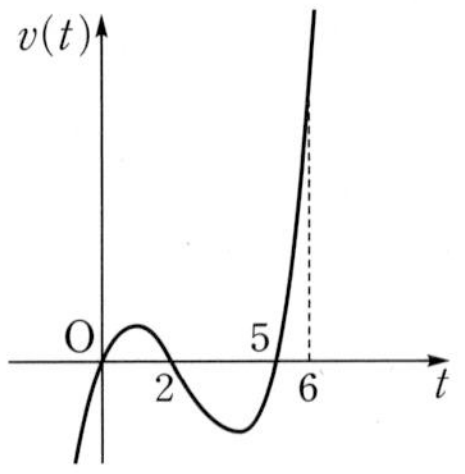

0838 교육청 기출

원점을 출발하여 수직선 위를 움직이는 점 P의 시각 t $(t\ge 0)$에서의 속도 $v(t)$의 그래프가 그림과 같다.

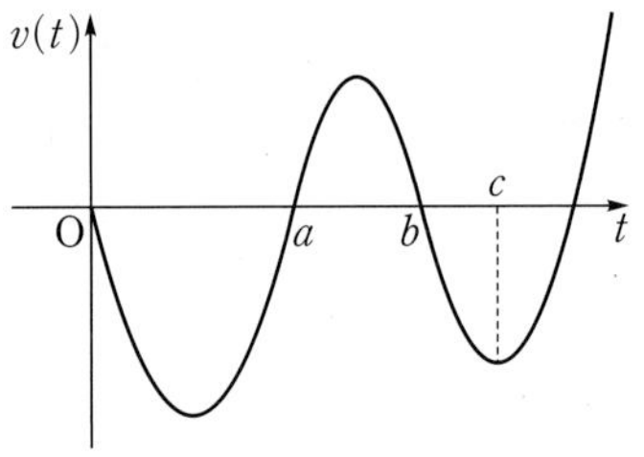

점 P가 출발한 후 처음으로 운동 방향을 바꿀 때의 위치는 -8이고 점 P의 시각 $t=c$에서의 위치는 -6이다. $\int_0^b v(t)dt=\int_b^c v(t)dt$일 때, 점 P가 $t=a$부터 $t=b$까지 움직인 거리는?

① 3　② 4　③ 5
④ 6　⑤ 7

정답과 풀이 178쪽

0839

곡선 $y=ax^3$과 x축 및 두 직선 $x=-3$, $x=3$으로 둘러싸인 도형의 넓이가 27일 때, 양수 a의 값은?

① $\frac{1}{3}$ ② $\frac{1}{2}$ ③ $\frac{2}{3}$
④ $\frac{3}{4}$ ⑤ 1

0840 평가원 기출

함수 $f(x)$의 도함수 $f'(x)$가 $f'(x)=x^2-1$이다.

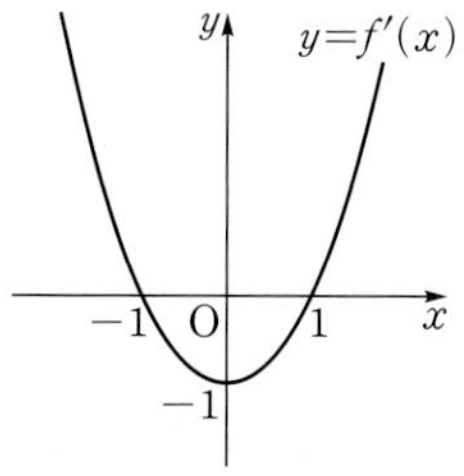

$f(0)=0$일 때, 곡선 $y=f(x)$와 x축으로 둘러싸인 부분의 넓이는?

① $\frac{9}{8}$ ② $\frac{5}{4}$ ③ $\frac{11}{8}$
④ $\frac{3}{2}$ ⑤ $\frac{13}{8}$

0841

원점을 출발하여 수직선 위를 움직이는 점 P의 시각 t에서의 속도 $v(t)$가

$$v(t)=2t^3-6t^2$$

이다. 점 P가 출발한 후 다시 원점으로 돌아올 때까지 움직인 거리를 구하시오.

0842

두 다항함수 $f(x)$, $g(x)$가 다음 조건을 만족시킨다.

(가) $\frac{d}{dx}\int f(x)dx=\int\left\{\frac{d}{dx}g(x)\right\}dx$
(나) $f(1)=4$, $g(1)=12$

두 곡선 $y=f(x)$, $y=g(x)$와 두 직선 $x=2$, $x=5$로 둘러싸인 도형의 넓이를 구하시오.

0843

점 $(1, 0)$에서 곡선 $y=3x^2$에 그은 두 접선과 이 곡선으로 둘러싸인 도형의 넓이를 구하시오.

0844

원점을 출발하여 수직선 위를 움직이는 점 P의 시각 t에서의 속도 $v(t)$의 그래프가 그림과 같다.

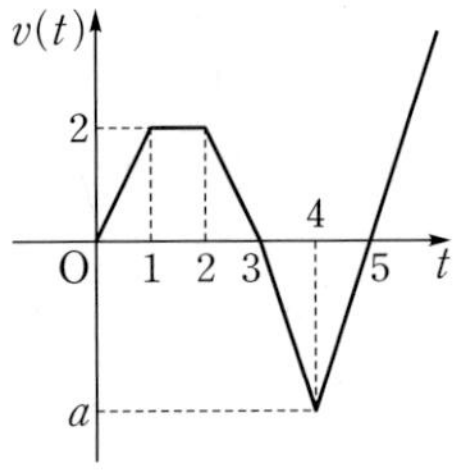

점 P가 출발 후 운동 방향을 두 번째로 바꿀 때까지 움직인 거리가 7일 때, 상수 a의 값을 구하시오.

0845

함수 $f(x)=x^2-ax$에 대하여 곡선 $y=f(x)$를 x축에 대하여 대칭이동한 곡선을 $y=g(x)$라 하자. 두 곡선 $y=f(x)$, $y=g(x)$로 둘러싸인 도형의 넓이가 9일 때, 양수 a의 값을 구하시오.

0846

원점을 출발하여 수직선 위를 움직이는 두 점 P, Q의 시각 t에서의 속도가 각각

$$v_1(t)=-t^2+12t+1,\ v_2(t)=2t^2+4t+5$$

이다. 두 점 P, Q가 원점을 출발한 후 다시 만나는 시각은?

① 2　② 3　③ 4　④ 5　⑤ 6

0847

그림과 같이 곡선 $y=-x^2+3x$와 두 직선 $y=2x$, $y=x$로 둘러싸인 색칠한 도형의 넓이는?

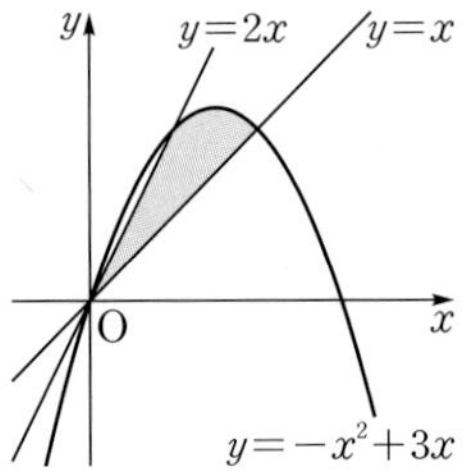

① 1　② $\frac{7}{6}$　③ $\frac{4}{3}$　④ $\frac{3}{2}$　⑤ $\frac{5}{3}$

0848

함수 $f(x)=x^2(x-3)(x-k)$에 대하여 곡선 $y=f(x)$와 x축으로 둘러싸인 두 도형의 넓이가 서로 같을 때, $f(2)$의 값을 구하시오. (단, $k>3$)

0849

함수 $f(x)=x^3-x^2+x$의 역함수를 $g(x)$라 할 때, $\int_1^2 f(x)dx+\int_1^6 g(x)dx$의 값은?

① 7 ② 8 ③ 9
④ 10 ⑤ 11

0850 교육청 기출

그림과 같이 두 함수 $y=ax^2+2$와 $y=2|x|$의 그래프가 두 점 A, B에서 각각 접한다. 두 함수 $y=ax^2+2$와 $y=2|x|$의 그래프로 둘러싸인 부분의 넓이는? (단, a는 상수이다.)

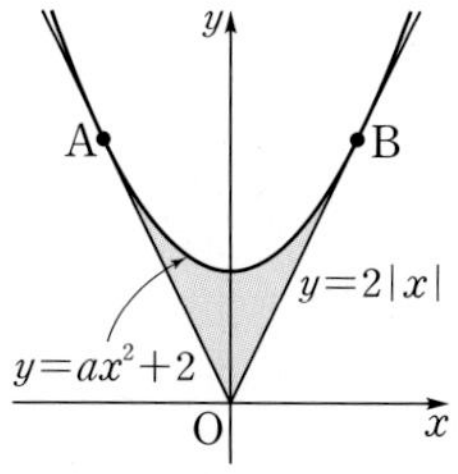

① $\frac{13}{6}$ ② $\frac{7}{3}$ ③ $\frac{5}{2}$
④ $\frac{8}{3}$ ⑤ $\frac{17}{6}$

0851

함수 $f(x)=(x-2)^2\ (x\geq2)$의 역함수를 $g(x)$라 할 때, 두 곡선 $y=f(x)$, $y=g(x)$와 x축 및 y축으로 둘러싸인 도형의 넓이는?

① $\frac{16}{3}$ ② 8 ③ $\frac{32}{3}$
④ $\frac{40}{3}$ ⑤ 16

0852

그림과 같이 곡선 $y=f(x)$와 x축으로 둘러싸인 두 도형의 넓이를 각각 S_1, S_2라 할 때, 보기에서 옳은 것만을 있는 대로 고른 것은?

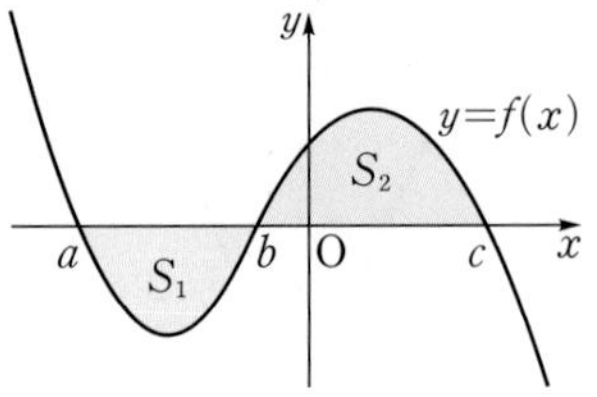

보기

ㄱ. $\int_b^a f(x)dx=S_1$

ㄴ. $\int_a^c f(x)dx>0$이면 $S_1<S_2$이다.

ㄷ. $\int_a^c |f(x)|dx<2S_1$이면 $\int_a^c f(x)dx>0$이다.

① ㄱ　② ㄴ　③ ㄱ, ㄴ　④ ㄱ, ㄷ　⑤ ㄱ, ㄴ, ㄷ

0853 교육청 기출

모든 실수 x에 대하여 함수 $f(x)$는 다음 조건을 만족시킨다.

(가) $f(x+2)=f(x)$
(나) $f(x)=|x|$ $(-1\le x<1)$

함수 $g(x)=\int_{-2}^{x} f(t)dt$라 할 때, 실수 a에 대하여 $g(a+4)-g(a)$의 값은?

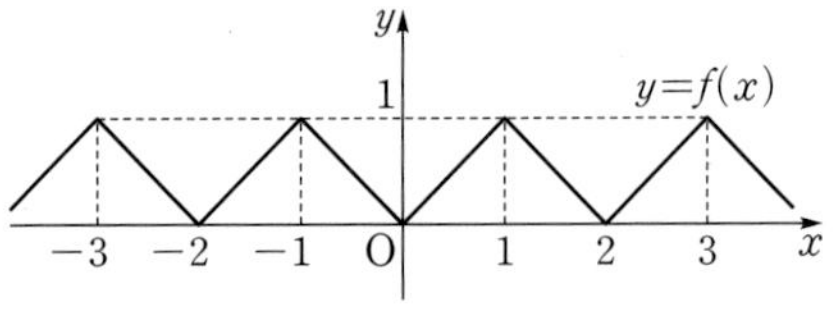

① 1　② 2　③ 3　④ 4　⑤ 5

서술형 대비하기

0854

그림과 같이 곡선 $y=6-x^2$과 x축 사이에 직사각형이 내접할 때, 색칠한 부분의 넓이의 최솟값은 $m\sqrt{6}+n\sqrt{2}$이다. m^2+n^2의 값을 구하시오. (단, m, n은 유리수이다.)

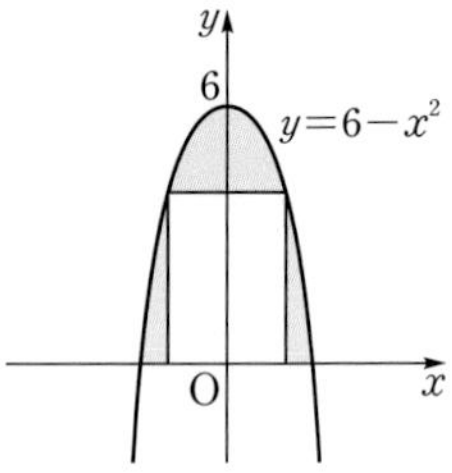

0855

이차함수 $y=f(x)$의 그래프와 삼차함수 $y=g(x)$의 그래프가 그림과 같다. $0\le x\le 1$에서 두 곡선 $y=f(x)$, $y=g(x)$로 둘러싸인 도형의 넓이가 x축에 의하여 이등분될 때, $\frac{g(2)}{f(2)}$의 값을 구하시오.

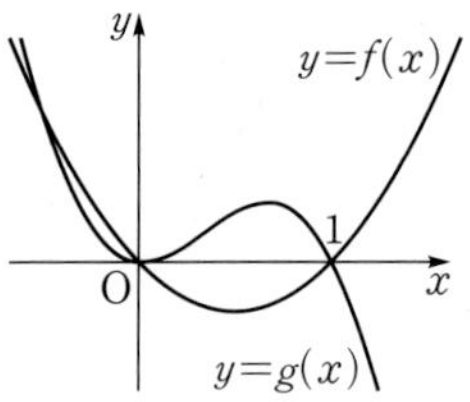

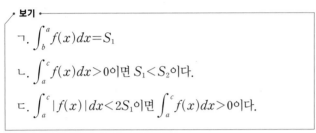

정답과 풀이 182쪽

0856

수직선 위를 움직이는 두 점 P, Q의 시각 t에서의 속도를 각각 $v_{\mathrm{P}}(t)$, $v_{\mathrm{Q}}(t)$라 하면

$$v_{\mathrm{P}}(t)=3t^2+4t-2,\ v_{\mathrm{Q}}(t)=4t+k$$

이다. 두 점 P, Q가 원점을 동시에 출발한 후 한 번만 만나도록 하는 정수 k의 최솟값은?

① -2　② -1　③ 0　④ 1　⑤ 2

0857

곡선 $y=x^2-2x-1$과 직선 $y=mx$로 둘러싸인 도형의 넓이의 최솟값은?

① 1　② $\frac{4}{3}$　③ $\frac{5}{3}$　④ 2　⑤ $\frac{7}{3}$

0858 수능 기출

두 함수

$$f(x)=\frac{1}{3}x(4-x),\ g(x)=|x-1|-1$$

의 그래프로 둘러싸인 부분의 넓이를 S라 할 때, $4S$의 값을 구하시오.

0859

최고차항의 계수가 양수인 이차함수 $f(x)$가 다음 조건을 만족시킨다.

(가) 모든 실수 t에 대하여 $\int_0^t f(x)dx=\int_{2-t}^{2} f(x)dx$이다.
(나) $f(2)=0$

곡선 $y=f(x)$와 x축 및 직선 $x=3$으로 둘러싸인 두 도형의 넓이의 합이 16일 때, $f(4)$의 값을 구하시오.

0860

함수 $f(x)=x^2+x\ (x\geq0)$의 역함수를 $g(x)$라 할 때,

$$\int_a^{a+1} f(x)dx+\int_{f(a)}^{f(a+1)} g(x)dx=24$$

를 만족시키는 양수 a의 값은?

① 1 ② 2 ③ 3
④ 4 ⑤ 5

0861

$x\leq t$에서 함수 $f(x)=x^3-6x^2+9x$의 최댓값을 $g(t)$라 하자. 함수 $y=g(x)$의 그래프와 x축 및 직선 $x=4$로 둘러싸인 도형의 넓이를 S라 할 때, $4S$의 값을 구하시오.

0862

원점을 동시에 출발하여 수직선 위를 움직이는 두 점 P, Q의 시각 t에서의 속도는 각각

$$v_1(t)=6t^2+2t,\ v_2(t)=3t^2+8t$$

이고, 시각 t에서의 두 점 P, Q 사이의 거리를 $f(t)$라 하자. 두 점 P, Q가 출발 후 시각 $t=a$에서 처음으로 만난다고 할 때, 구간 $[0, a]$에서 함수 $f(t)$의 최댓값을 구하시오.

0863

최고차항의 계수가 1이고 극댓값을 갖는 사차함수 $f(x)$가 다음 조건을 만족시킨다.

(가) 모든 실수 x에 대하여 $f(-x)=f(x)$이다.
(나) 함수 $f(x)$는 극솟값 0을 갖는다.

곡선 $y=f'(x)$와 x축으로 둘러싸인 도형의 넓이가 8일 때, $f(0)$의 값을 구하시오.

0864

실수 전체의 집합에서 증가하고 연속인 함수 $f(x)$가 다음 조건을 만족시킨다.

> (가) $f(0)=1$
> (나) 모든 실수 x에 대하여 $f(x+1)=f(x)+1$이다.

함수 $y=f(x)$의 그래프와 y축 및 두 직선 $y=2$, $y=6$으로 둘러싸인 부분의 넓이가 13일 때, $\int_0^1 f(x)dx$의 값은?

① $\frac{1}{2}$　② $\frac{3}{4}$　③ 1　④ $\frac{5}{4}$　⑤ $\frac{3}{2}$

0865 평가원 기출

닫힌구간 $[0, 1]$에서 연속인 함수 $f(x)$가

$$f(0)=0,\ f(1)=1,\ \int_0^1 f(x)dx=\frac{1}{6}$$

을 만족시킨다. 실수 전체의 집합에서 정의된 함수 $g(x)$가 다음 조건을 만족시킬 때, $\int_{-3}^{2} g(x)dx$의 값은?

> (가) $g(x)=\begin{cases} -f(x+1)+1 & (-1<x<0) \\ f(x) & (0\le x\le 1) \end{cases}$
> (나) 모든 실수 x에 대하여 $g(x+2)=g(x)$이다.

① $\frac{5}{2}$　② $\frac{17}{6}$　③ $\frac{19}{6}$　④ $\frac{7}{2}$　⑤ $\frac{23}{6}$

0866

실수 전체의 집합에서 연속인 함수 $f(x)$가

$$\{f(x)\}^2-f(x)=x^2\{f(x)-1\}$$

을 만족시킨다. $\int_{-2}^{2} f(x)dx$의 최댓값을 M, 최솟값을 m이라 할 때, $\frac{M}{m}$의 값은?

① $\frac{3}{2}$　② 2　③ $\frac{5}{2}$　④ 3　⑤ $\frac{7}{2}$

0867 평가원 기출

수직선 위를 움직이는 점 P의 시각 t에서의 가속도가

$$a(t)=3t^2-12t+9\ (t\ge 0)$$

이고, 시각 $t=0$에서의 속도가 k일 때, 보기에서 옳은 것만을 있는 대로 고른 것은?

> **보기**
> ㄱ. 구간 $(3, \infty)$에서 점 P의 속도는 증가한다.
> ㄴ. $k=-4$이면 구간 $(0, \infty)$에서 점 P의 운동 방향이 두 번 바뀐다.
> ㄷ. 시각 $t=0$에서 시각 $t=5$까지 점 P의 위치의 변화량과 점 P가 움직인 거리가 같도록 하는 k의 최솟값은 0이다.

① ㄱ　② ㄴ　③ ㄱ, ㄴ　④ ㄱ, ㄷ　⑤ ㄱ, ㄴ, ㄷ

09 정적분의 활용

MEMO

빠른 정답 1권

Ⅰ 함수의 극한과 연속

01 함수의 극한

확인 문제

유형 02	(1) 존재하지 않는다.	(2) 존재하지 않는다.
	(3) 존재한다, 0	(4) 존재하지 않는다.
유형 06	(1) 3	(2) $\frac{1}{4}$
	(3) 8	
유형 07	(1) 2	(2) $\frac{5}{3}$
	(3) 2	
유형 08	(1) 0	(2) -2
유형 09	(1) $-\frac{1}{4}$	(2) -1
유형 13	(1) 참	(2) 참
	(3) 거짓	(4) 참

PART A 유형별 문제

0001 ④	0002 1	0003 ③	0004 ⑤
0005 ③	0006 ③	0007 ②	0008 ①
0009 ④	0010 ④	0011 2	0012 -4
0013 ⑤	0014 -1	0015 ⑤	0016 2
0017 ④	0018 ④	0019 1	0020 ④
0021 ①	0022 ①	0023 14	0024 ④
0025 ④	0026 6	0027 5	0028 ⑤
0029 ④	0030 ④	0031 ②	0032 2
0033 ③	0034 2	0035 ③	0036 12
0037 9	0038 4	0039 -1	0040 9
0041 ③	0042 ②	0043 1	0044 4
0045 ②	0046 ③	0047 ②	0048 3
0049 ③	0050 ③	0051 ⑤	0052 ②
0053 ④	0054 2	0055 5	0056 ①
0057 ⑤	0058 ③	0059 12	0060 2
0061 5	0062 ②	0063 14	0064 9
0065 3	0066 9	0067 28	0068 ⑤
0069 3	0070 2	0071 ②	0072 ②
0073 9	0074 ②	0075 ③	0076 ⑤
0077 ①	0078 ③	0079 4	0080 3
0081 4	0082 6	0083 ③	0084 ③
0085 ⑤	0086 2	0087 ②	0088 ②

PART B 내신 잡는 종합 문제

0089 ④	0090 ②	0091 ③	0092 ④
0093 ⑤	0094 14	0095 ④	0096 1
0097 ③	0098 ①	0099 ②	0100 14
0101 4	0102 ④	0103 36	0104 28

PART C 수능 녹인 변별력 문제

0105 ①	0106 ③	0107 12	0108 ④
0109 6	0110 1	0111 ④	0112 21
0113 ⑤	0114 ①	0115 ③	0116 5

02 함수의 연속

확인 문제

유형 01	(1) 연속	(2) 불연속
	(3) 불연속	(4) 연속

PART A 유형별 문제

0117 ①	0118 ④	0119 ①	0120 ③
0121 ③	0122 ⑤	0123 ②	0124 ⑤
0125 ③	0126 ④	0127 ⑤	0128 ⑤
0129 ②	0130 ①	0131 -3	0132 ⑤
0133 ③	0134 1	0135 12	0136 ①
0137 6	0138 ③	0139 ②	0140 ③
0141 ④	0142 ①	0143 ②	0144 3
0145 ④	0146 2	0147 ①	0148 ②
0149 ①	0150 ①	0151 3	0152 12
0153 21	0154 ①	0155 ⑤	0156 ①
0157 ④	0158 2	0159 65	0160 ④
0161 1	0162 2	0163 ②	0164 ②
0165 ④	0166 3	0167 ②	0168 ③
0169 3			

PART B 내신 잡는 종합 문제

0170 ⑤	0171 ②	0172 ④	0173 6
0174 ③	0175 ④	0176 24	0177 ③
0178 4	0179 ④	0180 ⑤	0181 ⑤
0182 3	0183 24		

PART C 수능 녹인 변별력 문제

0184 ④	0185 ④	0186 ③	0187 ②
0188 13	0189 ④	0190 14	0191 36
0192 ④	0193 15	0194 8	0195 49

Ⅱ 미분

03 미분계수와 도함수

확인 문제

유형 01 (1) 2 (2) 1 (3) 5

유형 02 (1) -1 (2) 7 (3) -2

유형 08 (1) $y'=8x^3$ (2) $y'=-3$ (3) $y'=-2x+6$

유형 09 (1) $y'=6x^2-14x+5$
(2) $y'=3x^2+2x-2$
(3) $y'=3(2x^2+x-3)^2(4x+1)$
(4) $y'=2(x+1)(2x^2+x-3)$

PART A 유형별 문제

0196 ①	0197 2	0198 3	0199 2
0200 ①	0201 ②	0202 2	0203 7
0204 ①	0205 ⑤	0206 ⑤	0207 ③
0208 ④	0209 15	0210 ②	0211 3
0212 ②	0213 1	0214 6	0215 6
0216 ⑤	0217 13	0218 16	0219 ③
0220 12	0221 3	0222 ⑤	0223 8
0224 ②	0225 7	0226 ⑤	0227 ⑤
0228 6	0229 ④	0230 8	0231 ②
0232 ③	0233 ①	0234 20	0235 ③
0236 ②	0237 11	0238 15	0239 ⑤
0240 36	0241 2	0242 ①	0243 ④
0244 ②	0245 34	0246 ①	0247 ③
0248 19	0249 ③	0250 -1	0251 ④
0252 ③	0253 2	0254 ②	0255 20
0256 ③	0257 ③	0258 8	0259 ②
0260 9	0261 ⑤		

PART B 내신 잡는 종합 문제

0262 1	0263 ③	0264 5	0265 ③
0266 ③	0267 ②	0268 56	0269 ①
0270 6	0271 14	0272 ⑤	0273 ①
0274 ③	0275 ④	0276 6	0277 60

PART C 수능 녹인 변별력 문제

0278 ④	0279 11	0280 20	0281 23
0282 8	0283 2	0284 ⑤	0285 ②
0286 ③	0287 2	0288 ①	0289 6

04 도함수의 활용(1)

확인 문제

유형 02 (1) $y=7x-3$ (2) $y=9x+10$

PART A 유형별 문제

0290 4	0291 ④	0292 10	0293 10
0294 ④	0295 ③	0296 ③	0297 37
0298 1	0299 ①	0300 5	0301 ④
0302 ①	0303 ⑤	0304 ③	0305 ②
0306 6	0307 9	0308 ⑤	0309 ③
0310 -15	0311 ②	0312 2	0313 ②
0314 2	0315 2	0316 ①	0317 21
0318 6	0319 ②	0320 ①	0321 ③
0322 5	0323 ⑤	0324 ②	0325 -3
0326 ①	0327 ③	0328 ③	0329 ⑤
0330 -6	0331 5	0332 ⑤	0333 ⑤
0334 ②	0335 16	0336 8	0337 ③
0338 ③	0339 16	0340 ④	0341 4
0342 8	0343 2	0344 3	0345 4
0346 1	0347 ④	0348 ③	0349 5
0350 ④	0351 5	0352 ⑤	0353 20

PART B 내신 잡는 종합 문제

0354 ④	0355 ⑤	0356 ③	0357 48
0358 ②	0359 ①	0360 ④	0361 ④

0362 ③	0363 ②	0364 5	0365 ⑤
0366 1	0367 14		

PART C 수능 녹인 변별력 문제

0368 6	0369 7	0370 18	0371 97
0372 ③	0373 51	0374 ②	0375 ②

05 도함수의 활용(2)

확인 문제

유형 01 (1) 감소 (2) 증가 (3) 증가

유형 05 (1) 2 (2) -2, -1

PART A 유형별 문제

0376 ⑤	0377 ⑤	0378 15	0379 ④
0380 ③	0381 6	0382 ①	0383 15
0384 10	0385 11	0386 ②	0387 ②
0388 16	0389 ⑤	0390 ③	0391 2
0392 ③	0393 3	0394 7	0395 ②
0396 -4	0397 ①	0398 ②	0399 9
0400 ①	0401 ①	0402 -6	0403 16
0404 ②	0405 ①	0406 ④	0407 6
0408 12	0409 0	0410 23	0411 ④
0412 ③	0413 ③	0414 ①	0415 ②
0416 2	0417 ⑤	0418 ②	0419 ⑤
0420 ③	0421 ③	0422 ②	0423 ②
0424 ⑤	0425 ①	0426 3	0427 -9
0428 ⑤	0429 3	0430 ②	0431 2
0432 5	0433 -6	0434 -4	0435 ①
0436 8	0437 ⑤	0438 ①	0439 6
0440 ④	0441 27	0442 ⑤	0443 4
0444 15	0445 ③	0446 30	0447 ④
0448 ②	0449 ①	0450 ②	0451 27
0452 -8	0453 ②	0454 ③	0455 486
0456 18	0457 ③	0458 ④	

PART B 내신 잡는 종합 문제

0459 3	0460 ②	0461 4	0462 4
0463 ⑤	0464 18	0465 5	0466 ②
0467 2	0468 12	0469 7	0470 ③
0471 ②	0472 ③	0473 ②	0474 ②
0475 32	0476 4		

PART C 수능 녹인 변별력 문제

0477 ②	0478 12	0479 10	0480 4
0481 ②	0482 ②	0483 1	0484 ①
0485 12	0486 16	0487 11	0488 ③
0489 ③	0490 ③	0491 ④	0492 76

06 도함수의 활용(3)

확인 문제

유형 01 (1) 3 (2) 2

유형 10 (1) 1 (2) 4

PART A 유형별 문제

0493 ②	0494 5	0495 12	0496 ②
0497 20	0498 4	0499 4	0500 81
0501 2	0502 ①	0503 6	0504 21
0505 31	0506 ③	0507 11	0508 ②
0509 17	0510 8	0511 21	0512 9
0513 ①	0514 ③	0515 7	0516 ⑤
0517 ①	0518 27	0519 -2	0520 ①
0521 4	0522 2	0523 16	0524 -7
0525 12	0526 6	0527 ③	0528 ②
0529 ②	0530 ⑤	0531 6	0532 7
0533 -12	0534 18	0535 6	0536 4
0537 ②	0538 2	0539 32	0540 ①
0541 240 m	0542 ③	0543 45 m	0544 ⑤
0545 50 m/s	0546 60	0547 ①	0548 ④
0549 ⑤	0550 ③	0551 24	0552 33
0553 $108\pi\,cm^3$	0554 $72\,cm^2/s$	0555 ②	0556 $48\pi\,cm^3/s$

PART B 내신 잡는 종합 문제

0557 15	0558 33	0559 ④	0560 ①
0561 1	0562 ⑤	0563 ⑤	0564 ①
0565 ③	0566 ③	0567 ②	0568 ⑤
0569 ③	0570 1	0571 27	

PART C 수능 녹인 변별력 문제

0572 15	0573 ③	0574 ②	0575 ②
0576 15	0577 28	0578 23	0579 34
0580 47	0581 ⑤	0582 5	0583 ⑤

Ⅲ 적분

07 부정적분

확인 문제

유형 01 (1) $2x+C$ (2) x^3+C

PART A 유형별 문제

0584 2	0585 ①	0586 24	0587 7
0588 8	0589 ③	0590 ②	0591 11
0592 1	0593 -3	0594 7	0595 73
0596 11	0597 14	0598 25	0599 14
0600 2	0601 4	0602 ④	0603 -9
0604 -2	0605 10	0606 4	0607 29
0608 6	0609 26	0610 27	0611 8
0612 ③	0613 8	0614 ③	0615 25
0616 9	0617 ④	0618 -4	0619 29
0620 ④	0621 -2	0622 28	0623 -4
0624 9	0625 2	0626 5	0627 35
0628 ③	0629 -20	0630 28	

PART B 내신 잡는 종합 문제

0631 ⑤	0632 ①	0633 -5	0634 -1
0635 ④	0636 8	0637 21	0638 2
0639 ③	0640 35	0641 30	0642 ③
0643 -4	0644 4		

PART C 수능 녹인 변별력 문제

0645 ②	0646 100	0647 ②	0648 32
0649 ②	0650 45	0651 ④	0652 57
0653 ②	0654 ⑤	0655 7	0656 ④

08 정적분

확인 문제

유형 01 (1) 9 (2) 0
(3) 5

PART A 유형별 문제

0657 ①	0658 ③	0659 ⑤	0660 ②
0661 13	0662 11	0663 4	0664 99
0665 ③	0666 ④	0667 6	0668 28
0669 ①	0670 3	0671 ③	0672 5
0673 ①	0674 ②	0675 ③	0676 10
0677 ③	0678 ⑤	0679 0	0680 10
0681 4	0682 2	0683 ④	0684 ④
0685 ③	0686 6	0687 4	0688 12
0689 6	0690 ④	0691 ③	0692 ②
0693 ②	0694 12	0695 6	0696 2
0697 57	0698 6	0699 ⑤	0700 4
0701 2	0702 ④	0703 304	0704 ③
0705 ①	0706 2	0707 ④	0708 4
0709 ②	0710 36	0711 10	0712 0
0713 ③	0714 8	0715 ③	0716 ③
0717 -5	0718 8	0719 5	0720 17
0721 ②	0722 -6	0723 ②	0724 ④
0725 14	0726 2	0727 4	0728 ①
0729 ④	0730 3	0731 ③	0732 ④
0733 ③	0734 ④	0735 2	0736 ④
0737 ⑤	0738 18		

PART B 내신 잡는 종합 문제

0739 2	0740 ①	0741 9	0742 ⑤
0743 ④	0744 3	0745 ⑤	0746 ⑤
0747 ⑤	0748 24	0749 5	0750 200
0751 ②	0752 ③	0753 ②	0754 ②
0755 4	0756 14		

PART C 수능 녹인 변별력 문제

0757 9	0758 45	0759 ④	0760 ④
0761 ①	0762 15	0763 ③	0764 ⑤
0765 ③	0766 26	0767 ②	0768 2
0769 20	0770 36	0771 110	0772 7

09 정적분의 활용

확인 문제

유형 10 (1) -3 (2) -1

PART A 유형별 문제

0773 8	0774 2	0775 4	0776 3
0777 1	0778 60	0779 1	0780 9
0781 ②	0782 ④	0783 8	0784 2
0785 1	0786 9	0787 ③	0788 4
0789 27	0790 ③	0791 2	0792 ⑤
0793 11	0794 ②	0795 ③	0796 2
0797 -6	0798 ⑤	0799 1	0800 8
0801 27	0802 16	0803 ③	0804 1
0805 ④	0806 2	0807 ③	0808 ②
0809 17	0810 12	0811 2	0812 14
0813 5	0814 ②	0815 1	0816 ④
0817 ②	0818 ②	0819 14	0820 ①
0821 20	0822 9	0823 2	0824 300
0825 ④	0826 ②	0827 ②	0828 50
0829 20 m	0830 ②	0831 ③	0832 22
0833 ⑤	0834 14	0835 32	0836 ③
0837 8	0838 ③		

PART B 내신 잡는 종합 문제

0839 ③	0840 ④	0841 27	0842 24
0843 2	0844 -3	0845 3	0846 ①
0847 ②	0848 12	0849 ⑤	0850 ④
0851 ③	0852 ③	0853 ②	0854 128
0855 -4			

PART C 수능 녹인 변별력 문제

0856 ②	0857 ②	0858 14	0859 48
0860 ②	0861 59	0862 4	0863 4
0864 ④	0865 ②	0866 ③	0867 ④

MEMO

MEMO

MEMO

MEMO

MEMO

유형 ON

수학의 바이블

모든 유형으로 실력을 **밝혀라!**

유형 ON

수학의 바이블

학교 시험에
자주 나오는
122유형
1395제 수록

1권 유형편
867제로
완벽한
필수 유형 학습

2권 변형편
528제로
복습 및 학교 시험
완벽 대비

수학 Ⅱ

모든 유형으로 실력을 **밝혀라!**

유형 ON

2권

이투스북

온 [모두의] 모든 유형을 담다. ON [켜다] 실력의 불을 켜다.

유형 ON

수학의 바이블

유형 ON

2권

수학 Ⅱ

이 책의 차례

I 함수의 극한과 연속

II 미분

III 적분

Ⅰ

함수의 극한

함수의 극한

유형 01 함수의 극한과 그래프

0001

함수 $y=f(x)$의 그래프가 그림과 같다.

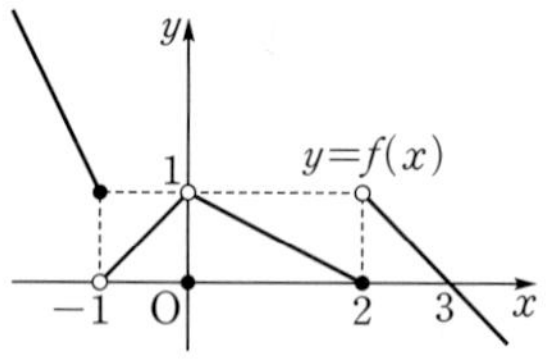

$\lim_{x \to -1+} f(x) + \lim_{x \to 2+} f(x)$의 값을 구하시오.

0002

함수 $y=f(x)$의 그래프가 그림과 같다.

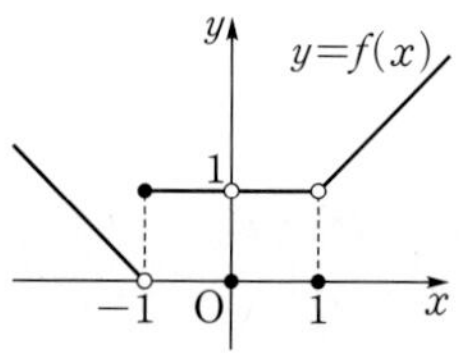

$\lim_{x \to -1-} f(x) + \lim_{x \to 0-} f(x) + \lim_{x \to 1+} f(x)$의 값을 구하시오.

0003

함수 $y=f(x)$의 그래프가 그림과 같다.

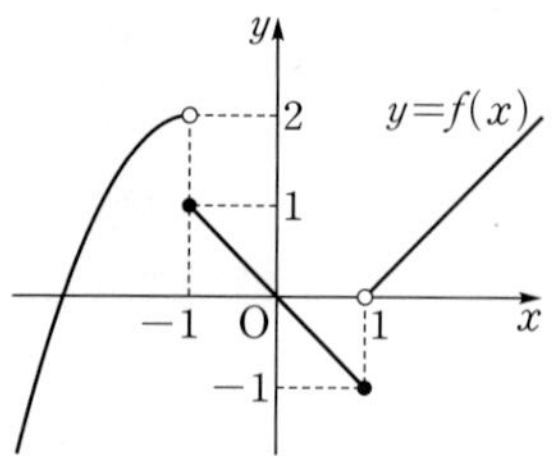

$\lim_{x \to 2+} f(1-x) + \lim_{x \to 2-} f(x-1)$의 값은?

① -1 ② 0 ③ 1
④ 2 ⑤ 3

0004

함수 $y=f(x)$의 그래프가 그림과 같다.

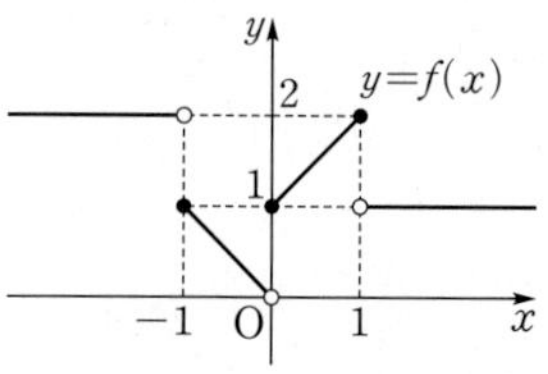

$\lim_{x \to \infty} f\left(\frac{2-x}{x-1}\right) + \lim_{x \to 2-} f(x-1) + f(1)$의 값은?

① 1 ② 2 ③ 3
④ 4 ⑤ 5

0005

함수 $y=f(x)$의 그래프가 그림과 같다.

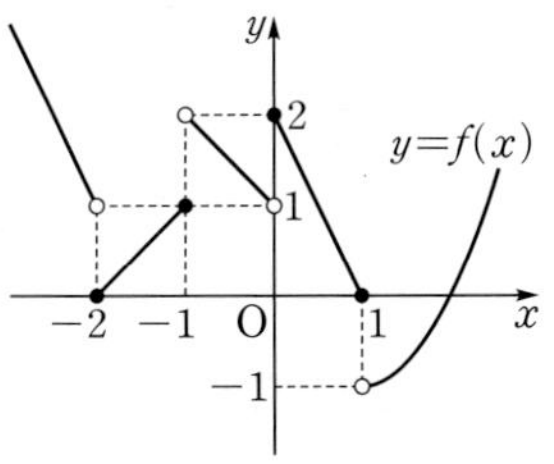

$\lim_{x\to k-} f(x) < \lim_{x\to k+} f(x)$를 만족시키는 모든 실수 k의 값의 합은?

① -3　　② -2　　③ -1
④ 0　　⑤ 1

0006

함수 $y=f(x)$의 그래프가 그림과 같을 때, 보기에서 옳은 것만을 있는 대로 고른 것은?

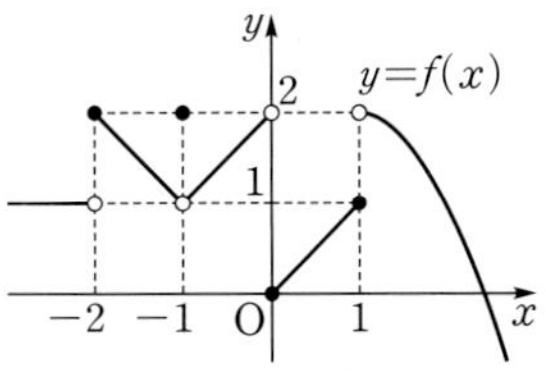

보기

ㄱ. $\lim_{x\to -2-} f(x) + \lim_{x\to 0+} f(x) = 1$

ㄴ. $\lim_{x\to k-} f(x) > \lim_{x\to k+} f(x)$를 만족시키는 실수 k의 개수는 2이다.

ㄷ. $\lim_{x\to k-} f(x) \neq \lim_{x\to k+} f(x)$를 만족시키는 모든 실수 k의 값의 합은 -1이다.

① ㄱ　　② ㄴ　　③ ㄱ, ㄴ
④ ㄱ, ㄷ　　⑤ ㄱ, ㄴ, ㄷ

유형 02 함수의 극한값과 존재조건

0007

두 함수 $f(x)=\dfrac{x^2-1}{|x-1|}$, $g(x)=\dfrac{|x^2-4|}{x-2}$에 대하여

$\lim_{x\to 1-} f(x) + \lim_{x\to 2+} g(x)$의 값은?

① 0　　② 1　　③ 2
④ 3　　⑤ 4

0008

함수 $f(x)=\begin{cases} \dfrac{|x^2-9|}{x-3} & (x<3) \\ a & (x\geq 3) \end{cases}$에 대하여 $\lim_{x\to 3} f(x)$의 값이 존재할 때, 상수 a의 값은?

① -6　　② -3　　③ 0
④ 3　　⑤ 6

0009

함수 $f(x)=\begin{cases} x^2-2x-1 & (x<1) \\ -x^2+a & (1\leq x<2) \\ bx-3 & (x\geq 2) \end{cases}$에 대하여 $\lim_{x\to 1} f(x)$, $\lim_{x\to 2} f(x)$의 값이 모두 존재할 때, 상수 a, b에 대하여 a^2+b^2의 값을 구하시오.

유형 03 합성함수의 극한

0010

함수 $f(x)=\begin{cases} -1 & (x<1) \\ -x+2 & (x\geq 1) \end{cases}$에 대하여

$\lim_{x\to 1-} f(f(x))+\lim_{x\to 1+} f(f(x))$의 값은?

① -2 ② -1 ③ 0
④ 1 ⑤ 2

0011 교육청 변형

함수 $y=f(x)$의 그래프가 그림과 같다.

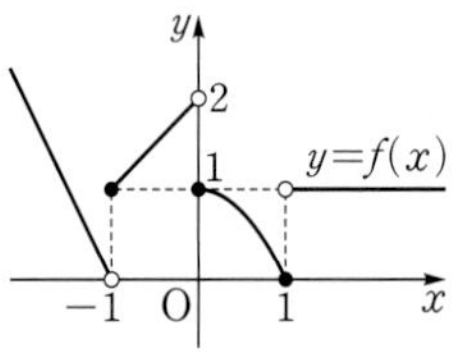

$\lim_{x\to 1+} f(x-2)+\lim_{x\to 1-} f(f(x))$의 값은?

① 0 ② 1 ③ 2
④ 3 ⑤ 4

0012

함수 $y=f(x)$의 그래프가 그림과 같다.

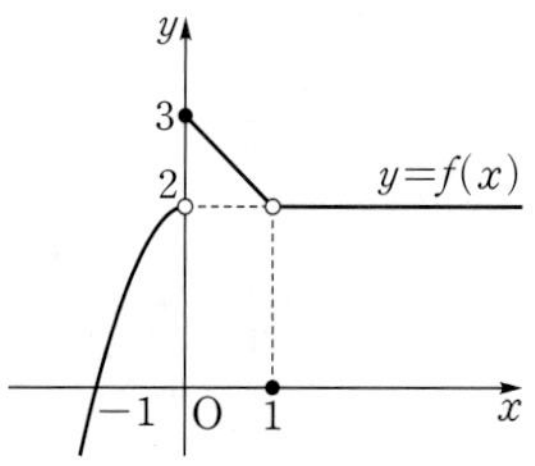

함수 $g(x)=\begin{cases} \dfrac{|x-2|}{x-2} & (x\neq 2) \\ 2 & (x=2) \end{cases}$에 대하여

$\lim_{x\to 0-} g(f(x))+\lim_{x\to 1+} g(f(x))+\lim_{x\to 2+} f(g(x))$의 값을 구하시오.

0013

두 함수 $y=f(x)$, $y=g(x)$의 그래프가 그림과 같을 때, 보기에서 옳은 것만을 있는 대로 고른 것은?

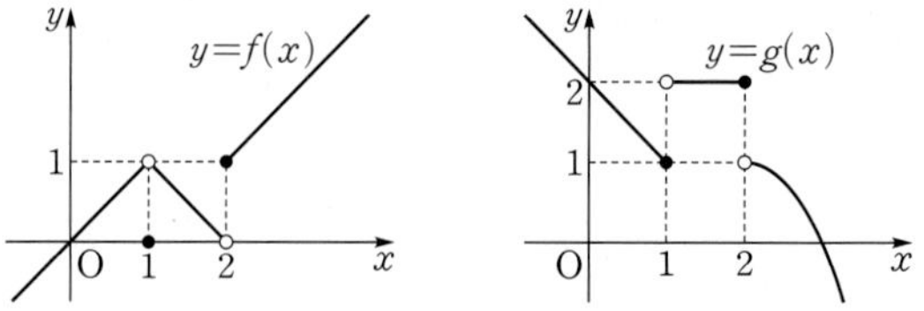

보기

ㄱ. $\lim_{x\to 1} f(x)=1$

ㄴ. $\lim_{x\to 2} f(f(x))=0$

ㄷ. $\lim_{x\to 1} f(g(x))=1$

① ㄱ ② ㄴ ③ ㄱ, ㄴ
④ ㄱ, ㄷ ⑤ ㄱ, ㄴ, ㄷ

유형 04 $[x]$ 꼴을 포함한 함수의 극한

0014

$\lim_{x\to3+}\frac{[x]^2+3x}{[x]}+\lim_{x\to3-}\frac{[x]^2-2x}{[x]}$의 값을 구하시오.

(단, $[x]$는 x보다 크지 않은 최대의 정수이다.)

0015

함수 $f(x)=[x]^2+a[x]+b$가 다음 조건을 만족시킨다.

(가) $f\left(\frac{5}{3}\right)=5$

(나) $\lim_{x\to2}f(x)$의 값이 존재한다.

상수 a, b에 대하여 $a-b$의 값은?

(단, $[x]$는 x보다 크지 않은 최대의 정수이다.)

① -12 ② -10 ③ -8

④ -6 ⑤ -4

0016

함수 $y=f(x)$의 그래프가 그림과 같을 때,

$\lim_{x\to0-}[f(x-1)]+\lim_{x\to1-}f([1-x])$의 값을 구하시오.

(단, $[x]$는 x보다 크지 않은 최대의 정수이다.)

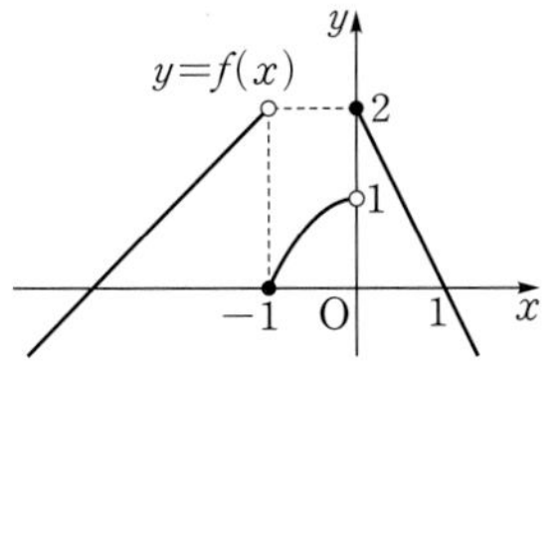

유형 05 함수의 극한에 대한 성질

0017

두 함수 $f(x)$, $g(x)$에 대하여

$\lim_{x\to3}f(x)=16$, $\lim_{x\to3}\{f(x)-4g(x)\}=8$

일 때, $\lim_{x\to3}g(x)$의 값을 구하시오.

0018

두 함수 $f(x)$, $g(x)$가

$\lim_{x\to\infty}\{f(x)-3g(x)\}=3$, $\lim_{x\to\infty}g(x)=\infty$

를 만족시킬 때, $\lim_{x\to\infty}\frac{3f(x)+g(x)}{2f(x)-g(x)}$의 값은?

① -1 ② 0 ③ 1

④ 2 ⑤ 3

0019

함수 $f(x)$에 대하여 $\lim_{x\to\infty}\frac{1}{x^2}\{f(x)+3x^2\}=0$일 때,

$\lim_{x\to\infty}\frac{3x^2-4f(x)}{2f(x)-5x}$의 값은?

① $-\frac{5}{2}$ ② -1 ③ 0

④ 1 ⑤ $\frac{5}{2}$

0020 평가원 변형

함수 $f(x)$에 대하여

$$\lim_{x\to1}\frac{f(x-1)}{x^2-1}=2$$

일 때, $\lim_{x\to0}\frac{f(x)-x^2+2x}{f(x)+x^2-x}$의 값은?

① -1 ② 0 ③ 1
④ 2 ⑤ 4

0023

함수 $f(x)$에 대하여 $\lim_{x\to1}f(x)=2$일 때,

$\lim_{x\to1}\frac{(x^2+x-2)f(x)}{\sqrt{x}-1}$의 값을 구하시오.

유형 06 $\frac{0}{0}$ 꼴 극한값의 계산

0021

$\lim_{x\to3}\frac{2x^2-8x+6}{x^2-3x}+\lim_{x\to2}\frac{x^2-4}{x^2-x-2}$의 값은?

① 2 ② $\frac{7}{3}$ ③ $\frac{8}{3}$
④ 3 ⑤ $\frac{10}{3}$

0022

$\lim_{x\to3}\frac{x^3-3x^2+3x-9}{x^2-3x}+\lim_{x\to1}\frac{x-1}{\sqrt{x+3}-2}$의 값은?

① 2 ② 4 ③ 6
④ 8 ⑤ 10

0024

일차함수 $f(x)$가 $\lim_{x\to2}\frac{x^2-2x}{(x^2-4)f(x)}=\frac{1}{4}$을 만족시킨다.

$f(1)=5$일 때, $f(3)$의 값은?

① -2 ② -1 ③ 0
④ 1 ⑤ 2

유형 07 $\frac{\infty}{\infty}$ 꼴 극한값의 계산

0025

$\lim_{x\to\infty}\frac{3x^2-4x-1}{x^2-2x}+\lim_{x\to\infty}\frac{\sqrt{x^2+4}-2}{x+1}$의 값은?

① 3 ② 4 ③ 5
④ 6 ⑤ 7

0026

$\lim_{x\to-\infty}\frac{\sqrt{4x^2+1}+x}{\sqrt{x^2+2x+3}-x}$의 값은?

① -1 ② $-\frac{1}{2}$ ③ $-\frac{1}{3}$

④ $\frac{1}{3}$ ⑤ $\frac{1}{2}$

0027

함수 $f(x)$에 대하여 $\lim_{x\to\infty}\frac{f(x)-2x}{x+1}=2$일 때, $\lim_{x\to\infty}\frac{5x-f(x)}{f(x)-x}$의 값은?

① $\frac{1}{3}$ ② $\frac{2}{3}$ ③ 1

④ $\frac{4}{3}$ ⑤ $\frac{5}{3}$

0028

두 함수 $f(x)$, $g(x)$에 대하여

$$\lim_{x\to\infty}\frac{f(x)}{2x+3}=4,\ \lim_{x\to\infty}\frac{g(x)}{x^2+1}=2$$

일 때, $\lim_{x\to\infty}\frac{2g(x)}{xf(x)}$의 값은?

① $\frac{1}{8}$ ② $\frac{1}{4}$ ③ $\frac{1}{2}$

④ 1 ⑤ 2

유형 08 $\infty-\infty$ 꼴 극한값의 계산

0029

$\lim_{x\to\infty}\frac{1}{x-\sqrt{x^2-6x+10}}$의 값은?

① $\frac{1}{6}$ ② $\frac{1}{3}$ ③ $\frac{1}{2}$

④ 1 ⑤ 2

0030

$\lim_{x\to-\infty}\frac{2}{\sqrt{4x^2-2x}+2x}$의 값을 구하시오.

0031

$\lim_{x\to a}\frac{x^2-a^2}{x-a}=2$, $\lim_{x\to\infty}(\sqrt{x^2+ax}-\sqrt{x^2+bx})=3$일 때, 상수 a, b에 대하여 $a+b$의 값을 구하시오.

유형 09 $\infty\times0$ 꼴 극한값의 계산

0032

$\lim_{x\to2}\frac{1}{x-2}\left(\frac{x^2}{2x-6}+2\right)$의 값은?

① -8 ② -4 ③ -2

④ 2 ⑤ 4

0033

$\lim_{x \to 2} \frac{x-10}{x^2-2x}\left(\frac{4}{\sqrt{x+2}}-2\right)$의 값을 구하시오.

0034

$\lim_{x \to -\infty} x\left(\frac{2x}{\sqrt{x^2-2x}}+2\right)$의 값은?

① -2　② -1　③ 0　④ 1　⑤ 2

유형 10 미정계수의 결정

0035

$\lim_{x \to -2} \frac{x^2+5x+a}{x+2}=b$일 때, 상수 a, b에 대하여 $a+b$의 값을 구하시오.

0036

$\lim_{x \to -1} \frac{a\sqrt{x+2}-a}{x-b}=2$일 때, 상수 a, b에 대하여 $a+b$의 값을 구하시오.

0037

$\lim_{x \to \infty} (\sqrt{x^2+ax+3}+bx)=2$일 때, 상수 a, b에 대하여 $a+b$의 값을 구하시오.

0038

$\lim_{x \to 2} \frac{1}{x-2}\left\{a-\frac{b}{(x+1)^2}\right\}=1$을 만족시키는 상수 a, b에 대하여 $a+b$의 값을 구하시오.

유형 11 다항함수의 결정

0039

삼차함수 $f(x)$가

$$\lim_{x \to 1} \frac{f(x)}{x-1} = \lim_{x \to -2} \frac{f(x)}{x+2} = 9$$

를 만족시킬 때, $f(2)$의 값을 구하시오.

0040

다항함수 $f(x)$가

$$\lim_{x \to \infty} \frac{f(x)-x^3}{3x^2}=1,\ \lim_{x \to 0} \frac{f(x)}{x}=2$$

를 만족시킬 때, $f(2)$의 값을 구하시오.

0041 평가원 변형

최고차항의 계수가 1인 삼차함수 $f(x)$가 $\lim_{x \to 2} \frac{f(x)}{x-2}=5$를 만족시킨다. $f(3) \geq 12$일 때, $f(4)$의 최솟값을 구하시오.

0042

다항함수 $f(x)$가

$$\lim_{x \to \infty} \frac{f(x)-x^2}{2x}=1,\ \lim_{x \to 2} \frac{x^2-4}{(x-2)f(x)}=2$$

를 만족시킬 때, $f(3)$의 값은?

① 8 ② 9 ③ 10 ④ 11 ⑤ 12

유형 12 함수의 극한의 대소 관계

0043

함수 $f(x)$가 모든 양의 실수 x에 대하여

$$3x^3-x^2 \leq (x^3+1)f(x) \leq 3x^3+5x^2$$

을 만족시킬 때, $\lim_{x \to \infty} f(x)$의 값을 구하시오.

0044

함수 $f(x)$가 모든 양의 실수 x에 대하여

$$\frac{x^2-x}{2x+7} \leq f(x) \leq \frac{x^2+x}{2x+3}$$

를 만족시킬 때, $\lim_{x \to \infty} \frac{f(3x)}{x}$의 값은?

① $\frac{1}{2}$ ② $\frac{2}{3}$ ③ $\frac{3}{4}$ ④ 1 ⑤ $\frac{3}{2}$

0045

함수 $f(x)$가 모든 양의 실수 x에 대하여

$$\sqrt{x^2+4x+5} < f(x) < \sqrt{x^2+4x+7}$$

을 만족시킬 때, $\lim_{x \to \infty} \{f(2x)-2x\}$의 값을 구하시오.

유형 13 함수의 극한에 대한 성질의 진위판단

0046

세 함수 $f(x)$, $g(x)$, $h(x)$에 대하여 보기에서 옳은 것만을 있는 대로 고른 것은? (단, a는 실수이다.)

보기

ㄱ. $\lim_{x\to a} f(x)$와 $\lim_{x\to a}\{3f(x)+g(x)\}$의 값이 모두 존재하면 $\lim_{x\to a} g(x)$의 값도 존재한다.

ㄴ. $\lim_{x\to a} f(x)$, $\lim_{x\to a} g(x)$의 값이 모두 존재하지 않으면 $\lim_{x\to a}\{f(x)+g(x)\}$의 값도 존재하지 않는다.

ㄷ. $f(x)<g(x)<h(x)$이고 $\lim_{x\to\infty}\{h(x)-f(x)\}=0$이면 $\lim_{x\to\infty} g(x)$의 값이 존재한다.

① ㄱ　② ㄱ, ㄴ　③ ㄱ, ㄷ
④ ㄴ, ㄷ　⑤ ㄱ, ㄴ, ㄷ

0047

두 함수 $f(x)$, $g(x)$에 대하여 보기에서 옳은 것만을 있는 대로 고른 것은?

보기

ㄱ. $\lim_{x\to 0}\frac{f(x)}{x}$와 $\lim_{x\to 0}\frac{g(x)}{x}$의 값이 모두 존재하면 $\lim_{x\to 0}\{f(x)+g(x)\}$의 값도 존재한다.

ㄴ. $\lim_{x\to 0}\frac{x}{g(x)}$와 $\lim_{x\to 0}\frac{f(x)}{g(x)}$의 값이 모두 존재하면 $\lim_{x\to 0} f(x)$의 값도 존재한다.

ㄷ. $\lim_{x\to 0}\frac{f(x)}{x}$와 $\lim_{x\to 0} f(x)g(x)$의 값이 모두 존재하면 $\lim_{x\to 0} g(x)$의 값도 존재한다.

① ㄱ　② ㄱ, ㄴ　③ ㄱ, ㄷ
④ ㄴ, ㄷ　⑤ ㄱ, ㄴ, ㄷ

유형 14 새롭게 정의된 함수의 극한

0048

실수 t에 대하여 x에 대한 이차방정식 $x^2-4tx+6t-2=0$의 서로 다른 실근의 개수를 $f(t)$라 하자.
$\lim_{t\to a-} f(t)\neq\lim_{t\to a+} f(t)$를 만족시키는 모든 실수 a의 값의 합은?

① 0　② $\frac{1}{2}$　③ 1
④ $\frac{3}{2}$　⑤ 2

0049

실수 t에 대하여 원 $x^2+y^2=9$와 직선 $y=t$가 만나는 점의 개수를 $f(t)$라 할 때, $\lim_{t\to -3-} f(t)+\lim_{t\to 3-} f(t)+f(3)$의 값은?

① 1　② 2　③ 3
④ 4　⑤ 5

0050

연립부등식 $\begin{cases} x^2-5x+4<0 \\ x^2+(1-a)x-a\le 0 \end{cases}$을 만족시키는 정수 x의 개수를 $f(a)$라 할 때, $\lim_{a\to k-} f(a)\neq\lim_{a\to k+} f(a)$를 만족시키는 실수 k의 개수를 구하시오. (단, a는 실수이다.)

유형 15 함수의 극한과 도형

0051 수능 변형

그림과 같이 곡선 $y=\sqrt{2x}$ 위에 점 $P(t, \sqrt{2t})$ $(t>0)$가 있다. 선분 OP의 중점을 M, 점 M을 지나고 직선 OP에 수직인 직선이 x축과 만나는 점을 Q라 할 때, $\lim_{t\to\infty}\frac{\overline{PQ}^2}{t^2}$의 값은? (단, O는 원점이다.)

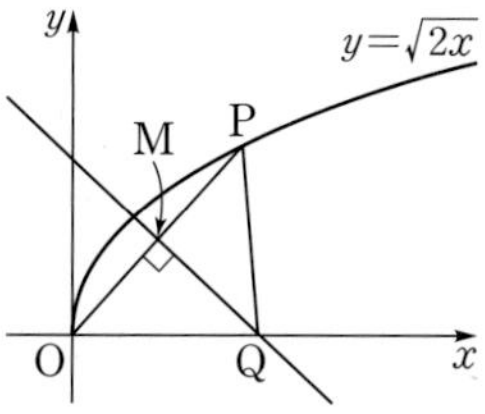

① $\frac{1}{4}$ ② $\frac{1}{2}$ ③ 1
④ 2 ⑤ 4

0052

그림과 같이 원 $x^2+y^2=1$ 위의 점 $P(t, \sqrt{1-t^2})$ $(0<t<1)$에서의 접선이 x축과 만나는 점을 Q라 하자. 점 $A(-1, 0)$에 대하여 삼각형 AQP의 넓이를 $S(t)$라 할 때, $\lim_{t\to1-}\frac{S(t)}{\sqrt{1-t}}$의 값은?

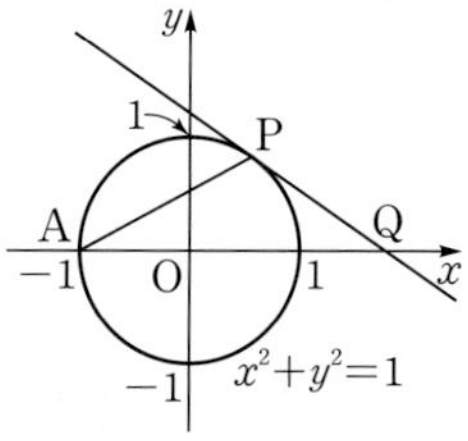

① $\frac{1}{2}$ ② $\frac{\sqrt{2}}{2}$ ③ 1
④ $\sqrt{2}$ ⑤ 2

0053

그림과 같이 좌표평면 위에 중심이 점 (0, 1)이고 x축에 접하는 원이 있다. 양수 t에 대하여 점 $P(t, 0)$과 원의 중심을 지나는 직선이 원과 제2사분면에서 만나는 점을 Q라 하자. 삼각형 OPQ의 넓이를 $S(t)$라 할 때, $\lim_{t\to\infty}\frac{S(t)}{t}$의 값은? (단, O는 원점이다.)

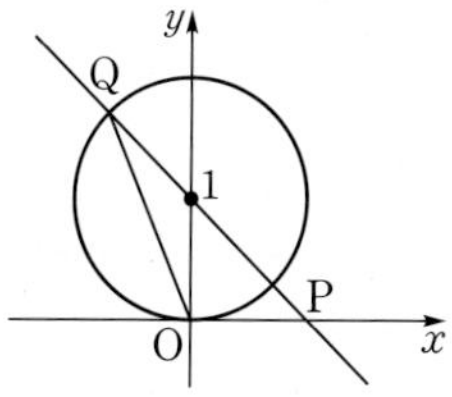

① $\frac{1}{4}$ ② $\frac{1}{2}$ ③ 1
④ 2 ⑤ 4

0054

그림과 같이 곡선 $y=2x^2$ 위의 점 $P(t, 2t^2)$ $(t>0)$과 x축 위의 점 $Q(2t, 0)$에 대하여 선분 PQ의 중점을 M, 점 M을 지나고 선분 PQ에 수직인 직선이 직선 $x=2t$와 만나는 점을 H라 하자. $\lim_{t\to\infty}\frac{\overline{HQ}+\overline{MQ}}{t^2}$의 값을 구하시오.

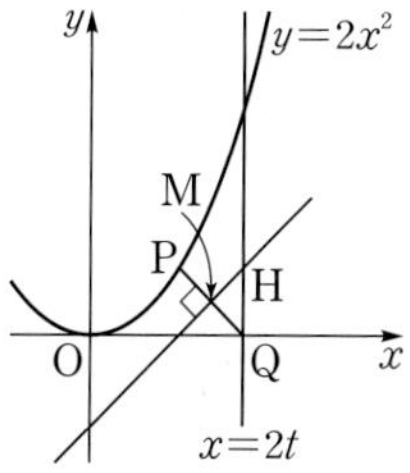

PART B′

기출 & 기출변형 문제

0055 교육청 기출

함수 $f(x)=a(x-1)^2+1$에 대하여

$$\lim_{x\to\infty}\{\sqrt{f(-x)}-\sqrt{f(x)}\}=6$$

일 때, 양수 a의 값은?

① 3　② 5　③ 7　④ 9　⑤ 11

0056 평가원 변형

함수 $f(x)$에 대하여

$$\lim_{x\to3}\frac{x-3}{f(x)-2}=4$$

일 때, $\lim_{x\to3}\frac{\{f(x)\}^2-4}{x^2-9}$의 값은?

① 1　② $\frac{1}{3}$　③ $\frac{1}{6}$　④ $\frac{1}{9}$　⑤ $\frac{1}{12}$

0057 교육청 변형

함수 $y=f(x)$의 그래프가 그림과 같다.

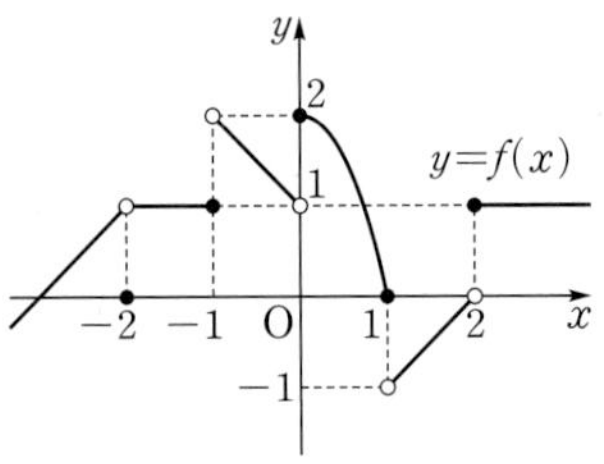

$\lim_{x\to k-}f(x)<\lim_{x\to k-}f(-x)$를 만족시키는 음이 아닌 정수 k의 값의 개수를 구하시오.

0058 평가원 기출

다항함수 $f(x)$가 다음 조건을 만족시킬 때, $f(2)$의 값을 구하시오.

(가) $\lim_{x\to\infty}\frac{f(x)-x^3}{3x}=2$

(나) $\lim_{x\to0}f(x)=-7$

0059 평가원 변형

다항함수 $f(x)$가

$$\lim_{x\to\infty}\frac{f(x)}{x^3}=0,\ \lim_{x\to0}\frac{f(x)}{x}=3$$

을 만족시킨다. $f(1)\ge4$일 때, $f(2)$의 최솟값을 구하시오.

0060 교육청 기출

최고차항의 계수가 1인 이차함수 $f(x)$가

$$\lim_{x\to0}|x|\left\{f\left(\frac{1}{x}\right)-f\left(-\frac{1}{x}\right)\right\}=a,\ \lim_{x\to\infty}f\left(\frac{1}{x}\right)=3$$

을 만족시킬 때, $f(2)$의 값은? (단, a는 상수이다.)

① 1　② 3　③ 5　④ 7　⑤ 9

0061 교육청 변형

다항함수 $f(x)$가 다음 조건을 만족시킨다.

> (가) $x>0$일 때, $3x^2-4x \le f(x) \le 3x^2+1$이다.
>
> (나) $\lim_{x\to0}\frac{x^3-x}{f(x)}=\frac{1}{3}$

$f(2)$의 값을 구하시오.

0062 교육청 변형

삼차함수 $f(x)$가 모든 실수 x에 대하여

$$f(-x)=-f(x)$$

를 만족시킨다. $\lim_{x\to2}\frac{f(x)}{x-2}=4$일 때, $f(4)$의 값은?

① 16　② 20　③ 24　④ 28　⑤ 32

0063 교육청 기출

함수 $f(x)=x^2-2\ (x\ge0)$의 역함수를 $g(x)$라 하고, 두 곡선 $y=f(x)$와 $y=g(x)$가 직선 $x=t\ (t>2)$와 만나는 점을 각각 P, Q라 하자. 선분 PQ의 길이를 $h(t)$라 할 때, $\lim_{t\to2+}\frac{h(t)}{t-2}$의 값은?

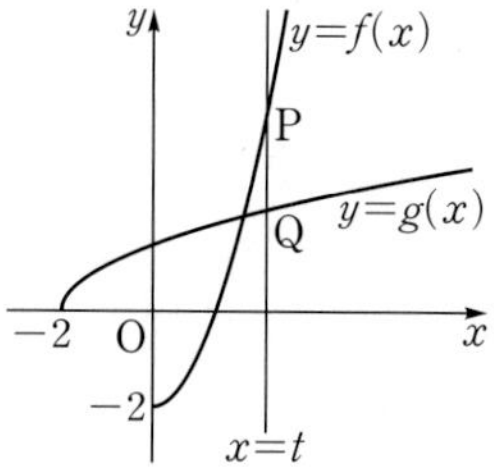

① $\frac{7}{4}$　② $\frac{9}{4}$　③ $\frac{11}{4}$　④ $\frac{13}{4}$　⑤ $\frac{15}{4}$

0064 교육청 기출

양수 k에 대하여 함수 $f(x)$를 $f(x)=\left|\frac{kx}{x-1}\right|$라 하자. 실수 t에 대하여 곡선 $y=f(x)$와 직선 $y=t$가 만나는 점의 개수를 $g(t)$라 하자. 함수 $g(t)$가

$$\lim_{t\to0+}g(t)+\lim_{t\to2-}g(t)+g(4)=5$$

를 만족시킬 때, $f(3)$의 값은?

① 6　② $\frac{15}{2}$　③ 9　④ $\frac{21}{2}$　⑤ 12

함수의 연속

유형별 유사문제

유형 01 함수의 연속

0065

모든 실수 x에서 연속인 함수인 것만을 보기에서 있는 대로 고른 것은?

보기

ㄱ. $f(x)=\begin{cases}\sqrt{x-2}+3 & (x\neq 2)\\ 3 & (x=2)\end{cases}$

ㄴ. $g(x)=\begin{cases}\dfrac{x^2-4x}{|x-4|} & (x\neq 4)\\ 4 & (x=4)\end{cases}$

ㄷ. $h(x)=\begin{cases}\dfrac{\sqrt{x-1}-1}{x-2} & (x\neq 2)\\ \dfrac{1}{2} & (x=2)\end{cases}$

① ㄱ ② ㄴ ③ ㄱ, ㄴ
④ ㄱ, ㄷ ⑤ ㄴ, ㄷ

0066

함수 $f(x)=\dfrac{1}{x-\dfrac{9}{x}}$이 불연속이 되는 x의 값의 개수는?

① 1 ② 2 ③ 3
④ 4 ⑤ 5

유형 02 함수의 그래프와 연속

0067 평가원 변형

함수 $y=f(x)$의 그래프가 그림과 같을 때, 보기에서 옳은 것만을 있는 대로 고른 것은?

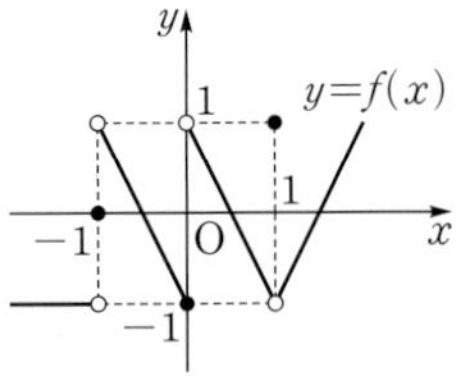

보기

ㄱ. $\lim_{x\to -1}|f(x)|=1$

ㄴ. 함수 $\{f(x)\}^2$은 $x=0$에서 연속이다.

ㄷ. 함수 $f(x)f(x-1)$은 $x=1$에서 연속이다.

① ㄱ ② ㄱ, ㄴ ③ ㄱ, ㄷ
④ ㄴ, ㄷ ⑤ ㄱ, ㄴ, ㄷ

0068

두 함수 $y=f(x)$, $y=g(x)$의 그래프가 그림과 같다.

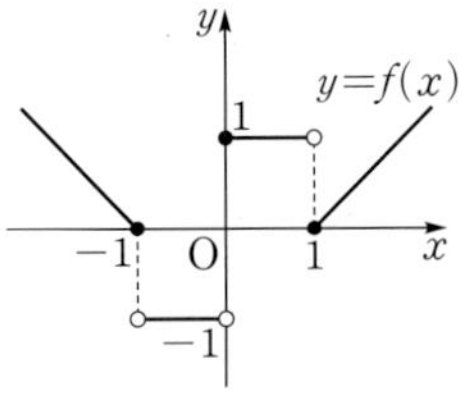

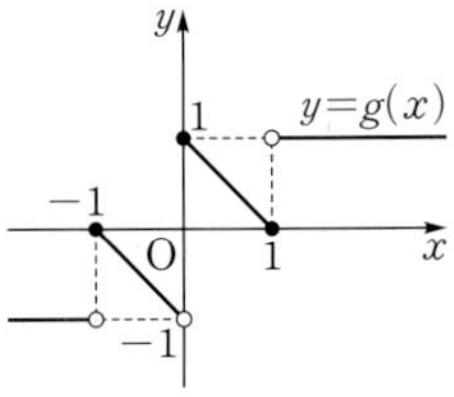

보기에서 옳은 것만을 있는 대로 고른 것은?

보기

ㄱ. $\lim_{x\to 0}\dfrac{f(x)}{g(x)}=1$

ㄴ. 함수 $f(x)+g(x)$는 $x=-1$에서 연속이다.

ㄷ. 함수 $f(x)g(x)$는 $x=1$에서 연속이다.

① ㄱ ② ㄱ, ㄴ ③ ㄱ, ㄷ
④ ㄴ, ㄷ ⑤ ㄱ, ㄴ, ㄷ

유형 03 함수가 연속일 조건

0069

함수 $f(x)=\begin{cases} \dfrac{x^2+ax-3}{x-3} & (x\neq3) \\ b & (x=3) \end{cases}$이 실수 전체의 집합에서 연속이 되도록 하는 상수 a, b에 대하여 $a+b$의 값은?

① 1　② 2　③ 3
④ 4　⑤ 5

0070

함수 $f(x)=\begin{cases} x-1 & (x<2) \\ x+a & (x\geq2) \end{cases}$에 대하여 함수 $|f(x)|$가 실수 전체의 집합에서 연속이 되도록 하는 모든 실수 a의 값의 합은?

① -5　② -4　③ -3
④ -2　⑤ -1

0071

함수 $f(x)=\begin{cases} \dfrac{a\sqrt{x+3}+b}{x^2-x} & (x\neq1) \\ -1 & (x=1) \end{cases}$이 $x=1$에서 연속일 때, 상수 a, b에 대하여 $a+b$의 값은?

① 1　② 2　③ 3
④ 4　⑤ 5

0072

함수 $f(x)=\begin{cases} x^2-3x-4 & (x<1) \\ x+1 & (x\geq1) \end{cases}$에 대하여 함수 $g(x)=|f(x)-a|$가 실수 전체의 집합에서 연속이 되도록 하는 상수 a의 값은?

① -2　② -1　③ 0
④ 1　⑤ 2

유형 04 $(x-a)f(x)$ 꼴의 함수의 연속

0073

실수 전체의 집합에서 연속인 함수 $f(x)$가

$$(x+1)f(x)=x^2-3x-4$$

를 만족시킬 때, $f(-1)$의 값은?

① -5　② -4　③ -3
④ -2　⑤ -1

0074

실수 전체의 집합에서 연속인 함수 $f(x)$가

$$(x-2)f(x)=\sqrt{x^2+a}-3$$

을 만족시킬 때, $9f(2)$의 값은? (단, a는 상수이다.)

① 3　② 6　③ 9
④ 12　⑤ 15

0075

실수 전체의 집합에서 연속인 함수 $f(x)$가

$$(x^2-1)f(x)=x^4+ax+b$$

를 만족시킬 때, $f(1)+f(-1)$의 값을 구하시오.

(단, a, b는 상수이다.)

0076

실수 전체의 집합에서 연속인 함수 $f(x)$가

$$(x-a)f(x)=x^3-3x^2+2x$$

를 만족시킨다. $f(a)<0$일 때, $a+f(4)$의 값을 구하시오.

(단, a는 상수이다.)

유형 05 합성함수의 연속

0077

두 함수 $y=f(x)$, $y=g(x)$의 그래프가 그림과 같을 때, 보기에서 옳은 것만을 있는 대로 고른 것은?

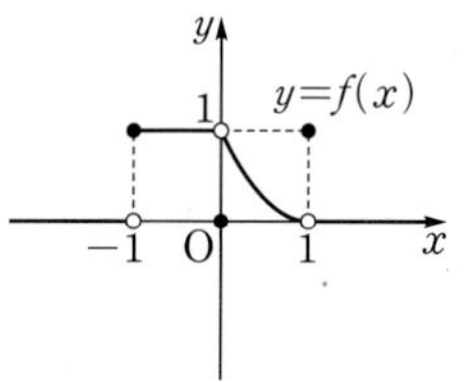

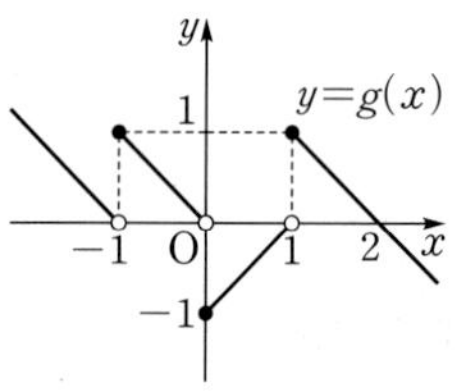

보기

ㄱ. $\lim_{x \to 1} g(f(x))=-1$

ㄴ. 함수 $f(x)-g(x)$는 $x=-1$에서 연속이다.

ㄷ. 함수 $f(g(x))$는 $x=0$에서 연속이다.

① ㄱ　② ㄱ, ㄴ　③ ㄱ, ㄷ　④ ㄴ, ㄷ　⑤ ㄱ, ㄴ, ㄷ

0078

두 함수

$$f(x)=\begin{cases} x^2-1 & (|x|\le 1) \\ x+1 & (|x|>1) \end{cases},\ g(x)=\begin{cases} |x| & (|x|\le 1) \\ -1 & (|x|>1) \end{cases}$$

에 대하여 보기에서 옳은 것만을 있는 대로 고른 것은?

보기

ㄱ. $\lim_{x \to 0} g(f(x))=1$

ㄴ. 함수 $f(x)g(x)$는 $x=1$에서 연속이다.

ㄷ. 함수 $f(g(x))$는 $x=1$에서 연속이다.

① ㄱ　② ㄱ, ㄴ　③ ㄱ, ㄷ　④ ㄴ, ㄷ　⑤ ㄱ, ㄴ, ㄷ

유형 06 $[x]$ 꼴을 포함한 함수의 연속

0079

함수 $f(x)=x^2-2x+3$에 대하여

$$g(x)=\begin{cases} [f(x)] & (x\ne 1) \\ k & (x=1) \end{cases}$$

이라 하자. 함수 $g(x)$가 $x=1$에서 연속일 때, 상수 k의 값을 구하시오. (단, $[x]$는 x보다 크지 않은 최대의 정수이다.)

0080

함수 $f(x)=[x]^2+(ax+2)[x]$가 $x=2$에서 연속일 때, 상수 a의 값은? (단, $[x]$는 x보다 크지 않은 최대의 정수이다.)

① -3　② $-\frac{5}{2}$　③ -2　④ $-\frac{3}{2}$　⑤ -1

유형 07 연속함수의 성질

0081

두 함수 $f(x)$, $g(x)$에 대하여 보기에서 옳은 것만을 있는 대로 고른 것은?

보기

ㄱ. 두 함수 $2f(x)$, $f(x)+2g(x)$가 모두 $x=0$에서 연속이면 $g(x)$도 $x=0$에서 연속이다.

ㄴ. 두 함수 $f(x)$, $g(x)$가 모두 $x=0$에서 불연속이면 $f(x)g(x)$도 $x=0$에서 불연속이다.

ㄷ. 함수 $f(x)$가 $x=0$에서 연속이면 $\frac{1}{|f(x)|}$도 $x=0$에서 연속이다.

① ㄱ ② ㄴ ③ ㄱ, ㄷ
④ ㄴ, ㄷ ⑤ ㄱ, ㄴ, ㄷ

0082

두 함수

$$f(x)=x^2+4,\ g(x)=\frac{1}{x-2}$$

에 대하여 다음 중 모든 실수 x에서 연속인 함수는?

① $f(x)+g(x)$ ② $f(x)g(x)$ ③ $\frac{g(x)}{f(x)}$
④ $f(g(x))$ ⑤ $g(f(x))$

유형 08 곱의 꼴로 나타낸 함수가 연속일 조건

0083

두 함수

$$f(x)=\begin{cases} 2x-3 & (x\le 3) \\ -x+2 & (x>3) \end{cases},\ g(x)=x-a$$

에 대하여 함수 $f(x)g(x)$가 $x=3$에서 연속일 때, 상수 a의 값을 구하시오.

0084

함수 $f(x)=\begin{cases} x^2-2x+3 & (x<1) \\ 3x & (x\ge 1) \end{cases}$에 대하여 함수 $f(x)\{f(x)+k\}$가 $x=1$에서 연속이 되도록 하는 상수 k의 값을 구하시오.

0085 교육청 변형

함수 $y=f(x)$의 그래프가 그림과 같다.

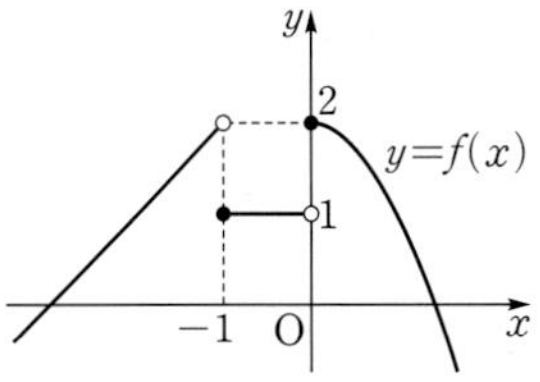

최고차항의 계수가 1인 이차함수 $g(x)$에 대하여 함수 $f(x)g(x)$가 실수 전체의 집합에서 연속일 때, $g(5)$의 값은?

① 10 ② 15 ③ 20
④ 25 ⑤ 30

0086

두 함수 $f(x)=\begin{cases} x^2+1 & (x\ne 2) \\ 3 & (x=2) \end{cases}$, $g(x)=ax-2$에 대하여 함수 $\frac{g(x)}{f(x)}$가 실수 전체의 집합에서 연속일 때, 상수 a의 값은?

① $-\frac{1}{2}$ ② $-\frac{1}{4}$ ③ $\frac{1}{4}$
④ $\frac{1}{2}$ ⑤ 1

0087

두 함수

$$f(x)=\begin{cases} 2x^2+x & (x<a) \\ x^2+5x-3 & (x\ge a) \end{cases},\ g(x)=2x-(a+5)$$

에 대하여 함수 $f(x)g(x)$가 실수 전체의 집합에서 연속이 되도록 하는 모든 실수 a의 값의 합을 구하시오.

0088

함수

$$f(x)=\begin{cases} 2x+a & (x<0) \\ x-a & (x\ge 0) \end{cases}$$

에 대하여 함수 $g(x)=f(x+1)f(x-1)$이 실수 전체의 집합에서 연속이 되도록 하는 상수 a의 값은?

① -2 ② -1 ③ 0
④ 1 ⑤ 2

유형 09 새롭게 정의된 함수의 연속

0089

x에 대한 이차방정식 $x^2-6tx+9t+18=0$의 서로 다른 실근의 개수를 $f(t)$라 하자. 함수 $f(t)$가 불연속이 되는 모든 실수 t의 값의 합을 구하시오.

0090 교육청 변형

실수 t에 대하여 직선 $x-2y+t=0$과 중심이 점 $(1,\ 1)$이고 반지름의 길이가 $\sqrt{5}$인 원의 교점의 개수를 $f(t)$라 하자. 함수 $(t-a)f(t)$가 한 점에서만 불연속이 되도록 하는 모든 실수 a의 값의 합을 구하시오.

0091

실수 t에 대하여 직선 $y=t$와 함수 $y=x^2-2|x|$의 그래프의 교점의 개수를 $f(t)$라 하자. 최고차항의 계수가 1인 이차함수 $g(t)$에 대하여 $f(t)g(t)$가 실수 전체의 집합에서 연속일 때, $g(3)$의 값을 구하시오.

유형 10 최대 · 최소 정리

0092

닫힌구간 $[1,\ 4]$에서 함수 $f(x)=\sqrt{\dfrac{1}{x^2-4x+5}}$의 최댓값을 M, 최솟값을 m이라 할 때, $\dfrac{M^2}{m^2}$의 값을 구하시오.

정답과 풀이 206쪽

0093

닫힌구간 $[-1, 2]$에서 함수 $f(x)=\begin{cases} -x^2+2x & (x\le 1) \\ -2x+3 & (x>1) \end{cases}$의 최댓값을 M, 최솟값을 m이라 할 때, $M+m$의 값은?

① -2　② -1　③ 0
④ 1　⑤ 2

유형 11 사잇값의 정리

0094

방정식 $x^3-x^2+4x+k=0$이 열린구간 $(-1, 1)$에서 중근이 아닌 오직 하나의 실근을 갖기 위한 정수 k의 최댓값을 M, 최솟값을 m이라 할 때, $M+m$의 값을 구하시오.

0095

실수 전체의 집합에서 연속인 함수 $f(x)$가

$f(-3)=1$, $f(-1)=-1$, $f(1)=2$,
$f(2)=1$, $f(3)=-3$, $f(4)=3$

을 만족시킬 때, 방정식 $f(x)=0$은 적어도 n개의 실근을 갖는다. 이때 n의 최댓값은?

① 1　② 2　③ 3
④ 4　⑤ 5

0096

방정식 $x^3+4x=a$가 오직 하나의 실근을 가질 때, 이 실근이 열린구간 $(-1, 2)$에 존재하도록 하는 정수 a의 개수는?

① 18　② 20　③ 22
④ 24　⑤ 26

0097

연속함수 $f(x)$가

$f(-2)=1$, $f(-1)=-1$, $f(0)=2$,
$f(1)=1$, $f(2)=-2$

를 만족시킨다. 방정식 $\{f(x)\}^2-2f(x)-1=0$이 적어도 하나의 실근을 갖는 구간을 보기에서 있는 대로 고른 것은?

보기

ㄱ. $(-2, -1)$　ㄴ. $(-1, 0)$
ㄷ. $(0, 1)$　ㄹ. $(1, 2)$

① ㄱ, ㄴ　② ㄱ, ㄹ　③ ㄴ, ㄷ
④ ㄱ, ㄴ, ㄹ　⑤ ㄱ, ㄷ, ㄹ

0098

다항함수 $f(x)$가 다음 조건을 만족시킨다.

(가) $\lim_{x\to -1}\frac{f(x)}{x+1}=-6$　(나) $\lim_{x\to 2}\frac{f(x)}{x-2}=-3$

방정식 $f(x)=0$이 열린구간 $(-2, 3)$에서 가질 수 있는 실근의 개수의 최솟값을 구하시오.

0099 교육청 기출

함수 $f(x)=\dfrac{x+1}{x^2+ax+2a}$이 실수 전체의 집합에서 연속이 되도록 하는 정수 a의 개수를 구하시오.

0100 평가원 기출

함수 $f(x)=x^2-x+a$에 대하여 함수 $g(x)$를

$$g(x)=\begin{cases} f(x+1) & (x\le 0) \\ f(x-1) & (x>0) \end{cases}$$

이라 하자. 함수 $y=\{g(x)\}^2$이 $x=0$에서 연속일 때, 상수 a의 값은?

① -2　② -1　③ 0　④ 1　⑤ 2

0101 평가원 변형

최고차항의 계수가 1인 이차함수 $f(x)$에 대하여 함수

$$g(x)=\begin{cases} \dfrac{f(x)}{x-2} & (x\neq 2) \\ 2 & (x=2) \end{cases}$$

가 실수 전체의 집합에서 연속일 때, $g(5)$의 값을 구하시오.

0102 평가원 기출

함수

$$f(x)=\begin{cases} x+2 & (x\le 0) \\ -\dfrac{1}{2}x & (x>0) \end{cases}$$

의 그래프가 그림과 같다.

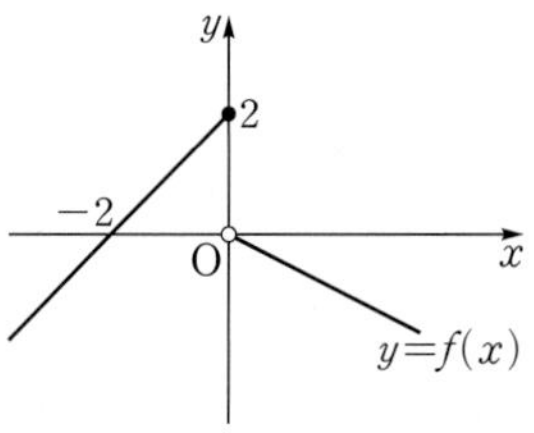

함수 $g(x)=f(x)\{f(x)+k\}$가 $x=0$에서 연속이 되도록 하는 상수 k의 값은?

① -2　② -1　③ 0　④ 1　⑤ 2

0103 평가원 변형

함수 $f(x)=\begin{cases} -x+2 & (x<-1) \\ 2x+3 & (-1\le x<2) \\ 3x-1 & (x\ge 2) \end{cases}$와 최고차항의 계수가 1인 이차함수 $g(x)$에 대하여 함수 $f(x)g(x)$가 실수 전체의 집합에서 연속일 때, $g(5)$의 값을 구하시오.

0104 교육청 기출

그림은 두 함수 $y=f(x)$, $y=g(x)$의 그래프이다. 보기에서 옳은 것만을 있는 대로 고른 것은?

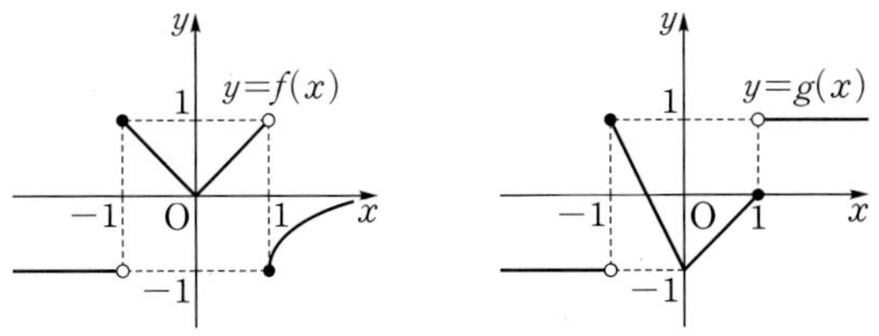

보기

ㄱ. 함수 $f(x)-g(x)$는 $x=-1$에서 연속이다.
ㄴ. 함수 $f(x)g(x)$는 $x=-1$에서 연속이다.
ㄷ. 함수 $(f\circ g)(x)$는 $x=1$에서 연속이다.

① ㄱ ② ㄷ ③ ㄱ, ㄴ
④ ㄴ, ㄷ ⑤ ㄱ, ㄴ, ㄷ

0105 교육청 변형

다항함수 $f(x)$에 대하여 함수

$$g(x)=\begin{cases} \dfrac{f(x)-2x^2}{x-2} & (x\ne 2) \\ 4 & (x=2) \end{cases}$$

가 실수 전체의 집합에서 연속이다. $\lim_{x\to\infty}\dfrac{g(x)}{x}=1$일 때, $f(4)$의 값을 구하시오.

0106 평가원 변형

실수 전체의 집합에서 정의된 두 함수 $f(x)$, $g(x)$에 대하여

$$\frac{g(x)}{f(x)}=\begin{cases} x^2-2x+3 & (x<1) \\ 2x^2-x+2 & (x\ge 1) \end{cases}$$

이다. 함수 $f(x)$가 $x=1$에서 연속이고

$\lim_{x\to 1-}g(x)+\lim_{x\to 1+}g(x)=10$일 때, $f(1)$의 값은?

① $\frac{1}{2}$ ② 1 ③ $\frac{3}{2}$
④ 2 ⑤ $\frac{5}{2}$

0107 수능 기출

두 함수

$$f(x)=\begin{cases} -1 & (|x|\geq 1) \\ 1 & (|x|<1) \end{cases},\ g(x)=\begin{cases} 1 & (|x|\geq 1) \\ -x & (|x|<1) \end{cases}$$

에 대하여 보기에서 옳은 것만을 있는 대로 고른 것은?

보기

ㄱ. $\lim_{x\to 1} f(x)g(x)=-1$

ㄴ. 함수 $g(x+1)$은 $x=0$에서 연속이다.

ㄷ. 함수 $f(x)g(x+1)$은 $x=-1$에서 연속이다.

① ㄱ　② ㄴ　③ ㄱ, ㄴ
④ ㄱ, ㄷ　⑤ ㄱ, ㄴ, ㄷ

0108 수능 변형

최고차항의 계수가 1인 삼차함수 $f(x)$와 함수

$$g(x)=\begin{cases} x-1 & (x\neq 1) \\ 1 & (x=1) \end{cases}$$

에 대하여 함수 $\frac{f(x)}{g(x)}$가 실수 전체의 집합에서 연속이다. $f(2)=2$일 때, $f(4)$의 값을 구하시오.

0109 수능 변형

실수 전체의 집합에서 연속인 함수 $f(x)$가 모든 실수 x에 대하여

$$\{f(x)\}^2-4f(x)=x^2f(x)-4x^2$$

을 만족시킨다. 함수 $f(x)$의 최댓값과 최솟값이 각각 존재하고 그 값이 서로 다를 때, $f(1)+f(3)$의 값을 구하시오.

0110 평가원 변형

실수 전체의 집합에서 정의된 함수 $f(x)$가 다음 조건을 만족시킨다.

(가) $x\geq 0$일 때 $f(x)=x^2-4x$
(나) 모든 실수 x에 대하여 $f(x)=f(-x)$

실수 t에 대하여 직선 $y=t$가 함수 $y=|f(x)|$의 그래프와 만나는 점의 개수를 $g(t)$라 하자. 최고차항의 계수가 1인 이차함수 $h(t)$에 대하여 함수 $h(t)g(t)$가 모든 실수 t에서 연속일 때, $h(6)$의 값을 구하시오.

Ⅱ

미분

미분계수와 도함수

유형 01 평균변화율

0111

함수 $f(x)=2x^3-3x^2+1$에 대하여 x의 값이 -1에서 a까지 변할 때의 평균변화율이 8이다. 이때 양수 a의 값은?

① 1 ② 2 ③ 3 ④ 4 ⑤ 5

0112

함수 $y=f(x)$의 그래프가 두 점 $(1, -3)$, $(3, 5)$를 지난다. 함수 $f(x)$에 대하여 x의 값이 1에서 3까지 변할 때의 평균변화율은?

① 2 ② 3 ③ 4 ④ 5 ⑤ 6

0113

함수 $f(x)=x^2+3x+1$에 대하여 x의 값이 a에서 $a+1$까지 변할 때의 평균변화율이 6일 때, 상수 a의 값은?

① 1 ② 2 ③ 3 ④ 4 ⑤ 5

0114

함수 $f(x)=-x^2+4x$에 대하여 x의 값이 0에서 3까지 변할 때의 평균변화율과 x의 값이 1에서 a까지 변할 때의 평균변화율이 같을 때, 상수 a의 값을 구하시오.

0115

함수 $f(x)$의 역함수를 $g(x)$라 하자. $a<b$인 두 실수 a, b에 대하여 $f(a)=1$, $f(b)=5$이다. x의 값이 a에서 b까지 변할 때의 함수 $f(x)$의 평균변화율이 $\frac{1}{2}$일 때, x의 값이 1에서 5까지 변할 때의 함수 $g(x)$의 평균변화율을 구하시오.

유형 02 미분계수

0116 교육청 변형

함수 $f(x)=x^3+ax$에 대하여 x의 값이 -1에서 2까지 변할 때의 평균변화율이 $f'(-a)$의 값과 같게 되도록 하는 모든 실수 a의 값의 곱은?

① -4 ② -2 ③ -1 ④ 1 ⑤ 2

정답과 풀이 213쪽

0117

함수 $f(x)=x^2+4x+5$에 대하여 x의 값이 a에서 b까지 변할 때의 평균변화율과 $x=1$에서의 순간변화율이 같을 때, 상수 a, b에 대하여 $a+b$의 값을 구하시오. (단, $a<b$)

0118

미분가능한 함수 $f(x)$에 대하여 x의 값이 2에서 $2+2h$까지 변할 때의 평균변화율이 $\dfrac{\sqrt{2+h}-\sqrt{2-h}}{h}$일 때, 함수 $f(x)$의 $x=2$에서의 미분계수는? (단, $0<h<2$)

① $-\sqrt{2}$　② $-\dfrac{\sqrt{2}}{2}$　③ 1　④ $\dfrac{\sqrt{2}}{2}$　⑤ $\sqrt{2}$

유형 03 미분계수의 기하학적 의미

0119

그림과 같이 곡선 $y=f(x)$ 위의 점 $(2, 5)$에서의 접선이 점 $(0, 1)$을 지날 때, $\lim\limits_{h\to 0}\dfrac{f(2+h)-f(2)}{h}$의 값을 구하시오.

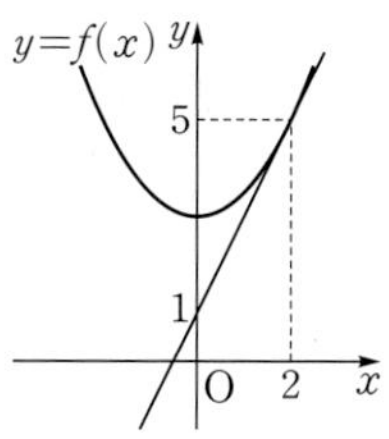

0120

미분가능한 함수 $y=f(x)$의 그래프가 그림과 같을 때, 보기에서 옳은 것만을 있는 대로 고른 것은? (단, $0<a<b$)

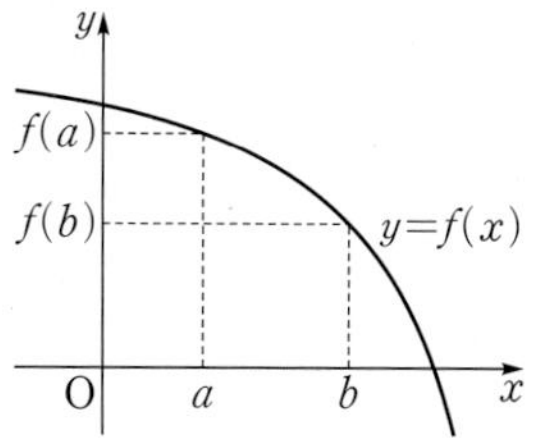

보기

ㄱ. $f'(a)<f'(b)$
ㄴ. $bf(a)>af(b)$
ㄷ. $f(b)-f(a)<(b-a)f'(a)$

① ㄱ　② ㄴ　③ ㄱ, ㄴ　④ ㄴ, ㄷ　⑤ ㄱ, ㄴ, ㄷ

0121

미분가능한 두 함수 $y=f(x)$, $y=g(x)$의 그래프가 그림과 같을 때, 보기에서 옳은 것만을 있는 대로 고른 것은?

(단, $1<a<b$)

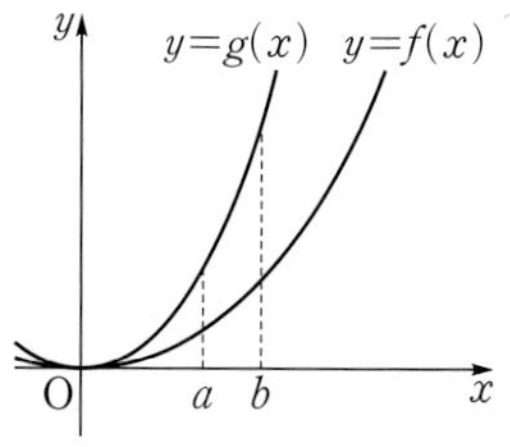

보기

ㄱ. $f'(a)<g'(a)$
ㄴ. $\dfrac{g(a)}{a}<\dfrac{g(b)}{b}$
ㄷ. $g(b)-g(a)>(b-a)f'(a)$

① ㄱ　② ㄴ　③ ㄱ, ㄴ　④ ㄴ, ㄷ　⑤ ㄱ, ㄴ, ㄷ

유형 04 미분계수를 이용한 극한값의 계산 (1)

0122

다항함수 $f(x)$에 대하여 $f'(3)=2$일 때,

$\lim_{h \to 0} \frac{f(3+h)-f(3-2h)}{h}$의 값을 구하시오.

0123

다항함수 $f(x)$에 대하여 $f'(2)=6$일 때,

$\lim_{x \to \infty} \frac{x}{2}\left\{f\left(2+\frac{3}{x}\right)-f(2)\right\}$의 값은?

① 3 ② 6 ③ 9
④ 12 ⑤ 15

0124

다항함수 $f(x)$에 대하여 $f(1)=2$, $f'(1)=3$일 때,

$\lim_{h \to 0} \frac{(1+h)^3 f(1)-f(1+h)}{h}$의 값은?

① 1 ② 2 ③ 3
④ 4 ⑤ 5

0125

다항함수 $f(x)$에 대하여 $\lim_{h \to 0} \frac{f(2+h)-f(2-2h)}{h}=6$일 때, $\lim_{x \to \infty} x\left\{f\left(2+\frac{2}{x}\right)-f\left(2-\frac{3}{x}\right)\right\}$의 값을 구하시오.

0126

다항함수 $f(x)$가 다음 조건을 만족시킨다.

(가) $f(1)=5$
(나) $\lim_{x \to \infty} x\left\{f\left(1-\frac{1}{x}\right)-f\left(1+\frac{2}{x}\right)\right\}=9$

$\lim_{h \to 0} \frac{(1+2h)f(1-h)-f(1-3h)}{h}$의 값을 구하시오.

유형 05 미분계수를 이용한 극한값의 계산 (2)

0127

곡선 $y=f(x)$ 위의 점 $(4, f(4))$에서의 접선의 기울기가 5일 때, $\lim_{x \to 2} \frac{f(x^2)-f(4)}{x-2}$의 값을 구하시오.

0128

함수 $f(x)$에 대하여 $f(2)=3$, $f'(2)=8$일 때,

$\lim_{x \to 1} \frac{f(x+1)-3}{x^2-1}$의 값은?

① 2 ② 3 ③ 4
④ 5 ⑤ 6

0129

다항함수 $f(x)$에 대하여

$$\lim_{x \to \infty} \frac{x}{3}\left\{f\left(1-\frac{1}{x}\right)-f\left(1-\frac{3}{x}\right)\right\}=2$$

일 때, $\lim_{x \to 1} \frac{f(x^3)-f(1)}{x-1}$의 값은?

① 6 ② 7 ③ 8
④ 9 ⑤ 10

0130

미분가능한 함수 $f(x)$가 $\lim_{h \to 0} \frac{f(1+h)-f(1-2h)}{h}=6$을 만족시킨다. $f(1)=1$일 때, $\lim_{x \to 1} \frac{(x^2-3x)f(x)+2f(1)}{x^2-x}$의 값은?

① -5 ② -4 ③ -3
④ -2 ⑤ -1

유형 06 관계식이 주어졌을 때 미분계수 구하기

0131

미분가능한 함수 $f(x)$가 임의의 두 실수 x, y에 대하여

$$f(x+y)=f(x)+f(y)-3xy$$

를 만족시키고 $f'(0)=5$일 때, $f'(1)$의 값을 구하시오.

0132

미분가능한 함수 $f(x)$가 임의의 두 실수 x, y에 대하여

$$f(x+y)=f(x)+f(y)+2xy-1$$

을 만족시키고 $f'(2)=6$일 때, $f'(5)$의 값은?

① 4 ② 6 ③ 8
④ 10 ⑤ 12

0133

미분가능한 함수 $f(x)$가 모든 실수 x, y에 대하여 $f(x+y)=f(x)f(y)$를 만족시키고 $f'(0)=4$일 때, $\frac{f'(1)}{f(1)}$의 값은?

① 1 ② 2 ③ 3
④ 4 ⑤ 5

유형 07 미분가능성과 연속성

0134

다음 보기의 함수 중 $x=2$에서 연속이지만 미분가능하지 않은 함수인 것만을 있는 대로 고른 것은?

보기
ㄱ. $f(x)=|x^2-4|$
ㄴ. $f(x)=|x-2|(x-2)$
ㄷ. $f(x)=\begin{cases} x^2-x & (x<2) \\ 2x-2 & (x\ge 2) \end{cases}$

① ㄱ ② ㄴ ③ ㄱ, ㄴ
④ ㄱ, ㄷ ⑤ ㄱ, ㄴ, ㄷ

0135

함수 $y=f(x)$의 그래프가 그림과 같을 때, 함수 $f(x)$가 불연속인 점은 m개, 미분가능하지 않은 점은 n개이다. 이때 $m+n$의 값을 구하시오.

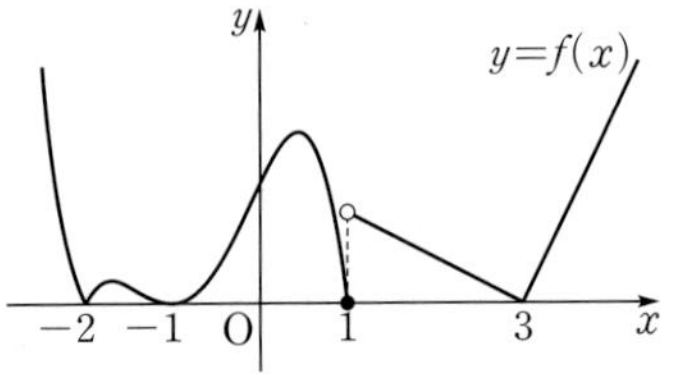

0136

함수 $f(x)=\begin{cases} -x & (x<1) \\ x & (x\ge 1) \end{cases}$에 대하여 보기에서 옳은 것만을 있는 대로 고른 것은?

보기
ㄱ. 함수 $g(x)=(x-1)f(x)$는 $x=1$에서 연속이다.
ㄴ. 함수 $i(x)=(x^2-x)f(x)$는 $x=1$에서 미분가능하다.
ㄷ. 함수 $j(x)=(x-1)^k f(x)$가 $x=1$에서 미분가능하도록 하는 자연수 k의 최솟값은 2이다.

① ㄱ ② ㄱ, ㄴ ③ ㄱ, ㄷ
④ ㄴ, ㄷ ⑤ ㄱ, ㄴ, ㄷ

유형 08 미분법 공식

0137

함수 $f(x)=x^2+ax+b$에 대하여

$f(2)=5,\ f'(1)=3$

일 때, $f(3)$의 값은? (단, a, b는 상수이다.)

① 8 ② 9 ③ 10
④ 11 ⑤ 12

0138

최고차항의 계수가 1인 삼차함수 $f(x)$에 대하여

$f(0)=3,\ f'(1)=2,\ f'(2)=7$

일 때, $f'(-1)$의 값을 구하시오.

0139

자연수 n에 대하여 함수 $f(x)=x^n+2nx+a$가 $f(0)=3$, $f'(-1)=6$을 만족시킬 때, $f(1)$의 값은? (단, a는 상수이다.)

① 13 ② 14 ③ 15 ④ 16 ⑤ 17

유형 09 곱의 미분법

0140

함수 $f(x)=(2x^2+1)(x^2+x+a)$에 대하여 $f'(-1)=1$일 때, 상수 a의 값은?

① -2 ② -1 ③ 0 ④ 1 ⑤ 2

0141 평가원 변형

일차함수 $f(x)$에 대하여 함수 $g(x)$를

$$g(x)=(x^2+x+2)f(x)$$

라 하자. $g(1)=12$, $g'(1)=5$일 때, $f(1)+f'(1)$의 값은?

① 1 ② 2 ③ 3 ④ 4 ⑤ 5

0142

최고차항의 계수가 1인 이차함수 $y=f(x)$의 그래프가 x축에 접한다. 함수 $g(x)=(x-2)f(x)$에 대하여 곡선 $y=g(x)$ 위의 점 $(3, 1)$에서의 접선의 기울기가 3일 때, $g(4)$의 값은?

① 4 ② 8 ③ 12 ④ 16 ⑤ 20

유형 10 미분계수와 도함수

0143

함수 $f(x)=3x^3-2x^2+4x$에 대하여 $\lim_{x\to1}\frac{f(x)-f(1)}{x^3-1}$의 값을 구하시오.

0144

함수 $f(x)=x^3+ax+b$가 $\lim_{h\to0}\frac{f(1+2h)-3}{h}=4$를 만족시킬 때, $f(2)$의 값은? (단, a, b는 상수이다.)

① 6 ② 7 ③ 8 ④ 9 ⑤ 10

0145

미분가능한 함수 $f(x)$가 $\lim_{x\to2}\frac{f(x)-3}{x^2-2x}=1$을 만족시킨다. 함수 $g(x)=(x^2+1)f(x)$에 대하여 $g'(2)$의 값을 구하시오.

0146

두 다항함수 $f(x)$, $g(x)$가

$$\lim_{x\to3}\frac{f(x)-2}{x-3}=2,\ \lim_{x\to3}\frac{g(x)-1}{x-3}=4$$

를 만족시킬 때, 함수 $h(x)=f(x)g(x)$에 대하여 $h'(3)$의 값은?

① 8 ② 9 ③ 10
④ 11 ⑤ 12

0147

미분가능한 함수 $f(x)$, $g(x)$가

$$\lim_{x\to2}\frac{f(x^2)-2}{x-2}=8,\ \lim_{x\to1}\frac{g(x+3)-1}{x^2-x}=2$$

를 만족시킬 때, 함수 $h(x)=f(x)g(x)$에 대하여 $h'(4)$의 값은?

① 6 ② 7 ③ 8
④ 9 ⑤ 10

0148 수능 변형

두 다항함수 $f(x)$, $g(x)$가

$$\lim_{x\to1}\frac{f(x)-2g(x)}{2x-2}=2,\ \lim_{x\to1}\frac{(x-1)f(x)}{g(x)-3}=4$$

를 만족시킨다. 함수 $h(x)=f(x)g(x)$에 대하여 $h'(1)$의 값을 구하시오.

유형 11 치환을 이용한 극한값의 계산

0149

$\lim_{x\to1}\frac{x^{14}+x^5+x-3}{x-1}$의 값은?

① 16 ② 17 ③ 18
④ 19 ⑤ 20

0150

$\lim_{x\to-1}\frac{x^n+2x^2-3x-4}{x+1}=8$을 만족시키는 자연수 n의 값을 구하시오.

유형 12 도함수와 항등식

0151

최고차항의 계수가 1인 이차함수 $f(x)$가 모든 실수 x에 대하여

$$3f(x)-\{f'(x)\}^2=-x^2+3x$$

를 만족시킨다. $f(3)$의 값을 구하시오.

0152

다항함수 $f(x)$가 다음 조건을 만족시킨다.

(가) $\{f'(x)\}^2=8f(x)+1$
(나) $f'(0)=3$

$f(2)$의 값을 구하시오.

유형 13 구간으로 나누어 정의된 함수의 미분가능성

0153

함수

$$f(x)=\begin{cases} x^2+ax & (x<2) \\ 2x+2a & (x\geq 2) \end{cases}$$

가 $x=2$에서 미분가능할 때, $f(1)+f(3)$의 값은?

(단, a는 상수이다.)

① 1 ② 2 ③ 3 ④ 4 ⑤ 5

0154

미분가능한 함수 $f(x)$에 대하여 함수 $g(x)$를

$$g(x)=\begin{cases} (x-1)f(x) & (x<1) \\ x^2+ax & (x\geq 1) \end{cases}$$

이라 하자. 함수 $g(x)$가 실수 전체의 집합에서 미분가능할 때, $f(1)$의 값을 구하시오. (단, a는 상수이다.)

0155

함수

$$f(x)=\begin{cases} x^2+ax+b & (x<2) \\ bx+2 & (x\geq 2) \end{cases}$$

가 실수 전체의 집합에서 미분가능할 때, $f(1)+f(3)$의 값은? (단, a, b는 상수이다.)

① 26 ② 27 ③ 28 ④ 29 ⑤ 30

0156

두 함수 $f(x)=|x-2|$, $g(x)=\begin{cases} 2x+a & (x<2) \\ -x & (x\geq 2) \end{cases}$에 대하여 함수 $h(x)=f(x)g(x)$가 실수 전체의 집합에서 미분가능할 때, $h'(1)$의 값은? (단, a는 상수이다.)

① 5 ② 4 ③ 3 ④ 2 ⑤ 1

0157

삼차함수 $f(x)$에 대하여 함수 $g(x)$를

$$g(x)=\begin{cases} 2x-2 & (x<1) \\ f(x) & (1\le x<3) \\ -x^2+8x-15 & (x\ge 3) \end{cases}$$

이라 하자. 함수 $g(x)$가 실수 전체의 집합에서 미분가능할 때, $f(5)$의 값을 구하시오.

유형 14 미분법과 다항식의 나눗셈

0158

다항식 $2x^3+3x^2-12x+a$가 $(x-b)^2$으로 나누어떨어질 때, 양수 a, b에 대하여 $a+b$의 값을 구하시오.

0159

다항식 $f(x)$를 $(x-2)^2$으로 나누었을 때의 나머지가 $3x+2$일 때, $f(2)+f'(2)$의 값을 구하시오.

0160

다항함수 $f(x)$에 대하여 $\lim_{h\to 0}\frac{f(2+h)-2}{h}=5$가 성립한다. $f(x)$를 $(x-2)^2$으로 나누었을 때의 나머지를 $R(x)$라 할 때, $R(4)$의 값을 구하시오.

0161

삼차함수 $f(x)$가 다음 조건을 만족시킨다.

> (가) $f(x)$는 $(x-1)^2$으로 나누어떨어진다.
> (나) $f(x)-3$은 $(x-2)$로 나누어떨어진다.

$f'(2)=3$일 때, $f'(3)$의 값은?

① -15 ② -14 ③ -13
④ -12 ⑤ -11

0162

다항함수 $f(x)$에 대하여 $f(x)$를 $(x-a)^2$으로 나누었을 때의 나머지가 $x-3$이다. 곡선 $y=x^2f(x)$ 위의 점 $(a, a^2f(a))$에서의 접선의 기울기가 9일 때, 양수 a의 값을 구하시오.

정답과 풀이 222쪽

0163 평가원 기출

함수 $f(x)=x^3-6x^2+5x$에서 x의 값이 0에서 4까지 변할 때의 평균변화율과 $f'(a)$의 값이 같게 되도록 하는 $0<a<4$인 모든 실수 a의 값의 곱은 $\frac{q}{p}$이다. $p+q$의 값을 구하시오.

(단, p와 q는 서로소인 자연수이다.)

0164 교육청 변형

최고차항의 계수가 1인 이차함수 $f(x)$에 대하여 $\lim_{h\to0}\frac{f(1+h)-4}{h}=4$일 때, $f(3)+f'(3)$의 값은?

① 21　② 22　③ 23　④ 24　⑤ 25

0165 교육청 변형

다항함수 $f(x)$가 $\lim_{x\to1}\frac{xf(x)-2x^3}{x-1}=3$을 만족시킨다. 함수 $g(x)=\{f(x)\}^2$에 대하여 $g'(1)$의 값을 구하시오.

0166 평가원 변형

다항함수 $f(x)$가 모든 양수 x에 대하여

$$4x<f(2+x)-f(2-x)<2x^3+4x$$

를 만족시킬 때, $f'(2)$의 값은?

① -2　② -1　③ 0　④ 1　⑤ 2

0167 교육청 변형

미분가능한 함수 $f(x)$에 대하여 곡선 $y=f(x)$ 위의 점 $(1,\ f(1))$에서의 접선과 직선 $y=-\frac{1}{2}x+1$이 서로 수직일 때, $\lim_{x\to\infty} 2x\left\{f\left(1+\frac{2}{x}\right)-f\left(1-\frac{1}{2x}\right)\right\}$의 값은?

① 6　② 7　③ 8
④ 9　⑤ 10

0168 교육청 기출

최고차항의 계수가 1인 삼차함수 $f(x)$와 실수 a가 다음 조건을 만족시킬 때, $f'(a)$의 값을 구하시오.

> (가) $f(a)=f(2)=f(6)$
> (나) $f'(2)=-4$

0169 수능 변형

두 다항함수 $f(x)$, $g(x)$가

$$\lim_{x\to1}\frac{f(x)g(x)-4}{x-1}=4,\ \lim_{x\to1}\frac{f(x)-g(x)}{x^2-x}=8$$

을 만족시킨다. $f(1)>0$일 때, $g'(1)$의 값은?

① -5　② -4　③ -3
④ -2　⑤ -1

0170 교육청 기출

두 함수 $f(x)=|x|$, $g(x)=\begin{cases} 2x+1 & (x\geq0) \\ -x-1 & (x<0) \end{cases}$에 대하여 $x=0$에서 미분가능한 함수만을 보기에서 있는 대로 고른 것은?

> **보기**
> ㄱ. $xf(x)$　ㄴ. $f(x)g(x)$
> ㄷ. $|f(x)-g(x)|$

① ㄱ　② ㄷ　③ ㄱ, ㄴ
④ ㄴ, ㄷ　⑤ ㄱ, ㄴ, ㄷ

0171 평가원 변형

두 다항함수 $f(x)$, $g(x)$가 다음 조건을 만족시킨다.

> (가) $\lim_{x\to\infty}\frac{f(x)}{x^3}=1$, $\lim_{x\to1}\frac{f(x)}{(x-1)^2}=2$
> (나) $\lim_{x\to2}\frac{f(x)g(x)-3}{x-2}=1$

$g'(2)$의 값은?

① -1 ② -2 ③ -3
④ -4 ⑤ -5

0172 평가원 기출

다항함수 $f(x)$는 모든 실수 x, y에 대하여
$f(x+y)=f(x)+f(y)+2xy-1$을 만족시킨다.

$$\lim_{x\to1}\frac{f(x)-f'(x)}{x^2-1}=14$$

일 때, $f'(0)$의 값을 구하시오.

0173 교육청 기출

최고차항의 계수가 1인 두 다항함수 $f(x)$, $g(x)$가 모든 실수 x에 대하여

$$f(-x)=-f(x),\ g(-x)=-g(x)$$

를 만족시킨다. 두 함수 $f(x)$, $g(x)$에 대하여

$$\lim_{x\to\infty}\frac{f'(x)}{x^2g'(x)}=3,\ \lim_{x\to0}\frac{f(x)g(x)}{x^2}=-1$$

일 때, $f(2)+g(3)$의 값은?

① 8 ② 9 ③ 10
④ 11 ⑤ 12

0174 교육청 기출

최고차항의 계수가 1인 삼차함수 $f(x)$와 함수

$$g(x)=\begin{cases}\frac{1}{x-4} & (x\neq4)\\ 2 & (x=4)\end{cases}$$

에 대하여 $h(x)=f(x)g(x)$라 할 때, 함수 $h(x)$는 실수 전체의 집합에서 미분가능하고 $h'(4)=6$이다. $f(0)$의 값을 구하시오.

04 도함수의 활용(1)

Ⅱ. 미분

유형별 유사문제

유형 01 접선의 기울기

0175

다항함수 $f(x)$에 대하여 곡선 $y=f(x)$ 위의 점 $(2,\ 4)$에서의 접선의 기울기가 3일 때, $\lim_{h \to 0}\frac{2f(2-h)-8}{h}$의 값을 구하시오.

0176

함수 $f(x)=x^3+ax+b$에 대하여 곡선 $y=f(x)$ 위의 점 $(-2,\ 5)$에서의 접선의 기울기가 6일 때, $f(1)$의 값은?

(단, a, b는 상수이다.)

① -8　② -7　③ -6　④ -5　⑤ -4

0177

곡선 $y=x^3+ax^2+b$ 위의 점 $(1,\ 3)$에서의 접선과 수직인 직선의 기울기가 $-\frac{1}{5}$일 때, 상수 a, b에 대하여 $a-b$의 값은?

① -2　② -1　③ 0　④ 1　⑤ 2

유형 02 곡선 위의 점에서의 접선의 방정식

0178

함수 $f(x)=x^3-x^2+3x+2$에 대하여 곡선 $y=f(x)$ 위의 점 $(1,\ f(1))$에서의 접선의 방정식이 $y=ax+b$일 때, 상수 a, b에 대하여 $a-b$의 값은?

① 1　② 2　③ 3　④ 4　⑤ 5

0179

곡선 $y=x^3-2x^2+x+1$ 위의 두 점 $(0,\ 1)$, $(2,\ 3)$에서의 두 접선의 교점의 좌표가 $(a,\ b)$일 때, $a+b$의 값을 구하시오.

0180

곡선 $y=f(x)$ 위의 점 $(2,\ f(2))$에서의 접선의 방정식이 $y=3x+4$일 때, 곡선 $y=xf(x)$ 위의 점 $(2,\ 2f(2))$에서의 접선의 기울기는?

① 8　② 12　③ 16　④ 20　⑤ 24

0181

미분가능한 함수 $f(x)$에 대하여 $\lim_{x\to1}\frac{f(x)-3}{x-1}=5$일 때, 곡선 $y=f(x)$ 위의 점 $(1, f(1))$에서의 접선이 점 $(4, a)$를 지난다. a의 값을 구하시오.

유형 03 접선에 수직인 직선의 방정식

0182

곡선 $y=x^3-3x^2+2$ 위의 점 $(1, 0)$에서의 접선과 수직이고 점 $(3, 2)$를 지나는 직선의 y절편은?

① -2 ② -1 ③ 0
④ 1 ⑤ 2

0183

곡선 $y=x^3-2x^2-x+3$ 위의 점 $\mathrm{A}(1, 1)$에서의 접선과 수직이고 점 A를 지나는 직선이 점 $(3, a)$를 지날 때, a의 값은?

① -2 ② -1 ③ 0
④ 1 ⑤ 2

0184

곡선 $y=-x^3-2x^2+2x$ 위의 점 $(-2, -4)$를 지나고 이 점에서의 접선과 수직인 직선이 x축, y축과 만나는 점을 각각 A, B라 할 때, 선분 AB의 길이는?

① $2\sqrt{10}$ ② $3\sqrt{5}$ ③ 7
④ $5\sqrt{2}$ ⑤ $2\sqrt{13}$

유형 04 기울기가 주어진 접선의 방정식

0185

삼차함수 $f(x)=x^3+x^2+ax+1$에 대하여 곡선 $y=f(x)$ 위의 점 $(-2, f(-2))$에서의 접선의 방정식이 $y=4x+b$이다. $a+b$의 값은? (단, a, b는 상수이다.)

① 6 ② 7 ③ 8
④ 9 ⑤ 10

0186

직선 $y=5x+k$가 곡선 $y=x^3+3x^2-4x+6$에 접할 때, 모든 실수 k의 값의 합은?

① 30 ② 32 ③ 34
④ 36 ⑤ 38

0187

직선 $y=6x-2$를 x축의 방향으로 k만큼 평행이동하면 곡선 $y=-x^3+6x^2-6x$에 접한다. 실수 k의 값을 구하시오.

0188 평가원 변형

곡선 $y=-x^3+3x^2+2x+4$ 위의 서로 다른 두 점 A, B에서의 접선이 서로 평행하다. 점 A의 x좌표가 2일 때, 점 B에서의 접선의 x절편은?

① -2　② -1　③ 0
④ 1　⑤ 2

유형 05 곡선 밖의 한 점에서 그은 접선의 방정식

0189

점 $(0,\ 5)$에서 곡선 $y=x^3-6x+3$에 그은 접선이 점 $(a,\ 8)$을 지날 때, a의 값은?

① -2　② -1　③ 0
④ 1　⑤ 2

0190

점 $(0,\ -2)$에서 곡선 $y=x^4+1$에 그은 두 접선의 기울기의 곱은?

① -20　② -16　③ -12
④ -8　⑤ -4

0191

점 $A(0,\ 2)$에서 곡선 $y=x^3-3x^2+1$에 그은 접선 중에서 기울기가 음수인 접선의 x절편은?

① $\frac{1}{3}$　② $\frac{2}{3}$　③ 1
④ $\frac{4}{3}$　⑤ $\frac{5}{3}$

0192

점 $(2,\ 1)$에서 곡선 $y=x^2+x+a$에 그은 두 접선이 서로 수직일 때, 상수 a의 값은?

① $\frac{1}{2}$　② 1　③ $\frac{3}{2}$
④ 2　⑤ $\frac{5}{2}$

유형 06 접선의 개수

0193

곡선 $y=x^3-5x^2+3x+2$에 접하는 직선 중에서 직선 $y=2x+4$와 평행한 접선의 개수를 구하시오.

0194

점 $(1,\ a)$에서 곡선 $y=x^2-4x+2$에 그은 접선이 2개가 되도록 하는 정수 a의 최댓값을 구하시오.

0195

곡선 $y=\frac{2}{3}x^3-2x^2+5$에 접하고 기울기가 m인 접선이 2개가 되도록 하는 정수 m의 최솟값은?

① -2　② -1　③ 0
④ 1　⑤ 2

유형 07 접선이 곡선과 만나는 점

0196 평가원 변형

곡선 $y=x^3-4x+1$ 위의 점 $\mathrm{A}(1,\ -2)$에서의 접선이 점 A가 아닌 점 B에서 곡선과 만난다. 곡선 위의 점 B에서의 접선의 y절편을 구하시오.

0197

점 $(0,\ 4)$에서 곡선 $y=x^3+2x^2-2x-4$에 그은 접선이 곡선과 접하는 점을 A, 곡선과 만나는 접점이 아닌 점을 B라 할 때, 선분 AB의 길이는?

① 6　② $2\sqrt{10}$　③ $5\sqrt{2}$
④ $4\sqrt{5}$　⑤ 10

0198

그림과 같이 곡선 $y=x^3-3x^2+2x+7$ 위의 점 $\mathrm{P}(2,\ 7)$에서의 접선이 y축과 만나는 점을 Q, 이 곡선과 다시 만나는 점을 R라 할 때, $\overline{\mathrm{PQ}}:\overline{\mathrm{QR}}$는?

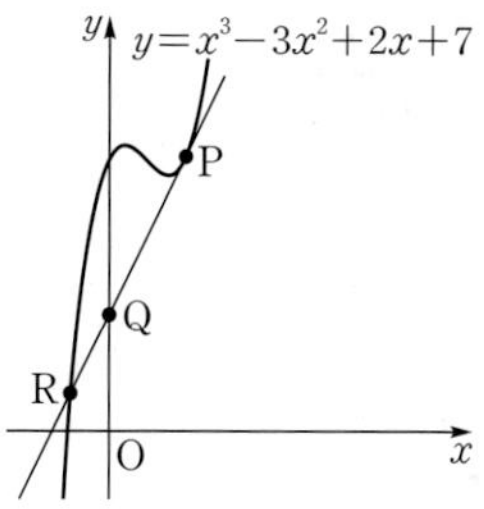

① $3:1$　② $3:2$
③ $2:1$　④ $5:2$
⑤ $5:3$

유형 08 접선의 기울기의 최대, 최소

0199

곡선 $y=\frac{1}{3}x^3-2x^2+3x+\frac{1}{3}$에 접하는 직선 중에서 기울기가 최소인 직선이 점 $(-2,\ a)$를 지날 때, a의 값은?

① 3 ② 4 ③ 5
④ 6 ⑤ 7

0200

곡선 $y=-x^3+3x^2-5x$에 접하는 직선 중에서 기울기가 최대인 직선 l이 곡선과 접하는 점을 P라 하자. 점 P를 지나고 직선 l에 수직인 직선의 x절편을 구하시오.

유형 09 항등식을 이용한 접선의 방정식

0201

곡선 $y=x^3+\frac{1}{2}ax^2+(2a-8)x+2a-5$는 a의 값에 관계없이 항상 일정한 점 P를 지난다. 점 P를 지나고 이 점에서의 접선에 수직인 직선이 점 $(2,\ k)$를 지날 때, k의 값은?

① -2 ② -1 ③ 0
④ 1 ⑤ 2

0202

곡선 $y=x^3+(a+1)x^2-a$는 a의 값에 관계없이 항상 두 점 P, Q를 지난다. 이 곡선 위의 두 점 P, Q에서의 접선이 서로 수직이 되도록 하는 모든 실수 a의 값의 합을 구하시오.

유형 10 공통인 접선

0203

두 곡선 $y=x^3-2x^2+1$, $y=2x^2-4x+1$에 동시에 접하는 직선이 점 $(3,\ a)$를 지날 때, a의 값은?

① 1 ② 2 ③ 3
④ 4 ⑤ 5

0204

두 곡선 $y=x^3+2x^2+ax$, $y=x^2+x+1$이 한 점에서 접할 때, 상수 a의 값은?

① -2 ② -1 ③ 0
④ 1 ⑤ 2

0205

곡선 $y=3x^2+2x$ 위의 점 $(-1, 1)$에서의 접선이 곡선 $y=x^3-ax-1$에 접할 때, 상수 a의 값을 구하시오.

유형 11 곡선과 원의 접선

0206

곡선 $y=-\frac{1}{2}x^2+2$와 점 $(2, 0)$에서 접하고 중심이 y축 위에 있는 원의 반지름의 길이는?

① $\sqrt{2}$ ② $\sqrt{3}$ ③ 2
④ $\sqrt{5}$ ⑤ $\sqrt{6}$

0207

곡선 $y=-x^2+2$와 점 $(1, 1)$에서 접하고 중심이 x축 위에 있는 원의 둘레의 길이는?

① 2π ② $2\sqrt{2}\pi$ ③ $2\sqrt{3}\pi$
④ 4π ⑤ $2\sqrt{5}\pi$

0208

그림과 같이 곡선 $y=x^3-x^2+2$와 점 $(1, 2)$에서 접하고 중심이 x축 위에 있는 원의 넓이는?

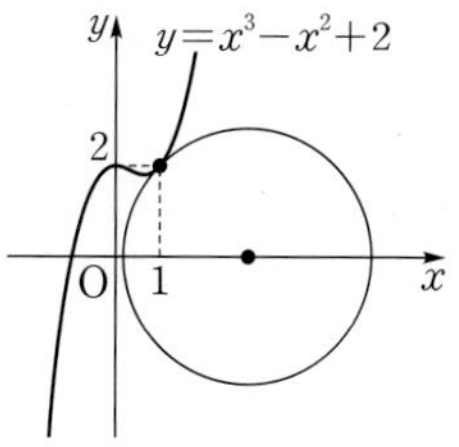

① 2π ② 4π
③ 6π ④ 8π
⑤ 10π

유형 12 접선과 축으로 둘러싸인 도형의 넓이

0209

곡선 $y=2x^3+6x^2+2x-4$에 접하는 직선 중에서 기울기가 최소인 직선과 x축 및 y축으로 둘러싸인 도형의 넓이는?

① 3 ② $\frac{7}{2}$ ③ 4
④ $\frac{9}{2}$ ⑤ 5

0210

곡선 $y=x^3+ax^2-(2a+6)x+a$는 a의 값에 관계없이 항상 일정한 점 P를 지난다. 이 곡선 위의 점 P에서의 접선과 x축 및 y축으로 둘러싸인 도형의 넓이는?

① $\frac{1}{3}$ ② $\frac{2}{3}$ ③ 1
④ $\frac{4}{3}$ ⑤ $\frac{5}{3}$

0211

곡선 $y=x^3-4x+6$ 위의 점 A(1, 3)에서의 접선 l과 점 A를 지나고 접선 l에 수직인 직선을 m이라 하자. 두 직선 l, m 및 x축으로 둘러싸인 도형의 넓이는?

① 6　② 9　③ 12　④ 15　⑤ 18

0212

점 P(0, −2)에서 곡선 $y=x^4+3x^2+4$에 그은 두 접선의 접점을 A, B라 할 때, 삼각형 PAB의 넓이를 구하시오.

유형 13 곡선 위의 점과 직선 사이의 거리

0213

곡선 $y=x^2-2x+3$ 위의 점과 직선 $y=-2x+1$ 사이의 거리의 최솟값은?

① $\frac{\sqrt{5}}{5}$　② $\frac{2\sqrt{5}}{5}$　③ $\frac{3\sqrt{5}}{5}$　④ $\frac{4\sqrt{5}}{5}$　⑤ $\sqrt{5}$

0214

곡선 $y=\frac{1}{2}x^2+x+2$ 위의 점 P와 두 점 A(1, −1), B(3, 1)에 대하여 삼각형 PAB의 넓이의 최솟값은?

① 1　② 2　③ 4　④ 8　⑤ 16

0215

곡선 $y=x^2-2x+2$ 위에 두 점 A(1, 1), B(3, 5)와 두 점 A, B 사이를 움직이는 곡선 위의 점 P가 있다. 삼각형 PAB의 넓이의 최댓값을 구하시오.

유형 14 롤의 정리

0216

함수 $f(x)=(x-a)(x-b)$에 대하여 닫힌구간 $[a, b]$에서 롤의 정리를 만족시키는 상수 c의 값은?

① $\frac{a+b}{4}$　② $\frac{a-b}{4}$　③ $\frac{a+b}{2}$　④ $\frac{2a+b}{2}$　⑤ $\frac{a-b}{2}$

0217

함수 $f(x)=x^3-3x+5$에 대하여 닫힌구간 $[-\sqrt{3}, \sqrt{3}]$에서 롤의 정리를 만족시키는 모든 상수 c의 값의 합을 구하시오.

유형 15 평균값 정리

0218

함수 $f(x)=-x^3-5x^2+2$에 대하여 닫힌구간 $[-1, 2]$에서 평균값 정리를 만족시키는 상수 c의 값은?

① $-\frac{1}{3}$ ② 0 ③ $\frac{1}{3}$
④ $\frac{2}{3}$ ⑤ 1

0219

함수 $f(x)=x^2-4x+5$에 대하여 닫힌구간 $[a, b]$에서 평균값 정리를 만족시키는 상수 c가 3일 때, $a+b$의 값은?

① 4 ② 5 ③ 6
④ 7 ⑤ 8

0220

함수 $f(x)$에 대하여

$$\frac{f(2)-f(-1)}{3}=f'(c)$$

인 c가 열린구간 $(-1, 2)$에 적어도 하나 존재하는 함수인 것만을 보기에서 있는 대로 고른 것은?

보기

ㄱ. $f(x)=|x-1|$ ㄴ. $f(x)=x+|x|$
ㄷ. $f(x)=(x-1)|x-1|$

① ㄱ ② ㄴ ③ ㄷ
④ ㄱ, ㄷ ⑤ ㄴ, ㄷ

0221

다항함수 $f(x)$가 모든 실수 x에 대하여 $f(-x)=-f(x)$를 만족시킨다. $f(1)=f(2)=2$일 때, 보기에서 옳은 것만을 있는 대로 고른 것은?

보기

ㄱ. $f(0)=0$
ㄴ. 방정식 $f'(x)=0$은 열린구간 $(-2, 2)$에서 적어도 2개의 실근을 갖는다.
ㄷ. 방정식 $f'(x)=2$는 열린구간 $(-1, 1)$에서 적어도 2개의 실근을 갖는다.

① ㄱ ② ㄴ ③ ㄱ, ㄴ
④ ㄱ, ㄷ ⑤ ㄱ, ㄴ, ㄷ

0222 평가원 변형

점 (0, 1)에서 곡선 $y=x^4-x^2+3$에 그은 모든 접선의 기울기의 곱은?

① -16　② -8　③ -4　④ -2　⑤ -1

0223 수능 변형

곡선 $y=x^3+ax+b$ 위의 점 (1, 3)을 지나고 이 점에서의 접선에 수직인 직선이 점 (−2, 0)을 지날 때, 상수 a, b에 대하여 a^2+b^2의 값을 구하시오.

0224 수능 기출

삼차함수 $f(x)$에 대하여 곡선 $y=f(x)$ 위의 점 (0, 0)에서의 접선과 곡선 $y=xf(x)$ 위의 점 (1, 2)에서의 접선이 일치할 때, $f'(2)$의 값은?

① -18　② -17　③ -16　④ -15　⑤ -14

0225 평가원 변형

점 (0, 3)에서 곡선 $y=x^3-2x+1$에 그은 접선이 곡선과 접하는 점을 A, 곡선과 만나는 접점이 아닌 점을 B라 할 때, 선분 AB의 길이는?

① $2\sqrt{2}$　② $3\sqrt{2}$　③ $4\sqrt{2}$　④ $5\sqrt{2}$　⑤ $6\sqrt{2}$

0226 평가원 변형

최고차항의 계수가 1인 삼차함수 $f(x)$에 대하여 곡선 $y=f(x)$가 두 점 A(0, 4), B(2, 4)를 지난다. 두 점 A, B에서의 접선이 서로 평행할 때, 점 A에서의 접선과 x축 및 y축으로 둘러싸인 도형의 넓이를 구하시오.

0227 평가원 기출

닫힌구간 [0, 2]에서 정의된 함수

$$f(x)=ax(x-2)^2 \left(a>\frac{1}{2}\right)$$

에 대하여 곡선 $y=f(x)$와 직선 $y=x$의 교점 중 원점 O가 아닌 점을 A라 하자. 점 P가 원점으로부터 점 A까지 곡선 $y=f(x)$ 위를 움직일 때, 삼각형 OAP의 넓이가 최대가 되는 점 P의 x좌표가 $\frac{1}{2}$이다. 상수 a의 값은?

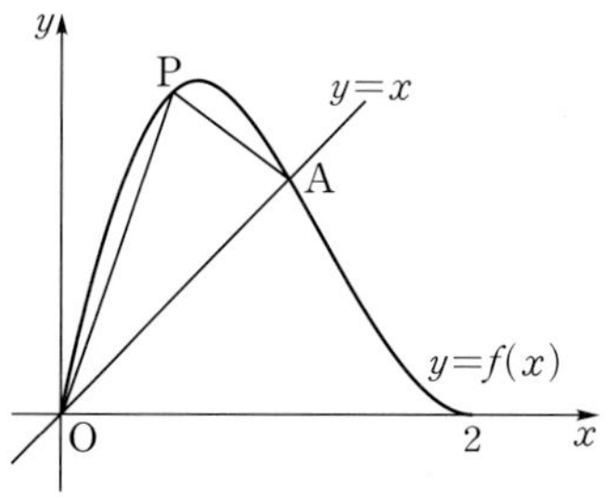

① $\frac{5}{4}$ ② $\frac{4}{3}$ ③ $\frac{17}{12}$
④ $\frac{3}{2}$ ⑤ $\frac{19}{12}$

0228 교육청 기출

두 함수 $f(x)=x^2$과 $g(x)=-(x-3)^2+k\ (k>0)$에 대하여 곡선 $y=f(x)$ 위의 점 P(1, 1)에서의 접선을 l이라 하자. 직선 l에 곡선 $y=g(x)$가 접할 때의 접점을 Q, 곡선 $y=g(x)$와 x축이 만나는 두 점을 각각 R, S라 할 때, 삼각형 QRS의 넓이는?

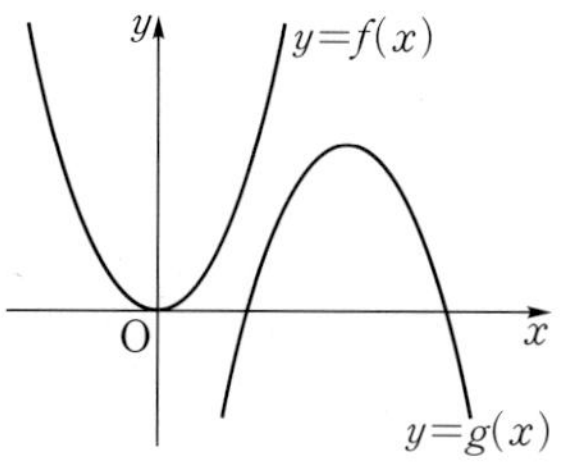

① 4 ② $\frac{9}{2}$ ③ 5
④ $\frac{11}{2}$ ⑤ 6

0229 평가원 기출

그림과 같이 정사각형 ABCD의 두 꼭짓점 A, C는 y축 위에 있고, 두 꼭짓점 B, D는 x축 위에 있다. 변 AB와 변 CD가 각각 삼차함수 $y=x^3-5x$의 그래프에 접할 때, 정사각형 ABCD의 둘레의 길이를 구하시오.

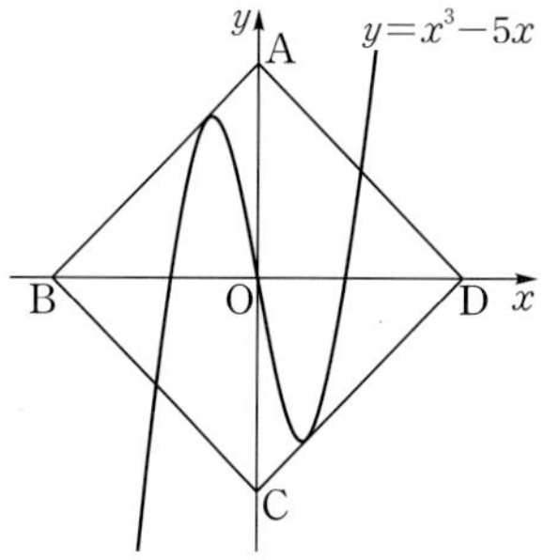

04 도함수의 활용 (1)

PART A′ 05

Ⅱ. 미분

도함수의 활용(2)

유형별 유사문제

유형 01 함수의 증가, 감소

0230

다음 구간 중 함수 $f(x)=-x^4+2x^2+3$이 증가하는 구간은?

① $[-1, 0]$ ② $[-1, 1]$ ③ $[0, 1]$
④ $[1, 2]$ ⑤ $[2, 3]$

0231

함수 $f(x)=-x^3+3ax^2+bx+5$가 $x\le-1$, $x\ge5$에서 감소하고, $-1\le x\le5$에서 증가할 때, 상수 a, b에 대하여 $a+b$의 값을 구하시오.

0232

함수 $f(x)=2x^3+6x^2+(3-a)x+1$이 감소하는 x의 값의 범위가 $b\le x\le1$일 때, 상수 a, b에 대하여 $a+b$의 값은?

① 18 ② 16 ③ 14
④ 12 ⑤ 10

유형 02 삼차함수가 실수 전체의 집합에서 증가 또는 감소할 조건

0233

함수 $f(x)=x^3+ax^2+(a+6)x-1$이 실수 전체의 집합에서 증가하도록 하는 정수 a의 개수를 구하시오.

0234 수능 변형

함수 $f(x)=-x^3+2ax^2-(a^2+4)x+5$가 실수 전체의 집합에서 감소하도록 하는 정수 a의 최댓값을 구하시오.

0235

함수 $f(x)=-x^3+2ax^2+3ax$가 $x_1<x_2$인 임의의 두 실수 x_1, x_2에 대하여 $f(x_1)>f(x_2)$가 성립하도록 하는 모든 정수 a의 값의 합은?

① -5 ② -4 ③ -3
④ -2 ⑤ -1

0236

함수 $f(x)=\frac{1}{3}x^3-ax^2+6ax+2$의 역함수가 존재하도록 하는 실수 a의 최댓값과 최솟값의 합을 구하시오.

유형 03 삼차함수가 주어진 구간에서 증가 또는 감소할 조건

0237

함수 $f(x)=\frac{2}{3}x^3+x^2+(a+1)x+2$가 $0<x<1$에서 감소하도록 하는 실수 a의 최댓값은?

① -6　② -5　③ -4　④ -3　⑤ -2

0238

함수 $f(x)=-\frac{1}{3}x^3+\frac{1}{2}ax^2+6x$가 구간 $(-1, 2)$에서 증가하도록 하는 정수 a의 개수는?

① 3　② 4　③ 5　④ 6　⑤ 7

0239

함수 $f(x)=-\frac{1}{3}x^3+2x^2+(a-6)x+3$이 구간 $(1, 2)$에서 증가하고, 구간 $(4, \infty)$에서 감소하도록 하는 실수 a의 최댓값을 M, 최솟값을 m이라 할 때, $M+m$의 값을 구하시오.

유형 04 함수의 그래프와 증가, 감소

0240

함수 $f(x)$의 도함수 $y=f'(x)$의 그래프가 그림과 같을 때, 다음 중 옳지 않은 것은?

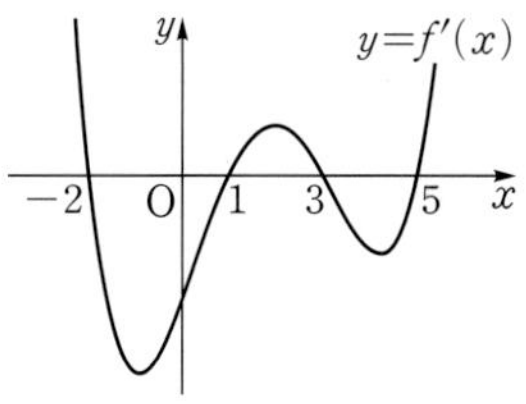

① 함수 $f(x)$는 구간 $(-\infty, -2)$에서 증가한다.
② 함수 $f(x)$는 구간 $(-2, 0)$에서 감소한다.
③ 함수 $f(x)$는 구간 $(1, 3)$에서 증가한다.
④ 함수 $f(x)$는 구간 $(3, 6)$에서 감소한다.
⑤ 함수 $f(x)$는 구간 $(6, \infty)$에서 증가한다.

0241

삼차함수 $f(x)$의 도함수 $y=f'(x)$의 그래프가 그림과 같을 때, 다음 중 함수 $f(x)$가 증가하는 구간은?

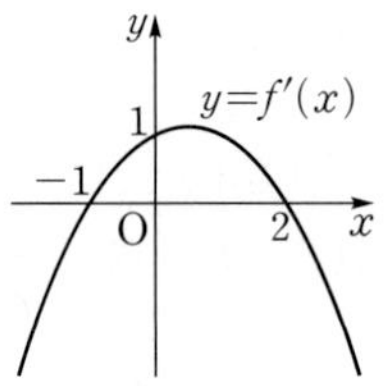

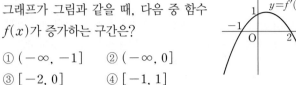

① $(-\infty, -1]$ ② $(-\infty, 0]$
③ $[-2, 0]$ ④ $[-1, 1]$
⑤ $[1, \infty)$

0242

구간 $[0, c]$에서 정의된 함수 $y=f(x)$의 그래프가 그림과 같다. 함수 $\{f(x)\}^2$이 증가하는 구간에 속하는 x의 값은?

(단, $f'(p)=f'(q)=f'(r)=0$)

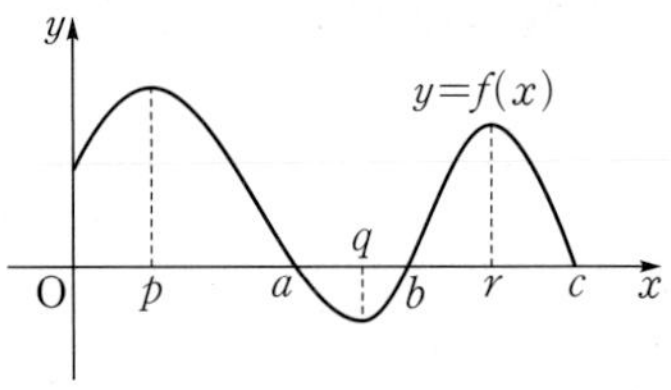

① $\frac{a+2p}{3}$ ② $\frac{a+p}{2}$ ③ $\frac{a+q}{2}$
④ $\frac{b+q}{2}$ ⑤ $\frac{c+r}{2}$

유형 05 함수의 극대, 극소

0243

함수 $f(x)=x^3-6x^2+9x+5$가 $x=a$에서 극댓값 b를 가질 때, 상수 a, b에 대하여 $a+b$의 값은?

① 8 ② 9 ③ 10
④ 11 ⑤ 12

0244

함수 $f(x)=3x^4-8x^3+a$의 극솟값이 -4일 때, 상수 a의 값은?

① 8 ② 9 ③ 10
④ 11 ⑤ 12

0245

함수 $f(x)=x^3+3x^2-9x+a$의 극댓값을 M, 극솟값을 m이라 할 때, $M+m=0$이 되도록 하는 상수 a의 값은?

① -15 ② -14 ③ -13
④ -12 ⑤ -11

0246

함수 $f(x)=-x^3+3x+a$의 모든 극값의 곱이 5가 되도록 하는 양수 a의 값을 구하시오.

유형 06 함수의 극대, 극소와 미정계수

0247

함수 $f(x)=2x^3-3(a+2)x^2+12ax+3$이 $x=-1$에서 극댓값을 가질 때, 함수 $f(x)$의 극솟값은? (단, a는 상수이다.)

① -20　② -19　③ -18
④ -17　⑤ -16

0248

최고차항의 계수가 1인 삼차함수 $f(x)$가 $x=1$에서 극댓값 M, $x=3$에서 극솟값 m을 가질 때, $M-m$의 값을 구하시오.

0249 수능 변형

함수 $f(x)=x^4-2a^2x^2+4$가 $x=3b$, $x=b-4$에서 극소일 때, $a+b$의 값은? (단, $a>0$, $b>0$)

① 3　② 4　③ 5
④ 6　⑤ 7

0250

최고차항의 계수가 2인 삼차함수 $f(x)$가 다음 조건을 만족시킬 때, 함수 $f(x)$의 극댓값을 구하시오.

> (가) $\lim_{x\to 3}\frac{f(x)-5}{x-3}=12$
> (나) 함수 $f(x)$는 $x=2$에서 극값을 갖는다.

유형 07 함수의 극대, 극소의 활용

0251 수능 변형

다항함수 $f(x)$에 대하여 곡선 $y=f(x)$ 위의 점 $(1, f(1))$에서의 접선의 기울기가 4이다. 함수 $g(x)=(x^2+2)f(x)$가 $x=1$에서 극값을 가질 때, $f(1)$의 값은?

① -10　② -9　③ -8
④ -7　⑤ -6

0252

함수 $f(x)=\frac{2}{3}x^3+2(2a+3)x^2-4x$에 대하여 $y=f(x)$의 그래프에서 극대가 되는 점과 극소가 되는 점이 원점에 대하여 대칭일 때, 상수 a의 값은?

① -2　② $-\frac{3}{2}$　③ -1
④ $-\frac{1}{2}$　⑤ 0

0253

함수 $f(x)=-x^3+3x^2+9x+1$에 대하여 $y=f(x)$의 그래프에서 극대가 되는 점을 A, 극소가 되는 점을 B라 할 때, 두 점 A, B를 지나는 직선의 y절편은?

① 3 ② 4 ③ 5
④ 6 ⑤ 7

0254

함수 $f(x)=-x^3-ax^2+5$에 대하여 곡선 $y=f(x)$ 위의 점 $(t, f(t))$에서의 접선의 y절편을 $g(t)$라 하자. 함수 $g(t)$가 $t=1$에서 극소일 때, $g(t)$의 극댓값을 구하시오.

(단, a는 상수이다.)

유형 08 도함수의 그래프와 극대, 극소

0255

미분가능한 함수 $f(x)$의 도함수 $y=f'(x)$의 그래프가 그림과 같다. 함수 $f(x)$가 극대인 x의 개수를 m, 극소인 x의 개수를 n이라 할 때, $m-n$의 값을 구하시오.

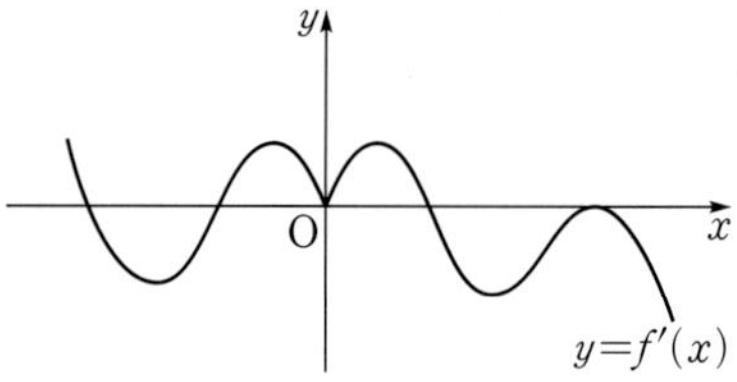

0256

최고차항의 계수가 -1인 삼차함수 $f(x)$의 도함수 $y=f'(x)$의 그래프가 그림과 같다. 함수 $f(x)$가 극댓값 8을 가질 때, $f(x)$의 극솟값을 구하시오.

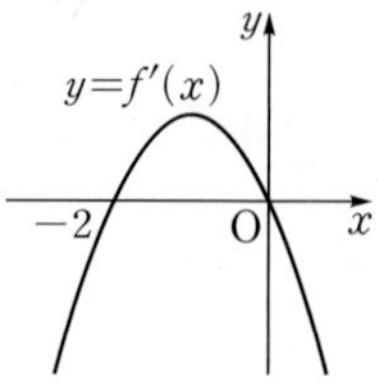

0257

함수 $f(x)$의 도함수 $y=f'(x)$의 그래프가 그림과 같을 때, 보기에서 옳은 것만을 있는 대로 고른 것은?

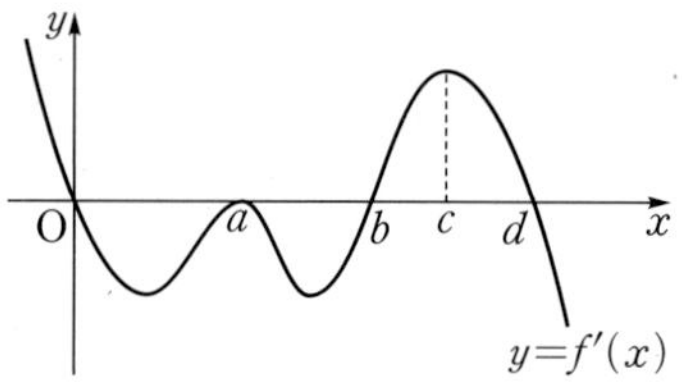

보기

ㄱ. $f(b)<f(a)$
ㄴ. 함수 $f(x)$는 $x=c$에서 극대이다.
ㄷ. 함수 $f(x)$가 극값을 갖는 x의 개수는 3이다.

① ㄱ ② ㄱ, ㄴ ③ ㄱ, ㄷ
④ ㄴ, ㄷ ⑤ ㄱ, ㄴ, ㄷ

유형 09 함수의 그래프

0258

함수 $f(x)$의 도함수 $y=f'(x)$의 그래프가 그림과 같을 때, 다음 중 함수 $y=f(x)$의 그래프의 개형이 될 수 있는 것은?

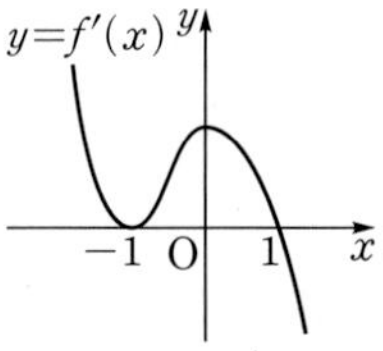

①
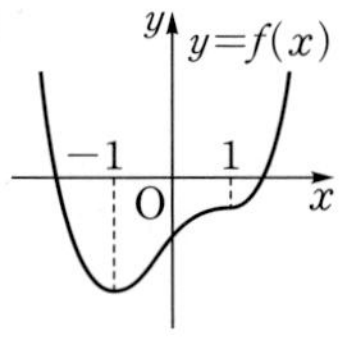

②
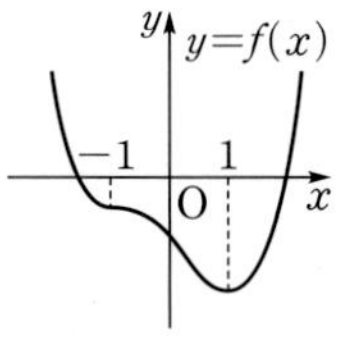

③
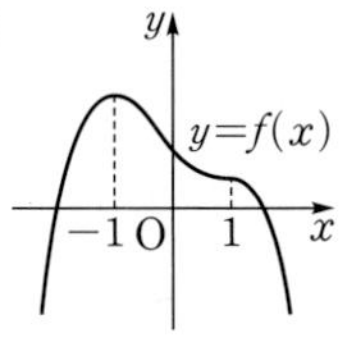

④
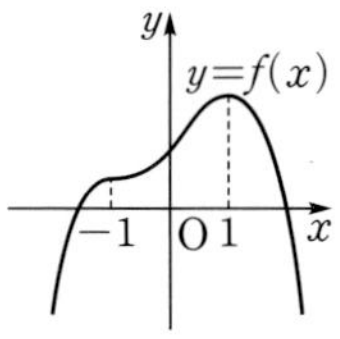

⑤
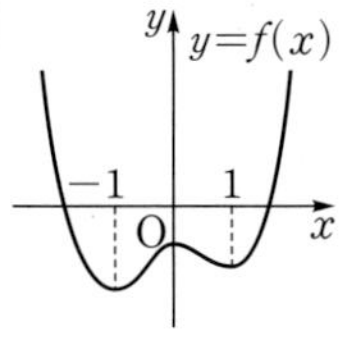

0259

삼차함수 $f(x)$의 도함수 $y=f'(x)$의 그래프가 그림과 같다. $f(-1)=-1$일 때, 함수 $y=f(x)$의 그래프와 x축이 만나는 점의 개수를 구하시오.

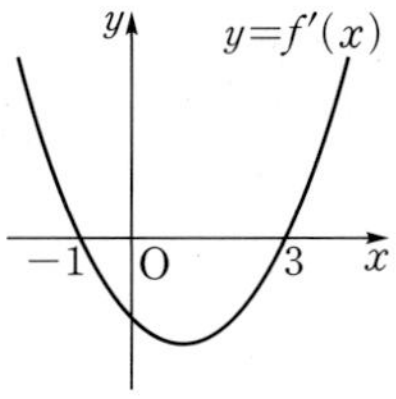

0260

삼차함수 $f(x)=-x^3+6x^2-9x+3$에 대하여 보기에서 옳은 것만을 있는 대로 고른 것은?

보기

ㄱ. 함수 $f(x)$는 극댓값 3을 갖는다.
ㄴ. 함수 $f(x)$는 구간 $(-\infty, 1)$, $(3, \infty)$에서 감소한다.
ㄷ. 함수 $y=f(x)$의 그래프와 x축의 교점은 2개이다.

① ㄱ ② ㄱ, ㄴ ③ ㄱ, ㄷ
④ ㄴ, ㄷ ⑤ ㄱ, ㄴ, ㄷ

0261

함수 $f(x)=3x^4+8x^3+6x^2-1$에 대하여 보기에서 옳은 것만을 있는 대로 고른 것은?

보기

ㄱ. 함수 $f(x)$는 구간 $(-1, 0)$에서 감소한다.
ㄴ. 함수 $f(x)$는 $x=0$에서 극소이다.
ㄷ. 모든 실수 x에 대하여 $f(x)\geq-1$이다.

① ㄱ ② ㄱ, ㄴ ③ ㄱ, ㄷ
④ ㄴ, ㄷ ⑤ ㄱ, ㄴ, ㄷ

0262

실수 전체의 집합에서 미분가능한 함수 $f(x)$의 도함수 $y=f'(x)$의 그래프가 그림과 같다.

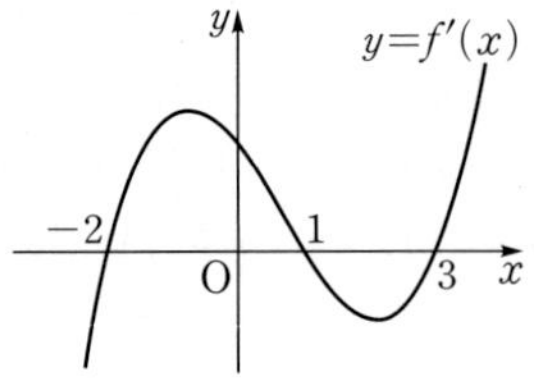

$0<f(-2)<f(3)$일 때, 보기에서 옳은 것만을 있는 대로 고른 것은?

보기

ㄱ. $f(1)>f(0)$

ㄴ. 함수 $y=f(x)$의 그래프가 극값을 갖는 점은 3개이다.

ㄷ. 함수 $y=f(x)$의 그래프와 x축의 교점은 2개이다.

① ㄱ　② ㄱ, ㄴ　③ ㄱ, ㄷ
④ ㄴ, ㄷ　⑤ ㄱ, ㄴ, ㄷ

유형 10 그래프를 이용한 삼차함수의 계수의 부호 결정

0263

삼차함수 $f(x)=ax^3+bx^2+cx+d$에 대하여 $y=f(x)$의 그래프가 그림과 같을 때, 다음 중 상수 a, b, c, d의 부호로 옳은 것은? (단, $f'(\alpha)=0$, $f'(\beta)=0$)

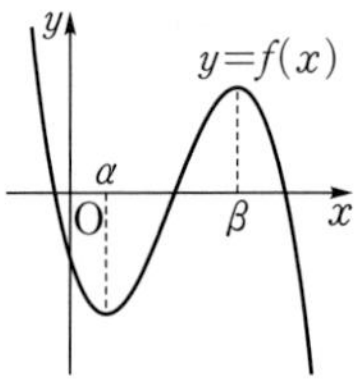

① $a>0$, $b>0$, $c>0$, $d>0$
② $a>0$, $b>0$, $c<0$, $d<0$
③ $a<0$, $b<0$, $c>0$, $d<0$
④ $a<0$, $b>0$, $c<0$, $d<0$
⑤ $a<0$, $b<0$, $c>0$, $d>0$

0264

삼차함수 $f(x)=x^3+ax^2+bx+c$가 $x=\alpha$, $x=\beta$에서 극값을 갖는다. $\alpha>\beta$일 때, 보기에서 옳은 것만을 있는 대로 고른 것은? (단, a, b, c는 상수이다.)

보기

ㄱ. $f(\alpha)<f(\beta)$

ㄴ. $\alpha+\beta=0$이고 $f(\beta)=0$이면 $c<0$이다.

ㄷ. $\alpha>0>\beta$이고 $|\alpha|<|\beta|$이면 $ab>0$이다.

① ㄱ　② ㄱ, ㄴ　③ ㄱ, ㄷ
④ ㄴ, ㄷ　⑤ ㄱ, ㄴ, ㄷ

유형 11 삼차함수가 극값을 가질 조건

0265

함수 $f(x)=x^3+(a+2)x^2+(a^2-4)x+1$이 극값을 갖도록 하는 정수 a의 최댓값을 구하시오.

0266

함수 $f(x)=x^3+ax^2+3ax+2$가 극값을 갖지 않도록 하는 정수 a의 개수는?

① 7　② 8　③ 9
④ 10　⑤ 11

0267 교육청 변형

함수 $f(x)=-\frac{1}{3}x^3+(a+1)x^2-(2a^2+3a-5)x+3$이 극값을 갖도록 하는 모든 정수 a의 값의 합을 구하시오.

유형 12 삼차함수가 주어진 구간에서 극값을 가질 조건

0268

함수 $f(x)=x^3+ax^2+(a-2)x+3$이 구간 $(-1, 1)$에서 극댓값과 극솟값을 모두 갖도록 하는 실수 a의 값의 범위가 $\alpha<a<\beta$일 때, $3\alpha+\beta$의 값을 구하시오.

0269

함수 $f(x)=x^3-ax^2+2ax+1$이 $x>1$에서 극댓값과 극솟값을 모두 갖도록 하는 실수 a의 값의 범위는?

① $a<0$ 또는 $a>3$　② $a>3$
③ $a<0$ 또는 $a>6$　④ $a>6$
⑤ $0<a<6$

0270

함수 $f(x)=-\frac{1}{3}x^3+ax^2-(a^2-1)x+2$가 $-1<x<2$에서 극솟값을 갖고 $x>2$에서 극댓값을 갖도록 하는 정수 a의 값을 구하시오.

유형 13 사차함수가 극값을 가질 조건

0271

함수 $f(x)=\frac{1}{2}x^4-2x^3+ax^2+4$가 극댓값을 가질 때, 다음 중 상수 a의 값이 될 수 없는 것은?

① -2　② -1　③ 1
④ 2　⑤ 3

0272

함수 $f(x)=-\frac{1}{4}x^4+\frac{2}{3}ax^3-(2a-1)x$가 극솟값을 갖지 않도록 하는 실수 a의 최댓값을 M, 최솟값을 m이라 할 때, $\frac{m}{M}$의 값을 구하시오.

0273

함수 $f(x)=\frac{2}{3}x^3+2x^2-ax$는 극값을 갖고, 함수 $g(x)=-x^4+8x^3-ax^2$은 극솟값을 갖도록 하는 정수 a의 개수를 구하시오.

0276

모든 실수 x에 대하여 $f'(x)\geq 0$인 삼차함수 $f(x)$가

$f'(2)=0,\ f(2)=2$

를 만족시킨다. $f(3)=4$일 때, $f(4)$의 값을 구하시오.

유형 14 함수의 그래프와 다항함수의 추론

0274

최고차항의 계수가 1인 삼차함수 $f(x)$가 다음 조건을 만족시킬 때, 함수 $f(x)$의 극솟값을 구하시오.

> (가) $f(-2)=f(1)=2$
> (나) 함수 $f(x)$는 $x=-2$에서 극값을 갖는다.

0277

최고차항의 계수가 음수인 사차함수 $f(x)$가

$f(-1)=f'(-1)=0,\ f(3)=f'(3)=0$

을 만족시킨다. 함수 $f(x)$의 극솟값이 -8일 때, $f(0)$의 값은?

① -3　② $-\frac{7}{2}$　③ -4
④ $-\frac{9}{2}$　⑤ -5

0275

함수 $f(x)=(x-1)(x-2)(x-3)$에 대하여 함수 $|f(x)|$가 미분가능하지 않은 x의 개수를 m, 극값을 갖는 x의 개수를 n이라 할 때, $m+n$의 값은?

① 6　② 7　③ 8
④ 9　⑤ 10

0278

함수 $f(x)=|2x^3+3x^2-12x+a|$가 $x=1$에서 극댓값 5를 가질 때, $x=b$에서 극댓값 c를 갖는다. 상수 a, b, c에 대하여 $a+b+c$의 값은? (단, $b\neq 1$)

① 20　② 22　③ 24
④ 26　⑤ 28

0279

최고차항의 계수가 양수인 삼차함수 $f(x)$가 $f(a)=f'(a)=0$, $f(b)=0$을 만족시킬 때, 보기에서 옳은 것만을 있는 대로 고른 것은? (단, $a\neq b$)

보기

ㄱ. $a<b$이면 함수 $f(x)$는 극댓값 0을 갖는다.
ㄴ. $a>b$이면 함수 $f(x)$는 $x=a$에서 극솟값을 갖는다.
ㄷ. 함수 $|f(x)|$가 미분가능하지 않은 x는 1개이다.

① ㄱ ② ㄴ ③ ㄱ, ㄴ
④ ㄴ, ㄷ ⑤ ㄱ, ㄴ, ㄷ

0280

$f(1)=0$이고 최고차항의 계수가 1인 삼차함수 $f(x)$가 다음 조건을 만족시킬 때, $f(5)$의 값을 구하시오.

(가) 모든 실수 x에 대하여 $f'(x)\geq 0$이다.
(나) 함수 $|f(x)|$는 $x=1$에서 미분가능하다.

0281

함수 $f(x)=|x^3-6x^2+a|$가 미분가능하지 않은 x의 개수가 3이 되도록 하는 정수 a의 개수를 구하시오.

유형 15 함수의 최대, 최소

0282

구간 $[-2, 2]$에서 함수 $f(x)=2x^3-6x+a$의 최댓값과 최솟값의 곱이 9일 때, 양수 a의 값은?

① 3 ② 4 ③ 5
④ 6 ⑤ 7

0283

함수 $f(x)=2x^3+ax^2-12x+b$가 구간 $[0, 3]$에서 최솟값 -10을 갖는다. $f'(-1)=0$일 때, 상수 a, b에 대하여 $a+b$의 값을 구하시오.

0284

$x\geq -1$에서 함수 $f(x)=x^4-4x^3-2x^2+12x+k$의 최솟값이 7일 때, 상수 k의 값은?

① 10 ② 12 ③ 14
④ 16 ⑤ 18

0285

구간 $[-2, 3]$에서 함수 $f(x)=x^4-8x^2+6$의 최댓값을 M, 최솟값을 m이라 할 때, $M+m$의 값은?

① 3 ② 4 ③ 5
④ 6 ⑤ 7

0286

함수 $f(x)=-x^2+2x+2$, $g(x)=-x^3+3x-1$에 대하여 함수 $g(f(x))$의 최솟값을 구하시오.

0287

$x\geq0$, $y\geq0$인 실수 x, y에 대하여 $x+y=4$일 때, x^2y^2의 최댓값을 구하시오.

유형 16 함수의 최대, 최소의 활용

0288

곡선 $y=x^2$ 위의 점 중 점 $\mathrm{P}(6, 3)$에서의 거리가 최소인 점을 $\mathrm{Q}(a, b)$라 할 때, $2a+b$의 값은?

① 6 ② 8 ③ 10
④ 12 ⑤ 14

0289

그림과 같이 곡선 $y=-x^2+9$가 x축과 만나는 두 점을 각각 A, B라 하자. 선분 AB와 이 곡선으로 둘러싸인 부분에 내접하는 사다리꼴 ABCD의 넓이의 최댓값을 구하시오.

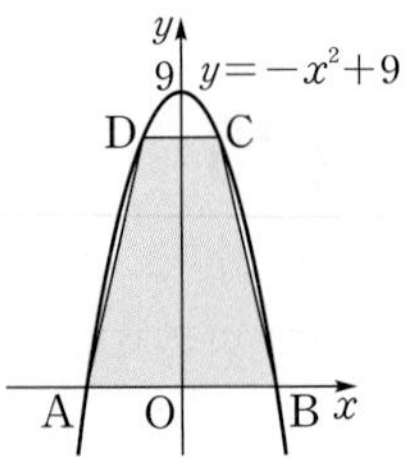

0290

그림과 같이 반지름의 길이가 6인 구에 내접하는 원뿔 중 부피가 최대인 원뿔의 높이를 구하시오.

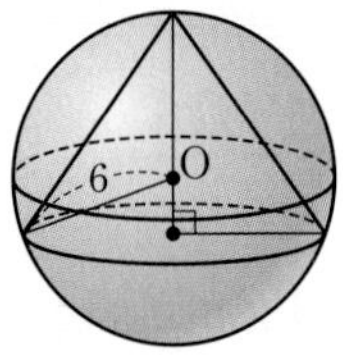

정답과 풀이 248쪽

0291 평가원 기출

함수 $f(x)$의 도함수 $f'(x)$는 $f'(x)=x^2-1$이다. 함수 $g(x)=f(x)-kx$가 $x=-3$에서 극값을 가질 때, 상수 k의 값은?

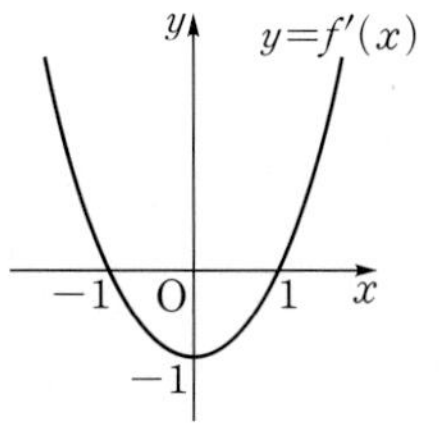

① 4 ② 5 ③ 6
④ 7 ⑤ 8

0292 평가원 변형

구간 $[0, 4]$에서 함수 $f(x)=x^4-4x^3+a$의 최댓값을 M, 최솟값을 m이라 하자. $M+m=3$일 때, 상수 a의 값은?

① 11 ② 13 ③ 15
④ 17 ⑤ 19

0293 교육청 변형

다항함수 $f(x)$가 다음 조건을 만족시킨다.

> (가) $\lim_{x \to \infty} \frac{f(x)}{x^3}=2$
> (나) 함수 $f(x)$는 $x=1$, $x=3$에서 극값을 갖는다.

$\lim_{x \to 2} \frac{f(x)-f(2)}{x^2-4}$의 값은?

① -2 ② $-\frac{3}{2}$ ③ -1
④ 0 ⑤ 1

0294 교육청 기출

삼차함수 $f(x)$에 대하여 방정식 $f'(x)=0$의 두 실근 α, β는 다음 조건을 만족시킨다.

> (가) $|\alpha-\beta|=10$
> (나) 두 점 $(\alpha, f(\alpha))$, $(\beta, f(\beta))$ 사이의 거리는 26이다.

함수 $f(x)$의 극댓값과 극솟값의 차는?

① $12\sqrt{2}$ ② 18 ③ 24
④ 30 ⑤ $24\sqrt{2}$

0295 교육청 변형

삼차함수 $f(x)$의 도함수 $y=f'(x)$의 그래프와 이차함수 $g(x)$의 도함수 $y=g'(x)$의 그래프가 그림과 같다. 함수 $h(x)=f(x)-g(x)$가 $x=a$에서 극대일 때, 실수 a의 값은?

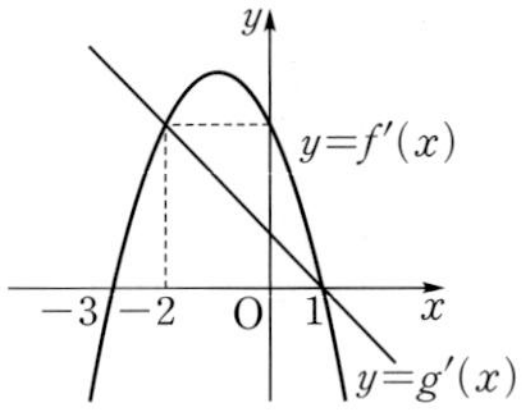

① -3　② -2　③ -1
④ 0　⑤ 1

0296 평가원 기출

함수 $f(x)=x^3-(a+2)x^2+ax$에 대하여 곡선 $y=f(x)$ 위의 점 $(t,\ f(t))$에서의 접선의 y절편을 $g(t)$라 하자. 함수 $g(t)$가 열린구간 $(0,\ 5)$에서 증가할 때, a의 최솟값을 구하시오.

0297 교육청 변형

함수 $f(x)=x^3+3x^2-9|x-a|+2$가 실수 전체의 집합에서 증가하도록 하는 실수 a의 최솟값은?

① -5　② -3　③ -1
④ 1　⑤ 3

0298 교육청 기출

실수 전체의 집합에서 함수 $f(x)$가 미분가능하고 도함수 $f'(x)$가 연속이다. x축과의 교점의 x좌표가 b, c, d뿐인 함수 $g(x)=\dfrac{f'(x)}{x}$의 그래프가 그림과 같을 때, 보기에서 옳은 것만을 있는 대로 고른 것은?

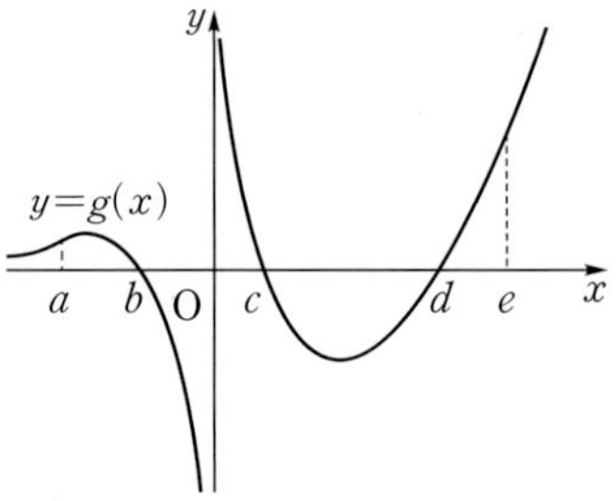

보기

ㄱ. 함수 $f(x)$는 열린구간 $(b,\ 0)$에서 증가한다.
ㄴ. 함수 $f(x)$는 $x=b$에서 극솟값을 갖는다.
ㄷ. 함수 $f(x)$는 닫힌구간 $[a,\ e]$에서 4개의 극값을 갖는다.

① ㄱ　② ㄷ　③ ㄱ, ㄴ
④ ㄴ, ㄷ　⑤ ㄱ, ㄴ, ㄷ

0299 교육청 변형

최고차항의 계수가 1인 삼차함수 $f(x)$가 다음 조건을 만족시킬 때, 함수 $f(x)$의 극댓값과 극솟값의 차를 구하시오.

(가) 모든 실수 x에 대하여 $f'(2-x)=f'(x)$이다.
(나) 함수 $f(x)$는 $x=3$에서 극솟값을 갖는다.

0300 평가원 변형

구간 $[0,\ 2]$에서 함수 $f(x)=-x^3+3ax^2+4$의 최솟값이 2일 때, $f(x)$의 최댓값은? (단, $a>0$)

① 4　② $\frac{17}{4}$　③ $\frac{9}{2}$
④ $\frac{19}{4}$　⑤ 5

0301 교육청 기출

함수 $f(x)=x^3-6x^2+ax+10$에 대하여 함수

$$g(x)=\begin{cases} b-f(x) & (x<3) \\ f(x) & (x\geq 3) \end{cases}$$

이 실수 전체의 집합에서 미분가능할 때, 함수 $g(x)$의 극솟값을 구하시오. (단, a, b는 상수이다.)

0302 교육청 기출

최고차항의 계수가 1인 이차함수 $f(x)$와 3보다 작은 실수 a에 대하여 함수 $g(x)=|(x-a)f(x)|$가 $x=3$에서만 미분가능하지 않다. 함수 $g(x)$의 극댓값이 32일 때, $f(4)$의 값은?

① 7　② 9　③ 11
④ 13　⑤ 15

06 도함수의 활용(3)

Ⅱ. 미분

유형별 유사문제

유형 01 방정식 $f(x)=k$의 실근의 개수

0303 평가원 변형

방정식 $2x^3-3x^2-12x-k=0$이 서로 다른 두 실근을 갖도록 하는 모든 실수 k의 값의 합은?

① -15 ② -13 ③ -11
④ -9 ⑤ -7

0304

방정식 $x^4-4x^3+4x^2+a=0$이 서로 다른 세 실근을 갖도록 하는 실수 a의 값은?

① -2 ② -1 ③ 0
④ 1 ⑤ 2

0305

삼차함수 $f(x)$의 도함수 $y=f'(x)$의 그래프는 그림과 같다. $f(0)+f(4)=0$일 때, 방정식 $|f(x)|=f(4)$의 서로 다른 실근의 개수를 구하시오.

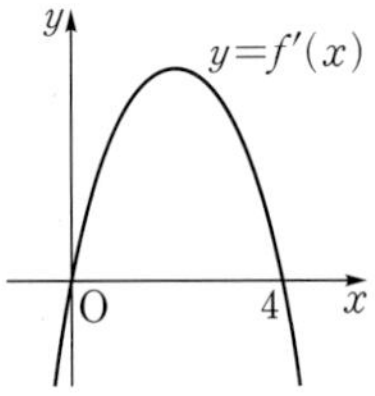

0306

방정식 $|x^3+3x^2-9x|=5$의 서로 다른 실근의 개수를 구하시오.

0307

방정식 $|x^4-4x^3+5|=12$의 서로 다른 실근의 개수를 구하시오.

0308

방정식 $|3x^3-9x^2+8|=k$가 서로 다른 네 실근을 갖도록 하는 모든 정수 k의 값의 합을 구하시오.

유형 02 방정식의 실근의 부호

0309

방정식 $x^3-3x^2-9x-k=0$이 서로 다른 두 개의 양의 실근과 한 개의 음의 실근을 갖도록 하는 실수 k의 값의 범위가 $\alpha<k<\beta$일 때, $\alpha+\beta$의 값은?

① -30　② -27　③ -24
④ -21　⑤ -18

0310

방정식 $3x^4+4x^3-12x^2-k=0$이 한 개의 양의 실근과 서로 다른 두 개의 음의 실근을 갖도록 하는 실수 k의 값을 구하시오.

유형 03 삼차방정식의 근의 판별

0311

방정식 $\frac{2}{3}x^3+x^2-12x+k=0$이 서로 다른 세 실근을 갖도록 하는 정수 k의 개수를 구하시오.

0312

방정식 $x^3-3ax^2+32=0$이 서로 다른 두 실근을 갖도록 하는 양수 a의 값은?

① 1　② 2　③ 3
④ 4　⑤ 5

0313

함수 $y=2x^3-6x^2-18x+a$의 그래프를 y축의 방향으로 7만큼 평행이동하였더니 함수 $y=f(x)$의 그래프와 일치하였다. 방정식 $f(x)=0$이 서로 다른 세 실근을 갖도록 하는 정수 a의 개수를 구하시오.

0314

극값을 갖는 삼차함수 $f(x)=-\frac{1}{3}x^3+2ax+4a$에 대하여 방정식 $f(x)=0$이 오직 한 개의 실근을 갖도록 하는 모든 정수 a의 값의 합을 구하시오.

유형 04 두 곡선의 교점의 개수

0315

두 곡선 $y=2x^3+4x^2-12x$, $y=x^2+k$가 서로 다른 세 점에서 만나도록 하는 정수 k의 개수는?

① 24 ② 25 ③ 26
④ 27 ⑤ 28

0316 평가원 변형

두 곡선 $y=2x^3-7x^2+3x$, $y=2x^2+3x-k$가 오직 한 점에서 만나도록 하는 자연수 k의 최솟값을 구하시오.

유형 05 곡선 밖의 점에서 그은 접선의 개수

0317

점 $(0,\ a)$에서 곡선 $y=x^3+3x^2+2$에 서로 다른 세 개의 접선을 그을 수 있도록 하는 실수 a의 값의 범위는?

① $0<a<1$ ② $0<a<2$ ③ $1<a<2$
④ $2<a<3$ ⑤ $1<a<3$

0318

점 $(0,\ 2)$에서 곡선 $y=2x^3-3ax^2$에 서로 다른 두 개의 접선을 그을 수 있도록 하는 양수 a의 값을 구하시오.

유형 06 모든 실수 x에 대하여 성립하는 부등식

0319

모든 실수 x에 대하여 부등식 $3x^4-8x^3+k^2\geq 0$이 항상 성립하도록 하는 자연수 k의 최솟값을 구하시오.

0320

모든 실수 x에 대하여 부등식 $3x^4-4x^3-12x^2+a>0$이 항상 성립하도록 하는 정수 a의 최솟값을 구하시오.

유형 07 주어진 구간에서 성립하는 부등식 - 최대, 최소를 이용

0321

$x \geq 0$에서 부등식 $2x^3-3x^2-12x+a \geq 0$이 항상 성립하도록 하는 실수 a의 최솟값을 구하시오.

0322

$1 \leq x \leq 5$에서 부등식 $x^3-6x^2+9x-a^2+4 \geq 0$이 항상 성립하도록 하는 정수 a의 개수를 구하시오.

유형 08 주어진 구간에서 성립하는 부등식 - 증가, 감소를 이용

0323

$x<1$에서 부등식 $2x^3-9x^2+12x+a<0$이 항상 성립하도록 하는 실수 a의 값의 범위는?

① $a \leq -5$　② $a \leq -4$　③ $a \leq -3$
④ $0 \leq a \leq 4$　⑤ $0 \leq a \leq 3$

0324

$x>2$에서 부등식 $3x^3-2x^2-2x>-x^3+x^2+4x+a$가 항상 성립하도록 하는 실수 a의 최댓값을 구하시오.

유형 09 부등식 $f(x)>g(x)$ 꼴의 활용

0325

두 함수 $f(x)=x^3+4x^2-20x$, $g(x)=x^2+4x-a$에 대하여 $x>0$에서 곡선 $y=f(x)$가 곡선 $y=g(x)$보다 위쪽에 있도록 하는 자연수 a의 최솟값을 구하시오.

0326

두 함수 $f(x)=2x^3+a$, $g(x)=3x^4+10x^3$에 대하여 곡선 $y=f(x)$가 곡선 $y=g(x)$보다 항상 아래쪽에 있도록 하는 정수 a의 최댓값을 구하시오.

유형 10 속도와 가속도

0327

수직선 위를 움직이는 점 P의 시각 t에서의 위치 x가

$$x=t^3-2t^2+at$$

이다. $t=3$에서 점 P의 속도가 10일 때, 상수 a의 값은?

① -5 ② -4 ③ -3
④ -2 ⑤ -1

0328

원점을 출발하여 수직선 위를 움직이는 점 P의 시각 t에서의 위치 x가

$$x=t^3-4t^2+4t$$

일 때, 점 P가 출발 후 다시 원점을 지나는 순간의 가속도를 구하시오.

0329

수직선 위를 움직이는 점 P의 시각 t에서의 위치 x가

$$x=t^4-4t^3+9t^2$$

이다. 점 P의 가속도가 최소인 시각에서의 점 P의 속도는?

① 4 ② 6 ③ 8
④ 10 ⑤ 12

0330

수직선 위를 움직이는 두 점 P, Q의 시각 t에서의 위치를 각각 $f(t)$, $g(t)$라 하면

$$f(t)-g(t)=2t^3-at^2+18t+10$$

이다. $t=1$에서 처음으로 두 점 P, Q의 속도가 같았을 때, 속도가 다시 같아지는 시각에서의 두 점 P, Q 사이의 거리를 구하시오.

유형 11 속도, 가속도와 운동 방향

0331

수직선 위를 움직이는 두 점 P, Q의 시각 t에서의 위치가 각각

$$x_{\text{P}}=t^2-4t+3,\ x_{\text{Q}}=t^2-8t-1$$

일 때, 다음 중 두 점 P, Q가 서로 반대 방향으로 움직이는 시각 t의 값의 범위는?

① $0<t<2$ ② $1<t<3$
③ $2<t<4$ ④ $1<t<2$ 또는 $t>3$
⑤ $1<t<3$ 또는 $t>4$

0332

수직선 위를 움직이는 점 P의 시각 t에서의 위치 x가

$$x=\frac{2}{3}t^3+(1-a)t^2+(4a-12)t$$

이다. 점 P의 운동 방향이 한 번만 바뀔 때, 실수 a의 최댓값을 구하시오.

0333

수직선 위를 움직이는 두 점 P, Q의 시각 t에서의 위치가 각각

$$P(t)=t^3-t^2-7t,\ Q(t)=t^3-2t^2-5t+2a$$

이다. 선분 PQ의 중점을 M이라 하자. 점 M의 운동 방향이 원점에서 바뀔 때, 상수 a의 값을 구하시오.

0334 평가원 변형

수직선 위를 움직이는 점 P의 시각 t ($t\geq0$)에서의 위치 x가

$$x=t^3+at^2\ (a\text{는 상수})$$

이다. $t=2$에서 점 P의 가속도가 0일 때, 점 P가 운동 방향을 바꾸는 순간의 위치를 구하시오.

유형 12 정지하는 물체의 속도와 움직인 거리

0335

직선 도로를 달리는 자동차가 브레이크를 밟은 후 t초 동안 달린 거리를 xm라 하면 $x=36t-3t^2$이다. 이 자동차가 브레이크를 밟은 후 정지할 때까지 걸린 시간은?

① 3초 ② 4초 ③ 5초
④ 6초 ⑤ 7초

0336

직선 선로를 달리는 열차가 제동을 건 후 t초 동안 움직인 거리를 xm라 하면 $x=30t-\frac{1}{2}at^2$이다. 기관사가 150m 앞에 있는 정지선을 발견하고 열차를 멈추기 위해 제동을 걸었더니 열차가 정지선을 넘지 않고 멈추었다. 이때 양수 a의 최솟값을 구하시오.

유형 13 위로 던진 물체의 위치와 속도

0337

지면으로부터 35m의 위치에서 30m/s의 속도로 지면에 수직하게 위로 던진 물체의 t초 후의 높이를 hm라 하면 $h=35+30t-5t^2$이다. 이 물체가 지면에 떨어지는 순간의 속력은 몇 m/s인지 구하시오.

0338

지면에서 $2a$m/s의 속도로 지면에 수직하게 위로 던진 물체의 t초 후의 높이를 hm라 하면 $h=2at-5t^2$이다. 물체가 지면으로부터의 높이가 최소 80m인 지점까지 도달하기 위한 양수 a의 최솟값을 구하시오.

유형 14 속도, 가속도와 그래프

0339

원점을 출발하여 수직선 위를 움직이는 점 P의 시각 t에서의 속도 $v(t)$의 그래프가 그림과 같을 때, 다음 중 옳지 않은 것은?

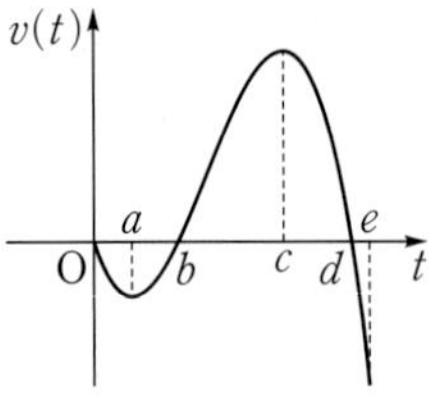

① $t=a$일 때, 점 P의 가속도는 0이다.
② $t=b$일 때, 점 P는 운동 방향을 바꾼다.
③ $c<t<d$일 때, 점 P의 속도는 감소한다.
④ $0<t<e$에서 점 P는 운동 방향을 두 번 바꾼다.
⑤ $t=c$일 때, 점 P는 정지해 있다.

0340

수직선 위를 움직이는 점 P의 시각 t에서의 위치를 $x=f(t)$라 할 때, $f(t)$는 t에 대한 사차함수이고 함수 $x=f(t)$의 그래프는 그림과 같다. 보기에서 옳은 것만을 있는 대로 고른 것은?

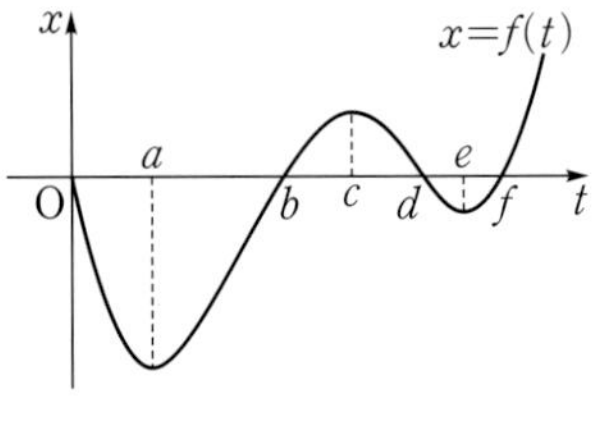

보기
ㄱ. 점 P의 $t=a$에서의 속도와 $t=c$에서의 속도는 같다.
ㄴ. 점 P는 출발 후 원점을 세 번 지난다.
ㄷ. $0<t<f$에서 점 P는 운동 방향을 두 번 바꾼다.

① ㄱ ② ㄴ ③ ㄱ, ㄴ
④ ㄴ, ㄷ ⑤ ㄱ, ㄴ, ㄷ

유형 15 시각에 대한 변화율

0341

좌표평면 위의 원점 O를 동시에 출발하여 각각 x축, y축 위를 움직이는 두 점 P, Q가 있다. 점 P는 x축의 양의 방향으로 매초 1의 속력으로 움직이고, 점 Q는 y축의 양의 방향으로 매초 2의 속력으로 움직인다고 한다. 선분 PQ의 중점을 M이라 할 때, 선분 OM의 길이의 변화율은?

① $\frac{\sqrt{2}}{2}$ ② $\frac{\sqrt{3}}{2}$ ③ 1
④ $\frac{\sqrt{5}}{2}$ ⑤ $\frac{\sqrt{6}}{2}$

0342

그림과 같이 반지름의 길이가 12 cm인 반구 모양의 그릇이 있다. 이 그릇에 수면의 높이가 매초 2 cm씩 올라가도록 물을 넣을 때, 수면의 높이가 8 cm가 되는 순간의 수면의 넓이의 변화율을 구하시오.

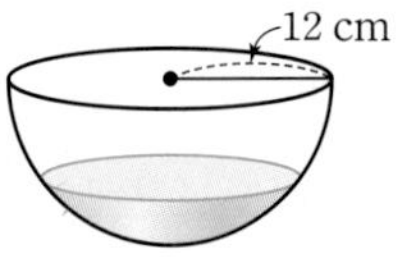

0343

높이가 8 cm인 원기둥이 반지름의 길이가 8 cm인 구에 내접하고 있다. 이 원기둥이 구에 내접하면서 높이가 매초 1 cm씩 줄어들고 있다. 원기둥의 높이가 6 cm가 되는 순간의 원기둥의 부피의 변화율을 구하시오.

정답과 풀이 259쪽

0344 수능 변형

수직선 위를 움직이는 두 점 P, Q의 시각 t $(t\geq 0)$에서의 위치는 각각

$P(t)=t^3-t^2$, $Q(t)=t^2+4t+a$

이다. 두 점 P, Q의 속도가 같아지는 순간 두 점 사이의 거리가 12일 때, 모든 실수 a의 값의 합은?

① -20 ② -18 ③ -16
④ -14 ⑤ -12

0345 교육청 기출

자연수 k에 대하여 삼차방정식 $x^3-12x+22-4k=0$의 양의 실근의 개수를 $f(k)$라 하자. $\sum_{k=1}^{10} f(k)$의 값을 구하시오.

0346 평가원 변형

수직선 위를 움직이는 두 점 P, Q의 시각 t $(t\geq 0)$에서의 위치는 각각

$P(t)=3t^3-2t^2-8t$, $Q(t)=-t^3-4t^2-10t+a$

이고 선분 PQ의 중점을 M이라 하자. 두 점 P, Q가 출발한 후 점 M의 운동 방향이 원점에서 바뀔 때, 상수 a의 값은?

① 18 ② 27 ③ 36
④ 45 ⑤ 54

0347 평가원 변형

두 함수 $f(x)=2x^3-x^2+7$, $g(x)=x^2+2x+a$에 대하여 $x>0$에서 부등식 $f(x)\geq g(x)$가 항상 성립하도록 하는 실수 a의 최댓값을 구하시오.

0348 평가원 기출

그림과 같이 편평한 바닥에 60°로 기울어진 경사면과 반지름의 길이가 0.5 m인 공이 있다. 이 공의 중심은 경사면과 바닥이 만나는 점에서 바닥에 수직으로 높이가 21 m인 위치에 있다.

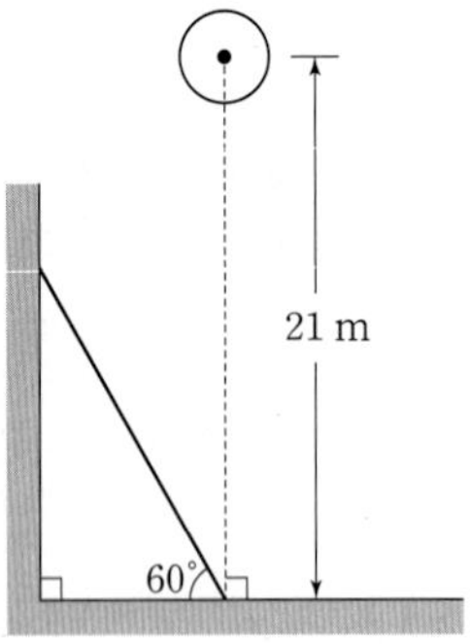

이 공을 자유낙하시킬 때, t초 후 공의 중심의 높이 $h(t)$는

$$h(t)=21-5t^2\ (\mathrm{m})$$

라고 한다. 공이 경사면과 처음으로 충돌하는 순간, 공의 속도는? (단, 경사면의 두께와 공기의 저항은 무시한다.)

① -20 m/s ② -17 m/s ③ -15 m/s
④ -12 m/s ⑤ -10 m/s

0349 교육청 변형

모든 실수 x에 대하여 부등식

$$-x^2\le 2x+k\le x^4-x^2+5$$

가 항상 성립하도록 하는 모든 정수 k의 값의 합을 구하시오.

0350 교육청 기출

함수 $f(x)=2x^3-3(a+1)x^2+6ax$에 대하여 방정식 $f(x)=0$이 서로 다른 세 실근을 갖도록 하는 자연수 a의 값을 가장 작은 수부터 차례대로 나열할 때 n번째 수를 a_n이라 하자. $a=a_n$일 때, $f(x)$의 극댓값을 b_n이라 하자.

$\sum_{n=1}^{10}(b_n-a_n)$의 값을 구하시오.

0351 교육청 기출

그림과 같이 두 삼차함수 $f(x)$, $g(x)$의 도함수 $y=f'(x)$, $y=g'(x)$의 그래프가 만나는 서로 다른 두 점의 x좌표는 a, b $(0<a<b)$이다. 함수 $h(x)$를

$$h(x)=f(x)-g(x)$$

라 할 때, 보기에서 옳은 것만을 있는 대로 고른 것은?

(단, $f'(0)=7$, $g'(0)=2$)

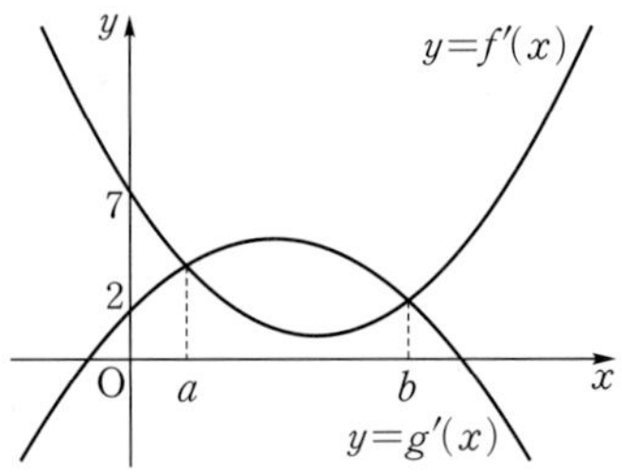

보기

ㄱ. 함수 $h(x)$는 $x=a$에서 극댓값을 갖는다.
ㄴ. $h(b)=0$이면 방정식 $h(x)=0$의 서로 다른 실근의 개수는 2이다.
ㄷ. $0<\alpha<\beta<b$인 두 실수 α, β에 대하여 $h(\beta)-h(\alpha)<5(\beta-\alpha)$이다.

① ㄱ ② ㄷ ③ ㄱ, ㄴ
④ ㄴ, ㄷ ⑤ ㄱ, ㄴ, ㄷ

III

적분

부정적분

유형 01 부정적분의 정의

0352

함수 $f(x)$에 대하여

$$\int f(x)dx=x^4-2x^3+ax^2+C$$

가 성립한다. $f(-1)=4$일 때, $f(1)$의 값을 구하시오.
(단, a는 상수이고, C는 적분상수이다.)

0353

함수 $F(x)=2x^3+ax^2+bx$가 함수 $f(x)$의 부정적분 중 하나이고 $f(1)=4$, $f'(0)=2$일 때, 상수 a, b에 대하여 a^2+b^2의 값을 구하시오.

0354

두 함수 $f(x)=2x^2+1$, $g(x)=x^3-2x+2$에 대하여

$$\int F(x)dx=f(x)g(x)$$

일 때, $F(1)$의 값은?

① 6 ② 7 ③ 8 ④ 9 ⑤ 10

유형 02 부정적분과 미분의 관계

0355

함수 $f(x)=x^3-3x$에 대하여

$$F(x)=\int\left[\frac{d}{dx}\{(x+1)f(x)\}\right]dx$$

이고 $F(1)=2$일 때, $F(2)$의 값을 구하시오.

0356

함수 $f(x)$가 모든 실수 x에 대하여

$$\frac{d}{dx}\int(x-2)f(x)dx=x^3-x^2+a$$

를 만족시킬 때, $f(3)$의 값은? (단, a는 상수이다.)

① 10 ② 12 ③ 14 ④ 16 ⑤ 18

0357

함수 $f(x)=x^2+x$에 대하여 두 함수 $g(x)$, $h(x)$를

$$g(x)=\frac{d}{dx}\int xf(x)dx,$$

$$h(x)=\int\left[\frac{d}{dx}\{(x-1)f(x)\}\right]dx$$

라 하자. $h(2)=4$일 때, $g(2)+h(3)$의 값을 구하시오.

0358

함수 $f(x)=\int\left\{\frac{d}{dx}(2x^2-4x)\right\}dx$의 최솟값이 5일 때, $f(2)$의 값을 구하시오.

0359

두 다항함수 $f(x)$, $g(x)$가 다음 조건을 만족시킨다.

> (가) $f(x)+g(x)=\frac{d}{dx}\int(2x^3+3x+2)dx$
>
> (나) $\frac{d}{dx}\int\{f(x)-2g(x)\}dx=2x^3-4$

$f(2)+g(1)$의 값을 구하시오.

0360

두 다항함수 $f(x)$, $g(x)$에 대하여 보기에서 항상 옳은 것만을 있는 대로 고른 것은?

> **보기**
>
> ㄱ. $\int f(x)dx=\int g(x)dx$이면 $f(x)=g(x)$이다.
>
> ㄴ. $\int\left\{\frac{d}{dx}f(x)\right\}dx=\frac{d}{dx}\int f(x)dx$
>
> ㄷ. $\frac{d}{dx}\int f(x)dx=\int\left\{\frac{d}{dx}g(x)\right\}dx$이면 $f'(x)=g'(x)$이다.

① ㄱ ② ㄱ, ㄴ ③ ㄱ, ㄷ
④ ㄴ, ㄷ ⑤ ㄱ, ㄴ, ㄷ

유형 03 부정적분의 계산

0361 평가원 변형

함수 $f(x)$에 대하여

$$f(x)=\int\left(\sqrt{x}+\frac{2}{\sqrt{x}}\right)^2dx-\int\left(\sqrt{x}-\frac{2}{\sqrt{x}}\right)^2dx$$

이고 $f(1)=10$일 때, $f(2)$의 값을 구하시오.

0362

함수 $f(x)$에 대하여

$$f(x)=\int(-6x+6)dx$$

이다. 모든 실수 x에 대하여 $f(x)\le0$일 때, $f(-1)$의 최댓값은?

① -16 ② -14 ③ -12
④ -10 ⑤ -8

유형 04 도함수가 주어졌을 때 함수 구하기

0363

함수 $f(x)$의 도함수 $f'(x)$가 $f'(x)=6x^2-2x+1$이고 곡선 $y=f(x)$가 두 점 $(1, 3)$, $(2, k)$를 지날 때, 상수 k의 값을 구하시오.

0364

함수 $f(x)$에 대하여

$$f'(x)=\frac{x^4-a^2}{x^2+a}$$

이고 $f(1)=-\frac{2}{3}$, $f(3)=4$일 때, $f(2)$의 값은? (단, $a>0$)

① $-\frac{2}{3}$　② $-\frac{1}{3}$　③ 0

④ $\frac{1}{3}$　⑤ $\frac{2}{3}$

0365

함수 $f(x)$를 적분해야 할 것을 잘못하여 미분하였더니 $6x(x-2)$이었다. $f(x)$의 부정적분 중 하나를 $F(x)$라 하면 $f(0)=2$, $F(2)=-1$이다. $F(x)$를 $x-4$로 나누었을 때의 나머지를 구하시오.

0366

두 일차함수 $f(x)$, $g(x)$에 대하여

$$\frac{d}{dx}\{f(x)-g(x)\}=-3,\ \frac{d}{dx}\{f(x)g(x)\}=8x-7$$

이고 $f(1)=-1$, $g(1)=5$일 때, $f(3)+g(2)$의 값을 구하시오.

유형 05 부정적분과 접선의 기울기

0367

두 점 (1, 3), (2, 3)을 지나는 곡선 $y=f(x)$ 위의 임의의 점 $(x, f(x))$에서의 접선의 기울기가 $3x^2-2ax-1$일 때, $f(-1)$의 값은? (단, a는 상수이다.)

① 1　② 2　③ 3

④ 4　⑤ 5

0368

곡선 $y=f(x)$ 위의 임의의 점 $(x, f(x))$에서의 접선의 기울기가 $2x-6$이고 $f(2)=5$일 때, 구간 [0, 5]에서 함수 $f(x)$의 최댓값과 최솟값의 합을 구하시오.

0369

곡선 $y=f(x)$는 점 (0, 2)를 지나고, 이 곡선 위의 임의의 점 $(x, f(x))$에서의 접선의 기울기는 $6x+a$이다. 방정식 $f(x)=0$이 서로 다른 두 실근을 가지도록 하는 자연수 a의 최솟값을 구하시오.

정답과 풀이 263쪽

유형 06 함수와 그 부정적분 사이의 관계식이 주어졌을 때 함수 구하기

0370

다항함수 $f(x)$의 한 부정적분 $F(x)$에 대하여

$$F(x)=xf(x)-3x^4+2x^3-x^2$$

이 성립한다. $f(1)=5$일 때, $f(x)$를 $x+1$로 나누었을 때의 나머지는?

① -10 ② -9 ③ -8
④ -7 ⑤ -6

0371

다항함수 $f(x)$에 대하여

$$(x-1)f(x)=\int f(x)dx-2x^3-3x^2+12x$$

가 성립한다. 방정식 $f(x)=0$의 모든 근의 곱이 -2일 때, $f(-2)$의 값을 구하시오.

0372

일차함수 $f(x)$에 대하여

$$2\int f(x)dx=(x+2)f(x)-7x-4$$

가 성립한다. $f(-1)=6$일 때, $f(2)$의 값을 구하시오.

0373

다항함수 $f(x)$에 대하여

$$f(x)+\int xf(x)dx=\frac{1}{4}x^4-2x^3+2x^2-6x$$

가 성립할 때, $f(3)$의 값은?

① -9 ② -7 ③ -5
④ -3 ⑤ -1

유형 07 부정적분과 함수의 연속성

0374

실수 전체의 집합에서 연속인 함수 $f(x)$의 도함수가

$$f'(x)=\begin{cases} 2x-4 & (x<1) \\ 6x^2+3 & (x>1) \end{cases}$$

이고 $f(-2)=10$일 때, $f(2)$의 값을 구하시오.

0375

실수 전체의 집합에서 연속인 함수 $f(x)$의 도함수가

$$f'(x)=3x+|x+2|$$

이고 $f(1)=3$일 때, $f(-3)+f(-1)$의 값을 구하시오.

0376

연속함수 $f(x)$의 도함수 $y=f'(x)$의 그래프가 그림과 같을 때, 원점을 지나는 함수 $y=f(x)$의 그래프로 알맞은 것은?

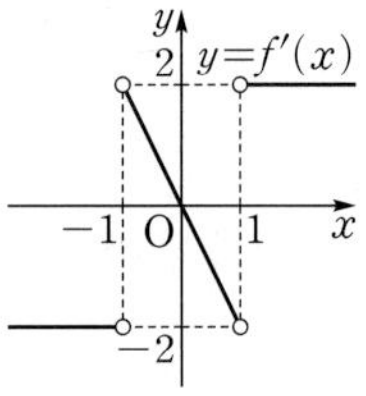

①
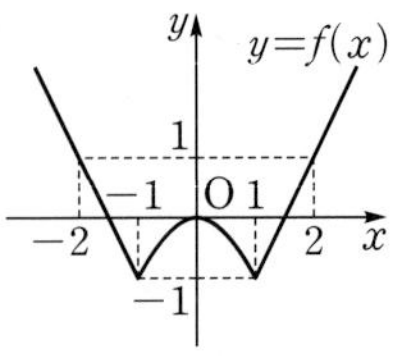

②
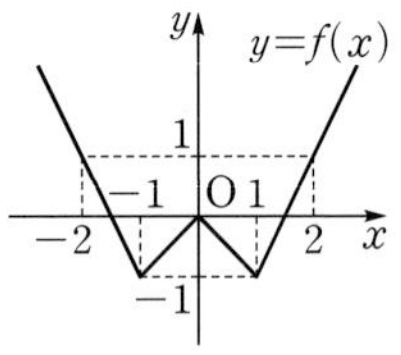

③
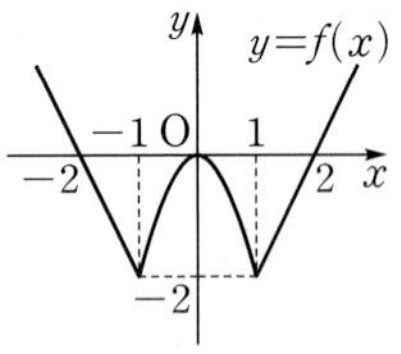

④
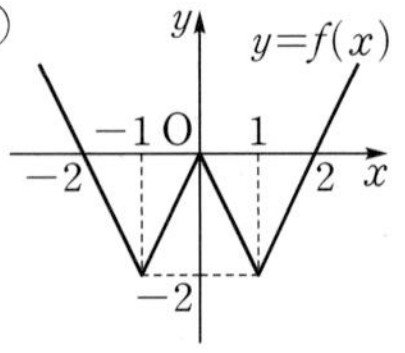

⑤
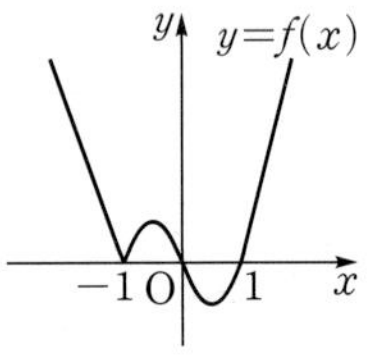

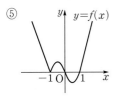

유형 08 부정적분과 미분계수를 이용한 극한값의 계산

0377

함수 $f(x)=2x^3-x^2-2x$의 한 부정적분을 $F(x)$라 할 때, $\lim_{x\to 2}\frac{F(x)-F(2)}{x^2-4}$의 값은?

① $\frac{1}{4}$　② $\frac{1}{2}$　③ 1　④ 2　⑤ 4

0378

함수 $f(x)=\frac{d}{dx}\int(2x^2+ax+3)dx$에 대하여

$$\lim_{h\to 0}\frac{f(1+2h)-f(1)}{h}=6$$

일 때, 상수 a의 값을 구하시오.

0379

함수 $f(x)$에 대하여

$$\lim_{h\to 0}\frac{f(x+h)-f(x-2h)}{h}=9x^2-18x+12$$

가 성립하고 $f(-1)=-2$일 때, $f(1)$의 값을 구하시오.

유형 09 부정적분과 도함수의 정의를 이용하여 함수 구하기

0380

미분가능한 함수 $f(x)$가 임의의 실수 x, y에 대하여

$$f(x+y)=f(x)+f(y)-2$$

를 만족시키고 $f'(0)=3$일 때, $f(5)$의 값을 구하시오.

0381

미분가능한 함수 $f(x)$가 임의의 실수 x, y에 대하여

$$f(x+y)=f(x)+f(y)+4xy$$

를 만족시키고 $f'(2)=9$일 때, $f(2)$의 값을 구하시오.

0382

미분가능한 함수 $f(x)$가 임의의 실수 x, y에 대하여

$$f(x+y)=f(x)+f(y)+2xy(x+y)$$

를 만족시키고 $f'(1)=3$일 때, $f(3)$의 값을 구하시오.

유형 10 부정적분과 극대, 극소

0383 교육청 변형

곡선 $y=f(x)$ 위의 임의의 점 $\mathrm{P}(x, y)$에서의 접선의 기울기가 $6x^2+6x-12$이고 함수 $f(x)$의 극댓값이 10일 때, 함수 $f(x)$의 극솟값은?

① -19　　② -17　　③ -15
④ -13　　⑤ -11

0384

다항함수 $f(x)$에 대하여

$$\int\{f(x)-6x\}dx=-\frac{1}{4}x^4+3x^2+C$$

가 성립할 때, $f(x)$의 극댓값과 극솟값의 차를 구하시오.

(단, C는 적분상수이다.)

0385

최고차항의 계수가 1인 삼차함수 $f(x)$가 $f'(-4)=f'(2)=0$을 만족시킨다. 함수 $f(x)$의 극솟값이 -20일 때, $f(x)$의 극댓값을 구하시오.

0386

사차함수 $f(x)$의 도함수 $f'(x)$에 대하여 $y=f'(x)$의 그래프가 그림과 같다. 함수 $f(x)$의 극댓값이 3이고, 극솟값이 2일 때, $f(2)$의 값을 구하시오.

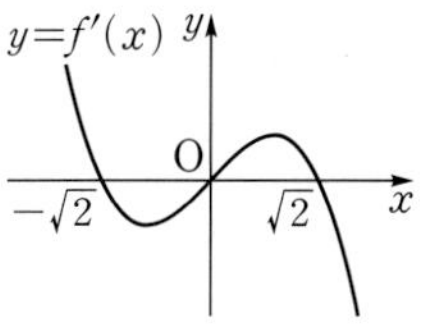

0387 수능 변형

다항함수 $f(x)$의 도함수 $f'(x)$가 $f'(x)=3x^2+a$이다. 곡선 $y=f(x)$ 위의 점 $(1, 3)$에서의 접선의 기울기가 4일 때, $f(2)$의 값을 구하시오. (단, a는 상수이다.)

0388 교육청 기출

다항함수 $f(x)$가

$$\frac{d}{dx}\int\{f(x)-x^2+4\}dx=\int\frac{d}{dx}\{2f(x)-3x+1\}dx$$

를 만족시킨다. $f(1)=3$일 때, $f(0)$의 값은?

① -2 ② -1 ③ 0
④ 1 ⑤ 2

0389 평가원 변형

함수 $f(x)$가

$$f(x)=\int(2x^3-x^2+2)dx-\int(2x^3+x^2)dx$$

이다. 함수 $f(x)$의 모든 극값의 합이 0일 때, $f(-3)$의 값은?

① 4 ② 8 ③ 12
④ 16 ⑤ 20

0390 교육청 기출

삼차함수 $y=f(x)$의 도함수 $y=f'(x)$의 그래프가 그림과 같다.

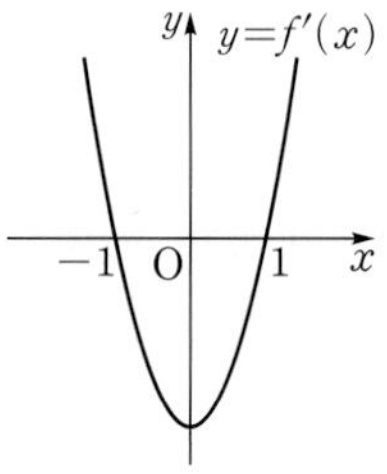

$f'(-1)=f'(1)=0$이고 함수 $f(x)$의 극댓값이 4, 극솟값이 0일 때, $f(3)$의 값은?

① 14 ② 16 ③ 18
④ 20 ⑤ 22

0391 교육청 기출

두 다항함수 $f(x)$, $g(x)$가

$$f(x)=\int xg(x)dx,\ \frac{d}{dx}\{f(x)-g(x)\}=4x^3+2x$$

를 만족시킬 때, $g(1)$의 값은?

① 10 ② 11 ③ 12
④ 13 ⑤ 14

0392 평가원 변형

다항함수 $f(x)$에 대하여 함수 $g(x)$가

$$g(x)=\int xf'(x)dx,\ f(x)g(x)=2x^3+4x^2+4x+8$$

을 만족시킨다. $f'(2)=2$일 때, $f(10)$의 값을 구하시오.

0393 교육청 기출

실수 전체의 집합에서 미분가능한 함수 $F(x)$의 도함수 $f(x)$가

$$f(x)=\begin{cases} -2x & (x<0) \\ k(2x-x^2) & (x\geq 0) \end{cases}$$

이다. $F(2)-F(-3)=21$일 때, 상수 k의 값을 구하시오.

0394 교육청 변형

삼차함수 $f(x)$의 도함수 $y=f'(x)$의 그래프가 그림과 같다.

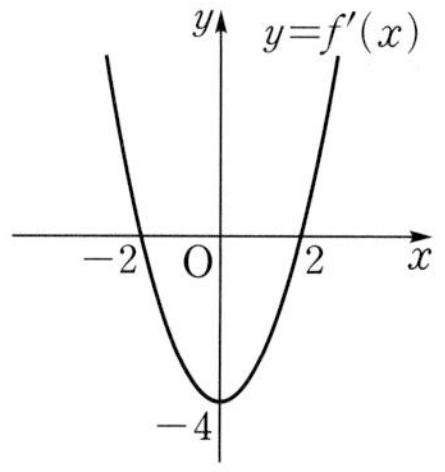

$f(0)=0$이고 함수 $g(x)=\int \left[\frac{d}{dx}\{xf(x)\}\right]dx$의 극댓값이 5일 때, $g(x)$의 극솟값을 구하시오.

07 부정적분

08 정적분

유형 01 정적분의 정의

0395

정적분 $\int_{1}^{2}\left(\frac{2x^2-3}{x+1}-\frac{x^2-2}{x+1}\right)dx$의 값은?

① -1　② $-\frac{1}{2}$　③ 0
④ $\frac{1}{2}$　⑤ 1

0396

$\int_{0}^{1}(4x^3-3ax^2+2x+a^2)\,dx=4$가 성립하도록 하는 양수 a의 값을 구하시오.

0397

$\int_{-1}^{3}(3x^2+2kx-3)\,dx>8$을 만족시키는 정수 k의 최솟값은?

① -2　② -1　③ 0
④ 1　⑤ 2

0398

최고차항의 계수가 1인 삼차함수 $f(x)$에 대하여

$f(-1)=f(0)=f(4)=3$

일 때, $\int_{-2}^{0}f(x)\,dx$의 값은?

① 2　② 4　③ 6
④ 8　⑤ 10

0399

다항함수 $f(x)$가 다음 조건을 만족시킬 때, $f(-2)$의 값은?

(가) $f(5)=6$
(나) $\int_{-2}^{5}\{4f'(x)-2x\}\,dx=15$

① -5　② -4　③ -3
④ -2　⑤ -1

0400

함수 $y=f(x)$의 그래프 위의 점 $(x,\ f(x))$에서의 접선의 기울기가 $8x-3$이다. $\int_{0}^{1}xf(x)\,dx=\frac{3}{2}$일 때, $f(-1)$의 값을 구하시오.

0401

이차함수 $f(x)$가 다음 조건을 만족시킬 때, $f(2)$의 값을 구하시오.

> (가) $\lim_{x \to 0} \frac{f(x)}{x} = 2$
> (나) $\int_{-1}^{2} f(x)\,dx = 9$

0404

두 다항함수 $f(x)$, $g(x)$가 다음 조건을 만족시킬 때, $\int_{-1}^{1} f'(x)g(x)\,dx + \int_{-1}^{1} f(x)g'(x)\,dx$의 값을 구하시오.

> (가) 곡선 $y=f(x)$는 두 점 $(-1,\ -4)$, $(1,\ 4)$를 지난다.
> (나) 곡선 $y=g(x)$는 두 점 $(-1,\ 2)$, $(1,\ 2)$를 지난다.

유형 02 정적분의 계산 - 적분 구간이 같은 경우

0402

정적분 $\int_{0}^{2} \frac{x^3}{x+2}\,dx - \int_{2}^{0} \frac{8}{t+2}\,dt$의 값은?

① 4　② $\frac{14}{3}$　③ $\frac{16}{3}$　④ 6　⑤ $\frac{20}{3}$

0403

두 연속함수 $f(x)$, $g(x)$에 대하여

$$\int_{-1}^{3} \{f(x)\}^2 dx = 1,\ \int_{-1}^{3} \{g(x)\}^2 dx = 25$$

이다. $\int_{-1}^{3} \{f(x)+g(x)\}^2 dx = 36$일 때, $\int_{-1}^{3} f(x)g(x)\,dx$의 값을 구하시오.

유형 03 정적분의 계산 - 피적분함수가 같은 경우

0405

정적분

$$\int_{1}^{2} (x+1)^3 dx - \int_{-2}^{2} (x-1)^3 dx + \int_{-2}^{1} (x-1)^3 dx$$

의 값은?

① 13　② 14　③ 15　④ 16　⑤ 17

0406

함수 $f(x) = 4x^3 - 3ax^2 + 2$에 대하여

$$\int_{2}^{3} f(x)\,dx - \int_{-1}^{-2} f(x)\,dx + \int_{-1}^{2} f(x)\,dx = 5$$

일 때, 상수 a의 값을 구하시오.

0407

다항함수 $f(x)$에 대하여

$$\int_{-1}^{2} 2f(x)\,dx+\int_{3}^{4} f(x)\,dx=5,$$
$$\int_{-1}^{4} 2f(x)\,dx=18,\ \int_{2}^{3} f(x)\,dx=-1$$

일 때, $\int_{-1}^{2} f(x)\,dx+\int_{3}^{4} 2f(x)\,dx$의 값은?

① 20　② 25　③ 30　④ 35　⑤ 40

0408 수능 변형

최고차항의 계수가 1인 이차함수 $f(x)$에 대하여

$$\int_{-2}^{1} f(x)\,dx=\int_{-1}^{2} f(x)\,dx=0$$

일 때, $f(3)$의 값을 구하시오.

유형 04 정적분의 계산 - 구간마다 다르게 정의된 함수

0409

함수 $f(x)=\begin{cases} 3x^2-2x-3 & (x\le 1) \\ -6x+4 & (x>1) \end{cases}$에 대하여 $\int_{0}^{2} f(x)\,dx$의 값은?

① -10　② -9　③ -8　④ -7　⑤ -6

0410

함수 $y=f(x)$의 그래프가 그림과 같을 때, $\int_{-2}^{3} (x-1)f(x)\,dx$의 값은?

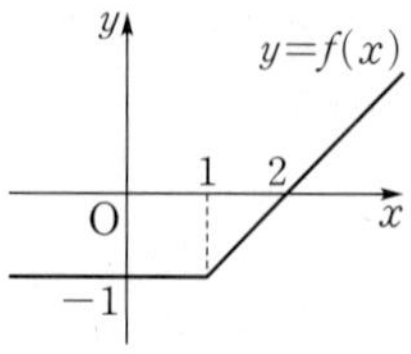

① $\frac{31}{6}$　② $\frac{16}{3}$　③ $\frac{11}{2}$　④ $\frac{17}{3}$　⑤ $\frac{35}{6}$

0411

실수 전체의 집합에서 연속인 함수

$$f(x)=\begin{cases} 2x+k & (x<a) \\ 6x & (x\ge a) \end{cases}$$

에 대하여 $\int_{1}^{3} f(x)\,dx=26$일 때, 상수 a의 값을 구하시오.

(단, k는 상수이고, $1<a<3$이다.)

0412

미분가능한 함수 $f(x)$의 도함수가

$$f'(x)=\begin{cases} -2x+4 & (x<1) \\ 4x-2 & (x\ge 1) \end{cases}$$

이다. $f(2)=3$일 때, $\int_{0}^{2} f(x)\,dx$의 값은?

① -2　② $-\frac{5}{3}$　③ $-\frac{4}{3}$　④ -1　⑤ $-\frac{2}{3}$

유형 05 정적분의 계산 - 절댓값 기호를 포함한 함수

0413

정적분 $\int_{0}^{2} \frac{|x^2+x-2|}{x+2} dx$의 값은?

① $\frac{1}{2}$　② 1　③ $\frac{3}{2}$
④ 2　⑤ $\frac{5}{2}$

0414

함수 $f(x)=-3x^2+4x+4$에 대하여

$$\int_{0}^{a} |f(x)|\, dx=13$$

을 만족시키는 상수 a의 값을 구하시오. (단, $a>2$)

0415

함수 $f(x)=|x+1|+|x-2|$의 최솟값을 k라 할 때, 정적분 $\int_{0}^{k} f(x)\, dx$의 값은?

① 6　② 7　③ 8
④ 9　⑤ 10

0416

최고차항의 계수가 1인 삼차함수 $f(x)$에 대하여 함수 $y=f(x)$의 그래프가 그림과 같을 때, 정적분 $\int_{0}^{4} |f'(x)|\, dx$의 값을 구하시오.

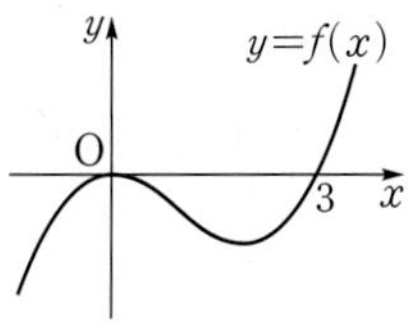

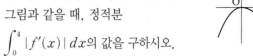

유형 06 우함수, 기함수의 정적분

0417

정적분 $\int_{-1}^{1} (1+2x+3x^2+\cdots+50x^{49})\, dx$의 값을 구하시오.

0418

$\int_{-a}^{a} \{x^3+3ax^2+(a+1)x-a\}\, dx=2-2a^2$을 만족시키는 모든 실수 a의 값의 합은?

① -2　② -1　③ 0
④ 1　⑤ -2

0419

일차함수 $f(x)$가

$$\int_{-1}^{1} x^2 f(x)\,dx=-2,\ \int_{-1}^{1} xf(x)\,dx=4$$

를 만족시킬 때, 정적분 $\int_{-1}^{1} f(x)\,dx$의 값은?

① -6 ② -3 ③ 0
④ 3 ⑤ 6

0420

다항함수 $f(x)$가 모든 실수 x에 대하여

$$f(-x)+f(x)=0,\ \int_{0}^{3} xf(x)\,dx=2$$

를 만족시킬 때, 정적분 $\int_{-3}^{3} (2x^2+6x-3)f(x)\,dx$의 값을 구하시오.

0421

다항함수 $f(x)$가 모든 실수 x에 대하여 $f(-x)=f(x)$를 만족시키고

$$\int_{-2}^{2} f(x)\,dx=4,\ \int_{-6}^{6} f(x)\,dx=10$$

일 때, 정적분 $\int_{2}^{6} f(x)\,dx$의 값을 구하시오.

0422

정적분 $\int_{-1}^{1} |x|(3x^3+4x^2-8)\,dx$의 값은?

① -6 ② -4 ③ -2
④ 2 ⑤ 4

0423

다항함수 $f(x)$가 다음 조건을 만족시킬 때, 정적분 $\int_{-3}^{5} f(x)\,dx$의 값을 구하시오.

(가) 모든 실수 x에 대하여 $f(-x)=-f(x)$이다.
(나) $\int_{-2}^{3} f(x)\,dx=5,\ \int_{-2}^{5} f(x)\,dx=12$

유형 07 주기함수의 정적분

0424

연속함수 $f(x)$가 모든 실수 x에 대하여

$$f(x+4)=f(x),\ \int_{-3}^{1} f(x)\,dx=3$$

을 만족시킬 때, $\int_{-11}^{9} f(x)\,dx$의 값을 구하시오.

0425

연속함수 $f(x)$가 다음 조건을 만족시킬 때, 정적분 $\int_{1}^{10} f(x)\,dx$의 값은?

(가) 모든 실수 x에 대하여 $f(x)=f(x+2)$이다.
(나) $-1\le x\le 1$에서 $f(x)=3x^2-2$이다.

① -10 ② -9 ③ -8
④ -7 ⑤ -6

0426

연속함수 $f(x)$가 다음 조건을 만족시킬 때, 정적분 $\int_{-2}^{4} f(x)\,dx$의 값을 구하시오.

(가) 모든 실수 x에 대하여 $f(-x)=f(x)$이다.
(나) 모든 실수 x에 대하여 $f(x-2)=f(x)$이다.
(다) $\int_{-1}^{1} (x^3-x+5)f(x)\,dx=10$

유형 08 정적분을 포함한 등식 - 위끝, 아래끝이 상수인 경우

0427

다항함수 $f(x)$가

$$f(x)=x^2-6x+\int_{0}^{2} tf(t)\,dt$$

를 만족시킬 때, $f(3)$의 값을 구하시오.

0428 평가원 변형

다항함수 $f(x)$가

$$f(x)=3x^2-x+\frac{1}{2}\left\{\int_{0}^{1} f(t)\,dt\right\}^2$$

일 때, $\int_{-1}^{1} f(x)\,dx$의 값은?

① 1 ② 2 ③ 3
④ 4 ⑤ 5

0429

두 다항함수 $f(x)$, $g(x)$가

$$f(x)=x^2-2+\int_{0}^{1} xf(t)\,dt,$$

$$g(x)=2x^2+\frac{2}{3}x+t$$

일 때, 방정식 $g(x)-f(x)=0$의 실근이 존재하도록 하는 실수 t의 최댓값을 구하시오.

0430

다항함수 $f(x)$가

$$f(x)=3x^2-\int_{1}^{-1} f(t)\,dt+\int_{1}^{2} f(t)\,dt$$

를 만족시킬 때, $f(x)$의 최솟값은?

① -5 ② $-\frac{9}{2}$ ③ -4
④ $-\frac{7}{2}$ ⑤ -3

유형 09 정적분을 포함한 등식 - 위끝 또는 아래끝에 변수가 있는 경우

0431

다항함수 $f(x)$가 모든 실수 x에 대하여

$$\int_a^x f(t)\,dt=x^3+ax-2$$

를 만족시킬 때, $f(1)$의 값은? (단, a는 상수이다.)

① 1　② 2　③ 3　④ 4　⑤ 5

0432

다항함수 $f(x)$가 모든 실수 x에 대하여

$$\int_a^x f(t)\,dt=x^2-2bx+b^2$$

을 만족시킬 때, $f(a)$의 값은? (단, a, b는 상수이다.)

① -2　② -1　③ 0　④ 1　⑤ 2

0433

다항함수 $f(x)$가 모든 실수 x에 대하여

$$xf(x)=\frac{2}{3}x^3-x^2+\int_1^x f(t)\,dt$$

를 만족시킨다. 방정식 $f(k)=\frac{2}{3}$를 만족시키는 모든 실수 k의 값의 합을 구하시오.

0434 수능 변형

함수 $f(x)=x^3-ax^2+4$가

$$\frac{d}{dx}\int_2^x f(t)\,dt=\int_2^x \left\{\frac{d}{dt}f(t)\right\}dt$$

를 만족시킬 때, 정적분 $\int_0^1 f(x)\,dx$의 값은?

(단, a는 상수이다.)

① $\frac{11}{4}$　② 3　③ $\frac{13}{4}$　④ $\frac{7}{2}$　⑤ $\frac{15}{4}$

0435

다항함수 $f(x)$가 모든 실수 x에 대하여

$$2f(x)=2x^3-4x+\int_1^x f'(t)\,dt$$

를 만족시킬 때, $\int_0^1 f(x)\,dx$의 값은?

① -2　② $-\frac{3}{2}$　③ -1　④ $-\frac{1}{2}$　⑤ 0

0436

다항함수 $f(x)$가 모든 실수 x에 대하여

$$\int_1^x f(t)\,dt=2x^3+x^2\int_0^1 f'(t)\,dt+xf(x)$$

를 만족시킬 때, $f(2)$의 값을 구하시오.

유형 10 정적분을 포함한 등식 - 위끝 또는 아래끝과 피적분함수에 변수가 있는 경우

0437

다항함수 $f(x)$가 모든 실수 x에 대하여

$$\int_{1}^{x}(x-t)f(t)\,dt=-x^2+ax+b$$

를 만족시킬 때, 상수 a, b에 대하여 $a-b+f(0)$의 값은?

① -2　② -1　③ 0　④ 1　⑤ 2

0438

다항함수 $f(x)$가 모든 실수 x에 대하여

$$\int_{0}^{x}(x^2-t^2)f(t)\,dt=\frac{1}{2}x^4-2x^3$$

을 만족시킬 때, $f(3)$의 값은?

① 1　② 2　③ 3　④ 4　⑤ 5

0439

다항함수 $f(x)$가 모든 실수 x에 대하여

$$\int_{a}^{x}(t-x)f(t)\,dt=-x^3+x^2+ax-1$$

을 만족시킬 때, $\int_{1}^{3}f(x)\,dx$의 값을 구하시오.

(단, a는 자연수이다.)

0440

다항함수 $f(x)$가 모든 실수 x에 대하여

$$\int_{0}^{x}(t-x)f'(t)\,dt=-\frac{1}{2}x^4+5x^2$$

을 만족시키고 $f(0)=5$일 때, $f(1)$의 값을 구하시오.

0441

다항함수 $f(x)$가 모든 실수 x에 대하여

$$\int_{-1}^{x}(x-t)f'(t)\,dt=x^3+ax^2+3x+1$$

을 만족시키고 $f(-1)=3$일 때, 방정식 $f(x)=0$의 모든 근의 곱을 구하시오. (단, a는 상수이다.)

유형 11 정적분으로 정의된 함수의 극대, 극소

0442

함수 $f(x)=\int_{1}^{x}(-t^2+2t+3)\,dt$가 $x=a$에서 극댓값 b를 가질 때, $a+b$의 값은?

① 7　② $\frac{22}{3}$　③ $\frac{23}{3}$　④ 8　⑤ $\frac{25}{3}$

0443

함수 $f(x)=\int_{0}^{x}(t+2)(t-a)\,dt$가 $x=-2$에서 극댓값 $\frac{10}{3}$을 가질 때, $f(x)$의 극솟값은? (단, a는 상수이다.)

① $-\frac{11}{6}$ ② $-\frac{3}{2}$ ③ $-\frac{7}{6}$
④ $-\frac{5}{6}$ ⑤ $-\frac{1}{2}$

0444

함수 $f(x)=\int_{x}^{x+1}(4t^3-4t)\,dt$의 극댓값과 극솟값의 차를 구하시오.

0445

삼차함수 $f(x)=x^3-12x+a$에 대하여 함수 $F(x)=\int_{0}^{x}f(t)\,dt$가 극댓값과 극솟값을 모두 갖도록 하는 정수 a의 개수를 구하시오.

유형 12 정적분으로 정의된 함수의 최대, 최소

0446

다항함수 $f(x)$가 모든 실수 x에 대하여

$$\int_{0}^{x}(x-t)f(t)\,dt=-\frac{1}{4}x^4+2x^3-4x^2$$

을 만족시킬 때, $f(x)$의 최댓값을 구하시오.

0447

함수

$$f(x)=\int_{0}^{x}\{-t^2+(a+1)t-a\}\,dt$$

가 $x=3$에서 극댓값 0을 가질 때, $0\le x\le 2$에서 함수 $f(x)$의 최솟값은? (단, a는 상수이다.)

① $-\frac{5}{3}$ ② $-\frac{4}{3}$ ③ -1
④ $-\frac{2}{3}$ ⑤ $-\frac{1}{3}$

0448

$-2\le x\le 2$에서 함수 $f(x)=\int_{-2}^{x}(2-|t|-t^2)\,dt$의 최댓값은?

① -1 ② $-\frac{1}{2}$ ③ 0
④ $\frac{1}{2}$ ⑤ 1

유형 13 정적분으로 정의된 함수의 그래프

0449

최고차항의 계수가 1인 다항함수 $f(x)$에 대하여 함수 $F(x)$를

$$F(x)=\int_0^x f(t)\,dt$$

라 하자. 이차함수 $y=F(x)$의 그래프가 그림과 같을 때, $f(10)$의 값을 구하시오.

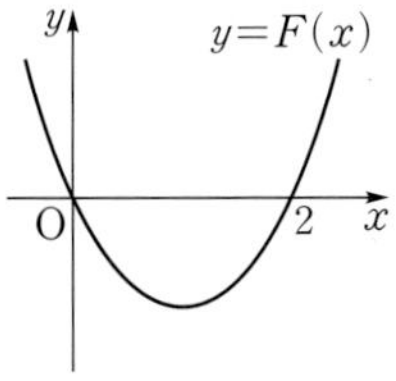

0450

이차함수 $y=f(x)$의 그래프가 그림과 같다. 함수 $g(x)$를

$$g(x)=\int_0^x f(t+1)\,dt$$

라 할 때, $x\ge0$에서 $g(x)$의 최댓값은?

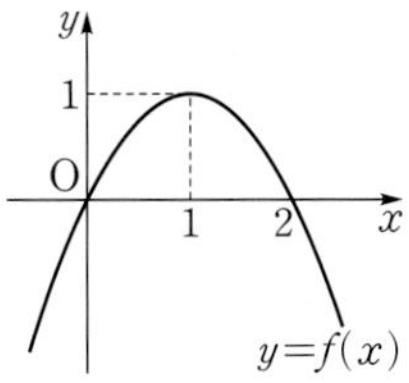

① $\frac{1}{3}$ ② $\frac{2}{3}$ ③ 1
④ $\frac{4}{3}$ ⑤ $\frac{5}{3}$

0451

이차함수 $y=f(x)$의 그래프가 그림과 같다. 함수 $g(x)=\int_x^{x+2} f(t)\,dt$는 $x=k$에서 최솟값을 가질 때, 상수 k의 값은?

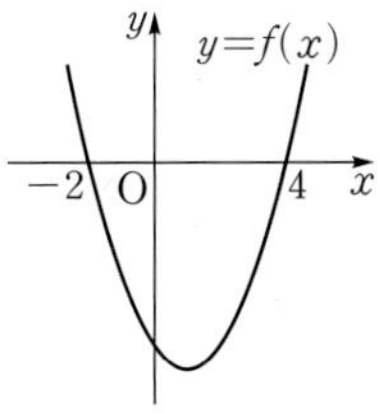

① -2 ② -1 ③ 0
④ 1 ⑤ 2

0452

다항함수 $f(x)$에 대하여 함수 $F(x)$를

$$F(x)=\int_a^x f(t)\,dt$$

라 하자. 함수 $y=F(x)$의 그래프가 그림과 같을 때, 보기에서 옳은 것만을 있는 대로 고른 것은?

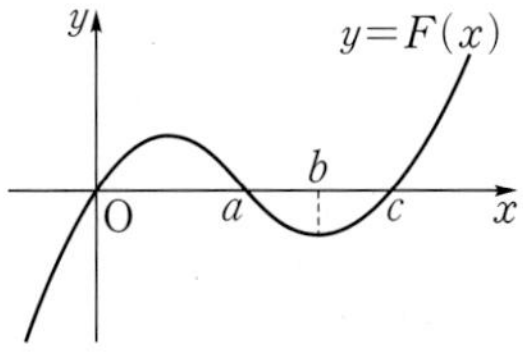

보기
ㄱ. $f(a)<0$
ㄴ. $F(b)\times f(c)<0$
ㄷ. 방정식 $f(x)=0$은 닫힌구간 $[a,\ c]$에서 적어도 1개의 실근을 갖는다.

① ㄱ ② ㄴ ③ ㄱ, ㄴ
④ ㄴ, ㄷ ⑤ ㄱ, ㄴ, ㄷ

유형 14 정적분으로 정의된 함수의 극한

0453

함수 $f(x)=x^2-2x-4$에 대하여

$$\lim_{x\to2}\frac{1}{x-2}\int_4^{x^2} f(t)\,dt$$

의 값은?

① 8 ② 12 ③ 16
④ 20 ⑤ 24

정답과 풀이 282쪽

0454

함수 $f(x)=\int_0^x (2t^3-3t+7)\,dt$에 대하여

$\lim_{x\to 0}\frac{1}{x}\int_0^x f'(t)\,dt$의 값은?

① 6　　② 7　　③ 8
④ 9　　⑤ 10

0455

함수 $f(x)=x^2+ax+b$에 대하여

$$\lim_{h\to 0}\frac{1}{h}\int_{-2}^{-2+h} f(x)\,dx=11,\ f(3)=6$$

일 때, 상수 a, b에 대하여 $a+b$의 값은?

① 1　　② 2　　③ 3
④ 4　　⑤ 5

0456

$\lim_{x\to 1}\frac{1}{x-1}\int_1^x t(k-t)\,dt=10$을 만족시키는 상수 k의 값을 구하시오.

0457

다항함수 $f(x)$가

$$f'(x)=4x^3+3x^2-5,\ f(0)=-6$$

을 만족시킬 때, $\lim_{x\to 2}\frac{1}{x-2}\int_2^x (2t-1)f(t)\,dt$의 값을 구하시오.

0458

미분가능한 함수 $f(x)$에 대하여 $f(1)=2$, $f'(1)=3$일 때, $\lim_{x\to 1}\frac{1}{x-1}\int_{f(1)}^{f(x)} 3t^2\,dt$의 값을 구하시오.

0459 교육청 변형

다항함수 $f(x)$에 대하여 $F(x)=\int_1^x f(t)\,dt$라 하자.

$\lim_{x\to 1}\frac{\int_1^x F(t)\,dt-F(x)}{x^3-1}=2$일 때, $f(1)$의 값은?

① -10　　② -9　　③ -8
④ -7　　⑤ -6

정답과 풀이 283쪽

0460 수능 기출

함수 $f(x)=x+1$에 대하여

$$\int_{-1}^{1}\{f(x)\}^2dx=k\left(\int_{-1}^{1}f(x)dx\right)^2$$

일 때, 상수 k의 값은?

① $\frac{1}{6}$ ② $\frac{1}{3}$ ③ $\frac{1}{2}$
④ $\frac{2}{3}$ ⑤ $\frac{5}{6}$

0461 교육청 변형

연속함수 $f(x)$가 모든 실수 x에 대하여 다음 조건을 만족시킨다.

> (가) $\int_{0}^{1}f(x)dx=3$
> (나) $f(-x)=f(x)$
> (다) $f(x+2)=f(x)$

정적분 $\int_{-1}^{6}f(x)dx$의 값은?

① 21 ② 22 ③ 23
④ 24 ⑤ 25

0462 교육청 기출

다항함수 $f(x)$가 $\lim_{x\to1}\frac{\int_{1}^{x}f(t)dt-f(x)}{x^2-1}=2$를 만족할 때, $f'(1)$의 값은?

① -4 ② -3 ③ -2
④ -1 ⑤ 0

0463 수능 변형

함수 $f(x)=ax^3-3ax^2$에 대하여 $\int_{-1}^{2}|f'(x)|dx=8$일 때, 양수 a의 값은?

① $\frac{1}{4}$ ② $\frac{2}{4}$ ③ $\frac{3}{4}$
④ 1 ⑤ $\frac{5}{4}$

0464 교육청 기출

실수 전체에서 정의된 연속함수 $f(x)$가 $f(x)=f(x+4)$를 만족하고

$$f(x)=\begin{cases} -4x+2 & (0\le x<2) \\ x^2-2x+a & (2\le x\le 4) \end{cases}$$

일 때, $\int_9^{11} f(x)dx$의 값은?

① -8 ② $-\frac{26}{3}$ ③ $-\frac{28}{3}$

④ -10 ⑤ $-\frac{32}{3}$

0465 교육청 변형

최고차항의 계수가 1인 삼차함수 $y=f(x)$의 그래프가 그림과 같다. 함수 $S(x)$를

$$S(x)=\int_0^x f(t)\,dt$$

라 할 때, 닫힌구간 $[0, 3]$에서 $S(x)$의 최댓값은?

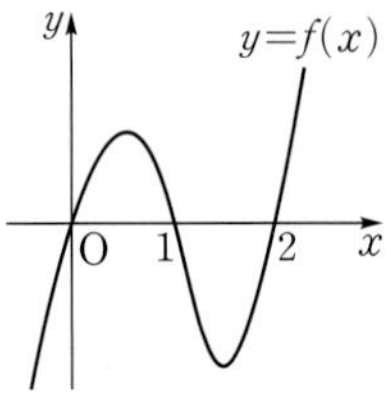

① $\frac{3}{2}$ ② $\frac{7}{4}$ ③ 2

④ $\frac{9}{4}$ ⑤ $\frac{5}{2}$

0466 교육청 기출

함수 $f(x)$가 모든 실수 x에 대하여

$$f(x)=x^3-4x\int_0^1 |f(t)|dt$$

를 만족시킨다. $f(1)>0$일 때, $f(2)$의 값은?

① 6 ② 7 ③ 8

④ 9 ⑤ 10

0467 교육청 변형

다항함수 $f(x)$의 한 부정적분 $g(x)$가 다음 조건을 만족시킨다.

(가) $3x\int_0^1 g(t)\,dt+f(x)=-4$
(나) $\int_0^1 g(t)\,dt-g(0)=-1$

방정식 $f(x)=g(x)$를 만족시키는 모든 실근의 합은?

① 2 ② $\frac{7}{3}$ ③ $\frac{8}{3}$

④ 3 ⑤ $\frac{10}{3}$

정답과 풀이 284쪽

0468 평가원 기출

다항함수 $f(x)$가 모든 실수 x에 대하여

$$xf(x)=2x^3+ax^2+3a+\int_1^x f(t)dt$$

를 만족시킨다. $f(1)=\int_0^1 f(t)dt$일 때, $a+f(3)$의 값은?

(단, a는 상수이다.)

① 5 ② 6 ③ 7
④ 8 ⑤ 9

0469 평가원 변형

다항함수 $f(x)$가

$$\int_0^x f(t)\,dt=xf(x)-\frac{1}{4}x^4+\frac{1}{2}x^2+\int_\alpha^\beta f(t)\,dt$$

를 만족시키고 $x=\alpha$에서 극댓값을 갖고, $x=\beta$에서 극솟값을 갖는다. $f(\alpha)-f(\beta)$의 값은?

① $\frac{1}{3}$ ② $\frac{2}{3}$ ③ 1
④ $\frac{4}{3}$ ⑤ $\frac{5}{3}$

0470 교육청 기출

정수 a, b, c에 대하여 함수 $f(x)=x^4+ax^3+bx^2+cx+10$이 다음 두 조건을 모두 만족시킨다.

> (가) 모든 실수 α에 대하여 $\int_{-\alpha}^{\alpha} f(x)dx=2\int_0^{\alpha} f(x)dx$
> (나) $-6<f'(1)<-2$

이때 함수 $y=f(x)$의 극솟값은?

① 5 ② 6 ③ 7
④ 8 ⑤ 9

0471 교육청 변형

닫힌구간 $[0, 4]$에서 정의된 함수 $f(x)$가

$$f(x)=\begin{cases} (x+1)(x-2)^2 & (0\le x<2) \\ -2(x-2)(x-4) & (2\le x\le 4)\end{cases}$$

이다. 실수 a $(0\le a\le 2)$에 대하여 $\int_a^{a+2} f(x)\,dx$의 최솟값이 $\frac{q}{p}$일 때, $p+q$의 값을 구하시오.

(단, p와 q는 서로소인 자연수이다.)

08 정적분

PART A′ 09

Ⅲ. 적분

정적분의 활용

유형별 유사문제

유형 01 곡선과 x축 사이의 넓이

0472

곡선 $y=x^3-3x^2+2x$와 x축으로 둘러싸인 도형의 넓이는?

① $\frac{1}{4}$　② $\frac{1}{2}$　③ 1　④ 2　⑤ 4

0473

곡선 $y=-x^3+1$과 x축 및 두 직선 $x=-1$, $x=2$로 둘러싸인 도형의 넓이는?

① 4　② $\frac{17}{4}$　③ $\frac{9}{2}$　④ $\frac{19}{4}$　⑤ 5

0474 교육청 변형

그림과 같이 곡선 $y=f(x)$와 x축으로 둘러싸인 두 부분 A, B의 넓이를 각각 S_1, S_2라 하자. $\int_0^5 f(x)dx=-\frac{8}{3}$, $\int_0^5 |f(x)|dx=\frac{16}{3}$일 때, $\frac{S_2}{S_1}$의 값을 구하시오.

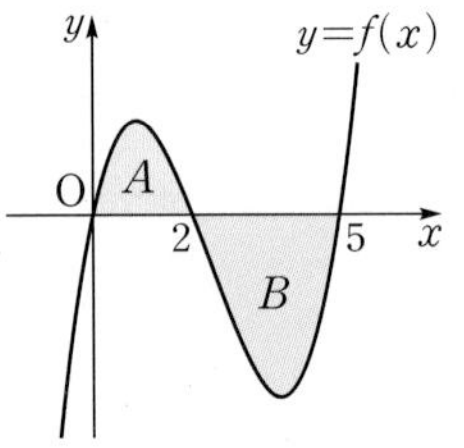

0475

함수 $f(x)$가 모든 실수 x에 대하여

$$\int_{-1}^{x} f(t)dt=\frac{2}{3}x^3-3x^2+\frac{11}{3}$$

을 만족시킬 때, 곡선 $y=f(x)$와 x축으로 둘러싸인 도형의 넓이를 구하시오.

0476

함수 $y=x^2-2|x|-3$의 그래프와 x축으로 둘러싸인 도형의 넓이를 구하시오.

0477

최고차항의 계수가 양수인 삼차함수 $f(x)$가 다음 조건을 만족시킨다.

(가) $f(0)=f(2)=f'(2)=0$
(나) 곡선 $y=f(x)$와 x축으로 둘러싸인 도형의 넓이는 8이다.

$f(4)$의 값을 구하시오.

유형 02 곡선과 직선 사이의 넓이

0478
곡선 $y=x^2-5x+4$와 직선 $y=x+4$로 둘러싸인 도형의 넓이를 구하시오.

0479
곡선 $y=x^3-ax^2+2$와 직선 $y=2$로 둘러싸인 도형의 넓이가 3일 때, 양수 a의 값은?

① 1　② $\sqrt{2}$　③ $\sqrt{3}$
④ 2　⑤ $\sqrt{6}$

0480
그림과 같이 곡선 $y=f(x)$와 직선 $y=x+2$로 둘러싸인 두 도형의 넓이를 각각 S_1, S_2라 하자.

$$S_1=\frac{1}{2},\ \int_{-1}^{2} f(x)dx=4$$

일 때, S_2의 값을 구하시오.

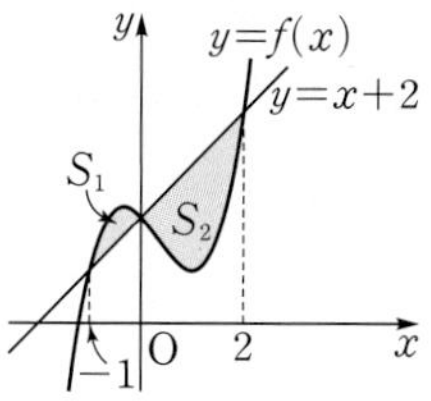

유형 03 두 곡선 사이의 넓이

0481
두 곡선 $y=x^3+x^2+x$, $y=x^2+4x+2$로 둘러싸인 도형의 넓이는?

① 6　② $\frac{25}{4}$　③ $\frac{13}{2}$
④ $\frac{27}{4}$　⑤ 7

0482
그림과 같이 두 사차함수 $y=f(x)$, $y=g(x)$의 그래프로 둘러싸인 세 도형 A, B, C의 넓이가 각각 8, 4, 3일 때, $\int_{-3}^{5}\{g(x)-f(x)\}dx$의 값을 구하시오.

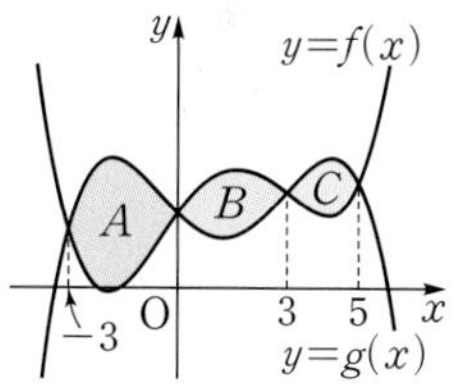

0483 평가원 변형
함수 $f(x)=-x^2$에 대하여 곡선 $y=f(x)$를 x축에 대하여 대칭이동한 후 x축의 방향으로 2만큼, y축의 방향으로 -10만큼 평행이동한 곡선을 $y=g(x)$라 하자. 두 곡선 $y=f(x)$, $y=g(x)$로 둘러싸인 도형의 넓이를 S라 할 때, $3S$의 값을 구하시오.

09 정적분의 활용

유형 04 곡선과 접선으로 둘러싸인 도형의 넓이

0484
곡선 $y=x^3-x^2$과 이 곡선 위의 점 $(1,\ 0)$에서의 접선으로 둘러싸인 도형의 넓이는?

① 1　　② $\frac{4}{3}$　　③ $\frac{5}{3}$

④ 2　　⑤ $\frac{7}{3}$

0485
점 $\left(-\frac{1}{2},\ 2\right)$에서 곡선 $y=-x^2$에 그은 두 접선과 이 곡선으로 둘러싸인 도형의 넓이를 S라 할 때, $4S$의 값을 구하시오.

0486 교육청 변형
최고차항의 계수가 음수인 삼차함수 $y=f(x)$의 그래프 위의 점 $(-1,\ f(-1))$에서의 접선 $y=g(x)$가 곡선 $y=f(x)$와 $x=1$에서 만난다. 곡선 $y=f(x)$와 직선 $y=g(x)$로 둘러싸인 도형의 넓이가 8일 때, $g(2)-f(2)$의 값을 구하시오.

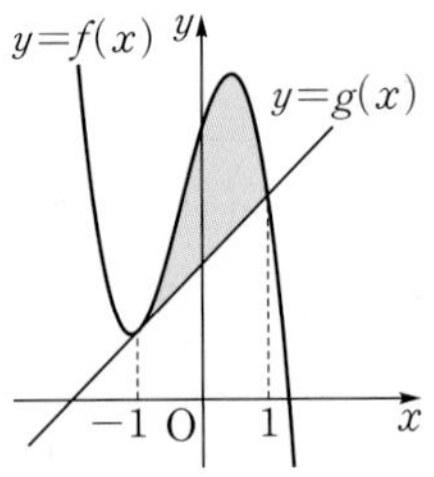

유형 05 두 도형의 넓이가 같을 조건

0487
곡선 $y=x^3+(1-a)x^2-ax$와 x축으로 둘러싸인 두 도형의 넓이가 서로 같을 때, 상수 a의 값을 구하시오. (단, $a<-1$)

0488
그림과 같이 최고차항의 계수가 1인 이차함수 $y=f(x)$의 그래프와 x축 및 y축으로 둘러싸인 두 도형의 넓이가 서로 같을 때, $f(5)$의 값을 구하시오.

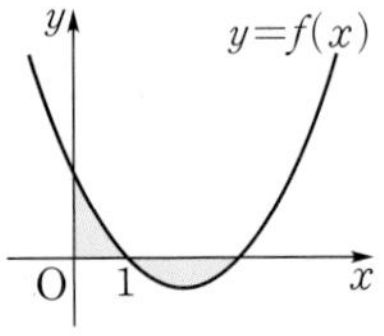

0489
그림과 같이 두 곡선 $y=-x^2(x-3)$, $y=kx(x-3)$으로 둘러싸인 두 도형의 넓이를 각각 A, B라 하자. $A=B$일 때, 상수 k의 값은? (단, $-3<k<0$)

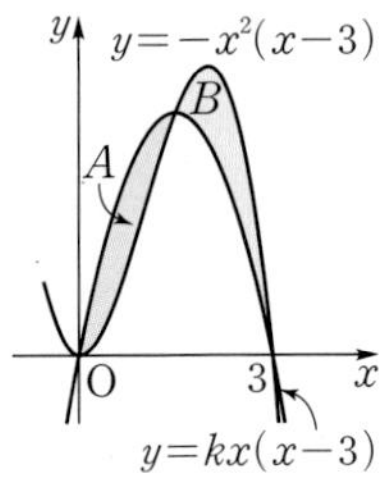

① $-\frac{5}{2}$　　② -2　　③ $-\frac{3}{2}$　　④ -1　　⑤ $-\frac{1}{2}$

유형 06 도형의 넓이의 활용 - 이등분

0490

곡선 $y=-x^2+6x$와 x축으로 둘러싸인 도형의 넓이를 직선 $y=mx$가 이등분할 때, 상수 m에 대하여 $(6-m)^3$의 값을 구하시오.

0491

곡선 $y=x^2-x$와 직선 $y=mx$로 둘러싸인 도형의 넓이가 x축에 의하여 이등분될 때, 상수 m에 대하여 $(m+1)^3$의 값을 구하시오.

0492

그림과 같이 두 다항함수 $y=f(x)$, $y=g(x)$의 그래프가 곡선 $y=3x^2$과 $x=-1$, $x=1$에서 만난다. $-1\le x\le 1$에서 두 곡선 $y=f(x)$, $y=g(x)$로 둘러싸인 도형의 넓이가 곡선 $y=3x^2$에 의하여 이등분되고 $\int_{-1}^{1} g(x)dx=0$일 때, $\int_{-1}^{1} f(x)dx$의 값을 구하시오.

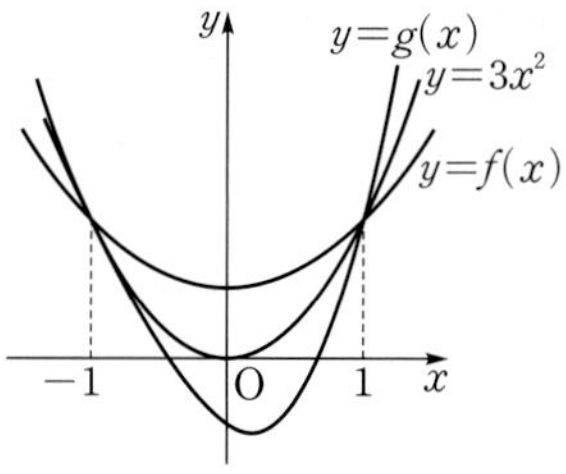

유형 07 도형의 넓이의 활용 - 최댓값, 최솟값

0493

그림과 같이 곡선 $y=x^2-a^2$과 x축, y축 및 직선 $x=2$로 둘러싸인 도형의 넓이가 최소가 되도록 하는 상수 a의 값을 구하시오. (단, $0<a<2$)

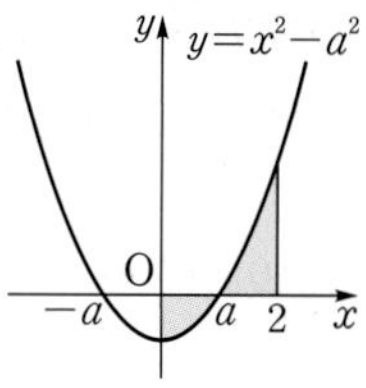

0494

곡선 $y=x^2+4$와 이 곡선 위의 점 $(t,\ t^2+4)$에서의 접선 및 y축, 직선 $x=3$으로 둘러싸인 도형의 넓이의 최솟값은? (단, $0<t<3$)

① 2 ② $\frac{9}{4}$ ③ $\frac{5}{2}$ ④ $\frac{11}{4}$ ⑤ 3

0495

곡선 $y=(x^2-1)(x-k)$와 x축으로 둘러싸인 도형의 넓이가 최소가 되도록 하는 상수 k의 값을 구하시오. (단, $-1<k<1$)

유형 08 함수와 그 역함수의 정적분

0496

함수 $f(x)=x^2+2\ (x\geq 0)$의 역함수를 $g(x)$라 할 때, $\int_0^2 f(x)dx+\int_2^6 g(x)dx$의 값은?

① 10　　② 11　　③ 12
④ 13　　⑤ 14

0497

함수 $f(x)=\sqrt{x-1}$의 역함수를 $g(x)$라 할 때, $\int_1^5 f(x)dx+\int_0^2 g(x)dx$의 값을 구하시오.

0498

그림과 같이 함수 $y=f(x)$의 그래프와 그 역함수 $y=g(x)$의 그래프가 두 점 $(2, 2)$, $(5, 5)$에서 만나고 $\int_2^5 f(x)dx=12$일 때, 두 곡선 $y=f(x)$, $y=g(x)$로 둘러싸인 도형의 넓이를 구하시오.

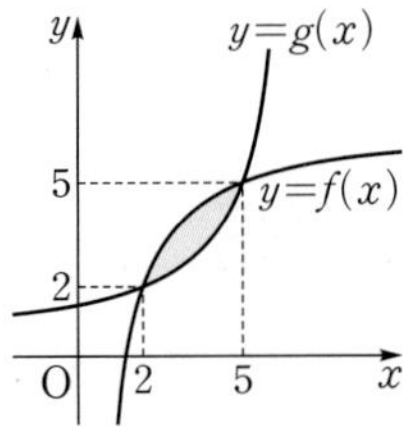

0499

함수 $f(x)=2\sqrt{x}$의 역함수를 $g(x)$라 할 때, $\int_0^4 f(x)dx+\int_0^4 g(x)dx$의 값을 구하시오.

0500

실수 전체의 집합에서 증가하는 함수 $f(x)$가

$f(2)=2,\ f(4)=4$

를 만족시킨다. 함수 $f(x)$의 역함수 $g(x)$에 대하여 $\int_2^4 g(x)dx=5$일 때, $\int_2^4 f(x)dx$의 값을 구하시오.

0501

함수 $f(x)=x^3-3x^2+4x-1$의 역함수를 $g(x)$라 할 때, 두 곡선 $y=f(x)$, $y=g(x)$와 x축 및 y축으로 둘러싸인 도형의 넓이는?

① $\frac{1}{4}$　　② $\frac{1}{2}$　　③ 1
④ 2　　⑤ 4

유형 09 함수의 주기, 대칭성을 이용한 도형의 넓이

0502

함수 $f(x)$가 다음 조건을 만족시킨다.

(가) $-1\le x\le 1$일 때, $f(x)=x^2$
(나) 모든 실수 x에 대하여 $f(x)=f(x+2)$이다.

함수 $y=f(x)$의 그래프와 x축 및 두 직선 $x=-3$, $x=3$으로 둘러싸인 도형의 넓이는?

① 1 ② 2 ③ 3
④ 4 ⑤ 5

0503 교육청 변형

그림은 모든 실수 x에 대하여 $f(-x)=-f(x)$인 연속함수 $y=f(x)$의 그래프와 함수 $y=f(x)$의 그래프를 x축의 방향으로 -1만큼, y축의 방향으로 2만큼 평행이동시킨 함수 $y=g(x)$의 그래프이다. 곡선 $y=g(x)$와 x축, y축 및 직선 $x=-2$로 둘러싸인 도형의 넓이는?

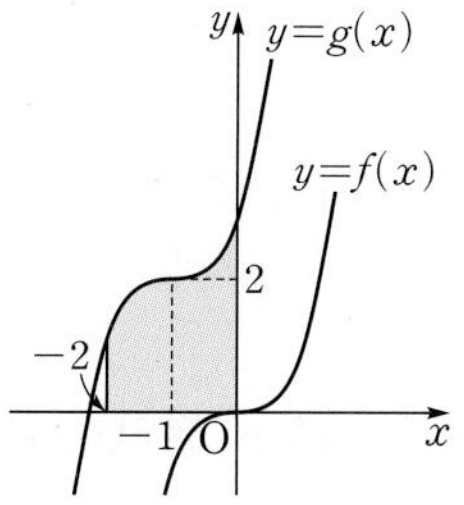

① 1 ② 2 ③ 3
④ 4 ⑤ 5

0504

$f(0)=1$이고 실수 전체의 집합에서 증가하는 연속함수 $f(x)$가 다음 조건을 만족시킨다.

(가) 모든 실수 x에 대하여 $f(x)=f(x-2)+3$이다.
(나) 함수 $y=f(x)$의 그래프와 x축, y축 및 직선 $x=2$로 둘러싸인 도형의 넓이는 3이다.

$\int_0^6 f(x)dx$의 값을 구하시오.

유형 10 위치와 위치의 변화량

0505

좌표가 6인 점을 출발하여 수직선 위를 움직이는 점 P의 시각 t에서의 속도가 $v(t)=12-4t$일 때, 점 P의 운동 방향이 바뀌는 시각에서의 점 P의 위치는?

① 12 ② 16 ③ 20
④ 24 ⑤ 28

0506

원점을 출발하여 수직선 위를 움직이는 점 P의 시각 t에서의 속도가 $v(t)=6t^2-4t-12$일 때, 점 P가 다시 원점을 통과하는 시각은?

① 1 ② 2 ③ 3
④ 4 ⑤ 5

0507

원점을 출발하여 수직선 위를 움직이는 두 점 P, Q의 시각 t에서의 속도가 각각

$v_1(t)=t^2+at,\ v_2(t)=2at$

이다. 시각 $t=2$에서 두 점 P, Q가 만날 때, 상수 a의 값은?

① 1 ② $\frac{4}{3}$ ③ $\frac{5}{3}$
④ 2 ⑤ $\frac{7}{3}$

0508

좌표가 -80인 점에서 출발하여 수직선 위를 움직이는 점 P의 시각 t에서의 속도가 $v(t)=30-6t$이다. 점 P가 원점에 가장 가까울 때의 점 P의 위치를 구하시오.

유형 11 움직인 거리

0509

수직선 위를 움직이는 점 P의 시각 t $(t\geq 0)$에서의 속도 $v(t)$가

$v(t)=-3t+6$

일 때, $t=0$에서 $t=4$까지 점 P가 움직인 거리는?

① 8 ② 10 ③ 12
④ 14 ⑤ 16

0510

지면으로부터 30 m의 높이에서 30 m/s의 속력으로 지면과 수직인 방향으로 쏘아 올린 물체의 t초 후의 속도 $v(t)$ m/s가 $v(t)=-10t+30$일 때, 이 물체가 최고 높이에 도달할 때까지 움직인 거리를 구하시오.

0511

원점을 출발하여 수직선 위를 움직이는 점 P의 시각 t에서의 속도 $v(t)$가 $v(t)=t^2-6t+5$일 때, 점 P가 원점을 출발할 때의 운동 방향과 반대 방향으로 움직인 거리는?

① 10 ② $\frac{32}{3}$ ③ $\frac{34}{3}$
④ 12 ⑤ $\frac{38}{3}$

0512

직선 도로를 40 m/s의 속도로 달리는 어느 자동차에 제동을 건 지 t초 후의 속도 $v(t)$는 $v(t)=-kt+40$ (m/s)이다. 자동차가 제동을 건 지점으로부터 200 m를 미끄러진 후 완전히 정지하였을 때, 상수 k의 값을 구하시오.

유형 12 그래프에서의 위치와 움직인 거리

0513

원점을 출발하여 수직선 위를 움직이는 점 P의 시각 t에서의 속도 $v(t)$의 그래프가 그림과 같을 때, 보기에서 옳은 것만을 있는 대로 고른 것은?

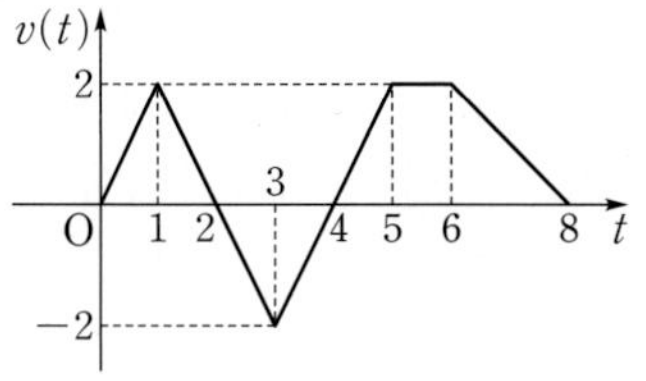

보기

ㄱ. 점 P는 출발 후 $t=8$일 때까지 운동 방향을 두 번 바꾼다.
ㄴ. $t=4$일 때, 점 P는 원점을 지난다.
ㄷ. 출발 후 8초 동안 점 P가 움직인 거리는 9이다.

① ㄱ　　② ㄴ　　③ ㄱ, ㄴ
④ ㄴ, ㄷ　　⑤ ㄱ, ㄴ, ㄷ

0514

좌표가 4인 점을 출발하여 수직선 위를 움직이는 점 P의 시각 t에서의 속도 $v(t)$의 그래프가 그림과 같다. 점 P가 $t=0$에서 $t=6$까지 움직인 거리가 16일 때, 점 P의 $t=4$에서의 위치를 구하시오.

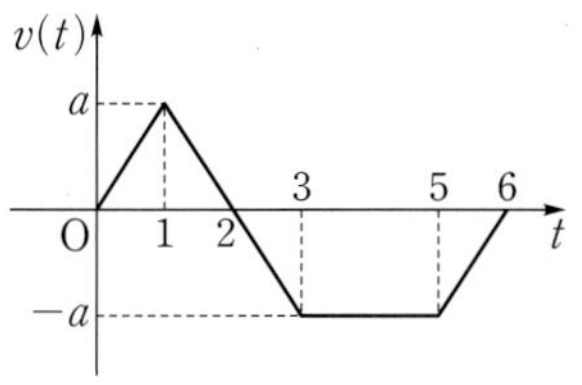

0515

원점을 출발하여 수직선 위를 움직이는 점 P의 시각 t에서의 속도 $v(t)$의 그래프가 그림과 같다. 점 P가 $t=a$에서 $t=b$까지 움직인 거리가 4이고 $t=c$에서 원점을 지날 때, 점 P가 $t=0$에서 $t=c$까지 움직인 거리를 구하시오.

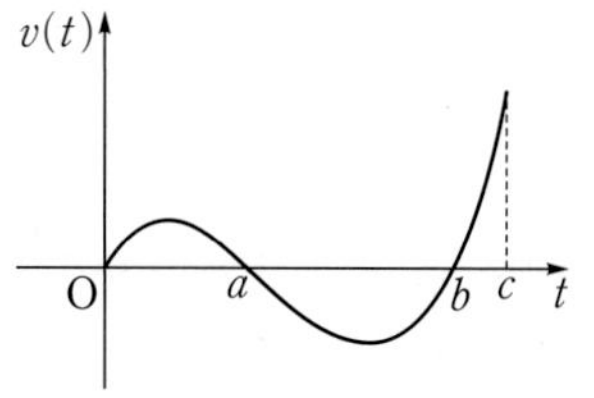

0516

원점을 출발하여 수직선 위를 움직이는 점 P의 시각 t에서의 속도 $v(t)$의 그래프가 그림과 같다.

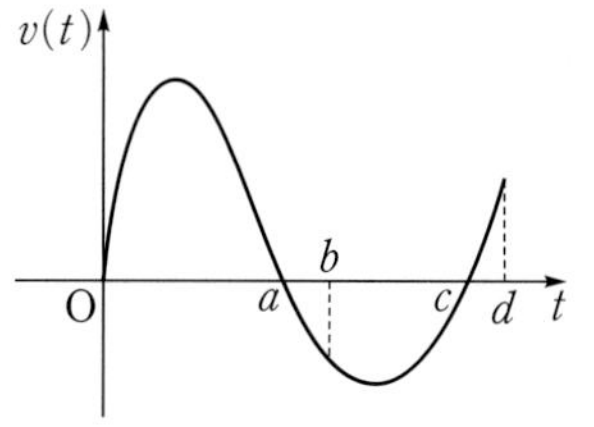

$\int_0^b v(t)dt=\int_b^d |v(t)|dt$일 때, 보기에서 옳은 것만을 있는 대로 고른 것은?

보기

ㄱ. $\int_0^c v(t)dt=\int_c^d v(t)dt$
ㄴ. $\int_0^a v(t)dt=\int_a^d |v(t)|dt$
ㄷ. 점 P는 $t=d$에서 원점을 지난다.

① ㄱ　　② ㄴ　　③ ㄱ, ㄴ
④ ㄴ, ㄷ　　⑤ ㄱ, ㄴ, ㄷ

0517 평가원 기출

수직선 위를 움직이는 점 P의 시각 t $(t\geq 0)$에서의 속도 $v(t)$가

$$v(t)=3t^2-4t+k$$

이다. 시각 $t=0$에서 점 P의 위치는 0이고, 시각 $t=1$에서 점 P의 위치는 -3이다. 시각 $t=1$에서 $t=3$까지 점 P의 위치의 변화량을 구하시오. (단, k는 상수이다.)

0518 수능 변형

그림과 같이 곡선 $y=\frac{1}{2}x^2$ 위의 점 P에서의 접선에 수직이고 점 P를 지나는 직선 l이 y축과 점 $(0, 3)$에서 만날 때, 직선 l과 곡선 $y=\frac{1}{2}x^2$ 및 y축으로 둘러싸인 부분 중 색칠한 부분의 넓이는? (단, 점 P는 제1사분면 위의 점이다.)

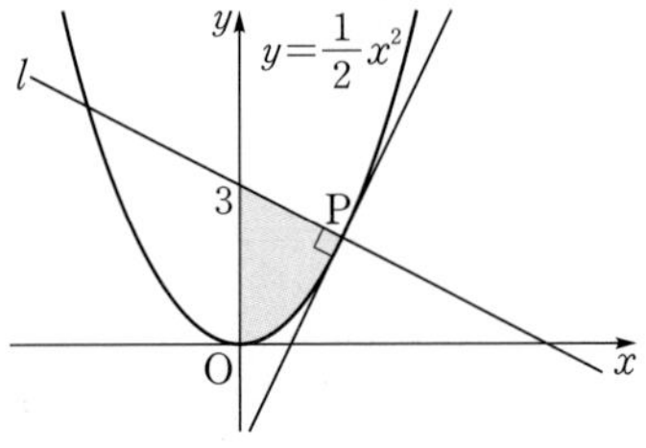

① 3　② $\frac{10}{3}$　③ $\frac{11}{3}$　④ 4　⑤ $\frac{13}{3}$

0519 교육청 기출

함수 $f(x)=\frac{1}{2}x^3$의 그래프 위의 점 $\mathrm{P}(a, b)$에 대하여 곡선 $y=f(x)$와 x축 및 직선 $x=1$로 둘러싸인 부분의 넓이를 S_1, 곡선 $y=f(x)$와 두 직선 $x=1$, $y=b$로 둘러싸인 부분의 넓이를 S_2라 하자. $S_1=S_2$일 때, $30a$의 값을 구하시오.

(단, $a>1$)

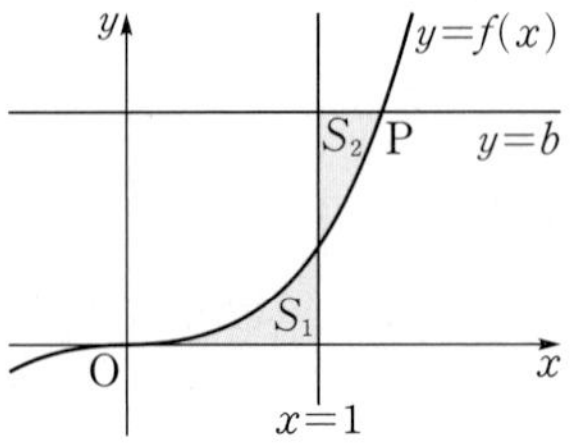

0520 평가원 변형

원점을 동시에 출발하여 수직선 위를 움직이는 두 점 P, Q의 시각 t $(t\geq 0)$에서의 속도가 각각

$$v_1(t)=3t^2-2t-4,\ v_2(t)=4t+5$$

이다. 출발한 후 두 점 P, Q의 속도가 같아지는 순간 두 점 P, Q 사이의 거리를 구하시오.

0521 교육청 기출

삼차함수 $f(x)$가 다음 조건을 만족시킨다.

> (가) $f'(x)=3x^2-4x-4$
> (나) 함수 $y=f(x)$의 그래프는 점 $(2, 0)$을 지난다.

이때 함수 $y=f(x)$의 그래프와 x축으로 둘러싸인 도형의 넓이는?

① $\frac{56}{3}$　② $\frac{58}{3}$　③ 20
④ $\frac{62}{3}$　⑤ $\frac{64}{3}$

0522 수능 변형

최고차항의 계수가 1인 이차함수 $f(x)$가 다음 조건을 만족시킨다.

> (가) $f(2)=3$
> (나) 모든 실수 t에 대하여 $\int_{-2}^{t} f(x)dx=\int_{1}^{t} f(x)dx$이다.

곡선 $y=f(x)$와 x축으로 둘러싸인 도형의 넓이를 S라 할 때, $12S$의 값을 구하시오.

0523 교육청 변형

실수 전체의 집합에서 연속이고 증가하는 함수 $f(x)$의 역함수를 $g(x)$라 할 때,

$$g(1)=0,\ g(5)=2,\ \int_{2}^{3} f(x)dx+\int_{f(2)}^{f(3)} g(x)dx=14$$

이다. $f(3)$의 값을 구하시오.

0524 수능 기출

곡선 $y=x^2-5x$와 직선 $y=x$로 둘러싸인 부분의 넓이를 직선 $x=k$가 이등분할 때, 상수 k의 값은?

① 3　② $\frac{13}{4}$　③ $\frac{7}{2}$
④ $\frac{15}{4}$　⑤ 4

0525 교육청 기출

최고차항의 계수가 1인 삼차함수 $f(x)$가 $f(0)=0$이고, 모든 실수 x에 대하여 $f(1-x)=-f(1+x)$를 만족시킨다. 두 곡선 $y=f(x)$와 $y=-6x^2$으로 둘러싸인 부분의 넓이를 S라 할 때, $4S$의 값을 구하시오.

0526 교육청 기출

시각 $t=0$일 때 원점을 출발하여 수직선 위를 움직이는 점 P의 시각 t $(t\geq0)$에서의 속도 $v(t)$가

$$v(t)=3t^2-6t$$

일 때, 보기에서 옳은 것만을 있는 대로 고른 것은?

보기

ㄱ. 시각 $t=2$에서 점 P의 움직이는 방향이 바뀐다.
ㄴ. 점 P가 출발한 후 움직이는 방향이 바뀔 때 점 P의 위치는 -4이다.
ㄷ. 점 P가 시각 $t=0$일 때부터 가속도가 12가 될 때까지 움직인 거리는 8이다.

① ㄱ ② ㄱ, ㄴ ③ ㄱ, ㄷ
④ ㄴ, ㄷ ⑤ ㄱ, ㄴ, ㄷ

0527 수능 변형

실수 전체의 집합에서 증가하고 연속인 함수 $f(x)$가 다음 조건을 만족시킨다.

(가) 모든 실수 x에 대하여 $f(x)=f(x-2)+3$이다.
(나) $\int_0^2 f(x)dx=2$, $\int_0^2 |f(x)|dx=5$

함수 $y=f(x)$의 그래프와 x축, y축 및 직선 $x=4$로 둘러싸인 도형의 넓이를 구하시오.

0528 평가원 변형

수직선 위를 움직이는 점 P의 시각 t에서의 가속도가

$$a(t)=3t^2-8t+4\ (t\geq0)$$

이다. 시각 $t=0$에서의 속도가 k일 때, 보기에서 옳은 것만을 있는 대로 고른 것은?

보기

ㄱ. 구간 $(1, 2)$에서 점 P의 속도는 감소한다.
ㄴ. $k>0$이면 점 P는 운동 방향을 한 번 바꾼다.
ㄷ. 시각 $t=0$에서 시각 $t=3$까지 점 P의 위치의 변화량이 점 P가 움직인 거리보다 작도록 하는 정수 k의 최솟값은 1이다.

① ㄱ ② ㄴ ③ ㄱ, ㄴ
④ ㄱ, ㄷ ⑤ ㄱ, ㄴ, ㄷ

MEMO

빠른 정답 2권

I 함수의 극한과 연속

01 함수의 극한

PART A 유형별 유사문제

0001 1	0002 2	0003 ③	0004 ⑤
0005 ③	0006 ④	0007 ③	0008 ①
0009 2	0010 ①	0011 ③	0012 1
0013 ④	0014 5	0015 ②	0016 3
0017 2	0018 ④	0019 ①	0020 ④
0021 ③	0022 ④	0023 12	0024 ②
0025 ②	0026 ⑤	0027 ①	0028 ③
0029 ②	0030 4	0031 −4	0032 ②
0033 1	0034 ①	0035 7	0036 3
0037 3	0038 15	0039 20	0040 24
0041 42	0042 ②	0043 3	0044 ⑤
0045 2	0046 ①	0047 ①	0048 ④
0049 ③	0050 2	0051 ①	0052 ④
0053 ②	0054 2		

PART B 기출 & 기출변형 문제

0055 ④	0056 ③	0057 3	0058 13
0059 10	0060 ④	0061 6	0062 ③
0063 ⑤	0064 ①		

02 함수의 연속

PART A 유형별 유사문제

0065 ④	0066 ③	0067 ②	0068 ③
0069 ②	0070 ②	0071 ④	0072 ①
0073 ①	0074 ②	0075 4	0076 9
0077 ⑤	0078 ③	0079 2	0080 ②
0081 ①	0082 ⑤	0083 3	0084 −5
0085 ⑤	0086 ⑤	0087 9	0088 ③
0089 1	0090 2	0091 12	0092 5
0093 ①	0094 2	0095 ④	0096 ②
0097 ④	0098 3		

PART B 기출 & 기출변형 문제

0099 7	0100 ②	0101 5	0102 ①
0103 18	0104 ③	0105 44	0106 ④
0107 ④	0108 36	0109 5	0110 12

II 미분

03 미분계수와 도함수

PART A 유형별 유사문제

0111 ③	0112 ③	0113 ①	0114 2
0115 2	0116 ③	0117 2	0118 ④
0119 2	0120 ④	0121 ⑤	0122 6
0123 ③	0124 ③	0125 10	0126 4
0127 20	0128 ③	0129 ④	0130 ①
0131 2	0132 ⑤	0133 ④	0134 ④
0135 4	0136 ③	0137 ④	0138 10
0139 ④	0140 ②	0141 ②	0142 ②
0143 3	0144 ④	0145 22	0146 ③
0147 ①	0148 30	0149 ⑤	0150 15
0151 3	0152 15	0153 ①	0154 1
0155 ④	0156 ④	0157 24	0158 8
0159 11	0160 12	0161 ④	0162 3

PART B 기출 & 기출변형 문제

0163 11	0164 ④	0165 28	0166 ⑤
0167 ⑤	0168 5	0169 ③	0170 ③
0171 ②	0172 28	0173 ②	0174 32

04 도함수의 활용(1)

PART A 유형별 유사문제

0175 −6	0176 ⑤	0177 ③	0178 ③
0179 5	0180 ③	0181 18	0182 ④
0183 ⑤	0184 ②	0185 ④	0186 ③

0187 1	0188 ①	0189 ②	0190 ②
0191 ②	0192 ③	0193 2	0194 −2
0195 ②	0196 17	0197 ④	0198 ③
0199 ③	0200 7	0201 ⑤	0202 −2
0203 ⑤	0204 ③	0205 7	0206 ④
0207 ⑤	0208 ④	0209 ④	0210 ②
0211 ②	0212 10	0213 ②	0214 ③
0215 1	0216 ③	0217 0	0218 ④
0219 ③	0220 ③	0221 ⑤	

PART B′ 기출 & 기출변형 문제

0222 ③	0223 52	0224 ⑤	0225 ②
0226 4	0227 ②	0228 ⑤	0229 32

05 도함수의 활용(2)

PART A′ 유형별 유사문제

0230 ③	0231 17	0232 ①	0233 10
0234 3	0235 ③	0236 6	0237 ②
0238 ⑤	0239 9	0240 ④	0241 ④
0242 ③	0243 ③	0244 ⑤	0245 ⑤
0246 3	0247 ④	0248 4	0249 ②
0250 1	0251 ⑤	0252 ②	0253 ②
0254 5	0255 1	0256 4	0257 ③
0258 ④	0259 1	0260 ②	0261 ⑤
0262 ②	0263 ④	0264 ②	0265 3
0266 ④	0267 −2	0268 0	0269 ④
0270 2	0271 ⑤	0272 −2	0273 18
0274 −2	0275 ③	0276 18	0277 ④
0278 ②	0279 ⑤	0280 64	0281 31
0282 ③	0283 7	0284 ④	0285 ③
0286 −19	0287 16	0288 ②	0289 32
0290 8			

PART B′ 기출 & 기출변형 문제

0291 ⑤	0292 ③	0293 ②	0294 ③
0295 ⑤	0296 13	0297 ④	0298 ③
0299 32	0300 ③	0301 6	0302 ①

06 도함수의 활용(3)

PART A′ 유형별 유사문제

0303 ②	0304 ②	0305 4	0306 5
0307 4	0308 18	0309 ②	0310 −5
0311 41	0312 ②	0313 63	0314 10
0315 ③	0316 28	0317 ③	0318 2
0319 4	0320 33	0321 20	0322 5
0323 ①	0324 8	0325 29	0326 −17
0327 ①	0328 4	0329 ④	0330 10
0331 ③	0332 3	0333 10	0334 −32
0335 ④	0336 3	0337 $40\,\mathrm{m/s}$	0338 20
0339 ⑤	0340 ③	0341 ④	0342 $16\pi\,\mathrm{cm^2/s}$
0343 $-37\pi\,\mathrm{cm^3/s}$			

PART B′ 기출 & 기출변형 문제

0344 ③	0345 13	0346 ⑤	0347 5
0348 ①	0349 6	0350 160	0351 ⑤

Ⅲ 적분

07 부정적분

PART A′ 유형별 유사문제

0352 −16	0353 17	0354 ②	0355 12
0356 ③	0357 34	0358 7	0359 23
0360 ③	0361 18	0362 ③	0363 15
0364 ②	0365 11	0366 10	0367 ③
0368 17	0369 5	0370 ④	0371 18
0372 45	0373 ②	0374 12	0375 9
0376 ①	0377 ④	0378 −1	0379 8
0380 17	0381 10	0382 21	0383 ②
0384 32	0385 88	0386 2	

PART B′ 기출 & 기출변형 문제

0387 11	0388 ④	0389 ③	0390 ④
0391 ⑤	0392 24	0393 9	0394 −7

2권

08 정적분

PART A' 유형별 유사문제

0395 ④	0396 2	0397 ③	0398 ①
0399 ③	0400 10	0401 12	0402 ⑤
0403 5	0404 16	0405 ④	0406 2
0407 ②	0408 8	0409 ③	0410 ①
0411 2	0412 ②	0413 ②	0414 3
0415 ⑤	0416 24	0417 50	0418 ③
0419 ①	0420 24	0421 3	0422 ①
0423 7	0424 15	0425 ②	0426 6
0427 3	0428 ③	0429 2	0430 ②
0431 ④	0432 ③	0433 2	0434 ③
0435 ④	0436 −8	0437 ④	0438 ③
0439 20	0440 −3	0441 2	0442 ⑤
0443 ③	0444 2	0445 31	0446 4
0447 ②	0448 ④	0449 9	0450 ②
0451 ③	0452 ⑤	0453 ③	0454 ②
0455 ①	0456 11	0457 24	0458 36
0459 ⑤			

PART B' 기출&기출변형 문제

0460 ④	0461 ①	0462 ①	0463 ④
0464 ②	0465 ④	0466 ②	0467 ⑤
0468 ④	0469 ④	0470 ②	0471 37

09 정적분의 활용

PART A' 유형별 유사문제

0472 ②	0473 ④	0474 3	0475 9
0476 18	0477 96	0478 36	0479 ⑤
0480 4	0481 ④	0482 7	0483 64
0484 ②	0485 9	0486 54	0487 −2
0488 8	0489 ③	0490 108	0491 2
0492 4	0493 1	0494 ②	0495 0
0496 ③	0497 10	0498 3	0499 16
0500 7	0501 ②	0502 ②	0503 ④
0504 27	0505 ④	0506 ③	0507 ②
0508 −5	0509 ③	0510 45 m	0511 ②
0512 4	0513 ⑤	0514 2	0515 8
0516 ③			

PART B' 기출&기출변형 문제

0517 6	0518 ③	0519 40	0520 27
0521 ⑤	0522 16	0523 8	0524 ①
0525 2	0526 ⑤	0527 13	0528 ①

MEMO

MEMO

MEMO

MEMO

유형 ON

수학의 바이블

모든 유형으로 실력을 **밝혀라!**

유형 ON

가르치기 쉽고 빠르게 배울 수 있는 **이투스북**

www.etoosbook.com

○ **도서 내용 문의**
홈페이지 > 이투스북 고객센터 > 1:1 문의

○ **도서 정답 및 해설**
홈페이지 > 도서자료실 > 정답/해설

○ **도서 정오표**
홈페이지 > 도서자료실 > 정오표

○ **선생님을 위한 강의 지원 서비스 T폴더**
홈페이지 > 교강사 T폴더

수학의 바이블

학교 시험에
자주 나오는
122유형
1395제 수록

1권 유형편
867제로
완벽한
필수 유형 학습

2권 변형편
528제로
복습 및 학교 시험
완벽 대비

모든 유형으로 실력을 **밝혀라!**

유형 ON

수학 Ⅱ

정답과 풀이

이투스북

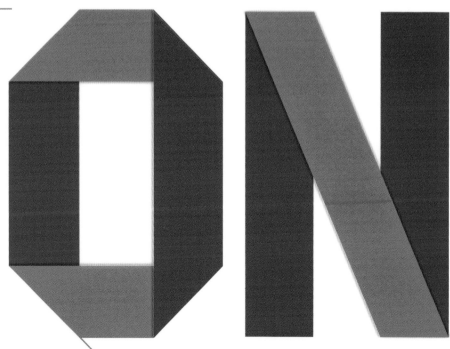

온 [모두의] 모든 유형을 담다. **ON [켜다]** 실력의 불을 켜다.

유형 ON

수학의 바이블

유형 ON

1권

정답과 풀이

수학 Ⅱ

Ⅰ 함수의 극한과 연속

유형별 문제

PART A 01 함수의 극한

유형 01 함수의 극한과 그래프

0001 답 ④

$\lim_{x\to -1-} f(x)+\lim_{x\to 2} f(x)=3+1=4$

0002 답 1

$\lim_{x\to -1-} f(x)+\lim_{x\to 0+} f(x)+\lim_{x\to 1} f(x)=0+1+0=1$

0003 답 ③

$\frac{x+1}{x-1}=1+\frac{2}{x-1}=t$라 하면 $x\to\infty$일 때, $t\to 1+$이므로

$\lim_{x\to\infty} f\left(\frac{x+1}{x-1}\right)=\lim_{t\to 1+} f(t)=1$

$\therefore \lim_{x\to\infty} f\left(\frac{x+1}{x-1}\right)+\lim_{x\to -1} f(x)=1+(-1)=0$

0004 답 ⑤

$$\lim_{x\to 1+} f(x)-\lim_{x\to 0-}\frac{f(x)}{x-1}=2-\frac{\lim_{x\to 0-} f(x)}{\lim_{x\to 0-}(x-1)}$$

$$=2-\frac{4}{-1}=6$$

참고

이 문제는 두 함수 $f(x)$, $g(x)$에 대하여

$\lim_{x\to a} f(x)=\alpha$, $\lim_{x\to a} g(x)=\beta$ (α, β는 실수)일 때

$\lim_{x\to a}\frac{f(x)}{g(x)}=\frac{\lim_{x\to a} f(x)}{\lim_{x\to a} g(x)}=\frac{\alpha}{\beta}$ (단, $g(x)\neq 0$, $\beta\neq 0$)

가 성립함을 이용하여 풀이하였다.

위의 성질은 유형 05에서 상세히 다룬다.

0005 답 ③

$-x=t$라 하면 $x\to 1+$일 때, $t\to -1-$이므로

$\lim_{x\to 1+} f(-x)=\lim_{t\to -1-} f(t)=1$

$\therefore \lim_{x\to 1-} f(x)+\lim_{x\to 1+} f(-x)=1+1=2$

0006 답 ③

$1-x=t$라 하면 $x\to 0+$일 때, $t\to 1-$이므로

$\lim_{x\to 0+} f(1-x)=\lim_{t\to 1-} f(t)=-1$

$-x=s$라 하면 $x\to 1+$일 때, $s\to -1-$이므로

$\lim_{x\to 1+} f(-x)=\lim_{s\to -1-} f(s)=1$

$\therefore \lim_{x\to 0+} f(1-x)+\lim_{x\to 1+} f(-x)=-1+1=0$

0007 답 ②

$\lim_{x\to 1-} f(x)=1$이므로 $a=1$

$x-2=t$라 하면 $x\to 1+$일 때, $t\to -1+$이므로

$\lim_{x\to a+} f(x-2)=\lim_{x\to 1+} f(x-2)=\lim_{t\to -1+} f(t)=-1$

$-x+1=s$라 하면 $x\to 1-$일 때, $s\to 0+$이므로

$\lim_{x\to a-} g(-x+1)=\lim_{x\to 1-} g(-x+1)=\lim_{s\to 0+} g(s)=2$

$\therefore \lim_{x\to a+} f(x-2)+\lim_{x\to a-} g(-x+1)=-1+2=1$

0008 답 ①

주어진 그래프에서 k의 값에 따른 좌극한, 우극한 값을 표로 나타내면 다음과 같다.

k	$\lim_{x\to k-} f(x)$	$\lim_{x\to k+} f(x)$
-2	1	0
-1	1	0
0	-1	1
2	0	1

따라서 $\lim_{x\to k-} f(x)>\lim_{x\to k+} f(x)$를 만족시키는 실수 k는 -2, -1이므로 구하는 합은 $-2+(-1)=-3$

참고

$k\neq -2$, $k\neq -1$, $k\neq 0$, $k\neq 2$인 모든 실수 k에 대하여

$\lim_{x\to k-} f(x)=\lim_{x\to k+} f(x)$이다.

0009 답 ④

ㄱ. $\lim_{x\to -2+} f(x)+\lim_{x\to 2-} f(x)=0+2=2$ (참)

ㄴ. $x-1=t$라 하면 $x\to 2-$일 때, $t\to 1-$이므로

$\lim_{x\to 2-} f(x-1)=\lim_{t\to 1-} f(t)=0$

$\therefore \lim_{x\to -1+} f(x)+\lim_{x\to 2-} f(x-1)=2+0=2$ (거짓)

ㄷ. 주어진 그래프에서 k $(-2<k<2)$의 값에 따른 좌극한, 우극한 값을 표로 나타내면 다음과 같다.

k	$\lim_{x\to k-} f(x)$	$\lim_{x\to k+} f(x)$
-1	1	2
0	1	-1
1	0	1

즉, $\lim_{x\to k-} f(x)<\lim_{x\to k+} f(x)$를 만족시키는 실수 k는 -1, 1의 2개이다. (참)

따라서 옳은 것은 ㄱ, ㄷ이다.

유형 02 함수의 극한값과 존재조건

확인 문제 (1) 존재하지 않는다. (2) 존재하지 않는다.
(3) 존재한다, 0 (4) 존재하지 않는다.

(1) $\lim_{x\to 0-}\frac{1}{x}=-\infty$, $\lim_{x\to 0+}\frac{1}{x}=\infty$이므로

$\lim_{x\to 0}\frac{1}{x}$의 값은 존재하지 않는다.

(2) $\lim_{x\to 1-}\frac{x-1}{|x-1|}=\lim_{x\to 1-}\frac{x-1}{-(x-1)}=-1$

$\lim_{x\to 1+}\frac{x-1}{|x-1|}=\lim_{x\to 1+}\frac{x-1}{x-1}=1$

이므로 $\lim_{x\to 1}\frac{x-1}{|x-1|}$의 값은 존재하지 않는다.

(3) $\lim_{x\to 2-}\frac{(x-2)^2}{|x-2|}=\lim_{x\to 2-}\frac{(x-2)^2}{-(x-2)}$

$=\lim_{x\to 2-}(-x+2)=0$

$\lim_{x\to 2+}\frac{(x-2)^2}{|x-2|}=\lim_{x\to 2+}\frac{(x-2)^2}{x-2}$

$=\lim_{x\to 2+}(x-2)=0$

이므로 극한값이 존재하고 그 값은 $\lim_{x\to 2}\frac{(x-2)^2}{|x-2|}=0$

(4) $\lim_{x\to -1-}\frac{|x+1|}{2x^2+x-1}=\lim_{x\to -1-}\frac{-(x+1)}{(x+1)(2x-1)}$

$=\lim_{x\to -1-}\frac{-1}{2x-1}=\frac{1}{3}$

$\lim_{x\to -1+}\frac{|x+1|}{2x^2+x-1}=\lim_{x\to -1+}\frac{x+1}{(x+1)(2x-1)}$

$=\lim_{x\to -1+}\frac{1}{2x-1}=-\frac{1}{3}$

이므로 $\lim_{x\to -1}\frac{|x+1|}{2x^2+x-1}$의 값은 존재하지 않는다.

참고

절댓값을 포함한 식은 절댓값 기호 안의 식의 값이 0이 되는 x의 값을 경계로 구간을 나누어 함수의 식을 구한 후 극한값을 구한다.

0010

답 ④

ㄱ. $\lim_{x\to 0-}\frac{1}{x^2}=\infty$, $\lim_{x\to 0+}\frac{1}{x^2}=\infty$이므로

$\lim_{x\to 0}\frac{1}{x^2}$의 값은 존재하지 않는다.

ㄴ. $\lim_{x\to 1-}|x-1|=\lim_{x\to 1-}(-x+1)=0$

$\lim_{x\to 1+}|x-1|=\lim_{x\to 1+}(x-1)=0$

이므로 $\lim_{x\to 1}|x-1|=0$

ㄷ. $\lim_{x\to -1-}\frac{|x+1|}{x+1}=\lim_{x\to -1-}\frac{-(x+1)}{x+1}=-1$

$\lim_{x\to -1+}\frac{|x+1|}{x+1}=\lim_{x\to -1+}\frac{x+1}{x+1}=1$

이므로 $\lim_{x\to -1}\frac{|x+1|}{x+1}$의 값은 존재하지 않는다.

ㄹ. $\lim_{x\to 2}\frac{x^2-4}{x-2}=\lim_{x\to 2}\frac{(x+2)(x-2)}{x-2}$

$=\lim_{x\to 2}(x+2)=4$

따라서 극한값이 존재하는 것은 ㄴ, ㄹ이다.

0011

답 2

$\lim_{x\to 1-}f(x)=\lim_{x\to 1-}(x^2+k)=1+k$

$\lim_{x\to 1+}f(x)=\lim_{x\to 1+}(2x+1)=3$

$\lim_{x\to 1}f(x)$의 값이 존재하려면 $\lim_{x\to 1-}f(x)=\lim_{x\to 1+}f(x)$이어야 하므로

$1+k=3$ $\quad\therefore k=2$

0012

답 −4

$\lim_{x\to 2-}f(x)=\lim_{x\to 2-}\frac{x^2-4}{|x-2|}=\lim_{x\to 2-}\frac{(x+2)(x-2)}{-(x-2)}$

$=\lim_{x\to 2-}(-x-2)=-4$

$\lim_{x\to 2+}f(x)=a$

$\lim_{x\to 2}f(x)$의 값이 존재하려면 $\lim_{x\to 2-}f(x)=\lim_{x\to 2+}f(x)$이어야 하므로

$a=-4$

0013

답 ⑤

ㄱ. $\lim_{x\to -1+}f(x)=0$ (참)

ㄴ. $\lim_{x\to 0-}f(x)=-1$, $\lim_{x\to 0+}f(x)=-1$이므로

극한값이 존재하고 그 값은 $\lim_{x\to 0}f(x)=-1$ (참)

ㄷ. $\lim_{x\to -1-}f(x)+\lim_{x\to 1-}f(x)=1+0=1$ (참)

따라서 옳은 것은 ㄱ, ㄴ, ㄷ이다.

0014

답 −1

모든 실수 k에 대하여 $\lim_{x\to k-}f(x)=\lim_{x\to k+}f(x)$이므로

$k=-1$, $k=1$일 때 위의 등식을 만족시켜야 한다. ❶

$f(x)=\begin{cases}-x^2+a & (x<-1)\\ bx+4 & (-1\le x<1)\\ 2x^2+x+3 & (x\ge 1)\end{cases}$에서

$\lim_{x\to -1-}f(x)=\lim_{x\to -1-}(-x^2+a)=-1+a$

$\lim_{x\to -1+}f(x)=\lim_{x\to -1+}(bx+4)=-b+4$

이므로 $-1+a=-b+4$

$\therefore a+b=5$ $\quad\cdots\cdots$ ㉠

$\lim_{x\to 1-}f(x)=\lim_{x\to 1-}(bx+4)=b+4$

$\lim_{x\to 1+}f(x)=\lim_{x\to 1+}(2x^2+x+3)=6$

이므로 $b+4=6$

$\therefore b=2$

이를 ㉠에 대입하면 $a=3$

❷

따라서 $x<-1$일 때 $f(x)=-x^2+3$이므로

$f(-2)=-4+3=-1$

❸

채점 기준	배점
❶ 조건을 확인할 k의 값 찾기	30%
❷ 좌극한, 우극한을 이용하여 a, b의 값 구하기	50%
❸ $f(x)$의 식을 이용하여 $f(-2)$의 값 구하기	20%

유형 03 합성함수의 극한

0015

답 ⑤

$f(x)=t$라 하면 $x \to 1+$일 때, $t \to 1-$이므로

$\lim_{x\to 1+} f(f(x))=\lim_{t\to 1-} f(t)=1$

$\therefore \lim_{x\to -1-} f(x)+\lim_{x\to 1+} f(f(x))=2+1=3$

0016

답 2

$f(x)=\begin{cases} 1 & (x<0) \\ 2x-1 & (x\ge 0)\end{cases}$에서 $f(x)=t$라 하면

$x\to 0-$일 때, $t=1$이므로

$\lim_{x\to 0-} f(f(x))=f(1)=1$

$x\to 0+$일 때, $t\to -1+$이므로

$\lim_{x\to 0+} f(f(x))=\lim_{t\to -1+} f(t)=1$

$\therefore \lim_{x\to 0-} f(f(x))+\lim_{x\to 0+} f(f(x))=1+1=2$

0017

답 ④

$x-1=t$라 하면 $x\to 0+$일 때, $t\to -1+$이므로

$\lim_{x\to 0+} f(x-1)=\lim_{t\to -1+} f(t)=-1$

$f(x)=s$라 하면 $x\to 1+$일 때, $s\to -1-$이므로

$\lim_{x\to 1+} f(f(x))=\lim_{s\to -1-} f(s)=2$

$\therefore \lim_{x\to 0+} f(x-1)+\lim_{x\to 1+} f(f(x))=-1+2=1$

0018

답 ④

$f(x)=t$라 하면

$x\to 0+$일 때, $t\to -1+$이므로

$\lim_{x\to 0+} f(f(x))=\lim_{t\to -1+} f(t)=0$

$x\to 1-$일 때, $t\to 0-$이므로

$\lim_{x\to 1-} f(f(x))=\lim_{t\to 0-} f(t)=1$

$\therefore \lim_{x\to 0+} f(f(x))+\lim_{x\to 1-} f(f(x))=0+1=1$

0019

답 1

$f(x)=t$라 하면 $x\to 1+$일 때, $t=1$이므로

$\lim_{x\to 1+} g(f(x))=g(1)=0$

$g(x)=s$라 하면 $x\to 0-$일 때, $s\to 1-$이므로

$\lim_{x\to 0-} f(g(x))=\lim_{s\to 1-} f(s)=1$

$\therefore \lim_{x\to 1+} g(f(x))+\lim_{x\to 0-} f(g(x))=0+1=1$

0020

답 ④

ㄱ. $1-x=t$라 하면

$x\to 1-$일 때, $t\to 0+$이므로

$\lim_{x\to 1-} f(1-x)=\lim_{t\to 0+} f(t)=-1$

$x\to 1+$일 때, $t\to 0-$이므로

$\lim_{x\to 1+} f(1-x)=\lim_{t\to 0-} f(t)=-1$

$\therefore \lim_{x\to 1} f(1-x)=-1$

ㄴ. $g(x)=t$라 하면

$x\to 0-$일 때, $t\to 0+$이므로

$\lim_{x\to 0-} f(g(x))=\lim_{t\to 0+} f(t)=-1$

$x\to 0+$일 때, $t\to 1+$이므로

$\lim_{x\to 0+} f(g(x))=\lim_{t\to 1+} f(t)=0$

즉, $\lim_{x\to 0-} f(g(x))\neq \lim_{x\to 0+} f(g(x))$이므로 극한값은 존재하지 않는다.

ㄷ. $f(x)=s$라 하면

$x\to 1-$일 때, $s=-1$이므로

$\lim_{x\to 1-} g(f(x))=g(-1)=1$

$x\to 1+$일 때, $s\to 0+$이므로

$\lim_{x\to 1+} g(f(x))=\lim_{s\to 0+} g(s)=1$

$\therefore \lim_{x\to 1} g(f(x))=1$

따라서 극한값이 존재하는 것은 ㄱ, ㄷ이다.

유형 04 $[x]$ 꼴을 포함한 함수의 극한

0021

답 ①

$\lim_{x\to 2+} \frac{[x]^2+2x}{[x]}+\lim_{x\to 2-} \frac{[x]^2-x}{2[x]}=\frac{2^2+4}{2}+\frac{1^2-2}{2}$

$=4+\left(-\frac{1}{2}\right)=\frac{7}{2}$

0022

답 ①

$\lim_{x\to 3-} f(x)=\lim_{x\to 3-} ([x]^2+a[x])=2^2+2a=4+2a$

$\lim_{x\to 3+} f(x)=\lim_{x\to 3+} ([x]^2+a[x])=3^2+3a=9+3a$

에서 $\lim_{x\to 3-} f(x)=\lim_{x\to 3+} f(x)$이므로

$4+2a=9+3a \quad \therefore a=-5$

참고

$x \to 3-$일 때, $2<x<3$이므로 $\lim_{x\to3-}[x]=2$
$x \to 3+$일 때, $3<x<4$이므로 $\lim_{x\to3+}[x]=3$

0023

답 14

$\lim_{x\to2}f(x)$의 값이 존재하려면 $\lim_{x\to2-}f(x)=\lim_{x\to2+}f(x)$이어야 한다.

$\lim_{x\to2-}f(x)=\lim_{x\to2-}(2[x]^3-a[x])=2-a$

$\lim_{x\to2+}f(x)=\lim_{x\to2+}(2[x]^3-a[x])=16-2a$

에서 $2-a=16-2a$ $\quad\therefore a=14$

0024

답 ④

$\lim_{x\to n-}\frac{[x]^2+3x}{[x]}=\frac{(n-1)^2+3n}{n-1}=\frac{n^2+n+1}{n-1}$ …… ㉠

$\lim_{x\to n+}\frac{[x]^2+3x}{[x]}=\frac{n^2+3n}{n}=n+3$ …… ㉡

극한값이 존재하려면 ㉠, ㉡의 값이 같아야 하므로

$\frac{n^2+n+1}{n-1}=n+3$에서

$n^2+n+1=(n+3)(n-1)$, $n^2+n+1=n^2+2n-3$

$\therefore n=4$

0025

답 ④

$\lim_{x\to1+}f([x])=f(1)=0$

$x+1=t$라 하면 $x\to1-$일 때, $t\to2-$이므로

$\lim_{x\to1-}[f(x+1)]=\lim_{t\to2-}[f(t)]$

$f(t)=s$라 하면 $t\to2-$일 때, $s\to2-$이므로

$\lim_{t\to2-}[f(t)]=\lim_{s\to2-}[s]=1$

$\therefore \lim_{x\to1+}f([x])+\lim_{x\to1-}[f(x+1)]=0+1=1$

유형 05 함수의 극한에 대한 성질

0026

답 6

$\lim_{x\to1}f(x)=4$, $\lim_{x\to1}g(x)=3$이므로

$\lim_{x\to1}\{3f(x)-2g(x)\}=3\lim_{x\to1}f(x)-2\lim_{x\to1}g(x)$

$=3\times4-2\times3=6$

0027

답 5

$\lim_{x\to\infty}f(x)=4$, $\lim_{x\to\infty}g(x)=2$이므로

$$\lim_{x\to\infty}\frac{3f(x)-g(x)}{2f(x)-3g(x)}=\frac{3\lim_{x\to\infty}f(x)-\lim_{x\to\infty}g(x)}{2\lim_{x\to\infty}f(x)-3\lim_{x\to\infty}g(x)}$$

$$=\frac{3\times4-2}{2\times4-3\times2}=\frac{10}{2}=5$$

0028

답 ⑤

$h(x)=f(x)-2g(x)$라 하면 $\lim_{x\to2}h(x)=4$

$g(x)=\frac{f(x)-h(x)}{2}$이므로

$\lim_{x\to2}g(x)=\lim_{x\to2}\frac{f(x)-h(x)}{2}$

$=\frac{1}{2}\lim_{x\to2}f(x)-\frac{1}{2}\lim_{x\to2}h(x)$

$=\frac{1}{2}\times10-\frac{1}{2}\times4=3$

0029

답 ④

$$\lim_{x\to-1}\frac{(x^2+4x+3)f(x)}{x^2+1}=\lim_{x\to-1}\frac{(x+1)(x+3)f(x)}{x^2+1}$$

$$=\lim_{x\to-1}(x+1)f(x)\times\lim_{x\to-1}\frac{x+3}{x^2+1}$$

$$=1\times\frac{2}{2}=1$$

0030

답 ④

$\lim_{x\to0}\frac{f(x)}{x}=3$, $\lim_{x\to0}\frac{g(x)}{x^2}=2$이므로 주어진 식의 분모, 분자를 각각 x로 나누면

$$\lim_{x\to0}\frac{g(x)+x}{f(x)-2x}=\lim_{x\to0}\frac{x\times\frac{g(x)}{x^2}+1}{\frac{f(x)}{x}-2}=\frac{0\times2+1}{3-2}=1$$

0031

답 ②

$2f(x)-3g(x)=h(x)$라 하면 $\lim_{x\to\infty}h(x)=1$이고

$f(x)=\frac{1}{2}\{h(x)+3g(x)\}$이므로

$$\lim_{x\to\infty}\frac{4f(x)+g(x)}{3f(x)-g(x)}=\lim_{x\to\infty}\frac{2\{h(x)+3g(x)\}+g(x)}{\frac{3}{2}\{h(x)+3g(x)\}-g(x)}$$

$$=\lim_{x\to\infty}\frac{4\{h(x)+3g(x)\}+2g(x)}{3\{h(x)+3g(x)\}-2g(x)}$$

$$=\lim_{x\to\infty}\frac{4h(x)+14g(x)}{3h(x)+7g(x)}$$

이때 $\lim_{x\to\infty}g(x)=\infty$, $\lim_{x\to\infty}h(x)=1$에서 $\lim_{x\to\infty}\frac{h(x)}{g(x)}=0$이므로

$$\lim_{x\to\infty}\frac{4h(x)+14g(x)}{3h(x)+7g(x)}=\lim_{x\to\infty}\frac{4\times\frac{h(x)}{g(x)}+14}{3\times\frac{h(x)}{g(x)}+7}$$

$$=\frac{4\times0+14}{3\times0+7}=2$$

다른 풀이

$\lim_{x\to\infty}\{2f(x)-3g(x)\}=1$, $\lim_{x\to\infty}g(x)=\infty$이므로

$\lim_{x\to\infty}\frac{2f(x)-3g(x)}{g(x)}=0$에서 $\lim_{x\to\infty}\frac{f(x)}{g(x)}=\frac{3}{2}$

$$\therefore \lim_{x\to\infty}\frac{4f(x)+g(x)}{3f(x)-g(x)}=\lim_{x\to\infty}\frac{4\times\frac{f(x)}{g(x)}+1}{3\times\frac{f(x)}{g(x)}-1}=\frac{4\times\frac{3}{2}+1}{3\times\frac{3}{2}-1}=2$$

유형 06 $\frac{0}{0}$ 꼴 극한값의 계산

확인 문제 (1) 3 (2) $\frac{1}{4}$ (3) 8

(1) $\lim_{x\to1}\frac{2x^2-x-1}{x-1}=\lim_{x\to1}\frac{(x-1)(2x+1)}{x-1}$

$=\lim_{x\to1}(2x+1)=2+1=3$

(2) $\lim_{x\to4}\frac{\sqrt{x}-2}{x-4}=\lim_{x\to4}\frac{\sqrt{x}-2}{(\sqrt{x}+2)(\sqrt{x}-2)}$

$=\lim_{x\to4}\frac{1}{\sqrt{x}+2}=\frac{1}{2+2}=\frac{1}{4}$

(3) $\lim_{x\to2}\frac{2x-4}{\sqrt{x+2}-2}=\lim_{x\to2}\frac{2(x-2)(\sqrt{x+2}+2)}{(\sqrt{x+2}-2)(\sqrt{x+2}+2)}$

$=\lim_{x\to2}\frac{2(x-2)(\sqrt{x+2}+2)}{x-2}$

$=\lim_{x\to2}2(\sqrt{x+2}+2)$

$=2\times(2+2)=8$

0032 답 2

$\lim_{x\to2}\frac{x^2-3x+2}{x^2-2x}=\lim_{x\to2}\frac{(x-1)(x-2)}{x(x-2)}$

$=\lim_{x\to2}\frac{x-1}{x}=\frac{1}{2}$

$\lim_{x\to1}\frac{x^3+x^2-2x}{x^2-1}=\lim_{x\to1}\frac{x(x+2)(x-1)}{(x+1)(x-1)}$

$=\lim_{x\to1}\frac{x(x+2)}{x+1}$

$=\frac{1\times3}{2}=\frac{3}{2}$

따라서 구하는 극한값은 $\frac{1}{2}+\frac{3}{2}=2$

0033 답 ③

$\lim_{x\to-1}\frac{x^2-2x-3}{x+1}=\lim_{x\to-1}\frac{(x+1)(x-3)}{x+1}$

$=\lim_{x\to-1}(x-3)=-4$

$\lim_{x\to3}\frac{x-3}{\sqrt{x+1}-2}=\lim_{x\to3}\frac{(x-3)(\sqrt{x+1}+2)}{(\sqrt{x+1}-2)(\sqrt{x+1}+2)}$

$=\lim_{x\to3}\frac{(x-3)(\sqrt{x+1}+2)}{x-3}$

$=\lim_{x\to3}(\sqrt{x+1}+2)=4$

따라서 구하는 극한값은 $-4+4=0$

0034 답 2

$\lim_{x\to0}\frac{\sqrt{1+x}-\sqrt{1-x}}{\sqrt{4+x}-\sqrt{4-x}}$

$=\lim_{x\to0}\frac{(\sqrt{1+x}-\sqrt{1-x})(\sqrt{1+x}+\sqrt{1-x})(\sqrt{4+x}+\sqrt{4-x})}{(\sqrt{4+x}-\sqrt{4-x})(\sqrt{4+x}+\sqrt{4-x})(\sqrt{1+x}+\sqrt{1-x})}$

$=\lim_{x\to0}\frac{2x(\sqrt{4+x}+\sqrt{4-x})}{2x(\sqrt{1+x}+\sqrt{1-x})}$

$=\lim_{x\to0}\frac{\sqrt{4+x}+\sqrt{4-x}}{\sqrt{1+x}+\sqrt{1-x}}=\frac{2+2}{1+1}=2$

0035 답 ③

$\lim_{x\to3}\frac{(x-3)f(x)}{x^2-9}=\lim_{x\to3}\frac{(x-3)f(x)}{(x+3)(x-3)}$

$=\lim_{x\to3}\frac{f(x)}{x+3}$

$=\lim_{x\to3}f(x)\times\lim_{x\to3}\frac{1}{x+3}$

$=3\times\frac{1}{6}=\frac{1}{2}$

0036 답 12

$\lim_{x\to4}\frac{(x-4)f(x)}{\sqrt{x}-2}=\lim_{x\to4}\frac{(\sqrt{x}+2)(\sqrt{x}-2)f(x)}{\sqrt{x}-2}$

$=\lim_{x\to4}(\sqrt{x}+2)f(x)$

$=\lim_{x\to4}(\sqrt{x}+2)\times\lim_{x\to4}f(x)$

$=(2+2)\times3=12$

0037 답 9

$\lim_{x\to3}\frac{x^3-27}{(x^2-9)f(x)}=\lim_{x\to3}\frac{(x-3)(x^2+3x+9)}{(x+3)(x-3)f(x)}$

$=\lim_{x\to3}\frac{x^2+3x+9}{(x+3)f(x)}$

$=\frac{9+9+9}{6f(3)}$

$=\frac{9}{2f(3)}=\frac{1}{2}$

이므로 $2f(3)=18$, $f(3)=9$

따라서 다항식 $f(x)$를 $x-3$으로 나누었을 때의 나머지는

$f(3)=9$

참고

함수 $f(x)$가 다항함수이면 모든 실수 a에 대하여 $\lim_{x\to a} f(x)=f(a)$이다.

Bible Says **나머지정리**

다항식 $f(x)$를 일차식 $x-a$로 나누었을 때의 나머지는 $f(a)$이다.

유형 07 $\frac{\infty}{\infty}$ 꼴 극한값의 계산

확인 문제 (1) 2 (2) $\frac{5}{3}$ (3) 2

(1) $\lim_{x\to\infty}\frac{4x^2-2x}{2x^2+6x+3}=\lim_{x\to\infty}\frac{4-\frac{2}{x}}{2+\frac{6}{x}+\frac{3}{x^2}}=\frac{4-0}{2+0+0}=2$

(2) $-x=t$라 하면 $x\to-\infty$일 때, $t\to\infty$이므로

$$\lim_{x\to-\infty}\frac{5x-3}{3x+2}=\lim_{t\to\infty}\frac{-5t-3}{-3t+2}=\lim_{t\to\infty}\frac{5+\frac{3}{t}}{3-\frac{2}{t}}=\frac{5+0}{3-0}=\frac{5}{3}$$

(3) $\lim_{x\to\infty}\frac{2x}{\sqrt{x^2+1}+2}=\lim_{x\to\infty}\frac{2}{\sqrt{1+\frac{1}{x^2}}+\frac{2}{x}}=\frac{2}{1+0}=2$

0038

답 4

$$\lim_{x\to\infty}\frac{2x^2-2x-3}{x^2+3x}=\lim_{x\to\infty}\frac{2-\frac{2}{x}-\frac{3}{x^2}}{1+\frac{3}{x}}=\frac{2-0-0}{1+0}=2$$

$$\lim_{x\to\infty}\frac{\sqrt{4x^2+1}-3}{x-1}=\lim_{x\to\infty}\frac{\sqrt{4+\frac{1}{x^2}}-\frac{3}{x}}{1-\frac{1}{x}}=\frac{2-0}{1-0}=2$$

따라서 구하는 극한값은 $2+2=4$

0039

답 -1

$-x=t$라 하면 $x\to-\infty$일 때, $t\to\infty$이므로

$$\lim_{x\to-\infty}\frac{\sqrt{x^2+3}-4}{x+2}=\lim_{t\to\infty}\frac{\sqrt{t^2+3}-4}{-t+2}=\lim_{t\to\infty}\frac{\sqrt{1+\frac{3}{t^2}}-\frac{4}{t}}{-1+\frac{2}{t}}=\frac{1-0}{-1+0}=-1$$

0040

답 9

$$\lim_{x\to\infty}\frac{3x+2f(x)}{4x-f(x)}=\lim_{x\to\infty}\frac{3+\frac{2f(x)}{x}}{4-\frac{f(x)}{x}}=\frac{3+2\times3}{4-3}=9$$

0041

답 ③

$-x=t$라 하면 $x\to-\infty$일 때, $t\to\infty$이므로

$$\lim_{x\to-\infty}\frac{\sqrt{x^2+3}+2x}{\sqrt{4x^2+x+2}-x}=\lim_{t\to\infty}\frac{\sqrt{t^2+3}-2t}{\sqrt{4t^2-t+2}+t}=\lim_{t\to\infty}\frac{\sqrt{1+\frac{3}{t^2}}-2}{\sqrt{4-\frac{1}{t}+\frac{2}{t^2}}+1}=\frac{1-2}{2+1}=-\frac{1}{3}$$

0042

답 ②

$$\lim_{x\to0}\frac{f(x)}{x}=\lim_{x\to0}\frac{2x^2+ax}{x}=\lim_{x\to0}(2x+a)=a=4$$

$$\therefore \lim_{x\to\infty}\frac{x^3+2f(x)}{2xf(x)}=\lim_{x\to\infty}\frac{x^3+2(2x^2+4x)}{2x(2x^2+4x)}=\lim_{x\to\infty}\frac{x^3+4x^2+8x}{4x^3+8x^2}=\lim_{x\to\infty}\frac{1+\frac{4}{x}+\frac{8}{x^2}}{4+\frac{8}{x}}=\frac{1}{4}$$

0043

답 1

$$\lim_{x\to1}\frac{2x^2-3x+1}{x^2-3x+2}=\lim_{x\to1}\frac{(2x-1)(x-1)}{(x-1)(x-2)}=\lim_{x\to1}\frac{2x-1}{x-2}=\frac{2-1}{1-2}=-1=a$$

$-x=t$라 하면 $x\to-\infty$일 때, $t\to\infty$이므로

$$\lim_{x\to-\infty}\frac{3ax}{\sqrt{x^2-2ax}+\sqrt{4x^2-a}}=\lim_{x\to-\infty}\frac{-3x}{\sqrt{x^2+2x}+\sqrt{4x^2+1}}=\lim_{t\to\infty}\frac{3t}{\sqrt{t^2-2t}+\sqrt{4t^2+1}}=\lim_{t\to\infty}\frac{3}{\sqrt{1-\frac{2}{t}}+\sqrt{4+\frac{1}{t^2}}}=\frac{3}{1+2}=1$$

유형 08 ∞−∞ 꼴 극한값의 계산

확인 문제 (1) 0 (2) −2

(1) $\lim_{x\to\infty}(\sqrt{x^2+3}-x)=\lim_{x\to\infty}\frac{(\sqrt{x^2+3}-x)(\sqrt{x^2+3}+x)}{\sqrt{x^2+3}+x}$

$=\lim_{x\to\infty}\frac{3}{\sqrt{x^2+3}+x}=0$

(2) $\lim_{x\to\infty}(\sqrt{x^2-2x}-\sqrt{x^2+2x})$

$=\lim_{x\to\infty}\frac{(\sqrt{x^2-2x}-\sqrt{x^2+2x})(\sqrt{x^2-2x}+\sqrt{x^2+2x})}{\sqrt{x^2-2x}+\sqrt{x^2+2x}}$

$=\lim_{x\to\infty}\frac{(x^2-2x)-(x^2+2x)}{\sqrt{x^2-2x}+\sqrt{x^2+2x}}$

$=\lim_{x\to\infty}\frac{-4x}{\sqrt{x^2-2x}+\sqrt{x^2+2x}}$

$=\lim_{x\to\infty}\frac{-4}{\sqrt{1-\frac{2}{x}}+\sqrt{1+\frac{2}{x}}}=\frac{-4}{1+1}=-2$

0044

답 4

$\lim_{x\to\infty}(\sqrt{9x^2+2}-3x)=\lim_{x\to\infty}\frac{(\sqrt{9x^2+2}-3x)(\sqrt{9x^2+2}+3x)}{\sqrt{9x^2+2}+3x}$

$=\lim_{x\to\infty}\frac{2}{\sqrt{9x^2+2}+3x}=0$

$\lim_{x\to\infty}(\sqrt{x^2+4x}-\sqrt{x^2-4x})$

$=\lim_{x\to\infty}\frac{(\sqrt{x^2+4x}-\sqrt{x^2-4x})(\sqrt{x^2+4x}+\sqrt{x^2-4x})}{\sqrt{x^2+4x}+\sqrt{x^2-4x}}$

$=\lim_{x\to\infty}\frac{(x^2+4x)-(x^2-4x)}{\sqrt{x^2+4x}+\sqrt{x^2-4x}}$

$=\lim_{x\to\infty}\frac{8x}{\sqrt{x^2+4x}+\sqrt{x^2-4x}}$

$=\lim_{x\to\infty}\frac{8}{\sqrt{1+\frac{4}{x}}+\sqrt{1-\frac{4}{x}}}=\frac{8}{1+1}=4$

따라서 구하는 극한값은 $0+4=4$

0045

답 ②

$\lim_{x\to\infty}\frac{1}{x-\sqrt{x^2-4x+5}}$

$=\lim_{x\to\infty}\frac{x+\sqrt{x^2-4x+5}}{(x-\sqrt{x^2-4x+5})(x+\sqrt{x^2-4x+5})}$

$=\lim_{x\to\infty}\frac{x+\sqrt{x^2-4x+5}}{4x-5}=\lim_{x\to\infty}\frac{1+\sqrt{1-\frac{4}{x}+\frac{5}{x^2}}}{4-\frac{5}{x}}$

$=\frac{1+1}{4-0}=\frac{1}{2}$

0046

답 ③

$-x=t$라 하면 $x\to-\infty$일 때, $t\to\infty$이므로

$\lim_{x\to-\infty}(\sqrt{x^2-6x}+x)=\lim_{t\to\infty}(\sqrt{t^2+6t}-t)$

$=\lim_{t\to\infty}\frac{(\sqrt{t^2+6t}-t)(\sqrt{t^2+6t}+t)}{\sqrt{t^2+6t}+t}$

$=\lim_{t\to\infty}\frac{6t}{\sqrt{t^2+6t}+t}$

$=\lim_{t\to\infty}\frac{6}{\sqrt{1+\frac{6}{t}}+1}=\frac{6}{1+1}=3$

0047

답 ②

$-x=t$라 하면 $x\to-\infty$일 때, $t\to\infty$이므로

$\lim_{x\to-\infty}\frac{1}{\sqrt{x^2+2x}+x}=\lim_{t\to\infty}\frac{1}{\sqrt{t^2-2t}-t}$

$=\lim_{t\to\infty}\frac{\sqrt{t^2-2t}+t}{(\sqrt{t^2-2t}-t)(\sqrt{t^2-2t}+t)}$

$=\lim_{t\to\infty}\frac{\sqrt{t^2-2t}+t}{-2t}$

$=\lim_{t\to\infty}\frac{\sqrt{1-\frac{2}{t}}+1}{-2}$

$=\frac{1+1}{-2}=-1$

0048

답 3

$\lim_{x\to3}\frac{2\sqrt{x+1}-4}{x-3}=\lim_{x\to3}\frac{2(\sqrt{x+1}-2)(\sqrt{x+1}+2)}{(x-3)(\sqrt{x+1}+2)}$

$=\lim_{x\to3}\frac{2(x-3)}{(x-3)(\sqrt{x+1}+2)}$

$=\lim_{x\to3}\frac{2}{\sqrt{x+1}+2}$

$=\frac{2}{2+2}=\frac{1}{2}=a$

$-x=t$라 하면 $x\to-\infty$일 때, $t\to\infty$이므로

$\lim_{x\to-\infty}(\sqrt{x^2-6x+1}-\sqrt{x^2+6x})$

$=\lim_{t\to\infty}(\sqrt{t^2+6t+1}-\sqrt{t^2-6t})$

$=\lim_{t\to\infty}\frac{(\sqrt{t^2+6t+1}-\sqrt{t^2-6t})(\sqrt{t^2+6t+1}+\sqrt{t^2-6t})}{\sqrt{t^2+6t+1}+\sqrt{t^2-6t}}$

$=\lim_{t\to\infty}\frac{12t+1}{\sqrt{t^2+6t+1}+\sqrt{t^2-6t}}$

$=\lim_{t\to\infty}\frac{12+\frac{1}{t}}{\sqrt{1+\frac{6}{t}+\frac{1}{t^2}}+\sqrt{1-\frac{6}{t}}}$

$=\frac{12+0}{1+1}=6=b$

$\therefore ab=\frac{1}{2}\times6=3$

0049
답 ③

$$\lim_{x\to\infty}(\sqrt{x^2+5x+1}-\sqrt{x^2-3x})$$
$$=\lim_{x\to\infty}\frac{(\sqrt{x^2+5x+1}-\sqrt{x^2-3x})(\sqrt{x^2+5x+1}+\sqrt{x^2-3x})}{\sqrt{x^2+5x+1}+\sqrt{x^2-3x}}$$
$$=\lim_{x\to\infty}\frac{8x+1}{\sqrt{x^2+5x+1}+\sqrt{x^2-3x}}$$
$$=\lim_{x\to\infty}\frac{8+\frac{1}{x}}{\sqrt{1+\frac{5}{x}+\frac{1}{x^2}}+\sqrt{1-\frac{3}{x}}}$$
$$=\frac{8+0}{1+1}=4=a$$

$$\lim_{x\to\infty}\frac{1}{\sqrt{4x^2+4x+5}-2x}$$
$$=\lim_{x\to\infty}\frac{\sqrt{4x^2+4x+5}+2x}{(\sqrt{4x^2+4x+5}-2x)(\sqrt{4x^2+4x+5}+2x)}$$
$$=\lim_{x\to\infty}\frac{\sqrt{4x^2+4x+5}+2x}{4x+5}$$
$$=\lim_{x\to\infty}\frac{\sqrt{4+\frac{4}{x}+\frac{5}{x^2}}+2}{4+\frac{5}{x}}$$
$$=\frac{2+2}{4+0}=1=b$$
$\therefore a+b=4+1=5$

유형 09 $\infty\times 0$ 꼴 극한값의 계산

확인 문제 (1) $-\frac{1}{4}$ (2) -1

(1) $\lim_{x\to 0}\frac{1}{x}\left(\frac{1}{x-2}+\frac{1}{2}\right)=\lim_{x\to 0}\left\{\frac{1}{x}\times\frac{2+(x-2)}{2(x-2)}\right\}$
$$=\lim_{x\to 0}\left\{\frac{1}{x}\times\frac{x}{2(x-2)}\right\}$$
$$=\lim_{x\to 0}\frac{1}{2(x-2)}=-\frac{1}{4}$$

(2) $\lim_{x\to 1}(\sqrt{x}-1)\left(2-\frac{2}{x-1}\right)$
$$=\lim_{x\to 1}\left\{(\sqrt{x}-1)\times\frac{2(x-1)-2}{(\sqrt{x}+1)(\sqrt{x}-1)}\right\}$$
$$=\lim_{x\to 1}\frac{2(x-2)}{\sqrt{x}+1}=\frac{2\times(-1)}{1+1}=-1$$

0050
답 ③

$$\lim_{x\to -2}\frac{1}{x+2}\left(\frac{x^2}{x-2}+1\right)=\lim_{x\to -2}\left(\frac{1}{x+2}\times\frac{x^2+x-2}{x-2}\right)$$
$$=\lim_{x\to -2}\left\{\frac{1}{x+2}\times\frac{(x+2)(x-1)}{x-2}\right\}$$
$$=\lim_{x\to -2}\frac{x-1}{x-2}=\frac{-2-1}{-2-2}=\frac{3}{4}$$

0051
답 ⑤

① $\lim_{x\to -3}\frac{x^2+4x+3}{x+3}=\lim_{x\to -3}\frac{(x+1)(x+3)}{x+3}$
$$=\lim_{x\to -3}(x+1)=-2 \text{ (참)}$$

② $\lim_{x\to\infty}(\sqrt{x^2+3x}-\sqrt{x^2-3x})$
$$=\lim_{x\to\infty}\frac{(\sqrt{x^2+3x}-\sqrt{x^2-3x})(\sqrt{x^2+3x}+\sqrt{x^2-3x})}{\sqrt{x^2+3x}+\sqrt{x^2-3x}}$$
$$=\lim_{x\to\infty}\frac{6x}{\sqrt{x^2+3x}+\sqrt{x^2-3x}}$$
$$=\lim_{x\to\infty}\frac{6}{\sqrt{1+\frac{3}{x}}+\sqrt{1-\frac{3}{x}}}$$
$$=\frac{6}{1+1}=3 \text{ (참)}$$

③ $-x=t$라 하면 $x\to-\infty$일 때, $t\to\infty$이므로
$$\lim_{x\to-\infty}\frac{\sqrt{x^2+2x}+1}{x+3}=\lim_{t\to\infty}\frac{\sqrt{t^2-2t}+1}{-t+3}$$
$$=\lim_{t\to\infty}\frac{\sqrt{1-\frac{2}{t}}+\frac{1}{t}}{-1+\frac{3}{t}}$$
$$=\frac{1+0}{-1+0}=-1 \text{ (참)}$$

④ $\lim_{x\to 2}(x-2)\left(1+\frac{3x}{x-2}\right)=\lim_{x\to 2}\left\{(x-2)\times\frac{4x-2}{x-2}\right\}$
$$=\lim_{x\to 2}(4x-2)$$
$$=8-2=6 \text{ (참)}$$

⑤ $\lim_{x\to 1}\frac{1}{\sqrt{x}-1}\left(\frac{1}{x-3}+\frac{1}{2}\right)=\lim_{x\to 1}\left\{\frac{1}{\sqrt{x}-1}\times\frac{2+(x-3)}{2(x-3)}\right\}$
$$=\lim_{x\to 1}\frac{(\sqrt{x}+1)(\sqrt{x}-1)}{2(\sqrt{x}-1)(x-3)}$$
$$=\lim_{x\to 1}\frac{\sqrt{x}+1}{2(x-3)}$$
$$=\frac{1+1}{2\times(-2)}=-\frac{1}{2} \text{ (거짓)}$$

따라서 옳지 않은 것은 ⑤이다.

0052
답 ②

$$\lim_{x\to 1}\frac{16x}{x^2-1}\left(\frac{2}{\sqrt{x+3}}-1\right)$$
$$=\lim_{x\to 1}\left\{\frac{16x}{(x+1)(x-1)}\times\frac{2-\sqrt{x+3}}{\sqrt{x+3}}\right\}$$
$$=\lim_{x\to 1}\left\{\frac{16x}{(x+1)(x-1)}\times\frac{(2-\sqrt{x+3})(2+\sqrt{x+3})}{\sqrt{x+3}(2+\sqrt{x+3})}\right\}$$
$$=\lim_{x\to 1}\left\{\frac{16x}{(x+1)(x-1)}\times\frac{1-x}{\sqrt{x+3}(2+\sqrt{x+3})}\right\}$$
$$=\lim_{x\to 1}\left\{\frac{16x}{x+1}\times\frac{-1}{\sqrt{x+3}(2+\sqrt{x+3})}\right\}$$
$$=\frac{16}{2}\times\frac{-1}{2\times(2+2)}=-1$$

0053

답 ④

ㄱ. $\lim_{x\to3}\frac{\sqrt{x+6}-3}{x-3}=\lim_{x\to3}\frac{(\sqrt{x+6}-3)(\sqrt{x+6}+3)}{(x-3)(\sqrt{x+6}+3)}$

$=\lim_{x\to3}\frac{x-3}{(x-3)(\sqrt{x+6}+3)}$

$=\lim_{x\to3}\frac{1}{\sqrt{x+6}+3}=\frac{1}{6}$ (참)

ㄴ. $-x=t$라 하면 $x\to-\infty$일 때, $t\to\infty$이므로

$\lim_{x\to-\infty}(x+\sqrt{x^2-2x+3})$

$=\lim_{t\to\infty}(-t+\sqrt{t^2+2t+3})$

$=\lim_{t\to\infty}\frac{(\sqrt{t^2+2t+3}-t)(\sqrt{t^2+2t+3}+t)}{\sqrt{t^2+2t+3}+t}$

$=\lim_{t\to\infty}\frac{2t+3}{\sqrt{t^2+2t+3}+t}$

$=\lim_{t\to\infty}\frac{2+\frac{3}{t}}{\sqrt{1+\frac{2}{t}+\frac{3}{t^2}}+1}$

$=\frac{2+0}{1+1}=1$ (거짓)

ㄷ. $\lim_{x\to4}\frac{2}{\sqrt{x}-2}\left(\frac{1}{x-1}-\frac{1}{3}\right)=\lim_{x\to4}\left\{\frac{2}{\sqrt{x}-2}\times\frac{3-(x-1)}{3(x-1)}\right\}$

$=\lim_{x\to4}\frac{-2(\sqrt{x}+2)(\sqrt{x}-2)}{3(\sqrt{x}-2)(x-1)}$

$=\lim_{x\to4}\frac{-2(\sqrt{x}+2)}{3(x-1)}$

$=\frac{-2\times4}{3\times3}=-\frac{8}{9}$ (거짓)

ㄹ. $\lim_{x\to\infty}x^2\left(1-\frac{x}{\sqrt{x^2+4}}\right)=\lim_{x\to\infty}\left\{x^2\times\frac{\sqrt{x^2+4}-x}{\sqrt{x^2+4}}\right\}$

$=\lim_{x\to\infty}\frac{x^2(\sqrt{x^2+4}-x)(\sqrt{x^2+4}+x)}{\sqrt{x^2+4}(\sqrt{x^2+4}+x)}$

$=\lim_{x\to\infty}\frac{4x^2}{x^2+4+x\sqrt{x^2+4}}$

$=\lim_{x\to\infty}\frac{4}{1+\frac{4}{x^2}+\sqrt{1+\frac{4}{x^2}}}$

$=\frac{4}{1+1}=2$ (참)

따라서 옳은 것은 ㄱ, ㄹ이다.

0054

답 2

$f(x)=x^2+1$이므로

$\lim_{x\to\infty}\{\sqrt{f(x)+x}-\sqrt{f(x)-x}\}$

$=\lim_{x\to\infty}(\sqrt{x^2+x+1}-\sqrt{x^2-x+1})$

$=\lim_{x\to\infty}\frac{(\sqrt{x^2+x+1}-\sqrt{x^2-x+1})(\sqrt{x^2+x+1}+\sqrt{x^2-x+1})}{\sqrt{x^2+x+1}+\sqrt{x^2-x+1}}$

$=\lim_{x\to\infty}\frac{2x}{\sqrt{x^2+x+1}+\sqrt{x^2-x+1}}$

$=\lim_{x\to\infty}\frac{2}{\sqrt{1+\frac{1}{x}+\frac{1}{x^2}}+\sqrt{1-\frac{1}{x}+\frac{1}{x^2}}}$

$=\frac{2}{1+1}=1=a$

$-x=t$라 하면 $x\to-\infty$일 때, $t\to\infty$이므로

$\lim_{x\to-\infty}x^2\left(1+\frac{x}{\sqrt{f(x)}}\right)=\lim_{t\to\infty}t^2\left(1-\frac{t}{\sqrt{t^2+1}}\right)$

$=\lim_{t\to\infty}\left(t^2\times\frac{\sqrt{t^2+1}-t}{\sqrt{t^2+1}}\right)$

$=\lim_{t\to\infty}\frac{t^2(\sqrt{t^2+1}-t)(\sqrt{t^2+1}+t)}{\sqrt{t^2+1}(\sqrt{t^2+1}+t)}$

$=\lim_{t\to\infty}\frac{t^2}{t^2+1+t\sqrt{t^2+1}}$

$=\lim_{t\to\infty}\frac{1}{1+\frac{1}{t^2}+\sqrt{1+\frac{1}{t^2}}}$

$=\frac{1}{1+1}=\frac{1}{2}=b$

$\therefore a+2b=1+2\times\frac{1}{2}=2$

유형 10 미정계수의 결정

0055

답 5

$\lim_{x\to-1}\frac{x^2+4x+a}{x+1}=b$에서 극한값이 존재하고

$x\to-1$일 때, (분모)$\to0$이므로 (분자)$\to0$이어야 한다.

즉, $\lim_{x\to-1}(x^2+4x+a)=0$이므로

$-3+a=0 \quad \therefore a=3$

$a=3$을 주어진 식에 대입하면

$\lim_{x\to-1}\frac{x^2+4x+a}{x+1}=\lim_{x\to-1}\frac{x^2+4x+3}{x+1}$

$=\lim_{x\to-1}\frac{(x+3)(x+1)}{x+1}$

$=\lim_{x\to-1}(x+3)=2=b$

$\therefore a+b=3+2=5$

0056

답 ①

$\lim_{x\to2}\frac{\sqrt{x+2}+a}{x-2}=b$에서 극한값이 존재하고

$x\to2$일 때, (분모)$\to0$이므로 (분자)$\to0$이어야 한다.

즉, $\lim_{x\to2}(\sqrt{x+2}+a)=0$이므로

$2+a=0 \quad \therefore a=-2$

$a=-2$를 주어진 식에 대입하면

$\lim_{x\to2}\frac{\sqrt{x+2}+a}{x-2}=\lim_{x\to2}\frac{\sqrt{x+2}-2}{x-2}$

$=\lim_{x\to2}\frac{(\sqrt{x+2}-2)(\sqrt{x+2}+2)}{(x-2)(\sqrt{x+2}+2)}$

$=\lim_{x\to2}\frac{x-2}{(x-2)(\sqrt{x+2}+2)}$

$=\lim_{x\to2}\frac{1}{\sqrt{x+2}+2}=\frac{1}{4}=b$

$\therefore \frac{a}{b}=\frac{-2}{\frac{1}{4}}=-8$

0057

답 ⑤

$\lim_{x\to-1}\frac{ax^3+x+b}{x+1}=7$에서 극한값이 존재하고

$x\to-1$일 때, (분모)$\to0$이므로 (분자)$\to0$이어야 한다.

즉, $\lim_{x\to-1}(ax^3+x+b)=0$이므로

$-a-1+b=0 \quad \therefore b=a+1 \quad \cdots\cdots$ ㉠

㉠을 주어진 식에 대입하면

$$\lim_{x\to-1}\frac{ax^3+x+b}{x+1}=\lim_{x\to-1}\frac{ax^3+x+a+1}{x+1}$$
$$=\lim_{x\to-1}\frac{(x+1)(ax^2-ax+a+1)}{x+1}$$
$$=\lim_{x\to-1}(ax^2-ax+a+1)$$
$$=3a+1=7$$

$\therefore a=2$

이를 ㉠에 대입하면 $b=3$

$\therefore a+b=2+3=5$

0058

답 ③

$\lim_{x\to1}\frac{x-1}{x^2+ax+b}=\frac{1}{5}$에서 0이 아닌 극한값이 존재하고

$x\to1$일 때, (분자)$\to0$이므로 (분모)$\to0$이어야 한다.

즉, $\lim_{x\to1}(x^2+ax+b)=0$이므로

$1+a+b=0 \quad \therefore b=-a-1 \quad \cdots\cdots$ ㉠

㉠을 주어진 식에 대입하면

$$\lim_{x\to1}\frac{x-1}{x^2+ax+b}=\lim_{x\to1}\frac{x-1}{x^2+ax-a-1}$$
$$=\lim_{x\to1}\frac{x-1}{(x-1)(x+a+1)}$$
$$=\lim_{x\to1}\frac{1}{x+a+1}=\frac{1}{a+2}=\frac{1}{5}$$

$\therefore a=3$

이를 ㉠에 대입하면 $b=-4$

$\therefore a-b=3-(-4)=7$

0059

답 12

$\lim_{x\to-2}\frac{\sqrt{x+a}-b}{x+2}=\frac{1}{4}$에서 극한값이 존재하고

$x\to-2$일 때, (분모)$\to0$이므로 (분자)$\to0$이어야 한다.

즉, $\lim_{x\to-2}(\sqrt{x+a}-b)=0$이므로

$\sqrt{-2+a}-b=0 \quad \therefore b=\sqrt{a-2} \quad \cdots\cdots$ ㉠

㉠을 주어진 식에 대입하면

$$\lim_{x\to-2}\frac{\sqrt{x+a}-b}{x+2}=\lim_{x\to-2}\frac{\sqrt{x+a}-\sqrt{a-2}}{x+2}$$
$$=\lim_{x\to-2}\frac{(\sqrt{x+a}-\sqrt{a-2})(\sqrt{x+a}+\sqrt{a-2})}{(x+2)(\sqrt{x+a}+\sqrt{a-2})}$$
$$=\lim_{x\to-2}\frac{x+2}{(x+2)(\sqrt{x+a}+\sqrt{a-2})}$$
$$=\lim_{x\to-2}\frac{1}{\sqrt{x+a}+\sqrt{a-2}}$$
$$=\frac{1}{2\sqrt{a-2}}=\frac{1}{4}$$

$\sqrt{a-2}=2$, $a-2=4$

$\therefore a=6$

이를 ㉠에 대입하면 $b=\sqrt{6-2}=2$

$\therefore ab=6\times2=12$

0060

답 2

$a<0$이면 $\lim_{x\to\infty}(\sqrt{x^2+2x+3}-ax)=\infty$이므로 $a>0$

$$\lim_{x\to\infty}(\sqrt{x^2+2x+3}-ax)$$
$$=\lim_{x\to\infty}\frac{(\sqrt{x^2+2x+3}-ax)(\sqrt{x^2+2x+3}+ax)}{\sqrt{x^2+2x+3}+ax}$$
$$=\lim_{x\to\infty}\frac{(1-a^2)x^2+2x+3}{\sqrt{x^2+2x+3}+ax}=b \quad \cdots\cdots \text{㉠}$$

㉠에서 극한값이 존재하므로

$1-a^2=0$, $(1+a)(1-a)=0$

$\therefore a=1$ ($\because a>0$)

이를 ㉠에 대입하면

$$\lim_{x\to\infty}\frac{(1-a^2)x^2+2x+3}{\sqrt{x^2+2x+3}+ax}=\lim_{x\to\infty}\frac{2x+3}{\sqrt{x^2+2x+3}+x}$$
$$=\lim_{x\to\infty}\frac{2+\frac{3}{x}}{\sqrt{1+\frac{2}{x}+\frac{3}{x^2}}+1}$$
$$=\frac{2+0}{1+1}=1=b$$

$\therefore a+b=1+1=2$

0061

답 5

$\lim_{x\to1}\frac{1}{x-1}\left(\frac{1}{a}-\frac{1}{x+b}\right)=\lim_{x\to1}\frac{\frac{1}{a}-\frac{1}{x+b}}{x-1}=\frac{1}{4}$에서

극한값이 존재하고 $x\to1$일 때, (분모)$\to0$이므로 (분자)$\to0$이어야 한다.

즉, $\lim_{x\to1}\left(\frac{1}{a}-\frac{1}{x+b}\right)=0$이므로

$\frac{1}{a}-\frac{1}{1+b}=0$, $a=1+b$

$\therefore b=a-1 \quad \cdots\cdots$ ㉠

❶

㉠을 주어진 식에 대입하면

$$\lim_{x\to1}\frac{1}{x-1}\left(\frac{1}{a}-\frac{1}{x+b}\right)=\lim_{x\to1}\frac{1}{x-1}\left(\frac{1}{a}-\frac{1}{x+a-1}\right)$$
$$=\lim_{x\to1}\left\{\frac{1}{x-1}\times\frac{x+a-1-a}{a(x+a-1)}\right\}$$
$$=\lim_{x\to1}\frac{1}{a(x+a-1)}=\frac{1}{a^2}=\frac{1}{4}$$

❷

$a^2=4$에서 $a=-2$ 또는 $a=2$

$\therefore a=2$ ($\because a>0$)

이를 ㉠에 대입하면 $b=1$

$\therefore a^2+b^2=4+1=5$

❸

채점 기준	배점
❶ 극한값이 존재함을 이용하여 a, b의 관계식 구하기	30%
❷ 극한값을 식으로 나타내기	40%
❸ a^2+b^2의 값 구하기	30%

유형 11 다항함수의 결정

0062

답 ②

$\lim_{x\to 0}\frac{f(x)}{x}=1$에서 극한값이 존재하고

$x\to 0$일 때, (분모)$\to 0$이므로 (분자)$\to 0$이어야 한다.

즉, $\lim_{x\to 0}f(x)=0$이므로

$f(0)=0$ ⋯⋯ ㉠

$\lim_{x\to 1}\frac{f(x)}{x-1}=1$에서 극한값이 존재하고

$x\to 1$일 때, (분모)$\to 0$이므로 (분자)$\to 0$이어야 한다.

즉, $\lim_{x\to 1}f(x)=0$이므로

$f(1)=0$ ⋯⋯ ㉡

㉠, ㉡에서 $f(x)$는 $x(x-1)$을 인수로 가지므로

$f(x)=x(x-1)(ax+b)$ (a, b는 상수, $a\neq 0$)라 하면

$$\lim_{x\to 0}\frac{f(x)}{x}=\lim_{x\to 0}\frac{x(x-1)(ax+b)}{x}=\lim_{x\to 0}(x-1)(ax+b)=-b=1$$

$\therefore b=-1$ ⋯⋯ ㉢

$$\lim_{x\to 1}\frac{f(x)}{x-1}=\lim_{x\to 1}\frac{x(x-1)(ax+b)}{x-1}=\lim_{x\to 1}(ax^2-x)\ (\because ㉢)=a-1=1$$

$\therefore a=2$

따라서 $f(x)=x(x-1)(2x-1)$이므로

$f(2)=2\times 1\times 3=6$

참고

함수 $f(x)$가 다항함수이면 모든 실수 a에 대하여 $\lim_{x\to a}f(x)=f(a)$이다.

0063

답 14

$\lim_{x\to\infty}\frac{f(x)}{x^2+2x+3}=2$에서 $f(x)$는 최고차항의 계수가 2인 이차함수이다.

$\lim_{x\to 2}\frac{f(x)}{x^2-3x+2}=12$에서 극한값이 존재하고

$x\to 2$일 때, (분모)$\to 0$이므로 (분자)$\to 0$이어야 한다.

즉, $\lim_{x\to 2}f(x)=0$이므로 $f(2)=0$

따라서 $f(x)$는 $x-2$를 인수로 가지므로

$f(x)=2(x-2)(x+a)$ (a는 상수)라 하면

$$\lim_{x\to 2}\frac{f(x)}{x^2-3x+2}=\lim_{x\to 2}\frac{2(x-2)(x+a)}{(x-1)(x-2)}=\lim_{x\to 2}\frac{2(x+a)}{x-1}=2(2+a)=12$$

에서 $2+a=6$ $\therefore a=4$

따라서 $f(x)=2(x-2)(x+4)$이므로

$f(3)=2\times 1\times 7=14$

0064

답 9

$\lim_{x\to\infty}\frac{f(x)-2x^3}{2x^2}=2$에서 $f(x)-2x^3$은 최고차항의 계수가 4인 이차함수이다.

$f(x)-2x^3=4x^2+ax+b$ (a, b는 상수)라 하면

$f(x)=2x^3+4x^2+ax+b$

$\lim_{x\to 0}\frac{f(x)}{x}=3$에서 극한값이 존재하고

$x\to 0$일 때, (분모)$\to 0$이므로 (분자)$\to 0$이어야 한다.

즉, $\lim_{x\to 0}f(x)=0$이므로 $f(0)=0$

$\therefore b=0$

$$\lim_{x\to 0}\frac{f(x)}{x}=\lim_{x\to 0}\frac{2x^3+4x^2+ax}{x}=\lim_{x\to 0}(2x^2+4x+a)=a=3$$

따라서 $f(x)=2x^3+4x^2+3x$이므로

$f(1)=2+4+3=9$

0065

답 3

$\lim_{x\to\infty}\frac{f(x)-3x^2}{x}=2$에서 $f(x)-3x^2$은 일차항의 계수가 2인 일차함수이므로

$f(x)-3x^2=2x+a$ (a는 상수)라 하면

$f(x)=3x^2+2x+a$

$\frac{1}{x}=t$라 하면 $x\to 0+$일 때, $t\to\infty$이므로

$$\lim_{x\to 0+}x^2f\left(\frac{1}{x}\right)=\lim_{t\to\infty}\frac{f(t)}{t^2}=\lim_{t\to\infty}\frac{3t^2+2t+a}{t^2}=\lim_{t\to\infty}\frac{3+\frac{2}{t}+\frac{a}{t^2}}{1}=3$$

다른 풀이

$\lim_{x\to\infty}\frac{f(x)-3x^2}{x}=2$에서 $f(x)-3x^2$은 일차항의 계수가 2인 일차함수이므로

$f(x)-3x^2=2x+a$ (a는 상수)라 하면

$f(x)=3x^2+2x+a$

따라서 $f\left(\frac{1}{x}\right)=\frac{3}{x^2}+\frac{2}{x}+a$이므로

$$\lim_{x\to0+}x^2f\left(\frac{1}{x}\right)=\lim_{x\to0+}x^2\left(\frac{3}{x^2}+\frac{2}{x}+a\right)$$
$$=\lim_{x\to0+}(3+2x+ax^2)=3$$

0066

답 9

조건 (가)의 $\lim_{x\to0+}x^2f\left(\frac{1}{x}\right)=1$에서

$\frac{1}{x}=t$라 하면 $x\to0+$일 때, $t\to\infty$이므로

$\lim_{x\to0+}x^2f\left(\frac{1}{x}\right)=\lim_{t\to\infty}\frac{f(t)}{t^2}=1$

따라서 $f(t)$는 최고차항의 계수가 1인 이차함수이므로

$f(t)=t^2+at+b$ (a, b는 상수)라 하면

$f(x)=x^2+ax+b$ …… ㉠

한편, 조건 (나)의 $\lim_{x\to1}\frac{f(x)}{x^2-1}=4$에서 극한값이 존재하고

$x\to1$일 때, (분모)$\to0$이므로 (분자)$\to0$이어야 한다.

즉, $\lim_{x\to1}f(x)=0$이므로 $f(1)=0$에서

$1+a+b=0$ $\therefore b=-a-1$ …… ㉡

㉠, ㉡을 조건 (나)의 식에 대입하면

$$\lim_{x\to1}\frac{f(x)}{x^2-1}=\lim_{x\to1}\frac{x^2+ax-a-1}{x^2-1}$$
$$=\lim_{x\to1}\frac{(x-1)(x+a+1)}{(x+1)(x-1)}$$
$$=\lim_{x\to1}\frac{x+a+1}{x+1}=\frac{2+a}{2}=4$$

$2+a=8$ $\therefore a=6$

이를 ㉡에 대입하면 $b=-7$

따라서 $f(x)=x^2+6x-7$이므로

$f(2)=4+12-7=9$

0067

답 28

조건 (가)에서 $\lim_{x\to\infty}\frac{f(x)}{x^2}=2$이므로 $f(x)$는 최고차항의 계수가 2인 이차함수이다.

따라서 $f(x)=2x^2+ax+b$ (a, b는 상수) …… ㉠

라 할 수 있다.

…… ❶

조건 (나)의 $\lim_{x\to1}\frac{f(x)-x}{x-1}=2$에서 극한값이 존재하고

$x\to1$일 때, (분모)$\to0$이므로 (분자)$\to0$이어야 한다.

즉, $\lim_{x\to1}\{f(x)-x\}=0$이므로 $f(1)-1=0$에서

$2+a+b=1$ $\therefore b=-a-1$ …… ㉡

㉠, ㉡을 조건 (나)의 식에 대입하면

$$\lim_{x\to1}\frac{f(x)-x}{x-1}=\lim_{x\to1}\frac{2x^2+(a-1)x-a-1}{x-1}$$
$$=\lim_{x\to1}\frac{(x-1)(2x+a+1)}{x-1}$$
$$=\lim_{x\to1}(2x+a+1)=a+3=2$$

$\therefore a=-1$

이를 ㉡에 대입하면 $b=0$

…… ❷

따라서 $f(x)=2x^2-x$이므로

$f(4)=2\times16-4=28$

…… ❸

채점 기준	배점
❶ 조건 (가)를 이용하여 $f(x)$의 식 세우기	20%
❷ 조건 (나)를 이용하여 $f(x)$의 식 구하기	50%
❸ $f(4)$의 값 구하기	30%

유형 12 함수의 극한의 대소 관계

0068

답 ⑤

$x>0$일 때, $3x-2<xf(x)<3x+1$에서

각 변을 x로 나누면

$\frac{3x-2}{x}<f(x)<\frac{3x+1}{x}$

이때 $\lim_{x\to\infty}\frac{3x-2}{x}=3$, $\lim_{x\to\infty}\frac{3x+1}{x}=3$이므로

함수의 극한의 대소 관계에 의하여

$\lim_{x\to\infty}f(x)=3$

0069

답 3

$x>0$일 때, 부등식의 각 변을 x로 나누면

$-2x+3\le\frac{f(x)}{x}\le2x+3$

이때 $\lim_{x\to0+}(-2x+3)=3$, $\lim_{x\to0+}(2x+3)=3$이므로

함수의 극한의 대소 관계에 의하여

$\lim_{x\to0+}\frac{f(x)}{x}=3$

0070

답 2

$x>0$일 때, $2x^2-3x\le(x^2+2)f(x)\le2x^2+5x$에서

각 변을 x^2+2로 나누면

$\frac{2x^2-3x}{x^2+2}\le f(x)\le\frac{2x^2+5x}{x^2+2}$

이때 $\lim_{x\to\infty}\frac{2x^2-3x}{x^2+2}=2$, $\lim_{x\to\infty}\frac{2x^2+5x}{x^2+2}=2$이므로

함수의 극한의 대소 관계에 의하여

$\lim_{x\to\infty}f(x)=2$

0071

답 ②

$2x^2+1<f(x)<2x^2+3$에서

모든 실수 x에 대하여 $2x^2+1>0$, $2x^2+3>0$이므로

$(2x^2+1)^2<\{f(x)\}^2<(2x^2+3)^2$

위의 부등식의 각 변을 $2x^4+x^2$으로 나누면

$$\frac{(2x^2+1)^2}{2x^4+x^2}<\frac{\{f(x)\}^2}{2x^4+x^2}<\frac{(2x^2+3)^2}{2x^4+x^2}$$

이때 $\lim_{x\to\infty}\frac{(2x^2+1)^2}{2x^4+x^2}=2$, $\lim_{x\to\infty}\frac{(2x^2+3)^2}{2x^4+x^2}=2$이므로

함수의 극한의 대소 관계에 의하여

$$\lim_{x\to\infty}\frac{\{f(x)\}^2}{2x^4+x^2}=2$$

참고

모든 실수 x에 대하여 $f(x)<g(x)<h(x)$가 성립할 때, $f(x)\geq0$인 경우에 $\{f(x)\}^2<\{g(x)\}^2<\{h(x)\}^2$이 성립함에 주의한다.

0072

답 ②

$x>0$일 때, $\frac{x^2-2x}{3x+5}\leq f(x)\leq\frac{x^2+2x}{3x+2}$에서

각 변을 x로 나누면

$$\frac{x^2-2x}{3x^2+5x}\leq\frac{f(x)}{x}\leq\frac{x^2+2x}{3x^2+2x}$$

x 대신 $2x$를 위의 부등식에 대입하면

$$\frac{4x^2-4x}{12x^2+10x}\leq\frac{f(2x)}{2x}\leq\frac{4x^2+4x}{12x^2+4x}$$

$$\frac{4x^2-4x}{6x^2+5x}\leq\frac{f(2x)}{x}\leq\frac{2x^2+2x}{3x^2+x}$$

이때 $\lim_{x\to\infty}\frac{4x^2-4x}{6x^2+5x}=\frac{2}{3}$, $\lim_{x\to\infty}\frac{2x^2+2x}{3x^2+x}=\frac{2}{3}$이므로

함수의 극한의 대소 관계에 의하여

$$\lim_{x\to\infty}\frac{f(2x)}{x}=\frac{2}{3}$$

0073

답 9

$|f(x)-3x|<1$에서 $-1<f(x)-3x<1$이므로

$3x-1<f(x)<3x+1$ …… ㉠

$3x-1>0$, 즉 $x>\frac{1}{3}$일 때 ㉠의 각 변을 제곱하면

$9x^2-6x+1<\{f(x)\}^2<9x^2+6x+1$

모든 실수 x에 대하여 $x^2-4x+5=(x-2)^2+1>0$이므로

위의 부등식의 각 변을 x^2-4x+5로 나누면

$$\frac{9x^2-6x+1}{x^2-4x+5}<\frac{\{f(x)\}^2}{x^2-4x+5}<\frac{9x^2+6x+1}{x^2-4x+5}$$

이때 $\lim_{x\to\infty}\frac{9x^2-6x+1}{x^2-4x+5}=9$, $\lim_{x\to\infty}\frac{9x^2+6x+1}{x^2-4x+5}=9$이므로

함수의 극한의 대소 관계에 의하여

$$\lim_{x\to\infty}\frac{\{f(x)\}^2}{x^2-4x+5}=9$$

유형 13 함수의 극한에 대한 성질의 진위판단

확인 문제 (1) 참 (2) 참 (3) 거짓 (4) 참

(1) $\lim_{x\to a}f(x)=\alpha$, $\lim_{x\to a}\{f(x)-g(x)\}=\beta$라 하면

$\lim_{x\to a}g(x)=\lim_{x\to a}f(x)-\lim_{x\to a}\{f(x)-g(x)\}=\alpha-\beta$ (참)

(2) $\lim_{x\to a}f(x)=\alpha$, $\lim_{x\to a}\frac{g(x)}{f(x)}=\beta$라 하면

$\lim_{x\to a}g(x)=\lim_{x\to a}f(x)\times\lim_{x\to a}\frac{g(x)}{f(x)}=\alpha\beta$ (참)

(3) [반례] $f(x)=x$, $g(x)=\frac{1}{x}$이라 하면

$\lim_{x\to0}f(x)=0$, $\lim_{x\to0}f(x)g(x)=1$이지만 $\lim_{x\to0}g(x)$의 값은 존재하지 않는다. (거짓)

(4) $\lim_{x\to a}f(x)=\alpha$, $\lim_{x\to a}f(x)g(x)=\beta$ $(\alpha\neq0)$라 하면

$\lim_{x\to a}g(x)=\lim_{x\to a}f(x)g(x)\times\lim_{x\to a}\frac{1}{f(x)}=\frac{\beta}{\alpha}$ (참)

0074

답 ②

ㄱ. $\lim_{x\to a}\{f(x)+g(x)\}=\alpha$, $\lim_{x\to a}\{f(x)-g(x)\}=\beta$라 하면

$\lim_{x\to a}\{f(x)+g(x)\}-\lim_{x\to a}\{f(x)-g(x)\}=2\lim_{x\to a}g(x)=\alpha-\beta$

$\therefore \lim_{x\to a}g(x)=\frac{\alpha-\beta}{2}$ (참)

ㄴ. $\lim_{x\to a}g(x)=\alpha$, $\lim_{x\to a}\frac{f(x)}{g(x)}=\beta$라 하면

$\lim_{x\to a}f(x)=\lim_{x\to a}g(x)\times\lim_{x\to a}\frac{f(x)}{g(x)}=\alpha\beta$ (참)

ㄷ. [반례] $f(x)=\begin{cases}x-1 & (x<0)\\ 1 & (x\geq0)\end{cases}$, $g(x)=\begin{cases}-x-1 & (x<0)\\ 1 & (x\geq0)\end{cases}$

이라 하면

$\lim_{x\to0-}\{f(x)-g(x)\}=\lim_{x\to0-}2x=0$

$\lim_{x\to0+}\{f(x)-g(x)\}=\lim_{x\to0+}0=0$

이므로 $\lim_{x\to0}\{f(x)-g(x)\}=0$이지만

$\lim_{x\to0-}f(x)=\lim_{x\to0-}(x-1)=-1$

$\lim_{x\to0+}f(x)=1$

이므로 $\lim_{x\to0}f(x)$의 값은 존재하지 않는다. (거짓)

따라서 옳은 것은 ㄱ, ㄴ이다.

0075

답 ③

ㄱ. [반례] $f(x)=\begin{cases}x+1 & (x<0)\\ 0 & (x=0)\\ -x+1 & (x>0)\end{cases}$, $g(x)=1$이라 하면

모든 실수 x에 대하여 $f(x)<g(x)$이지만

$\lim_{x\to0}f(x)=1$, $\lim_{x\to0}g(x)=1$이므로

$\lim_{x\to0}f(x)=\lim_{x\to0}g(x)$이다. (거짓)

ㄴ. [반례] $f(x)=\frac{1}{x^2}$, $g(x)=\frac{1}{x^4}$이라 하면

$\lim_{x\to0}f(x)=\lim_{x\to0}\frac{1}{x^2}=\infty$, $\lim_{x\to0}g(x)=\lim_{x\to0}\frac{1}{x^4}=\infty$이지만

$\frac{f(x)}{g(x)}=\frac{\frac{1}{x^2}}{\frac{1}{x^4}}=x^2$이므로 $\lim_{x\to0}\frac{f(x)}{g(x)}=\lim_{x\to0}x^2=0$ (거짓)

ㄷ. $f(x)<g(x)<f(x+1)$이고 $\lim_{x\to\infty}f(x)=\lim_{x\to\infty}f(x+1)=2$이므로 함수의 극한의 대소 관계에 의하여

$\lim_{x\to\infty}g(x)=2$이다.

이때 $\lim_{x\to\infty}x=\infty$이므로 $\lim_{x\to\infty}\frac{g(x)}{x}=0$이다. (참)

따라서 옳은 것은 ㄷ이다.

Bible Says 함수의 극한의 대소 관계

$\lim_{x\to a}f(x)=\alpha$, $\lim_{x\to a}g(x)=\beta$ (α, β는 실수)일 때 a에 가까운 모든 실수 x에 대하여

(1) $f(x)<g(x)$이면 $\alpha\le\beta$

(2) $f(x)<h(x)<g(x)$이고 $\alpha=\beta$이면 $\lim_{x\to a}h(x)=\alpha$

참고

ㄷ에서 $x+1=t$라 하면 $x\to\infty$일 때, $t\to\infty$이므로

$\lim_{x\to\infty}f(x+1)=\lim_{t\to\infty}f(t)=2$이다.

0076

답 ⑤

ㄱ. [반례] $f(x)=x^2+1$이라 하면

$\lim_{x\to0}\frac{x}{f(x)}=0$이지만 $\lim_{x\to0}f(x)=1$이다. (거짓)

ㄴ. $\lim_{x\to\infty}x^2f(x)=2$이고 $\lim_{x\to\infty}\frac{1}{x^2}=0$이므로

$$\lim_{x\to\infty}f(x)=\lim_{x\to\infty}\left\{x^2f(x)\times\frac{1}{x^2}\right\}$$
$$=\lim_{x\to\infty}x^2f(x)\times\lim_{x\to\infty}\frac{1}{x^2}$$
$$=2\times0=0 \text{ (참)}$$

ㄷ. $3x^2<f(x)<3x^2+x$에서 각 변을 $\sqrt{x^4+1}$로 나누면

$$\frac{3x^2}{\sqrt{x^4+1}}<\frac{f(x)}{\sqrt{x^4+1}}<\frac{3x^2+x}{\sqrt{x^4+1}}$$

이때 $\lim_{x\to\infty}\frac{3x^2}{\sqrt{x^4+1}}=\lim_{x\to\infty}\frac{3}{\sqrt{1+\frac{1}{x^4}}}=3$

$\lim_{x\to\infty}\frac{3x^2+x}{\sqrt{x^4+1}}=\lim_{x\to\infty}\frac{3+\frac{1}{x}}{\sqrt{1+\frac{1}{x^4}}}=3$

이므로 함수의 극한의 대소 관계에 의하여

$\lim_{x\to\infty}\frac{f(x)}{\sqrt{x^4+1}}=3$ (참)

따라서 옳은 것은 ㄴ, ㄷ이다.

유형 14 새롭게 정의된 함수의 극한

0077

답 ①

함수 $y=|x^2-2|=\begin{cases}x^2-2 & (x\le-\sqrt{2} \text{ 또는 } x\ge\sqrt{2})\\ -x^2+2 & (-\sqrt{2}<x<\sqrt{2})\end{cases}$의 그래프는 다음 그림과 같다.

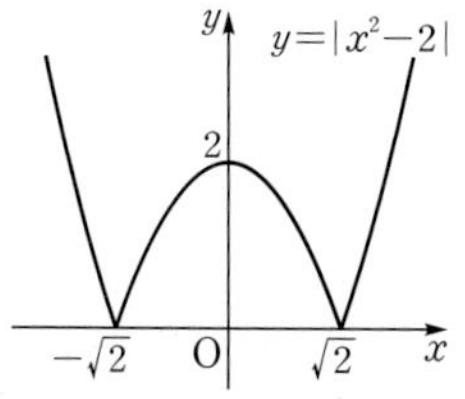

따라서 함수 $y=|x^2-2|$의 그래프와 직선 $y=t$가 만나는 점의 개수 $f(t)$는

$$f(t)=\begin{cases}0 & (t<0)\\2 & (t=0)\\4 & (0<t<2)\\3 & (t=2)\\2 & (t>2)\end{cases}$$

$\therefore \lim_{t\to0-}f(t)+\lim_{t\to2+}f(t)=0+2=2$

Bible Says 함수 $y=|f(x)|$의 그래프

함수 $y=|f(x)|$의 그래프는 $y=f(x)$의 그래프에서 $y<0$인 부분을 x축에 대하여 대칭이동하여 그린다.

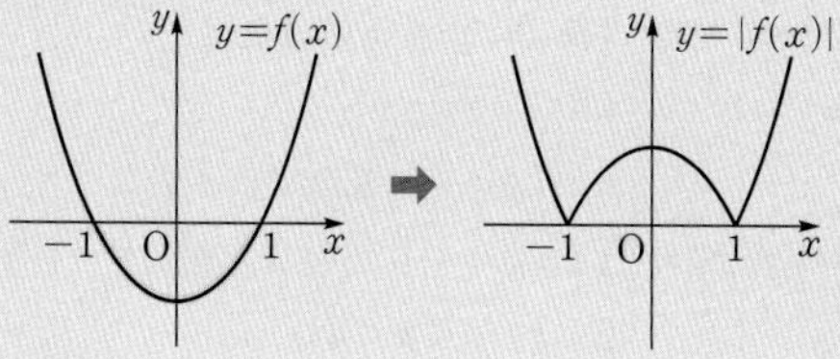

참고

함수 $y=f(t)$의 그래프는 오른쪽 그림과 같으므로

$\lim_{t\to0-}f(t)=0$, $\lim_{t\to2+}f(t)=2$

임을 알 수 있다.

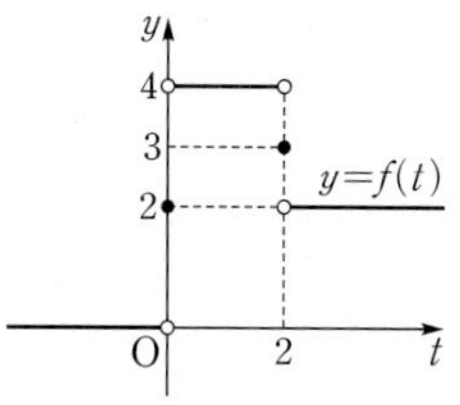

0078

답 ③

원 $x^2+y^2=t^2$의 반지름의 길이가 $|t|$이므로 $f(t)$의 값은 다음과 같이 나누어 생각해 볼 수 있다.

(i) $|t|>2$일 때

원 $x^2+y^2=t^2$과 직선 $y=2$가 서로 다른 두 점에서 만나므로

$f(t)=2$

(ii) $|t|=2$일 때

원 $x^2+y^2=t^2$과 직선 $y=2$가 한 점에서 만나므로

$f(t)=1$

(iii) $|t|<2$일 때

원 $x^2+y^2=t^2$과 직선 $y=2$가 만나지 않으므로

$f(t)=0$

(i)~(iii)에서 $f(t)=\begin{cases} 2 & (t<-2 \text{ 또는 } t>2) \\ 1 & (t=-2 \text{ 또는 } t=2) \\ 0 & (-2<t<2) \end{cases}$

$\therefore \lim_{t\to-2-} f(t)+\lim_{t\to2-} f(t)+f(2)=2+0+1=3$

0079

답 4

직선 $y=2x+k$, 즉 $2x-y+k=0$이 원에 접할 때 직선과 원의 중심 $(2, 3)$ 사이의 거리가 $\sqrt{5}$이므로

$\dfrac{|4-3+k|}{\sqrt{4+1}}=\sqrt{5}$, $|1+k|=5$

$k+1=-5$ 또는 $k+1=5$

$\therefore k=-6$ 또는 $k=4$

(i) $k<-6$ 또는 $k>4$일 때

원과 직선이 만나지 않으므로

$f(k)=0$

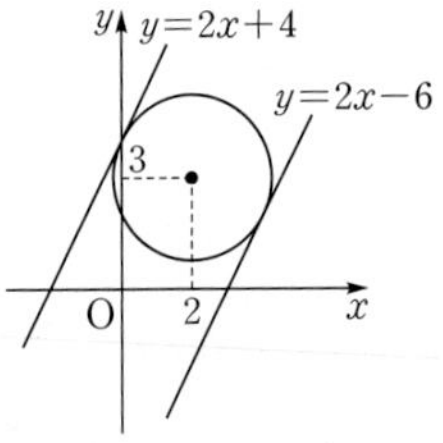

(ii) $k=-6$ 또는 $k=4$일 때

원과 직선이 한 점에서 만나므로

$f(k)=1$

(iii) $-6<k<4$일 때

원과 직선이 서로 다른 두 점에서 만나므로

$f(k)=2$

(i)~(iii)에서 $f(k)=\begin{cases} 0 & (k<-6 \text{ 또는 } k>4) \\ 1 & (k=-6 \text{ 또는 } k=4) \\ 2 & (-6<k<4) \end{cases}$

$\therefore \lim_{k\to-6+} f(k)+\lim_{k\to4-} f(k)=2+2=4$

다른 풀이

중심이 점 $(2, 3)$이고 반지름의 길이가 $\sqrt{5}$인 원의 방정식은

$(x-2)^2+(y-3)^2=5$

위의 식에 $y=2x+k$를 대입하여 정리하면

$(x-2)^2+(2x+k-3)^2=5$

$x^2-4x+4+4x^2+4(k-3)x+k^2-6k+9=5$

$5x^2+4(k-4)x+k^2-6k+8=0$

위의 이차방정식의 판별식을 D라 하면

$\dfrac{D}{4}=(2k-8)^2-5(k^2-6k+8)$

$=-k^2-2k+24=-(k+1)^2+25$

$\dfrac{D}{4}=0$에서 $k=-6$ 또는 $k=4$

원과 직선의 교점의 개수는 D의 값의 부호에 따라 다음과 같이 나누어 생각해 볼 수 있다.

(i) $D>0$, 즉 $-6<k<4$일 때

원과 직선이 서로 다른 두 점에서 만나므로 $f(k)=2$

(ii) $D=0$, 즉 $k=-6$ 또는 $k=4$일 때

원과 직선이 한 점에서 만나므로 $f(k)=1$

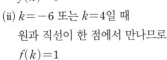

(iii) $D<0$, 즉 $k<-6$ 또는 $k>4$일 때

원과 직선이 만나지 않으므로 $f(k)=0$

(i)~(iii)에서 $f(k)=\begin{cases} 0 & (k<-6 \text{ 또는 } k>4) \\ 1 & (k=-6 \text{ 또는 } k=4) \\ 2 & (-6<k<4) \end{cases}$

$\therefore \lim_{k\to-6+} f(k)+\lim_{k\to4-} f(k)=2+2=4$

Bible Says **원과 직선의 위치 관계**

원과 직선의 위치 관계는 두 가지 방법을 이용하여 알 수 있다.

(1) 판별식 이용하기

원의 방정식과 직선의 방정식을 이용하여 만든 이차방정식의 판별식을 D라 할 때,

① $D>0$

➡ 서로 다른 두 점에서 만난다.

② $D=0$

➡ 접한다. (한 점에서 만난다.)

③ $D<0$

➡ 만나지 않는다.

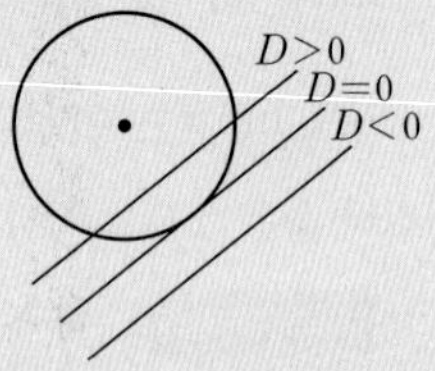

(2) 원의 중심과 직선 사이의 거리 이용하기

원의 중심과 직선 사이의 거리를 d, 원의 반지름의 길이를 r라 할 때,

① $d<r$

➡ 서로 다른 두 점에서 만난다.

② $d=r$

➡ 접한다. (한 점에서 만난다.)

③ $d>r$

➡ 만나지 않는다.

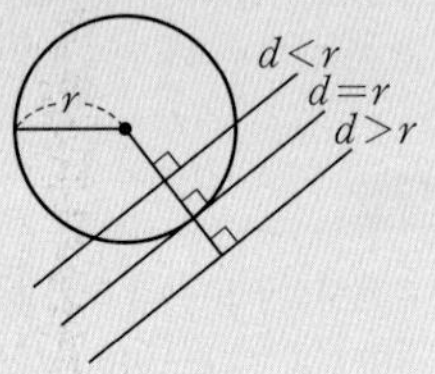

0080

답 3

t의 값의 범위에 따라 $f(t)$의 값을 나누어 구해 보자.

(i) $t\le-2$일 때

오른쪽 그림과 같이 함수 $y=f(x)$의 그래프가 직선 $y=x+t$와 한 점에서 만나므로

$g(t)=1$

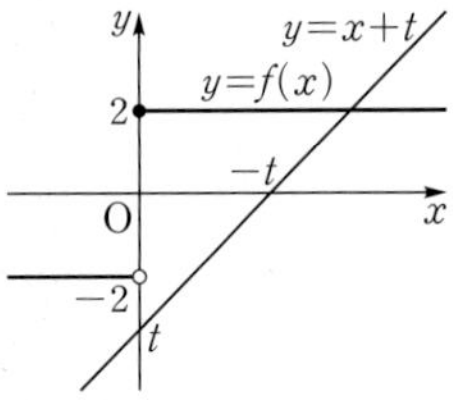

(ii) $-2<t\le2$일 때

오른쪽 그림과 같이 함수 $y=f(x)$의 그래프가 직선 $y=x+t$와 서로 다른 두 점에서 만나므로

$g(t)=2$

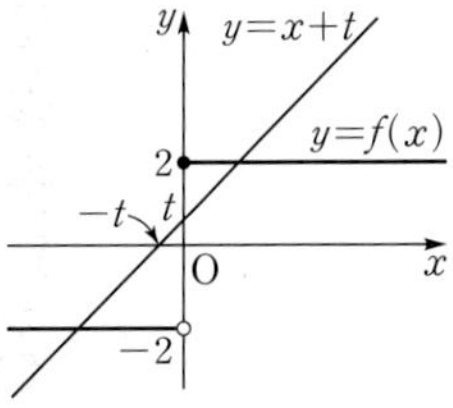

(iii) $t>2$일 때

오른쪽 그림과 같이 함수 $y=f(x)$의 그래프가 직선 $y=x+t$와 한 점에서 만나므로

$g(t)=1$

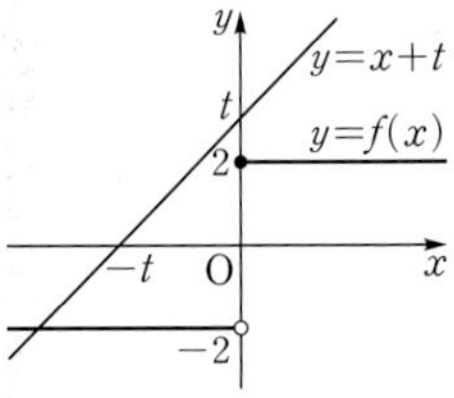

(i)~(iii)에서 $g(t)=\begin{cases} 1 & (t\le-2) \\ 2 & (-2<t\le2) \\ 1 & (t>2) \end{cases}$

$\therefore \lim_{t\to-2-} g(t)+\lim_{t\to2-} g(t)=1+2=3$

0081

답 4

$(x-a)(x-a+1)=0$에서 $x=a-1$ 또는 $x=a$

$\therefore A=\{a-1, a\}$

$(x+1)(x-1)\le 0$에서 $-1\le x\le 1$

$\therefore B=\{x|-1\le x\le 1\}$

$f(a)=n(A\cap B)$이므로 a의 값의 범위에 따라 $f(a)$의 값을 나누어 구하면 다음과 같다.

(i) $a<-1$일 때

$a-1<-2$이므로 $A\cap B=\varnothing$

$\therefore f(a)=0$

(ii) $-1\le a<0$일 때

$-2\le a-1<-1$이므로 $A\cap B=\{a\}$

$\therefore f(a)=1$

(iii) $0\le a\le 1$일 때

$-1\le a-1\le 0$이므로 $A\cap B=\{a-1, a\}$

$\therefore f(a)=2$

(iv) $1<a\le 2$일 때

$0<a-1\le 1$이므로 $A\cap B=\{a-1\}$

$\therefore f(a)=1$

(v) $a>2$일 때

$a-1>1$이므로 $A\cap B=\varnothing$

$\therefore f(a)=0$

(i)~(v)에서 $f(a)=\begin{cases}0 & (a<-1)\\ 1 & (-1\le a<0)\\ 2 & (0\le a\le 1)\\ 1 & (1<a\le 2)\\ 0 & (a>2)\end{cases}$

$\therefore \lim_{a\to -1+}f(a)+\lim_{a\to 1-}f(a)+f(2)=1+2+1=4$

유형 15 함수의 극한과 도형

0082

답 6

두 점 A, B의 x좌표는 $x^2=k$, $\frac{1}{4}x^2=k$에서 각각

$x=\sqrt{k}$, $x=\sqrt{4k}$이므로

$A(\sqrt{k}, k)$, $B(\sqrt{4k}, k)$

따라서 $\overline{OA}=\sqrt{k^2+k}$, $\overline{OB}=\sqrt{k^2+4k}$이므로

$4\lim_{k\to\infty}(\overline{OB}-\overline{OA})$

$=4\lim_{k\to\infty}(\sqrt{k^2+4k}-\sqrt{k^2+k})$

$=4\lim_{k\to\infty}\frac{(\sqrt{k^2+4k}-\sqrt{k^2+k})(\sqrt{k^2+4k}+\sqrt{k^2+k})}{\sqrt{k^2+4k}+\sqrt{k^2+k}}$

$=4\lim_{k\to\infty}\frac{3k}{\sqrt{k^2+4k}+\sqrt{k^2+k}}$

$=4\lim_{k\to\infty}\frac{3}{\sqrt{1+\frac{4}{k}}+\sqrt{1+\frac{1}{k}}}=4\times\frac{3}{1+1}=6$

0083

답 ③

직선 $y=x+1$에 수직인 직선의 기울기가 -1이므로

점 $P(t, t+1)$을 지나고 기울기가 -1인 직선의 방정식은

$y-(t+1)=-(x-t)$ $\quad\therefore y=-x+2t+1$

점 Q의 좌표가 $Q(0, 2t+1)$이므로

$\overline{AP}^2=(t+1)^2+(t+1)^2=2t^2+4t+2$

$\overline{AQ}^2=1^2+(2t+1)^2=4t^2+4t+2$

$\therefore \lim_{t\to\infty}\frac{\overline{AQ}^2}{\overline{AP}^2}=\lim_{t\to\infty}\frac{4t^2+4t+2}{2t^2+4t+2}$

$=\lim_{t\to\infty}\frac{2t^2+2t+1}{t^2+2t+1}$

$=\lim_{t\to\infty}\frac{2+\frac{2}{t}+\frac{1}{t^2}}{1+\frac{2}{t}+\frac{1}{t^2}}=2$

0084

답 ③

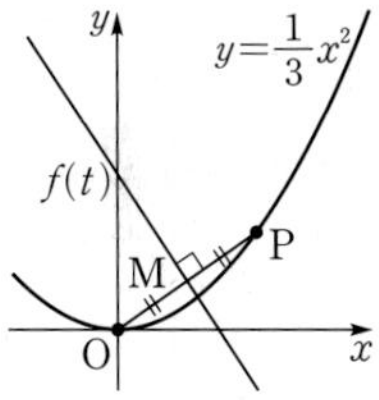

선분 OP의 중점을 M이라 하면 점 M의 좌표는

$M\left(\frac{1}{2}t, \frac{1}{6}t^2\right)$

직선 OP의 기울기가 $\frac{\frac{1}{3}t^2}{t}=\frac{1}{3}t$이므로 점 M을 지나고 직선 OP에 수직인 직선의 방정식은

$y-\frac{1}{6}t^2=-\frac{3}{t}\left(x-\frac{1}{2}t\right)$ $\quad\therefore y=-\frac{3}{t}x+\frac{3}{2}+\frac{1}{6}t^2$

위의 식에 $x=0$을 대입하면 $y=\frac{1}{6}t^2+\frac{3}{2}$이므로

$f(t)=\frac{1}{6}t^2+\frac{3}{2}$

$\therefore \lim_{t\to 0+}f(t)=\lim_{t\to 0+}\left(\frac{1}{6}t^2+\frac{3}{2}\right)=\frac{3}{2}$

0085

답 ⑤

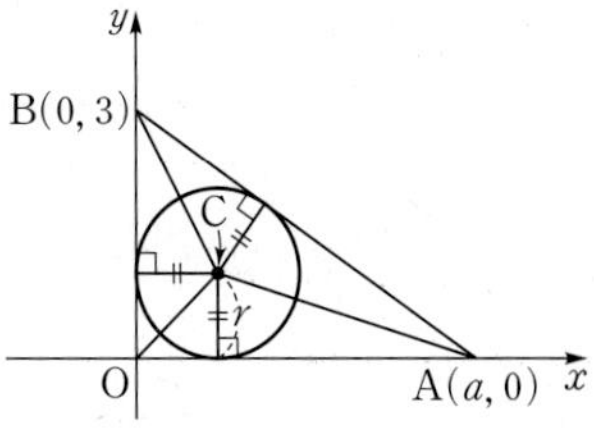

오른쪽 그림과 같이 원의 중심을 C라 하면 세 삼각형 CBO, COA, CAB는 각각 밑변이 $\overline{OB}$, $\overline{OA}$, $\overline{AB}$이고 높이가 r인 삼각형이다.

이 세 삼각형의 넓이의 합은 삼각형 OAB의 넓이와 같으므로

$\frac{1}{2}r(\overline{OB}+\overline{OA}+\overline{AB})=\frac{1}{2}\times a\times 3$

$\frac{r}{2}(3+a+\sqrt{a^2+9})=\frac{3}{2}a$

$\therefore r=\frac{3a}{3+a+\sqrt{a^2+9}}$

$\therefore \lim_{a\to 0+}\frac{r}{a}=\lim_{a\to 0+}\frac{3a}{a(3+a+\sqrt{a^2+9})}$

$=\lim_{a\to 0+}\frac{3}{3+a+\sqrt{a^2+9}}=\frac{3}{3+3}=\frac{1}{2}$

다른 풀이

원 밖의 점에서 원에 그은 두 접선의 길이는 서로 같으므로 원의 반지름의 길이가 r임을 이용하여 다음 그림과 같이 나타낼 수 있다.

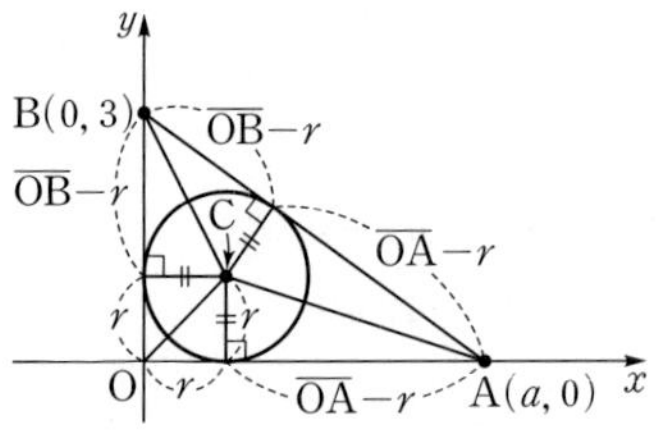

$\overline{AB}=(\overline{OA}-r)+(\overline{OB}-r)=\overline{OA}+\overline{OB}-2r$

$r=\dfrac{\overline{OA}+\overline{OB}-\overline{AB}}{2}=\dfrac{a+3-\sqrt{a^2+9}}{2}$

$$\therefore \lim_{a\to0+}\frac{r}{a}=\lim_{a\to0+}\frac{a+3-\sqrt{a^2+9}}{2a}$$
$$=\lim_{a\to0+}\frac{(a+3-\sqrt{a^2+9})(a+3+\sqrt{a^2+9})}{2a(a+3+\sqrt{a^2+9})}$$
$$=\lim_{a\to0+}\frac{6a}{2a(a+3+\sqrt{a^2+9})}$$
$$=\lim_{a\to0+}\frac{3}{a+3+\sqrt{a^2+9}}=\frac{3}{3+3}=\frac{1}{2}$$

Bible Says **삼각형의 내접원과 넓이**

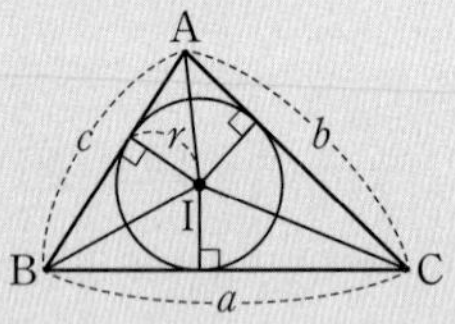

세 변의 길이가 각각 a, b, c인 삼각형 ABC에 내접하는 원의 중심을 I, 반지름의 길이를 r라 하면

$\triangle ABC=\triangle ABI+\triangle BCI+\triangle CAI$

$=\frac{1}{2}\times c\times r+\frac{1}{2}\times a\times r+\frac{1}{2}\times b\times r$

$=\frac{1}{2}r(a+b+c)$

0086

답 2

원 $x^2+y^2=4$ 위의 점 $P(t, \sqrt{4-t^2})$에서의 접선의 방정식은

$tx+\sqrt{4-t^2}y=4$ ❶

위의 식에 $y=0$을 대입하면 $x=\frac{4}{t}$이므로

$Q\left(\frac{4}{t}, 0\right)$

따라서 $\overline{HA}=2-t$, $\overline{HQ}=\frac{4}{t}-t$이므로 ❷

$$\lim_{t\to2-}\frac{\overline{HQ}}{\overline{HA}}=\lim_{t\to2-}\frac{\frac{4}{t}-t}{2-t}=\lim_{t\to2-}\frac{\frac{1}{t}(4-t^2)}{2-t}$$
$$=\lim_{t\to2-}\frac{\frac{1}{t}(2-t)(2+t)}{2-t}$$
$$=\lim_{t\to2-}\frac{2+t}{t}=\frac{2+2}{2}=2$$ ❸

채점 기준	배점
❶ 원 위의 점 P에서의 접선의 방정식 구하기	30%
❷ $\overline{HA}$, $\overline{HQ}$ 구하기	30%
❸ $\lim_{t\to2-}\frac{\overline{HQ}}{\overline{HA}}$의 값 구하기	40%

Bible Says **원 위의 한 점에서의 접선의 방정식**

원 $x^2+y^2=r^2$ 위의 점 (a, b)에서의 접선의 방정식은

$ax+by=r^2$

0087

답 ②

직선 OP의 기울기가 $\frac{\sqrt{2t}}{t}$이므로 점 $P(t, \sqrt{2t})$를 지나고 선분 OP에 수직인 직선의 방정식은

$y-\sqrt{2t}=-\frac{t}{\sqrt{2t}}(x-t)$

위의 식에 $y=0$을 대입하면

$-\sqrt{2t}=-\frac{t}{\sqrt{2t}}x+\frac{t^2}{\sqrt{2t}}$, $\frac{t}{\sqrt{2t}}x=\frac{t^2}{\sqrt{2t}}+\sqrt{2t}$

$x=t+2$

$\therefore Q(t+2, 0)$

따라서 삼각형 OPQ의 넓이는

$S(t)=\frac{1}{2}\times(t+2)\times\sqrt{2t}=\frac{\sqrt{2t}(t+2)}{2}$

$$\therefore \lim_{t\to\infty}\frac{\{S(t)\}^2}{t^3}=\lim_{t\to\infty}\frac{\frac{1}{2}t(t+2)^2}{t^3}$$
$$=\lim_{t\to\infty}\frac{1}{2}\left(1+\frac{2}{t}\right)^2=\frac{1}{2}$$

0088

답 ②

두 점 A, B의 좌표가 각각 $A(t, t^2-2t)$, $B(t, 2\sqrt{t+1}-2)$이므로

$f(t)=\frac{1}{2}\times\overline{OH}\times\overline{AH}=\frac{1}{2}\times t\times|t^2-2t|$

$g(t)=\frac{1}{2}\times\overline{OH}\times\overline{BH}=\frac{1}{2}\times t\times(2\sqrt{t+1}-2)$

$$\therefore \lim_{t\to0+}\frac{g(t)}{f(t)}=\lim_{t\to0+}\frac{\frac{t}{2}(2\sqrt{t+1}-2)}{\frac{t}{2}|t^2-2t|}$$
$$=\lim_{t\to0+}\frac{2\sqrt{t+1}-2}{t(2-t)}\ (\because 0<t<2)$$
$$=\lim_{t\to0+}\frac{2(\sqrt{t+1}-1)(\sqrt{t+1}+1)}{t(2-t)(\sqrt{t+1}+1)}$$
$$=\lim_{t\to0+}\frac{2t}{t(2-t)(\sqrt{t+1}+1)}$$
$$=\lim_{t\to0+}\frac{2}{(2-t)(\sqrt{t+1}+1)}$$
$$=\frac{2}{2\times(1+1)}=\frac{1}{2}$$

PART B 내신 잡는 종합 문제

0089 답 ④

$\lim_{x\to -1-} f(x)=-2$이므로 $a=-2$

$x+3=t$라 하면 $x\to -2+$일 때, $t\to 1+$이므로

$\lim_{x\to a+} f(x+3)=\lim_{x\to -2+} f(x+3)=\lim_{t\to 1+} f(t)=1$

0090 답 ②

$\lim_{x\to 2+}\frac{x^2-4}{|x-2|}=\lim_{x\to 2+}\frac{(x+2)(x-2)}{x-2}$
$=\lim_{x\to 2+}(x+2)=4=a$

$x\to 3-$일 때 $(x+3)\to 6-$, $(x^2-9)\to 0-$이므로

$\lim_{x\to 3-}\frac{[x+3]}{[x^2-9]}=\frac{5}{-1}=-5=b$

$\therefore a+b=4+(-5)=-1$

0091 답 ③

$f(x)-2g(x)=h(x)$라 하면 $\lim_{x\to\infty} h(x)=2$이고

$f(x)=h(x)+2g(x)$이므로

$\lim_{x\to\infty}\frac{2f(x)+g(x)}{3f(x)-g(x)}=\lim_{x\to\infty}\frac{2\{h(x)+2g(x)\}+g(x)}{3\{h(x)+2g(x)\}-g(x)}$
$=\lim_{x\to\infty}\frac{2h(x)+5g(x)}{3h(x)+5g(x)}$

이때 $\lim_{x\to\infty} g(x)=\infty$, $\lim_{x\to\infty} h(x)=2$에서 $\lim_{x\to\infty}\frac{h(x)}{g(x)}=0$이므로

$\lim_{x\to\infty}\frac{2h(x)+5g(x)}{3h(x)+5g(x)}=\lim_{x\to\infty}\frac{2\times\frac{h(x)}{g(x)}+5}{3\times\frac{h(x)}{g(x)}+5}$
$=\frac{2\times 0+5}{3\times 0+5}=1$

0092 답 ④

$\lim_{x\to a}\frac{x^2-a^2}{x-a}=\lim_{x\to a}\frac{(x+a)(x-a)}{x-a}$
$=\lim_{x\to a}(x+a)=2a=4$

$\therefore a=2$

$\lim_{x\to\infty}(\sqrt{x^2+ax}-\sqrt{x^2+bx})$

$=\lim_{x\to\infty}(\sqrt{x^2+2x}-\sqrt{x^2+bx})$

$=\lim_{x\to\infty}\frac{(\sqrt{x^2+2x}-\sqrt{x^2+bx})(\sqrt{x^2+2x}+\sqrt{x^2+bx})}{\sqrt{x^2+2x}+\sqrt{x^2+bx}}$

$=\lim_{x\to\infty}\frac{(2-b)x}{\sqrt{x^2+2x}+\sqrt{x^2+bx}}$

$=\lim_{x\to\infty}\frac{2-b}{\sqrt{1+\frac{2}{x}}+\sqrt{1+\frac{b}{x}}}$

$=\frac{2-b}{1+1}=6$

$\therefore b=-10$

$\therefore a+b=2+(-10)=-8$

0093 답 ⑤

$x-1=t$라 하면 $x\to 1$일 때, $t\to 0$이므로

$\lim_{x\to 1}\frac{f(x-1)-1}{x-1}=\lim_{t\to 0}\frac{f(t)-1}{t}=2$

$\lim_{t\to 0}\frac{f(t)-1}{t}=2$에서 극한값이 존재하고

$t\to 0$일 때, (분모)$\to 0$이므로 (분자)$\to 0$이어야 한다.

즉, $\lim_{t\to 0}\{f(t)-1\}=0$이므로 $\lim_{t\to 0} f(t)=1$

$\therefore \lim_{x\to 0}\frac{\{f(x)\}^2-f(x)}{x^2+x}=\lim_{x\to 0}\frac{f(x)\{f(x)-1\}}{x^2+x}$
$=\lim_{x\to 0}\left\{\frac{f(x)-1}{x}\times\frac{f(x)}{x+1}\right\}$
$=2\times\frac{1}{1}=2$

0094 답 14

$\lim_{x\to -2}\frac{x+2}{\sqrt{x+a}-b}=6$에서 0이 아닌 극한값이 존재하고

$x\to -2$일 때, (분자)$\to 0$이므로 (분모)$\to 0$이어야 한다.

즉, $\lim_{x\to -2}(\sqrt{x+a}-b)=0$이므로 $\sqrt{a-2}-b=0$

$\therefore b=\sqrt{a-2}$ ...... ㉠

㉠을 주어진 식에 대입하면

$\lim_{x\to -2}\frac{x+2}{\sqrt{x+a}-b}=\lim_{x\to -2}\frac{x+2}{\sqrt{x+a}-\sqrt{a-2}}$
$=\lim_{x\to -2}\frac{(x+2)(\sqrt{x+a}+\sqrt{a-2})}{(\sqrt{x+a}-\sqrt{a-2})(\sqrt{x+a}+\sqrt{a-2})}$
$=\lim_{x\to -2}\frac{(x+2)(\sqrt{x+a}+\sqrt{a-2})}{x+2}$
$=\lim_{x\to -2}(\sqrt{x+a}+\sqrt{a-2})$
$=2\sqrt{a-2}=6$

에서 $\sqrt{a-2}=3$, $a-2=9$

$\therefore a=11$

$a=11$을 ㉠에 대입하면 $b=3$

$\therefore a+b=11+3=14$

0095 답 ④

$\sqrt{x^2+4x}-x<f(x)<\frac{1}{\sqrt{x^2+x}-x}$에서

$\lim_{x\to\infty}(\sqrt{x^2+4x}-x)=\lim_{x\to\infty}\frac{(\sqrt{x^2+4x}-x)(\sqrt{x^2+4x}+x)}{\sqrt{x^2+4x}+x}$
$=\lim_{x\to\infty}\frac{4x}{\sqrt{x^2+4x}+x}$
$=\lim_{x\to\infty}\frac{4}{\sqrt{1+\frac{4}{x}}+1}$
$=\frac{4}{1+1}=2$

$$\lim_{x\to\infty}\frac{1}{\sqrt{x^2+x}-x}=\lim_{x\to\infty}\frac{\sqrt{x^2+x}+x}{(\sqrt{x^2+x}-x)(\sqrt{x^2+x}+x)}$$
$$=\lim_{x\to\infty}\frac{\sqrt{x^2+x}+x}{x}$$
$$=\lim_{x\to\infty}\left(\sqrt{1+\frac{1}{x}}+1\right)$$
$$=1+1=2$$

이므로 함수의 극한의 대소 관계에 의하여

$\lim_{x\to\infty}f(x)=2$

0096

답 1

$f(x)=t$라 하면 $x\to1-$일 때, $t\to-1-$이므로

$\lim_{x\to1-}g(f(x))=\lim_{t\to-1-}g(t)=\lim_{t\to-1-}(t^2+t)=0$

$g(x)=s$라 하면 $x\to1+$일 때, $s\to2+$이므로

$\lim_{x\to1+}f(g(x))=\lim_{s\to2+}f(s)=1$

$\therefore \lim_{x\to1-}g(f(x))+\lim_{x\to1+}f(g(x))=0+1=1$

0097

답 ③

$\lim_{x\to1}\frac{f(x)}{x-1}=6$에서 극한값이 존재하고

$x\to1$일 때, (분모)$\to0$이므로 (분자)$\to0$이어야 한다.

즉, $\lim_{x\to1}f(x)=0$이므로 $f(1)=0$ …… ㉠

$\lim_{x\to-1}\frac{f(x)}{x+1}=-2$에서 극한값이 존재하고

$x\to-1$일 때, (분모)$\to0$이므로 (분자)$\to0$이어야 한다.

즉, $\lim_{x\to-1}f(x)=0$이므로 $f(-1)=0$ …… ㉡

㉠, ㉡에서 $f(x)$는 $(x+1)(x-1)$을 인수로 가지므로

$f(x)=(x+1)(x-1)(ax+b)$ (a, b는 상수, $a\neq0$)라 하면

$$\lim_{x\to1}\frac{f(x)}{x-1}=\lim_{x\to1}\frac{(x+1)(x-1)(ax+b)}{x-1}$$
$$=\lim_{x\to1}(x+1)(ax+b)$$
$$=2(a+b)=6$$

$\therefore a+b=3$ …… ㉢

$$\lim_{x\to-1}\frac{f(x)}{x+1}=\lim_{x\to-1}\frac{(x+1)(x-1)(ax+b)}{x+1}$$
$$=\lim_{x\to-1}(x-1)(ax+b)$$
$$=-2(-a+b)=-2$$

$\therefore -a+b=1$ …… ㉣

㉢, ㉣을 연립하여 풀면 $a=1$, $b=2$

따라서 $f(x)=(x+1)(x-1)(x+2)$이므로

$f(2)=3\times1\times4=12$

0098

답 ①

$\lim_{x\to2}f(x)=\alpha$, $\lim_{x\to2}g(x)=\beta$라 하자.

조건 ㈏에서

$\lim_{x\to2}\{f(x)+g(x)\}=\lim_{x\to2}f(x)+\lim_{x\to2}g(x)=\alpha+\beta=2$

조건 ㈐에서

$\lim_{x\to2}f(x)g(x)=\lim_{x\to2}f(x)\times\lim_{x\to2}g(x)=\alpha\beta=-3$

이때 $\alpha+\beta=2$, $\alpha\beta=-3$이므로 α, β를 두 근으로 하는 이차방정식을 $x^2-2x-3=0$이라 하면

$(x+1)(x-3)=0$ $\therefore x=-1$ 또는 $x=3$

조건 ㈎에 의하여 $\alpha>\beta$이므로

$\alpha=3$, $\beta=-1$

$$\therefore \lim_{x\to2}\frac{f(x)}{g(x)}=\frac{\lim_{x\to2}f(x)}{\lim_{x\to2}g(x)}=\frac{\alpha}{\beta}=-3$$

0099

답 ②

$f(x)=\begin{cases}x+a & (x\le a)\\ -x+1 & (x>a)\end{cases}$, $g(x)=x(x-a)$이므로

$$\lim_{x\to a-}f(x)g(x+2)=\lim_{x\to a-}(x+a)(x+2)(x+2-a)$$
$$=2a\times(a+2)\times2$$
$$=4a(a+2)$$

$$\lim_{x\to a+}f(x)g(x+2)=\lim_{x\to a+}(-x+1)(x+2)(x+2-a)$$
$$=(-a+1)\times(a+2)\times2$$
$$=2(-a+1)(a+2)$$

$\lim_{x\to a}f(x)g(x+2)$의 값이 존재하려면

$\lim_{x\to a-}f(x)g(x+2)=\lim_{x\to a+}f(x)g(x+2)$이어야 하므로

$4a(a+2)=2(1-a)(a+2)$

$2(a+2)(2a+a-1)=0$, $(a+2)(3a-1)=0$

$\therefore a=-2$ 또는 $a=\frac{1}{3}$

따라서 모든 실수 a의 값의 합은

$-2+\frac{1}{3}=-\frac{5}{3}$

0100

답 14

조건 ㈎에서 $\lim_{x\to\infty}\frac{f(x)}{x^3}=0$이므로 함수 $f(x)$는 이차 이하의 다항함수이다.

조건 ㈏의 $\lim_{x\to1}\frac{f(x)}{x-1}=1$에서 극한값이 존재하고

$x\to1$일 때, (분모)$\to0$이므로 (분자)$\to0$이어야 한다.

즉, $\lim_{x\to1}f(x)=0$이므로 $f(1)=0$

함수 $f(x)$는 $x-1$을 인수로 가지므로

$f(x)=(x-1)(ax+b)$ (a, b는 상수)라 하면

$\lim_{x\to1}\frac{f(x)}{x-1}=\lim_{x\to1}\frac{(x-1)(ax+b)}{x-1}=\lim_{x\to1}(ax+b)=1$

$\therefore a+b=1$ …… ㉠

조건 (다)에서 방정식 $f(x)=2x$의 한 근이 2이므로

$f(2)=2a+b=4$ …… ㉡

㉠, ㉡을 연립하여 풀면 $a=3$, $b=-2$

따라서 $f(x)=(x-1)(3x-2)$이므로

$f(3)=2\times7=14$

0101

답 4

$x^2-4x+3=0$에서 $(x-1)(x-3)=0$

$\therefore x=1$ 또는 $x=3$

$\therefore A=\{1, 3\}$

$(x-k)(x-k-3)\le0$에서 $k\le x\le k+3$

$\therefore B=\{x|k\le x\le k+3\}$

$f(k)=n(A\cap B)$이므로 k의 값의 범위에 따라 $f(k)$의 값을 나누어 구하면 다음과 같다.

(i) $k<-2$일 때

$k+3<1$이므로 $A\cap B=\varnothing$

$\therefore f(k)=0$

(ii) $-2\le k<0$일 때

$1\le k+3<3$이므로 $A\cap B=\{1\}$

$\therefore f(k)=1$

(iii) $0\le k\le1$일 때

$3\le k+3\le4$이므로 $A\cap B=\{1, 3\}$

$\therefore f(k)=2$

(iv) $1<k\le3$일 때

$4<k+3\le6$이므로 $A\cap B=\{3\}$

$\therefore f(k)=1$

(v) $k>3$일 때

$A\cap B=\varnothing$ 이므로 $f(k)=0$

(i)~(v)에서 $f(k)=\begin{cases}0 & (k<-2)\\ 1 & (-2\le k<0)\\ 2 & (0\le k\le1)\\ 1 & (1<k\le3)\\ 0 & (k>3)\end{cases}$

$\therefore \lim_{k\to-2+}f(k)+\lim_{k\to1-}f(k)+f(3)=1+2+1=4$

0102

답 ④

$\overline{OP}=\sqrt{t^2+2t}$이고 원 C의 반지름의 길이가 $\overline{OP}$이므로

$S(t)=\pi\times(\sqrt{t^2+2t})^2=\pi(t^2+2t)$

또한 원 C의 중심이 $O(0, 0)$이므로 원 C의 방정식은

$x^2+y^2=t^2+2t$

따라서 원 C 위의 점 $P(t, \sqrt{2t})$에서의 접선의 방정식은

$tx+\sqrt{2t}y=t^2+2t$

위의 식에 $y=0$을 대입하면

$tx=t^2+2t$ $\therefore x=t+2$ ($\because t>0$)

$\therefore \overline{OQ}=t+2$

한편 두 점 $P(t, \sqrt{2t})$, $Q(t+2, 0)$ 사이의 거리는

$\overline{PQ}=\sqrt{2^2+(-\sqrt{2t})^2}=\sqrt{2t+4}$

$$\begin{aligned}\therefore \lim_{t\to0+}\frac{S(t)}{\overline{OQ}-\overline{PQ}}&=\lim_{t\to0+}\frac{\pi(t^2+2t)}{t+2-\sqrt{2t+4}}\\&=\lim_{t\to0+}\frac{\pi(t^2+2t)(t+2+\sqrt{2t+4})}{(t+2-\sqrt{2t+4})(t+2+\sqrt{2t+4})}\\&=\lim_{t\to0+}\frac{\pi(t^2+2t)(t+2+\sqrt{2t+4})}{t^2+2t}\\&=\lim_{t\to0+}\pi(t+2+\sqrt{2t+4})\\&=\pi\times(2+2)=4\pi\end{aligned}$$

Bible Says **원 위의 한 점에서의 접선의 방정식**

원 $x^2+y^2=r^2$ 위의 점 (a, b)에서의 접선의 방정식은

$ax+by=r^2$

0103

답 36

조건 (가)의 $x>0$일 때, $3x^3-5x^2\le xf(x)\le3x^3-2x^2+4x$에서

각 변을 x^3으로 나누면

$\frac{3x^3-5x^2}{x^3}\le\frac{f(x)}{x^2}\le\frac{3x^3-2x^2+4x}{x^3}$

$\lim_{x\to\infty}\frac{3x^3-5x^2}{x^3}=3$, $\lim_{x\to\infty}\frac{3x^3-2x^2+4x}{x^3}=3$이므로

함수의 극한의 대소 관계에 의하여

$\lim_{x\to\infty}\frac{f(x)}{x^2}=3$

따라서 함수 $f(x)$는 최고차항의 계수가 3인 이차함수이므로

$f(x)=3x^2+ax+b$ (a, b는 상수) …… ㉠

라 하자.

…… ❶

조건 (나)의 $\lim_{x\to2}\frac{f(x)-8}{x-2}=8$에서 극한값이 존재하고

$x\to2$일 때, (분모)$\to0$이므로 (분자)$\to0$이어야 한다.

즉, $\lim_{x\to2}\{f(x)-8\}=0$에서 $f(2)=8$이므로

$12+2a+b=8$ $\therefore b=-2a-4$ …… ㉡

㉡을 ㉠에 대입하면 $f(x)=3x^2+ax-2a-4$이므로

$$\begin{aligned}\lim_{x\to2}\frac{f(x)-8}{x-2}&=\lim_{x\to2}\frac{3x^2+ax-2a-12}{x-2}\\&=\lim_{x\to2}\frac{(x-2)(3x+a+6)}{x-2}\\&=\lim_{x\to2}(3x+a+6)\\&=a+12=8\end{aligned}$$

$\therefore a=-4$

이를 ㉡에 대입하면 $b=4$

…… ❷

따라서 $f(x)=3x^2-4x+4$이므로

$f(4)=48-16+4=36$

…… ❸

채점 기준	배점
❶ 조건 (가)를 이용하여 $f(x)$의 식 세우기	30%
❷ 조건 (나)를 이용하여 $f(x)$의 식 구하기	50%
❸ $f(4)$의 값 구하기	20%

0104

답 28

$\lim_{x \to 1} \frac{f(x)}{x-1}=2$에서 극한값이 존재하고

$x \to 1$일 때, (분모)$\to 0$이므로 (분자)$\to 0$이어야 한다.

즉, $\lim_{x \to 1} f(x)=0$이므로 $f(1)=0$

$f(x)$는 최고차항의 계수가 1인 삼차함수이므로

$f(x)=(x-1)(x^2+ax+b)$ (a, b는 상수)라 하자.

…… ❶

$\lim_{x \to 1} \frac{f(x)}{x-1}=\lim_{x \to 1} \frac{(x-1)(x^2+ax+b)}{x-1}$

$=\lim_{x \to 1}(x^2+ax+b)=1+a+b=2$

에서 $b=1-a$이므로

$f(x)=(x-1)(x^2+ax+1-a)$

…… ❷

$f(2)=4+2a+1-a=5+a \geq 7$에서

$a \geq 2$이므로

$f(3)=2 \times (9+3a+1-a)$

$=4a+20 \geq 4 \times 2+20=28$

따라서 $f(3)$의 최솟값은 28이다.

…… ❸

채점 기준	배점
❶ 조건 (가)의 극한값이 존재함을 이용하여 $f(x)$의 식 세우기	40%
❷ 조건 (가)의 식에 $f(x)$를 대입하여 $f(x)$의 식 구하기	30%
❸ $f(3)$의 최솟값 구하기	30%

PART C 수능 녹인 변별력 문제

0105

답 ①

모든 실수 x에 대하여 $f(-x)=-f(x)$이므로 원점에 대하여 대칭인 함수 $y=f(x)$의 그래프는 다음 그림과 같다.

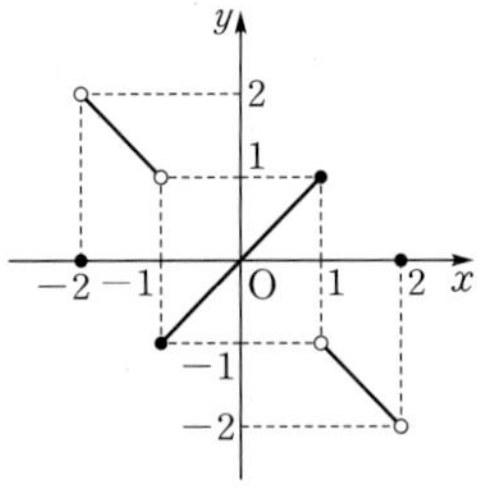

$\therefore \lim_{x \to -1+} f(x)+\lim_{x \to 2-} f(x)=-1+(-2)=-3$

다른 풀이

$\lim_{x \to -1+} f(x)=\lim_{x \to -1+}\{-f(-x)\}=-\lim_{x \to -1+} f(-x)$

$-x=t$라 하면 $x \to -1+$일 때, $t \to 1-$이므로

$-\lim_{x \to -1+} f(-x)=-\lim_{t \to 1-} f(t)=-1$

$\therefore \lim_{x \to -1+} f(x)+\lim_{x \to 2-} f(x)=-1+(-2)=-3$

Bible Says 함수의 그래프의 대칭성

함수 $f(x)$가 모든 실수 x에 대하여

(1) $f(-x)=f(x)$이면 함수 $y=f(x)$의 그래프는 y축에 대하여 대칭이다.

(2) $f(-x)=-f(x)$이면 함수 $y=f(x)$의 그래프는 원점에 대하여 대칭이다.

0106

답 ③

(i) $a<3$일 때

$\lim_{x \to 3} \frac{x^2-9}{|x-a|-|a-3|}=\lim_{x \to 3} \frac{(x+3)(x-3)}{x-a+a-3}$

$=\lim_{x \to 3}(x+3)=6$

따라서 $b=6$이므로 가능한 경우는

$a=1$, $b=6$ 또는 $a=2$, $b=6$

(ii) $a=3$일 때

$\lim_{x \to 3} \frac{x^2-9}{|x-a|-|a-3|}=\lim_{x \to 3} \frac{(x+3)(x-3)}{|x-3|}$

이때

$\lim_{x \to 3-} \frac{(x+3)(x-3)}{|x-3|}=\lim_{x \to 3-}\{-(x+3)\}=-6$

$\lim_{x \to 3+} \frac{(x+3)(x-3)}{|x-3|}=\lim_{x \to 3+}(x+3)=6$

이므로 극한값이 존재하지 않는다.

(iii) $a>3$일 때

$\lim_{x \to 3} \frac{x^2-9}{|x-a|-|a-3|}=\lim_{x \to 3} \frac{(x+3)(x-3)}{-x+a-a+3}$

$=\lim_{x \to 3}\{-(x+3)\}=-6$

이때 b는 자연수이므로 조건을 만족시키지 않는다.

(i)~(iii)에서 두 자연수 a, b의 값으로 가능한 경우는

$a=1$, $b=6$ 또는 $a=2$, $b=6$

이므로 $a+b$의 최댓값은

$2+6=8$

0107

답 12

$\frac{2f(x)+g(x)}{f(x)-g(x)}=h(x)$라 하면

$2f(x)+g(x)=h(x)\{f(x)-g(x)\}$

$\{h(x)-2\}f(x)=\{h(x)+1\}g(x)$이므로

$\frac{g(x)}{f(x)}=\frac{h(x)-2}{h(x)+1}$

이때 $\lim_{x \to \infty} h(x)=5$이므로

$\lim_{x \to \infty} \frac{g(x)}{f(x)}=\lim_{x \to \infty} \frac{h(x)-2}{h(x)+1}=\frac{5-2}{5+1}=\frac{1}{2}$

$\therefore \lim_{x \to \infty} \frac{3f(x)-g(x)}{2f(x)+3g(x)}=\lim_{x \to \infty} \frac{3-\frac{g(x)}{f(x)}}{2+3 \times \frac{g(x)}{f(x)}}$

$=\frac{3-\frac{1}{2}}{2+\frac{3}{2}}=\frac{5}{7}$

따라서 $p=7$, $q=5$이므로 $p+q=12$

0108

답 ④

ㄱ. $f(x)=t$라 하면 $x \to 1+$일 때, $t \to 0+$이므로

$\lim_{x \to 1+} f(f(x)) = \lim_{t \to 0+} f(t) = 0$ (참)

ㄴ. $\lim_{x \to 1} f(g(x))$의 값이 존재하려면

$\lim_{x \to 1-} f(g(x)) = \lim_{x \to 1+} f(g(x))$

이어야 한다.

$g(x)=s$라 하면

$x \to 1-$일 때, $s \to 0-$이므로

$\lim_{x \to 1-} f(g(x)) = \lim_{s \to 0-} f(s) = 0$

$x \to 1+$일 때, $s \to 1-$이므로

$\lim_{x \to 1+} f(g(x)) = \lim_{s \to 1-} f(s) = 1$

따라서 $\lim_{x \to 1-} f(g(x)) \neq \lim_{x \to 1+} f(g(x))$이므로

$\lim_{x \to 1} f(g(x))$의 값은 존재하지 않는다. (거짓)

ㄷ. $f(x)=t$라 하면

$x \to -1-$일 때, $t \to 1-$이므로

$\lim_{x \to -1-} g(f(x)) = \lim_{t \to 1-} g(t) = 0$

$x \to -1+$일 때, $t \to -1+$이므로

$\lim_{x \to -1+} g(f(x)) = \lim_{t \to -1+} g(t) = 0$

$\therefore \lim_{x \to -1} g(f(x)) = 0$ (참)

따라서 옳은 것은 ㄱ, ㄷ이다.

0109

답 6

조건 (가)에서

$f(x)-g(x)=x^2+3x-4=(x+4)(x-1)$ ...... ㉠

이고 $g(x)$는 최고차항의 계수가 -1인 이차함수이다.

조건 (나)의 $\lim_{x \to 1} \frac{f(x)+g(x)}{x-1}=3$에서 극한값이 존재하고

$x \to 1$일 때, (분모) $\to 0$이므로 (분자) $\to 0$이어야 한다.

즉, $\lim_{x \to 1} \{f(x)+g(x)\}=0$이므로 $f(1)+g(1)=0$

함수 $f(x)+g(x)$는 $x-1$을 인수로 가지므로

$f(x)+g(x)=-(x-1)(x+a)$ (a는 상수)라 하면

$$\lim_{x \to 1} \frac{f(x)+g(x)}{x-1} = \lim_{x \to 1} \frac{-(x-1)(x+a)}{x-1} = \lim_{x \to 1} \{-(x+a)\} = -1-a=3$$

$\therefore a=-4$

$\therefore f(x)+g(x)=-(x-1)(x-4) = -x^2+5x-4$ ...... ㉡

㉠, ㉡을 연립하여 풀면

$f(x)=4(x-1)$, $g(x)=-x^2+x$이므로

$f(3)+g(2)=8+(-2)=6$

0110

답 1

$x<-1$일 때, $f(x)=\frac{x+2}{x+1}=1+\frac{1}{x+1}$

$x \geq -1$일 때, $f(x)=x^2-2x-1=(x-1)^2-2$

이므로 함수 $y=f(x)$의 그래프는 다음 그림과 같다.

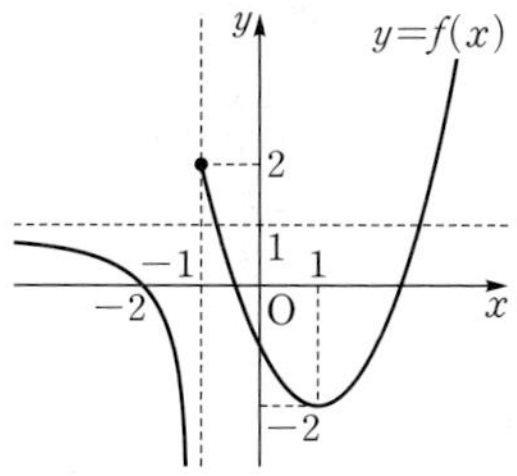

(i) $t<-2$일 때

함수 $y=f(x)$의 그래프와 직선 $y=t$가 한 점에서 만나므로

$g(t)=1$

(ii) $t=-2$일 때

함수 $y=f(x)$의 그래프와 직선 $y=t$가 서로 다른 두 점에서 만나므로 $g(t)=2$

(iii) $-2<t<1$일 때

함수 $y=f(x)$의 그래프와 직선 $y=t$가 서로 다른 세 점에서 만나므로 $g(t)=3$

(iv) $1 \leq t \leq 2$일 때

함수 $y=f(x)$의 그래프와 직선 $y=t$가 서로 다른 두 점에서 만나므로 $g(t)=2$

(v) $t>2$일 때

함수 $y=f(x)$의 그래프와 직선 $y=t$가 한 점에서 만나므로

$g(t)=1$

(i)~(v)에서 $g(t)=\begin{cases} 1 & (t<-2) \\ 2 & (t=-2) \\ 3 & (-2<t<1) \\ 2 & (1 \leq t \leq 2) \\ 1 & (t>2) \end{cases}$이고 그 그래프는 다음 그림과 같다.

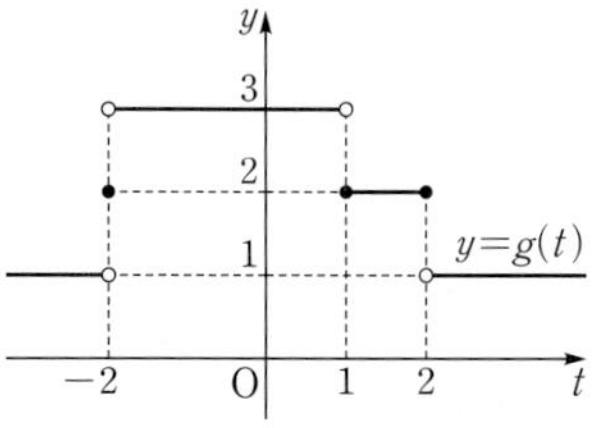

따라서 $\lim_{t \to a-} g(t) \neq \lim_{t \to a+} g(t)$를 만족시키는 실수 a의 값은

-2, 1, 2이므로 구하는 합은

$-2+1+2=1$

0111

답 ④

$\lim_{x \to a} f(x) \neq 0$이면 $\lim_{x \to a} \frac{f(x)-(x-a)}{f(x)+(x-a)} = \frac{f(a)}{f(a)} = 1 \neq \frac{3}{5}$이므로

$\lim_{x \to a} f(x)=0$이어야 한다.

이때 함수 $f(x)$는 다항함수이므로 $f(a)=0$

즉, a는 이차방정식 $f(x)=0$의 두 근 α, β 중 하나이다.

$f(x)$는 최고차항의 계수가 1인 이차함수이므로

$f(x)=(x-\alpha)(x-\beta)$

이고 $\alpha=a$라 하면

$$\lim_{x\to\alpha}\frac{f(x)-(x-\alpha)}{f(x)+(x-\alpha)}=\lim_{x\to\alpha}\frac{(x-\alpha)(x-\beta)-(x-\alpha)}{(x-\alpha)(x-\beta)+(x-\alpha)}$$
$$=\lim_{x\to\alpha}\frac{(x-\alpha)(x-\beta-1)}{(x-\alpha)(x-\beta+1)}$$
$$=\lim_{x\to\alpha}\frac{x-\beta-1}{x-\beta+1}$$
$$=\frac{\alpha-\beta-1}{\alpha-\beta+1}=\frac{3}{5}$$

에서 $5(\alpha-\beta)-5=3(\alpha-\beta)+3$

$2(\alpha-\beta)=8$ $\quad\therefore |\alpha-\beta|=4$

0112

답 21

(i) $1<x<3$일 때

$1\le[x]\le2$이므로 $[x]$보다 작은 소수는 존재하지 않는다.

$\therefore f(x)=0$

(ii) $3\le x<4$일 때

$[x]=3$이므로 $[x]$보다 작은 소수는 2

$\therefore f(x)=1$

(iii) $4\le x<6$일 때

$4\le[x]\le5$이므로 $[x]$보다 작은 소수는 2, 3

$\therefore f(x)=2$

(iv) $6\le x<8$일 때

$6\le[x]\le7$이므로 $[x]$보다 작은 소수는 2, 3, 5

$\therefore f(x)=3$

(v) $8\le x<12$일 때

$8\le[x]\le11$이므로 $[x]$보다 작은 소수는 2, 3, 5, 7

$\therefore f(x)=4$

(i)~(v)에서 $1<x<12$일 때, $f(x)=\begin{cases}0 & (1<x<3)\\ 1 & (3\le x<4)\\ 2 & (4\le x<6)\\ 3 & (6\le x<8)\\ 4 & (8\le x<12)\end{cases}$ 이고 그 그래프는 다음 그림과 같다.

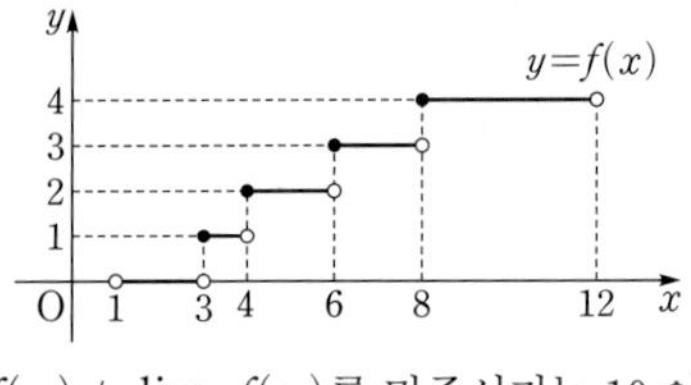

따라서 $\lim_{x\to k-}f(x)\ne\lim_{x\to k+}f(x)$를 만족시키는 10 이하의 자연수 k의 값은 3, 4, 6, 8이므로 구하는 합은

$3+4+6+8=21$

0113

답 ⑤

$\lim_{x\to0+}\dfrac{x^2f\left(\frac{1}{x}\right)-1}{1-x}=1$에서 $\dfrac{1}{x}=t$라 하면 $x=\dfrac{1}{t}$이고

$x\to0+$일 때, $t\to\infty$이므로

$$\lim_{x\to0+}\frac{x^2f\left(\frac{1}{x}\right)-1}{1-x}=\lim_{t\to\infty}\frac{\frac{f(t)}{t^2}-1}{1-\frac{1}{t}}=1$$

$\lim_{t\to\infty}\left\{\dfrac{f(t)}{t^2}-1\right\}=1$ $\quad\therefore \lim_{t\to\infty}\dfrac{f(t)}{t^2}=2$

따라서 $f(x)$는 최고차항의 계수가 2인 이차함수이므로

$f(x)=2x^2+ax+b$ (a, b는 상수) …… ㉠

라 할 수 있다.

$\lim_{x\to\infty}xf\left(\dfrac{2}{x}\right)=2$에서 $\dfrac{2}{x}=s$라 하면 $x=\dfrac{2}{s}$이고

$x\to\infty$일 때, $s\to0+$이므로

$$\lim_{x\to\infty}xf\left(\frac{2}{x}\right)=\lim_{s\to0+}\frac{2f(s)}{s}=2$$

$\therefore \lim_{s\to0+}\dfrac{f(s)}{s}=1$ …… ㉡

㉡에서 극한값이 존재하고 $s\to0+$일 때, (분모)$\to0$이므로 (분자)$\to0$이어야 한다.

즉, $\lim_{s\to0+}f(s)=0$이므로 $\lim_{s\to0+}(2s^2+as+b)=0$ ($\because$ ㉠)

$\therefore b=0$

따라서 $f(x)=2x^2+ax$이므로 이를 다시 ㉡에 대입하면

$$\lim_{s\to0+}\frac{f(s)}{s}=\lim_{s\to0+}\frac{2s^2+as}{s}$$
$$=\lim_{s\to0+}(2s+a)=a=1$$

따라서 $f(x)=2x^2+x$이므로

$f(2)=8+2=10$

0114

답 ①

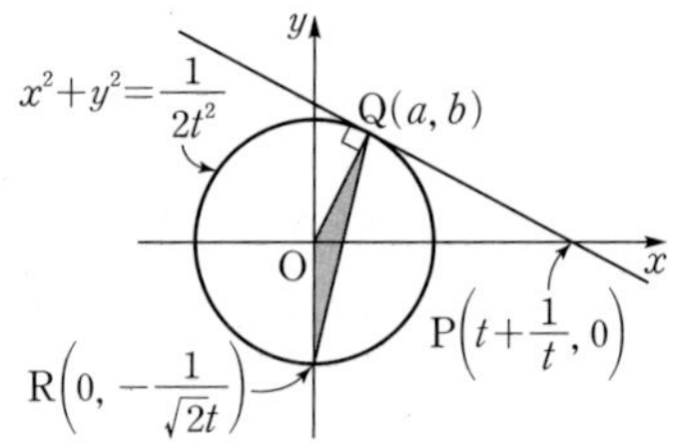

점 Q의 좌표를 Q(a, b) $(a>0, b>0)$라 하면

원 $x^2+y^2=\dfrac{1}{2t^2}$ 위의 점 Q에서의 접선의 방정식은

$ax+by=\dfrac{1}{2t^2}$

이 접선이 점 $P\left(t+\dfrac{1}{t}, 0\right)$을 지나므로

$a\times\left(t+\dfrac{1}{t}\right)=\dfrac{1}{2t^2}$, $a\times\dfrac{t^2+1}{t}=\dfrac{1}{2t^2}$

$\therefore a=\dfrac{1}{2t(t^2+1)}$

따라서 삼각형 ORQ의 넓이 $S(t)$는

$S(t)=\dfrac{1}{2}\times\overline{OR}\times$(점 Q의 x좌표)

$$=\frac{1}{2}\times\frac{1}{\sqrt{2}t}\times\frac{1}{2t(t^2+1)}=\frac{1}{4\sqrt{2}t^2(t^2+1)}$$

$\therefore \lim_{t\to\infty}\{t^4\times S(t)\}=\lim_{t\to\infty}\dfrac{t^4}{4\sqrt{2}t^2(t^2+1)}$

$=\lim_{t\to\infty}\dfrac{1}{4\sqrt{2}\left(1+\dfrac{1}{t^2}\right)}$

$=\dfrac{1}{4\sqrt{2}}=\dfrac{\sqrt{2}}{8}$

다른 풀이

$\overline{OQ}=\overline{OR}=\dfrac{1}{\sqrt{2t}}$이므로 $\angle QOP=\theta$라 하면

$S(t)=\dfrac{1}{2}\times\overline{OQ}\times\overline{OR}\times\sin\left(\dfrac{\pi}{2}+\theta\right)$

$=\dfrac{1}{2}\times\dfrac{1}{\sqrt{2t}}\times\dfrac{1}{\sqrt{2t}}\times\cos\theta$

$=\dfrac{1}{4t^2}\cos\theta$ …… ㉠

직각삼각형 PQO에서 $\overline{OP}=t+\dfrac{1}{t}$이므로

$\cos\theta=\dfrac{\overline{OQ}}{\overline{OP}}=\dfrac{\dfrac{1}{\sqrt{2t}}}{t+\dfrac{1}{t}}=\dfrac{\sqrt{2}}{2(t^2+1)}$

위의 식을 ㉠에 대입하면

$S(t)=\dfrac{1}{4t^2}\times\dfrac{\sqrt{2}}{2(t^2+1)}=\dfrac{\sqrt{2}}{8t^4+8t^2}$

$\therefore \lim_{t\to\infty}\{t^4\times S(t)\}=\lim_{t\to\infty}\dfrac{\sqrt{2}t^4}{8t^4+8t^2}$

$=\lim_{t\to\infty}\dfrac{\sqrt{2}}{8+\dfrac{8}{t^2}}=\dfrac{\sqrt{2}}{8}$

0115

답 ③

조건 (가)에서 함수 $f(x)g(x)$는 최고차항의 계수가 2인 삼차함수이므로

$f(x)g(x)=2x^3+ax^2+bx+c$ (a, b, c는 상수)

라 할 수 있다.

조건 (나)의 $\lim_{x\to0}\dfrac{f(x)g(x)}{x^2}=-4$에서 극한값이 존재하고

$x\to0$일 때, (분모)$\to0$이므로 (분자)$\to0$이어야 한다.

즉, $\lim_{x\to0}f(x)g(x)=0$이므로 $\lim_{x\to0}(2x^3+ax^2+bx+c)=0$

따라서 $c=0$이므로

$f(x)g(x)=2x^3+ax^2+bx$ …… ㉠

㉠을 조건 (나)에 대입하면

$\lim_{x\to0}\dfrac{f(x)g(x)}{x^2}=\lim_{x\to0}\dfrac{2x^3+ax^2+bx}{x^2}$

$=\lim_{x\to0}\dfrac{2x^2+ax+b}{x}=-4$ …… ㉡

㉡에서 극한값이 존재하고 $x\to0$일 때, (분모)$\to0$이므로 (분자)$\to0$이어야 한다.

즉, $\lim_{x\to0}(2x^2+ax+b)=0$이므로 $b=0$

이를 ㉡에 대입하면

$\lim_{x\to0}\dfrac{2x^2+ax+b}{x}=\lim_{x\to0}\dfrac{2x^2+ax}{x}=\lim_{x\to0}(2x+a)=a=-4$

$\therefore f(x)g(x)=2x^3-4x^2=2x^2(x-2)$

$f(x)$, $g(x)$는 상수항과 계수가 모두 정수인 다항함수이므로

$f(x)=2x^2$, $g(x)=x-2$일 때 $f(2)$는 최댓값 8을 갖는다.

0116

답 5

조건 (가)에서 $-1\le x\le1$일 때 $f(x)=|x|$이고

조건 (나)에서 모든 실수 x에 대하여 $f(x+2)=f(x)$이므로 함수 $y=f(x)$의 그래프는 다음 그림과 같다.

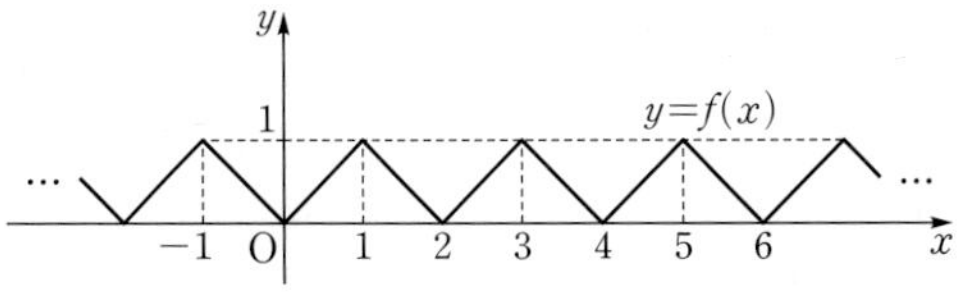

따라서 직선 $y=\dfrac{1}{2t}(x+1)$과 함수 $y=f(x)$의 그래프의 위치 관계는 다음과 같이 나누어 생각해 볼 수 있다.

(i) $1<t<2$일 때

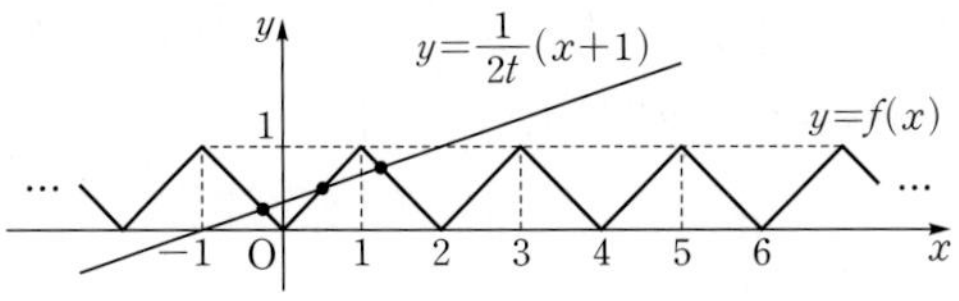

직선 $y=\dfrac{1}{2t}(x+1)$과 함수 $y=f(x)$의 그래프의 교점의 개수는 $g(t)=3$

(ii) $t=2$일 때

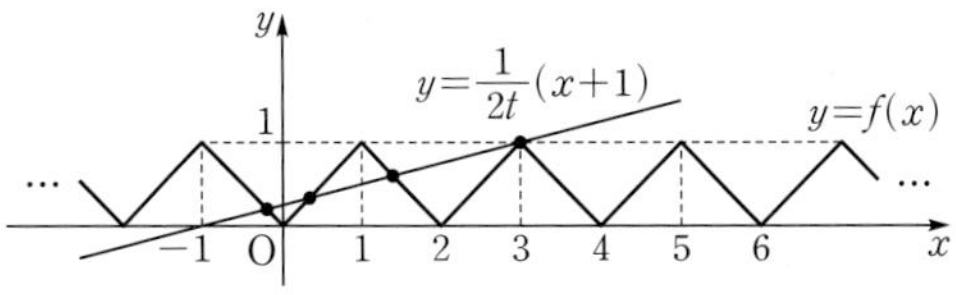

직선 $y=\dfrac{1}{2t}(x+1)$과 함수 $y=f(x)$의 그래프의 교점의 개수는 $g(t)=4$

(iii) $2<t<3$일 때

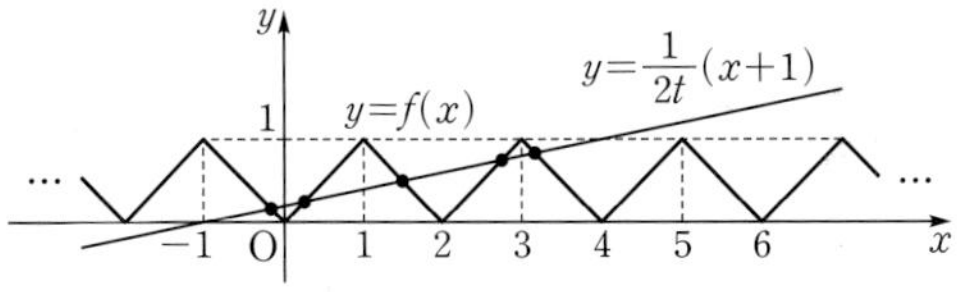

직선 $y=\dfrac{1}{2t}(x+1)$과 함수 $y=f(x)$의 그래프의 교점의 개수는 $g(t)=5$

(iv) $t=3$일 때

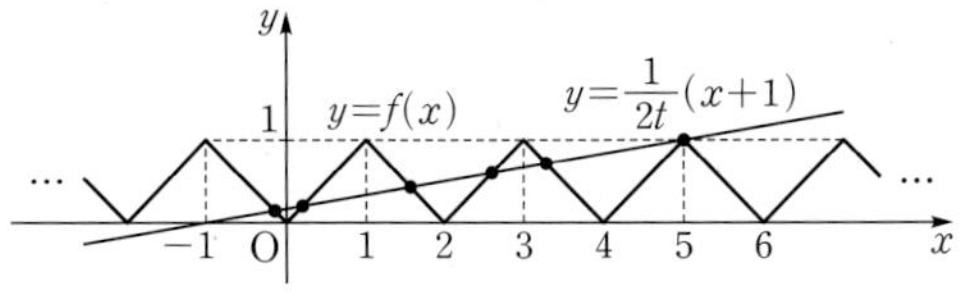

직선 $y=\dfrac{1}{2t}(x+1)$과 함수 $y=f(x)$의 그래프의 교점의 개수는 $g(t)=6$

(i)~(iv)에서 $1<t\le3$일 때, $g(t)=\begin{cases}3 & (1<t<2)\\ 4 & (t=2)\\ 5 & (2<t<3)\\ 6 & (t=3)\end{cases}$

따라서 $k=2$일 때, $\lim_{t\to k-}g(t)=3$이고

$k=3$일 때, $\lim_{t\to k-}g(t)=5$이므로 $3\le\lim_{t\to k-}g(t)\le5$를 만족시키는 모든 자연수 k의 값의 합은 $2+3=5$

PART A 02 함수의 연속

유형 01 함수의 연속

확인 문제 (1) 연속 (2) 불연속
(3) 불연속 (4) 연속

(1) $\lim_{x\to2}f(x)=\lim_{x\to2}|x-2|=0$, $f(2)=0$에서
$\lim_{x\to2}f(x)=f(2)$이므로 함수 $f(x)$는 $x=2$에서 연속이다.

(2) $f(x)=\dfrac{1}{|x-2|}$에서 $f(2)$의 값이 정의되지 않으므로
함수 $f(x)$는 $x=2$에서 불연속이다.

(3) $\lim_{x\to2}f(x)=\lim_{x\to2}\dfrac{x^2-4}{x-2}=\lim_{x\to2}\dfrac{(x+2)(x-2)}{x-2}$
$=\lim_{x\to2}(x+2)=4$
$f(2)=3$에서 $\lim_{x\to2}f(x)\neq f(2)$이므로 함수 $f(x)$는 $x=2$에서 불연속이다.

(4) $\lim_{x\to2-}f(x)=\lim_{x\to2-}(x^2-2)=2$
$\lim_{x\to2+}f(x)=\lim_{x\to2+}(-x+4)=2$
$f(2)=2$
에서 $\lim_{x\to2}f(x)=f(2)$이므로 함수 $f(x)$는 $x=2$에서 연속이다.

0117 답 ①

ㄱ. $\lim_{x\to1}f(x)=\lim_{x\to1}\dfrac{x^2-x}{x-1}=\lim_{x\to1}\dfrac{x(x-1)}{x-1}=\lim_{x\to1}x=1$
$f(1)=1$에서 $\lim_{x\to1}f(x)=f(1)$이므로 함수 $f(x)$는 $x=1$에서 연속이다.

ㄴ. $\lim_{x\to1}g(x)=\lim_{x\to1}(\sqrt{x-1}+2)=2$
$g(1)=3$에서 $\lim_{x\to1}g(x)\neq g(1)$이므로 함수 $g(x)$는 $x=1$에서 불연속이다.

ㄷ. $\lim_{x\to1-}h(x)=\lim_{x\to1-}\dfrac{|x-1|}{x-1}=\lim_{x\to1-}\dfrac{-(x-1)}{x-1}=-1$
$\lim_{x\to1+}h(x)=\lim_{x\to1+}\dfrac{|x-1|}{x-1}=\lim_{x\to1+}\dfrac{x-1}{x-1}=1$
에서 $\lim_{x\to1}h(x)$의 값이 존재하지 않으므로 함수 $h(x)$는 $x=1$에서 불연속이다.

따라서 $x=1$에서 연속인 함수는 ㄱ이다.

0118 답 ④

① $\lim_{x\to2}f(x)=\lim_{x\to2}(x^2-3)=1$, $f(2)=1$에서
$\lim_{x\to2}f(x)=f(2)$이므로 함수 $f(x)$는 $x=2$에서 연속이다.

② $\lim_{x\to2}f(x)=\lim_{x\to2}|x-2|=0$, $f(2)=0$에서
$\lim_{x\to2}f(x)=f(2)$이므로 함수 $f(x)$는 $x=2$에서 연속이다.

③ $\lim_{x\to2-}f(x)=\lim_{x\to2-}(3-x)=1$
$\lim_{x\to2+}f(x)=\lim_{x\to2+}(x^2-3)=1$
$f(2)=1$
에서 $\lim_{x\to2}f(x)=f(2)$이므로 함수 $f(x)$는 $x=2$에서 연속이다.

④ $\lim_{x\to2}f(x)=\lim_{x\to2}\dfrac{x^2-3x+2}{x-2}$
$=\lim_{x\to2}\dfrac{(x-1)(x-2)}{x-2}$
$=\lim_{x\to2}(x-1)=1$
$f(2)=2$
에서 $\lim_{x\to2}f(x)\neq f(2)$이므로 함수 $f(x)$는 $x=2$에서 불연속이다.

⑤ $\lim_{x\to2}f(x)=\lim_{x\to2}\dfrac{x^2-x-2}{x-2}$
$=\lim_{x\to2}\dfrac{(x+1)(x-2)}{x-2}$
$=\lim_{x\to2}(x+1)=3$
$f(2)=3$
에서 $\lim_{x\to2}f(x)=f(2)$이므로 함수 $f(x)$는 $x=2$에서 연속이다.

따라서 $x=2$에서 불연속인 함수는 ④이다.

0119 답 ①

ㄱ. $\lim_{x\to0}f(x)=\lim_{x\to0}\dfrac{g(x)}{x}=\lim_{x\to0}\dfrac{x^2+2x}{x}=\lim_{x\to0}\dfrac{x(x+2)}{x}$
$=\lim_{x\to0}(x+2)=2$
$f(0)=2$
에서 $\lim_{x\to0}f(x)=f(0)$이므로 함수 $f(x)$는 $x=0$에서 연속이다.

ㄴ. $\lim_{x\to0-}f(x)=\lim_{x\to0-}\dfrac{g(x)}{x}=\lim_{x\to0-}\dfrac{|x^2-2x|}{x}$
$=\lim_{x\to0-}\dfrac{x(x-2)}{x}=\lim_{x\to0-}(x-2)=-2$
$\lim_{x\to0+}f(x)=\lim_{x\to0+}\dfrac{g(x)}{x}=\lim_{x\to0+}\dfrac{|x^2-2x|}{x}$
$=\lim_{x\to0+}\dfrac{-x(x-2)}{x}=\lim_{x\to0+}(-x+2)=2$
에서 $\lim_{x\to0}f(x)$의 값이 존재하지 않으므로 함수 $f(x)$는 $x=0$에서 불연속이다.

ㄷ. $\lim_{x\to0-}f(x)=\lim_{x\to0-}\dfrac{g(x)}{x}=\lim_{x\to0-}\dfrac{-x(x+2)}{x}$
$=\lim_{x\to0-}(-x-2)=-2$
$\lim_{x\to0+}f(x)=\lim_{x\to0+}\dfrac{g(x)}{x}=\lim_{x\to0+}\dfrac{x(x+2)}{x}$
$=\lim_{x\to0+}(x+2)=2$
에서 $\lim_{x\to0}f(x)$의 값이 존재하지 않으므로 함수 $f(x)$는 $x=0$에서 불연속이다.

따라서 $x=0$에서 연속인 함수는 ㄱ이다.

유형 02 함수의 그래프와 연속

0120

답 ③

ㄱ. $\lim_{x \to 0+} f(x) = 1$ (참)

ㄴ. $\lim_{x \to 1-} f(x) = 2$, $\lim_{x \to 1+} f(x) = 2$이므로 $\lim_{x \to 1} f(x) = 2$

그런데 $f(1) = 1$이므로 $\lim_{x \to 1} f(x) \neq f(1)$ (거짓)

ㄷ. $\lim_{x \to 1-} (x-1)f(x) = 0 \times 2 = 0$

$\lim_{x \to 1+} (x-1)f(x) = 0 \times 2 = 0$

$(1-1)f(1) = 0 \times 1 = 0$

에서 $\lim_{x \to 1-} (x-1)f(x) = \lim_{x \to 1+} (x-1)f(x) = (1-1)f(1)$이므로 함수 $(x-1)f(x)$는 $x=1$에서 연속이다. (참)

따라서 옳은 것은 ㄱ, ㄷ이다.

0121

답 ③

ㄱ. $\lim_{x \to -1-} f(x) = 1$, $\lim_{x \to -1+} f(x) = 1$이므로

$\lim_{x \to -1} f(x) = 1$ (참)

ㄴ. $-x = t$라 하면 $x \to -1-$일 때, $t \to 1+$이므로

$\lim_{x \to -1-} f(-x) = \lim_{t \to 1+} f(t) = -1$ (거짓)

ㄷ. $x-1 = s$라 하면

$x \to 0-$일 때, $s \to -1-$이므로

$\lim_{x \to 0-} f(x)f(x-1) = \lim_{x \to 0-} f(x) \times \lim_{s \to -1-} f(s)$

$= 0 \times 1 = 0$

$x \to 0+$일 때, $s \to -1+$이므로

$\lim_{x \to 0+} f(x)f(x-1) = \lim_{x \to 0+} f(x) \times \lim_{s \to -1+} f(s)$

$= 0 \times 1 = 0$

$f(0)f(-1) = 1 \times 0 = 0$

즉, $\lim_{x \to 0-} f(x)f(x-1) = \lim_{x \to 0+} f(x)f(x-1) = f(0)f(-1)$

이므로 함수 $f(x)f(x-1)$은 $x=0$에서 연속이다. (참)

따라서 옳은 것은 ㄱ, ㄷ이다.

0122

답 ⑤

ㄱ. $\lim_{x \to -1-} f(x) = -1$, $\lim_{x \to -1+} f(x) = -1$이므로

$\lim_{x \to -1} f(x) = -1$ (참)

ㄴ. $\lim_{x \to 1-} |f(x)| = |-1| = 1$

$\lim_{x \to 1+} |f(x)| = |1| = 1$

$|f(1)| = |-1| = 1$

에서 $\lim_{x \to 1-} |f(x)| = \lim_{x \to 1+} |f(x)| = |f(1)|$이므로

함수 $|f(x)|$는 $x=1$에서 연속이다. (참)

ㄷ. $\lim_{x \to 1-} \{f(x)\}^2 = (-1)^2 = 1$

$\lim_{x \to 1+} \{f(x)\}^2 = 1^2 = 1$

$\{f(1)\}^2 = (-1)^2 = 1$

에서 $\lim_{x \to 1-} \{f(x)\}^2 = \lim_{x \to 1+} \{f(x)\}^2 = \{f(1)\}^2$이므로

함수 $\{f(x)\}^2$은 $x=1$에서 연속이다. (참)

따라서 옳은 것은 ㄱ, ㄴ, ㄷ이다.

0123

답 ②

ㄱ. $\lim_{x \to -1+} f(x)g(x) = 1 \times (-1) = -1$ (참)

ㄴ. $\lim_{x \to 0-} f(x)g(x) = 0 \times 0 = 0$

$\lim_{x \to 0+} f(x)g(x) = (-1) \times 0 = 0$

$f(0)g(0) = (-1) \times 0 = 0$

에서 $\lim_{x \to 0-} f(x)g(x) = \lim_{x \to 0+} f(x)g(x) = f(0)g(0)$이므로

함수 $f(x)g(x)$는 $x=0$에서 연속이다. (참)

ㄷ. $\lim_{x \to 1-} f(x)g(x) = 1 \times 1 = 1$

$\lim_{x \to 1+} f(x)g(x) = (-1) \times (-1) = 1$

$f(1)g(1) = 1 \times (-1) = -1$

에서 $\lim_{x \to 1-} f(x)g(x) = \lim_{x \to 1+} f(x)g(x) \neq f(1)g(1)$이므로

함수 $f(x)g(x)$는 $x=1$에서 불연속이다. (거짓)

따라서 옳은 것은 ㄱ, ㄴ이다.

유형 03 함수가 연속일 조건

0124

답 ⑤

함수 $f(x)$가 실수 전체의 집합에서 연속이므로 $x=2$에서 연속이다.

즉, $\lim_{x \to 2} f(x) = f(2)$이어야 하므로

$6+4=a \qquad \therefore a=10$

0125

답 ③

함수 $f(x)$가 실수 전체의 집합에서 연속이므로 $x=3$에서 연속이다.

$\lim_{x \to 3-} f(x) = \lim_{x \to 3-} (2x+a) = 6+a$

$\lim_{x \to 3+} f(x) = \lim_{x \to 3+} (ax+4) = 3a+4$

$f(3) = 6+a$

에서 $\lim_{x \to 3-} f(x) = \lim_{x \to 3+} f(x) = f(3)$이므로

$6+a = 3a+4 \qquad \therefore a=1$

따라서 $x>3$일 때, $f(x) = x+4$이므로

$f(4) = 4+4 = 8$

0126

답 ④

함수 $f(x)$가 실수 전체의 집합에서 연속이므로 $x=-1$에서 연속이다.

$\lim_{x\to -1-} f(x)=\lim_{x\to -1-}(2x+a)=-2+a$

$\lim_{x\to -1+} f(x)=\lim_{x\to -1+}(x^2-5x-a)=6-a$

$f(-1)=-2+a$

에서 $\lim_{x\to -1-} f(x)=\lim_{x\to -1+} f(x)=f(-1)$이므로

$-2+a=6-a \qquad \therefore a=4$

0127

답 ⑤

함수 $f(x)$가 실수 전체의 집합에서 연속이므로 $x=2$에서 연속이다.

$$\lim_{x\to 2} f(x)=\lim_{x\to 2}\frac{x^2+x-6}{x-2}=\lim_{x\to 2}\frac{(x+3)(x-2)}{x-2}=\lim_{x\to 2}(x+3)=5$$

$f(2)=k$

에서 $\lim_{x\to 2} f(x)=f(2)$이므로

$k=5$

0128

답 ⑤

함수 $f(x)$가 $x=1$에서 연속이므로 $\lim_{x\to 1-} f(x)=\lim_{x\to 1+} f(x)=f(1)$이어야 한다.

$\lim_{x\to 1-} f(x)=\lim_{x\to 1-}\sqrt{-x+a}=\sqrt{-1+a}$

$\lim_{x\to 1+} f(x)=\lim_{x\to 1+}(x^2+2x-1)=2$

$f(1)=1+2-1=2$

에서

$\sqrt{-1+a}=2 \qquad \therefore a=5$

0129

답 ②

함수 $f(x)$가 $x=3$에서 연속이므로 $\lim_{x\to 3} f(x)=f(3)$이어야 한다.

$\lim_{x\to 3}\frac{a\sqrt{x+1}-2}{x-3}=b \qquad \cdots\cdots$ ㉠

㉠에서 극한값이 존재하고 $x\to 3$일 때, (분모)$\to 0$이므로 (분자)$\to 0$이어야 한다.

즉, $\lim_{x\to 3}(a\sqrt{x+1}-2)=0$이므로

$2a-2=0 \qquad \therefore a=1$

$a=1$을 ㉠에 대입하면

$$\lim_{x\to 3}\frac{a\sqrt{x+1}-2}{x-3}=\lim_{x\to 3}\frac{\sqrt{x+1}-2}{x-3}=\lim_{x\to 3}\frac{(\sqrt{x+1}-2)(\sqrt{x+1}+2)}{(x-3)(\sqrt{x+1}+2)}=\lim_{x\to 3}\frac{x-3}{(x-3)(\sqrt{x+1}+2)}$$

$$=\lim_{x\to 3}\frac{1}{\sqrt{x+1}+2}=\frac{1}{2+2}=\frac{1}{4}=b$$

$\therefore a+b=1+\frac{1}{4}=\frac{5}{4}$

0130

답 ①

함수 $f(x)$가 $x=2$에서 연속이므로 $\lim_{x\to 2-} f(x)=\lim_{x\to 2+} f(x)=f(2)$이어야 한다.

$f(2)=\lim_{x\to 2+} f(x)=\lim_{x\to 2+}(-x^2+b)=-4+b$이므로

$\lim_{x\to 2-} f(x)=\lim_{x\to 2-}\frac{x^2+3x+a}{x-2}=-4+b \qquad \cdots\cdots$ ㉠

㉠에서 극한값이 존재하고 $x\to 2-$일 때, (분모)$\to 0$이므로 (분자)$\to 0$이어야 한다.

즉, $\lim_{x\to 2-}(x^2+3x+a)=0$이므로

$4+6+a=0 \qquad \therefore a=-10$

$a=-10$을 ㉠에 대입하면

$$\lim_{x\to 2-}\frac{x^2+3x+a}{x-2}=\lim_{x\to 2-}\frac{x^2+3x-10}{x-2}=\lim_{x\to 2-}\frac{(x+5)(x-2)}{x-2}=\lim_{x\to 2-}(x+5)=7=-4+b$$

따라서 $b=11$이므로

$a+b=-10+11=1$

0131

답 -3

함수 $|f(x)|$가 실수 전체의 집합에서 연속이므로 $x=a$에서 연속이다.

$\lim_{x\to a-}|f(x)|=\lim_{x\to a-}|x-3|=|a-3|$

$\lim_{x\to a+}|f(x)|=\lim_{x\to a+}|x^2-9|=|a^2-9|$

$|f(a)|=|a^2-9|$

에서 $\lim_{x\to a-}|f(x)|=\lim_{x\to a+}|f(x)|=|f(a)|$이므로

$|a-3|=|a^2-9|$

$a-3=a^2-9$ 또는 $a-3=-a^2+9$

❶

(i) $a-3=a^2-9$일 때

$a^2-a-6=0,\ (a+2)(a-3)=0$

$\therefore a=-2$ 또는 $a=3$

(ii) $a-3=-a^2+9$일 때

$a^2+a-12=0,\ (a+4)(a-3)=0$

$\therefore a=-4$ 또는 $a=3$

❷

(i), (ii)에서 a의 값은 $-4,\ -2,\ 3$이므로 구하는 합은

$-4+(-2)+3=-3$

❸

채점 기준	배점
❶ 함수 $\|f(x)\|$가 연속일 조건을 이용하여 식 세우기	50%
❷ a에 대한 이차방정식의 해 구하기	40%
❸ 모든 실수 a의 값의 합 구하기	10%

유형 04 $(x-a)f(x)$ 꼴의 함수의 연속

0132

답 ⑤

$x\neq3$일 때, $f(x)=\dfrac{x^2-x-6}{x-3}=\dfrac{(x+2)(x-3)}{x-3}=x+2$

함수 $f(x)$가 실수 전체의 집합에서 연속이므로 $x=3$에서 연속이다.

따라서 $\lim\limits_{x\to3}f(x)=f(3)$이므로

$f(3)=\lim\limits_{x\to3}f(x)=\lim\limits_{x\to3}(x+2)=5$

0133

답 ③

$x\neq-2$일 때, $f(x)=\dfrac{\sqrt{x+6}-2}{x+2}$

함수 $f(x)$가 $x>-6$인 모든 실수 x에서 연속이므로 $x=-2$에서 연속이다.

따라서 $\lim\limits_{x\to-2}f(x)=f(-2)$이므로

$$\begin{aligned}f(-2)&=\lim_{x\to-2}f(x)=\lim_{x\to-2}\frac{\sqrt{x+6}-2}{x+2}\\&=\lim_{x\to-2}\frac{(\sqrt{x+6}-2)(\sqrt{x+6}+2)}{(x+2)(\sqrt{x+6}+2)}\\&=\lim_{x\to-2}\frac{x+2}{(x+2)(\sqrt{x+6}+2)}\\&=\lim_{x\to-2}\frac{1}{\sqrt{x+6}+2}=\frac{1}{4}\end{aligned}$$

0134

답 1

$x\neq2$일 때, $f(x)=\dfrac{1}{x-2}\left(1-\dfrac{1}{x-1}\right)$

함수 $f(x)$가 $x\neq1$인 모든 실수 x에서 연속이므로 $x=2$에서 연속이다.

따라서 $\lim\limits_{x\to2}f(x)=f(2)$이므로

$$\begin{aligned}f(2)&=\lim_{x\to2}f(x)=\lim_{x\to2}\frac{1}{x-2}\left(1-\frac{1}{x-1}\right)\\&=\lim_{x\to2}\left(\frac{1}{x-2}\times\frac{x-2}{x-1}\right)\\&=\lim_{x\to2}\frac{1}{x-1}=1\end{aligned}$$

0135

답 12

$x\neq-1$일 때, $f(x)=\dfrac{ax^3+bx}{x+1}$

함수 $f(x)$가 실수 전체의 집합에서 연속이므로 $x=-1$에서 연속이다.

따라서 $\lim\limits_{x\to-1}f(x)=f(-1)$이므로

$\lim\limits_{x\to-1}\dfrac{ax^3+bx}{x+1}=4$ …… ㉠

❶

㉠에서 극한값이 존재하고 $x\to-1$일 때 (분모)$\to0$이므로 (분자)$\to0$이어야 한다.

즉, $\lim\limits_{x\to-1}(ax^3+bx)=0$이므로

$-a-b=0$ $\quad\therefore b=-a$ …… ㉡

㉡을 ㉠에 대입하면

$$\begin{aligned}\lim_{x\to-1}\frac{ax^3+bx}{x+1}&=\lim_{x\to-1}\frac{ax^3-ax}{x+1}\\&=\lim_{x\to-1}\frac{ax(x+1)(x-1)}{x+1}\\&=\lim_{x\to-1}ax(x-1)\\&=2a=4\end{aligned}$$

에서 $a=2$이므로 ㉡에 대입하면

$b=-2$

❷

따라서 $x\neq-1$일 때, $f(x)=\dfrac{2x^3-2x}{x+1}$이므로

$f(3)=\dfrac{54-6}{4}=12$

❸

채점 기준	배점
❶ 함수 $f(x)$가 연속일 조건을 이용하여 식 세우기	40%
❷ a, b의 값 구하기	40%
❸ $f(3)$의 값 구하기	20%

0136

답 ①

$x\neq1$일 때, $f(x)=\dfrac{\sqrt{x^2+a}+b}{x-1}$

함수 $f(x)$가 실수 전체의 집합에서 연속이므로 $x=1$에서 연속이다.

따라서 $\lim\limits_{x\to1}f(x)=f(1)$이므로

$\lim\limits_{x\to1}\dfrac{\sqrt{x^2+a}+b}{x-1}=\dfrac{1}{2}$ …… ㉠

㉠에서 극한값이 존재하고 $x\to1$일 때 (분모)$\to0$이므로 (분자)$\to0$이어야 한다.

즉, $\lim\limits_{x\to1}(\sqrt{x^2+a}+b)=0$이므로

$\sqrt{1+a}+b=0$ $\quad\therefore b=-\sqrt{1+a}$ …… ㉡

㉡을 ㉠에 대입하면

$$\begin{aligned}\lim_{x\to1}\frac{\sqrt{x^2+a}+b}{x-1}&=\lim_{x\to1}\frac{\sqrt{x^2+a}-\sqrt{1+a}}{x-1}\\&=\lim_{x\to1}\frac{(\sqrt{x^2+a}-\sqrt{1+a})(\sqrt{x^2+a}+\sqrt{1+a})}{(x-1)(\sqrt{x^2+a}+\sqrt{1+a})}\\&=\lim_{x\to1}\frac{x^2-1}{(x-1)(\sqrt{x^2+a}+\sqrt{1+a})}\\&=\lim_{x\to1}\frac{x+1}{\sqrt{x^2+a}+\sqrt{1+a}}\\&=\frac{2}{2\sqrt{1+a}}=\frac{1}{\sqrt{1+a}}=\frac{1}{2}\end{aligned}$$

따라서 $\sqrt{1+a}=2$이므로 $a=3$

$a=3$을 ㉡에 대입하면 $b=-2$

$\therefore a+b=3+(-2)=1$

0137

답 6

$x\neq a$일 때, $f(x)=\dfrac{x^2-3x+2}{x-a}$

함수 $f(x)$가 실수 전체의 집합에서 연속이므로 $x=a$에서 연속이다.

따라서 $\lim\limits_{x\to a}f(x)=f(a)$이므로

$\lim\limits_{x\to a}\dfrac{x^2-3x+2}{x-a}=1$ ...... ㉠

㉠에서 극한값이 존재하고 $x\to a$일 때, (분모)$\to 0$이므로 (분자)$\to 0$이어야 한다.

즉, $\lim\limits_{x\to a}(x^2-3x+2)=0$이므로

$a^2-3a+2=0$, $(a-1)(a-2)=0$

$\therefore a=1$ 또는 $a=2$

(i) $a=1$일 때

$\lim\limits_{x\to 1}\dfrac{x^2-3x+2}{x-1}=\lim\limits_{x\to 1}\dfrac{(x-1)(x-2)}{x-1}$

$=\lim\limits_{x\to 1}(x-2)=-1\neq 1$

이므로 ㉠에 모순이다.

(ii) $a=2$일 때

$\lim\limits_{x\to 2}\dfrac{x^2-3x+2}{x-2}=\lim\limits_{x\to 2}\dfrac{(x-1)(x-2)}{x-2}$

$=\lim\limits_{x\to 2}(x-1)=1$

이므로 ㉠이 성립한다.

(i), (ii)에서 $a=2$이므로

$x\neq 2$일 때, $f(x)=\dfrac{x^2-3x+2}{x-2}=\dfrac{(x-1)(x-2)}{x-2}=x-1$

$\therefore a+f(5)=2+4=6$

유형 05 합성함수의 연속

0138

답 ③

ㄱ. $\lim\limits_{x\to 1-}f(x)=0$, $\lim\limits_{x\to 1+}f(x)=1$이므로

$\lim\limits_{x\to 1-}f(x)<\lim\limits_{x\to 1+}f(x)$ (참)

ㄴ. $\dfrac{1}{t}=s$라 하면 $t\to\infty$일 때, $s\to 0+$이므로

$\lim\limits_{t\to\infty}f\left(\dfrac{1}{t}\right)=\lim\limits_{s\to 0+}f(s)=1$ (참)

ㄷ. $f(x)=k$라 하면

$x\to 3-$일 때, $k\to 2+$이므로

$\lim\limits_{x\to 3-}f(f(x))=\lim\limits_{k\to 2+}f(k)=3$

$x\to 3+$일 때, $k\to 2-$이므로

$\lim\limits_{x\to 3+}f(f(x))=\lim\limits_{k\to 2-}f(k)=1$

즉, $\lim\limits_{x\to 3-}f(f(x))\neq\lim\limits_{x\to 3+}f(f(x))$이므로

함수 $f(f(x))$는 $x=3$에서 불연속이다. (거짓)

따라서 옳은 것은 ㄱ, ㄴ이다.

0139

답 ②

함수 $g(f(x))$가 실수 전체의 집합에서 연속이려면 $x=2$에서 연속이어야 한다.

즉, $\lim\limits_{x\to 2-}g(f(x))=\lim\limits_{x\to 2+}g(f(x))=g(f(2))$이어야 한다.

$f(x)=t$라 하면

$x\to 2-$일 때, $(3x-2)\to 4-$, 즉 $t\to 4-$이므로

$\lim\limits_{x\to 2-}g(f(x))=\lim\limits_{t\to 4-}g(t)=\lim\limits_{t\to 4-}(t^2+at)=16+4a$

$x\to 2+$일 때, $(x^2+1)\to 5+$, 즉 $t\to 5+$이므로

$\lim\limits_{x\to 2+}g(f(x))=\lim\limits_{t\to 5+}g(t)=\lim\limits_{t\to 5+}(t^2+at)=25+5a$

$g(f(2))=g(5)=25+5a$

따라서 $16+4a=25+5a$이므로

$a=-9$

0140

답 ③

ㄱ. $\lim\limits_{x\to 1-}f(x)g(x)=(-1)\times 0=0$

$\lim\limits_{x\to 1+}f(x)g(x)=1\times 0=0$

$f(1)g(1)=1\times 0=0$

에서 $\lim\limits_{x\to 1-}f(x)g(x)=\lim\limits_{x\to 1+}f(x)g(x)=f(1)g(1)$이므로

함수 $f(x)g(x)$는 $x=1$에서 연속이다.

ㄴ. $g(x)=t$라 하면

$x\to 1-$일 때, $t\to 0-$이므로

$\lim\limits_{x\to 1-}f(g(x))=\lim\limits_{t\to 0-}f(t)=1$

$x\to 1+$일 때, $t\to 0+$이므로

$\lim\limits_{x\to 1+}f(g(x))=\lim\limits_{t\to 0+}f(t)=1$

$f(g(1))=f(0)=-1$

즉, $\lim\limits_{x\to 1-}f(g(x))=\lim\limits_{x\to 1+}f(g(x))\neq f(g(1))$이므로

함수 $f(g(x))$는 $x=1$에서 불연속이다.

ㄷ. $f(x)=s$라 하면

$x\to 1-$일 때, $s\to -1+$이므로

$\lim\limits_{x\to 1-}g(f(x))=\lim\limits_{s\to -1+}g(s)=0$

$x\to 1+$일 때, $s=1$이므로

$\lim\limits_{x\to 1+}g(f(x))=g(1)=0$

$g(f(1))=g(1)=0$

즉, $\lim\limits_{x\to 1-}g(f(x))=\lim\limits_{x\to 1+}g(f(x))=g(f(1))$이므로

함수 $g(f(x))$는 $x=1$에서 연속이다.

따라서 $x=1$에서 연속인 함수는 ㄱ, ㄷ이다.

0141

답 ④

ㄱ. $\lim\limits_{x\to 1-}f(x)g(x)=(-1)\times 1=-1$

$\lim\limits_{x\to 1+}f(x)g(x)=1\times(-1)=-1$

이므로 $\lim\limits_{x\to 1}f(x)g(x)=-1$ (참)

ㄴ. $\lim\limits_{x\to -1-}\{f(x)\}^2=1^2=1$

$\lim\limits_{x\to -1+}\{f(x)\}^2=(-1)^2=1$

$\{f(-1)\}^2=0$

에서 $\lim_{x \to -1-} \{f(x)\}^2 = \lim_{x \to -1+} \{f(x)\}^2 \neq \{f(-1)\}^2$이므로

함수 $\{f(x)\}^2$은 $x=-1$에서 불연속이다. (거짓)

ㄷ. $f(x)=t$라 하면

$x \to 0-$일 때, $t \to 1-$이므로

$\lim_{x \to 0-} g(f(x)) = \lim_{t \to 1-} g(t) = 1$

$x \to 0+$일 때, $t \to 1-$이므로

$\lim_{x \to 0+} g(f(x)) = \lim_{t \to 1-} g(t) = 1$

$g(f(0)) = g(1) = 1$

즉, $\lim_{x \to 0-} g(f(x)) = \lim_{x \to 0+} g(f(x)) = g(f(0))$이므로

함수 $g(f(x))$는 $x=0$에서 연속이다. (참)

따라서 옳은 것은 ㄱ, ㄷ이다.

유형 06 $[x]$ 꼴을 포함한 함수의 연속

0142

답 ①

함수 $f(x)$가 $x=3$에서 연속이려면

$\lim_{x \to 3-} f(x) = \lim_{x \to 3+} f(x) = f(3)$이어야 한다.

$\lim_{x \to 3-} f(x) = \lim_{x \to 3-} ([x]^2 + a[x]) = 4 + 2a$

$\lim_{x \to 3+} f(x) = \lim_{x \to 3+} ([x]^2 + a[x]) = 9 + 3a$

$f(3) = 9 + 3a$

에서 $4+2a = 9+3a$이므로

$a = -5$

0143

답 ②

함수 $f(x)$가 $x=1$에서 연속이려면

$\lim_{x \to 1-} f(x) = \lim_{x \to 1+} f(x) = f(1)$이어야 한다.

$x^2 - 2x = (x-1)^2 - 1 = t$라 하면

$x \to 1-$일 때, $t \to -1+$이므로

$\lim_{x \to 1-} f(x) = \lim_{t \to -1+} [t] = -1$

$x \to 1+$일 때, $t \to -1+$이므로

$\lim_{x \to 1+} f(x) = \lim_{t \to -1+} [t] = -1$

$f(1) = k$

$\therefore k = -1$

참고

$t = x^2 - 2x = (x-1)^2 - 1$의 그래프에서
$x \to 1-$일 때, $t \to -1+$,
$x \to 1+$일 때, $t \to -1+$
임을 알 수 있다.

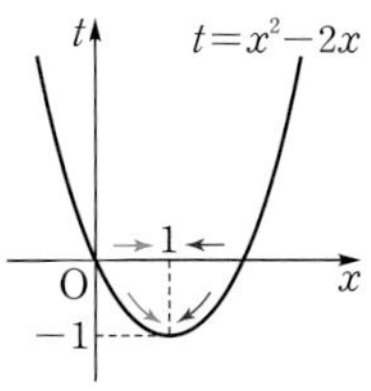

0144

답 3

자연수 k에 대하여 함수 $f(x)$가 $x=k$에서 연속이려면

$\lim_{x \to k-} f(x) = \lim_{x \to k+} f(x) = f(k)$이어야 한다.

$\lim_{x \to k-} f(x) = \lim_{x \to k-} \frac{[x]^2 + 2x}{[x]} = \frac{(k-1)^2 + 2k}{k-1} = \frac{k^2+1}{k-1}$

$\lim_{x \to k+} f(x) = \lim_{x \to k+} \frac{[x]^2 + 2x}{[x]} = \frac{k^2 + 2k}{k} = k+2$

$f(k) = \frac{k^2+2k}{k} = \frac{k(k+2)}{k} = k+2$

에서 $\frac{k^2+1}{k-1} = k+2$

$(k+2)(k-1) = k^2+1$, $k^2+k-2 = k^2+1$

$\therefore k = 3$

유형 07 연속함수의 성질

0145

답 ④

ㄱ. $f(x)+g(x)=h(x)$라 하면 $g(x)=h(x)-f(x)$이고
두 함수 $f(x)$, $h(x)$가 $x=a$에서 연속이므로 $g(x)$도 $x=a$에서 연속이다. (참)

ㄴ. [반례] $f(x)=0$, $g(x)=\begin{cases} 1 & (x>0) \\ -1 & (x \le 0) \end{cases}$이라 하면
두 함수 $f(x)$, $f(x)g(x)$는 $x=0$에서 연속이지만 $g(x)$는 $x=0$에서 불연속이다. (거짓)

ㄷ. 두 함수 $f(x)$, $\frac{g(x)}{f(x)}$가 $x=a$에서 연속이므로
$f(x) \times \frac{g(x)}{f(x)}$, 즉 $g(x)$도 $x=a$에서 연속이다. (참)

따라서 옳은 것은 ㄱ, ㄷ이다.

0146

답 2

ㄱ. 함수 $f(x)$가 $x=a$에서 연속이므로 $|f(x)|$도 $x=a$에서 연속이다.

ㄴ. 함수 $g(x)$가 $x=a$에서 연속이므로 $\{g(x)\}^2$도 $x=a$에서 연속이다.

ㄷ. $f(a)=0$이면 $\frac{g(x)}{f(x)}$는 $x=a$에서 정의되지 않으므로 $x=a$에서 불연속이다.

ㄹ. [반례] $f(x)=\begin{cases} -1 & (x<1) \\ 1 & (x \ge 1) \end{cases}$, $g(x)=x+1$이라 하면
두 함수 $f(x)$, $g(x)$는 $x=0$에서 연속이지만
$\lim_{x \to 0-} f(g(x)) = -1$, $\lim_{x \to 0+} f(g(x)) = 1$에서
$\lim_{x \to 0-} f(g(x)) \neq \lim_{x \to 0+} f(g(x))$이므로 함수 $f(g(x))$는 $x=0$에서 불연속이다.

따라서 $x=a$에서 항상 연속인 함수는 ㄱ, ㄴ의 2개이다.

참고

ㄹ의 [반례] $f(x)=\begin{cases} -1 & (x<1) \\ 1 & (x\geq 1) \end{cases}$, $g(x)=x+1$에서

$x\to 0-$일 때, $g(x)\to 1-$이므로 $\lim_{x\to 0-} f(g(x))=-1$

$x\to 0+$일 때, $g(x)\to 1+$이므로 $\lim_{x\to 0+} f(g(x))=1$

유형 08 곱의 꼴로 나타낸 함수가 연속일 조건

0147

답 ①

함수 $f(x)g(x)$가 $x=2$에서 연속이므로

$\lim_{x\to 2-} f(x)g(x)=\lim_{x\to 2+} f(x)g(x)=f(2)g(2)$이어야 한다.

$\lim_{x\to 2-} f(x)g(x)=\lim_{x\to 2-} (-x+3)(x+k)=2+k$

$\lim_{x\to 2+} f(x)g(x)=\lim_{x\to 2+} (x+1)(x+k)=6+3k$

$f(2)g(2)=(-2+3)(2+k)=2+k$

에서 $2+k=6+3k$, $2k=-4$

$\therefore k=-2$

참고

$x=a$에서 불연속인 함수 $f(x)$와 다항함수 $g(x)$에 대하여
함수 $f(x)g(x)$가 $x=a$에서 연속이면 $g(a)=0$이다.

0148

답 ②

함수 $(x^2+ax+b)f(x)$가 $x=1$에서 연속이므로

$\lim_{x\to 1-} (x^2+ax+b)f(x)=\lim_{x\to 1+} (x^2+ax+b)f(x)=(1+a+b)f(1)$

이어야 한다.

$\lim_{x\to 1-} (x^2+ax+b)f(x)=(1+a+b)\times 1=1+a+b$

$\lim_{x\to 1+} (x^2+ax+b)f(x)=(1+a+b)\times 3=3(1+a+b)$

$(1+a+b)f(1)=1+a+b$

에서 $1+a+b=3(1+a+b)$

$1+a+b=0 \qquad \therefore a+b=-1$

0149

답 ①

함수 $g(x)$가 $x=1$에서 연속이려면

$\lim_{x\to 1-} g(x)=\lim_{x\to 1+} g(x)=g(1)$이어야 한다.

$\lim_{x\to 1-} g(x)=\lim_{x\to 1-} f(x)\{f(x)+k\}$

$=\lim_{x\to 1-} 2x(2x+k)$

$=2(2+k)=4+2k$

$\lim_{x\to 1+} g(x)=\lim_{x\to 1+} f(x)\{f(x)+k\}$

$=\lim_{x\to 1+} (x-1)(x-1+k)$

$=0\times k=0$

$g(1)=f(1)\{f(1)+k\}=0\times(0+k)=0$

에서 $4+2k=0$이므로

$k=-2$

0150

답 ①

$x<1$일 때, $f(x)=x^2-2x+3=(x-1)^2+2>0$

$x\geq 1$일 때, $f(x)=3>0$

이므로 모든 실수 x에 대하여 $f(x)>0$

그런데 함수 $f(x)$는 $x=1$에서 불연속이고 함수 $g(x)$는 실수 전체의 집합에서 연속이므로 함수 $\frac{g(x)}{f(x)}$가 실수 전체의 집합에서 연속이려면 $x=1$에서 연속이어야 한다.

즉, $\lim_{x\to 1-} \frac{g(x)}{f(x)}=\lim_{x\to 1+} \frac{g(x)}{f(x)}=\frac{g(1)}{f(1)}$이어야 한다.

$\lim_{x\to 1-} \frac{g(x)}{f(x)}=\lim_{x\to 1-} \frac{ax+1}{x^2-2x+3}=\frac{a+1}{2}$

$\lim_{x\to 1+} \frac{g(x)}{f(x)}=\lim_{x\to 1+} \frac{ax+1}{3}=\frac{a+1}{3}$

$\frac{g(1)}{f(1)}=\frac{a+1}{3}$

에서 $\frac{a+1}{2}=\frac{a+1}{3}$이므로

$a+1=0 \qquad \therefore a=-1$

참고

함수 $\frac{g(x)}{f(x)}$의 실수 전체의 집합에서의 연속성을 판정할 때는
먼저 $f(x)=0$을 만족시키는 x의 값이 존재하는지 확인한다.

0151

답 3

함수 $f(x)=\begin{cases} \frac{1}{x+1} & (x<-1) \\ 2 & (x\geq -1) \end{cases}$은 $x\neq -1$인 모든 실수 x에서 연속이고 함수 $g(x)$는 실수 전체의 집합에서 연속이므로 함수 $f(x)g(x)$가 실수 전체의 집합에서 연속이려면 $x=-1$에서 연속이어야 한다.

즉, $\lim_{x\to -1-} f(x)g(x)=\lim_{x\to -1+} f(x)g(x)=f(-1)g(-1)$이어야 한다.

$\lim_{x\to -1-} f(x)g(x)=\lim_{x\to -1-} \frac{x^2+ax+b}{x+1}$ …… ㉠

㉠에서 극한값이 존재하고 $x\to -1-$일 때, (분모)$\to 0$이므로 (분자)$\to 0$이어야 한다.

즉, $\lim_{x\to -1-} (x^2+ax+b)=0$이므로 $1-a+b=0$

$\therefore b=a-1$ …… ㉡

㉡을 ㉠에 대입하면

$\lim_{x\to -1-} f(x)g(x)=\lim_{x\to -1-} \frac{x^2+ax+a-1}{x+1}$

$=\lim_{x\to -1-} \frac{(x+a-1)(x+1)}{x+1}$

$=\lim_{x\to -1-} (x+a-1)=a-2$

$\lim_{x\to -1+} f(x)g(x)=\lim_{x\to -1+} 2(x^2+ax+a-1)$

$=2\times 0=0$

$f(-1)g(-1)=2\times(1-a+b)=0$

에서 $a-2=0$이므로 $a=2$

$a=2$를 ㉡에 대입하면 $b=1$

$\therefore a+b=2+1=3$

0152

답 12

함수 $f(x)=\begin{cases} 2x-9 & (x<a) \\ -2x+a & (x\ge a) \end{cases}$가 $x\ne a$인 모든 실수 x에서 연속이므로 함수 $\{f(x)\}^2$이 실수 전체의 집합에서 연속이려면 $x=a$에서 연속이어야 한다.

즉, $\lim_{x\to a-}\{f(x)\}^2=\lim_{x\to a+}\{f(x)\}^2=\{f(a)\}^2$이어야 한다.

$\lim_{x\to a-}\{f(x)\}^2=\lim_{x\to a-}(2x-9)^2$

$=(2a-9)^2=4a^2-36a+81$

$\lim_{x\to a+}\{f(x)\}^2=\lim_{x\to a+}(-2x+a)^2$

$=a^2$

$\{f(a)\}^2=a^2$

에서 $4a^2-36a+81=a^2$이므로 ❶

$3a^2-36a+81=0$, $a^2-12a+27=0$

$(a-3)(a-9)=0$ $\quad\therefore a=3$ 또는 $a=9$ ❷

따라서 모든 실수 a의 값의 합은

$3+9=12$ ❸

채점 기준	배점
❶ 함수 $\{f(x)\}^2$이 $x=a$에서 연속일 조건을 이용하여 식 세우기	60%
❷ a에 대한 이차방정식의 해 구하기	30%
❸ 모든 실수 a의 값의 합 구하기	10%

0153

답 21

함수 $f(x)=\begin{cases} x+3 & (x\le a) \\ x^2-x & (x>a) \end{cases}$는 $x\ne a$인 모든 실수 x에서 연속이고 함수 $g(x)$는 실수 전체의 집합에서 연속이므로 함수 $f(x)g(x)$가 실수 전체의 집합에서 연속이려면 $x=a$에서 연속이어야 한다.

즉, $\lim_{x\to a-}f(x)g(x)=\lim_{x\to a+}f(x)g(x)=f(a)g(a)$이어야 한다.

$\lim_{x\to a-}f(x)g(x)=\lim_{x\to a-}(x+3)\{x-(2a+7)\}$

$=(a+3)(-a-7)$

$\lim_{x\to a+}f(x)g(x)=\lim_{x\to a+}(x^2-x)\{x-(2a+7)\}$

$=(a^2-a)(-a-7)$

$f(a)g(a)=(a+3)(-a-7)$

에서 $(a+3)(-a-7)=(a^2-a)(-a-7)$이므로

$(-a-7)\{(a+3)-(a^2-a)\}=0$

$(a+7)(a^2-2a-3)=0$, $(a+7)(a+1)(a-3)=0$

$\therefore a=-7$ 또는 $a=-1$ 또는 $a=3$

따라서 모든 실수 a의 값의 곱은

$(-7)\times(-1)\times3=21$

다른 풀이

함수 $f(x)g(x)$가 실수 전체의 집합에서 연속이려면 함수 $f(x)$가 $x=a$에서 연속이거나 $g(a)=0$이어야 한다.

(i) 함수 $f(x)$가 $x=a$에서 연속일 때

$\lim_{x\to a-}f(x)=\lim_{x\to a+}f(x)=f(a)$이어야 한다.

$\lim_{x\to a-}f(x)=\lim_{x\to a-}(x+3)=a+3$

$\lim_{x\to a+}f(x)=\lim_{x\to a+}(x^2-x)=a^2-a$

$f(a)=a+3$

에서 $a+3=a^2-a$이므로

$a^2-2a-3=0$, $(a+1)(a-3)=0$

$\therefore a=-1$ 또는 $a=3$

(ii) $g(a)=0$일 때

$a-(2a+7)=0$에서 $-a-7=0$

$\therefore a=-7$

(i), (ii)에서 모든 실수 a의 값의 곱은

$(-1)\times3\times(-7)=21$

0154

답 ①

$f(x)=\begin{cases} x+a & (x<1) \\ 2x-3 & (x\ge1) \end{cases}$, $f(x-2)=\begin{cases} x-2+a & (x<3) \\ 2x-7 & (x\ge3) \end{cases}$이므로

함수 $f(x)$는 $x\ne1$인 모든 실수 x에서 연속이고 $f(x-2)$는 $x\ne3$인 모든 실수 x에서 연속이다.

따라서 함수 $g(x)$가 실수 전체의 집합에서 연속이려면 $x=1$, $x=3$에서 연속이어야 한다.

(i) 함수 $g(x)$가 $x=1$에서 연속일 때

$\lim_{x\to1-}g(x)=\lim_{x\to1+}g(x)=g(1)$이어야 한다.

$\lim_{x\to1-}g(x)=\lim_{x\to1-}f(x)f(x-2)$

$=\lim_{x\to1-}(x+a)(x-2+a)$

$=(1+a)(-1+a)=a^2-1$

$\lim_{x\to1+}g(x)=\lim_{x\to1+}f(x)f(x-2)$

$=\lim_{x\to1+}(2x-3)(x-2+a)$

$=-(-1+a)=1-a$

$g(1)=f(1)f(-1)$

$=(-1)\times(-1+a)=1-a$

에서 $a^2-1=1-a$이므로

$a^2+a-2=0$, $(a+2)(a-1)=0$

$\therefore a=-2$ 또는 $a=1$

(ii) 함수 $g(x)$가 $x=3$에서 연속일 때

$\lim_{x\to3-}g(x)=\lim_{x\to3+}g(x)=g(3)$이어야 한다.

$\lim_{x\to3-}g(x)=\lim_{x\to3-}f(x)f(x-2)$

$=\lim_{x\to3-}(2x-3)(x-2+a)$

$=3(1+a)=3+3a$

$\lim_{x\to3+}g(x)=\lim_{x\to3+}f(x)f(x-2)$

$=\lim_{x\to3+}(2x-3)(2x-7)$

$=3\times(-1)=-3$

$g(3)=f(3)f(1)=3\times(-1)=-3$

에서 $3+3a=-3$이므로

$a=-2$

(i), (ii)에서 구하는 상수 a의 값은 -2이다.

유형 09 새롭게 정의된 함수의 연속

0155

답 ⑤

이차방정식 $x^2-2tx+2t+3=0$의 판별식을 D라 하면

$\frac{D}{4}=t^2-2t-3=(t+1)(t-3)$

(i) $\frac{D}{4}>0$일 때, 즉 $t<-1$ 또는 $t>3$일 때

이차방정식이 서로 다른 두 실근을 가지므로 $f(t)=2$

(ii) $\frac{D}{4}=0$일 때, 즉 $t=-1$ 또는 $t=3$일 때

이차방정식이 중근을 가지므로 $f(t)=1$

(iii) $\frac{D}{4}<0$일 때, 즉 $-1<t<3$일 때

이차방정식이 실근을 갖지 않으므로 $f(t)=0$

(i)~(iii)에서 $f(t)=\begin{cases} 2 & (t<-1 \text{ 또는 } t>3) \\ 1 & (t=-1 \text{ 또는 } t=3) \\ 0 & (-1<t<3) \end{cases}$

따라서 함수 $f(t)$는 $t=-1$, $t=3$에서 불연속이므로 구하는 모든 실수 a의 값의 합은

$-1+3=2$

Bible Says 이차방정식의 근의 판별

이차방정식 $ax^2+bx+c=0$의 판별식 $D=b^2-4ac$에 대하여

$D>0$이면 서로 다른 두 실근을 갖는다.

$D=0$이면 중근(서로 같은 두 실근)을 갖는다.

$D<0$이면 서로 다른 두 허근을 갖는다.

참고

함수 $y=f(t)$의 그래프는 오른쪽 그림과 같으므로 $t=-1$, $t=3$에서 불연속임을 알 수 있다.

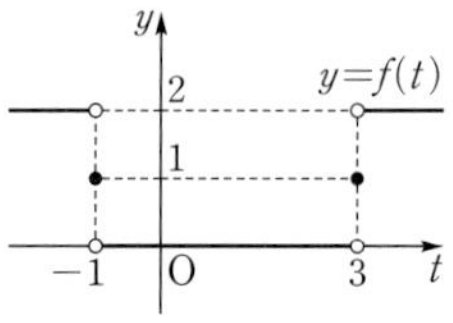

0156

답 ①

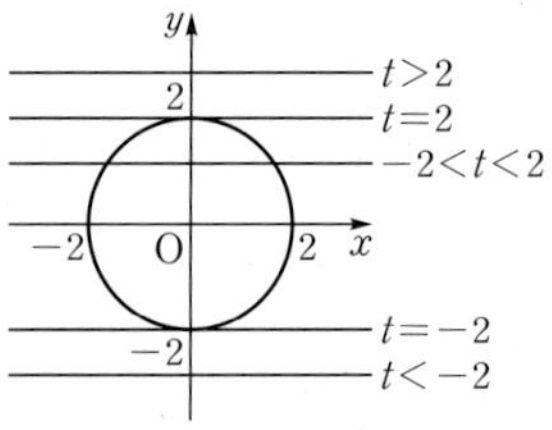

원 $x^2+y^2=4$와 직선 $y=t$의 위치 관계는 위의 그림과 같으므로

$f(t)=\begin{cases} 0 & (t<-2 \text{ 또는 } t>2) \\ 1 & (t=-2 \text{ 또는 } t=2) \\ 2 & (-2<t<2) \end{cases}$

따라서 함수 $f(t)$가 $t=-2$, $t=2$에서 불연속이므로 함수 $(t+a)f(t)$가 양의 실수 전체의 집합에서 연속이려면 $t=2$에서 연속이면 된다.

즉, $\lim_{t\to2-}(t+a)f(t)=\lim_{t\to2+}(t+a)f(t)=(2+a)f(2)$이어야 한다.

$\lim_{t\to2-}(t+a)f(t)=(2+a)\times2=4+2a$

$\lim_{t\to2+}(t+a)f(t)=(2+a)\times0=0$

$(2+a)f(2)=(2+a)\times1=2+a$

에서 $4+2a=0=2+a$

$\therefore a=-2$

0157

답 ④

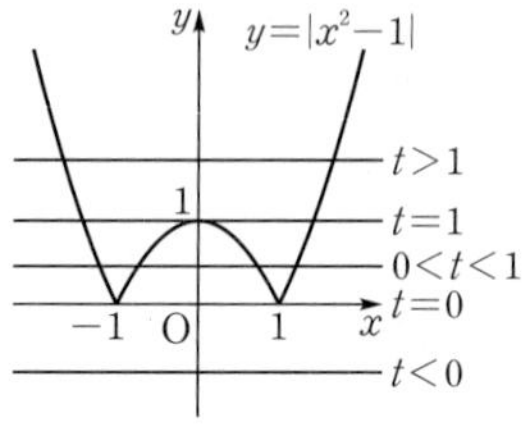

함수 $y=|x^2-1|$의 그래프와 직선 $y=t$의 위치 관계는 위의 그림과 같으므로

$f(t)=\begin{cases} 0 & (t<0) \\ 2 & (t=0) \\ 4 & (0<t<1) \\ 3 & (t=1) \\ 2 & (t>1) \end{cases}$

따라서 함수 $f(t)$는 $t=0$, $t=1$에서 불연속이므로 함수 $(t-a)f(t)$가 $t=0$에서만 불연속이려면 $t=1$에서 연속이어야 한다.

즉, $\lim_{t\to1-}(t-a)f(t)=\lim_{t\to1+}(t-a)f(t)=(1-a)f(1)$이어야 한다.

$\lim_{t\to1-}(t-a)f(t)=4(1-a)$

$\lim_{t\to1+}(t-a)f(t)=2(1-a)$

$(1-a)f(1)=3(1-a)$

에서 $4(1-a)=2(1-a)=3(1-a)$

$1-a=0 \qquad \therefore a=1$

Bible Says 함수 $y=|f(x)|$의 그래프

함수 $y=|f(x)|$의 그래프는 $y=f(x)$의 그래프에서 $y<0$인 부분을 x축에 대하여 대칭이동하여 그린다.

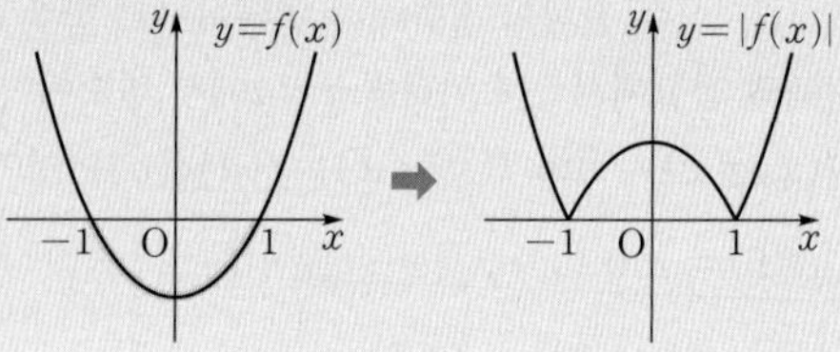

0158

답 2

$x^2+x-2<0$에서 $(x+2)(x-1)<0$

$\therefore -2<x<1$

$x^2-(a+2)x+2a\le0$에서

$(x-2)(x-a)\le0$

(i) $a\le-2$일 때

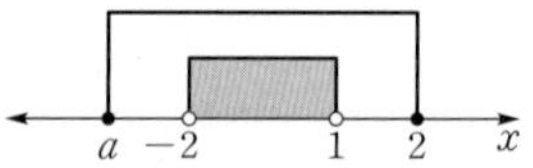

연립부등식의 해가 $-2<x<1$이므로 정수 x는 -1, 0이다.

$\therefore f(a)=2$

(ii) $-2<a<1$일 때

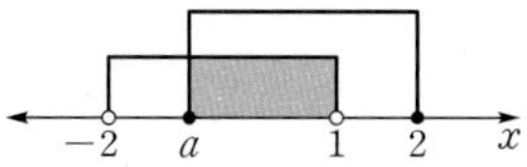

연립부등식의 해는 $a\le x<1$

$-2<a\le -1$일 때, 정수 x는 -1, 0이므로 $f(a)=2$

$-1<a\le 0$일 때, 정수 x는 0이므로 $f(a)=1$

$0<a<1$일 때, 정수 x는 존재하지 않으므로 $f(a)=0$

(iii) $a\ge 1$일 때

연립부등식의 해가 존재하지 않으므로 $f(a)=0$

(i)~(iii)에서 $f(a)=\begin{cases} 2 & (a\le -1) \\ 1 & (-1<a\le 0) \\ 0 & (a>0) \end{cases}$

따라서 함수 $f(a)$가 불연속이 되는 실수 a는 -1, 0의 2개이다.

0159

답 65

직선 $x-\sqrt{3}y-t=0$이 원에 접할 때 직선과 원의 중심 $(1,\ 0)$ 사이의 거리가 2이므로

$\dfrac{|1-t|}{\sqrt{1+3}}=2$, $|t-1|=4$

$t-1=-4$ 또는 $t-1=4$

$\therefore t=-3$ 또는 $t=5$

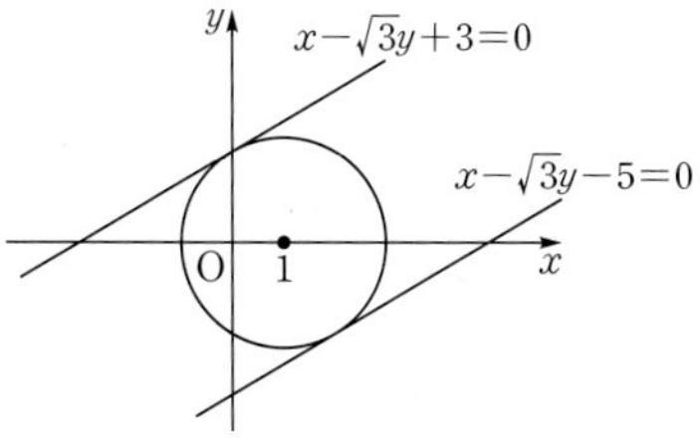

(i) $t<-3$ 또는 $t>5$일 때

원과 직선이 만나지 않으므로 $f(t)=0$

(ii) $t=-3$ 또는 $t=5$일 때

원과 직선이 한 점에서 만나므로 $f(t)=1$

(iii) $-3<t<5$일 때

원과 직선이 서로 다른 두 점에서 만나므로 $f(t)=2$

(i)~(iii)에서 $f(t)=\begin{cases} 0 & (t<-3 \text{ 또는 } t>5) \\ 1 & (t=-3 \text{ 또는 } t=5) \\ 2 & (-3<t<5) \end{cases}$

❶

함수 $f(t)$가 $t=-3$, $t=5$에서 불연속이므로 함수 $f(t)g(t)$가 실수 전체의 집합에서 연속이려면 $t=-3$, $t=5$에서 연속이어야 한다.

(a) 함수 $f(t)g(t)$가 $t=-3$에서 연속일 때

$\lim_{t\to -3-} f(t)g(t)=\lim_{t\to -3+} f(t)g(t)=f(-3)g(-3)$이어야 한다.

$\lim_{t\to -3-} f(t)g(t)=0\times g(-3)=0$

$\lim_{t\to -3+} f(t)g(t)=2\times g(-3)=2g(-3)$

$f(-3)g(-3)=g(-3)$

에서 $g(-3)=0$ …… ㉠

(b) 함수 $f(t)g(t)$가 $t=5$에서 연속일 때

$\lim_{t\to 5-} f(t)g(t)=\lim_{t\to 5+} f(t)g(t)=f(5)g(5)$이어야 한다.

$\lim_{t\to 5-} f(t)g(t)=2\times g(5)=2g(5)$

$\lim_{t\to 5+} f(t)g(t)=0\times g(5)=0$

$f(5)g(5)=g(5)$

에서 $g(5)=0$ …… ㉡

❷

㉠, ㉡에서 최고차항의 계수가 1인 이차함수 $g(t)$가 $t+3$, $t-5$를 인수로 가지므로

$g(t)=(t+3)(t-5)$

$\therefore g(10)=13\times 5=65$

❸

채점 기준	배점
❶ 원과 직선의 위치 관계를 이용하여 $f(t)$ 구하기	40%
❷ 함수 $f(t)g(t)$가 연속일 조건 구하기	40%
❸ $g(t)$의 식을 이용하여 $g(10)$의 값 구하기	20%

Bible Says 원과 직선의 위치 관계

원과 직선의 위치 관계는 두 가지 방법을 이용하여 알 수 있다.

(1) 판별식 이용하기

원의 방정식과 직선의 방정식을 이용하여 만든 이차방정식의 판별식을 D라 할 때,

① $D>0$

➡ 서로 다른 두 점에서 만난다.

② $D=0$

➡ 접한다. (한 점에서 만난다.)

③ $D<0$

➡ 만나지 않는다.

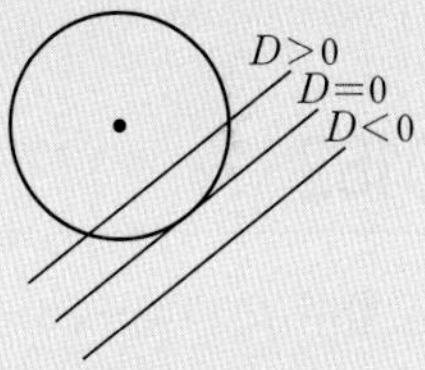

(2) 원의 중심과 직선 사이의 거리 이용하기

원의 중심과 직선 사이의 거리를 d, 반지름의 길이를 r라 할 때,

① $d<r$

➡ 서로 다른 두 점에서 만난다.

② $d=r$

➡ 접한다. (한 점에서 만난다.)

③ $d>r$

➡ 만나지 않는다.

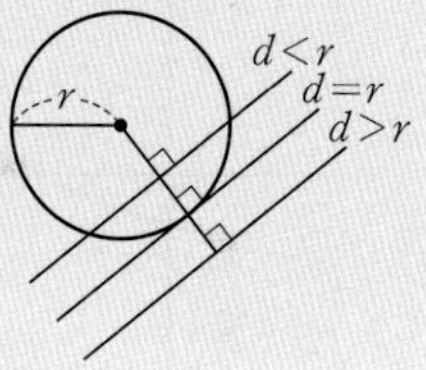

유형 10 **최대 · 최소 정리**

0160

답 ④

두 함수 $f(x)=-\dfrac{2}{x-2}$, $g(x)=x^2+2x=(x+1)^2-1$의 그래프는 다음 그림과 같다.

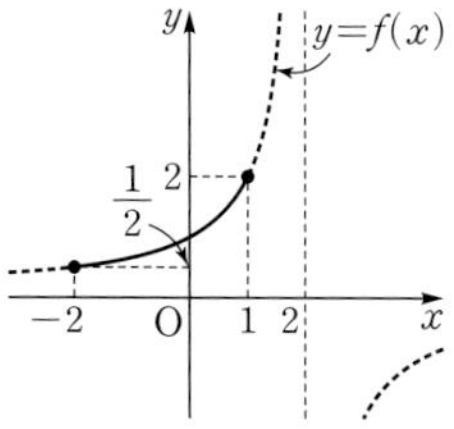

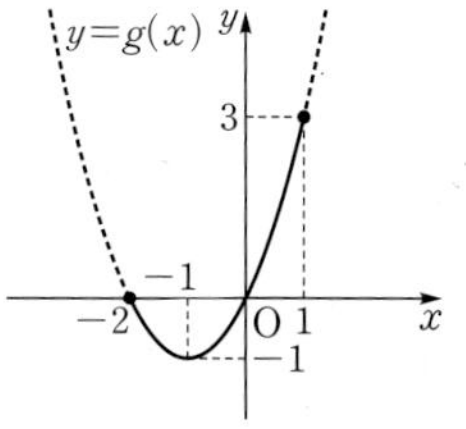

따라서 닫힌구간 $[-2,\ 1]$에서 함수 $f(x)$의 최댓값은

$M=f(1)=2$

함수 $g(x)$의 최솟값은

$m=g(-1)=-1$

$\therefore M+m=2+(-1)=1$

0161

답 1

$f(x)=\dfrac{1}{x^2+4x+7}=\dfrac{1}{(x+2)^2+3}$

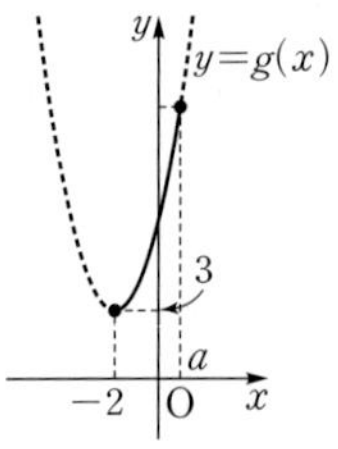

$g(x)=x^2+4x+7$이라 하면 함수 $y=g(x)$의 그래프는 오른쪽 그림과 같다.

$g(x)>0$이므로 $g(x)$가 최소이면 $f(x)$는 최대이고, $g(x)$가 최대이면 $f(x)$는 최소이다.

닫힌구간 $[-2, a]$에서 함수 $f(x)$의 최댓값과 최솟값을 각각 M, m이라 하면

$M=f(-2)=\dfrac{1}{3}$

$m=f(a)=\dfrac{1}{(a+2)^2+3}$

$M-m=\dfrac{1}{4}$에서

$\dfrac{1}{3}-\dfrac{1}{(a+2)^2+3}=\dfrac{1}{4}$, $\dfrac{1}{(a+2)^2+3}=\dfrac{1}{12}$

$(a+2)^2+3=12$, $(a+2)^2=9$

$a+2=-3$ 또는 $a+2=3$ $\quad\therefore a=1$ ($\because a>0$)

0162

답 2

두 함수 $f(x)=-\sqrt{3-x}+1$, $g(x)=\dfrac{x+4}{x+1}=1+\dfrac{3}{x+1}$의 그래프는 다음 그림과 같다.

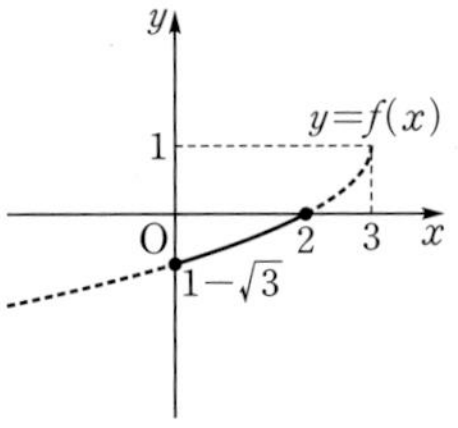

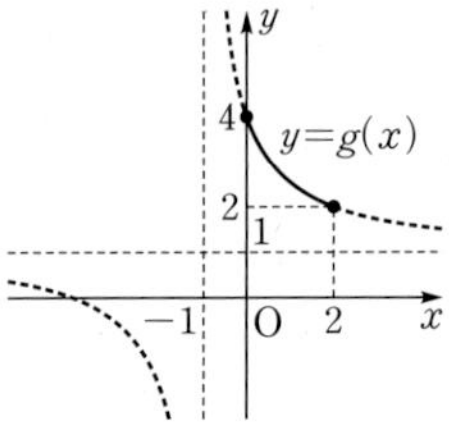

따라서 닫힌구간 $[0, 2]$에서 함수 $f(x)$의 최댓값은

$M=f(2)=0$

함수 $g(x)$의 최솟값은

$m=g(2)=2$

$\therefore M+m=0+2=2$

유형 11 사잇값의 정리

0163

답 ②

$f(x)=x^3-3x^2+3x+2$라 하면 $f(x)$는 모든 실수 x에서 연속이고

$f(-2)=-24<0$, $f(-1)=-5<0$, $f(0)=2>0$,

$f(1)=3>0$, $f(2)=4>0$, $f(3)=11>0$

따라서 $f(-1)f(0)<0$이므로 사잇값의 정리에 의하여 방정식 $f(x)=0$의 실근이 존재하는 구간은 $(-1, 0)$이다.

0164

답 ②

$f(x)=x^3-2x^2+x+k$라 하면

$f(1)=k$, $f(2)=2+k$

방정식 $f(x)=0$이 열린구간 $(1, 2)$에서 오직 하나의 실근을 가지려면 $f(1)f(2)<0$이어야 하므로

$k(k+2)<0 \quad \therefore -2<k<0$

0165

답 ④

함수 $f(x)$가 실수 전체의 집합에서 연속이고

$f(0)f(1)=-2<0$, $f(1)f(2)=-4<0$, $f(2)f(3)=-2<0$,

$f(3)f(5)=-2<0$

이므로 사잇값의 정리에 의하여 방정식 $f(x)=0$은 구간 $(0, 1)$, $(1, 2)$, $(2, 3)$, $(3, 5)$에서 각각 적어도 하나의 실근을 갖는다.

따라서 방정식 $f(x)=0$은 적어도 4개의 실근을 가지므로 구하는 n의 최댓값은 4이다.

0166

답 3

$f(x)=x$에서 $f(x)-x=0$

$g(x)=f(x)-x$라 하면

$g(0)=f(0)=k-3$

$g(1)=f(1)-1=k+1$

방정식 $g(x)=0$이 열린구간 $(0, 1)$에서 중근이 아닌 오직 하나의 실근을 가지려면 $g(0)g(1)<0$이어야 하므로

$(k-3)(k+1)<0 \quad \therefore -1<k<3$

따라서 이를 만족시키는 정수 k는 0, 1, 2이므로 구하는 합은

$0+1+2=3$

0167

답 ②

조건 (가)의 $f(-x)=-f(x)$에 $x=0$을 대입하면

$f(0)=-f(0) \quad \therefore f(0)=0$

즉, 방정식 $f(x)=0$은 $x=0$을 실근으로 갖는다.

또한 $f(1)=-f(-1)$이고 조건 (나)에서 $f(-1)f(3)>0$이므로

$f(1)f(3)<0$

또한 $f(-3)=-f(3)$이므로 $f(-3)f(-1)<0$

이때 함수 $f(x)$가 실수 전체의 집합에서 연속이므로 사잇값의 정리에 의하여 방정식 $f(x)=0$은 열린구간 $(-3, -1)$, $(1, 3)$에서 각각 적어도 하나의 실근을 갖는다.

따라서 방정식 $f(x)=0$은 적어도 3개의 실근을 가지므로 구하는 최솟값은 3이다.

참고

$f(-1)f(1)<0$이므로 사잇값의 정리에 의하여 방정식 $f(x)=0$은 열린구간 $(-1, 1)$에서 적어도 하나의 실근을 갖는다. 그런데 조건 (가)에서 방정식 $f(x)=0$이 $x=0$을 실근으로 가짐을 확인하였으므로 중복하여 계산하지 않도록 주의한다.

0168

답 ③

ㄱ. $g(x)=f(x)-x$라 하면

$g(-1)=f(-1)+1=-3+1=-2<0$

$g(1)=f(1)-1=2-1=1>0$

에서 $g(-1)g(1)<0$이므로 사잇값의 정리에 의하여 방정식 $g(x)=0$은 열린구간 $(-1, 1)$에서 적어도 하나의 실근을 갖는다.

ㄴ. $h(x)=xf(x)-2x-1$이라 하면

$h(-1)=-f(-1)+1=3+1=4>0$

$h(1)=f(1)-3=2-3=-1<0$

에서 $h(-1)h(1)<0$이므로 사잇값의 정리에 의하여 방정식 $h(x)=0$은 열린구간 $(-1, 1)$에서 적어도 하나의 실근을 갖는다.

ㄷ. $i(x)=x^2f(x)-x-2$라 하면

$i(-1)=f(-1)-1=-3-1=-4<0$

$i(0)=-2<0$

$i(1)=f(1)-3=2-3=-1<0$

이므로 방정식 $i(x)=0$이 열린구간 $(-1, 1)$에서 실근을 갖는지 알 수 없다.

따라서 열린구간 $(-1, 1)$에서 반드시 실근을 가지는 방정식은 ㄱ, ㄴ이다.

0169

답 3

조건 ㈎의 $\lim_{x\to-2}\frac{f(x)}{x+2}=3$에서 극한값이 존재하고

$x\to-2$일 때, (분모)$\to0$이므로 (분자)$\to0$이어야 한다.

즉, $\lim_{x\to-2}f(x)=0$이므로 $f(-2)=0$

조건 ㈏의 $\lim_{x\to1}\frac{f(x)}{x-1}=6$에서 극한값이 존재하고

$x\to1$일 때, (분모)$\to0$이므로 (분자)$\to0$이어야 한다.

즉, $\lim_{x\to1}f(x)=0$이므로 $f(1)=0$

따라서 방정식 $f(x)=0$은 $x=-2$, $x=1$을 실근으로 가지므로

$f(x)=(x+2)(x-1)g(x)$ ($g(x)$는 다항함수)라 하면

$$\lim_{x\to-2}\frac{f(x)}{x+2}=\lim_{x\to-2}\frac{(x+2)(x-1)g(x)}{x+2}$$
$$=\lim_{x\to-2}(x-1)g(x)=-3g(-2)=3$$

에서 $g(-2)=-1$ …… ㉠

$$\lim_{x\to1}\frac{f(x)}{x-1}=\lim_{x\to1}\frac{(x+2)(x-1)g(x)}{x-1}$$
$$=\lim_{x\to1}(x+2)g(x)=3g(1)=6$$

에서 $g(1)=2$ …… ㉡

$g(x)$는 다항함수이므로 모든 실수 x에서 연속이고, ㉠, ㉡에서 $g(-2)g(1)<0$이므로 사잇값의 정리에 의하여 방정식 $g(x)=0$은 열린구간 $(-2, 1)$에서 적어도 하나의 실근을 갖는다.

따라서 방정식 $f(x)=0$이 열린구간 $(-3, 3)$에서 가질 수 있는 실근의 개수의 최솟값은 3이다.

PART B 내신 잡는 종합 문제

0170

답 ⑤

$\frac{f(x)}{f(x)-k}=\frac{-x^2+5x+2}{-x^2+5x+2-k}$가 실수 전체의 집합에서 연속이려면 모든 실수 x에 대하여 $-x^2+5x+2-k\neq0$이어야 한다.

즉, 이차방정식 $-x^2+5x+2-k=0$의 판별식을 D라 하면 $D<0$이어야 하므로

$D=5^2-4\times(-1)\times(2-k)<0$

$25+8-4k<0$ $\quad\therefore k>\frac{33}{4}$

따라서 정수 k의 최솟값은 9이다.

0171

답 ②

함수 $f(x)$가 $x=2$에서 연속이려면

$\lim_{x\to2-}f(x)=\lim_{x\to2+}f(x)=f(2)$이어야 한다.

$$\lim_{x\to2-}f(x)=\lim_{x\to2-}([x]^2+ax[x+1])$$
$$=1+2a\times2=4a+1$$

$$\lim_{x\to2+}f(x)=\lim_{x\to2+}([x]^2+ax[x+1])$$
$$=4+2a\times3=6a+4$$

$f(2)=4+2a\times3=6a+4$

에서 $4a+1=6a+4$이므로

$a=-\frac{3}{2}$

참고

$x\to2-$일 때 $1<x<2$이므로 $2<x+1<3$ $\quad\therefore \lim_{x\to2-}[x+1]=2$

$x\to2+$일 때 $2<x<3$이므로 $3<x+1<4$ $\quad\therefore \lim_{x\to2+}[x+1]=3$

0172

답 ④

함수 $g(x)=|f(x)-k|$가 $x=1$에서 연속이려면

$\lim_{x\to1-}g(x)=\lim_{x\to1+}g(x)=g(1)$이어야 한다.

$$\lim_{x\to1-}g(x)=\lim_{x\to1-}|f(x)-k|$$
$$=\lim_{x\to1-}|x^2+3x-1-k|=|3-k|$$

$$\lim_{x\to1+}g(x)=\lim_{x\to1+}|f(x)-k|$$
$$=\lim_{x\to1+}|x-3-k|=|-2-k|$$

$g(1)=|f(1)-k|=|-2-k|$

에서 $|3-k|=|-2-k|$

(i) $3-k=-2-k$일 때

$3\neq-2$이므로 조건을 만족시키는 k의 값은 존재하지 않는다.

(ii) $3-k=2+k$일 때

$2k=1$ $\quad\therefore k=\frac{1}{2}$

(i), (ii)에서 구하는 실수 k의 값은 $\frac{1}{2}$이다.

0173 답 6

함수 $f(x)$가 실수 전체의 집합에서 연속이므로 $x=1$에서 연속이다.

즉, $\lim_{x\to1-}f(x)=\lim_{x\to1+}f(x)=f(1)$이어야 한다.

이때 $f(1)=\lim_{x\to1-}f(x)=\lim_{x\to1-}(-3x+a)=-3+a$이므로

$\lim_{x\to1+}f(x)=\lim_{x\to1+}\frac{x+b}{\sqrt{x+3}-2}=-3+a$ ······ ㉠

㉠에서 극한값이 존재하고 $x\to1+$일 때, (분모)$\to0$이므로 (분자)$\to0$이어야 한다.

즉, $\lim_{x\to1+}(x+b)=0$이므로

$1+b=0$ $\quad\therefore b=-1$

$b=-1$을 ㉠에 대입하면

$$\lim_{x\to1+}f(x)=\lim_{x\to1+}\frac{x-1}{\sqrt{x+3}-2}$$
$$=\lim_{x\to1+}\frac{(x-1)(\sqrt{x+3}+2)}{(\sqrt{x+3}-2)(\sqrt{x+3}+2)}$$
$$=\lim_{x\to1+}\frac{(x-1)(\sqrt{x+3}+2)}{x-1}$$
$$=\lim_{x\to1+}(\sqrt{x+3}+2)=4=-3+a$$

따라서 $a=7$이므로

$a+b=7+(-1)=6$

0174 답 ③

$x\neq a$일 때, $f(x)=\frac{(x-2)|x-a|}{x-a}$

함수 $f(x)$가 실수 전체의 집합에서 연속이므로 $x=a$에서 연속이다.

즉, $\lim_{x\to a-}f(x)=\lim_{x\to a+}f(x)=f(a)$이어야 한다.

$$\lim_{x\to a-}f(x)=\lim_{x\to a-}\frac{(x-2)|x-a|}{x-a}$$
$$=\lim_{x\to a-}(-x+2)=-a+2$$
$$\lim_{x\to a+}f(x)=\lim_{x\to a+}\frac{(x-2)|x-a|}{x-a}$$
$$=\lim_{x\to a+}(x-2)=a-2$$

에서 $-a+2=a-2=f(a)$

따라서 $a=2$이므로 $f(a)=f(2)=0$

0175 답 ④

함수 $g(x)$가 $x=a$에서 연속이려면

$\lim_{x\to a-}g(x)=\lim_{x\to a+}g(x)=g(a)$이어야 한다.

$$\lim_{x\to a-}g(x)=\lim_{x\to a-}(x-3)(x+2)$$
$$=(a-3)(a+2)$$
$$\lim_{x\to a+}g(x)=\lim_{x\to a+}(x-3)(x^2+3x+2)$$
$$=(a-3)(a+2)(a+1)$$

$g(a)=(a-3)(a+2)$

에서 $(a-3)(a+2)=(a-3)(a+2)(a+1)$

$(a-3)(a+2)(a+1-1)=0$, $a(a-3)(a+2)=0$

$\therefore a=-2$ 또는 $a=0$ 또는 $a=3$

따라서 모든 실수 a의 값의 합은 $-2+0+3=1$

다른 풀이

함수 $g(x)=(x-3)f(x)$가 $x=a$에서 연속이려면

$\lim_{x\to a}(x-3)=0$ 또는 $\lim_{x\to a}f(x)=f(a)$이어야 한다.

(i) $\lim_{x\to a}(x-3)=0$일 때

$\lim_{x\to a}(x-3)=a-3=0$

$\therefore a=3$

(ii) $\lim_{x\to a}f(x)=f(a)$일 때

$\lim_{x\to a-}f(x)=\lim_{x\to a-}(x+2)=a+2$

$\lim_{x\to a+}f(x)=\lim_{x\to a+}(x^2+3x+2)=a^2+3a+2$

$f(a)=a+2$

에서 $\lim_{x\to a-}f(x)=\lim_{x\to a+}f(x)=f(a)$이어야 하므로

$a+2=a^2+3a+2$, $a^2+2a=0$

$a(a+2)=0$

$\therefore a=-2$ 또는 $a=0$

(i), (ii)에서 구하는 모든 실수 a의 값의 합은

$3+(-2)+0=1$

0176 답 24

두 함수 $y=x$, $y=f(x)$가 실수 전체의 집합에서 연속이므로

함수 $\frac{x}{f(x)}$는 $f(x)=0$을 만족시키는 x의 값에서만 불연속이다.

조건 (가)에 의하여 $f(1)=0$, $f(2)=0$이므로

$f(x)=a(x-1)(x-2)$ $(a\neq0)$라 하면 조건 (나)에서

$$\lim_{x\to2}\frac{f(x)}{x-2}=\lim_{x\to2}\frac{a(x-1)(x-2)}{x-2}$$
$$=\lim_{x\to2}a(x-1)$$
$$=a=4$$

따라서 $f(x)=4(x-1)(x-2)$이므로

$f(4)=4\times3\times2=24$

0177 답 ③

ㄱ. $\lim_{x\to-1+}f(x)=1$ (참)

ㄴ. $2-x=t$라 하면 $x\to1+$일 때, $t\to1-$이므로

$$\lim_{x\to1+}\{f(x)+f(2-x)\}=\lim_{x\to1+}f(x)+\lim_{t\to1-}f(t)$$
$$=-1+1=0\ (참)$$

ㄷ. $f(x)=s$라 하면

$x\to1-$일 때, $s\to1-$이므로

$\lim_{x\to1-}f(f(x))=\lim_{s\to1-}f(s)=1$

$x\to1+$일 때, $s\to-1+$이므로

$\lim_{x\to1+}f(f(x))=\lim_{s\to-1+}f(s)=1$

$f(f(1))=f(0)=0$

즉, $\lim_{x\to1-}f(f(x))=\lim_{x\to1+}f(f(x))\neq f(f(1))$이므로

함수 $(f\circ f)(x)$는 $x=1$에서 불연속이다. (거짓)

따라서 옳은 것은 ㄱ, ㄴ이다.

0178

답 4

함수 $f(x)$가 실수 전체의 집합에서 연속이고 $g(x)$는 $x\neq2$인 모든 실수 x에서 연속이므로 함수 $\frac{f(x)}{g(x)}$가 실수 전체의 집합에서 연속이려면 $x=2$에서 연속이어야 한다.

즉, $\lim_{x\to2}\frac{f(x)}{g(x)}=\frac{f(2)}{g(2)}$이어야 한다.

$\lim_{x\to2}\frac{f(x)}{g(x)}=\lim_{x\to2}\frac{f(x)}{x-2}=\frac{f(2)}{g(2)}=f(2)$ …… ㉠

㉠에서 극한값이 존재하고 $x\to2$일 때, (분모)$\to0$이므로 (분자)$\to0$이어야 한다.

즉, $\lim_{x\to2}f(x)=0$이므로 $f(2)=0$

$f(x)=(x-2)(x-a)$ (a는 상수)라 하면 ㉠에서

$\lim_{x\to2}\frac{f(x)}{g(x)}=\lim_{x\to2}\frac{(x-2)(x-a)}{x-2}$

$=\lim_{x\to2}(x-a)$

$=2-a=0$ ($\because f(2)=0$)

에서 $a=2$

따라서 $f(x)=(x-2)^2$이므로

$f(4)=4$

0179

답 ④

ㄱ. $g(x)=f(x)+x^2-4$라 하면

$g(-2)=f(-2)=-1<0$

$g(2)=f(2)=1>0$

에서 $g(-2)g(2)<0$이므로 사잇값의 정리에 의하여 방정식 $g(x)=0$은 열린구간 $(-2, 2)$에서 적어도 하나의 실근을 갖는다.

ㄴ. $h(x)=xf(x)-f(-x)$라 하면

$h(-2)=-2f(-2)-f(2)=2-1=1>0$

$h(2)=2f(2)-f(-2)=2-(-1)=3>0$

이므로 방정식 $h(x)=0$은 열린구간 $(-2, 2)$에서 실근을 갖는지 알 수 없다.

ㄷ. $i(x)=\{f(x)\}^2-x^2f(-x)-1$이라 하면

$i(-2)=\{f(-2)\}^2-4f(2)-1=1-4-1=-4<0$

$i(2)=\{f(2)\}^2-4f(-2)-1=1+4-1=4>0$

에서 $i(-2)i(2)<0$이므로 사잇값의 정리에 의하여 방정식 $i(x)=0$은 열린구간 $(-2, 2)$에서 적어도 하나의 실근을 갖는다.

따라서 열린구간 $(-2, 2)$에서 반드시 실근을 갖는 방정식은 ㄱ, ㄷ이다.

Bible Says **사잇값의 정리의 활용**

함수 $f(x)$가 닫힌구간 $[a, b]$에서 연속이고 $f(a)f(b)<0$이면 $f(c)=0$인 c가 열린구간 (a, b)에 적어도 하나 존재한다.

0180

답 ⑤

함수 $f(x)$가 $x=0$에서 연속이므로

$\lim_{x\to0-}f(x)=\lim_{x\to0+}f(x)=f(0)$이어야 한다.

$x<0$일 때, $g(x)=-f(x)+x^2+4$이므로

$\lim_{x\to0-}g(x)=\lim_{x\to0-}\{-f(x)+x^2+4\}=-f(0)+4$

$x>0$일 때, $g(x)=f(x)-x^2-2x-8$이므로

$\lim_{x\to0+}g(x)=\lim_{x\to0+}\{f(x)-x^2-2x-8\}=f(0)-8$

이때 $\lim_{x\to0-}g(x)-\lim_{x\to0+}g(x)=6$이므로

$\{-f(0)+4\}-\{f(0)-8\}=6$

$-2f(0)=-6$ $\quad\therefore f(0)=3$

0181

답 ⑤

ㄱ. $\lim_{x\to1-}(x-1)f(x)=\lim_{x\to1-}(x-1)(x^2-1)=0$

$\lim_{x\to1+}(x-1)f(x)=\lim_{x\to1+}(x-1)(-2x+1)=0$

$(1-1)f(1)=0$

에서 $\lim_{x\to1-}(x-1)f(x)=\lim_{x\to1+}(x-1)f(x)=(1-1)f(1)$이므로 함수 $(x-1)f(x)$는 $x=1$에서 연속이다. (참)

ㄴ. $x+2=t$라 하면

$x\to-1-$일 때, $t\to1-$이므로

$\lim_{x\to-1-}f(x)f(x+2)=\lim_{x\to-1-}f(x)\times\lim_{t\to1-}f(t)$

$=\lim_{x\to-1-}(-2x+1)\times\lim_{t\to1-}(t^2-1)$

$=3\times0=0$

$x\to-1+$일 때, $t\to1+$이므로

$\lim_{x\to-1+}f(x)f(x+2)=\lim_{x\to-1+}f(x)\times\lim_{t\to1+}f(t)$

$=\lim_{x\to-1+}(x^2-1)\times\lim_{t\to1+}(-2t+1)$

$=0\times(-1)=0$

$f(-1)f(1)=0\times0=0$

에서 $\lim_{x\to-1-}f(x)f(x+2)=\lim_{x\to-1+}f(x)f(x+2)=f(-1)f(1)$이므로 함수 $f(x)f(x+2)$는 $x=-1$에서 연속이다. (참)

ㄷ. $f(x)=t$라 하면

$x\to0-$일 때 $(x^2-1)\to-1+$, 즉 $t\to-1+$이므로

$\lim_{x\to0-}f(f(x))=\lim_{t\to-1+}f(t)$

$=\lim_{t\to-1+}(t^2-1)=0$

$x\to0+$일 때 $(x^2-1)\to-1+$, 즉 $t\to-1+$이므로

$\lim_{x\to0+}f(f(x))=\lim_{t\to-1+}f(t)$

$=\lim_{t\to-1+}(t^2-1)=0$

$f(f(0))=f(-1)=0$

즉, $\lim_{x\to0-}f(f(x))=\lim_{x\to0+}f(f(x))=f(f(0))$이므로

함수 $f(f(x))$는 $x=0$에서 연속이다. (참)

따라서 옳은 것은 ㄱ, ㄴ, ㄷ이다.

다른 풀이

ㄴ. $f(x)=\begin{cases} x^2-1 & (|x|\le 1) \\ -2x+1 & (|x|>1) \end{cases}$에서

$f(x+2)=\begin{cases} x^2+4x+3 & (-3\le x\le -1) \\ -2x-3 & (x<-3 \text{ 또는 } x>-1) \end{cases}$이므로

$\lim_{x\to -1-} f(x)f(x+2)$

$=\lim_{x\to -1-}(-2x+1)\times\lim_{x\to -1-}(x^2+4x+3)=3\times 0=0$

$\lim_{x\to -1+} f(x)f(x+2)$

$=\lim_{x\to -1+}(x^2-1)\times\lim_{x\to -1+}(-2x-3)=0\times(-1)=0$

$f(-1)f(1)=0\times 0=0$에서

$\lim_{x\to -1-} f(x)f(x+2)=\lim_{x\to -1+} f(x)f(x+2)=f(-1)f(1)$

이므로 함수 $f(x)f(x+2)$는 $x=-1$에서 연속이다. (참)

참고

함수 $f(x)$가 $x=-1$, $x=1$에서 불연속이므로 함수 $f(f(x))$의 연속성을 조사할 때는 $f(x)=-1$ 또는 $f(x)=1$이 되는 x의 값에서의 연속성만 확인하면 된다.

0182

답 3

함수 $f(x)=\begin{cases} x+a & (0\le x<1) \\ x^2+bx+5 & (1\le x<2) \end{cases}$에 대하여 조건 (가)에서 함수 $f(x)$가 주기가 2인 주기함수이므로 $f(x)$가 실수 전체의 집합에서 연속이려면 $x=1$, $x=2$에서 연속이면 된다.

❶

(i) 함수 $f(x)$가 $x=1$에서 연속일 때

$\lim_{x\to 1-} f(x)=\lim_{x\to 1+} f(x)=f(1)$이어야 한다.

$\lim_{x\to 1-} f(x)=\lim_{x\to 1-}(x+a)=1+a$

$\lim_{x\to 1+} f(x)=\lim_{x\to 1+}(x^2+bx+5)=b+6$

$f(1)=b+6$

에서 $1+a=b+6$

$\therefore a-b=5$ …… ㉠

(ii) 함수 $f(x)$가 $x=2$에서 연속일 때

$\lim_{x\to 2-} f(x)=\lim_{x\to 2+} f(x)=f(2)$이어야 한다.

$\lim_{x\to 2-} f(x)=\lim_{x\to 2-}(x^2+bx+5)=2b+9$

$\lim_{x\to 2+} f(x)=\lim_{x\to 0+} f(x)=\lim_{x\to 0+}(x+a)=a$ ($\because$ (가))

$f(2)=f(0)=a$ ($\because$ (가))

에서 $2b+9=a$

$\therefore a-2b=9$ …… ㉡

❷

㉠, ㉡을 연립하여 풀면 $a=1$, $b=-4$

따라서 $f(x)=\begin{cases} x+1 & (0\le x<1) \\ x^2-4x+5 & (1\le x<2) \end{cases}$이므로

$f(4)+f(5)=f(0)+f(1)=1+2=3$

❸

채점 기준	배점
❶ 함수 $f(x)$가 연속일 조건 구하기	30%
❷ 조건을 이용하여 a, b에 대한 식 세우기	40%
❸ $f(x)$의 식을 이용하여 $f(4)+f(5)$의 값 구하기	30%

0183

답 24

이차방정식 $x^2-2tx-3t+4=0$의 판별식을 D라 하면

$\frac{D}{4}=t^2+3t-4=(t+4)(t-1)$

(i) $\frac{D}{4}>0$일 때, 즉 $t<-4$ 또는 $t>1$일 때

이차방정식이 서로 다른 두 실근을 가지므로 $f(t)=2$

(ii) $\frac{D}{4}=0$일 때, 즉 $t=-4$ 또는 $t=1$일 때

이차방정식이 중근을 가지므로 $f(t)=1$

(iii) $\frac{D}{4}<0$일 때, 즉 $-4<t<1$일 때

이차방정식이 실근을 갖지 않으므로 $f(t)=0$

(i)~(iii)에서 $f(t)=\begin{cases} 2 & (t<-4 \text{ 또는 } t>1) \\ 1 & (t=-4 \text{ 또는 } t=1) \\ 0 & (-4<t<1) \end{cases}$

❶

함수 $f(t)$는 $t=-4$, $t=1$에서 불연속이므로 함수 $f(t)g(t)$가 모든 실수 t에서 연속이려면 $t=-4$, $t=1$에서 연속이면 된다.

(a) 함수 $f(t)g(t)$가 $t=-4$에서 연속일 때

$\lim_{t\to -4-} f(t)g(t)=\lim_{t\to -4+} f(t)g(t)=f(-4)g(-4)$이어야 한다.

$\lim_{t\to -4-} f(t)g(t)=2\times g(-4)=2g(-4)$

$\lim_{t\to -4+} f(t)g(t)=0\times g(-4)=0$

$f(-4)g(-4)=g(-4)$

에서 $g(-4)=0$ …… ㉠

(b) 함수 $f(t)g(t)$가 $t=1$에서 연속일 때

$\lim_{t\to 1-} f(t)g(t)=\lim_{t\to 1+} f(t)g(t)=f(1)g(1)$이어야 한다.

$\lim_{t\to 1-} f(t)g(t)=0\times g(1)=0$

$\lim_{t\to 1+} f(t)g(t)=2\times g(1)=2g(1)$

$f(1)g(1)=1\times g(1)=g(1)$

에서 $g(1)=0$ …… ㉡

❷

㉠, ㉡에서 최고차항의 계수가 1인 이차함수 $g(t)$가 $t+4$, $t-1$을 인수로 가지므로

$g(t)=(t+4)(t-1)$

$\therefore g(4)=8\times 3=24$

❸

채점 기준	배점
❶ 이차방정식의 판별식을 이용하여 $f(t)$ 구하기	30%
❷ 함수 $f(t)g(t)$가 연속일 조건 구하기	40%
❸ $g(t)$의 식을 이용하여 $g(4)$의 값 구하기	30%

Bible Says **이차방정식의 근의 판별**

이차방정식 $ax^2+bx+c=0$의 판별식 $D=b^2-4ac$에 대하여
$D>0$이면 서로 다른 두 실근을 갖는다.
$D=0$이면 중근(서로 같은 두 실근)을 갖는다.
$D<0$이면 서로 다른 두 허근을 갖는다.

PART C 수능 녹인 변별력 문제

0184

답 ④

$\lim_{x\to\infty} g(x)=\lim_{x\to\infty}\frac{f(x)-2x^2}{x-2}=4$이므로 함수 $f(x)$는 이차항의 계수가 2이고 일차항의 계수가 4인 이차함수이다.

즉, $f(x)=2x^2+4x+a$(a는 상수)라 할 수 있다.

한편 함수 $g(x)$가 실수 전체의 집합에서 연속이므로 $x=2$에서 연속이다.

즉, $\lim_{x\to 2} g(x)=g(2)$이므로 $\lim_{x\to 2}\frac{f(x)-2x^2}{x-2}=k$

위의 식의 극한값이 존재하고 $x\to 2$일 때, (분모)$\to 0$이므로 (분자)$\to 0$이어야 한다.

$\lim_{x\to 2}\{f(x)-2x^2\}=0$에서 $f(2)=8$이므로

$8+8+a=8 \quad \therefore a=-8$

따라서 $f(x)=2x^2+4x-8$이므로

$k=\lim_{x\to 2}\frac{f(x)-2x^2}{x-2}=\lim_{x\to 2}\frac{4(x-2)}{x-2}=4$

$\therefore k+f(3)=4+(18+12-8)=26$

0185

답 ④

$$g(x)=\frac{f(x)-|f(x)|}{2}=\begin{cases}0 & (f(x)\ge 0)\\ f(x) & (f(x)<0)\end{cases}$$

$$h(x)=\frac{f(x)+|f(x)|}{2}=\begin{cases}f(x) & (f(x)\ge 0)\\ 0 & (f(x)<0)\end{cases}$$

이므로 두 함수 $y=g(x)$, $y=h(x)$의 그래프는 다음 그림과 같다.

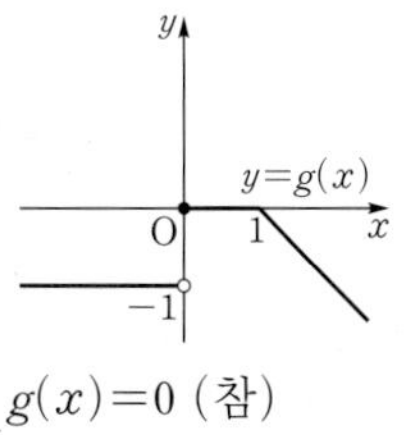

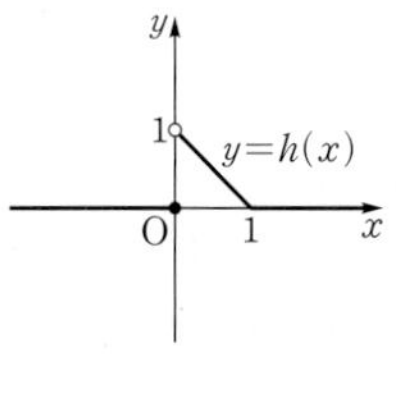

ㄱ. $\lim_{x\to 0+} g(x)=0$ (참)

ㄴ. $\lim_{x\to 0-} h(x)=0$, $\lim_{x\to 0+} h(x)=1$에서

$\lim_{x\to 0-} h(x)\neq \lim_{x\to 0+} h(x)$이므로 함수 $h(x)$는 $x=0$에서 불연속이다. (거짓)

ㄷ. 두 함수 $g(x)$, $h(x)$가 $x\neq 0$인 모든 실수에서 연속이므로 함수 $g(x)h(x)$가 실수 전체의 집합에서 연속이려면 $x=0$에서 연속이면 된다.

$\lim_{x\to 0-} g(x)h(x)=(-1)\times 0=0$

$\lim_{x\to 0+} g(x)h(x)=0\times 1=0$

$g(0)h(0)=0\times 0=0$

에서 $\lim_{x\to 0-} g(x)h(x)=\lim_{x\to 0+} g(x)h(x)=g(0)h(0)$

즉, 함수 $g(x)h(x)$는 $x=0$에서 연속이므로 실수 전체의 집합에서 연속이다. (참)

따라서 옳은 것은 ㄱ, ㄷ이다.

0186

답 ③

$\{f(x)\}^3-\{f(x)\}^2-x^2f(x)+x^2=0$에서

$\{f(x)\}^2\{f(x)-1\}-x^2\{f(x)-1\}=0$

$\{f(x)-1\}[\{f(x)\}^2-x^2]=0$

$\{f(x)-1\}\{f(x)-x\}\{f(x)+x\}=0$

$\therefore f(x)=1$ 또는 $f(x)=x$ 또는 $f(x)=-x$

즉, 함수 $f(x)$는 구간에 따라 세 직선 $y=-x$ 또는 $y=x$ 또는 $y=1$ 중 하나의 모양을 나타낸다.

이때 함수 $f(x)$는 실수 전체의 집합에서 연속이므로 그래프가 끊어진 부분이 없어야 하고, 최댓값이 1이고 최솟값이 0이므로 함수 $y=f(x)$의 그래프는 다음 그림과 같다.

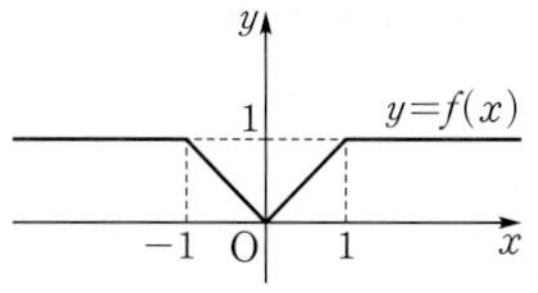

따라서 $f(x)=\begin{cases}1 & (x<-1 \text{ 또는 } x>1)\\ -x & (-1\le x<0)\\ x & (0\le x\le 1)\end{cases}$ 이므로

$f\left(-\frac{4}{3}\right)+f(0)+f\left(\frac{1}{2}\right)=1+0+\frac{1}{2}=\frac{3}{2}$

0187

답 ②

함수 $y=\sqrt{x-3}$의 그래프와 직선 $y=\frac{1}{2}x+k$가 접할 때의 k의 값을 구해 보자.

$\sqrt{x-3}=\frac{1}{2}x+k$에서

$2\sqrt{x-3}=x+2k$, $4(x-3)=(x+2k)^2$

$x^2+(4k-4)x+4k^2+12=0 \quad \cdots\cdots ㉠$

함수 $y=\sqrt{x-3}$의 그래프와 직선 $y=\frac{1}{2}x+k$가 접하려면

이차방정식 ㉠의 판별식을 D라 할 때, $D=0$이어야 한다.

$\frac{D}{4}=(2k-2)^2-(4k^2+12)=0$에서

$4k^2-8k+4-(4k^2+12)=0$, $-8k-8=0$

$\therefore k=-1$

한편 함수 $y=\sqrt{x-3}$의 그래프가 점 $(3, 0)$을 지나므로

$y=\frac{1}{2}x+k$에 $x=3$, $y=0$을 대입하면

$0=\frac{3}{2}+k \quad \therefore k=-\frac{3}{2}$

따라서 k의 값에 따른 함수 $y=\sqrt{x-3}$의 그래프와 직선 $y=\frac{1}{2}x+k$의 위치 관계는 다음 그림과 같다.

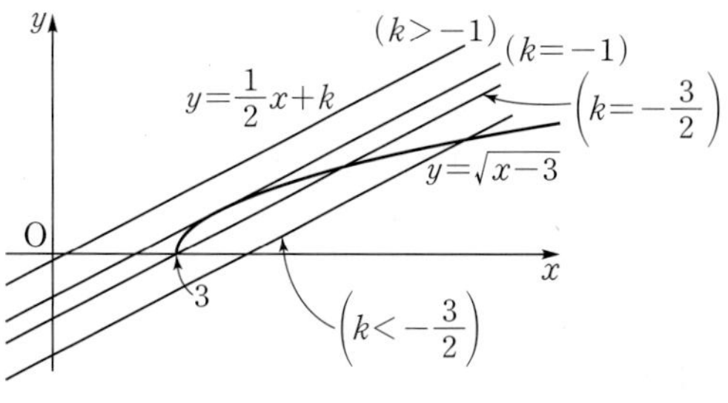

$$f(k)=\begin{cases}1 & \left(k<-\frac{3}{2}\right)\\ 2 & \left(-\frac{3}{2}\le k<-1\right)\\ 1 & (k=-1)\\ 0 & (k>-1)\end{cases}$$ 이므로 함수 $f(k)$는 $k=-\frac{3}{2}$,

$k=-1$에서 불연속이다.

따라서 구하는 모든 실수 a의 값의 합은 $-\frac{3}{2}+(-1)=-\frac{5}{2}$

0188

답 13

함수 $f(x)f(x-a)$가 $x=a$에서 연속이려면

$\lim_{x\to a-} f(x)f(x-a)=\lim_{x\to a+} f(x)f(x-a)=f(a)f(0)$이어야 한다.

(i) $a=0$일 때

$\lim_{x\to 0-}\{f(x)\}^2=\lim_{x\to 0-}(x+1)^2=1$

$\lim_{x\to 0+}\{f(x)\}^2=\lim_{x\to 0+}\left(-\frac{1}{2}x+7\right)^2=49$

에서 $\lim_{x\to 0-}\{f(x)\}^2\ne\lim_{x\to 0+}\{f(x)\}^2$이므로 함수 $\{f(x)\}^2$은

$x=0$에서 불연속이다.

(ii) $a>0$일 때

$x-a=t$라 하면

$x\to a-$일 때, $t\to 0-$이므로

$$\begin{aligned}\lim_{x\to a-} f(x)f(x-a)&=\lim_{x\to a-} f(x)\times\lim_{t\to 0-} f(t)\\&=\lim_{x\to a-}\left(-\frac{1}{2}x+7\right)\times\lim_{t\to 0-}(t+1)\\&=-\frac{1}{2}a+7\end{aligned}$$

$x\to a+$일 때, $t\to 0+$이므로

$$\begin{aligned}\lim_{x\to a+} f(x)f(x-a)&=\lim_{x\to a+} f(x)\times\lim_{t\to 0+} f(t)\\&=\lim_{x\to a+}\left(-\frac{1}{2}x+7\right)\times\lim_{t\to 0+}\left(-\frac{1}{2}t+7\right)\\&=7\left(-\frac{1}{2}a+7\right)\end{aligned}$$

$f(a)f(0)=\left(-\frac{1}{2}a+7\right)\times 1=-\frac{1}{2}a+7$

에서 $-\frac{1}{2}a+7=7\left(-\frac{1}{2}a+7\right)$, $-\frac{1}{2}a+7=0$

$\therefore a=14$

(iii) $a<0$일 때

$$\begin{aligned}\lim_{x\to a-} f(x)f(x-a)&=\lim_{x\to a-} f(x)\times\lim_{t\to 0-} f(t)\\&=\lim_{x\to a-}(x+1)\times\lim_{t\to 0-}(t+1)\\&=a+1\end{aligned}$$

$$\begin{aligned}\lim_{x\to a+} f(x)f(x-a)&=\lim_{x\to a+} f(x)\times\lim_{t\to 0+} f(t)\\&=\lim_{x\to a+}(x+1)\times\lim_{t\to 0+}\left(-\frac{1}{2}t+7\right)\\&=7(a+1)\end{aligned}$$

$f(a)f(0)=(a+1)\times 1=a+1$

에서 $a+1=7(a+1)$, $a+1=0$

$\therefore a=-1$

(i)~(iii)에서 구하는 모든 실수 a의 값의 합은

$14+(-1)=13$

0189

답 ④

ㄱ. $\lim_{x\to -1}\frac{f(x)-3}{x+1}$의 값이 존재하고

$x\to -1$일 때, (분모)$\to 0$이므로 (분자)$\to 0$이어야 한다.

즉, $\lim_{x\to -1}\{f(x)-3\}=0$이므로 $f(-1)=3$

$\lim_{x\to 2}\frac{f(x)-2}{x-2}$의 값이 존재하고

$x\to 2$일 때, (분모)$\to 0$이므로 (분자)$\to 0$이어야 한다.

즉, $\lim_{x\to 2}\{f(x)-2\}=0$이므로 $f(2)=2$

한편 조건 ㈎에서

$f(x)+f(-x)=1$ ...... ㉠

㉠의 양변에 $x=1$을 대입하면

$f(1)+f(-1)=1$에서

$f(1)=1-f(-1)=1-3=-2$

㉠의 양변에 $x=2$를 대입하면

$f(2)+f(-2)=1$에서

$f(-2)=1-f(2)=1-2=-1$

$\therefore f(1)+f(-2)=-2+(-1)=-3$ (거짓)

ㄴ. ㉠의 양변에 $x=0$을 대입하면

$2f(0)=1$에서 $f(0)=\frac{1}{2}$이고

ㄱ에서 $f(-2)=-1$, $f(-1)=3$, $f(1)=-2$, $f(2)=2$이므로

$f(-2)f(-1)=-3<0$

$f(0)f(1)=-1<0$

$f(1)f(2)=-4<0$

따라서 사잇값의 정리에 의하여 방정식 $f(x)=0$은 열린구간 $(-2, -1)$, $(0, 1)$, $(1, 2)$에서 각각 적어도 하나의 실근을 가지므로 열린구간 $(-2, 2)$에서 적어도 3개의 실근을 갖는다. (참)

ㄷ. $g(x)=\{f(x)\}^2-x^2-1$이라 하면

$g(-1)=\{f(-1)\}^2-2=9-2=7$

$g(0)=\{f(0)\}^2-1=-\frac{3}{4}$

$g(1)=\{f(1)\}^2-2=4-2=2$

이므로 $g(-1)g(0)<0$, $g(0)g(1)<0$

즉, 사잇값의 정리에 의하여 방정식 $g(x)=0$은 열린구간 $(-1, 0)$, $(0, 1)$에서 각각 적어도 하나의 실근을 가지므로 열린구간 $(-1, 1)$에서 적어도 2개의 실근을 갖는다. (참)

따라서 옳은 것은 ㄴ, ㄷ이다.

0190

답 14

함수 $f(x)=\begin{cases}\frac{6}{x} & (x\text{는 자연수가 아니다.})\\ -x+k & (x\text{는 자연수})\end{cases}$가 $x=1$에서 연속이려면 $\lim_{x\to 1}f(x)=f(1)$이어야 한다.

$\lim_{x\to 1}f(x)=\lim_{x\to 1}\frac{6}{x}=6$

$f(1)=-1+k$

에서 $-1+k=6$ $\therefore k=7$

따라서 함수 $y=f(x)$의 그래프는 다음 그림과 같다.

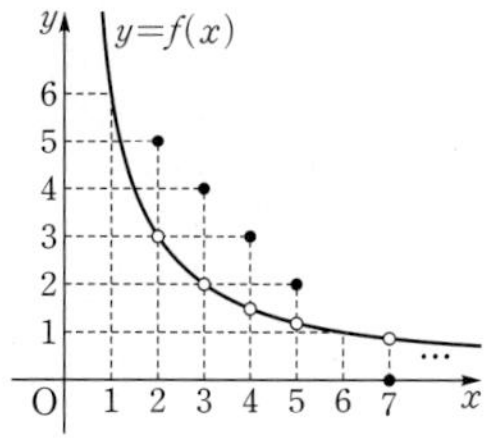

함수 $f(x)$는 $x\neq1$, $x\neq6$인 모든 자연수 x에서 불연속이므로

$\alpha_1=2$, $\alpha_2=3$, $\alpha_3=4$, $\alpha_4=5$, $\alpha_5=7$

$\therefore f(\alpha_1)+f(\alpha_2)+\cdots+f(\alpha_5)$

$=f(2)+f(3)+f(4)+f(5)+f(7)$

$=5+4+3+2+0=14$

0191

답 36

삼차방정식 $x^3+2tx^2+5tx=0$에서 $x(x^2+2tx+5t)=0$이므로

$x=0$ 또는 $x^2+2tx+5t=0$

이차방정식 $x^2+2tx+5t=0$의 판별식을 D라 하면

$\frac{D}{4}=t^2-5t=t(t-5)$

(i) $\frac{D}{4}>0$일 때, 즉 $t<0$ 또는 $t>5$일 때

이차방정식 $x^2+2tx+5t=0$은 0이 아닌 서로 다른 두 실근을 가지므로 삼차방정식 $x^3+2tx^2+5tx=0$은 서로 다른 세 실근을 갖는다.

$\therefore f(t)=3$

(ii) $\frac{D}{4}=0$일 때, 즉 $t=0$ 또는 $t=5$일 때

$t=0$일 때, 이차방정식 $x^2=0$에서 $x=0$

따라서 삼차방정식 $x^3+2tx^2+5tx=0$의 실근은 $x=0$ (삼중근)이다.

$\therefore f(0)=1$

$t=5$일 때, 이차방정식 $x^2+10x+25=0$에서

$(x+5)^2=0 \qquad \therefore x=-5$

따라서 삼차방정식 $x^3+2tx^2+5tx=0$의 실근은 $x=-5$ (중근), $x=0$이다.

$\therefore f(5)=2$

(iii) $\frac{D}{4}<0$일 때, 즉 $0<t<5$일 때

이차방정식 $x^2+2tx+5t=0$은 실근을 갖지 않으므로 삼차방정식 $x^3+2tx^2+5tx=0$의 실근은 $x=0$이다.

$\therefore f(t)=1$

(i)~(iii)에서 $f(t)=\begin{cases}3 & (t<0 \text{ 또는 } t>5)\\ 2 & (t=5)\\ 1 & (0\le t<5)\end{cases}$ 이고 그 그래프는 다음 그림과 같다.

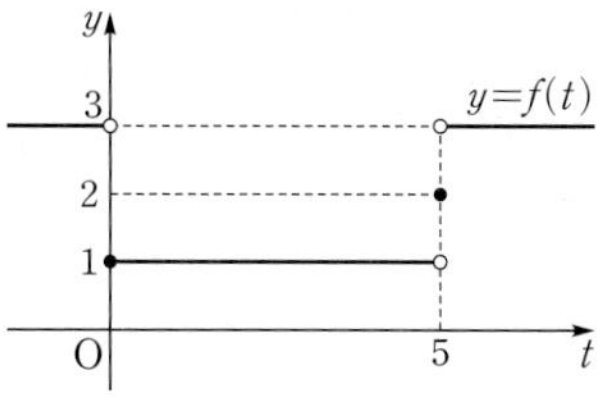

함수 $f(t)$는 $t\neq0$, $t\neq5$인 모든 실수 t에서 연속이고 $g(t-2)$는 실수 전체의 집합에서 연속이므로 함수 $f(t)g(t-2)$가 실수 전체의 집합에서 연속이려면 $t=0$, $t=5$에서 연속이면 된다.

즉, $g(-2)=0$, $g(3)=0$이어야 한다.

따라서 최고차항의 계수가 1인 이차함수 $g(t)$가 $t+2$, $t-3$을 인수로 가지므로

$g(t)=(t+2)(t-3)$

$\therefore g(7)=9\times4=36$

Bible Says 하나의 실근이 주어진 삼차방정식

삼차방정식 $f(x)=0$이 $x=\alpha$를 하나의 실근으로 가질 때
주어진 삼차방정식을 $(x-\alpha)(ax^2+bx+c)=0$ 꼴로 변형한 후
이차방정식 $ax^2+bx+c=0$의 판별식을 D라 하면
(1) 실근만을 갖는다. ➡ $D\ge0$
(2) 중근을 갖는다. ➡ $D=0$ 또는 $a\alpha^2+b\alpha+c=0$
(3) 한 개의 실근과 두 개의 허근을 갖는다. ➡ $D<0$

참고

$x=a$에서 불연속인 함수 $f(x)$와 다항함수 $g(x)$에 대하여
함수 $f(x)g(x)$가 $x=a$에서 연속이면 $g(a)=0$이다.

0192

답 ④

함수 $f(x)$는 $x\neq0$인 모든 실수에서 연속이고, 함수 $g(x)$는 $x\neq a$인 모든 실수에서 연속이므로 함수 $f(x)g(x)$가 실수 전체의 집합에서 연속이려면 $x=0$, $x=a$에서 연속이면 된다.

(i) $a=0$일 때

$f(x)g(x)=\begin{cases}(-2x+3)\times2x & (x<0)\\ (-2x+2)(2x-1) & (x\ge0)\end{cases}$이므로

$\lim_{x\to0-}f(x)g(x)=3\times0=0$

$\lim_{x\to0+}f(x)g(x)=2\times(-1)=-2$

따라서 $\lim_{x\to0-}f(x)g(x)\neq\lim_{x\to0+}f(x)g(x)$이므로

함수 $f(x)g(x)$는 $x=0$에서 불연속이다.

(ii) $a<0$일 때

$f(x)g(x)=\begin{cases}(-2x+3)\times2x & (x<a)\\ (-2x+3)(2x-1) & (a\le x<0)\\ (-2x+2)(2x-1) & (x\ge0)\end{cases}$이므로

$\lim_{x\to0-}f(x)g(x)=3\times(-1)=-3$

$\lim_{x\to0+}f(x)g(x)=2\times(-1)=-2$

따라서 $\lim_{x\to0-}f(x)g(x)\neq\lim_{x\to0+}f(x)g(x)$이므로

함수 $f(x)g(x)$는 $x=0$에서 불연속이다.

(iii) $a>0$일 때

$$f(x)g(x)=\begin{cases}(-2x+3)\times 2x & (x<0)\\(-2x+2)\times 2x & (0\le x<a)\\(-2x+2)(2x-1) & (x\ge a)\end{cases}$$ 이므로

$\lim_{x\to 0-} f(x)g(x)=3\times 0=0$

$\lim_{x\to 0+} f(x)g(x)=2\times 0=0$

$f(0)g(0)=2\times 0=0$

따라서 $\lim_{x\to 0-} f(x)g(x)=\lim_{x\to 0+} f(x)g(x)=f(0)g(0)$이므로

함수 $f(x)g(x)$는 $x=0$에서 연속이다.

또한 $x=a$에서 연속이려면

$\lim_{x\to a-} f(x)g(x)=(-2a+2)\times 2a$

$\lim_{x\to a+} f(x)g(x)=(-2a+2)(2a-1)$

$f(a)g(a)=(-2a+2)(2a-1)$

에서 $\lim_{x\to a-} f(x)g(x)=\lim_{x\to a+} f(x)g(x)=f(a)g(a)$이어야 하므로

$(-2a+2)\times 2a=(-2a+2)(2a-1)$

$-2a+2=0 \qquad \therefore a=1$

(i)~(iii)에서 함수 $f(x)g(x)$가 실수 전체의 집합에서 연속이 되도록 하는 실수 a의 값은 1이다.

0193

답 15

구간 $[-1, 1]$에서 함수 $y=|x-t|$의 그래프와 직선 $y=1$이 만나는 점의 개수는 t의 값의 범위에 따라 다음과 같이 나누어 생각해 볼 수 있다.

(i) $t<-2$일 때

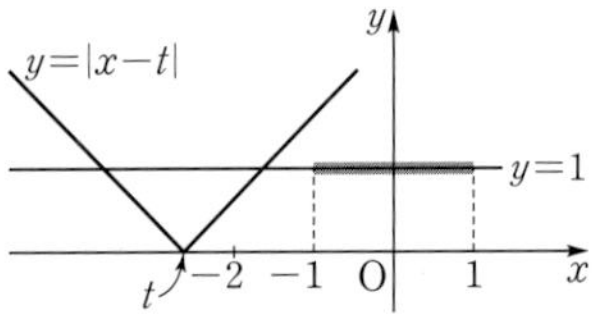

구간 $[-1, 1]$에서 함수 $y=|x-t|$의 그래프와 직선 $y=1$이 만나지 않으므로 $f(t)=0$

(ii) $-2\le t<0$일 때

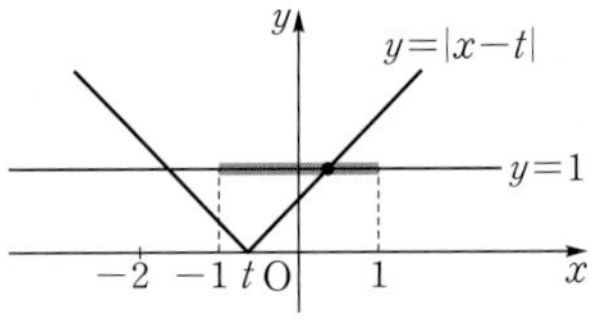

구간 $[-1, 1]$에서 함수 $y=|x-t|$의 그래프와 직선 $y=1$이 한 점에서 만나므로 $f(t)=1$

(iii) $t=0$일 때

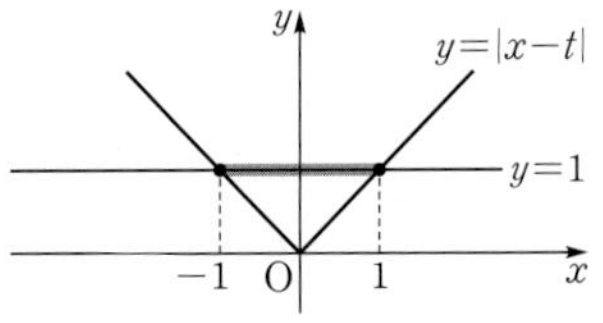

구간 $[-1, 1]$에서 함수 $y=|x-t|$의 그래프와 직선 $y=1$이 두 점에서 만나므로 $f(0)=2$

(iv) $0<t\le 2$일 때

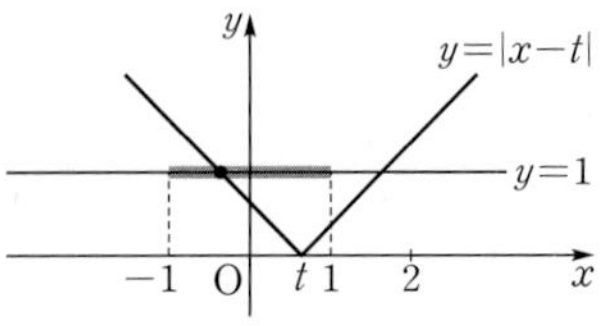

구간 $[-1, 1]$에서 함수 $y=|x-t|$의 그래프와 직선 $y=1$이 한 점에서 만나므로 $f(t)=1$

(v) $t>2$일 때

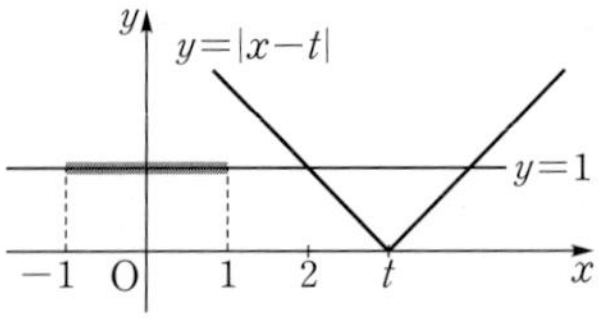

구간 $[-1, 1]$에서 함수 $y=|x-t|$의 그래프와 직선 $y=1$이 만나지 않으므로 $f(t)=0$

(i)~(v)에서 $f(t)=\begin{cases}0 & (t<-2)\\1 & (-2\le t<0)\\2 & (t=0)\\1 & (0<t\le 2)\\0 & (t>2)\end{cases}$ 이고 그 그래프는 다음 그림과 같다.

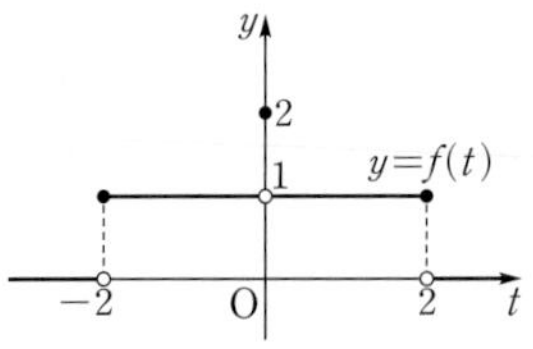

함수 $f(t)$가 $t=-2$, $t=0$, $t=2$에서 불연속이고 함수 $g(t)$가 실수 전체의 집합에서 연속이므로 함수 $f(t)g(t)$가 단 하나의 점에서만 불연속인 경우는 다음과 같이 나누어 생각해 볼 수 있다.

(a) $f(t)g(t)$가 $t=-2$에서 불연속일 때

$f(t)g(t)$가 $t=0$, $t=2$에서 연속이므로

$g(0)=0$, $g(2)=0$

따라서 $g(t)=t(t-2)$이므로

$g(3)=3\times 1=3$

(b) $f(t)g(t)$가 $t=0$에서 불연속일 때

$f(t)g(t)$가 $t=-2$, $t=2$에서 연속이므로

$g(-2)=0$, $g(2)=0$

따라서 $g(t)=(t+2)(t-2)$이므로

$g(3)=5\times 1=5$

(c) $f(t)g(t)$가 $t=2$에서 불연속일 때

$f(t)g(t)$가 $t=-2$, $t=0$에서 연속이므로

$g(-2)=0$, $g(0)=0$

따라서 $g(t)=t(t+2)$이므로

$g(3)=3\times 5=15$

(a)~(c)에서 $g(3)$의 최댓값은 15이다.

참고

함수 $f(t)$가 $t=-2$, $t=0$, $t=2$에서 불연속이므로 방정식 $g(t)=0$이 $t=-2$, $t=0$, $t=2$ 중에서 몇 개를 근으로 갖는지에 따라 함수 $f(t)g(t)$의 불연속점의 개수가 결정된다. 위의 문제에서 함수 $f(t)g(t)$의 불연속점이 1개이려면 방정식 $g(t)=0$이 $t=-2$, $t=0$, $t=2$ 중에서 2개를 서로 다른 두 실근으로 가져야 한다.

0194 답 8

$f(x)=\begin{cases} 1 & (x<-1) \\ 0 & (-1\le x<1) \\ -1 & (x\ge 1)\end{cases}$에서 함수 $f(x)$가 $x=-1$, $x=1$에서 불연속이고 함수 $g(x)$가 실수 전체의 집합에서 연속이므로 함수 $f(x)g(x)$가 불연속인 점이 1개이려면 $x=-1$ 또는 $x=1$에서 연속이면 된다.

즉, $g(-1)=0$, $g(1)\neq 0$ 또는 $g(1)=0$, $g(-1)\neq 0$이어야 한다.

또한 조건 ㈏에서 함수 $f(x)g(x-k)$가 실수 전체의 집합에서 연속이 되도록 하는 실수 k가 존재한다는 것은 $f(x)g(x-k)$가 $x=-1$, $x=1$에서 연속이 되도록 하는 실수 k가 존재함을 의미한다.

따라서 $g(-1-k)=0$, $g(1-k)=0$을 만족시키는 실수 k가 존재해야 한다.

(i) $g(-1)=0$, $g(1)\neq 0$인 경우

$-1-k=-1$ 또는 $1-k=-1$

$\therefore k=0$ 또는 $k=2$

$k=0$이면 $g(1)=0$이므로 모순이다.

따라서 $k=2$이므로 $g(-3)=0$

$\therefore g(x)=(x+1)(x+3)$

(ii) $g(1)=0$, $g(-1)\neq 0$인 경우

$-1-k=1$ 또는 $1-k=1$

$\therefore k=-2$ 또는 $k=0$

$k=0$이면 $g(-1)=0$이므로 모순이다.

따라서 $k=-2$이므로 $g(3)=0$

$\therefore g(x)=(x-1)(x-3)$

문제의 조건에서 $g(2)<0$이므로 (i), (ii)에서

$g(x)=(x-1)(x-3)$

$\therefore g(5)=4\times 2=8$

0195 답 49

함수 $f(x)$의 치역이 집합 $\{-1, 1\}$이므로 함수 $f(x)$의 함숫값이 -1에서 1로, 또는 1에서 -1로 바뀌는 점이 반드시 존재하고 그 점에서 함수 $f(x)$는 불연속이다.

함수 $f(x)$가 불연속이 되는 x의 값을 a라 하자.

조건 ㈎에서 함수 $(x^2-3x)f(x)$가 실수 전체의 집합에서 연속이므로 모든 실수 a에 대하여

$\lim_{x\to a-}(x^2-3x)f(x)=\lim_{x\to a+}(x^2-3x)f(x)=(a^2-3a)f(a)$

가 성립해야 한다.

즉, $a^2-3a=0$이어야 하므로

$a=0$ 또는 $a=3$

(i) 함수 $f(x)$가 한 점에서만 불연속인 경우

함수 $f(x)$가 $x=0$ 또는 $x=3$에서 불연속이다.

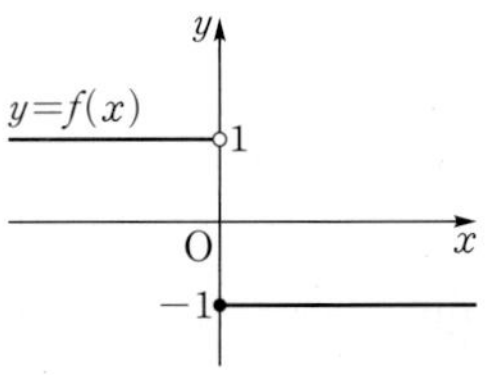

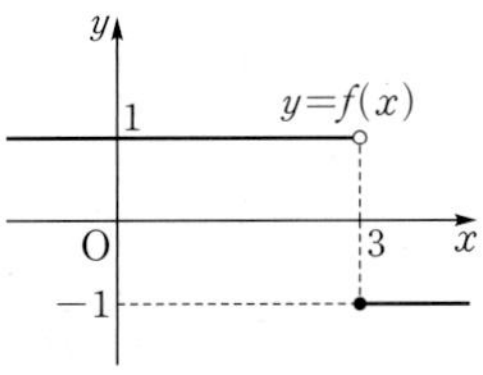

위의 그림과 같이 $f(x)=-1$을 만족시키는 정수 x가 무수히 많으므로 조건 ㈏를 만족시키지 않는다.

(ii) 함수 $f(x)$가 두 점에서 불연속인 경우

$f(x)$가 $x=0$, $x=3$에서 불연속이다.

함수 $y=f(x)$의 그래프가 다음 그림과 같을 때, $f(x)=-1$을 만족시키는 정수 x가 4개 존재한다.

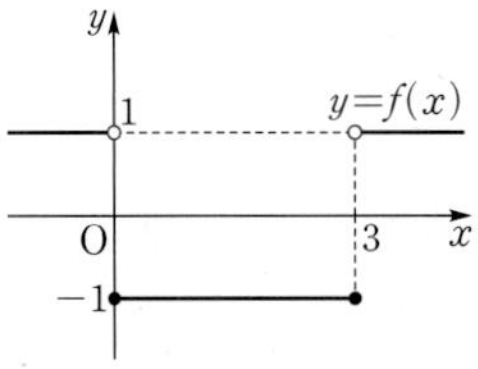

따라서 $f(k)=1$을 만족시키는 10 이하의 자연수 k는 4, 5, 6, $\cdots$, 10으로 구하는 합은

$4+5+6+\cdots+10=49$

참고

(i)에서 $f(x)=\begin{cases} -1 & (x=0) \\ 1 & (x\neq 0)\end{cases}$인 경우 $f(x)=-1$을 만족시키는 정수 x는 1개이다.

유형별 문제

PART A 03 미분계수와 도함수

유형 01 평균변화율

확인 문제 (1) 2 (2) 1 (3) 5

(1) $\frac{\Delta y}{\Delta x}=\frac{f(1)-f(-1)}{1-(-1)}=\frac{1-(-3)}{2}=2$

(2) $\frac{\Delta y}{\Delta x}=\frac{f(1)-f(-1)}{1-(-1)}=\frac{-2-(-4)}{2}=1$

(3) $\frac{\Delta y}{\Delta x}=\frac{f(1)-f(-1)}{1-(-1)}=\frac{6-(-4)}{2}=5$

0196

답 ①

함수 $f(x)=x^3-x+2$에 대하여 x의 값이 1에서 a까지 변할 때의 평균변화율은

$$\frac{f(a)-f(1)}{a-1}=\frac{(a^3-a+2)-2}{a-1}=\frac{a(a+1)(a-1)}{a-1}=a(a+1)$$

따라서 $a(a+1)=6$이므로 $a^2+a-6=0$

$(a+3)(a-2)=0 \quad \therefore a=2\ (\because a>1)$

0197

답 2

함수 $f(x)=2x^2+ax+3$에 대하여 x의 값이 -1에서 2까지 변할 때의 평균변화율은

$$\frac{f(2)-f(-1)}{2-(-1)}=\frac{(8+2a+3)-(2-a+3)}{3}=\frac{6+3a}{3}=a+2$$

따라서 $a+2=4$이므로 $a=2$

0198

답 3

x의 값이 2에서 5까지 변할 때의 함수 $f(x)$의 평균변화율은 두 점 $\mathrm{A}(2, f(2))$, $\mathrm{B}(5, f(5))$를 지나는 직선 AB의 기울기와 같다.
따라서 직선 AB의 기울기는 3이다.

0199

답 2

함수 $f(x)=x^2-6x$에 대하여 x의 값이 -1에서 4까지 변할 때의 평균변화율은

$$\frac{f(4)-f(-1)}{4-(-1)}=\frac{-8-7}{5}=-3$$

x의 값이 1에서 a까지 변할 때의 평균변화율은

$$\frac{f(a)-f(1)}{a-1}=\frac{a^2-6a+5}{a-1}=\frac{(a-1)(a-5)}{a-1}=a-5$$

따라서 $a-5=-3$이므로 $a=2$

0200

답 ①

두 점 $\mathrm{A}(-1, -1)$, $\mathrm{B}(2, f(2))$를 지나는 직선 AB의 기울기가 2이므로

$$\frac{f(2)-(-1)}{2-(-1)}=\frac{f(2)+1}{3}=2 \qquad \therefore f(2)=5$$

함수 $f(x)$에 대하여 x의 값이 2에서 4까지 변할 때의 평균변화율은 함수 $y=f(x)$의 그래프 위의 두 점 $\mathrm{B}(2, f(2))$, $\mathrm{C}(4, 3)$을 지나는 직선 BC의 기울기와 같으므로

$$\frac{3-f(2)}{4-2}=\frac{3-5}{2}=-1$$

0201

답 ②

함수 $g(x)$에 대하여 x의 값이 b에서 c까지 변할 때의 평균변화율은

$$\frac{g(c)-g(b)}{c-b}=\frac{f^{-1}(c)-f^{-1}(b)}{c-b}$$

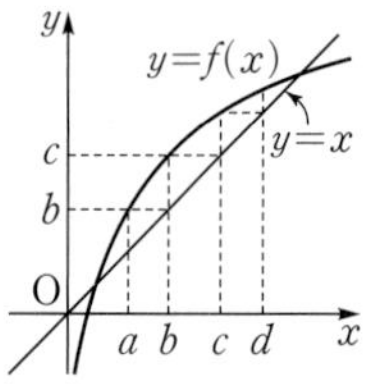

오른쪽 그림에서 $f(b)=c$이므로

$f^{-1}(c)=b$

또한 $f(a)=b$이므로 $f^{-1}(b)=a$

따라서 구하는 평균변화율은

$$\frac{f^{-1}(c)-f^{-1}(b)}{c-b}=\frac{b-a}{c-b}$$

유형 02 미분계수

확인 문제 (1) -1 (2) 7 (3) -2

(1) $f'(1)=\lim_{\Delta x\to 0}\frac{f(1+\Delta x)-f(1)}{\Delta x}$

$=\lim_{\Delta x\to 0}\frac{\{-(1+\Delta x)+3\}-2}{\Delta x}$

$=\lim_{\Delta x\to 0}\frac{-\Delta x}{\Delta x}=-1$

(2) $f'(1)=\lim_{\Delta x\to 0}\frac{f(1+\Delta x)-f(1)}{\Delta x}$

$=\lim_{\Delta x\to 0}\frac{\{2(1+\Delta x)^2+3(1+\Delta x)\}-5}{\Delta x}$

$=\lim_{\Delta x\to 0}\frac{2(\Delta x)^2+7\Delta x}{\Delta x}=\lim_{\Delta x\to 0}(2\Delta x+7)=7$

(3) $f'(1)=\lim_{\Delta x \to 0}\frac{f(1+\Delta x)-f(1)}{\Delta x}$

$=\lim_{\Delta x \to 0}\frac{\{-(1+\Delta x)^3+(1+\Delta x)\}}{\Delta x}$

$=\lim_{\Delta x \to 0}\frac{-(\Delta x)^3-3(\Delta x)^2-2\Delta x}{\Delta x}$

$=\lim_{\Delta x \to 0}\{-(\Delta x)^2-3\Delta x-2\}=-2$

0202

답 2

함수 $f(x)=x^2+2x$에 대하여 x의 값이 1에서 3까지 변할 때의 평균변화율은

$\frac{f(3)-f(1)}{3-1}=\frac{15-3}{2}=6$

함수 $f(x)$의 $x=a$에서의 미분계수는

$f'(a)=\lim_{h\to 0}\frac{f(a+h)-f(a)}{h}$

$=\lim_{h\to 0}\frac{\{(a+h)^2+2(a+h)\}-(a^2+2a)}{h}$

$=\lim_{h\to 0}\frac{2ah+h^2+2h}{h}$

$=\lim_{h\to 0}(2a+h+2)=2a+2$

따라서 $2a+2=6$이므로 $a=2$

다른 풀이

도함수를 직접 구하여 $x=a$에서의 미분계수를 구할 수도 있다.

$f(x)=x^2+2x$에서 $f'(x)=2x+2$이므로

$f'(a)=2a+2$

따라서 $2a+2=6$이므로 $a=2$

참고

이차함수 $f(x)=ax^2+bx+c\ (a\neq 0)$에 대하여 x의 값이 α에서 β까지 변할 때의 평균변화율과 $x=\frac{\alpha+\beta}{2}$에서의 미분계수는 같다.

0203

답 7

함수 $f(x)=x^2+ax+b$에 대하여 x의 값이 -1에서 2까지 변할 때의 평균변화율은

$\frac{f(2)-f(-1)}{2-(-1)}=\frac{(4+2a+b)-(1-a+b)}{3}$

$=\frac{3+3a}{3}=1+a=2$

에서 $a=1$ ······ ❶

따라서 $f(x)=x^2+x+b$이므로 함수 $f(x)$의 $x=3$에서의 미분계수는

$f'(3)=\lim_{h\to 0}\frac{f(3+h)-f(3)}{h}$

$=\lim_{h\to 0}\frac{\{(3+h)^2+(3+h)+b\}-(12+b)}{h}$

$=\lim_{h\to 0}\frac{h^2+7h}{h}=\lim_{h\to 0}(h+7)=7$

······ ❷

채점 기준	배점
❶ a의 값 구하기	50%
❷ 함수 $f(x)$의 $x=3$에서의 미분계수 구하기	50%

0204

답 ①

함수 $f(x)=x^3+3kx^2$에 대하여 x의 값이 -2에서 2까지 변할 때의 평균변화율은

$\frac{f(2)-f(-2)}{2-(-2)}=\frac{(8+12k)-(-8+12k)}{4}=4$ ······ ㉠

함수 $f(x)$의 $x=a$에서의 미분계수는

$f'(a)=\lim_{h\to 0}\frac{f(a+h)-f(a)}{h}$

$=\lim_{h\to 0}\frac{\{(a+h)^3+3k(a+h)^2\}-(a^3+3ka^2)}{h}$

$=\lim_{h\to 0}\frac{h^3+(3a+3k)h^2+(3a^2+6ka)h}{h}$

$=\lim_{h\to 0}\{h^2+(3a+3k)h+(3a^2+6ka)\}$

$=3a^2+6ka$ ······ ㉡

㉠, ㉡의 값이 같아야 하므로

$3a^2+6ka=4$ $\quad\therefore 3a^2+6ka-4=0$

위의 이차방정식을 만족시키는 모든 실수 a의 값의 합이 4이므로 이차방정식의 근과 계수의 관계에 의하여

$-\frac{6k}{3}=4$ $\quad\therefore k=-2$

Bible Says 이차방정식의 근과 계수의 관계

이차방정식 $ax^2+bx+c=0\ (a\neq 0)$의 두 근을 α, β라 하면

$\alpha+\beta=-\frac{b}{a}$, $\alpha\beta=\frac{c}{a}$

유형 03 미분계수의 기하적 의미

0205

답 ⑤

ㄱ. 오른쪽 그림과 같이 곡선 $y=f(x)$ 위의 점 $(a, f(a))$에서의 접선의 기울기는 곡선 $y=f(x)$ 위의 점 $(b, f(b))$에서의 접선의 기울기보다 작으므로

$0<a<b$일 때, $f'(a)<f'(b)$

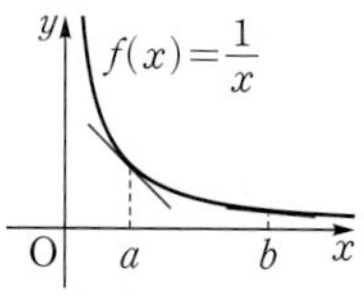

ㄴ. 오른쪽 그림과 같이 곡선 $y=f(x)$ 위의 점 $(a, f(a))$에서의 접선의 기울기는 곡선 $y=f(x)$ 위의 점 $(b, f(b))$에서의 접선의 기울기보다 크므로

$0<a<b$일 때, $f'(a)>f'(b)$

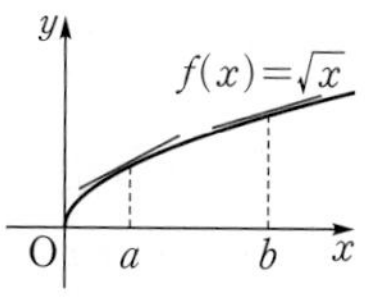

ㄷ. 오른쪽 그림과 같이 곡선 $y=f(x)$ 위의 점 $(a, f(a))$에서의 접선의 기울기는 곡선 $y=f(x)$ 위의 점 $(b, f(b))$에서의 접선의 기울기보다 크므로 $0<a<b$일 때, $f'(a)>f'(b)$

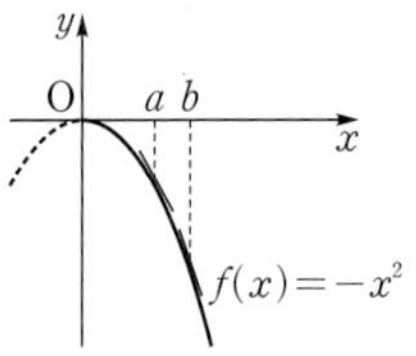

따라서 조건을 만족시키는 함수는 ㄴ, ㄷ이다.

0206

답 ⑤

$\frac{f(b)-f(a)}{b-a}$는 직선 AB의 기울기, $f'(a)$는 곡선 $y=f(x)$ 위의 점 $A(a, f(a))$에서의 접선의 기울기, $f'(b)$는 곡선 $y=f(x)$ 위의 점 $B(b, f(b))$에서의 접선의 기울기이므로 주어진 그래프에서 세 기울기의 대소 관계는

$f'(a)<\frac{f(b)-f(a)}{b-a}<f'(b)$이다.

0207

답 ③

ㄱ. 곡선 $y=f(x)$ 위의 점 $(a, f(a))$에서의 접선의 기울기는 2보다 작으므로 $f'(a)<2$ (참)

ㄴ. 곡선 $y=f(x)$ 위의 점 $(a, f(a))$에서의 접선의 기울기는 곡선 $y=f(x)$ 위의 점 $(b, f(b))$에서의 접선의 기울기보다 크므로 $f'(a)>f'(b)$ (참)

ㄷ. 원점에서의 접선의 기울기는 $f'(0)=2$이고, 두 점 $(a, f(a))$, $(b, f(b))$를 지나는 직선의 기울기보다 크므로

$f'(0)>\frac{f(b)-f(a)}{b-a}$

$b-a>0$이므로 위의 식의 양변에 $b-a$를 곱하면

$(b-a)f'(0)>f(b)-f(a)$ (거짓)

따라서 옳은 것은 ㄱ, ㄴ이다.

0208

답 ④

ㄱ. 두 점 $(a, f(a))$, $(b, f(b))$를 지나는 직선의 기울기가 직선 $y=x$의 기울기보다 크므로

$\frac{f(b)-f(a)}{b-a}>1$

$b-a>0$이므로 위의 식의 양변에 $b-a$를 곱하면

$f(b)-f(a)>b-a$ (참)

ㄴ. 원점과 점 $(a, f(a))$를 지나는 직선의 기울기가 두 점 $(a, f(a))$, $(b, f(b))$를 지나는 직선의 기울기보다 작으므로

$\frac{f(a)}{a}<\frac{f(b)-f(a)}{b-a}$

$a>0$, $b-a>0$이므로 위의 식의 양변에 $a(b-a)$를 곱하면

$(b-a)f(a)<a\{f(b)-f(a)\}$ (거짓)

ㄷ. 두 점 $(a, f(a))$, $(b, f(b))$를 지나는 직선의 기울기는 곡선 $y=f(x)$ 위의 점 $(b, f(b))$에서의 접선의 기울기보다 작으므로

$\frac{f(b)-f(a)}{b-a}<f'(b)$

$b-a>0$이므로 위의 식의 양변에 $b-a$를 곱하면

$f(b)-f(a)<(b-a)f'(b)$ (참)

따라서 옳은 것은 ㄱ, ㄷ이다.

유형 04 미분계수를 이용한 극한값의 계산 (1)

0209

답 15

$\lim_{h\to0}\frac{f(2+3h)-f(2-2h)}{h}$

$=\lim_{h\to0}\frac{\{f(2+3h)-f(2)\}-\{f(2-2h)-f(2)\}}{h}$

$=\lim_{h\to0}\frac{f(2+3h)-f(2)}{3h}\times3-\lim_{h\to0}\frac{f(2-2h)-f(2)}{-2h}\times(-2)$

$=3f'(2)+2f'(2)=5f'(2)$

$=5\times3=15$

0210

답 ②

$\lim_{h\to0}\frac{f(1-2h)-f(1+h)}{6h}$

$=\lim_{h\to0}\frac{\{f(1-2h)-f(1)\}-\{f(1+h)-f(1)\}}{6h}$

$=\lim_{h\to0}\frac{f(1-2h)-f(1)}{-2h}\times\left(-\frac{1}{3}\right)-\lim_{h\to0}\frac{f(1+h)-f(1)}{h}\times\frac{1}{6}$

$=-\frac{1}{3}f'(1)-\frac{1}{6}f'(1)=-\frac{1}{2}f'(1)=4$

$\therefore f'(1)=-8$

0211

답 3

$\lim_{h\to0}\frac{f(1+4h)-f(1-5h)}{3h}$

$=\lim_{h\to0}\frac{\{f(1+4h)-f(1)\}-\{f(1-5h)-f(1)\}}{3h}$

$=\lim_{h\to0}\frac{f(1+4h)-f(1)}{4h}\times\frac{4}{3}-\lim_{h\to0}\frac{f(1-5h)-f(1)}{-5h}\times\left(-\frac{5}{3}\right)$

$=\frac{4}{3}f'(1)+\frac{5}{3}f'(1)$

$=3f'(1)=9$

$\therefore f'(1)=3$

따라서 곡선 $y=f(x)$ 위의 점 $(1, f(1))$에서의 접선의 기울기는 $f'(1)=3$

0212

답 ②

$\frac{1}{x}=h$라 하면 $x\to\infty$일 때, $h\to0$이므로

$\lim_{x\to\infty}x\left\{f\left(3+\frac{2}{x}\right)-f(3)\right\}=\lim_{x\to\infty}\frac{f\left(3+\frac{2}{x}\right)-f(3)}{\frac{1}{x}}$

$=\lim_{h\to0}\frac{f(3+2h)-f(3)}{2h}\times2$

$=2f'(3)$

$=2\times4=8$

0213 답 1

$$\lim_{h\to0}\frac{1}{h}\left\{\frac{1}{f(2)}-\frac{1}{f(2+h)}\right\}$$
$$=\lim_{h\to0}\left\{\frac{1}{h}\times\frac{f(2+h)-f(2)}{f(2)f(2+h)}\right\}$$
$$=\lim_{h\to0}\left\{\frac{f(2+h)-f(2)}{h}\times\frac{1}{f(2)f(2+h)}\right\}$$
$$=\frac{f'(2)}{\{f(2)\}^2}=\frac{4}{2^2}=1$$

0214 답 6

$$\lim_{h\to0}\frac{f(1+h)-f(1-h)}{h}$$
$$=\lim_{h\to0}\frac{\{f(1+h)-f(1)\}-\{f(1-h)-f(1)\}}{h}$$
$$=\lim_{h\to0}\frac{f(1+h)-f(1)}{h}-\lim_{h\to0}\frac{f(1-h)-f(1)}{-h}\times(-1)$$
$$=f'(1)+f'(1)=2f'(1)=4$$
$\therefore f'(1)=2$

…… ❶

한편 $\frac{1}{x}=h$라 하면 $x\to\infty$일 때, $h\to0$이므로

$$\lim_{x\to\infty}x\left\{f\left(1+\frac{2}{x}\right)-f\left(1-\frac{1}{x}\right)\right\}$$
$$=\lim_{x\to\infty}\frac{f\left(1+\frac{2}{x}\right)-f\left(1-\frac{1}{x}\right)}{\frac{1}{x}}$$
$$=\lim_{h\to0}\frac{f(1+2h)-f(1-h)}{h}$$
$$=\lim_{h\to0}\frac{\{f(1+2h)-f(1)\}-\{f(1-h)-f(1)\}}{h}$$
$$=\lim_{h\to0}\frac{f(1+2h)-f(1)}{2h}\times2-\lim_{h\to0}\frac{f(1-h)-f(1)}{-h}\times(-1)$$
$$=2f'(1)+f'(1)=3f'(1)$$
$$=3\times2=6$$

…… ❷

채점 기준	배점
❶ $f'(1)$의 값 구하기	40%
❷ 극한값 구하기	60%

유형 05 미분계수를 이용한 극한값의 계산 (2)

0215 답 6

곡선 $y=f(x)$ 위의 점 $(1, f(1))$에서의 접선의 기울기가 3이므로
$f'(1)=3$

$$\lim_{x\to1}\frac{f(x^2)-f(1)}{x-1}=\lim_{x\to1}\left\{\frac{f(x^2)-f(1)}{x^2-1}\times(x+1)\right\}$$
$$=f'(1)\times2=3\times2=6$$

0216 답 ⑤

$$\lim_{x\to3}\frac{9f(x)-x^2f(3)}{x-3}=\lim_{x\to3}\frac{9f(x)-9f(3)+9f(3)-x^2f(3)}{x-3}$$
$$=\lim_{x\to3}\left\{\frac{f(x)-f(3)}{x-3}\times9-\frac{(x^2-9)f(3)}{x-3}\right\}$$
$$=9f'(3)-6f(3)$$
$$=9\times1-6f(3)=-3$$

$6f(3)=12$

$\therefore f(3)=2$

0217 답 13

$\lim_{x\to2}\frac{f(x-2)-1}{x^2-4}=3$에서 극한값이 존재하고

$x\to2$일 때, (분모)$\to0$이므로 (분자)$\to0$이어야 한다.

즉, $\lim_{x\to2}\{f(x-2)-1\}=0$이므로 $f(0)=1$

$x-2=t$라 하면 $x\to2$일 때, $t\to0$이므로

$$\lim_{x\to2}\frac{f(x-2)-1}{x^2-4}=\lim_{t\to0}\frac{f(t)-f(0)}{(t+2)^2-4}$$
$$=\lim_{t\to0}\frac{f(t)-f(0)}{t(t+4)}$$
$$=\lim_{t\to0}\left\{\frac{f(t)-f(0)}{t-0}\times\frac{1}{t+4}\right\}$$
$$=\frac{1}{4}f'(0)=3$$

$\therefore f'(0)=12$

$\therefore f(0)+f'(0)=1+12=13$

참고

미분가능한 함수 $f(x)$는
(1) 정의역에 대하여 특별한 언급이 없으면 실수 전체의 집합에서 정의된 함수이다.
(2) 모든 실수 a에 대하여 $f'(a)$가 존재한다.

0218 답 16

$$\lim_{x\to2}\frac{f(x)-f(2)}{x^2-4}=\lim_{x\to2}\left\{\frac{f(x)-f(2)}{x-2}\times\frac{1}{x+2}\right\}$$
$$=\frac{1}{4}f'(2)=-1$$

$\therefore f'(2)=-4$

$$\lim_{h\to0}\frac{f(2-h)-f(2+3h)}{h}$$
$$=\lim_{h\to0}\frac{\{f(2-h)-f(2)\}-\{f(2+3h)-f(2)\}}{h}$$
$$=\lim_{h\to0}\frac{f(2-h)-f(2)}{-h}\times(-1)-\lim_{h\to0}\frac{f(2+3h)-f(2)}{3h}\times3$$
$$=-f'(2)-3f'(2)$$
$$=-4f'(2)=-4\times(-4)=16$$

0219

답 ③

$\lim_{x\to\infty}\frac{x}{2}\left\{f\left(1+\frac{2}{x}\right)-f\left(1-\frac{1}{x}\right)\right\}=3$에서

$\frac{1}{x}=h$라 하면 $x\to\infty$일 때, $h\to 0$이므로

$$\lim_{x\to\infty}\frac{x}{2}\left\{f\left(1+\frac{2}{x}\right)-f\left(1-\frac{1}{x}\right)\right\}$$
$$=\lim_{h\to 0}\frac{f(1+2h)-f(1-h)}{2h}$$
$$=\lim_{h\to 0}\frac{\{f(1+2h)-f(1)\}-\{f(1-h)-f(1)\}}{2h}$$
$$=\lim_{h\to 0}\frac{f(1+2h)-f(1)}{2h}-\lim_{h\to 0}\frac{f(1-h)-f(1)}{-h}\times\left(-\frac{1}{2}\right)$$
$$=f'(1)+\frac{1}{2}f'(1)$$
$$=\frac{3}{2}f'(1)=3$$
$$\therefore f'(1)=2$$
$$\lim_{x\to 1}\frac{f(x^4)-f(1)}{x-1}=\lim_{x\to 1}\left\{\frac{f(x^4)-f(1)}{x^4-1}\times(x^2+1)(x+1)\right\}$$
$$=4f'(1)=4\times 2=8$$

0220

답 12

함수 $y=f(x)$의 그래프가 y축에 대하여 대칭이므로

$f(x)=f(-x)$

$$\therefore f'(x)=\lim_{h\to 0}\frac{f(x+h)-f(x)}{h}$$
$$=\lim_{h\to 0}\frac{f(-x-h)-f(-x)}{h}$$
$$=\lim_{h\to 0}\frac{f(-x-h)-f(-x)}{-h}\times(-1)$$
$$=-f'(-x)$$

.... ❶

즉, $f'(2)=-1$에서 $f'(-2)=1$이므로

$$\lim_{x\to -2}\frac{f(x^2)-f(4)}{f(x)-f(2)}$$
$$=\lim_{x\to -2}\frac{f(x^2)-f(4)}{f(x)-f(-2)}$$
$$=\lim_{x\to -2}\left\{\frac{f(x^2)-f(4)}{x^2-4}\times\frac{x-(-2)}{f(x)-f(-2)}\times(x-2)\right\}$$
$$=\lim_{x\to -2}\left\{\frac{f(x^2)-f(4)}{x^2-4}\times\frac{1}{\frac{f(x)-f(-2)}{x-(-2)}}\times(x-2)\right\}$$
$$=f'(4)\times\frac{1}{f'(-2)}\times(-4)$$
$$=-3\times 1\times(-4)=12$$

.... ❷

채점 기준	배점
❶ $f'(x)=-f'(-x)$임을 구하기	50%
❷ $\lim_{x\to -2}\frac{f(x^2)-f(4)}{f(x)-f(2)}$의 값 구하기	50%

유형 06 관계식이 주어졌을 때 미분계수 구하기

0221

답 3

$f(x+y)=f(x)+f(y)$에 $x=0$, $y=0$을 대입하면

$f(0)=f(0)+f(0)$ $\quad\therefore f(0)=0$

$$\therefore f'(2)=\lim_{h\to 0}\frac{f(2+h)-f(2)}{h}$$
$$=\lim_{h\to 0}\frac{f(2)+f(h)-f(2)}{h}$$
$$=\lim_{h\to 0}\frac{f(h)}{h}=\lim_{h\to 0}\frac{f(h)-f(0)}{h-0}=f'(0)=3$$

0222

답 ⑤

$f(x+y)=f(x)+f(y)+3xy-2$에 $x=0$, $y=0$을 대입하면

$f(0)=f(0)+f(0)-2$ $\quad\therefore f(0)=2$

$$f'(1)=\lim_{h\to 0}\frac{f(1+h)-f(1)}{h}$$
$$=\lim_{h\to 0}\frac{f(1)+f(h)+3h-2-f(1)}{h}$$
$$=\lim_{h\to 0}\frac{f(h)+3h-2}{h}$$
$$=\lim_{h\to 0}\frac{f(h)-f(0)}{h-0}+3$$
$$=f'(0)+3=1$$
$$\therefore f'(0)=-2$$
$$f'(4)=\lim_{h\to 0}\frac{f(4+h)-f(4)}{h}$$
$$=\lim_{h\to 0}\frac{f(4)+f(h)+12h-2-f(4)}{h}$$
$$=\lim_{h\to 0}\frac{f(h)+12h-2}{h}$$
$$=\lim_{h\to 0}\frac{f(h)-f(0)}{h-0}+12$$
$$=f'(0)+12=-2+12=10$$

0223

답 8

$f(x+y)=4f(x)f(y)$에 $x=0$, $y=0$을 대입하면

$f(0)=4f(0)f(0)$ $\quad\therefore f(0)=\frac{1}{4}$ ($\because f(0)>0$)

$$f'(3)=\lim_{h\to 0}\frac{f(3+h)-f(3)}{h}$$
$$=\lim_{h\to 0}\frac{4f(3)f(h)-f(3)}{h}$$
$$=\lim_{h\to 0}\frac{4f(3)\left\{f(h)-\frac{1}{4}\right\}}{h}$$
$$=4f(3)\times\lim_{h\to 0}\frac{f(h)-f(0)}{h-0}$$
$$=4f(3)f'(0)$$

이므로

$$\frac{f'(3)}{f(3)}=\frac{4f(3)f'(0)}{f(3)}=4f'(0)=4\times 2=8$$

유형 07 미분가능성과 연속성

0224
답 ②

ㄱ. $\lim_{x\to 0-} f(x)=\lim_{x\to 0-}[x]=-1$, $\lim_{x\to 0+} f(x)=\lim_{x\to 0+}[x]=0$

이므로 함수 $f(x)$는 $x=0$에서 불연속이다.

ㄴ. $\lim_{x\to 0} f(x)=f(0)=0$이므로 함수 $f(x)$는 $x=0$에서 연속이다.

$\lim_{h\to 0-}\frac{f(0+h)-f(0)}{h}=\lim_{h\to 0-}\frac{h-|h|-0}{h}=\lim_{h\to 0-}\frac{2h}{h}=2$,

$\lim_{h\to 0+}\frac{f(0+h)-f(0)}{h}=\lim_{h\to 0+}\frac{h-|h|-0}{h}=\lim_{h\to 0+}\frac{h-h}{h}=0$

이므로 함수 $f(x)$는 $x=0$에서 미분가능하지 않다.

ㄷ. $f(x)=\sqrt{x^2}=|x|$에서 $f(x)=\begin{cases} x & (x\ge 0) \\ -x & (x<0) \end{cases}$

$\lim_{x\to 0} f(x)=f(0)=0$이므로 함수 $f(x)$는 $x=0$에서 연속이다.

$\lim_{h\to 0-}\frac{f(0+h)-f(0)}{h}=\lim_{h\to 0-}\frac{-h-0}{h}=\lim_{h\to 0-}\frac{-h}{h}=-1$,

$\lim_{h\to 0+}\frac{f(0+h)-f(0)}{h}=\lim_{h\to 0+}\frac{h-0}{h}=\lim_{h\to 0+}\frac{h}{h}=1$

이므로 함수 $f(x)$는 $x=0$에서 미분가능하지 않다.

ㄹ. $f(x)=x|x|$에서 $f(x)=\begin{cases} -x^2 & (x<0) \\ x^2 & (x\ge 0) \end{cases}$

$\lim_{x\to 0} f(x)=f(0)=0$이므로 함수 $f(x)$는 $x=0$에서 연속이다.

$\lim_{h\to 0-}\frac{f(0+h)-f(0)}{h}=\lim_{h\to 0-}\frac{-h^2}{h}=\lim_{h\to 0-}(-h)=0$,

$\lim_{h\to 0+}\frac{f(0+h)-f(0)}{h}=\lim_{h\to 0+}\frac{h^2}{h}=\lim_{h\to 0+}h=0$

이므로 함수 $f(x)$는 $x=0$에서 미분가능하다.

따라서 $x=0$에서 연속이지만 미분가능하지 않은 함수는 ㄴ, ㄷ이다.

0225
답 7

함수 $f(x)$는 $x=0$, $x=1$에서 불연속이므로 $m=2$

또한 함수 $f(x)$는 $x=-2$, $x=-1$, $x=0$, $x=1$, $x=2$에서 미분가능하지 않으므로 $n=5$

$\therefore m+n=7$

0226
답 ⑤

ㄱ. $(x-1)f(x)=\begin{cases} (-x+1)(x-1) & (x<1) \\ (x-1)^2 & (x\ge 1) \end{cases}$이므로

$\lim_{x\to 1-}\frac{(x-1)f(x)-(1-1)f(1)}{x-1}=\lim_{x\to 1-}\frac{(-x+1)(x-1)}{x-1}$

$=\lim_{x\to 1-}(-x+1)=0$

$\lim_{x\to 1+}\frac{(x-1)f(x)-(1-1)f(1)}{x-1}=\lim_{x\to 1+}\frac{(x-1)^2}{x-1}$

$=\lim_{x\to 1+}(x-1)=0$

따라서 함수 $(x-1)f(x)$는 $x=1$에서 미분가능하다.

ㄴ. $f(x)g(x)=\begin{cases} (-x+1)^2 & (x<1) \\ 2(x-1)^2 & (x\ge 1) \end{cases}$이므로

$\lim_{x\to 1-}\frac{f(x)g(x)-f(1)g(1)}{x-1}=\lim_{x\to 1-}\frac{(-x+1)^2}{x-1}$

$=\lim_{x\to 1-}(-x+1)=0$

$\lim_{x\to 1+}\frac{f(x)g(x)-f(1)g(1)}{x-1}=\lim_{x\to 1+}\frac{2(x-1)^2}{x-1}$

$=\lim_{x\to 1+}2(x-1)=0$

따라서 함수 $f(x)g(x)$는 $x=1$에서 미분가능하다.

ㄷ. $\{g(x)\}^2=\begin{cases} (-x+1)^2 & (x<1) \\ (2x-2)^2 & (x\ge 1) \end{cases}$이므로

$\lim_{x\to 1-}\frac{\{g(x)\}^2-\{g(1)\}^2}{x-1}=\lim_{x\to 1-}\frac{(-x+1)^2}{x-1}$

$=\lim_{x\to 1-}(-x+1)=0$

$\lim_{x\to 1+}\frac{\{g(x)\}^2-\{g(1)\}^2}{x-1}=\lim_{x\to 1+}\frac{(2x-2)^2}{x-1}$

$=\lim_{x\to 1+}4(x-1)=0$

따라서 함수 $\{g(x)\}^2$은 $x=1$에서 미분가능하다.

그러므로 $x=1$에서 미분가능한 함수는 ㄱ, ㄴ, ㄷ이다.

0227
답 ⑤

ㄱ. $\lim_{x\to -1-} f(x)=\lim_{x\to -1+} f(x)$이므로 $\lim_{x\to -1} f(x)$의 값은 존재한다. (거짓)

ㄴ. 함수 $f(x)$는 $x=-1$, $x=3$에서 불연속이므로 불연속이 되는 점은 2개이다. (참)

ㄷ. 함수 $y=x^2-2x-3$이 실수 전체의 집합에서 연속이고 함수 $f(x)$가 $x\neq -1$, $x\neq 3$인 모든 실수에서 연속이므로 함수 $(x^2-2x-3)f(x)$의 연속성은 $x=-1$, $x=3$에서만 확인하면 된다.

이때

$\lim_{x\to -1-}(x^2-2x-3)f(x)=0$,

$\lim_{x\to -1+}(x^2-2x-3)f(x)=0$,

$(1+2-3)f(-1)=0$

이므로 함수 $(x^2-2x-3)f(x)$는 $x=-1$에서 연속이다.

마찬가지로

$\lim_{x\to 3-}(x^2-2x-3)f(x)=0$,

$\lim_{x\to 3+}(x^2-2x-3)f(x)=0$,

$(9-6-3)f(3)=0$

이므로 함수 $(x^2-2x-3)f(x)$는 $x=3$에서 연속이다.

따라서 함수 $(x^2-2x-3)f(x)$는 실수 전체의 집합에서 연속이다. (참)

ㄹ. 함수 $f(x)$는 $x=-1$, $x=0$, $x=2$, $x=3$에서 미분가능하지 않으므로 미분가능하지 않은 점은 4개이다. (참)

따라서 옳은 것은 ㄴ, ㄷ, ㄹ이다.

참고

ㄷ에서 함수 $(x^2-2x-3)f(x)$는 $x+1$, $x-3$을 인수로 가지므로 함수 $f(x)$의 연속성에 관계없이 $x=-1$, $x=3$에서 연속이다.

유형 08 미분법 공식

확인 문제 (1) $y'=8x^3$ (2) $y'=-3$
(3) $y'=-2x+6$

(1) $y'=(2x^4)'=8x^3$
(2) $y'=(-3x+7)'=(-3x)'+(7)'=-3$
(3) $y'=(-x^2+6x-5)'=(-x^2)'+(6x)'-(5)'=-2x+6$

0228

답 6

$f(x)=2x^3-ax+2$에서 $f'(x)=6x^2-a$이므로
$f'(1)=6-a=0 \quad \therefore a=6$
따라서 $f(x)=2x^3-6x+2$이므로
$f(-1)=-2+6+2=6$

0229

답 ④

$f(x)=x^2+ax+b$에서 $f'(x)=2x+a$
이때 $f(1)=1+a+b=0$이므로
$a+b=-1$ ⋯⋯ ㉠
또한 $f'(-1)=-2+a=-1$이므로
$a=1$
$a=1$을 ㉠에 대입하면 $b=-2$
따라서 $f(x)=x^2+x-2$이므로
$f(2)=4+2-2=4$

0230

답 8

함수 $f(x)$는 최고차항의 계수가 1인 삼차함수이고 $f(0)=2$이므로
$f(x)=x^3+ax^2+bx+2$ (a, b는 상수)라 하면
❶

$f'(x)=3x^2+2ax+b$
$f'(1)=3+2a+b=-3$이므로
$2a+b=-6$ ⋯⋯ ㉠
$f'(-1)=3-2a+b=1$이므로
$-2a+b=-2$ ⋯⋯ ㉡
㉠, ㉡을 연립하여 풀면 $a=-1$, $b=-4$
따라서 $f(x)=x^3-x^2-4x+2$이므로
❷

$f(3)=27-9-12+2=8$
❸

채점 기준	배점
❶ 함수 $f(x)$의 식 세우기	30%
❷ 함수 $f(x)$의 식 구하기	50%
❸ $f(3)$의 값 구하기	20%

유형 09 곱의 미분법

확인 문제 (1) $y'=6x^2-14x+5$
(2) $y'=3x^2+2x-2$
(3) $y'=3(2x^2+x-3)^2(4x+1)$
(4) $y'=2(x+1)(2x^2+x-3)$

(1) $y'=(x^2-3x+1)'(2x-1)+(x^2-3x+1)(2x-1)'$
$=(2x-3)(2x-1)+2(x^2-3x+1)$
$=(4x^2-8x+3)+(2x^2-6x+2)$
$=6x^2-14x+5$
(2) $y'=(x)'(x-1)(x+2)+x(x-1)'(x+2)+x(x-1)(x+2)'$
$=(x-1)(x+2)+x(x+2)+x(x-1)$
$=(x^2+x-2)+(x^2+2x)+(x^2-x)$
$=3x^2+2x-2$
(3) $y'=\{(2x^2+x-3)^3\}'$
$=3(2x^2+x-3)^{3-1}(2x^2+x-3)'$
$=3(2x^2+x-3)^2(4x+1)$
(4) $y'=\{(x+1)^2\}'(x^2-3)+(x+1)^2(x^2-3)'$
$=2(x+1)(x+1)'(x^2-3)+(x+1)^2(x^2-3)'$
$=2(x+1)(x^2-3)+2x(x+1)^2$
$=2(x+1)(2x^2+x-3)$

0231

답 ②

$f(x)=(x^3+a)(x^2+x+1)$에서
$f'(x)=3x^2(x^2+x+1)+(x^3+a)(2x+1)$이므로
$f'(1)=3(1+1+1)+(1+a)(2+1)=9+3(1+a)=6$
$3(1+a)=-3 \quad \therefore a=-2$

참고
두 다항함수의 곱으로 정의된 함수는 다항함수이다. 따라서 곱으로 정의된 함수는 전개하여 도함수를 구해도 되지만 전개하는 과정에서 실수할 수 있으므로 곱의 미분법을 이용하여 도함수를 구한다.

0232

답 ③

$g(x)=(x^2+3)f(x)$에서
$g'(x)=2xf(x)+(x^2+3)f'(x)$이므로
$g'(1)=2f(1)+4f'(1)=2\times2+4\times1=8$

0233

답 ①

$f(x)=(x^2+2)(ax+b)$에서
$f'(x)=2x(ax+b)+a(x^2+2)$
곡선 $y=f(x)$ 위의 점 (1, 3)에서의 접선의 기울기가 8이므로
$f(1)=3(a+b)=3$에서
$a+b=1$ ⋯⋯ ㉠
$f'(1)=2(a+b)+3a=8$에서
$5a+2b=8$ ⋯⋯ ㉡
㉠, ㉡을 연립하여 풀면 $a=2$, $b=-1$
$\therefore ab=-2$

유형 10 미분계수와 도함수

0234 답 20

$f(x)=x^4-2x^3-4$에서 $f'(x)=4x^3-6x^2$이므로

$$\lim_{x\to1}\frac{\{f(x)\}^2-\{f(1)\}^2}{x-1}=\lim_{x\to1}\left[\frac{f(x)-f(1)}{x-1}\times\{f(x)+f(1)\}\right]$$
$$=f'(1)\times2f(1)$$
$$=-2\times2\times(-5)=20$$

0235 답 ③

$f(x)=x^3-2x^2+ax+1$에서 $f'(x)=3x^2-4x+a$이므로

$$\lim_{h\to0}\frac{f(2+h)-f(2)}{h}=f'(2)$$
$$=3\times4-4\times2+a$$
$$=a+4=9$$

$\therefore a=5$

0236 답 ②

$\lim_{x\to2}\frac{f(x)-3}{x-2}=5$에서 극한값이 존재하고

$x\to2$일 때, (분모)$\to0$이므로 (분자)$\to0$이어야 한다.

즉, $\lim_{x\to2}\{f(x)-3\}=0$이므로 $f(2)=3$

$\therefore \lim_{x\to2}\frac{f(x)-3}{x-2}=\lim_{x\to2}\frac{f(x)-f(2)}{x-2}=f'(2)=5$

$f(x)=x^3+ax+b$에서 $f'(x)=3x^2+a$이므로

$f(2)=3$에서 $8+2a+b=3$

$\therefore 2a+b=-5$ …… ㉠

$f'(2)=5$에서 $12+a=5$ $\therefore a=-7$

$a=-7$을 ㉠에 대입하면 $b=9$

$\therefore a+b=-7+9=2$

0237 답 11

$\lim_{x\to1}\frac{f(x)-4}{x-1}=3$에서 극한값이 존재하고

$x\to1$일 때, (분모)$\to0$이므로 (분자)$\to0$이어야 한다.

즉, $\lim_{x\to1}\{f(x)-4\}=0$이므로 $f(1)=4$

$\therefore \lim_{x\to1}\frac{f(x)-4}{x-1}=\lim_{x\to1}\frac{f(x)-f(1)}{x-1}=f'(1)=3$

$g(x)=x^2f(x)$에서 $g'(x)=2xf(x)+x^2f'(x)$이므로

$g'(1)=2f(1)+f'(1)=2\times4+3=11$

0238 답 15

$$\lim_{h\to0}\frac{f(1+h)-f(1)}{h}=f'(1)=5$$

$$\lim_{h\to0}\frac{f(-2-2h)-f(-2)}{h}$$
$$=\lim_{h\to0}\frac{f(-2-2h)-f(-2)}{-2h}\times(-2)$$
$$=-2f'(-2)=-4$$

$\therefore f'(-2)=2$

$f(x)=x^3+ax^2+bx+3$에서 $f'(x)=3x^2+2ax+b$이므로

$f'(1)=5$에서 $3+2a+b=5$

$\therefore 2a+b=2$ …… ㉠

$f'(-2)=2$에서 $12-4a+b=2$

$\therefore 4a-b=10$ …… ㉡

㉠, ㉡을 연립하여 풀면 $a=2$, $b=-2$

따라서 $f(x)=x^3+2x^2-2x+3$이므로

$f(2)=8+8-4+3=15$

0239 답 ⑤

$\lim_{x\to2}\frac{f(x)-5}{x-2}=1$에서 극한값이 존재하고

$x\to2$일 때, (분모)$\to0$이므로 (분자)$\to0$이어야 한다.

즉, $\lim_{x\to2}\{f(x)-5\}=0$이므로 $f(2)=5$

$\therefore \lim_{x\to2}\frac{f(x)-5}{x-2}=\lim_{x\to2}\frac{f(x)-f(2)}{x-2}=f'(2)=1$

또한 $\lim_{x\to2}\frac{g(x)-2}{x-2}=3$에서 극한값이 존재하고

$x\to2$일 때, (분모)$\to0$이므로 (분자)$\to0$이어야 한다.

즉, $\lim_{x\to2}\{g(x)-2\}=0$이므로 $g(2)=2$

$\therefore \lim_{x\to2}\frac{g(x)-2}{x-2}=\lim_{x\to2}\frac{g(x)-g(2)}{x-2}=g'(2)=3$

$h(x)=f(x)g(x)$에서

$h'(x)=f'(x)g(x)+f(x)g'(x)$이므로

$h'(2)=f'(2)g(2)+f(2)g'(2)$

$=1\times2+5\times3=17$

0240 답 36

$\frac{1}{x}=h$라 하면 $x\to\infty$일 때, $h\to0$이므로

$$\lim_{x\to\infty}3x\left\{f\left(1+\frac{1}{x}\right)-f\left(1-\frac{2}{x}\right)\right\}$$
$$=\lim_{h\to0}\frac{f(1+h)-f(1-2h)}{h}\times3$$
$$=\lim_{h\to0}\frac{\{f(1+h)-f(1)\}-\{f(1-2h)-f(1)\}}{h}\times3$$
$$=\lim_{h\to0}\frac{f(1+h)-f(1)}{h}\times3-\lim_{h\to0}\frac{f(1-2h)-f(1)}{-2h}\times(-6)$$
$$=3f'(1)+6f'(1)=9f'(1)$$

$f(x)=(x-1)(x^2+3)$에서

$f'(x)=x^2+3+2x(x-1)=3x^2-2x+3$이므로

$f'(1)=3-2+3=4$

따라서 구하는 극한값은

$9f'(1)=9\times4=36$

0241

답 2

조건 (가)의 $\lim_{x\to1}\frac{f(x^2)-2}{x-1}=4$에서 극한값이 존재하고

$x\to1$일 때, (분모)$\to0$이므로 (분자)$\to0$이어야 한다.

즉, $\lim_{x\to1}\{f(x^2)-2\}=0$이므로 $f(1)=2$

$$\lim_{x\to1}\frac{f(x^2)-2}{x-1}=\lim_{x\to1}\left\{\frac{f(x^2)-f(1)}{x^2-1}\times(x+1)\right\}$$
$$=2f'(1)=4$$

$\therefore f'(1)=2$

❶

조건 (나)의 $\lim_{h\to0}\frac{g(1-3h)-3}{h}=6$에서 극한값이 존재하고

$h\to0$일 때, (분모)$\to0$이므로 (분자)$\to0$이어야 한다.

즉, $\lim_{h\to0}\{g(1-3h)-3\}=0$이므로 $g(1)=3$

$$\lim_{h\to0}\frac{g(1-3h)-3}{h}=\lim_{h\to0}\frac{g(1-3h)-g(1)}{-3h}\times(-3)$$
$$=-3g'(1)=6$$

$\therefore g'(1)=-2$

❷

$i(x)=f(x)g(x)$에서

$i'(x)=f'(x)g(x)+f(x)g'(x)$이므로

$i'(1)=f'(1)g(1)+f(1)g'(1)$

$=2\times3+2\times(-2)=2$

❸

채점 기준	배점
❶ $f'(1)$의 값 구하기	35%
❷ $g'(1)$의 값 구하기	35%
❸ 곱의 미분법을 이용하여 $i'(1)$의 값 구하기	30%

0242

답 ①

$\lim_{x\to0}\frac{f(x)+g(x)}{x}=3$에서 극한값이 존재하고

$x\to0$일 때, (분모)$\to0$이므로 (분자)$\to0$이어야 한다.

즉, $\lim_{x\to0}\{f(x)+g(x)\}=f(0)+g(0)=0$이므로

$g(0)=-f(0)$ …… ㉠

$$\lim_{x\to0}\frac{f(x)+g(x)}{x}=\lim_{x\to0}\frac{f(x)-f(0)+g(x)-g(0)}{x}$$
$$=\lim_{x\to0}\frac{f(x)-f(0)}{x}+\lim_{x\to0}\frac{g(x)-g(0)}{x}$$
$$=f'(0)+g'(0)=3 \quad \cdots\cdots ㉡$$

또한 $\lim_{x\to0}\frac{f(x)+3}{xg(x)}=2$에서 극한값이 존재하고

$x\to0$일 때, (분모)$\to0$이므로 (분자)$\to0$이어야 한다.

즉, $\lim_{x\to0}\{f(x)+3\}=f(0)+3=0$이므로

$f(0)=-3$, $g(0)=3$ ($\because$ ㉠)

$$\lim_{x\to0}\frac{f(x)+3}{xg(x)}=\lim_{x\to0}\frac{f(x)-f(0)}{xg(x)}$$
$$=\lim_{x\to0}\left\{\frac{f(x)-f(0)}{x}\times\frac{1}{g(x)}\right\}$$
$$=f'(0)\times\frac{1}{3}=2$$

에서 $f'(0)=6$, $g'(0)=-3$ ($\because$ ㉡)

$h(x)=f(x)g(x)$에서

$h'(x)=f'(x)g(x)+f(x)g'(x)$이므로

$h'(0)=f'(0)g(0)+f(0)g'(0)$

$=6\times3+(-3)\times(-3)=27$

유형 11 치환을 이용한 극한값의 계산

0243

답 ④

$f(x)=x^5-4x$라 하면 $f(-1)=3$이므로

$$\lim_{x\to-1}\frac{x^5-4x-3}{x+1}=\lim_{x\to-1}\frac{f(x)-f(-1)}{x+1}$$
$$=\lim_{x\to-1}\frac{f(x)-f(-1)}{x-(-1)}=f'(-1)$$

$f'(x)=5x^4-4$이므로

$f'(-1)=5-4=1$

0244

답 ②

$f(x)=x^n-3x$라 하면 $f(1)=-2$이므로

$$\lim_{x\to1}\frac{x^n-3x+2}{x-1}=\lim_{x\to1}\frac{f(x)-f(1)}{x-1}=f'(1)$$

$f'(x)=nx^{n-1}-3$이므로 $f'(1)=n-3$

따라서 $n-3=10$이므로 $n=13$

0245

답 34

$\lim_{x\to2}\frac{x^n-2x^2+6x-20}{x-2}=\alpha$에서 극한값이 존재하고

$x\to2$일 때, (분모)$\to0$이므로 (분자)$\to0$이어야 한다.

즉, $\lim_{x\to2}(x^n-2x^2+6x-20)=0$이므로

$2^n-2\times4+6\times2-20=0$에서

$2^n=16$ $\quad\therefore n=4$

$f(x)=x^4-2x^2+6x$라 하면 $f(2)=20$이므로

$$\lim_{x\to2}\frac{x^4-2x^2+6x-20}{x-2}=\lim_{x\to2}\frac{f(x)-f(2)}{x-2}=f'(2)$$

$f'(x)=4x^3-4x+6$이므로

$\alpha=f'(2)=4\times8-4\times2+6=30$

$\therefore n+\alpha=4+30=34$

유형 12 도함수와 항등식

0246

답 ①

$f(x)=ax^2+b$에서 $f'(x)=2ax$이므로

$4f(x)=\{f'(x)\}^2+x^2+4$에 대입하면

$4(ax^2+b)=(2ax)^2+x^2+4$

$4ax^2+4b=(4a^2+1)x^2+4$

위의 등식이 모든 실수 x에 대하여 성립하므로

$4a=4a^2+1$, $(2a-1)^2=0$

$\therefore a=\frac{1}{2}$

$4b=4 \quad \therefore b=1$

따라서 $f(x)=\frac{1}{2}x^2+1$이므로

$f(2)=\frac{1}{2}\times 4+1=3$

Bible Says 항등식의 성질

(1) $ax^2+bx+c=0$이 x에 대한 항등식이면 $a=0, b=0, c=0$

(2) $ax^2+bx+c=a'x^2+b'x+c'$이 x에 대한 항등식이면
$a=a', b=b', c=c'$

0247

답 ③

$f(x)=ax^2+bx+c$ (a, b, c는 상수, $a\neq 0$)라 하면

$f'(x)=2ax+b$이므로

$(x-1)f'(x)+f(x)=3x^2+4x-1$에 대입하면

$(x-1)(2ax+b)+(ax^2+bx+c)=3x^2+4x-1$

$3ax^2+2(b-a)x+c-b=3x^2+4x-1$

위의 등식이 모든 실수 x에 대하여 성립하므로

$3a=3$, $2(b-a)=4$, $c-b=-1$

$\therefore a=1$, $b=3$, $c=2$

따라서 $f(x)=x^2+3x+2$이므로

$f(-1)=1-3+2=0$

0248

답 19

함수 $f(x)$를 n차 다항함수라 하면 $f'(x)$는 $(n-1)$차 다항함수이다.

이때 주어진 등식에서 좌변의 차수는 $n+(n-1)=2n-1$이고 우변의 차수는 3이므로

$2n-1=3 \quad \therefore n=2$

$f(x)=ax^2+bx+c$ (a, b, c는 상수, $a>0$)라 하면

$f'(x)=2ax+b$이므로

$f(x)f'(x)=2x^3+9x^2+11x+3$에서

$(ax^2+bx+c)(2ax+b)=2x^3+9x^2+11x+3$

$2a^2x^3+3abx^2+(b^2+2ac)x+bc=2x^3+9x^2+11x+3$

위의 등식이 모든 실수 x에 대하여 성립하므로

$2a^2=2$, $3ab=9$, $b^2+2ac=11$, $bc=3$

$\therefore a=1$, $b=3$, $c=1$

따라서 $f(x)=x^2+3x+1$이므로

$f(3)=9+9+1=19$

유형 13 구간으로 나누어 정의된 함수의 미분가능성

0249

답 ③

함수 $f(x)$가 $x=-1$에서 미분가능하므로 $x=-1$에서 연속이다.

$\lim_{x\to -1-}f(x)=\lim_{x\to -1-}(ax^2+4)=a+4$

$\lim_{x\to -1+}f(x)=\lim_{x\to -1+}(-4x+a)=a+4$

$f(-1)=a+4$

에서 $\lim_{x\to -1-}f(x)=\lim_{x\to -1+}f(x)=f(-1)$이므로 함수 $f(x)$는 a의 값에 관계없이 $x=-1$에서 연속이다.

또한 함수 $f(x)$가 $x=-1$에서 미분가능하므로 $x=-1$에서의 좌미분계수와 우미분계수가 같아야 한다.

$f'(x)=\begin{cases} 2ax & (x<-1) \\ -4 & (x>-1) \end{cases}$이므로

$\lim_{x\to -1-}f'(x)=\lim_{x\to -1-}2ax=-2a$

$\lim_{x\to -1+}f'(x)=\lim_{x\to -1+}(-4)=-4$

에서 $-2a=-4 \quad \therefore a=2$

따라서 $f(x)=\begin{cases} 2x^2+4 & (x<-1) \\ -4x+2 & (x\geq -1) \end{cases}$이므로

$f(-2)+f(0)=12+2=14$

다른 풀이

함수 $f(x)$의 $x=-1$에서의 미분가능성을 미분계수의 정의를 이용하여 조사할 수도 있다.

$$\lim_{x\to -1-}\frac{f(x)-f(-1)}{x-(-1)}=\lim_{x\to -1-}\frac{ax^2+4-(a+4)}{x+1}=\lim_{x\to -1-}\frac{a(x^2-1)}{x+1}=\lim_{x\to -1-}a(x-1)=-2a$$

$$\lim_{x\to -1+}\frac{f(x)-f(-1)}{x-(-1)}=\lim_{x\to -1+}\frac{(-4x+a)-(a+4)}{x+1}=\lim_{x\to -1+}\frac{-4(x+1)}{x+1}=-4$$

에서 $-2a=-4 \quad \therefore a=2$

따라서 $f(x)=\begin{cases} 2x^2+4 & (x<-1) \\ -4x+2 & (x\geq -1) \end{cases}$이므로

$f(-2)+f(0)=12+2=14$

참고

위와 같이 다항함수 꼴로 주어진 경우 본 풀이의 방식을 이용하는 것이 조금 더 편리하다. 하지만 다항함수가 아닌 꼴, 혹은 미분하기 복잡한 형태인 경우도 출제되므로 두 가지 방법을 모두 익혀두고 주어진 함수에 따라 적절히 선택하여 이용하도록 하자.

0250

답 -1

함수 $f(x)$가 $x=1$에서 미분가능하므로 $x=1$에서 연속이다.

$\lim_{x\to1-} f(x)=\lim_{x\to1-}(2x^2+ax+3)=a+5$

$\lim_{x\to1+} f(x)=\lim_{x\to1+}(2x+b)=b+2$

$f(1)=b+2$

에서 $\lim_{x\to1-} f(x)=\lim_{x\to1+} f(x)=f(1)$이어야 하므로

$a+5=b+2$

$\therefore a-b=-3$ ...... ㉠

또한 함수 $f(x)$가 $x=1$에서 미분가능하므로 $x=1$에서의 좌미분계수와 우미분계수가 같아야 한다.

$f'(x)=\begin{cases} 4x+a & (x<1) \\ 2 & (x>1) \end{cases}$이므로

$\lim_{x\to1-} f'(x)=\lim_{x\to1-}(4x+a)=a+4$

$\lim_{x\to1+} f'(x)=\lim_{x\to1+} 2=2$

에서 $a+4=2$ $\quad\therefore a=-2$

$a=-2$를 ㉠에 대입하면 $b=1$

$\therefore a+b=-1$

0251

답 ④

함수 $f(x)$가 실수 전체의 집합에서 미분가능하면 $x=1$에서 미분가능하므로 $x=1$에서 연속이다.

$\lim_{x\to1-} f(x)=\lim_{x\to1-}(x^3+ax+b)=1+a+b$

$\lim_{x\to1+} f(x)=\lim_{x\to1+}(bx+4)=b+4$

$f(1)=b+4$

에서 $\lim_{x\to1-} f(x)=\lim_{x\to1+} f(x)=f(1)$이어야 하므로

$1+a+b=b+4$ $\quad\therefore a=3$

또한 함수 $f(x)$가 $x=1$에서 미분가능하므로 $x=1$에서의 좌미분계수와 우미분계수가 같아야 한다.

$f'(x)=\begin{cases} 3x^2+3 & (x<1) \\ b & (x>1) \end{cases}$이므로

$\lim_{x\to1-} f'(x)=\lim_{x\to1-}(3x^2+3)=6$

$\lim_{x\to1+} f'(x)=\lim_{x\to1+} b=b$

에서 $b=6$

$\therefore a+b=3+6=9$

0252

답 ③

$f(x)=\begin{cases} -(x+3) & (x<-3) \\ x+3 & (x\ge-3) \end{cases}$이므로

$f(x)g(x)=\begin{cases} -(x+3)(2x+a) & (x<-3) \\ (x+3)(2x+a) & (x\ge-3) \end{cases}$

함수 $f(x)g(x)$가 실수 전체의 집합에서 미분가능하면 $x=-3$에서 미분가능하므로 $x=-3$에서 연속이다.

$\lim_{x\to-3-} f(x)g(x)=\lim_{x\to-3-}\{-(x+3)(2x+a)\}=0$

$\lim_{x\to-3+} f(x)g(x)=\lim_{x\to-3+}(x+3)(2x+a)=0$

$f(-3)g(-3)=0$

에서 $\lim_{x\to-3-} f(x)g(x)=\lim_{x\to-3+} f(x)g(x)=f(-3)g(-3)$이므로 함수 $f(x)g(x)$는 a의 값에 관계없이 $x=-3$에서 연속이다.

또한 함수 $f(x)g(x)$가 미분가능하므로 $x=-3$에서의 좌미분계수와 우미분계수가 같아야 한다.

$f(x)g(x)=\begin{cases} -2x^2-(a+6)x-3a & (x<-3) \\ 2x^2+(a+6)x+3a & (x\ge-3) \end{cases}$에서

$\{f(x)g(x)\}'=\begin{cases} -4x-a-6 & (x<-3) \\ 4x+a+6 & (x>-3) \end{cases}$이므로

$\lim_{x\to-3-}\{f(x)g(x)\}'=\lim_{x\to-3-}(-4x-a-6)=-a+6$

$\lim_{x\to-3+}\{f(x)g(x)\}'=\lim_{x\to-3+}(4x+a+6)=a-6$

따라서 $-a+6=a-6$이므로

$2a=12$ $\quad\therefore a=6$

다른 풀이

함수 $f(x)g(x)$의 $x=-3$에서의 미분가능성을 미분계수의 정의를 이용하여 구할 수도 있다.

$\lim_{x\to-3-}\frac{f(x)g(x)-f(-3)g(-3)}{x-(-3)}=\lim_{x\to-3-}\frac{-(x+3)(2x+a)}{x+3}$

$=\lim_{x\to-3-}(-2x-a)=6-a$

$\lim_{x\to-3+}\frac{f(x)g(x)-f(-3)g(-3)}{x-(-3)}=\lim_{x\to-3+}\frac{(x+3)(2x+a)}{x+3}$

$=\lim_{x\to-3+}(2x+a)=-6+a$

에서 $6-a=-6+a$이므로

$2a=12$ $\quad\therefore a=6$

0253

답 2

$f(x)=\begin{cases} -(x-1) & (x<1) \\ x-1 & (x\ge1) \end{cases}$이므로

$h(x)=f(x)g(x)=\begin{cases} -2x(x-1) & (x<1) \\ (x-1)(x+a) & (x\ge1) \end{cases}$

함수 $h(x)$가 실수 전체의 집합에서 미분가능하면 $x=1$에서 미분가능하므로 $x=1$에서 연속이다.

$\lim_{x\to1-} h(x)=\lim_{x\to1-}\{-2x(x-1)\}=0$

$\lim_{x\to1+} h(x)=\lim_{x\to1+}(x-1)(x+a)=0$

$f(1)g(1)=0$

에서 $\lim_{x\to1-} h(x)=\lim_{x\to1+} h(x)=h(1)$이므로 함수 $h(x)$는 a의 값에 관계없이 $x=1$에서 연속이다.

또한 함수 $h(x)$가 $x=1$에서 미분가능하므로 $x=1$에서의 좌미분계수와 우미분계수가 같아야 한다.

$h'(x)=\begin{cases} -4x+2 & (x<1) \\ 2x+a-1 & (x>1) \end{cases}$이므로

$\lim_{x\to1-} h'(x)=\lim_{x\to1-}(-4x+2)=-2$

$\lim_{x\to1+} h'(x)=\lim_{x\to1+}(2x+a-1)=a+1$

에서 $a+1=-2$ $\quad\therefore a=-3$

따라서 $h'(x)=\begin{cases} -4x+2 & (x<1) \\ 2x-4 & (x\ge1) \end{cases}$이므로

$h'(3)=6-4=2$

0254

답 ②

함수 $g(x)$가 실수 전체의 집합에서 미분가능하면 $x=a$에서 미분가능하므로 $x=a$에서 연속이다.

$\lim_{x\to a-} g(x)=\lim_{x\to a-} \{b-f(x)\}=b-f(a)$

$\lim_{x\to a+} g(x)=\lim_{x\to a+} f(x)=f(a)$

$g(a)=f(a)$

에서 $b-f(a)=f(a)$ $\quad\therefore b=2f(a)$ $\quad\cdots\cdots$ ㉠

또한 함수 $g(x)$가 $x=a$에서 미분가능하므로 $x=a$에서의 좌미분계수와 우미분계수가 같아야 한다.

$g'(x)=\begin{cases} -f'(x) & (x<a) \\ f'(x) & (x>a) \end{cases}$ 이므로

$\lim_{x\to a-} g'(x)=\lim_{x\to a-} \{-f'(x)\}=-f'(a)$

$\lim_{x\to a+} g'(x)=\lim_{x\to a+} f'(x)=f'(a)$

에서 $f'(a)=-f'(a)$ $\quad\therefore f'(a)=0$

이때 $f(x)=x^3-3x^2+2$에서 $f'(x)=3x^2-6x$이므로

$f'(a)=3a^2-6a=0,\ 3a(a-2)=0$

$\therefore a=2\ (\because a>0)$

$a=2$를 ㉠에 대입하면

$b=2f(2)=2(8-12+2)=-4$

$\therefore a+b=2+(-4)=-2$

0255

답 20

함수 $g(x)$가 실수 전체의 집합에서 미분가능하면 $x=-1$, $x=1$에서 미분가능하므로 $x=-1$, $x=1$에서 연속이다.

$\lim_{x\to -1-} g(x)=\lim_{x\to -1-} (4x+4)=0$

$\lim_{x\to -1+} g(x)=\lim_{x\to -1+} f(x)=f(-1)$

$g(-1)=f(-1)$

에서 $f(-1)=0$

$\lim_{x\to 1-} g(x)=\lim_{x\to 1-} f(x)=f(1)$

$\lim_{x\to 1+} g(x)=\lim_{x\to 1+} (x^2-2x+1)=0$

$g(1)=1-2+1=0$

에서 $f(1)=0$

…… ❶

또한 함수 $g(x)$가 $x=-1$, $x=1$에서 미분가능하므로 $x=-1$, $x=1$에서 각각 좌미분계수와 우미분계수가 같아야 한다.

$g'(x)=\begin{cases} 4 & (x<-1) \\ f'(x) & (-1<x<1) \\ 2x-2 & (x>1) \end{cases}$ 이므로

$\lim_{x\to -1-} g'(x)=\lim_{x\to -1-} 4=4$

$\lim_{x\to -1+} g'(x)=\lim_{x\to -1+} f'(x)=f'(-1)$

에서 $f'(-1)=4$

$\lim_{x\to 1-} g'(x)=\lim_{x\to 1-} f'(x)=f'(1)$

$\lim_{x\to 1+} g'(x)=\lim_{x\to 1+} (2x-2)=0$

에서 $f'(1)=0$

…… ❷

즉, $f(-1)=0$, $f(1)=0$, $f'(1)=0$이므로

$f(x)=a(x+1)(x-1)^2$ ($a\neq0$인 상수)라 하면

$f'(x)=a(x-1)^2+2a(x+1)(x-1)$

이때 $f'(-1)=4$이므로

$f'(-1)=4a=4$

$\therefore a=1$

따라서 $f'(x)=(x-1)^2+2(x+1)(x-1)$이므로

$f'(3)=2^2+2\times4\times2=20$

…… ❸

채점 기준	배점
❶ $g(x)$가 $x=-1$, $x=1$에서 연속일 조건 구하기	35%
❷ $g(x)$가 $x=-1$, $x=1$에서 미분계수가 존재할 조건 구하기	35%
❸ 곱의 미분법을 이용하여 $f'(3)$의 값 구하기	30%

유형 14 미분법과 다항식의 나눗셈

0256

답 ③

$f(x)=x^3-12x+a$라 하면 $f(x)$가 $(x-b)^2$으로 나누어떨어지므로 $f(b)=0$, $f'(b)=0$

$f(b)=0$에서 $b^3-12b+a=0$ $\quad\cdots\cdots$ ㉠

$f'(x)=3x^2-12$이므로 $f'(b)=0$에서

$3b^2-12=0,\ b^2=4$

$\therefore b=2\ (\because b>0)$

$b=2$를 ㉠에 대입하면

$8-24+a=0$ $\quad\therefore a=16$

$\therefore a+b=16+2=18$

0257

답 ③

다항식 x^4-ax^2+b를 $(x-1)^2$으로 나누었을 때의 몫을 $Q(x)$라 하면

$x^4-ax^2+b=(x-1)^2Q(x)-2x+4$ $\quad\cdots\cdots$ ㉠

㉠의 양변에 $x=1$을 대입하면

$1-a+b=2$ $\quad\therefore -a+b=1$ $\quad\cdots\cdots$ ㉡

㉠의 양변을 x에 대하여 미분하면

$4x^3-2ax=2(x-1)Q(x)+(x-1)^2Q'(x)-2$

$x=1$을 위의 식의 양변에 대입하면

$4-2a=-2$ $\quad\therefore a=3$

$a=3$을 ㉡에 대입하면 $-3+b=1$ $\quad\therefore b=4$

$\therefore a+b=7$

Bible Says 미분법과 다항식의 나눗셈

다항식 $f(x)$를 다항식 $g(x)$로 나누었을 때의 몫을 $Q(x)$, 나머지를 $R(x)$라 하면 $f(x)=g(x)Q(x)+R(x)$이므로 이 식의 양변을 x에 대하여 미분하면

$f'(x)=g'(x)Q(x)+g(x)Q'(x)+R'(x)$

이다.

0258

답 8

$f(x)$를 $(x-3)^2$으로 나누었을 때의 몫을 $Q(x)$, $R(x)=ax+b$ (a, b는 상수)라 하면

$f(x)=(x-3)^2Q(x)+ax+b$ ······ ㉠

㉠의 양변에 $x=3$을 대입하면

$f(3)=3a+b=2$ ······ ㉡

㉠의 양변을 x에 대하여 미분하면

$f'(x)=2(x-3)Q(x)+(x-3)^2Q'(x)+a$

위의 식의 양변에 $x=3$을 대입하면

$f'(3)=a=-3$

$a=-3$을 ㉡에 대입하면 $-9+b=2$ $\therefore b=11$

따라서 $R(x)=-3x+11$이므로

$R(1)=-3+11=8$

0259

답 ②

다항함수 $y=f(x)$의 그래프 위의 점 $(-2, 3)$에서의 접선의 기울기가 1이므로 $f(-2)=3$, $f'(-2)=1$

$f(x)$를 $(x+2)^2$으로 나누었을 때의 몫을 $Q(x)$, $R(x)=ax+b$ (a, b는 상수)라 하면

$f(x)=(x+2)^2Q(x)+ax+b$ ······ ㉠

㉠의 양변에 $x=-2$를 대입하면

$f(-2)=-2a+b=3$ ······ ㉡

㉠의 양변을 x에 대하여 미분하면

$f'(x)=2(x+2)Q(x)+(x+2)^2Q'(x)+a$ ······ ㉢

㉢의 양변에 $x=-2$를 대입하면

$f'(-2)=a=1$

$a=1$을 ㉡에 대입하면 $-2+b=3$ $\therefore b=5$

따라서 $R(x)=x+5$이므로 $R(2)=2+5=7$

0260

답 9

$f(x)=x^2+ax+b$ (a, b는 상수)라 하면

$f'(x)=2x+a$

조건 (가)에서 $f'(2)=0$이므로

$4+a=0$ $\therefore a=-4$

조건 (나)에서 $f(x)=x^2-4x+b$가 $f'(x)=2(x-2)$로 나누어떨어지므로 $f(2)=0$에서 $4-8+b=0$

$\therefore b=4$

따라서 $f(x)=x^2-4x+4$이므로

$f(5)=25-20+4=9$

0261

답 ⑤

$f(x)$를 $(x+1)^2$으로 나누었을 때의 몫을 $Q(x)$라 하면

$f(x)=(x+1)^2Q(x)+3x+5$ ······ ㉠

㉠의 양변에 $x=-1$을 대입하면

$f(-1)=-3+5=2$

㉠의 양변을 x에 대하여 미분하면

$f'(x)=2(x+1)Q(x)+(x+1)^2Q'(x)+3$ ······ ㉡

㉡의 양변에 $x=-1$을 대입하면

$f'(-1)=3$

$g(x)=x^2f(x)$라 하면 $g'(x)=2xf(x)+x^2f'(x)$이므로

$g'(-1)=-2f(-1)+f'(-1)=-2\times2+3=-1$

PART B 내신 잡는 종합 문제

0262

답 1

함수 $f(x)=x^3-2x^2+6x$에 대하여 x의 값이 0에서 a까지 변할 때의 평균변화율은

$\dfrac{f(a)-f(0)}{a-0}=\dfrac{a^3-2a^2+6a}{a}=a^2-2a+6$ ······ ㉠

이때 $f'(x)=3x^2-4x+6$이므로

$f'(1)=3-4+6=5$ ······ ㉡

㉠, ㉡의 값이 같아야 하므로

$a^2-2a+6=5$, $(a-1)^2=0$

$\therefore a=1$

0263

답 ③

$f(x)=x^n-4x$라 하면 $f(1)=-3$이므로

$\lim_{x\to1}\dfrac{x^n-4x+3}{x-1}=\lim_{x\to1}\dfrac{f(x)-f(1)}{x-1}=f'(1)=8$

$f'(x)=nx^{n-1}-4$이므로

$f'(1)=n-4=8$ $\therefore n=12$

0264

답 5

$\lim_{h\to0}\dfrac{f(2+mh)-f(2-nh)}{h}$

$=\lim_{h\to0}\dfrac{\{f(2+mh)-f(2)\}-\{f(2-nh)-f(2)\}}{h}$

$=\lim_{h\to0}\left\{\dfrac{f(2+mh)-f(2)}{mh}\times m-\dfrac{f(2-nh)-f(2)}{-nh}\times(-n)\right\}$

$=mf'(2)+nf'(2)$

$=f'(2)(m+n)$

$=2(m+n)=12$

$\therefore m+n=6$

따라서 이를 만족시키는 두 자연수 m, n의 순서쌍은 $(1, 5)$, $(2, 4)$, $(3, 3)$, $(4, 2)$, $(5, 1)$의 5개이다.

0265

답 ③

$\frac{1}{x}=h$라 하면 $x\to\infty$일 때, $h\to 0$이므로

$$\lim_{x\to\infty}x\left\{f\left(1+\frac{2}{x}\right)-f(1)\right\}=\lim_{h\to 0}\frac{f(1+2h)-f(1)}{h}$$
$$=\lim_{h\to 0}\frac{f(1+2h)-f(1)}{2h}\times 2$$
$$=2f'(1)=12$$

$\therefore f'(1)=6$

$f(x)=(x+1)(x^2+a)$에서

$f'(x)=x^2+a+2x(x+1)=3x^2+2x+a$이므로

$f'(1)=3+2+a=6\qquad \therefore a=1$

따라서 $f(x)=(x+1)(x^2+1)$이므로

$f(2)=3\times 5=15$

0266

답 ③

$f(x)=ax+b$ (a, b는 상수, $a\neq 0$)라 하면

$g(x)=(x^2-2)(ax+b)$

$g'(x)=2x(ax+b)+a(x^2-2)$

곡선 $y=g(x)$ 위의 점 $(1, -2)$에서의 접선의 기울기가 3이므로

$g(1)=-(a+b)=-2$에서

$a+b=2\qquad$ …… ㉠

$g'(1)=2(a+b)-a=3$에서

$a+2b=3\qquad$ …… ㉡

㉠, ㉡을 연립하여 풀면 $a=1$, $b=1$

따라서 $g(x)=(x^2-2)(x+1)$이므로

$g(2)=2\times 3=6$

0267

답 ②

조건 ㈎의 식에 $x=1$을 대입하면 $f(-1)=-f(1)$이므로

$$\lim_{h\to 0}\frac{f(-1+2h)+f(1)}{3h}=\lim_{h\to 0}\frac{f(-1+2h)-f(-1)}{3h}$$
$$=\lim_{h\to 0}\frac{f(-1+2h)-f(-1)}{2h}\times\frac{2}{3}$$
$$=\frac{2}{3}f'(-1)=4$$

$\therefore f'(-1)=6$

$$\lim_{x\to -1}\frac{f(x)+f(1)-4(x+1)}{x^2-1}$$
$$=\lim_{x\to -1}\frac{f(x)+f(1)}{x^2-1}-\lim_{x\to -1}\frac{4(x+1)}{x^2-1}$$
$$=\lim_{x\to -1}\left\{\frac{f(x)-f(-1)}{x-(-1)}\times\frac{1}{x-1}\right\}-\lim_{x\to -1}\frac{4}{x-1}$$
$$=-\frac{1}{2}f'(-1)-(-2)$$
$$=-\frac{1}{2}\times 6+2=-1$$

0268

답 56

곡선 $y=f(x)$와 x축이 만나는 서로 다른 세 점의 x좌표가 $-2t$, 0, t이므로 방정식 $f(x)=0$의 세 근은 $-2t$, 0, t이다.

따라서 $f(x)=x(x+2t)(x-t)$이므로

$f'(x)=(x+2t)(x-t)+x(x-t)+x(x+2t)$

$f'(4)=(4+2t)(4-t)+4(4-t)+4(4+2t)$

$\quad=-2t^2+8t+48=-2(t-2)^2+56$

따라서 $f'(4)$의 최댓값은 $t=2$일 때 56이다.

Bible Says 이차함수의 최대 · 최소

이차함수 $y=a(x-m)^2+n$에 대하여

(1) $a>0 \Rightarrow x=m$에서 최솟값 n을 갖고, 최댓값은 없다.

(2) $a<0 \Rightarrow x=m$에서 최댓값 n을 갖고, 최솟값은 없다.

0269

답 ①

$\lim_{x\to 0}\frac{f(x)-3}{x}=2$에서 극한값이 존재하고

$x\to 0$일 때, (분모)$\to 0$이므로 (분자)$\to 0$이어야 한다.

즉, $\lim_{x\to 0}\{f(x)-3\}=0$이므로 $f(0)=3$

$$\lim_{x\to 0}\frac{f(x)-3}{x}=\lim_{x\to 0}\frac{f(x)-f(0)}{x}$$
$$=f'(0)=2$$

$\lim_{x\to 2}\frac{g(x-2)-1}{x-2}=3$에서 극한값이 존재하고

$x\to 2$일 때, (분모)$\to 0$이므로 (분자)$\to 0$이어야 한다.

즉, $\lim_{x\to 2}\{g(x-2)-1\}=0$이므로 $g(0)=1$

$x-2=t$라 하면 $x\to 2$일 때, $t\to 0$이므로

$$\lim_{x\to 2}\frac{g(x-2)-1}{x-2}=\lim_{t\to 0}\frac{g(t)-1}{t}$$
$$=\lim_{t\to 0}\frac{g(t)-g(0)}{t-0}$$
$$=g'(0)=3$$

$h(x)=f(x)g(x)$에서 $h'(x)=f'(x)g(x)+f(x)g'(x)$이므로

함수 $h(x)$의 $x=0$에서의 미분계수는

$h'(0)=f'(0)g(0)+f(0)g'(0)$

$\quad=2\times 1+3\times 3=11$

0270

답 6

$x\neq 2$일 때, $f(x)=\frac{x^3-2x^2-x+a}{x-2}\qquad$ …… ㉠

함수 $f(x)$가 실수 전체의 집합에서 미분가능하면 $x=2$에서 미분가능하므로 $x=2$에서 연속이다.

$\therefore \lim_{x\to 2}f(x)=\lim_{x\to 2}\frac{x^3-2x^2-x+a}{x-2}=f(2)\qquad$ …… ㉡

㉡에서 극한값이 존재하고 $x\to 2$일 때, (분모)$\to 0$이므로 (분자)$\to 0$이어야 한다.

즉, $\lim_{x\to 2}(x^3-2x^2-x+a)=0$이므로

$8-8-2+a=0\qquad \therefore a=2$

$a=2$를 ㉠에 대입하면 $x\neq 2$일 때,

$f(x)=\dfrac{x^3-2x^2-x+2}{x-2}=\dfrac{(x-2)(x^2-1)}{x-2}=x^2-1$

$f'(2)=\lim\limits_{x\to 2}\dfrac{f(x)-f(2)}{x-2}$

$=\lim\limits_{x\to 2}\dfrac{x^2-1-3}{x-2}=\lim\limits_{x\to 2}\dfrac{x^2-4}{x-2}$

$=\lim\limits_{x\to 2}\dfrac{(x+2)(x-2)}{x-2}=\lim\limits_{x\to 2}(x+2)=4$

$\therefore a+f'(2)=2+4=6$

0271

답 14

$\lim\limits_{x\to 1}\dfrac{f(x)-2}{x-1}=3$에서 극한값이 존재하고

$x\to 1$일 때, (분모) $\to 0$이므로 (분자) $\to 0$이어야 한다.

즉, $\lim\limits_{x\to 1}\{f(x)-2\}=0$이므로 $f(1)=2$

$\lim\limits_{x\to 1}\dfrac{f(x)-2}{x-1}=\lim\limits_{x\to 1}\dfrac{f(x)-f(1)}{x-1}=f'(1)=3$

$f(x)$를 $(x-1)^2$으로 나누었을 때의 몫을 $Q(x)$,

$R(x)=ax+b$ (a, b는 상수)라 하면

$f(x)=(x-1)^2Q(x)+ax+b$ …… ㉠

㉠의 양변에 $x=1$을 대입하면

$f(1)=a+b=2$ …… ㉡

㉠의 양변을 x에 대하여 미분하면

$f'(x)=2(x-1)Q(x)+(x-1)^2Q'(x)+a$ …… ㉢

㉢의 양변에 $x=1$을 대입하면 $f'(1)=a=3$

$a=3$을 ㉡에 대입하면 $b=-1$

따라서 $R(x)=3x-1$이므로

$R(5)=3\times 5-1=14$

0272

답 ⑤

ㄱ. $\dfrac{f(t)}{t}=\dfrac{f(t)-0}{t-0}$은 곡선 $y=f(x)$ 위의 점 $(t,\ f(t))$와 원점을 지나는 직선의 기울기와 같다.

$t>0$에서 $\dfrac{f(t)}{t}$는 직선 $y=x$의 기울기보다 항상 크거나 같으므로 $\dfrac{f(t)}{t}\geq 1$ (참)

ㄴ. $t>a$일 때, 곡선 $y=f(x)$ 위의 점 $(t,\ f(t))$에서의 접선의 기울기 $f'(t)$는 직선 $y=x$의 기울기보다 크므로

$f'(t)>1$ (참)

ㄷ. $0<t<a$일 때, 곡선 $y=f(x)$ 위의 점 $(t,\ f(t))$와 원점을 지나는 직선의 기울기 $\dfrac{f(t)}{t}$는 곡선 $y=f(x)$ 위의 점 $(t,\ f(t))$에서의 접선의 기울기 $f'(t)$보다 크므로

$\dfrac{f(t)}{t}>f'(t)$ $\quad\therefore f(t)>tf'(t)$ (참)

따라서 옳은 것은 ㄱ, ㄴ, ㄷ이다.

0273

답 ①

$\lim\limits_{x\to 1}\dfrac{f(x)g(x)+4}{x-1}=8$에서 극한값이 존재하고

$x\to 1$일 때, (분모) $\to 0$이므로 (분자) $\to 0$이어야 한다.

즉, $\lim\limits_{x\to 1}\{f(x)g(x)+4\}=0$이므로 $f(1)g(1)=-4$

$f(1)=-2$이므로 $-2\times g(1)=-4$ $\quad\therefore g(1)=2$

$g(x)$는 일차함수이므로 $g(x)=ax+b$ (a, b는 상수, $a\neq 0$)라 하면

$g'(x)=a$

조건 (나)에서 $g(0)=g'(0)$이므로 $b=a$ …… ㉠

또한 $g(1)=2$이므로 $a+b=2$ …… ㉡

㉠, ㉡을 연립하여 풀면 $a=1$, $b=1$

따라서 $g(x)=x+1$이므로 $g'(x)=1$

$h(x)=f(x)g(x)$라 하면 $h(1)=f(1)g(1)=-4$이므로 조건 (가)에서

$\lim\limits_{x\to 1}\dfrac{f(x)g(x)+4}{x-1}=\lim\limits_{x\to 1}\dfrac{h(x)-h(1)}{x-1}$

$=h'(1)=8$

이때 $h'(x)=f'(x)g(x)+f(x)g'(x)$이므로

$h'(1)=f'(1)g(1)+f(1)g'(1)$

$8=f'(1)\times 2+(-2)\times 1$

$2f'(1)=10$ $\quad\therefore f'(1)=5$

0274

답 ③

$f(x)=x|x|+|x-1|(x+1)$에서

$f(x)=\begin{cases}-2x^2+1 & (x<0)\\ 1 & (0\leq x<1)\\ 2x^2-1 & (x\geq 1)\end{cases}$이므로

$f'(x)=\begin{cases}-4x & (x<0)\\ 0 & (0<x<1)\\ 4x & (x>1)\end{cases}$

ㄱ. $\lim\limits_{x\to 0-}f(x)=\lim\limits_{x\to 0-}(-2x^2+1)=1$

$\lim\limits_{x\to 0+}f(x)=\lim\limits_{x\to 0+}1=1$

$f(0)=1$

에서 $\lim\limits_{x\to 0-}f(x)=\lim\limits_{x\to 0+}f(x)=f(0)$이므로 함수 $f(x)$는 $x=0$에서 연속이다. (참)

ㄴ. $\lim\limits_{x\to 0-}f'(x)=\lim\limits_{x\to 0-}(-4x)=0$

$\lim\limits_{x\to 0+}f'(x)=\lim\limits_{x\to 0+}0=0$

에서 $\lim\limits_{x\to 0-}f'(x)=\lim\limits_{x\to 0+}f'(x)$이므로 함수 $f(x)$는 $x=0$에서 미분가능하다. (참)

ㄷ. $\lim\limits_{x\to 1-}f'(x)=\lim\limits_{x\to 1-}0=0$

$\lim\limits_{x\to 1+}f'(x)=\lim\limits_{x\to 1+}4x=4$

에서 $\lim\limits_{x\to 1-}f'(x)\neq\lim\limits_{x\to 1+}f'(x)$이므로 함수 $f(x)$는 $x=1$에서 미분가능하지 않다. (거짓)

따라서 옳은 것은 ㄱ, ㄴ이다.

0275

답 ④

$\lim_{x\to2}\frac{f(x)}{(x-2)\{f'(x)\}^2}=\frac{1}{4}$에서 극한값이 존재하고

$x\to2$일 때, (분모)$\to0$이므로 (분자)$\to0$이어야 한다.

즉, $\lim_{x\to2}f(x)=0$이므로 $f(2)=0$

$f(x)$는 최고차항의 계수가 1인 삼차함수이고 $f(1)=0$, $f(2)=0$이므로

$f(x)=(x-2)(x-1)(x+a)$ (a는 상수)라 하면

$$f'(x)=(x-1)(x+a)+(x-2)(x+a)+(x-2)(x-1)$$
$$=3x^2+2(a-3)x-3a+2 \quad \cdots\cdots ㉠$$

$$\lim_{x\to2}\frac{f(x)}{(x-2)\{f'(x)\}^2}=\lim_{x\to2}\frac{f(x)-f(2)}{(x-2)\{f'(x)\}^2}\ (\because f(2)=0)$$
$$=\lim_{x\to2}\left[\frac{f(x)-f(2)}{x-2}\times\frac{1}{\{f'(x)\}^2}\right]$$
$$=f'(2)\times\frac{1}{\{f'(2)\}^2}$$
$$=\frac{1}{f'(2)}=\frac{1}{4}$$

$f'(2)=4$이므로 ㉠에 대입하면

$12+4(a-3)-3a+2=4$, $a+2=4$

$\therefore a=2$

따라서 $f(x)=(x-2)(x-1)(x+2)$이므로

$f(3)=1\times2\times5=10$

0276

답 6

$f(x+y)=f(x)+f(y)+xy(x+y)$에 $x=0$, $y=0$을 대입하면

$f(0)=f(0)+f(0)$

$\therefore f(0)=0$

❶

$$f'(x)=\lim_{h\to0}\frac{f(x+h)-f(x)}{h}$$
$$=\lim_{h\to0}\frac{f(x)+f(h)+xh(x+h)-f(x)}{h}$$
$$=\lim_{h\to0}\frac{f(h)-f(0)+xh(x+h)}{h}$$
$$=\lim_{h\to0}\left\{\frac{f(h)-f(0)}{h}+x(x+h)\right\}$$
$$=f'(0)+x^2$$
$$=x^2+4\ (\because f'(0)=4)$$

❷

$f'(n)\geq40$에서

$n^2+4\geq40$, $n^2\geq36$

$\therefore n\geq6$ ($\because n$은 자연수)

따라서 자연수 n의 최솟값은 6이다.

❸

채점 기준	배점
❶ $x=0$, $y=0$을 조건 (나)의 식에 대입하여 $f(0)$의 값 구하기	30%
❷ 조건 (나)의 식을 변형하여 도함수 구하기	50%
❸ 자연수 n의 최솟값 구하기	20%

0277

답 60

함수 $g(x)$가 실수 전체의 집합에서 미분가능하면 $x=1$, $x=3$에서 미분가능하므로 $x=1$, $x=3$에서 연속이다.

$\lim_{x\to1-}g(x)=\lim_{x\to1-}(x^2-4x+3)=0$

$\lim_{x\to1+}g(x)=\lim_{x\to1+}f(x)=f(1)$

$g(1)=f(1)$

에서 $f(1)=0$

$\lim_{x\to3-}g(x)=\lim_{x\to3-}f(x)=f(3)$

$\lim_{x\to3+}g(x)=\lim_{x\to3+}(-2x+6)=0$

$g(3)=-2\times3+6=0$

에서 $f(3)=0$

❶

또한 함수 $g(x)$가 $x=1$, $x=3$에서 미분가능하므로 $x=1$, $x=3$에서의 좌미분계수와 우미분계수가 같아야 한다.

$$g'(x)=\begin{cases}2x-4 & (x<1)\\ f'(x) & (1<x<3)\\ -2 & (x>3)\end{cases}$$이므로

$\lim_{x\to1-}g'(x)=\lim_{x\to1-}(2x-4)=-2$

$\lim_{x\to1+}g'(x)=\lim_{x\to1+}f'(x)=f'(1)$

에서 $f'(1)=-2$

$\lim_{x\to3-}g'(x)=\lim_{x\to3-}f'(x)=f'(3)$

$\lim_{x\to3+}g'(x)=-2$

에서 $f'(3)=-2$

❷

즉, $f(1)=0$, $f(3)=0$, $f'(1)=-2$, $f'(3)=-2$이므로

$f(x)=(ax+b)(x-1)(x-3)$ (a, b는 상수, $a\neq0$)이라 하면

$f'(x)=a(x-1)(x-3)+(ax+b)(x-3)+(ax+b)(x-1)$이므로

$f'(1)=-2(a+b)=-2$에서

$a+b=1 \quad \cdots\cdots ㉠$

$f'(3)=2(3a+b)=-2$에서

$3a+b=-1 \quad \cdots\cdots ㉡$

㉠, ㉡을 연립하여 풀면 $a=-1$, $b=2$

따라서 $f(x)=(-x+2)(x-1)(x-3)$이므로

$f(-2)=4\times(-3)\times(-5)=60$

❸

채점 기준	배점
❶ $g(x)$가 $x=1$, $x=3$에서 연속일 조건 구하기	30%
❷ $g(x)$가 $x=1$, $x=3$에서 미분계수가 존재할 조건 구하기	30%
❸ 곱의 미분법을 이용하여 $f(-2)$의 값 구하기	40%

PART C 수능 녹인 변별력 문제

0278

답 ④

(i) $f(x)\ge 2x$에서 $f(x)-f(1)\ge 2x-2$

$x<1$일 때, $\dfrac{f(x)-f(1)}{x-1}\le\dfrac{2x-2}{x-1}=2$이므로

$\displaystyle\lim_{x\to1-}\frac{f(x)-f(1)}{x-1}\le\lim_{x\to1-}2=2$ …… ㉠

$x>1$일 때, $\dfrac{f(x)-f(1)}{x-1}\ge\dfrac{2x-2}{x-1}=2$이므로

$\displaystyle\lim_{x\to1+}\frac{f(x)-f(1)}{x-1}\ge\lim_{x\to1+}2=2$ …… ㉡

이때 함수 $f(x)$가 $x=1$에서 미분가능하므로

$\displaystyle\lim_{x\to1-}\frac{f(x)-f(1)}{x-1}=\lim_{x\to1+}\frac{f(x)-f(1)}{x-1}=f'(1)$

㉠, ㉡에 의하여 $2\le f'(1)\le 2$이므로

$f'(1)=2$

(ii) $f(x)\le 3x$에서 $f(x)-f(2)\le 3x-6$

$x<2$일 때, $\dfrac{f(x)-f(2)}{x-2}\ge\dfrac{3x-6}{x-2}=3$이므로

$\displaystyle\lim_{x\to2-}\frac{f(x)-f(2)}{x-2}\ge\lim_{x\to2-}3=3$ …… ㉢

$x>2$일 때, $\dfrac{f(x)-f(2)}{x-2}\le\dfrac{3x-6}{x-2}=3$이므로

$\displaystyle\lim_{x\to2+}\frac{f(x)-f(2)}{x-2}\le\lim_{x\to2+}3=3$ …… ㉣

이때 함수 $f(x)$가 $x=2$에서 미분가능하므로

$\displaystyle\lim_{x\to2-}\frac{f(x)-f(2)}{x-2}=\lim_{x\to2+}\frac{f(x)-f(2)}{x-2}=f'(2)$

㉢, ㉣에 의하여 $3\le f'(2)\le 3$이므로

$f'(2)=3$

$\therefore f'(1)+f'(2)=2+3=5$

다른 풀이

$f(1)=2$, $f(2)=6$이므로 곡선 $y=f(x)$는 두 점 $(1, 2)$, $(2, 6)$을 지난다.

$x>0$에서 $2x\le f(x)\le 3x$이므로 곡선 $y=f(x)$는 오른쪽 그림과 같이 두 직선 $y=2x$와 $y=3x$ 사이에 있어야 한다.

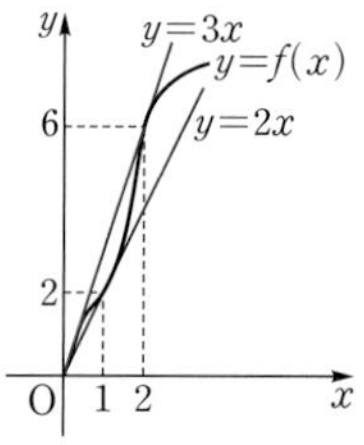

또한 $x>0$에서 함수 $f(x)$가 미분가능하므로 곡선 $y=f(x)$가 $x=1$에서 직선 $y=2x$에 접하고 $x=2$에서 직선 $y=3x$에 접해야 한다.

따라서 $f'(1)=2$, $f'(2)=3$이므로

$f'(1)+f'(2)=2+3=5$

0279

답 11

$f(x)$가 일차식 또는 상수이면 주어진 등식의 좌변은 상수이고 우변은 이차식이므로 등식이 성립하지 않는다.

$f(x)$를 $n(n\ge2)$차식이라 하면 $f'(x)$는 $(n-1)$차식이므로

주어진 등식의 좌변의 차수는 $2(n-1)$, 우변의 차수는 n이다.

따라서 $2n-2=n$에서 $n=2$

$f(x)=ax^2+bx+c$ (a, b, c는 상수, $a>0$)라 하면

$f'(x)=2ax+b$이므로

$f'(x)\{f'(x)+1\}=3f(x)+x^2+x-15$에서

$(2ax+b)(2ax+b+1)=3(ax^2+bx+c)+x^2+x-15$

$4a^2x^2+2(2ab+a)x+b^2+b=(3a+1)x^2+(3b+1)x+3c-15$

위의 등식이 모든 실수 x에 대하여 성립하므로

$4a^2=3a+1$ …… ㉠

$2(2ab+a)=3b+1$ …… ㉡

$b^2+b=3c-15$ …… ㉢

㉠에서 $4a^2-3a-1=0$, $(4a+1)(a-1)=0$

$\therefore a=1$ ($\because a>0$)

$a=1$을 ㉡에 대입하면 $2(2b+1)=3b+1$

$\therefore b=-1$

$b=-1$을 ㉢에 대입하면 $0=3c-15$

$\therefore c=5$

따라서 $f(x)=x^2-x+5$이므로

$f(3)=9-3+5=11$

0280

답 20

$g(x)=f(x)-x^2$이라 하면

$\displaystyle\lim_{x\to1}\frac{f(x)-x^2}{x-1}=\lim_{x\to1}\frac{g(x)}{x-1}=-2$에서 극한값이 존재하고

$x\to1$일 때, (분모)$\to0$이므로 (분자)$\to0$이어야 한다.

즉, $\displaystyle\lim_{x\to1}g(x)=0$이므로 $g(1)=0$ …… ㉠

이때 $g(1)=f(1)-1=0$에서 $f(1)=1$ …… ㉡

$\displaystyle\lim_{x\to1}\frac{f(x)-x^2}{x-1}=\lim_{x\to1}\frac{g(x)}{x-1}$

$\displaystyle=\lim_{x\to1}\frac{g(x)-g(1)}{x-1}$ ($\because$ ㉠)

$=g'(1)=-2$

$g'(x)=f'(x)-2x$이므로

$g'(1)=f'(1)-2=-2$

$\therefore f'(1)=0$ …… ㉢

삼차함수 $f(x)$가 최고차항의 계수가 1이고 $f(0)=2$이므로

$f(x)=x^3+ax^2+bx+2$ (a, b는 상수)라 하자.

㉡에서 $f(1)=1$이므로

$1+a+b+2=1$ $\quad\therefore a+b=-2$ …… ㉣

$f'(x)=3x^2+2ax+b$이고 ㉢에서 $f'(1)=0$이므로

$3+2a+b=0$ $\quad\therefore 2a+b=-3$ …… ㉤

㉣, ㉤을 연립하여 풀면 $a=-1$, $b=-1$

따라서 $f'(x)=3x^2-2x-1$이므로 곡선 $y=f(x)$ 위의 점 $(3, f(3))$에서의 접선의 기울기는

$f'(3)=3\times9-2\times3-1=20$

0281

답 23

함수 $g(x)$가 실수 전체의 집합에서 미분가능하려면 $x=1$에서 미분가능해야 하므로 $x=1$에서 연속이어야 한다.

$\lim_{x \to 1-} g(x) = \lim_{x \to 1-} f(x+2) = f(3)$

$\lim_{x \to 1+} g(x) = \lim_{x \to 1+} f(x-2) = f(-1)$

$g(1) = f(-1)$

에서 $f(-1) = f(3)$ $\cdots\cdots$ ㉠

또한 함수 $g(x)$의 $x=1$에서의 미분계수가 존재하므로

$$\lim_{x \to 1-} \frac{g(x)-g(1)}{x-1} = \lim_{x \to 1-} \frac{f(x+2)-f(-1)}{x-1} = \lim_{x \to 1-} \frac{f(x+2)-f(3)}{(x+2)-3} = f'(3)$$

$$\lim_{x \to 1+} \frac{g(x)-g(1)}{x-1} = \lim_{x \to 1+} \frac{f(x-2)-f(-1)}{x-1} = \lim_{x \to 1+} \frac{f(x-2)-f(-1)}{(x-2)-(-1)} = f'(-1)$$

에서 $f'(3) = f'(-1)$ $\cdots\cdots$ ㉡

㉠에서 $f(x) = (x+1)(x-3)(x+a)+b$ (a, b는 상수)라 하면

$f'(x) = (x-3)(x+a)+(x+1)(x+a)+(x+1)(x-3)$

$f'(3) = 4(3+a) = 12+4a$, $f'(-1) = -4(-1+a) = 4-4a$이므로 ㉡에서 $12+4a = 4-4a$

$\therefore a = -1$

따라서

$f'(x) = (x-3)(x-1)+(x+1)(x-1)+(x+1)(x-3)$이므로

$f'(4) = 1\times3+5\times3+5\times1 = 23$

0282

답 8

조건 ㈎에서 $f(x) = f'(x)g(x)$

$h(x) = f(x)g(x)$에서

$h'(x) = f'(x)g(x)+f(x)g'(x) = f(x)+f(x)g'(x)$
$= f(x)\{1+g'(x)\}$

$f'(x)$의 차수는 $f(x)$의 차수보다 1만큼 작으므로

$f(x) = f'(x)g(x)$에서 $g(x)$는 일차함수이다.

이때 $f(x)$의 최고차항을 ax^3 $(a \neq 0)$이라 하면 $f'(x)$의 최고차항은 $3ax^2$이므로 $g(x)$의 최고차항은 $\frac{1}{3}x$이다.

$g(x) = \frac{1}{3}x+k$ (k는 상수)라 하면 $g'(x) = \frac{1}{3}$

따라서 $h'(x) = f(x)\{1+g'(x)\} = \frac{4}{3}f(x)$이고 조건 ㈏에서

$f(2) = 6$이므로

$h'(2) = \frac{4}{3}f(2) = \frac{4}{3}\times6 = 8$

0283

답 2

두 함수 $y=f(x)$, $y=g(x)$의 그래프의 위치 관계에 따른 함수 $y=h(x)$의 그래프는 다음 그림과 같다.

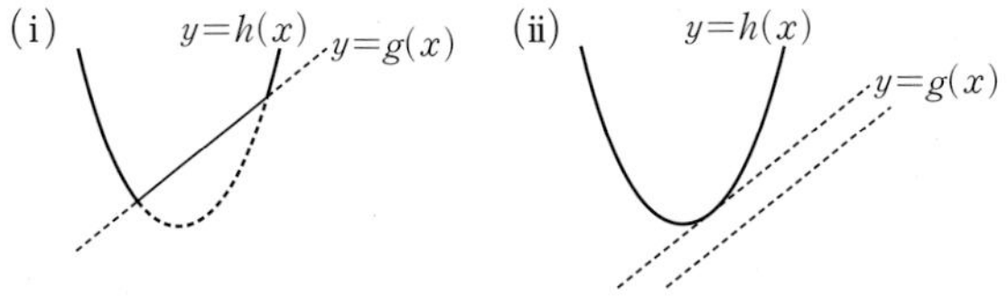

이때 $h(x)$가 미분가능하지 않은 점의 개수가 2이려면 (i)과 같이 두 함수 $y=f(x)$, $y=g(x)$의 그래프가 서로 다른 두 점에서 만나야 한다.

$f(x) = g(x)$에서 $x^2-x+2 = x+k$

$x^2-2x+2-k = 0$

위의 이차방정식의 판별식을 D라 하면

$\frac{D}{4} = (-1)^2-(2-k) > 0$에서

$-1+k > 0$ $\quad\therefore k > 1$

따라서 자연수 k의 최솟값은 2이다.

0284

답 ⑤

두 함수 $y=x$, $y=\frac{1}{2}x^2$의 그래프의 위치 관계에 따른 함수 $y=g(x)$의 식과 그 그래프를 나타내면 다음 그림과 같다.

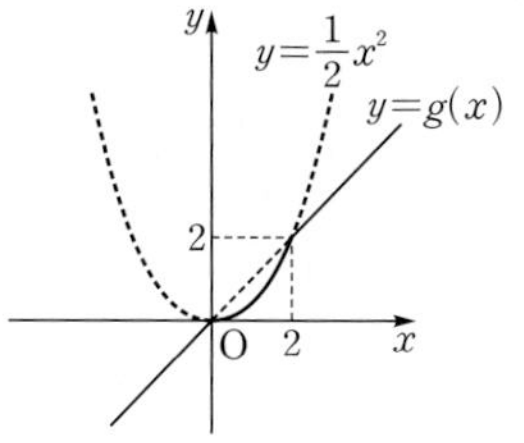

$$g(x) = \begin{cases} x & (x<0 \text{ 또는 } x>2) \\ \frac{1}{2}x^2 & (0 \le x \le 2) \end{cases}$$

ㄱ. $g(1) = \frac{1}{2}$ (참)

ㄴ. 위의 그림에서 모든 실수 x에 대하여 $g(x) \le x$이다. (참)

ㄷ. 실수 전체의 집합에서 함수 $g(x)$가 미분가능하지 않은 점은 $x=0$, $x=2$일 때의 2개이다. (참)

따라서 옳은 것은 ㄱ, ㄴ, ㄷ이다.

0285

답 ②

$f(x) = x^2-2|x| = \begin{cases} x^2+2x & (x<0) \\ x^2-2x & (x \ge 0) \end{cases}$이므로 함수 $y=f(x)$의 그래프는 다음 그림과 같다.

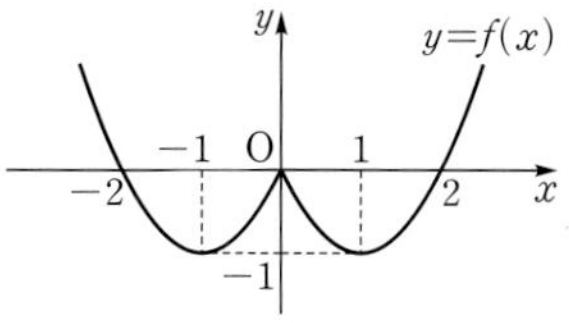

함수 $y=|f(x)-t|$의 그래프는 함수 $y=f(x)$의 그래프를 y축의 방향으로 $-t$만큼 평행이동시킨 후 x축보다 아래에 위치한 부분을 x축을 기준으로 대칭이동시킨 것이므로 다음과 같이 나누어 생각해 볼 수 있다.

(i) $t \le -1$일 때

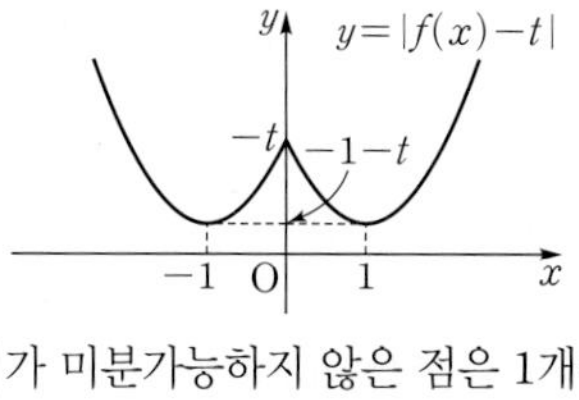

함수 $|f(x)-t|$가 미분가능하지 않은 점은 1개이므로

$g(t) = 1$

(ii) $-1<t<0$일 때

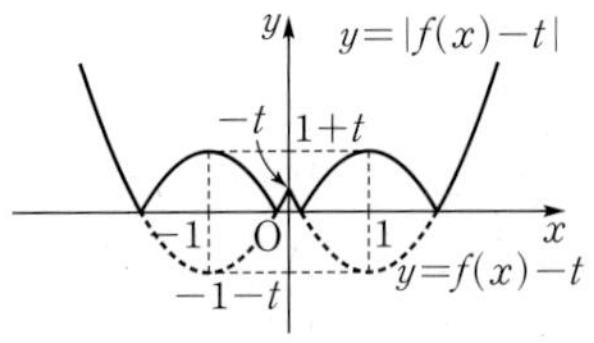

함수 $|f(x)-t|$가 미분가능하지 않은 점은 5개이므로

$g(t)=5$

(iii) $t\geq 0$일 때

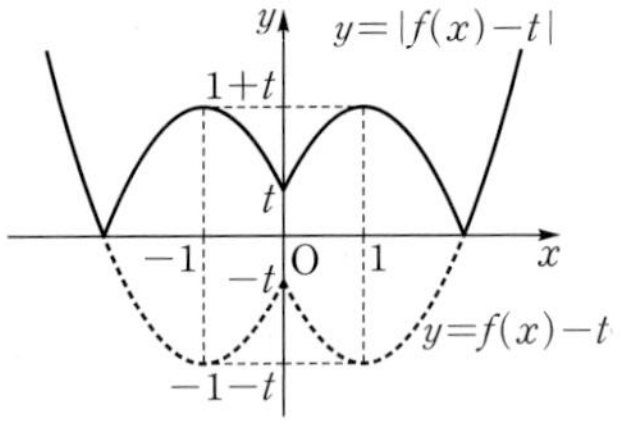

함수 $|f(x)-t|$가 미분가능하지 않은 점은 3개이므로

$g(t)=3$

(i)~(iii)에서 $g(t)=\begin{cases} 1 & (t\leq -1) \\ 5 & (-1<t<0) \\ 3 & (t\geq 0) \end{cases}$

따라서 함수 $g(t)$가 $t=-1$, $t=0$에서 불연속이므로 구하는 실수 t의 값의 합은 -1이다.

0286

답 ③

$$f(x)=\begin{cases} x|x+2| & (x<0) \\ x|x-2| & (x\geq 0) \end{cases}=\begin{cases} -x(x+2) & (x<-2) \\ x(x+2) & (-2\leq x<0) \\ -x(x-2) & (0\leq x<2) \\ x(x-2) & (x\geq 2) \end{cases}$$이므로

함수 $y=f(x)$의 그래프는 다음 그림과 같다.

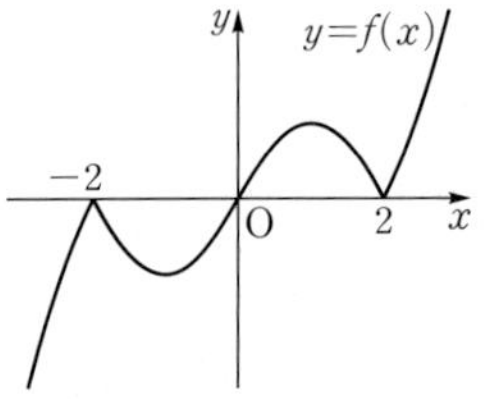

ㄱ. $\displaystyle\lim_{x\to 0-}\frac{f(x)-f(0)}{x-0}=\lim_{x\to 0-}\frac{x(x+2)}{x}$

$\displaystyle=\lim_{x\to 0-}(x+2)=2$

$\displaystyle\lim_{x\to 0+}\frac{f(x)-f(0)}{x-0}=\lim_{x\to 0+}\frac{-x(x-2)}{x}$

$\displaystyle=\lim_{x\to 0+}(-x+2)=2$

이므로 함수 $f(x)$는 $x=0$에서 미분가능하나. (참)

ㄴ. 주어진 그래프에서 함수 $f(x)$는 $x=2$에서 미분가능하지 않다. (거짓)

ㄷ. 함수 $f(x)$는 $x\neq -2$, $x\neq 2$인 모든 실수 x에서 미분가능하고 함수 $y=x^2-4$는 실수 전체의 집합에서 미분가능하므로 함수 $(x^2-4)f(x)$가 실수 전체의 집합에서 미분가능하려면 $x=-2$, $x=2$에서 미분가능하면 된다.

$g(x)=(x^2-4)f(x)$라 하면

$\displaystyle\lim_{x\to -2-}\frac{g(x)-g(-2)}{x-(-2)}=\lim_{x\to -2-}\frac{-x(x^2-4)(x+2)}{x+2}$

$\displaystyle=\lim_{x\to -2-}x(-x^2+4)=0$

$\displaystyle\lim_{x\to -2+}\frac{g(x)-g(-2)}{x-(-2)}=\lim_{x\to -2+}\frac{x(x^2-4)(x+2)}{x+2}$

$\displaystyle=\lim_{x\to -2+}x(x^2-4)=0$

이므로 함수 $g(x)$는 $x=-2$에서 미분가능하다.

$\displaystyle\lim_{x\to 2-}\frac{g(x)-g(2)}{x-2}=\lim_{x\to 2-}\frac{-x(x^2-4)(x-2)}{x-2}$

$\displaystyle=\lim_{x\to 2-}x(-x^2+4)=0$

$\displaystyle\lim_{x\to 2+}\frac{g(x)-g(2)}{x-2}=\lim_{x\to 2+}\frac{x(x^2-4)(x-2)}{x-2}$

$\displaystyle=\lim_{x\to 2+}x(x^2-4)=0$

이므로 함수 $g(x)$는 $x=2$에서 미분가능하다.

즉, 함수 $g(x)$는 실수 전체의 집합에서 미분가능하다. (참)

따라서 옳은 것은 ㄱ, ㄷ이다.

0287

답 2

$\displaystyle g(t)=\lim_{h\to 0+}\frac{|f(t+h)|-|f(t)|}{h}$는 함수 $|f(x)|$의 $x=t$에서의 우미분계수이다.

(i) $y=|f(x)|$의 그래프가 x축과 만나지 않거나 접하는 경우

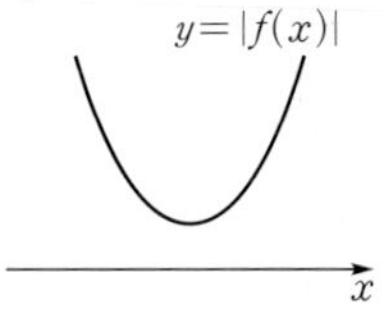

모든 실수 x에 대하여 $f(x)\geq 0$이므로

$\displaystyle g(t)=\lim_{h\to 0+}\frac{|f(t+h)|-|f(t)|}{h}$

$\displaystyle=\lim_{h\to 0+}\frac{f(t+h)-f(t)}{h}=f'(t)$

함수 $g(t)=f'(t)$는 일차함수이고 실수 전체의 집합에서 연속이므로 조건 (나)를 만족시키지 않는다.

(ii) $y=|f(x)|$의 그래프가 x축과 두 점에서 만나는 경우

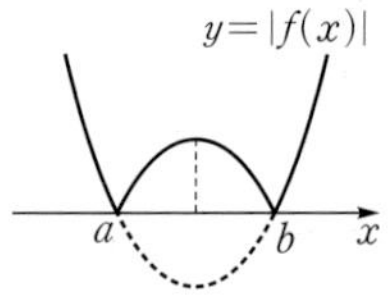

$y=|f(x)|$의 그래프가 x축과 만나는 두 점의 x좌표를 a, b $(a<b)$라 하자.

$x<a$ 또는 $x\geq b$일 때,

$\displaystyle g(t)=\lim_{h\to 0+}\frac{|f(t+h)|-|f(t)|}{h}$

$\displaystyle=\lim_{h\to 0+}\frac{f(t+h)-f(t)}{h}=f'(t)$

$a\leq x<b$일 때,

$\displaystyle g(t)=\lim_{h\to 0+}\frac{|f(t+h)|-|f(t)|}{h}$

$\displaystyle=\lim_{h\to 0+}\frac{-f(t+h)+f(t)}{h}$

$\displaystyle=-\lim_{h\to 0+}\frac{f(t+h)-f(t)}{h}=-f'(t)$

이때 조건 (가)에서 $g(3)=0$이고

$g\left(\frac{a+b}{2}\right)=-f'\left(\frac{a+b}{2}\right)=0$이므로

$\frac{a+b}{2}=3$ …… ㉠

함수 $g(t)$가 $t=a$, $t=b$에서 불연속이고 조건 ㈏에서 $g(t)$가 $t=2$에서 불연속이므로

$a=2$ …… ㉡

㉡을 ㉠에 대입하면 $\frac{2+b}{2}=3$ $\therefore b=4$

따라서 $f(x)=(x-2)(x-4)$이므로

$f'(x)=x-4+x-2=2x-6$

$\therefore g(4)=f'(4)=8-6=2$

0288

답 ①

(i) $0<x\le2$일 때

x보다 작은 자연수 중에서 소수는 존재하지 않으므로

$f(x)=0$

(ii) $2<x\le3$일 때

x보다 작은 자연수 중에서 소수는 2의 1개이므로

$f(x)=1$

(iii) $3<x\le5$일 때

x보다 작은 자연수 중에서 소수는 2, 3의 2개이므로

$f(x)=2$

(iv) $5<x\le7$일 때

x보다 작은 자연수 중에서 소수는 2, 3, 5의 3개이므로

$f(x)=3$

$$\therefore f(x)=\begin{cases}0 & (0<x\le2)\\ 1 & (2<x\le3)\\ 2 & (3<x\le5)\\ 3 & (5<x\le7)\\ \vdots & \end{cases}$$

조건 ㈎의 $\lim_{x\to2+}\frac{h(x)}{x-2}=5$에서 극한값이 존재하고

$x\to2+$일 때, (분모)$\to0$이므로 (분자)$\to0$이어야 한다.

즉, $\lim_{x\to2+}h(x)=\lim_{x\to2+}f(x)g(x)=\lim_{x\to2+}g(x)=0$이므로

$g(2)=0$ …… ㉠

조건 ㈏에서 함수 $h(x)$가 $x=3$에서 미분가능하므로 $x=3$에서 연속이다.

$\lim_{x\to3-}h(x)=\lim_{x\to3-}f(x)g(x)=g(3)$

$\lim_{x\to3+}h(x)=\lim_{x\to3+}f(x)g(x)=2g(3)$

$h(3)=f(3)g(3)=g(3)$

에서 $2g(3)=g(3)$이므로

$g(3)=0$ …… ㉡

㉠, ㉡에 의하여

$g(x)=(x-2)(x-3)(ax+b)$ (a, b는 상수, $a\ne0$)라 하면

$$\begin{aligned}\lim_{x\to2+}\frac{h(x)}{x-2}&=\lim_{x\to2+}\frac{f(x)g(x)}{x-2}\\&=\lim_{x\to2+}\frac{(x-2)(x-3)(ax+b)}{x-2}\\&=\lim_{x\to2+}(x-3)(ax+b)\\&=-2a-b=5\end{aligned}$$

$\therefore 2a+b=-5$ …… ㉢

함수 $h(x)$의 $x=3$에서의 미분계수가 존재하므로

$$\begin{aligned}\lim_{x\to3-}\frac{h(x)-h(3)}{x-3}&=\lim_{x\to3-}\frac{f(x)g(x)-f(3)g(3)}{x-3}\\&=\lim_{x\to3-}\frac{(x-2)(x-3)(ax+b)}{x-3}\\&=\lim_{x\to3-}(x-2)(ax+b)\\&=3a+b\end{aligned}$$

$$\begin{aligned}\lim_{x\to3+}\frac{h(x)-h(3)}{x-3}&=\lim_{x\to3+}\frac{f(x)g(x)-f(3)g(3)}{x-3}\\&=\lim_{x\to3+}\frac{2(x-2)(x-3)(ax+b)}{x-3}\\&=\lim_{x\to3+}2(x-2)(ax+b)\\&=6a+2b\end{aligned}$$

에서 $3a+b=6a+2b$

$\therefore b=-3a$ …… ㉣

㉢, ㉣을 연립하여 풀면 $a=5$, $b=-15$

따라서 $g(x)=5(x-2)(x-3)^2$이므로

$g(1)=5\times(-1)\times4=-20$

0289

답 6

$g(x)=\frac{a}{2}\{|f(x)|+f(x)\}$에서 $g(x)=\begin{cases}af(x) & (f(x)\ge0)\\ 0 & (f(x)<0)\end{cases}$이므로 함수 $y=f(x)$의 그래프를 이용하여 함수 $y=g(x)$의 그래프를 그리면 다음 그림과 같다.

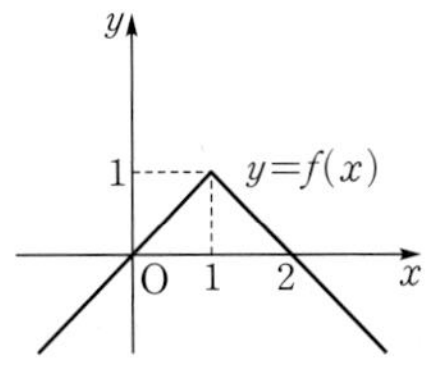

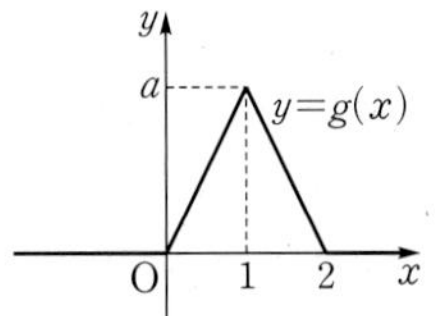

함수 $g(x)$에 대하여 x의 값이 -1에서 t까지 변할 때의 평균변화율을 $h(t)$라 하자.

$h(t)$는 두 점 $(-1, 0)$, $(t, g(t))$를 지나는 직선의 기울기를 의미하므로 자연수 n에 대하여 $h(t)=n$을 만족시키는 실수 t의 개수는 $x>-1$에서 함수 $y=g(x)$의 그래프와 직선 $y=n(x+1)$이 만나는 점의 개수와 같다.

이때 어떤 자연수 n에 대하여 $h(t)=n$을 만족시키는 실수 t는 최대 2개이므로 $h(t)$의 값이 자연수가 되도록 하는 실수 t가 5개가 되려면 다음 그림과 같이 함수 $y=g(x)$의 그래프가 두 직선 $y=x+1$, $y=2(x+1)$과 각각 두 점에서 만나고 직선 $y=3(x+1)$과 한 점에서 만나야 한다.

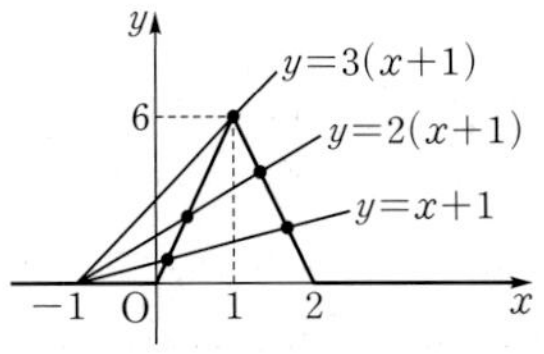

즉, 함수 $y=g(x)$의 그래프가 직선 $y=3(x+1)$과 점 $(1, 6)$에서 만나므로

$g(1)=af(1)=a\times1=6$ $\therefore a=6$

PART A

04 도함수의 활용(1)

유형 01 접선의 기울기

0290
답 4

$f(x)=x^3+ax+b$라 하면

$f'(x)=3x^2+a$

점 (2, 4)가 곡선 $y=f(x)$ 위의 점이므로

$f(2)=4$에서 $8+2a+b=4$

$\therefore 2a+b=-4$ …… ㉠

점 (2, 4)에서의 접선의 기울기가 4이므로

$f'(2)=4$에서 $12+a=4$

$\therefore a=-8$

$a=-8$을 ㉠에 대입하면 $b=12$

$\therefore a+b=4$

0291
답 ④

$f(x)=x^3+2ax^2+bx+c$에서

$f'(x)=3x^2+4ax+b$

점 (1, 3)이 곡선 $y=f(x)$ 위의 점이므로

$f(1)=3$에서 $1+2a+b+c=3$

$\therefore 2a+b+c=2$ …… ㉠

점 (1, 3)에서의 접선의 기울기가 10이므로

$f'(1)=10$에서 $3+4a+b=10$

$\therefore 4a+b=7$ …… ㉡

x좌표가 -1인 점에서의 접선의 기울기가 2이므로

$f'(-1)=2$에서 $3-4a+b=2$

$\therefore -4a+b=-1$ …… ㉢

㉡, ㉢을 연립하여 풀면 $a=1$, $b=3$

이를 ㉠에 대입하면 $c=-3$

따라서 $f(x)=x^3+2x^2+3x-3$이므로

$f(2)=8+8+6-3=19$

0292
답 10

$f(x)=x^3+ax^2+bx$라 하면

$f'(x)=3x^2+2ax+b$

점 (1, 5)가 곡선 $y=f(x)$ 위의 점이므로

$f(1)=5$에서 $1+a+b=5$

$\therefore a+b=4$ …… ㉠

점 (1, 5)에서의 접선과 $x=-3$인 점에서의 접선이 서로 평행하므로 $f'(1)=f'(-3)$에서

$3+2a+b=27-6a+b$, $8a=24$

$\therefore a=3$

$a=3$을 ㉠에 대입하면 $b=1$

$\therefore a^2+b^2=9+1=10$

유형 02 곡선 위의 점에서의 접선의 방정식

확인 문제 (1) $y=7x-3$ (2) $y=9x+10$

(1) $y=2x^2+3x-1$에서 $y'=4x+3$이므로

점 (1, 4)에서의 접선의 기울기는 $4+3=7$

따라서 접선의 방정식은

$y-4=7(x-1)$ $\therefore y=7x-3$

(2) $y=x^3-3x^2+5$에서 $y'=3x^2-6x$이므로

점 $(-1, 1)$에서의 접선의 기울기는 $3+6=9$

따라서 접선의 방정식은

$y-1=9(x+1)$ $\therefore y=9x+10$

0293
답 10

$y=x^3-6x^2+6$에서 $y'=3x^2-12x$이므로

점 (1, 1)에서의 접선의 기울기는 $3-12=-9$

따라서 접선의 방정식은

$y-1=-9(x-1)$ $\therefore y=-9x+10$

이 접선이 점 $(0, a)$를 지나므로

$a=-9\times 0+10=10$

다른 풀이

$y=x^3-6x^2+6$에서 $y'=3x^2-12x$이므로

점 (1, 1)에서의 접선의 기울기는 $3-12=-9$

이 접선이 두 점 (1, 1), $(0, a)$를 지나므로

$\frac{a-1}{0-1}=-9$, $a-1=9$

$\therefore a=10$

0294
답 ④

$y=x^3-2x^2+a$에서 $y'=3x^2-4x$이므로

점 $(2, a)$에서의 접선의 기울기는 $12-8=4$

따라서 접선의 방정식은

$y-a=4(x-2)$ $\therefore y=4x-8+a$

이 접선이 점 (0, 3)을 지나므로

$3=-8+a$ $\therefore a=11$

다른 풀이

$y=x^3-2x^2+a$에서 $y'=3x^2-4x$이므로

점 $(2, a)$에서의 접선의 기울기는 $12-8=4$

이 접선이 두 점 $(2, a)$, (0, 3)을 지나므로

$\frac{3-a}{0-2}=4$, $3-a=-8$

$\therefore a=11$

0295
답 ③

$f(x)=x^3+ax+4$라 하면 $f'(x)=3x^2+a$

점 (2, 4)가 곡선 $y=f(x)$ 위의 점이므로

$f(2)=4$에서 $8+2a+4=4$

$\therefore a=-4$

또한 점 (2, 4)에서의 접선의 기울기는 $f'(2)=12+a=8$이므로 접선의 방정식은

$y-4=8(x-2)$ $\therefore y=8x-12$

따라서 $b=8$, $c=-12$이므로

$a+b+c=-4+8+(-12)=-8$

0296

답 ③

$f(x)=2x^3-4x^2+5$라 하면 $f'(x)=6x^2-8x$

점 (1, 3)에서의 접선의 기울기는 $f'(1)=-2$이므로 접선의 방정식은

$y-3=-2(x-1)$ $\therefore y=-2x+5$ …… ㉠

점 (2, 5)에서의 접선의 기울기는 $f'(2)=8$이므로 접선의 방정식은

$y-5=8(x-2)$ $\therefore y=8x-11$ …… ㉡

㉠, ㉡을 연립하여 풀면

$x=\frac{8}{5}$, $y=\frac{9}{5}$

따라서 두 접선의 교점의 좌표가 $\left(\frac{8}{5}, \frac{9}{5}\right)$이므로

$a+b=\frac{8}{5}+\frac{9}{5}=\frac{17}{5}$

0297

답 37

$f(x)=-x^3+ax+b$라 하면 $f'(x)=-3x^2+a$

점 (1, 4)가 곡선 $y=f(x)$ 위의 점이므로

$f(1)=4$에서 $-1+a+b=4$

$\therefore a+b=5$ …… ㉠

접선의 기울기는 $f'(1)=-3+a$이므로 접선의 방정식은

$y-4=(-3+a)(x-1)$ $\therefore y=(-3+a)x+7-a$

이 접선이 점 (3, 10)을 지나므로

$10=(-3+a)\times3+7-a$, $10=-2+2a$

$\therefore a=6$

$a=6$을 ㉠에 대입하면 $b=-1$

$\therefore a^2+b^2=36+1=37$

다른 풀이

$f(x)=-x^3+ax+b$라 하면 $f'(x)=-3x^2+a$

점 (1, 4)가 곡선 $y=f(x)$ 위의 점이므로

$f(1)=4$에서 $-1+a+b=4$

$\therefore a+b=5$ …… ㉠

접선의 기울기는 $f'(1)=-3+a$이고 이 접선이 두 점 (1, 4), (3, 10)을 지나므로

$\frac{10-4}{3-1}=-3+a$, $3=-3+a$

$\therefore a=6$

$a=6$을 ㉠에 대입하면 $b=-1$

$\therefore a^2+b^2=36+1=37$

0298

답 1

곡선 $y=f(x)$ 위의 점 $(-1, 2)$에서의 접선의 기울기가 3이므로

$f(-1)=2$, $f'(-1)=3$

$y=x^2f(x)$에서 $y'=2xf(x)+x^2f'(x)$이므로

곡선 $y=x^2f(x)$ 위의 점 $(-1, 2)$에서의 접선의 기울기는

$-2f(-1)+f'(-1)=-4+3=-1$

이므로 접선의 방정식은

$y-2=-(x+1)$ $\therefore y=-x+1$

따라서 구하는 y절편은 1이다.

유형 03 접선에 수직인 직선의 방정식

0299

답 ①

$f(x)=x^3-3x^2+2x+2$라 하면

$f'(x)=3x^2-6x+2$

곡선 $y=f(x)$ 위의 점 A(0, 2)에서의 접선의 기울기는

$f'(0)=2$이므로 이 접선과 수직인 직선의 기울기는 $-\frac{1}{2}$이다.

따라서 기울기가 $-\frac{1}{2}$이고 점 A(0, 2)를 지나는 직선의 방정식은

$y-2=-\frac{1}{2}x$ $\therefore y=-\frac{1}{2}x+2$

이 직선에 $y=0$을 대입하면

$-\frac{1}{2}x+2=0$ $\therefore x=4$

따라서 구하는 x절편은 4이다.

0300

답 5

$f(x)=-2x^3+8x-4$라 하면

$f'(x)=-6x^2+8$

곡선 $y=f(x)$ 위의 점 (1, 2)에서의 접선의 기울기는 $f'(1)=2$이므로 이 접선과 수직인 직선의 기울기는 $-\frac{1}{2}$이다.

따라서 기울기가 $-\frac{1}{2}$이고 점 (1, 2)를 지나는 직선의 방정식은

$y-2=-\frac{1}{2}(x-1)$ $\therefore x+2y-5=0$

이 직선이 $ax+by-5=0$과 일치해야 하므로

$\frac{a}{1}=\frac{b}{2}=\frac{-5}{-5}$ $\therefore a=1, b=2$

$\therefore a^2+b^2=5$

Bible Says 두 직선의 위치 관계

두 직선 $ax+by+c=0$, $a'x+b'y+c'=0$ $(abc\neq0, a'b'c'\neq0)$에 대하여

(1) 두 직선이 일치한다. $\Longleftrightarrow \frac{a}{a'}=\frac{b}{b'}=\frac{c}{c'}$

(2) 두 직선이 평행하다. $\Longleftrightarrow \frac{a}{a'}=\frac{b}{b'}\neq\frac{c}{c'}$

(3) 두 직선이 수직이다. $\Longleftrightarrow aa'+bb'=0$

0301

답 ④

$f(x)=x^3-4x+4$라 하면

$f'(x)=3x^2-4$

곡선 $y=f(x)$ 위의 점 $(-1, 7)$에서의 접선의 기울기는

$f'(-1)=-1$이므로 이 접선과 수직인 직선의 기울기는 1이다.

따라서 기울기가 1이고 점 $(-1, 7)$을 지나는 직선의 방정식은

$y-7=x+1$　　$\therefore y=x+8$

이 직선이 점 $(a, 15)$를 지나므로

$15=a+8$　　$\therefore a=7$

유형 04 기울기가 주어진 접선의 방정식

0302

답 ①

$f(x)=x^3+ax^2+9x+3$에서

$f'(x)=3x^2+2ax+9$

곡선 $y=f(x)$ 위의 점 $(1, f(1))$에서의 접선의 기울기가

$f'(1)=2$이므로

$3+2a+9=2$　　$\therefore a=-5$

따라서 $f(x)=x^3-5x^2+9x+3$이므로

$f(1)=1-5+9+3=8$

접선 $y=2x+b$가 점 $(1, 8)$을 지나므로

$8=2+b$　　$\therefore b=6$

$\therefore a+b=-5+6=1$

0303

답 ⑤

$f(x)=x^3-3x^2+4$라 하면

$f'(x)=3x^2-6x$

접점의 좌표를 (t, t^3-3t^2+4)라 하면 직선 $3x+y+1=0$, 즉 $y=-3x-1$에 평행한 직선의 기울기는 -3이므로

$f'(t)=3t^2-6t=-3$

$3t^2-6t+3=0$, $3(t-1)^2=0$

$\therefore t=1$

접점의 좌표는 $(1, 2)$이므로 접선의 방정식은

$y-2=-3(x-1)$　　$\therefore y=-3x+5$

따라서 구하는 y절편은 5이다.

0304

답 ③

$f(x)=x^3-3x^2-5x+5$라 하면

$f'(x)=3x^2-6x-5$

접점의 좌표를 (t, t^3-3t^2-5t+5)라 하면 접선의 기울기는 4이므로

$f'(t)=3t^2-6t-5=4$

$3t^2-6t-9=0$, $3(t+1)(t-3)=0$

$\therefore t=-1$ 또는 $t=3$

접점의 좌표는 $(-1, 6)$, $(3, -10)$이므로 접선의 방정식은

$y-6=4(x+1)$, $y+10=4(x-3)$

$\therefore y=4x+10$, $y=4x-22$

따라서 구하는 양수 k의 값은 10이다.

0305

답 ②

$f(x)=x^3-5x+2$라 하면

$f'(x)=3x^2-5$

접점의 좌표를 (t, t^3-5t+2)라 하면 접선의 기울기가 -2이므로

$f'(t)=3t^2-5=-2$, $3t^2-3=0$

$3(t+1)(t-1)=0$　　$\therefore t=-1$ 또는 $t=1$

접점의 좌표는 $(-1, 6)$, $(1, -2)$이므로 접선의 방정식은

$y-6=-2(x+1)$, $y+2=-2(x-1)$

$\therefore 2x+y-4=0$, $2x+y=0$

위의 두 직선 사이의 거리는 직선 $2x+y=0$ 위의 점 $(0, 0)$과 직선 $2x+y-4=0$ 사이의 거리와 같으므로 구하는 거리는

$$\frac{|0+0-4|}{\sqrt{2^2+1^2}}=\frac{4\sqrt{5}}{5}$$

Bible Says　점과 직선 사이의 거리

좌표평면에서 점 $P(x_1, y_1)$과 직선 $ax+by+c=0$ $(a\neq0, b\neq0)$ 사이의 거리 d는

$$d=\frac{|ax_1+by_1+c|}{\sqrt{a^2+b^2}}$$

0306

답 6

$f(x)=\frac{1}{3}x^3-2x^2+x+6$이라 하면

$f'(x)=x^2-4x+1$

점 A의 x좌표가 1이므로 점 A에서의 접선의 기울기는

$f'(1)=1-4+1=-2$

두 점 A, B에서의 접선이 서로 평행하므로 두 접선의 기울기가 같다.

즉, 점 B의 x좌표를 a라 하면 $f'(a)=f'(1)$이므로

$a^2-4a+1=-2$, $a^2-4a+3=0$

$(a-1)(a-3)=0$

$\therefore a=3$ $(\because a\neq1)$

따라서 점 B의 x좌표는 3이고

$f(3)=9-18+3+6=0$

이므로 $B(3, 0)$

즉, 점 B에서의 접선의 기울기는 $f'(3)=-2$이고 점 $B(3, 0)$을 지나므로 접선의 방정식은

$y=-2(x-3)$　　$\therefore y=-2x+6$

따라서 점 B에서의 접선의 y절편은 6이다.

0307

답 9

$f(x)=-x^3+3x^2-2x+3$에서

$f'(x)=-3x^2+6x-2$

$f(2)=-8+12-4+3=3$, $f'(2)=-12+12-2=-2$이므로

곡선 $y=f(x)$ 위의 점 $(2, 3)$에서의 접선의 방정식은

$y-3=-2(x-2)$ $\quad\therefore y=-2x+7$ $\quad\cdots\cdots$ ㉠

❶

한편 접점의 좌표를 $(t, -t^3+3t^2-2t+3)$이라 하면 접선의 기울기가 1이므로

$f'(t)=-3t^2+6t-2=1$, $-3t^2+6t-3=0$

$-3(t-1)^2=0$ $\quad\therefore t=1$

접점의 좌표는 $(1, 3)$이므로 접선의 방정식은

$y-3=x-1$ $\quad\therefore y=x+2$ $\quad\cdots\cdots$ ㉡

❷

㉠, ㉡을 연립하여 풀면

$x=\frac{5}{3}$, $y=\frac{11}{3}$

따라서 두 직선이 만나는 점의 좌표는 $\left(\frac{5}{3}, \frac{11}{3}\right)$이므로

$a+2b=\frac{5}{3}+\frac{22}{3}=9$

❸

채점 기준	배점
❶ 곡선 $y=f(x)$ 위의 점 $(2, f(2))$에서의 접선의 방정식 구하기	30%
❷ 기울기가 1이고 곡선 $y=f(x)$에 접하는 접선의 방정식 구하기	40%
❸ $a+2b$의 값 구하기	30%

유형 05 곡선 밖의 한 점에서 그은 접선의 방정식

0308

답 ⑤

$f(x)=x^3+4$라 하면 $f'(x)=3x^2$

접점의 좌표를 (t, t^3+4)라 하면 이 점에서의 접선의 기울기는 $f'(t)=3t^2$이므로 접선의 방정식은

$y-(t^3+4)=3t^2(x-t)$

$\therefore y=3t^2x-2t^3+4$ $\quad\cdots\cdots$ ㉠

이 직선이 점 $(0, 2)$를 지나므로

$2=-2t^3+4$, $t^3=1$

$\therefore t=1$

$t=1$을 ㉠에 대입하면 $y=3x+2$

따라서 $a=3$, $b=2$이므로

$a+b=5$

0309

답 ③

$f(x)=x^3+2x-1$이라 하면 $f'(x)=3x^2+2$

접점의 좌표를 (t, t^3+2t-1)이라 하면 이 점에서의 접선의 기울기는 $f'(t)=3t^2+2$이므로 접선의 방정식은

$y-(t^3+2t-1)=(3t^2+2)(x-t)$

$\therefore y=(3t^2+2)x-2t^3-1$ $\quad\cdots\cdots$ ㉠

이 직선이 점 $(0, 1)$을 지나므로

$1=-2t^3-1$, $t^3=-1$

$\therefore t=-1$

$t=-1$을 ㉠에 대입하면 $y=5x+1$

이 직선에 $y=0$을 대입하면

$5x+1=0$ $\quad\therefore x=-\frac{1}{5}$

따라서 구하는 접선의 x절편은 $-\frac{1}{5}$이다.

0310

답 −15

$f(x)=2x^2-3x+1$이라 하면 $f'(x)=4x-3$

접점의 좌표를 $(t, 2t^2-3t+1)$이라 하면 이 점에서의 접선의 기울기는 $f'(t)=4t-3$이므로 접선의 방정식은

$y-(2t^2-3t+1)=(4t-3)(x-t)$

$\therefore y=(4t-3)x-2t^2+1$

이 직선이 점 $(-1, -2)$를 지나므로

$-2=-4t+3-2t^2+1$, $2t^2+4t-6=0$

$2(t+3)(t-1)=0$

$\therefore t=-3$ 또는 $t=1$

따라서 두 접선의 기울기는 $f'(-3)=-15$, $f'(1)=1$이므로 구하는 곱은 $-15\times1=-15$

0311

답 ②

$f(x)=-x^3+x$라 하면 $f'(x)=-3x^2+1$

접점의 좌표를 $(t, -t^3+t)$라 하면 이 점에서의 접선의 기울기는 $f'(t)=-3t^2+1$이므로 접선의 방정식은

$y-(-t^3+t)=(-3t^2+1)(x-t)$

$\therefore y=(-3t^2+1)x+2t^3$ $\quad\cdots\cdots$ ㉠

이 직선이 점 $\mathrm{A}(1, -4)$를 지나므로

$-4=-3t^2+1+2t^3$, $2t^3-3t^2+5=0$

$(t+1)(2t^2-5t+5)=0$

$\therefore t=-1$ $\left(\because 2t^2-5t+5=2\left(t-\frac{5}{4}\right)^2+\frac{15}{8}>0\right)$

$t=-1$을 ㉠에 대입하면 $y=-2x-2$

이 직선이 x축과 만나는 점은 $\mathrm{B}(-1, 0)$이므로 선분 AB의 길이는

$\overline{\mathrm{AB}}=\sqrt{(-1-1)^2+(0+4)^2}=\sqrt{20}=2\sqrt{5}$

0312

답 2

$f(x)=x^2+3x-2$라 하면 $f'(x)=2x+3$

접점의 좌표를 (t, t^2+3t-2)라 하면 이 점에서의 접선의 기울기는 $f'(t)=2t+3$이므로 접선의 방정식은

$y-(t^2+3t-2)=(2t+3)(x-t)$

$\therefore y=(2t+3)x-t^2-2$

이 직선이 점 A(2, 7)을 지나므로

$7=4t+6-t^2-2$, $t^2-4t+3=0$

$(t-1)(t-3)=0 \qquad \therefore t=1$ 또는 $t=3$

위의 이차방정식의 두 실근이 두 점 B, C의 x좌표이므로 구하는 삼각형 ABC의 무게중심의 x좌표는

$\frac{2+1+3}{3}=2$

Bible Says 삼각형의 무게중심

좌표평면 위의 세 점 $A(x_1, y_1)$, $B(x_2, y_2)$, $C(x_3, y_3)$을 꼭짓점으로 하는 삼각형 ABC의 무게중심 G의 좌표는

$G\left(\frac{x_1+x_2+x_3}{3}, \frac{y_1+y_2+y_3}{3}\right)$

0313

답 ②

$f(x)=x^2-2x$라 하면 $f'(x)=2x-2$

접점의 좌표를 (t, t^2-2t)라 하면 이 점에서의 접선의 기울기는 $f'(t)=2t-2$이므로 접선의 방정식은

$y-(t^2-2t)=(2t-2)(x-t)$

$\therefore y=(2t-2)x-t^2$

이 직선이 점 $(1, a)$를 지나므로

$a=2t-2-t^2$

$\therefore t^2-2t+a+2=0$

위의 이차방정식의 두 근을 α, β라 하면 이차방정식의 근과 계수의 관계에 의하여 $\alpha+\beta=2$, $\alpha\beta=a+2 \qquad \cdots\cdots$ ㉠

또한 $t=\alpha$, $t=\beta$에서의 접선의 기울기는 각각 $f'(\alpha)=2\alpha-2$, $f'(\beta)=2\beta-2$이고 두 접선이 서로 수직이므로

$(2\alpha-2)(2\beta-2)=-1$

$4\alpha\beta-4(\alpha+\beta)+5=0$

$4(a+2)-4\times2+5=0$ ($\because$ ㉠)

$4a+5=0 \qquad \therefore a=-\frac{5}{4}$

다른 풀이

점 $(1, a)$를 지나는 직선의 기울기를 m이라 하면 직선의 방정식은

$y=m(x-1)+a \qquad \therefore y=mx-m+a$

이 직선이 곡선 $y=x^2-2x$에 접하려면 이차방정식

$x^2-2x=mx-m+a$, 즉 $x^2-(2+m)x+m-a=0$이 단 하나의 실근을 가져야 하므로 이 이차방정식의 판별식을 D라 하면

$D=(2+m)^2-4(m-a)=0$에서

$m^2+4m+4-4m+4a=0$

$\therefore m^2+4+4a=0$

위의 m에 대한 이차방정식의 두 실근을 m_1, m_2라 하면

m_1, m_2는 곡선에 접하는 접선의 기울기이고 두 접선이 서로 수직이므로 이차방정식의 근과 계수의 관계에 의하여

$4+4a=-1 \qquad \therefore a=-\frac{5}{4}$

유형 06 접선의 개수

0314

답 2

$f(x)=x^3-x+2$라 하면

$f'(x)=3x^2-1$

접점의 좌표를 (t, t^3-t+2)라 하면 이 점에서의 접선의 기울기는 $f'(t)=3t^2-1$이므로 접선의 방정식은

$y-(t^3-t+2)=(3t^2-1)(x-t)$

$\therefore y=(3t^2-1)x-2t^3+2$

이 직선이 점 $(2, 0)$을 지나므로

$0=6t^2-2-2t^3+2$

$t^3-3t^2=0$, $t^2(t-3)=0$

$\therefore t=0$ 또는 $t=3$

접선의 개수는 접점의 개수와 같으므로 구하는 접선의 개수는 2이다.

0315

답 2

$f(x)=x^2-2x+3$이라 하면

$f'(x)=2x-2$

접점의 좌표를 (t, t^2-2t+3)이라 하면 이 점에서의 접선의 기울기는 $f'(t)=2t-2$이므로 접선의 방정식은

$y-(t^2-2t+3)=(2t-2)(x-t)$

$\therefore y=(2t-2)x-t^2+3$

이 직선이 점 $(0, a)$를 지나므로

$a=-t^2+3 \qquad \therefore t^2=3-a$

점 $(0, a)$에서 곡선 $y=f(x)$에 그은 접선이 2개가 되려면 위의 이차방정식이 서로 다른 두 실근을 가져야 하므로

$3-a>0 \qquad \therefore a<3$

따라서 구하는 정수 a의 최댓값은 2이다.

다른 풀이

점 $(0, a)$를 지나는 직선의 기울기를 m이라 하면 직선의 방정식은

$y=mx+a$

이 직선이 곡선 $y=x^2-2x+3$에 접하려면 이차방정식

$x^2-2x+3=mx+a$, 즉 $x^2-(2+m)x+3-a=0$이 단 하나의 실근을 가져야 하므로 이 이차방정식의 판별식을 D_1이라 하면

$D_1=(2+m)^2-4(3-a)=0$에서

$m^2+4m+4-12+4a=0$

$\therefore m^2+4m-8+4a=0$

이때 곡선에 그은 접선이 2개 존재하려면 위의 m에 대한 이차방정식이 서로 다른 두 실근을 가져야 하므로 이 이차방정식의 판별식을 D_2라 하면

$\frac{D_2}{4}=4-(-8+4a)>0$, $12-4a>0$

$\therefore a<3$

따라서 구하는 정수 a의 최댓값은 2이다.

0316

답 ①

$f(x)=x^3-3x^2+4$라 하면

$f'(x)=3x^2-6x$

접점의 좌표를 (t, t^3-3t^2+4)라 하면 이 점에서의 접선의 기울기는 $f'(t)=3t^2-6t$
곡선 $y=f(x)$에 접하고 기울기가 m인 접선이 2개이려면 $f'(t)=m$을 만족시키는 실수 t가 2개이어야 한다.
이차방정식 $3t^2-6t=m$, 즉 $3t^2-6t-m=0$의 판별식을 D라 하면
$\frac{D}{4}=9-3\times(-m)>0$, $9+3m>0$
$\therefore m>-3$
따라서 구하는 정수 m의 최솟값은 -2이다.

유형 07 접선이 곡선과 만나는 점

0317
답 21

$f(x)=x^3+2x+7$이라 하면 $f'(x)=3x^2+2$
곡선 $y=f(x)$ 위의 점 $P(-1, 4)$에서의 접선의 기울기는 $f'(-1)=5$이므로 접선의 방정식은
$y-4=5(x+1)$ $\quad\therefore y=5x+9$
곡선 $y=f(x)$와 직선 $y=5x+9$가 만나는 점의 x좌표는
$x^3+2x+7=5x+9$에서
$x^3-3x-2=0$, $(x+1)^2(x-2)=0$
$\therefore x=-1$ 또는 $x=2$
즉, 점 $P(-1, 4)$가 아닌 교점의 x좌표가 2이므로
$a=2$
또한 점 $(2, b)$가 직선 $y=5x+9$ 위의 점이므로
$b=5\times2+9=19$
$\therefore a+b=2+19=21$

0318
답 6

$f(x)=x^3-2x^2+2x+2$라 하면 $f'(x)=3x^2-4x+2$
곡선 $y=f(x)$ 위의 점 $P(1, 3)$에서의 접선의 기울기는 $f'(1)=1$이므로 접선의 방정식은
$y-3=x-1$ $\quad\therefore y=x+2$
곡선 $y=f(x)$와 직선 $y=x+2$가 만나는 점의 x좌표는
$x^3-2x^2+2x+2=x+2$에서
$x^3-2x^2+x=0$, $x(x-1)^2$
$\therefore x=0$ 또는 $x=1$
즉, 점 $P(1, 3)$이 아닌 교점 Q는 x좌표가 0이고 직선 $y=x+2$ 위의 점이므로 $Q(0, 2)$
이때 곡선 $y=f(x)$ 위의 점 $Q(0, 2)$에서의 접선의 기울기는 $f'(0)=2$이므로 접선의 방정식은
$y=2x+2$
이 직선이 점 $(2, a)$를 지나므로
$a=2\times2+2=6$

0319
답 ②

$f(x)=x^3+x^2-4x$라 하면 $f'(x)=3x^2+2x-4$
곡선 $y=f(x)$ 위의 점 $P(1, -2)$에서의 접선의 기울기는 $f'(1)=1$이므로 접선의 방정식은
$y+2=x-1$ $\quad\therefore y=x-3$
이 직선이 y축과 만나는 점은 $Q(0, -3)$
곡선 $y=f(x)$와 직선 $y=x-3$이 만나는 점의 x좌표는
$x^3+x^2-4x=x-3$에서
$x^3+x^2-5x+3=0$, $(x+3)(x-1)^2=0$
$\therefore x=-3$ 또는 $x=1$
즉, 점 $P(1, -2)$가 아닌 교점 R는 x좌표가 -3이고 직선 $y=x-3$ 위의 점이므로 $R(-3, -6)$
$\overline{PQ}=\sqrt{(0-1)^2+(-3+2)^2}=\sqrt{2}$
$\overline{QR}=\sqrt{(-3-0)^2+(-6+3)^2}=\sqrt{18}=3\sqrt{2}$
$\therefore \overline{PQ}:\overline{QR}=1:3$

유형 08 접선의 기울기의 최대, 최소

0320
답 ①

$f(x)=x^3-3x^2+x+1$이라 하면
$f'(x)=3x^2-6x+1=3(x-1)^2-2$
$f'(x)$가 $x=1$에서 최솟값 -2를 가지므로 구하는 접선의 기울기는 -2이고 이 접선이 점 $(1, 0)$을 지나므로 접선의 방정식은
$y=-2(x-1)$ $\quad\therefore y=-2x+2$
따라서 $a=-2$, $b=2$이므로 $ab=-4$

0321
답 ③

$f(x)=-\frac{1}{3}x^3-x^2+2x+\frac{2}{3}$라 하면
$f'(x)=-x^2-2x+2=-(x+1)^2+3$
$f'(x)$가 $x=-1$에서 최댓값 3을 가지므로 구하는 접선의 기울기는 3이고 이 접선이 점 $(-1, -2)$를 지나므로 접선의 방정식은
$y+2=3(x+1)$ $\quad\therefore y=3x+1$
이 직선에 $y=0$을 대입하면
$3x+1=0$ $\quad\therefore x=-\frac{1}{3}$
따라서 구하는 x절편은 $-\frac{1}{3}$이다.

0322
답 5

$f(x)=x^3-6x^2+10x$라 하면
$f'(x)=3x^2-12x+10=3(x-2)^2-2$
$f'(x)$가 $x=2$에서 최솟값 -2를 가지므로 직선 l의 기울기는 -2이고 직선 l에 수직인 직선의 기울기는 $\frac{1}{2}$이다.

또한 $f(2)=4$이므로 $P(2, 4)$

따라서 점 P를 지나고 직선 l에 수직인 직선의 방정식은

$y-4=\frac{1}{2}(x-2)$ $\quad\therefore y=\frac{1}{2}x+3$

이 직선이 점 $(4, a)$를 지나므로

$a=\frac{1}{2}\times4+3=5$

유형 09 항등식을 이용한 접선의 방정식

0323

답 ⑤

$f(x)=x^3+ax^2-(4a+3)x+4a$라 하면

$f(x)=a(x^2-4x+4)+x^3-3x$

$\quad=a(x-2)^2+x^3-3x$

이므로 곡선 $y=f(x)$는 a의 값에 관계없이 점 $P(2, 2)$를 지난다.

$f'(x)=3x^2+2ax-4a-3$이므로

$f'(2)=12+4a-4a-3=9$

곡선 $y=f(x)$ 위의 점 $P(2, 2)$에서의 접선의 방정식은

$y-2=9(x-2)$ $\quad\therefore y=9x-16$

따라서 $m=9$, $n=-16$이므로

$m+n=-7$

0324

답 ②

$f(x)=x^3+ax^2+(2a+2)x+a+3$이라 하면

$f(x)=a(x^2+2x+1)+x^3+2x+3$

$\quad=a(x+1)^2+x^3+2x+3$

이므로 곡선 $y=f(x)$는 a의 값에 관계없이 점 $P(-1, 0)$을 지난다.

$f'(x)=3x^2+2ax+2a+2$이므로

$f'(-1)=3-2a+2a+2=5$

따라서 곡선 $y=f(x)$ 위의 점 $P(-1, 0)$을 지나고 이 점에서의 접선에 수직인 직선의 기울기는 $-\frac{1}{5}$이므로 직선의 방정식은

$y=-\frac{1}{5}(x+1)$ $\quad\therefore y=-\frac{1}{5}x-\frac{1}{5}$

이 직선이 점 $(k, 1)$을 지나므로

$1=-\frac{1}{5}k-\frac{1}{5}$ $\quad\therefore k=-6$

0325

답 -3

$f(x)=x^3+ax^2-ax-3$이라 하면

$f(x)=a(x^2-x)+x^3-3$

$\quad=ax(x-1)+x^3-3$

이므로 곡선 $y=f(x)$는 a의 값에 관계없이 두 점 $P(0, -3)$, $Q(1, -2)$를 지난다.

………… ❶

$f'(x)=3x^2+2ax-a$이므로

$f'(0)=-a$

$f'(1)=3+2a-a=3+a$

두 점 P, Q에서의 접선이 서로 수직이므로

$-a(3+a)=-1$, $-a^2-3a+1=0$

$\therefore a^2+3a-1=0$

………… ❷

따라서 구하는 모든 실수 a의 값의 합은 이차방정식의 근과 계수의 관계에 의하여 -3이다.

………… ❸

채점 기준	배점
❶ a의 값에 관계없이 지나는 두 점 P, Q의 좌표 구하기	30%
❷ 두 접선이 서로 수직임을 이용하여 이차방정식 세우기	50%
❸ 이차방정식의 근과 계수의 관계를 이용하여 모든 실수 a의 값의 합 구하기	20%

유형 10 공통인 접선

0326

답 ①

$f(x)=x^3+2x^2+a$, $g(x)=x^2+bx+c$라 하면

$f'(x)=3x^2+4x$, $g'(x)=2x+b$

두 곡선 $y=f(x)$, $y=g(x)$가 점 $(1, 4)$에서 공통인 접선을 가지므로

$f(1)=4$에서 $3+a=4$

$\therefore a=1$

$g(1)=4$에서 $1+b+c=4$

$\therefore b+c=3$ $\quad$ …… ㉠

$f'(1)=g'(1)$에서 $7=2+b$

$\therefore b=5$

$b=5$를 ㉠에 대입하면 $c=-2$

$\therefore a-b+c=1-5+(-2)=-6$

0327

답 ③

$f(x)=x^3+x$, $g(x)=3x^2+x-4$라 하면

$f'(x)=3x^2+1$, $g'(x)=6x+1$

두 곡선 $y=f(x)$, $y=g(x)$가 $x=t$인 점에서 접한다고 하면

$f(t)=g(t)$에서 $t^3+t=3t^2+t-4$

$t^3-3t^2+4=0$, $(t+1)(t-2)^2=0$

$\therefore t=-1$ 또는 $t=2$

$f'(t)=g'(t)$에서 $3t^2+1=6t+1$

$3t^2-6t=0$, $3t(t-2)=0$

$\therefore t=0$ 또는 $t=2$

$t=2$일 때, 즉 점 $(2,\ 10)$에서 두 곡선 $y=f(x)$, $y=g(x)$가 동시에 접하고 접선의 기울기는 $f'(2)=g'(2)=13$이므로 접선의 방정식은

$y-10=13(x-2)$ $\quad\therefore y=13x-16$

따라서 $a=13$, $b=-16$이므로

$a+b=-3$

0328

답 ③

$f(x)=x^3+ax+2$, $g(x)=3x^2-2$라 하면

$f'(x)=3x^2+a$, $g'(x)=6x$

두 곡선 $y=f(x)$, $y=g(x)$가 $x=t$인 점에서 접한다고 하면

$f(t)=g(t)$에서 $t^3+at+2=3t^2-2$ …… ㉠

$f'(t)=g'(t)$에서 $3t^2+a=6t$

$\therefore a=6t-3t^2$ …… ㉡

㉡을 ㉠에 대입하여 정리하면

$-2t^3+6t^2+2=3t^2-2$, $2t^3-3t^2-4=0$

$(t-2)(2t^2+t+2)=0$

$\therefore t=2$ ($\because 2t^2+t+2>0$)

$t=2$를 ㉡에 대입하면 $a=6\times2-3\times4=0$

0329

답 ⑤

$y=-x^2+3x-2$에서 $y'=-2x+3$이므로 점 $(-1,\ -6)$에서의 접선의 기울기는 $2+3=5$

따라서 접선의 방정식은

$y+6=5(x+1)$ $\quad\therefore y=5x-1$ …… ㉠

$f(x)=x^3+ax-1$이라 하면

$f'(x)=3x^2+a$

접점의 좌표를 $(t,\ t^3+at-1)$이라 하면 이 점에서의 접선의 기울기가 $f'(t)=3t^2+a$이므로 접선의 방정식은

$y-(t^3+at-1)=(3t^2+a)(x-t)$

$\therefore y=(3t^2+a)x-2t^3-1$ …… ㉡

㉠, ㉡이 일치해야 하므로

$3t^2+a=5$, $-2t^3-1=-1$

$\therefore t=0$, $a=5$

다른 풀이

$y=-x^2+3x-2$에서 $y'=-2x+3$이므로 점 $(-1,\ -6)$에서의 접선의 기울기는 $2+3=5$

$f(x)=x^3+ax-1$이라 하면

$f'(x)=3x^2+a$

접점의 좌표를 $(t,\ t^3+at-1)$이라 하면 이 점에서의 접선의 기울기는 $f'(t)=3t^2+a=5$ …… ㉠

또한 두 점 $(-1,\ -6)$, $(t,\ t^3+at-1)$을 지나는 직선의 기울기가 5이므로 $\dfrac{t^3+at-1-(-6)}{t-(-1)}=\dfrac{t^3+at+5}{t+1}=5$

$t^3+at+5=5t+5$, $t^3+(a-5)t=0$ …… ㉡

㉠에서 $a-5=-3t^2$을 ㉡에 대입하면

$t^3-3t^3=0$, $2t^3=0$

$\therefore t=0$

$t=0$을 ㉠에 대입하면 $a=5$

0330

답 -6

$y=2x^2+x-1$에서 $y'=4x+1$이므로 점 $(-1,\ 0)$에서의 접선의 기울기는 $-4+1=-3$

따라서 접선의 방정식은

$y=-3(x+1)$ $\quad\therefore y=-3x-3$ …… ㉠

…… ❶

$f(x)=-x^2+ax-4$라 하면

$f'(x)=-2x+a$

접점의 좌표를 $(t,\ -t^2+at-4)$라 하면 이 점에서의 접선의 기울기가 $f'(t)=-2t+a$이므로 접선의 방정식은

$y-(-t^2+at-4)=(-2t+a)(x-t)$

$\therefore y=(-2t+a)x+t^2-4$ …… ㉡

…… ❷

㉠, ㉡이 일치해야 하므로

$-2t+a=-3$, $t^2-4=-3$

$\therefore t=-1$ 또는 $t=1$

$t=-1$일 때, $a=-2-3=-5$

$t=1$일 때, $a=2-3=-1$

따라서 모든 실수 a의 값의 합은 $-5+(-1)=-6$

…… ❸

채점 기준	배점
❶ 점 $(-1,\ 0)$에서의 접선의 방정식 구하기	30%
❷ 곡선 $y=-x^2+ax-4$에 접하는 접선의 방정식 구하기	40%
❸ 접선이 일치함을 이용하여 모든 실수 a의 값의 합 구하기	30%

다른 풀이

$y=2x^2+x-1$에서 $y'=4x+1$이므로 점 $(-1,\ 0)$에서의 접선의 기울기는 $-4+1=-3$

따라서 접선의 방정식은

$y=-3(x+1)$ $\quad\therefore y=-3x-3$

이 직선이 곡선 $y=-x^2+ax-4$에 접하려면 이차방정식 $-x^2+ax-4=-3x-3$, 즉 $x^2-(a+3)x+1=0$이 단 하나의 실근을 가져야 하므로 이 이차방정식의 판별식을 D라 하면

$D=(a+3)^2-4=0$에서

$a^2+6a+5=0$, $(a+5)(a+1)=0$

$\therefore a=-5$ 또는 $a=-1$

따라서 구하는 모든 실수 a의 값의 합은 $-5+(-1)=-6$

참고

a의 값에 따른 두 곡선과 접선의 위치 관계는 다음과 같다.

(i) $a=-5$일 때 (ii) $a=-1$일 때

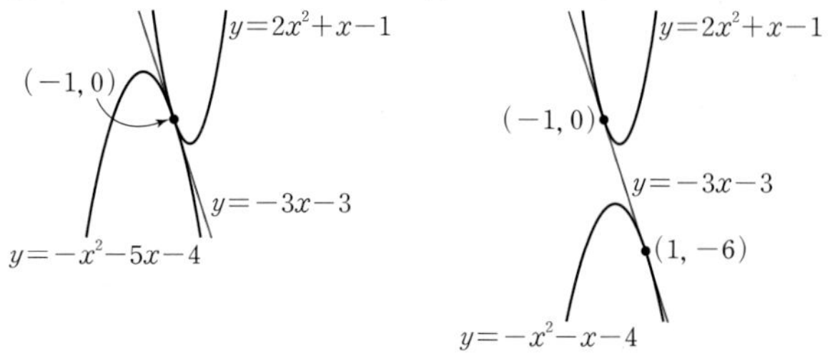

유형 11 곡선과 원의 접선

0331

답 5

$f(x)=\frac{1}{2}x^2$이라 하면

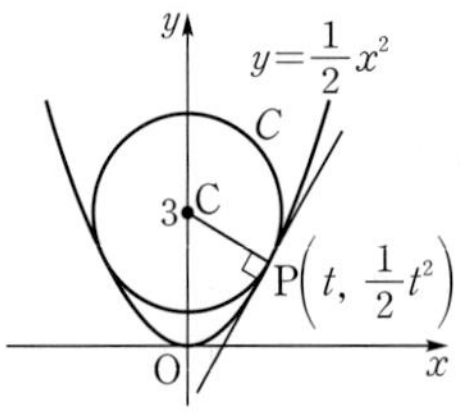

$f'(x)=x$

오른쪽 그림과 같이 접점의 좌표를 $P\left(t,\ \frac{1}{2}t^2\right)$이라 하면 점 P에서의 접선의 기울기는 $f'(t)=t$이고 직선 CP의 기울기는

$\frac{\frac{1}{2}t^2-3}{t-0}=\frac{t^2-6}{2t}$

이때 점 P에서의 접선과 직선 CP는 서로 수직이므로

$t\times\frac{t^2-6}{2t}=-1,\ t^2=4$

$\therefore t=-2$ 또는 $t=2$

두 접점의 좌표는 $(-2,\ 2)$, $(2,\ 2)$이므로 원 C의 반지름의 길이는

$\overline{CP}=\sqrt{(2-0)^2+(2-3)^2}=\sqrt{5}$

따라서 원 C의 넓이는 $\pi\times(\sqrt{5})^2=5\pi$이므로 $a=5$

0332

답 ⑤

$f(x)=x^3+x$라 하면 $f'(x)=3x^2+1$

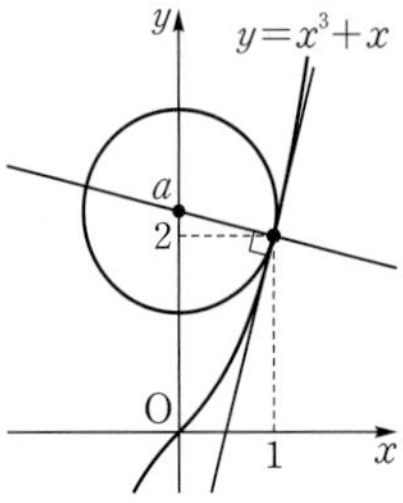

곡선 $y=f(x)$ 위의 점 $(1,\ 2)$에서의 접선의 기울기가 $f'(1)=4$이므로 이 접선과 수직인 직선의 기울기는 $-\frac{1}{4}$이다.

따라서 점 $(1,\ 2)$를 지나고 기울기가 $-\frac{1}{4}$인 직선의 방정식은

$y-2=-\frac{1}{4}(x-1)$

$\therefore y=-\frac{1}{4}x+\frac{9}{4}$

이 직선이 원의 중심 $(0,\ a)$를 지나야 하므로

$a=\frac{9}{4}$

0333

답 ⑤

$f(x)=-\frac{1}{3}x^3+\frac{5}{3}$라 하면

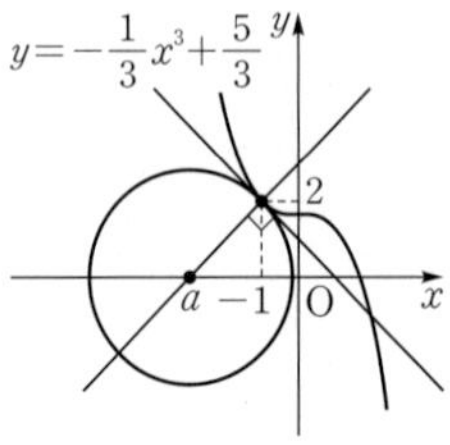

$f'(x)=-x^2$

곡선 $y=f(x)$ 위의 점 $(-1,\ 2)$에서의 접선의 기울기가 $f'(-1)=-1$이므로 이 접선과 수직인 직선의 기울기는 1이다.

따라서 점 $(-1,\ 2)$를 지나고 기울기가 1인 직선의 방정식은

$y-2=x+1 \qquad \therefore y=x+3$

원의 중심의 좌표를 $(a,\ 0)$이라 하면 이 직선이 점 $(a,\ 0)$을 지나야 하므로

$a+3=0 \qquad \therefore a=-3$

이때 원의 반지름의 길이는 원의 중심 $(-3,\ 0)$과 점 $(-1,\ 2)$ 사이의 거리와 같으므로

$\sqrt{(-1+3)^2+(2-0)^2}=\sqrt{8}=2\sqrt{2}$

유형 12 접선과 축으로 둘러싸인 도형의 넓이

0334

답 ②

$y=x^3-3x^2+5$에서 $y'=3x^2-6x$이므로 점 $(1,\ 3)$에서의 접선의 기울기는 $3-6=-3$

따라서 접선의 방정식은

$y-3=-3(x-1) \qquad \therefore y=-3x+6$

이 접선의 x절편은 2, y절편은 6이므로 구하는 도형의 넓이는

$\frac{1}{2}\times2\times6=6$

0335

답 16

$f(x)=-x^3+6x^2-4x-8$이라 하면

$f'(x)=-3x^2+12x-4=-3(x-2)^2+8$

$f'(x)$가 $x=2$에서 최댓값 8을 가지므로 구하는 접선의 기울기는 8이고 이 접선이 점 $(2,\ 0)$을 지나므로 접선의 방정식은

$y=8(x-2) \qquad \therefore y=8x-16$

이 접선의 x절편은 2, y절편은 -16이므로 구하는 도형의 넓이는

$\frac{1}{2}\times2\times16=16$

0336

답 8

$f(x)=x^2-3$이라 하면 $f'(x)=2x$

접점의 좌표를 $(t,\ t^2-3)$이라 하면 이 점에서의 접선의 기울기는 $f'(t)=2t$이므로 접선의 방정식은

$y-(t^2-3)=2t(x-t)$

$\therefore y=2tx-t^2-3 \qquad \cdots\cdots ㉠$

이 직선이 점 $(2,\ 0)$을 지나므로

$0=4t-t^2-3,\ t^2-4t+3=0$

$(t-1)(t-3)=0$

$\therefore t=1$ 또는 $t=3$

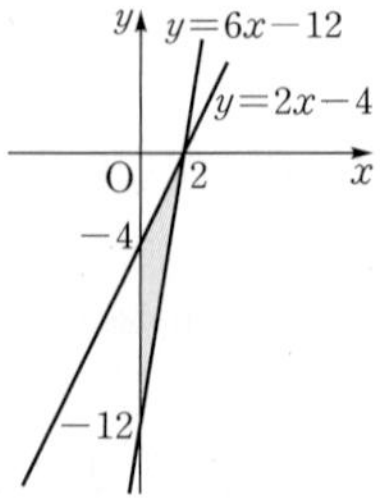

$t=1,\ t=3$을 ㉠에 대입하면

$y=2x-4,\ y=6x-12$

따라서 이 두 직선과 y축으로 둘러싸인 도형의 넓이는

$\frac{1}{2}\times8\times2=8$

0337
답 ③

$f(x)=ax^3$이라 하면 $f'(x)=3ax^2$
곡선 $y=f(x)$ 위의 점 $(1,\ a)$에서의 접선의 기울기는 $f'(1)=3a$이므로 접선의 방정식은
$y-a=3a(x-1)$ $\quad\therefore\ y=3ax-2a$
이 직선의 x절편이 $\frac{2}{3}$, y절편이 $-2a$이므로 직선과 x축 및 y축으로 둘러싸인 도형의 넓이는

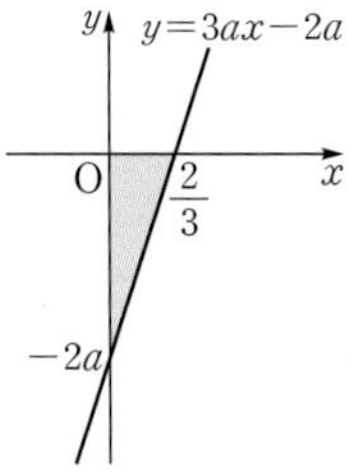

$\frac{1}{2}\times\frac{2}{3}\times|-2a|=2,\ \frac{2}{3}a=2$
$\therefore\ a=3$

0338
답 ③

$f(x)=-x^3+x+4$라 하면 $f'(x)=-3x^2+1$
곡선 $y=f(x)$ 위의 점 $A(-1,\ 4)$에서의 접선의 기울기는 $f'(-1)=-2$이므로 접선 l의 방정식은
$y-4=-2(x+1)$ $\quad\therefore\ y=-2x+2$
직선 l과 수직인 직선의 기울기는 $\frac{1}{2}$이므로 점 $A(-1,\ 4)$를 지나고 기울기가 $\frac{1}{2}$인 직선 m의 방정식은
$y-4=\frac{1}{2}(x+1)$ $\quad\therefore\ y=\frac{1}{2}x+\frac{9}{2}$
따라서 두 직선 l, m 및 x축으로 둘러싸인 도형의 넓이는

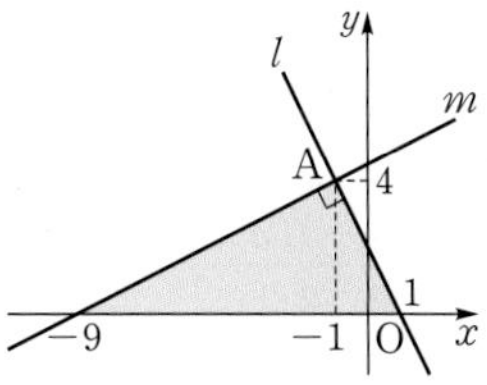

$\frac{1}{2}\times10\times4=20$

0339
답 16

$f(x)=x^2+2x+2$라 하면 $f'(x)=2x+2$
접점의 좌표를 $(t,\ t^2+2t+2)$라 하면 이 점에서의 접선의 기울기는 $f'(t)=2t+2$이므로 접선의 방정식은
$y-(t^2+2t+2)=(2t+2)(x-t)$
$\therefore\ y=(2t+2)x-t^2+2$
이 직선이 점 $P(-1,\ -3)$을 지나므로
$-3=-2t-2-t^2+2,\ t^2+2t-3=0$
$(t+3)(t-1)=0$
$\therefore\ t=-3$ 또는 $t=1$
$f(-3)=9-6+2=5$
$f(1)=1+2+2=5$
이므로 두 접점의 좌표는 $(-3,\ 5)$, $(1,\ 5)$
따라서 구하는 삼각형의 넓이는

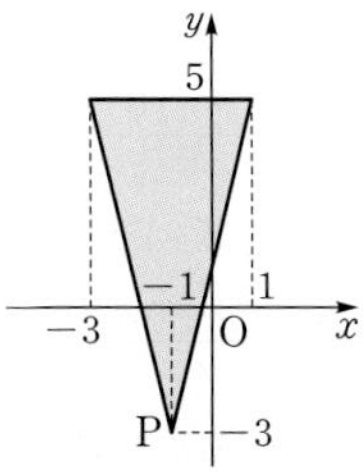

$\frac{1}{2}\times4\times8=16$

유형 13 곡선 위의 점과 직선 사이의 거리

0340
답 ④

곡선 $y=x^2+3$ 위의 점과 직선 $y=2x-2$ 사이의 거리가 최소이려면 오른쪽 그림과 같이 곡선 위의 점에서의 접선이 직선 $y=2x-2$와 평행해야 한다.

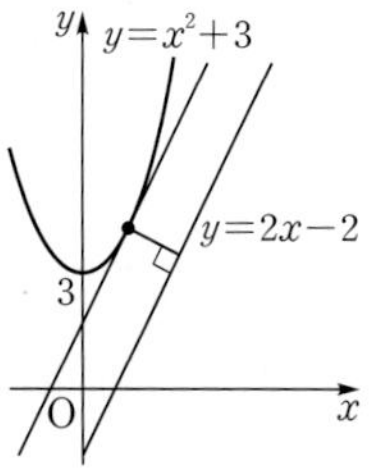

$f(x)=x^2+3$이라 하면 $f'(x)=2x$
접점의 좌표를 $(t,\ t^2+3)$이라 하면 이 점에서의 접선의 기울기가 2이므로
$f'(t)=2t=2$ $\quad\therefore\ t=1$
따라서 접점의 좌표는 $(1,\ 4)$이므로 이 점과 직선 $y=2x-2$, 즉 $2x-y-2=0$ 사이의 거리는
$\frac{|2-4-2|}{\sqrt{2^2+(-1)^2}}=\frac{4\sqrt{5}}{5}$

참고

평행한 두 직선 $l: ax+by+c=0$, $l': ax+by+c'=0$ 사이의 거리를 d라 하면
$d=\frac{|c-c'|}{\sqrt{a^2+b^2}}$

0341
답 4

곡선 $y=x^3+2\ (x>0)$ 위의 점 P와 직선 $y=3x-5$ 사이의 거리가 최소이려면 오른쪽 그림과 같이 점 P에서의 접선이 직선 $y=3x-5$와 평행해야 한다.

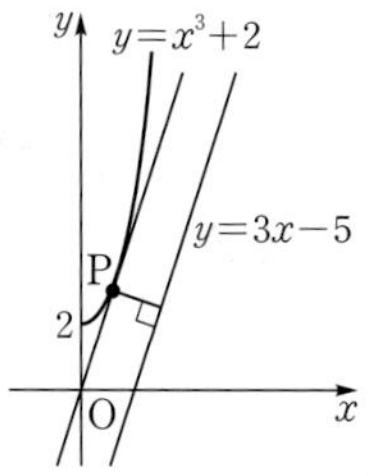

$f(x)=x^3+2$라 하면 $f'(x)=3x^2$
점 $P(a,\ b)$에서의 접선의 기울기가 3이므로
$f'(a)=3a^2=3$ $\quad\therefore\ a=1\ (\because\ a>0)$
점 $(1,\ b)$가 곡선 $y=f(x)$ 위의 점이므로
$b=f(1)=3$
$\therefore\ a+b=1+3=4$

0342
답 8

두 점 $A(-1,\ 4)$, $B(3,\ 0)$을 지나는 직선 AB의 방정식은
$y=\frac{0-4}{3-(-1)}(x-3)$ $\quad\therefore\ y=-x+3$

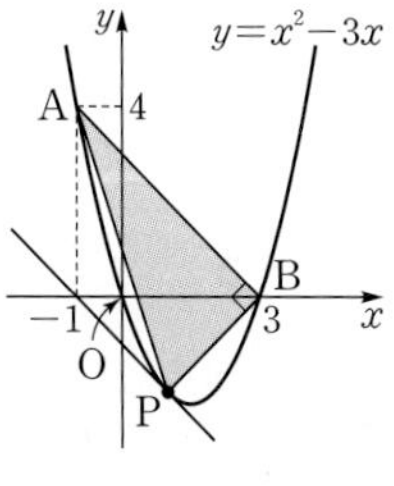

삼각형 PAB의 넓이가 최대이려면 점 P와 직선 AB 사이의 거리가 최대이어야 하므로 점 P에서의 접선이 직선 AB와 평행해야 한다.
즉, 점 P에서의 접선의 기울기가 직선 AB의 기울기 -1과 같아야 한다. ❶

$f(x)=x^2-3x$라 하면 $f'(x)=2x-3$

점 P의 좌표를 $P(t,\ t^2-3t)$라 하면 $f'(t)=-1$이므로

$2t-3=-1 \qquad \therefore t=1$

따라서 점 P의 좌표는 $P(1,\ -2)$이다.

……… ❷

점 $P(1,\ -2)$와 직선 $y=-x+3$, 즉 $x+y-3=0$ 사이의 거리는

$\dfrac{|1-2-3|}{\sqrt{1^2+1^2}}=2\sqrt{2}$

이때 $\overline{AB}=\sqrt{(3+1)^2+(0-4)^2}=4\sqrt{2}$이므로 구하는 삼각형 PAB의 넓이의 최댓값은

$\dfrac{1}{2}\times4\sqrt{2}\times2\sqrt{2}=8$

……… ❸

채점 기준	배점
❶ 삼각형 PAB의 넓이가 최대가 될 조건 구하기	30%
❷ 조건을 만족시키는 점 P의 좌표 구하기	30%
❸ 삼각형 PAB의 넓이의 최댓값 구하기	40%

유형 14 롤의 정리

0343

답 2

함수 $f(x)=x^3-3x^2+2$는 닫힌구간 $[0,\ 3]$에서 연속이고 열린구간 $(0,\ 3)$에서 미분가능하며 $f(0)=f(3)=2$이므로 롤의 정리에 의하여 $f'(c)=0$인 c가 열린구간 $(0,\ 3)$에 적어도 하나 존재한다.

이때 $f'(x)=3x^2-6x$이므로 $f'(c)=0$에서

$3c^2-6c=0,\ 3c(c-2)=0$

$\therefore c=2\ (\because 0<c<3)$

0344

답 3

함수 $f(x)=x^4-2x^2+3$은 닫힌구간 $[-2,\ 2]$에서 연속이고 열린구간 $(-2,\ 2)$에서 미분가능하며 $f(-2)=f(2)=11$이므로 롤의 정리에 의하여 $f'(c)=0$인 c가 열린구간 $(-2,\ 2)$에 적어도 하나 존재한다.

이때 $f'(x)=4x^3-4x$이므로 $f'(c)=0$에서

$4c^3-4c=0,\ 4c(c+1)(c-1)=0$

$\therefore c=-1$ 또는 $c=0$ 또는 $c=1$

따라서 상수 c의 개수는 3이다.

0345

답 4

함수 $f(x)=x^3+3x^2-9x+2$는 닫힌구간 $[-a,\ a]$에서 연속이고 열린구간 $(-a,\ a)$에서 미분가능하다.

이때 롤의 정리를 만족시키려면 $f(-a)=f(a)$이어야 하므로

$-a^3+3a^2+9a+2=a^3+3a^2-9a+2$

$2a^3-18a=0,\ 2a(a+3)(a-3)=0$

$\therefore a=3\ (\because a$는 자연수$)$

즉, $f'(c)=0$인 c가 열린구간 $(-3,\ 3)$에 적어도 하나 존재하고

$f'(x)=3x^2+6x-9$이므로

$f'(c)=3c^2+6c-9=0,\ 3(c+3)(c-1)=0$

$\therefore c=1\ (\because -3<c<3)$

$\therefore a+c=4$

유형 15 평균값 정리

0346

답 1

함수 $f(x)=-2x^2+x+4$는 닫힌구간 $[-1,\ 3]$에서 연속이고 열린구간 $(-1,\ 3)$에서 미분가능하므로 평균값 정리에 의하여

$\dfrac{f(3)-f(-1)}{3-(-1)}=f'(c)$인 c가 열린구간 $(-1,\ 3)$에 적어도 하나 존재한다.

이때 $f'(x)=-4x+1$이므로

$\dfrac{-11-1}{4}=-4c+1,\ -3=-4c+1$

$\therefore c=1$

0347

답 ④

$\dfrac{f(b)-f(a)}{b-a}$는 곡선 $y=f(x)$ 위의 두 점 $(a,\ f(a)),\ (b,\ f(b))$를 지나는 직선의 기울기이고 $f'(c)$는 곡선 $y=f(x)$ 위의 점 $(c,\ f(c))$에서의 접선의 기울기이다.

이때 다음 그림과 같이 열린구간 $(a,\ b)$에서 두 점 $(a,\ f(a))$, $(b,\ f(b))$를 지나는 직선과 평행한 접선을 5개 그을 수 있으므로 주어진 조건을 만족시키는 상수 c의 개수는 5이다.

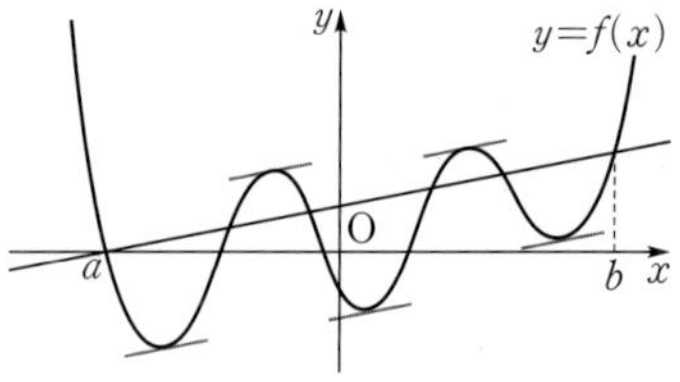

0348

답 ③

함수 $f(x)=x^3-2x+5$에 대하여 닫힌구간 $[0,\ a]$에서 평균값 정리를 만족시키는 상수 c가 $\sqrt{3}$이므로

$\dfrac{f(a)-f(0)}{a-0}=f'(\sqrt{3})$

이때 $f'(x)=3x^2-2$이므로

$\dfrac{a^3-2a+5-5}{a}=7,\ a^2-9=0$

$(a+3)(a-3)=0 \qquad \therefore a=3\ (\because a>0)$

0349

답 5

함수 $f(x)=x^3-3x^2+1$은 닫힌구간 $[0, 3]$에서 연속이고 열린구간 $(0, 3)$에서 미분가능하며 $f(0)=f(3)=1$이므로 롤의 정리에 의하여 $f'(c_1)=0$인 c_1이 열린구간 $(0, 3)$에 적어도 하나 존재한다.

이때 $f'(x)=3x^2-6x$이므로 $f'(c_1)=0$에서

$3{c_1}^2-6c_1=0$, $3c_1(c_1-2)=0$

$\therefore c_1=2$ ($\because 0<c_1<3$)

또한 함수 $f(x)=x^3-3x^2+1$은 닫힌구간 $[-1, 5]$에서 연속이고 열린구간 $(-1, 5)$에서 미분가능하므로 평균값 정리에 의하여 $\dfrac{f(5)-f(-1)}{5-(-1)}=f'(c_2)$인 c_2가 열린구간 $(-1, 5)$에 적어도 하나 존재한다.

$\dfrac{f(5)-f(-1)}{5-(-1)}=f'(c_2)$에서

$\dfrac{51-(-3)}{6}=3{c_2}^2-6c_2$, $3{c_2}^2-6c_2-9=0$

$3(c_2+1)(c_2-3)=0$

$\therefore c_2=3$ ($\because -1<c_2<5$)

$\therefore c_1+c_2=5$

0350

답 ④

ㄱ, ㄷ. 함수 $f(x)$는 닫힌구간 $[-3, 3]$에서 연속이고 열린구간 $(-3, 3)$에서 미분가능하므로 평균값 정리에 의하여 $\dfrac{f(3)-f(-3)}{6}=f'(c)$를 만족시키는 c가 열린구간 $(-3, 3)$에 적어도 하나 존재한다.

ㄴ. 함수 $f(x)=|x|$의 그래프가 오른쪽 그림과 같으므로 $\dfrac{f(3)-f(-3)}{6}=f'(c)$, 즉 $f'(c)=0$을 만족시키는 c가 열린구간 $(-3, 3)$에 존재하지 않는다.

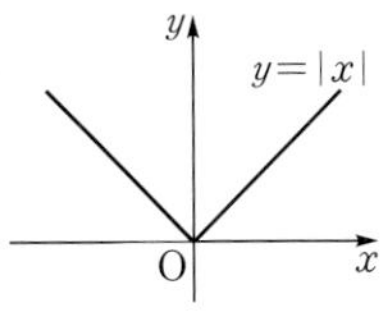

따라서 주어진 조건을 만족시키는 함수는 ㄱ, ㄷ이다.

참고

ㄷ에서 함수 $f(x)=x|x|$의 그래프는 오른쪽 그림과 같으므로 실수 전체의 집합에서 미분가능하다.

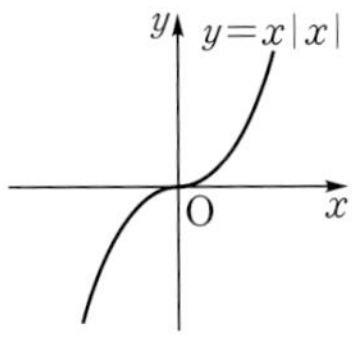

0351

답 5

$f(x)=x^2-2x+2$에서 $f'(x)=2x-2$

$\dfrac{f(x+h)-f(x)}{h}=f'(x+kh)$에서

$\dfrac{\{(x+h)^2-2(x+h)+2\}-(x^2-2x+2)}{h}=2(x+kh)-2$

$\dfrac{2xh+h^2-2h}{h}=2x+2kh-2$

$2x+h-2=2x+2kh-2$

$\therefore k=\dfrac{1}{2}$

$\therefore 10k=10\times\dfrac{1}{2}=5$

참고

이차함수 $f(x)$에 대하여 닫힌구간 $[a, b]$에서 평균값 정리를 만족시키는 상수 c의 값은 $\dfrac{a+b}{2}$이다.

즉, $\dfrac{f(b)-f(a)}{b-a}=f'\left(\dfrac{a+b}{2}\right)$가 성립한다.

0352

답 ⑤

ㄱ. 함수 $f(x)$가 닫힌구간 $[-1, 1]$에서 연속이고 $f(-1)f(1)=-2<0$이므로 사잇값의 정리에 의하여 방정식 $f(x)=0$은 열린구간 $(-1, 1)$에서 적어도 하나의 실근을 갖는다. (참)

ㄴ. 함수 $f(x)$가 닫힌구간 $[-1, 0]$에서 연속이고 열린구간 $(-1, 0)$에서 미분가능하며 $f(-1)=f(0)$이므로 롤의 정리에 의하여 방정식 $f'(x)=0$은 열린구간 $(-1, 0)$에서 적어도 하나의 실근을 갖는다.
또한 함수 $f(x)$가 닫힌구간 $[1, 3]$에서 연속이고 열린구간 $(1, 3)$에서 미분가능하며 $f(1)=f(3)$이므로 롤의 정리에 의하여 방정식 $f'(x)=0$은 열린구간 $(1, 3)$에서 적어도 하나의 실근을 갖는다.
즉, 방정식 $f'(x)=0$은 열린구간 $(-1, 3)$에서 적어도 2개의 실근을 갖는다. (참)

ㄷ. 함수 $f(x)$가 닫힌구간 $[0, 1]$에서 연속이고 열린구간 $(0, 1)$에서 미분가능하므로 평균값 정리에 의하여
$\dfrac{f(1)-f(0)}{1-0}=\dfrac{2-(-1)}{1}=3=f'(c)$인 c가 열린구간 $(0, 1)$에 적어도 하나 존재한다.
즉, 방정식 $f'(x)=3$은 열린구간 $(0, 1)$에서 적어도 하나의 실근을 갖는다. (참)

따라서 옳은 것은 ㄱ, ㄴ, ㄷ이다.

Bible Says 사잇값의 정리의 활용

함수 $f(x)$가 닫힌구간 $[a, b]$에서 연속이고 $f(a)f(b)<0$이면 $f(c)=0$인 c가 열린구간 (a, b)에 적어도 하나 존재한다.

0353

답 20

함수 $f(x)$는 실수 전체의 집합에서 미분가능하므로 실수 전체의 집합에서 연속이다.

따라서 함수 $f(x)$는 닫힌구간 $[x-2, x+2]$에서 평균값 정리를 만족시키므로 $\dfrac{f(x+2)-f(x-2)}{(x+2)-(x-2)}=f'(c)$를 만족시키는 c가 열린구간 $(x-2, x+2)$에 적어도 하나 존재한다.

한편 $x\to\infty$일 때, $x-2<c<x+2$에서 $c\to\infty$이므로

$$\begin{aligned}\lim_{x\to\infty}\{f(x+2)-f(x-2)\}&=4\lim_{x\to\infty}\frac{f(x+2)-f(x-2)}{(x+2)-(x-2)}\\&=4\lim_{x\to\infty}f'(c)\\&=4\lim_{c\to\infty}f'(c)=4\times5=20\end{aligned}$$

PART B 내신 잡는 종합 문제

0354

답 ④

$f(x)=2x^3+6x^2+2x-1$이라 하면

$f'(x)=6x^2+12x+2=6(x+1)^2-4$

$f'(x)$가 $x=-1$에서 최솟값 -4를 가지므로 구하는 접선의 기울기는 -4이고 이 접선이 점 $(-1,\ 1)$을 지나므로 접선의 방정식은

$y-1=-4(x+1)$ $\quad\therefore y=-4x-3$

따라서 $a=-4$, $b=-3$이므로

$a+b=-7$

0355

답 ⑤

$f(x)=-2x^3+4x-2$라 하면 $f'(x)=-6x^2+4$

곡선 $y=f(x)$ 위의 점 $(a,\ b)$에서의 접선이 직선 $y=\frac{1}{2}x+3$과 수직이므로 접선의 기울기는 -2이다.

즉, $f'(a)=-2$에서 $-6a^2+4=-2$

$6a^2-6=0$, $6(a+1)(a-1)=0$

$\therefore a=-1$ ($\because a<0$)

점 $(-1,\ b)$가 곡선 $y=f(x)$ 위의 점이므로

$b=f(-1)=2-4-2=-4$

점 $(-1,\ -4)$를 지나고 기울기가 -2인 접선의 방정식은

$y+4=-2(x+1)$ $\quad\therefore y=-2x-6$

따라서 구하는 접선의 y절편은 -6이다.

0356

답 ③

$f(x)=x^3-2x^2+2$라 하면 $f'(x)=3x^2-4x$

접점의 좌표를 $(t,\ t^3-2t^2+2)$라 하면 이 점에서의 접선의 기울기는 $f'(t)=3t^2-4t$이므로 접선의 방정식은

$y-(t^3-2t^2+2)=(3t^2-4t)(x-t)$

$\therefore y=(3t^2-4t)x-2t^3+2t^2+2$ $\quad\cdots\cdots$ ㉠

이 직선이 점 A$(1,\ -2)$를 지나므로

$-2=3t^2-4t-2t^3+2t^2+2$, $2t^3-5t^2+4t-4=0$

$(t-2)(2t^2-t+2)=0$

$\therefore t=2$ ($\because 2t^2-t+2>0$)

$t=2$를 ㉠에 대입하면 $y=4x-6$

이 직선이 y축과 만나는 점은 B$(0,\ -6)$이므로 선분 AB의 길이는

$\overline{AB}=\sqrt{(0-1)^2+(-6+2)^2}=\sqrt{17}$

0357

답 48

$f(x)=x^3-ax-3$, $g(x)=6x^2+b$에서

$f'(x)=3x^2-a$, $g'(x)=12x$

두 곡선이 $x=1$인 점에서 공통인 접선을 가지므로

$f(1)=g(1)$에서 $1-a-3=6+b$

$\therefore a+b=-8$ $\quad\cdots\cdots$ ㉠

$f'(1)=g'(1)$에서 $3-a=12$

$\therefore a=-9$

$a=-9$를 ㉠에 대입하면 $b=1$

따라서 $f(x)=x^3+9x-3$, $g(x)=6x^2+1$이므로

$f(2)+g(2)=23+25=48$

0358

답 ②

$f(x)=-x^3-x^2+x$라 하면

$f'(x)=-3x^2-2x+1$

접점의 좌표를 $(t,\ -t^3-t^2+t)$라 하면 이 점에서의 접선의 기울기는 $f'(t)=-3t^2-2t+1$이므로 접선의 방정식은

$y-(-t^3-t^2+t)=(-3t^2-2t+1)(x-t)$

$\therefore y=(-3t^2-2t+1)x+2t^3+t^2$

이 직선이 원점을 지나므로

$0=2t^3+t^2$, $2t^2\left(t+\frac{1}{2}\right)=0$

$\therefore t=-\frac{1}{2}$ 또는 $t=0$

따라서 구하는 모든 직선의 기울기의 합은

$f'\left(-\frac{1}{2}\right)+f'(0)=\frac{5}{4}+1=\frac{9}{4}$

0359

답 ①

점 $(2,\ 3)$은 두 곡선 $y=f(x)$, $y=g(x)$ 위의 점이므로

$f(2)=3$, $g(2)=3$ $\quad\cdots\cdots$ ㉠

또한 두 곡선 $y=f(x)$, $y=g(x)$ 위의 점 $(2,\ 3)$에서의 접선의 기울기가 같으므로

$\therefore f'(2)=g'(2)$ $\quad\cdots\cdots$ ㉡

한편 $h(x)=f(x)g(x)$에서

$h'(x)=f'(x)g(x)+f(x)g'(x)$이고

곡선 $y=h(x)$ 위의 점 $(2,\ h(2))$에서의 접선의 기울기가 3이므로

$h'(2)=f'(2)g(2)+f(2)g'(2)$

$\quad=3f'(2)+3g'(2)$ ($\because$ ㉠)

$\quad=6f'(2)=3$ ($\because$ ㉡)

$\therefore f'(2)=g'(2)=\frac{1}{2}$

$\therefore f'(2)+g'(2)=1$

0360

답 ④

$y=x^3-5x$에서 $y'=3x^2-5$이므로

점 A$(1,\ -4)$에서의 접선의 기울기는 $3-5=-2$

즉, 점 A$(1,\ -4)$에서의 접선의 방정식은

$y+4=-2(x-1)$ $\quad\therefore y=-2x-2$

곡선 $y=x^3-5x$와 직선 $y=-2x-2$가 만나는 점의 x좌표는

$x^3-5x=-2x-2$에서

$x^3-3x+2=0$, $(x-1)^2(x+2)=0$

$\therefore x=-2$ 또는 $x=1$

점 A의 x좌표가 1이므로 점 B의 x좌표는 -2이고 점 B는 직선 $y=-2x-2$ 위의 점이므로 B$(-2, 2)$이다.
따라서 선분 AB의 길이는
$\overline{AB}=\sqrt{(-2-1)^2+(2+4)^2}=\sqrt{45}=3\sqrt{5}$

0361 답 ④

$f(x)=x^3+2ax^2+(4a-2)x+2a-6$이라 하면
$f(x)=2a(x^2+2x+1)+x^3-2x-6$
$=2a(x+1)^2+x^3-2x-6$
이므로 곡선 $y=f(x)$는 a의 값에 관계없이 점 P$(-1, -5)$를 지난다.
$f'(x)=3x^2+4ax+4a-2$에서
$f'(-1)=3-4a+4a-2=1$
이므로 곡선 $y=f(x)$ 위의 점 P에서의 접선에 수직인 직선의 기울기는 -1이다.
따라서 점 P$(-1, -5)$를 지나고 기울기가 -1인 직선의 방정식은
$y+5=-(x+1)$ $\therefore y=-x-6$
이 직선의 x절편이 -6, y절편이 -6이므로 구하는 도형의 넓이는
$\frac{1}{2}\times6\times6=18$

0362 답 ③

$f(x)=x^3+(a+2)x^2+2ax+4$라 하면
$f'(x)=3x^2+2(a+2)x+2a$
접점의 좌표를 $(t, f(t))$라 하면 이 점에서의 접선의 기울기는
$f'(t)=3t^2+2(a+2)t+2a$
이때 직선 $4x+y+3=0$, 즉 $y=-4x-3$과 평행한 직선이 존재하지 않으려면 $3t^2+2(a+2)t+2a=-4$를 만족시키는 실수 t의 값이 존재하지 않아야 한다.
즉, 이차방정식 $3t^2+2(a+2)t+2a+4=0$의 실근이 존재하지 않아야 하므로 이 이차방정식의 판별식을 D라 하면
$\frac{D}{4}=(a+2)^2-3(2a+4)<0$에서
$a^2-2a-8<0$, $(a+2)(a-4)<0$
$\therefore -2<a<4$
따라서 정수 a는 $-1, 0, 1, 2, 3$의 5개이다.

0363 답 ②

$f(x)=x^3-3x^2+x+1$이라 하면
$f'(x)=3x^2-6x+1$
점 A의 x좌표가 3이므로 점 A에서의 접선의 기울기는
$f'(3)=27-18+1=10$
두 점 A, B에서의 접선이 서로 평행하므로 두 접선의 기울기가 같다.
즉, 점 B의 x좌표를 a라 하면 $f'(a)=f'(3)$이므로
$3a^2-6a+1=10$, $a^2-2a-3=0$
$(a+1)(a-3)=0$ $\therefore a=-1$ ($\because a\neq3$)
점 B의 x좌표는 -1이고 $f(-1)=-1-3-1+1=-4$이므로
B$(-1, -4)$
곡선 $y=f(x)$ 위의 점 B$(-1, -4)$에서의 접선의 방정식은
$y+4=10(x+1)$ $\therefore y=10x+6$
따라서 점 B에서의 접선의 y절편은 6이다.

0364 답 5

곡선 $y=\frac{1}{3}x^3+\frac{11}{3}$ $(x>0)$ 위의 점 P(a, b)와 직선 $x-y-10=0$, 즉 $y=x-10$ 사이의 거리가 최소이려면 다음 그림과 같이 점 P에서의 접선이 직선 $y=x-10$과 평행해야 하므로 점 P에서의 접선의 기울기가 1과 같아야 한다.

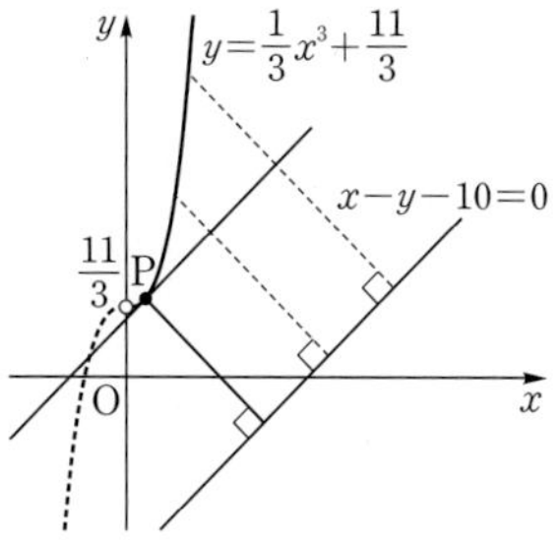

$f(x)=\frac{1}{3}x^3+\frac{11}{3}$이라 하면 $f'(x)=x^2$
점 P(a, b)에서의 접선의 기울기는
$f'(a)=a^2=1$
$\therefore a=1$ ($\because a>0$)
점 P$(1, b)$가 곡선 $y=f(x)$ 위의 점이므로
$b=f(1)=\frac{1}{3}+\frac{11}{3}=4$
$\therefore a+b=1+4=5$

0365 답 ⑤

$f(-x)+f(x)=2$에 $x=0$을 대입하면
$2f(0)=2$ $\therefore f(0)=1$
또한 $f(1)=f(3)=3$이므로
$f(-1)=2-f(1)=2-3=-1$
$f(-3)=2-f(3)=2-3=-1$
ㄱ. 함수 $f(x)$가 닫힌구간 $[-1, 0]$에서 연속이고 $f(-1)f(0)=-1<0$이므로 사잇값의 정리에 의하여 방정식 $f(x)=0$은 열린구간 $(-1, 0)$에서 적어도 하나의 실근을 갖는다. (참)
ㄴ. 함수 $f(x)$가 닫힌구간 $[-3, -1]$에서 연속이고 열린구간 $(-3, -1)$에서 미분가능하며 $f(-3)=f(-1)$이므로 롤의 정리에 의하여 방정식 $f'(x)=0$은 열린구간 $(-3, -1)$에서 적어도 하나의 실근을 갖는다.
또한 함수 $f(x)$가 닫힌구간 $[1, 3]$에서 연속이고 열린구간 $(1, 3)$에서 미분가능하며 $f(1)=f(3)$이므로 롤의 정리에 의하여 방정식 $f'(x)=0$은 열린구간 $(1, 3)$에서 적어도 하나의 실근을 갖는다.
따라서 방정식 $f'(x)=0$은 열린구간 $(-3, 3)$에서 적어도 2개의 실근을 갖는다. (참)

ㄷ. 함수 $f(x)$가 닫힌구간 $[-1, 0]$에서 연속이고 열린구간 $(-1, 0)$에서 미분가능하므로 평균값 정리에 의하여

$\frac{f(0)-f(-1)}{0-(-1)}=\frac{1-(-1)}{1}=2=f'(c)$인 c가 열린구간 $(-1, 0)$에 적어도 하나 존재한다.

또한 함수 $f(x)$가 닫힌구간 $[0, 1]$에서 연속이고 열린구간 $(0, 1)$에서 미분가능하므로 평균값 정리에 의하여

$\frac{f(1)-f(0)}{1-0}=\frac{3-1}{1}=2=f'(c)$인 c가 열린구간 $(0, 1)$에 적어도 하나 존재한다.

즉, 방정식 $f'(x)=2$는 열린구간 $(-1, 1)$에서 적어도 2개의 실근을 갖는다. (참)

따라서 옳은 것은 ㄱ, ㄴ, ㄷ이다.

0366

답 1

$f(x)=x^3-2x^2$이라 하면

$f'(x)=3x^2-4x$

접점의 좌표를 (t, t^3-2t^2)이라 하면 이 점에서의 접선의 기울기는 $f'(t)=3t^2-4t$이므로 접선의 방정식은

$y-(t^3-2t^2)=(3t^2-4t)(x-t)$

$\therefore y=(3t^2-4t)x-2t^3+2t^2$

❶

이 직선이 점 $(a, 0)$을 지나므로

$0=3at^2-4at-2t^3+2t^2$

$2t^3-(3a+2)t^2+4at=0$

$\therefore t=0$ 또는 $2t^2-(3a+2)t+4a=0$

❷

이때 접선이 오직 하나만 존재하려면 이차방정식 $2t^2-(3a+2)t+4a=0$이 $t=0$을 중근으로 갖거나 실근을 갖지 않아야 한다.

(i) 이차방정식 $2t^2-(3a+2)t+4a=0$이 $t=0$을 중근으로 갖는 경우

$3a+2=0$, $4a=0$

이를 동시에 만족시키는 a의 값이 존재하지 않으므로 이차방정식은 $t=0$을 중근으로 갖지 않는다.

(ii) 이차방정식 $2t^2-(3a+2)t+4a=0$이 실근을 갖지 않는 경우

이차방정식의 판별식을 D라 하면

$D=(3a+2)^2-4\times2\times4a<0$에서

$9a^2-20a+4<0$, $(9a-2)(a-2)<0$

$\therefore \frac{2}{9}<a<2$

(i), (ii)에서 $\frac{2}{9}<a<2$이므로 정수 a는 1이다.

❸

채점 기준	배점
❶ 곡선 밖의 점에서 곡선에 그은 접선의 방정식 나타내기	30%
❷ 접선이 점 $(a, 0)$을 지남을 이용하여 이차방정식 세우기	20%
❸ a의 값의 범위를 구하고 정수 a의 값 구하기	50%

0367

답 15

함수 $f(x)$는 닫힌구간 $[0, 4]$에서 연속이고 열린구간 $(0, 4)$에서 미분가능하므로 평균값 정리에 의하여 $\frac{f(b)-f(a)}{b-a}=f'(c)$인 c가 열린구간 $(0, 4)$에 적어도 하나 존재한다.

❶

$f(x)=\frac{1}{3}x^3-4x^2+6x$에서

$f'(x)=x^2-8x+6=(x-4)^2-10$이므로

$f'(c)=(c-4)^2-10$

이때 $0<c<4$이므로 $-10<f'(c)<6$

❷

따라서 $-10<k<6$이므로 가능한 자연수 k는 1, 2, 3, 4, 5이고 그 합은 $1+2+3+4+5=15$

❸

채점 기준	배점
❶ 평균값 정리를 이용하여 식 세우기	30%
❷ $f'(c)$의 값의 범위 구하기	40%
❸ 조건을 만족시키는 모든 자연수 k의 값의 합 구하기	30%

PART C 수능 녹인 변별력 문제

0368

답 6

함수 $f(x)$는 닫힌구간 $[1, 4]$에서 연속이고 열린구간 $(1, 4)$에서 미분가능하므로 평균값 정리에 의하여 $\frac{f(4)-f(1)}{4-1}=f'(c)$인 c가 열린구간 $(1, 4)$에 적어도 하나 존재한다.

이때 조건 (나)에서 $|f'(c)|\le4$이므로

$\left|\frac{f(4)-f(1)}{4-1}\right|\le4$, $-12\le f(4)-3\le12$ ($\because f(1)=3$)

$\therefore -9\le f(4)\le15$

따라서 $f(4)$의 최댓값은 15, 최솟값은 -9이므로 구하는 합은 $-9+15=6$

0369

답 7

$g(x)=xf(x)$라 하면 $g'(x)=f(x)+xf'(x)$

곡선 $y=f(x)$가 점 $(0, 1)$을 지나므로

$f(0)=1$

곡선 $y=g(x)$가 점 $(2, 6)$을 지나므로

$g(2)=2f(2)=6$ $\quad\therefore f(2)=3$

곡선 $y=f(x)$ 위의 점 $(0, 1)$에서의 접선과 곡선 $y=g(x)$ 위의 점 $(2, 6)$에서의 접선이 평행하므로

$f'(0)=g'(2)$에서 $f'(0)=f(2)+2f'(2)$

$\therefore f'(0)=3+2f'(2)$

$f(x)=x^3+ax^2+bx+c$ (a, b, c는 상수)라 하면
$f'(x)=3x^2+2ax+b$
$f(0)=1$에서 $c=1$
$f(2)=3$에서 $8+4a+2b+1=3$
$\therefore 2a+b=-3$ ...... ㉠
$f'(0)=3+2f'(2)$에서
$b=3+2(12+4a+b)$
$\therefore 8a+b=-27$ ...... ㉡
㉠, ㉡을 연립하여 풀면 $a=-4$, $b=5$
따라서 $f(x)=x^3-4x^2+5x+1$이므로
$f(3)=27-36+15+1=7$

0370

답 18

조건 (가)에서 $g(6)=0$이고 조건 (나)에서 $0\le x\le 4$일 때, $f(x)\le g(x)$이므로 $g(0)$의 값이 최소가 되려면 다음 그림과 같이 직선 $y=g(x)$는 점 $(6, 0)$을 지나면서 곡선 $y=f(x)$에 접해야 한다.

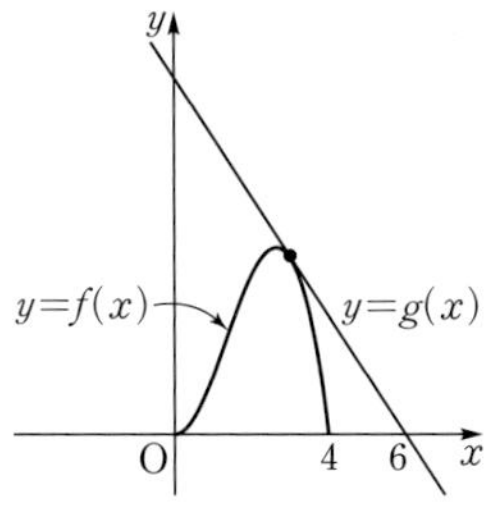

$f(x)=x^2(4-x)=-x^3+4x^2$에서
$f'(x)=-3x^2+8x$
접점의 좌표를 $(t, -t^3+4t^2)$이라 하면 접선의 기울기는
$f'(t)=-3t^2+8t$이므로 접선의 방정식은
$y-(-t^3+4t^2)=(-3t^2+8t)(x-t)$
$\therefore y=(-3t^2+8t)x+2t^3-4t^2$ ...... ㉠
이 직선이 점 $(6, 0)$을 지나므로
$0=-18t^2+48t+2t^3-4t^2$, $t^3-11t^2+24t=0$
$t(t-3)(t-8)=0$
$\therefore t=3$ ($\because 0<t<4$)
$t=3$을 ㉠에 대입하면
$y=-3x+18$
따라서 $g(x)=-3x+18$이므로 $g(0)=18$

0371

답 97

조건 (나)의 $\lim_{x\to2}\frac{f(x)-g(x)}{x-2}=2$에서 극한값이 존재하고
$x\to2$일 때, (분모) $\to 0$이므로 (분자) $\to 0$이어야 한다.
즉, $\lim_{x\to2}\{f(x)-g(x)\}=0$이므로
$f(2)=g(2)$
조건 (가)의 양변에 $x=2$를 대입하면
$g(2)=8f(2)-7$, $f(2)=8f(2)-7$
$\therefore f(2)=g(2)=1$ ...... ㉠

$$\lim_{x\to2}\frac{f(x)-g(x)}{x-2}=\lim_{x\to2}\frac{f(x)-f(2)-g(x)+g(2)}{x-2}$$
$$=\lim_{x\to2}\frac{f(x)-f(2)}{x-2}-\lim_{x\to2}\frac{g(x)-g(2)}{x-2}$$
$$=f'(2)-g'(2)=2$$

$\therefore f'(2)=g'(2)+2$ ...... ㉡
조건 (가)의 양변을 x에 대하여 미분하면
$g'(x)=3x^2f(x)+x^3f'(x)$
위의 식의 양변에 $x=2$를 대입하면
$g'(2)=12f(2)+8f'(2)$
$=12\times1+8\{g'(2)+2\}$ ($\because$ ㉠, ㉡)
$7g'(2)=-28$ $\therefore g'(2)=-4$ ...... ㉢
곡선 $y=g(x)$ 위의 점 $(2, g(2))$에서의 접선의 방정식은
$y-g(2)=g'(2)(x-2)$
$y-1=-4(x-2)$ ($\because$ ㉠, ㉢)
$\therefore y=-4x+9$
따라서 $a=-4$, $b=9$이므로
$a^2+b^2=16+81=97$

0372

답 ③

$f(x)=x^2+ax+b$ (a, b는 상수)라 하면
$f'(x)=2x+a$이므로
곡선 $y=f(x)$ 위의 점 $(t, f(t))$에서의 접선의 방정식은
$y-f(t)=f'(t)(x-t)$
$\therefore y=(2t+a)(x-t)+t^2+at+b$
이 직선에 $x=0$을 대입하면 y절편은
$g(t)=-2t^2-at+t^2+at+b=-t^2+b$
이때 함수 $|g(t)|$가 $t=2$에서 미분가능하지 않으려면 다음 그림과 같이 $t=2$에서 함수 $y=|g(t)|$의 그래프가 꺾인 모양이어야 한다.

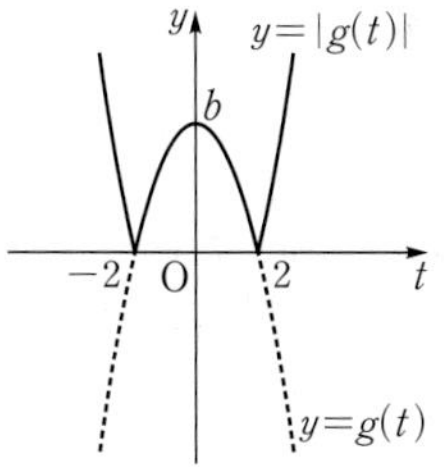

즉, $g(2)=0$이므로 $-4+b=0$
$\therefore b=4$
따라서 $g(t)=-t^2+4$이므로
$g(3)=-9+4=-5$

0373

답 51

원의 중심을 P라 하면 원이 직선 $y=5x-6$에 접하므로 점 P와 직선 $y=5x-6$ 사이의 거리가 원의 반지름의 길이이고 이 값이 최소일 때, 원의 넓이가 최소가 된다.
이때 점 P와 직선 $y=5x-6$ 사이의 거리가 최소이려면 점 P에서의 접선이 직선 $y=5x-6$과 평행해야 한다.

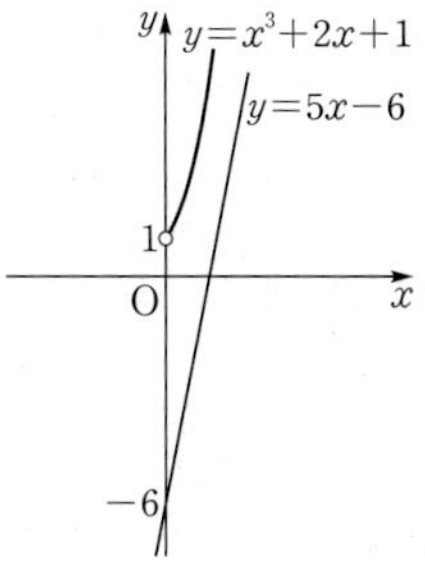

$f(x)=x^3+2x+1$이라 하면

$f'(x)=3x^2+2$

원의 중심의 좌표를 $P(t, t^3+2t+1)$이라 하면

$f'(t)=5$에서 $3t^2+2=5$

$t^2=1 \qquad \therefore t=1 \ (\because t>0)$

따라서 점 $P(1, 4)$와 직선 $y=5x-6$, 즉 $5x-y-6=0$ 사이의 거리는

$\frac{|5-4-6|}{\sqrt{5^2+(-1)^2}}=\frac{5}{\sqrt{26}}$

원의 반지름의 길이가 $\frac{5}{\sqrt{26}}$이므로 구하는 원의 넓이는

$\pi\times\left(\frac{5}{\sqrt{26}}\right)^2=\frac{25}{26}\pi$

따라서 $p=26$, $q=25$이므로 $p+q=51$

0374

답 ②

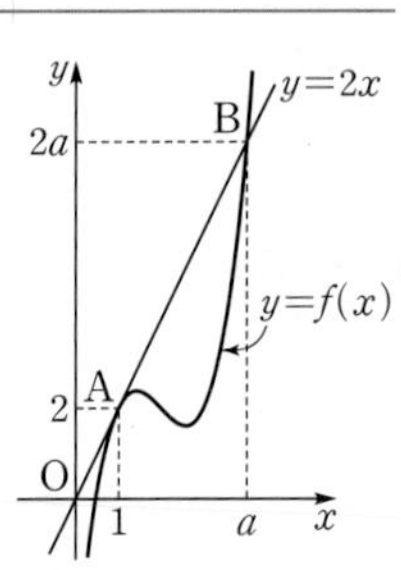

원점과 점 $A(1, 2)$를 지나는 직선의 방정식은 $y=2x$

이 직선이 곡선 $y=f(x)$와 점 $A(1, 2)$에서 접하므로

$f(1)=2$, $f'(1)=2$

$f'(1)(t-1)+f(1)\geq f(t)$에서

$2(t-1)+2\geq f(t) \qquad \therefore 2t\geq f(t)$

점 B의 좌표를 $B(a, 2a)$라 하면 위의 부등식을 만족시키는 실수 t의 값의 범위는 $t\leq a$이므로 이를 만족시키는 자연수 t의 개수가 4이려면 $4\leq a<5$이어야 한다.

$\overline{AB}=\sqrt{(a-1)^2+(2a-2)^2}$

$=\sqrt{5}(a-1)$

에서 $3\sqrt{5}\leq\overline{AB}<4\sqrt{5}$

따라서 선분 AB의 길이의 최솟값은 $3\sqrt{5}$이다.

0375

답 ②

이차함수 $y=f(x)$는 최고차항의 계수가 a이고 그래프의 대칭축이 직선 $x=1$이므로

$f(x)=a(x-1)^2+b$ (b는 상수)

라 할 수 있다.

$f'(x)=2a(x-1)$이므로 $|f'(x)|\leq 4x^2+5$에서

$|2a(x-1)|\leq 4x^2+5$

위의 부등식이 모든 실수 x에 대하여 만족하려면 곡선 $y=4x^2+5$가 함수 $y=|2a(x-1)|$, 즉 $y=|2a||x-1|$의 그래프보다 위쪽에 위치해야 한다.

이때 실수 a가 최대가 되려면 다음 그림과 같이 직선 $y=-|2a|(x-1)$이 곡선 $y=4x^2+5$에 접해야 한다.

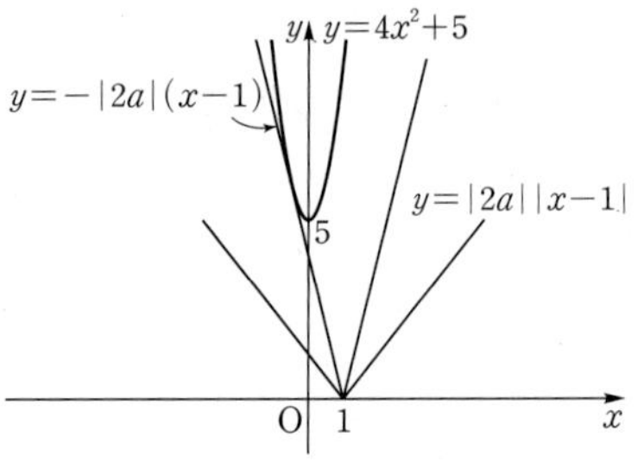

$y=4x^2+5$에서 $y'=8x$

접점의 좌표를 $(t, 4t^2+5)$라 하면 접선의 기울기는 $8t$이므로 접선의 방정식은

$y-(4t^2+5)=8t(x-t) \qquad \therefore y=8tx-4t^2+5$

이 접선이 점 $(1, 0)$을 지나므로

$0=8t-4t^2+5$, $4t^2-8t-5=0$

$(2t-5)(2t+1)=0 \qquad \therefore t=-\frac{1}{2} \ (\because t<0)$

즉, 접선의 기울기는 -4이므로

$-|2a|=-4$, $|a|=2$

$\therefore a=-2$ 또는 $a=2$

따라서 구하는 실수 a의 최댓값은 2이다.

유형별 문제

PART A

05 도함수의 활용(2)

유형 01 함수의 증가, 감소

확인 문제 (1) 감소 (2) 증가 (3) 증가

(1) $0\le x_1<x_2$인 임의의 두 실수 x_1, x_2에 대하여

$f(x_1)-f(x_2)=-x_1^2-(-x_2^2)$
$=x_2^2-x_1^2$
$=(x_2-x_1)(x_2+x_1)>0$

$\therefore f(x_1)>f(x_2)$

따라서 함수 $f(x)$는 구간 $[0, \infty)$에서 감소한다.

(2) $2\le x_1<x_2$인 임의의 두 실수 x_1, x_2에 대하여

$f(x_1)-f(x_2)=(x_1^2-4x_1)-(x_2^2-4x_2)$
$=(x_1-x_2)(x_1+x_2)-4(x_1-x_2)$
$=(x_1-x_2)(x_1+x_2-4)<0$

$\therefore f(x_1)<f(x_2)$

따라서 함수 $f(x)$는 구간 $[2, \infty)$에서 증가한다.

(3) $x_1<x_2$인 임의의 두 실수 x_1, x_2에 대하여

$f(x_1)-f(x_2)=(x_1^3+1)-(x_2^3+1)$
$=x_1^3-x_2^3=(x_1-x_2)(x_1^2+x_1x_2+x_2^2)$

이때 $x_1^2+x_1x_2+x_2^2=\left(x_1+\frac{1}{2}x_2\right)^2+\frac{3}{4}x_2^2>0$이므로

$f(x_1)-f(x_2)<0$ $\therefore f(x_1)<f(x_2)$

따라서 함수 $f(x)$는 구간 $(-\infty, \infty)$에서 증가한다.

0376

답 ⑤

$f(x)=-x^3+3x^2+9x+5$에서

$f'(x)=-3x^2+6x+9=-3(x+1)(x-3)$

$f'(x)=0$에서 $x=-1$ 또는 $x=3$

함수 $f(x)$의 증가와 감소를 표로 나타내면 다음과 같다.

x	$\cdots$	-1	$\cdots$	3	$\cdots$
$f'(x)$	$-$	0	$+$	0	$-$
$f(x)$	↘		↗		↘

함수 $f(x)$가 증가하는 x의 값의 범위가 $-1\le x\le 3$이므로

$a+b=-1+3=2$

0377

답 ⑤

$f(x)=x^3-6x^2-15x+2$에서

$f'(x)=3x^2-12x-15=3(x+1)(x-5)$

$f'(x)=0$에서 $x=-1$ 또는 $x=5$

함수 $f(x)$의 증가와 감소를 표로 나타내면 다음과 같다.

x	$\cdots$	-1	$\cdots$	5	$\cdots$
$f'(x)$	$+$	0	$-$	0	$+$
$f(x)$	↗		↘		↗

함수 $f(x)$가 감소하는 x의 값의 범위가 $-1\le x\le 5$이므로

$a+b=-1+5=4$

0378

답 15

$f(x)=2x^3+ax^2+bx+1$에서

$f'(x)=6x^2+2ax+b$

함수 $f(x)$가 $x\le -2$, $x\ge 1$에서 증가하고, $-2\le x\le 1$에서 감소하므로 이차방정식 $f'(x)=0$의 두 실근은 -2, 1이다.

따라서 이차방정식의 근과 계수의 관계에 의하여

$-2+1=-\frac{2a}{6}$, $-2\times 1=\frac{b}{6}$

$\therefore a=3$, $b=-12$

$\therefore a-b=3-(-12)=15$

0379

답 ④

$f(x)=x^3+6x^2+ax+4$에서

$f'(x)=3x^2+12x+a$

함수 $f(x)$가 감소하는 x의 값의 범위가 $-3\le x\le b$이므로 이차방정식 $f'(x)=0$의 두 실근은 -3, b이다.

따라서 이차방정식의 근과 계수의 관계에 의하여

$-3+b=-4$, $-3\times b=\frac{a}{3}$

$\therefore a=9$, $b=-1$

$\therefore a+b=9+(-1)=8$

유형 02 삼차함수가 실수 전체의 집합에서 증가 또는 감소할 조건

0380

답 ③

$f(x)=-x^3+ax^2+(a^2-4a)x+4$에서

$f'(x)=-3x^2+2ax+a^2-4a$

함수 $f(x)$가 실수 전체의 집합에서 감소하려면 모든 실수 x에 대하여 $f'(x)\le 0$이어야 하므로 이차방정식 $f'(x)=0$의 판별식을 D라 하면

$\frac{D}{4}=a^2+3(a^2-4a)\le 0$, $4a^2-12a\le 0$

$a(a-3)\le 0$ $\therefore 0\le a\le 3$

따라서 정수 a는 0, 1, 2, 3의 4개이다.

0381

답 6

$f(x)=x^3+ax^2-(a^2-8a)x+3$에서

$f'(x)=3x^2+2ax-a^2+8a$

함수 $f(x)$가 실수 전체의 집합에서 증가하려면 모든 실수 x에 대하여 $f'(x) \ge 0$이어야 하므로 이차방정식 $f'(x)=0$의 판별식을 D라 하면

$\frac{D}{4}=a^2-3(-a^2+8a) \le 0$, $4a^2-24a \le 0$

$a(a-6) \le 0$　　$\therefore 0 \le a \le 6$

따라서 실수 a의 최댓값은 6이다.

0382

답 ①

$f(x)=ax^3+2x^2-2x$에서

$f'(x)=3ax^2+4x-2$

함수 $f(x)$가 구간 $(-\infty, \infty)$에서 감소하려면 모든 실수 x에 대하여 $f'(x) \le 0$이어야 하므로

$a<0$　　······ ㉠

이차방정식 $f'(x)=0$의 판별식을 D라 하면

$\frac{D}{4}=4+6a \le 0$

$\therefore a \le -\frac{2}{3}$　　······ ㉡

㉠, ㉡을 동시에 만족시키는 a의 값의 범위는

$a \le -\frac{2}{3}$

0383

답 15

$x_1<x_2$인 임의의 두 실수 x_1, x_2에 대하여 $f(x_1)<f(x_2)$가 성립하려면 함수 $f(x)$가 실수 전체의 집합에서 증가해야 한다.

$f(x)=x^3+ax^2+5ax+3$에서

$f'(x)=3x^2+2ax+5a$

함수 $f(x)$가 실수 전체의 집합에서 증가하려면 모든 실수 x에 대하여 $f'(x) \ge 0$이어야 하므로 이차방정식 $f'(x)=0$의 판별식을 D라 하면

$\frac{D}{4}=a^2-15a \le 0$, $a(a-15) \le 0$

$\therefore 0 \le a \le 15$

따라서 실수 a의 최댓값은 $M=15$, 최솟값은 $m=0$이므로

$M-m=15-0=15$

0384

답 10

$x_1 \ne x_2$이면 $f(x_1) \ne f(x_2)$를 만족시키는 함수는 일대일함수이고 $f(x)$의 최고차항의 계수가 음수이므로 함수 $f(x)$는 실수 전체의 집합에서 감소해야 한다.

$f(x)=-x^3-(a+2)x^2-3ax+1$에서

$f'(x)=-3x^2-2(a+2)x-3a$

함수 $f(x)$가 실수 전체의 집합에서 감소하려면 모든 실수 x에 대하여 $f'(x) \le 0$이어야 하므로 이차방정식 $f'(x)=0$의 판별식을 D라 하면

$\frac{D}{4}=(a+2)^2-9a \le 0$, $a^2-5a+4 \le 0$

$(a-1)(a-4) \le 0$　　$\therefore 1 \le a \le 4$

따라서 정수 a는 1, 2, 3, 4이므로 구하는 합은

$1+2+3+4=10$

0385

답 11

함수 $f(x)$의 역함수가 존재하려면 $f(x)$가 일대일대응이어야 하므로 실수 전체의 집합에서 $f(x)$는 증가하거나 감소해야 한다. 그런데 $f(x)$의 최고차항의 계수가 양수이므로 $f(x)$는 증가해야 한다.

$f(x)=\frac{2}{3}x^3+ax^2+(3a+8)x-2$에서

$f'(x)=2x^2+2ax+3a+8$

함수 $f(x)$가 실수 전체의 집합에서 증가하려면 모든 실수 x에 대하여 $f'(x) \ge 0$이어야 하므로 이차방정식 $f'(x)=0$의 판별식을 D라 하면

$\frac{D}{4}=a^2-2(3a+8) \le 0$, $a^2-6a-16 \le 0$

$(a+2)(a-8) \le 0$　　$\therefore -2 \le a \le 8$

따라서 정수 a는 -2, -1, 0, ⋯, 7, 8의 11개이다.

유형 03 삼차함수가 주어진 구간에서 증가 또는 감소할 조건

0386

답 ②

$f(x)=-x^3+\frac{3}{2}x^2+ax+1$에서

$f'(x)=-3x^2+3x+a=-3\left(x-\frac{1}{2}\right)^2+a+\frac{3}{4}$

함수 $f(x)$가 $1<x<2$에서 증가하려면 $1<x<2$에서 $f'(x) \ge 0$이어야 하므로 오른쪽 그림에서

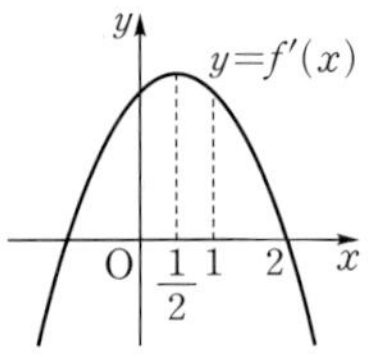

$f'(2)=-12+6+a \ge 0$　　$\therefore a \ge 6$

따라서 실수 a의 최솟값은 6이다.

0387

답 ②

$f(x)=x^3+ax^2-15x+3$에서

$f'(x)=3x^2+2ax-15$

함수 $f(x)$가 구간 $(-1, 3)$에서 감소하려면 $-1<x<3$에서 $f'(x) \le 0$이어야 한다.

$f'(-1)=3-2a-15 \le 0$에서 $a \ge -6$

$f'(3)=27+6a-15 \le 0$에서 $a \le -2$

$\therefore -6 \le a \le -2$

따라서 정수 a는 -6, -5, -4, -3, -2의 5개이다.

참고

$f'(x)$는 최고차항의 계수가 양수인 이차함수이므로 다음 그림에서 $f'(-1) \le 0$, $f'(3) \le 0$이면 $-1<x<3$에서 $f'(x) \le 0$임을 알 수 있다.

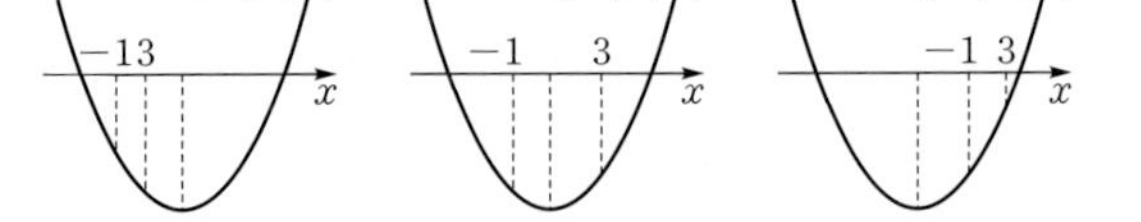

0388

답 16

$f(x)=x^3-\frac{9}{2}x^2+(a-5)x+5$에서

$f'(x)=3x^2-9x+a-5=3\left(x-\frac{3}{2}\right)^2+a-\frac{47}{4}$

함수 $f(x)$가 구간 $(1, 2)$에서 감소하고, 구간 $(3, \infty)$에서 증가하려면 $1<x<2$에서 $f'(x)\le 0$, $x>3$에서 $f'(x)\ge 0$이어야 한다.

$f'(1)=3-9+a-5\le 0$에서 $a\le 11$

$f'(2)=12-18+a-5\le 0$에서 $a\le 11$

$f'(3)=27-27+a-5\ge 0$에서 $a\ge 5$

$\therefore 5\le a\le 11$

따라서 $M=11$, $m=5$이므로

$M+m=11+5=16$

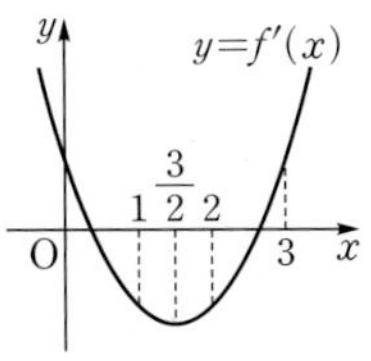

유형 04 함수의 그래프와 증가, 감소

0389

답 ⑤

오른쪽 그림과 같이 함수 $y=f'(x)$의 그래프가 x축과 만나는 점의 x좌표를 작은 순서대로 a, b, c라 하면

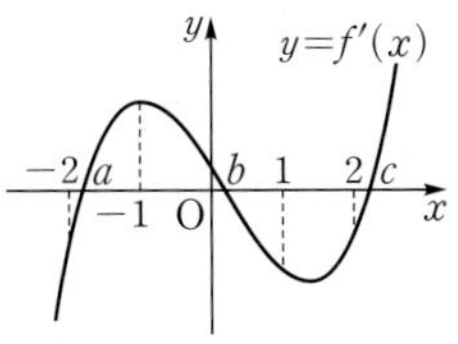

① 구간 $(-\infty, -2)$에서 $f'(x)<0$이므로 함수 $f(x)$는 감소한다.

② 구간 $(-2, a)$에서 $f'(x)<0$이므로 함수 $f(x)$는 감소한다.

③ 구간 $(-1, 0)$에서 $f'(x)>0$이므로 함수 $f(x)$는 증가한다.

④ 구간 $(0, b)$에서 $f'(x)>0$이므로 함수 $f(x)$는 증가한다.

⑤ 구간 $(1, 2)$에서 $f'(x)<0$이므로 함수 $f(x)$는 감소한다.

따라서 옳은 것은 ⑤이다.

0390

답 ③

함수 $y=f'(x)$의 그래프에서 $f'(x)\le 0$인 구간은 $[-2, 1]$이므로 함수 $f(x)$는 구간 $[-2, 0]$에서 감소한다.

0391

답 2

$y=\{f(x)\}^2$에서 $y'=2f(x)f'(x)$

주어진 그래프에서 $f(x)$, $f'(x)$의 부호를 이용하여 함수 $\{f(x)\}^2$의 증가와 감소를 표로 나타내면 다음과 같다.

x	$\cdots$	-1	$\cdots$	0	$\cdots$	1	$\cdots$
$f(x)$	$-$	0	$+$	$+$	$+$	0	$+$
$f'(x)$	$+$	$+$	$+$	0	$-$	0	$+$
$f(x)f'(x)$	$-$	0	$+$	0	$-$	0	$+$

따라서 함수 $\{f(x)\}^2$은 구간 $(-\infty, -1]$, $[0, 1]$에서 감소하므로

$a=-1$, $b=0$, $c=1$

$\therefore a+2b+3c=-1+0+3=2$

유형 05 함수의 극대, 극소

확인 문제 (1) 2 (2) -2, -1

(1) $x=2$를 포함하는 어떤 열린구간에 속하는 모든 x에 대하여 $f(x)\le f(2)$이므로 함수 $f(x)$는 $x=2$에서 극댓값 $f(2)=2$를 갖는다.

(2) $x=0$, $x=4$를 각각 포함하는 어떤 열린구간에 속하는 모든 x에 대하여 $f(x)\ge f(0)$, $f(x)\ge f(4)$이므로 함수 $f(x)$는 $x=0$에서 극솟값 $f(0)=-1$, $x=4$에서 극솟값 $f(4)=-2$를 갖는다.

0392

답 ③

$f(x)=2x^3+3x^2-12x+1$에서

$f'(x)=6x^2+6x-12=6(x+2)(x-1)$

$f'(x)=0$에서 $x=-2$ 또는 $x=1$

함수 $f(x)$의 증가와 감소를 표로 나타내면 다음과 같다.

x	$\cdots$	-2	$\cdots$	1	$\cdots$
$f'(x)$	$+$	0	$-$	0	$+$
$f(x)$	↗	21	↘	-6	↗

따라서 함수 $f(x)$는 $x=-2$에서 극댓값 21, $x=1$에서 극솟값 -6을 가지므로

$M+m=21+(-6)=15$

0393

답 3

$f(x)=-x^3+6x^2-9x+6$에서

$f'(x)=-3x^2+12x-9=-3(x-1)(x-3)$

$f'(x)=0$에서 $x=1$ 또는 $x=3$

함수 $f(x)$의 증가와 감소를 표로 나타내면 다음과 같다.

x	$\cdots$	1	$\cdots$	3	$\cdots$
$f'(x)$	$-$	0	$+$	0	$-$
$f(x)$	↘	2	↗	6	↘

따라서 함수 $f(x)$는 $x=1$에서 극솟값 2를 가지므로

$a+b=1+2=3$

0394

답 7

$f(x)=2x^3-9x^2+12x+a$에서

$f'(x)=6x^2-18x+12=6(x-1)(x-2)$

$f'(x)=0$에서 $x=1$ 또는 $x=2$

함수 $f(x)$의 증가와 감소를 표로 나타내면 다음과 같다.

x	$\cdots$	1	$\cdots$	2	$\cdots$
$f'(x)$	$+$	0	$-$	0	$+$
$f(x)$	↗	$a+5$	↘	$a+4$	↗

함수 $f(x)$는 $x=1$에서 극댓값 $a+5$를 가지므로

$a+5=8$ $\quad\therefore a=3$

따라서 함수 $f(x)$의 극솟값은

$f(2)=a+4=7$

0395

답 ②

$f(x)=3x^4-4x^3-12x^2+10$에서

$f'(x)=12x^3-12x^2-24x=12x(x+1)(x-2)$

$f'(x)=0$에서 $x=-1$ 또는 $x=0$ 또는 $x=2$

함수 $f(x)$의 증가와 감소를 표로 나타내면 다음과 같다.

x	…	-1	…	0	…	2	…
$f'(x)$	$-$	0	$+$	0	$-$	0	$+$
$f(x)$	↘	5	↗	10	↘	-22	↗

따라서 함수 $f(x)$는 $x=-1$에서 극솟값 5, $x=0$에서 극댓값 10, $x=2$에서 극솟값 -22를 가지므로 모든 극값의 합은

$5+10+(-22)=-7$

0396

답 -4

$f(x)=-x^3+3x^2+a$에서

$f'(x)=-3x^2+6x=-3x(x-2)$

$f'(x)=0$에서 $x=0$ 또는 $x=2$

함수 $f(x)$의 증가와 감소를 표로 나타내면 다음과 같다.

x	…	0	…	2	…
$f'(x)$	$-$	0	$+$	0	$-$
$f(x)$	↘	a	↗	$a+4$	↘

함수 $f(x)$는 $x=0$에서 극솟값 a, $x=2$에서 극댓값 $a+4$를 가지므로 모든 극값의 곱이 -3이려면

$a(a+4)=-3$, $a^2+4a+3=0$

$(a+3)(a+1)=0$

$\therefore a=-3$ 또는 $a=-1$

따라서 구하는 모든 실수 a의 값의 합은

$-3+(-1)=-4$

유형 06 함수의 극대, 극소와 미정계수

0397

답 ①

$f(x)=-\frac{1}{3}x^3+2x^2+mx+1$에서

$f'(x)=-x^2+4x+m$

함수 $f(x)$가 $x=3$에서 극대이므로 $f'(3)=0$에서

$-9+12+m=0 \qquad \therefore m=-3$

0398

답 ②

$f(x)=x^3-3x^2+ax+b$에서

$f'(x)=3x^2-6x+a$

함수 $f(x)$가 $x=-1$에서 극댓값 7을 가지므로

$f(-1)=7$에서 $-4-a+b=7$

$\therefore -a+b=11 \quad \cdots\cdots$ ㉠

$f'(-1)=0$에서 $3+6+a=0$

$\therefore a=-9$

$a=-9$를 ㉠에 대입하면 $b=2$

따라서 $f(x)=x^3-3x^2-9x+2$이므로

$f'(x)=3x^2-6x-9=3(x+1)(x-3)$

$f'(x)=0$에서 $x=-1$ 또는 $x=3$

함수 $f(x)$의 증가와 감소를 표로 나타내면 다음과 같다.

x	…	-1	…	3	…
$f'(x)$	$+$	0	$-$	0	$+$
$f(x)$	↗	7	↘	-25	↗

따라서 함수 $f(x)$는 $x=3$에서 극솟값 -25를 갖는다.

0399

답 9

$f(x)=x^3+ax^2+bx+c$에서

$f'(x)=3x^2+2ax+b$

함수 $f(x)$는 $x=1$, $x=3$에서 극값을 가지므로

$f'(1)=0$에서 $3+2a+b=0$

$\therefore 2a+b=-3 \quad \cdots\cdots$ ㉠

$f'(3)=0$에서 $27+6a+b=0$

$\therefore 6a+b=-27 \quad \cdots\cdots$ ㉡

㉠, ㉡을 연립하여 풀면 $a=-6$, $b=9$

따라서 $f(x)=x^3-6x^2+9x+c$이고

$f(x)$가 $x=3$에서 극솟값 5를 가지므로

$f(3)=5$에서 $27-54+27+c=5$

$\therefore c=5$

따라서 $f(x)=x^3-6x^2+9x+5$이므로 극댓값은

$f(1)=1-6+9+5=9$

0400

답 ①

$f(x)=-x^4+8a^2x^2-1$에서

$f'(x)=-4x^3+16a^2x=-4x(x+2a)(x-2a)$

$f'(x)=0$에서 $x=-2a$ 또는 $x=0$ 또는 $x=2a$

$a>0$이므로 함수 $f(x)$의 증가와 감소를 표로 나타내면 다음과 같다.

x	…	$-2a$	…	0	…	$2a$	…
$f'(x)$	$+$	0	$-$	0	$+$	0	$-$
$f(x)$	↗	극대	↘	극소	↗	극대	↘

따라서 함수 $f(x)$는 $x=-2a$, $x=2a$에서 극대이고

$b>1$에서 $b>2-2b$이므로

$-2a=2-2b$, $2a=b$

위의 두 식을 연립하여 풀면

$a=1$, $b=2$

$\therefore a+b=1+2=3$

0401

답 ①

$f(x)=x^3+ax^2+bx+c$ (a, b, c는 상수)라 하면

$f'(x)=3x^2+2ax+b$

$f(0)=4$에서 $c=4$

함수 $f(x)$는 $x=1$에서 극솟값 2를 가지므로

$f(1)=2$에서 $1+a+b+4=2$

$\therefore a+b=-3$ ...... ㉠

$f'(1)=0$에서 $3+2a+b=0$

$\therefore 2a+b=-3$ ...... ㉡

㉠, ㉡을 연립하여 풀면 $a=0$, $b=-3$

따라서 $f(x)=x^3-3x+4$이므로

$f(2)=8-6+4=6$

0402

답 -6

조건 (가)의 $\lim_{x\to1}\frac{f(x)+1}{x-1}=-9$에서 극한값이 존재하고

$x\to1$일 때, (분모)$\to0$이므로 (분자)$\to0$이어야 한다.

즉, $\lim_{x\to1}\{f(x)+1\}=0$이므로 $f(1)=-1$

$\lim_{x\to1}\frac{f(x)+1}{x-1}=\lim_{x\to1}\frac{f(x)-f(1)}{x-1}=f'(1)=-9$

$f(x)=x^3+ax^2+bx+c$ (a, b, c는 상수)라 하면

$f'(x)=3x^2+2ax+b$

$f(1)=-1$에서 $1+a+b+c=-1$

$\therefore a+b+c=-2$ ...... ㉠

$f'(1)=-9$에서 $3+2a+b=-9$

$\therefore 2a+b=-12$ ...... ㉡

❶

조건 (나)에서 함수 $f(x)$는 $x=-2$에서 극댓값을 가지므로

$f'(-2)=0$에서 $12-4a+b=0$

$\therefore 4a-b=12$ ...... ㉢

㉡, ㉢을 연립하여 풀면 $a=0$, $b=-12$

이를 ㉠에 대입하면 $c=10$

$\therefore f(x)=x^3-12x+10$

❷

$f'(x)=3x^2-12=3(x+2)(x-2)$

$f'(x)=0$에서 $x=-2$ 또는 $x=2$

함수 $f(x)$의 증가와 감소를 표로 나타내면 다음과 같다.

x	$\cdots$	-2	$\cdots$	2	$\cdots$
$f'(x)$	$+$	0	$-$	0	$+$
$f(x)$	↗	26	↘	-6	↗

따라서 함수 $f(x)$는 $x=2$에서 극솟값 -6을 갖는다.

❸

채점 기준	배점
❶ 조건 (가)를 이용하여 식 세우기	30%
❷ 조건 (나)를 이용하여 $f(x)$ 구하기	30%
❸ 함수 $f(x)$의 증감표를 이용하여 극솟값 구하기	40%

유형 07 함수의 극대, 극소의 활용

0403

답 16

$g(x)=(x^3+2)f(x)$에서

$g'(x)=3x^2f(x)+(x^3+2)f'(x)$

함수 $g(x)$가 $x=1$에서 극솟값 24를 가지므로

$g(1)=24$에서 $3f(1)=24$

$\therefore f(1)=8$

$g'(1)=0$에서 $3f(1)+3f'(1)=0$

$24+3f'(1)=0$ $\therefore f'(1)=-8$

$\therefore f(1)-f'(1)=8-(-8)=16$

Bible Says 곱의 미분법

미분가능한 함수 $f(x)$, $g(x)$에 대하여

$\{f(x)g(x)\}'=f'(x)g(x)+f(x)g'(x)$

0404

답 ②

$g(x)=(2x-1)f(x)$에서

$g'(x)=2f(x)+(2x-1)f'(x)$

함수 $g(x)$가 $x=2$에서 극댓값 9를 가지므로

$g(2)=9$에서 $3f(2)=9$

$\therefore f(2)=3$

$g'(2)=0$에서 $2f(2)+3f'(2)=0$

$6+3f'(2)=0$ $\therefore f'(2)=-2$

곡선 $y=f(x)$ 위의 점 $(2, 3)$에서의 접선의 방정식은

$y-3=-2(x-2)$ $\therefore y=-2x+7$

따라서 구하는 접선의 y절편은 7이다.

0405

답 ①

$f(x)=x^3+(a+2)x^2-3x$에서

$f'(x)=3x^2+2(a+2)x-3$

함수 $f(x)$가 $x=\alpha$에서 극대, $x=\beta$에서 극소라 하면 α, β는 이차방정식 $3x^2+2(a+2)x-3=0$의 두 실근이다.

이때 극대가 되는 점과 극소가 되는 점이 원점에 대하여 대칭이므로 $\alpha+\beta=0$

따라서 이차방정식의 근과 계수의 관계에 의하여

$\alpha+\beta=-\frac{2(a+2)}{3}=0$ $\therefore a=-2$

참고

극값을 갖는 삼차함수 $y=f(x)$의 그래프가 원점에 대하여 대칭이면 $y=f(x)$의 그래프에서 극대가 되는 점과 극소가 되는 점도 원점에 대하여 대칭이다.

0406

답 ④

$f(x)=x^3+3x^2+2$에서

$f'(x)=3x^2+6x=3x(x+2)$

$f'(x)=0$에서 $x=-2$ 또는 $x=0$

함수 $f(x)$의 증가와 감소를 표로 나타내면 다음과 같다.

x	$\cdots$	-2	$\cdots$	0	$\cdots$
$f'(x)$	$+$	0	$-$	0	$+$
$f(x)$	↗	6	↘	2	↗

따라서 함수 $f(x)$는 $x=-2$일 때 극댓값 6, $x=0$일 때 극솟값 2를 가지므로

A$(-2, 6)$, B$(0, 2)$

따라서 선분 AB를 $2:1$로 내분하는 점의 좌표는

$\left(\frac{2\times0+1\times(-2)}{2+1}, \frac{2\times2+1\times6}{2+1}\right)$, 즉 $\left(-\frac{2}{3}, \frac{10}{3}\right)$이므로

$a+b=-\frac{2}{3}+\frac{10}{3}=\frac{8}{3}$

0407

답 6

$f(x)=x^3-ax^2+3$에서

$f'(x)=3x^2-2ax$

곡선 $y=f(x)$ 위의 점 $(t, f(t))$에서의 접선의 기울기가 $3t^2-2at$이므로 접선의 방정식은

$y-(t^3-at^2+3)=(3t^2-2at)(x-t)$

$\therefore y=(3t^2-2at)x-2t^3+at^2+3$

따라서 이 접선의 y절편은

$g(t)=-2t^3+at^2+3$

$g'(t)=-6t^2+2at$

함수 $g(t)$는 $t=2$에서 극대이므로 $g'(2)=0$에서

$-24+4a=0 \qquad \therefore a=6$

따라서 $g'(t)=-6t^2+12t$이므로

$g'(1)=-6+12=6$

0408

답 12

$f(x)=-x^3+6x^2-9x+a$에서

$f'(x)=-3x^2+12x-9=-3(x-1)(x-3)$

$f'(x)=0$에서 $x=1$ 또는 $x=3$

함수 $f(x)$의 증가와 감소를 표로 나타내면 다음과 같다.

x	$\cdots$	1	$\cdots$	3	$\cdots$
$f'(x)$	$-$	0	$+$	0	$-$
$f(x)$	↘	$a-4$	↗	a	↘

따라서 함수 $f(x)$는 $x=1$일 때 극솟값 $a-4$, $x=3$일 때 극댓값 a를 가지므로 두 점 A, B의 좌표는

$(1, a-4)$, $(3, a)$

❶

따라서 두 점 A, B를 지나는 직선의 방정식은

$y-a=\frac{a-(a-4)}{3-1}(x-3)$

$\therefore y=2x-6+a$

이 직선의 x절편은 $\frac{6-a}{2}$, y절편은 $-6+a$이므로 직선 AB와 x축 및 y축으로 둘러싸인 도형의 넓이는

$\frac{1}{2}\times|-6+a|\times\left|\frac{6-a}{2}\right|=4$

$(6-a)^2=16$

$6-a=-4$ 또는 $6-a=4$

$\therefore a=10$ 또는 $a=2$

따라서 모든 실수 a의 값의 합은 $10+2=12$

❷

채점 기준	배점
❶ 증감표를 이용하여 두 점 A, B의 좌표 구하기	40%
❷ 직선 AB의 방정식을 이용하여 넓이를 a에 대한 식으로 나타내고 a의 값의 합 구하기	60%

유형 08 도함수의 그래프와 극대, 극소

0409

답 0

다음 그림과 같이 함수 $y=f'(x)$의 그래프와 x축의 교점의 x좌표를 작은 수부터 차례대로 x_1, x_2, x_3, x_4, x_5라 하자.

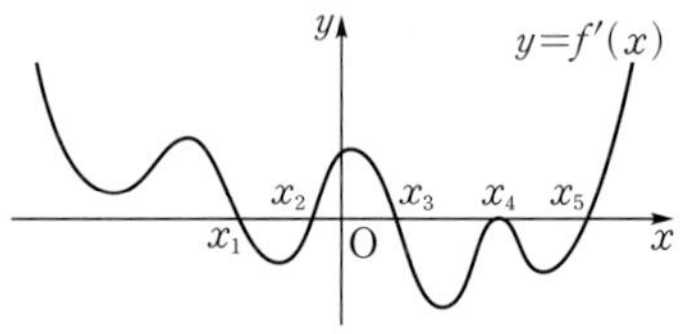

주어진 그래프에서 $f'(x)$의 부호를 조사하여 함수 $f(x)$의 증가와 감소를 표로 나타내면 다음과 같다.

x	$\cdots$	x_1	$\cdots$	x_2	$\cdots$	x_3	$\cdots$	x_4	$\cdots$	x_5	$\cdots$
$f'(x)$	$+$	0	$-$	0	$+$	0	$-$	0	$-$	0	$+$
$f(x)$	↗	극대	↘	극소	↗	극대	↘		↘	극소	↗

함수 $f(x)$는 $x=x_1$, $x=x_3$에서 극대, $x=x_2$, $x=x_5$에서 극소이므로 $m=2$, $n=2$

$\therefore m-n=2-2=0$

0410

답 23

$y=f'(x)$의 그래프가 x축과 만나는 점의 x좌표가 -1, 2이므로

$f'(x)=0$에서 $x=-1$ 또는 $x=2$

함수 $f(x)$의 증가와 감소를 표로 나타내면 다음과 같다.

x	$\cdots$	-1	$\cdots$	2	$\cdots$
$f'(x)$	$+$	0	$-$	0	$+$
$f(x)$	↗	극대	↘	극소	↗

$f(x)=2x^3+ax^2+bx+c$ (a, b, c는 상수)라 하면

$f'(x)=6x^2+2ax+b$

$f'(-1)=0$에서 $6-2a+b=0$

$\therefore 2a-b=6 \qquad \cdots\cdots ㉠$

$f'(2)=0$에서 $24+4a+b=0$

$\therefore 4a+b=-24$ …… ㉡

㉠, ㉡을 연립하여 풀면 $a=-3$, $b=-12$

$f(x)=2x^3-3x^2-12x+c$이고 $f(x)$의 극솟값이 -4이므로

$f(2)=-4$에서 $16-12-24+c=-4$

$\therefore c=16$

따라서 $f(x)=2x^3-3x^2-12x+16$이므로 구하는 극댓값은

$f(-1)=-2-3+12+16=23$

0411

답 ④

$h(x)=f(x)-g(x)$에서 $h'(x)=f'(x)-g'(x)$

주어진 그래프에서 $f'(b)=g'(b)$, $f'(d)=g'(d)$, $f'(e)=g'(e)$

이므로 $h'(x)=0$에서 $x=b$ 또는 $x=d$ 또는 $x=e$

함수 $h(x)$의 증가와 감소를 표로 나타내면 다음과 같다.

x	…	b	…	d	…	e	…
$h'(x)$	$+$	0	$-$	0	$+$	0	$-$
$h(x)$	↗	극대	↘	극소	↗	극대	↘

따라서 함수 $h(x)$는 $x=d$에서 극소이다.

0412

답 ③

주어진 그래프에서 $f'(x)$의 부호를 조사하여 함수 $f(x)$의 증가와 감소를 표로 나타내면 다음과 같다.

x	…	-2	…	-1	…	1	…	2	…	3	…
$f'(x)$	$+$	0	$-$	0	$-$	0	$+$	0	$-$	0	$+$
$f(x)$	↗	극대	↘		↘	극소	↗	극대	↘	극소	↗

ㄱ. 구간 $(-2, -1)$에서 $f'(x)<0$이므로 함수 $f(x)$는 주어진 구간에서 감소한다. (참)

ㄴ. $x=-1$의 좌우에서 $f'(x)$의 부호가 바뀌지 않으므로 함수 $f(x)$는 $x=-1$에서 극값을 갖지 않는다. (거짓)

ㄷ. 함수 $f(x)$는 $x=-2$, $x=2$에서 극대, $x=1$, $x=3$에서 극소이므로 극값을 갖는 x의 개수는 4이다. (참)

따라서 옳은 것은 ㄱ, ㄷ이다.

0413

답 ③

주어진 그래프에서 $f'(x)$의 부호를 조사하여 함수 $f(x)$의 증가와 감소를 표로 나타내면 다음과 같다.

x	…	-2	…	-1	…	0	…	1	…	3	…
$f'(x)$	$+$	0	$-$	0	$+$	0	$-$	0	$-$	0	$+$
$f(x)$	↗	극대	↘	극소	↗	극대	↘		↘	극소	↗

ㄱ. $f'(1)$의 값이 존재하므로 함수 $f(x)$는 $x=1$에서 미분가능하다. (참)

ㄴ. $x=2$의 좌우에서 $f'(x)$의 부호가 바뀌지 않으므로 함수 $f(x)$는 $x=2$에서 극솟값을 갖지 않는다. (거짓)

ㄷ. 함수 $f(x)$는 $x=-2$, $x=0$에서 극대, $x=-1$, $x=3$에서 극소이므로 극값을 갖는 x의 개수는 4이다. (참)

따라서 옳은 것은 ㄱ, ㄷ이다.

유형 09 함수의 그래프

0414

답 ①

주어진 함수 $y=f'(x)$의 그래프를 이용하여 함수 $f(x)$의 증가와 감소를 표로 나타내면 다음과 같다.

x	…	0	…	2	…
$f'(x)$	$-$	0	$+$	0	$+$
$f(x)$	↘	극소	↗		↗

함수 $f(x)$는 $x=0$에서 극소이고 $x=2$의 좌우에서 $f'(x)$의 부호가 바뀌지 않으므로 $f(x)$는 $x=2$에서 극값을 갖지 않는다.

따라서 함수 $y=f(x)$의 그래프의 개형이 될 수 있는 것은 ①이다.

0415

답 ②

주어진 조건을 이용하여 함수 $f(x)$의 증가와 감소를 표로 나타내면 다음과 같다.

x	…	-1	…	1	…
$f'(x)$	$-$	0	$+$	0	$-$
$f(x)$	↘	극소	↗	극대	↘

함수 $f(x)$는 실수 전체의 집합에서 미분가능하고 $x=-1$에서 극소, $x=1$에서 극대이다. 이때 $f(0)>0$이므로 함수 $y=f(x)$의 그래프의 개형으로 가능한 것은 ②이다.

참고

⑤의 경우 $x=-1$, $x=1$에서 극값을 갖고, 조건 (나)를 만족시키지만 $x=-1$, $x=1$에서 미분가능하지 않다.

0416

답 2

주어진 함수 $y=f'(x)$의 그래프를 이용하여 함수 $f(x)$의 증가와 감소를 표로 나타내면 다음과 같다.

x	…	-2	…	1	…
$f'(x)$	$+$	0	$-$	0	$+$
$f(x)$	↗	극대	↘	극소	↗

이때 $f(-2)=0$에서 함수 $y=f(x)$의 그래프는 다음 그림과 같으므로 x축과 만나는 점의 개수는 2이다.

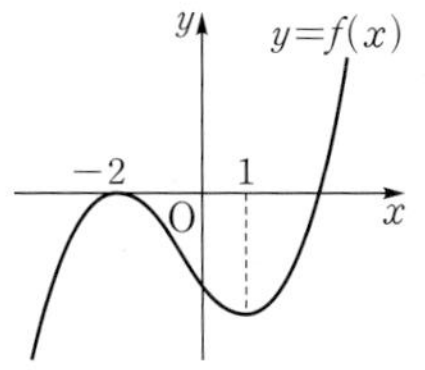

0417

답 ⑤

$f(x)=2x^3-3x^2-12x+5$에서

$f'(x)=6x^2-6x-12=6(x+1)(x-2)$

$f'(x)=0$에서 $x=-1$ 또는 $x=2$

함수 $f(x)$의 증가와 감소를 표로 나타내면 다음과 같다.

x	$\cdots$	-1	$\cdots$	2	$\cdots$
$f'(x)$	$+$	0	$-$	0	$+$
$f(x)$	↗	12	↘	-15	↗

따라서 함수 $y=f(x)$의 그래프는 다음 그림과 같다.

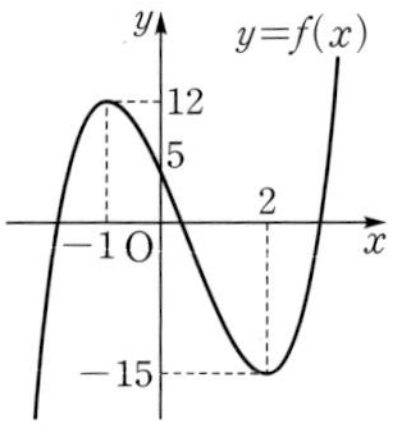

ㄱ. 함수 $f(x)$는 $x=-1$에서 극댓값 12를 갖는다. (참)

ㄴ. $x<-1$ 또는 $x>2$일 때 $f'(x)>0$이므로 함수 $f(x)$는 구간 $(-\infty, -1)$, $(2, \infty)$에서 증가한다. (참)

ㄷ. 함수 $y=f(x)$의 그래프와 x축의 교점은 3개이다. (참)

따라서 옳은 것은 ㄱ, ㄴ, ㄷ이다.

0418

답 ②

$f(x)=-3x^4+4x^3+1$에서

$f'(x)=-12x^3+12x^2=-12x^2(x-1)$

$f'(x)=0$에서 $x=0$ 또는 $x=1$

함수 $f(x)$의 증가와 감소를 표로 나타내면 다음과 같다.

x	$\cdots$	0	$\cdots$	1	$\cdots$
$f'(x)$	$+$	0	$+$	0	$-$
$f(x)$	↗	1	↗	2	↘

따라서 함수 $y=f(x)$의 그래프는 다음 그림과 같다.

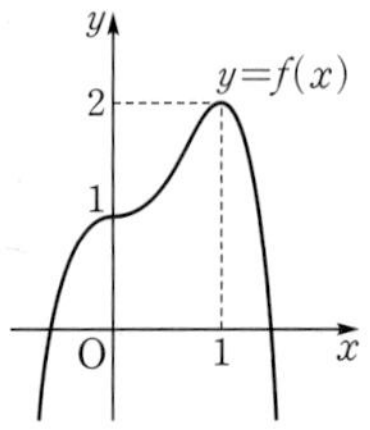

ㄱ. $0<x<1$일 때, $f'(x)>0$이므로 함수 $f(x)$는 구간 $(0, 1)$에서 증가한다. (참)

ㄴ. 함수 $f(x)$는 $x=1$에서 극대이므로 $y=f(x)$의 그래프가 극값을 갖는 점은 1개이다. (참)

ㄷ. $y=f(x)$의 그래프에서 모든 실수 x에 대하여 $f(x)\le 2$이므로 $f(x)>2$를 만족시키는 실수 x는 존재하지 않는다. (거짓)

따라서 옳은 것은 ㄱ, ㄴ이다.

0419

답 ⑤

$y=f'(x)$의 그래프를 이용하여 함수 $f(x)$의 증가와 감소를 표로 나타내면 다음과 같다.

x	$\cdots$	-2	$\cdots$	0	$\cdots$	1	$\cdots$
$f'(x)$	$-$	0	$+$	0	$-$	0	$+$
$f(x)$	↘	극소	↗	극대	↘	극소	↗

이때 $f(-2)<0<f(1)$이므로 함수 $y=f(x)$의 그래프의 개형은 다음 그림과 같다.

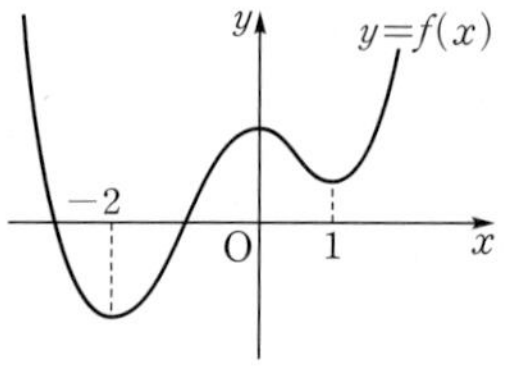

ㄱ. $f(0)>0$ (참)

ㄴ. 함수 $f(x)$는 $x=0$에서 극대, $x=-2$, $x=1$에서 극소이므로 함수 $y=f(x)$의 그래프가 극값을 갖는 점은 3개이다. (참)

ㄷ. 함수 $y=f(x)$의 그래프와 x축의 교점은 2개이다. (참)

따라서 옳은 것은 ㄱ, ㄴ, ㄷ이다.

0420

답 ③

$y=f'(x)$의 그래프를 이용하여 함수 $f(x)$의 증가와 감소를 표로 나타내면 다음과 같다.

x	$\cdots$	0	$\cdots$	2	$\cdots$	4	$\cdots$
$f'(x)$	$-$	0	$+$	0	$+$	0	$-$
$f(x)$	↘	극소	↗		↗	극대	↘

이때 $f(0)=0$이므로 함수 $y=f(x)$의 그래프의 개형은 다음 그림과 같다.

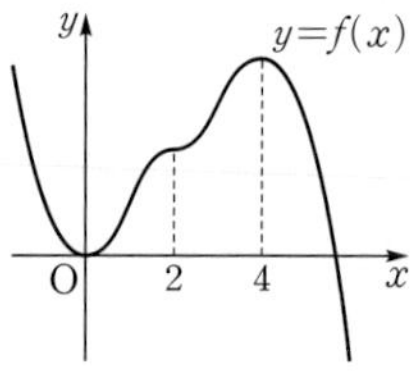

ㄱ. $0<f(1)<f(2)$ (참)

ㄴ. 함수 $f(x)$는 $x=4$에서 극대, $x=0$에서 극소이므로 함수 $y=f(x)$의 그래프가 극값을 갖는 점은 2개이다. (거짓)

ㄷ. 함수 $y=f(x)$의 그래프와 x축의 교점은 2개이다. (참)

따라서 옳은 것은 ㄱ, ㄷ이다.

유형 10 그래프를 이용한 삼차함수의 계수의 부호 결정

0421

답 ③

함수 $f(x)=ax^3+bx^2+cx+d$에서 $x\to\infty$일 때, $f(x)\to\infty$이므로 $a>0$이고 $f(0)>0$이므로 $d>0$

$f'(x)=3ax^2+2bx+c$에서 이차방정식 $f'(x)=0$의 서로 다른 두 실근이 α, β이고 $0<\alpha<\beta$이므로 이차방정식의 근과 계수의 관계에 의하여

$\alpha+\beta=-\dfrac{2b}{3a}>0 \qquad \therefore b<0\ (\because a>0)$

$\alpha\beta=\dfrac{c}{3a}>0 \qquad \therefore c>0\ (\because a>0)$

따라서 $a>0$, $b<0$, $c>0$, $d>0$이므로 옳은 것은 ③이다.

0422

답 ②

함수 $f(x)=ax^3+bx^2+cx+d$에서 $x \to \infty$일 때, $f(x) \to -\infty$이므로 $a<0$이고 $f(0)>0$이므로 $d>0$

$f'(x)=3ax^2+2bx+c$에서 이차방정식 $f'(x)=0$의 서로 다른 두 실근이 -1, 2이므로 이차방정식의 근과 계수의 관계에 의하여

$-\dfrac{2b}{3a}=-1+2=1>0 \qquad \therefore b>0\ (\because a<0)$

$\dfrac{c}{3a}=(-1)\times 2=-2<0 \qquad \therefore c>0\ (\because a<0)$

즉, $a<0$, $b>0$, $c>0$, $d>0$이므로

$ab<0$, $ac<0$, $ad<0$, $bc>0$, $bd>0$

따라서 옳은 것은 ②이다.

0423

답 ②

주어진 그래프에서 $f(x)$는 최고차항의 계수가 음수인 삼차함수이므로 $a<0$

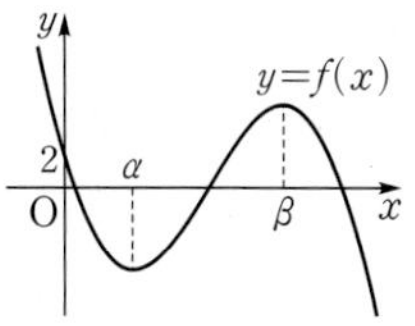

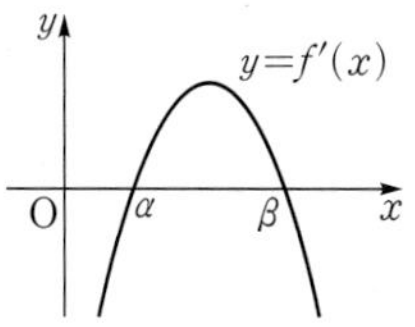

$f(x)=ax^3+bx^2+cx+2$에서

$f'(x)=3ax^2+2bx+c$

함수 $f(x)$가 $x=\alpha$에서 극솟값, $x=\beta$에서 극댓값을 갖는다고 하면

$f'(\alpha)=0$, $f'(\beta)=0$

따라서 이차방정식 $f'(x)=0$의 두 실근이 α, β이고 $0<\alpha<\beta$이므로 이차방정식의 근과 계수의 관계에 의하여

$\alpha+\beta=-\dfrac{2b}{3a}>0 \qquad \therefore b>0\ (\because a<0)$

또한 $f'(0)=c<0$이므로

$\dfrac{|a|}{a}+\dfrac{|2b|}{b}+\dfrac{|3c|}{c}=-1+2-3=-2$

0424

답 ⑤

최고차항의 계수가 1인 삼차함수 $f(x)$가 $x=\alpha$에서 극대, $x=\beta$에서 극소이므로 함수 $y=f(x)$의 그래프의 개형은 다음 그림과 같다.

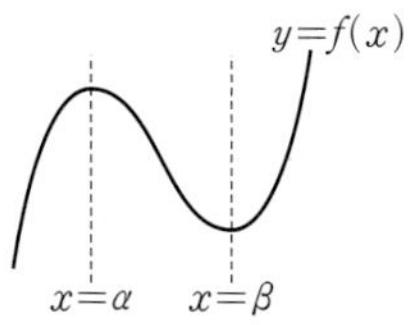

ㄱ. $\alpha<\beta$ (참)

ㄴ. $\alpha<0<\beta$이고 $f(\beta)=0$이면 함수 $y=f(x)$의 그래프의 개형은 다음 그림과 같다.

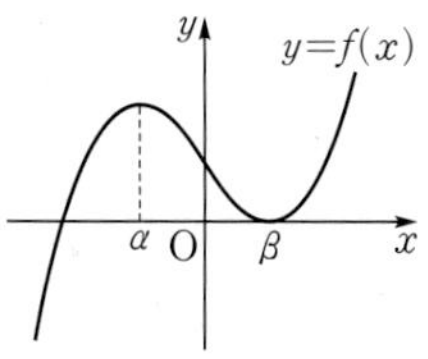

따라서 $f(0)>0$이므로 $c>0$이다. (참)

ㄷ. $f(x)=x^3+ax^2+bx+c$에서 $f'(x)=3x^2+2ax+b$

이차방정식 $f'(x)=0$의 서로 다른 두 실근이 α, β이고 $\alpha<0<\beta$, $|\alpha|<|\beta|$이므로 이차방정식의 근과 계수의 관계에 의하여

$\alpha+\beta=-\dfrac{2a}{3}>0 \qquad \therefore a<0$

$\alpha\beta=\dfrac{b}{3}<0 \qquad \therefore b<0$

즉, $ab>0$이다. (참)

따라서 옳은 것은 ㄱ, ㄴ, ㄷ이다.

유형 11 삼차함수가 극값을 가질 조건

0425

답 ①

$f(x)=x^3+ax^2+(a^2-4a)x+3$에서

$f'(x)=3x^2+2ax+a^2-4a$

삼차함수 $f(x)$가 극값을 가지려면 이차방정식 $f'(x)=0$이 서로 다른 두 실근을 가져야 하므로 이차방정식 $3x^2+2ax+a^2-4a=0$의 판별식을 D라 하면

$\dfrac{D}{4}=a^2-3(a^2-4a)>0$에서

$-2a^2+12a>0$, $a(a-6)<0$

$\therefore 0<a<6$

따라서 함수 $f(x)$가 극값을 갖도록 하는 정수 a는 1, 2, 3, 4, 5의 5개이다.

0426

답 3

$f(x)=x^3+3x^2+kx+3$에서

$f'(x)=3x^2+6x+k$

삼차함수 $f(x)$가 극값을 갖지 않으려면 이차방정식 $f'(x)=0$이 중근 또는 허근을 가져야 하므로 이차방정식 $3x^2+6x+k=0$의 판별식을 D라 하면

$\dfrac{D}{4}=9-3k\le 0$에서 $k\ge 3$

따라서 함수 $f(x)$가 극값을 갖지 않도록 하는 실수 k의 최솟값은 3이다.

0427

답 -9

$f(x)=-x^3+ax^2-(a^2+6a)x+1$에서

$f'(x)=-3x^2+2ax-a^2-6a$

삼차함수 $f(x)$가 극값을 가지려면 이차방정식 $f'(x)=0$이 서로 다른 두 실근을 가져야 하므로 이차방정식 $3x^2-2ax+a^2+6a=0$의 판별식을 D라 하면

$\dfrac{D}{4}=a^2-3(a^2+6a)>0$에서

$-2a^2-18a>0$, $a(a+9)<0$

$\therefore -9 < a < 0$

따라서 함수 $f(x)$가 극값을 갖도록 하는 정수 a의 최댓값과 최솟값의 합은

$-1+(-8)=-9$

유형 12 삼차함수가 주어진 구간에서 극값을 가질 조건

0428

답 ⑤

$f(x)=\frac{1}{3}x^3-2x^2+ax+1$에서

$f'(x)=x^2-4x+a=(x-2)^2+a-4$

삼차함수 $f(x)$가 $1<x<4$에서 극댓값과 극솟값을 모두 가지려면 이차방정식 $f'(x)=0$이 $1<x<4$에서 서로 다른 두 실근을 가져야 하므로 $y=f'(x)$의 그래프는 오른쪽 그림과 같아야 한다.

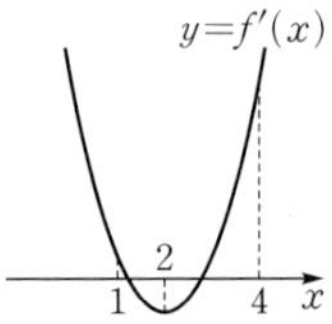

(i) 이차방정식 $x^2-4x+a=0$의 판별식을 D라 하면

$\frac{D}{4}=4-a>0 \qquad \therefore a<4$

(ii) $f'(1)=1-4+a>0$에서 $a>3$

(iii) $f'(4)=16-16+a>0$에서 $a>0$

(iv) $y=f'(x)$의 그래프의 축의 방정식은 $x=2$

(i)~(iv)에서 구하는 실수 a의 값의 범위는 $3<a<4$

0429

답 3

$f(x)=x^3+ax^2+(2a-4)x+2$에서

$f'(x)=3x^2+2ax+2a-4=3\left(x+\frac{a}{3}\right)^2-\frac{a^2}{3}+2a-4$

삼차함수 $f(x)$가 $x>-2$에서 극댓값과 극솟값을 모두 가지려면 이차방정식 $f'(x)=0$이 $x>-2$에서 서로 다른 두 실근을 가져야 하므로 $y=f'(x)$의 그래프는 오른쪽 그림과 같아야 한다.

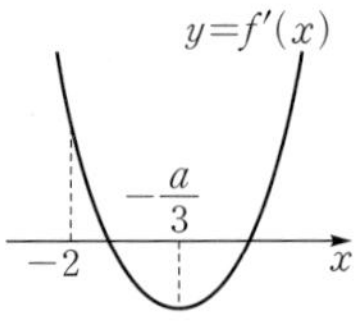

(i) 이차방정식 $3x^2+2ax+2a-4=0$의 판별식을 D라 하면

$\frac{D}{4}=a^2-3(2a-4)>0$에서

$a^2-6a+12>0,\ (a-3)^2+3>0$

즉, 모든 실수 a에 대하여 $\frac{D}{4}>0$이다.

(ii) $f'(-2)=12-4a+2a-4>0$에서 $a<4$

(iii) $y=f'(x)$의 그래프의 축의 방정식은 $x=-\frac{a}{3}$이므로

$-\frac{a}{3}>-2 \qquad \therefore a<6$

(i)~(iii)에서 실수 a의 값의 범위는 $a<4$이므로 구하는 정수 a의 최댓값은 3이다.

0430

답 ②

$f(x)=-x^3-2ax^2+4a^2x+1$에서

$f'(x)=-3x^2-4ax+4a^2$

삼차함수 $f(x)$가 $-1<x<1$에서 극솟값을 갖고 $x>1$에서 극댓값을 가지려면 이차방정식 $f'(x)=0$이 $-1<x<1$에서 실근 1개, $x>1$에서 실근 1개를 가져야 하므로 $y=f'(x)$의 그래프는 오른쪽 그림과 같아야 한다.

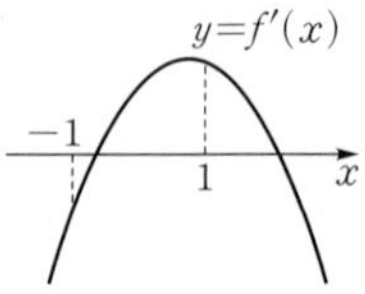

(i) $f'(-1)=-3+4a+4a^2<0$에서

$(2a+3)(2a-1)<0 \qquad \therefore -\frac{3}{2}<a<\frac{1}{2}$

(ii) $f'(1)=-3-4a+4a^2>0$에서

$(2a+1)(2a-3)>0 \qquad \therefore a<-\frac{1}{2}$ 또는 $a>\frac{3}{2}$

(i), (ii)에서 구하는 실수 a의 값의 범위는

$-\frac{3}{2}<a<-\frac{1}{2}$

유형 13 사차함수가 극값을 가질 조건

0431

답 2

$f(x)=\frac{3}{4}x^4+4x^3+3ax^2$에서

$f'(x)=3x^3+12x^2+6ax=3x(x^2+4x+2a)$

최고차항의 계수가 양수인 사차함수 $f(x)$가 극댓값을 가지려면 삼차방정식 $f'(x)=0$이 서로 다른 세 실근을 가져야 한다.

이때 방정식 $f'(x)=0$의 한 실근이 $x=0$이므로 이차방정식 $x^2+4x+2a=0$이 0이 아닌 서로 다른 두 실근을 가져야 한다.

이 이차방정식의 판별식을 D라 하면

$\frac{D}{4}=4-2a>0$

$\therefore a<2 \quad \cdots\cdots$ ㉠

또한 $x=0$이 이차방정식 $x^2+4x+2a=0$의 근이 아니어야 하므로

$a\neq 0 \quad \cdots\cdots$ ㉡

㉠, ㉡의 공통 범위를 구하면 $a<0$ 또는 $0<a<2$

따라서 $\alpha=0,\ \beta=0,\ \gamma=2$이므로

$\alpha+\beta+\gamma=2$

참고

최고차항의 계수가 양수인 사차함수 $f(x)$가 극댓값을 가지려면 $y=f(x)$의 그래프의 개형은 오른쪽 그림과 같아야 한다.

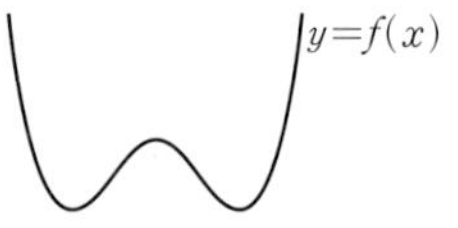

0432

답 5

$f(x)=-x^4-8x^3-3ax^2$에서

$f'(x)=-4x^3-24x^2-6ax=-2x(2x^2+12x+3a)$

최고차항의 계수가 음수인 사차함수 $f(x)$가 극솟값을 가지려면 삼차방정식 $f'(x)=0$이 서로 다른 세 실근을 가져야 한다.

이때 방정식 $f'(x)=0$의 한 실근이 $x=0$이므로 이차방정식 $2x^2+12x+3a=0$이 0이 아닌 서로 다른 두 실근을 가져야 한다.
이 이차방정식의 판별식을 D라 하면
$\frac{D}{4}=36-2\times3a>0$, $6-a>0$
$\therefore a<6$ ⋯⋯ ㉠
또한 $x=0$이 이차방정식 $2x^2+12x+3a=0$의 근이 아니어야 하므로
$a\neq0$ ⋯⋯ ㉡
㉠, ㉡의 공통 범위를 구하면 $a<0$ 또는 $0<a<6$
따라서 구하는 정수 a의 최댓값은 5이다.

0433

답 -6

$f(x)=\frac{1}{4}x^4+\frac{2}{3}ax^3+3x^2$에서
$f'(x)=x^3+2ax^2+6x=x(x^2+2ax+6)$
최고차항의 계수가 양수인 사차함수 $f(x)$가 극댓값을 갖지 않으려면 오직 하나의 극솟값을 가져야 하므로 삼차방정식 $f'(x)=0$이 한 실근과 두 허근을 갖거나 한 실근과 중근 또는 삼중근을 가져야 한다.
이때 방정식 $f'(x)=0$의 한 실근이 $x=0$이므로 다음과 같은 경우로 나누어 생각해 볼 수 있다.
(i) $f'(x)=0$이 한 실근과 두 허근을 갖는 경우
이차방정식 $x^2+2ax+6=0$이 허근을 가져야 하므로 판별식을 D라 하면
$\frac{D}{4}=a^2-6<0$, $(a+\sqrt{6})(a-\sqrt{6})<0$
$\therefore -\sqrt{6}<a<\sqrt{6}$
(ii) $f'(x)=0$이 한 실근과 중근 또는 삼중근을 갖는 경우
이차방정식 $x^2+2ax+6=0$이 $x=0$을 근으로 가질 수 없으므로 0이 아닌 실수를 중근으로 가져야 한다.
즉, 판별식을 D라 하면
$\frac{D}{4}=a^2-6=0$, $(a+\sqrt{6})(a-\sqrt{6})=0$
$\therefore a=-\sqrt{6}$ 또는 $a=\sqrt{6}$
(i), (ii)에서 실수 a의 값의 범위는 $-\sqrt{6}\le a\le\sqrt{6}$
따라서 $M=\sqrt{6}$, $m=-\sqrt{6}$이므로 $Mm=-6$

유형 14 함수의 그래프와 다항함수의 추론

0434

답 -4

조건 (가)에서 $f(1)=f(4)=0$
조건 (나)에서 함수 $f(x)$가 $x=1$에서 극값을 가지므로
$f'(1)=0$
따라서 $f(x)=(x-1)^2(x-4)$이므로
$f'(x)=2(x-1)(x-4)+(x-1)^2=3(x-1)(x-3)$
$f'(x)=0$에서 $x=1$ 또는 $x=3$
함수 $f(x)$의 증가와 감소를 표로 나타내면 다음과 같다.

x	⋯	1	⋯	3	⋯
$f'(x)$	$+$	0	$-$	0	$+$
$f(x)$	↗	0	↘	-4	↗

따라서 함수 $f(x)$는 $x=1$에서 극댓값 0, $x=3$에서 극솟값 -4를 가지므로 구하는 모든 극값의 합은
$0+(-4)=-4$

참고

$f(1)=0$에서 $f(x)$가 $x-1$을 인수로 갖고, $f'(1)=0$에서 $f'(x)$가 $x-1$을 인수로 가지므로 $f(x)$는 $(x-1)^2$을 인수로 갖는다.

0435

답 ①

$g(x)=x^3+3x^2$이라 하면
$g'(x)=3x^2+6x=3x(x+2)$
$g'(x)=0$에서 $x=-2$ 또는 $x=0$
함수 $g(x)$의 증가와 감소를 표로 나타내면 다음과 같다.

x	⋯	-2	⋯	0	⋯
$g'(x)$	$+$	0	$-$	0	$+$
$g(x)$	↗	4	↘	0	↗

함수 $y=g(x)$의 그래프와 x축의 교점의 x좌표를 구하면
$g(x)=0$에서 $x^3+3x^2=0$
$x^2(x+3)=0$ $\therefore x=-3$ 또는 $x=0$
함수 $y=g(x)$의 그래프를 이용하여 함수 $y=f(x)$의 그래프를 그리면 다음 그림과 같다.

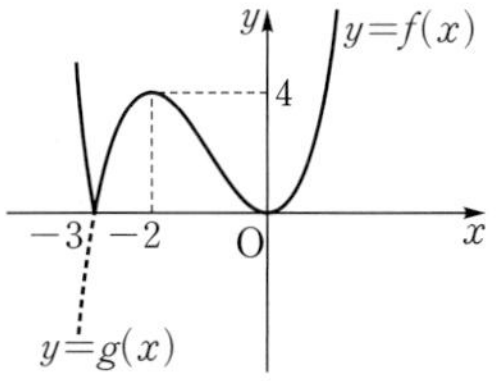

따라서 함수 $f(x)$는 $x=-2$에서 극대, $x=-3$, $x=0$에서 극소이므로 극값을 갖는 모든 실수 x의 값의 합은
$-3+(-2)+0=-5$

0436

답 8

함수 $f(x)$의 역함수가 존재하려면 $f(x)$가 일대일대응이어야 하므로 실수 전체의 집합에서 $f(x)$는 증가하거나 감소해야 한다.
이때 $f'(1)=f(1)=0$이므로 함수 $y=f(x)$의 그래프는 다음 그림과 같이 $x=1$에서 x축과 접하면서 만나야 한다.

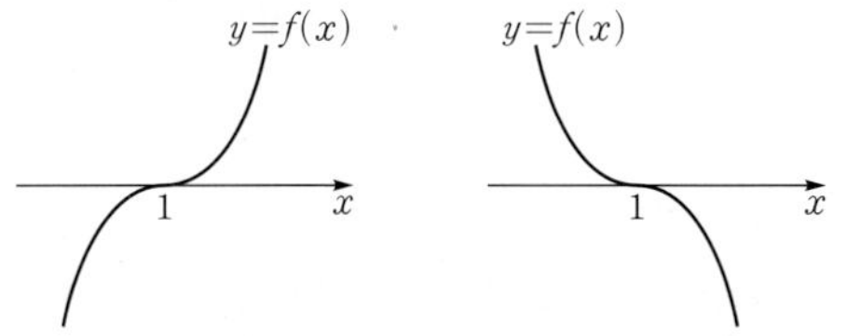

또한 $x=1$의 좌우에서 $f(x)$의 부호가 바뀌어야 하므로 함수 $f(x)$는 $(x-1)^3$을 인수로 갖는다.

$f(x)=k(x-1)^3$ ($k\neq0$인 상수)이라 하면

$\dfrac{f(3)}{f(2)}=\dfrac{8k}{k}=8$

Bible Says 증가 또는 감소하는 삼차함수의 그래프

실수 전체의 집합에서 증가 또는 감소하는 삼차함수 $y=f(x)$의 그래프의 개형은 다음과 같다.

(i) $f'(x)=0$이 중근 α를 갖는 경우

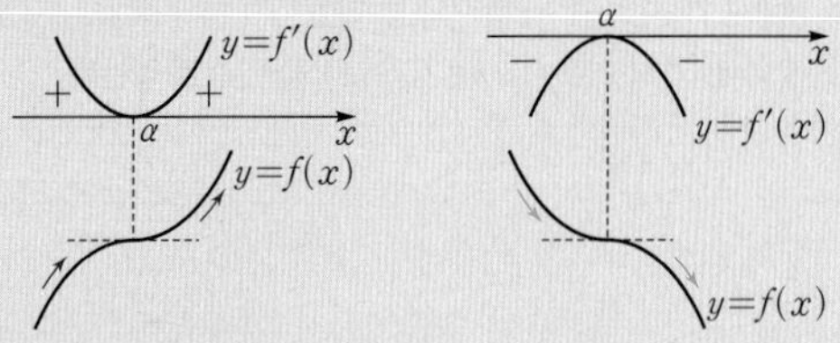

이때 $f(\alpha)=0$인 경우

① $y=f(x)$의 그래프는 x축과 $x=\alpha$에서 접하면서 만난다.

② 방정식 $f(x)=0$은 $x=\alpha$를 삼중근으로 갖는다.

③ $f(x)=k(x-\alpha)^3$ $(k\neq0)$과 같이 나타낼 수 있다.

(ii) $f'(x)=0$이 실근을 갖지 않는 경우

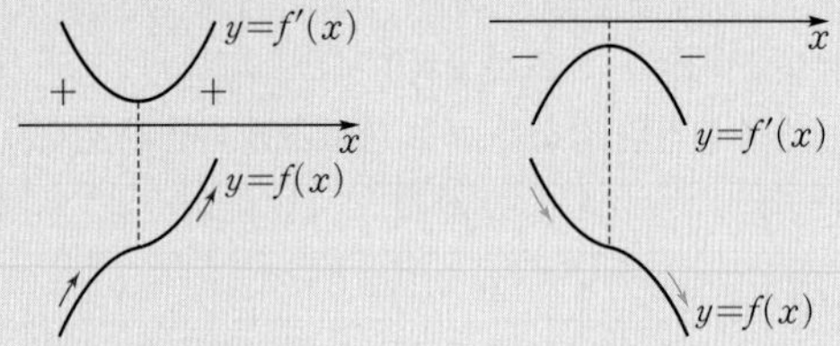

0437

답 ⑤

$g(x)=\dfrac{1}{4}x^4-2x^2$이라 하면

$g'(x)=x^3-4x=x(x+2)(x-2)$

$g'(x)=0$에서 $x=-2$ 또는 $x=0$ 또는 $x=2$

함수 $g(x)$의 증가와 감소를 표로 나타내면 다음과 같다.

x	$\cdots$	-2	$\cdots$	0	$\cdots$	2	$\cdots$
$g'(x)$	$-$	0	$+$	0	$-$	0	$+$
$g(x)$	↘	-4	↗	0	↘	-4	↗

함수 $y=g(x)$의 그래프와 x축의 교점의 x좌표를 구하면

$g(x)=0$에서 $\dfrac{1}{4}x^4-2x^2=0$

$x^2(x^2-8)=0$, $x^2(x+2\sqrt{2})(x-2\sqrt{2})=0$

$\therefore$ $x=-2\sqrt{2}$ 또는 $x=0$ 또는 $x=2\sqrt{2}$

함수 $y=g(x)$의 그래프를 이용하여 함수 $y=f(x)$의 그래프를 그리면 다음 그림과 같다.

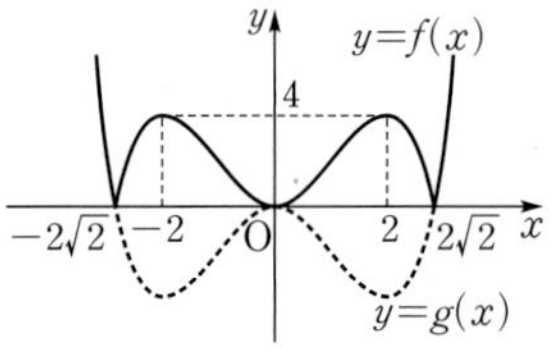

따라서 함수 $f(x)$는 $x=-2$, $x=2$에서 극대, $x=-2\sqrt{2}$, $x=0$, $x=2\sqrt{2}$에서 극소이므로 극값을 갖는 실수 x는 5개이다.

0438

답 ①

$f(1)=f'(1)=0$, $f(5)=f'(5)=0$이므로

$f(x)=(x-1)^2(x-5)^2$

$f'(x)=2(x-1)(x-5)^2+2(x-1)^2(x-5)$

$\quad=4(x-1)(x-3)(x-5)$

$f'(x)=0$에서 $x=1$ 또는 $x=3$ 또는 $x=5$

함수 $f(x)$의 증가와 감소를 표로 나타내면 다음과 같다.

x	$\cdots$	1	$\cdots$	3	$\cdots$	5	$\cdots$
$f'(x)$	$-$	0	$+$	0	$-$	0	$+$
$f(x)$	↘	0	↗	16	↘	0	↗

따라서 함수 $f(x)$는 $x=3$에서 극댓값 16을 갖는다.

0439

답 6

조건 ㈎에서 함수 $y=f(x)$의 그래프는 원점에 대하여 대칭이므로 $f(x)$는 이차항의 계수와 상수항이 0인 삼차함수이다.

$f(x)=ax^3+bx$ (a, b는 상수, $a\neq0$)라 하면

$f'(x)=3ax^2+b$

…… ❶

함수 $f(x)$가 $x=1$에서 극솟값 -6을 가지므로

$f(1)=-6$에서 $a+b=-6$ …… ㉠

$f'(1)=0$에서 $3a+b=0$ …… ㉡

㉠, ㉡을 연립하여 풀면 $a=3$, $b=-9$

따라서 $f(x)=3x^3-9x$이므로

$f'(x)=9x^2-9=9(x+1)(x-1)$

…… ❷

$f'(x)=0$에서 $x=-1$ 또는 $x=1$

함수 $f(x)$의 증가와 감소를 표로 나타내면 다음과 같다.

x	$\cdots$	-1	$\cdots$	1	$\cdots$
$f'(x)$	$+$	0	$-$	0	$+$
$f(x)$	↗	6	↘	-6	↗

따라서 함수 $f(x)$는 $x=-1$에서 극댓값 6을 갖는다.

…… ❸

채점 기준	배점
❶ 조건 ㈎를 이용하여 $f(x)$, $f'(x)$의 식 세우기	30%
❷ 조건 ㈏를 이용하여 $f(x)$, $f'(x)$ 구하기	40%
❸ 함수 $f(x)$의 증감표를 이용하여 극댓값 구하기	30%

Bible Says 다항함수의 대칭성

다항함수 $f(x)$가 모든 실수 x에 대하여

(1) $f(x)=f(-x)$인 경우

$y=f(x)$의 그래프는 y축에 대하여 대칭이고 $f(x)$의 식은 차수가 짝수인 항 또는 상수항으로만 이루어진다.

(2) $f(x)=-f(-x)$인 경우

$y=f(x)$의 그래프는 원점에 대하여 대칭이고 $f(x)$의 식은 차수가 홀수인 항으로만 이루어진다.

참고

극값을 갖는 삼차함수 $f(x)$가 모든 실수 x에 대하여 $f(x)=-f(-x)$를 만족시키는 경우, 즉 $y=f(x)$의 그래프가 원점에 대하여 대칭이면 $f(x)$의 극댓값과 극솟값은 절댓값이 같고, 부호가 반대이다.

0440 답 ④

$f(a)=f'(a)=0$, $f(b)=0$, $a>b$이고 함수 $f(x)$는 최고차항의 계수가 양수인 삼차함수이므로 함수 $y=f(x)$의 그래프의 개형은 다음 그림과 같다.

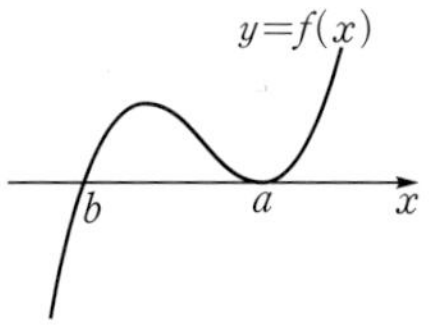

ㄱ. $b<x<a$에서 $f'(x)=0$을 만족시키는 x의 값을 c라 하면 $c<x<a$일 때, $f'(x)<0$이므로 구간 (c, a)에서 함수 $f(x)$는 감소한다. (거짓)

ㄴ. $x<b$일 때, $f(x)<0$이다. (참)

ㄷ. 함수 $f(x)$는 $x=a$에서 극솟값 0을 갖는다. (참)

따라서 옳은 것은 ㄴ, ㄷ이다.

0441 답 27

$f(0)=f(3)=0$이고 최고차항의 계수가 양수인 삼차함수 $f(x)$에 대하여 함수 $|f(x)|$가 $x=3$에서 미분가능하려면 다음 그림과 같이 함수 $y=|f(x)|$의 그래프가 $x=3$일 때 x축과 접하면서 만나야 한다.

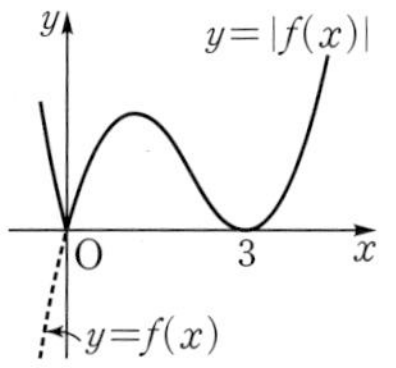

즉, 함수 $f(x)$는 x, $(x-3)^2$을 인수로 가지므로

$f(x)=kx(x-3)^2$ ($k>0$인 상수)이라 하면

$\frac{f(6)}{f(2)}=\frac{54k}{2k}=27$

0442 답 ⑤

삼차함수 $f(x)$가 $f(0)=6$이므로

$f(x)=ax^3+bx^2+cx+6$ (a, b, c는 상수, $a\neq0$)이라 하면

$f'(x)=3ax^2+2bx+c$

조건 ㈎에서 모든 실수 x에 대하여 $f'(x)=f'(-x)$이므로 함수 $y=f'(x)$의 그래프는 y축에 대하여 대칭이다. 즉, 함수 $f'(x)$의 홀수차항의 계수가 0이므로 $b=0$

조건 ㈏에서 함수 $f(x)$가 $x=2$에서 극댓값 14를 가지므로

$f(2)=14$에서 $8a+2c+6=14$

$\therefore 4a+c=4$ …… ㉠

$f'(2)=0$에서 $12a+c=0$

$\therefore c=-12a$ …… ㉡

㉠, ㉡을 연립하여 풀면 $a=-\frac{1}{2}$, $c=6$

따라서 $f(x)=-\frac{1}{2}x^3+6x+6$이므로

$f'(x)=-\frac{3}{2}x^2+6=-\frac{3}{2}(x+2)(x-2)$

$f'(x)=0$에서 $x=-2$ 또는 $x=2$

함수 $f(x)$의 증가와 감소를 표로 나타내면 다음과 같다.

x	$\cdots$	-2	$\cdots$	2	$\cdots$
$f'(x)$	$-$	0	$+$	0	$-$
$f(x)$	↘	-2	↗	14	↘

따라서 함수 $f(x)$는 $x=-2$에서 극솟값 -2를 갖는다.

0443 답 4

$g(x)=-2x^3+9x^2-12x+a$라 하면

$g'(x)=-6x^2+18x-12=-6(x-1)(x-2)$

$g'(x)=0$에서 $x=1$ 또는 $x=2$

함수 $g(x)$의 증가와 감소를 표로 나타내면 다음과 같다.

x	$\cdots$	1	$\cdots$	2	$\cdots$
$g'(x)$	$-$	0	$+$	0	$-$
$g(x)$	↘	$a-5$	↗	$a-4$	↘

…… ❶

함수 $g(x)$가 $x=2$에서 극댓값 $a-4$를 가지므로 함수 $f(x)$가 $x=2$에서 극솟값 3을 가지려면 두 함수 $y=f(x)$, $y=g(x)$의 그래프는 다음 그림과 같아야 한다.

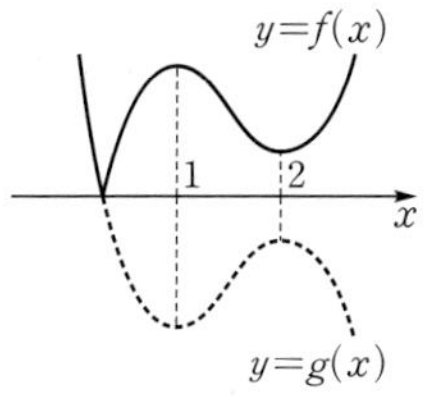

…… ❷

즉, $-a+4=3$에서 $a=1$

따라서 함수 $f(x)$의 극댓값은

$f(1)=-a+5=4$

…… ❸

채점 기준	배점
❶ $g(x)=-2x^3+9x^2-12x+a$로 놓고 증감표 만들기	20%
❷ 조건을 만족시키는 $y=f(x)$, $y=g(x)$의 그래프의 개형 파악하기	50%
❸ 함수 $f(x)$의 극댓값 구하기	30%

유형 15 함수의 최대, 최소

0444 답 15

$f(x)=x^3-3x^2-9x+6$에서

$f'(x)=3x^2-6x-9=3(x+1)(x-3)$

$f'(x)=0$에서 $x=-1$ ($\because -2\le x\le0$)

구간 $[-2, 0]$에서 함수 $f(x)$의 증가와 감소를 표로 나타내면 다음과 같다.

x	-2	$\cdots$	-1	$\cdots$	0
$f'(x)$		$+$	0	$-$	
$f(x)$	4	↗	11	↘	6

따라서 구간 $[-2, 0]$에서 함수 $f(x)$는 $x=-1$일 때 최댓값 11, $x=-2$일 때 최솟값 4를 가지므로
$M+m=11+4=15$

0445

답 ③

$f(x)=2x^4-8x^3+8x^2+5$에서
$f'(x)=8x^3-24x^2+16x=8x(x-1)(x-2)$
$f'(x)=0$에서 $x=0$ 또는 $x=1$ 또는 $x=2$
함수 $f(x)$의 증가와 감소를 표로 나타내면 다음과 같다.

x	$\cdots$	0	$\cdots$	1	$\cdots$	2	$\cdots$
$f'(x)$	$-$	0	$+$	0	$-$	0	$+$
$f(x)$	↘	5	↗	7	↘	5	↗

따라서 함수 $f(x)$는 $x=0$, $x=2$에서 극소이면서 최소이므로 구하는 최솟값은 5이다.

0446

답 30

$f(x)=-2x^3+6x^2+a$에서
$f'(x)=-6x^2+12x=-6x(x-2)$
$f'(x)=0$에서 $x=0$ 또는 $x=2$
구간 $[-2, 3]$에서 함수 $f(x)$의 증가와 감소를 표로 나타내면 다음과 같다.

x	-2	$\cdots$	0	$\cdots$	2	$\cdots$	3
$f'(x)$		$-$	0	$+$	0	$-$	
$f(x)$	$a+40$	↘	a	↗	$a+8$	↘	a

따라서 구간 $[-2, 3]$에서 함수 $f(x)$는 $x=0$, $x=3$일 때 최솟값 a, $x=-2$일 때 최댓값 $a+40$을 갖는다.
이때 함수 $f(x)$의 최솟값이 $a=-10$이므로 최댓값은 $a+40=30$이다.

0447

답 ④

$f(x)=x^3-3x^2+a$에서
$f'(x)=3x^2-6x=3x(x-2)$
$f'(x)=0$에서 $x=2$ ($\because 1\le x\le 4$)
닫힌구간 $[1, 4]$에서 함수 $f(x)$의 증가와 감소를 표로 나타내면 다음과 같다.

x	1	$\cdots$	2	$\cdots$	4
$f'(x)$		$-$	0	$+$	
$f(x)$	$a-2$	↘	$a-4$	↗	$a+16$

따라서 닫힌구간 $[1, 4]$에서 함수 $f(x)$는 $x=4$일 때 최댓값 $a+16$, $x=2$일 때 최솟값 $a-4$를 가지므로
$M+m=(a+16)+(a-4)=2a+12=20$
$\therefore a=4$

0448

답 ②

$f(x)=x^3+ax^2+b$에서
$f'(x)=3x^2+2ax$
$f'(2)=0$에서 $12+4a=0$
$\therefore a=-3$
$f'(x)=3x^2-6x=3x(x-2)$
$f'(x)=0$에서 $x=0$ 또는 $x=2$
구간 $[-1, 2]$에서 함수 $f(x)$의 증가와 감소를 표로 나타내면 다음과 같다.

x	-1	$\cdots$	0	$\cdots$	2
$f'(x)$		$+$	0	$-$	
$f(x)$	$b-4$	↗	b	↘	$b-4$

따라서 구간 $[-1, 2]$에서 함수 $f(x)$는 $x=0$일 때 최댓값 b를 가지므로 $b=5$
$\therefore a+b=-3+5=2$

0449

답 ①

$f(x)=ax^3-3ax+b$에서
$f'(x)=3ax^2-3a=3a(x+1)(x-1)$
$f'(x)=0$에서 $x=1$ ($\because 0\le x\le 3$)
이때 $a>0$이므로 구간 $[0, 3]$에서 함수 $f(x)$의 증가와 감소를 표로 나타내면 다음과 같다.

x	0	$\cdots$	1	$\cdots$	3
$f'(x)$		$-$	0	$+$	
$f(x)$	b	↘	$-2a+b$	↗	$18a+b$

구간 $[0, 3]$에서 함수 $f(x)$는 $x=3$일 때 최댓값 $18a+b$, $x=1$일 때 최솟값 $-2a+b$를 가지므로
$18a+b=21$, $-2a+b=1$
위의 두 식을 연립하여 풀면 $a=1$, $b=3$
$\therefore a+b=1+3=4$

0450

답 ②

$x^2-4x+1=t$라 하면
$t=x^2-4x+1=(x-2)^2-3$
$2\le x\le 4$에서 t의 값의 범위는 $-3\le t\le 1$
$g(t)=t^3-12t+3$이라 하면
$g'(t)=3t^2-12=3(t+2)(t-2)$
$g'(t)=0$에서 $t=-2$ ($\because -3\le t\le 1$)
구간 $[-3, 1]$에서 함수 $g(t)$의 증가와 감소를 표로 나타내면 다음과 같다.

t	-3	$\cdots$	-2	$\cdots$	1
$g'(t)$		$+$	0	$-$	
$g(t)$	12	↗	19	↘	-8

따라서 구간 $[-3, 1]$에서 함수 $g(t)$는 $t=-2$일 때 최댓값 19, $t=1$일 때 최솟값 -8을 가지므로 최댓값과 최솟값의 합은
$19+(-8)=11$

0451 답 27

$g(x)=x^2-2x-1=(x-1)^2-2$이므로

$g(x)=t$라 하면 $t\geq-2$이고

$f(g(x))=f(t)=-t^3+3t^2+7$

$\therefore f'(t)=-3t^2+6t=-3t(t-2)$

$f'(t)=0$에서 $t=0$ 또는 $t=2$

$t\geq-2$에서 함수 $f(t)$의 증가와 감소를 표로 나타내면 다음과 같다.

t	-2	$\cdots$	0	$\cdots$	2	$\cdots$
$f'(t)$		$-$	0	$+$	0	$-$
$f(t)$	27	↘	7	↗	11	↘

따라서 $t\geq-2$에서 함수 $f(t)$는 $t=-2$일 때 최댓값 27을 갖는다.

0452 답 -8

$f(x)=x^3+ax^2+bx+c$ (a, b, c는 상수)라 하면

$f'(x)=3x^2+2ax+b$

주어진 그래프에서 $f'(1)=0$, $f'(3)=0$이므로

$f'(1)=3+2a+b=0$

$\therefore 2a+b=-3$ ······ ㉠

$f'(3)=27+6a+b=0$

$\therefore 6a+b=-27$ ······ ㉡

㉠, ㉡을 연립하여 풀면 $a=-6$, $b=9$

$\therefore f(x)=x^3-6x^2+9x+c$

한편 주어진 그래프에서 $f'(x)$의 부호를 조사하여 구간 $[-1, 4]$에서 함수 $f(x)$의 증가와 감소를 표로 나타내면 다음과 같다.

x	-1	$\cdots$	1	$\cdots$	3	$\cdots$	4
$f'(x)$		$+$	0	$-$	0	$+$	
$f(x)$	$c-16$	↗	$c+4$	↘	c	↗	$c+4$

함수 $f(x)$는 $x=1$에서 극댓값 $c+4$를 가지므로

$c+4=12$ $\quad\therefore c=8$

따라서 구간 $[-1, 4]$에서 함수 $f(x)$의 최솟값은

$f(-1)=c-16=-8$

유형 16 함수의 최대, 최소의 활용

0453 답 ②

점 P의 좌표를 (t, t^2)이라 하면 점 P와 점 $(-3, 0)$ 사이의 거리는

$\sqrt{(t+3)^2+t^4}=\sqrt{t^4+t^2+6t+9}$

$f(t)=t^4+t^2+6t+9$라 하면

$f'(t)=4t^3+2t+6=2(t+1)(2t^2-2t+3)$

$f'(t)=0$에서 $t=-1$ ($\because 2t^2-2t+3>0$)

함수 $f(t)$의 증가와 감소를 표로 나타내면 다음과 같다.

t	$\cdots$	-1	$\cdots$
$f'(t)$	$-$	0	$+$
$f(t)$	↘	5	↗

따라서 $f(t)$는 $t=-1$일 때 극소이면서 최소이므로 구하는 거리의 최솟값은 $\sqrt{f(-1)}=\sqrt{5}$

0454 답 ③

점 D의 좌표를 $(t, -t^2+6)$ $(0<t<\sqrt{6})$이라 하면

$\overline{BC}=2t$, $\overline{CD}=-t^2+6$

직사각형 ABCD의 넓이를 $S(t)$라 하면

$S(t)=2t(-t^2+6)=-2t^3+12t$

$S'(t)=-6t^2+12=-6(t+\sqrt{2})(t-\sqrt{2})$

$S'(t)=0$에서 $t=\sqrt{2}$ ($\because 0<t<\sqrt{6}$)

$0<t<\sqrt{6}$에서 함수 $S(t)$의 증가와 감소를 표로 나타내면 다음과 같다.

t	0	$\cdots$	$\sqrt{2}$	$\cdots$	$\sqrt{6}$
$S'(t)$		$+$	0	$-$	
$S(t)$		↗	$8\sqrt{2}$	↘	

따라서 $S(t)$는 $t=\sqrt{2}$일 때 극대이면서 최대이므로 직사각형 ABCD의 넓이의 최댓값은 $8\sqrt{2}$이다.

0455 답 486

잘라내는 정사각형의 한 변의 길이를 x $(x>0)$라 하면

상자의 밑면의 가로의 길이는 $24-2x$, 세로의 길이는 $15-2x$이다.

이때 $24-2x>0$, $15-2x>0$이어야 하므로

$0<x<\frac{15}{2}$ ($\because x>0$)

상자의 부피를 $V(x)$라 하면

$V(x)=x(24-2x)(15-2x)=4x^3-78x^2+360x$

$V'(x)=12x^2-156x+360=12(x-3)(x-10)$

$V'(x)=0$에서 $x=3$ $\left(\because 0<x<\frac{15}{2}\right)$

$0<x<\frac{15}{2}$에서 함수 $V(x)$의 증가와 감소를 표로 나타내면 다음과 같다.

x	0	$\cdots$	3	$\cdots$	$\frac{15}{2}$
$V'(x)$		$+$	0	$-$	
$V(x)$		↗	486	↘	

따라서 $V(x)$는 $x=3$일 때 극대이면서 최대이므로 상자의 부피의 최댓값은 486이다.

0456

답 18

점 P의 좌표를 $(t,\ -t^2+2)$라 하면

$\overline{AP}^2+\overline{BP}^2=(t-1)^2+t^4+(t-5)^2+t^4$

$=2t^4+2t^2-12t+26$

$f(t)=2t^4+2t^2-12t+26$이라 하면

$f'(t)=8t^3+4t-12=4(t-1)(2t^2+2t+3)$

$f'(t)=0$에서 $t=1$ $(\because 2t^2+2t+3>0)$

함수 $f(t)$의 증가와 감소를 표로 나타내면 다음과 같다.

t	$\cdots$	1	$\cdots$
$f'(t)$	$-$	0	$+$
$f(t)$	↘	18	↗

따라서 $f(t)$는 $t=1$일 때 극소이면서 최소이므로 구하는 최솟값은 18이다.

0457

답 ③

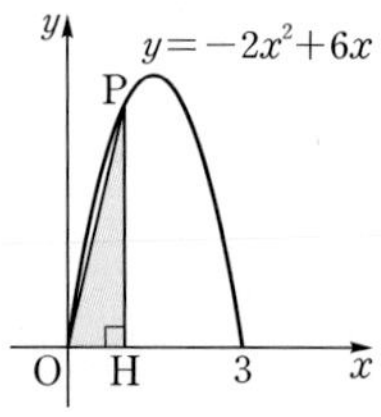

점 P의 좌표를 $(t,\ -2t^2+6t)$ $(0<t<3)$라 하면 $\mathrm{H}(t,\ 0)$이므로 삼각형 OPH의 넓이를 $S(t)$라 하면

$S(t)=\dfrac{1}{2}t(-2t^2+6t)=-t^3+3t^2$

$S'(t)=-3t^2+6t=-3t(t-2)$

$S'(t)=0$에서 $t=2$ $(\because 0<t<3)$

$0<t<3$에서 함수 $S(t)$의 증가와 감소를 표로 나타내면 다음과 같다.

t	0	$\cdots$	2	$\cdots$	3
$S'(t)$		$+$	0	$-$	
$S(t)$		↗	4	↘	

따라서 $S(t)$는 $t=2$일 때 극대이면서 최대이므로 삼각형 OPH의 넓이의 최댓값은 4이다.

0458

답 ④

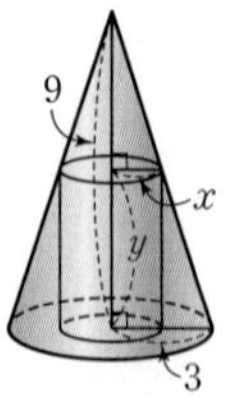

원뿔에 내접하는 원기둥의 밑면의 반지름의 길이를 x, 높이를 y라 하면

$3:9=x:(9-y)$ $\quad\therefore y=9-3x$ $(0<x<3)$

원기둥의 부피를 $V(x)$라 하면

$V(x)=\pi x^2y=\pi x^2(9-3x)=9\pi x^2-3\pi x^3$

$V'(x)=18\pi x-9\pi x^2=9\pi x(2-x)$

$V'(x)=0$에서 $x=2$ $(\because 0<x<3)$

$0<x<3$에서 $V(x)$의 증가와 감소를 표로 나타내면 다음과 같다.

x	0	$\cdots$	2	$\cdots$	3
$V'(x)$		$+$	0	$-$	
$V(x)$		↗	12π	↘	

따라서 $V(x)$는 $x=2$일 때 극대이면서 최대이므로 원기둥의 부피의 최댓값은 12π이다.

PART B 내신 잡는 종합 문제

0459

답 3

주어진 그래프에서 $f'(x)$의 부호가 양에서 음으로 바뀌는 점의 x좌표가 0, 3이므로 함수 $f(x)$는 $x=0$, $x=3$에서 극댓값을 갖는다.

따라서 $f(x)$가 극댓값을 갖는 x의 값의 합은

$0+3=3$

0460

답 ②

$g(x)=(x^2-2x)f(x)$에서

$g'(x)=(2x-2)f(x)+(x^2-2x)f'(x)$

함수 $g(x)$가 $x=3$에서 극솟값 -9를 가지므로

$g(3)=-9$에서 $3f(3)=-9$

$\therefore f(3)=-3$

$g'(3)=0$에서 $4f(3)+3f'(3)=0$

$-12+3f'(3)=0$ $\quad\therefore f'(3)=4$

0461

답 4

함수 $f(x)=\begin{cases} 2x^2-4x+3 & (x\le 1) \\ -x^2+6x-4 & (x>1) \end{cases}$에 대하여 $y=f(x)$의 그래프는 다음 그림과 같다.

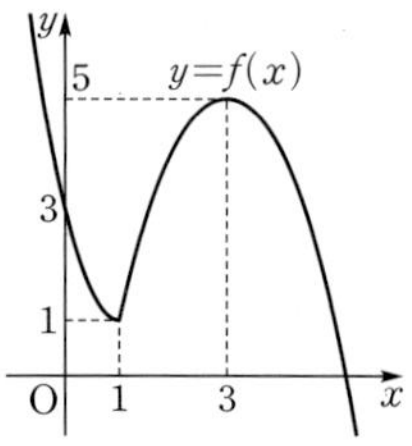

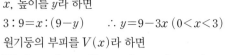

따라서 함수 $f(x)$는 $x=1$에서 극소, $x=3$에서 극대이므로

$a=3,\ b=1$

$\therefore a+b=3+1=4$

참고

함수 $f(x)$가 미분가능하지 않은 x의 값에서도 극값을 가질 수 있다.

0462

답 4

$f(x)=x^3+ax^2+3x+5$에서

$f'(x)=3x^2+2ax+3$

함수 $f(x)$가 감소하는 구간이 반드시 존재하려면 $f'(x)<0$을 만족시키는 x의 값이 존재해야 한다. 즉, $f'(x)$의 최솟값이 음수이어야 한다.

$f'(x)=3x^2+2ax+3=3\left(x+\dfrac{a}{3}\right)^2+3-\dfrac{a^2}{3}$에서

$3-\dfrac{a^2}{3}<0,\ 9-a^2<0$

$(a+3)(a-3)>0$ $\quad\therefore a<-3$ 또는 $a>3$

따라서 자연수 a의 최솟값은 4이다.

0463

답 ⑤

$f(x)=(x+1)^2(x-2)$에서

$f'(x)=2(x+1)(x-2)+(x+1)^2$

$\quad=(x+1)(2x-4+x+1)=3(x+1)(x-1)$

$f'(x)=0$에서 $x=-1$ 또는 $x=1$

함수 $f(x)$의 증가와 감소를 표로 나타내면 다음과 같다.

x	$\cdots$	-1	$\cdots$	1	$\cdots$
$f'(x)$	$+$	0	$-$	0	$+$
$f(x)$	↗	0	↘	-4	↗

따라서 함수 $f(x)$는 $x=-1$에서 극댓값 0, $x=1$에서 극솟값 -4를 가지므로 $y=f(x)$의 그래프가 극값을 갖는 두 점 A, B의 좌표는 $(-1, 0)$, $(1, -4)$

$\therefore \overline{AB}=\sqrt{(1+1)^2+(-4-0)^2}=\sqrt{20}=2\sqrt{5}$

0464

답 18

모든 실수 x에 대하여 $f(-x)=-f(x)$이므로

$f(x)=x^3+ax$ (a는 상수)라 하면

$f'(x)=3x^2+a$

함수 $f(x)$가 구간 $(-1, 1)$에서 감소하려면 $-1<x<1$에서 $f'(x)\le 0$이어야 하므로 오른쪽 그림에서

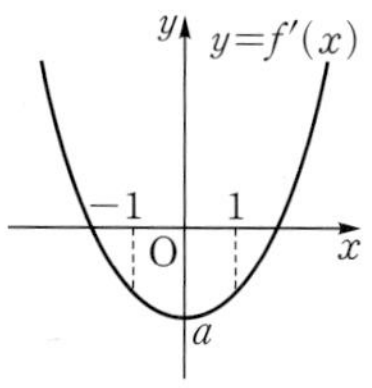

$f'(-1)=3+a\le 0$, $f'(1)=3+a\le 0$

$\therefore a\le -3$

$\therefore f(3)=27+3a\le 18$

따라서 $f(3)$의 최댓값은 18이다.

0465

답 5

$f(x)=\frac{2}{3}x^3-ax^2+(a+4)x$에서

$f'(x)=2x^2-2ax+a+4=2\left(x-\frac{a}{2}\right)^2-\frac{a^2}{2}+a+4$

삼차함수 $f(x)$가 $x>-1$에서 극댓값과 극솟값을 모두 가지려면 이차방정식 $f'(x)=0$이 $x>-1$에서 서로 다른 두 실근을 가져야 하므로 $y=f'(x)$의 그래프가 오른쪽 그림과 같아야 한다.

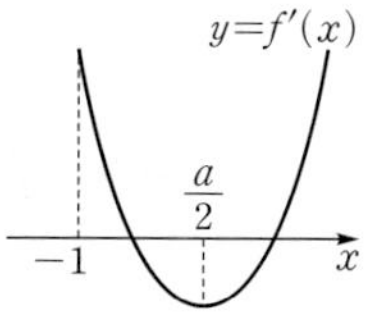

(i) 이차방정식 $2x^2-2ax+a+4=0$의 판별식을 D라 하면

$\frac{D}{4}=a^2-2(a+4)>0$에서

$a^2-2a-8>0$, $(a+2)(a-4)>0$

$\therefore a<-2$ 또는 $a>4$

(ii) $f'(-1)=2+2a+a+4>0$에서

$3a+6>0 \quad \therefore a>-2$

(iii) $y=f'(x)$의 그래프의 축의 방정식은 $x=\frac{a}{2}$이므로

$\frac{a}{2}>-1 \quad \therefore a>-2$

(i)~(iii)에서 실수 a의 값의 범위는 $a>4$이므로 구하는 정수 a의 최솟값은 5이다.

0466

답 ②

$f'(x)\{f(x)-2\}\le 0$에서 $f'(x)$의 부호에 따라 다음과 같은 경우로 나누어 생각해 볼 수 있다.

(i) $f'(x)>0$인 경우

구간 $(-3, 2)$에서 $f'(x)>0$이고 이 구간에서 부등식 $f(x)-2\le 0$, 즉 $f(x)\le 2$를 만족시키는 정수 x는 -2, -1이다.

(ii) $f'(x)\le 0$인 경우

구간 $[2, 7)$에서 $f'(x)\le 0$이고 이 구간에서 부등식 $f(x)-2\ge 0$, 즉 $f(x)\ge 2$를 만족시키는 정수 x는 2, 3, 4이다.

(i), (ii)에서 구하는 정수 x는 -2, -1, 2, 3, 4의 5개이다.

0467

답 2

$f(x)=x^3-(2a+1)x^2+(4a-1)x$에서

$f'(x)=3x^2-2(2a+1)x+4a-1=(x-1)(3x-4a+1)$

$f'(x)=0$에서 $x=1$ 또는 $x=\frac{4a-1}{3}$

최고차항의 계수가 양수인 삼차함수 $f(x)$가 $x=1$에서 극댓값을 가지므로 $f(x)$는 $x=\frac{4a-1}{3}$에서 극솟값을 갖는다.

따라서 함수 $y=f(x)$의 그래프의 개형은 다음 그림과 같다.

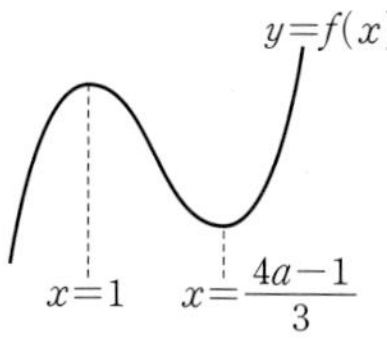

즉, $\frac{4a-1}{3}>1$이므로 $4a-1>3$

$\therefore a>1$

따라서 정수 a의 최솟값은 2이다.

0468

답 12

$f(x)=x^3+ax^2-a^2x+2$에서

$f'(x)=3x^2+2ax-a^2=(x+a)(3x-a)$

$f'(x)=0$에서 $x=-a$ 또는 $x=\frac{a}{3}$

$a>0$이므로 닫힌구간 $[-a, a]$에서 함수 $f(x)$의 증가와 감소를 표로 나타내면 다음과 같다.

x	$-a$	$\cdots$	$\frac{a}{3}$	$\cdots$	a
$f'(x)$		$-$	0	$+$	
$f(x)$		↘	극소	↗	

즉, 닫힌구간 $[-a, a]$에서 함수 $f(x)$는 $x=\frac{a}{3}$일 때 극소이면서 최소이므로 최솟값은

$f\left(\frac{a}{3}\right)=\frac{a^3}{27}+\frac{a^3}{9}-\frac{a^3}{3}+2=-\frac{5}{27}a^3+2$

이때 최솟값이 $\frac{14}{27}$이므로

$-\frac{5}{27}a^3+2=\frac{14}{27}$, $a^3=8$

$\therefore a=2$

따라서 $f(x)=x^3+2x^2-4x+2$에서

$f(-2)=-8+8+8+2=10$,

$f(2)=8+8-8+2=10$

이므로 최댓값은 $M=10$이다.

$\therefore a+M=2+10=12$

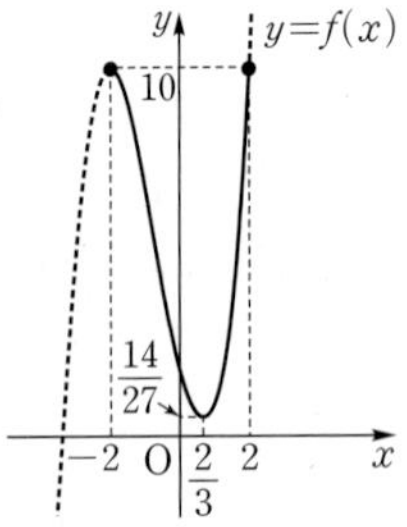

ㄷ. $f(2)<0$일 때, 함수 $y=|f(x)|$의 그래프의 개형은 다음 그림과 같다.

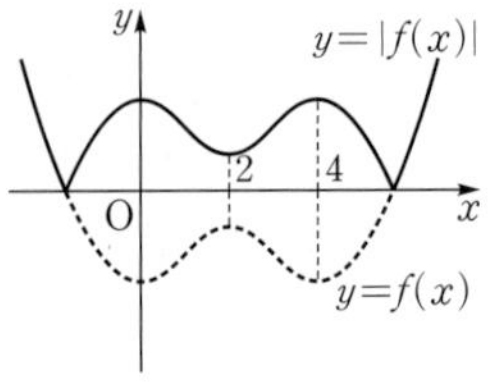

즉, 함수 $|f(x)|$가 미분가능하지 않은 x는 2개이다. (거짓)

따라서 옳은 것은 ㄱ, ㄴ이다.

0469

답 7

$f(x)=-\frac{1}{2}x^4+\frac{4}{3}(a+1)x^3-9x^2$에서

$f'(x)=-2x^3+4(a+1)x^2-18x=-2x\{x^2-2(a+1)x+9\}$

최고차항의 계수가 음수인 사차함수 $f(x)$가 극솟값을 갖지 않으려면 오직 하나의 극댓값을 가져야 하므로 삼차방정식 $f'(x)=0$이 한 실근과 두 허근을 갖거나 한 실근과 중근 또는 삼중근을 가져야 한다.

이때 방정식 $f'(x)=0$의 한 실근이 $x=0$이므로 다음과 같은 경우로 나누어 생각해 볼 수 있다.

(i) $f'(x)=0$이 한 실근과 두 허근을 갖는 경우

이차방정식 $x^2-2(a+1)x+9=0$이 허근을 가져야 하므로 판별식을 D라 하면

$\frac{D}{4}=(a+1)^2-9<0$, $a^2+2a-8<0$

$(a+4)(a-2)<0$ $\quad\therefore -4<a<2$

(ii) $f'(x)=0$이 한 실근과 중근 또는 삼중근을 갖는 경우

이차방정식 $x^2-2(a+1)x+9=0$이 $x=0$을 근으로 가질 수 없으므로 0이 아닌 실수를 중근으로 가져야 한다.

즉, 판별식을 D라 하면

$\frac{D}{4}=(a+1)^2-9=0$, $a^2+2a-8=0$

$(a+4)(a-2)=0$ $\quad\therefore a=-4$ 또는 $a=2$

(i), (ii)에서 실수 a의 값의 범위는 $-4\le a\le 2$

따라서 정수 a는 $-4, -3, -2, \cdots, 2$의 7개이다.

0470

답 ③

주어진 그래프에서 $f'(x)$의 부호를 조사하여 함수 $f(x)$의 증가와 감소를 표로 나타내면 다음과 같다.

x	$\cdots$	0	$\cdots$	2	$\cdots$	4	$\cdots$
$f'(x)$	$-$	0	$+$	0	$-$	0	$+$
$f(x)$	↘	극소	↗	극대	↘	극소	↗

ㄱ. 함수 $f(x)$는 $x=2$에서 극대, $x=0$, $x=4$에서 극소이므로 함수 $y=f(x)$의 그래프가 극값을 갖는 점은 3개이다. (참)

ㄴ. $f(0)=f(4)$이므로 함수 $f(x)$는 $x=0$, $x=4$에서 극소이면서 최소이다. 따라서 $f(0)=2$이면 함수 $f(x)$의 최솟값은 2이다. (참)

0471

답 ②

$f(x)=x^3-3ax^2+3(a^2-1)x$에서

$f'(x)=3x^2-6ax+3(a^2-1)$

$f'(x)=0$에서 $3x^2-6ax+3(a^2-1)=0$

$3\{x^2-2ax+(a+1)(a-1)\}=0$

$3\{x-(a+1)\}\{x-(a-1)\}=0$

$\therefore x=a+1$ 또는 $x=a-1$

$a-1<a+1$이므로 함수 $f(x)$의 증가와 감소를 표로 나타내면 다음과 같다.

x	$\cdots$	$a-1$	$\cdots$	$a+1$	$\cdots$
$f'(x)$	$+$	0	$-$	0	$+$
$f(x)$	↗	극대	↘	극소	↗

따라서 함수 $f(x)$는 $x=a-1$에서 극대이고, 극댓값이 4이므로

$f(a-1)=(a-1)^3-3a(a-1)^2+3(a^2-1)(a-1)=4$

$a^3-3a-2=0$, $(a+1)^2(a-2)=0$

$\therefore a=-1$ 또는 $a=2$

(i) $a=-1$일 때

$f(x)=x^3+3x^2$이므로

$f(-2)=-8+12=4>0$

즉, 주어진 조건을 만족시킨다.

(ii) $a=2$일 때

$f(x)=x^3-6x^2+9x$이므로

$f(-2)=-8-24-18=-50<0$

즉, 주어진 조건을 만족시키지 않는다.

(i), (ii)에서 $a=-1$이므로 $f(x)=x^3+3x^2$

$\therefore f(-1)=-1+3=2$

0472

답 ③

$f(x)=x^3-3x+1$에서

$f'(x)=3x^2-3=3(x+1)(x-1)$

$f'(x)=0$에서 $x=-1$ 또는 $x=1$

함수 $f(x)$의 증가와 감소를 표로 나타내면 다음과 같다.

x	$\cdots$	-1	$\cdots$	1	$\cdots$
$f'(x)$	$+$	0	$-$	0	$+$
$f(x)$	↗	3	↘	-1	↗

따라서 함수 $y=f(x)$의 그래프는 다음 그림과 같다.

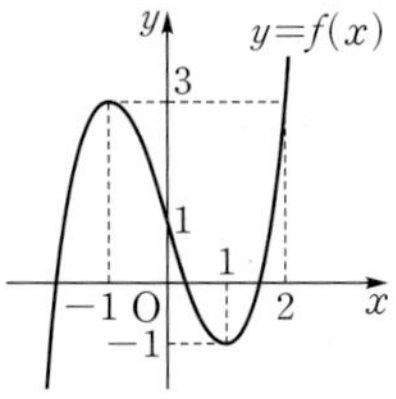

함수 $y=f(x)$의 그래프와 직선 $y=3$이 만나는 점의 x좌표는

$x^3-3x+1=3$에서 $x^3-3x-2=0$

$(x+1)^2(x-2)=0 \qquad \therefore x=-1$ 또는 $x=2$

따라서 $g(t)=\begin{cases} 3 & (-1<t\le 2) \\ f(t) & (t>2) \end{cases}$이므로

$\sum_{k=1}^{3} g(k)=g(1)+g(2)+g(3)=3+3+f(3)=6+19=25$

0473

답 ②

$f(0)=0$이고 최고차항의 계수가 2인 삼차함수 $f(x)$에 대하여 함수 $|f(x)|$가 $x=3$에서만 미분가능하지 않으려면 다음 그림과 같이 함수 $y=|f(x)|$의 그래프가 $x=0$일 때 x축과 접하면서 만나고 $x=3$에서 x축과 만나고 그래프가 꺾인 모양이어야 한다.

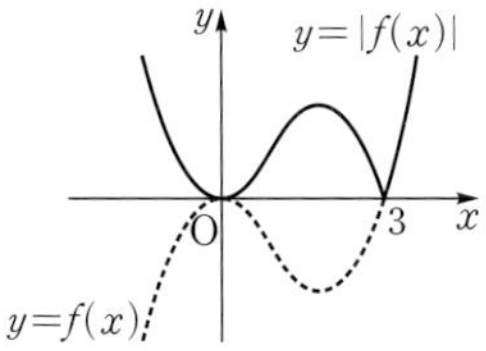

즉, $f(x)=2x^2(x-3)=2x^3-6x^2$이므로

$f'(x)=6x^2-12x=6x(x-2)$

$f'(x)=0$에서 $x=0$ 또는 $x=2$

함수 $f(x)$의 증가와 감소를 표로 나타내면 다음과 같다.

x	$\cdots$	0	$\cdots$	2	$\cdots$
$f'(x)$	+	0	−	0	+
$f(x)$	↗	0	↘	−8	↗

따라서 함수 $f(x)$는 $x=2$에서 극솟값 -8을 갖는다.

0474

답 ②

ㄱ. $\alpha<\beta$이면 함수 $y=f(x)$의 그래프의 개형은 다음 그림과 같다.

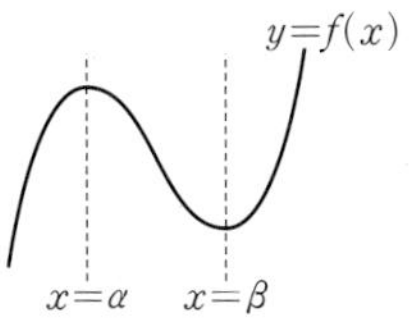

따라서 $x\to\infty$일 때, $f(x)\to\infty$이므로 $a>0$이다. (참)

ㄴ. $\beta<0<\alpha$이고 $f(\beta)=0$이면 함수 $y=f(x)$의 그래프의 개형은 다음 그림과 같다.

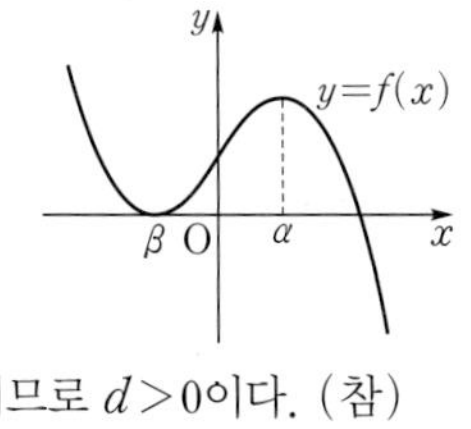

따라서 $f(0)>0$이므로 $d>0$이다. (참)

ㄷ. ㄱ에서 $\alpha<0<\beta$이면 $a>0$

$f(x)=ax^3+bx^2+cx+d$에서 $f'(x)=3ax^2+2bx+c$

이차방정식 $f'(x)=0$의 서로 다른 두 실근이 α, β이고

$\alpha<0<\beta$, $|\alpha|<|\beta|$이므로 이차방정식의 근과 계수의 관계에 의하여

$\alpha+\beta=-\frac{2b}{3a}>0$에서 $b<0$ ($\because a>0$)

$\alpha\beta=\frac{c}{3a}<0$에서 $c<0$ ($\because a>0$)

즉, $bc>0$이다. (거짓)

따라서 옳은 것은 ㄱ, ㄴ이다.

0475

답 32

오른쪽 그림과 같이 정삼각형의 꼭짓점으로부터의 거리가 x인 부분까지 자른다고 하면 뚜껑이 없는 삼각기둥의 밑면의 한 변의 길이가 $12-2x$이므로 x의 값의 범위는

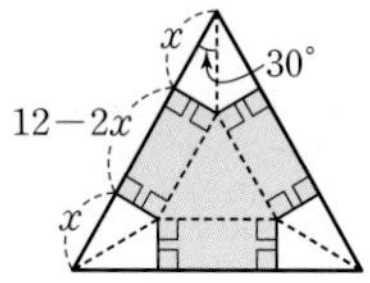

$0<12-2x<12 \qquad \therefore 0<x<6$

❶

이때 뚜껑이 없는 삼각기둥의 밑넓이는 $\frac{\sqrt{3}}{4}(12-2x)^2$, 높이는

$x\tan 30°=\frac{x}{\sqrt{3}}$이므로 상자의 부피를 $V(x)$라 하면

$V(x)=\frac{\sqrt{3}}{4}(12-2x)^2\times\frac{x}{\sqrt{3}}=x^3-12x^2+36x$

❷

$V'(x)=3x^2-24x+36=3(x-2)(x-6)$

$V'(x)=0$에서 $x=2$ ($\because 0<x<6$)

$0<x<6$에서 함수 $V(x)$의 증가와 감소를 표로 나타내면 다음과 같다.

x	0	$\cdots$	2	$\cdots$	6
$V'(x)$		+	0	−	
$V(x)$		↗	32	↘	

따라서 $V(x)$는 $x=2$에서 극대이면서 최대이므로 구하는 부피의 최댓값은 32이다.

❸

채점 기준	배점
❶ 변수 x를 설정하고 x의 값의 범위 구하기	30%
❷ 상자의 부피 $V(x)$를 식으로 나타내기	30%
❸ 증감표를 이용하여 $V(x)$의 최댓값 구하기	40%

0476

답 4

조건 ㈎에서 모든 실수 x에 대하여 $f(-x)=f(x)$이므로 함수 $y=f(x)$의 그래프는 y축에 대하여 대칭이다.

즉, $f(x)$는 최고차항의 계수가 1이고 홀수차항의 계수가 0인 사차함수이다.

$f(x)=x^4+ax^2+b$ (a, b는 상수)라 하면

$f'(x)=4x^3+2ax$

❶

조건 (나)에서 함수 $f(x)$가 $x=1$에서 최솟값 3을 가지므로

$f'(1)=0$에서 $4+2a=0$

$\therefore a=-2$

$f(1)=3$에서 $1-2+b=3$

$\therefore b=4$

따라서 $f(x)=x^4-2x^2+4$이므로

$f'(x)=4x^3-4x=4x(x+1)(x-1)$

…… ❷

$f'(x)=0$에서 $x=-1$ 또는 $x=0$ 또는 $x=1$

함수 $f(x)$의 증가와 감소를 표로 나타내면 다음과 같다.

x	$\cdots$	-1	$\cdots$	0	$\cdots$	1	$\cdots$
$f'(x)$	$-$	0	$+$	0	$-$	0	$+$
$f(x)$	↘	3	↗	4	↘	3	↗

따라서 함수 $f(x)$는 $x=0$에서 극댓값 4를 갖는다.

…… ❸

채점 기준	배점
❶ 조건 (가)를 이용하여 $f(x)$, $f'(x)$의 식 세우기	30%
❷ 조건 (나)를 이용하여 $f(x)$, $f'(x)$ 구하기	40%
❸ 함수 $f(x)$의 증감표를 이용하여 극댓값 구하기	30%

PART C 수능 녹인 변별력 문제

0477

답 ②

(i) $-1\le x<0$일 때

$f(x)=x^3+3x+3$에서

$f'(x)=3x^2+3>0$

따라서 함수 $f(x)$는 구간 $[-1, 0)$에서 증가한다.

(ii) $0\le x\le 2$일 때

$f(x)=x^3-3x+3$에서

$f'(x)=3x^2-3=3(x+1)(x-1)$

$f'(x)=0$에서 $x=1$ ($\because 0\le x\le 2$)

$0\le x\le 2$에서 함수 $f(x)$의 증가와 감소를 표로 나타내면 다음과 같다.

x	0	$\cdots$	1	$\cdots$	2
$f'(x)$		$-$	0	$+$	
$f(x)$	3	↘	1	↗	5

(i), (ii)에서 $-1\le x\le 2$일 때 함수 $y=f(x)$의 그래프는 다음 그림과 같다.

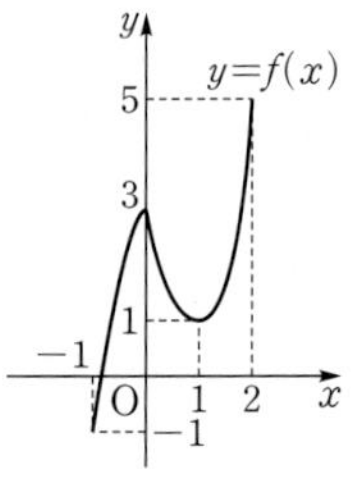

따라서 함수 $f(x)$는 $x=0$에서 극댓값 3, $x=1$에서 극솟값 1을 가지므로

$M+m=3+1=4$

0478

답 12

함수 $f(x)$의 역함수가 존재하려면 $f(x)$가 일대일대응이어야 하므로 실수 전체의 집합에서 $f(x)$는 증가하거나 감소해야 한다. 그런데 $f(x)$의 최고차항의 계수가 양수이므로 $f(x)$는 증가해야 한다.

$f(x)=\frac{1}{3}x^3+(a-3)x^2+(a-1)x+a-6$에서

$f'(x)=x^2+2(a-3)x+a-1$

함수 $f(x)$가 실수 전체의 집합에서 증가하려면 모든 실수 x에 대하여 $f'(x)\ge 0$이어야 하므로 이차방정식 $f'(x)=0$의 판별식을 D라 하면

$\frac{D}{4}=(a-3)^2-(a-1)\le 0$, $a^2-7a+10\le 0$

$(a-2)(a-5)\le 0$ $\quad\therefore 2\le a\le 5$ …… ㉠

한편 방정식 $f(x)=0$이 구간 $(0, 3)$에서 적어도 하나의 실근을 가지려면 $f(0)f(3)<0$이어야 하므로

$(a-6)(13a-27)<0$ $\quad\therefore \frac{27}{13}<a<6$ …… ㉡

㉠, ㉡을 동시에 만족시키는 a의 값의 범위는

$\frac{27}{13}<a\le 5$

따라서 정수 a는 3, 4, 5이므로 구하는 합은

$3+4+5=12$

Bible Says 사잇값의 정리의 활용

함수 $f(x)$가 닫힌구간 $[a, b]$에서 연속이고 $f(a)f(b)<0$이면 $f(c)=0$인 c가 열린구간 (a, b)에 적어도 하나 존재한다.

0479

답 10

$f(x)=3x^4-8x^3-6x^2+24x+2a$에서

$f'(x)=12x^3-24x^2-12x+24=12(x+1)(x-1)(x-2)$

$f'(x)=0$에서 $x=-1$ 또는 $x=1$ 또는 $x=2$

함수 $f(x)$의 증가와 감소를 표로 나타내면 다음과 같다.

x	$\cdots$	-1	$\cdots$	1	$\cdots$	2	$\cdots$
$f'(x)$	$-$	0	$+$	0	$-$	0	$+$
$f(x)$	↘	$2a-19$	↗	$2a+13$	↘	$2a+8$	↗

따라서 함수 $y=f(x)$의 그래프의 개형은 다음 그림과 같다.

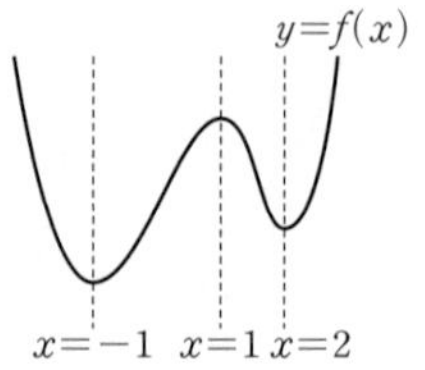

이때 함수 $|f(x)|$가 실수 전체의 집합에서 미분가능하려면 $f(x)$의 최솟값 $f(-1)\geq 0$이어야 하므로

$2a-19\geq 0 \qquad \therefore a\geq \frac{19}{2}$

따라서 정수 a의 최솟값은 10이다.

0480

답 4

$f(-1)=f(2)=0$이므로

$f(x)=(x+1)(x-2)(x-a)$ (a는 상수)라 할 수 있다.

(i) $a\neq -1$, $a\neq 2$인 경우

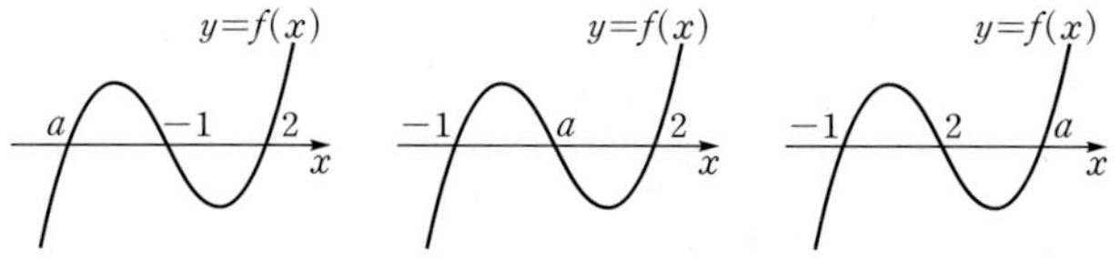

$f(x)$의 극솟값이 음수이므로 조건을 만족시키지 않는다.

(ii) $a=-1$인 경우

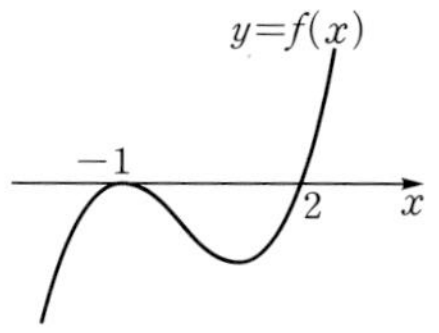

$f(x)$의 극솟값이 음수이므로 조건을 만족시키지 않는다.

(iii) $a=2$인 경우

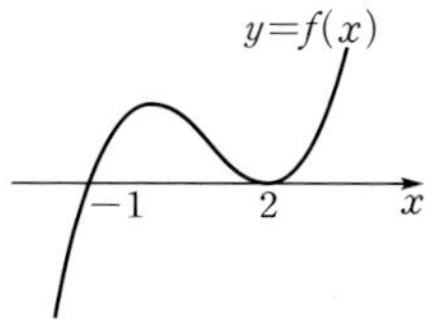

$f(x)$의 극솟값이 0이므로 조건을 만족시킨다.

(i)~(iii)에서 $f(x)=(x+1)(x-2)^2$이므로

$f(3)=4\times 1^2=4$

0481

답 ②

함수 $y=f(x)$의 그래프를 이용하여 도함수 $y=f'(x)$의 그래프를 그려 보면 다음 그림과 같다.

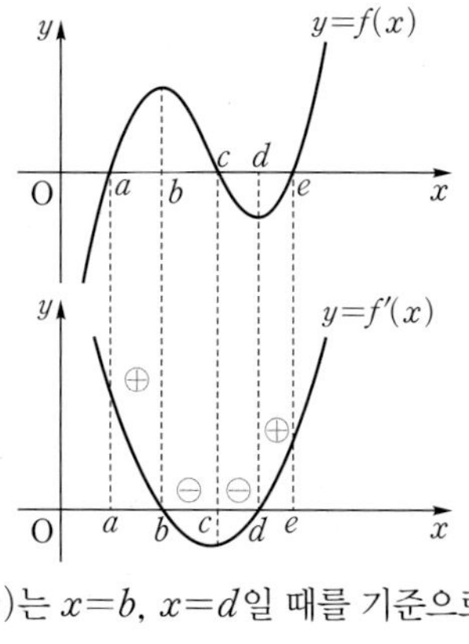

따라서 함수 $f'(x)$는 $x=b$, $x=d$일 때를 기준으로 부호가 바뀐다.

또한 함수 $g(x)$는 기울기가 양수인 일차함수이므로 모든 실수 x에 대하여 $g'(x)>0$이다.

$h(x)=f(x)g(x)$라 하면 $h'(x)=f'(x)g(x)+f(x)g'(x)$이므로 x의 값의 범위에 따른 $h'(x)$의 값의 부호를 조사하면 다음 표와 같다.

x	…	a	…	b	…	c	…	d	…	e	…
$f(x)$	−	0	+	+	+	0	−	−	−	0	+
$f'(x)$	+	+	+	0	−	−	−	0	+	+	+
$g(x)$	−	−	−	−	−	0	+	+	+	+	+
$g'(x)$	+	+	+	+	+	+	+	+	+	+	+
$f'(x)g(x)$	−	−	−	0	+	0	−	0	+	+	+
$f(x)g'(x)$	−	0	+	+	+	0	−	−	−	0	+
$h'(x)$	−	−		+	+	0	−	−		+	+

즉, 함수 $f(x)g(x)$는 $x=c$에서 극대이고 $a<x<b$, $d<x<e$에서 각각 극솟값을 갖는다.

따라서 $p<q$이므로 $a<p<b$이고 $d<q<e$이다.

0482

답 ②

$f(a)=f'(a)=0$, $f(b)=0$이므로

$f(x)=k(x-a)^2(x-b)(x-c)$ (k, c는 상수, $k>0$)

라 하면 함수 $y=f(x)$의 그래프의 개형은 다음과 같은 경우로 나누어 생각해 볼 수 있다.

(i) $c\neq b$, $c\neq a$일 때

다음 그림과 같이 함수 $y=f(x)$의 그래프가 x축과 $x=a$, $x=b$, $x=c$에서 만난다.

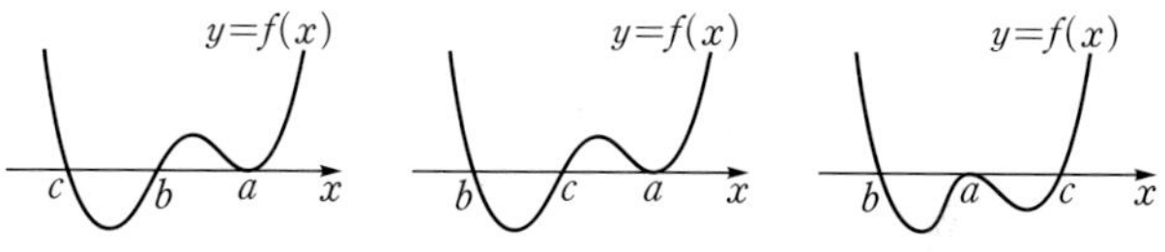

[그림 1] [그림 2] [그림 3]

(ii) $c=b$일 때

$f(x)=k(x-a)^2(x-b)^2$이므로 다음 그림과 같이 함수 $y=f(x)$의 그래프가 x축과 $x=a$, $x=b$에서 접한다.

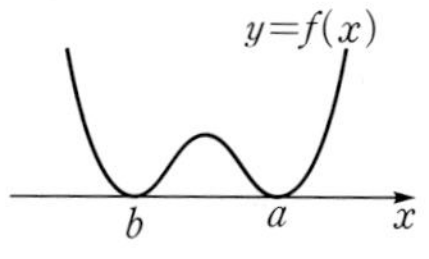

(iii) $c=a$일 때

$f(x)=k(x-a)^3(x-b)$이므로 다음 그림과 같이 함수 $y=f(x)$의 그래프가 x축과 $x=a$에서 접하고 $x=b$에서 만난다.

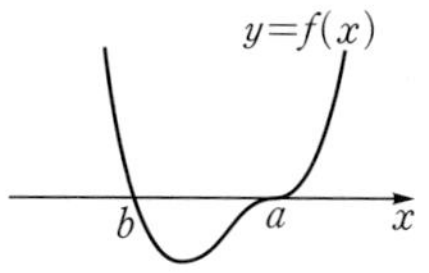

ㄱ. $f'(b)>0$이면 $y=f(x)$의 그래프의 개형은 (i)의 [그림 1]과 같으므로 함수 $f(x)$는 극댓값을 갖는다. (참)

ㄴ. $f'(b)=0$이면 $y=f(x)$의 그래프의 개형은 (ii)의 그림과 같으므로 함수 $f(x)$가 극값을 갖는 x는 3개이다. (참)

ㄷ. $f'(b)\neq 0$이면 $y=f(x)$의 그래프의 개형은 (i), (iii)의 그림과 같다. 이때 (iii)의 경우 함수 $y=f(x)$의 그래프는 x축과 서로 다른 두 점에서 만난다. (거짓)

따라서 옳은 것은 ㄱ, ㄴ이다.

0483

답 1

$f(x)=x^3+3x^2+2$에서

$f'(x)=3x^2+6x=3x(x+2)$

$f'(x)=0$에서 $x=-2$ 또는 $x=0$

함수 $f(x)$의 증가와 감소를 표로 나타내면 다음과 같다.

x	$\cdots$	-2	$\cdots$	0	$\cdots$
$f'(x)$	$+$	0	$-$	0	$+$
$f(x)$	↗	6	↘	2	↗

따라서 함수 $y=f(x)$의 그래프는 다음 그림과 같다.

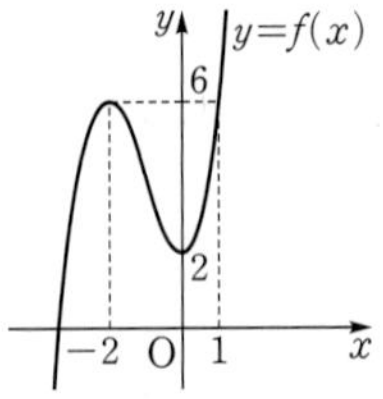

함수 $y=f(x)$의 그래프와 직선 $y=6$이 만나는 점의 x좌표는

$x^3+3x^2+2=6$에서 $x^3+3x^2-4=0$

$(x+2)^2(x-1)=0$ $\quad\therefore x=-2$ 또는 $x=1$

즉, $g(t)=\begin{cases} f(t) & (t<-2) \\ 6 & (-2\le t<1) \\ f(t) & (t\ge 1)\end{cases}$이므로 함수 $y=g(t)$의 그래프는 다음 그림과 같다.

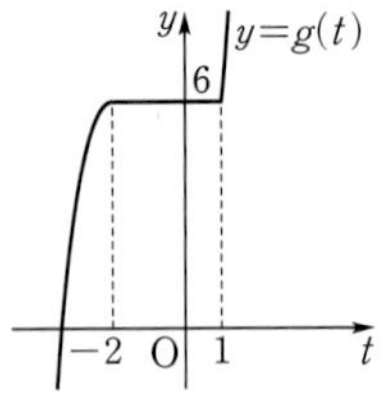

따라서 함수 $g(t)$는 $t=1$에서 미분가능하지 않으므로

$a=1$

0484

답 ①

ㄱ. 함수 $g(x)$의 역함수가 존재하므로 $g(x)$는 일대일대응이어야 하고, 최고차항의 계수가 양수이므로 $g(x)$는 증가함수이어야 한다.

$g(x)=x^3+ax^2+bx+c$에서

$g'(x)=3x^2+2ax+b$

함수 $g(x)$가 실수 전체의 집합에서 증가하려면 모든 실수 x에 대하여 $g'(x)\ge 0$이어야 하므로 이차방정식 $g'(x)=0$의 판별식을 D라 하면

$\dfrac{D}{4}=a^2-3b\le 0$

$\therefore a^2\le 3b$ (참)

ㄴ. $2f(x)=g(x)-g(-x)$에서

$f(x)=\dfrac{g(x)-g(-x)}{2}$

$=\dfrac{(x^3+ax^2+bx+c)-(-x^3+ax^2-bx+c)}{2}$

$=x^3+bx$

$f'(x)=3x^2+b$이므로 $f'(x)=0$에서 $3x^2+b=0$

이차방정식 $3x^2+b=0$의 판별식을 D'이라 하면

$D'=-12b$

이때 ㄱ에 의하여 $b\ge\dfrac{a^2}{3}\ge 0$이므로

$D'=-12b\le 0$

즉, 이차방정식 $f'(x)=0$은 서로 다른 두 실근을 갖지 않는다. (거짓)

ㄷ. 방정식 $f'(x)=0$, 즉 $3x^2+b=0$이 실근을 가지면

$b\le 0$이고, ㄱ에 의하여 $b\ge 0$이므로

$b=0$

$b=0$을 $a^2\le 3b$에 대입하면

$a^2\le 0$ $\quad\therefore a=0$

즉, $g'(x)=3x^2$이므로 $g'(1)=3$ (거짓)

따라서 옳은 것은 ㄱ이다.

참고

$f(x)=\dfrac{g(x)-g(-x)}{2}$에 x 대신 $-x$를 대입하면

$f(-x)=\dfrac{g(-x)-g(x)}{2}$

즉, $f(x)=-f(-x)$이고 $g(x)$가 최고차항의 계수가 1인 삼차함수이므로 $f(x)$는 차수가 홀수인 항으로만 이루어진 삼차함수이다.

0485

답 12

함수 $f(x)$의 역함수가 존재하려면 $f(x)$가 일대일대응이어야 하므로 실수 전체의 집합에서 $f(x)$는 증가하거나 감소해야 한다.

조건 (가)에서 $f'(3)=0$이므로 함수 $y=f(x)$의 그래프의 개형은 다음 그림과 같다.

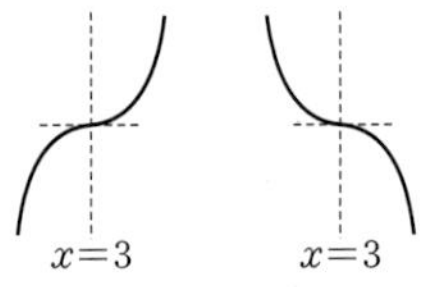

이때 $g(x)=f(x)-4$라 하면 조건 (나)에서 함수 $|g(x)|$가 $x=2$에서 미분가능하지 않으므로 함수 $y=|g(x)|$의 그래프가 다음 그림과 같이 $x=2$에서 x축과 만나고 그래프가 꺾인 모양이어야 한다.

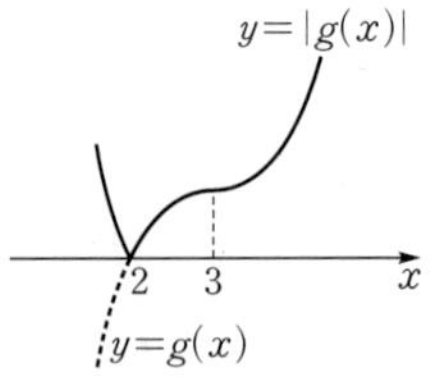

$g(x)=a(x-3)^3+b$ (a, b는 상수, $a\ne 0$)라 하면

$g(2)=0$이므로 $-a+b=0$ $\quad\cdots\cdots$ ㉠

또한 $f(4)=6$에서 $g(4)=2$이므로

$a+b=2$ $\quad\cdots\cdots$ ㉡

㉠, ㉡을 연립하여 풀면 $a=1$, $b=1$

따라서 $g(x)=(x-3)^3+1$이므로

$f(x)=(x-3)^3+5$

$f'(x)=3(x-3)^2$

$\therefore f'(1)=3\times 4=12$

Bible Says 증가 또는 감소하는 삼차함수의 그래프

실수 전체의 집합에서 증가 또는 감소하는 삼차함수 $y=f(x)$의 그래프의 개형은 다음과 같다.

(i) $f'(x)=0$이 중근 α를 갖는 경우

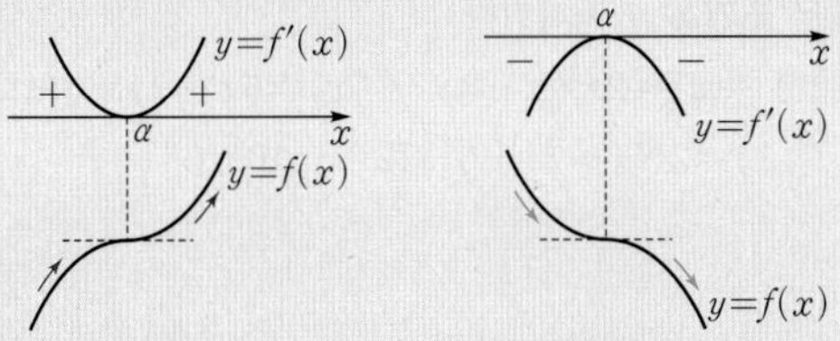

이때 $f(\alpha)=0$인 경우

① $y=f(x)$의 그래프는 x축과 $x=\alpha$에서 접하면서 만난다.

② 방정식 $f(x)=0$은 $x=\alpha$를 삼중근으로 갖는다.

③ $f(x)=k(x-\alpha)^3$ $(k\neq0)$과 같이 나타낼 수 있다.

(ii) $f'(x)=0$이 실근을 갖지 않는 경우

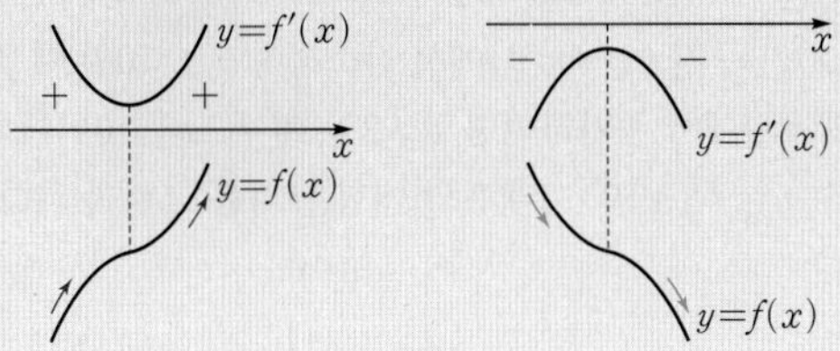

0486

답 16

모든 실수 x에 대하여 $f(-x)=f(x)$이므로 함수 $y=f(x)$의 그래프는 y축에 대하여 대칭이다. 즉, $f(x)$는 최고차항의 계수가 1이고 홀수차항의 계수가 0인 사차함수이다.

$f(x)=x^4+ax^2+b$ (a, b는 상수)라 하면

$f'(x)=4x^3+2ax$

조건 (가)에서 함수 $f(x)$는 $x=2$에서 극솟값을 가지므로

$f'(2)=0$에서 $32+4a=0$

$\therefore a=-8$

$f'(x)=4x^3-16x=4x(x+2)(x-2)$

$f'(x)=0$에서 $x=-2$ 또는 $x=0$ 또는 $x=2$

함수 $f(x)$의 증가와 감소를 표로 나타내면 다음과 같다.

x	$\cdots$	-2	$\cdots$	0	$\cdots$	2	$\cdots$
$f'(x)$	$-$	0	$+$	0	$-$	0	$+$
$f(x)$	↘	$b-16$	↗	b	↘	$b-16$	↗

이때 조건 (나)에서 함수 $|f(x)|$가 $x=1$에서 극솟값을 가지므로 다음 그림과 같이 $y=|f(x)|$의 그래프가 $x=1$에서 x축과 만나야 한다.

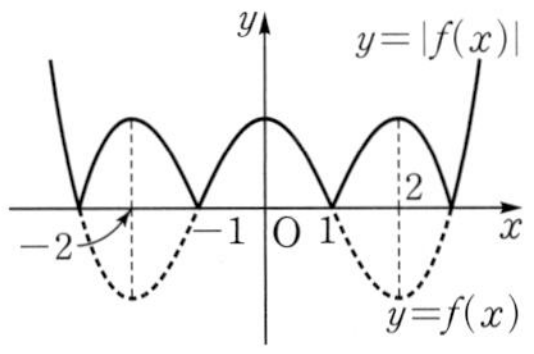

즉, $f(1)=0$에서 $1+a+b=0$

$\therefore b=7$

따라서 $f(x)=x^4-8x^2+7$이므로

$f(3)=81-72+7=16$

Bible Says 다항함수의 대칭성

다항함수 $f(x)$가 모든 실수 x에 대하여

(1) $f(x)=f(-x)$인 경우

$y=f(x)$의 그래프는 y축에 대하여 대칭이고 $f(x)$의 식은 차수가 짝수인 항 또는 상수항으로만 이루어진다.

(2) $f(x)=-f(-x)$인 경우

$y=f(x)$의 그래프는 원점에 대하여 대칭이고 $f(x)$의 식은 차수가 홀수인 항으로만 이루어진다.

0487

답 11

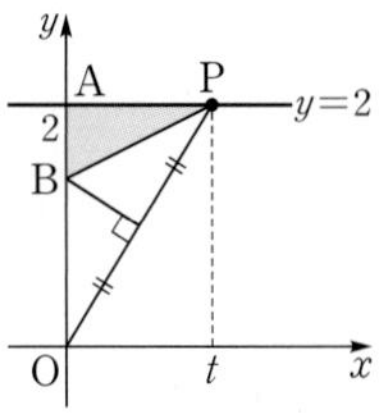

직선 OP의 기울기는 $\frac{2}{t}$이고 선분 OP의 중점은 $\left(\frac{t}{2}, 1\right)$이므로

선분 OP의 수직이등분선의 방정식은

$y=-\frac{t}{2}\left(x-\frac{t}{2}\right)+1$

따라서 이 직선과 y축의 교점은 $\mathrm{B}\left(0, \frac{t^2}{4}+1\right)$

직각삼각형 ABP의 밑변의 길이가 $\overline{\mathrm{AB}}=2-\left(\frac{t^2}{4}+1\right)=1-\frac{t^2}{4}$,

높이가 $\overline{\mathrm{AP}}=t$이므로 삼각형 ABP의 넓이 $f(t)$는

$f(t)=\frac{1}{2}\left(1-\frac{t^2}{4}\right)t=\frac{1}{8}(4t-t^3)$

$f'(t)=\frac{1}{8}(4-3t^2)=-\frac{1}{8}(\sqrt{3}t+2)(\sqrt{3}t-2)$

$f'(t)=0$에서 $t=\frac{2}{\sqrt{3}}$ $(\because 0<t<2)$

$0<t<2$에서 함수 $f(t)$의 증가와 감소를 표로 나타내면 다음과 같다.

t	0	$\cdots$	$\frac{2}{\sqrt{3}}$	$\cdots$	2
$f'(t)$		$+$	0	$-$	
$f(t)$		↗	극대	↘	

따라서 $0<t<2$에서 함수 $f(t)$는 $t=\frac{2}{\sqrt{3}}$일 때 극대이면서 최대이므로 $f(t)$의 최댓값은

$f\left(\frac{2}{\sqrt{3}}\right)=\frac{1}{8}\left(\frac{8}{\sqrt{3}}-\frac{8}{3\sqrt{3}}\right)=\frac{2}{9}\sqrt{3}$

따라서 $a=9$, $b=2$이므로

$a+b=9+2=11$

0488

답 ③

점 (t, t^3)과 직선 $y=x+6$, 즉 $x-y+6=0$ 사이의 거리 $g(t)$는

$g(t)=\frac{|t-t^3+6|}{\sqrt{1^2+(-1)^2}}=\frac{|-t^3+t+6|}{\sqrt{2}}$

이때 $h(t)=-t^3+t+6$이라 하면

$h'(t)=-3t^2+1=-3\left(t+\frac{\sqrt{3}}{3}\right)\left(t-\frac{\sqrt{3}}{3}\right)$

$h'(t)=0$에서 $t=-\frac{\sqrt{3}}{3}$ 또는 $t=\frac{\sqrt{3}}{3}$

함수 $h(t)$의 증가와 감소를 표로 나타내면 다음과 같다.

t	$\cdots$	$-\frac{\sqrt{3}}{3}$	$\cdots$	$\frac{\sqrt{3}}{3}$	$\cdots$
$h'(t)$	$-$	0	$+$	0	$-$
$h(t)$	↘	극소	↗	극대	↘

또한 $h(t)=0$에서 $-t^3+t+6=0$

$t^3-t-6=0$, $(t-2)(t^2+2t+3)=0$

$\therefore t=2$ ($\because t^2+2t+3>0$)

즉, 함수 $y=h(t)$의 그래프는 $t=2$일 때만 t축과 만난다.

따라서 함수 $y=h(t)$의 그래프의 개형은 [그림 1]과 같고,

함수 $g(t)=\frac{|h(t)|}{\sqrt{2}}$의 그래프의 개형은 [그림 2]와 같다.

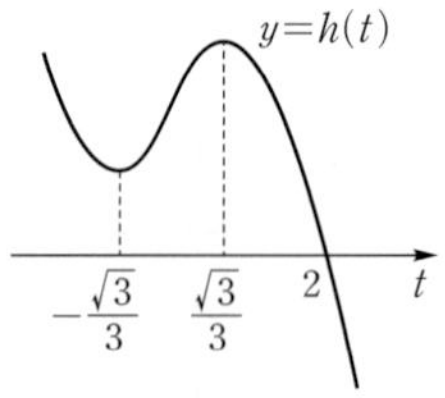

[그림 1]

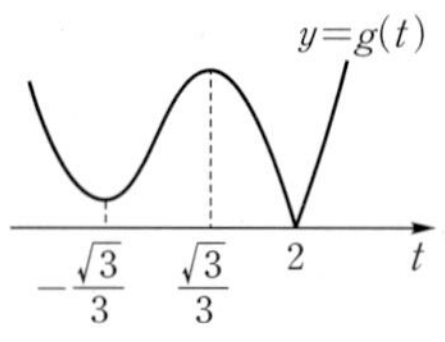

[그림 2]

ㄱ. [그림 2]에서 함수 $g(t)$는 실수 전체의 집합에서 연속이다. (참)

ㄴ. 함수 $g(t)$는 $t=-\frac{\sqrt{3}}{3}$에서 0이 아닌 극솟값을 갖는다. (참)

ㄷ. $t<2$일 때, $g(t)=\frac{-t^3+t+6}{\sqrt{2}}$이므로 $g'(t)=\frac{-3t^2+1}{\sqrt{2}}$

$\therefore \lim_{t\to 2-} g'(t)=\lim_{t\to 2-}\frac{-3t^2+1}{\sqrt{2}}=-\frac{11}{\sqrt{2}}$ …… ㉠

$t>2$일 때, $g(t)=\frac{t^3-t-6}{\sqrt{2}}$이므로 $g'(t)=\frac{3t^2-1}{\sqrt{2}}$

$\therefore \lim_{t\to 2+} g'(t)=\lim_{t\to 2+}\frac{3t^2-1}{\sqrt{2}}=\frac{11}{\sqrt{2}}$ …… ㉡

㉠, ㉡에서 $\lim_{t\to 2-} g'(t)\neq \lim_{t\to 2+} g'(t)$이므로 함수 $g(t)$는 $t=2$에서 미분가능하지 않다. (거짓)

따라서 옳은 것은 ㄱ, ㄴ이다.

0489

답 ③

함수 $f(x)$의 최고차항을 ax^n ($a>0$, n은 자연수)라 하면 $f'(x)$의 최고차항은 nax^{n-1}이므로

$f(x)f'(x)=12x^3(x-2)(x-3)$에서

$na^2x^{2n-1}=12x^5$

$2n-1=5$에서 $n=3$

$na^2=12$에서 $3a^2=12$

$3(a+2)(a-2)=0$ $\quad\therefore a=2$ ($\because a>0$)

함수 $f(x)$는 $x=0$에서 극값을 가지므로 $f'(0)=0$

따라서 함수 $f(x)$는 x^2, $f'(x)$는 x를 인수로 가져야 하므로 다음과 같은 경우로 나누어 생각해 볼 수 있다.

(i) $f(x)$가 $x-2$를 인수로 가질 때

$f(x)=2x^2(x-2)$, $f'(x)=6x(x-3)$이어야 한다.

그런데 $f(x)$를 미분하면

$f'(x)=4x(x-2)+2x^2=6x^2-8x$

이므로 조건을 만족시키지 않는다.

(ii) $f(x)$가 $x-3$을 인수로 가질 때

$f(x)=2x^2(x-3)$, $f'(x)=6x(x-2)$이어야 한다.

$f(x)$를 미분하면

$f'(x)=4x(x-3)+2x^2=6x^2-12x$

이므로 조건을 만족시킨다.

(i), (ii)에서 $f(x)=2x^2(x-3)$, $f'(x)=6x^2-12x$이므로

$f(1)+f'(1)=2\times(-2)+6-12=-10$

0490

답 ③

$f'(x)=(x+1)(x^2+ax+b)$에서 $f'(-1)=0$이고,

함수 $f(x)$가 구간 $(-\infty, 0)$에서 감소하려면 $x<0$일 때 $f'(x)\le 0$,

구간 $(2, \infty)$에서 증가하려면 $x>2$일 때 $f'(x)\ge 0$이어야 하므로

삼차함수 $y=f'(x)$의 그래프의 개형은 다음 그림과 같다.

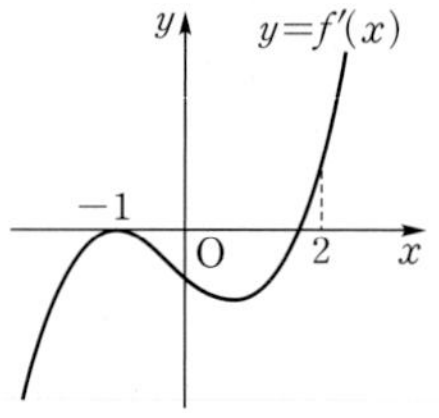

즉, $f'(x)$는 $(x+1)^2$을 인수로 가져야 하므로 x^2+ax+b는 $x+1$을 인수로 갖는다.

$(-1)^2-a+b=0$

$\therefore b=a-1$ …… ㉠

또한 $f'(0)\le 0$, $f'(2)\ge 0$이므로

$f'(0)=b\le 0$ …… ㉡

$f'(2)=3(4+2a+b)\ge 0$

$\therefore b\ge -2a-4$ …… ㉢

㉠을 ㉡, ㉢에 각각 대입하면

$a-1\le 0$ $\quad\therefore a\le 1$

$a-1\ge -2a-4$ $\quad\therefore a\ge -1$

$\therefore -1\le a\le 1$

㉠을 a^2+b^2에 대입하면

$a^2+b^2=a^2+(a-1)^2=2a^2-2a+1$

$=2\left(a-\frac{1}{2}\right)^2+\frac{1}{2}$ (단, $-1\le a\le 1$)

따라서 a^2+b^2은 $a=-1$일 때 최댓값 $M=5$, $a=\frac{1}{2}$일 때 최솟값

$m=\frac{1}{2}$을 가지므로

$M+m=5+\frac{1}{2}=\frac{11}{2}$

0491

답 ④

삼차함수 $f(x)$의 극값이 존재하지 않는 경우 함수 $|f(x)|$가 0이 아닌 극솟값을 가질 수 없으므로 $f(x)$는 극값을 갖는 삼차함수이다.

(i) $y=f(x)$의 그래프가 x축과 서로 다른 세 점에서 만나는 경우

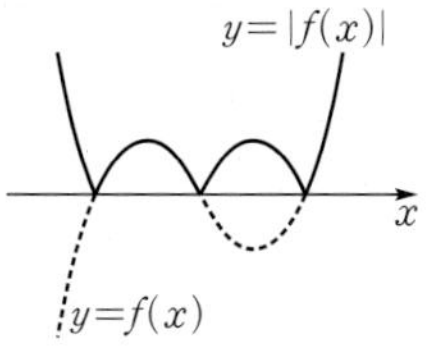

함수 $|f(x)|$가 0이 아닌 극솟값을 가질 수 없으므로 조건을 만족시키지 않는다.

(ii) $y=f(x)$의 그래프가 x축과 서로 다른 두 점에서 만나는 경우

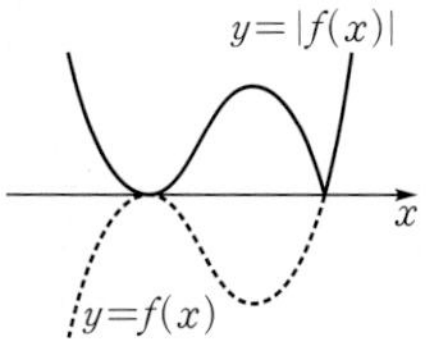

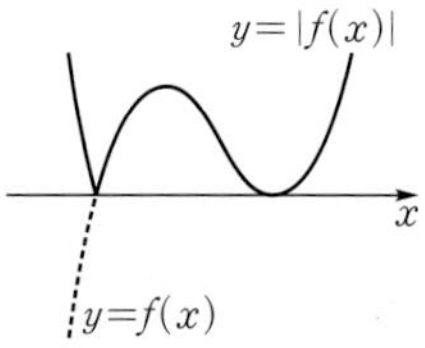

함수 $|f(x)|$가 0이 아닌 극솟값을 가질 수 없으므로 조건을 만족시키지 않는다.

(iii) $y=f(x)$의 그래프가 x축과 한 점에서 만나는 경우

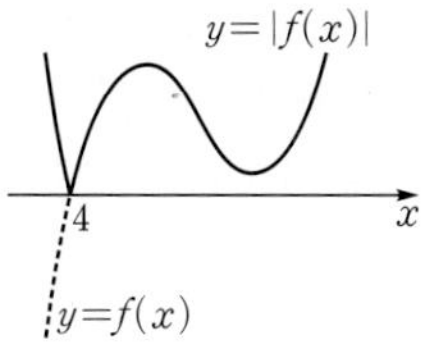

[그림1]

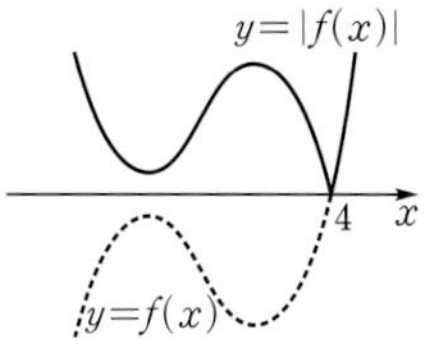

[그림2]

함수 $|f(x)|$가 $x=0$에서 극솟값 16을 가지려면 함수 $y=|f(x)|$의 그래프의 개형이 [그림2]와 같아야 한다.
즉, 함수 $f(x)$가 $x=0$에서 극댓값 -16을 가져야 한다.
$f(x)=x^3+ax^2+bx+c$ (a, b, c는 상수)라 하면
$f'(x)=3x^2+2ax+b$
$f(0)=-16$에서 $c=-16$
$f'(0)=0$에서 $b=0$
또한 $f(4)=0$이므로 $64+16a+4b+c=0$
$48+16a=0$ $\quad\therefore a=-3$
즉, $f(x)=x^3-3x^2-16$이므로
$f'(x)=3x^2-6x=3x(x-2)$
$f'(x)=0$에서 $x=0$ 또는 $x=2$
따라서 함수 $f(x)$의 극솟값은
$f(2)=8-12-16=-20$

0492

답 76

조건 (가)에서 최고차항의 계수가 1인 삼차함수 $f(x)$가 $x=-1$에서 극댓값 4를 가지므로 함수 $y=f(x)$의 그래프의 개형은 다음 그림과 같다.

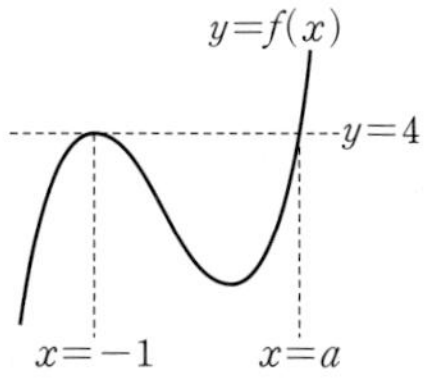

함수 $y=f(x)$의 그래프가 직선 $y=4$와 $x=a$ $(a\neq-1)$에서 만난다고 하고 이를 이용하여 함수 $y=g(t)$의 그래프의 개형을 그리면 다음 그림과 같다.

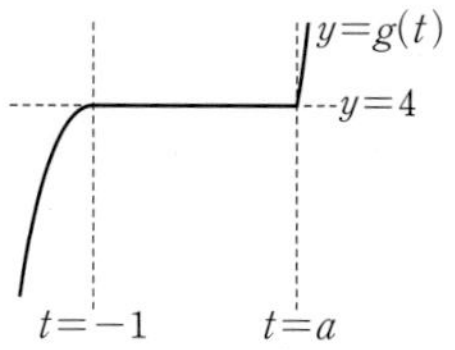

$g(t)=4$를 만족시키는 실수 t의 값의 범위는 $-1\le t\le a$이므로
조건 (나)에서 $a=3$
따라서 함수 $y=f(x)$의 그래프는 직선 $y=4$와 $x=-1$에서 접하고 $x=3$에서 만나므로
$f(x)-4=(x+1)^2(x-3)$에서
$f(x)=(x+1)^2(x-3)+4$
$\therefore f(5)=6^2\times2+4=76$

PART A 06 도함수의 활용(3)

유형 01 방정식 $f(x)=k$의 실근의 개수

확인 문제 (1) 3 (2) 2

(1) 방정식 $x^3-3x^2+2=0$의 서로 다른 실근의 개수는 함수 $y=x^3-3x^2+2$의 그래프와 x축의 교점의 개수와 같다.
$f(x)=x^3-3x^2+2$라 하면
$f'(x)=3x^2-6x=3x(x-2)$
$f'(x)=0$에서 $x=0$ 또는 $x=2$
함수 $f(x)$의 증가와 감소를 표로 나타내면 다음과 같다.

x	$\cdots$	0	$\cdots$	2	$\cdots$
$f'(x)$	+	0	−	0	+
$f(x)$	↗	2	↘	−2	↗

따라서 함수 $y=f(x)$의 그래프는 오른쪽 그림과 같이 x축과 세 점에서 만나므로 주어진 방정식은 서로 다른 세 실근을 갖는다.

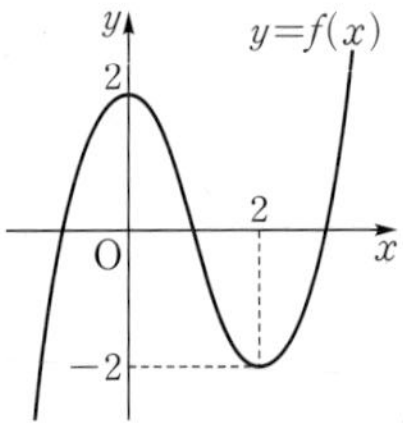

(2) $x^4-2x^2=2$에서 $x^4-2x^2-2=0$
위의 방정식의 서로 다른 실근의 개수는 함수 $y=x^4-2x^2-2$의 그래프와 x축의 교점의 개수와 같다.
$f(x)=x^4-2x^2-2$라 하면
$f'(x)=4x^3-4x=4x(x+1)(x-1)$
$f'(x)=0$에서 $x=-1$ 또는 $x=0$ 또는 $x=1$
함수 $f(x)$의 증가와 감소를 표로 나타내면 다음과 같다.

x	$\cdots$	−1	$\cdots$	0	$\cdots$	1	$\cdots$
$f'(x)$	−	0	+	0	−	0	+
$f(x)$	↘	−3	↗	−2	↘	−3	↗

따라서 함수 $y=f(x)$의 그래프는 오른쪽 그림과 같이 x축과 서로 다른 두 점에서 만나므로 주어진 방정식은 서로 다른 두 실근을 갖는다.

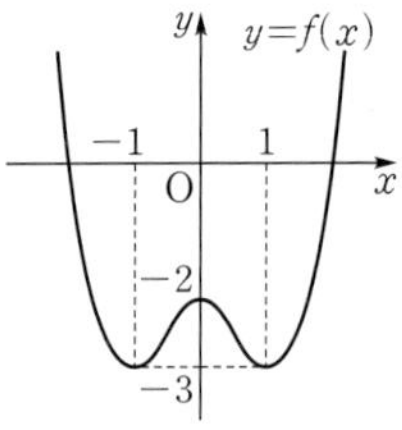

0493

답 ②

$2x^3-3x^2-k=0$에서 $2x^3-3x^2=k$
위의 방정식이 서로 다른 세 실근을 가지려면 곡선 $y=2x^3-3x^2$과 직선 $y=k$가 서로 다른 세 점에서 만나야 한다.
$f(x)=2x^3-3x^2$이라 하면
$f'(x)=6x^2-6x=6x(x-1)$
$f'(x)=0$에서 $x=0$ 또는 $x=1$
함수 $f(x)$의 증가와 감소를 표로 나타내면 다음과 같다.

x	$\cdots$	0	$\cdots$	1	$\cdots$
$f'(x)$	+	0	−	0	+
$f(x)$	↗	0	↘	−1	↗

따라서 함수 $y=f(x)$의 그래프는 오른쪽 그림과 같으므로 곡선 $y=f(x)$와 직선 $y=k$가 서로 다른 세 점에서 만나려면
$-1<k<0$

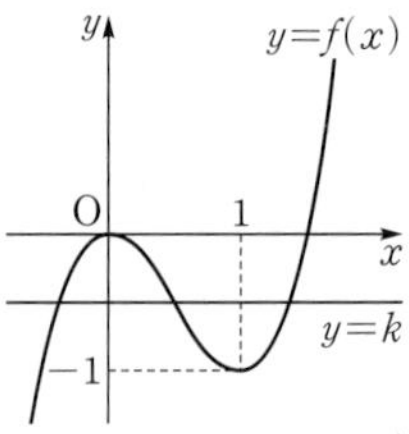

0494

답 5

$3x^4+4x^3-12x^2+k=0$에서
$3x^4+4x^3-12x^2=-k$
위의 방정식이 서로 다른 세 실근을 가지려면 곡선 $y=3x^4+4x^3-12x^2$과 직선 $y=-k$가 서로 다른 세 점에서 만나야 한다.
$f(x)=3x^4+4x^3-12x^2$이라 하면
$f'(x)=12x^3+12x^2-24x=12x(x+2)(x-1)$
$f'(x)=0$에서 $x=-2$ 또는 $x=0$ 또는 $x=1$
함수 $f(x)$의 증가와 감소를 표로 나타내면 다음과 같다.

x	$\cdots$	−2	$\cdots$	0	$\cdots$	1	$\cdots$
$f'(x)$	−	0	+	0	−	0	+
$f(x)$	↘	−32	↗	0	↘	−5	↗

함수 $y=f(x)$의 그래프는 오른쪽 그림과 같으므로 곡선 $y=f(x)$와 직선 $y=-k$가 서로 다른 세 점에서 만나려면
$-k=-5$ 또는 $-k=0$
$\therefore k=0$ 또는 $k=5$
따라서 모든 실수 k의 값의 합은
$0+5=5$

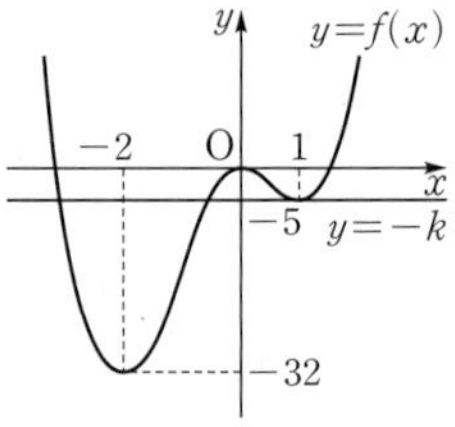

0495

답 12

$x^3-x^2-8x+k=0$에서 $x^3-x^2-8x=-k$
위의 방정식이 서로 다른 두 실근을 가지려면 곡선 $y=x^3-x^2-8x$와 직선 $y=-k$가 서로 다른 두 점에서 만나야 한다.
$f(x)=x^3-x^2-8x$라 하면
$f'(x)=3x^2-2x-8=(3x+4)(x-2)$
$f'(x)=0$에서 $x=-\frac{4}{3}$ 또는 $x=2$
함수 $f(x)$의 증가와 감소를 표로 나타내면 다음과 같다.

x	$\cdots$	$-\frac{4}{3}$	$\cdots$	2	$\cdots$
$f'(x)$	+	0	−	0	+
$f(x)$	↗	$\frac{176}{27}$	↘	−12	↗

함수 $y=f(x)$의 그래프는 오른쪽 그림과 같으므로 곡선 $y=f(x)$와 직선 $y=-k$가 서로 다른 두 점에서 만나려면

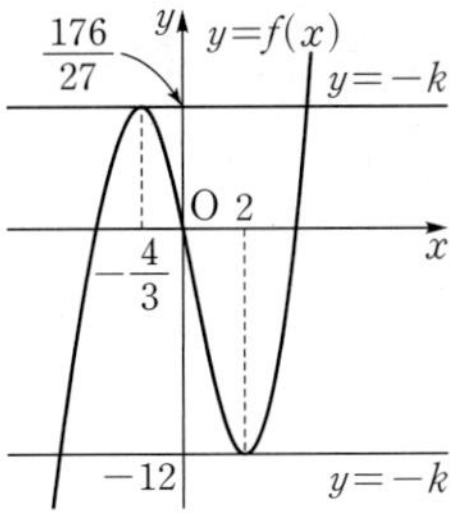

$-k=\frac{176}{27}$ 또는 $-k=-12$

$\therefore k=-\frac{176}{27}$ 또는 $k=12$

따라서 양수 k의 값은 12이다.

0496

답 ②

$x^4-4x^3-2x^2+12x-k=0$에서

$x^4-4x^3-2x^2+12x=k$

위의 방정식이 서로 다른 두 실근을 가지려면 곡선 $y=x^4-4x^3-2x^2+12x$와 직선 $y=k$가 서로 다른 두 점에서 만나야 한다.

$f(x)=x^4-4x^3-2x^2+12x$라 하면

$f'(x)=4x^3-12x^2-4x+12=4(x+1)(x-1)(x-3)$

$f'(x)=0$에서 $x=-1$ 또는 $x=1$ 또는 $x=3$

함수 $f(x)$의 증가와 감소를 표로 나타내면 다음과 같다.

x	$\cdots$	-1	$\cdots$	1	$\cdots$	3	$\cdots$
$f'(x)$	$-$	0	$+$	0	$-$	0	$+$
$f(x)$	↘	-9	↗	7	↘	-9	↗

함수 $y=f(x)$의 그래프는 오른쪽 그림과 같으므로 곡선 $y=f(x)$와 직선 $y=k$가 서로 다른 두 점에서 만나려면

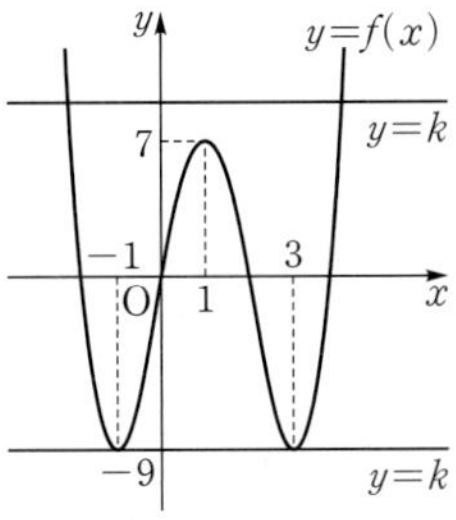

$k=-9$ 또는 $k>7$

따라서 음수 k의 값은 -9이다.

0497

답 20

$3f(x)+k=0$에서 $f(x)=-\frac{k}{3}$

위의 방정식이 서로 다른 세 실근을 가지려면 곡선 $y=f(x)$와 직선 $y=-\frac{k}{3}$가 서로 다른 세 점에서 만나야 한다.

$f(1)=4$, $f(3)=-3$이고 $f'(x)=0$에서 $x=1$ 또는 $x=3$

주어진 함수 $y=f'(x)$의 그래프를 이용하여 함수 $f(x)$의 증가와 감소를 표로 나타내면 다음과 같다.

x	$\cdots$	1	$\cdots$	3	$\cdots$
$f'(x)$	$+$	0	$-$	0	$+$
$f(x)$	↗	4	↘	-3	↗

함수 $y=f(x)$의 그래프는 오른쪽 그림과 같으므로 곡선 $y=f(x)$와 직선 $y=-\frac{k}{3}$가 서로 다른 세 점에서 만나려면

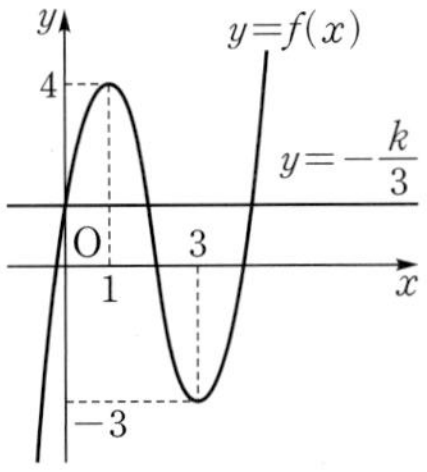

$-3<-\frac{k}{3}<4$

$\therefore -12<k<9$

따라서 정수 k는 -11, -10, -9, $\cdots$, 8의 20개이다.

0498

답 4

방정식 $|x^3-3x+1|=2$의 서로 다른 실근의 개수는 함수 $y=|x^3-3x+1|$의 그래프와 직선 $y=2$의 교점의 개수와 같다.

$f(x)=x^3-3x+1$이라 하면

$f'(x)=3x^2-3=3(x+1)(x-1)$

$f'(x)=0$에서 $x=-1$ 또는 $x=1$

함수 $f(x)$의 증가와 감소를 표로 나타내면 다음과 같다.

x	$\cdots$	-1	$\cdots$	1	$\cdots$
$f'(x)$	$+$	0	$-$	0	$+$
$f(x)$	↗	3	↘	-1	↗

따라서 함수 $y=|f(x)|$의 그래프는 오른쪽 그림과 같이 직선 $y=2$와 서로 다른 네 점에서 만나므로 주어진 방정식의 서로 다른 실근의 개수는 4이다.

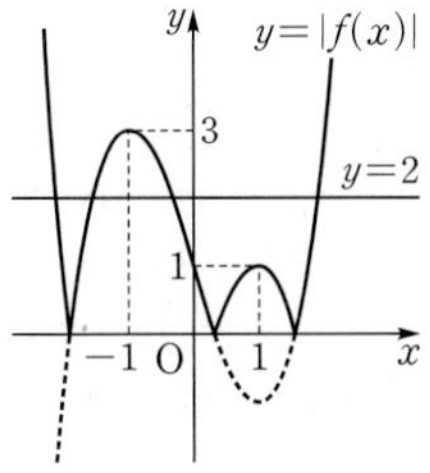

Bible Says **함수 $y=|f(x)|$의 그래프**

함수 $y=|f(x)|$의 그래프는 $y=f(x)$의 그래프에서 $y<0$인 부분을 x축에 대하여 대칭이동하여 그린다.

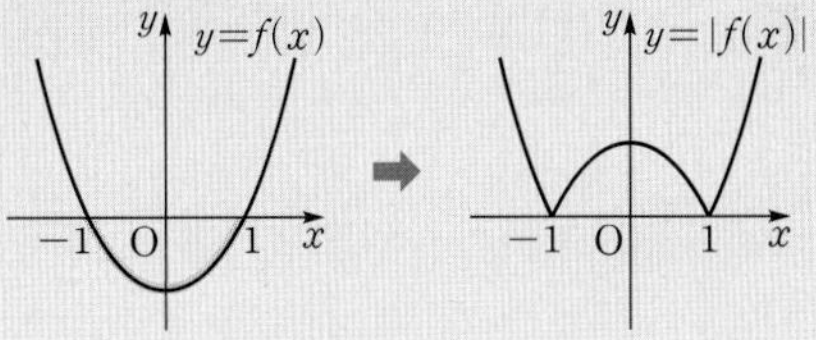

0499

답 4

방정식 $|x^4-2x^2-2|=3$의 서로 다른 실근의 개수는 함수 $y=|x^4-2x^2-2|$의 그래프와 직선 $y=3$의 교점의 개수와 같다.

$f(x)=x^4-2x^2-2$라 하면

$f'(x)=4x^3-4x=4x(x+1)(x-1)$

$f'(x)=0$에서 $x=-1$ 또는 $x=0$ 또는 $x=1$

함수 $f(x)$의 증가와 감소를 표로 나타내면 다음과 같다.

x	$\cdots$	-1	$\cdots$	0	$\cdots$	1	$\cdots$
$f'(x)$	$-$	0	$+$	0	$-$	0	$+$
$f(x)$	↘	-3	↗	-2	↘	-3	↗

따라서 함수 $y=|f(x)|$의 그래프는 오른쪽 그림과 같이 직선 $y=3$과 서로 다른 네 점에서 만나므로 주어진 방정식의 서로 다른 실근의 개수는 4이다.

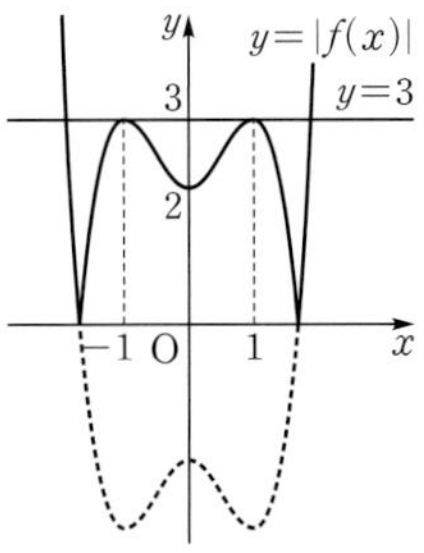

0500

답 81

방정식 $f(x)=k$가 서로 다른 세 실근을 가지려면 함수 $y=f(x)$의 그래프와 직선 $y=k$가 서로 다른 세 점에서 만나야 한다.
사차함수 $f(x)$의 최고차항의 계수가 1이고 $f(-2)=f(4)=0$, $f'(-2)=f'(4)=0$이므로
$f(x)=(x+2)^2(x-4)^2$
$f'(x)=2(x+2)(x-4)^2+2(x+2)^2(x-4)$
$=4(x+2)(x-1)(x-4)$
$f'(x)=0$에서 $x=-2$ 또는 $x=1$ 또는 $x=4$
함수 $f(x)$의 증가와 감소를 표로 나타내면 다음과 같다.

x	$\cdots$	-2	$\cdots$	1	$\cdots$	4	$\cdots$
$f'(x)$	$-$	0	$+$	0	$-$	0	$+$
$f(x)$	↘	0	↗	81	↘	0	↗

함수 $y=f(x)$의 그래프는 오른쪽 그림과 같으므로 곡선 $y=f(x)$와 직선 $y=k$가 서로 다른 세 점에서 만나려면
$k=81$

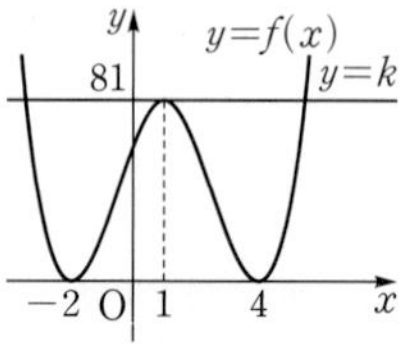

0501

답 2

방정식 $|f(x)|=k$가 서로 다른 네 실근을 가지려면 함수 $y=|f(x)|$의 그래프와 직선 $y=k$가 서로 다른 네 점에서 만나야 한다.
…… ❶

$f(x)=x^3-3x^2+3$에서
$f'(x)=3x^2-6x=3x(x-2)$
$f'(x)=0$에서 $x=0$ 또는 $x=2$
함수 $f(x)$의 증가와 감소를 표로 나타내면 다음과 같다.

x	$\cdots$	0	$\cdots$	2	$\cdots$
$f'(x)$	$+$	0	$-$	0	$+$
$f(x)$	↗	3	↘	-1	↗

…… ❷

함수 $y=|f(x)|$의 그래프는 오른쪽 그림과 같으므로 함수 $y=|f(x)|$의 그래프와 직선 $y=k$가 서로 다른 네 점에서 만나려면 $1<k<3$
따라서 정수 k의 값은 2이다.

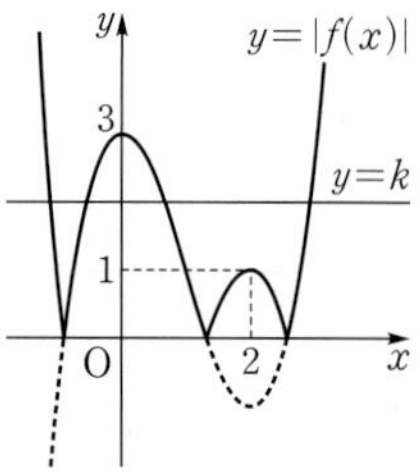

…… ❸

채점 기준	배점
❶ 방정식이 서로 다른 네 실근을 가질 조건 해석하기	20%
❷ 함수 $f(x)$의 증감표 그리기	40%
❸ 함수 $y=\|f(x)\|$의 그래프를 이용하여 조건을 만족시키는 정수 k의 값 구하기	40%

유형 02 방정식의 실근의 부호

0502

답 ①

$x^3-3x+k=0$에서 $x^3-3x=-k$
위의 방정식이 한 개의 양의 실근과 서로 다른 두 개의 음의 실근을 가지려면 곡선 $y=x^3-3x$와 직선 $y=-k$의 교점의 x좌표가 한 개는 양수이고 두 개는 음수이어야 한다.
$f(x)=x^3-3x$라 하면
$f'(x)=3x^2-3=3(x+1)(x-1)$
$f'(x)=0$에서 $x=-1$ 또는 $x=1$
함수 $f(x)$의 증가와 감소를 표로 나타내면 다음과 같다.

x	$\cdots$	-1	$\cdots$	1	$\cdots$
$f'(x)$	$+$	0	$-$	0	$+$
$f(x)$	↗	2	↘	-2	↗

함수 $y=f(x)$의 그래프는 오른쪽 그림과 같으므로 곡선 $y=f(x)$와 직선 $y=-k$의 교점의 x좌표가 한 개는 양수이고 두 개는 음수이려면
$0<-k<2$
$\therefore -2<k<0$
따라서 $\alpha=-2$, $\beta=0$이므로
$\alpha+\beta=-2$

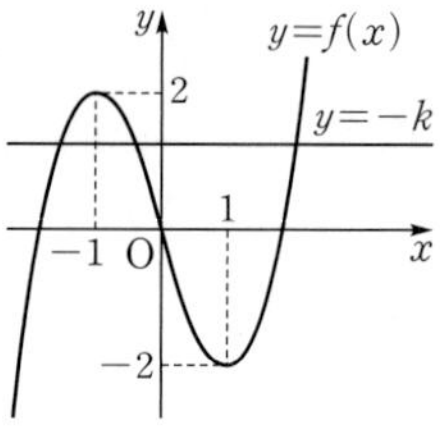

0503

답 6

$2x^3+3x^2-12x+a=0$에서 $2x^3+3x^2-12x=-a$
위의 방정식이 서로 다른 두 개의 양의 실근과 한 개의 음의 실근을 가지려면 곡선 $y=2x^3+3x^2-12x$와 직선 $y=-a$의 교점의 x좌표가 두 개는 양수이고 한 개는 음수이어야 한다.
$f(x)=2x^3+3x^2-12x$라 하면
$f'(x)=6x^2+6x-12=6(x+2)(x-1)$
$f'(x)=0$에서 $x=-2$ 또는 $x=1$
함수 $f(x)$의 증가와 감소를 표로 나타내면 다음과 같다.

x	$\cdots$	-2	$\cdots$	1	$\cdots$
$f'(x)$	$+$	0	$-$	0	$+$
$f(x)$	↗	20	↘	-7	↗

함수 $y=f(x)$의 그래프는 오른쪽 그림과 같으므로 곡선 $y=f(x)$와 직선 $y=-a$의 교점의 x좌표가 두 개는 양수이고 한 개는 음수이려면
$-7<-a<0$ $\therefore 0<a<7$
따라서 정수 a는 1, 2, 3, …, 6의 6개이다.

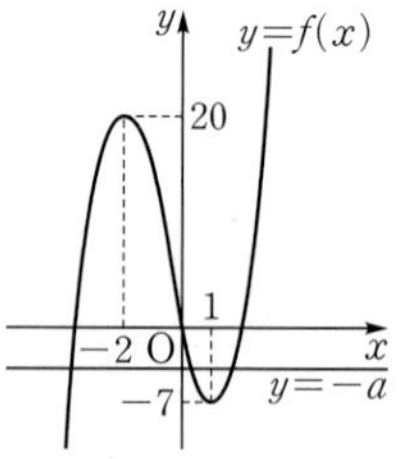

0504

답 21

$3x^4+8x^3-6x^2-24x-k=0$에서
$3x^4+8x^3-6x^2-24x=k$

위의 방정식이 한 개의 양의 실근과 서로 다른 두 개의 음의 실근을 가지려면 곡선 $y=3x^4+8x^3-6x^2-24x$와 직선 $y=k$의 교점의 x좌표가 한 개는 양수이고 두 개는 음수이어야 한다.
$f(x)=3x^4+8x^3-6x^2-24x$라 하면
$f'(x)=12x^3+24x^2-12x-24=12(x+2)(x+1)(x-1)$
$f'(x)=0$에서 $x=-2$ 또는 $x=-1$ 또는 $x=1$
함수 $f(x)$의 증가와 감소를 표로 나타내면 다음과 같다.

x	$\cdots$	-2	$\cdots$	-1	$\cdots$	1	$\cdots$
$f'(x)$	$-$	0	$+$	0	$-$	0	$+$
$f(x)$	↘	8	↗	13	↘	-19	↗

함수 $y=f(x)$의 그래프는 오른쪽 그림과 같으므로 곡선 $y=f(x)$와 직선 $y=k$의 교점의 x좌표가 한 개는 양수이고 두 개는 음수이려면 $k=8$ 또는 $k=13$
따라서 모든 실수 k의 값의 합은
$8+13=21$

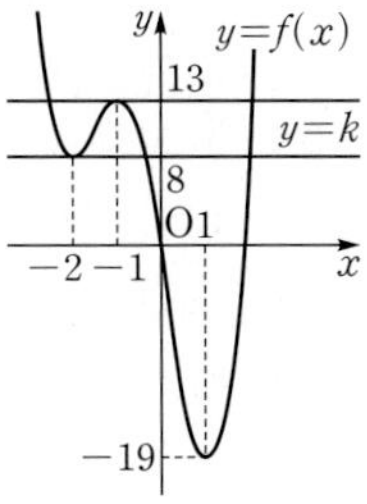

삼차방정식 $f(x)=0$이 한 실근과 두 허근을 가지려면 (극댓값)×(극솟값)>0이어야 하므로
$f(-2)f(1)>0$에서 $(10-k)\left(-\frac{7}{2}-k\right)>0$
$(k-10)\left(k+\frac{7}{2}\right)>0$
$\therefore k<-\frac{7}{2}$ 또는 $k>10$
따라서 자연수 k의 최솟값은 11이다.

유형 03 삼차방정식의 근의 판별

0505 답 31

$f(x)=x^3+3x^2-9x+k$라 하면
$f'(x)=3x^2+6x-9=3(x+3)(x-1)$
$f'(x)=0$에서 $x=-3$ 또는 $x=1$
삼차방정식 $f(x)=0$이 서로 다른 세 실근을 가지려면
(극댓값)×(극솟값)<0이어야 하므로
$f(-3)f(1)<0$에서 $(k+27)(k-5)<0$ $\therefore -27<k<5$
따라서 정수 k는 -26, -25, -24, $\cdots$, 4의 31개이다.

0506 답 ③

$f(x)=x^3-6x^2+9x-k$라 하면
$f'(x)=3x^2-12x+9=3(x-1)(x-3)$
$f'(x)=0$에서 $x=1$ 또는 $x=3$
삼차방정식 $f(x)=0$이 서로 다른 두 실근을 가지려면
(극댓값)×(극솟값)=0이어야 하므로
$f(1)f(3)=0$에서 $-k(4-k)=0$
$\therefore k=0$ 또는 $k=4$
따라서 모든 실수 k의 값의 합은 $0+4=4$

0507 답 11

$f(x)=x^3+\frac{3}{2}x^2-6x-k$라 하면
$f'(x)=3x^2+3x-6=3(x+2)(x-1)$
$f'(x)=0$에서 $x=-2$ 또는 $x=1$

0508 답 ②

$f(x)=2x^3-3ax^2+1$이라 하면
$f'(x)=6x^2-6ax=6x(x-a)$
$f'(x)=0$에서 $x=0$ 또는 $x=a$
삼차방정식 $f(x)=0$이 서로 다른 세 실근을 가지려면
(극댓값)×(극솟값)<0이어야 하므로
$f(0)f(a)<0$에서 $-a^3+1<0$
$(a-1)(a^2+a+1)>0$
$\therefore a>1$ ($\because a^2+a+1>0$)

0509 답 17

함수 $y=2x^3-9x^2+5$의 그래프를 y축의 방향으로 a만큼 평행이동하면 함수 $y=f(x)$의 그래프와 일치하므로
$f(x)=2x^3-9x^2+5+a$
$f'(x)=6x^2-18x=6x(x-3)$
$f'(x)=0$에서 $x=0$ 또는 $x=3$
삼차방정식 $f(x)=0$이 서로 다른 두 실근을 가지려면
(극댓값)×(극솟값)=0이어야 하므로
$f(0)f(3)=0$에서 $(a+5)(a-22)=0$
$\therefore a=-5$ 또는 $a=22$
따라서 모든 실수 a의 값의 합은 $-5+22=17$

0510 답 8

$f(x)=\frac{1}{3}x^3-ax+2a$에서
$f'(x)=x^2-a$
함수 $f(x)$가 극값을 가지려면 이차방정식 $f'(x)=0$이 서로 다른 두 실근을 가져야 하므로
$a>0$ …… ㉠

❶

따라서 $f'(x)=0$에서 $x=-\sqrt{a}$ 또는 $x=\sqrt{a}$
삼차방정식 $f(x)=0$이 오직 한 개의 실근을 가지려면
(극댓값)×(극솟값)>0이어야 하므로
$f(-\sqrt{a})f(\sqrt{a})>0$에서

$\left(\frac{2}{3}a\sqrt{a}+2a\right)\left(-\frac{2}{3}a\sqrt{a}+2a\right)>0$

$\left(\frac{2}{3}\sqrt{a}+2\right)\left(-\frac{2}{3}\sqrt{a}+2\right)>0$ ($\because$ $a>0$)

$-\frac{4}{9}a+4>0$ $\quad\therefore a<9$ $\quad\cdots\cdots$ ㉡

❷

㉠, ㉡의 공통 범위를 구하면 $0<a<9$

따라서 정수 a는 1, 2, 3, ⋯, 8의 8개이다.

❸

채점 기준	배점
❶ 함수 $f(x)$가 극값을 가질 조건 구하기	30%
❷ 방정식이 오직 한 개의 실근을 가질 조건 구하기	30%
❸ 조건을 만족시키는 정수 a의 개수 구하기	40%

다른 풀이2

$f(x)=x^3-3x^2+2x-3$이라 하자.

함수 $y=f(x)$의 그래프와 직선 $y=2x+k$가 서로 다른 두 점에서 만나려면 직선 $y=2x+k$가 함수 $y=f(x)$의 그래프의 접선이 되어야 한다.

접점의 좌표를 $(t, f(t))$라 하면 접선의 기울기가 2이므로

$f'(x)=3x^2-6x+2$에서

$f'(t)=3t^2-6t+2=2$

$3t^2-6t=0$, $3t(t-2)=0$

$\therefore t=0$ 또는 $t=2$

즉, 두 접점의 좌표는 $(0, -3)$, $(2, -3)$이고 이 점이 직선 $y=2x+k$ 위의 점이므로

$k=-3$ 또는 $k=-7$

따라서 모든 실수 k의 값의 곱은

$(-7)\times(-3)=21$

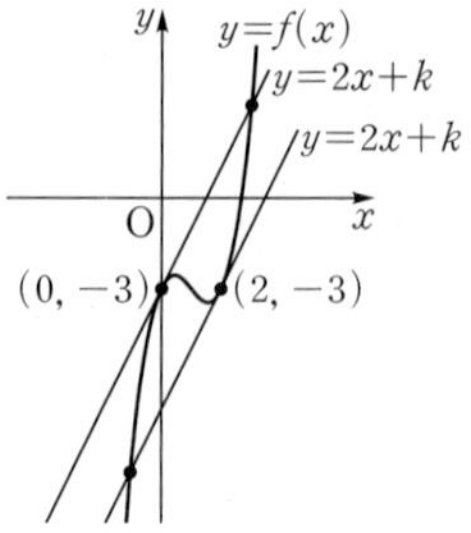

유형 04 두 곡선의 교점의 개수

0511

답 21

주어진 곡선과 직선이 서로 다른 두 점에서 만나려면 방정식 $x^3-3x^2+2x-3=2x+k$, 즉 $x^3-3x^2-3-k=0$이 서로 다른 두 실근을 가져야 한다.

$f(x)=x^3-3x^2-3-k$라 하면

$f'(x)=3x^2-6x=3x(x-2)$

$f'(x)=0$에서 $x=0$ 또는 $x=2$

삼차방정식 $f(x)=0$이 서로 다른 두 실근을 가지려면

(극댓값)×(극솟값)=0이어야 하므로

$f(0)f(2)=0$에서 $(-3-k)(-7-k)=0$

$\therefore k=-7$ 또는 $k=-3$

따라서 모든 실수 k의 값의 곱은

$(-7)\times(-3)=21$

다른 풀이1

주어진 곡선과 직선이 서로 다른 두 점에서 만나려면 방정식 $x^3-3x^2+2x-3=2x+k$, 즉 $x^3-3x^2-3=k$가 서로 다른 두 실근을 가져야 한다.

$f(x)=x^3-3x^2-3$이라 하면

$f'(x)=3x^2-6x=3x(x-2)$

$f'(x)=0$에서 $x=0$ 또는 $x=2$

함수 $f(x)$의 증가와 감소를 표로 나타내면 다음과 같다.

x	⋯	0	⋯	2	⋯
$f'(x)$	+	0	−	0	+
$f(x)$	↗	−3	↘	−7	↗

함수 $y=f(x)$의 그래프가 오른쪽 그림과 같으므로 곡선 $y=f(x)$와 직선 $y=k$가 서로 다른 두 점에서 만나려면

$k=-7$ 또는 $k=-3$

따라서 모든 실수 k의 값의 곱은

$(-7)\times(-3)=21$

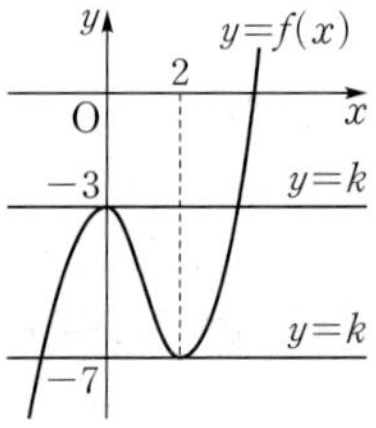

0512

답 9

주어진 두 곡선이 오직 한 점에서 만나려면 방정식 $x^3-5x+3=3x^2+4x+k$, 즉 $x^3-3x^2-9x+3-k=0$이 단 하나의 실근을 가져야 한다.

$f(x)=x^3-3x^2-9x+3-k$라 하면

$f'(x)=3x^2-6x-9=3(x+1)(x-3)$

$f'(x)=0$에서 $x=-1$ 또는 $x=3$

삼차방정식 $f(x)=0$이 단 하나의 실근을 가지려면

(극댓값)×(극솟값)>0이어야 하므로

$f(-1)f(3)>0$에서 $(8-k)(-24-k)>0$

$(k-8)(k+24)>0$

$\therefore k<-24$ 또는 $k>8$

따라서 자연수 k의 최솟값은 9이다.

0513

답 ①

두 곡선 $y=f(x)$, $y=g(x)$가 서로 다른 세 점에서 만나려면 방정식 $f(x)=g(x)$, 즉 $h(x)=0$이 서로 다른 세 실근을 가져야 한다.

$h(x)=f(x)-g(x)$에서 $h'(x)=f'(x)-g'(x)$

$h'(x)=0$, 즉 $f'(x)=g'(x)$에서 $x=\alpha$ 또는 $x=\beta$

주어진 그래프에서 $h'(x)$의 부호를 조사하여 함수 $h(x)$의 증가와 감소를 표로 나타내면 다음과 같다.

x	⋯	α	⋯	β	⋯
$h'(x)$	+	0	−	0	+
$h(x)$	↗	극대	↘	극소	↗

삼차방정식 $h(x)=0$이 서로 다른 세 실근을 가지려면

$h(\alpha)>0$, $h(\beta)<0$

유형 05 곡선 밖의 점에서 그은 접선의 개수

0514 답 ③

$y=x^3+2$에서 $y'=3x^2$

점 $(2, a)$에서 곡선 $y=x^3+2$에 그은 접선의 접점의 좌표를 (t, t^3+2)라 하면 접선의 기울기는 $3t^2$이고 접선의 방정식은

$y-(t^3+2)=3t^2(x-t)$

$\therefore y=3t^2x-2t^3+2$

이 직선이 점 $(2, a)$를 지나므로 $a=6t^2-2t^3+2$

$\therefore 2t^3-6t^2+a-2=0$ ...... ㉠

점 $(2, a)$에서 곡선 $y=x^3+2$에 서로 다른 세 개의 접선을 그을 수 있으려면 t에 대한 삼차방정식 ㉠이 서로 다른 세 실근을 가져야 한다.

$f(t)=2t^3-6t^2+a-2$라 하면

$f'(t)=6t^2-12t=6t(t-2)$

$f'(t)=0$에서 $t=0$ 또는 $t=2$

삼차방정식 $f(t)=0$이 서로 다른 세 실근을 가지려면

(극댓값)×(극솟값)<0이어야 하므로

$f(0)f(2)<0$에서 $(a-2)(a-10)<0$

$\therefore 2<a<10$

따라서 정수 a는 3, 4, 5, …, 9의 7개이다.

다른 풀이

위 풀이의 ㉠에서 $2t^3-6t^2-2=-a$

점 $(2, a)$에서 곡선 $y=x^3+2$에 서로 다른 세 개의 접선을 그을 수 있으려면 위의 t에 대한 삼차방정식이 서로 다른 세 실근을 가져야 한다. 즉, 곡선 $y=2t^3-6t^2-2$와 직선 $y=-a$가 서로 다른 세 점에서 만나야 한다.

$f(t)=2t^3-6t^2-2$라 하면

$f'(t)=6t^2-12t=6t(t-2)$

$f'(t)=0$에서 $t=0$ 또는 $t=2$

함수 $f(t)$의 증가와 감소를 표로 나타내면 다음과 같다.

t	…	0	…	2	…
$f'(t)$	+	0	−	0	+
$f(t)$	↗	−2	↘	−10	↗

함수 $y=f(t)$의 그래프가 오른쪽 그림과 같으므로 곡선 $y=f(t)$와 직선 $y=-a$가 서로 다른 세 점에서 만나려면

$-10<-a<-2$ $\therefore 2<a<10$

따라서 정수 a는 3, 4, 5, …, 9의 7개이다.

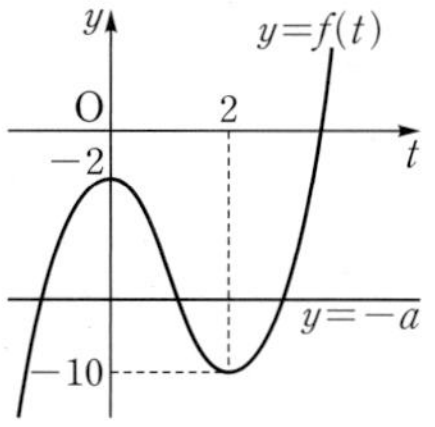

0515 답 7

$y=x^3+2x+1$에서 $y'=3x^2+2$

점 $(1, a)$에서 곡선 $y=x^3+2x+1$에 그은 접선의 접점의 좌표를 (t, t^3+2t+1)이라 하면 접선의 기울기는 $3t^2+2$이고 접선의 방정식은

$y-(t^3+2t+1)=(3t^2+2)(x-t)$

$\therefore y=(3t^2+2)x-2t^3+1$

이 직선이 점 $(1, a)$를 지나므로 $a=-2t^3+3t^2+3$

$\therefore 2t^3-3t^2-3+a=0$ ...... ㉠

점 $(1, a)$에서 곡선 $y=x^3+2x+1$에 서로 다른 세 개의 접선을 그을 수 있으려면 t에 대한 삼차방정식 ㉠이 서로 다른 세 실근을 가져야 한다.

$f(t)=2t^3-3t^2-3+a$라 하면

$f'(t)=6t^2-6t=6t(t-1)$

$f'(t)=0$에서 $t=0$ 또는 $t=1$

삼차방정식 $f(t)=0$이 서로 다른 세 실근을 가지려면

(극댓값)×(극솟값)<0이어야 하므로

$f(0)f(1)<0$에서 $(a-3)(a-4)<0$

$\therefore 3<a<4$

따라서 $\alpha=3$, $\beta=4$이므로

$\alpha+\beta=3+4=7$

0516 답 ⑤

$y=x^3+3ax^2$에서 $y'=3x^2+6ax$

점 $(0, 1)$에서 곡선 $y=x^3+3ax^2$에 그은 접선의 접점의 좌표를 (t, t^3+3at^2)이라 하면 접선의 기울기는 $3t^2+6at$이고 접선의 방정식은

$y-(t^3+3at^2)=(3t^2+6at)(x-t)$

$\therefore y=(3t^2+6at)x-2t^3-3at^2$

이 직선이 점 $(0, 1)$을 지나므로 $1=-2t^3-3at^2$

$2t^3+3at^2+1=0$ ...... ㉠

점 $(0, 1)$에서 곡선 $y=x^3+3ax^2$에 단 하나의 접선을 그을 수 있으려면 t에 대한 삼차방정식 ㉠이 단 하나의 실근을 가져야 한다.

$f(t)=2t^3+3at^2+1$이라 하면

$f'(t)=6t^2+6at=6t(t+a)$

$f'(t)=0$에서 $t=-a$ 또는 $t=0$

삼차방정식 $f(t)=0$이 단 하나의 실근을 가지려면

(극댓값)×(극솟값)>0이어야 하므로

$f(-a)f(0)>0$에서 $a^3+1>0$

$(a+1)(a^2-a+1)>0$

$\therefore a>-1$ ($\because a^2-a+1>0$)

따라서 음수 a의 값의 범위는

$-1<a<0$

유형 06 모든 실수 x에 대하여 성립하는 부등식

0517 답 ①

$f(x)=x^4-4x-a^2+a+9$라 하면

$f'(x)=4x^3-4=4(x-1)(x^2+x+1)$

$f'(x)=0$에서 $x=1$ ($\because x^2+x+1>0$)

함수 $f(x)$의 증가와 감소를 표로 나타내면 다음과 같다.

x	…	1	…
$f'(x)$	−	0	+
$f(x)$	↘	$-a^2+a+6$	↗

함수 $f(x)$는 $x=1$에서 극소이면서 최소이므로 모든 실수 x에 대하여 $f(x)\ge 0$이 성립하려면

$-a^2+a+6\ge 0$, $a^2-a-6\le 0$

$(a+2)(a-3)\le 0$ $\therefore -2\le a\le 3$

따라서 정수 a는 -2, -1, 0, 1, 2, 3의 6개이다.

0518

답 27

$f(x)=x^4-4x^3+k$라 하면

$f'(x)=4x^3-12x^2=4x^2(x-3)$

$f'(x)=0$에서 $x=0$ 또는 $x=3$

함수 $f(x)$의 증가와 감소를 표로 나타내면 다음과 같다.

x	$\cdots$	0	$\cdots$	3	$\cdots$
$f'(x)$	$-$	0	$-$	0	$+$
$f(x)$	↘	k	↘	$k-27$	↗

함수 $f(x)$는 $x=3$에서 극소이면서 최소이므로 모든 실수 x에 대하여 $f(x)\ge 0$이 성립하려면

$k-27\ge 0$ $\therefore k\ge 27$

따라서 정수 k의 최솟값은 27이다.

0519

답 -2

(i) $a=0$일 때

$x^4+12\ge 0$이므로 주어진 부등식은 항상 성립한다.

…… ❶

(ii) $a\ne 0$일 때

$f(x)=x^4-4a^3x+12$라 하면

$f'(x)=4x^3-4a^3=4(x-a)(x^2+ax+a^2)$

$f'(x)=0$에서 $x=a$ ($\because x^2+ax+a^2>0$)

함수 $f(x)$의 증가와 감소를 표로 나타내면 다음과 같다.

x	$\cdots$	a	$\cdots$
$f'(x)$	$-$	0	$+$
$f(x)$	↘	$-3a^4+12$	↗

함수 $f(x)$는 $x=a$에서 극소이면서 최소이므로 모든 실수 x에 대하여 $f(x)\ge 0$이 성립하려면

$-3a^4+12\ge 0$, $a^4-4\le 0$

$(a+\sqrt{2})(a-\sqrt{2})(a^2+2)\le 0$

$\therefore -\sqrt{2}\le a<0$ 또는 $0<a\le\sqrt{2}$ ($\because a\ne 0$)

…… ❷

(i), (ii)에서 $-\sqrt{2}\le a\le\sqrt{2}$이므로 $M=\sqrt{2}$, $m=-\sqrt{2}$

$\therefore Mm=-2$

…… ❸

채점 기준	배점
❶ $a=0$일 때 부등식의 성립 여부 확인하기	20%
❷ $a\ne 0$일 때 부등식이 성립할 조건 구하기	50%
❸ 조건을 만족시키는 a의 값의 범위를 이용하여 Mm의 값 구하기	30%

유형 07 주어진 구간에서 성립하는 부등식 - 최대, 최소를 이용

0520

답 ①

$f(x)=x^3-6x^2+9x-a$라 하면

$f'(x)=3x^2-12x+9=3(x-1)(x-3)$

$f'(x)=0$에서 $x=3$ ($\because x>1$)

$x>1$에서 함수 $f(x)$의 증가와 감소를 표로 나타내면 다음과 같다.

x	1	$\cdots$	3	$\cdots$
$f'(x)$		$-$	0	$+$
$f(x)$		↘	$-a$	↗

함수 $f(x)$는 $x=3$에서 극소이면서 최소이므로 $x>1$일 때 $f(x)>0$이 성립하려면

$-a>0$ $\therefore a<0$

0521

답 4

$f(x)=x^3-3x^2+a$라 하면

$f'(x)=3x^2-6x=3x(x-2)$

$f'(x)=0$에서 $x=0$ 또는 $x=2$

$0\le x\le 4$에서 함수 $f(x)$의 증가와 감소를 표로 나타내면 다음과 같다.

x	0	$\cdots$	2	$\cdots$	4
$f'(x)$	0	$-$	0	$+$	
$f(x)$	a	↘	$a-4$	↗	$a+16$

함수 $f(x)$는 $x=2$에서 극소이면서 최소이므로 $0\le x\le 4$일 때 $f(x)\ge 0$이 성립하려면

$a-4\ge 0$ $\therefore a\ge 4$

따라서 실수 a의 최솟값은 4이다.

0522

답 2

$f(x)=2x^3-3ax^2+8$이라 하면

$f'(x)=6x^2-6ax=6x(x-a)$

$f'(x)=0$에서 $x=0$ 또는 $x=a$

$x\ge 0$에서 함수 $f(x)$의 증가와 감소를 표로 나타내면 다음과 같다.

x	0	$\cdots$	a	$\cdots$
$f'(x)$	0	$-$	0	$+$
$f(x)$	8	↘	$-a^3+8$	↗

함수 $f(x)$는 $x=a$에서 극소이면서 최소이므로 $x\ge 0$일 때 $f(x)\ge 0$이 성립하려면

$-a^3+8\ge 0$, $(a-2)(a^2+2a+4)\le 0$

$\therefore a\le 2$ ($\because a^2+2a+4>0$)

따라서 양수 a의 최댓값은 2이다.

유형 08 주어진 구간에서 성립하는 부등식 - 증가, 감소를 이용

0523

답 16

$f(x)=x^3-12x+a$라 하면

$f'(x)=3x^2-12=3(x+2)(x-2)$

$x>2$일 때 $f'(x)>0$이므로 구간 $(2, \infty)$에서 함수 $f(x)$는 증가한다.

즉, $x>2$에서 $f(x)>0$이 성립하려면 $f(2)\geq 0$이어야 하므로

$-16+a\geq 0$ $\quad\therefore a\geq 16$

따라서 실수 a의 최솟값은 16이다.

0524

답 -7

$f(x)=2x^3-3x^2-12x+a$라 하면

$f'(x)=6x^2-6x-12=6(x+1)(x-2)$

$x<-1$일 때 $f'(x)>0$이므로 구간 $(-\infty, -1)$에서 함수 $f(x)$는 증가한다.

즉, $x<-1$에서 $f(x)<0$이 성립하려면 $f(-1)\leq 0$이어야 하므로

$a+7\leq 0$ $\quad\therefore a\leq -7$

따라서 실수 a의 최댓값은 -7이다.

0525

답 12

$x^3-x^2+3x<x^2+2x+a$에서 $x^3-2x^2+x-a<0$

$f(x)=x^3-2x^2+x-a$라 하면

$f'(x)=3x^2-4x+1=(x-1)(3x-1)$

$2<x<3$일 때 $f'(x)>0$이므로 구간 $(2, 3)$에서 함수 $f(x)$는 증가한다.

즉, $2<x<3$에서 $f(x)<0$이 성립하려면 $f(3)\leq 0$이어야 하므로

$12-a\leq 0$ $\quad\therefore a\geq 12$

따라서 실수 a의 최솟값은 12이다.

유형 09 부등식 $f(x)>g(x)$ 꼴의 활용

0526

답 6

$x>0$에서 곡선 $y=f(x)$가 곡선 $y=g(x)$보다 위쪽에 있으려면 $x>0$일 때 $f(x)>g(x)$, 즉 $f(x)-g(x)>0$이 성립해야 한다.

$h(x)=f(x)-g(x)$라 하면

$h(x)=x^3+3x^2-9x+a$

$h'(x)=3x^2+6x-9=3(x+3)(x-1)$

$h'(x)=0$에서 $x=1$ ($\because x>0$)

$x>0$에서 함수 $h(x)$의 증가와 감소를 표로 나타내면 다음과 같다.

x	0	$\cdots$	1	$\cdots$
$h'(x)$		$-$	0	$+$
$h(x)$		↘	$a-5$	↗

함수 $h(x)$가 $x=1$에서 극소이면서 최소이므로 $x>0$일 때 $h(x)>0$이 성립하려면

$a-5>0$ $\quad\therefore a>5$

따라서 자연수 a의 최솟값은 6이다.

0527

답 ③

곡선 $y=f(x)$가 곡선 $y=g(x)$보다 아래쪽에 있으려면 모든 실수 x에 대하여 $f(x)<g(x)$, 즉 $f(x)-g(x)<0$이 성립해야 한다.

$h(x)=f(x)-g(x)$라 하면

$h(x)=-x^4+4x^3+a$

$h'(x)=-4x^3+12x^2=-4x^2(x-3)$

$h'(x)=0$에서 $x=0$ 또는 $x=3$

함수 $h(x)$의 증가와 감소를 표로 나타내면 다음과 같다.

x	$\cdots$	0	$\cdots$	3	$\cdots$
$h'(x)$	$+$	0	$+$	0	$-$
$h(x)$	↗	a	↗	$a+27$	↘

함수 $h(x)$가 $x=3$에서 극대이면서 최대이므로 모든 실수 x에 대하여 $h(x)<0$이 성립하려면

$a+27<0$ $\quad\therefore a<-27$

따라서 정수 a의 최댓값은 -28이다.

0528

답 ②

$f(x)\geq g(x)$에서 $f(x)-g(x)\geq 0$

$h(x)=f(x)-g(x)$라 하면

$h(x)=5x^3-15x^2+1+a$

$h'(x)=15x^2-30x=15x(x-2)$

$h'(x)=0$에서 $x=2$ ($\because 0<x<3$)

$0<x<3$에서 함수 $h(x)$의 증가와 감소를 표로 나타내면 다음과 같다.

x	0	$\cdots$	2	$\cdots$	3
$h'(x)$		$-$	0	$+$	
$h(x)$		↘	$a-19$	↗	

함수 $h(x)$가 $x=2$에서 극소이면서 최소이므로 $0<x<3$일 때 $h(x)\geq 0$이 성립하려면

$a-19\geq 0$ $\quad\therefore a\geq 19$

따라서 실수 a의 최솟값은 19이다.

유형 10 속도와 가속도

확인 문제 (1) 1 (2) 4

(1) 점 P의 시각 t에서의 속도를 v라 하면

$v=\dfrac{dx}{dt}=4t-3$

따라서 $t=1$에서의 점 P의 속도는

$4-3=1$

(2) 점 P의 시각 t에서의 가속도를 a라 하면

$a=\dfrac{dv}{dt}=4$

따라서 $t=2$에서의 점 P의 가속도는 4이다.

0529

답 ②

점 P의 시각 t에서의 속도를 v라 하면

$v=\dfrac{dx}{dt}=-2t+4$

$t=a$일 때 점 P의 속도가 0이므로

$-2a+4=0 \quad \therefore a=2$

0530

답 ⑤

점 P의 시각 t에서의 속도를 v, 가속도를 a라 하면

$v=\dfrac{dx}{dt}=3t^2-6t$

$a=\dfrac{dv}{dt}=6t-6$

점 P의 가속도가 0일 때의 시각 t를 구하면

$6t-6=0 \quad \therefore t=1$

따라서 $t=1$일 때 점 P의 가속도가 0이고 이때의 속도는

$3-6=-3$

0531

답 6

점 P가 원점을 지날 때는 $x=0$일 때이므로

$t^3-6t^2+9t=0$에서 $t(t-3)^2=0$

$\therefore t=0$ 또는 $t=3$

따라서 점 P가 출발 후 다시 원점을 지날 때는 $t=3$일 때이다.

점 P의 시각 t에서의 속도를 v, 가속도를 a라 하면

$v=\dfrac{dx}{dt}=3t^2-12t+9$

$a=\dfrac{dv}{dt}=6t-12$

따라서 $t=3$일 때 점 P의 가속도는 $6\times3-12=6$

0532

답 7

점 P의 시각 t에서의 속도를 $v(t)$라 하면

$v(t)=\dfrac{dx}{dt}=2t^2-4t-5=2(t-1)^2-7$

즉, $0\le t\le 3$에서 $-7\le v(t)\le 1$이므로 $0\le |v(t)|\le 7$

따라서 점 P의 속력의 최댓값은 7이다.

참고

수직선 위를 움직이는 점 P의 시각 t에서의 속도가 $v(t)$일 때, 점 P의 속력은 $|v(t)|$이다.

0533

답 -12

점 P의 시각 t에서의 속도를 v, 가속도를 a라 하면

$x=-2t^3+12t^2+a$에서

$v=\dfrac{dx}{dt}=-6t^2+24t$

$a=\dfrac{dv}{dt}=-12t+24$

점 P의 가속도가 0일 때의 시각 t를 구하면

$-12t+24=0 \quad \therefore t=2$

따라서 $t=2$일 때 점 P의 가속도가 0이고 이때의 위치가 20이므로

$-16+48+a=20 \quad \therefore a=-12$

0534

답 18

$\mathrm{P}(t)=\dfrac{1}{3}t^3+6t+1$, $\mathrm{Q}(t)=3t^2-3t-8$에서

두 점 P, Q의 시각 t에서의 속도를 각각 v_{P}, v_{Q}라 하면

$v_{\mathrm{P}}=\mathrm{P}'(t)=t^2+6$, $v_{\mathrm{Q}}=\mathrm{Q}'(t)=6t-3$

………… ❶

두 점 P, Q의 속도가 같아지는 순간의 시각 t를 구하면

$t^2+6=6t-3$, $t^2-6t+9=0$

$(t-3)^2=0 \quad \therefore t=3$

………… ❷

이때 $\mathrm{P}(3)=9+18+1=28$, $\mathrm{Q}(3)=27-9-8=10$이므로

두 점 P, Q 사이의 거리는

$28-10=18$

………… ❸

채점 기준	배점
❶ 두 점 P, Q의 시각 t에서의 속도 구하기	30%
❷ 두 점 P, Q의 속도가 같아지는 순간의 시각 구하기	40%
❸ 두 점 P, Q 사이의 거리 구하기	30%

유형 11 속도, 가속도와 운동 방향

0535

답 6

점 P의 시각 t에서의 속도를 v, 가속도를 a라 하면

$v=\dfrac{dx}{dt}=2t^2+2t-4=2(t+2)(t-1)$

$a=\dfrac{dv}{dt}=4t+2$

점 P가 운동 방향을 바꾸는 순간의 속도는 0이므로 $v=0$에서
$t=1$ ($\because t>0$)
따라서 $t=1$일 때 점 P의 가속도는
$4+2=6$

참고

일반적으로 운동 방향이 바뀌는 시각을 구할 때는 속도가 0인 시각의 좌우에서 속도의 부호가 바뀌는지 확인해야 하지만 위의 문항의 경우 속도가 인수분해가 가능한 다항함수 형태로 속도가 0인 시각의 좌우에서 속도의 부호가 바뀌는 것을 쉽게 파악할 수 있다.

0536
답 4

점 P의 시각 t에서의 속도를 v라 하면
$v=\frac{dx}{dt}=3t^2-18t+24=3(t-2)(t-4)$
점 P가 운동 방향을 바꾸는 순간의 속도는 0이므로 $v=0$에서
$t=2$ 또는 $t=4$
$t=2$, $t=4$일 때의 점 P의 위치를 각각 x_1, x_2라 하면
$x_1=8-36+48=20$
$x_2=64-144+96=16$
따라서 두 점 A, B 사이의 거리는
$|x_1-x_2|=20-16=4$

0537
답 ②

두 점 P, Q의 시각 t에서의 속도를 각각 v_P, v_Q라 하면
$v_P=2t-2$, $v_Q=2t-6$
두 점 P, Q가 서로 반대 방향으로 움직이면 $v_Pv_Q<0$이므로
$(2t-2)(2t-6)<0$, $(t-1)(t-3)<0$
$\therefore 1<t<3$

0538
답 2

점 M의 시각 t에서의 위치를 $M(t)$라 하면
$M(t)=\frac{P(t)+Q(t)}{2}=\frac{2}{3}t^3-\frac{7}{2}t^2+5t$
점 M의 시각 t에서의 속도를 v라 하면
$v=M'(t)=2t^2-7t+5=(t-1)(2t-5)$
점 M이 운동 방향을 바꾸는 순간의 속도는 0이므로 $v=0$에서
$t=1$ 또는 $t=\frac{5}{2}$
따라서 점 M은 $t=1$, $t=\frac{5}{2}$에서 운동 방향을 두 번 바꾼다.

0539
답 32

점 P의 시각 t에서의 속도를 v라 하면
$v=\frac{dx}{dt}=3t^2-12t=3t(t-4)$
점 P가 운동 방향을 바꾸는 순간의 속도는 0이므로 $v=0$에서
$t=4$ ($\because t>0$)
따라서 점 P는 $t=4$에서 운동 방향을 바꾸고 이때 점 P가 원점에 있어야 하므로
$64-96+a=0 \qquad \therefore a=32$

0540
답 ①

점 P의 시각 t에서의 속도를 v, 가속도를 a라 하면
$v=\frac{dx}{dt}=3t^2+2at+b$
$a=\frac{dv}{dt}=6t+2a$
$t=1$에서 점 P의 운동 방향이 바뀌므로 $t=1$에서의 속도가 0이다.
즉, $3+2a+b=0$ ...... ㉠
$t=2$에서 점 P의 가속도가 0이므로
$12+2a=0 \qquad \therefore a=-6$
$a=-6$을 ㉠에 대입하면 $b=9$
$\therefore a+b=-6+9=3$

유형 12 정지하는 물체의 속도와 움직인 거리

0541
답 240m

열차가 제동을 건 지 t초 후의 속도를 vm/s라 하면
$v=\frac{dx}{dt}=24-1.2t$
열차가 멈출 때의 속도는 0이므로 $v=0$에서
$24-1.2t=0 \qquad \therefore t=20$
따라서 20초 동안 열차가 움직인 거리는
$24\times20-0.6\times20^2=240$ (m)

0542
답 ③

자동차가 브레이크를 밟은 지 t초 후의 속도를 vm/s라 하면
$v=\frac{dx}{dt}=32-8t$
자동차가 정지할 때의 속도는 0이므로 $v=0$에서
$32-8t=0 \qquad \therefore t=4$
따라서 자동차가 브레이크를 밟은 후 정지할 때까지 걸린 시간은 4초이다.

0543
답 45m

열차가 제동을 건 지 t초 후의 속도를 vm/s라 하면
$v=\frac{dx}{dt}=30-10t$
열차가 멈출 때의 속도는 0이므로 $v=0$에서
$30-10t=0 \qquad \therefore t=3$
3초 동안 열차가 움직인 거리는
$30\times3-5\times3^2=45$ (m)
따라서 목적지로부터 전방 45m 지점에서 제동을 걸어야 한다.

유형 13 위로 던진 물체의 위치와 속도

0544 답 ⑤

공의 t초 후의 속도를 v m/s라 하면 $v=\frac{dh}{dt}=40-10t$

공이 최고 지점에 도달했을 때의 속도는 0이므로 $v=0$에서

$40-10t=0 \quad \therefore t=4$

따라서 4초 후 공의 지면으로부터의 높이는

$40\times4-5\times4^2=80$ (m)

0545 답 50 m/s

물체가 지면에 떨어질 때의 높이는 0이므로 $h=0$에서

$45+40t-5t^2=0,\ t^2-8t-9=0$

$(t+1)(t-9)=0 \quad \therefore t=9\ (\because t\ge0)$ ❶

t초 후의 물체의 속도를 v m/s라 하면 $v=\frac{dh}{dt}=40-10t$

$t=9$일 때 물체의 속도는 $40-90=-50$ (m/s) ❷

따라서 물체가 지면에 떨어지는 순간의 속력은 50 m/s이다. ❸

채점 기준	배점
❶ 물체가 지면에 떨어질 때까지 걸린 시간 구하기	40%
❷ 물체가 지면에 떨어지는 순간의 속도 구하기	40%
❸ 물체가 지면에 떨어지는 순간의 속력 구하기	20%

0546 답 60

t초 후의 물체의 속도를 v m/s라 하면 $v=\frac{dh}{dt}=a-10t$

물체가 최고 지점에 도달했을 때의 속도는 0이므로 $v=0$에서

$a-10t=0 \quad \therefore t=\frac{a}{10}$

즉, $t=\frac{a}{10}$일 때 물체의 지면으로부터의 높이가 최대가 되므로

$a\times\frac{a}{10}-5\times\left(\frac{a}{10}\right)^2\ge180,\ \frac{a^2}{20}\ge180$

$a^2\ge3600 \quad \therefore a\ge60\ (\because a>0)$

따라서 양수 a의 최솟값은 60이다.

유형 14 속도, 가속도와 그래프

0547 답 ①

점 P의 시각 t에서의 가속도는 $v'(t)$이므로 속도 $v(t)$의 그래프의 접선의 기울기와 같다.

ㄱ. $v'(a)=0$이므로 $t=a$일 때 점 P의 가속도는 0이다. (참)

ㄴ. $v(b)=0$이고 $t=b$의 좌우에서 $v(t)$의 부호가 바뀌므로 $t=b$일 때 점 P는 운동 방향을 바꾼다. (참)

ㄷ. $v(a)>0,\ v(c)<0$이므로 $t=a$일 때와 $t=c$일 때 점 P의 운동 방향은 서로 반대이다. (거짓)

ㄹ. $b<t<c$일 때 점 P의 속도는 감소하지만 $c<t<d$일 때 점 P의 속도는 증가한다. (거짓)

따라서 옳은 것은 ㄱ, ㄴ이다.

0548 답 ④

점 P의 시각 t에서의 속도를 $v(t)$라 하면 $v(t)=f'(t)$이므로 속도는 $x=f(t)$의 그래프의 접선의 기울기와 같다.

ㄱ. $a<t<c$에서 $v(t)=f'(t)<0$이므로 $t=b$일 때 점 P는 운동 방향을 바꾸지 않는다. (거짓)

ㄴ. $v(c)=f'(c)=0$이므로 $t=c$일 때 점 P의 속도는 0이다. (참)

ㄷ. $0<t<d$에서 $t=c$일 때 $|f(t)|$의 값이 가장 크므로 점 P가 원점에서 가장 멀리 떨어져 있다. (참)

따라서 옳은 것은 ㄴ, ㄷ이다.

0549 답 ⑤

ㄱ. $v(2)=0,\ v(5)=0$이고 $t=2,\ t=5$의 좌우에서 각각 $v(t)$의 부호가 바뀌므로 점 P는 $t=2,\ t=5$일 때 운동 방향을 두 번 바꾼다. (참)

ㄴ. 점 P의 속력의 최댓값은 $|-2|=|2|=2$이다. (참)

ㄷ. 점 P의 시각 t에서의 가속도는 $v'(t)$, 즉 $v(t)$의 그래프의 접선의 기울기와 같으므로 $1<t<3$에서 점 P의 가속도는 일정하다. (참)

따라서 옳은 것은 ㄱ, ㄴ, ㄷ이다.

0550 답 ③

주어진 그래프에서 $f(0)=f(2)=f(3)=0$이고 $f(t)$는 최고차항의 계수가 양수인 삼차함수이므로

$f(t)=kt(t-2)(t-3)=kt^3-5kt^2+6kt\ (k>0)$

점 P의 시각 t에서의 속도를 v, 가속도를 a라 하면

$v=\frac{dx}{dt}=3kt^2-10kt+6k$

$a=\frac{dv}{dt}=6kt-10k$

따라서 점 P의 가속도가 0이 되는 시각 t를 구하면

$6kt-10k=0 \quad \therefore t=\frac{5}{3}$

유형 15 시각에 대한 변화율

0551

답 24

t초 후의 원의 반지름의 길이는 $2t$ m이므로 원의 넓이를 S m^{2}라 하면

$S=\pi(2t)^2=4\pi t^2$

$\therefore \frac{dS}{dt}=8\pi t$

따라서 $t=3$일 때 원의 넓이의 변화율은

$8\pi\times3=24\pi$ (m^2/s)

$\therefore a=24$

0552

답 33

선분 AB의 길이를 l이라 하면

$l=|x_B-x_A|=|t^3+t^2+1|=t^3+t^2+1$ ($\because t>0$)

$\therefore \frac{dl}{dt}=3t^2+2t$

따라서 $t=3$일 때 선분 AB의 길이의 변화율은

$3\times3^2+2\times3=33$

0553

답 108π cm^3

t초 후의 원기둥의 밑면의 반지름의 길이를 r cm, 높이를 h cm라 하면 $r=2+t$, $h=7-t$

t초 후의 원기둥의 부피를 V cm^{3}라 하면

$V=\pi r^2h=\pi(2+t)^2(7-t)$ $(0\le t<7)$

$\therefore \frac{dV}{dt}=2\pi(2+t)(7-t)-\pi(2+t)^2=3\pi(2+t)(4-t)$

원기둥의 부피의 변화율이 0이 되는 순간의 시각 t를 구하면

$\frac{dV}{dt}=0$에서 $t=4$ ($\because 0\le t<7$)

따라서 $t=4$일 때 원기둥의 부피는

$\pi(2+4)^2\times(7-4)=108\pi$ (cm^3)

0554

답 72 cm^2/s

t초 후의 직사각형의 가로, 세로의 길이는 각각 $(6+3t)$ cm, $(14+t)$ cm이므로 직사각형의 넓이를 S cm^{2}라 하면

$S=(6+3t)(14+t)=3t^2+48t+84$

$\therefore \frac{dS}{dt}=6t+48$

직사각형이 정사각형이 되는 순간의 시각 t를 구하면

$6+3t=14+t \quad \therefore t=4$

따라서 $t=4$일 때 직사각형의 넓이의 변화율은

$6\times4+48=72$ (cm^2/s)

0555

답 ②

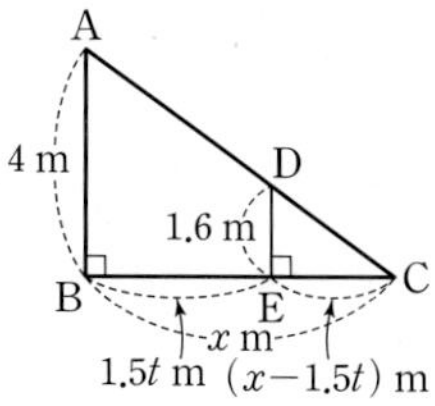

사람이 1.5 m/s의 속도로 움직이므로

t초 동안 움직인 거리는 $1.5t$ m

오른쪽 그림과 같이 그림자의 끝이 t초 동안 움직인 거리를 x m라 하면 두 삼각형 ABC, DEC가 서로 닮음이므로

$4:x=1.6:(x-1.5t)$

$1.6x=4x-6t$

$\therefore x=2.5t$

그림자의 길이를 l m라 하면

$l=2.5t-1.5t=t$

따라서 그림자의 길이의 변화율은

$\frac{dl}{dt}=1$ (m/s)

0556

답 48π cm^3/s

t초 후의 수면의 높이를 h cm, 수면의 반지름의 길이를 r cm라 하자.

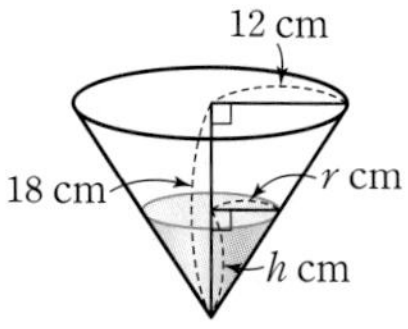

t초 동안 수면의 높이는 $3t$ cm만큼 상승하므로 $h=3t$

오른쪽 그림에서

$r:h=12:18$

$\therefore r=\frac{2}{3}h=2t$

………… ❶

t초 후 그릇에 채워진 물의 부피를 V cm^{3}라 하면

$V=\frac{1}{3}\pi r^2h=\frac{1}{3}\pi(2t)^2\times3t=4\pi t^3$

$\therefore \frac{dV}{dt}=12\pi t^2$

………… ❷

따라서 $t=2$일 때 그릇에 채워진 물의 부피의 변화율은

$12\pi\times2^2=48\pi$ (cm^3/s)

………… ❸

채점 기준	배점
❶ 수면의 반지름과 높이를 t에 대한 식으로 나타내기	30%
❷ t초 후 물의 부피의 변화율을 식으로 나타내기	40%
❸ $t=2$일 때 물의 부피의 변화율 구하기	30%

PART B 내신 잡는 종합 문제

0557 답 15

$f(x)=4x^3-12x+7$이라 하면

$f'(x)=12x^2-12=12(x+1)(x-1)$

$f'(x)=0$에서 $x=-1$ 또는 $x=1$

함수 $f(x)$의 증가와 감소를 표로 나타내면 다음과 같다.

x	$\cdots$	-1	$\cdots$	1	$\cdots$
$f'(x)$	$+$	0	$-$	0	$+$
$f(x)$	↗	15	↘	-1	↗

함수 $y=f(x)$의 그래프는 오른쪽 그림과 같으므로 직선 $y=k$와 만나는 점의 개수가 2가 되려면

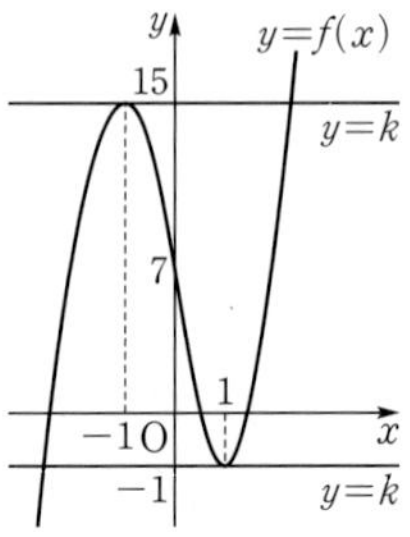

$k=-1$ 또는 $k=15$

따라서 양수 k의 값은 15이다.

0558 답 33

$f(x)=3x^4-4x^3-12x^2+k$라 하면

$f'(x)=12x^3-12x^2-24x=12x(x+1)(x-2)$

$f'(x)=0$에서 $x=-1$ 또는 $x=0$ 또는 $x=2$

함수 $f(x)$의 증가와 감소를 표로 나타내면 다음과 같다.

x	$\cdots$	-1	$\cdots$	0	$\cdots$	2	$\cdots$
$f'(x)$	$-$	0	$+$	0	$-$	0	$+$
$f(x)$	↘	$k-5$	↗	k	↘	$k-32$	↗

함수 $f(x)$는 $x=2$에서 극소이면서 최소이므로 모든 실수 x에 대하여 $f(x)>0$이 성립하려면

$k-32>0 \qquad \therefore k>32$

따라서 정수 k의 최솟값은 33이다.

0559 답 ④

t초 후 정사각기둥의 밑면의 한 변의 길이는 $(t+2)$ cm이고 높이는 $(10-t)$ cm이므로 정사각기둥의 부피를 $V\,\text{cm}^3$라 하면

$V=(t+2)^2(10-t)$

$\therefore \dfrac{dV}{dt}=2(t+2)(10-t)-(t+2)^2=3(t+2)(6-t)$

따라서 $t=5$일 때 정사각기둥의 부피의 변화율은

$3(5+2)(6-5)=21\,(\text{cm}^3/\text{s})$

0560 답 ①

점 P의 시각 $t\ (t\ge0)$에서의 속도를 v라 하면

$v=\dfrac{dx}{dt}=3t^2-10t+a$

$\quad=3\left(t-\dfrac{5}{3}\right)^2+a-\dfrac{25}{3}$

점 P가 움직이는 방향이 바뀌지 않으려면 음이 아닌 실수 t에 대하여 항상 $v\ge0$이어야 한다.

즉, $a-\dfrac{25}{3}\ge0$이어야 하므로 $a\ge\dfrac{25}{3}$

따라서 구하는 자연수 a의 최솟값은 9이다.

0561 답 1

열차가 제동을 건 지 t초 후의 열차의 속도를 v m/s라 하면

$v=\dfrac{dx}{dt}=20-2at$

열차가 멈출 때의 속도는 0이므로 $v=0$에서

$20-2at=0 \qquad \therefore t=\dfrac{10}{a}$

$\dfrac{10}{a}$초 동안 열차가 움직인 거리는

$20\times\dfrac{10}{a}-a\times\left(\dfrac{10}{a}\right)^2=\dfrac{200}{a}-\dfrac{100}{a}=\dfrac{100}{a}\,(\text{m})$

이때 열차가 정지선을 넘지 않고 멈추려면 움직인 거리가 100 m 이하이어야 하므로

$\dfrac{100}{a}\le100 \qquad \therefore a\ge1$

따라서 양수 a의 최솟값은 1이다.

0562 답 ⑤

조건 ㈎에서 $f'(-1)=f'(3)=0$이므로 삼차함수 $f(x)$는 $x=-1$, $x=3$에서 극값을 갖는다.

이때 조건 ㈏에서 $f(-1)f(3)<0$이므로 극댓값과 극솟값의 부호가 반대이다. 즉, 방정식 $f(x)=0$은 서로 다른 세 실근을 갖는다.

$f(x)=0$의 서로 다른 세 실근을 작은 수부터 차례대로 α, β, γ라 하면 $f(-1)f(3)<0$이므로 α, β, γ는 -1, 3이 아닌 값이다.

또한 조건 ㈎에 의하여 방정식 $f'(x)=0$의 실근은 -1, 3이다.

따라서 방정식 $f(x)f'(x)=0$의 실근은 $f(x)=0$ 또는 $f'(x)=0$의 실근이므로 구하는 서로 다른 실근은 α, β, γ, -1, 3의 5개이다.

0563 답 ⑤

점 P의 시각 t에서의 속도를 v, 가속도를 a라 하면

$v=\dfrac{dx}{dt}=t^2-5t+4=(t-1)(t-4)$

$a=\dfrac{dv}{dt}=2t-5$

ㄱ. $t=1$일 때 점 P의 속도는 $1-5+4=0$ (참)

ㄴ. $t=2$일 때 점 P의 가속도는 $2\times2-5=-1$ (참)

ㄷ. 점 P가 운동 방향을 바꾸는 순간의 속도는 0이므로 $v=0$에서 $t=1$ 또는 $t=4$

즉, 점 P는 운동 방향을 두 번 바꾼다. (참)

따라서 옳은 것은 ㄱ, ㄴ, ㄷ이다.

0564

답 ①

$f(x)=g(x)$에서 $3x^3-x^2-3x=x^3-4x^2+9x+a$

$2x^3+3x^2-12x=a$

위의 방정식이 서로 다른 두 개의 양의 실근과 한 개의 음의 실근을 가지려면 곡선 $y=2x^3+3x^2-12x$와 직선 $y=a$의 교점의 x좌표가 두 개는 양수이고 한 개는 음수이어야 한다.

$h(x)=2x^3+3x^2-12x$라 하면

$h'(x)=6x^2+6x-12=6(x+2)(x-1)$

$h'(x)=0$에서 $x=-2$ 또는 $x=1$

함수 $h(x)$의 증가와 감소를 표로 나타내면 다음과 같다.

x	$\cdots$	-2	$\cdots$	1	$\cdots$
$h'(x)$	$+$	0	$-$	0	$+$
$h(x)$	↗	20	↘	-7	↗

함수 $y=h(x)$의 그래프는 오른쪽 그림과 같으므로 곡선 $y=h(x)$와 직선 $y=a$의 교점의 x좌표가 두 개는 양수이고 한 개는 음수이려면

$-7<a<0$

따라서 정수 a는 -6, -5, -4, $\cdots$, -1의 6개이다.

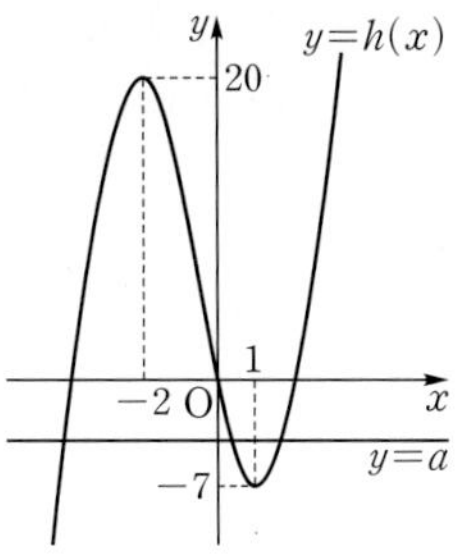

0565

답 ③

시각 t에서의 두 점 P, Q 사이의 거리는

$|\mathrm{P}(t)-\mathrm{Q}(t)|=|2t^3-3t^2+2|$

이때 $f(t)=2t^3-3t^2+2$라 하면

$f'(t)=6t^2-6t=6t(t-1)$

$f'(t)=0$에서 $t=1$ ($\because t>0$)

$t\geq0$에서 함수 $f(t)$의 증가와 감소를 표로 나타내면 다음과 같다.

t	0	$\cdots$	1	$\cdots$
$f'(t)$		$-$	0	$+$
$f(t)$	2	↘	1	↗

함수 $f(t)$는 $t=1$에서 극소이면서 최소이므로 $t\geq0$일 때 $f(t)\geq1$이다.

따라서 시각 t에서의 두 점 P, Q 사이의 거리는

$|\mathrm{P}(t)-\mathrm{Q}(t)|=|f(t)|=f(t)$

이므로 $t=1$일 때 두 점 P, Q 사이의 거리가 최소이다.

점 P의 시각 t에서의 속도는 $\mathrm{P}'(t)=3t^2-2t+2$이므로

$t=1$일 때 점 P의 속도는

$\mathrm{P}'(1)=3-2+2=3$

0566

답 ③

$2x^3+6x^2+a=0$에서 $2x^3+6x^2=-a$

위의 방정식이 $-2\leq x\leq2$에서 서로 다른 두 실근을 가지려면 $-2\leq x\leq2$에서 함수 $y=2x^3+6x^2$의 그래프와 직선 $y=-a$가 서로 다른 두 점에서 만나야 한다.

$f(x)=2x^3+6x^2$이라 하면

$f'(x)=6x^2+12x=6x(x+2)$

$f'(x)=0$에서 $x=-2$ 또는 $x=0$

$-2\leq x\leq2$에서 함수 $f(x)$의 증가와 감소를 표로 나타내면 다음과 같다.

x	-2	$\cdots$	0	$\cdots$	2
$f'(x)$	0	$-$	0	$+$	
$f(x)$	8	↘	0	↗	40

$-2\leq x\leq2$에서 함수 $y=f(x)$의 그래프는 오른쪽 그림과 같으므로 곡선 $y=f(x)$와 직선 $y=-a$가 서로 다른 두 점에서 만나려면

$0<-a\leq8$ $\quad\therefore -8\leq a<0$

따라서 정수 a는 -8, -7, -6, $\cdots$, -1의 8개이다.

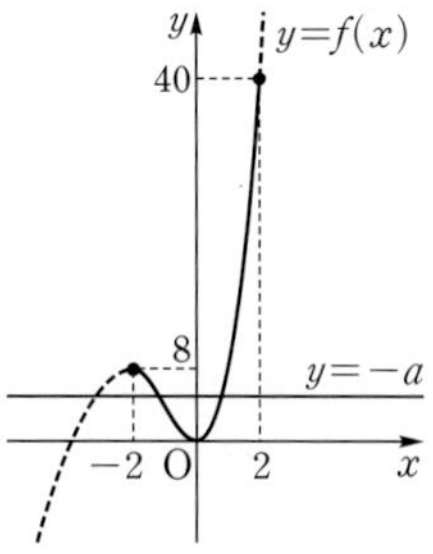

다른 풀이

$f(x)=2x^3+6x^2+a$라 하면

$f'(x)=6x^2+12x=6x(x+2)$

$f'(x)=0$에서 $x=-2$ 또는 $x=0$

함수 $f(x)$의 증가와 감소를 표로 나타내면 다음과 같다.

x	$\cdots$	-2	$\cdots$	0	$\cdots$
$f'(x)$	$+$	0	$-$	0	$+$
$f(x)$	↗	$8+a$	↘	a	↗

방정식 $f(x)=0$이 $-2\leq x\leq2$에서 서로 다른 두 실근을 가지려면 $-2\leq x\leq2$에서 함수 $y=f(x)$의 그래프와 x축이 서로 다른 두 점에서 만나야 하므로 함수 $y=f(x)$의 그래프가 오른쪽 그림과 같아야 한다.

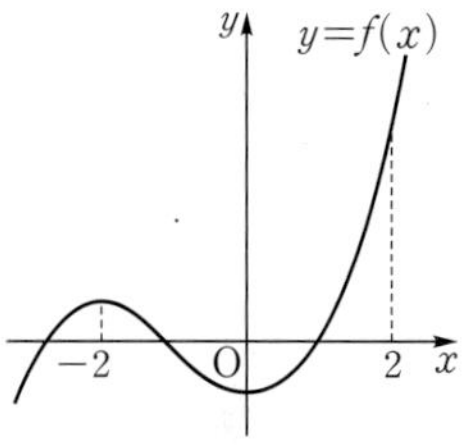

이때 $f(2)=40+a$이고

$f(2)>f(-2)$이므로 조건을 만족시키기 위해서는 $f(-2)\geq0$이고 $f(0)<0$이어야 한다.

$f(-2)\geq0$에서

$8+a\geq0$ $\quad\therefore a\geq-8$ $\quad\cdots\cdots$ ㉠

$f(0)<0$에서

$a<0$ $\quad\cdots\cdots$ ㉡

㉠, ㉡에서 $-8\leq a<0$

따라서 정수 a는 -8, -7, -6, $\cdots$, -1의 8개이다.

0567

답 ②

$f(x)\geq3g(x)$에서 $x^3+9x^2+k\geq6x^2+9x+12$

$x^3+3x^2-9x+k-12\geq0$

$h(x)=x^3+3x^2-9x+k-12$라 하면

$h'(x)=3x^2+6x-9=3(x+3)(x-1)$

$h'(x)=0$에서 $x=1$ ($\because -2\leq x\leq3$)

$-2\leq x\leq3$에서 함수 $h(x)$의 증가와 감소를 표로 나타내면 다음과 같다.

x	-2	$\cdots$	1	$\cdots$	3
$h'(x)$		$-$	0	$+$	
$h(x)$	$k+10$	↘	$k-17$	↗	$k+15$

함수 $h(x)$는 $x=1$에서 극소이면서 최소이므로 $-2\le x\le 3$에서 $h(x)\ge 0$이 성립하려면

$k-17\ge 0$ $\quad\therefore k\ge 17$

따라서 실수 k의 최솟값은 17이다.

0568

답 ⑤

ㄱ. $a<t<c$에서 $f'(t)<0$이므로 점 P의 속도는 음수이다. (거짓)

ㄴ. $f(b)=g(b)$, $f(e)=g(e)$이므로 $0<t<f$에서 두 점 P, Q는 $t=b$, $t=e$일 때 두 번 만난다. (참)

ㄷ. $f'(a)=0$, $f'(d)=0$이고 $t=a$, $t=d$의 좌우에서 각각 $f'(t)$의 부호가 바뀌므로 점 P는 $t=a$, $t=d$일 때 운동 방향을 두 번 바꾼다. (참)

ㄹ. $d<t<e$에서 $f'(t)>0$, $g'(t)<0$이므로 두 점 P, Q의 운동 방향은 서로 반대이다. (참)

따라서 옳은 것은 ㄴ, ㄷ, ㄹ이다.

0569

답 ③

$h(x)=f(x)-g(x)$에서 $h'(x)=f'(x)-g'(x)$

$h'(x)=0$, 즉 $f'(x)=g'(x)$에서

$x=0$ 또는 $x=2$

주어진 그래프에서 $h'(x)$의 부호를 조사하여 함수 $h(x)$의 증가와 감소를 표로 나타내면 다음과 같다.

x	$\cdots$	0	$\cdots$	2	$\cdots$
$h'(x)$	$+$	0	$-$	0	$+$
$h(x)$	↗	극대	↘	극소	↗

ㄱ. $0<x<2$에서 $h'(x)<0$이므로 $h(x)$는 감소한다. (참)

ㄴ. $x=2$의 좌우에서 $h'(x)$의 부호가 음에서 양으로 바뀌므로 $h(x)$는 $x=2$에서 극솟값을 갖는다. (참)

ㄷ. $f(0)=g(0)$에서 $h(0)=0$이므로 함수 $y=h(x)$의 그래프의 개형은 오른쪽 그림과 같다.

즉, 방정식 $h(x)=0$은 서로 다른 두 실근을 갖는다. (거짓)

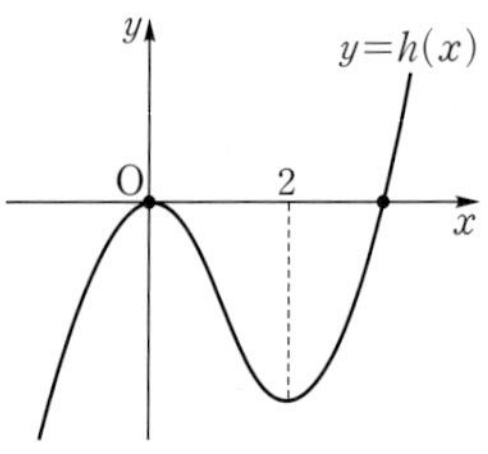

따라서 옳은 것은 ㄱ, ㄴ이다.

0570

답 1

$y=x^3+ax-1$에서 $y'=3x^2+a$

점 $(1, 0)$에서 곡선 $y=x^3+ax-1$에 그은 접선의 접점의 좌표를 (t, t^3+at-1)이라 하면 접선의 기울기는 $3t^2+a$이고 접선의 방정식은

$y-(t^3+at-1)=(3t^2+a)(x-t)$

$\therefore y=(3t^2+a)x-2t^3-1$

이 직선이 점 $(1, 0)$을 지나므로

$0=3t^2+a-2t^3-1$

$\therefore 2t^3-3t^2-a+1=0$ $\quad\cdots\cdots$ ㉠

…… ❶

점 $(1, 0)$에서 곡선 $y=x^3+ax-1$에 서로 다른 두 개의 접선을 그을 수 있으려면 t에 대한 삼차방정식 ㉠이 서로 다른 두 실근을 가져야 한다.

…… ❷

$f(t)=2t^3-3t^2-a+1$이라 하면

$f'(t)=6t^2-6t=6t(t-1)$

$f'(t)=0$에서 $t=0$ 또는 $t=1$

삼차방정식 $f(t)=0$이 서로 다른 두 실근을 가지려면

(극댓값)$\times$(극솟값)$=0$이어야 하므로

$f(0)f(1)=0$에서 $-a(-a+1)=0$

$\therefore a=1$ ($\because a\ne 0$)

…… ❸

채점 기준	배점
❶ 접점의 x좌표를 t로 놓고 t에 대한 방정식 세우기	40%
❷ 두 개의 접선을 그을 수 있도록 하는 조건 구하기	20%
❸ 조건을 만족시키는 a의 값 구하기	40%

0571

답 27

방정식 $|2x^3-3x^2-12x+3|=k$가 서로 다른 네 실근을 가지려면 함수 $y=|2x^3-3x^2-12x+3|$의 그래프와 직선 $y=k$가 서로 다른 네 점에서 만나야 한다.

…… ❶

$f(x)=2x^3-3x^2-12x+3$이라 하면

$f'(x)=6x^2-6x-12=6(x-2)(x+1)$

$f'(x)=0$에서 $x=-1$ 또는 $x=2$

함수 $f(x)$의 증가와 감소를 표로 나타내면 다음과 같다.

x	$\cdots$	-1	$\cdots$	2	$\cdots$
$f'(x)$	$+$	0	$-$	0	$+$
$f(x)$	↗	10	↘	-17	↗

…… ❷

함수 $y=|f(x)|$의 그래프는 오른쪽 그림과 같으므로 함수 $y=|f(x)|$의 그래프와 직선 $y=k$가 서로 다른 네 점에서 만나려면

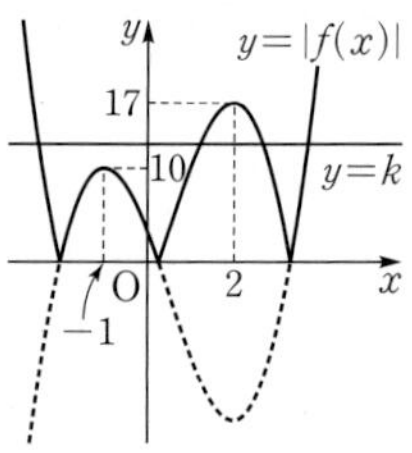

$10<k<17$

따라서 정수 k의 최댓값은 16, 최솟값은 11이므로 구하는 합은

$16+11=27$

…… ❸

채점 기준	배점
❶ 방정식이 서로 다른 네 실근을 가질 조건 해석하기	20%
❷ 함수 $f(x)=2x^3-3x^2-12x+3$의 증감표 그리기	40%
❸ 함수 $y=\|f(x)\|$의 그래프를 이용하여 조건을 만족시키는 정수 k의 값의 합 구하기	40%

PART C 수능 녹인 변별력 문제

0572
답 15

최고차항의 계수가 음수인 사차함수 $f(x)$가 극솟값을 가지려면 방정식 $f'(x)=0$이 서로 다른 세 실근을 가져야 한다.

$f(x)=-\frac{1}{2}x^4+12x^2+4ax$에서

$f'(x)=-2x^3+24x+4a$

$g(x)=-2x^3+24x+4a$라 하면

$g'(x)=-6x^2+24=-6(x+2)(x-2)$

$g'(x)=0$에서 $x=-2$ 또는 $x=2$

삼차방정식 $g(x)=0$이 서로 다른 세 실근을 가지려면

$g(-2)g(2)<0$이어야 하므로 $(4a+32)(4a-32)<0$

$(a+8)(a-8)<0$ $\quad\therefore -8<a<8$

따라서 정수 a는 $-7, -6, -5, \cdots, 7$의 15개이다.

0573
답 ③

ㄱ. $h(b)=0$, $h(d)=0$이므로

$f(b)-g(b)=0$, $f(d)-g(d)=0$

$\therefore f(b)=g(b)$, $f(d)=g(d)$

즉, 두 점 P, Q는 $t=b$, $t=d$에서 두 번 만난다. (참)

ㄴ. $h'(a)=0$, $h'(c)=0$이므로

$f'(a)-g'(a)=0$, $f'(c)-g'(c)=0$

$\therefore f'(a)=g'(a)$, $f'(c)=g'(c)$

즉, 두 점 P, Q는 $t=a$, $t=c$에서 속도가 같다.

따라서 $0<t<e$에서 두 점 P, Q의 속도가 같은 순간이 두 번 있다. (참)

ㄷ. $b<t<d$에서 $h(t)<0$이므로

$f(t)-g(t)<0$ $\quad\therefore f(t)<g(t)$

즉, $b<t<d$에서 점 Q가 점 P보다 오른쪽에 위치해 있지만 원점에서 더 멀리 떨어져 있는지는 알 수 없다. (거짓)

따라서 옳은 것은 ㄱ, ㄴ이다.

0574
답 ②

$f(x)=3x^4-4x^3-12x^2$이라 하면

$f'(x)=12x^3-12x^2-24x=12x(x+1)(x-2)$

$f'(x)=0$에서 $x=-1$ 또는 $x=0$ 또는 $x=2$

함수 $f(x)$의 증가와 감소를 표로 나타내면 다음과 같다.

x	$\cdots$	-1	$\cdots$	0	$\cdots$	2	$\cdots$
$f'(x)$	$-$	0	$+$	0	$-$	0	$+$
$f(x)$	↘	-5	↗	0	↘	-32	↗

따라서 함수 $y=f(x)$의 그래프는 다음 그림과 같다.

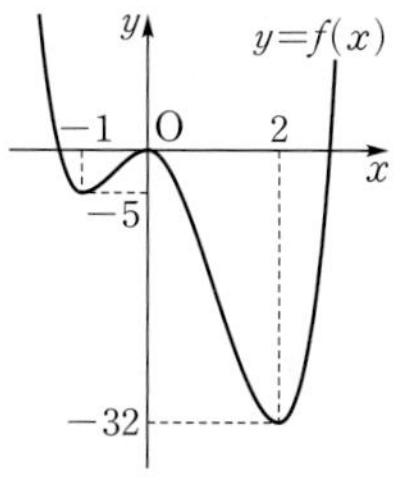

방정식 $f(x)=a$가 허근을 갖지 않는 경우는 다음과 같이 나누어 생각해 볼 수 있다.

(i) 방정식 $f(x)=a$가 서로 다른 네 실근을 가지는 경우

함수 $y=f(x)$의 그래프와 직선 $y=a$는 서로 다른 네 점에서 만나야 하므로

$-5<a<0$

(ii) 방정식 $f(x)=a$가 중근 1개와 중근이 아닌 서로 다른 두 실근을 갖는 경우

함수 $y=f(x)$의 그래프와 직선 $y=a$는 한 점에서 접하고 접점이 아닌 서로 다른 두 점에서 만나야 하므로

$a=-5$ 또는 $a=0$

(iii) 방정식 $f(x)=a$가 서로 다른 중근 2개를 갖는 경우

함수 $y=f(x)$의 그래프와 직선 $y=a$는 서로 다른 두 점에서 접해야 한다. 그런데 함수 $f(x)$가 $x=-1$, $x=2$에서의 극솟값이 다르므로 조건을 만족시키는 a의 값은 존재하지 않는다.

(i)~(iii)에서 a의 값의 범위는 $-5\le a\le 0$

따라서 정수 a는 $-5, -4, -3, -2, -1, 0$의 6개이다.

0575
답 ②

1 이상의 임의의 두 실수 x_1, x_2에 대하여 $f(x_1)\ge g(x_2)$가 성립하려면 $x\ge 1$에서 함수 $f(x)$의 최솟값이 함수 $g(x)$의 최댓값보다 크거나 같아야 한다.

$f(x)=x^3-3x^2+8$에서

$f'(x)=3x^2-6x=3x(x-2)$

$f'(x)=0$에서 $x=2$ ($\because x\ge 1$)

$x\ge 1$에서 함수 $f(x)$의 증가와 감소를 표로 나타내면 다음과 같다.

x	1	$\cdots$	2	$\cdots$
$f'(x)$		$-$	0	$+$
$f(x)$	6	↘	4	↗

함수 $f(x)$는 $x=2$에서 극소이면서 최소이므로 최솟값 4를 갖는다.

한편 $g(x)=-2x^2+8x+k=-2(x-2)^2+8+k$

이므로 $x\ge 1$일 때 함수 $g(x)$는 $x=2$에서 최댓값 $8+k$를 갖는다.

$x\ge 1$에서 함수 $f(x)$의 최솟값이 함수 $g(x)$의 최댓값보다 크거나 같으려면

$8+k\le 4$ $\quad\therefore k\le -4$

따라서 실수 k의 최댓값은 -4이다.

0576
답 15

두 점 P, Q의 시각 t에서의 속도를 각각 v_P, v_Q라 하면

$v_P=\frac{dx_P}{dt}=4t^3-24t^2+36t-2$

$v_Q=\frac{dx_Q}{dt}=k$

두 점 P, Q의 속도가 같아지는 순간이 세 번 있으려면 $v_P=v_Q$를 만족시키는 양의 실수 t가 3개 존재하여야 하므로 t에 대한 방정식 $4t^3-24t^2+36t-2=k$가 서로 다른 세 개의 양의 실근을 가져야 한다.

즉, $t>0$에서 함수 $y=4t^3-24t^2+36t-2$의 그래프와 직선 $y=k$가 서로 다른 세 점에서 만나야 한다.

$f(t)=4t^3-24t^2+36t-2$라 하면

$f'(t)=12t^2-48t+36=12(t-1)(t-3)$

$f'(t)=0$에서 $t=1$ 또는 $t=3$

$t>0$에서 함수 $f(t)$의 증가와 감소를 표로 나타내면 다음과 같다.

t	0	$\cdots$	1	$\cdots$	3	$\cdots$
$f'(t)$		+	0	−	0	+
$f(t)$		↗	14	↘	−2	↗

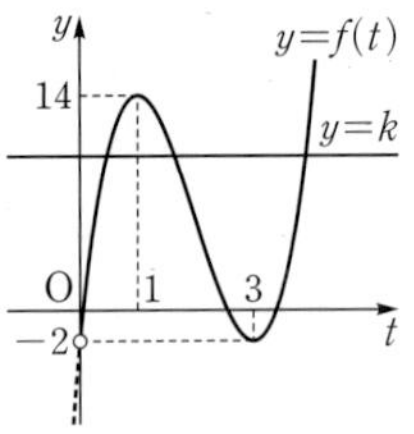

$t>0$에서 함수 $y=f(t)$의 그래프는 오른쪽 그림과 같으므로 곡선 $y=f(t)$와 직선 $y=k$가 서로 다른 세 점에서 만나려면

$-2<k<14$

따라서 정수 k는 $-1, 0, 1, \cdots, 13$의 15개이다.

0577

답 28

$f(x)=2x^3-3x^2+k$라 하면

$f'(x)=6x^2-6x=6x(x-1)$

$f'(x)=0$에서 $x=0$ 또는 $x=1$

$-2\le x\le 1$에서 함수 $f(x)$의 증가와 감소를 표로 나타내면 다음과 같다.

x	−2	$\cdots$	0	$\cdots$	1
$f'(x)$		+	0	−	0
$f(x)$	$k-28$	↗	k	↘	$k-1$

함수 $f(x)$는 $x=0$에서 최댓값 k, $x=-2$에서 최솟값 $k-28$을 갖는다.

이때 $-2\le x\le 1$에서 $|f(x)|<16$이어야 하므로

$|k|<16$, $|k-28|<16$

$-16<k<16$, $12<k<44$

$\therefore 12<k<16$

따라서 $M=15$, $m=13$이므로

$M+m=15+13=28$

0578

답 23

$f(x)$는 최고차항의 계수가 1이고 극값을 갖는 삼차함수이다.

이때 조건 (나)에서 방정식 $f(x)=3$이 서로 다른 두 실근을 가지려면 함수 $y=f(x)$의 그래프와 직선 $y=3$이 서로 다른 두 점에서 만나야 하므로 다음 그림과 같이 함수 $y=f(x)$의 그래프가 직선 $y=3$과 접하면서 만나야 한다.

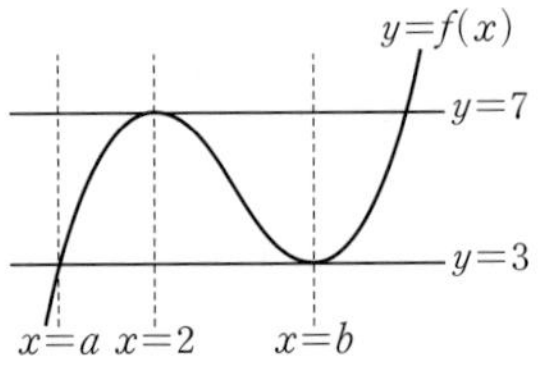

함수 $y=f(x)$의 그래프와 직선 $y=3$이 만나는 두 점의 x좌표를 a, b $(a<b)$라 하면

$f(x)-3=(x-a)(x-b)^2$

$f(x)=(x-a)(x-b)^2+3$

$f'(x)=(x-b)^2+2(x-a)(x-b)$

$\quad=(x-b)(3x-2a-b)$

$f'(x)=0$에서 $x=b$ 또는 $x=\dfrac{2a+b}{3}$

함수 $f(x)$의 증가와 감소를 표로 나타내면 다음과 같다.

x	$\cdots$	$\frac{2a+b}{3}$	$\cdots$	b	$\cdots$
$f'(x)$	+	0	−	0	+
$f(x)$	↗	7	↘	3	↗

조건 (가)에서 함수 $f(x)$가 $x=2$에서 극댓값 7을 가지므로

$\dfrac{2a+b}{3}=2$에서 $2a+b=6$ …… ㉠

$f\left(\dfrac{2a+b}{3}\right)=7$에서 $\left(\dfrac{b-a}{3}\right)\left(\dfrac{2a-2b}{3}\right)^2+3=7$

$\dfrac{4}{27}(b-a)^3=4$, $(b-a)^3=27$

$\therefore b-a=3$ …… ㉡

㉠, ㉡을 연립하여 풀면 $a=1$, $b=4$

따라서 $f(x)=(x-1)(x-4)^2+3$이므로

$f(6)=5\times 2^2+3=23$

0579

답 34

모든 실수 x에 대하여 부등식 $f(x)\le 12x+k\le g(x)$를 만족시켜야 하므로 다음과 같이 경우를 나누어 각각 생각해 보자.

(i) $f(x)\le 12x+k$에서 $f(x)-12x-k\le 0$

$h(x)=f(x)-12x-k$라 하면

$h(x)=-x^4-2x^3-x^2-12x-k$

이므로

$h'(x)=-4x^3-6x^2-2x-12$

$\quad=-2(2x^3+3x^2+x+6)$

$\quad=-2(x+2)(2x^2-x+3)$

$h'(x)=0$에서 $x=-2$ ($\because 2x^2-x+3>0$)

함수 $h(x)$의 증가와 감소를 표로 나타내면 다음과 같다.

x	$\cdots$	−2	$\cdots$
$h'(x)$	+	0	−
$h(x)$	↗	$20-k$	↘

즉, 함수 $h(x)$는 $x=-2$에서 극대이면서 최대이므로 모든 실수 x에 대하여 $h(x)\le 0$이 성립하려면

$20-k\le 0$ $\quad\therefore k\ge 20$

(ii) $g(x)\ge 12x+k$에서

$3x^2+a\ge 12x+k$ $\quad\therefore 3x^2-12x+a-k\ge 0$

이 부등식이 모든 실수 x에 대하여 성립해야 하므로 이차방정식 $3x^2-12x+a-k=0$의 판별식을 D라 하면

$\dfrac{D}{4}=(-6)^2-3(a-k)\le 0$

$\therefore k\le a-12$

(i), (ii)에서 $20\le k\le a-12$

주어진 조건에 의하여 $20\le k\le a-12$를 만족시키는 자연수 k의 개수가 3이려면 자연수 k는 20, 21, 22의 3개이어야 하므로

$22 \le a-12 < 23 \qquad \therefore 34 \le a < 35$

따라서 자연수 a의 값은 34이다.

참고

두 함수 $y=f(x)$, $y=g(x)$의 그래프와 직선 $y=12x+k$의 위치 관계는 다음 그림과 같다.

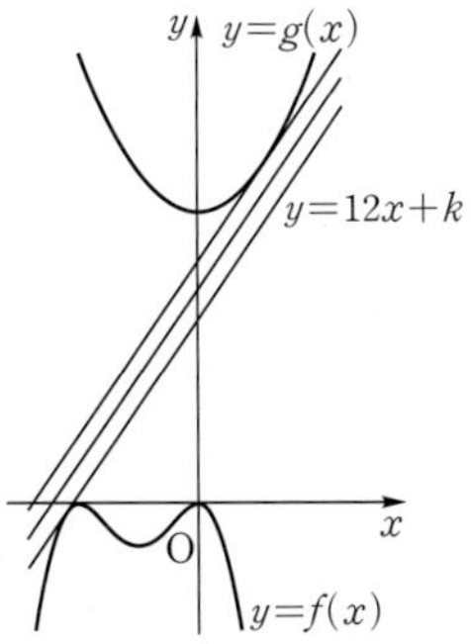

0580

답 47

최고차항의 계수가 1인 사차함수 $f(x)$가 $f(0)=2$이고 조건 ㈎에서 모든 실수 x에 대하여 $f(-x)=f(x)$이므로

$f(x)=x^4-ax^2+2$ (a는 상수)라 하면

$f'(x)=4x^3-2ax=2x(2x^2-a)$

(i) $a \le 0$일 때

모든 실수 x에 대하여 $2x^2-a \ge 0$이므로

$f'(x)=0$에서 $x=0$

함수 $f(x)$의 증가와 감소를 표로 나타내면 다음과 같다.

x	$\cdots$	0	$\cdots$
$f'(x)$	$-$	0	$+$
$f(x)$	↘	2	↗

따라서 함수 $y=f(x)$의 그래프의 개형은 다음 그림과 같다.

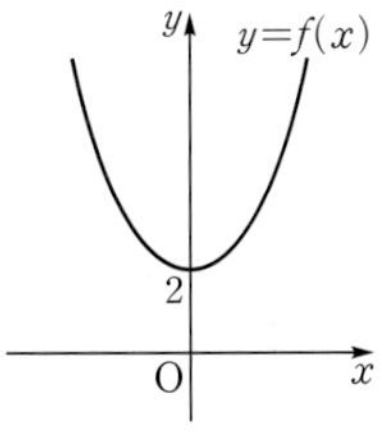

이 경우 방정식 $|f(x)|=2$의 서로 다른 실근은 1개이므로 조건 ㈏를 만족시킬 수 없다.

(ii) $a>0$일 때

$f'(x)=4x^3-2ax=2x\left(x+\dfrac{\sqrt{2a}}{2}\right)\left(x-\dfrac{\sqrt{2a}}{2}\right)$

$f'(x)=0$에서 $x=-\dfrac{\sqrt{2a}}{2}$ 또는 $x=0$ 또는 $x=\dfrac{\sqrt{2a}}{2}$

함수 $f(x)$의 증가와 감소를 표로 나타내면 다음과 같다.

x	$\cdots$	$-\frac{\sqrt{2a}}{2}$	$\cdots$	0	$\cdots$	$\frac{\sqrt{2a}}{2}$	$\cdots$
$f'(x)$	$-$	0	$+$	0	$-$	0	$+$
$f(x)$	↘	극소	↗	극대	↘	극소	↗

이때 방정식 $|f(x)|=2$의 서로 다른 실근이 5개이려면 함수 $y=|f(x)|$의 그래프가 다음 그림과 같아야 한다.

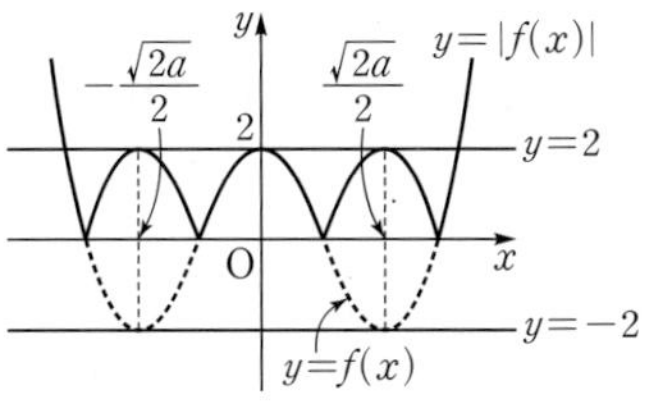

즉, $f\left(-\dfrac{\sqrt{2a}}{2}\right)=f\left(\dfrac{\sqrt{2a}}{2}\right)=-2$이므로

$-\dfrac{1}{4}a^2+2=-2,\ a^2-16=0$

$(a+4)(a-4)=0$

$\therefore a=4\ (\because a>0)$

(i), (ii)에서 $f(x)=x^4-4x^2+2$이므로

$f(3)=81-36+2=47$

0581

답 ⑤

조건 ㈎에서 함수 $|f(x)|$는 $x=-1$에서만 미분가능하지 않으므로 함수 $f(x)$는 $x=-1$에서 중근이 아닌 실근을 가져야 한다.

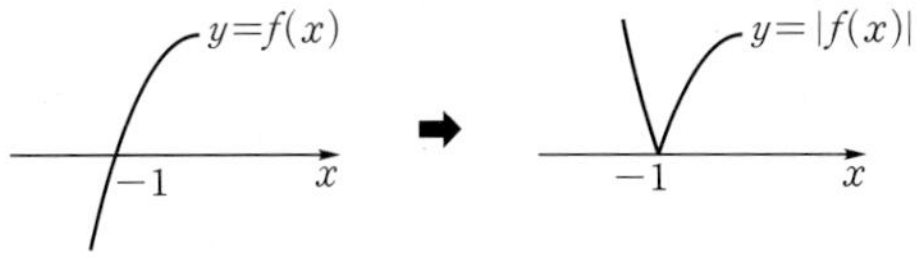

조건 ㈏에서 방정식 $f(x)=0$은 닫힌구간 $[3, 5]$에서 적어도 하나의 실근을 가져야 하는데 조건 ㈎에 의하여 닫힌구간 $[3, 5]$에서 함수 $|f(x)|$가 미분가능해야 하므로 방정식 $f(x)=0$은 닫힌구간 $[3, 5]$에서 중근을 가져야 한다.

이 중근을 $\alpha\ (3 \le \alpha \le 5)$라 하면 두 조건 ㈎, ㈏를 모두 만족시키는 삼차함수 $y=f(x)$의 그래프의 개형은 다음 그림과 같다.

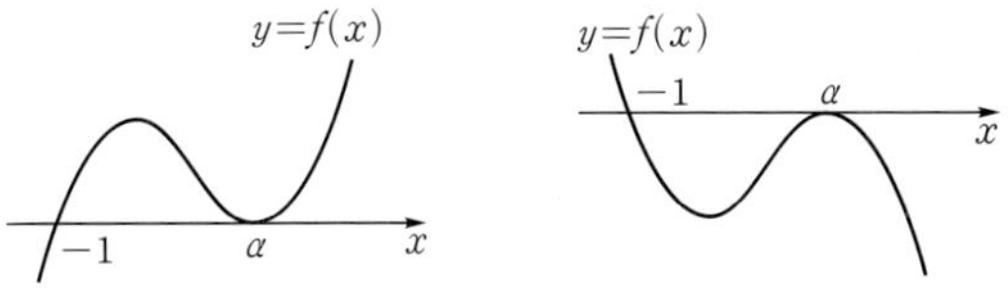

따라서 $f(x)=a(x+1)(x-\alpha)^2$ (a, α는 상수, $3 \le \alpha \le 5$, $a \ne 0$)이라 하면

$f'(x)=a(x-\alpha)^2+2a(x+1)(x-\alpha)$

$\therefore \dfrac{f'(0)}{f(0)}=\dfrac{a\alpha^2-2a\alpha}{a\alpha^2}=1-\dfrac{2}{\alpha}$

이때 $3 \le \alpha \le 5$이므로 $\dfrac{f'(0)}{f(0)}$은

$\alpha=5$일 때 최댓값 $M=1-\dfrac{2}{5}=\dfrac{3}{5}$을 갖고,

$\alpha=3$일 때 최솟값 $m=1-\dfrac{2}{3}=\dfrac{1}{3}$을 갖는다.

$\therefore Mm=\dfrac{3}{5}\times\dfrac{1}{3}=\dfrac{1}{5}$

0582

답 5

$f(x)=t$라 하면 $f(f(x))=a$에서

$f(t)=a,\ t^3-3t-2+a=a$

$t^3-3t-2=0,\ (t+1)^2(t-2)=0$

$\therefore t=-1$ 또는 $t=2$

따라서 방정식 $f(f(x))=a$의 해는 $f(x)=-1$ 또는 $f(x)=2$의 해와 같으므로 방정식 $f(f(x))=a$의 서로 다른 실근의 개수가 3이려면 $f(x)=-1$ 또는 $f(x)=2$의 서로 다른 실근의 개수가 3이어야 한다.

$f(x)=x^3-3x-2+a$에서

$f'(x)=3x^2-3=3(x+1)(x-1)$

$f'(x)=0$에서 $x=-1$ 또는 $x=1$

함수 $f(x)$의 증가와 감소를 표로 나타내면 다음과 같다.

x	$\cdots$	-1	$\cdots$	1	$\cdots$
$f'(x)$	$+$	0	$-$	0	$+$
$f(x)$	↗	a	↘	$a-4$	↗

따라서 함수 $y=f(x)$의 그래프의 개형은 다음 그림과 같다.

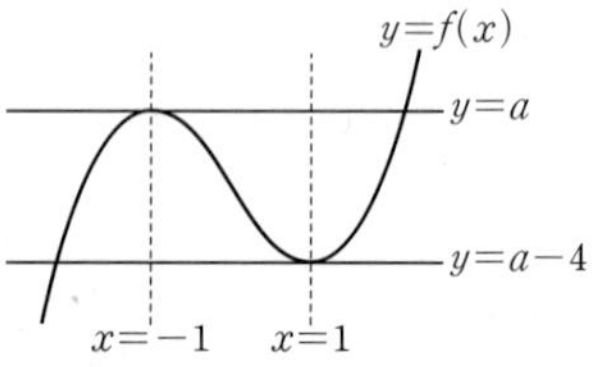

$f(x)=-1$ 또는 $f(x)=2$의 서로 다른 실근의 개수가 3이려면 함수 $y=f(x)$의 그래프가 두 직선 $y=-1$, $y=2$와 만나는 교점의 개수가 3이어야 하므로

$a=-1$ 또는 $a-4=2$

$\therefore a=-1$ 또는 $a=6$

따라서 모든 실수 a의 값의 합은

$-1+6=5$

0583

답 ⑤

도함수 $y=f'(x)$의 그래프로부터 함수 $f(x)$의 증가와 감소를 표로 나타내면 다음과 같다.

x	$\cdots$	0	$\cdots$	2	$\cdots$
$f'(x)$	$+$	0	$-$	0	$+$
$f(x)$	↗	극대	↘	극소	↗

ㄱ. 닫힌구간 $[0, 2]$에서 함수 $f(x)$가 감소하므로 $f(0)<0$이면

$f(2)<f(0)<0$ $\therefore |f(0)|<|f(2)|$ (참)

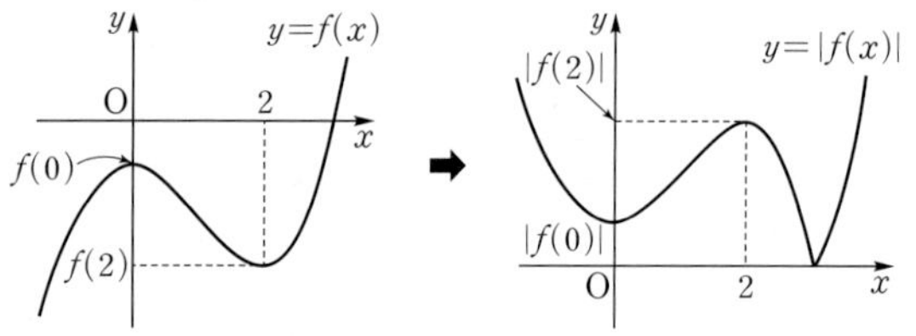

ㄴ. $f(0)f(2)\ge 0$일 때, 다음과 같이 경우를 나누어 함수 $y=|f(x)|$의 그래프의 개형을 각각 그려 보자.

(i) $f(0)>f(2)>0$일 때

두 함수 $y=f(x)$와 $y=|f(x)|$의 그래프의 개형은 다음 그림과 같다.

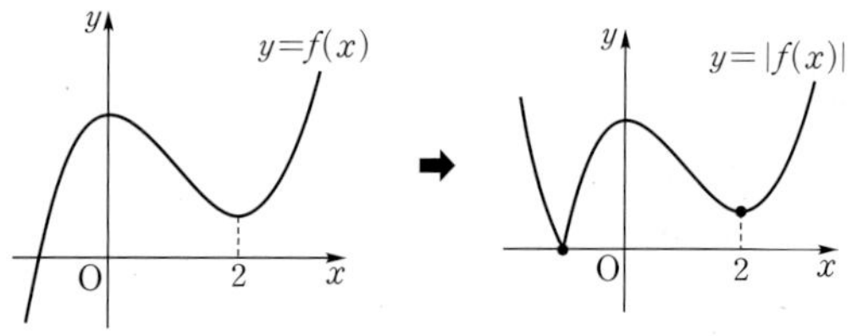

따라서 함수 $|f(x)|$는 두 점에서 극솟값을 갖는다.

(ii) $f(0)>f(2)=0$일 때

두 함수 $y=f(x)$와 $y=|f(x)|$의 그래프의 개형은 다음 그림과 같다.

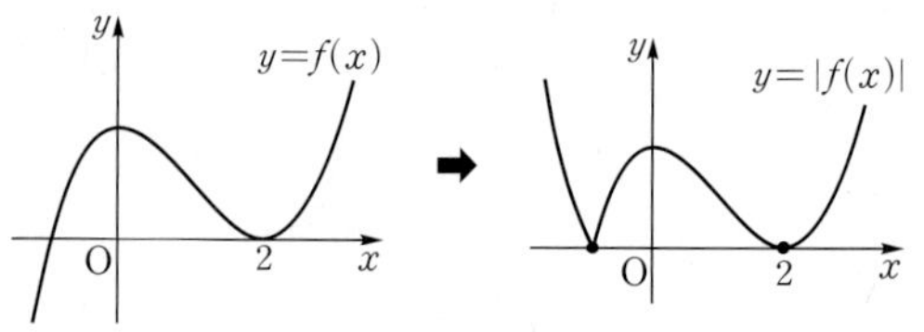

따라서 함수 $|f(x)|$는 두 점에서 극솟값을 갖는다.

(iii) $f(2)<f(0)=0$일 때

두 함수 $y=f(x)$와 $y=|f(x)|$의 그래프의 개형은 다음 그림과 같다.

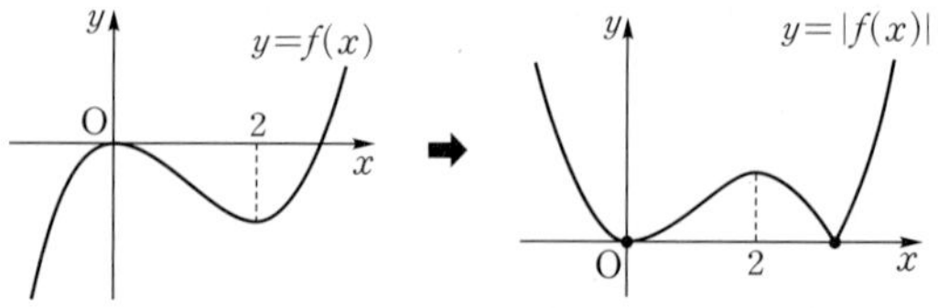

따라서 함수 $|f(x)|$는 두 점에서 극솟값을 갖는다.

(iv) $f(2)<f(0)<0$일 때

두 함수 $y=f(x)$와 $y=|f(x)|$의 그래프의 개형은 다음 그림과 같다.

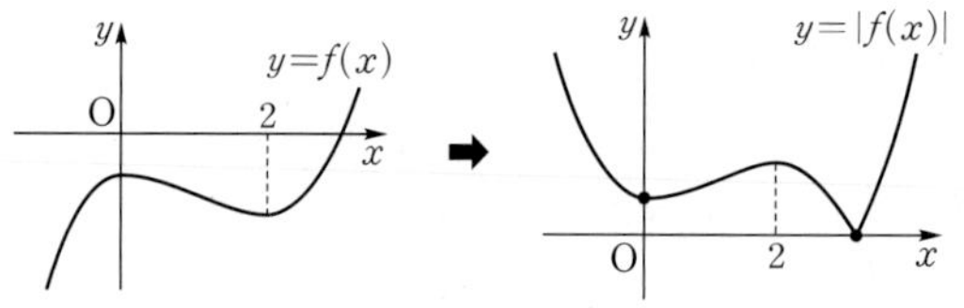

따라서 함수 $|f(x)|$는 두 점에서 극솟값을 갖는다.

(i)~(iv)에서 $f(0)f(2)\ge 0$이면 함수 $|f(x)|$가 $x=a$에서 극소인 a의 값의 개수는 2이다. (참)

ㄷ. $f(0)+f(2)=0$에서 $f(2)=-f(0)$이므로 두 함수 $y=f(x)$와 $y=|f(x)|$의 그래프의 개형은 다음 그림과 같다.

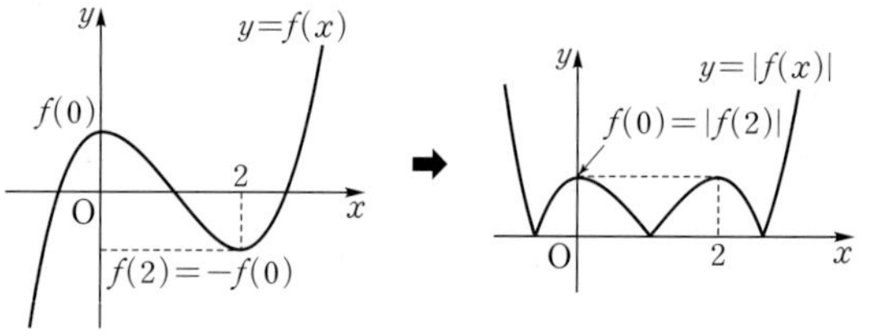

이때 방정식 $|f(x)|=f(0)$의 실근의 개수는 함수 $y=|f(x)|$의 그래프와 직선 $y=f(0)$이 만나는 점의 개수와 같다.

즉, 오른쪽 그림과 같이 함수 $y=|f(x)|$의 그래프와 직선 $y=f(0)$은 서로 다른 네 점에서 만나므로 방정식 $|f(x)|=f(0)$의 서로 다른 실근의 개수는 4이다. (참)

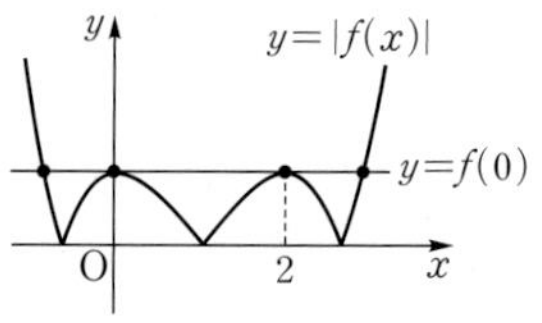

따라서 옳은 것은 ㄱ, ㄴ, ㄷ이다.

III 적분

유형별 문제

PART A 07 부정적분

유형 01 부정적분의 정의

확인 문제 (1) $2x+C$ (2) x^3+C

(1) $(2x)'=2$이므로 $\int 2dx=2x+C$ (C는 적분상수)

(2) $(x^3)'=3x^2$이므로 $\int 3x^2dx=x^3+C$ (C는 적분상수)

0584
답 2

$\int f(x)dx=x^3-3x^2+2x+C$에서

$f(x)=(x^3-3x^2+2x+C)'=3x^2-6x+2$

$\therefore f(2)=12-12+2=2$

0585
답 ①

$F(x)=6x^2+2x+1$이라 하면

$f(x)=F'(x)=(6x^2+2x+1)'=12x+2$

$\therefore f(-1)=-12+2=-10$

0586
답 24

$f(x)=F'(x)=(x^3+ax^2+4x)'=3x^2+2ax+4$

$f'(x)=6x+2a$

$f'(1)=10$에서 $6+2a=10$

$\therefore a=2$

따라서 $F(x)=x^3+2x^2+4x$이므로

$F(2)=8+8+8=24$

0587
답 7

$F(x)-G(x)=k$ (k는 상수)라 하면

$k=F(1)-G(1)=-2-1=-3$

이므로

$G(x)=F(x)-k=x^3-2x^2-4x+3-(-3)$

$=x^3-2x^2-4x+6$

$\therefore G(-1)=-1-2+4+6=7$

0588
답 8

$\int \{2x^2-f(x)\}dx=\frac{2}{3}x^3-4x^2+2x+C$에서

$2x^2-f(x)=\left(\frac{2}{3}x^3-4x^2+2x+C\right)'$

$=2x^2-8x+2$

$\therefore f(x)=8x-2$

······························ ❶

$f(x)=x^2$에서 $8x-2=x^2$

$\therefore x^2-8x+2=0$

따라서 이차방정식의 근과 계수의 관계에 의하여 모든 근의 합은 8이다.

······························ ❷

채점 기준	배점
❶ 부정적분의 정의를 이용하여 $f(x)$의 식 구하기	50%
❷ 근과 계수의 관계를 이용하여 방정식의 모든 근의 합 구하기	50%

유형 02 부정적분과 미분의 관계

0589
답 ③

$F(x)=\frac{d}{dx}\int xf(x)dx=xf(x)=2x^3-5x^2$

$\therefore F(3)=54-45=9$

0590
답 ②

$F(x)=\int \left\{\frac{d}{dx}(x^3+2x)\right\}dx=x^3+2x+C$ (C는 적분상수)

$F(0)=3$이므로 $C=3$

따라서 $F(x)=x^3+2x+3$이므로

$F(2)=8+4+3=15$

0591
답 11

$\frac{d}{dx}\int (ax^2+2x+6)dx=ax^2+2x+6$이므로

$ax^2+2x+6=3x^2+bx+c$

위의 등식이 모든 실수 x에 대하여 성립하므로

$a=3,\ b=2,\ c=6$

$\therefore a+b+c=11$

Bible Says 항등식의 성질

(1) $ax^2+bx+c=0$이 x에 대한 항등식이면
$a=0,\ b=0,\ c=0$

(2) $ax^2+bx+c=a'x^2+b'x+c'$이 x에 대한 항등식이면
$a=a',\ b=b',\ c=c'$

0592

답 1

$\frac{d}{dx}\int(x-1)f(x)dx=(x-1)f(x)$이므로

$(x-1)f(x)=x^3-2x^2+a$

위의 식의 양변에 $x=1$을 대입하면

$1-2+a=0 \quad \therefore a=1$

따라서 $(x-1)f(x)=x^3-2x^2+1$이므로

$f(2)=8-8+1=1$

0593

답 -3

$\frac{d}{dx}\int f(x)dx=f(x)$이므로

$g(x)=x^2-3x$

$\int\left\{\frac{d}{dx}f(x)\right\}dx=f(x)+C$ (C는 적분상수)이므로

$h(x)=x^2-3x+C$

이때 $h(-1)=5$이므로 $1+3+C=5$

$\therefore C=1$

따라서 $h(x)=x^2-3x+1$이므로

$g(2)+h(1)=-2+(-1)=-3$

0594

답 7

$\int\left\{\frac{d}{dx}(4x-x^2)\right\}dx=4x-x^2+C$ (C는 적분상수)이므로

$f(x)=-x^2+4x+C=-(x-2)^2+C+4$

이때 함수 $f(x)$의 최댓값이 8이므로

$C+4=8 \quad \therefore C=4$

따라서 $f(x)=-x^2+4x+4$이므로

$f(3)=-9+12+4=7$

0595

답 73

$f(x)=\int\left\{\frac{d}{dx}(x^3+ax)\right\}dx=x^3+ax+C$ (C는 적분상수)

$f'(x)=3x^2+a$

$f(2)=13$에서 $8+2a+C=13$

$\therefore 2a+C=5 \quad \cdots\cdots$ ㉠

$f'(1)=5$에서 $3+a=5$

$\therefore a=2$

$a=2$를 ㉠에 대입하면 $C=1$

따라서 $f(x)=x^3+2x+1$이므로

$f(4)=64+8+1=73$

0596

답 11

조건 (가)에서 $f(x)+g(x)=\frac{d}{dx}\int(x^3+x^2+4)dx$이므로

$f(x)+g(x)=x^3+x^2+4 \quad \cdots\cdots$ ㉠

조건 (나)에서 $\frac{d}{dx}\int\{f(x)-g(x)\}dx=x^3-x^2-4x$이므로

$f(x)-g(x)=x^3-x^2-4x \quad \cdots\cdots$ ㉡

㉠, ㉡을 연립하여 풀면

$f(x)=x^3-2x+2,\ g(x)=x^2+2x+2$

$\therefore f(1)+g(2)=1+10=11$

0597

답 14

$g(x)=\int\left[\frac{d}{dx}\int\left\{\frac{d}{dx}f(x)\right\}dx\right]dx$

$=\int\left[\frac{d}{dx}\{f(x)+C_1\}\right]dx$ (C_1은 적분상수)

$=f(x)+C_2$ (C_2는 적분상수)

$=x^{10}+x^9+x^8+\cdots+x^2+x+C_2$

이때 $g(0)=4$이므로 $C_2=4$

따라서 $g(x)=x^{10}+x^9+x^8+\cdots+x^2+x+4$이므로

$g(1)=\underbrace{1+1+1+\cdots+1+1}_{10개}+4=14$

유형 03 부정적분의 계산

0598

답 25

$f(x)=\int(4x^3+3x^2+2x+1)dx$

$=x^4+x^3+x^2+x+C$ (C는 적분상수)

$f(0)=-5$이므로 $C=-5$

따라서 $f(x)=x^4+x^3+x^2+x-5$이므로

$f(2)=16+8+4+2-5=25$

0599

답 14

$f(x)=\int\frac{x^3}{x+2}dx+\int\frac{8}{x+2}dx$

$=\int\frac{x^3+8}{x+2}dx$

$=\int\frac{(x+2)(x^2-2x+4)}{x+2}dx$

$=\int(x^2-2x+4)dx$

$=\frac{1}{3}x^3-x^2+4x+C$ (C는 적분상수)

$f(0)=2$이므로 $C=2$

따라서 $f(x)=\frac{1}{3}x^3-x^2+4x+2$이므로

$f(3)=9-9+12+2=14$

0600

답 2

$f(x)=\int(4x-8)dx=2x^2-8x+C$

$=2(x-2)^2+C-8$ (C는 적분상수)

함수 $f(x)$가 $x=2$에서 최솟값 $C-8$을 가지므로 모든 실수 x에 대하여 $f(x)\geq0$이려면

$C-8\geq0$ $\quad\therefore C\geq8$

$f(1)=-6+C\geq2$

따라서 $f(1)$의 최솟값은 2이다.

유형 04 도함수가 주어졌을 때 함수 구하기

0601

답 4

$f(x)=\int f'(x)dx=\int(3x^2+2x)dx$

$=x^3+x^2+C$ (C는 적분상수)

$f(0)=2$에서 $C=2$

따라서 $f(x)=x^3+x^2+2$이므로 $f(1)=4$

0602

답 ④

$f(x)=\int f'(x)dx=\int(-3x^2-kx+5)dx$

$=-x^3-\frac{k}{2}x^2+5x+C$ (C는 적분상수)

$f(0)=5$에서 $C=5$ $\quad\cdots\cdots$ ㉠

$f(2)=5$에서 $-8-2k+10+C=5$ $\quad\cdots\cdots$ ㉡

㉠을 ㉡에 대입하면 $k=1$

0603

답 −9

$f'(x)=12x^2-18x$이므로

$f(x)=\int f'(x)dx=\int(12x^2-18x)dx$

$=4x^3-9x^2+C$ (C는 적분상수)

$f(1)=-1$에서 $-5+C=-1$

$\therefore C=4$

따라서 $f(x)=4x^3-9x^2+4$이므로

$f(-1)=-4-9+4=-9$

0604

답 −2

$f(x)=\int f'(x)dx=\int(6x+a)dx$

$=3x^2+ax+C$ (C는 적분상수)

$f(1)=6$에서 $3+a+C=6$

$\therefore a+C=3$ $\quad\cdots\cdots$ ㉠

방정식 $f(x)=0$, 즉 $3x^2+ax+C=0$의 모든 근의 합이 -3이므로 이차방정식의 근과 계수의 관계에 의하여

$-\frac{a}{3}=-3$ $\quad\therefore a=9$

$a=9$를 ㉠에 대입하면 $C=-6$

따라서 $f(x)=3x^2+9x-6$이므로 방정식 $f(x)=0$, 즉

$3x^2+9x-6=0$의 모든 근의 곱은 $\frac{-6}{3}=-2$이다.

0605

답 10

$f(x)=\int f'(x)dx=\int(3x^2-6x+a)dx$

$=x^3-3x^2+ax+C$ (C는 적분상수)

이때 함수 $f(x)$가 x^2+x-2, 즉 $(x+2)(x-1)$로 나누어떨어지므로 $f(-2)=f(1)=0$

$f(-2)=0$에서 $-8-12-2a+C=0$

$\therefore 2a-C=-20$ $\quad\cdots\cdots$ ㉠

$f(1)=0$에서 $1-3+a+C=0$

$\therefore a+C=2$ $\quad\cdots\cdots$ ㉡

㉠, ㉡을 연립하여 풀면 $a=-6$, $C=8$

따라서 $f(x)=x^3-3x^2-6x+8$이므로

$f(-1)=-1-3+6+8=10$

0606

답 4

$\frac{d}{dx}\{f(x)+g(x)\}=6$에서

$\int\left[\frac{d}{dx}\{f(x)+g(x)\}\right]dx=\int 6dx$

$\therefore f(x)+g(x)=6x+C_1$ (C_1은 적분상수)

$\frac{d}{dx}\{f(x)g(x)\}=18x$에서

$\int\left[\frac{d}{dx}\{f(x)g(x)\}\right]dx=\int 18xdx$

$\therefore f(x)g(x)=9x^2+C_2$ (C_2는 적분상수)

$\cdots\cdots$ ❶

이때 $f(0)=2$, $g(0)=-2$이므로

$f(0)+g(0)=C_1=0$, $f(0)g(0)=C_2=-4$

$\therefore f(x)+g(x)=6x$, $f(x)g(x)=9x^2-4=(3x+2)(3x-2)$

$\therefore \begin{cases} f(x)=3x+2 \\ g(x)=3x-2 \end{cases}$ 또는 $\begin{cases} f(x)=3x-2 \\ g(x)=3x+2 \end{cases}$

그런데 $f(0)=2$, $g(0)=-2$이므로

$f(x)=3x+2$, $g(x)=3x-2$

$\therefore f(4)-g(4)=14-10=4$

$\cdots\cdots$ ❷

채점 기준	배점
❶ 주어진 관계식을 적분하여 나타내기	40%
❷ 조건을 만족시키는 $f(x)$, $g(x)$를 구하고 이를 이용하여 $f(4)-g(4)$의 값 구하기	60%

유형 05 부정적분과 접선의 기울기

0607
답 29

$f'(x)=3x^2+8x+2$이므로

$f(x)=\int f'(x)dx=\int (3x^2+8x+2)dx$

$=x^3+4x^2+2x+C$ (C는 적분상수)

곡선 $y=f(x)$가 점 $(0, 1)$을 지나므로

$f(0)=1$에서 $C=1$

따라서 $f(x)=x^3+4x^2+2x+1$이므로

$f(2)=8+16+4+1=29$

0608
답 6

$f'(x)=-4x+a$이므로

$f(x)=\int f'(x)dx=\int (-4x+a)dx$

$=-2x^2+ax+C$ (C는 적분상수)

곡선 $y=f(x)$가 점 $(0, 3)$을 지나므로

$f(0)=3$에서 $C=3$

$\therefore f(x)=-2x^2+ax+3$

…… ❶

따라서 방정식 $f(x)=0$, 즉 $-2x^2+ax+3=0$의 모든 근의 합이 3이므로 이차방정식의 근과 계수의 관계에 의하여

$\frac{a}{2}=3 \qquad \therefore a=6$

…… ❷

채점 기준	배점
❶ 접선의 기울기를 이용하여 $f(x)$의 식 구하기	60%
❷ 이차방정식의 근과 계수의 관계를 이용하여 a의 값 구하기	40%

0609
답 26

$f'(x)=4x-12$이므로

$f(x)=\int f'(x)dx=\int (4x-12)dx$

$=2x^2-12x+C=2(x-3)^2-18+C$ (C는 적분상수)

함수 $f(x)$의 최솟값이 -6이므로

$-18+C=-6 \qquad \therefore C=12$

$\therefore f(x)=2x^2-12x+12=2(x-3)^2-6$

따라서 구간 $[-1, 4]$에서 $f(x)$는 $x=-1$일 때 최댓값을 가지므로 구하는 최댓값은

$f(-1)=2\times16-6=26$

Bible Says 제한된 범위에서 이차함수의 최대 · 최소

$m\le x\le n$에서 이차함수 $f(x)=a(x-p)^2+q$는

(1) $m\le p\le n$일 때

$f(m)$, $f(n)$, q 중 가장 큰 값이 최댓값, 가장 작은 값이 최솟값이다.

(2) $p<m$ 또는 $p>n$일 때

$f(m)$, $f(n)$ 중 큰 값이 최댓값, 작은 값이 최솟값이다.

유형 06 함수와 그 부정적분 사이의 관계식이 주어졌을 때 함수 구하기

0610
답 27

$F(x)=xf(x)-3x^4+2x^3$의 양변을 x에 대하여 미분하면

$f(x)=f(x)+xf'(x)-12x^3+6x^2$

$xf'(x)=12x^3-6x^2$

$\therefore f'(x)=12x^2-6x$

$\therefore f(x)=\int f'(x)dx=\int (12x^2-6x)dx$

$=4x^3-3x^2+C$ (C는 적분상수)

$f(-1)=0$에서 $-4-3+C=0$

$\therefore C=7$

따라서 $f(x)=4x^3-3x^2+7$이므로

$f(2)=32-12+7=27$

Bible Says 곱의 미분법

미분가능한 함수 $f(x)$, $g(x)$에 대하여

$\{f(x)g(x)\}'=f'(x)g(x)+f(x)g'(x)$

0611
답 8

$\int g(x)dx=2x^2f(x)+C$의 양변을 x에 대하여 미분하면

$g(x)=4xf(x)+2x^2f'(x)$

$\therefore g(2)=8f(2)+8f'(2)=16-8=8$

0612
답 ③

$xf(x)=\int f(x)dx+4x^3-6x^2$의 양변을 x에 대하여 미분하면

$f(x)+xf'(x)=f(x)+12x^2-12x$

$xf'(x)=12x^2-12x$

$\therefore f'(x)=12x-12$

$\therefore f(x)=\int f'(x)dx=\int (12x-12)dx$

$=6x^2-12x+C$ (C는 적분상수)

$f(1)=-2$에서 $6-12+C=-2$

$\therefore C=4$

따라서 $f(x)=6x^2-12x+4$이므로 방정식 $f(x)=0$, 즉 $6x^2-12x+4=0$의 모든 근의 곱은 이차방정식의 근과 계수의 관계에 의하여

$\frac{4}{6}=\frac{2}{3}$

0613

답 8

$2\int f(x)dx=(x+1)f(x)-4x-1$의 양변을 x에 대하여 미분하면

$2f(x)=f(x)+(x+1)f'(x)-4$

$\therefore f(x)=(x+1)f'(x)-4$ ...... ㉠

$f(x)$가 일차함수이므로 $f(x)=ax+b$ (a, b는 상수, $a\neq0$)라 하면 $f'(x)=a$

$f(x)=ax+b$, $f'(x)=a$를 ㉠에 대입하면

$ax+b=a(x+1)-4$

$ax+b=ax+a-4$

$\therefore b=a-4$ ...... ㉡

또한 $f(2)=5$이므로

$2a+b=5$ ...... ㉢

㉡, ㉢을 연립하여 풀면

$a=3$, $b=-1$

따라서 $f(x)=3x-1$이므로 $f(3)=9-1=8$

0614

답 ③

$f(x)+\int xf(x)dx=\frac{1}{2}x^4-x^3+4x^2-3x$의 양변을 x에 대하여 미분하면

$f'(x)+xf(x)=2x^3-3x^2+8x-3$ ...... ㉠

$f(x)$를 n차식이라 하면 $xf(x)$는 $(n+1)$차식이므로 ㉠에서

$n+1=3$ $\quad\therefore n=2$

$f(x)=ax^2+bx+c$ (a, b, c는 상수, $a\neq0$)라 하면

$f'(x)=2ax+b$

$f(x)=ax^2+bx+c$, $f'(x)=2ax+b$를 ㉠에 대입하면

$2ax+b+x(ax^2+bx+c)=2x^3-3x^2+8x-3$

$\therefore ax^3+bx^2+(2a+c)x+b=2x^3-3x^2+8x-3$

위의 등식이 모든 실수 x에 대하여 성립하므로

$a=2$, $b=-3$, $2a+c=8$

$\therefore a=2$, $b=-3$, $c=4$

따라서 $f(x)=2x^2-3x+4$이므로

$f(1)=2-3+4=3$

0615

답 25

$f(x)+\int f(x)dx=\int(4x^2+5)dx$의 양변을 x에 대하여 미분하면

$f'(x)+f(x)=4x^2+5$ ...... ㉠

$f(x)$를 n차식이라 하면 $f'(x)$는 $(n-1)$차식이므로 ㉠의 좌변은 n차식이고 우변은 이차항의 계수가 4인 이차식이다.

따라서 $f(x)$는 최고차항의 계수가 4인 이차함수이다.

.... ❶

$f(x)=4x^2+ax+b$ (a, b는 상수)라 하면

$f'(x)=8x+a$이므로

$f'(x)+f(x)=4x^2+(a+8)x+(a+b)$

이 식이 ㉠과 일치해야 하므로

$4x^2+5=4x^2+(a+8)x+(a+b)$

$a+8=0$, $a+b=5$

$\therefore a=-8$, $b=13$

.... ❷

따라서 $f(x)=4x^2-8x+13$이므로

$f(-1)=4+8+13=25$

.... ❸

채점 기준	배점
❶ 주어진 관계식을 미분하여 $f(x)$의 최고차항 구하기	40%
❷ 항등식을 이용하여 $f(x)$의 식에 포함된 미지수 구하기	40%
❸ $f(-1)$의 값 구하기	20%

유형 07 부정적분과 함수의 연속성

0616

답 9

$f'(x)=\begin{cases}4x-2 & (x<0)\\ 3x^2+1 & (x>0)\end{cases}$에서

$f(x)=\begin{cases}2x^2-2x+C_1 & (x<0)\\ x^3+x+C_2 & (x>0)\end{cases}$ (C_1, C_2는 적분상수)

$f(-1)=3$에서 $2+2+C_1=3$

$\therefore C_1=-1$

함수 $f(x)$는 실수 전체의 집합에서 연속이므로 $x=0$에서 연속이다.

즉, $\lim_{x\to0-}f(x)=\lim_{x\to0+}f(x)$에서

$C_1=C_2=-1$

따라서 $f(x)=\begin{cases}2x^2-2x-1 & (x<0)\\ x^3+x-1 & (x\geq0)\end{cases}$이므로

$f(2)=8+2-1=9$

Bible Says 함수의 연속

함수 $f(x)$가 실수 a에 대하여 다음 조건을 모두 만족시킬 때, $f(x)$는 $x=a$에서 연속이다.

(1) $f(x)$는 $x=a$에서 정의되어 있다.

(2) 극한값 $\lim_{x\to a}f(x)$가 존재한다.

(3) $\lim_{x\to a}f(x)=f(a)$

0617

답 ④

$f'(x)=\begin{cases}x-1 & (x<-1)\\ 3x+1 & (x\geq-1)\end{cases}$이므로

$f(x)=\begin{cases}\frac{1}{2}x^2-x+C_1 & (x<-1)\\ \frac{3}{2}x^2+x+C_2 & (x\geq-1)\end{cases}$ (C_1, C_2는 적분상수)

$f(0)=2$에서 $C_2=2$

함수 $f(x)$는 실수 전체의 집합에서 연속이므로 $x=-1$에서 연속이다.

즉, $\lim_{x\to-1-} f(x)=f(-1)$에서 $\lim_{x\to-1-}\left(\frac{1}{2}x^2-x+C_1\right)=\frac{3}{2}-1+2$

$\frac{1}{2}+1+C_1=\frac{5}{2}$ $\quad\therefore C_1=1$

따라서 $f(x)=\begin{cases}\frac{1}{2}x^2-x+1 & (x<-1)\\ \frac{3}{2}x^2+x+2 & (x\ge-1)\end{cases}$이므로

$f(-2)+f(2)=5+10=15$

0618

답 -4

$f'(x)=\begin{cases}2 & (x<1)\\ -2x+4 & (x\ge1)\end{cases}$이므로

$f(x)=\begin{cases}2x+C_1 & (x<1)\\ -x^2+4x+C_2 & (x\ge1)\end{cases}$ (C_1, C_2는 적분상수)

함수 $y=f(x)$의 그래프가 원점을 지나므로

$f(0)=0$에서 $C_1=0$

함수 $f(x)$가 연속함수이므로 $x=1$에서 연속이다.

즉, $\lim_{x\to1-} f(x)=f(1)$에서 $\lim_{x\to1-} 2x=-1+4+C_2$

$2=3+C_2$ $\quad\therefore C_2=-1$

따라서 $f(x)=\begin{cases}2x & (x<1)\\ -x^2+4x-1 & (x\ge1)\end{cases}$이므로

$f(-3)+f(3)=-6+2=-4$

유형 08 부정적분과 미분계수를 이용한 극한값의 계산

0619

답 29

$\lim_{x\to3}\frac{F(x)-F(3)}{2x-6}=\frac{1}{2}\lim_{x\to3}\frac{F(x)-F(3)}{x-3}$

$=\frac{1}{2}F'(3)=\frac{1}{2}f(3)$

$=\frac{1}{2}\times(108-54+4)=29$

0620

답 ④

$\lim_{h\to0}\frac{f(x+h)-f(x-h)}{h}$

$=\lim_{h\to0}\frac{\{f(x+h)-f(x)\}-\{f(x-h)-f(x)\}}{h}$

$=\lim_{h\to0}\frac{f(x+h)-f(x)}{h}+\lim_{h\to0}\frac{f(x-h)-f(x)}{-h}$

$=f'(x)+f'(x)=2f'(x)$

즉, $2f'(x)=6x^2-8x+4$이므로

$f'(x)=3x^2-4x+2$

$f(x)=\int f'(x)dx=\int(3x^2-4x+2)dx$

$=x^3-2x^2+2x+C$ (C는 적분상수)

$f(1)=5$에서 $1-2+2+C=5$

$\therefore C=4$

따라서 $f(x)=x^3-2x^2+2x+4$이므로

$f(2)=8-8+4+4=8$

0621

답 -2

$f(x)=\int(x^2+ax+1)dx$이므로

$f'(x)=x^2+ax+1$

$\lim_{h\to0}\frac{f(2+h)-f(2-2h)}{h}$

$=\lim_{h\to0}\frac{\{f(2+h)-f(2)\}-\{f(2-2h)-f(2)\}}{h}$

$=\lim_{h\to0}\frac{f(2+h)-f(2)}{h}+\lim_{h\to0}\frac{f(2-2h)-f(2)}{-2h}\times2$

$=f'(2)+2f'(2)=3f'(2)$

$=3\times(4+2a+1)$

$=15+6a=3$

$\therefore a=-2$

유형 09 부정적분과 도함수의 정의를 이용하여 함수 구하기

0622

답 28

$f(x+y)=f(x)+f(y)$의 양변에 $x=0$, $y=0$을 대입하면

$f(0)=f(0)+f(0)$

$\therefore f(0)=0$

$f'(x)=\lim_{h\to0}\frac{f(x+h)-f(x)}{h}$

$=\lim_{h\to0}\frac{f(x)+f(h)-f(x)}{h}$

$=\lim_{h\to0}\frac{f(h)-f(0)}{h}$

$=f'(0)=4$

$f(x)=\int f'(x)dx=\int 4dx$

$=4x+C$ (C는 적분상수)

$f(0)=0$에서 $C=0$

따라서 $f(x)=4x$이므로 $f(7)=28$

0623

답 -4

$f(x+y)=f(x)+f(y)-2xy$의 양변에 $x=0$, $y=0$을 대입하면

$f(0)=f(0)+f(0)-0$

$\therefore f(0)=0$

$$f'(1)=\lim_{h\to0}\frac{f(1+h)-f(1)}{h}$$
$$=\lim_{h\to0}\frac{f(1)+f(h)-2h-f(1)}{h}$$
$$=\lim_{h\to0}\frac{f(h)}{h}-2=1$$

즉, $\lim_{h\to0}\frac{f(h)}{h}=3$이므로

$$f'(x)=\lim_{h\to0}\frac{f(x+h)-f(x)}{h}$$
$$=\lim_{h\to0}\frac{f(x)+f(h)-2xh-f(x)}{h}$$
$$=\lim_{h\to0}\frac{f(h)}{h}-2x=-2x+3$$

$$f(x)=\int f'(x)dx=\int(-2x+3)dx$$
$$=-x^2+3x+C\ (C\text{는 적분상수})$$

$f(0)=0$에서 $C=0$

따라서 $f(x)=-x^2+3x$이므로

$f(4)=-16+12=-4$

0624

답 9

$f(x+y)=f(x)+f(y)-xy(x+y)$의 양변에 $x=0$, $y=0$을 대입하면

$f(0)=f(0)+f(0)-0$

$\therefore f(0)=0$

……… ❶

$$f'(2)=\lim_{h\to0}\frac{f(2+h)-f(2)}{h}$$
$$=\lim_{h\to0}\frac{f(2)+f(h)-2h(2+h)-f(2)}{h}$$
$$=\lim_{h\to0}\frac{f(h)-2h(2+h)}{h}$$
$$=\lim_{h\to0}\frac{f(h)}{h}-4=2$$

즉, $\lim_{h\to0}\frac{f(h)}{h}=6$이므로

$$f'(x)=\lim_{h\to0}\frac{f(x+h)-f(x)}{h}$$
$$=\lim_{h\to0}\frac{f(x)+f(h)-xh(x+h)-f(x)}{h}$$
$$=\lim_{h\to0}\frac{f(h)-xh(x+h)}{h}$$
$$=\lim_{h\to0}\frac{f(h)}{h}-x^2$$
$$=-x^2+6$$

……… ❷

$$f(x)=\int f'(x)dx=\int(-x^2+6)dx$$
$$=-\frac{1}{3}x^3+6x+C\ (C\text{는 적분상수})$$

$f(0)=0$에서 $C=0$

따라서 $f(x)=-\frac{1}{3}x^3+6x$이므로

$f(3)=-9+18=9$

……… ❸

채점 기준	배점
❶ 관계식에 $x=0$, $y=0$을 대입하여 $f(0)$의 값 구하기	30%
❷ 미분계수와 도함수의 정의를 이용하여 $f'(x)$의 식 구하기	40%
❸ $f(x)$를 구하고 $f(3)$의 값 구하기	30%

유형 10 부정적분과 극대, 극소

0625

답 2

$$f(x)=\int f'(x)dx=\int(3x^2-6x)dx$$
$$=x^3-3x^2+C\ (C\text{는 적분상수})$$

$f'(x)=3x^2-6x=3x(x-2)$

$f'(x)=0$에서 $x=0$ 또는 $x=2$

함수 $f(x)$의 증가와 감소를 표로 나타내면 다음과 같다.

x	…	0	…	2	…
$f'(x)$	+	0	−	0	+
$f(x)$	↗	극대	↘	극소	↗

함수 $f(x)$의 극솟값이 -2이므로

$f(2)=-2$에서 $8-12+C=-2$

$\therefore C=2$

따라서 $f(x)=x^3-3x^2+2$이므로 $f(x)$의 극댓값은

$f(0)=2$

0626

답 5

삼차함수 $f(x)$의 도함수 $f'(x)$는 이차함수이고 주어진 그래프에 의하여 $f'(0)=f'(2)=0$이므로

$f'(x)=ax(x-2)=ax^2-2ax\ (a<0)$

$$f(x)=\int f'(x)dx=\int(ax^2-2ax)dx$$
$$=\frac{1}{3}ax^3-ax^2+C\ (C\text{는 적분상수})$$

$f'(x)=0$에서 $x=0$ 또는 $x=2$

함수 $f(x)$의 증가와 감소를 표로 나타내면 다음과 같다.

x	…	0	…	2	…
$f'(x)$	−	0	+	0	−
$f(x)$	↘	극소	↗	극대	↘

함수 $f(x)$의 극댓값이 5, 극솟값이 -3이므로

$f(0)=-3$에서 $C=-3$

$f(2)=5$에서 $\frac{8}{3}a-4a+C=5$

$-\frac{4}{3}a-3=5 \quad \therefore a=-6$

따라서 $f(x)=-2x^3+6x^2-3$이므로

$f(-1)=2+6-3=5$

0627

답 35

곡선 $y=f(x)$ 위의 점 $\mathrm{P}(x, y)$에서의 접선의 기울기가 $3x^2-12$이므로

$f'(x)=3x^2-12=3(x+2)(x-2)$

$f(x)=\int f'(x)dx=\int (3x^2-12)dx$

$=x^3-12x+C$ (C는 적분상수)

$f'(x)=0$에서 $x=-2$ 또는 $x=2$

함수 $f(x)$의 증가와 감소를 표로 나타내면 다음과 같다.

x	$\cdots$	-2	$\cdots$	2	$\cdots$
$f'(x)$	$+$	0	$-$	0	$+$
$f(x)$	↗	극대	↘	극소	↗

함수 $f(x)$의 극솟값이 3이므로

$f(2)=3$에서 $8-24+C=3$

$\therefore C=19$

따라서 $f(x)=x^3-12x+19$이므로 $f(x)$의 극댓값은

$f(-2)=-8+24+19=35$

0628

답 ③

$f(x)$가 최고차항의 계수가 1인 삼차함수이므로 도함수 $f'(x)$는 최고차항의 계수가 3인 이차함수이다.

또한 $f'(x)$가 $x=2$에서 최솟값 -3을 가지므로

$f'(x)=3(x-2)^2-3=3x^2-12x+9=3(x-1)(x-3)$

$f(x)=\int f'(x)dx=\int (3x^2-12x+9)dx$

$=x^3-6x^2+9x+C$ (C는 적분상수)

$f'(x)=0$에서 $x=1$ 또는 $x=3$

함수 $f(x)$의 증가와 감소를 표로 나타내면 다음과 같다.

x	$\cdots$	1	$\cdots$	3	$\cdots$
$f'(x)$	$+$	0	$-$	0	$+$
$f(x)$	↗	극대	↘	극소	↗

함수 $f(x)$의 극솟값이 6이므로

$f(3)=6$에서 $27-54+27+C=6$

$\therefore C=6$

따라서 $f(x)=x^3-6x^2+9x+6$이므로 $f(x)$의 극댓값은

$f(1)=1-6+9+6=10$

0629

답 -20

$f(x)$가 최고차항의 계수가 1인 삼차함수이므로 함수 $f(x)$의 도함수 $f'(x)$는 최고차항의 계수가 3인 이차함수이다.

이때 $f'(-1)=f'(3)=0$이므로

$f'(x)=3(x+1)(x-3)=3x^2-6x-9$

$f(x)=\int f'(x)dx=\int (3x^2-6x-9)dx$

$=x^3-3x^2-9x+C$ (C는 적분상수)

$f'(x)=0$에서 $x=-1$ 또는 $x=3$

함수 $f(x)$의 증가와 감소를 표로 나타내면 다음과 같다.

x	$\cdots$	-1	$\cdots$	3	$\cdots$
$f'(x)$	$+$	0	$-$	0	$+$
$f(x)$	↗	극대	↘	극소	↗

함수 $f(x)$의 극댓값이 12이므로

$f(-1)=12$에서 $-1-3+9+C=12$

$\therefore C=7$

따라서 $f(x)=x^3-3x^2-9x+7$이므로 $f(x)$의 극솟값은

$f(3)=27-27-27+7=-20$

0630

답 28

사차함수 $f(x)$의 도함수 $f'(x)$는 삼차함수이고

주어진 그래프에 의하여 $f'(-1)=f'(0)=f'(1)=0$이므로

$f'(x)=ax(x+1)(x-1)=ax^3-ax$ $(a>0)$

$f(x)=\int f'(x)dx=\int (ax^3-ax)dx$

$=\frac{1}{4}ax^4-\frac{1}{2}ax^2+C$ (C는 적분상수)

$f'(x)=0$에서 $x=-1$ 또는 $x=0$ 또는 $x=1$

함수 $f(x)$의 증가와 감소를 표로 나타내면 다음과 같다.

x	$\cdots$	-1	$\cdots$	0	$\cdots$	1	$\cdots$
$f'(x)$	$-$	0	$+$	0	$-$	0	$+$
$f(x)$	↘	극소	↗	극대	↘	극소	↗

함수 $f(x)$는 $x=0$에서 극댓값, $x=-1$, $x=1$에서 극솟값을 가지므로

$f(0)=4$에서 $C=4$

$f(-1)=f(1)=1$에서 $\frac{1}{4}a-\frac{1}{2}a+C=1$

$-\frac{1}{4}a+4=1 \quad \therefore a=12$

따라서 $f(x)=3x^4-6x^2+4$이므로

$f(2)=48-24+4=28$

PART B 내신 잡는 종합 문제

0631
답 ⑤

$F'(x)=G'(x)$이므로

$F(x)=G(x)+C$ (C는 적분상수)

위의 등식의 양변에 $x=0$을 대입하면

$F(0)=G(0)+C$

이때 $F(0)=3$, $G(0)=-1$이므로

$3=-1+C$ $\quad\therefore C=4$

따라서 $F(x)=G(x)+4$이므로

$F(3)=G(3)+4$

$\therefore F(3)-G(3)=4$

0632
답 ①

$f(x)=\int f'(x)dx=\int (3x^2-kx+1)dx$

$=x^3-\frac{k}{2}x^2+x+C$ (C는 적분상수)

$f(0)=1$에서 $C=1$

$f(2)=1$에서 $8-2k+2+C=1$

$10-2k=0$ $\quad\therefore k=5$

0633
답 -5

$\int (2x-1)f'(x)dx=\frac{4}{3}x^3+3x^2-4x+C$에서

$(2x-1)f'(x)=4x^2+6x-4=(2x+4)(2x-1)$

$\therefore f'(x)=2x+4$

$\therefore f(x)=\int f'(x)dx=\int (2x+4)dx$

$=x^2+4x+C_1$ (C_1은 적분상수)

$f(2)=10$에서 $4+8+C_1=10$

$\therefore C_1=-2$

따라서 $f(x)=x^2+4x-2$이므로

$f(-3)=9-12-2=-5$

0634
답 -1

$f(x)=\int (2x^3-ax^2+3)dx$이므로

$f'(x)=2x^3-ax^2+3$

$\lim_{x\to 2}\frac{f(x)-f(2)}{x^2-5x+6}=\lim_{x\to 2}\left\{\frac{f(x)-f(2)}{x-2}\times\frac{1}{x-3}\right\}$

$=-f'(2)=-(16-4a+3)$

$=4a-19=5$

$\therefore a=6$

따라서 $f'(x)=2x^3-6x^2+3$이므로

$f'(1)=2-6+3=-1$

0635
답 ④

$f(x)=\int\left(\frac{1}{2}x^3+2x+1\right)dx-\int\left(\frac{1}{2}x^3+x\right)dx$

$=\int\left\{\left(\frac{1}{2}x^3+2x+1\right)-\left(\frac{1}{2}x^3+x\right)\right\}dx$

$=\int (x+1)dx=\frac{1}{2}x^2+x+C$ (C는 적분상수)

$f(0)=1$에서 $C=1$

따라서 $f(x)=\frac{1}{2}x^2+x+1$이므로

$f(4)=8+4+1=13$

0636
답 8

$f'(x)=-2x+6$이므로

$f(x)=\int f'(x)dx=\int (-2x+6)dx$

$=-x^2+6x+C=-(x-3)^2+9+C$ (C는 적분상수)

함수 $f(x)$의 최댓값이 12이므로

$9+C=12$ $\quad\therefore C=3$

$\therefore f(x)=-x^2+6x+3=-(x-3)^2+12$

따라서 구간 $[1, 4]$에서 $f(x)$는 $x=1$일 때 최솟값을 가지므로 구하는 최솟값은

$f(1)=-4+12=8$

0637
답 21

$\frac{d}{dx}\int f(x)dx=f(x)$이므로

$g(x)=3x^3-5x$

$\int\left\{\frac{d}{dx}f(x)\right\}dx=f(x)+C$ (C는 적분상수)이므로

$h(x)=3x^3-5x+C$

$h(1)=3$에서 $3-5+C=3$

$\therefore C=5$

따라서 $h(x)=3x^3-5x+5$이므로

$g(-1)+h(2)=2+19=21$

0638
답 2

함수 $y=f(x)$의 그래프가 직선 $y=x-1$에 접하므로

직선 $y=x-1$은 곡선 $y=f(x)$의 접선이다.

접점의 x좌표를 t라 하면 접선의 기울기가 1이므로

$f'(t)=1$

$f'(x)=3x^2-6x+4$이므로

$f'(t)=3t^2-6t+4=1$

$3(t-1)^2=0$ $\quad\therefore t=1$

접점이 직선 $y=x-1$ 위의 점이므로 접점의 좌표는 $(1, 0)$

한편 $f'(x)=3x^2-6x+4$에서

$f(x)=\int f'(x)dx=\int(3x^2-6x+4)dx$

$=x^3-3x^2+4x+C$ (C는 적분상수)

점 $(1, 0)$이 곡선 $y=f(x)$ 위의 점이므로

$f(1)=0$에서 $1-3+4+C=0$

$\therefore C=-2$

따라서 $f(x)=x^3-3x^2+4x-2$이므로

$f(2)=8-12+8-2=2$

0639

답 ③

$f(x)+\int 2xf(x)dx=\frac{1}{2}x^4-2x^3-x^2-3x$의 양변을 x에 대하여 미분하면

$f'(x)+2xf(x)=2x^3-6x^2-2x-3$ …… ㉠

$f(x)$를 n차식이라 하면 $2xf(x)$는 $(n+1)$차식이므로 ㉠에서

$n+1=3$ $\therefore n=2$

$f(x)=ax^2+bx+c$ (a, b, c는 상수, $a\neq0$)라 하면

$f'(x)=2ax+b$

$f(x)=ax^2+bx+c$, $f'(x)=2ax+b$를 ㉠에 대입하면

$2ax+b+2x(ax^2+bx+c)=2x^3-6x^2-2x-3$

$\therefore 2ax^3+2bx^2+(2a+2c)x+b=2x^3-6x^2-2x-3$

위의 등식이 모든 실수 x에 대하여 성립하므로

$a=1$, $b=-3$, $2a+2c=-2$

$\therefore a=1$, $b=-3$, $c=-2$

따라서 $f(x)=x^2-3x-2$이므로

$f(5)=25-15-2=8$

0640

답 35

조건 (가)에서

$f(x)=\int(4x^3+4x^2-8x)dx$

$=x^4+\frac{4}{3}x^3-4x^2+C$ (C는 적분상수)

$f'(x)=4x^3+4x^2-8x=4x(x+2)(x-1)$

$f'(x)=0$에서 $x=-2$ 또는 $x=0$ 또는 $x=1$

함수 $f(x)$의 증가와 감소를 표로 나타내면 다음과 같다.

x	$\cdots$	-2	$\cdots$	0	$\cdots$	1	$\cdots$
$f'(x)$	$-$	0	$+$	0	$-$	0	$+$
$f(x)$	↘	$C-\frac{32}{3}$	↗	C	↘	$C-\frac{5}{3}$	↗

함수 $f(x)$는 $x=-2$에서 극소이면서 최소이므로

모든 실수 x에 대하여 $f(x)\geq0$이려면

$C-\frac{32}{3}\geq0$ $\therefore C\geq\frac{32}{3}$

따라서 $f(0)=C\geq\frac{32}{3}$에서 $f(0)$의 최솟값은 $\frac{32}{3}$이므로

$p=3$, $q=32$

$\therefore p+q=35$

0641

답 30

$f'(x)=\begin{cases}3x^2-2x+4 & (x<2)\\ 3x^2+2x-4 & (x\geq2)\end{cases}$이므로

$f(x)=\begin{cases}x^3-x^2+4x+C_1 & (x<2)\\ x^3+x^2-4x+C_2 & (x\geq2)\end{cases}$ (C_1, C_2는 적분상수)

$f(1)=3$에서 $1-1+4+C_1=3$

$\therefore C_1=-1$

함수 $f(x)$는 실수 전체의 집합에서 연속이므로 $x=2$에서 연속이다.

즉, $\lim_{x\to2-}f(x)=f(2)$에서

$\lim_{x\to2-}(x^3-x^2+4x-1)=8+4-8+C_2$

$11=4+C_2$ $\therefore C_2=7$

따라서 $f(x)=\begin{cases}x^3-x^2+4x-1 & (x<2)\\ x^3+x^2-4x+7 & (x\geq2)\end{cases}$이므로

$f(0)+f(3)=-1+31=30$

Bible Says 함수의 연속

함수 $f(x)$가 실수 a에 대하여 다음 조건을 모두 만족시킬 때, $f(x)$는 $x=a$에서 연속이다.

(1) $f(x)$는 $x=a$에서 정의되어 있다.

(2) 극한값 $\lim_{x\to a}f(x)$가 존재한다.

(3) $\lim_{x\to a}f(x)=f(a)$

0642

답 ③

삼차함수 $f(x)$의 최고차항의 계수를 a라 하면 $f'(x)$는 최고차항의 계수가 $3a$인 이차함수이다.

또한 $f'(x)$가 $x=1$에서 최솟값 -12를 가지므로

$f'(x)=3a(x-1)^2-12=3ax^2-6ax+3a-12$

$f(x)=\int f'(x)dx=\int(3ax^2-6ax+3a-12)dx$

$=ax^3-3ax^2+(3a-12)x+C$ (C는 적분상수)

함수 $f(x)$가 $x=-1$에서 극댓값 8을 가지므로

$f'(-1)=0$에서 $3a+6a+3a-12=0$

$\therefore a=1$

$f(-1)=8$에서 $-a-3a-3a+12+C=8$

$5+C=8$ $\therefore C=3$

$f'(x)=3x^2-6x-9=3(x+1)(x-3)$

$f(x)=x^3-3x^2-9x+3$

$f'(x)=0$에서 $x=-1$ 또는 $x=3$

함수 $f(x)$의 증가와 감소를 표로 나타내면 다음과 같다.

x	$\cdots$	-1	$\cdots$	3	$\cdots$
$f'(x)$	$+$	0	$-$	0	$+$
$f(x)$	↗	8	↘	-24	↗

따라서 함수 $f(x)$는 $x=3$에서 극소이므로 구하는 극솟값은

$f(3)=-24$

0643

답 -4

$\lim_{x\to\infty}\frac{f'(x)}{x}=2$에서 함수 $f(x)$의 도함수 $f'(x)$는 일차항의 계수가 2인 일차함수이다.

$f'(x)=2x+a$ (a는 상수)라 하면

$f(x)=\int f'(x)dx=\int(2x+a)dx$

$=x^2+ax+C$ (C는 적분상수)

❶

$\lim_{x\to1}\frac{f(x)-3}{x^2-1}=4$에서 극한값이 존재하고

$x\to1$일 때, (분모) $\to0$이므로 (분자) $\to0$이어야 한다.

즉, $\lim_{x\to1}\{f(x)-3\}=0$이므로

$f(1)=3$에서 $1+a+C=3$

$\therefore a+C=2$ ...... ㉠

$\lim_{x\to1}\frac{f(x)-3}{x^2-1}=\lim_{x\to1}\left\{\frac{f(x)-f(1)}{x-1}\times\frac{1}{x+1}\right\}$

$=\frac{1}{2}f'(1)=\frac{1}{2}(2+a)=4$

에서 $2+a=8$ $\therefore a=6$

$a=6$을 ㉠에 대입하면 $C=-4$

$\therefore f(x)=x^2+6x-4$

❷

따라서 방정식 $f(x)=0$, 즉 $x^2+6x-4=0$의 모든 근의 곱은 이차방정식의 근과 계수의 관계에 의하여 -4이다.

❸

채점 기준	배점
❶ $f(x)$를 적분상수를 포함한 식으로 나타내기	30%
❷ 주어진 조건을 이용하여 $f(x)$ 구하기	50%
❸ 근과 계수의 관계를 이용하여 방정식의 모든 근의 곱 구하기	20%

0644

답 4

$f(x+y)=f(x)+f(y)-2xy+1$의 양변에 $x=0$, $y=0$을 대입하면

$f(0)=f(0)+f(0)+1$

$\therefore f(0)=-1$

❶

$f'(1)=\lim_{h\to0}\frac{f(1+h)-f(1)}{h}$

$=\lim_{h\to0}\frac{f(1)+f(h)-2h+1-f(1)}{h}$

$=\lim_{h\to0}\frac{f(h)+1}{h}-2=2$

즉, $\lim_{h\to0}\frac{f(h)+1}{h}=4$이므로

$f'(x)=\lim_{h\to0}\frac{f(x+h)-f(x)}{h}$

$=\lim_{h\to0}\frac{f(x)+f(h)-2xh+1-f(x)}{h}$

$=\lim_{h\to0}\frac{f(h)+1}{h}-2x$

$=-2x+4$

❷

$f(x)=\int f'(x)dx=\int(-2x+4)dx$

$=-x^2+4x+C$ (C는 적분상수)

$f(0)=-1$에서 $C=-1$

따라서 $f(x)=-x^2+4x-1$이므로

$\lim_{x\to1}\frac{f(x)-f'(x)}{x-1}=\lim_{x\to1}\frac{-x^2+4x-1-(-2x+4)}{x-1}$

$=\lim_{x\to1}\frac{-x^2+6x-5}{x-1}$

$=\lim_{x\to1}\frac{-(x-1)(x-5)}{x-1}$

$=\lim_{x\to1}(-x+5)=4$

❸

채점 기준	배점
❶ 관계식에 $x=0$, $y=0$을 대입하여 $f(0)$의 값 구하기	20%
❷ 미분계수와 도함수의 정의를 이용하여 $f'(x)$의 식 구하기	40%
❸ $f(x)$의 식을 구하고 극한값 구하기	40%

PART C 수능 녹인 변별력 문제

0645

답 ②

$f(x)$가 이차함수이고 $f(x)g(x)$가 사차함수이므로 $g(x)$는 이차함수이다.

따라서 $g'(x)$는 일차함수이고 $g'(x)=x^2+f(x)$이므로

$f(x)$의 이차항의 계수는 -1이다.

$f(x)=-x^2+ax+b$ (a, b는 상수, $a\neq0$)라 하면

$g(x)=\int\{x^2+f(x)\}dx$

$=\int(x^2-x^2+ax+b)dx$

$=\int(ax+b)dx$

$=\frac{a}{2}x^2+bx+C$ (C는 적분상수)

$\therefore f(x)g(x)=(-x^2+ax+b)\left(\frac{a}{2}x^2+bx+C\right)$

$=-2x^4+8x^3$

$-\frac{a}{2}x^4+\left(\frac{a^2}{2}-b\right)x^3+\left(\frac{3}{2}ab-C\right)x^2+(aC+b^2)x+bC$

$=-2x^4+8x^3$

위의 식에서 양변의 계수를 비교하면

$-\frac{a}{2}=-2$, $\frac{a^2}{2}-b=8$, $\frac{3}{2}ab-C=0$, $aC+b^2=0$, $bC=0$

$\therefore a=4$, $b=0$, $C=0$

따라서 $g(x)=2x^2$이므로 $g(1)=2$

다른 풀이

$f(x)$가 이차함수이고 $f(x)g(x)$가 사차함수이므로 $g(x)$는 이차함수이다.

따라서 $g'(x)$는 일차함수이고 $g'(x)=x^2+f(x)$이므로

$f(x)$의 이차항의 계수는 -1이다.

이때 $f(x)g(x)=-2x^4+8x^3=-2x^3(x-4)$이므로

$f(x)$, $g(x)$를 다음과 같이 나누어 생각할 수 있다.

(i) $f(x)=-x^2$, $g(x)=2x(x-4)$일 때

$$g(x)=\int\{x^2+f(x)\}dx$$
$$=\int 0dx=C_1 \ (C_1\text{은 적분상수})$$

이므로 $g(x)$가 이차함수라는 조건을 만족시키지 않는다.

(ii) $f(x)=-x(x-4)$, $g(x)=2x^2$일 때

$$g(x)=\int\{x^2+f(x)\}dx$$
$$=\int 4xdx=2x^2+C_2 \ (C_2\text{는 적분상수})$$

이므로 $C_2=0$

(i), (ii)에서 $g(x)=2x^2$이므로 $g(1)=2$

0646

답 100

$\frac{d}{dx}\{f(x)+g(x)\}=3$에서

$$\int\left[\frac{d}{dx}\{f(x)+g(x)\}\right]dx=\int 3dx$$

$\therefore f(x)+g(x)=3x+C_1$ (C_1은 적분상수)

$\frac{d}{dx}\{f(x)g(x)\}=4x+4$에서

$$\int\left[\frac{d}{dx}\{f(x)g(x)\}\right]dx=\int(4x+4)dx$$

$\therefore f(x)g(x)=2x^2+4x+C_2$ (C_2는 적분상수)

이때 $f(0)=1$, $g(0)=2$이므로

$f(0)+g(0)=C_1=3$, $f(0)g(0)=C_2=2$

$\therefore f(x)+g(x)=3x+3=3(x+1)$,

$f(x)g(x)=2x^2+4x+2=2(x+1)^2$

$$\{f(x)\}^2+\{g(x)\}^2=\{f(x)+g(x)\}^2-2f(x)g(x)$$
$$=9(x+1)^2-4(x+1)^2$$
$$=5(x+1)^2$$

$$h(x)=\int[\{f(x)\}^2+\{g(x)\}^2]dx$$
$$=\int 5(x+1)^2dx=5\int(x^2+2x+1)dx$$
$$=\frac{5}{3}x^3+5x^2+5x+C \ (C\text{는 적분상수})$$

$h(0)=-5$이므로 $C=-5$

따라서 $h(x)=\frac{5}{3}x^3+5x^2+5x-5$이므로

$h(3)=45+45+15-5=100$

다른 풀이

$f(x)+g(x)=3x+3=3(x+1)$

$f(x)g(x)=2x^2+4x+2=2(x+1)^2$

이고 두 함수 $f(x)$, $g(x)$는 다항함수이므로

$f(x)=x+1$, $g(x)=2x+2$ 또는 $f(x)=2x+2$, $g(x)=x+1$

이때 $f(0)=1$, $g(0)=2$이므로

$f(x)=x+1$, $g(x)=2x+2$

$$\{f(x)\}^2+\{g(x)\}^2=(x+1)^2+(2x+2)^2$$
$$=5(x+1)^2$$

$$h(x)=\int[\{f(x)\}^2+\{g(x)\}^2]dx$$
$$=\int 5(x+1)^2dx=5\int(x^2+2x+1)dx$$
$$=\frac{5}{3}x^3+5x^2+5x+C \ (C\text{는 적분상수})$$

$h(0)=-5$이므로 $C=-5$

따라서 $h(x)=\frac{5}{3}x^3+5x^2+5x-5$이므로

$h(3)=45+45+15-5=100$

0647

답 ②

함수 $f(x)$는 모든 실수 x에 대하여 미분가능하므로 $x=0$에서 미분가능하다.

즉, $x=0$에서 함수 $f(x)$의 미분계수가 존재해야 하므로

$\lim_{x\to 0-}f'(x)=\lim_{x\to 0+}f'(x)$에서 $a=-6$

따라서 $f'(x)=\begin{cases}3x^2-3x-6 & (x<0)\\ 2x-6 & (x\geq 0)\end{cases}$이므로

$$f(x)=\begin{cases}x^3-\frac{3}{2}x^2-6x+C_1 & (x<0)\\ x^2-6x+C_2 & (x\geq 0)\end{cases} \ (C_1,\ C_2\text{는 적분상수})$$

함수 $f(x)$는 $x=0$에서 미분가능하므로 $x=0$에서 연속이다.

즉, $\lim_{x\to 0-}f(x)=\lim_{x\to 0+}f(x)=f(0)$이어야 하므로

$C_1=C_2$

(i) $x<0$일 때

$f'(x)=3x^2-3x-6=3(x+1)(x-2)$

$f'(x)=0$에서 $x=-1$

(ii) $x\geq 0$일 때

$f'(x)=2x-6$

$f'(x)=0$에서 $x=3$

(i), (ii)에서 함수 $f(x)$의 증가와 감소를 표로 나타내면 다음과 같다.

x	$\cdots$	-1	$\cdots$	0	$\cdots$	3	$\cdots$
$f'(x)$	$+$	0	$-$		$-$	0	$+$
$f(x)$	↗	극대	↘		↘	극소	↗

따라서 함수 $f(x)$는 $x=-1$에서 극대, $x=3$에서 극소이므로 구하는 극댓값과 극솟값의 차는

$$|f(-1)-f(3)|=\left|\left(-1-\frac{3}{2}+6+C_1\right)-(9-18+C_2)\right|$$
$$=\left|\left(\frac{7}{2}+C_1\right)-(-9+C_2)\right|=\frac{25}{2}$$

0648

답 32

$f(x+y)=f(x)+f(y)-3xy(x+y)+1$의 양변에 $x=0$, $y=0$을 대입하면

$f(0)=f(0)+f(0)+1 \qquad \therefore f(0)=-1$

$$f'(2)=\lim_{h\to0}\frac{f(2+h)-f(2)}{h}$$
$$=\lim_{h\to0}\frac{f(2)+f(h)-6h(2+h)+1-f(2)}{h}$$
$$=\lim_{h\to0}\frac{f(h)+1-6h(2+h)}{h}$$
$$=\lim_{h\to0}\left\{\frac{f(h)+1}{h}-6(2+h)\right\}$$
$$=\lim_{h\to0}\frac{f(h)+1}{h}-12=0$$

즉, $\lim_{h\to0}\frac{f(h)+1}{h}=12$이므로

$$f'(x)=\lim_{h\to0}\frac{f(x+h)-f(x)}{h}$$
$$=\lim_{h\to0}\frac{f(x)+f(h)-3xh(x+h)+1-f(x)}{h}$$
$$=\lim_{h\to0}\frac{f(h)+1-3xh(x+h)}{h}$$
$$=\lim_{h\to0}\left\{\frac{f(h)+1}{h}-3x(x+h)\right\}$$
$$=12-3x^2=-3(x+2)(x-2)$$

$f(x)=\int f'(x)dx=\int(-3x^2+12)dx$

$=-x^3+12x+C$ (C는 적분상수)

$f'(x)=0$에서 $x=-2$ 또는 $x=2$

함수 $f(x)$의 증가와 감소를 표로 나타내면 다음과 같다.

x	$\cdots$	-2	$\cdots$	2	$\cdots$
$f'(x)$	$-$	0	$+$	0	$-$
$f(x)$	↘	극소	↗	극대	↘

$f(0)=-1$에서 $C=-1$

따라서 $f(x)=-x^3+12x-1$이므로 $f(x)$의 극댓값은

$M=f(2)=-8+24-1=15$

또한 $f(x)$의 극솟값은

$m=f(-2)=-(-8)-24-1=-17$

$\therefore M-m=15-(-17)=32$

0649

답 ②

$f(x)=ax+b$ (a, b는 상수, $a\neq0$)라 하면 $f'(x)=a$

$x^2f(x)+F(x)=\int(6x^2-4x-3)dx$의 양변을 x에 대하여 미분하면

$2xf(x)+x^2f'(x)+f(x)=6x^2-4x-3$

$x^2f'(x)+(2x+1)f(x)=6x^2-4x-3$

$ax^2+(2x+1)(ax+b)=6x^2-4x-3$

$3ax^2+(a+2b)x+b=6x^2-4x-3$

$\therefore a=2,\ b=-3$

$\therefore f(x)=2x-3$

$F(x)=\int f(x)dx=\int(2x-3)dx$

$=x^2-3x+C$ (C는 적분상수)

이때 $F(0)=-9$이므로 $C=-9$

따라서 $F(x)=x^2-3x-9$이므로

$g(x)=xF(x)=x^3-3x^2-9x$라 하면

$g'(x)=3x^2-6x-9=3(x+1)(x-3)$

$g'(x)=0$에서 $x=-1$ ($\because -2\le x\le1$)

구간 $[-2, 1]$에서 함수 $g(x)$의 증가와 감소를 표로 나타내면 다음과 같다.

x	-2	$\cdots$	-1	$\cdots$	1
$g'(x)$		$+$	0	$-$	
$g(x)$	-2	↗	5	↘	-11

따라서 구간 $[-2, 1]$에서 함수 $g(x)$는 $x=-1$일 때 극대이면서 최대이므로 구하는 최댓값은

$g(-1)=5$

0650

답 45

$f(x)=\int f'(x)dx=\int(6x^2-2x+a)dx$

$=2x^3-x^2+ax+C$(C는 적분상수)

$$g(x)=\begin{cases}-2x^3+x^2-ax-C & (x\le0)\\ \dfrac{2x^3-x^2+ax+C}{x} & (x>0)\end{cases}$$

이때 함수 $g(x)$가 실수 전체의 집합에서 연속이므로 $x=0$에서 연속이다.

즉, $\lim_{x\to0-}g(x)=\lim_{x\to0+}g(x)=g(0)$이므로

$$\lim_{x\to0+}\frac{2x^3-x^2+ax+C}{x}=-C$$

위의 식의 극한값이 존재하고 $x\to0+$일 때, (분모)$\to0$이므로 (분자)$\to0$이어야 한다.

즉, $\lim_{x\to0+}(2x^3-x^2+ax+C)=0$이므로 $C=0$

$$\therefore \lim_{x\to0+}\frac{2x^3-x^2+ax}{x}=\lim_{x\to0+}(2x^2-x+a)=a=0$$

따라서 $f(x)=2x^3-x^2$이므로

$f(3)=54-9=45$

0651

답 ④

$$f'(x)=\begin{cases}4 & (x<-2)\\ -x^2 & (-2<x<2)\\ 4 & (x>2)\end{cases}$$ 이므로

$$f(x)=\begin{cases}4x+C_1 & (x<-2)\\ -\dfrac{1}{3}x^3+C_2 & (-2\le x<2)\\ 4x+C_3 & (x\ge2)\end{cases}$$ (C_1, C_2, C_3은 적분상수)

함수 $f(x)$가 실수 전체의 집합에서 연속이므로 $y=f(x)$의 그래프의 개형은 다음 그림과 같다.

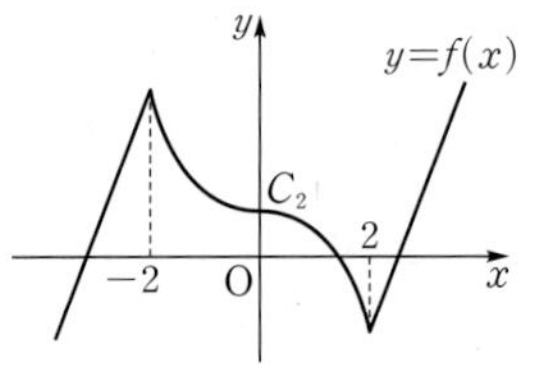

ㄱ. $x=-2$의 좌우에서 $f'(x)$의 부호가 양에서 음으로 바뀌므로 함수 $f(x)$는 $x=-2$에서 극댓값을 갖는다. (참)

ㄴ. 함수 $y=f(x)$의 그래프의 개형이 y축에 대하여 대칭이 아니므로 $f(x) \neq f(-x)$ (거짓)

ㄷ. $f(0)=0$이므로 $C_2=0$
함수 $f(x)$가 실수 전체의 집합에서 연속이므로 $x=2$에서도 연속이다. 즉, $\lim_{x\to 2-} f(x)=f(2)$이므로

$$f(2)=\lim_{x\to 2-} f(x)=\lim_{x\to 2-}\left(-\frac{1}{3}x^3\right)=-\frac{8}{3}<0 \text{ (참)}$$

따라서 옳은 것은 ㄱ, ㄷ이다.

Bible Says 함수의 그래프의 대칭성

함수 $f(x)$가 모든 실수 x에 대하여
(1) $f(x)=f(-x)$이면 함수 $y=f(x)$의 그래프는 y축에 대하여 대칭이다.
(2) $f(x)=-f(-x)$이면 함수 $y=f(x)$의 그래프는 원점에 대하여 대칭이다.

0652

답 57

조건 (나)의 등식의 양변을 x에 대하여 미분하면

$f(x)+f(x)f'(x)=12x^5+10x^3+2ax$ …… ㉠

$f(x)$의 차수를 n이라 하면 좌변의 차수가 $n+(n-1)=2n-1$이므로

$2n-1=5$ $\therefore n=3$

즉, $f(x)$는 삼차함수이고 조건 (가)에서 $f(x)=-f(-x)$이므로

$f(x)=px^3+qx$ (p, q는 상수, $p>0$)라 하면

$f'(x)=3px^2+q$

$f(x)$, $f'(x)$를 ㉠의 좌변에 대입하면

$px^3+qx+(px^3+qx)(3px^2+q)$
$=px^3+qx+(3p^2x^5+4pqx^3+q^2x)$
$=3p^2x^5+(4pq+p)x^3+(q^2+q)x$
$=12x^5+10x^3+2ax$

위의 식은 x에 대한 항등식이므로

$3p^2=12$, $4pq+p=10$, $q^2+q=2a$

$\therefore p=2$, $q=1$, $a=1$ ($\because p>0$)

따라서 $f(x)=2x^3+x$이므로

$f(3)=54+3=57$

참고

다항함수 $f(x)$가 모든 실수 x에 대하여 $f(x)=-f(x)$를 만족시키면 $f(x)$의 식은 차수가 홀수인 항으로만 이루어진다.

0653

답 ②

조건 (가)에서 $\frac{d}{dx}\{f(x)-g(x)\}=4$이므로

$f(x)-g(x)=\int 4dx=4x+C_1$ (C_1은 적분상수)

위의 식의 양변에 $x=1$을 대입하면

$f(1)-g(1)=4+C_1$

$-2=4+C_1$ $\therefore C_1=-6$

$\therefore f(x)-g(x)=4x-6$

조건 (나)에서 $\frac{d}{dx}[\{f(x)\}^2+\{g(x)\}^2]=20x-28$이므로

$\{f(x)\}^2+\{g(x)\}^2=\int(20x-28)dx$
$=10x^2-28x+C_2$ (C_2는 적분상수)

위의 식의 양변에 $x=1$을 대입하면

$\{f(1)\}^2+\{g(1)\}^2=10-28+C_2$

$2=-18+C_2$ $\therefore C_2=20$

$\therefore \{f(x)\}^2+\{g(x)\}^2=10x^2-28x+20$

이때 $\{f(x)\}^2+\{g(x)\}^2=\{f(x)-g(x)\}^2+2f(x)g(x)$이므로

$10x^2-28x+20=(4x-6)^2+2f(x)g(x)$

$10x^2-28x+20=16x^2-48x+36+2f(x)g(x)$

$\therefore f(x)g(x)=-3x^2+10x-8$

위의 식의 양변을 x에 대하여 미분하면

$f'(x)g(x)+f(x)g'(x)=-6x+10$

$\therefore f'(2)g(2)+f(2)g'(2)=-12+10=-2$

참고

$f(x)-g(x)=4x-6$,
$f(x)g(x)=-3x^2+10x-8=-(3x-4)(x-2)$
이므로 $f(x)=3x-4$, $g(x)=-x+2$
이는 $f(1)=-1$, $g(1)=1$을 만족시킨다.

0654

답 ⑤

최고차항의 계수가 1인 삼차함수 $f(x)$에 대하여 삼차방정식 $f(x)=0$의 근이 $x=0$ 또는 $x=\alpha$(중근)이므로

$f(x)=x(x-\alpha)^2$

이때 조건 (가)에서 $g'(x)=f(x)+xf'(x)=\{xf(x)\}'$이므로

$g(x)=\int g'(x)dx=\int\{f(x)+xf'(x)\}dx$
$=xf(x)+C=x^2(x-\alpha)^2+C$ (C는 적분상수)

$g'(x)=2x(x-\alpha)^2+2x^2(x-\alpha)$
$=2x(x-\alpha)(2x-\alpha)$

$g'(x)=0$에서 $x=0$ 또는 $x=\frac{\alpha}{2}$ 또는 $x=\alpha$

$\alpha>0$에서 $\frac{\alpha}{2}<\alpha$이므로 함수 $g(x)$의 증가와 감소를 표로 나타내면 다음과 같다.

x	…	0	…	$\frac{\alpha}{2}$	…	α	…
$g'(x)$	−	0	+	0	−	0	+
$g(x)$	↘	극소	↗	극대	↘	극소	↗

조건 (나)에서 함수 $g(x)$의 극솟값이 0, 극댓값이 81이므로

$g(0)=0$에서 $C=0$

$g\left(\frac{a}{2}\right)=81$에서 $\frac{a^4}{16}=81$

$\therefore a=6$ ($\because a>0$)

따라서 $g(x)=x^2(x-6)^2$이므로

$g\left(\frac{a}{3}\right)=g(2)=64$

0655

답 7

함수 $f(x)$가 최고차항의 계수가 양수인 사차함수이므로 $f(x)$의 도함수 $f'(x)$는 최고차항의 계수가 양수인 삼차함수이다.

조건 (가)에서 방정식 $f'(x)=0$의 해가 $x=0$ 또는 $x=3$이므로 다음과 같이 나누어 생각할 수 있다.

(i) 방정식 $f'(x)=0$이 $x=0$을 중근으로 갖는 경우

$f'(x)=ax^2(x-3)$ $(a>0)$

조건 (나)에서 $f'(2)=-4$이므로

$-4a=-4$ $\quad\therefore a=1$

$\therefore f'(x)=x^2(x-3)$

(ii) 방정식 $f'(x)=0$이 $x=3$을 중근으로 갖는 경우

$f'(x)=ax(x-3)^2$ $(a>0)$

조건 (나)에서 $f'(2)=-4$이므로

$2a=-4$ $\quad\therefore a=-2$

즉, $a<0$이므로 조건을 만족시키지 않는다.

(i), (ii)에서 $f'(x)=x^2(x-3)=x^3-3x^2$

$f(x)=\int f'(x)dx=\int (x^3-3x^2)dx$

$=\frac{1}{4}x^4-x^3+C$ (C는 적분상수)

$f'(x)=0$에서 $x=0$ 또는 $x=3$

함수 $f(x)$의 증가와 감소를 표로 나타내면 다음과 같다.

x	$\cdots$	0	$\cdots$	3	$\cdots$
$f'(x)$	$-$	0	$-$	0	$+$
$f(x)$	↘		↘	극소	↗

함수 $f(x)$의 극솟값이 1이므로

$f(3)=\frac{81}{4}-27+C=1$

$\therefore C=\frac{31}{4}$

따라서 $f(x)=\frac{1}{4}x^4-x^3+\frac{31}{4}$이므로

$f(1)=\frac{1}{4}-1+\frac{31}{4}=7$

0656

답 ④

최고차항의 계수가 1인 삼차함수 $f(x)$에 대하여 조건 (나)에서 $f(x)$는 $x=2$에서 극댓값 35를 가지므로

$f'(2)=0$, $f(2)=35$ $\quad\cdots\cdots$ ㉠

조건 (다)에서 방정식 $f(x)=f(4)$는 서로 다른 두 실근을 가지므로 함수 $y=f(x)$의 그래프와 직선 $y=f(4)$는 서로 다른 두 점에서 만나야 한다.

즉, 함수 $y=f(x)$의 그래프와 직선 $y=f(4)$의 개형은 다음과 같은 경우로 나누어 생각할 수 있다.

(i) $y=f(x)$의 그래프가 직선 $y=f(4)$와 $x=2$에서 접하고 $x=4$에서 만나는 경우

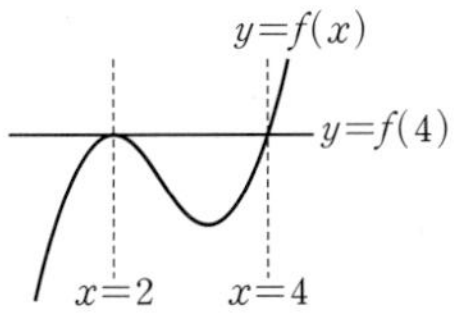

$f(x)-f(4)=(x-2)^2(x-4)$

위의 식의 양변을 x에 대하여 미분하면

$f'(x)=2(x-2)(x-4)+(x-2)^2$

$=(x-2)(3x-10)$

그런데 $f'\left(\frac{11}{3}\right)=\frac{5}{3}\times 1=\frac{5}{3}>0$이므로 조건 (가)를 만족시키지 않는다.

(ii) $y=f(x)$의 그래프가 직선 $y=f(4)$와 $x=4$에서 접하는 경우

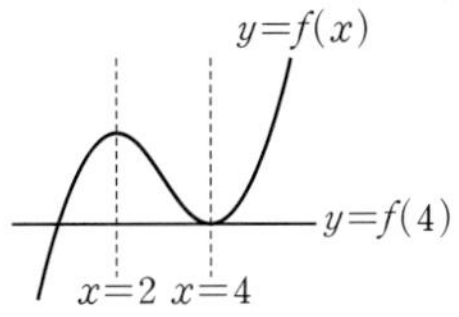

$f'(2)=f'(4)=0$이고 $f'(x)$는 최고차항의 계수가 3인 이차함수이므로

$f'(x)=3(x-2)(x-4)$

이때 $f'\left(\frac{11}{3}\right)=3\times\frac{5}{3}\times\left(-\frac{1}{3}\right)=-\frac{5}{3}<0$이므로 조건 (가)를 만족시킨다.

(i), (ii)에서 $f'(x)=3(x-2)(x-4)=3x^2-18x+24$이므로

$f(x)=\int f'(x)dx=\int (3x^2-18x+24)dx$

$=x^3-9x^2+24x+C$ (C는 적분상수)

이때 ㉠에서 $f(2)=35$이므로

$f(2)=8-36+48+C=35$

$\therefore C=15$

따라서 $f(x)=x^3-9x^2+24x+15$이므로

$f(0)=15$

PART A 08 정적분

유형 01 정적분의 정의

확인 문제 (1) 9 (2) 0 (3) 5

(1) $\int_0^3 x^2\,dx=\left[\frac{1}{3}x^3\right]_0^3$

$=9-0=9$

(2) 적분 구간의 위끝과 아래끝이 서로 같으므로

$\int_4^4 (x+1)\,dx=0$

(3) $-\int_2^1 (3x^2-2)\,dx=\int_1^2 (3x^2-2)\,dx$

$=\left[x^3-2x\right]_1^2$

$=4-(-1)=5$

0657

답 ①

$\int_3^3 (x^2+1)\,dx+\int_{-1}^2 (4x^3-6x)\,dx=0+\left[x^4-3x^2\right]_{-1}^2$

$=4-(-2)=6$

0658

답 ③

$\int_{-2}^1 (x+1)(x^2-x+1)\,dx=\int_{-2}^1 (x^3+1)\,dx$

$=\left[\frac{1}{4}x^4+x\right]_{-2}^1$

$=\frac{5}{4}-2=-\frac{3}{4}$

0659

답 ⑤

$\int_1^a (2x-5)\,dx=\left[x^2-5x\right]_1^a$

$=a^2-5a-(-4)$

$=a^2-5a+4=-2$

에서 $a^2-5a+6=0$

$(a-2)(a-3)=0$

$\therefore a=2$ 또는 $a=3$

따라서 구하는 모든 실수 a의 값의 합은

$2+3=5$

0660

답 ②

$\int_0^1 f(x)\,dx=\int_0^1 (6x^2-2a^2x+1)\,dx$

$=\left[2x^3-a^2x^2+x\right]_0^1$

$=-a^2+3=-a+1$

에서 $a^2-a-2=0$

$(a+1)(a-2)=0$

$\therefore a=2$ ($\because a>0$)

따라서 $f(x)=6x^2-8x+1$이므로

$f(1)=6-8+1=-1$

0661

답 13

$f'(x)=3x^2-6x+4$이므로

$f(x)=\int f'(x)\,dx$

$=\int (3x^2-6x+4)\,dx$

$=x^3-3x^2+4x+C$ (C는 적분상수)

이때

$\int_0^2 f(x)\,dx=\int_0^2 (x^3-3x^2+4x+C)\,dx$

$=\left[\frac{1}{4}x^4-x^3+2x^2+Cx\right]_0^2$

$=4+2C=6$

에서 $C=1$

따라서 $f(x)=x^3-3x^2+4x+1$이므로

$f(3)=27-27+12+1=13$

Bible Says 도함수가 주어졌을 때 함수 구하기

함수 $f(x)$의 도함수 $f'(x)$가 주어졌을 때

$f(x)=\int f'(x)\,dx$

임을 이용하여 $f(x)$를 적분상수를 포함한 식으로 나타낼 수 있다.

0662

답 11

$\int_{-1}^k (4-2x)\,dx=\left[4x-x^2\right]_{-1}^k$

$=(4k-k^2)-(-5)$

$=-k^2+4k+5$

$=-(k-2)^2+9$

즉, 정적분 $\int_{-1}^k (4-2x)\,dx$는 $k=2$일 때 최댓값 9를 가지므로

$a=2,\ b=9$

$\therefore\ a+b=2+9=11$

참고

이차함수 $y=a(x-p)^2+q$에서 x의 값의 범위가 주어지지 않으면

(1) $a>0$일 때, $x=p$에서 최솟값 q

(2) $a<0$일 때, $x=p$에서 최댓값 q

를 갖는다.

0663

답 4

$$\int_0^1 \{f(x)\}^2 dx = \int_0^1 (3x-2)^2 dx$$
$$= \int_0^1 (9x^2-12x+4)\,dx$$
$$= \Big[3x^3-6x^2+4x\Big]_0^1 = 1$$
$$\int_0^1 f(x)\,dx = \int_0^1 (3x-2)\,dx$$
$$= \Big[\frac{3}{2}x^2-2x\Big]_0^1 = -\frac{1}{2}$$

이므로 $\int_0^1 \{f(x)\}^2 dx = k\Big\{\int_0^1 f(x)\,dx\Big\}^2$에서

$1=\frac{1}{4}k \qquad \therefore k=4$

0664

답 99

$$\int_0^1 \Big(x+\frac{x^2}{2}+\frac{x^3}{3}+\cdots+\frac{x^n}{n}\Big)dx$$
$$=\Big[\frac{1}{1\times2}x^2+\frac{1}{2\times3}x^3+\frac{1}{3\times4}x^4+\cdots+\frac{1}{n(n+1)}x^{n+1}\Big]_0^1$$
$$=\frac{1}{1\times2}+\frac{1}{2\times3}+\frac{1}{3\times4}+\cdots+\frac{1}{n(n+1)}$$
$$=\Big(\frac{1}{1}-\frac{1}{2}\Big)+\Big(\frac{1}{2}-\frac{1}{3}\Big)+\Big(\frac{1}{3}-\frac{1}{4}\Big)+\cdots+\Big(\frac{1}{n}-\frac{1}{n+1}\Big)$$
$$=1-\frac{1}{n+1}=\frac{99}{100}$$

……………………………………………… ❶

에서 $\frac{1}{n+1}=\frac{1}{100}$

$n+1=100 \qquad \therefore n=99$

……………………………………………… ❷

채점 기준	배점
❶ 주어진 식의 좌변을 간단히 하기	80%
❷ n의 값 구하기	20%

유형 02 정적분의 계산 - 적분 구간이 같은 경우

0665

답 ③

$$\int_1^2 (x^3-2x^2+3)\,dx+2\int_1^2\Big(t+t^2-\frac{1}{2}t^3\Big)dt$$
$$=\int_1^2 (x^3-2x^2+3)\,dx+2\int_1^2\Big(x+x^2-\frac{1}{2}x^3\Big)dx$$
$$=\int_1^2 (x^3-2x^2+3)\,dx+\int_1^2 (2x+2x^2-x^3)\,dx$$
$$=\int_1^2 (x^3-2x^2+3+2x+2x^2-x^3)\,dx$$
$$=\int_1^2 (2x+3)\,dx=\Big[x^2+3x\Big]_1^2$$
$$=10-4=6$$

0666

답 ④

$$\int_0^1 \frac{x^3}{x+1}dx-\int_1^0 \frac{1}{t+1}dt=\int_0^1 \frac{x^3}{x+1}dx-\int_1^0 \frac{1}{x+1}dx$$
$$=\int_0^1 \frac{x^3}{x+1}dx+\int_0^1 \frac{1}{x+1}dx$$
$$=\int_0^1 \frac{x^3+1}{x+1}dx$$
$$=\int_0^1 \frac{(x+1)(x^2-x+1)}{x+1}dx$$
$$=\int_0^1 (x^2-x+1)\,dx$$
$$=\Big[\frac{1}{3}x^3-\frac{1}{2}x^2+x\Big]_0^1$$
$$=\frac{5}{6}$$

참고

변수 x 대신 다른 문자로 나타내어도 그 값은 같다.

$\int_a^b f(x)dx=\int_a^b f(y)dy=\int_a^b f(t)dt$

0667

답 6

$$\int_0^2 \{f(x)-3x\}^2 dx$$
$$=\int_0^2 [\{f(x)\}^2-6xf(x)+9x^2]\,dx$$
$$=\int_0^2 \{f(x)\}^2 dx-6\int_0^2 xf(x)\,dx+\int_0^2 9x^2 dx$$
$$=6-6\times4+\Big[3x^3\Big]_0^2$$
$$=6-24+24=6$$

0668

답 28

조건 (가)에서 $\int_{-1}^3 \{f(x)-g(x)\}\,dx=12$이므로

$\int_{-1}^3 f(x)\,dx-\int_{-1}^3 g(x)\,dx=12 \qquad \cdots\cdots$ ㉠

조건 (나)에서 $\int_{-1}^3 \{f(x)+g(x)\}\,dx=4$이므로

$\int_{-1}^3 f(x)\,dx+\int_{-1}^3 g(x)\,dx=4 \qquad \cdots\cdots$ ㉡

㉠+㉡을 하면

$2\int_{-1}^3 f(x)\,dx=16 \qquad \therefore \int_{-1}^3 f(x)\,dx=8$

㉡−㉠을 하면

$2\int_{-1}^3 g(x)\,dx=-8 \qquad \therefore \int_{-1}^3 g(x)\,dx=-4$

$\therefore \int_{-1}^3 \{2f(x)-3g(x)\}\,dx=2\int_{-1}^3 f(x)\,dx-3\int_{-1}^3 g(x)\,dx$

$=2\times8-3\times(-4)=28$

유형 03 정적분의 계산 - 피적분함수가 같은 경우

0669

답 ①

$\int_{-1}^{2}(3x^2-2x-3)\,dx-\int_{3}^{2}(3x^2-2x-3)\,dx$

$=\int_{-1}^{2}(3x^2-2x-3)\,dx+\int_{2}^{3}(3x^2-2x-3)\,dx$

$=\int_{-1}^{3}(3x^2-2x-3)\,dx$

$=\Big[x^3-x^2-3x\Big]_{-1}^{3}$

$=9-1=8$

0670

답 3

$\int_{-2}^{1}f(x)\,dx+2\int_{1}^{4}f(x)\,dx$

$=\int_{-2}^{1}f(x)\,dx+\int_{1}^{4}f(x)\,dx+\int_{1}^{4}f(x)\,dx$

$=\int_{-2}^{4}f(x)\,dx+\int_{1}^{4}f(x)\,dx$

$=5+\int_{1}^{4}f(x)\,dx=8$

에서 $\int_{1}^{4}f(x)\,dx=3$

0671

답 ③

$\int_{1}^{2}f(x)\,dx-\int_{-1}^{-3}f(x)\,dx+\int_{-1}^{1}f(x)\,dx$

$=\int_{-3}^{-1}f(x)\,dx+\int_{-1}^{1}f(x)\,dx+\int_{1}^{2}f(x)\,dx$

$=\int_{-3}^{2}f(x)\,dx$

$=\int_{-3}^{2}(-4x^3+6x+a)\,dx$

$=\Big[-x^4+3x^2+ax\Big]_{-3}^{2}$

$=(2a-4)-(-3a-54)$

$=5a+50=10$

에서 $5a=-40$ $\quad\therefore a=-8$

0672

답 5

$\int_{1}^{a}f(x)\,dx-\int_{1}^{3}f(x)\,dx=\int_{1}^{a}f(x)\,dx+\int_{3}^{1}f(x)\,dx$

$=\int_{3}^{a}f(x)\,dx$

$=\int_{3}^{a}(2x+a)\,dx$

$=\Big[x^2+ax\Big]_{3}^{a}$

$=2a^2-3a-9=a^2+a-4$

에서 $a^2-4a-5=0$

$(a+1)(a-5)=0$ $\quad\therefore a=5\ (\because a>0)$

0673

답 ①

$f(x)=ax^2+bx+c$ (a, b, c는 상수, $a\neq0$)라 하면

$f(0)=-1$이므로 $c=-1$

$\therefore f(x)=ax^2+bx-1$

한편, $\int_{-1}^{1}f(x)dx=\int_{0}^{1}f(x)dx=\int_{-1}^{0}f(x)dx=k$ (k는 상수)라 하면 정적분의 성질에 의하여

$\int_{-1}^{1}f(x)dx=\int_{-1}^{0}f(x)dx+\int_{0}^{1}f(x)dx$이므로

$k=k+k$ $\quad\therefore k=0$

즉, $\int_{-1}^{0}f(x)dx=0$, $\int_{0}^{1}f(x)dx=0$이므로

$\int_{-1}^{0}f(x)dx=\int_{-1}^{0}(ax^2+bx-1)dx$

$=\Big[\frac{a}{3}x^3+\frac{b}{2}x^2-x\Big]_{-1}^{0}$

$=-\Big(-\frac{a}{3}+\frac{b}{2}+1\Big)=0$

$\therefore 2a-3b-6=0$ $\quad\cdots\cdots$ ㉠

$\int_{0}^{1}f(x)dx=\int_{0}^{1}(ax^2+bx-1)dx$

$=\Big[\frac{a}{3}x^3+\frac{b}{2}x^2-x\Big]_{0}^{1}$

$=\frac{a}{3}+\frac{b}{2}-1=0$

$\therefore 2a+3b-6=0$ $\quad\cdots\cdots$ ㉡

㉠, ㉡을 연립하여 풀면 $a=3$, $b=0$

따라서 $f(x)=3x^2-1$이므로

$f(2)=12-1=11$

유형 04 정적분의 계산 - 구간마다 다르게 정의된 함수

0674

답 ②

$\int_{0}^{3}f(x)\,dx=\int_{0}^{1}f(x)\,dx+\int_{1}^{3}f(x)\,dx$

$=\int_{0}^{1}(x^2+2x-1)\,dx+\int_{1}^{3}(4x-2)\,dx$

$=\Big[\frac{1}{3}x^3+x^2-x\Big]_{0}^{1}+\Big[2x^2-2x\Big]_{1}^{3}$

$=\frac{1}{3}+(12-0)=\frac{37}{3}$

0675

답 ③

$\int_{-2}^{1}xf(x)\,dx=\int_{-2}^{-1}xf(x)\,dx+\int_{-1}^{1}xf(x)\,dx$

$=\int_{-2}^{-1}x(-3x+2)\,dx+\int_{-1}^{1}x(4x^2+3x-6)\,dx$

$=\int_{-2}^{-1}(-3x^2+2x)\,dx+\int_{-1}^{1}(4x^3+3x^2-6x)\,dx$

$=\Big[-x^3+x^2\Big]_{-2}^{-1}+\Big[x^4+x^3-3x^2\Big]_{-1}^{1}$

$=(2-12)+\{-1-(-3)\}=-8$

0676

답 10

함수 $f(x)$가 실수 전체의 집합에서 연속이므로 $x=2$에서도 연속이다.

즉, $\lim_{x\to 2-} f(x) = \lim_{x\to 2+} f(x) = f(2)$에서

$12+k=4 \quad \therefore k=-8$

…… ❶

따라서 $f(x)=\begin{cases} 6x-8 & (x<2) \\ 3x^2-4x & (x\geq 2) \end{cases}$이므로

$$\int_1^3 f(x)\,dx = \int_1^2 (6x-8)\,dx + \int_2^3 (3x^2-4x)\,dx$$
$$= \Big[3x^2-8x\Big]_1^2 + \Big[x^3-2x^2\Big]_2^3$$
$$= \{(-4)-(-5)\}+(9-0)=10$$

…… ❷

채점 기준	배점
❶ k의 값 구하기	40%
❷ $\int_1^3 f(x)\,dx$의 값 구하기	60%

Bible Says 함수의 연속

함수 $f(x)$가 실수 a에 대하여 다음 조건을 모두 만족시킬 때, $f(x)$는 $x=a$에서 연속이다.

(1) $f(x)$는 $x=a$에서 정의되어 있다.

(2) 극한값 $\lim_{x\to a} f(x)$가 존재한다.

(3) $\lim_{x\to a} f(x) = f(a)$

0677

답 ③

주어진 함수 $y=f(x)$의 그래프에서

(i) $x<1$일 때

함수 $y=f(x)$의 그래프는 두 점 $(-1, 0)$, $(0, 1)$을 지나므로 직선의 방정식은

$y=\frac{1-0}{0-(-1)}x+1 \quad \therefore f(x)=x+1$

(ii) $x\geq 1$일 때

함수 $y=f(x)$의 그래프는 두 점 $(1, 2)$, $(2, 0)$을 지나므로 직선의 방정식은

$y=\frac{0-2}{2-1}(x-2) \quad \therefore f(x)=-2x+4$

(i), (ii)에서 $f(x)=\begin{cases} x+1 & (x<1) \\ -2x+4 & (x\geq 1) \end{cases}$이므로

$$\int_{-2}^2 f(x)\,dx = \int_{-2}^1 (x+1)\,dx + \int_1^2 (-2x+4)\,dx$$
$$= \Big[\frac{1}{2}x^2+x\Big]_{-2}^1 + \Big[-x^2+4x\Big]_1^2$$
$$= \Big(\frac{3}{2}-0\Big)+(4-3)=\frac{5}{2}$$

0678

답 ⑤

$f'(x)=\begin{cases} -6x+2 & (x<0) \\ 2x+2 & (x\geq 0) \end{cases}$에서

$f(x)=\begin{cases} -3x^2+2x+C_1 & (x<0) \\ x^2+2x+C_2 & (x\geq 0) \end{cases}$ (C_1, C_2는 적분상수)

$f(1)=3$에서 $3+C_2=3$

$\therefore C_2=0$

함수 $f(x)$가 실수 전체의 집합에서 미분가능하므로 실수 전체의 집합에서 연속이다. 즉, 함수 $f(x)$는 $x=0$에서 연속이므로

$\lim_{x\to 0-} f(x) = \lim_{x\to 0+} f(x) = f(0)$에서

$C_1=C_2=0$

따라서 $f(x)=\begin{cases} -3x^2+2x & (x<0) \\ x^2+2x & (x\geq 0) \end{cases}$이므로

$$\int_{-1}^1 f(x)\,dx = \int_{-1}^0 f(x)\,dx + \int_0^1 f(x)\,dx$$
$$= \int_{-1}^0 (-3x^2+2x)\,dx + \int_0^1 (x^2+2x)\,dx$$
$$= \Big[-x^3+x^2\Big]_{-1}^0 + \Big[\frac{1}{3}x^3+x^2\Big]_0^1$$
$$= -2+\frac{4}{3} = -\frac{2}{3}$$

참고

두 다항함수 $f(x)$, $g(x)$에 대하여

$h(x)=\begin{cases} f(x) & (x<a) \\ g(x) & (x\geq a) \end{cases}$의 미분가능성, 연속성은 $x=a$에서만 조사하면 된다.

0679

답 0

$f(x)=\begin{cases} 2x+2 & (x<1) \\ 3x^2-2x+3 & (x\geq 1) \end{cases}$에서

$f(x-1)=\begin{cases} 2x & (x<2) \\ 3x^2-8x+8 & (x\geq 2) \end{cases}$

이때 $\int_0^a f(x-1)\,dx=4$에서

(i) $a<2$일 때

$$\int_0^a f(x-1)\,dx = \int_0^a 2x\,dx = \Big[x^2\Big]_0^a$$
$$=a^2=4$$

에서 $a=-2$ ($\because a<2$)

(ii) $a\geq 2$일 때

$$\int_0^a f(x-1)\,dx = \int_0^2 2x\,dx + \int_2^a (3x^2-8x+8)\,dx$$
$$= \Big[x^2\Big]_0^2 + \Big[x^3-4x^2+8x\Big]_2^a$$
$$=4+(a^3-4a^2+8a-8)$$
$$=a^3-4a^2+8a-4=4$$

에서 $a^3-4a^2+8a-8=0$

$(a-2)(a^2-2a+4)=0 \quad \therefore a=2$ ($\because a^2-2a+4>0$)

(i), (ii)에서 $a=-2$ 또는 $a=2$이므로 구하는 합은

$-2+2=0$

유형 05 정적분의 계산 - 절댓값 기호를 포함한 함수

0680

답 10

$|x-3|=\begin{cases} -x+3 & (x<3) \\ x-3 & (x\ge3) \end{cases}$이므로

$\int_1^4 (x+|x-3|)\,dx=\int_1^3 (x-x+3)\,dx+\int_3^4 (x+x-3)\,dx$

$=\int_1^3 3\,dx+\int_3^4 (2x-3)\,dx$

$=\Big[3x\Big]_1^3+\Big[x^2-3x\Big]_3^4$

$=(9-3)+(4-0)=10$

참고

절댓값 기호를 포함한 함수의 정적분은 절댓값 기호 안의 식이 0이 되도록 하는 x의 값을 기준으로 구간을 나눈다.

0681

답 4

$4|x|^3-4|x|-1=\begin{cases} -4x^3+4x-1 & (x<0) \\ 4x^3-4x-1 & (x\ge0) \end{cases}$이므로

$\int_{-1}^2 (4|x|^3-4|x|-1)\,dx$

$=\int_{-1}^0 (-4x^3+4x-1)\,dx+\int_0^2 (4x^3-4x-1)\,dx$

$=\Big[-x^4+2x^2-x\Big]_{-1}^0+\Big[x^4-2x^2-x\Big]_0^2$

$=-2+6=4$

0682

답 2

$3x^2+6x-9=3(x+3)(x-1)$이므로

$|3x^2+6x-9|=\begin{cases} -3x^2-6x+9 & (-3<x<1) \\ 3x^2+6x-9 & (x\le-3 \text{ 또는 } x\ge1) \end{cases}$

이때 $a>1$이므로

$\int_0^a |3x^2+6x-9|\,dx$

$=\int_0^1 (-3x^2-6x+9)\,dx+\int_1^a (3x^2+6x-9)\,dx$

$=\Big[-x^3-3x^2+9x\Big]_0^1+\Big[x^3+3x^2-9x\Big]_1^a$

$=5+(a^3+3a^2-9a+5)$

$=a^3+3a^2-9a+10=12$

에서 $a^3+3a^2-9a-2=0$

$(a-2)(a^2+5a+1)=0$

$\therefore a=2$ ($\because a>1$)

참고

$y=3x^2+6x-9=3(x+3)(x-1)$에서 함수 $y=3x^2+6x-9$의 그래프는 오른쪽 그림과 같으므로

$-3<x<1$일 때, $3x^2+6x-9<0$

$x\le-3$ 또는 $x\ge1$일 때, $3x^2+6x-9\ge0$

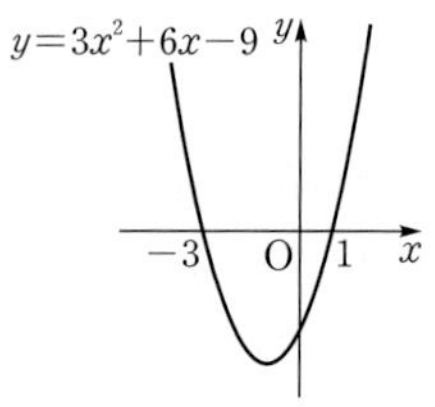

0683

답 ④

$|x-a|=\begin{cases} -x+a & (x<a) \\ x-a & (x\ge a) \end{cases}$이므로

$\int_0^6 |x-a|\,dx=\int_0^a (-x+a)\,dx+\int_a^6 (x-a)\,dx$

$=\Big[-\frac{1}{2}x^2+ax\Big]_0^a+\Big[\frac{1}{2}x^2-ax\Big]_a^6$

$=\frac{1}{2}a^2+\left(\frac{1}{2}a^2-6a+18\right)$

$=a^2-6a+18$

$=(a-3)^2+9$

따라서 구하는 최솟값은 $a=3$일 때 9이다.

0684

답 ④

$g(x)=3x^2-6x=3x(x-2)$에서

$f(g(x))=|3x^2-6x|+3x^2-6x$

$=\begin{cases} 0 & (0<x<2) \\ 6x^2-12x & (x\le0 \text{ 또는 } x\ge2) \end{cases}$

이므로

$\int_{-2}^3 f(g(x))\,dx$

$=\int_{-2}^0 (6x^2-12x)\,dx+\int_0^2 0\,dx+\int_2^3 (6x^2-12x)\,dx$

$=\Big[2x^3-6x^2\Big]_{-2}^0+0+\Big[2x^3-6x^2\Big]_2^3$

$=40+8=48$

0685

답 ③

함수 $f(x)$는 이차항의 계수가 양수인 이차함수이고

$f(-3)=f(1)=0$이므로

$f(x)=a(x+3)(x-1)=a(x^2+2x-3)$ $(a>0)$

이라 하면

$|f(x)|=\begin{cases} -a(x^2+2x-3) & (-3<x<1) \\ a(x^2+2x-3) & (x\le-3 \text{ 또는 } x\ge1) \end{cases}$

이때

$\int_0^2 |f(x)|\,dx$

$=\int_0^1 \{-a(x^2+2x-3)\}\,dx+\int_1^2 a(x^2+2x-3)\,dx$

$=-a\Big[\frac{1}{3}x^3+x^2-3x\Big]_0^1+a\Big[\frac{1}{3}x^3+x^2-3x\Big]_1^2$

$=-a\times\left(-\frac{5}{3}\right)+a\times\left\{\frac{2}{3}-\left(-\frac{5}{3}\right)\right\}$

$=4a=12$

에서 $a=3$

따라서 $f(x)=3(x+3)(x-1)$이므로

$f(2)=3\times5\times1=15$

유형 06 우함수, 기함수의 정적분

0686

답 6

$\int_{-3}^{1}(2x^3-x+1)\,dx+\int_{1}^{3}(2x^3-x+1)\,dx$

$=\int_{-3}^{3}(2x^3-x+1)\,dx$

$=\int_{-3}^{3}(2x^3-x)\,dx+\int_{-3}^{3}1\,dx$

$=0+2\int_{0}^{3}1\,dx$

$=2\Big[x\Big]_{0}^{3}=2\times3=6$

0687

답 4

$\int_{-2}^{4}f(x)\,dx-\int_{0}^{4}f(x)\,dx+\int_{0}^{2}f(x)\,dx$

$=\int_{-2}^{4}f(x)\,dx+\int_{4}^{0}f(x)\,dx+\int_{0}^{2}f(x)\,dx$

$=\int_{-2}^{2}f(x)\,dx$

$=\int_{-2}^{2}(5x^4-x^3-3ax^2+x+a)\,dx$

$=\int_{-2}^{2}(-x^3+x)\,dx+\int_{-2}^{2}(5x^4-3ax^2+a)\,dx$

$=0+2\int_{0}^{2}(5x^4-3ax^2+a)\,dx$

$=2\Big[x^5-ax^3+ax\Big]_{0}^{2}$

$=2(32-6a)=16$

에서 $32-6a=8$

$6a=24$ $\quad\therefore a=4$

0688

답 12

$f(-x)=f(x)$이므로 함수 $f(x)$는 우함수이다.

즉, 두 함수 $x^3f(x)$, $xf(x)$는 기함수이다.

$\therefore \int_{-1}^{1}(-x^3+5x+3)f(x)\,dx$

$=\int_{-1}^{1}\{-x^3f(x)\}dx+\int_{-1}^{1}5xf(x)\,dx+\int_{-1}^{1}3f(x)\,dx$

$=0+0+2\int_{0}^{1}3f(x)\,dx$

$=6\int_{0}^{1}f(x)\,dx=6\times2=12$

Bible Says 우함수와 기함수

일반적으로 우함수와 기함수에 대하여 다음이 성립한다.

(1) (우함수)×(우함수)=(우함수)

(2) (우함수)×(기함수)=(기함수)

(3) (기함수)×(기함수)=(우함수)

0689

답 6

$f(x)=ax+b$ (a, b는 상수, $a\neq0$)라 하면

$\int_{-2}^{2}x^2f(x)\,dx=\int_{-2}^{2}(ax^3+bx^2)\,dx$

$=2b\int_{0}^{2}x^2\,dx$

$=2b\Big[\frac{1}{3}x^3\Big]_{0}^{2}$

$=2b\times\frac{8}{3}=\frac{16}{3}b=16$

에서 $b=3$

또한

$\int_{-2}^{2}xf(x)\,dx=\int_{-2}^{2}(ax^2+bx)\,dx$

$=2a\int_{0}^{2}x^2\,dx$

$=2a\Big[\frac{1}{3}x^3\Big]_{0}^{2}$

$=2a\times\frac{8}{3}$

$=\frac{16}{3}a=-8$

에서 $a=-\frac{3}{2}$

따라서 $f(x)=-\frac{3}{2}x+3$이므로

$f(-2)=3+3=6$

0690

답 ④

$f(x)-f(-x)=0$에서 $f(x)=f(-x)$이므로 함수 $f(x)$는 우함수이다.

$g(x)+g(-x)=0$에서 $g(-x)=-g(x)$이므로 함수 $g(x)$는 기함수이다.

$\therefore \int_{-2}^{2}\{4f(x)-3g(x)\}\,dx=\int_{-2}^{2}4f(x)\,dx+\int_{-2}^{2}\{-3g(x)\}\,dx$

$=2\int_{0}^{2}4f(x)\,dx+0$

$=8\int_{-2}^{0}f(x)\,dx$

$=8\times3=24$

0691

답 ③

조건 (가)에서 모든 실수 x에 대하여 $f(-x)=f(x)$이므로 함수 $f(x)$는 우함수이다.

조건 (나)에서 $\int_{-10}^{5}f(x)\,dx=8$, $\int_{5}^{10}f(x)\,dx=2$이므로

$\int_{-10}^{5}f(x)\,dx+\int_{5}^{10}f(x)\,dx=10$

$\int_{-10}^{10}f(x)\,dx=10$, $2\int_{0}^{10}f(x)\,dx=10$

$\therefore \int_{0}^{10}f(x)\,dx=5$

$\therefore \int_{0}^{5}f(x)\,dx=\int_{0}^{10}f(x)\,dx-\int_{5}^{10}f(x)\,dx=5-2=3$

0692

답 ②

$f(x)=-f(-x)$에서 $f(-x)=-f(x)$이므로 함수 $f(x)$는 기함수이다.

$\int_{-4}^{7} f(x)\,dx=2\int_{0}^{7} f(x)\,dx-1$에서

$\int_{-4}^{0} f(x)\,dx+\int_{0}^{7} f(x)\,dx=2\int_{0}^{7} f(x)\,dx-1$

$-\int_{0}^{4} f(x)\,dx=\int_{0}^{7} f(x)\,dx-1$

$-3=\int_{0}^{7} f(x)\,dx-1$

$\therefore \int_{0}^{7} f(x)\,dx=-2$

0693

답 ②

$$\begin{aligned}\int_{-2}^{2} |x|(x^2+4x-3)\,dx&=\int_{-2}^{2} (x^2|x|+4x|x|-3|x|)\,dx\\&=2\int_{0}^{2} (x^2|x|-3|x|)\,dx\\&=2\int_{0}^{2} (x^3-3x)\,dx\\&=2\left[\frac{1}{4}x^4-\frac{3}{2}x^2\right]_0^2=-4\end{aligned}$$

참고

$f(x)=|x|$는 모든 실수 x에 대하여 $f(x)=f(-x)$이므로 우함수이다.

0694

답 12

조건 (가)에서 함수 $f(x)$는 기함수이고 최고차항의 계수가 1인 삼차함수이므로

$f(x)=x^3+ax$ (a는 상수)라 하면

$$\begin{aligned}\int_{-1}^{1} xf(x)\,dx&=\int_{-1}^{1} (x^4+ax^2)\,dx\\&=2\int_{0}^{1} (x^4+ax^2)\,dx\\&=2\left[\frac{1}{5}x^5+\frac{a}{3}x^3\right]_0^1\\&=2\left(\frac{1}{5}+\frac{a}{3}\right)\\&=\frac{2}{3}a+\frac{2}{5}=\frac{26}{15}\end{aligned}$$

에서

$\frac{2}{3}a=\frac{4}{3}$ $\quad\therefore a=2$

따라서 $f(x)=x^3+2x$이므로

$f(2)=8+4=12$

참고

함수 $y=f(x)$의 그래프가 원점에 대하여 대칭이면 모든 실수 x에 대하여 $f(-x)=-f(x)$이고 기함수이다.

유형 07 주기함수의 정적분

0695

답 6

함수 $f(x)$가 모든 실수 x에 대하여 $f(x+3)=f(x)$이므로

$$\begin{aligned}\int_{-1}^{8} f(x)\,dx&=\int_{-1}^{2} f(x)\,dx+\int_{2}^{5} f(x)\,dx+\int_{5}^{8} f(x)\,dx\\&=\int_{-1}^{2} f(x)\,dx+\int_{-1}^{2} f(x)\,dx+\int_{-1}^{2} f(x)\,dx\\&=3\int_{-1}^{2} f(x)\,dx\\&=3\times2=6\end{aligned}$$

0696

답 2

함수 $f(x)$가 모든 실수 x에 대하여 $f(x)=f(x-2)$이므로

$$\begin{aligned}\int_{-2}^{7} f(x)\,dx&=\int_{0}^{9} f(x)\,dx\\&=\int_{0}^{5} f(x)\,dx+\int_{5}^{9} f(x)\,dx\\&=\int_{0}^{5} f(x)\,dx+\int_{-1}^{3} f(x)\,dx\\&=3+(-1)=2\end{aligned}$$

0697

답 57

함수 $f(x)$가 실수 전체의 집합에서 연속이므로 $x=1$에서도 연속이다.

즉, $\lim_{x\to1-} f(x)=\lim_{x\to1+} f(x)=f(1)$에서

$-1+2a=4$ $\quad\therefore a=\frac{5}{2}$

$$\therefore f(x)=\begin{cases}2x+2 & (0\le x<1)\\ -x+5 & (1\le x<3)\end{cases}$$

❶

따라서

$\int_{0}^{1} f(x)\,dx=\int_{0}^{1} (2x+2)\,dx=\left[x^2+2x\right]_0^1=3$

$$\begin{aligned}\int_{1}^{3} f(x)\,dx&=\int_{1}^{3} (-x+5)\,dx\\&=\left[-\frac{1}{2}x^2+5x\right]_1^3\\&=\frac{21}{2}-\frac{9}{2}=6\end{aligned}$$

이므로

$\int_{0}^{3} f(x)\,dx=\int_{0}^{1} f(x)\,dx+\int_{1}^{3} f(x)\,dx=3+6=9$

❷

이때 함수 $f(x)$가 모든 실수 x에 대하여 $f(x+3)=f(x)$이므로

$$\begin{aligned}\int_{0}^{19} f(x)\,dx&=\int_{0}^{3} f(x)\,dx+\int_{3}^{6} f(x)\,dx+\int_{6}^{9} f(x)\,dx+\cdots\\&\quad+\int_{15}^{18} f(x)\,dx+\int_{18}^{19} f(x)\,dx\\&=6\int_{0}^{3} f(x)\,dx+\int_{0}^{1} f(x)\,dx\\&=6\times9+3=57\end{aligned}$$

❸

채점 기준	배점
❶ 함수 $f(x)$의 식 구하기	30%
❷ $\int_0^3 f(x)\,dx$의 값 구하기	40%
❸ $\int_0^{19} f(x)\,dx$의 값 구하기	30%

유형 08 정적분을 포함한 등식 - 위끝, 아래끝이 상수인 경우

0698

답 6

$\int_0^1 f(t)\,dt=k$ (k는 상수)라 하면

$f(x)=3x^2-4x+2k$이므로

$$\int_0^1 f(t)\,dt=\int_0^1 (3t^2-4t+2k)\,dt$$
$$=\Big[t^3-2t^2+2kt\Big]_0^1$$
$$=-1+2k=k$$

에서 $k=1$

따라서 $f(x)=3x^2-4x+2$이므로

$f(2)=12-8+2=6$

0699

답 ⑤

$\int_0^2 f(t)\,dt=k$ (k는 상수)라 하면

$f(x)=|x-1|-k$이므로

$$\int_0^2 f(t)\,dt=\int_0^2 (|t-1|-k)\,dt$$
$$=\int_0^1 (-t+1-k)\,dt+\int_1^2 (t-1-k)\,dt$$
$$=\Big[-\frac{1}{2}t^2+t-kt\Big]_0^1+\Big[\frac{1}{2}t^2-t-kt\Big]_1^2$$
$$=\left(\frac{1}{2}-k\right)+\left(\frac{1}{2}-k\right)$$
$$=1-2k=k$$

에서 $k=\frac{1}{3}$

따라서 $f(x)=|x-1|-\frac{1}{3}$이므로

$f(-1)=2-\frac{1}{3}=\frac{5}{3}$

0700

답 4

$\int_0^1 tf'(t)\,dt=k$ (k는 상수)라 하면

$f(x)=-3x^2+6x+k$이므로

$f'(x)=-6x+6$

$$\int_0^1 tf'(t)\,dt=\int_0^1 t(-6t+6)\,dt$$
$$=\int_0^1 (-6t^2+6t)\,dt$$
$$=\Big[-2t^3+3t^2\Big]_0^1$$
$$=1=k$$

❶

따라서

$f(x)=-3x^2+6x+1=-3(x-1)^2+4$

이므로 함수 $f(x)$의 최댓값은 $x=1$일 때 4이다.

❷

채점 기준	배점
❶ $\int_0^1 tf'(t)\,dt$의 값 구하기	70%
❷ 함수 $f(x)$의 최댓값 구하기	30%

0701

답 2

$$f(x)=3x^2+\int_0^1 (-2x+6)f(t)\,dt$$
$$=3x^2-(2x-6)\int_0^1 f(t)\,dt$$

에서

$\int_0^1 f(t)\,dt=k$ (k는 상수)라 하면

$f(x)=3x^2-(2x-6)k$이므로

$$\int_0^1 f(t)\,dt=\int_0^1 (3t^2-2kt+6k)\,dt$$
$$=\Big[t^3-kt^2+6kt\Big]_0^1$$
$$=5k+1=k$$

에서 $k=-\frac{1}{4}$

따라서 $f(x)=3x^2+\frac{1}{2}x-\frac{3}{2}$이므로

$f(1)=3+\frac{1}{2}-\frac{3}{2}=2$

0702

답 ④

$$f(x)=4x-\int_0^1 f(t)\,dt+\int_0^3 f(t)\,dt$$
$$=4x+\left\{\int_1^0 f(t)\,dt+\int_0^3 f(t)\,dt\right\}$$
$$=4x+\int_1^3 f(t)\,dt$$

$\int_1^3 f(t)\,dt=k$ (k는 상수)라 하면

$f(x)=4x+k$이므로

$\int_1^3 f(t)\,dt=\int_1^3 (4t+k)\,dt$

$=\left[2t^2+kt\right]_1^3$

$=(18+3k)-(2+k)$

$=16+2k=k$

에서 $k=-16$

따라서 $f(x)=4x-16$이므로

$a=4$, $b=-16$

$\therefore a+b=4+(-16)=-12$

유형 09 정적분을 포함한 등식 - 위끝 또는 아래끝에 변수가 있는 경우

0703

답 304

$\int_0^x f(t)\,dt=x^3+4x$의 양변을 x에 대하여 미분하면

$f(x)=3x^2+4$

$\therefore f(10)=300+4=304$

0704

답 ③

$\int_1^x tf(t)\,dt=2x^3-ax^2-4$ …… ㉠

㉠의 양변에 $x=1$을 대입하면

$0=2-a-4$ $\quad\therefore a=-2$

㉠의 양변을 x에 대하여 미분하면

$xf(x)=6x^2+4x$ $\quad\therefore f(x)=6x+4$

$\therefore f(2)=12+4=16$

0705

답 ①

$\int_2^x f(t)\,dt=2x^3-3x^2+\int_0^1 \frac{2}{3}xf(t)\,dt$에서

$\int_2^x f(t)\,dt=2x^3-3x^2+\frac{2}{3}x\int_0^1 f(t)\,dt$ …… ㉠

이때 $\int_0^1 f(t)\,dt=k$ (k는 상수)라 하고

㉠의 양변에 $x=2$를 대입하면

$0=16-12+\frac{4}{3}k$ $\quad\therefore k=-3$

㉠의 양변을 x에 대하여 미분하면

$f(x)=6x^2-6x-2$

$\therefore f(1)=6-6-2=-2$

0706

답 2

$f(x)=\int_x^{x+1}(t^2-2t+1)\,dt=\int_x^{x+1}(t-1)^2dt$

위의 식을 x에 대하여 미분하면

$f'(x)=\{(x+1)-1\}^2-(x-1)^2$

$=x^2-(x^2-2x+1)$

$=2x-1$

이므로

$\int_1^2 f'(x)\,dx=\int_1^2 (2x-1)\,dx=\left[x^2-x\right]_1^2=2-0=2$

다른 풀이

$f(x)=\int_x^{x+1}(t^2-2t+1)\,dt$ …… ㉠

㉠의 양변에 $x=1$을 대입하면

$f(1)=\int_1^2 (t^2-2t+1)\,dt=\left[\frac{1}{3}t^3-t^2+t\right]_1^2=\frac{2}{3}-\frac{1}{3}=\frac{1}{3}$

㉠의 양변에 $x=2$를 대입하면

$f(2)=\int_2^3 (t^2-2t+1)\,dt=\left[\frac{1}{3}t^3-t^2+t\right]_2^3=3-\frac{2}{3}=\frac{7}{3}$

이므로

$\int_1^2 f'(x)\,dx=\left[f(x)\right]_1^2=f(2)-f(1)=\frac{7}{3}-\frac{1}{3}=2$

Bible Says 정적분으로 정의된 함수의 미분

(1) $\frac{d}{dx}\int_a^x f(t)dt=f(x)$

(2) $\frac{d}{dx}\int_x^{x+a} f(t)dt=f(x+a)-f(x)$ (단, a는 실수)

0707

답 ④

$\int_{-1}^x f(t)\,dt=x^3+ax^2-(a+2)x+5$ …… ㉠

㉠의 양변에 $x=-1$을 대입하면

$0=-1+a+(a+2)+5$, $2a+6=0$

$\therefore a=-3$

㉠의 양변을 x에 대하여 미분하면

$f(x)=3x^2-6x+1$

따라서 $f'(x)=6x-6$이므로

$\lim_{h\to0}\frac{f(-1+h)-f(-1-h)}{h}$

$=\lim_{h\to0}\frac{f(-1+h)-f(-1)-f(-1-h)+f(-1)}{h}$

$=\lim_{h\to0}\left\{\frac{f(-1+h)-f(-1)}{h}+\frac{f(-1-h)-f(-1)}{-h}\right\}$

$=f'(-1)+f'(-1)=2f'(-1)$

$=2\times(-12)=-24$

0708

답 4

$\int_1^x \left\{\frac{d}{dt}f(t)\right\}dt=-3x^2+ax+1$ …… ㉠

㉠의 양변에 $x=1$을 대입하면

$0=-3+a+1$ $\quad\therefore a=2$

한편, $\frac{d}{dt}f(t)=f'(t)$이므로 ㉠에서

$$\int_1^x \left\{\frac{d}{dt}f(t)\right\}dt=\int_1^x f'(t)\,dt$$
$$=\Big[f(t)\Big]_1^x$$
$$=f(x)-f(1) \quad \cdots\cdots ㉡$$

㉠=㉡에서

$f(x)-f(1)=-3x^2+2x+1$

$\therefore f(x)=-3x^2+2x+4$ ($\because f(1)=3$)

$$\therefore \int_0^1 f(x)\,dx=\int_0^1(-3x^2+2x+4)\,dx$$
$$=\Big[-x^3+x^2+4x\Big]_0^1=4$$

0709

답 ②

$\int_1^x f(t)\,dt=2x^3-3x^2+xf(x)$ ······ ㉠

㉠의 양변에 $x=1$을 대입하면

$0=2-3+f(1)$ $\quad\therefore f(1)=1$ ······ ㉡

㉠의 양변을 x에 대하여 미분하면

$f(x)=6x^2-6x+f(x)+xf'(x)$

$xf'(x)=-6x^2+6x$ $\quad\therefore f'(x)=-6x+6$

$$\therefore f(x)=\int f'(x)\,dx$$
$$=\int(-6x+6)\,dx$$
$$=-3x^2+6x+C \ (C\text{는 적분상수})$$

이때 ㉡에서

$-3+6+C=1$ $\quad\therefore C=-2$

따라서 $f(x)=-3x^2+6x-2$이므로

$f(-1)=-3-6-2=-11$

유형 10 정적분을 포함한 등식 - 위끝 또는 아래끝과 피적분함수에 변수가 있는 경우

0710

답 36

$$\int_1^x (x-t)f(t)\,dt=\int_1^x \{xf(t)-tf(t)\}\,dt$$
$$=x\int_1^x f(t)\,dt-\int_1^x tf(t)\,dt$$

이므로 주어진 식에서

$x\int_1^x f(t)\,dt-\int_1^x tf(t)\,dt=2x^3-ax^2+1$ ······ ㉠

㉠의 양변에 $x=1$을 대입하면

$0=2-a+1$ $\quad\therefore a=3$

㉠의 양변을 x에 대하여 미분하면

$\int_1^x f(t)\,dt+xf(x)-xf(x)=6x^2-6x$

$\therefore \int_1^x f(t)\,dt=6x^2-6x$

$\therefore \int_1^a f(x)\,dx=\int_1^3 f(x)\,dx=6\times9-6\times3=36$

0711

답 10

$$\int_0^x (x-t)f'(t)\,dt=\int_0^x \{xf'(t)-tf'(t)\}\,dt$$
$$=x\int_0^x f'(t)\,dt-\int_0^x tf'(t)\,dt$$

이므로 주어진 식에서

$x\int_0^x f'(t)\,dt-\int_0^x tf'(t)\,dt=x^4-2x^3$

위의 식의 양변을 x에 대하여 미분하면

$\int_0^x f'(t)\,dt+xf'(x)-xf'(x)=4x^3-6x^2$

$\int_0^x f'(t)\,dt=4x^3-6x^2$

$\Big[f(t)\Big]_0^x=4x^3-6x^2$

$f(x)-f(0)=4x^3-6x^2$

이때 $f(0)=2$이므로

$f(x)=4x^3-6x^2+2$

$\therefore f(2)=32-24+2=10$

0712

답 0

$$\int_{-1}^x (t-x)f(t)\,dt=\int_{-1}^x \{tf(t)-xf(t)\}\,dt$$
$$=\int_{-1}^x tf(t)\,dt-x\int_{-1}^x f(t)\,dt$$

이므로 주어진 식에서

$\int_{-1}^x tf(t)\,dt-x\int_{-1}^x f(t)\,dt=x^3+ax^2-9x-5$ ······ ㉠

㉠의 양변에 $x=-1$을 대입하면

$0=-1+a+9-5$ $\quad\therefore a=-3$

······························ ❶

㉠의 양변을 x에 대하여 미분하면

$xf(x)-\int_{-1}^x f(t)\,dt-xf(x)=3x^2-6x-9$

$\therefore \int_{-1}^x f(t)\,dt=-3x^2+6x+9$

위의 식의 양변을 x에 대하여 미분하면

$f(x)=-6x+6$

······························ ❷

$\therefore f(1)=-6+6=0$

······························ ❸

채점 기준	배점
❶ 상수 a의 값 구하기	30%
❷ 함수 $f(x)$ 구하기	60%
❸ $f(1)$의 값 구하기	10%

0713

답 ③

$$\int_a^x (x-t)f(t)\,dt=\int_a^x \{xf(t)-tf(t)\}\,dt$$
$$=x\int_a^x f(t)\,dt-\int_a^x tf(t)\,dt$$

이므로 주어진 식에서

$$x\int_a^x f(t)\,dt-\int_a^x tf(t)\,dt=x^3-ax^2+2ax-8 \quad \cdots\cdots ㉠$$

㉠의 양변에 $x=a$를 대입하면

$0=a^3-a^3+2a^2-8$, $2a^2-8=0$

$2(a+2)(a-2)=0 \quad \therefore a=-2$ 또는 $a=2 \quad \cdots\cdots ㉡$

㉠의 양변을 x에 대하여 미분하면

$$\int_a^x f(t)\,dt+xf(x)-xf(x)=3x^2-2ax+2a$$

$$\therefore \int_a^x f(t)\,dt=3x^2-2ax+2a \quad \cdots\cdots ㉢$$

㉢의 양변에 $x=a$를 대입하면

$0=3a^2-2a^2+2a$, $a^2+2a=0$

$a(a+2)=0 \quad \therefore a=-2$ 또는 $a=0 \quad \cdots\cdots ㉣$

㉡, ㉣을 동시에 만족시키는 a의 값은

$a=-2$

㉢의 양변을 x에 대하여 미분하면

$f(x)=6x+4$

$\therefore f(a)=f(-2)=-12+4=-8$

참고

단서가 부족한 경우 주어진 식을 미분하여 정리한 후 정적분 값이 0이 되도록 하는 x의 값을 대입해본다.

0714

답 8

$$\int_0^x (x-t)f'(t)\,dt=\int_0^x \{xf'(t)-tf'(t)\}\,dt$$
$$=x\int_0^x f'(t)\,dt-\int_0^x tf'(t)\,dt$$

이므로 주어진 식에서

$$f(x)=x^2-2x+x\int_0^x f'(t)\,dt-\int_0^x tf'(t)\,dt \quad \cdots\cdots ㉠$$

㉠의 양변에 $x=0$을 대입하면

$f(0)=0$

㉠의 양변을 x에 대하여 미분하면

$$f'(x)=2x-2+\int_0^x f'(t)\,dt+xf'(x)-xf'(x)$$
$$=2x-2+\int_0^x f'(t)\,dt$$
$$=2x-2+\Big[f(t)\Big]_0^x$$
$$=2x-2+f(x)-f(0)$$
$$=2x-2+f(x)\ (\because f(0)=0)$$

에서 $f'(x)-f(x)=2x-2$이므로

$f'(5)-f(5)=10-2=8$

0715

답 ③

$$\int_0^x (x-2t)f(t)\,dt=\int_0^x \{xf(t)-2tf(t)\}\,dt$$
$$=x\int_0^x f(t)\,dt-2\int_0^x tf(t)\,dt$$

이므로 주어진 식에서

$$x\int_0^x f(t)\,dt-2\int_0^x tf(t)\,dt=\frac{1}{5}x^5-\frac{1}{2}x^4+ax^3$$

위의 식의 양변을 x에 대하여 미분하면

$$\int_0^x f(t)\,dt+xf(x)-2xf(x)=x^4-2x^3+3ax^2$$

$$\therefore \int_0^x f(t)\,dt-xf(x)=x^4-2x^3+3ax^2$$

위의 식의 양변을 x에 대하여 미분하면

$f(x)-f(x)-xf'(x)=4x^3-6x^2+6ax$

$-xf'(x)=4x^3-6x^2+6ax$

$\therefore f'(x)=-4x^2+6x-6a$

$$f(x)=\int f'(x)\,dx$$
$$=\int(-4x^2+6x-6a)\,dx$$
$$=-\frac{4}{3}x^3+3x^2-6ax+C\ (C\text{는 적분상수})$$

이때 $f(0)=0$에서 $C=0$

$f(-1)=\frac{4}{3}$에서 $\frac{4}{3}+3+6a=\frac{4}{3} \quad \therefore a=-\frac{1}{2}$

따라서 $f(x)=-\frac{4}{3}x^3+3x^2+3x$이므로

$f(3)=-36+27+9=0$

유형 11 정적분으로 정의된 함수의 극대, 극소

0716

답 ③

$f(x)=\int_0^x (t^2-t-2)\,dt$의 양변을 x에 대하여 미분하면

$f'(x)=x^2-x-2=(x+1)(x-2)$

$f'(x)=0$에서 $x=-1$ 또는 $x=2$

함수 $f(x)$의 증가와 감소를 표로 나타내면 다음과 같다.

x	$\cdots$	-1	$\cdots$	2	$\cdots$
$f'(x)$	$+$	0	$-$	0	$+$
$f(x)$	↗	극대	↘	극소	↗

함수 $f(x)$는 $x=-1$에서 극대, $x=2$에서 극소이므로

$$a=f(-1)=\int_0^{-1}(t^2-t-2)\,dt=\left[\frac{1}{3}t^3-\frac{1}{2}t^2-2t\right]_0^{-1}=\frac{7}{6}$$

$$b=f(2)=\int_0^{2}(t^2-t-2)\,dt=\left[\frac{1}{3}t^3-\frac{1}{2}t^2-2t\right]_0^{2}=-\frac{10}{3}$$

$$\therefore a+b=\frac{7}{6}+\left(-\frac{10}{3}\right)=-\frac{13}{6}$$

0717

답 -5

$f(x)=\int_0^x(-3t^2+at+b)\,dt$의 양변을 x에 대하여 미분하면

$f'(x)=-3x^2+ax+b$

함수 $f(x)$가 $x=3$에서 극댓값 27을 가지므로

$f'(3)=0$에서 $-27+3a+b=0$

$\therefore 3a+b=27$ …… ㉠

$f(3)=27$에서

$$\int_0^3(-3t^2+at+b)\,dt=\left[-t^3+\frac{1}{2}at^2+bt\right]_0^3$$
$$=-27+\frac{9}{2}a+3b=27$$

$\therefore 3a+2b=36$ …… ㉡

㉠, ㉡을 연립하여 풀면 $a=6$, $b=9$

$\therefore f'(x)=-3x^2+6x+9=-3(x+1)(x-3)$

$f'(x)=0$에서 $x=-1$ 또는 $x=3$

함수 $f(x)$의 증가와 감소를 표로 나타내면 다음과 같다.

x	$\cdots$	-1	$\cdots$	3	$\cdots$
$f'(x)$	$-$	0	$+$	0	$-$
$f(x)$	↘	극소	↗	극대	↘

따라서 함수 $f(x)$는 $x=-1$에서 극소이므로 극솟값은

$$f(-1)=\int_0^{-1}(-3t^2+6t+9)\,dt=\left[-t^3+3t^2+9t\right]_0^{-1}=-5$$

0718

답 8

$\int_0^x tf'(t)\,dt=\frac{2}{3}x^3+kx^2$의 양변을 x에 대하여 미분하면

$xf'(x)=2x^2+2kx$

$\therefore f'(x)=2x+2k$ …… ㉠

조건 (나)에서 함수 $f(x)$가 $x=-1$에서 극솟값 4를 가지므로

$f'(-1)=0$에서 $-2+2k=0$

$\therefore k=1$

또한

$$f(x)=\int f'(x)\,dx=\int(2x+2)\,dx$$
$$=x^2+2x+C\ (C\text{는 적분상수})$$

이므로 $f(-1)=4$에서

$1-2+C=4$ $\therefore C=5$

따라서 $f(x)=x^2+2x+5$이므로

$f(1)=1+2+5=8$

0719

답 5

$F(x)=\int_0^x f(t)\,dt$의 양변을 x에 대하여 미분하면

$F'(x)=f(x)$

이때 함수 $F(x)$는 최고차항이 양수인 삼차함수이므로 함수 $F(x)$가 극값을 갖지 않으려면 함수 $F'(x)=f(x)\geq 0$이어야 한다.

방정식 $f(x)=0$, 즉 $x^2+2kx+4=0$의 판별식을 D라 하면

$\frac{D}{4}=k^2-4\leq 0$, $(k+2)(k-2)\leq 0$

$\therefore -2\leq k\leq 2$

따라서 구하는 정수 k는 -2, -1, 0, 1, 2의 5개이다.

Bible Says 삼차함수가 극값을 가질 조건

(1) 삼차함수 $f(x)$가 극값을 가질 조건
이차방정식 $f'(x)=0$이 서로 다른 두 실근을 갖는다.
이차방정식 $f'(x)=0$의 판별식 $D>0$

(2) 삼차함수 $f(x)$가 극값을 갖지 않을 조건
이차방정식 $f'(x)=0$이 중근 또는 허근을 갖는다.
이차방정식 $f'(x)=0$의 판별식 $D\leq 0$

0720

답 17

$F(x)=\int_0^x f(t)\,dt$의 양변을 x에 대하여 미분하면

$F'(x)=f(x)=\frac{1}{3}x^3-9x+k$

$f'(x)=x^2-9=(x+3)(x-3)$

$f'(x)=0$에서 $x=-3$ 또는 $x=3$

함수 $f(x)$의 증가와 감소를 표로 나타내면 다음과 같다.

x	$\cdots$	-3	$\cdots$	3	$\cdots$
$f'(x)$	$+$	0	$-$	0	$+$
$f(x)$	↗	극대	↘	극소	↗

이때 함수 $F(x)$는 최고차항이 양수인 사차함수이므로 함수 $F(x)$가 극댓값을 가지려면 방정식 $f(x)=0$이 서로 다른 세 실근을 가져야 한다. 즉, 함수 $f(x)$의 (극댓값)×(극솟값)<0이어야 하므로

$f(-3)f(3)<0$, $(k+18)(k-18)<0$

$\therefore -18<k<18$

따라서 자연수 k의 최댓값은 17이다.

Bible Says 사차함수가 극값을 가질 조건

(1) 사차함수 $f(x)$가 극댓값과 극솟값을 모두 가지면
삼차방정식 $f'(x)=0$이 서로 다른 세 실근을 갖는다.

(2) 사차함수 $f(x)$가 극댓값 또는 극솟값을 갖지 않으면
삼차방정식 $f'(x)=0$이 중근 또는 허근을 갖는다.

유형 12 정적분으로 정의된 함수의 최대, 최소

0721

답 ②

$f(x)=\int_1^x(t^2-8t+12)\,dt$의 양변을 x에 대하여 미분하면

$f'(x)=x^2-8x+12=(x-2)(x-6)$

$f'(x)=0$에서 $x=2$ ($\because 0\leq x\leq 5$)

$0\leq x\leq 5$에서 함수 $f(x)$의 증가와 감소를 표로 나타내면 다음과 같다.

x	0	$\cdots$	2	$\cdots$	5
$f'(x)$		$+$	0	$-$	
$f(x)$	$f(0)$	↗	$f(2)$	↘	$f(5)$

따라서 $0\le x\le 5$에서 함수 $f(x)$는 $x=2$일 때 극대이면서 최대이므로 최댓값은

$$f(2)=\int_1^2 (t^2-8t+12)\,dt=\left[\frac{1}{3}t^3-4t^2+12t\right]_1^2$$
$$=\frac{32}{3}-\frac{25}{3}=\frac{7}{3}$$

0722 답 -6

$$\int_0^x (x-t)f(t)\,dt=\int_0^x \{xf(t)-tf(t)\}\,dt$$
$$=x\int_0^x f(t)\,dt-\int_0^x tf(t)\,dt$$

이므로 주어진 식에서

$$x\int_0^x f(t)\,dt-\int_0^x tf(t)\,dt=\frac{1}{2}x^4+2x^3$$

위의 식의 양변을 x에 대하여 미분하면

$$\int_0^x f(t)\,dt+xf(x)-xf(x)=2x^3+6x^2$$
$$\therefore \int_0^x f(t)\,dt=2x^3+6x^2$$

위의 식의 양변을 x에 대하여 미분하면

$f(x)=6x^2+12x=6(x+1)^2-6$

따라서 함수 $f(x)$는 $x=-1$일 때 최솟값 -6을 갖는다.

0723 답 ②

$f(x)=\int_0^x (t^2-2t-3)\,dt$의 양변을 x에 대하여 미분하면

$f'(x)=x^2-2x-3=(x+1)(x-3)$

$f'(x)=0$에서 $x=-1$ 또는 $x=3$

$a>3$이므로 $0\le x\le a$에서 함수 $f(x)$의 증가와 감소를 표로 나타내면 다음과 같다.

x	0	$\cdots$	3	$\cdots$	a
$f'(x)$		$-$	0	$+$	
$f(x)$	$f(0)$	↘	$f(3)$	↗	$f(a)$

$0\le x\le a$에서 함수 $f(x)$는 $x=3$에서 극소이면서 최소이고, 최댓값은 $f(0)$ 또는 $f(a)$이다.

이때

$$f(0)=\int_0^0 (t^2-2t-3)\,dt=0$$
$$f(3)=\int_0^3 (t^2-2t-3)\,dt=\left[\frac{1}{3}t^3-t^2-3t\right]_0^3=-9$$
$$f(a)=\int_0^a (t^2-2t-3)\,dt=\left[\frac{1}{3}t^3-t^2-3t\right]_0^a=\frac{1}{3}a^3-a^2-3a$$

이고, 최댓값과 최솟값의 차가 $\frac{32}{3}$이므로 $f(a)-f(3)=\frac{32}{3}$이어야 한다.

$$\left(\frac{1}{3}a^3-a^2-3a\right)-(-9)=\frac{32}{3}$$
$$\frac{1}{3}a^3-a^2-3a-\frac{5}{3}=0,\ a^3-3a^2-9a-5=0$$

$(a+1)^2(a-5)=0 \quad \therefore a=5\ (\because a>3)$

0724 답 ④

$$\int_0^x (x-t)f'(t)\,dt=\int_0^x \{xf'(t)-tf'(t)\}\,dt$$
$$=x\int_0^x f'(t)\,dt-\int_0^x tf'(t)\,dt$$

이므로 주어진 식에서

$$g(x)=x\int_0^x f'(t)\,dt-\int_0^x tf'(t)\,dt \quad \cdots\cdots ㉠$$

㉠의 양변에 $x=0$을 대입하면

$g(0)=0 \quad \cdots\cdots ㉡$

㉠의 양변을 x에 대하여 미분하면

$$g'(x)=\int_0^x f'(t)\,dt+xf'(x)-xf'(x)$$
$$=\int_0^x f'(t)\,dt=\Big[f(t)\Big]_0^x$$
$$=f(x)-f(0)$$
$$=(-x^2+2x-2)-(-2)$$
$$=-x^2+2x=-x(x-2)$$
$$g(x)=\int g'(x)\,dx=\int (-x^2+2x)\,dx$$
$$=-\frac{1}{3}x^3+x^2+C\ (C\text{는 적분상수})$$

㉡에서 $C=0$이므로

$$g(x)=-\frac{1}{3}x^3+x^2$$

$x\ge 0$에서 함수 $g(x)$의 증가와 감소를 표로 나타내면 다음과 같다.

x	0	$\cdots$	2	$\cdots$
$g'(x)$		$+$	0	$-$
$g(x)$	$g(0)$	↗	$g(2)$	↘

따라서 $x\ge 0$에서 함수 $g(x)$는 $x=2$에서 극대이면서 최대이므로 최댓값은

$$g(2)=-\frac{8}{3}+4=\frac{4}{3}$$

유형 13 정적분으로 정의된 함수의 그래프

0725 답 14

주어진 그래프에서 함수 $F(x)$는 $F(1)=F(2)=0$이고 최고차항의 계수가 양수인 이차함수이므로

$F(x)=a(x-1)(x-2)=a(x^2-3x+2)\ (a>0)$

라 하면

$$\int_1^x f(t)\,dt=a(x^2-3x+2)$$

위의 식의 양변을 x에 대하여 미분하면

$f(x)=a(2x-3)$

함수 $y=f(x)$의 그래프가 점 $(3, 6)$을 지나므로
$f(3)=6$에서 $3a=6$
$\therefore a=2$
따라서 $f(x)=2(2x-3)$이므로
$f(5)=2\times7=14$

0726

답 2

주어진 그래프에서 이차함수 $f(x)$가 $f(1)=f(4)=0$이고 이차항의 계수가 음수이므로
$f(x)=a(x-1)(x-4)\ (a<0)$
$F(x)=\int_{x}^{x+1} f(t)\,dt$의 양변을 x에 대하여 미분하면

$$\begin{aligned}F'(x)&=f(x+1)-f(x)\\&=ax(x-3)-a(x-1)(x-4)\\&=a\{x^2-3x-(x^2-5x+4)\}\\&=2a(x-2)\end{aligned}$$

$F'(x)=0$에서 $x=2$
$a<0$이므로 함수 $F(x)$의 증가와 감소를 표로 나타내면 다음과 같다.

x	$\cdots$	2	$\cdots$
$F'(x)$	$+$	0	$-$
$F(x)$	↗	극대	↘

함수 $F(x)$는 $x=2$에서 극대이면서 최대이므로
$k=2$

0727

답 4

주어진 그래프에서 이차함수 $f(x)$가 $f(1)=f(3)=0$이고 이차항의 계수가 양수이므로
$f(x)=a(x-1)(x-3)\ (a>0)$
이때 $f(0)=3$에서 $3a=3$
$\therefore a=1$
$\therefore f(x)=(x-1)(x-3)=x^2-4x+3$
$F(x)=\int_{1}^{x} f(t)\,dt$의 양변을 x에 대하여 미분하면
$F'(x)=f(x)=(x-1)(x-3)$
$F'(x)=0$에서 $x=1$ 또는 $x=3$
함수 $F(x)$의 증가와 감소를 표로 나타내면 다음과 같다.

x	$\cdots$	1	$\cdots$	3	$\cdots$
$F'(x)$	$+$	0	$-$	0	$+$
$F(x)$	↗	극대	↘	극소	↗

함수 $F(x)$는 $x=1$에서 극대, $x=3$에서 극소이므로
$M=F(1)=\int_{1}^{1}(t^2-4t+3)\,dt=0$

$$\begin{aligned}m=F(3)&=\int_{1}^{3}(t^2-4t+3)\,dt\\&=\left[\frac{1}{3}t^3-2t^2+3t\right]_1^3=0-\frac{4}{3}=-\frac{4}{3}\end{aligned}$$

$\therefore M-3m=0-(-4)=4$

0728

답 ①

$g(x)=\int_{0}^{x} f(t)\,dt$의 양변을 x에 대하여 미분하면
$g'(x)=f(x)$
$g'(x)=0$에서 $x=3$ 또는 $x=5$ ($\because 0\le x\le5$)
닫힌구간 $[0, 5]$에서 함수 $g(x)$의 증가와 감소를 표로 나타내면 다음과 같다.

x	0	$\cdots$	3	$\cdots$	5
$g'(x)$		$+$	0	$-$	
$g(x)$	$g(0)$	↗	$g(3)$	↘	$g(5)$

$g(0)=\int_{0}^{0} f(t)\,dt=0,\ g(3)=\int_{0}^{3} f(t)\,dt=5,$

$g(5)=\int_{0}^{5} f(t)\,dt=\int_{0}^{3} f(t)\,dt+\int_{3}^{5} f(t)\,dt=5+(-9)=-4$

이므로 함수 $g(x)$의 최댓값은 $x=3$일 때 $g(3)=5$이고, 최솟값은 $x=5$일 때 $g(5)=-4$이다.
따라서 구하는 최댓값과 최솟값의 합은
$5+(-4)=1$

0729

답 ④

$F(x)=\int_{2}^{x} f(t)\,dt$의 양변을 x에 대하여 미분하면
$F'(x)=f(x)$
ㄱ. 주어진 그래프에서 $x=2$인 점에서의 접선의 기울기는 양수이므로 $F'(2)=f(2)>0$이다. (거짓)
ㄴ. 주어진 그래프에서 함수 $F(x)$는 $x=3$일 때 극댓값 4를 가지므로
$F'(3)=f(3)=0,\ F(3)=4$
$\therefore F(3)+f(3)=4+0=4$ (참)
ㄷ. 주어진 그래프에서 $F(4)=0$이므로
$F(4)=\int_{2}^{4} f(t)\,dt=\Big[G(t)\Big]_2^4=G(4)-G(2)=0$
$\therefore G(2)=G(4)$ (참)
따라서 옳은 것은 ㄴ, ㄷ이다.

유형 14 정적분으로 정의된 함수의 극한

0730

답 3

$f(x)=\int_{0}^{x}(6t^2-4t+3)\,dt$의 양변을 x에 대하여 미분하면
$f'(x)=6x^2-4x+3$

$$\begin{aligned}\therefore \lim_{x\to0}\frac{1}{x}\int_{0}^{x} f'(t)\,dt&=\lim_{x\to0}\frac{f(x)-f(0)}{x}\\&=f'(0)=3\end{aligned}$$

0731

답 ③

$f(x)=x^3-2x+2$라 하고 $f(x)$의 한 부정적분을 $F(x)$라 하면

$$\lim_{h\to0}\frac{1}{h}\int_2^{2+3h}(x^3-2x+2)\,dx=\lim_{h\to0}\frac{1}{h}\int_2^{2+3h}f(x)\,dx$$
$$=\lim_{h\to0}\frac{F(2+3h)-F(2)}{h}$$
$$=\lim_{h\to0}\frac{F(2+3h)-F(2)}{3h}\times3$$
$$=3F'(2)=3f(2)$$
$$=3\times(8-4+2)=18$$

0732

답 ④

$f(x)=x^2-3x+5$에서 $f(x)$의 한 부정적분을 $F(x)$라 하면

$$\lim_{x\to1}\frac{1}{x^3-1}\int_1^x f(t)\,dt=\lim_{x\to1}\frac{F(x)-F(1)}{x^3-1}$$
$$=\lim_{x\to1}\left\{\frac{F(x)-F(1)}{x-1}\times\frac{1}{x^2+x+1}\right\}$$
$$=\frac{1}{3}F'(1)=\frac{1}{3}f(1)$$
$$=\frac{1}{3}\times(1-3+5)=1$$

0733

답 ③

$f(x)$의 한 부정적분을 $F(x)$라 하면

$$\lim_{x\to a}\frac{1}{x-a}\int_a^x f(t)\,dt=\lim_{x\to a}\frac{F(x)-F(a)}{x-a}$$
$$=F'(a)=f(a)$$

따라서 $f(a)=a^3-2a+1$이므로

$f(1)=1-2+1=0$

0734

답 ④

$f(x)=x^3-2x^2+4x+1$에서 $f(x)$의 한 부정적분을 $F(x)$라 하면

$$\lim_{x\to1}\frac{1}{x-1}\int_1^{x^3} f(t)\,dt=\lim_{x\to1}\frac{F(x^3)-F(1)}{x-1}$$
$$=\lim_{x\to1}\left\{\frac{F(x^3)-F(1)}{x^3-1}\times(x^2+x+1)\right\}$$
$$=3F'(1)=3f(1)$$
$$=3\times(1-2+4+1)=12$$

0735

답 2

$f(t)=|t-4a|$라 하고 $f(t)$의 한 부정적분을 $F(t)$라 하면

$$\lim_{x\to0}\frac{1}{x}\int_0^x |t-4a|\,dt=\lim_{x\to0}\frac{1}{x}\int_0^x f(t)\,dt$$
$$=\lim_{x\to0}\frac{F(x)-F(0)}{x}$$
$$=F'(0)=f(0)$$
$$=|-4a|$$
$$=4a\ (\because a>0)$$

……………………………………………… ❶

에서 $4a=2a^2+a-2$

$2a^2-3a-2=0$, $(2a+1)(a-2)=0$

$\therefore a=2\ (\because a>0)$

……………………………………………… ❷

채점 기준	배점
❶ 주어진 식의 좌변을 간단히 하기	80%
❷ 양수 a의 값 구하기	20%

0736

답 ④

$f(x)=x^3+ax^2-5$라 하고 $f(x)$의 한 부정적분을 $F(x)$라 하면

$$\lim_{h\to0}\frac{1}{h}\int_{1-3h}^{1+h}(x^3+ax^2-5)\,dx$$
$$=\lim_{h\to0}\frac{1}{h}\int_{1-3h}^{1+h}f(x)\,dx$$
$$=\lim_{h\to0}\frac{F(1+h)-F(1-3h)}{h}$$
$$=\lim_{h\to0}\frac{F(1+h)-F(1)-F(1-3h)+F(1)}{h}$$
$$=\lim_{h\to0}\frac{F(1+h)-F(1)}{h}+\lim_{h\to0}\frac{F(1-3h)-F(1)}{-3h}\times3$$
$$=F'(1)+3F'(1)$$
$$=4F'(1)=4f(1)$$
$$=4(a-4)=16$$

에서 $a-4=4$

$\therefore a=8$

0737

답 ⑤

$$f(x)=\int f'(x)\,dx$$
$$=\int(3x^2+2x-2)\,dx$$
$$=x^3+x^2-2x+C\ (C\text{는 적분상수})$$

$f(0)=1$에서 $C=1$

$\therefore f(x)=x^3+x^2-2x+1$

이때 $g(t)=(t+1)f(t)$, $g(t)$의 한 부정적분을 $G(t)$라 하면

$$\lim_{x\to-2}\frac{1}{x+2}\int_{-2}^x(t+1)f(t)\,dt=\lim_{x\to-2}\frac{1}{x+2}\int_{-2}^x g(t)\,dt$$
$$=\lim_{x\to-2}\frac{G(x)-G(-2)}{x-(-2)}$$
$$=G'(-2)=g(-2)$$
$$=-f(-2)$$
$$=-(-8+4+4+1)=-1$$

0738

답 18

$f(x)$의 한 부정적분을 $F(x)$라 하면

$$g'(x)=\lim_{h\to0}\frac{1}{h}\int_x^{x+h}f(t)\,dt$$
$$=\lim_{h\to0}\frac{1}{h}\Big[F(t)\Big]_x^{x+h}$$
$$=\lim_{h\to0}\frac{F(x+h)-F(x)}{h}$$
$$=F'(x)=f(x)$$

즉, $g'(x)=2x-6$이므로

$$g(x)=\int g'(x)\,dx=\int(2x-6)\,dx$$
$$=x^2-6x+C\ (C\text{는 적분상수})$$

$g(2)=-6$에서 $4-12+C=-6$

$\therefore C=2$

따라서 $g(x)=x^2-6x+2$이므로

$g(-2)=4+12+2=18$

PART B 내신 잡는 종합 문제

0739 답 2

$f(t)=t^2+3t-2$라 하고 $f(t)$의 한 부정적분을 $F(t)$라 하면

$$\lim_{x\to 2}\frac{1}{x^2-4}\int_2^x(t^2+3t-2)\,dt=\lim_{x\to 2}\frac{F(x)-F(2)}{x^2-4}$$
$$=\lim_{x\to 2}\frac{F(x)-F(2)}{(x+2)(x-2)}$$
$$=\lim_{x\to 2}\left\{\frac{F(x)-F(2)}{x-2}\times\frac{1}{x+2}\right\}$$
$$=\frac{1}{4}F'(2)=\frac{1}{4}f(2)$$
$$=\frac{1}{4}\times(4+6-2)=2$$

0740 답 ①

$\int_0^2 6f(x)\,dx=18$에서 $\int_0^2 f(x)\,dx=3$

$\int_{-2}^2 3f(x)\,dx=18$에서 $\int_{-2}^2 f(x)\,dx=6$

$$\therefore \int_{-2}^5 f(x)\,dx=\int_{-2}^2 f(x)\,dx+\int_2^5 f(x)\,dx$$
$$=\int_{-2}^2 f(x)\,dx+\left(\int_0^5 f(x)\,dx-\int_0^2 f(x)\,dx\right)$$
$$=6+(18-3)=21$$

0741 답 9

함수 $y=f(x)$의 그래프는 함수 $y=4x^3-12x^2$의 그래프를 y축의 방향으로 k만큼 평행이동한 것이므로

$f(x)=4x^3-12x^2+k$

$$\int_0^3 f(x)\,dx=\int_0^3(4x^3-12x^2+k)\,dx$$
$$=\Big[x^4-4x^3+kx\Big]_0^3$$
$$=81-108+3k=-27+3k=0$$

에서 $k=9$

0742 답 ⑤

$\{x^2f(x)\}'=2xf(x)+x^2f'(x)$이므로

$$\int_0^2 x^2f'(x)\,dx+2\int_0^2 xf(x)\,dx=\int_0^2 x^2f'(x)\,dx+\int_0^2 2xf(x)\,dx$$
$$=\int_0^2\{x^2f'(x)+2xf(x)\}\,dx$$
$$=\Big[x^2f(x)\Big]_0^2$$
$$=4f(2)=20$$

에서 $f(2)=5$

참고

미분가능한 함수 $f(x)$, $g(x)$에 대하여

$$\int_a^b\{f'(x)g(x)+f(x)g'(x)\}dx=\Big[f(x)g(x)\Big]_a^b$$

0743 답 ④

$f'(x)=\begin{cases}3x^2-6x+4 & (x<1)\\ 6x-5 & (x\ge 1)\end{cases}$에서

$f(x)=\begin{cases}x^3-3x^2+4x+C_1 & (x<1)\\ 3x^2-5x+C_2 & (x\ge 1)\end{cases}$ (C_1, C_2는 적분상수)

$f(0)=0$에서 $C_1=0$

또한 함수 $f(x)$가 실수 전체의 집합에서 연속이므로 $x=1$에서 연속이다.

즉, $\lim_{x\to 1-}f(x)=\lim_{x\to 1+}f(x)=f(1)$에서

$2=-2+C_2\qquad \therefore C_2=4$

따라서 $f(x)=\begin{cases}x^3-3x^2+4x & (x<1)\\ 3x^2-5x+4 & (x\ge 1)\end{cases}$이므로

$$\int_0^2 f(x)\,dx=\int_0^1(x^3-3x^2+4x)\,dx+\int_1^2(3x^2-5x+4)\,dx$$
$$=\left[\frac{1}{4}x^4-x^3+2x^2\right]_0^1+\left[x^3-\frac{5}{2}x^2+4x\right]_1^2$$
$$=\frac{5}{4}+\left(6-\frac{5}{2}\right)=\frac{19}{4}$$

0744 답 3

모든 실수 x에 대하여 $f'(x)>0$이므로 함수 $f(x)$는 증가함수이다.
이때 $f(3)=0$이므로 $x<3$일 때 $f(x)<0$, $x>3$일 때 $f(x)>0$이다.
따라서

$\int_{-2}^3|f(x)|\,dx=-\int_{-2}^3 f(x)\,dx=2$에서

$\int_{-2}^3 f(x)\,dx=-2$,

$\int_3^5|f(x)|\,dx=\int_3^5 f(x)\,dx=5$

이므로

$$\int_{-2}^5 f(x)\,dx=\int_{-2}^3 f(x)\,dx+\int_3^5 f(x)\,dx=-2+5=3$$

0745 답 ⑤

주어진 등식의 좌변을 정리하면

$$\int_1^x \left\{\frac{d}{dt}f(t)\right\}dt=\int_1^x f'(t)\,dt=\Big[f(t)\Big]_1^x=f(x)-f(1)$$

이므로

$f(x)-f(1)=x^3+ax^2-2$ …… ㉠

㉠의 양변에 $x=1$을 대입하면

$0=a-1$ $\therefore a=1$

$a=1$을 ㉠에 대입하면

$f(x)-f(1)=x^3+x^2-2$

위의 식의 양변을 x에 대하여 미분하면

$f'(x)=3x^2+2x$

$\therefore f'(a)=f'(1)=3+2=5$

0746 답 ⑤

조건 ㈎에서 $f(x)+f(-x)=0$, 즉 $f(-x)=-f(x)$이므로 함수 $f(x)$는 기함수이다.

조건 ㈏에서

$$\int_{-3}^2 f(x)\,dx=\int_{-3}^3 f(x)\,dx-\int_2^3 f(x)\,dx$$
$$=0-\int_2^3 f(x)\,dx=2$$

이므로 $\int_2^3 f(x)\,dx=-2$

$$\int_{-2}^5 f(x)\,dx=\int_{-2}^2 f(x)\,dx+\int_2^5 f(x)\,dx$$
$$=0+\int_2^5 f(x)\,dx=10$$

이므로 $\int_2^5 f(x)\,dx=10$

$$\therefore \int_3^5 f(x)\,dx=\int_2^5 f(x)\,dx-\int_2^3 f(x)\,dx$$
$$=10-(-2)=12$$

0747 답 ⑤

$\int_1^x \left\{\frac{d}{dt}(t+1)f(t)\right\}dt=x^3-2ax^2+5$ …… ㉠

㉠의 양변에 $x=1$을 대입하면

$0=1-2a+5$ $\therefore a=3$

$\int_1^x \left\{\frac{d}{dt}(t+1)f(t)\right\}dt=(x+1)f(x)-2f(1)$이므로 ㉠에서

$(x+1)f(x)-2f(1)=x^3-6x^2+5$

위의 식의 양변에 $x=-1$을 대입하면

$-2f(1)=-1-6+5$ $\therefore f(1)=1$

$\therefore (x+1)f(x)=x^3-6x^2+7$

위의 식의 양변에 $x=0$을 대입하면

$f(0)=7$

$\therefore a+f(0)=3+7=10$

0748 답 24

조건 ㈎의 $\lim_{x\to 0}\frac{f(x)}{x}=2$에서 극한값이 존재하고

$x\to 0$일 때, (분모) $\to 0$이므로 (분자) $\to 0$이어야 한다.

즉, $\lim_{x\to 0}f(x)=0$에서 $f(0)=0$

$$\lim_{x\to 0}\frac{f(x)}{x}=\lim_{x\to 0}\frac{f(x)-f(0)}{x-0}=f'(0)=2$$

$f(x)=ax^2+bx+c$ (a, b, c는 상수, $a\neq 0$)라 하면

$f'(x)=2ax+b$

$f(0)=0$에서 $c=0$

$f'(0)=2$에서 $b=2$

즉, $f(x)=ax^2+2x$이므로 조건 ㈏에서

$$\int_0^3 f(x)\,dx=\int_0^3 (ax^2+2x)\,dx$$
$$=\left[\frac{a}{3}x^3+x^2\right]_0^3$$
$$=9a+9=18$$

$9a=9$ $\therefore a=1$

따라서 $f(x)=x^2+2x$이므로

$f(4)=16+8=24$

0749 답 5

$g(x)=\int_0^x f(t)dt$의 양변을 x에 대하여 미분하면

$g'(x)=f(x)=-x^2-4x+a$

$=-(x+2)^2+a+4$

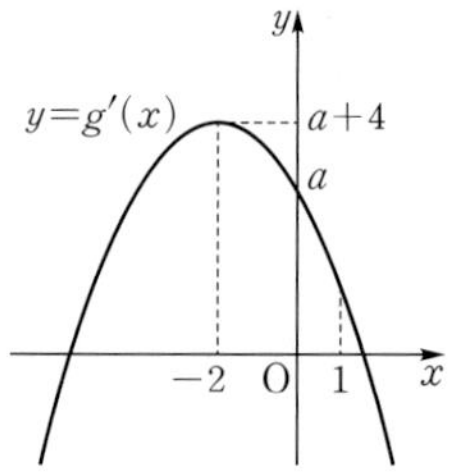

함수 $g(x)$가 닫힌구간 $[0, 1]$에서 증가하려면 닫힌구간 $[0, 1]$에서 $g'(x)\geq 0$이어야 한다.

즉, $g'(1)=a-5\geq 0$이어야 한다.

$\therefore a\geq 5$

따라서 구하는 실수 a의 최솟값은 5이다.

0750 답 200

조건 ㈎에서 $f(x+2)=f(x)$이므로 함수 $f(x)$는 주기가 2인 주기함수이고, 조건 ㈏에서 $f(1+x)=f(1-x)$이므로 함수 $y=f(x)$의 그래프는 직선 $x=1$에 대하여 대칭이다.

따라서 조건 ㈐에서

$$\int_5^8 f(x)\,dx=\int_1^4 f(x)\,dx$$
$$=\int_1^2 f(x)\,dx+\int_2^4 f(x)\,dx$$
$$=\int_1^2 f(x)\,dx+\int_0^2 f(x)\,dx$$
$$=\int_1^2 f(x)\,dx+\int_0^1 f(x)\,dx+\int_1^2 f(x)\,dx$$
$$=2\int_1^2 f(x)\,dx+\int_0^1 f(x)\,dx$$
$$=2\int_0^1 f(x)\,dx+\int_0^1 f(x)\,dx$$
$$=3\int_0^1 f(x)\,dx=6$$

$\therefore \int_0^1 f(x)\,dx=2$

$\therefore \int_0^{100} f(x)\,dx=\int_0^2 f(x)\,dx+\int_2^4 f(x)\,dx+\int_4^6 f(x)\,dx+\cdots$

$+\int_{96}^{98} f(x)\,dx+\int_{98}^{100} f(x)\,dx$

$=50\int_0^2 f(x)\,dx$

$=50\left\{\int_0^1 f(x)\,dx+\int_1^2 f(x)\,dx\right\}$

$=50\left\{\int_0^1 f(x)\,dx+\int_0^1 f(x)\,dx\right\}$

$=100\int_0^1 f(x)\,dx$

$=100\times 2=200$

0751

답 ②

$\int_0^1 \{2f(t)+g(t)\}\,dt=a$, $\int_0^1 \{f(t)-2g(t)\}\,dt=b$ (a, b는 상수)

라 하면

$f(x)=3x^2+a$, $g(x)=2x+b$

이때

$\int_0^1 \{2f(t)+g(t)\}\,dt=\int_0^1 \{2(3t^2+a)+(2t+b)\}\,dt$

$=\int_0^1 (6t^2+2t+2a+b)\,dt$

$=\left[2t^3+t^2+(2a+b)t\right]_0^1$

$=2a+b+3=a$

에서 $a+b=-3$ …… ㉠

또한

$\int_0^1 \{f(t)-2g(t)\}\,dt=\int_0^1 \{(3t^2+a)-2(2t+b)\}\,dt$

$=\int_0^1 (3t^2-4t+a-2b)\,dt$

$=\left[t^3-2t^2+(a-2b)t\right]_0^1$

$=a-2b-1=b$

에서 $a-3b=1$ …… ㉡

㉠, ㉡을 연립하여 풀면 $a=-2$, $b=-1$

따라서 $f(x)=3x^2-2$, $g(x)=2x-1$이므로

$\int_0^1 \{f(x)+g(x)\}\,dx=\int_0^1 \{(3x^2-2)+(2x-1)\}\,dx$

$=\int_0^1 (3x^2+2x-3)\,dx$

$=\left[x^3+x^2-3x\right]_0^1$

$=-1$

0752

답 ③

$F(x)-xf(x)=x^3-4x^2+5$의 양변을 x에 대하여 미분하면

$f(x)-\{f(x)+xf'(x)\}=3x^2-8x$

$-xf'(x)=3x^2-8x$

$\therefore f'(x)=-3x+8$

이때

$f(x)=\int f'(x)\,dx=\int(-3x+8)\,dx$

$=-\frac{3}{2}x^2+8x+C$ (C는 적분상수)

$f(0)=1$에서 $C=1$

따라서 $f(x)=-\frac{3}{2}x^2+8x+1$이므로

$\lim_{x\to -2}\frac{1}{x+2}\int_4^{x^2} f(t)\,dt=\lim_{x\to -2}\frac{F(x^2)-F(4)}{x+2}$

$=\lim_{x\to -2}\left\{\frac{F(x^2)-F(4)}{x^2-4}\times(x-2)\right\}$

$=-4F'(4)=-4f(4)$

$=-4\times(-24+32+1)=-36$

0753

답 ②

$F(x)=\int_a^x f(t)\,dt$의 양변을 x에 대하여 미분하면

$F'(x)=f(x)$

이때 함수 $F(x)$가 삼차함수이므로 함수 $f(x)$는 이차함수이고, 주어진 그래프에서 함수 $F(x)$가 $x=-3$에서 극대, $x=1$에서 극소이므로

$f(-3)=f(1)=0$

따라서

$f(x)=k(x+3)(x-1)$

$=k(x^2+2x-3)$

$=k(x+1)^2-4k$ ($k>0$)

이므로 함수 $f(x)$는 $x=-1$에서 극솟값 $-4k$를 갖는다.

$-4k=-4$에서 $k=1$

$\therefore f(x)=x^2+2x-3$

한편, $F(1)=0$이므로 $\int_a^1 f(t)\,dt=0$에서

$a=1$ ($\because a>0$)

따라서 함수 $F(x)$의 극댓값은

$F(-3)=\int_1^{-3} f(t)\,dt=\int_1^{-3}(t^2+2t-3)\,dt$

$=\left[\frac{1}{3}t^3+t^2-3t\right]_1^{-3}=9-\left(-\frac{5}{3}\right)=\frac{32}{3}$

0754

답 ②

조건 ㈎의 식의 양변에 $x=0$, $y=0$을 대입하면

$f(0)=f(0)+f(0)$ $\therefore f(0)=0$

$f'(x)=\lim_{h\to 0}\frac{f(x+h)-f(x)}{h}$

$=\lim_{h\to 0}\frac{f(x)+f(h)-4xh-f(x)}{h}$

$=\lim_{h\to 0}\frac{f(h)-4xh}{h}$

$=\lim_{h\to 0}\frac{f(h)-f(0)}{h}-4x$ ($\because f(0)=0$)

$=f'(0)-4x$

위의 식의 양변에 $x=1$을 대입하면

$f'(1)=f'(0)-4$

$0=f'(0)-4\ (\because f'(1)=0) \quad \therefore f'(0)=4$

$\therefore f'(x)=-4x+4$

한편, $F(x)=\int_0^x tf'(t)\,dt$의 양변을 x에 대하여 미분하면

$F'(x)=xf'(x)=x(-4x+4)=-4x(x-1)$

$F'(x)=0$에서 $x=0$ 또는 $x=1$

함수 $F(x)$의 증가와 감소를 표로 나타내면 다음과 같다.

x	$\cdots$	0	$\cdots$	1	$\cdots$
$F'(x)$	$-$	0	$+$	0	$-$
$F(x)$	↘	극소	↗	극대	↘

따라서 함수 $F(x)$는 $x=1$일 때 극대이므로 극댓값은

$F(1)=\int_0^1 (-4t^2+4t)\,dt=\left[-\frac{4}{3}t^3+2t^2\right]_0^1=\frac{2}{3}$

0755

답 4

$\int_0^2 f(x)\,dx=\int_0^1 f(x)\,dx+\int_1^2 f(x)\,dx$이므로

$\int_0^2 f(x)\,dx=\int_0^1 f(x)\,dx+\int_0^2 f(x)\,dx$

$\therefore \int_0^2 f(x)\,dx=\int_0^1 f(x)\,dx=\int_1^2 f(x)\,dx=0$

❶

이때 $f(x)=x^2+ax+b$ (a, b는 상수)라 하면

$\int_0^2 f(x)\,dx=0$에서

$\int_0^2 (x^2+ax+b)\,dx=\left[\frac{1}{3}x^3+\frac{a}{2}x^2+bx\right]_0^2$

$=2a+2b+\frac{8}{3}=0$

$\therefore a+b=-\frac{4}{3}$ ...... ㉠

$\int_0^1 f(x)\,dx=0$에서

$\int_0^1 (x^2+ax+b)\,dx=\left[\frac{1}{3}x^3+\frac{a}{2}x^2+bx\right]_0^1$

$=\frac{a}{2}+b+\frac{1}{3}=0$

$\therefore a+2b=-\frac{2}{3}$ ...... ㉡

㉠, ㉡을 연립하여 풀면 $a=-2$, $b=\frac{2}{3}$

따라서 $f(x)=x^2-2x+\frac{2}{3}$이므로

❷

$\int_{-1}^3 f(x)\,dx=\int_{-1}^3 \left(x^2-2x+\frac{2}{3}\right)dx$

$=\left[\frac{1}{3}x^3-x^2+\frac{2}{3}x\right]_{-1}^3$

$=2-(-2)=4$

❸

채점 기준	배점
❶ $\int_0^2 f(x)\,dx$, $\int_0^1 f(x)\,dx$, $\int_1^2 f(x)\,dx$의 값 구하기	40%
❷ 함수 $f(x)$ 구하기	40%
❸ $\int_{-1}^3 f(x)\,dx$의 값 구하기	20%

0756

답 14

$f(x)=ax(x-4)$ $(a<0)$라 하면

$f(2)=4$에서 $-4a=4 \quad \therefore a=-1$

$\therefore f(x)=-x(x-4)=-x^2+4x$

❶

$g(x)=\int_1^{x+2} f(t)\,dt$의 양변을 x에 대하여 미분하면

$g'(x)=f(x+2)=-(x+2)(x-2)$

$g'(x)=0$에서 $x=-2$ 또는 $x=2$

함수 $g(x)$의 증가와 감소를 표로 나타내면 다음과 같다.

x	$\cdots$	-2	$\cdots$	2	$\cdots$
$g'(x)$	$-$	0	$+$	0	$-$
$g(x)$	↘	극소	↗	극대	↘

즉, 함수 $g(x)$는 $x=2$에서 극대, $x=-2$에서 극소이므로

❷

$M=g(2)=\int_1^4 f(t)\,dt=\int_1^4 (-t^2+4t)\,dt$

$=\left[-\frac{1}{3}t^3+2t^2\right]_1^4=\frac{32}{3}-\frac{5}{3}=9$

$m=g(-2)=\int_1^0 f(t)\,dt=\int_1^0 (-t^2+4t)\,dt$

$=\left[-\frac{1}{3}t^3+2t^2\right]_1^0=-\frac{5}{3}$

$\therefore M-3m=9-3\times\left(-\frac{5}{3}\right)=14$

❸

채점 기준	배점
❶ 함수 $f(x)$ 구하기	20%
❷ 함수 $g(x)$가 극댓값, 극솟값을 갖는 x의 값 각각 구하기	50%
❸ M, m의 값을 각각 구한 후 $M-3m$의 값 구하기	30%

PART C 수능 녹인 변별력 문제

0757

답 9

조건 (나)에서

$\int_n^{n+5} f(x)\,dx=\int_n^{n+1} 2x\,dx=\left[x^2\right]_n^{n+1}$

$=(n^2+2n+1)-n^2=2n+1$

$\therefore \int_0^{15} f(x)\,dx=\int_0^5 f(x)\,dx+\int_5^{10} f(x)\,dx+\int_{10}^{15} f(x)\,dx$

$=1+11+21=33$

또한 조건 (가)에서 $\int_0^3 f(x)\,dx=0$이므로

$\int_0^{13} f(x)\,dx=\int_0^3 f(x)\,dx+\int_3^8 f(x)\,dx+\int_8^{13} f(x)\,dx$

$=0+7+17=24$

$\therefore \int_{13}^{15} f(x)\,dx=\int_0^{15} f(x)\,dx-\int_0^{13} f(x)\,dx$

$=33-24=9$

0758 답 45

조건 (가)에 의하여 $0\le x\le 2$에서 $f(x)\le 0$이고, 조건 (나)에 의하여 $2\le x\le 3$에서 $f(x)\ge 0$이다.
즉, $x=2$의 좌우에서 이차함수 $f(x)$의 부호가 바뀌므로 $f(2)=0$이다.
따라서 주어진 조건에서 $f(0)=0$이고 $f(2)=0$이므로
$f(x)=ax(x-2)$ $(a\ne 0)$라 하자.
조건 (가)에서

$$\int_0^2 |f(x)|dx=-\int_0^2 f(x)dx=-\int_0^2 ax(x-2)dx$$
$$=-a\int_0^2 (x^2-2x)dx=-a\left[\frac{1}{3}x^3-x^2\right]_0^2$$
$$=-a\times\left(\frac{8}{3}-4\right)=\frac{4}{3}a$$
$$=4$$

$\therefore a=3$
따라서 $f(x)=3x(x-2)$이므로
$f(5)=3\times 5\times 3=45$

0759 답 ④

$h(x)=\int_0^x f(t)g(t)dt$의 양변을 x에 대하여 미분하면
$h'(x)=f(x)g(x)$
주어진 그래프를 이용하여 함수 $h(x)$의 증가와 감소를 표로 나타내면 다음과 같다.

x	$\cdots$	α	$\cdots$	β	$\cdots$	γ	$\cdots$
$h'(x)$	$-$	0	$+$	0	$+$	0	$-$
$h(x)$	↘	극소	↗		↗	극대	↘

ㄱ. 함수 $h(x)$는 열린구간 (α, β)에서 증가한다. (참)
ㄴ. 함수 $h(x)$는 $x=\beta$에서 극값을 갖지 않는다. (거짓)
ㄷ. $h(0)=\int_0^0 f(t)g(t)dt=0$이고 $h(\gamma)=0$이면 함수 $y=h(x)$의 그래프는 오른쪽 그림과 같다. 즉, 곡선 $y=h(x)$와 x축이 서로 다른 두 점에서 만나므로 방정식 $h(x)=0$은 서로 다른 두 실근을 갖는다. (참)

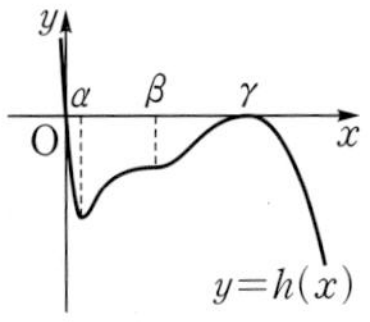

따라서 옳은 것은 ㄱ, ㄷ이다.

0760 답 ④

$g(x)=\int_0^x (t+1)(t-2)f(t)\,dt$의 양변을 x에 대하여 미분하면
$g'(x)=(x+1)(x-2)f(x)$
$g'(-1)=g'(2)=0$이므로 함수 $y=g'(x)$의 그래프는 x축과 $x=-1$, $x=2$에서 만난다.
이때 함수 $|g'(x)|$가 실수 전체의 집합에서 미분가능하려면 다음 그림과 같이 $y=g'(x)$의 그래프가 x축과 $x=-1$, $x=2$에서 접하면서 만나야 한다.

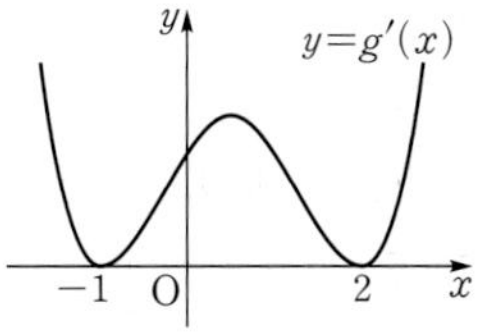

즉, $g'(x)=(x+1)(x-2)f(x)=(x+1)^2(x-2)^2$이므로
$f(x)=(x+1)(x-2)=x^2-x-2$

$$\therefore \int_{-1}^2 f(x)\,dx=\int_{-1}^2 (x^2-x-2)\,dx$$
$$=\left[\frac{1}{3}x^3-\frac{1}{2}x^2-2x\right]_{-1}^2$$
$$=-\frac{10}{3}-\frac{7}{6}=-\frac{9}{2}$$

Bible Says 절댓값을 포함한 함수의 미분가능성

다항함수 $f(x)$에 대하여
(1) $f(a)=0$, $f'(a)=0$이면 함수 $|f(x)|$는 $x=a$에서 미분가능하다.
(2) $f(a)=0$, $f'(a)\ne 0$이면 함수 $|f(x)|$는 $x=a$에서 미분가능하지 않다.

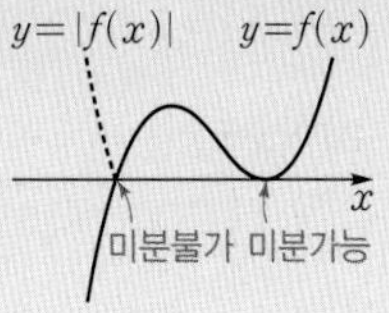

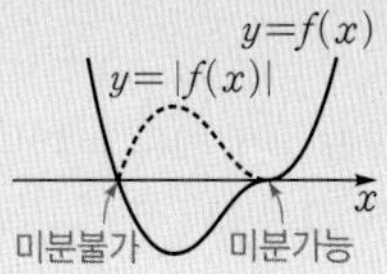

0761 답 ①

$f(-x)=-f(x)$, $g(-x)=g(x)$에서
$h(-x)=f(-x)g(-x)$
$=-f(x)g(x)=-h(x)$
이므로 함수 $h(x)$는 기함수이다.
따라서 $h(x)$는 차수가 홀수인 항으로만 이루어진 함수이므로
$h'(x)$는 차수가 짝수인 항 또는 상수항으로만 이루어진 함수이고
$xh'(x)$는 차수가 홀수인 항으로만 이루어진 함수이다.
즉, 함수 $h'(x)$는 우함수이고, $xh'(x)$는 기함수이다.

$$\int_{-3}^3 (x+5)h'(x)dx=\int_{-3}^3 xh'(x)dx+\int_{-3}^3 5h'(x)dx$$
$$=0+2\int_0^3 5h'(x)dx=10\int_0^3 h'(x)dx$$
$$=10\Big[h(x)\Big]_0^3=10\{h(3)-h(0)\}$$
$$=10$$

$\therefore h(3)-h(0)=1$
이때 $h(-x)=-h(x)$에서 $h(0)=0$이므로
$h(3)=h(0)+1=0+1=1$

0762 답 15

$g(x)=\int_{-1}^x f(t)\,dt$ …… ㉠
㉠의 양변에 $x=-1$을 대입하면
$g(-1)=0$
㉠의 양변을 x에 대하여 미분하면
$g'(x)=f(x)$

조건 (가)에서 함수 $g(x)$는 $x=1$에서 극댓값 4를 가지므로
$g(1)=4,\ g'(1)=f(1)=0$
조건 (나)에서 함수 $g(x)$의 최솟값이 0이고 $g(-1)=0$이므로 함수 $g(x)$는 $x=-1$에서 극소이면서 최소이다.
$\therefore g'(-1)=f(-1)=0$
이때 함수 $f(x)$는 최고차항의 계수가 1인 삼차함수이므로
$f(x)=(x+1)(x-1)(x-a)=x^3-ax^2-x+a$ (a는 상수)
라 하면

$$\begin{aligned}g(1)&=\int_{-1}^{1}f(t)\,dt\\&=\int_{-1}^{1}(t^3-at^2-t+a)\,dt\\&=2\int_{0}^{1}(-at^2+a)\,dt\\&=2\left[-\frac{a}{3}t^3+at\right]_0^1\\&=\frac{4}{3}a=4\end{aligned}$$

에서 $a=3$
따라서 $f(x)=(x+1)(x-1)(x-3)$이므로
$f(4)=5\times3\times1=15$

0763

답 ③

$f(x)=x^2-2tx+2=(x-t)^2-t^2+2$

(i) $t<0$일 때

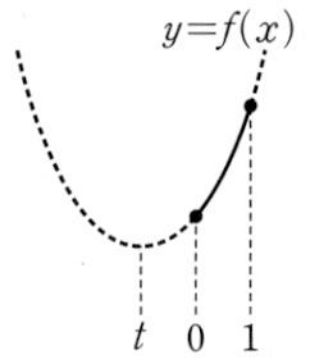

함수 $f(x)$는 $x=0$에서 최솟값을 가지므로
$g(t)=f(0)=2$

(ii) $0\le t<1$일 때

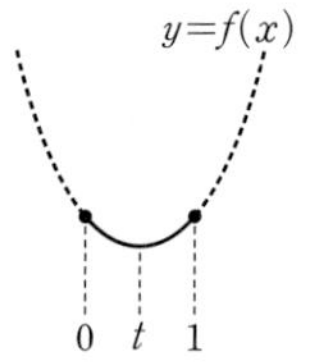

함수 $f(x)$는 $x=t$에서 최솟값을 가지므로
$g(t)=f(t)=-t^2+2$

(iii) $t\ge1$일 때

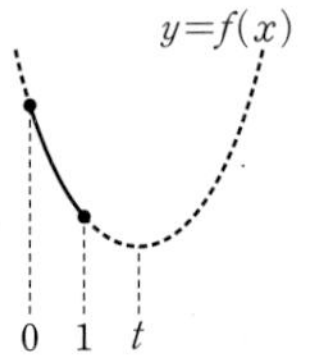

함수 $f(x)$는 $x=1$에서 최솟값을 가지므로
$g(t)=f(1)=-2t+3$

(i)~(iii)에서 $g(t)=\begin{cases}2 & (t<0)\\-t^2+2 & (0\le t<1)\\-2t+3 & (t\ge1)\end{cases}$이므로

$$\begin{aligned}\int_{-2}^{2}g(t)\,dt&=\int_{-2}^{0}2\,dt+\int_{0}^{1}(-t^2+2)\,dt+\int_{1}^{2}(-2t+3)\,dt\\&=\Big[2t\Big]_{-2}^{0}+\left[-\frac{1}{3}t^3+2t\right]_0^1+\Big[-t^2+3t\Big]_1^2\\&=4+\frac{5}{3}+(2-2)=\frac{17}{3}\end{aligned}$$

Bible Says 제한된 범위에서 이차함수의 최대·최소

$m\le x\le n$에서 이차함수 $f(x)=a(x-p)^2+q$는
(1) $m\le p\le n$일 때
$f(m),\ f(n),\ q$ 중 가장 큰 값이 최댓값, 가장 작은 값이 최솟값이다.
(2) $p<m$ 또는 $p>n$일 때
$f(m),\ f(n)$ 중 큰 값이 최댓값, 작은 값이 최솟값이다.

0764

답 ⑤

ㄱ. $F(a)=\int_{b}^{a}f(t)\,dt=-\int_{a}^{b}f(t)\,dt$에서 $\int_{a}^{b}f(t)\,dt>0$이므로
$F(a)<0$ (참)

ㄴ. $F(x)=\int_{b}^{x}f(t)\,dt$의 양변을 x에 대하여 미분하면
$F'(x)=f(x)$
$f(x)=0$에서 $x=a$ 또는 $x=b$ 또는 $x=c$
함수 $F(x)$의 증가와 감소를 표로 나타내면 다음과 같다.

x	$\cdots$	a	$\cdots$	b	$\cdots$	c	$\cdots$
$F'(x)$	$-$	0	$+$	0	$-$	0	$+$
$F(x)$	↘	극소	↗	극대	↘	극소	↗

따라서 함수 $F(x)$는 $x=b$에서 극댓값을 갖는다. (참)

ㄷ. $F(b)=\int_{b}^{b}f(t)\,dt=0$이고 ㄴ에서 $F(x)$는 $x=b$에서 극대, $x=a,\ x=c$에서 극소이므로 함수 $y=F(x)$의 그래프는 다음 그림과 같다.

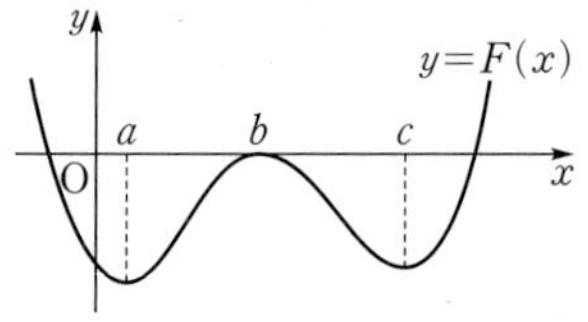

즉, 방정식 $F(x)=0$은 서로 다른 세 실근을 갖는다. (참)
따라서 옳은 것은 ㄱ, ㄴ, ㄷ이다.

0765

답 ③

(i) $x<-1$일 때
$f'(x)=-(x+1)-(x-1)=-2x$이므로
$f(x)=\int f'(x)\,dx=\int(-2x)\,dx$
$=-x^2+C_1$ (C_1은 적분상수)

(ii) $-1\le x<1$일 때
$f'(x)=(x+1)-(x-1)=2$이므로
$f(x)=\int f'(x)\,dx=\int 2\,dx$
$=2x+C_2$ (C_2는 적분상수)

(iii) $x \geq 1$일 때

$f'(x)=(x+1)+(x-1)=2x$이므로

$f(x)=\int f'(x)\,dx=\int 2x\,dx$

$=x^2+C_3$ (C_3은 적분상수)

(i)~(iii)에서 $f(x)=\begin{cases} -x^2+C_1 & (x<-1) \\ 2x+C_2 & (-1 \leq x<1) \\ x^2+C_3 & (x \geq 1) \end{cases}$

이때 $f(0)=0$이므로 $C_2=0$

한편, 함수 $f(x)$는 실수 전체의 집합에서 연속이므로 $x=-1$, $x=1$에서 연속이다.

즉, $\lim_{x \to -1-} f(x)=\lim_{x \to -1+} f(x)=f(-1)$에서

$-1+C_1=-2 \qquad \therefore C_1=-1$

$\lim_{x \to 1-} f(x)=\lim_{x \to 1+} f(x)=f(1)$에서

$2=1+C_3 \qquad \therefore C_3=1$

따라서 $f(x)=\begin{cases} -x^2-1 & (x<-1) \\ 2x & (-1 \leq x<1) \\ x^2+1 & (x \geq 1) \end{cases}$이므로

$f(-x)=\begin{cases} x^2+1 & (x<-1) \\ -2x & (-1 \leq x<1) \\ -x^2-1 & (x \geq 1) \end{cases}$

즉, 모든 실수 x에 대하여 $f(x)=-f(-x)$이므로 함수 $f(x)$는 기함수이다.

$\therefore \int_{-2}^{3} f(x)\,dx=\int_{-2}^{2} f(x)\,dx+\int_{2}^{3} f(x)\,dx$

$=0+\int_{2}^{3}(x^2+1)\,dx$

$=\left[\frac{1}{3}x^3+x\right]_2^3=12-\frac{14}{3}=\frac{22}{3}$

0766

답 26

함수 $f(x)$의 한 부정적분을 $F(x)$라 하면

$\lim_{x \to 2}\frac{1}{x-2}\int_{0}^{x} f(t)\,dt=\lim_{x \to 2}\frac{F(x)-F(0)}{x-2}=6 \quad \cdots\cdots$ ㉠

㉠에서 극한값이 존재하고 $x \to 2$일 때, (분모) $\to 0$이므로 (분자) $\to 0$이어야 한다.

즉, $\lim_{x \to 2}\{F(x)-F(0)\}=0$이므로 $F(2)-F(0)=0$

$\therefore F(2)=F(0) \quad \cdots\cdots$ ㉡

㉡을 ㉠에 대입하면

$\lim_{x \to 2}\frac{F(x)-F(0)}{x-2}=\lim_{x \to 2}\frac{F(x)-F(2)}{x-2}=f(2)=6$

$f(x)=ax^2+bx+c$ (a, b, c는 상수, $a \neq 0$)라 하면

$f(0)=2$에서 $c=2$

$f(2)=6$에서 $4a+2b+2=6$

$\therefore 2a+b=2 \quad \cdots\cdots$ ㉢

㉡에서 $\int_{0}^{2} f(x)\,dx=0$이므로

$\int_{0}^{2}(ax^2+bx+2)\,dx=\left[\frac{a}{3}x^3+\frac{b}{2}x^2+2x\right]_0^2$

$=\frac{8}{3}a+2b+4=0$

$\therefore 4a+3b=-6 \quad \cdots\cdots$ ㉣

㉢, ㉣을 연립하여 풀면 $a=6$, $b=-10$

따라서 $f(x)=6x^2-10x+2$이므로

$f(3)=54-30+2=26$

0767

답 ②

$g(x)=\int_{0}^{x} f(t)\,dt+f(x) \quad \cdots\cdots$ ㉠

조건 (가)에서 함수 $g(x)$가 $x=0$에서 극댓값 0을 가지므로

$g(0)=0$, $g'(0)=0$

㉠의 양변에 $x=0$을 대입하면

$g(0)=\int_{0}^{0} f(t)\,dt+f(0)=0$에서 $f(0)=0$

㉠의 양변을 x에 대하여 미분하면

$g'(x)=f(x)+f'(x) \quad \cdots\cdots$ ㉡

$g'(0)=f(0)+f'(0)=0$에서 $f'(0)=0$ ($\because f(0)=0$)

따라서 $f(0)=0$, $f'(0)=0$이고 $f(x)$는 최고차항의 계수가 1인 삼차함수이므로

$f(x)=x^2(x+k)=x^3+kx^2$ (k는 상수)

라 하면

$f'(x)=3x^2+2kx$

$f(x)$, $f'(x)$를 ㉡에 대입하면

$g'(x)=(x^3+kx^2)+(3x^2+2kx)$

$=x^3+(k+3)x^2+2kx$

조건 (나)에서 함수 $y=g'(x)$의 그래프가 원점에 대하여 대칭이므로 x^2의 계수가 0이어야 한다.

즉, $k+3=0$에서 $k=-3$

따라서 $f(x)=x^3-3x^2$이므로

$f(2)=8-12=-4$

0768

답 2

$g(x)=\int_{0}^{x} f(t)\,dt$의 양변을 x에 대하여 미분하면

$g'(x)=f(x)$

$g'(x)=f(x)=0$에서 $x=0$ 또는 $x=1$ 또는 $x=3$

주어진 그래프를 이용하여 닫힌구간 $[0, 3]$에서 함수 $g(x)$의 증가와 감소를 표로 나타내면 다음과 같다.

x	0	$\cdots$	1	$\cdots$	3
$g'(x)$	0	+	0	−	0
$g(x)$	$g(0)$	↗	$g(1)$	↘	$g(3)$

이때

$g(0)=\int_{0}^{0} f(t)\,dt=0$

조건 (가)에서 $\int_{0}^{1} f(x)\,dx=3$이므로

$g(1)=\int_{0}^{1} f(t)\,dt=3$

또한 조건 (나)에서

$$\int_0^3 |f(x)|\,dx=\int_0^1 |f(x)|\,dx+\int_1^3 |f(x)|\,dx$$
$$=\int_0^1 f(x)\,dx+\int_1^3 \{-f(x)\}\,dx$$

이므로

$7=3-\int_1^3 f(x)\,dx \qquad \therefore \int_1^3 f(x)\,dx=-4$

$$\therefore g(3)=\int_0^3 f(t)\,dt$$
$$=\int_0^1 f(t)\,dt+\int_1^3 f(t)\,dt$$
$$=3+(-4)=-1$$

따라서 함수 $g(x)$는 $x=1$일 때 최댓값 3, $x=3$일 때 최솟값 -1을 가지므로 최댓값과 최솟값의 합은

$3+(-1)=2$

0769

답 20

$\{f(x)\}^2-2\int_0^x f(t)\,dt=x^4-\frac{8}{3}x^3+2x^2$ ...... ㉠

㉠의 양변에 $x=0$을 대입하면

$\{f(0)\}^2=0$이므로 $f(0)=0$

㉠의 양변을 x에 대하여 미분하면

$2f(x)f'(x)-2f(x)=4x^3-8x^2+4x$

$f(x)\{f'(x)-1\}=2x(x-1)^2$ ...... ㉡

함수 $f(x)$를 n차식이라 하면 $f'(x)-1$은 $(n-1)$차식이므로 ㉡의 좌변은 $(2n-1)$차식이다.

또한 우변은 3차식이므로 $2n-1=3$에서 $n=2$

따라서 $f(x)$는 $x(x-1)$ 또는 $(x-1)^2$을 인수로 가져야 한다.

이때 $f(0)=0$이므로

$f(x)=ax(x-1)\ (a\neq 0)$

$f'(x)=2ax-a$이므로 $f'(x)-1=2ax-a-1$

이때 ㉡에서 $f'(x)-1$이 $x-1$을 인수로 가져야 하므로

$f'(1)-1=0$에서 $2a-a-1=0$

$\therefore a=1$

따라서 $f(x)=x(x-1)$이므로

$f(5)=5\times 4=20$

0770

답 36

$g(x)=\int_0^x (x-t)f(t)\,dt+\int_0^1 f(t)\,dt$에서

$g(x)=x\int_0^x f(t)\,dt-\int_0^x tf(t)\,dt+\int_0^1 f(t)\,dt$

위의 식의 양변을 x에 대하여 미분하면

$g'(x)=\int_0^x f(t)\,dt+xf(x)-xf(x)=\int_0^x f(t)\,dt$

조건 (가)에서 함수 $g(x)$가 $x=2$에서 극값을 가지므로

$g'(2)=0$에서 $\int_0^2 f(t)\,dt=0$

또한 조건 (나)에서

$$\lim_{x\to 3}\frac{1}{x-3}\int_3^x g'(t)\,dt=\lim_{x\to 3}\frac{g(x)-g(3)}{x-3}$$
$$=g'(3)=6$$

이므로 $\int_0^3 f(t)\,dt=6$

$f(x)=ax+b$ (a, b는 상수, $a\neq 0$)라 하면

$$\int_0^2 f(t)\,dt=\int_0^2 (at+b)\,dt$$
$$=\left[\frac{1}{2}at^2+bt\right]_0^2$$
$$=2a+2b=0$$

에서 $a+b=0$ ...... ㉠

$$\int_0^3 f(t)\,dt=\int_0^3 (at+b)\,dt$$
$$=\left[\frac{1}{2}at^2+bt\right]_0^3$$
$$=\frac{9}{2}a+3b=6$$

에서 $3a+2b=4$ ...... ㉡

㉠, ㉡을 연립하여 풀면 $a=4$, $b=-4$

따라서 $f(x)=4x-4$이므로

$f(10)=40-4=36$

0771

답 110

조건 (나)에서 $f(x+1)-xf(x)=ax+b$에 $x=0$을 대입하면

$f(1)=b$

이때 조건 (가)에서 닫힌구간 $[0, 1]$에서 $f(x)=x$이므로

$f(1)=1$에서 $b=1$

즉, $f(x+1)-xf(x)=ax+1$이므로 $0\le x\le 1$에서

$$f(x+1)=xf(x)+ax+1$$
$$=x^2+ax+1\ (\because f(x)=x)$$

$x+1=t$라 하면 $1\le t\le 2$에서

$f(t)=(t-1)^2+a(t-1)+1$

$=t^2+(a-2)t+2-a$ ...... ㉠

$f'(t)=2t+a-2$이므로 $\lim_{x\to 1+} f'(x)=a$ ...... ㉡

한편, 닫힌구간 $[0, 1]$에서 $f(x)=x$이므로

$\lim_{x\to 1-} f'(x)=1$ ...... ㉢

함수 $f(x)$가 실수 전체의 집합에서 미분가능하므로 ㉡=㉢에서

$a=1$

$a=1$을 ㉠에 대입하면 $1\le t\le 2$에서 $f(t)=t^2-t+1$이므로

$1\le x\le 2$일 때 $f(x)=x^2-x+1$

$$\therefore 60\times\int_1^2 f(x)dx=60\int_1^2 (x^2-x+1)dx$$
$$=60\left[\frac{1}{3}x^3-\frac{1}{2}x^2+x\right]_1^2$$
$$=60\times\left(\frac{8}{3}-\frac{5}{6}\right)$$
$$=60\times\frac{11}{6}=110$$

0772

답 7

$g(x)=\int_{1}^{x}(t-1)f'(t)\,dt$ ...... ㉠

㉠의 양변에 $x=1$을 대입하면

$g(1)=0$

㉠의 양변을 x에 대하여 미분하면

$g'(x)=(x-1)f'(x)$ $\therefore g'(1)=0$

이때 함수 $f(x)$는 최고차항의 계수가 양수인 삼차함수이므로

$f'(x)$는 최고차항의 계수가 양수인 이차함수이다.

즉, $g'(x)$는 최고차항의 계수가 양수인 삼차함수이다.

또한 조건 ㈏에서 함수 $g(x)$가 $x=0$에서 극솟값을 가지므로

$g'(0)=0$이고 $x=0$에서 $g'(x)$의 부호가 음에서 양으로 바뀌어야 한다.

(i) 방정식 $g'(x)=0$이 서로 다른 세 실근을 갖는 경우

방정식 $g'(x)=0$의 서로 다른 세 실근 중 0, 1이 아닌 값을 a라 하자.

ⓐ $a>1$일 때

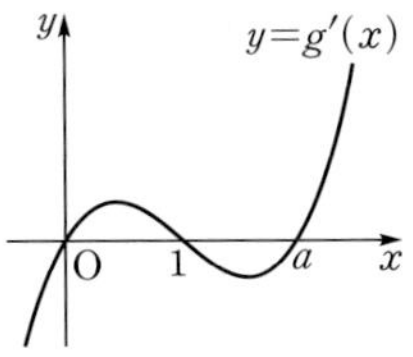

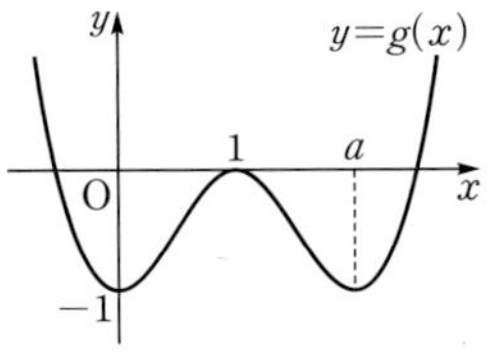

$g(1)=0$이고 조건 ㈎에서 $g(0)=-1$이므로 함수 $y=g(x)$의 그래프는 위의 오른쪽 그림과 같다.

즉, 방정식 $g(x)=0$이 서로 다른 세 실근을 가지므로 조건 ㈐를 만족시키지 않는다.

ⓑ $0<a<1$일 때

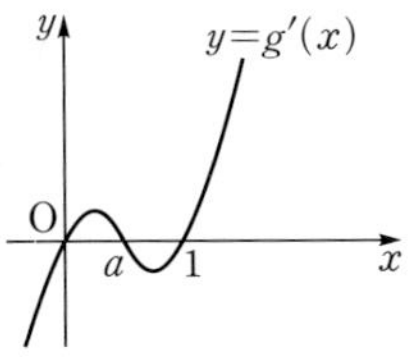

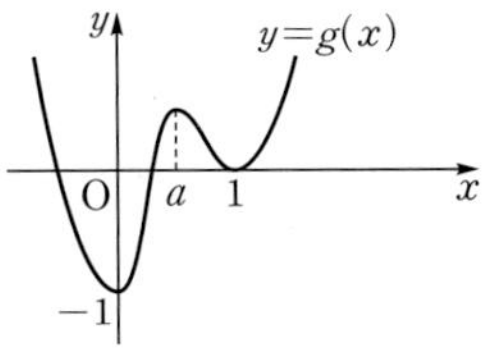

$g(1)=0$이고 조건 ㈎에서 $g(0)=-1$이므로 함수 $y=g(x)$의 그래프는 위의 오른쪽 그림과 같다.

즉, 방정식 $g(x)=0$이 서로 다른 세 실근을 가지므로 조건 ㈐를 만족시키지 않는다.

(ii) 방정식 $g'(x)=0$이 서로 다른 두 실근을 갖는 경우

$g'(x)$의 부호가 $x=0$의 좌우에서 음에서 양으로 바뀌어야 하므로 $y=g'(x)$의 그래프의 개형은 다음 그림과 같다.

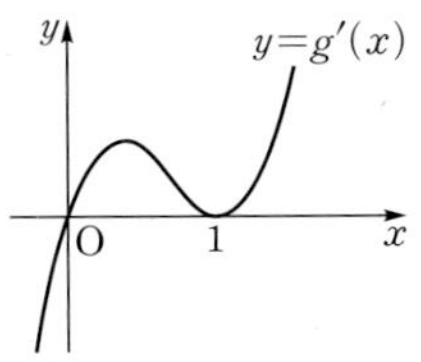

$g(1)=0$이고 조건 ㈎에서 $g(0)=-1$이므로 함수 $y=g(x)$의 그래프는 다음 그림과 같다.

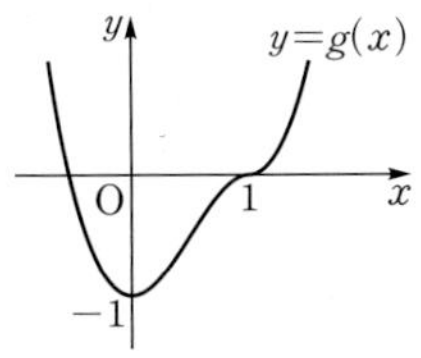

방정식 $g(x)=0$이 서로 다른 두 실근을 가지므로 조건 ㈐를 만족시킨다.

(i), (ii)에서

$g'(x)=kx(x-1)^2=k(x^3-2x^2+x)$ $(k>0)$

라 하면

$$g(x)=\int g'(x)\,dx$$

$$=k\int(x^3-2x^2+x)\,dx$$

$$=k\left(\frac{1}{4}x^4-\frac{2}{3}x^3+\frac{1}{2}x^2\right)+C \text{ (}C\text{는 적분상수)}$$

이때 $g(0)=-1$에서

$C=-1$

또한 $g(1)=0$에서

$\frac{k}{12}-1=0$ $\therefore k=12$

따라서 $g(x)=3x^4-8x^3+6x^2-1$이므로

$g(2)=48-64+24-1=7$

다른 풀이

함수 $y=g(x)$의 그래프의 개형을 이용하여 $g(x)$의 식을 구할 수도 있다.

(ii)에서 주어진 $y=g(x)$의 그래프에서 방정식 $g(x)=0$은 $x=1$을 삼중근으로 가지므로

$g(x)=k(x-1)^3(x-a)$ (a, k는 상수, $k>0$)라 하면

$g'(x)=3k(x-1)^2(x-a)+k(x-1)^3$

$=k(x-1)^2(3x-3a+x-1)$

$=k(x-1)^2(4x-3a-1)$

$g(0)=-1$에서 $ak=-1$ ...... ㉠

$g'(0)=0$에서 $k(-3a-1)=0$

$\therefore a=-\frac{1}{3}$ ($\because k>0$)

$a=-\frac{1}{3}$을 ㉠에 대입하면 $k=3$

따라서 $g(x)=3(x-1)^3\left(x+\frac{1}{3}\right)$이므로

$g(2)=3\times1\times\frac{7}{3}=7$

PART A 09 정적분의 활용

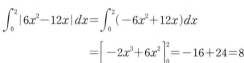

유형 01 곡선과 x축 사이의 넓이

0773

답 8

곡선 $y=6x^2-12x$와 x축의 교점의 x좌표는 $6x^2-12x=0$에서

$6x(x-2)=0$

$\therefore x=0$ 또는 $x=2$

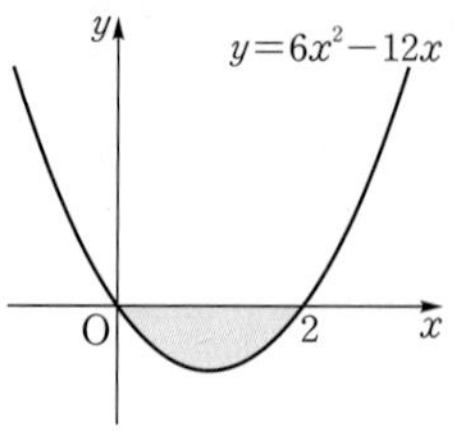

따라서 곡선 $y=6x^2-12x$와 x축으로 둘러싸인 부분의 넓이는

$$\int_0^2|6x^2-12x|dx=\int_0^2(-6x^2+12x)dx$$
$$=\Big[-2x^3+6x^2\Big]_0^2=-16+24=8$$

참고

최고차항의 계수가 a인 이차함수 $y=f(x)$의 그래프와 x축이 $x=\alpha$, $x=\beta$ $(\alpha<\beta)$에서 만날 때, 곡선 $y=f(x)$와 x축으로 둘러싸인 도형의 넓이를 S라 하면

$$S=\frac{|a|(\beta-\alpha)^3}{6}$$

임을 이용하여 정적분 값을 빠르게 계산할 수 있다.

0774

답 2

곡선 $y=4x^3-4x$와 x축의 교점의 x좌표는 $4x^3-4x=0$에서

$4x(x+1)(x-1)=0$

$\therefore x=-1$ 또는 $x=0$ 또는 $x=1$

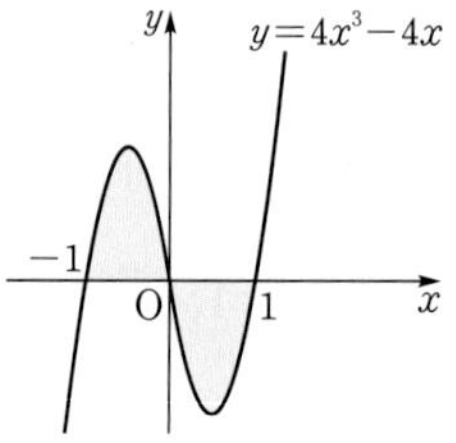

따라서 곡선 $y=4x^3-4x$와 x축으로 둘러싸인 도형의 넓이는

$$\int_{-1}^1|4x^3-4x|dx=\int_{-1}^0(4x^3-4x)dx+\int_0^1(-4x^3+4x)dx$$
$$=\Big[x^4-2x^2\Big]_{-1}^0+\Big[-x^4+2x^2\Big]_0^1$$
$$=1+1=2$$

0775

답 4

곡선 $y=-x^2+4$와 x축의 교점의 x좌표는 $-x^2+4=0$에서

$-(x+2)(x-2)=0$

$\therefore x=-2$ 또는 $x=2$

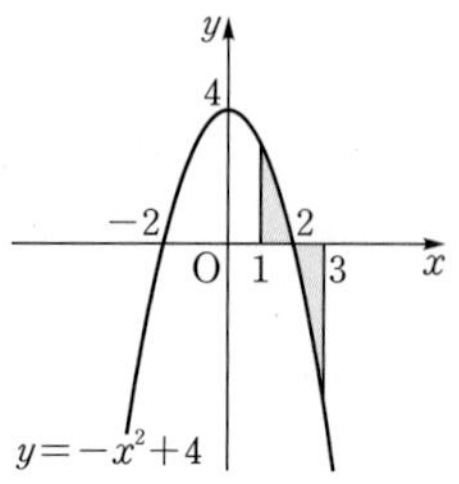

따라서 곡선 $y=-x^2+4$와 x축 및 두 직선 $x=1$, $x=3$으로 둘러싸인 도형의 넓이는

$$\int_1^3|-x^2+4|dx=\int_1^2(-x^2+4)dx+\int_2^3(x^2-4)dx$$
$$=\Big[-\frac{1}{3}x^3+4x\Big]_1^2+\Big[\frac{1}{3}x^3-4x\Big]_2^3$$
$$=\frac{5}{3}+\frac{7}{3}=4$$

0776

답 3

곡선 $y=-x^2+ax$와 x축의 교점의 x좌표는 $-x^2+ax=0$에서

$-x(x-a)=0$

$\therefore x=0$ 또는 $x=a$

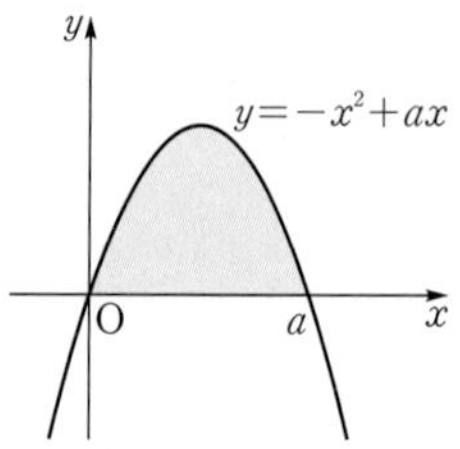

따라서 곡선 $y=-x^2+ax$과 x축으로 둘러싸인 도형의 넓이는

$$\int_0^a(-x^2+ax)dx=\Big[-\frac{1}{3}x^3+\frac{1}{2}ax^2\Big]_0^a$$
$$=\frac{1}{6}a^3=\frac{9}{2}$$

에서 $a^3=27$ $\quad\therefore a=3$

0777

답 1

$f'(x)=6x^2-12x+4$이므로

$$f(x)=\int f'(x)dx=\int(6x^2-12x+4)dx$$
$$=2x^3-6x^2+4x+C\ (C\text{는 적분상수})$$

$f(1)=0$에서 $C=0$

$\therefore f(x)=2x^3-6x^2+4x$

곡선 $y=f(x)$와 x축의 교점의 x좌표는 $2x^3-6x^2+4x=0$에서

$2x(x-1)(x-2)=0$

$\therefore x=0$ 또는 $x=1$ 또는 $x=2$

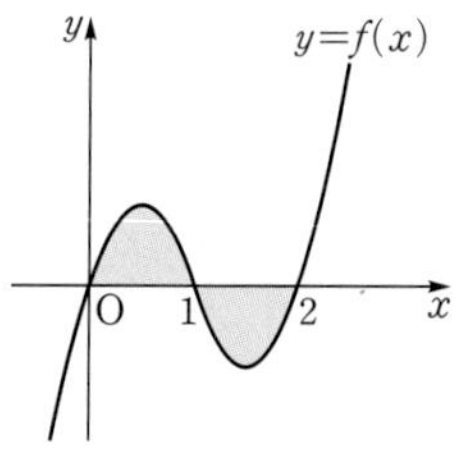

따라서 곡선 $y=f(x)$와 x축으로 둘러싸인 도형의 넓이는

$$\int_0^2|f(x)|dx$$
$$=\int_0^1f(x)dx+\int_1^2\{-f(x)\}dx$$
$$=\int_0^1(2x^3-6x^2+4x)dx+\int_1^2(-2x^3+6x^2-4x)dx$$
$$=\Big[\frac{1}{2}x^4-2x^3+2x^2\Big]_0^1+\Big[-\frac{1}{2}x^4+2x^3-2x^2\Big]_1^2$$
$$=\frac{1}{2}+\frac{1}{2}=1$$

참고

함수 $f(x)$의 도함수 $f'(x)$가 주어지면 $f(x)=\int f'(x)dx$임을 이용하여 $f(x)$를 적분상수를 포함한 식으로 나타낸 후 주어진 함숫값을 이용하여 적분상수를 구한다.

0778

답 60

삼차함수 $f(x)$는 최고차항의 계수가 양수이고 $y=f(x)$의 그래프가 x축과 $x=-2$에서 만나고 $x=0$에서 접하므로

$f(x)=ax^2(x+2)=ax^3+2ax^2\ (a>0)$ ❶

곡선 $y=f(x)$와 x축으로 둘러싸인 도형의 넓이는

$$\int_{-2}^{0}|f(x)|dx=\int_{-2}^{0}(ax^3+2ax^2)dx$$
$$=\left[\frac{1}{4}ax^4+\frac{2}{3}ax^3\right]_{-2}^{0}$$
$$=\frac{4}{3}a=4$$

에서 $a=3$ ❷

따라서 $f(x)=3x^3+6x^2$이므로

$f'(x)=9x^2+12x$

$\therefore f'(2)=36+24=60$ ❸

채점 기준	배점
❶ 주어진 그래프를 이용하여 $f(x)$의 식 나타내기	30%
❷ a의 값 구하기	40%
❸ $f(x)$의 식을 이용하여 $f'(2)$의 값 구하기	30%

0779

답 1

곡선 $y=-2x^3$과 x축 및 두 직선 $x=-2$, $x=a$로 둘러싸인 도형의 넓이는

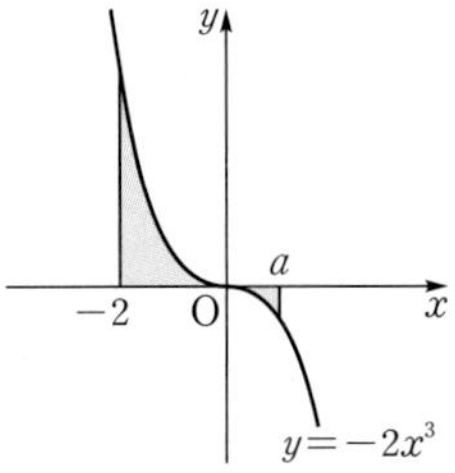

$$\int_{-2}^{a}|-2x^3|dx$$
$$=\int_{-2}^{0}(-2x^3)dx+\int_{0}^{a}2x^3dx$$
$$=\left[-\frac{1}{2}x^4\right]_{-2}^{0}+\left[\frac{1}{2}x^4\right]_{0}^{a}$$
$$=8+\frac{1}{2}a^4=\frac{17}{2}$$

에서 $\frac{1}{2}a^4=\frac{1}{2}$, $a^4=1$

$\therefore a=1\ (\because a>0)$

0780

답 9

$xf(x)=\int_{0}^{x}tf'(t)dt+\frac{2}{3}x^3-5x^2+8x$의 양변을 x에 대하여 미분하면

$f(x)+xf'(x)=xf'(x)+2x^2-10x+8$

$\therefore f(x)=2x^2-10x+8$

곡선 $y=f(x)$와 x축의 교점의 x좌표는

$2x^2-10x+8=0$에서

$2(x-1)(x-4)=0$

$\therefore x=1$ 또는 $x=4$

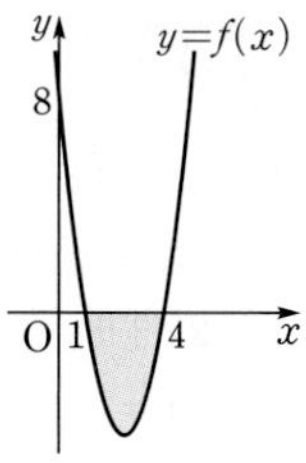

따라서 곡선 $y=f(x)$와 x축으로 둘러싸인 도형의 넓이는

$$\int_{1}^{4}|f(x)|dx=\int_{1}^{4}(-2x^2+10x-8)dx$$
$$=\left[-\frac{2}{3}x^3+5x^2-8x\right]_{1}^{4}$$
$$=\frac{16}{3}-\left(-\frac{11}{3}\right)=9$$

0781

답 ②

곡선 $y=f(x)$와 x축의 교점의 x좌표는

$(x-a)(x-b)=0$에서

$x=a$ 또는 $x=b$

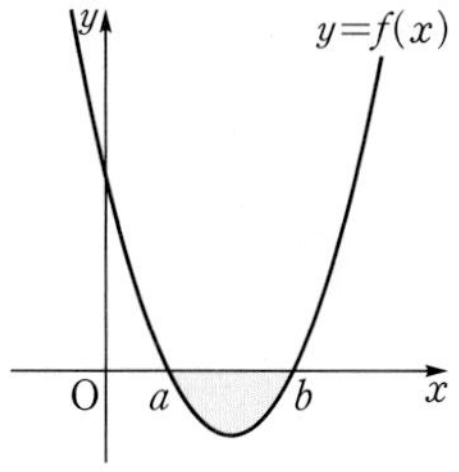

따라서 곡선 $y=f(x)$와 x축으로 둘러싸인 부분의 넓이는

$$\int_{a}^{b}|f(x)|dx=-\int_{a}^{b}f(x)dx$$
$$=-\left\{\int_{a}^{0}f(x)dx+\int_{0}^{b}f(x)dx\right\}$$
$$=-\left\{-\int_{0}^{a}f(x)dx+\int_{0}^{b}f(x)dx\right\}$$
$$=-\left\{-\frac{11}{6}+\left(-\frac{8}{3}\right)\right\}=\frac{9}{2}$$

유형 02 곡선과 직선 사이의 넓이

0782

답 ④

곡선 $y=3x^2-4x$와 직선 $y=2x$의 교점의 x좌표는 $3x^2-4x=2x$에서

$3x^2-6x=0$, $3x(x-2)=0$

$\therefore x=0$ 또는 $x=2$

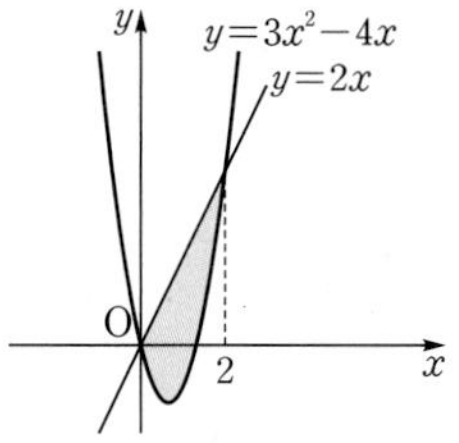

따라서 곡선 $y=3x^2-4x$와 직선 $y=2x$로 둘러싸인 도형의 넓이는

$$\int_{0}^{2}\{2x-(3x^2-4x)\}dx=\int_{0}^{2}(-3x^2+6x)dx$$
$$=\left[-x^3+3x^2\right]_{0}^{2}=4$$

참고

최고차항의 계수가 a인 이차함수 $y=f(x)$의 그래프와 직선 $y=mx+n$이 $x=\alpha$, $x=\beta\ (\alpha<\beta)$에서 만날 때, 곡선 $y=f(x)$와 직선 $y=mx+n$으로 둘러싸인 도형의 넓이를 S라 하면

$$S=\frac{|a|(\beta-\alpha)^3}{6}$$

임을 이용하여 정적분 값을 빠르게 계산할 수 있다.

0783

답 8

곡선 $y=x^3-2x+1$과 직선 $y=2x+1$의 교점의 x좌표는

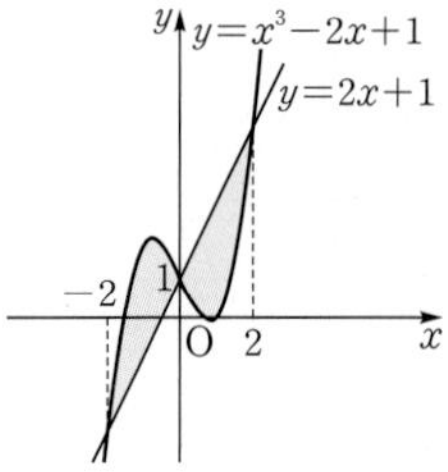

$x^3-2x+1=2x+1$에서

$x^3-4x=0$, $x(x+2)(x-2)=0$

$\therefore$ $x=-2$ 또는 $x=0$ 또는 $x=2$

따라서 곡선 $y=x^3-2x+1$과 직선 $y=2x+1$로 둘러싸인 도형의 넓이는

$\int_{-2}^{0}\{x^3-2x+1-(2x+1)\}dx+\int_{0}^{2}\{2x+1-(x^3-2x+1)\}dx$

$=\int_{-2}^{0}(x^3-4x)dx+\int_{0}^{2}(-x^3+4x)dx$

$=\left[\frac{1}{4}x^4-2x^2\right]_{-2}^{0}+\left[-\frac{1}{4}x^4+2x^2\right]_{0}^{2}$

$=4+4=8$

0784

답 2

곡선 $y=x^2-ax$와 직선 $y=4x$의 교점의 x좌표는 $x^2-ax=4x$에서

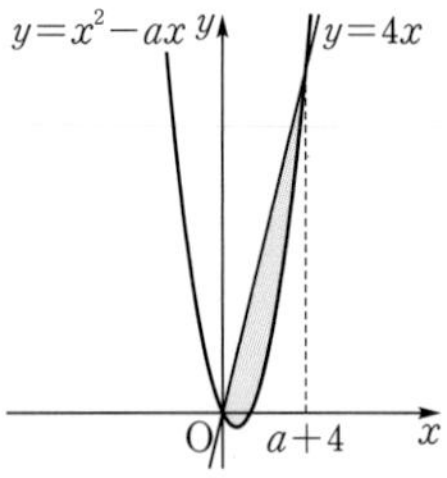

$x^2-(a+4)x=0$, $x\{x-(a+4)\}=0$

$\therefore$ $x=0$ 또는 $x=a+4$

따라서 곡선 $y=x^2-ax$와 직선 $y=4x$로 둘러싸인 도형의 넓이는

$\int_{0}^{a+4}\{4x-(x^2-ax)\}dx$

$=\int_{0}^{a+4}\{-x^2+(a+4)x\}dx$

$=\left[-\frac{1}{3}x^3+\frac{a+4}{2}x^2\right]_{0}^{a+4}$

$=\frac{1}{6}(a+4)^3=36$

에서 $(a+4)^3=6^3$, $a+4=6$

$\therefore$ $a=2$

0785

답 1

$y=|x^2-x|=\begin{cases} x^2-x & (x<0 \text{ 또는 } x>1) \\ -x^2+x & (0\le x\le 1) \end{cases}$

함수 $y=|x^2-x|$의 그래프와 직선 $y=x$의 교점의 x좌표는

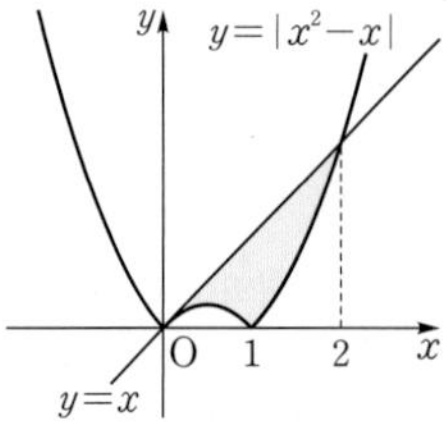

$x<0$ 또는 $x>1$일 때, $x^2-x=x$에서

$x^2-2x=0$, $x(x-2)=0$

$\therefore$ $x=2$

$0\le x\le 1$일 때, $-x^2+x=x$에서

$x^2=0$ $\quad\therefore$ $x=0$

따라서 함수 $y=|x^2-x|$의 그래프와 직선 $y=x$로 둘러싸인 도형의 넓이는

$\int_{0}^{1}\{x-(-x^2+x)\}dx+\int_{1}^{2}\{x-(x^2-x)\}dx$

$=\int_{0}^{1}x^2dx+\int_{1}^{2}(-x^2+2x)dx$

$=\left[\frac{1}{3}x^3\right]_{0}^{1}+\left[-\frac{1}{3}x^3+x^2\right]_{1}^{2}$

$=\frac{1}{3}+\frac{2}{3}=1$

유형 03 두 곡선 사이의 넓이

0786

답 9

두 곡선 $y=x^2-4x+3$, $y=-x^2+6x-5$의 교점의 x좌표는

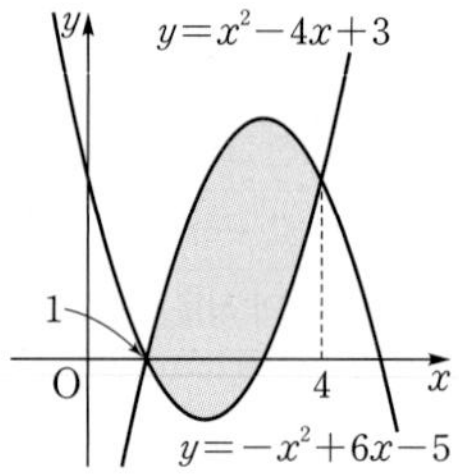

$x^2-4x+3=-x^2+6x-5$에서

$2x^2-10x+8=0$

$2(x-1)(x-4)=0$

$\therefore$ $x=1$ 또는 $x=4$

따라서 두 곡선 $y=x^2-4x+3$, $y=-x^2+6x-5$로 둘러싸인 도형의 넓이는

$\int_{1}^{4}\{(-x^2+6x-5)-(x^2-4x+3)\}dx$

$=\int_{1}^{4}(-2x^2+10x-8)dx$

$=\left[-\frac{2}{3}x^3+5x^2-8x\right]_{1}^{4}=9$

0787

답 ③

두 곡선 $y=x^3+2x^2-1$, $y=-x^2+3$의 교점의 x좌표는

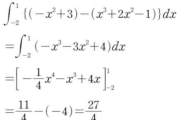

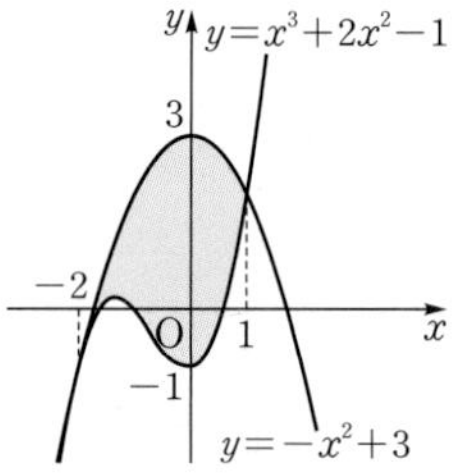

$x^3+2x^2-1=-x^2+3$에서

$x^3+3x^2-4=0$

$(x+2)^2(x-1)=0$

$\therefore$ $x=-2$ 또는 $x=1$

따라서 두 곡선 $y=x^3+2x^2-1$, $y=-x^2+3$으로 둘러싸인 도형의 넓이는

$\int_{-2}^{1}\{(-x^2+3)-(x^3+2x^2-1)\}dx$

$=\int_{-2}^{1}(-x^3-3x^2+4)dx$

$=\left[-\frac{1}{4}x^4-x^3+4x\right]_{-2}^{1}$

$=\frac{11}{4}-(-4)=\frac{27}{4}$

0788

답 4

두 곡선 $y=f(x)$, $y=g(x)$의 교점의 x좌표가 $x=0$, $x=3$이므로

$g(x)-f(x)=ax(x-3)\ (a<0)$

이라 하면 두 곡선 $y=f(x)$, $y=g(x)$로 둘러싸인 도형의 넓이는

$$\int_0^3 \{g(x)-f(x)\}dx=\int_0^3 ax(x-3)dx$$
$$=\int_0^3 (ax^2-3ax)dx$$
$$=\left[\frac{1}{3}ax^3-\frac{3}{2}ax^2\right]_0^3$$
$$=-\frac{9}{2}a=9$$

에서 $a=-2$

따라서 $g(x)-f(x)=-2x(x-3)$이므로

$g(2)-f(2)=-2\times2\times(-1)=4$

0789

답 27

$f(x)=x^3+4$에서 $f'(x)=3x^2$

두 곡선 $y=f(x)$, $y=f'(x)$의 교점의 x좌표는 $x^3+4=3x^2$에서

$x^3-3x^2+4=0$

$(x+1)(x-2)^2=0$

$\therefore x=-1$ 또는 $x=2$

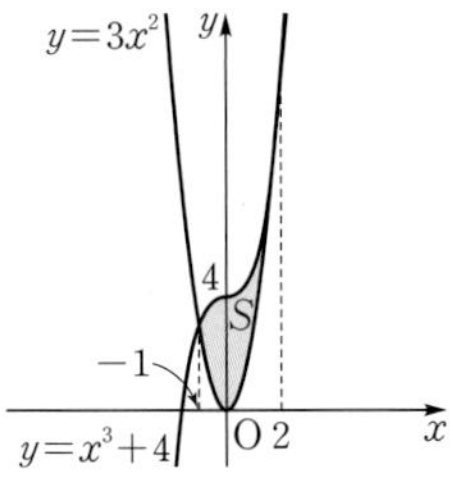

따라서 두 곡선 $y=f(x)$, $y=f'(x)$으로 둘러싸인 도형의 넓이는

$$S=\int_{-1}^2 (x^3+4-3x^2)dx$$
$$=\int_{-1}^2 (x^3-3x^2+4)dx$$
$$=\left[\frac{1}{4}x^4-x^3+4x\right]_{-1}^2$$
$$=4-\left(-\frac{11}{4}\right)=\frac{27}{4}$$

에서 $4S=27$

0790

답 ③

$f(x)=x^2-2x$이므로

$-f(x-1)-1=-\{(x-1)^2-2(x-1)\}-1=-x^2+4x-4$

두 곡선 $y=f(x)$, $y=-f(x-1)-1$의 교점의 x좌표를 구하면

$f(x)=-f(x-1)-1$에서

$x^2-2x=-x^2+4x-4$

$2x^2-6x+4=0$, $2(x-1)(x-2)=0$

$\therefore x=1$ 또는 $x=2$

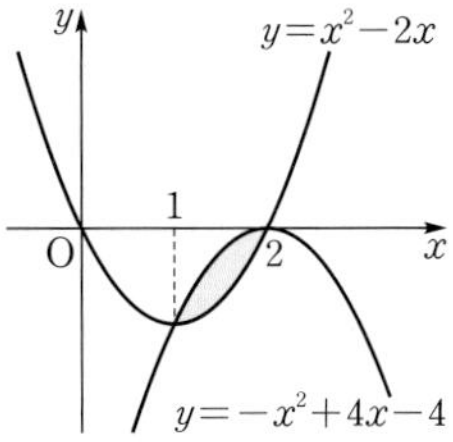

따라서 두 곡선 $y=f(x)$, $y=-f(x-1)-1$로 둘러싸인 부분의 넓이는

$$\int_1^2 \{(-x^2+4x-4)-(x^2-2x)\}dx$$
$$=\int_1^2 (-2x^2+6x-4)dx$$
$$=\left[-\frac{2}{3}x^3+3x^2-4x\right]_1^2=\left(-\frac{4}{3}\right)-\left(-\frac{5}{3}\right)=\frac{1}{3}$$

유형 04 곡선과 접선으로 둘러싸인 도형의 넓이

0791

답 2

$f(x)=x^2+1$이라 하면 $f'(x)=2x$

곡선 $y=f(x)$ 위의 점 $(1, 2)$에서의 접선의 기울기는 $f'(1)=2$이므로 접선의 방정식은

$y-2=2(x-1)\qquad \therefore y=2x$

따라서 구하는 도형의 넓이는

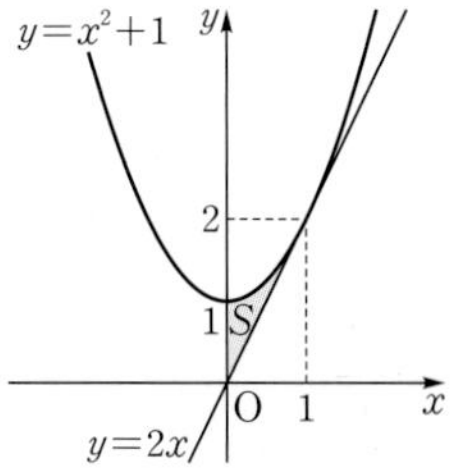

$$S=\int_0^1 \{(x^2+1)-2x\}dx$$
$$=\int_0^1 (x^2-2x+1)dx$$
$$=\left[\frac{1}{3}x^3-x^2+x\right]_0^1=\frac{1}{3}$$

$\therefore 6S=6\times\frac{1}{3}=2$

0792

답 ⑤

$f(x)=x^3-3x^2+2x+2$라 하면

$f'(x)=3x^2-6x+2$

곡선 $y=f(x)$ 위의 점 $(0, 2)$에서의 접선의 기울기는 $f'(0)=2$이므로 접선의 방정식은

$y=2x+2$

곡선 $y=f(x)$와 접선 $y=2x+2$의 교점의 x좌표는 $x^3-3x^2+2x+2=2x+2$에서

$x^3-3x^2=0$, $x^2(x-3)=0$

$\therefore x=0$ 또는 $x=3$

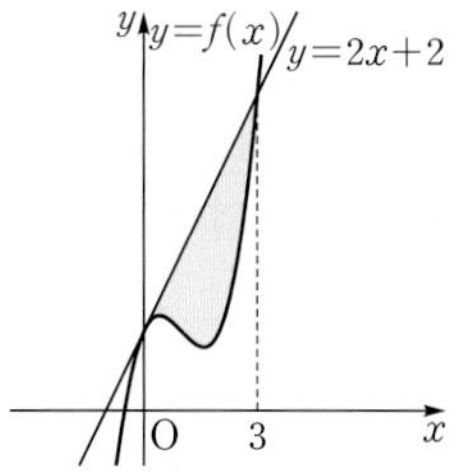

따라서 구하는 도형의 넓이는

$$\int_0^3 \{(2x+2)-(x^3-3x^2+2x+2)\}dx$$
$$=\int_0^3 (-x^3+3x^2)dx=\left[-\frac{1}{4}x^4+x^3\right]_0^3=\frac{27}{4}$$

0793

답 11

$f(x)=x^2-2x+3$이라 하면

$f'(x)=2x-2$

접점의 좌표를 (t, t^2-2t+3)이라 하면 접선의 기울기가 2이므로

$f'(t)=2$에서 $2t-2=2$

$\therefore t=2$

접점의 좌표가 $(2, 3)$이므로 접선의 방정식은

$y-3=2(x-2)\qquad \therefore y=2x-1$

❶

따라서 구하는 도형의 넓이는

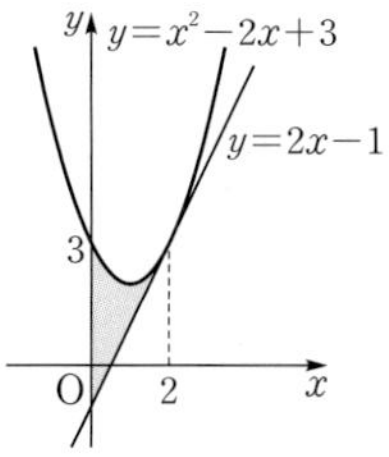

$$\int_0^2 \{(x^2-2x+3)-(2x-1)\}dx$$
$$=\int_0^2 (x^2-4x+4)dx$$
$$=\left[\frac{1}{3}x^3-2x^2+4x\right]_0^2=\frac{8}{3}$$

❷

즉, $p=3$, $q=8$이므로

$p+q=3+8=11$ ······ ❸

채점 기준	배점
❶ 곡선에 접하는 접선의 방정식 구하기	30%
❷ 주어진 도형의 넓이 구하기	60%
❸ $p+q$의 값 구하기	10%

0794

답 ②

$f(x)=x^2$이라 하면 $f'(x)=2x$

접점의 좌표를 (t, t^2)이라 하면 곡선 위의 점 (t, t^2)에서의 접선의 기울기는 $f'(t)=2t$이므로 접선의 방정식은

$y-t^2=2t(x-t) \qquad \therefore y=2tx-t^2$

이 직선이 점 $(0, -1)$을 지나므로 $-1=-t^2$

$\therefore t=-1$ 또는 $t=1$

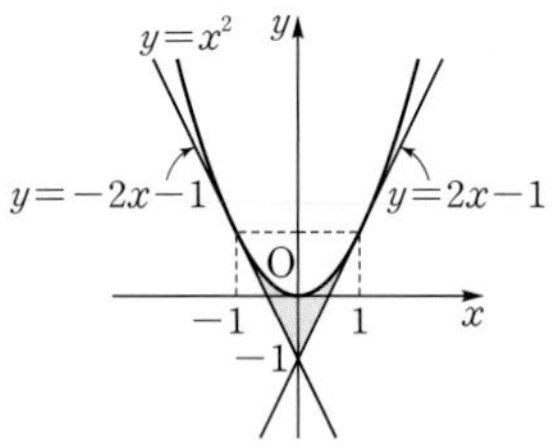

따라서 접선의 방정식은 $y=-2x-1$ 또는 $y=2x-1$이므로 구하는 도형의 넓이는

$\int_{-1}^{0}(x^2+2x+1)dx+\int_{0}^{1}(x^2-2x+1)dx$

$=\left[\frac{1}{3}x^3+x^2+x\right]_{-1}^{0}+\left[\frac{1}{3}x^3-x^2+x\right]_{0}^{1}$

$=\frac{1}{3}+\frac{1}{3}=\frac{2}{3}$

0795

답 ③

곡선 $y=f(x)$와 직선 $y=g(x)$의 교점의 x좌표는 $x=0$, $x=2$이므로 곡선과 직선으로 둘러싸인 도형의 넓이는

$\int_{0}^{2}|f(x)-g(x)|dx=\int_{0}^{2}\{g(x)-f(x)\}dx$

이때 $g(x)-f(x)$는 최고차항의 계수가 3인 삼차함수이고 삼차방정식 $g(x)-f(x)=0$은 한 실근 $x=0$과 중근 $x=2$를 가지므로

$g(x)-f(x)=3x(x-2)^2$

$=3x^3-12x^2+12x$

따라서 구하는 도형의 넓이는

$\int_{0}^{2}\{g(x)-f(x)\}dx=\int_{0}^{2}(3x^3-12x^2+12x)dx$

$=\left[\frac{3}{4}x^4-4x^3+6x^2\right]_{0}^{2}$

$=12-32+24=4$

유형 05 두 도형의 넓이가 같을 조건

0796

답 2

주어진 그림에서 두 도형의 넓이가 서로 같으므로

$\int_{0}^{k}x(x-1)(x-k)dx=\int_{0}^{k}\{x^3-(k+1)x^2+kx\}dx$

$=\left[\frac{1}{4}x^4-\frac{k+1}{3}x^3+\frac{k}{2}x^2\right]_{0}^{k}$

$=-\frac{1}{12}k^4+\frac{1}{6}k^3=0$

에서 $-\frac{1}{12}k^3(k-2)=0$

$\therefore k=2\ (\because k>1)$

0797

답 -6

주어진 그림에서 두 도형의 넓이가 서로 같으므로

$\int_{0}^{3}(-x^2+6x+k)dx=\left[-\frac{1}{3}x^3+3x^2+kx\right]_{0}^{3}$

$=18+3k=0$

에서 $k=-6$

0798

답 ⑤

곡선 $y=x^3-ax^2$과 x축의 교점의 x좌표는 $x^3-ax^2=0$에서

$x^2(x-a)=0 \qquad \therefore x=0$ 또는 $x=a$

이때 오른쪽 그림에서 $A=B$이므로

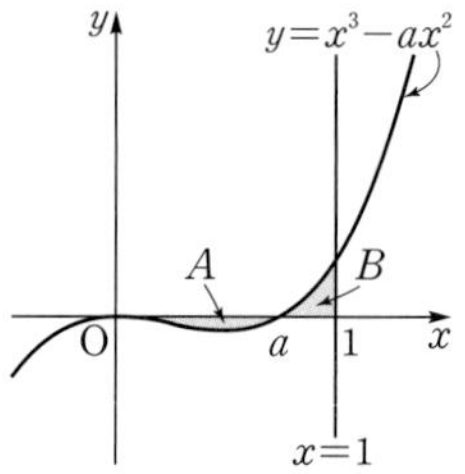

$\int_{0}^{1}(x^3-ax^2)dx=\left[\frac{1}{4}x^4-\frac{1}{3}ax^3\right]_{0}^{1}$

$=\frac{1}{4}-\frac{1}{3}a=0$

에서 $a=\frac{3}{4}$

0799

답 1

주어진 그림에서 $A=B$이므로

$\int_{0}^{1}\{k(x-1)^2-(-2x^2+2x)\}dx$

$=\int_{0}^{1}\{(k+2)x^2-2(k+1)x+k\}dx$

$=\left[\frac{k+2}{3}x^3-(k+1)x^2+kx\right]_{0}^{1}$

$=\frac{k+2}{3}-(k+1)+k=0$

에서 $\frac{k+2}{3}-1=0$

$\therefore k=1$

0800

답 8

$S_2=2S_1$이고 곡선 $y=3x^2-12x+k$, 즉 $y=3(x-2)^2+k-12$가 직선 $x=2$에 대하여 대칭이므로 오른쪽 그림에서 곡선 $y=3x^2-12x+k$와 x축, y축 및 직선 $x=2$로 둘러싸인 두 도형의 넓이는 같다. ❶

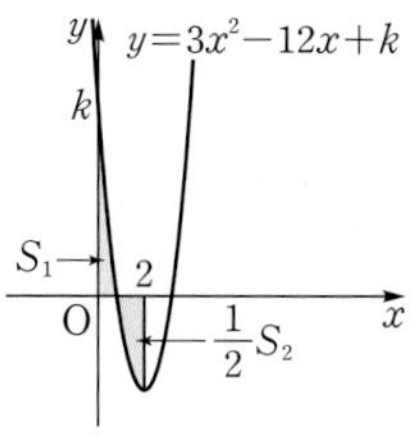

즉, $\int_0^2(3x^2-12x+k)=0$이므로

$$\int_0^2(3x^2-12x+k)dx=\left[x^3-6x^2+kx\right]_0^2$$
$$=8-24+2k=0$$

에서 $2k=16$ $\quad\therefore k=8$

❷

채점 기준	배점
❶ 이차함수 그래프의 대칭성을 이용하여 넓이가 같은 두 도형 찾기	50%
❷ 두 도형의 넓이가 같음을 이용하여 식을 세우고 k의 값 구하기	50%

유형 06 도형의 넓이의 활용-이등분

0801

답 27

곡선 $y=x^2-3x$와 직선 $y=mx$의 교점의 x좌표는
$x^2-3x=mx$에서
$x^2-(m+3)x=0$, $x\{x-(m+3)\}=0$
$\therefore x=0$ 또는 $x=m+3$
따라서 오른쪽 그림에서

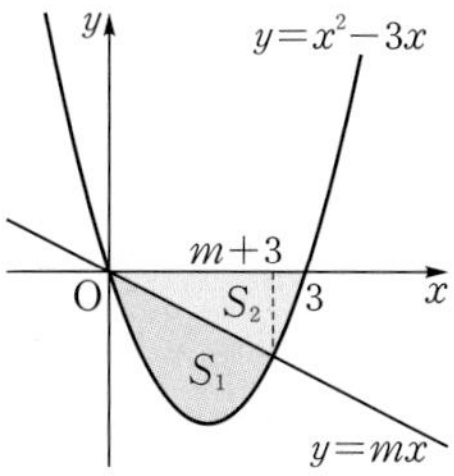

$$S_1=\int_0^{m+3}\{mx-(x^2-3x)\}dx$$
$$=\int_0^{m+3}\{-x^2+(m+3)x\}dx$$
$$=\left[-\frac{1}{3}x^3+\frac{m+3}{2}x^2\right]_0^{m+3}$$
$$=\frac{1}{6}(m+3)^3$$

$$S_1+S_2=\int_0^3(-x^2+3x)dx$$
$$=\left[-\frac{1}{3}x^3+\frac{3}{2}x^2\right]_0^3$$
$$=-9+\frac{27}{2}=\frac{9}{2}$$

이때 $S_1=S_2$에서 $S_1+S_2=2S_1$이므로

$\frac{1}{6}(m+3)^3=\frac{1}{2}\times\frac{9}{2}$

$\therefore 2(m+3)^3=27$

참고

곡선과 x축으로 둘러싸인 도형의 넓이를 이등분하려면 $m<0$이어야 하므로 $m+3<3$이다.

0802

답 16

곡선 $y=-x^2+2x$와 직선 $y=mx$의 교점의 x좌표는
$-x^2+2x=mx$에서
$x^2+(m-2)x=0$, $x\{x-(2-m)\}=0$
$\therefore x=0$ 또는 $x=2-m$
곡선 $y=-x^2+2x$와 x축의 교점의 x좌표는
$-x^2+2x=0$에서 $-x(x-2)=0$
$\therefore x=0$ 또는 $x=2$
따라서 오른쪽 그림에서

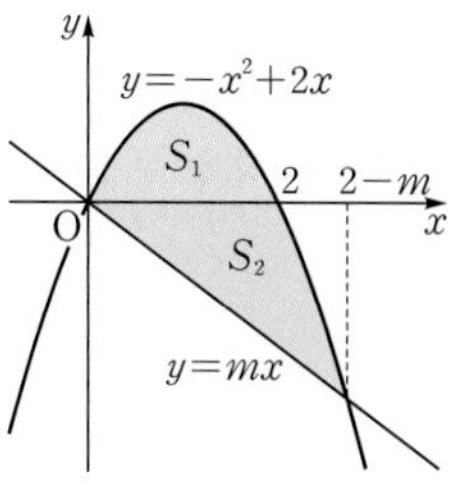

$$S_1=\int_0^2(-x^2+2x)dx$$
$$=\left[-\frac{1}{3}x^3+x^2\right]_0^2$$
$$=-\frac{8}{3}+4=\frac{4}{3}$$

$$S_1+S_2=\int_0^{2-m}\{(-x^2+2x)-mx\}dx$$
$$=\int_0^{2-m}\{-x^2+(2-m)x\}dx$$
$$=\left[-\frac{1}{3}x^3+\frac{2-m}{2}x^2\right]_0^{2-m}=\frac{1}{6}(2-m)^3$$

이때 $S_1=S_2$에서 $S_1+S_2=2S_1$이므로

$\frac{1}{6}(2-m)^3=\frac{8}{3}$ $\quad\therefore (2-m)^3=16$

0803

답 ③

곡선 $y=x^2-2x$와 직선 $y=2x$의 교점의 x좌표는
$x^2-2x=2x$에서
$x^2-4x=0$, $x(x-4)=0$
$\therefore x=0$ 또는 $x=4$
따라서 오른쪽 그림에서

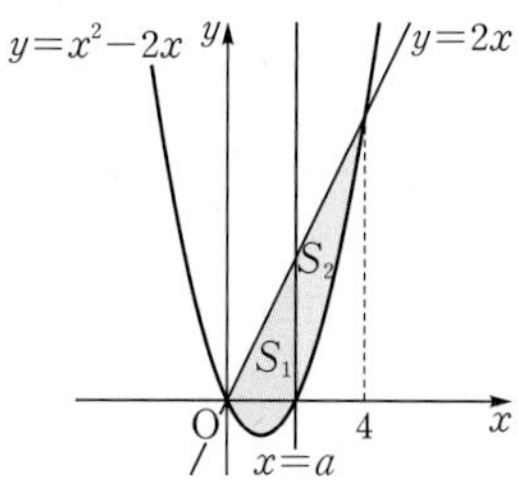

$$S_1+S_2=\int_0^4\{2x-(x^2-2x)\}dx$$
$$=\int_0^4(-x^2+4x)dx$$
$$=\left[-\frac{1}{3}x^3+2x^2\right]_0^4$$
$$=-\frac{64}{3}+32=\frac{32}{3}$$

$$S_1=\int_0^a\{2x-(x^2-2x)\}dx$$
$$=\int_0^a(-x^2+4x)dx$$
$$=\left[-\frac{1}{3}x^3+2x^2\right]_0^a$$
$$=-\frac{1}{3}a^3+2a^2$$

이때 $S_1=S_2$에서 $S_1+S_2=2S_1$이므로

$-\frac{2}{3}a^3+4a^2=\frac{32}{3}$, $a^3-6a^2+16=0$

$(a-2)(a^2-4a-8)=0$

$\therefore a=2$ ($\because 0<a<4$)

다른 풀이

곡선 $y=x^2-2x$와 직선 $y=2x$의 교점의 x좌표는

$x^2-2x=2x$에서 $x^2-4x=0$, $x(x-4)=0$

$\therefore x=0$ 또는 $x=4$

따라서 곡선 $y=x^2-2x$와 직선 $y=2x$로 둘러싸인 도형의 넓이는

$$\int_0^4 \{2x-(x^2-2x)\}dx=\int_0^4 (-x^2+4x)dx$$

이 값은 오른쪽 그림의 색칠한 도형의 넓이와 같고 이 도형의 넓이를 이등분하는 직선 $x=a$는 이차함수 $y=-x^2+4x$, 즉 $y=-(x-2)^2+4$의 그래프의 대칭축이어야 하므로

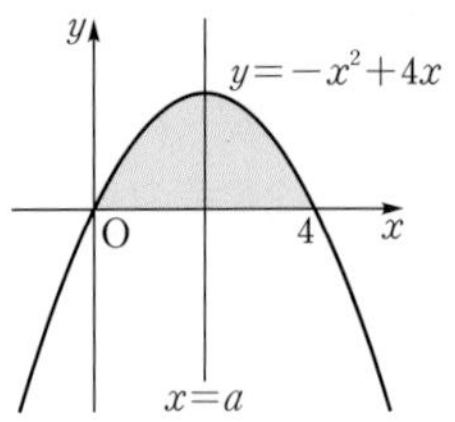

$a=2$

0804

답 1

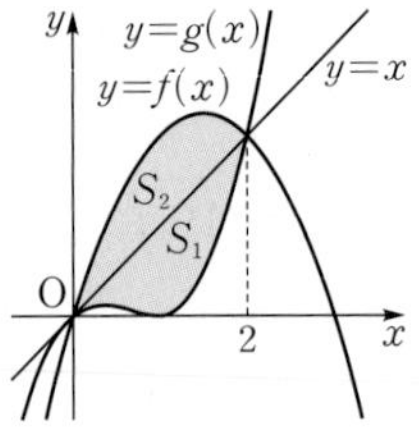

위의 그림에서

$$S_1=\int_0^2 \{x-g(x)\}dx$$
$$=\int_0^2 xdx-\int_0^2 g(x)dx$$
$$=\left[\frac{1}{2}x^2\right]_0^2-\int_0^2 g(x)dx$$
$$=2-\int_0^2 g(x)dx$$
$$S_2=\int_0^2 \{f(x)-x\}dx$$
$$=\int_0^2 f(x)dx-\int_0^2 xdx$$
$$=3-\left[\frac{1}{2}x^2\right]_0^2$$
$$=3-2=1$$

이때 $S_1=S_2$이므로

$$2-\int_0^2 g(x)dx=1$$
$$\therefore \int_0^2 g(x)dx=1$$

0805

답 ④

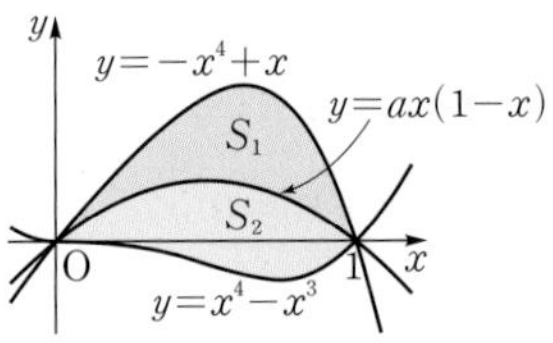

위의 그림에서

$$S_1+S_2=\int_0^1 \{(-x^4+x)-(x^4-x^3)\}dx$$
$$=\int_0^1 (-2x^4+x^3+x)dx$$
$$=\left[-\frac{2}{5}x^5+\frac{1}{4}x^4+\frac{1}{2}x^2\right]_0^1$$
$$=-\frac{2}{5}+\frac{1}{4}+\frac{1}{2}=\frac{7}{20}$$
$$S_2=\int_0^1 \{ax(1-x)-(x^4-x^3)\}dx$$
$$=\int_0^1 (-x^4+x^3-ax^2+ax)dx$$
$$=\left[-\frac{1}{5}x^4+\frac{1}{4}x^4-\frac{a}{3}x^3+\frac{a}{2}x^2\right]_0^1$$
$$=-\frac{1}{5}+\frac{1}{4}-\frac{a}{3}+\frac{a}{2}$$
$$=\frac{1}{20}+\frac{a}{6}$$

이때 $S_1+S_2=2S_2$이므로

$$\frac{7}{20}=2\left(\frac{1}{20}+\frac{a}{6}\right),\ \frac{a}{3}=\frac{1}{4}$$
$$\therefore a=\frac{3}{4}$$

유형 07 도형의 넓이의 활용 - 최댓값, 최솟값

0806

답 2

$0<k<2$이므로 곡선 $y=x(x-k)$와 x축 및 직선 $x=2$로 둘러싸인 도형의 넓이를 $S(k)$라 하면

$$S(k)=\int_0^k (-x^2+kx)dx+\int_k^2 (x^2-kx)dx$$
$$=\left[-\frac{1}{3}x^3+\frac{1}{2}kx^2\right]_0^k+\left[\frac{1}{3}x^3-\frac{1}{2}kx^2\right]_k^2$$
$$=\frac{1}{6}k^3+\left\{\left(\frac{8}{3}-2k\right)-\left(-\frac{1}{6}k^3\right)\right\}$$
$$=\frac{1}{3}k^3-2k+\frac{8}{3}$$

$S'(k)=k^2-2=(k+\sqrt{2})(k-\sqrt{2})$

$S'(k)=0$에서 $k=\sqrt{2}$ ($\because 0<k<2$)

$0<k<2$에서 함수 $S(k)$의 증가와 감소를 표로 나타내면 다음과 같다.

k	0	$\cdots$	$\sqrt{2}$	$\cdots$	2
$S'(k)$		$-$	0	$+$	
$S(k)$		↘	극소	↗	

따라서 $S(k)$는 $k=\sqrt{2}$일 때 극소이면서 최소이므로

$k^2=2$

Bible Says 함수의 극대, 극소의 판정

미분가능한 함수 $f(x)$에 대하여 $f'(a)=0$일 때 $x=a$의 좌우에서

(1) $f'(x)$의 부호가 양에서 음으로 바뀌면 $f(x)$는 $x=a$에서 극대이고, 극댓값은 $f(a)$이다.

(2) $f'(x)$의 부호가 음에서 양으로 바뀌면 $f(x)$는 $x=a$에서 극소이고, 극솟값은 $f(a)$이다.

0807

답 ③

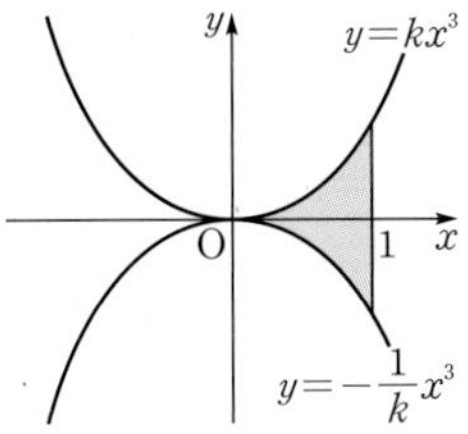

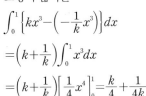

오른쪽 그림에서 두 곡선 $y=kx^3$, $y=-\frac{1}{k}x^3$과 직선 $x=1$로 둘러싸인 도형의 넓이는

$\int_0^1 \left\{kx^3-\left(-\frac{1}{k}x^3\right)\right\}dx$

$=\left(k+\frac{1}{k}\right)\int_0^1 x^3dx$

$=\left(k+\frac{1}{k}\right)\left[\frac{1}{4}x^4\right]_0^1=\frac{k}{4}+\frac{1}{4k}$

$\frac{k}{4}>0$, $\frac{1}{4k}>0$이므로 산술평균과 기하평균의 관계에 의하여

$\frac{k}{4}+\frac{1}{4k}\geq 2\sqrt{\frac{k}{4}\times\frac{1}{4k}}=\frac{1}{2}$ $\left(\text{단, 등호는 } \frac{k}{4}=\frac{1}{4k}\text{일 때 성립}\right)$

따라서 주어진 두 곡선과 직선으로 둘러싸인 도형의 넓이의 최솟값은 $\frac{1}{2}$이다.

Bible Says **산술평균과 기하평균**

$a>0$, $b>0$일 때

$\frac{a+b}{2}\geq\sqrt{ab}$ (단, 등호는 $a=b$일 때 성립)

0808

답 ②

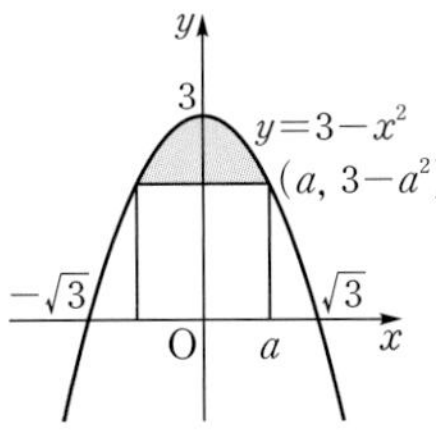

오른쪽 그림과 같이 제1사분면 위의 직사각형의 꼭짓점의 좌표를 $(a, 3-a^2)$, 내접하는 직사각형의 넓이를 $S(a)$라 하면

$S(a)=2a(3-a^2)=-2a^3+6a$

$S'(a)=-6a^2+6$

$\quad=-6(a+1)(a-1)$

$S'(a)=0$에서 $a=1$ ($\because 0<a<\sqrt{3}$)

$0<a<\sqrt{3}$에서 함수 $S(a)$의 증가와 감소를 표로 나타내면 다음과 같다.

a	0	⋯	1	⋯	$\sqrt{3}$
$S'(a)$		+	0	−	
$S(a)$		↗	극대	↘	

따라서 $S(a)$는 $a=1$일 때 극대이면서 최대이다.

이때의 색칠한 부분의 넓이는 곡선 $y=3-x^2$과 직선 $y=2$로 둘러싸인 도형의 넓이와 같으므로

$\int_{-1}^1 (3-x^2-2)dx=2\int_0^1(-x^2+1)dx$

$\quad=2\left[-\frac{1}{3}x^3+x\right]_0^1=\frac{4}{3}$

Bible Says **우함수 · 기함수의 정적분**

함수 $f(x)$가 닫힌구간 $[-a, a]$에서 연속일 때

(1) $f(x)$가 우함수이면 $\int_{-a}^a f(x)dx=2\int_0^a f(x)dx$

(2) $f(x)$가 기함수이면 $\int_{-a}^a f(x)dx=0$

유형 08 함수와 그 역함수의 정적분

0809

답 17

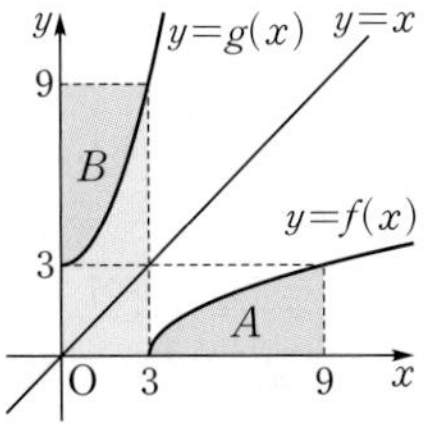

함수 $f(x)$의 역함수가 $g(x)$이므로 두 곡선 $y=f(x)$, $y=g(x)$는 직선 $y=x$에 대하여 대칭이다.

따라서 오른쪽 그림에서 $A=B$이므로 구하는 도형의 넓이는

$\int_0^3 g(x)dx=9\times3-B$

$\quad=27-A$

$\quad=27-\int_3^9 f(x)dx$

$\quad=27-10=17$

0810

답 12

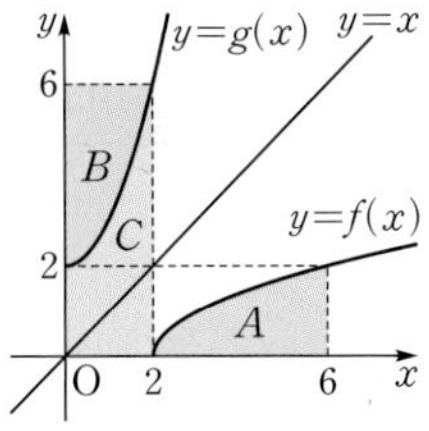

함수 $f(x)=\sqrt{x-2}$의 역함수가 $g(x)$이므로 두 곡선 $y=f(x)$, $y=g(x)$는 직선 $y=x$에 대하여 대칭이다.

따라서 오른쪽 그림에서 $A=B$이므로

$\int_2^6 f(x)dx+\int_0^2 g(x)dx$

$=A+C=B+C$

$=2\times6=12$

0811

답 2

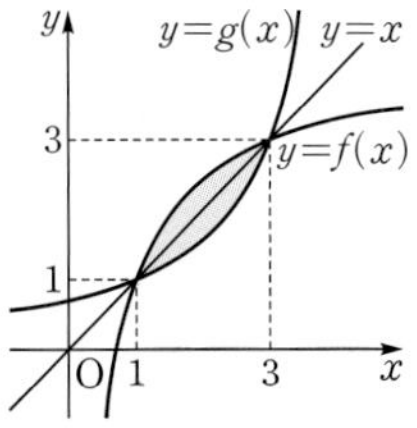

두 곡선 $y=f(x)$, $y=g(x)$로 둘러싸인 도형의 넓이는 곡선 $y=f(x)$와 직선 $y=x$로 둘러싸인 도형의 넓이의 2배와 같으므로 구하는 도형의 넓이는

$2\int_1^3 \{f(x)-x\}dx$

$=2\int_1^3 f(x)dx-\int_1^3 2xdx$

$=2\times5-\left[x^2\right]_1^3=10-8=2$

0812

답 14

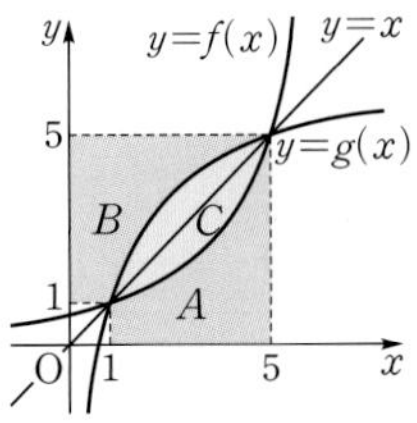

두 곡선 $y=f(x)$, $y=g(x)$는 직선 $y=x$에 대하여 대칭이고 $f(1)=1$, $f(5)=5$이다.

따라서 오른쪽 그림에서 $A=B$이므로

$\int_1^5 g(x)dx=A+C$

$\quad=5\times5-1\times1-B$

$\quad=24-B=24-A$

$\quad=24-\int_1^5 f(x)dx$

$\quad=24-10=14$

0813

답 5

두 곡선 $y=f(x)$, $y=g(x)$는 직선 $y=x$에 대하여 대칭이다.
두 곡선 $y=f(x)$, $y=g(x)$의 교점의 x좌표는 곡선 $y=f(x)$와 직선 $y=x$의 교점의 x좌표와 같으므로
$x^3=x$에서 $x^3-x=0$, $x(x+1)(x-1)=0$
$\therefore x=0$ 또는 $x=1$ ($\because x\geq 0$)

……… ❶

두 곡선 $y=f(x)$, $y=g(x)$로 둘러싸인 도형의 넓이는 곡선 $y=f(x)$와 직선 $y=x$로 둘러싸인 도형의 넓이의 2배와 같으므로 구하는 도형의 넓이 S는

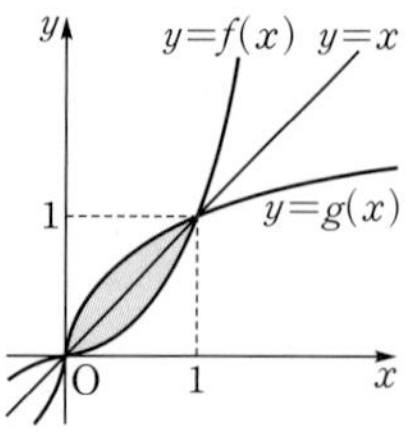

$S=2\int_0^1 (x-x^3)dx=2\left[\frac{1}{2}x^2-\frac{1}{4}x^4\right]_0^1$

$=2\times\frac{1}{4}=\frac{1}{2}$

$\therefore 10S=10\times\frac{1}{2}=5$

……… ❷

채점 기준	배점
❶ 두 곡선이 직선 $y=x$에 대하여 대칭임을 이용하여 교점의 x좌표 구하기	40%
❷ 두 곡선으로 둘러싸인 도형의 넓이 구하기	60%

0814

답 ②

$f(x)=x^3+x$에서 $f'(x)=3x^2+1>0$
이므로 함수 $f(x)$는 실수 전체의 집합에서 증가한다.
두 곡선 $y=f(x)$, $y=g(x)$의 교점의 x좌표는 곡선 $y=f(x)$와 직선 $y=x$의 교점의 x좌표와 같으므로
$x^3+x=x$에서 $x^3=0$
$\therefore x=0$
두 곡선 $y=f(x)$, $y=g(x)$는 직선 $y=x$에 대하여 대칭이므로 $\int_2^{10} g(x)dx$의 값은 오른쪽 그림에서 색칠된 부분의 넓이와 같다.

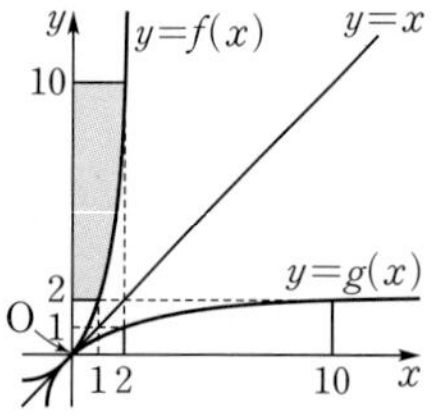

$\therefore \int_2^{10} g(x)dx=2\times 10-\left\{1\times 2+\int_1^2 (x^3+x)dx\right\}$

$=20-2-\left[\frac{1}{4}x^4+\frac{1}{2}x^2\right]_1^2$

$=18-\left\{(4+2)-\left(\frac{1}{4}+\frac{1}{2}\right)\right\}$

$=\frac{51}{4}$

0815

답 1

두 곡선 $y=f(x)$, $y=g(x)$의 교점의 x좌표는 곡선 $y=f(x)$와 직선 $y=x$의 교점의 x좌표와 같으므로
$x^3+3x^2+3x=x$에서
$x^3+3x^2+2x=0$, $x(x+2)(x+1)=0$
$\therefore x=-2$ 또는 $x=-1$ 또는 $x=0$
두 곡선 $y=f(x)$, $y=g(x)$로 둘러싸인 도형의 넓이는 곡선 $y=f(x)$와 직선 $y=x$로 둘러싸인 도형의 넓이의 2배와 같다. 즉, 오른쪽 그림에서 색칠된 부분과 같으므로 구하는 넓이는

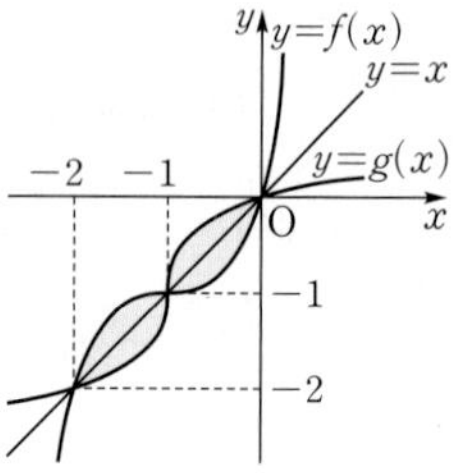

$4\int_{-1}^0 \{x-(x^3+3x^2+3x)\}dx$

$=4\int_{-1}^0 (-x^3-3x^2-2x)dx$

$=4\left[-\frac{1}{4}x^4-x^3-x^2\right]_{-1}^0$

$=4\times\frac{1}{4}=1$

유형 09 함수의 주기, 대칭성을 이용한 도형의 넓이

0816

답 ④

조건 (가)에서

$f(x)=|x|-1=\begin{cases}-x-1 & (-1\leq x<0)\\ x-1 & (0\leq x<1)\end{cases}$

또한 조건 (나)에서 함수 $f(x)$는 주기가 2인 주기함수이므로 함수 $y=f(x)$의 그래프는 다음 그림과 같다.

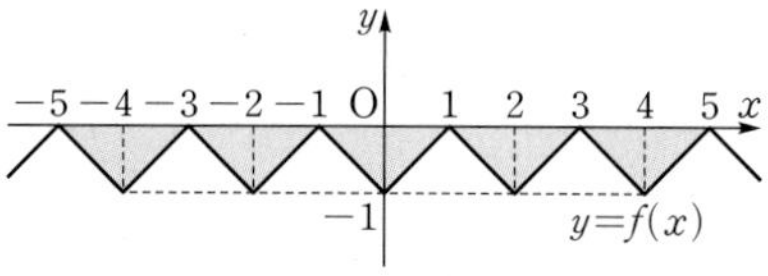

$\int_{-5}^5 f(x)dx=\int_{-5}^{-3} f(x)dx+\int_{-3}^{-1} f(x)dx+\int_{-1}^1 f(x)dx$
$+\int_1^3 f(x)dx+\int_3^5 f(x)dx$

$=5\int_{-1}^1 f(x)dx$

$=-5\times\left(\frac{1}{2}\times 2\times 1\right)=-5$

0817

답 ②

모든 실수 x에 대하여 $f(-x)=-f(x)$이므로 함수 $y=f(x)$의 그래프는 원점에 대하여 대칭이다.

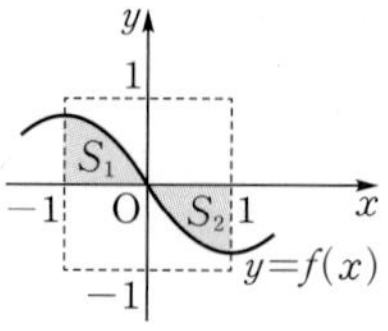

[그림 1]

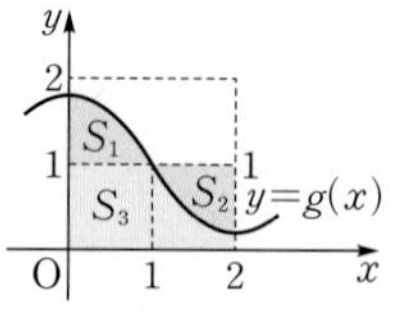

[그림 2]

따라서 [그림 1]과 같이 색칠한 부분의 넓이를 각각 S_1, S_2라 하면
$S_1=S_2$
이때 함수 $y=g(x)$의 그래프는 함수 $y=f(x)$의 그래프를 x축의 방향으로 1만큼, y축의 방향으로 1만큼 평행이동시킨 것이므로
[그림 2]에서
$$\int_0^2 g(x)dx=S_1+S_3=S_2+S_3=2\times1=2$$

0818

답 ②

조건 (가)에서 $-2\le x\le 2$일 때 $f(x)=4-x^2$이고, 조건 (나)에서 함수 $f(x)$는 주기가 4인 주기함수이므로 함수 $y=f(x)$의 그래프는 다음 그림과 같다.

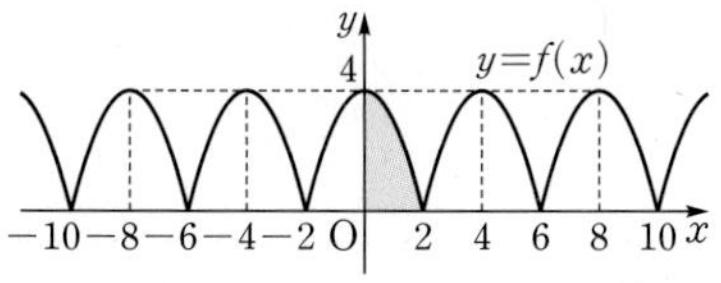

따라서 함수 $y=f(x)$의 그래프와 x축 및 두 직선 $x=0$, $x=20$으로 둘러싸인 도형의 넓이는
$$\begin{aligned}\int_0^{20} f(x)dx&=10\int_0^2 f(x)dx\\&=10\int_0^2(4-x^2)dx\\&=10\left[4x-\frac{1}{3}x^3\right]_0^2\\&=10\times\frac{16}{3}=\frac{160}{3}\end{aligned}$$

0819

답 14

함수 $f(x)$는 $f(0)=0$이고 모든 실수 x에 대하여 증가하므로
$x>0$일 때, $f(x)>0$이다.
또한 함수 $f(x)$는 연속함수이고 모든 실수 x에 대하여
$f(x)=f(x-3)+2$이므로 그래프의 개형은 다음 그림과 같다.

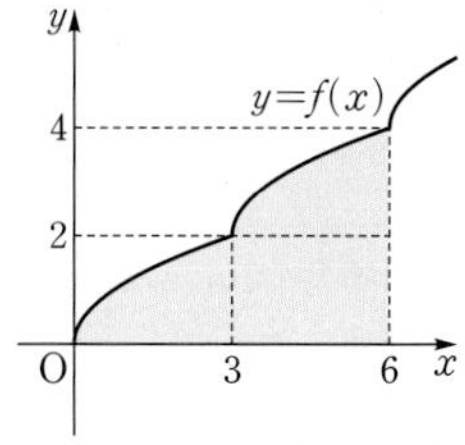

따라서 함수 $y=f(x)$의 그래프와 x축 및 직선 $x=6$으로 둘러싸인 도형의 넓이는
$$\begin{aligned}\int_0^6 f(x)dx&=\int_0^3 f(x)dx+\int_3^6 f(x)dx\\&=\int_0^3 f(x)dx+\int_3^6\{f(x-3)+2\}dx\\&=\int_0^3 f(x)dx+\int_0^3 f(x)dx+\int_3^6 2dx\\&=2\int_0^3 f(x)dx+\Big[2x\Big]_3^6\\&=2\times4+6=14\end{aligned}$$

0820

답 ①

주어진 그림에서 함수 $y=f(x)$의 그래프는 y축에 대하여 대칭이므로
$$\int_{-a}^a f(x)dx=2\int_0^a f(x)dx=13$$
$$\therefore \int_0^a f(x)dx=\frac{13}{2} \quad\cdots\cdots ㉠$$
한편, 오른쪽 그림에서

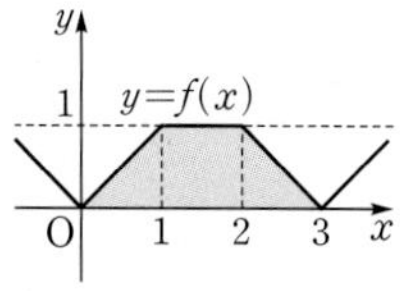

$$\int_0^3 f(x)dx=\frac{1}{2}\times(1+3)\times1=2$$
이고 모든 실수 x에 대하여
$f(x+3)=f(x)$이므로
$$\int_0^3 f(x)dx=\int_3^6 f(x)dx=\int_6^9 f(x)dx=2$$
$$\begin{aligned}\therefore \int_0^9 f(x)dx&=\int_0^3 f(x)dx+\int_3^6 f(x)dx+\int_6^9 f(x)dx\\&=2\times3=6\end{aligned}$$
㉠에서
$$\int_0^a f(x)dx=\int_0^9 f(x)dx+\int_9^a f(x)dx=6+\int_9^a f(x)dx=\frac{13}{2}$$
$$\therefore \int_9^a f(x)dx=\frac{1}{2}$$
이때
$$\int_0^1 f(x)dx=\int_3^4 f(x)dx=\int_6^7 f(x)dx=\int_9^{10} f(x)dx=\frac{1}{2}$$
이므로 $a=10$

유형 10 위치와 위치의 변화량

확인 문제 (1) -3 (2) -1

(1) $t=3$에서 점 P의 위치는
$$\begin{aligned}0+\int_0^3 v(t)dt&=\int_0^3(2t-4)dt\\&=\Big[t^2-4t\Big]_0^3=-3\end{aligned}$$
(2) $t=1$에서 $t=2$까지 점 P의 위치의 변화량은
$$\begin{aligned}\int_1^2 v(t)dt&=\int_1^2(2t-4)dt\\&=\Big[t^2-4t\Big]_1^2=-1\end{aligned}$$

0821

답 20

$t=0$에서의 점 P의 좌표가 4이므로 $t=4$에서 점 P의 위치는
$$\begin{aligned}4+\int_0^4 v(t)dt&=4+\int_0^4(8-2t)dt\\&=4+\Big[8t-t^2\Big]_0^4\\&=4+16=20\end{aligned}$$

0822

답 9

점 P의 운동 방향이 바뀌는 시각은 $v(t)=0$에서

$-2t^2+6t=0$, $-2t(t-3)=0$

$\therefore t=3$ ($\because t>0$)

따라서 $t=3$에서 점 P의 위치는

$$\int_0^3 v(t)dt=\int_0^3(-2t^2+6t)dt$$
$$=\left[-\frac{2}{3}t^3+3t^2\right]_0^3=9$$

0823

답 2

시각 t에서의 점 P의 위치를 x라 하면

$$x=0+\int_0^t v(t)dt$$
$$=\int_0^t(3t^2-2t-2)dt$$
$$=\left[t^3-t^2-2t\right]_0^t=t^3-t^2-2t$$

점 P가 다시 원점을 통과할 때 $x=0$이므로

$t^3-t^2-2t=0$, $t(t+1)(t-2)=0$

$\therefore t=2$ ($\because t>0$)

따라서 $t=2$일 때 점 P가 다시 원점을 통과한다.

0824

답 300

열기구가 최고 높이에 도달했을 때의 속도는 0이므로

$v(t)=0$에서 $60-2t=0$

$\therefore t=30$

따라서 $t=30$일 때 열기구는 최고 높이에 도달하고, 이때의 지면으로부터의 높이 a m는

$$a=0+\int_0^{30}v(t)dt=\int_0^{20}tdt+\int_{20}^{30}(60-2t)dt$$
$$=\left[\frac{1}{2}t^2\right]_0^{20}+\left[60t-t^2\right]_{20}^{30}$$
$$=200+100=300$$

0825

답 ④

시각 $t=0$에서의 점 P의 위치를 a라 하면 시각 $t=3$에서의 점 P의 위치는

$$a+\int_0^3 v(t)dt=a+\int_0^3(-4t+5)dt$$
$$=a+\left[-2t^2+5t\right]_0^3$$
$$=a-3$$

이때 시각 $t=3$에서 점 P의 위치가 11이므로

$a-3=11$ $\therefore a=14$

0826

답 ②

두 점 P, Q가 만나려면 위치가 같아야 하므로 두 점이 다시 만나는 시각을 $t=a$라 하면

$\int_0^a v_1(t)dt=\int_0^a v_2(t)dt$에서

$$\int_0^a(t^2-8t+3)dt=\int_0^a(-2t^2+4t-6)dt$$
$$\left[\frac{1}{3}t^3-4t^2+3t\right]_0^a=\left[-\frac{2}{3}t^3+2t^2-6t\right]_0^a$$
$$\frac{1}{3}a^3-4a^2+3a=-\frac{2}{3}a^3+2a^2-6a$$

$a^3-6a^2+9a=0$, $a(a-3)^2=0$

$\therefore a=3$ ($\because a>0$)

따라서 두 점 P, Q가 다시 만나는 시각은 3이다.

유형 11 움직인 거리

0827

답 ②

$t=0$에서 $t=3$까지 점 P가 움직인 거리는

$$\int_0^3|v(t)|dt=\int_0^2(-2t+4)dt+\int_2^3(2t-4)dt$$
$$=\left[-t^2+4t\right]_0^2+\left[t^2-4t\right]_2^3$$
$$=4+1=5$$

Bible Says 움직인 거리

수직선 위를 움직이는 점 P의 시각 t에서 속도가 $v(t)$일 때, 시각 $t=a$에서 $t=b$까지 점 P가 움직인 거리는

$$\int_a^b|v(t)|dt$$

0828

답 50

점 P가 출발한 후 다시 원점을 지나는 시각을 $t=a$라 하면

$\int_0^a(10-2t)dt=0$에서

$\left[10t-t^2\right]_0^a=0$, $10a-a^2=0$

$a(a-10)=0$ $\therefore a=10$ ($\because a>0$)

따라서 $t=0$에서 $t=10$까지 점 P가 움직인 거리는

$$\int_0^{10}|v(t)|dt=\int_0^{10}|10-2t|dt$$
$$=\int_0^5(10-2t)dt+\int_5^{10}(-10+2t)dt$$
$$=\left[10t-t^2\right]_0^5+\left[-10t+t^2\right]_5^{10}$$
$$=25+25=50$$

0829

답 20 m

물체가 최고 높이에 도달했을 때의 속도는 0이므로
$v(t)=0$에서 $-10t+40=0$
$\therefore t=4$
따라서 $t=4$일 때 물체가 최고 높이에 도달하므로 구하는 거리는

$$\begin{aligned}\int_4^6 |v(t)|dt &= \int_4^6 |-10t+40|dt \\ &= \int_4^6 (10t-40)dt \\ &= \Big[5t^2-40t\Big]_4^6 \\ &= -60-(-80)=20\ (\text{m})\end{aligned}$$

0830

답 ②

점 P가 출발할 때의 속도는 $v(0)=-3<0$이므로 출발할 때의 운동 방향과 반대 방향으로 움직인 구간은 $v(t)>0$에서
$-t^2+4t-3>0$, $t^2-4t+3<0$
$(t-1)(t-3)<0 \quad \therefore 1<t<3$
따라서 구하는 거리는

$$\begin{aligned}\int_1^3 |v(t)|dt &= \int_1^3 |-t^2+4t-3|dt \\ &= \int_1^3 (-t^2+4t-3)dt \\ &= \Big[-\frac{1}{3}t^3+2t^2-3t\Big]_1^3 \\ &= (-9+18-9)-\Big(-\frac{1}{3}+2-3\Big)=\frac{4}{3}\end{aligned}$$

0831

답 ③

점 P의 운동 방향이 바뀌는 시각은 $v(t)=0$에서
$t^2-at=0$, $t(t-a)=0$
$\therefore t=a\ (\because t>0)$
시각 $t=0$에서 $t=a$까지 점 P가 움직인 거리가 $\frac{9}{2}$이므로

$$\begin{aligned}\int_0^a |v(t)|dt &= \int_0^a |t^2-at|dt \\ &= \int_0^a (-t^2+at)dt \\ &= \Big[-\frac{1}{3}t^3+\frac{1}{2}at^2\Big]_0^a \\ &= \frac{1}{6}a^3=\frac{9}{2}\end{aligned}$$

에서 $a^3=27$
$\therefore a=3$

0832

답 22

고속 열차가 출발하여 2 km를 달리는 동안 걸리는 시간을 x(분)이라 하면
$2=\int_0^x (3t^2+2t)dt=\Big[t^3+t^2\Big]_0^x=x^3+x^2$
에서 $x^3+x^2-2=0$, $(x-1)(x^2+2x+2)=0$
$\therefore x=1$
…… ❶
즉, 고속 열차가 출발하여 2 km를 달리는 데 걸리는 시간은 1(분)이고 그 이후로의 속도는 $v(1)=5$ (km/min)으로 일정하다.
따라서 이 열차가 출발한 후 5분 동안 달린 거리는
$2+\int_1^5 v(t)dt=2+\int_1^5 5dt=2+\Big[5t\Big]_1^5=2+20=22$ (km)
$\therefore a=22$
…… ❷

채점 기준	배점
❶ 열차가 2 km를 달리는 동안 걸리는 시간 구하기	50%
❷ 열차가 출발 후 5분 동안 달린 거리 구하기	50%

유형 12 그래프에서의 위치와 움직인 거리

0833

답 ⑤

ㄱ. $v(1)=0$, $v(5)=0$이고 $t=1$, $t=5$의 좌우에서 각각 $v(t)$의 부호가 바뀌므로 점 P는 $t=1$, $t=5$에서 운동 방향을 두 번 바꾼다. (참)
ㄴ. $t=2$일 때, 점 P의 위치는
$0+\int_0^2 v(t)dt=-\frac{1}{2}\times1\times4+\frac{1}{2}\times1\times4=0$
따라서 $t=2$일 때, 점 P는 원점을 지난다. (참)
ㄷ. 출발 후 8초 동안 점 P가 움직인 거리는
$$\begin{aligned}\int_0^8 |v(t)|dt &= \frac{1}{2}\times1\times4+\frac{1}{2}\times(4+1)\times4+\frac{1}{2}\times3\times4 \\ &= 2+10+6=18\ (\text{참})\end{aligned}$$
따라서 옳은 것은 ㄱ, ㄴ, ㄷ이다.

0834

답 14

$v(4)=0$, $v(8)=0$이고 $t=4$, $t=8$의 좌우에서 각각 $v(t)$의 부호가 바뀌므로 점 P가 운동 방향을 바꾸는 시각은 $t=4$, $t=8$
즉, 점 P가 출발한 지 8초 후에 두 번째로 운동 방향을 바꾸므로 이때까지 점 P가 움직인 거리는
$$\begin{aligned}\int_0^8 |v(t)|dt &= \frac{1}{2}\times4\times4+\frac{1}{2}\times(2+4)\times2 \\ &= 8+6=14\end{aligned}$$

0835

답 32

$t=5$에서 점 P가 원점을 지나므로 이때의 점 P의 위치가 0이다.

즉, $-4+\int_0^5 v(t)dt=0$에서 $\int_0^5 v(t)dt=4$이므로

$\frac{1}{2}\times2\times a-\frac{1}{2}\times2\times a+\frac{1}{2}\times1\times a=4$

$\therefore a=8$

따라서 $t=0$에서 $t=7$까지 점 P가 움직인 거리는

$$\int_0^7 |v(t)|dt=\frac{1}{2}\times2\times8+\frac{1}{2}\times2\times8+\frac{1}{2}\times(3+1)\times8$$
$$=8+8+16=32$$

0836

답 ③

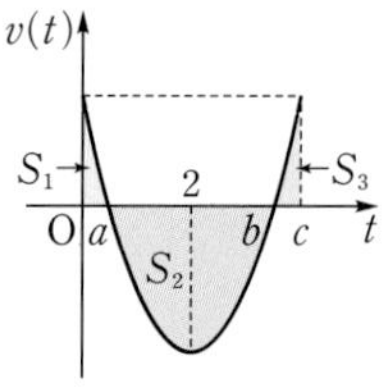

원점을 출발한 점 P가 $t=c$에서 다시 원점을 지나려면 $t=0$에서 $t=c$까지 위치의 변화량이 0이어야 하므로 오른쪽 그림에서

$S_1+S_3=S_2$

이때 $v(t)=t^2-4t+k=(t-2)^2+k-4$의 그래프는 직선 $t=2$에 대하여 대칭이므로 $S_1=\frac{1}{2}S_2$

즉, $\int_0^2 v(t)dt=0$이므로

$$\int_0^2 (t^2-4t+k)dt=\left[\frac{1}{3}t^3-2t^2+kt\right]_0^2$$
$$=\frac{8}{3}-8+2k=0$$

에서 $k=\frac{8}{3}$

0837

답 8

$t=5$에서의 점 P의 위치가 -2이므로

$\int_0^5 v(t)dt=-2$에서

$\int_0^2 v(t)dt+\int_2^5 v(t)dt=2+\int_2^5 v(t)dt=-2$

$\therefore \int_2^5 v(t)dt=-4$

이때 $\int_2^6 v(t)dt=0$이므로

$\int_2^5 v(t)dt+\int_5^6 v(t)dt=0$, $-4+\int_5^6 v(t)dt=0$

$\therefore \int_5^6 v(t)dt=4$

따라서 $t=2$에서 $t=6$까지 점 P가 움직인 거리는

$$\int_2^6 |v(t)|dt=-\int_2^5 v(t)dt+\int_5^6 v(t)dt$$
$$=4+4=8$$

0838

답 ③

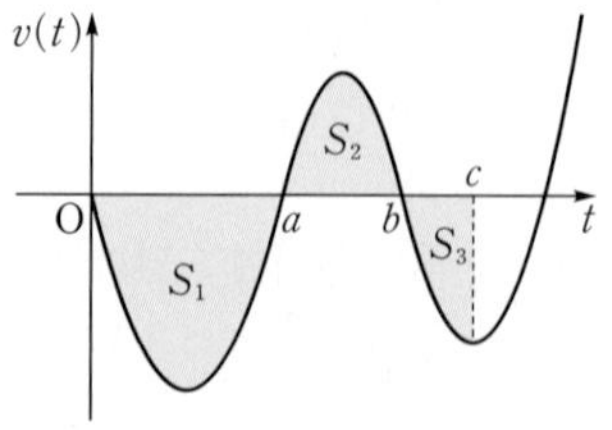

$\int_0^a |v(t)|dt=S_1$, $\int_a^b |v(t)|dt=S_2$, $\int_b^c |v(t)|dt=S_3$이라 하면

$\int_0^a v(t)dt=-S_1$, $\int_a^b v(t)dt=S_2$, $\int_b^c v(t)dt=-S_3$

점 P는 원점을 출발한 후 시각 $t=a$에서 처음으로 운동 방향을 바꾸고 이때의 위치가 -8이므로

$\int_0^a v(t)dt=-S_1=-8$ $\quad\therefore S_1=8$

또한 시각 $t=c$에서의 위치가 -6이므로

$$\int_0^c v(t)dt=\int_0^a v(t)dt+\int_a^b v(t)dt+\int_b^c v(t)dt$$
$$=-8+S_2-S_3=-6$$

$\therefore S_2-S_3=2$ $\quad\cdots\cdots$ ㉠

주어진 조건에서 $\int_0^b v(t)dt=\int_b^c v(t)dt$이므로

$-8+S_2=-S_3$

$\therefore S_2+S_3=8$ $\quad\cdots\cdots$ ㉡

㉠, ㉡을 연립하여 풀면 $S_2=5$, $S_3=3$

따라서 점 P가 $t=a$부터 $t=b$까지 움직인 거리는

$\int_a^b |v(t)|dt=S_2=5$

PART B 내신 잡는 종합 문제

0839

답 ③

$a>0$이므로 곡선 $y=ax^3$과 x축 및 두 직선 $x=-3$, $x=3$으로 둘러싸인 도형의 넓이는

$$\int_{-3}^3 |ax^3|dx=\int_{-3}^0 (-ax^3)dx+\int_0^3 ax^3dx$$
$$=2\int_0^3 ax^3dx=2\left[\frac{1}{4}ax^4\right]_0^3$$
$$=\frac{81}{2}a=27$$

에서 $a=\frac{2}{3}$

0840

답 ④

$f(x)=\int f'(x)dx$

$=\int (x^2-1)dx$

$=\frac{1}{3}x^3-x+C$ (C는 적분상수)

$f(0)=0$에서 $C=0$

$\therefore f(x)=\frac{1}{3}x^3-x$

$=\frac{1}{3}x(x+\sqrt{3})(x-\sqrt{3})$

곡선 $y=f(x)$와 x축의 교점의 x좌표는 $f(x)=0$에서

$\frac{1}{3}x(x+\sqrt{3})(x-\sqrt{3})=0$

$\therefore x=-\sqrt{3}$ 또는 $x=0$ 또는 $x=\sqrt{3}$

따라서 곡선 $y=f(x)$와 x축으로 둘러싸인 부분의 넓이는

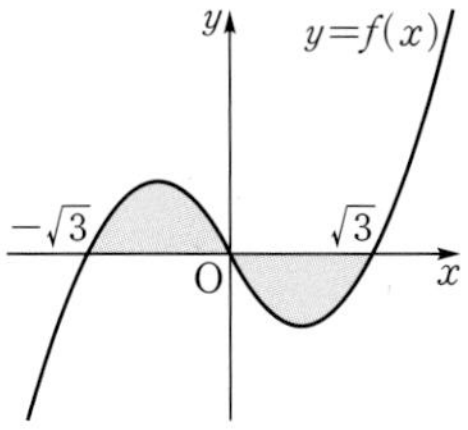

$\int_{-\sqrt{3}}^{\sqrt{3}}|f(x)|dx$

$=\int_{-\sqrt{3}}^{\sqrt{3}}\left|\frac{1}{3}x^3-x\right|dx$

$=2\int_{-\sqrt{3}}^{0}\left(\frac{1}{3}x^3-x\right)dx$

$=2\left[\frac{1}{12}x^4-\frac{1}{2}x^2\right]_{-\sqrt{3}}^{0}$

$=-2\times\left(\frac{3}{4}-\frac{3}{2}\right)=\frac{3}{2}$

0841

답 27

점 P가 출발한 후 다시 원점을 지나는 시각을 $t=a$라 하면

$\int_0^a(2t^3-6t^2)dt=0$에서

$\left[\frac{1}{2}t^4-2t^3\right]_0^a=0$, $\frac{1}{2}a^4-2a^3=0$

$\frac{1}{2}a^3(a-4)=0$

$\therefore a=4$ ($\because a>0$)

따라서 $t=4$까지 점 P가 움직인 거리는

$\int_0^4|v(t)|dt=\int_0^4|2t^3-6t^2|dt$

$=\int_0^3(-2t^3+6t^2)dt+\int_3^4(2t^3-6t^2)dt$

$=\left[-\frac{1}{2}t^4+2t^3\right]_0^3+\left[\frac{1}{2}t^4-2t^3\right]_3^4$

$=\frac{27}{2}+\frac{27}{2}=27$

Bible Says **움직인 거리**

수직선 위를 움직이는 점 P의 시각 t에서 속도가 $v(t)$일 때, 시각 $t=a$에서 $t=b$까지 점 P가 움직인 거리는

$\int_a^b|v(t)|dt$

0842

답 24

$\frac{d}{dx}\int f(x)dx=\int\left\{\frac{d}{dx}g(x)\right\}dx$에서

$f(x)=g(x)+C$ (C는 적분상수)

$\therefore f(x)-g(x)=C$

조건 (나)에서 $f(1)=4$, $g(1)=12$이므로

$C=f(1)-g(1)$

$=4-12=-8$

따라서 $f(x)-g(x)=-8$이므로 두 곡선 $y=f(x)$, $y=g(x)$와 두 직선 $x=2$, $x=5$로 둘러싸인 도형의 넓이는

$\int_2^5|f(x)-g(x)|dx=\int_2^5 8dx$

$=\left[8x\right]_2^5=24$

0843

답 2

$y=3x^2$에서 $y'=6x$

접점의 좌표를 $(t, 3t^2)$이라 하면 곡선 위의 점 $(t, 3t^2)$에서의 접선의 기울기는 $6t$이므로 접선의 방정식은

$y-3t^2=6t(x-t)$

$\therefore y=6tx-3t^2$

이 직선이 점 $(1, 0)$을 지나므로

$0=6t-3t^2$, $-3t(t-2)=0$

$\therefore t=0$ 또는 $t=2$

따라서 접선의 방정식은

$y=0$ 또는 $y=12x-12$

이므로 구하는 도형의 넓이는

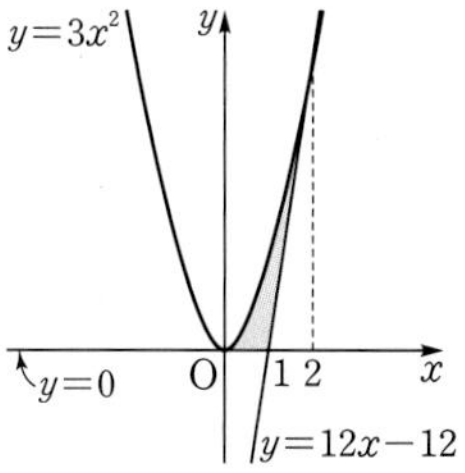

$\int_0^1 3x^2dx+\int_1^2\{3x^2-(12x-12)\}dx$

$=\left[x^3\right]_0^1+\int_1^2(3x^2-12x+12)dx$

$=1+\left[x^3-6x^2+12x\right]_1^2=2$

0844

답 −3

$v(3)=0$, $v(5)=0$이고 $t=3$, $t=5$의 좌우에서 각각 $v(t)$의 부호가 바뀌므로 점 P가 운동 방향을 바꾸는 시각은 $t=3$, $t=5$

즉, 점 P가 $t=5$일 때, 두 번째로 운동 방향을 바꾸므로 이때까지 점 P가 움직인 거리는

$\int_0^5|v(t)|dt=\frac{1}{2}\times(3+1)\times2+\frac{1}{2}\times2\times(-a)$

$=4-a=7$

$\therefore a=-3$

0845

답 3

곡선 $y=g(x)$는 곡선 $y=f(x)$를 x축에 대하여 대칭이동한 것이므로

$g(x)=-f(x)=-x^2+ax$

두 곡선 $y=f(x)$, $y=g(x)$의 교점의 x좌표는

$x^2-ax=-x^2+ax$에서 $2x^2-2ax=0$

$2x(x-a)=0$

$\therefore x=0$ 또는 $x=a$

두 곡선 $y=f(x)$, $y=g(x)$로 둘러싸인 도형의 넓이가 9이므로

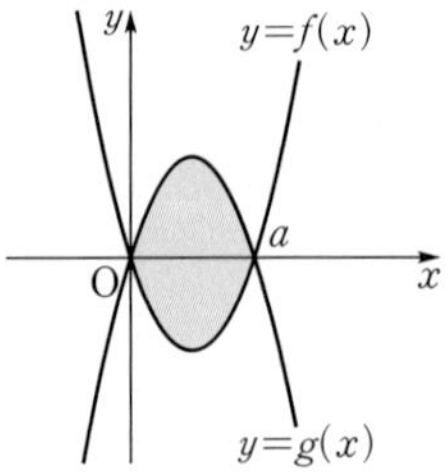

$\int_0^a |f(x)-g(x)|dx$

$=\int_0^a |2x^2-2ax|dx$

$=\int_0^a (-2x^2+2ax)dx$

$=\left[-\frac{2}{3}x^3+ax^2\right]_0^a$

$=\frac{1}{3}a^3=9$

에서 $a^3=27$ $\quad\therefore a=3$

0846

답 ①

두 점 P, Q가 만나려면 위치가 같아야 하므로 두 점이 다시 만나는 시각을 $t=a$라 하면

$\int_0^a v_1(t)dt=\int_0^a v_2(t)dt$에서

$\int_0^a (-t^2+12t+1)dt=\int_0^a (2t^2+4t+5)dt$

$\left[-\frac{1}{3}t^3+6t^2+t\right]_0^a=\left[\frac{2}{3}t^3+2t^2+5t\right]_0^a$

$-\frac{1}{3}a^3+6a^2+a=\frac{2}{3}a^3+2a^2+5a$

$a^3-4a^2+4a=0$, $a(a-2)^2=0$

$\therefore a=2$ ($\because a>0$)

따라서 두 점 P, Q가 다시 만나는 시각은 2이다.

0847

답 ②

곡선 $y=-x^2+3x$와 두 직선 $y=2x$, $y=x$가 제1사분면에서 만나는 점을 각각 A, B라 하면 점 A의 x좌표는

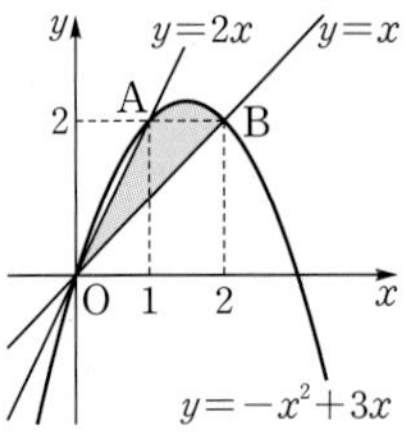

$-x^2+3x=2x$에서

$x^2-x=0$, $x(x-1)=0$

$\therefore x=1$ ($\because x>0$)

$\therefore$ A(1, 2)

점 B의 x좌표는 $-x^2+3x=x$에서

$x^2-2x=0$, $x(x-2)=0$ $\quad\therefore x=2$ ($\because x>0$)

$\therefore$ B(2, 2)

따라서 구하는 넓이는 삼각형 OAB의 넓이에 곡선 $y=-x^2+3x$와 직선 $y=2$로 둘러싸인 도형의 넓이를 합한 것과 같으므로

$\frac{1}{2}\times1\times2+\int_1^2(-x^2+3x-2)dx=1+\left[-\frac{1}{3}x^3+\frac{3}{2}x^2-2x\right]_1^2$

$=1+\frac{1}{6}=\frac{7}{6}$

0848

답 12

$k>3$이므로 함수 $y=f(x)$의 그래프의 개형은 다음 그림과 같다.

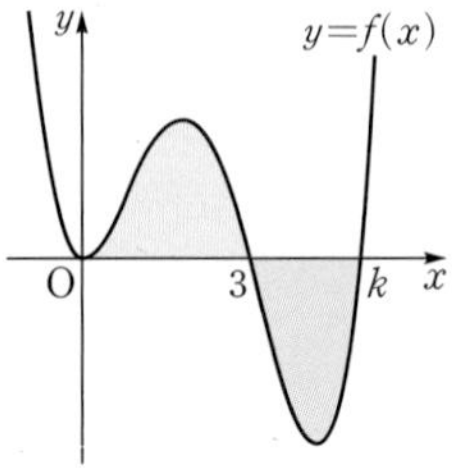

위의 그림에서 곡선 $y=f(x)$와 x축으로 둘러싸인 색칠된 두 도형의 넓이가 같으므로

$\int_0^k f(x)dx=0$에서

$\int_0^k x^2(x-3)(x-k)dx=0$

$\int_0^k \{x^4-(3+k)x^3+3kx^2\}dx=0$

$\left[\frac{1}{5}x^5-\frac{k+3}{4}x^4+kx^3\right]_0^k=0$

$\frac{1}{5}k^5-\frac{1}{4}k^5-\frac{3}{4}k^4+k^4=0$, $k^4(k-5)=0$

$\therefore k=5$ ($\because k>3$)

따라서 $f(x)=x^2(x-3)(x-5)$이므로

$f(2)=4\times(-1)\times(-3)=12$

0849

답 ⑤

$f(x)=x^3-x^2+x$에서 $f'(x)=3x^2-2x+1$

이차방정식 $f'(x)=0$의 판별식을 D라 하면

$\frac{D}{4}=(-1)^2-3<0$이므로 모든 실수 x에 대하여 $f'(x)\geq0$

따라서 함수 $f(x)$는 모든 실수 x에 대하여 증가한다.

이때 두 곡선 $y=f(x)$와 $y=g(x)$는 직선 $y=x$에 대하여 대칭이다.

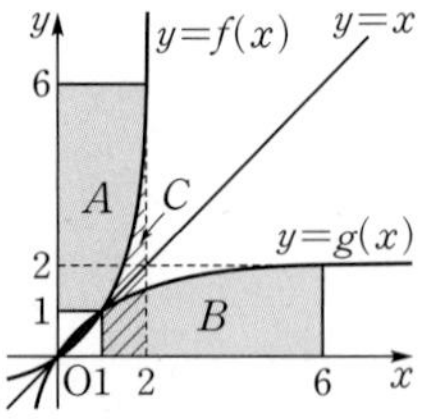

따라서 위의 그림에서 $A=B$이므로

$\int_1^2 f(x)dx+\int_1^6 g(x)dx=C+B=C+A$

$=2\times6-1\times1=11$

0850

답 ④

$x>0$일 때, 점 B에서 두 함수 $y=ax^2+2$, $y=2x$의 그래프가 접하므로 이차방정식 $ax^2+2=2x$, 즉 $ax^2-2x+2=0$의 판별식을 D라 하면

$\frac{D}{4}=(-1)^2-2a=0$ $\quad\therefore a=\frac{1}{2}$

두 함수 $y=\frac{1}{2}x^2+2$, $y=2x$의 그래프의 접점 B의 x좌표는

$\frac{1}{2}x^2+2=2x$에서 $x^2-4x+4=0$

$(x-2)^2=0$ $\quad\therefore x=2$

이때 주어진 두 함수의 그래프가 모두 y축에 대하여 대칭이고 두 점 A, B도 y축에 대하여 대칭이므로 구하는 넓이는

$$2\int_0^2\left\{\left(\frac{1}{2}x^2+2\right)-2x\right\}dx=\int_0^2(x^2-4x+4)dx$$
$$=\left[\frac{1}{3}x^3-2x^2+4x\right]_0^2$$
$$=\frac{8}{3}-8+8=\frac{8}{3}$$

0851

답 ③

두 곡선 $y=f(x)$, $y=g(x)$는 직선 $y=x$에 대하여 대칭이다.
두 곡선 $y=f(x)$, $y=g(x)$의 교점의 x좌표는 곡선 $y=f(x)$와 직선 $y=x$의 교점의 x좌표와 같으므로

$(x-2)^2=x$에서

$x^2-5x+4=0$, $(x-1)(x-4)=0$

$\therefore x=4$ ($\because x\ge2$)

두 곡선 $y=f(x)$, $y=g(x)$와 x축 및 y축으로 둘러싸인 도형의 넓이는 곡선 $y=f(x)$와 x축 및 직선 $y=x$로 둘러싸인 도형의 넓이의 2배와 같으므로 구하는 넓이는

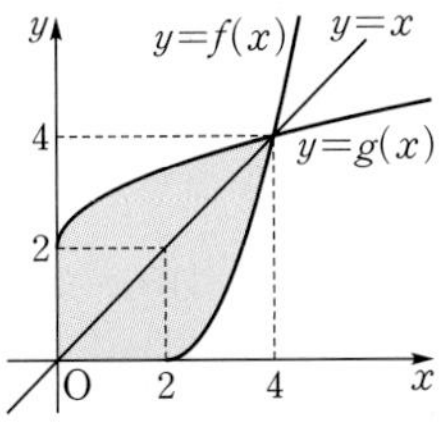

$$2\left[\frac{1}{2}\times2\times2+\int_2^4\{x-(x-2)^2\}dx\right]$$
$$=2\left\{2+\int_2^4(-x^2+5x-4)dx\right\}$$
$$=4+2\left[-\frac{1}{3}x^3+\frac{5}{2}x^2-4x\right]_2^4=4+2\times\frac{10}{3}=\frac{32}{3}$$

0852

답 ③

ㄱ. $a\le x\le b$에서 $f(x)\le0$이므로

$S_1=\int_a^b\{-f(x)\}dx=\int_b^a f(x)dx$ (참)

ㄴ. $b\le x\le c$에서 $f(x)\ge0$이므로

$\int_a^c f(x)dx=\int_a^b f(x)dx+\int_b^c f(x)dx$

$=-S_1+S_2>0$

$\therefore S_1<S_2$ (참)

ㄷ. $\int_a^c|f(x)|dx=\int_a^b|f(x)|dx+\int_b^c|f(x)|dx$

$=S_1+S_2<2S_1$

에서 $S_1>S_2$이므로 ㄴ에서

$\int_a^c f(x)dx=-S_1+S_2<0$ (거짓)

따라서 옳은 것은 ㄱ, ㄴ이다.

0853

답 ②

$$g(a+4)-g(a)=\int_{-2}^{a+4}f(t)dt-\int_{-2}^{a}f(t)dt$$
$$=\int_{-2}^{a+4}f(t)dt+\int_a^{-2}f(t)dt$$
$$=\int_a^{-2}f(t)dt+\int_{-2}^{a+4}f(t)dt$$
$$=\int_a^{a+4}f(t)dt \quad\cdots\cdots ㉠$$

한편, 오른쪽 그림에서

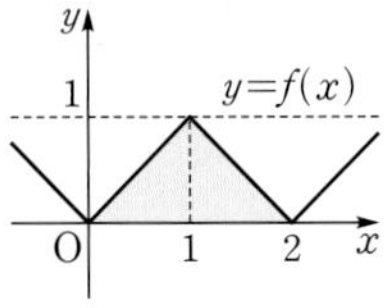

$\int_0^2 f(x)dx=\frac{1}{2}\times2\times1=1$

이고, 모든 실수 x에 대하여

$f(x+2)=f(x)$이므로

$\int_0^2 f(x)dx=\int_2^4 f(x)dx$

$=\cdots=\int_a^{a+2}f(x)dx=\int_{a+2}^{a+4}f(x)dx=1$

따라서 ㉠에서

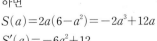

$$g(a+4)-g(a)=\int_a^{a+4}f(t)dt=\int_a^{a+2}f(t)dt+\int_{a+2}^{a+4}f(t)dt$$
$$=1+1=2$$

0854

답 128

곡선 $y=6-x^2$에 내접하는 직사각형의 넓이가 최대일 때 색칠한 부분의 넓이가 최소이다.

❶

오른쪽 그림과 같이 제1사분면 위의 직사각형의 꼭짓점의 좌표를 $(a,\ 6-a^2)$, 내접하는 직사각형의 넓이를 $S(a)$라 하면

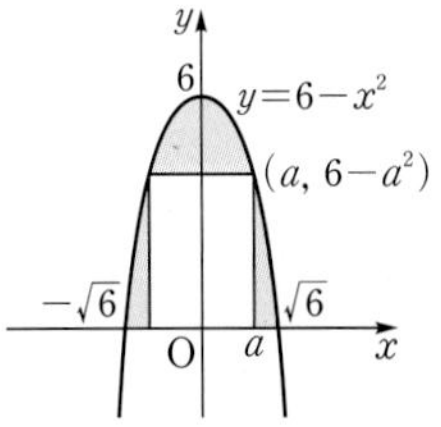

$S(a)=2a(6-a^2)=-2a^3+12a$

$S'(a)=-6a^2+12$

$=-6(a+\sqrt{2})(a-\sqrt{2})$

$S'(a)=0$에서 $a=\sqrt{2}$ ($\because 0<a<\sqrt{6}$)

$0<a<\sqrt{6}$에서 함수 $S(a)$의 증가와 감소를 표로 나타내면 다음과 같다.

a	0	$\cdots$	$\sqrt{2}$	$\cdots$	$\sqrt{6}$
$S'(a)$		$+$	0	$-$	
$S(a)$		↗	극대	↘	

따라서 $S(a)$는 $a=\sqrt{2}$일 때 극대이면서 최대이다.

…… ❷

색칠한 부분의 넓이는 곡선 $y=6-x^2$과 x축으로 둘러싸인 도형의 넓이에서 직사각형의 넓이를 뺀 것과 같으므로 구하는 넓이는

$$\int_{-\sqrt{6}}^{\sqrt{6}}(-x^2+6)dx-S(\sqrt{2})=2\int_{0}^{\sqrt{6}}(-x^2+6)dx-8\sqrt{2}$$
$$=2\left[-\frac{1}{3}x^3+6x\right]_0^{\sqrt{6}}-8\sqrt{2}$$
$$=8\sqrt{6}-8\sqrt{2}$$

따라서 $m=8$, $n=-8$이므로

$m^2+n^2=64+64=128$

…… ❸

채점 기준	배점
❶ 색칠한 부분의 넓이가 최소일 조건 구하기	20%
❷ 직사각형의 넓이가 최대일 조건 구하기	50%
❸ 색칠한 부분의 넓이 구하기	30%

0855

답 -4

주어진 그래프에서

$f(x)=ax(x-1)=ax^2-ax\ (a>0)$

$g(x)=bx^2(x-1)=bx^3-bx^2\ (b<0)$

…… ❶

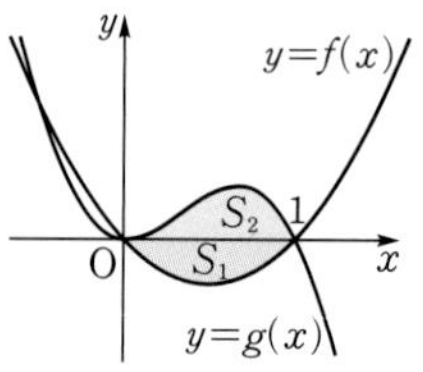

$$S_1=\int_0^1|f(x)|dx$$
$$=\int_0^1(-ax^2+ax)dx$$
$$=\left[-\frac{a}{3}x^3+\frac{a}{2}x^2\right]_0^1=\frac{a}{6}$$
$$S_2=\int_0^1 g(x)dx$$
$$=\int_0^1(bx^3-bx^2)dx$$
$$=\left[\frac{b}{4}x^4-\frac{b}{3}x^3\right]_0^1=-\frac{b}{12}$$

…… ❷

이때 $S_1=S_2$이므로

$\frac{a}{6}=-\frac{b}{12}$ $\quad\therefore a=-\frac{b}{2}$

$\therefore \frac{g(2)}{f(2)}=\frac{4b}{2a}=\frac{4b}{-b}=-4$

…… ❸

채점 기준	배점
❶ 주어진 그래프를 이용하여 $f(x)$, $g(x)$의 식 나타내기	30%
❷ 두 곡선 $y=f(x)$, $y=g(x)$로 둘러싸인 두 도형의 넓이 구하기	40%
❸ 두 도형의 넓이가 같음을 이용하여 $\frac{g(2)}{f(2)}$의 값 구하기	30%

PART C 수능 녹인 변별력 문제

0856

답 ②

두 점 P, Q의 시각 t에서의 위치를 각각 $x_P(t)$, $x_Q(t)$라 하면

$$x_P(t)=\int_0^t(3t^2+4t-2)dt$$
$$=\left[t^3+2t^2-2t\right]_0^t=t^3+2t^2-2t$$
$$x_Q(t)=\int_0^t(4t+k)dt$$
$$=\left[2t^2+kt\right]_0^t=2t^2+kt$$

두 점 P, Q가 만날 때 $x_P(t)=x_Q(t)$이므로

$t^3+2t^2-2t=2t^2+kt$, $t^3-(k+2)t=0$

$\therefore t\{t^2-(k+2)\}=0$

두 점 P, Q가 원점을 동시에 출발한 후 한 번만 만나려면 이 방정식이 오직 하나의 양의 실근을 가져야 한다.

즉, 이차방정식 $t^2-(k+2)=0$이 오직 하나의 양의 실근을 가져야 하므로

$k+2>0$ $\quad\therefore k>-2$

따라서 정수 k의 최솟값은 -1이다.

0857

답 ②

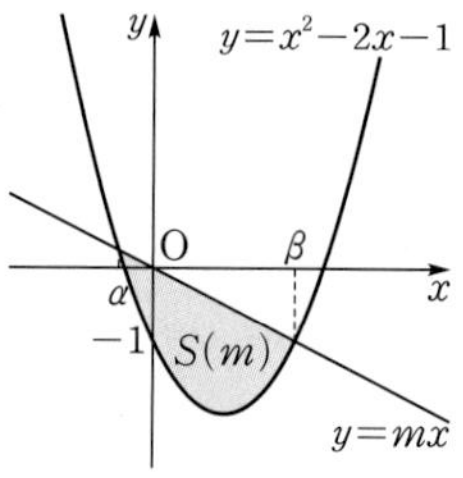

오른쪽 그림과 같이 곡선 $y=x^2-2x-1$과 직선 $y=mx$의 교점의 x좌표를 α, β $(\alpha<\beta)$라 하고 곡선과 직선으로 둘러싸인 도형의 넓이를 $S(m)$이라 하면

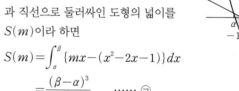

$$S(m)=\int_\alpha^\beta\{mx-(x^2-2x-1)\}dx$$
$$=\frac{(\beta-\alpha)^3}{6}\quad\cdots\cdots\ ㉠$$

이때 α, β는 이차방정식 $x^2-2x-1=mx$, 즉 $x^2-(m+2)x-1=0$의 두 근이므로 근과 계수의 관계에 의하여

$\alpha+\beta=m+2$, $\alpha\beta=-1$

$\therefore \beta-\alpha=\sqrt{(\beta-\alpha)^2}=\sqrt{(\alpha+\beta)^2-4\alpha\beta}=\sqrt{(m+2)^2+4}$

이를 ㉠에 대입하면

$S(m)=\frac{1}{6}\{(m+2)^2+4\}^{\frac{3}{2}}$

따라서 도형의 넓이는 $m=-2$일 때 최소이고 구하는 최솟값은

$S(-2)=\frac{1}{6}\times4^{\frac{3}{2}}=\frac{4}{3}$

참고

최고차항의 계수가 a인 이차함수 $y=f(x)$의 그래프와 직선 $y=mx+n$이 $x=\alpha$, $x=\beta$ $(\alpha<\beta)$에서 만날 때, 곡선 $y=f(x)$와 직선 $y=mx+n$으로 둘러싸인 도형의 넓이를 S라 하면

$$S=\frac{|a|(\beta-\alpha)^3}{6}$$

임을 이용하여 정적분 값을 빠르게 계산할 수 있다.

0858

답 14

$g(x)=\begin{cases} x-2 & (x\ge1) \\ -x & (x<1) \end{cases}$이므로 두 함수 $y=f(x)$, $y=g(x)$의 그래프의 교점의 x좌표를 구하면

(i) $x\ge1$일 때

$\frac{1}{3}x(4-x)=x-2$, $x^2-x-6=0$

$(x+2)(x-3)=0$ $\therefore x=3$ ($\because x\ge1$)

(ii) $x<1$일 때

$\frac{1}{3}x(4-x)=-x$, $x^2-7x=0$

$x(x-7)=0$ $\therefore x=0$ ($\because x<1$)

(i), (ii)에서 두 함수 $y=f(x)$, $y=g(x)$의 그래프는 다음 그림과 같다.

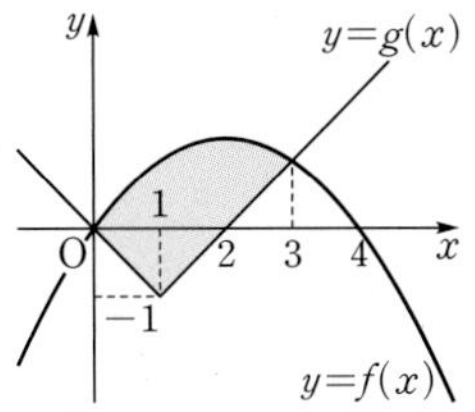

따라서 두 함수 $y=f(x)$, $y=g(x)$의 그래프로 둘러싸인 부분의 넓이는

$$S=\int_0^3\{f(x)-g(x)\}dx$$
$$=\int_0^1\left\{\frac{1}{3}x(4-x)-(-x)\right\}dx+\int_1^3\left\{\frac{1}{3}x(4-x)-(x-2)\right\}dx$$
$$=\int_0^1\left(-\frac{1}{3}x^2+\frac{7}{3}x\right)dx+\int_1^3\left(-\frac{1}{3}x^2+\frac{1}{3}x+2\right)dx$$
$$=\left[-\frac{1}{9}x^3+\frac{7}{6}x^2\right]_0^1+\left[-\frac{1}{9}x^3+\frac{1}{6}x^2+2x\right]_1^3$$
$$=\left(-\frac{1}{9}+\frac{7}{6}\right)+\left\{\left(-3+\frac{3}{2}+6\right)-\left(-\frac{1}{9}+\frac{1}{6}+2\right)\right\}=\frac{7}{2}$$

$\therefore 4S=4\times\frac{7}{2}=14$

0859

답 48

함수 $f(x)$는 최고차항의 계수가 양수인 이차함수이고 조건 (가)에서 $\int_0^t f(x)dx=\int_{2-t}^2 f(x)dx$이므로 함수 $y=f(x)$의 그래프는 직선 $x=\frac{0+2}{2}=1$에 대하여 대칭이다.

이때 조건 (나)에서 $f(2)=0$이므로 $f(0)=0$

$f(x)=kx(x-2)=kx^2-2kx$ $(k>0)$

라 할 수 있다.

곡선 $y=f(x)$와 x축의 교점의 x좌표는 $x=0$, $x=2$이므로 곡선 $y=f(x)$와 x축 및 직선 $x=3$으로 둘러싸인 두 도형의 넓이를 각각 S_1, S_2라 하면

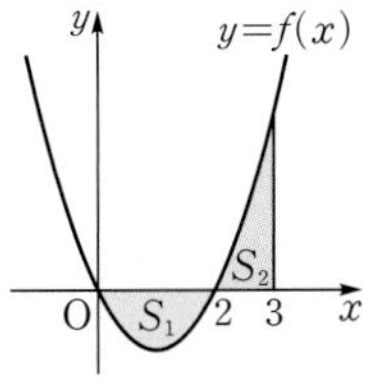

$$S_1=\int_0^2\{-f(x)\}dx$$
$$=\int_0^2(-kx^2+2kx)dx$$
$$=\left[-\frac{1}{3}kx^3+kx^2\right]_0^2=\frac{4}{3}k$$
$$S_2=\int_2^3 f(x)dx=\int_2^3(kx^2-2kx)dx$$
$$=\left[\frac{1}{3}kx^3-kx^2\right]_2^3=\frac{4}{3}k$$

$S_1+S_2=\frac{8}{3}k=16$에서

$k=6$

따라서 $f(x)=6x(x-2)$이므로

$f(4)=6\times4\times2=48$

0860

답 ②

$f(x)=x^2+x$에서 $f'(x)=2x+1$

$x\ge0$일 때, $f'(x)\ge1$이므로 함수 $f(x)$는 $x\ge0$에서 증가한다.

또한 두 곡선 $y=f(x)$와 $y=g(x)$는 직선 $y=x$에 대하여 대칭이다.

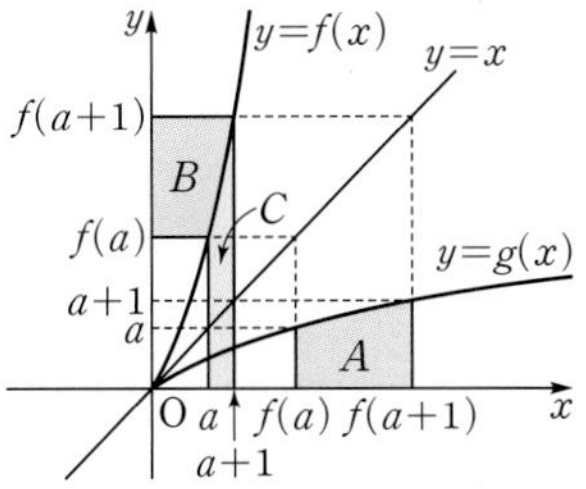

따라서 위의 그림에서 $A=B$이므로

$$\int_a^{a+1}f(x)dx+\int_{f(a)}^{f(a+1)}g(x)dx$$
$$=C+A=C+B$$
$$=(a+1)f(a+1)-af(a)$$
$$=(a+1)\{(a+1)^2+(a+1)\}-a(a^2+a)$$
$$=3a^2+5a+2=24$$

$3a^2+5a-22=0$, $(a-2)(3a+11)=0$

$\therefore a=2$ ($\because a>0$)

0861

답 59

$f(x)=x^3-6x^2+9x$에서

$f'(x)=3x^2-12x+9=3(x-1)(x-3)$

$f'(x)=0$에서 $x=1$ 또는 $x=3$

함수 $f(x)$의 증가와 감소를 표로 나타내면 다음과 같다.

x	$\cdots$	1	$\cdots$	3	$\cdots$
$f'(x)$	+	0	−	0	+
$f(x)$	↗	4	↘	0	↗

따라서 함수 $y=f(x)$의 그래프는 다음 그림과 같다.

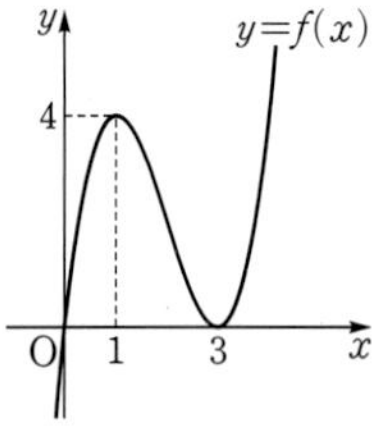

함수 $y=f(x)$의 그래프와 직선 $y=4$가 만나는 점의 x좌표는

$x^3-6x^2+9x=4$에서 $x^3-6x^2+9x-4=0$

$(x-1)^2(x-4)=0$ $\quad\therefore x=1$ 또는 $x=4$

즉, $g(t)=\begin{cases} f(t) & (t<1) \\ 4 & (1\le t<4) \\ f(t) & (t\ge 4)\end{cases}$에서 $g(x)=\begin{cases} f(x) & (x<1) \\ 4 & (1\le x<4) \\ f(x) & (x\ge 4)\end{cases}$

이므로 함수 $y=g(x)$의 그래프는 다음 그림과 같다.

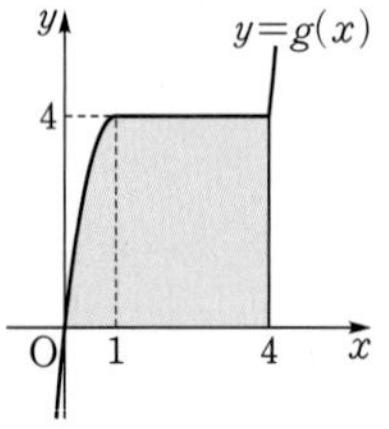

따라서 함수 $y=g(x)$의 그래프와 x축 및 직선 $x=4$로 둘러싸인 도형의 넓이는

$$S=\int_0^4 g(x)dx=\int_0^1 f(x)dx+\int_1^4 4dx$$
$$=\int_0^1 (x^3-6x^2+9x)dx+\int_1^4 4dx$$
$$=\left[\frac{1}{4}x^4-2x^3+\frac{9}{2}x^2\right]_0^1+\left[4x\right]_1^4$$
$$=\frac{11}{4}+12=\frac{59}{4}$$

$\therefore 4S=\frac{59}{4}\times 4=59$

0862

답 4

두 점 P, Q의 시각 t에서의 위치를 각각 $x_1(t)$, $x_2(t)$라 하면

$$x_1(t)=\int_0^t v_1(t)dt=\int_0^t (6t^2+2t)dt$$
$$=\left[2t^3+t^2\right]_0^t=2t^3+t^2$$
$$x_2(t)=\int_0^t v_2(t)dt=\int_0^t (3t^2+8t)dt$$
$$=\left[t^3+4t^2\right]_0^t=t^3+4t^2$$

두 점 P, Q가 만나려면 $x_1(t)=x_2(t)$에서

$2t^3+t^2=t^3+4t^2$, $t^3-3t^2=0$

$t^2(t-3)=0$ $\quad\therefore t=3$

즉, 두 점 P, Q는 출발 후 $t=3$에서 처음으로 만난다.

한편, 시각 t에서의 두 점 P, Q 사이의 거리는

$f(t)=|x_1(t)-x_2(t)|=|t^3-3t^2|$

$g(t)=t^3-3t^2$이라 하면

$g'(t)=3t^2-6t=3t(t-2)$

$g'(t)=0$에서 $t=0$ 또는 $t=2$

구간 $[0, 3]$에서 함수 $g(t)$의 증가와 감소를 표로 나타내면 다음과 같다.

t	0	$\cdots$	2	$\cdots$	3
$g'(t)$		$-$	0	$+$	
$g(t)$		↘	-4	↗	

함수 $y=g(t)$의 그래프를 이용하여 함수 $y=f(t)$의 그래프를 그리면 다음 그림과 같다.

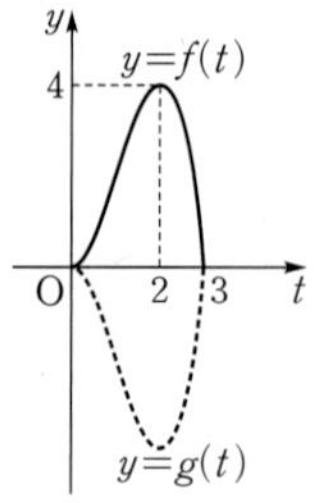

따라서 구간 $[0, 3]$에서 함수 $f(t)$는 $t=2$일 때, 최댓값 4를 갖는다.

0863

답 4

조건 (가)에서 함수 $y=f(x)$의 그래프는 y축에 대하여 대칭이다.

또한 함수 $f(x)$는 극댓값을 갖고 조건 (나)에서 $f(x)$는 극솟값 0을 가지므로 함수 $y=f(x)$의 그래프의 개형은 다음 그림과 같다.

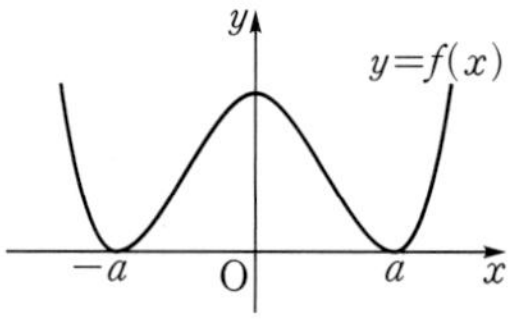

함수 $y=f(x)$의 그래프와 x축이 만나는 점의 x좌표를

$-a$, a $(a>0)$라 하면

$f(x)=(x+a)^2(x-a)^2$

$f'(x)=2(x+a)(x-a)^2+2(x+a)^2(x-a)$

$\quad=4x(x+a)(x-a)$

따라서 함수 $y=f'(x)$의 그래프의 개형은 다음 그림과 같다.

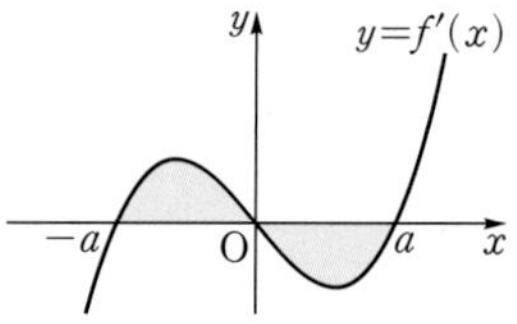

곡선 $y=f'(x)$는 원점에 대하여 대칭이고 곡선 $y=f'(x)$와 x축으로 둘러싸인 도형의 넓이가 8이므로

$$\int_{-a}^a |f'(x)|dx=\int_{-a}^0 f'(x)dx+\int_0^a \{-f'(x)\}dx$$
$$=-2\int_0^a f'(x)dx$$
$$=-2\left[f(x)\right]_0^a$$
$$=-2\{f(a)-f(0)\}$$
$$=2a^4=8$$

에서 $a^4=4$ $\quad\therefore a=\sqrt{2}$ $(\because a>0)$

따라서 $f(x)=(x+\sqrt{2})^2(x-\sqrt{2})^2$이므로

$f(0)=2\times 2=4$

0864

답 ④

$f(x+1)=f(x)+1$의 식의 양변에 x대신 $x-1$을 대입하면

$f(x)=f(x-1)+1$ …… ㉠

즉, 어떤 정수 m에 대하여 구간 $[m, m+1]$에서의 함수 $y=f(x)$의 그래프는 구간 $[m-1, m]$에서의 함수 $y=f(x)$의 그래프를 x축의 방향으로 1만큼, y축의 방향으로 1만큼 평행이동시킨 것과 같다.

$f(0)=1$이므로 ㉠의 식의 양변에 $x=1$을 대입하면

$f(1)=f(0)+1=2$

또한 함수 $f(x)$는 실수 전체의 집합에서 증가하고 연속이므로 $y=f(x)$의 그래프의 개형은 다음 그림과 같다.

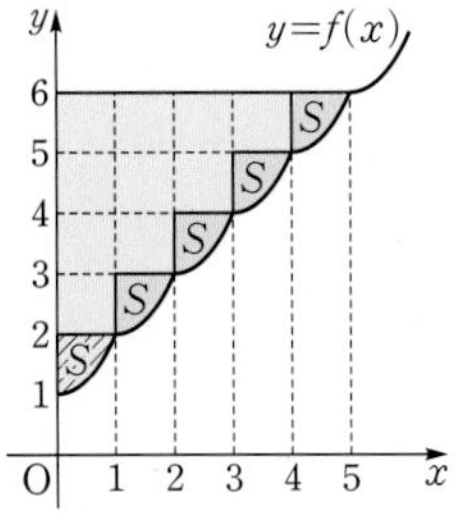

함수 $y=f(x)$의 그래프와 y축 및 직선 $y=2$로 둘러싸인 부분의 넓이를 S라 하면 함수 $y=f(x)$의 그래프와 y축 및 두 직선 $y=2$, $y=6$으로 둘러싸인 부분의 넓이가 13이므로

$(1\times1)\times10+4S=13$에서 $S=\frac{3}{4}$

$\therefore \int_0^1 f(x)dx=2-S=2-\frac{3}{4}=\frac{5}{4}$

0865

답 ②

주어진 조건에서

$f(0)=0$, $f(1)=1$, $\int_0^1 f(x)dx=\frac{1}{6}$

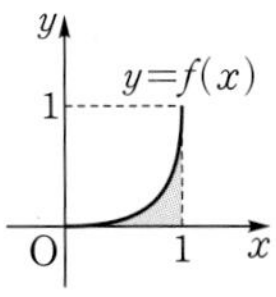

이므로 $0<x<1$일 때 함수 $y=f(x)$의 그래프의 개형은 오른쪽 그림과 같다.

또한, 조건 ㈎에서 $-1<x<0$일 때의 함수 $y=g(x)$의 그래프는 $0<x<1$일 때의 함수 $y=f(x)$의 그래프를 x축에 대하여 대칭이동시킨 후 x축의 방향으로 -1만큼, y축의 방향으로 1만큼 평행이동시킨 것과 같다.

즉, $-1\le x\le1$일 때 함수 $y=g(x)$의 그래프의 개형은 오른쪽 그림과 같이 나타낼 수 있다.

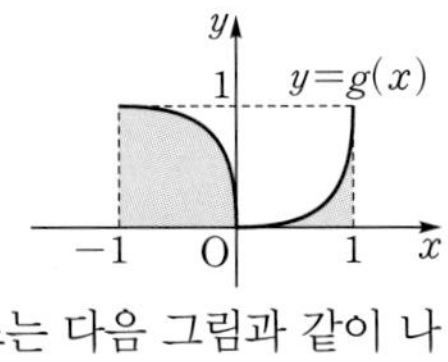

이때 조건 ㈏에서 함수 $g(x)$는 주기가 2인 주기함수이므로 함수 $y=g(x)$의 그래프는 다음 그림과 같이 나타낼 수 있다.

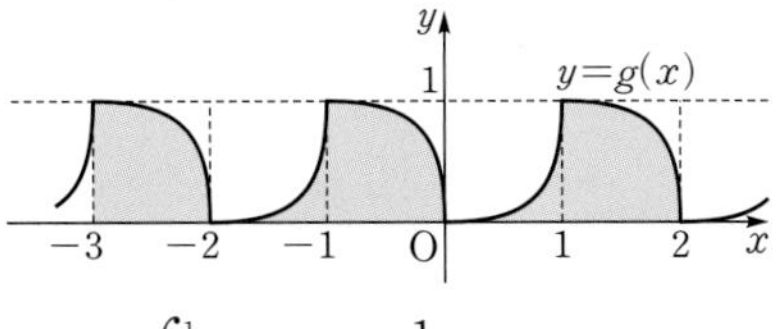

한편, $\int_0^1 g(x)dx=\int_0^1 f(x)dx=\frac{1}{6}$

$\int_{-1}^0 g(x)dx=1-\int_0^1 f(x)dx=1-\frac{1}{6}=\frac{5}{6}$이므로

$\int_{-1}^1 g(x)dx=\int_{-1}^0 g(x)dx+\int_0^1 g(x)dx=\frac{5}{6}+\frac{1}{6}=1$

이때 함수 $g(x)$의 주기는 2이므로

$\int_{-3}^{-1} g(x)dx=\int_{-1}^1 g(x)dx=1$

$\int_1^2 g(x)dx=\int_{-1}^0 g(x)dx=\frac{5}{6}$

$\therefore \int_{-3}^2 g(x)dx=\int_{-3}^{-1} g(x)dx+\int_{-1}^1 g(x)dx+\int_1^2 g(x)dx$

$=1+1+\frac{5}{6}=\frac{17}{6}$

0866

답 ③

$\{f(x)\}^2-f(x)=x^2\{f(x)-1\}$에서

$\{f(x)\}^2-(x^2+1)f(x)+x^2=0$

$\{f(x)-x^2\}\{f(x)-1\}=0$

$\therefore f(x)=x^2$ 또는 $f(x)=1$

즉, 함수 $f(x)$는 구간에 따라 곡선 $y=x^2$ 또는 직선 $y=1$ 중 하나의 모양을 나타낸다.

이때 함수 $f(x)$가 실수 전체의 집합에서 연속이므로 다음과 같이 나누어 생각해 볼 수 있다.

(i) $\int_{-2}^2 f(x)dx$의 값이 최대인 경우

$\int_{-2}^2 f(x)dx$의 값이 최대이려면 구간 $[-2, 2]$에 속하는 각각의 x에 대하여 함수 $f(x)$가 x^2, 1 중에서 큰 값을 가져야 하므로

$f(x)=\begin{cases} x^2 & (x<-1 \text{ 또는 } x>1) \\ 1 & (-1\le x\le1) \end{cases}$이고 그 그래프는 다음 그림과 같다.

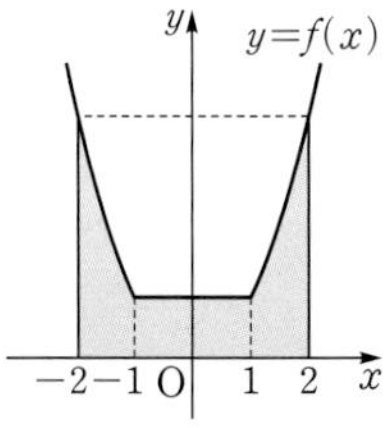

함수 $y=f(x)$의 그래프는 y축에 대하여 대칭이므로

$\int_{-2}^2 f(x)dx$의 최댓값은

$M=2\int_0^2 f(x)dx=2\int_0^1 1dx+2\int_1^2 x^2dx$

$=2\Big[x\Big]_0^1+2\Big[\frac{1}{3}x^3\Big]_1^2=2+\frac{14}{3}=\frac{20}{3}$

(ii) $\int_{-2}^2 f(x)dx$의 값이 최소인 경우

$\int_{-2}^2 f(x)dx$의 값이 최소이려면 구간 $[-2, 2]$에 속하는 각각의 x에 대하여 함수 $f(x)$가 x^2, 1 중에서 작은 값을 가져야 하므로

$f(x)=\begin{cases} x^2 & (-1\le x\le1) \\ 1 & (x<-1 \text{ 또는 } x>1) \end{cases}$이고 그 그래프는 다음 그림과 같다.

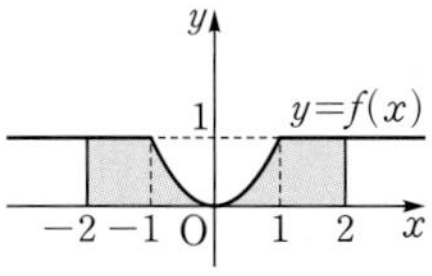

함수 $y=f(x)$의 그래프는 y축에 대하여 대칭이므로

$\int_{-2}^{2} f(x)dx$의 최솟값은

$$m=2\int_{0}^{2} f(x)dx=2\int_{0}^{1} x^2dx+2\int_{1}^{2} 1dx$$

$$=2\left[\frac{1}{3}x^3\right]_0^1+2\left[x\right]_1^2=\frac{2}{3}+2=\frac{8}{3}$$

(i), (ii)에서 $M=\frac{20}{3}$, $m=\frac{8}{3}$이므로

$\frac{M}{m}=\frac{20}{8}=\frac{5}{2}$

0867

답 ④

ㄱ. 점 P의 시각 t에서의 속도를 $v(t)$라 하면

$v'(t)=a(t)=3t^2-12t+9=3(t-1)(t-3)$

$v'(t)=0$에서 $t=1$ 또는 $t=3$

$t\geq 0$에서 $v(t)$의 증가와 감소를 표로 나타내면 다음과 같다.

t	0	$\cdots$	1	$\cdots$	3	$\cdots$
$v'(t)$		+	0	−	0	+
$v(t)$		↗	극대	↘	극소	↗

구간 $(3, \infty)$에서 $v'(t)>0$이므로 점 P의 속도는 증가한다. (참)

ㄴ. $v(t)=\int a(t)dt=\int (3t^2-12t+9)dt$

$=t^3-6t^2+9t+C$ (C는 적분상수)

$t=0$에서의 속도가 k이므로

$v(0)=k$에서 $C=k$

이때 $k=-4$이면

$v(t)=t^3-6t^2+9t-4=(t-1)^2(t-4)$

즉, 구간 $(0, 4)$에서 $v(t)\leq 0$, 구간 $(4, \infty)$에서 $v(t)>0$이므로 구간 $(0, \infty)$에서 점 P의 운동 방향은 $t=4$에서 한 번 바뀐다. (거짓)

ㄷ. ㄱ, ㄴ에서 $v(0)=v(3)=k$이므로 $t\geq 0$에서 함수 $v(t)$의 최솟값은 k이고 $y=v(t)$의 그래프는 다음 그림과 같다.

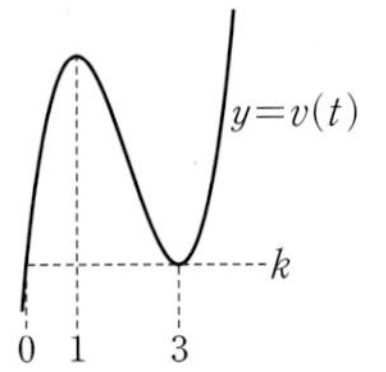

시각 $t=0$에서 시각 $t=5$까지 점 P의 위치의 변화량은

$\left|\int_0^5 v(t)dt\right|$이고 점 P가 움직인 거리는 $\int_0^5 |v(t)|dt$이므로

$\left|\int_0^5 v(t)dt\right|=\int_0^5 |v(t)|dt$를 만족시키려면 $0\leq t\leq 5$에서

$v(t)\geq 0$이어야 한다.

즉, $0\leq t\leq 5$에서 함수 $v(t)$의 최솟값이 0 이상이어야 하므로

$v(3)\geq 0$에서 $k\geq 0$

즉, 구하는 k의 최솟값은 0이다. (참)

따라서 옳은 것은 ㄱ, ㄷ이다.

참고

ㄴ에서 $v(t)=(t-1)^2(t-4)$일 때, $v(1)=0$이지만 $t=1$의 좌우에서 $v(t)$의 부호가 바뀌지 않으므로 점 P는 $t=1$에서 운동 방향을 바꾸지 않는다.

수학의 바이블

유형 ON

2권

정답과 풀이

수학 Ⅱ

Ⅰ 함수의 극한과 연속

유형별 유사문제

PART A 01 함수의 극한

유형 01 함수의 극한과 그래프

0001 답 1

$\lim_{x\to-1+}f(x)+\lim_{x\to2+}f(x)=0+1=1$

0002 답 2

$\lim_{x\to-1-}f(x)+\lim_{x\to0-}f(x)+\lim_{x\to1+}f(x)=0+1+1=2$

0003 답 ③

$1-x=t$라 하면 $x\to2+$일 때, $t\to-1-$이므로

$\lim_{x\to2+}f(1-x)=\lim_{t\to-1-}f(t)=2$

$x-1=s$라 하면 $x\to2-$일 때, $s\to1-$이므로

$\lim_{x\to2-}f(x-1)=\lim_{s\to1-}f(s)=-1$

$\therefore \lim_{x\to2+}f(1-x)+\lim_{x\to2-}f(x-1)=2+(-1)=1$

0004 답 ⑤

$\frac{2-x}{x-1}=\frac{-(x-1)+1}{x-1}=-1+\frac{1}{x-1}=t$라 하면

$x\to\infty$일 때, $t\to-1+$이므로

$\lim_{x\to\infty}f\left(\frac{2-x}{x-1}\right)=\lim_{t\to-1+}f(t)=1$

$x-1=s$라 하면 $x\to2-$일 때, $s\to1-$이므로

$\lim_{x\to2-}f(x-1)=\lim_{s\to1-}f(s)=2$

$\therefore \lim_{x\to\infty}f\left(\frac{2-x}{x-1}\right)+\lim_{x\to2-}f(x-1)+f(1)=1+2+2=5$

0005 답 ③

주어진 그래프에서 k의 값에 따른 좌극한, 우극한 값을 표로 나타내면 다음과 같다.

k	$\lim_{x\to k-}f(x)$	$\lim_{x\to k+}f(x)$
-2	1	0
-1	1	2
0	1	2
1	0	-1

따라서 $\lim_{x\to k-}f(x)<\lim_{x\to k+}f(x)$를 만족시키는 실수 k는 -1, 0이므로 구하는 합은

$-1+0=-1$

참고

$k\neq-2$, $k\neq-1$, $k\neq0$, $k\neq1$인 모든 실수 k에 대하여
$\lim_{x\to k-}f(x)=\lim_{x\to k+}f(x)$이다.

0006 답 ④

주어진 그래프에서 k의 값에 따른 좌극한, 우극한 값을 표로 나타내면 다음과 같다.

k	$\lim_{x\to k-}f(x)$	$\lim_{x\to k+}f(x)$
-2	1	2
-1	1	1
0	2	0
1	1	2

ㄱ. $\lim_{x\to-2-}f(x)+\lim_{x\to0+}f(x)=1+0=1$ (참)

ㄴ. $\lim_{x\to k-}f(x)>\lim_{x\to k+}f(x)$를 만족시키는 실수 k는 0으로 1개이다. (거짓)

ㄷ. $\lim_{x\to k-}f(x)\neq\lim_{x\to k+}f(x)$를 만족시키는 실수 k는 -2, 0, 1이므로 구하는 합은 $-2+0+1=-1$ (참)

따라서 옳은 것은 ㄱ, ㄷ이다.

유형 02 함수의 극한값과 존재조건

0007 답 ③

$\lim_{x\to1-}f(x)=\lim_{x\to1-}\frac{x^2-1}{|x-1|}$

$=\lim_{x\to1-}\frac{(x+1)(x-1)}{-(x-1)}$

$=\lim_{x\to1-}\{-(x+1)\}=-2$

$\lim_{x\to2+}g(x)=\lim_{x\to2+}\frac{|x^2-4|}{x-2}$

$=\lim_{x\to2+}\frac{(x+2)(x-2)}{x-2}$

$=\lim_{x\to2+}(x+2)=4$

$\therefore \lim_{x\to1-}f(x)+\lim_{x\to2+}g(x)=-2+4=2$

0008 답 ①

$\lim_{x\to3-}f(x)=\lim_{x\to3-}\frac{|x^2-9|}{x-3}=\lim_{x\to3-}\frac{-(x+3)(x-3)}{x-3}$

$=\lim_{x\to3-}\{-(x+3)\}=-6$

$\lim_{x\to3+}f(x)=a$

$\lim_{x\to3}f(x)$의 값이 존재하려면 $\lim_{x\to3-}f(x)=\lim_{x\to3+}f(x)$이어야 하므로

$a=-6$

0009 답 2

$\lim_{x\to1}f(x)$, $\lim_{x\to2}f(x)$의 값이 모두 존재하려면 $x=1$, $x=2$에서 각각 함수 $f(x)$의 좌극한과 우극한이 같아야 한다.

$f(x)=\begin{cases} x^2-2x-1 & (x<1) \\ -x^2+a & (1\le x<2) \\ bx-3 & (x\ge2) \end{cases}$에서

$\lim_{x\to1-}f(x)=\lim_{x\to1-}(x^2-2x-1)=-2$

$\lim_{x\to1+}f(x)=\lim_{x\to1+}(-x^2+a)=-1+a$

이므로 $-1+a=-2$

$\therefore a=-1$

$\lim_{x\to2-}f(x)=\lim_{x\to2-}(-x^2+a)=a-4=-5$

$\lim_{x\to2+}f(x)=\lim_{x\to2+}(bx-3)=2b-3$

이므로 $2b-3=-5$

$\therefore b=-1$

$\therefore a^2+b^2=1+1=2$

유형 03 합성함수의 극한

0010 답 ①

$f(x)=\begin{cases} -1 & (x<1) \\ -x+2 & (x\ge1) \end{cases}$에서 $f(x)=t$라 하면

$x\to1-$일 때, $t=-1$이므로

$\lim_{x\to1-}f(f(x))=f(-1)=-1$

$x\to1+$일 때, $t\to1-$이므로

$\lim_{x\to1+}f(f(x))=\lim_{t\to1-}f(t)=-1$

$\therefore \lim_{x\to1-}f(f(x))+\lim_{x\to1+}f(f(x))=-1+(-1)=-2$

0011 답 ③

$x-2=t$라 하면 $x\to1+$일 때, $t\to-1+$이므로

$\lim_{x\to1+}f(x-2)=\lim_{t\to-1+}f(t)=1$

$f(x)=s$라 하면 $x\to1-$일 때, $s\to0+$이므로

$\lim_{x\to1-}f(f(x))=\lim_{s\to0+}f(s)=1$

$\therefore \lim_{x\to1+}f(x-2)+\lim_{x\to1-}f(f(x))=1+1=2$

0012 답 1

$g(x)=\begin{cases} \dfrac{|x-2|}{x-2} & (x\ne2) \\ 2 & (x=2) \end{cases}$에서 $g(x)=\begin{cases} -1 & (x<2) \\ 2 & (x=2) \\ 1 & (x>2) \end{cases}$

$f(x)=t$라 하면

$x\to0-$일 때, $t\to2-$이므로

$\lim_{x\to0-}g(f(x))=\lim_{t\to2-}g(t)=-1$

$x\to1+$일 때, $t=2$이므로

$\lim_{x\to1+}g(f(x))=g(2)=2$

$g(x)=s$라 하면 $x\to2+$일 때, $s=1$이므로

$\lim_{x\to2+}f(g(x))=f(1)=0$

$\therefore \lim_{x\to0-}g(f(x))+\lim_{x\to1+}g(f(x))+\lim_{x\to2+}f(g(x))$

$=-1+2+0=1$

0013 답 ④

ㄱ. $\lim_{x\to1-}f(x)=1$, $\lim_{x\to1+}f(x)=1$이므로 $\lim_{x\to1}f(x)=1$ (참)

ㄴ. $f(x)=t$라 하면

$x\to2-$일 때, $t\to0+$이므로

$\lim_{x\to2-}f(f(x))=\lim_{t\to0+}f(t)=0$

$x\to2+$일 때, $t\to1+$이므로

$\lim_{x\to2+}f(f(x))=\lim_{t\to1+}f(t)=1$

즉, $\lim_{x\to2-}f(f(x))\ne\lim_{x\to2+}f(f(x))$이므로

$\lim_{x\to2}f(f(x))$의 값은 존재하지 않는다. (거짓)

ㄷ. $g(x)=s$라 하면

$x\to1-$일 때, $s\to1+$이므로

$\lim_{x\to1-}f(g(x))=\lim_{s\to1+}f(s)=1$

$x\to1+$일 때, $s=2$이므로

$\lim_{x\to1+}f(g(x))=f(2)=1$

$\therefore \lim_{x\to1}f(g(x))=1$ (참)

따라서 옳은 것은 ㄱ, ㄷ이다.

유형 04 $[x]$ 꼴을 포함한 함수의 극한

0014 답 5

$\lim_{x\to3+}\dfrac{[x]^2+3x}{[x]}+\lim_{x\to3-}\dfrac{[x]^2-2x}{[x]}=\dfrac{3^2+9}{3}+\dfrac{2^2-6}{2}$

$=6+(-1)=5$

0015 답 ②

$f(x)=[x]^2+a[x]+b$이므로 조건 (가)에서

$f\left(\dfrac{5}{3}\right)=1^2+a+b=5$

$\therefore a+b=4$ …… ㉠

조건 (나)에서 $\lim_{x\to2}f(x)$의 값이 존재하므로

$\lim_{x\to2-}f(x)=\lim_{x\to2+}f(x)$이어야 한다.

$\lim_{x\to2-}f(x)=\lim_{x\to2-}([x]^2+a[x]+b)=1+a+b$

$\lim_{x\to2+}f(x)=\lim_{x\to2+}([x]^2+a[x]+b)=4+2a+b$

에서 $1+a+b=4+2a+b$

$\therefore a=-3$

$a=-3$을 ㉠에 대입하면 $b=7$

$\therefore a-b=-3-7=-10$

0016

답 3

$x-1=t$라 하면 $x \to 0-$일 때, $t \to -1-$이므로

$\lim_{x\to 0-}[f(x-1)]=\lim_{t\to -1-}[f(t)]$

$f(t)=s$라 하면 $t \to -1-$일 때, $s \to 2-$이므로

$\lim_{t\to -1-}[f(t)]=\lim_{s\to 2-}[s]=1$

$\lim_{x\to 1-}f([1-x])=f(0)=2$

$\therefore \lim_{x\to 0-}[f(x-1)]+\lim_{x\to 1-}f([1-x])=1+2=3$

참고

$x \to 1-$일 때 $0<x<1$이므로 $-1<-x<0$, $0<1-x<1$
즉, $\lim_{x\to 1-}[1-x]=0$이므로 $\lim_{x\to 1-}f([1-x])=f(0)$이다.

유형 05 함수의 극한에 대한 성질

0017

답 2

$h(x)=f(x)-4g(x)$라 하면 $\lim_{x\to 3}h(x)=8$

$g(x)=\frac{f(x)-h(x)}{4}$이므로

$$\lim_{x\to 3}g(x)=\lim_{x\to 3}\frac{f(x)-h(x)}{4}$$
$$=\frac{1}{4}\lim_{x\to 3}f(x)-\frac{1}{4}\lim_{x\to 3}h(x)$$
$$=\frac{1}{4}\times 16-\frac{1}{4}\times 8=2$$

0018

답 ④

$f(x)-3g(x)=h(x)$라 하면 $\lim_{x\to\infty}h(x)=3$이고

$f(x)=h(x)+3g(x)$이므로

$$\lim_{x\to\infty}\frac{3f(x)+g(x)}{2f(x)-g(x)}=\lim_{x\to\infty}\frac{3\{h(x)+3g(x)\}+g(x)}{2\{h(x)+3g(x)\}-g(x)}$$
$$=\lim_{x\to\infty}\frac{3h(x)+10g(x)}{2h(x)+5g(x)}$$

이때 $\lim_{x\to\infty}g(x)=\infty$이고 $\lim_{x\to\infty}h(x)=3$에서 $\lim_{x\to\infty}\frac{h(x)}{g(x)}=0$이므로

$$\lim_{x\to\infty}\frac{3h(x)+10g(x)}{2h(x)+5g(x)}=\lim_{x\to\infty}\frac{3\times\frac{h(x)}{g(x)}+10}{2\times\frac{h(x)}{g(x)}+5}$$
$$=\frac{3\times 0+10}{2\times 0+5}=2$$

0019

답 ①

$\lim_{x\to\infty}\frac{1}{x^2}\{f(x)+3x^2\}=0$에서

$\lim_{x\to\infty}\left\{\frac{f(x)}{x^2}+3\right\}=0 \quad \therefore \lim_{x\to\infty}\frac{f(x)}{x^2}=-3$

$$\therefore \lim_{x\to\infty}\frac{3x^2-4f(x)}{2f(x)-5x}=\lim_{x\to\infty}\frac{3-4\times\frac{f(x)}{x^2}}{2\times\frac{f(x)}{x^2}-\frac{5}{x}}$$
$$=\frac{3-4\times(-3)}{2\times(-3)-0}=-\frac{5}{2}$$

0020

답 ④

$x-1=t$라 하면 $x \to 1$일 때, $t \to 0$이므로

$$\lim_{x\to 1}\frac{f(x-1)}{x^2-1}=\lim_{x\to 1}\frac{f(x-1)}{(x-1)(x+1)}=\lim_{t\to 0}\frac{f(t)}{t(t+2)}$$
$$=\lim_{t\to 0}\left\{\frac{f(t)}{t}\times\frac{1}{t+2}\right\}$$
$$=\lim_{t\to 0}\frac{f(t)}{t}\times\frac{1}{2}=2$$

$\therefore \lim_{x\to 0}\frac{f(x)}{x}=4$

$$\therefore \lim_{x\to 0}\frac{f(x)-x^2+2x}{f(x)+x^2-x}=\lim_{x\to 0}\frac{\frac{f(x)}{x}-x+2}{\frac{f(x)}{x}+x-1}$$
$$=\frac{4-0+2}{4+0-1}=2$$

유형 06 $\frac{0}{0}$ 꼴 극한값의 계산

0021

답 ③

$$\lim_{x\to 3}\frac{2x^2-8x+6}{x^2-3x}=\lim_{x\to 3}\frac{2(x-1)(x-3)}{x(x-3)}$$
$$=\lim_{x\to 3}\frac{2(x-1)}{x}=\frac{4}{3}$$

$$\lim_{x\to 2}\frac{x^2-4}{x^2-x-2}=\lim_{x\to 2}\frac{(x+2)(x-2)}{(x+1)(x-2)}$$
$$=\lim_{x\to 2}\frac{x+2}{x+1}=\frac{4}{3}$$

따라서 구하는 극한값은 $\frac{4}{3}+\frac{4}{3}=\frac{8}{3}$

0022

답 ④

$$\lim_{x\to 3}\frac{x^3-3x^2+3x-9}{x^2-3x}=\lim_{x\to 3}\frac{(x-3)(x^2+3)}{x(x-3)}$$
$$=\lim_{x\to 3}\frac{x^2+3}{x}=\frac{9+3}{3}=4$$

$$\lim_{x\to1}\frac{x-1}{\sqrt{x+3}-2}=\lim_{x\to1}\frac{(x-1)(\sqrt{x+3}+2)}{(\sqrt{x+3}-2)(\sqrt{x+3}+2)}$$
$$=\lim_{x\to1}\frac{(x-1)(\sqrt{x+3}+2)}{x-1}$$
$$=\lim_{x\to1}(\sqrt{x+3}+2)=4$$

따라서 구하는 극한값은 $4+4=8$

0023

답 12

$$\lim_{x\to1}\frac{(x^2+x-2)f(x)}{\sqrt{x}-1}=\lim_{x\to1}\frac{(x+2)(x-1)f(x)}{\sqrt{x}-1}$$
$$=\lim_{x\to1}\frac{(x+2)(\sqrt{x}+1)(\sqrt{x}-1)f(x)}{\sqrt{x}-1}$$
$$=\lim_{x\to1}(x+2)(\sqrt{x}+1)f(x)$$
$$=\lim_{x\to1}(x+2)(\sqrt{x}+1)\times\lim_{x\to1}f(x)$$
$$=3\times2\times2=12$$

0024

답 ②

$$\lim_{x\to2}\frac{x^2-2x}{(x^2-4)f(x)}=\lim_{x\to2}\frac{x(x-2)}{(x+2)(x-2)f(x)}$$
$$=\lim_{x\to2}\frac{x}{(x+2)f(x)}$$
$$=\frac{2}{4f(2)}=\frac{1}{2f(2)}=\frac{1}{4}$$

이므로 $2f(2)=4$

$\therefore f(2)=2$

$f(x)=ax+b$ (a, b는 상수, $a\neq0$)라 하면

$f(2)=2$에서 $2a+b=2$ …… ㉠

$f(1)=5$에서 $a+b=5$ …… ㉡

㉠, ㉡을 연립하여 풀면 $a=-3$, $b=8$

따라서 $f(x)=-3x+8$이므로

$f(3)=-9+8=-1$

유형 07 $\frac{\infty}{\infty}$ 꼴 극한값의 계산

0025

답 ②

$$\lim_{x\to\infty}\frac{3x^2-4x-1}{x^2-2x}=\lim_{x\to\infty}\frac{3-\frac{4}{x}-\frac{1}{x^2}}{1-\frac{2}{x}}$$
$$=\frac{3-0-0}{1-0}=3$$
$$\lim_{x\to\infty}\frac{\sqrt{x^2+4}-2}{x+1}=\lim_{x\to\infty}\frac{\sqrt{1+\frac{4}{x^2}}-\frac{2}{x}}{1+\frac{1}{x}}$$
$$=\frac{1-0}{1+0}=1$$

따라서 구하는 극한값은 $3+1=4$

0026

답 ⑤

$x=-t$라 하면 $x\to-\infty$일 때, $t\to\infty$이므로

$$\lim_{x\to-\infty}\frac{\sqrt{4x^2+1}+x}{\sqrt{x^2+2x+3}-x}=\lim_{t\to\infty}\frac{\sqrt{4t^2+1}-t}{\sqrt{t^2-2t+3}+t}$$
$$=\lim_{t\to\infty}\frac{\sqrt{4+\frac{1}{t^2}}-1}{\sqrt{1-\frac{2}{t}+\frac{3}{t^2}}+1}$$
$$=\frac{2-1}{1+1}=\frac{1}{2}$$

0027

답 ①

$$\lim_{x\to\infty}\frac{5x-f(x)}{f(x)-x}=\lim_{x\to\infty}\frac{3x-\{f(x)-2x\}}{\{f(x)-2x\}+x}$$
$$=\lim_{x\to\infty}\frac{\frac{3x}{x+1}-\frac{f(x)-2x}{x+1}}{\frac{f(x)-2x}{x+1}+\frac{x}{x+1}}$$
$$=\lim_{x\to\infty}\frac{3-\frac{3}{x+1}-\frac{f(x)-2x}{x+1}}{\frac{f(x)-2x}{x+1}+1-\frac{1}{x+1}}$$
$$=\frac{3-0-2}{2+1-0}=\frac{1}{3}$$

0028

답 ③

$$\lim_{x\to\infty}\frac{2g(x)}{xf(x)}=\lim_{x\to\infty}\left\{\frac{2x+3}{f(x)}\times\frac{g(x)}{x^2+1}\times\frac{2(x^2+1)}{x(2x+3)}\right\}$$
$$=\lim_{x\to\infty}\left\{\frac{1}{\frac{f(x)}{2x+3}}\times\frac{g(x)}{x^2+1}\times\frac{2+\frac{2}{x^2}}{2+\frac{3}{x}}\right\}$$
$$=\frac{1}{4}\times2\times\frac{2}{2}=\frac{1}{2}$$

유형 08 $\infty-\infty$ 꼴 극한값의 계산

0029

답 ②

$$\lim_{x\to\infty}\frac{1}{x-\sqrt{x^2-6x+10}}$$
$$=\lim_{x\to\infty}\frac{x+\sqrt{x^2-6x+10}}{(x-\sqrt{x^2-6x+10})(x+\sqrt{x^2-6x+10})}$$
$$=\lim_{x\to\infty}\frac{x+\sqrt{x^2-6x+10}}{6x-10}=\lim_{x\to\infty}\frac{1+\sqrt{1-\frac{6}{x}+\frac{10}{x^2}}}{6-\frac{10}{x}}$$
$$=\frac{1+1}{6-0}=\frac{1}{3}$$

0030

답 4

$-x=t$라 하면 $x \to -\infty$일 때, $t \to \infty$이므로

$$\lim_{x\to-\infty}\frac{2}{\sqrt{4x^2-2x}+2x}=\lim_{t\to\infty}\frac{2}{\sqrt{4t^2+2t}-2t}$$
$$=\lim_{t\to\infty}\frac{2(\sqrt{4t^2+2t}+2t)}{(\sqrt{4t^2+2t}-2t)(\sqrt{4t^2+2t}+2t)}$$
$$=\lim_{t\to\infty}\frac{2(\sqrt{4t^2+2t}+2t)}{2t}$$
$$=\lim_{t\to\infty}\frac{\sqrt{4+\frac{2}{t}}+2}{1}$$
$$=\frac{2+2}{1}=4$$

0031

답 -4

$$\lim_{x\to a}\frac{x^2-a^2}{x-a}=\lim_{x\to a}\frac{(x-a)(x+a)}{x-a}$$
$$=\lim_{x\to a}(x+a)=2a=2$$

$\therefore a=1$

$$\lim_{x\to\infty}(\sqrt{x^2+ax}-\sqrt{x^2+bx})$$
$$=\lim_{x\to\infty}(\sqrt{x^2+x}-\sqrt{x^2+bx})$$
$$=\lim_{x\to\infty}\frac{(\sqrt{x^2+x}-\sqrt{x^2+bx})(\sqrt{x^2+x}+\sqrt{x^2+bx})}{\sqrt{x^2+x}+\sqrt{x^2+bx}}$$
$$=\lim_{x\to\infty}\frac{(1-b)x}{\sqrt{x^2+x}+\sqrt{x^2+bx}}$$
$$=\lim_{x\to\infty}\frac{1-b}{\sqrt{1+\frac{1}{x}}+\sqrt{1+\frac{b}{x}}}$$
$$=\frac{1-b}{2}=3$$

$\therefore b=-5$

$\therefore a+b=1+(-5)=-4$

유형 09 $\infty\times0$ 꼴 극한값의 계산

0032

답 ②

$$\lim_{x\to2}\frac{1}{x-2}\left(\frac{x^2}{2x-6}+2\right)=\lim_{x\to2}\left\{\frac{1}{x-2}\times\frac{x^2+4x-12}{2x-6}\right\}$$
$$=\lim_{x\to2}\left\{\frac{1}{x-2}\times\frac{(x+6)(x-2)}{2(x-3)}\right\}$$
$$=\lim_{x\to2}\frac{x+6}{2(x-3)}=-4$$

0033

답 1

$$\lim_{x\to2}\frac{x-10}{x^2-2x}\left(\frac{4}{\sqrt{x+2}}-2\right)$$
$$=\lim_{x\to2}\left\{\frac{x-10}{x(x-2)}\times\frac{4-2\sqrt{x+2}}{\sqrt{x+2}}\right\}$$
$$=\lim_{x\to2}\left\{\frac{x-10}{x(x-2)}\times\frac{2(2-\sqrt{x+2})(2+\sqrt{x+2})}{\sqrt{x+2}(2+\sqrt{x+2})}\right\}$$
$$=\lim_{x\to2}\left\{\frac{x-10}{x(x-2)}\times\frac{2(2-x)}{\sqrt{x+2}(2+\sqrt{x+2})}\right\}$$
$$=\lim_{x\to2}\left\{\frac{x-10}{x}\times\frac{-2}{\sqrt{x+2}(2+\sqrt{x+2})}\right\}$$
$$=\frac{-8}{2}\times\frac{-2}{2\times(2+2)}=1$$

0034

답 ①

$-x=t$라 하면 $x \to -\infty$일 때, $t \to \infty$이므로

$$\lim_{x\to-\infty}x\left(\frac{2x}{\sqrt{x^2-2x}}+2\right)$$
$$=\lim_{t\to\infty}\left\{-t\left(\frac{-2t}{\sqrt{t^2+2t}}+2\right)\right\}$$
$$=\lim_{t\to\infty}t\left(\frac{2t}{\sqrt{t^2+2t}}-2\right)$$
$$=\lim_{t\to\infty}\left(2t\times\frac{t-\sqrt{t^2+2t}}{\sqrt{t^2+2t}}\right)$$
$$=\lim_{t\to\infty}\left\{2t\times\frac{(t-\sqrt{t^2+2t})(t+\sqrt{t^2+2t})}{\sqrt{t^2+2t}(t+\sqrt{t^2+2t})}\right\}$$
$$=\lim_{t\to\infty}\frac{2t\times(-2t)}{\sqrt{t^2+2t}(t+\sqrt{t^2+2t})}$$
$$=\lim_{t\to\infty}\frac{-4}{\sqrt{1+\frac{2}{t}}\left(1+\sqrt{1+\frac{2}{t}}\right)}$$
$$=\frac{-4}{1\times(1+1)}=-2$$

유형 10 미정계수의 결정

0035

답 7

$\lim_{x\to-2}\frac{x^2+5x+a}{x+2}=b$에서 극한값이 존재하고

$x\to-2$일 때, (분모)$\to0$이므로 (분자)$\to0$이어야 한다.

즉, $\lim_{x\to-2}(x^2+5x+a)=0$이므로

$-6+a=0$ $\quad\therefore a=6$

$a=6$을 주어진 식에 대입하면

$$\lim_{x\to-2}\frac{x^2+5x+a}{x+2}=\lim_{x\to-2}\frac{x^2+5x+6}{x+2}$$
$$=\lim_{x\to-2}\frac{(x+3)(x+2)}{x+2}$$
$$=\lim_{x\to-2}(x+3)=1=b$$

$\therefore a+b=6+1=7$

0036

답 3

$\lim_{x \to -1} \frac{a\sqrt{x+2}-a}{x-b}=2$에서 0이 아닌 극한값이 존재하고

$x \to -1$일 때, (분자)$\to 0$이므로 (분모)$\to 0$이어야 한다.

즉, $\lim_{x \to -1}(x-b)=0$이므로

$-1-b=0 \quad \therefore b=-1$

$b=-1$을 주어진 식에 대입하면

$$\lim_{x \to -1} \frac{a\sqrt{x+2}-a}{x-b} = \lim_{x \to -1} \frac{a(\sqrt{x+2}-1)}{x+1}$$
$$= \lim_{x \to -1} \frac{a(\sqrt{x+2}-1)(\sqrt{x+2}+1)}{(x+1)(\sqrt{x+2}+1)}$$
$$= \lim_{x \to -1} \frac{a(x+1)}{(x+1)(\sqrt{x+2}+1)}$$
$$= \lim_{x \to -1} \frac{a}{\sqrt{x+2}+1}$$
$$= \frac{a}{2}=2$$

$\therefore a=4$

$\therefore a+b=4+(-1)=3$

0037

답 3

$b>0$이면 $\lim_{x \to \infty}(\sqrt{x^2+ax+3}+bx)=\infty$이므로 $b<0$

$$\lim_{x \to \infty}(\sqrt{x^2+ax+3}+bx)$$
$$= \lim_{x \to \infty} \frac{(\sqrt{x^2+ax+3}+bx)(\sqrt{x^2+ax+3}-bx)}{\sqrt{x^2+ax+3}-bx}$$
$$= \lim_{x \to \infty} \frac{(1-b^2)x^2+ax+3}{\sqrt{x^2+ax+3}-bx}=2 \quad \cdots\cdots ㉠$$

㉠에서 극한값이 존재하므로

$1-b^2=0,\ (1+b)(1-b)=0$

$\therefore b=-1\ (\because b<0)$

이를 ㉠에 대입하면

$$\lim_{x \to \infty} \frac{(1-b^2)x^2+ax+3}{\sqrt{x^2+ax+3}-bx} = \lim_{x \to \infty} \frac{ax+3}{\sqrt{x^2+ax+3}+x}$$
$$= \lim_{x \to \infty} \frac{a+\frac{3}{x}}{\sqrt{1+\frac{a}{x}+\frac{3}{x^2}}+1}$$
$$= \frac{a+0}{1+1} = \frac{a}{2}=2$$

$\therefore a=4$

$\therefore a+b=4+(-1)=3$

0038

답 15

$\lim_{x \to 2} \frac{1}{x-2}\left\{a-\frac{b}{(x+1)^2}\right\} = \lim_{x \to 2} \frac{a(x+1)^2-b}{(x-2)(x+1)^2}=1$에서 극한값이 존재하고 $x \to 2$일 때, (분모)$\to 0$이므로 (분자)$\to 0$이어야 한다.

즉, $\lim_{x \to 2}\{a(x+1)^2-b\}=0$이므로 $9a-b=0$

$\therefore b=9a \quad \cdots\cdots ㉠$

㉠을 주어진 식에 대입하면

$$\lim_{x \to 2} \frac{1}{x-2}\left\{a-\frac{b}{(x+1)^2}\right\} = \lim_{x \to 2} \frac{a(x+1)^2-b}{(x-2)(x+1)^2}$$
$$= \lim_{x \to 2} \frac{a(x+1)^2-9a}{(x-2)(x+1)^2}$$
$$= \lim_{x \to 2} \frac{a(x+1+3)(x+1-3)}{(x-2)(x+1)^2}$$
$$= \lim_{x \to 2} \frac{a(x+4)}{(x+1)^2}$$
$$= \frac{6a}{9} = \frac{2a}{3}=1$$

$\therefore a=\frac{3}{2}$

$a=\frac{3}{2}$을 ㉠에 대입하면 $b=\frac{27}{2}$

$\therefore a+b=\frac{3}{2}+\frac{27}{2}=\frac{30}{2}=15$

유형 11 다항함수의 결정

0039

답 20

$\lim_{x \to 1} \frac{f(x)}{x-1}=9$에서 극한값이 존재하고

$x \to 1$일 때, (분모)$\to 0$이므로 (분자)$\to 0$이어야 한다.

즉, $\lim_{x \to 1} f(x)=0$이므로 $f(1)=0 \quad \cdots\cdots ㉠$

$\lim_{x \to -2} \frac{f(x)}{x+2}=9$에서 극한값이 존재하고

$x \to -2$일 때, (분모)$\to 0$이므로 (분자)$\to 0$이어야 한다.

즉, $\lim_{x \to -2} f(x)=0$이므로 $f(-2)=0 \quad \cdots\cdots ㉡$

㉠, ㉡에 의하여 $f(x)$는 $(x+2)(x-1)$을 인수로 가지므로

$f(x)=(x+2)(x-1)(ax+b)$ (a, b는 상수, $a\neq 0$)라 하면

$$\lim_{x \to 1} \frac{f(x)}{x-1} = \lim_{x \to 1} \frac{(x+2)(x-1)(ax+b)}{x-1}$$
$$= \lim_{x \to 1}(x+2)(ax+b)$$
$$=3(a+b)=9$$

$\therefore a+b=3 \quad \cdots\cdots ㉢$

$$\lim_{x \to -2} \frac{f(x)}{x+2} = \lim_{x \to -2} \frac{(x+2)(x-1)(ax+b)}{x+2}$$
$$= \lim_{x \to -2}(x-1)(ax+b)$$
$$=-3(-2a+b)=9$$

$\therefore -2a+b=-3 \quad \cdots\cdots ㉣$

㉢, ㉣을 연립하여 풀면 $a=2,\ b=1$

따라서 $f(x)=(x+2)(x-1)(2x+1)$이므로

$f(2)=4\times 1\times 5=20$

0040

답 24

$\lim_{x\to\infty}\frac{f(x)-x^3}{3x^2}=1$에서 $f(x)-x^3$은 최고차항의 계수가 3인 이차함수이다.

$f(x)-x^3=3x^2+ax+b$ (a, b는 상수)라 하면

$f(x)=x^3+3x^2+ax+b$

$\lim_{x\to0}\frac{f(x)}{x}=2$에서 극한값이 존재하고

$x\to0$일 때, (분모)$\to0$이므로 (분자)$\to0$이어야 한다.

즉, $\lim_{x\to0}f(x)=0$이므로 $f(0)=0$에서

$b=0$

$\lim_{x\to0}\frac{f(x)}{x}=\lim_{x\to0}\frac{x^3+3x^2+ax}{x}$

$=\lim_{x\to0}(x^2+3x+a)=a=2$

따라서 $f(x)=x^3+3x^2+2x$이므로

$f(2)=8+12+4=24$

0041

답 42

$\lim_{x\to2}\frac{f(x)}{x-2}=5$에서 극한값이 존재하고

$x\to2$일 때, (분모)$\to0$이므로 (분자)$\to0$이어야 한다.

즉, $\lim_{x\to2}f(x)=0$이므로 $f(2)=0$

$f(x)$는 최고차항의 계수가 1인 삼차함수이므로

$f(x)=(x-2)(x^2+ax+b)$ (a, b는 상수)라 하면

$\lim_{x\to2}\frac{f(x)}{x-2}=\lim_{x\to2}\frac{(x-2)(x^2+ax+b)}{x-2}$

$=\lim_{x\to2}(x^2+ax+b)=4+2a+b=5$

따라서 $b=1-2a$이므로

$f(x)=(x-2)(x^2+ax+1-2a)$

$f(3)=9+3a+1-2a=10+a\geq12$에서

$a\geq2$

$\therefore f(4)=2\times(16+4a+1-2a)$

$=4a+34\geq4\times2+34=42$

따라서 $f(4)$의 최솟값은 42이다.

0042

답 ②

$\lim_{x\to\infty}\frac{f(x)-x^2}{2x}=1$에서 $f(x)-x^2$은 일차항의 계수가 2인 일차함수이다.

$f(x)-x^2=2x+a$ (a는 상수)라 하면

$f(x)=x^2+2x+a$

$\lim_{x\to2}\frac{x^2-4}{(x-2)f(x)}=\lim_{x\to2}\frac{(x+2)(x-2)}{(x-2)f(x)}$

$=\lim_{x\to2}\frac{x+2}{f(x)}=\frac{4}{f(2)}=2$

에서 $f(2)=2$이므로

$f(2)=4+4+a=2$ $\quad\therefore a=-6$

따라서 $f(x)=x^2+2x-6$이므로

$f(3)=9+6-6=9$

유형 12 함수의 극한의 대소 관계

0043

답 3

$x>0$일 때, $3x^3-x^2\leq(x^3+1)f(x)\leq3x^3+5x^2$에서

각 변을 x^3+1로 나누면

$\frac{3x^3-x^2}{x^3+1}\leq f(x)\leq\frac{3x^3+5x^2}{x^3+1}$

이때 $\lim_{x\to\infty}\frac{3x^3-x^2}{x^3+1}=3$, $\lim_{x\to\infty}\frac{3x^3+5x^2}{x^3+1}=3$이므로

함수의 극한의 대소 관계에 의하여

$\lim_{x\to\infty}f(x)=3$

0044

답 ⑤

$x>0$일 때, $\frac{x^2-x}{2x+7}\leq f(x)\leq\frac{x^2+x}{2x+3}$에서 각 변을 x로 나누면

$\frac{x^2-x}{2x^2+7x}\leq\frac{f(x)}{x}\leq\frac{x^2+x}{2x^2+3x}$

x 대신 $3x$를 위의 부등식에 대입하면

$\frac{9x^2-3x}{18x^2+21x}\leq\frac{f(3x)}{3x}\leq\frac{9x^2+3x}{18x^2+9x}$

$\frac{9x^2-3x}{6x^2+7x}\leq\frac{f(3x)}{x}\leq\frac{9x^2+3x}{6x^2+3x}$

이때 $\lim_{x\to\infty}\frac{9x^2-3x}{6x^2+7x}=\frac{3}{2}$, $\lim_{x\to\infty}\frac{9x^2+3x}{6x^2+3x}=\frac{3}{2}$이므로

함수의 극한의 대소 관계에 의하여

$\lim_{x\to\infty}\frac{f(3x)}{x}=\frac{3}{2}$

0045

답 2

모든 양의 실수 x에 대하여

$\sqrt{x^2+4x+5}<f(x)<\sqrt{x^2+4x+7}$이므로

$\sqrt{x^2+4x+5}-x<f(x)-x<\sqrt{x^2+4x+7}-x$

x 대신 $2x$를 위의 부등식에 대입하면

$\sqrt{4x^2+8x+5}-2x<f(2x)-2x<\sqrt{4x^2+8x+7}-2x$

이때

$\lim_{x\to\infty}(\sqrt{4x^2+8x+5}-2x)$

$=\lim_{x\to\infty}\frac{(\sqrt{4x^2+8x+5}-2x)(\sqrt{4x^2+8x+5}+2x)}{\sqrt{4x^2+8x+5}+2x}$

$=\lim_{x\to\infty}\frac{8x+5}{\sqrt{4x^2+8x+5}+2x}$

$=\lim_{x\to\infty}\frac{8+\frac{5}{x}}{\sqrt{4+\frac{8}{x}+\frac{5}{x^2}}+2}=\frac{8}{2+2}=2$

$$\lim_{x\to\infty}(\sqrt{4x^2+8x+7}-2x)$$
$$=\lim_{x\to\infty}\frac{(\sqrt{4x^2+8x+7}-2x)(\sqrt{4x^2+8x+7}+2x)}{\sqrt{4x^2+8x+7}+2x}$$
$$=\lim_{x\to\infty}\frac{8x+7}{\sqrt{4x^2+8x+7}+2x}$$
$$=\lim_{x\to\infty}\frac{8+\frac{7}{x}}{\sqrt{4+\frac{8}{x}+\frac{7}{x^2}}+2}=\frac{8}{2+2}=2$$

이므로 함수의 극한의 대소 관계에 의하여

$$\lim_{x\to\infty}\{f(2x)-2x\}=2$$

ㄷ. [반례] $f(x)=x$, $g(x)=\frac{1}{x}$이라 하면

$\lim_{x\to 0}\frac{f(x)}{x}=\lim_{x\to 0}1=1$, $\lim_{x\to 0}f(x)g(x)=\lim_{x\to 0}1=1$로 존재하지만

$\lim_{x\to 0}g(x)$의 값은 존재하지 않는다. (거짓)

따라서 옳은 것은 ㄱ이다.

유형 13 함수의 극한에 대한 성질의 진위판단

0046

답 ①

ㄱ. $\lim_{x\to a}f(x)=\alpha$, $\lim_{x\to a}\{3f(x)+g(x)\}=\beta$라 하면

$\lim_{x\to a}g(x)=\lim_{x\to a}\{3f(x)+g(x)\}-\lim_{x\to a}3f(x)=\beta-3\alpha$ (참)

ㄴ. [반례] $f(x)=\begin{cases}1 & (x<0)\\ -1 & (x\geq 0)\end{cases}$, $g(x)=\begin{cases}-1 & (x<0)\\ 1 & (x\geq 0)\end{cases}$이라

하면 $\lim_{x\to 0}f(x)$, $\lim_{x\to 0}g(x)$의 값은 존재하지 않지만

$f(x)+g(x)=0$이므로 $\lim_{x\to 0}\{f(x)+g(x)\}=0$ (거짓)

ㄷ. [반례] $f(x)=x+\frac{1}{x^2}$, $g(x)=x+\frac{2}{x^2}$, $h(x)=x+\frac{3}{x^2}$이라

하면 $f(x)<g(x)<h(x)$이고

$\lim_{x\to\infty}\{h(x)-f(x)\}=\lim_{x\to\infty}\frac{2}{x^2}=0$이지만

$\lim_{x\to\infty}g(x)=\lim_{x\to\infty}\left(x+\frac{2}{x^2}\right)=\infty$이므로

$\lim_{x\to\infty}g(x)$의 값은 존재하지 않는다. (거짓)

따라서 옳은 것은 ㄱ이다.

0047

답 ①

ㄱ. $\lim_{x\to 0}\frac{f(x)}{x}$의 값이 존재하고 $x\to 0$일 때, (분모)$\to 0$이므로

(분자)$\to 0$이어야 한다.

즉, $\lim_{x\to 0}f(x)=0$이고 마찬가지로 $\lim_{x\to 0}g(x)=0$이므로

$\lim_{x\to 0}\{f(x)+g(x)\}=0+0=0$ (참)

ㄴ. [반례] $f(x)=\frac{1}{x}$, $g(x)=\frac{1}{x}$이라 하면

$\lim_{x\to 0}\frac{x}{g(x)}=\lim_{x\to 0}x^2=0$, $\lim_{x\to 0}\frac{f(x)}{g(x)}=\lim_{x\to 0}1=1$로 존재하지만

$\lim_{x\to 0}f(x)$의 값은 존재하지 않는다. (거짓)

유형 14 새롭게 정의된 함수의 극한

0048

답 ④

이차방정식 $x^2-4tx+6t-2=0$의 판별식을 D라 하면

$$\frac{D}{4}=4t^2-6t+2=2(2t-1)(t-1)$$

(i) $\frac{D}{4}>0$일 때, 즉 $t<\frac{1}{2}$ 또는 $t>1$일 때

이차방정식이 서로 다른 두 실근을 가지므로 $f(t)=2$

(ii) $\frac{D}{4}=0$일 때, 즉 $t=\frac{1}{2}$ 또는 $t=1$일 때

이차방정식이 중근을 가지므로 $f(t)=1$

(iii) $\frac{D}{4}<0$일 때, 즉 $\frac{1}{2}<t<1$일 때

이차방정식이 실근을 갖지 않으므로 $f(t)=0$

(i)~(iii)에서 $f(t)=\begin{cases}2 & \left(t<\frac{1}{2} \text{ 또는 } t>1\right)\\ 1 & \left(t=\frac{1}{2} \text{ 또는 } t=1\right)\\ 0 & \left(\frac{1}{2}<t<1\right)\end{cases}$이고 그 그래프는 다음

그림과 같다.

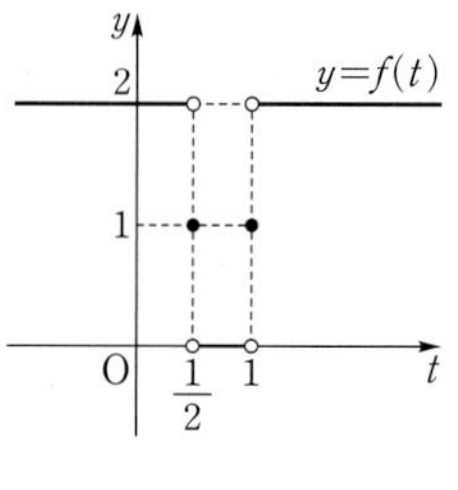

따라서 $\lim_{t\to a-}f(t)\neq\lim_{t\to a+}f(t)$를 만족시키는 실수 a의 값은 $\frac{1}{2}$, 1이므로 구하는 합은 $\frac{1}{2}+1=\frac{3}{2}$

Bible Says 이차방정식의 근의 판별

이차방정식 $ax^2+bx+c=0$의 판별식 $D=b^2-4ac$에 대하여
$D>0$이면 서로 다른 두 실근을 갖는다.
$D=0$이면 중근(서로 같은 두 실근)을 갖는다.
$D<0$이면 서로 다른 두 허근을 갖는다.

0049

답 ③

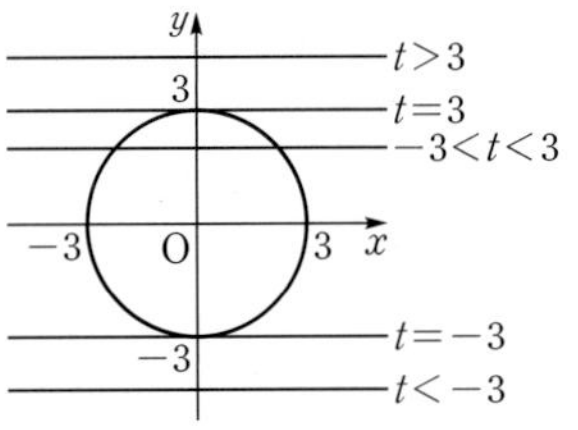

원 $x^2+y^2=9$와 직선 $y=t$의 위치 관계는 위의 그림과 같으므로

$$f(t)=\begin{cases}0 & (t<-3 \text{ 또는 } t>3)\\ 1 & (t=-3 \text{ 또는 } t=3)\\ 2 & (-3<t<3)\end{cases}$$

$\therefore \lim_{t\to -3-}f(t)+\lim_{t\to 3-}f(t)+f(3)=0+2+1=3$

0050

답 2

$x^2-5x+4<0$에서 $(x-1)(x-4)<0$

$\therefore 1<x<4$

$x^2+(1-a)x-a\le 0$에서

$(x+1)(x-a)\le 0$

(i) $a\le 1$일 때

연립부등식의 해가 존재하지 않으므로 $f(a)=0$

(ii) $1<a<4$일 때

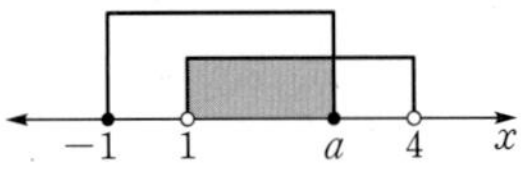

연립부등식의 해는 $1<x\le a$

$1<a<2$일 때, 정수 x는 존재하지 않으므로 $f(a)=0$

$2\le a<3$일 때, 정수 x는 2이므로 $f(a)=1$

$3\le a<4$일 때, 정수 x는 2, 3이므로 $f(a)=2$

(iii) $a\ge 4$일 때

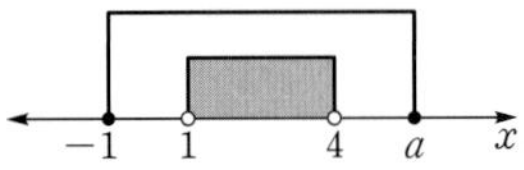

연립부등식의 해는 $1<x<4$

정수 x는 2, 3이므로 $f(a)=2$

(i)~(iii)에서 $f(a)=\begin{cases}0 & (a<2)\\ 1 & (2\le a<3)\\ 2 & (a\ge 3)\end{cases}$이므로

$\lim_{a\to k-}f(a)\ne \lim_{a\to k+}f(a)$를 만족시키는 실수 k는 2, 3의 2개이다.

유형 15 함수의 극한과 도형

0051

답 ①

선분 OP의 중점 M의 좌표는 $\left(\frac{t}{2}, \frac{\sqrt{2t}}{2}\right)$

직선 OP의 기울기가 $\frac{\sqrt{2t}}{t}$이므로 점 M을 지나고 직선 OP에 수직인 직선의 방정식은

$y-\frac{\sqrt{2t}}{2}=-\frac{t}{\sqrt{2t}}\left(x-\frac{t}{2}\right)$

위의 식에 $y=0$을 대입하면

$-\frac{\sqrt{2t}}{2}=-\frac{t}{\sqrt{2t}}x+\frac{t^2}{2\sqrt{2t}}$, $\frac{t}{\sqrt{2t}}x=\frac{\sqrt{2t}}{2}+\frac{t^2}{2\sqrt{2t}}$

$\therefore x=1+\frac{t}{2}$

따라서 점 Q의 좌표가 $\left(1+\frac{t}{2}, 0\right)$이므로

$$\overline{PQ}^2=\left(1+\frac{t}{2}-t\right)^2+(-\sqrt{2t})^2$$
$$=\frac{t^2}{4}-t+1+2t=\frac{1}{4}t^2+t+1$$

$$\therefore \lim_{t\to\infty}\frac{\overline{PQ}^2}{t^2}=\lim_{t\to\infty}\frac{\frac{1}{4}t^2+t+1}{t^2}$$
$$=\lim_{t\to\infty}\frac{\frac{1}{4}+\frac{1}{t}+\frac{1}{t^2}}{1}=\frac{1}{4}$$

0052

답 ④

원 $x^2+y^2=1$ 위의 점 $\mathrm{P}(t, \sqrt{1-t^2})$에서의 접선의 방정식은

$tx+\sqrt{1-t^2}y=1$

위의 식에 $y=0$을 대입하면 $x=\frac{1}{t}$이므로

$\mathrm{Q}\left(\frac{1}{t}, 0\right)$

따라서 삼각형 AQP의 넓이는

$$S(t)=\frac{1}{2}\times\overline{AQ}\times(\text{점 P의 }y\text{좌표})$$
$$=\frac{1}{2}\times\left(1+\frac{1}{t}\right)\times\sqrt{1-t^2}$$

$$\therefore \lim_{t\to 1-}\frac{S(t)}{\sqrt{1-t}}=\lim_{t\to 1-}\frac{\frac{1}{2}\times\left(1+\frac{1}{t}\right)\times\sqrt{1-t^2}}{\sqrt{1-t}}$$
$$=\lim_{t\to 1-}\frac{\frac{1}{2}\times\left(1+\frac{1}{t}\right)\times\sqrt{1-t}\times\sqrt{1+t}}{\sqrt{1-t}}$$
$$=\lim_{t\to 1-}\left\{\frac{1}{2}\left(1+\frac{1}{t}\right)\sqrt{1+t}\right\}$$
$$=\frac{1}{2}\times 2\times\sqrt{2}=\sqrt{2}$$

Bible Says 원 위의 한 점에서의 접선의 방정식

원 $x^2+y^2=r^2$ 위의 점 (a, b)에서의 접선의 방정식은

$ax+by=r^2$

0053

답 ②

중심이 점 (0, 1)이고 x축에 접하는 원의 반지름의 길이는 1이므로 원의 방정식은

$x^2+(y-1)^2=1$ ...... ㉠

원의 중심 (0, 1)과 점 $\mathrm{P}(t, 0)$을 지나는 직선의 방정식은

$y=\frac{0-1}{t-0}x+1$ $\therefore y=-\frac{1}{t}x+1$ ...... ㉡

㉡을 ㉠에 대입하면

$x^2+\frac{1}{t^2}x^2=1$, $\frac{t^2+1}{t^2}x^2=1$

$\therefore x=-\sqrt{\frac{t^2}{t^2+1}}$ 또는 $x=\sqrt{\frac{t^2}{t^2+1}}$

점 Q는 제2사분면 위의 점이므로

$x=-\sqrt{\frac{t^2}{t^2+1}}$

이를 ㉡에 대입하면

$y=\frac{1}{t}\times\sqrt{\frac{t^2}{t^2+1}}+1=\frac{\sqrt{t^2+1}+1}{\sqrt{t^2+1}}$

따라서 삼각형 OPQ의 넓이는

$S(t)=\frac{1}{2}\times\overline{\mathrm{OP}}\times$(점 Q의 y좌표)

$=\frac{1}{2}\times t\times\frac{\sqrt{t^2+1}+1}{\sqrt{t^2+1}}$

$$\therefore \lim_{t\to\infty}\frac{S(t)}{t}=\lim_{t\to\infty}\frac{\sqrt{t^2+1}+1}{2\sqrt{t^2+1}}$$

$$=\lim_{t\to\infty}\frac{\sqrt{1+\frac{1}{t^2}}+\frac{1}{t}}{2\sqrt{1+\frac{1}{t^2}}}$$

$$=\frac{1}{2}$$

0054 답 2

선분 PQ의 중점 M의 좌표는 $\left(\frac{3}{2}t,\ t^2\right)$

직선 PQ의 기울기가 $\frac{0-2t^2}{2t-t}=-2t$이므로 점 M을 지나고 직선 PQ에 수직인 직선의 방정식은

$y-t^2=\frac{1}{2t}\left(x-\frac{3}{2}t\right)$

$\therefore y=\frac{1}{2t}x-\frac{3}{4}+t^2$

점 H는 이 직선과 직선 $x=2t$의 교점이므로 y좌표는

$y=\frac{1}{2t}\times 2t-\frac{3}{4}+t^2=t^2+\frac{1}{4}$

$\overline{\mathrm{HQ}}=t^2+\frac{1}{4}$

$\overline{\mathrm{MQ}}=\sqrt{\left(2t-\frac{3}{2}t\right)^2+(-t^2)^2}$

$=\sqrt{t^4+\frac{1}{4}t^2}$

$$\therefore \lim_{t\to\infty}\frac{\overline{\mathrm{HQ}}+\overline{\mathrm{MQ}}}{t^2}=\lim_{t\to\infty}\frac{t^2+\frac{1}{4}+\sqrt{t^4+\frac{1}{4}t^2}}{t^2}$$

$$=\lim_{t\to\infty}\frac{1+\frac{1}{4t^2}+\sqrt{1+\frac{1}{4t^2}}}{1}$$

$$=\frac{1+1}{1}=2$$

PART B' 기출&기출변형 문제

0055 답 ④

$$\lim_{x\to\infty}\{\sqrt{f(-x)}-\sqrt{f(x)}\}$$

$$=\lim_{x\to\infty}\{\sqrt{a(-x-1)^2+1}-\sqrt{a(x-1)^2+1}\}$$

$$=\lim_{x\to\infty}\frac{\{\sqrt{a(x+1)^2+1}-\sqrt{a(x-1)^2+1}\}\{\sqrt{a(x+1)^2+1}+\sqrt{a(x-1)^2+1}\}}{\sqrt{a(x+1)^2+1}+\sqrt{a(x-1)^2+1}}$$

$$=\lim_{x\to\infty}\frac{4ax}{\sqrt{a(x+1)^2+1}+\sqrt{a(x-1)^2+1}}$$

$$=\frac{4a}{2\sqrt{a}}=6$$

이므로 $2\sqrt{a}=6$

$\therefore a=9$

0056 답 ③

$\lim_{x\to3}\frac{x-3}{f(x)-2}=4$에서 0이 아닌 극한값이 존재하고

$x\to3$일 때, (분자)$\to0$이므로 (분모)$\to0$이어야 한다.

즉, $\lim_{x\to3}\{f(x)-2\}=0$이므로 $\lim_{x\to3}f(x)=2$

$$\therefore \lim_{x\to3}\frac{\{f(x)\}^2-4}{x^2-9}=\lim_{x\to3}\frac{\{f(x)+2\}\{f(x)-2\}}{(x+3)(x-3)}$$

$$=\lim_{x\to3}\frac{f(x)-2}{x-3}\times\lim_{x\to3}\frac{f(x)+2}{x+3}$$

$$=\frac{1}{4}\times\frac{2+2}{6}=\frac{1}{6}$$

짝기출

함수 $f(x)$에 대하여

$$\lim_{x\to2}\frac{f(x)-3}{x-2}=5$$

일 때, $\lim_{x\to2}\frac{x-2}{\{f(x)\}^2-9}$의 값은?

① $\frac{1}{18}$ ② $\frac{1}{21}$ ③ $\frac{1}{24}$ ④ $\frac{1}{27}$ ⑤ $\frac{1}{30}$

답 ⑤

0057 답 3

주어진 그래프에서 k의 값에 따른 좌극한, 우극한 값을 표로 나타내면 다음과 같다.

k	$\lim_{x\to k-}f(x)$	$\lim_{x\to k+}f(x)$
-2	1	1
-1	1	2
0	1	2
1	0	-1
2	0	1

$-x=t$라 하면 $x \to k-$일 때, $t \to -k+$이므로

$\lim_{x \to k-} f(-x) = \lim_{t \to -k+} f(t)$

따라서 $\lim_{x \to k-} f(x) < \lim_{x \to k-} f(-x)$, 즉 $\lim_{x \to k-} f(x) < \lim_{t \to -k+} f(t)$를 만족시키는 음이 아닌 정수 k의 값은 0, 1, 2의 3개이다.

짝기출

$-3<x<3$에서 정의된 함수 $y=f(x)$의 그래프가 그림과 같다.

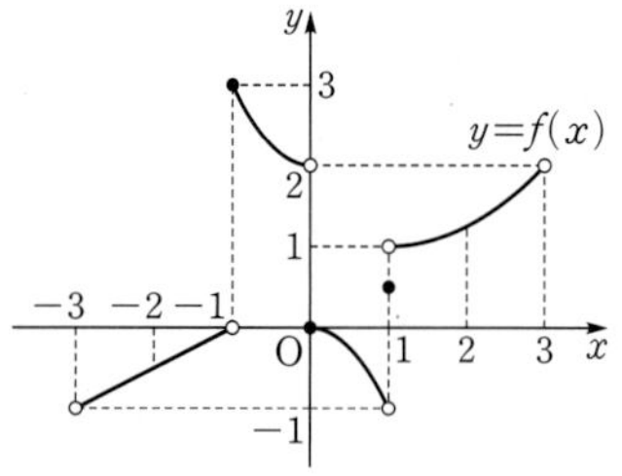

부등식 $\lim_{x \to a-} f(x) > \lim_{x \to a+} f(x)$를 만족시키는 상수 a의 값은? (단, $-3<a<3$)

① -2 ② -1 ③ 0 ④ 1 ⑤ 2

답 ③

0058

답 13

$\lim_{x \to \infty} \frac{f(x)-x^3}{3x} = 2$에서 $f(x)-x^3$은 일차항의 계수가 6인 일차함수이다.

$f(x)-x^3=6x+a$ (a는 상수)라 하면

$f(x)=x^3+6x+a$

조건 (나)에서 $\lim_{x \to 0} f(x) = -7$이므로

$\lim_{x \to 0}(x^3+6x+a)=a=-7$

따라서 $f(x)=x^3+6x-7$이므로

$f(2)=8+12-7=13$

0059

답 10

$\lim_{x \to \infty} \frac{f(x)}{x^3}=0$이므로 함수 $f(x)$는 이차 이하의 다항함수이다.

$\lim_{x \to 0} \frac{f(x)}{x}=3$에서 극한값이 존재하고

$x \to 0$일 때, (분모) $\to 0$이므로 (분자) $\to 0$이어야 한다.

즉, $\lim_{x \to 0} f(x)=0$이므로 $f(0)=0$

$f(x)=x(ax+b)$ (a, b는 상수)라 하면

$\lim_{x \to 0} \frac{f(x)}{x} = \lim_{x \to 0} \frac{x(ax+b)}{x} = \lim_{x \to 0}(ax+b)=b=3$

즉, $f(x)=x(ax+3)$이므로

$f(1)=a+3 \ge 4$에서 $a \ge 1$

$\therefore f(2)=2(2a+3)=4a+6 \ge 10$

따라서 $f(2)$의 최솟값은 10이다.

다른 풀이

$\lim_{x \to \infty} \frac{f(x)}{x^3}=0$이므로 함수 $f(x)$는 이차 이하의 다항함수이다.

$\lim_{x \to 0} \frac{f(x)}{x}=3$에서 극한값이 존재하고

$x \to 0$일 때, (분모) $\to 0$이므로 (분자) $\to 0$이어야 한다.

즉, $\lim_{x \to 0} f(x)=0$이므로 $f(0)=0$

$\lim_{x \to 0} \frac{f(x)}{x} = \lim_{x \to 0} \frac{f(x)-f(0)}{x-0} = f'(0)=3$

$f(x)=ax^2+bx+c$ (a, b, c는 상수)라 하면

$f'(x)=2ax+b$

$f(0)=0$에서 $c=0$, $f'(0)=3$에서 $b=3$

$\therefore f(x)=ax^2+3x$

$f(1)=a+3 \ge 4$에서 $a \ge 1$

$\therefore f(2)=2(2a+3)=4a+6 \ge 10$

따라서 구하는 $f(2)$의 최솟값은 10이다.

참고

상수함수도 다항함수에 포함되므로 본 풀이에서 함수 $f(x)$를 $f(x)=x(ax+b)$ (a, b는 상수)로 놓고 접근하였다. 위의 문제에서 조건을 만족시키는 경우는 $a \ge 1$, $b=3$이므로 함수 $f(x)$는 이차함수이다.

짝기출

다항함수 $f(x)$가

$$\lim_{x \to \infty} \frac{f(x)}{x^3}=0,\ \lim_{x \to 0} \frac{f(x)}{x}=5$$

를 만족시킨다. 방정식 $f(x)=x$의 한 근이 -2일 때, $f(1)$의 값은?

① 6 ② 7 ③ 8 ④ 9 ⑤ 10

답 ②

0060

답 ④

$f(x)$는 최고차항의 계수가 1인 이차함수이므로

$f(x)=x^2+bx+c$ (b, c는 상수)라 하자.

$f\left(\frac{1}{x}\right)=\frac{1}{x^2}+\frac{b}{x}+c$이므로

$\lim_{x \to \infty} f\left(\frac{1}{x}\right) = \lim_{x \to \infty}\left(\frac{1}{x^2}+\frac{b}{x}+c\right)=c=3$

$\therefore f(x)=x^2+bx+3$

$f\left(\frac{1}{x}\right)-f\left(-\frac{1}{x}\right)=\left(\frac{1}{x^2}+\frac{b}{x}+3\right)-\left(\frac{1}{x^2}-\frac{b}{x}+3\right)=\frac{2b}{x}$이므로

$\lim_{x \to 0}|x|\left\{f\left(\frac{1}{x}\right)-f\left(-\frac{1}{x}\right)\right\}=\lim_{x \to 0}\frac{2b|x|}{x}=a$이고

$\lim_{x \to 0+}\frac{2b|x|}{x}=\lim_{x \to 0+}\frac{2bx}{x}=2b$

$\lim_{x \to 0-}\frac{2b|x|}{x}=\lim_{x \to 0-}\frac{-2bx}{x}=-2b$

이므로 $2b=-2b=a$

$\therefore a=0, b=0$

따라서 $f(x)=x^2+3$이므로

$f(2)=4+3=7$

다른 풀이

본 풀이에서 $\lim_{x\to\infty} f\left(\frac{1}{x}\right)=3$을 변형하여 상수 c의 값을 구할 수도 있다.

$f(x)$는 최고차항의 계수가 1인 이차함수이므로

$f(x)=x^2+bx+c$ (b, c는 상수)라 하자.

$\frac{1}{x}=t$라 하면 $x\to\infty$일 때, $t\to 0+$이므로

$\lim_{x\to\infty} f\left(\frac{1}{x}\right)=\lim_{t\to 0+} f(t)=3$

즉, $\lim_{t\to 0+}(t^2+bt+c)=3$이므로 $c=3$

$\therefore f(x)=x^2+bx+3$

0061

답 6

조건 (가)에서 $x>0$일 때, $3x^2-4x\le f(x)\le 3x^2+1$

위의 부등식의 각 변을 x^2으로 나누면

$\frac{3x^2-4x}{x^2}\le\frac{f(x)}{x^2}\le\frac{3x^2+1}{x^2}$

이때 $\lim_{x\to\infty}\frac{3x^2-4x}{x^2}=3$, $\lim_{x\to\infty}\frac{3x^2+1}{x^2}=3$이므로

함수의 극한의 대소 관계에 의하여

$\lim_{x\to\infty}\frac{f(x)}{x^2}=3$

따라서 함수 $f(x)$는 최고차항의 계수가 3인 이차함수이다.

조건 (나)의 $\lim_{x\to 0}\frac{x^3-x}{f(x)}=\frac{1}{3}$에서 0이 아닌 극한값이 존재하고

$x\to 0$일 때, (분자)$\to 0$이므로 (분모)$\to 0$이어야 한다.

즉, $\lim_{x\to 0} f(x)=0$이므로 $f(0)=0$

$f(x)=3x(x+a)$ (a는 상수)라 하면

$$\begin{aligned}\lim_{x\to 0}\frac{x^3-x}{f(x)}&=\lim_{x\to 0}\frac{x(x+1)(x-1)}{3x(x+a)}\\&=\lim_{x\to 0}\frac{(x+1)(x-1)}{3(x+a)}\\&=-\frac{1}{3a}=\frac{1}{3}\end{aligned}$$

$\therefore a=-1$

따라서 $f(x)=3x(x-1)$이므로

$f(2)=6\times 1=6$

짝기출

다항함수 $f(x)$는 양의 실수 x에 대하여 다음 조건을 만족시킨다.

(가) $2x^2-5x\le f(x)\le 2x^2+2$

(나) $\lim_{x\to 1}\frac{f(x)}{x^2+2x-3}=\frac{1}{4}$

$f(3)$의 값을 구하시오.

답 10

0062

답 ③

모든 실수 x에 대하여 $f(-x)=-f(x)$이므로

$f(x)=ax^3+bx$ (a, b는 상수, $a\ne 0$)

라 하자.

한편 $\lim_{x\to 2}\frac{f(x)}{x-2}=4$에서 극한값이 존재하고

$x\to 2$일 때, (분모)$\to 0$이므로 (분자)$\to 0$이어야 한다.

즉, $\lim_{x\to 2} f(x)=0$이므로 $f(2)=0$에서

$8a+2b=0$ $\quad\therefore b=-4a$ ...... ㉠

$f(x)=ax^3-4ax$이므로

$$\begin{aligned}\lim_{x\to 2}\frac{f(x)}{x-2}&=\lim_{x\to 2}\frac{ax^3-4ax}{x-2}\\&=\lim_{x\to 2}\frac{ax(x+2)(x-2)}{x-2}\\&=\lim_{x\to 2}ax(x+2)=8a=4\end{aligned}$$

$\therefore a=\frac{1}{2}$

$a=\frac{1}{2}$을 ㉠에 대입하면 $b=-2$

따라서 $f(x)=\frac{1}{2}x^3-2x$이므로

$f(4)=32-8=24$

다른 풀이

모든 실수 x에 대하여 $f(-x)=-f(x)$이므로

$f(x)=ax^3+bx$ (a, b는 상수, $a\ne 0$)라 하자.

한편 $\lim_{x\to 2}\frac{f(x)}{x-2}=4$에서 극한값이 존재하고

$x\to 2$일 때, (분모)$\to 0$이므로 (분자)$\to 0$이어야 한다.

즉, $\lim_{x\to 2} f(x)=0$에서 $f(2)=0$이므로

$$\begin{aligned}\lim_{x\to 2}\frac{f(x)}{x-2}&=\lim_{x\to 2}\frac{f(x)-f(2)}{x-2}\\&=f'(2)=4\end{aligned}$$

$f(x)=ax^3+bx$에서 $f'(x)=3ax^2+b$이므로

$f(2)=8a+2b=0$ ...... ㉠

$f'(2)=12a+b=4$ ...... ㉡

㉠, ㉡을 연립하여 풀면 $a=\frac{1}{2}$, $b=-2$

따라서 $f(x)=\frac{1}{2}x^3-2x$이므로

$f(4)=32-8=24$

참고

미분을 학습한 후에는 미분계수의 정의를 이용하여 풀 수도 있다. 문제의 조건에 따라 두 가지 방법 중 편한 방법을 적절히 이용한다.

짝기출

이차함수 $f(x)$가 모든 실수 x에 대하여

$f(4+x)=f(4-x)$

를 만족시킨다. $\lim_{x\to 2}\frac{f(x)}{x-2}=1$일 때, $f(0)$의 값은?

① -3 ② -2 ③ -1 ④ 0 ⑤ 1

답 ①

0063

답 ⑤

$y=x^2-2$에서 x와 y를 서로 바꾸면

$x=y^2-2$, $y^2=x+2$

$\therefore y=\sqrt{x+2}$

두 곡선 $y=f(x)$, $y=g(x)$와 직선 $x=t$가 만나는 두 점 P, Q의 좌표는 각각 $(t,\ t^2-2)$, $(t,\ \sqrt{t+2})$이므로 선분 PQ의 길이는

$h(t)=t^2-2-\sqrt{t+2}$

$$\lim_{t\to2+}\frac{h(t)}{t-2}$$
$$=\lim_{t\to2+}\frac{t^2-2-\sqrt{t+2}}{t-2}$$
$$=\lim_{t\to2+}\frac{(t^2-4)+(2-\sqrt{t+2})}{t-2}$$
$$=\lim_{t\to2+}\left\{(t+2)+\frac{2-\sqrt{t+2}}{t-2}\right\}$$
$$=\lim_{t\to2+}\left\{(t+2)+\frac{(2-\sqrt{t+2})(2+\sqrt{t+2})}{(t-2)(2+\sqrt{t+2})}\right\}$$
$$=\lim_{t\to2+}\left\{(t+2)+\frac{2-t}{(t-2)(2+\sqrt{t+2})}\right\}$$
$$=\lim_{t\to2+}\left\{(t+2)-\frac{1}{2+\sqrt{t+2}}\right\}$$
$$=4-\frac{1}{2+2}=\frac{15}{4}$$

Bible Says 역함수 구하기

함수 $y=f(x)$의 역함수는 다음과 같은 순서로 구한다.

❶ 주어진 함수 $y=f(x)$가 일대일대응인지 확인한다.

❷ $y=f(x)$를 x에 대하여 풀어 $x=f^{-1}(y)$ 꼴로 나타낸다.

❸ x와 y를 서로 바꾸어 $y=f^{-1}(x)$로 나타낸다.

0064

답 ①

$f(x)=\left|\frac{kx}{x-1}\right|=\left|\frac{k}{x-1}+k\right|$ $(k>0)$이므로 함수 $y=f(x)$의 그래프는 다음 그림과 같다.

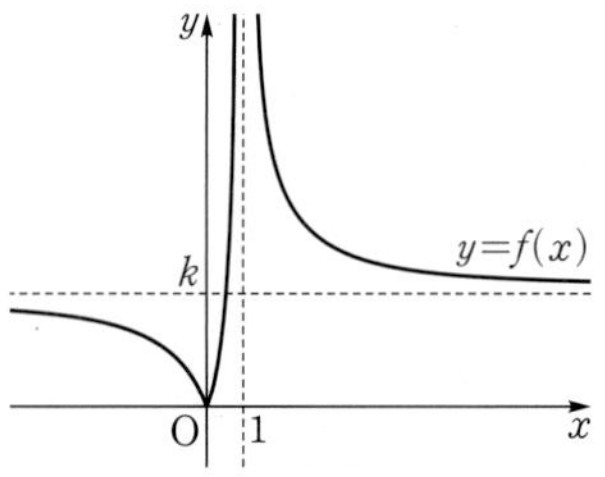

(i) $t<0$일 때

곡선 $y=f(x)$와 직선 $y=t$가 만나지 않으므로

$g(t)=0$

(ii) $t=0$ 또는 $t=k$일 때

곡선 $y=f(x)$와 직선 $y=t$가 한 점에서 만나므로

$g(t)=1$

(iii) $0<t<k$ 또는 $t>k$일 때

곡선 $y=f(x)$와 직선 $y=t$가 두 점에서 만나므로

$g(t)=2$

(i)~(iii)에서 $g(t)=\begin{cases}0 & (t<0)\\ 1 & (t=0 \text{ 또는 } t=k)\\ 2 & (0<t<k \text{ 또는 } t>k)\end{cases}$

$\lim_{t\to0+}g(t)=2$이고 모든 양수 a에 대하여 $\lim_{t\to a-}g(t)=2$이므로

$\lim_{t\to2-}g(t)=2$

즉, $\lim_{t\to0+}g(t)+\lim_{t\to2-}g(t)+g(4)=5$에서

$2+2+g(4)=5$, $g(4)=1$

$\therefore k=4$ ($\because k>0$)

따라서 $f(x)=\left|\frac{4x}{x-1}\right|$이므로

$f(3)=\left|\frac{12}{2}\right|=6$

Bible Says 함수 $y=|f(x)|$의 그래프

함수 $y=|f(x)|$의 그래프는 $y=f(x)$의 그래프에서 $y<0$인 부분을 x축에 대하여 대칭이동하여 그린다.

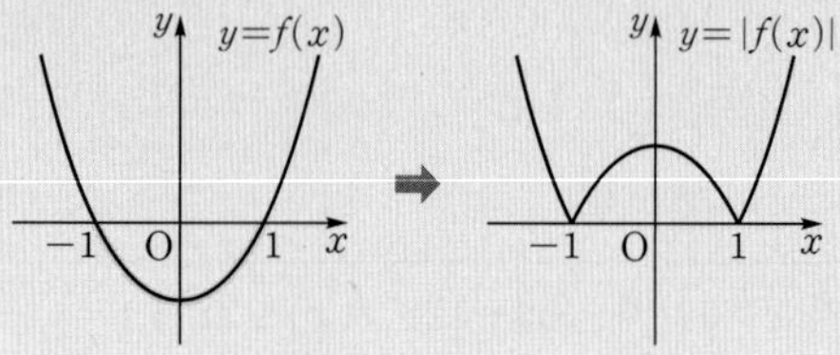

PART A'

02 함수의 연속

유형 01 함수의 연속

0065

답 ④

ㄱ. 함수 $f(x)$가 모든 실수 x에서 연속이려면 $x=2$에서 연속이어야 한다.

$\lim_{x\to2} f(x)=\lim_{x\to2}(\sqrt{x-2}+3)=3$

$f(2)=3$에서 $\lim_{x\to2} f(x)=f(2)$이므로 함수 $f(x)$는 $x=2$에서 연속이다. 즉, 함수 $f(x)$는 모든 실수 x에서 연속이다.

ㄴ. 함수 $g(x)$가 모든 실수 x에서 연속이려면 $x=4$에서 연속이어야 한다.

그런데

$$\begin{aligned}\lim_{x\to4-} g(x)&=\lim_{x\to4-}\frac{x^2-4x}{|x-4|}\\&=\lim_{x\to4-}\frac{x(x-4)}{-(x-4)}\\&=\lim_{x\to4-}(-x)=-4\end{aligned}$$

$$\begin{aligned}\lim_{x\to4+} g(x)&=\lim_{x\to4+}\frac{x^2-4x}{|x-4|}\\&=\lim_{x\to4+}\frac{x(x-4)}{x-4}\\&=\lim_{x\to4+} x=4\end{aligned}$$

에서 $\lim_{x\to4} g(x)$의 값이 존재하지 않으므로 함수 $g(x)$는 $x=4$에서 불연속이다.

ㄷ. 함수 $h(x)$가 모든 실수 x에서 연속이려면 $x=2$에서 연속이어야 한다.

$$\begin{aligned}\lim_{x\to2} h(x)&=\lim_{x\to2}\frac{\sqrt{x-1}-1}{x-2}\\&=\lim_{x\to2}\frac{(\sqrt{x-1}-1)(\sqrt{x-1}+1)}{(x-2)(\sqrt{x-1}+1)}\\&=\lim_{x\to2}\frac{x-2}{(x-2)(\sqrt{x-1}+1)}\\&=\lim_{x\to2}\frac{1}{\sqrt{x-1}+1}=\frac{1}{2}\end{aligned}$$

$h(2)=\frac{1}{2}$에서 $\lim_{x\to2} h(x)=h(2)$이므로 함수 $h(x)$는 $x=2$에서 연속이다. 즉, 함수 $h(x)$는 모든 실수 x에서 연속이다.

따라서 모든 실수 x에서 연속인 함수는 ㄱ, ㄷ이다.

0066

답 ③

$$f(x)=\frac{1}{x-\frac{9}{x}}=\frac{1}{\frac{x^2-9}{x}}=\frac{x}{x^2-9}$$

따라서 $x=0$, $x^2-9=0$인 x의 값에서 함수 $f(x)$가 정의되지 않으므로 불연속이 되는 x의 값은 -3, 0, 3의 3개이다.

유형 02 함수의 그래프와 연속

0067

답 ②

ㄱ. $\lim_{x\to-1-}|f(x)|=1$, $\lim_{x\to-1+}|f(x)|=1$이므로

$\lim_{x\to-1}|f(x)|=1$ (참)

ㄴ. $\lim_{x\to0-}\{f(x)\}^2=(-1)^2=1$

$\lim_{x\to0+}\{f(x)\}^2=1^2=1$

$\{f(0)\}^2=(-1)^2=1$

에서 $\lim_{x\to0-}\{f(x)\}^2=\lim_{x\to0+}\{f(x)\}^2=\{f(0)\}^2$이므로

함수 $\{f(x)\}^2$은 $x=0$에서 연속이다. (참)

ㄷ. $x-1=t$라 하면

$x\to1-$일 때, $t\to0-$이므로

$$\begin{aligned}\lim_{x\to1-} f(x)f(x-1)&=\lim_{x\to1-} f(x)\times\lim_{t\to0-} f(t)\\&=-1\times(-1)=1\end{aligned}$$

$x\to1+$일 때, $t\to0+$이므로

$$\begin{aligned}\lim_{x\to1+} f(x)f(x-1)&=\lim_{x\to1+} f(x)\times\lim_{t\to0+} f(t)\\&=-1\times1=-1\end{aligned}$$

에서 $\lim_{x\to1} f(x)f(x-1)$의 값이 존재하지 않으므로

함수 $f(x)f(x-1)$은 $x=1$에서 불연속이다. (거짓)

따라서 옳은 것은 ㄱ, ㄴ이다.

0068

답 ③

ㄱ. $\lim_{x\to0-}\frac{f(x)}{g(x)}=\frac{-1}{-1}=1$, $\lim_{x\to0+}\frac{f(x)}{g(x)}=\frac{1}{1}=1$이므로

$\lim_{x\to0}\frac{f(x)}{g(x)}=1$ (참)

ㄴ. $\lim_{x\to-1-}\{f(x)+g(x)\}=0+(-1)=-1$

$\lim_{x\to-1+}\{f(x)+g(x)\}=-1+0=-1$

$f(-1)+g(-1)=0+0=0$

에서

$$\begin{aligned}\lim_{x\to-1-}\{f(x)+g(x)\}&=\lim_{x\to-1+}\{f(x)+g(x)\}\\&\neq f(-1)+g(-1)\end{aligned}$$

이므로 함수 $f(x)+g(x)$는 $x=-1$에서 불연속이다. (거짓)

ㄷ. $\lim_{x\to1-} f(x)g(x)=1\times0=0$

$\lim_{x\to1+} f(x)g(x)=0\times1=0$

$f(1)g(1)=0\times0=0$

에서 $\lim_{x\to1-} f(x)g(x)=\lim_{x\to1+} f(x)g(x)=f(1)g(1)$이므로

함수 $f(x)g(x)$는 $x=1$에서 연속이다. (참)

따라서 옳은 것은 ㄱ, ㄷ이다.

유형 03 함수가 연속일 조건

0069

답 ②

함수 $f(x)$가 실수 전체의 집합에서 연속이므로 $x=3$에서 연속이다.

$\lim_{x\to3}f(x)=f(3)$에서 $\lim_{x\to3}\frac{x^2+ax-3}{x-3}=b$ …… ㉠

㉠에서 극한값이 존재하고 $x\to3$일 때, (분모)$\to0$이므로 (분자)$\to0$이어야 한다.

즉, $\lim_{x\to3}(x^2+ax-3)=0$이므로 $9+3a-3=0$

$\therefore a=-2$

$a=-2$를 ㉠에 대입하면

$$\lim_{x\to3}\frac{x^2+ax-3}{x-3}=\lim_{x\to3}\frac{x^2-2x-3}{x-3}$$
$$=\lim_{x\to3}\frac{(x+1)(x-3)}{x-3}$$
$$=\lim_{x\to3}(x+1)=4=b$$

$\therefore a+b=-2+4=2$

0070

답 ②

함수 $|f(x)|$가 실수 전체의 집합에서 연속이므로 $x=2$에서 연속이다.

$\lim_{x\to2-}|f(x)|=\lim_{x\to2-}|x-1|=1$

$\lim_{x\to2+}|f(x)|=\lim_{x\to2+}|x+a|=|a+2|$

$|f(2)|=|a+2|$

에서 $\lim_{x\to2-}|f(x)|=\lim_{x\to2+}|f(x)|=|f(2)|$이므로

$|a+2|=1$

$a+2=-1$ 또는 $a+2=1$

$\therefore a=-3$ 또는 $a=-1$

따라서 구하는 모든 실수 a의 값의 합은

$-3+(-1)=-4$

0071

답 ④

함수 $f(x)$가 $x=1$에서 연속이므로 $\lim_{x\to1}f(x)=f(1)$이어야 한다.

$\lim_{x\to1}\frac{a\sqrt{x+3}+b}{x^2-x}=-1$ …… ㉠

㉠에서 극한값이 존재하고 $x\to1$일 때, (분모)$\to0$이므로 (분자)$\to0$이어야 한다.

즉, $\lim_{x\to1}(a\sqrt{x+3}+b)=0$이므로

$2a+b=0$ $\therefore b=-2a$ …… ㉡

$b=-2a$를 ㉠에 대입하면

$$\lim_{x\to1}\frac{a\sqrt{x+3}+b}{x^2-x}=\lim_{x\to1}\frac{a\sqrt{x+3}-2a}{x^2-x}$$
$$=\lim_{x\to1}\frac{a(\sqrt{x+3}-2)(\sqrt{x+3}+2)}{x(x-1)(\sqrt{x+3}+2)}$$
$$=\lim_{x\to1}\frac{a(x-1)}{x(x-1)(\sqrt{x+3}+2)}$$
$$=\lim_{x\to1}\frac{a}{x(\sqrt{x+3}+2)}=\frac{a}{4}=-1$$

$\therefore a=-4$

$a=-4$를 ㉡에 대입하면 $b=8$

$\therefore a+b=-4+8=4$

0072

답 ①

함수 $g(x)$가 실수 전체의 집합에서 연속이므로 $x=1$에서 연속이다.

$$\lim_{x\to1-}g(x)=\lim_{x\to1-}|f(x)-a|$$
$$=\lim_{x\to1-}|x^2-3x-4-a|$$
$$=|-6-a|$$
$$\lim_{x\to1+}g(x)=\lim_{x\to1+}|f(x)-a|$$
$$=\lim_{x\to1+}|x+1-a|$$
$$=|2-a|$$

$g(1)=|f(1)-a|=|2-a|$

에서 $\lim_{x\to1-}g(x)=\lim_{x\to1+}g(x)=g(1)$이므로

$|-6-a|=|2-a|$

이때 $-6-a=2-a$이면 $-6=2$가 되어 모순이다.

따라서 $6+a=2-a$이므로

$a=-2$

유형 04 $(x-a)f(x)$ 꼴의 함수의 연속

0073

답 ①

$x\neq-1$일 때, $f(x)=\frac{x^2-3x-4}{x+1}=\frac{(x+1)(x-4)}{x+1}=x-4$

함수 $f(x)$가 실수 전체의 집합에서 연속이므로 $x=-1$에서 연속이다.

따라서 $\lim_{x\to-1}f(x)=f(-1)$이므로

$f(-1)=\lim_{x\to-1}f(x)=\lim_{x\to-1}(x-4)=-5$

0074

답 ②

$x\neq2$일 때, $f(x)=\frac{\sqrt{x^2+a}-3}{x-2}$

함수 $f(x)$가 실수 전체의 집합에서 연속이므로 $x=2$에서 연속이다.

즉, $\lim_{x\to2}f(x)=f(2)$이므로

$\lim_{x\to2}\frac{\sqrt{x^2+a}-3}{x-2}=f(2)$ …… ㉠

㉠에서 극한값이 존재하고 $x\to2$일 때, (분모)$\to0$이므로 (분자)$\to0$이어야 한다.

즉, $\lim_{x\to2}(\sqrt{x^2+a}-3)=0$이므로

$\sqrt{4+a}-3=0$ $\therefore a=5$ …… ㉡

㉡을 ㉠에 대입하면

$$\lim_{x\to2}\frac{\sqrt{x^2+a}-3}{x-2}=\lim_{x\to2}\frac{\sqrt{x^2+5}-3}{x-2}$$
$$=\lim_{x\to2}\frac{(\sqrt{x^2+5}-3)(\sqrt{x^2+5}+3)}{(x-2)(\sqrt{x^2+5}+3)}$$
$$=\lim_{x\to2}\frac{(x+2)(x-2)}{(x-2)(\sqrt{x^2+5}+3)}$$
$$=\lim_{x\to2}\frac{x+2}{\sqrt{x^2+5}+3}$$
$$=\frac{4}{3+3}=\frac{2}{3}=f(2)$$

$\therefore 9f(2)=9\times\frac{2}{3}=6$

0075

답 4

$x\neq-1$, $x\neq1$일 때, $f(x)=\frac{x^4+ax+b}{x^2-1}$

함수 $f(x)$가 실수 전체의 집합에서 연속이므로 $x=-1$, $x=1$에서 연속이다.

즉, $\lim_{x\to-1}f(x)=f(-1)$, $\lim_{x\to1}f(x)=f(1)$이므로

$\lim_{x\to-1}\frac{x^4+ax+b}{x^2-1}=f(-1)$ …… ㉠

$\lim_{x\to1}\frac{x^4+ax+b}{x^2-1}=f(1)$ …… ㉡

㉠에서 극한값이 존재하고 $x\to-1$일 때, (분모)$\to0$이므로 (분자)$\to0$이어야 한다.

즉, $\lim_{x\to-1}(x^4+ax+b)=0$이므로

$1-a+b=0$ $\quad\therefore b=a-1$ …… ㉢

마찬가지로 ㉡에서 극한값이 존재하고 $x\to1$일 때, (분모)$\to0$이므로 (분자)$\to0$이어야 한다.

즉, $\lim_{x\to1}(x^4+ax+b)=0$이므로

$1+a+b=0$ $\quad\therefore b=-a-1$ …… ㉣

㉢, ㉣을 연립하여 풀면 $a=0$, $b=-1$

따라서 $x\neq-1$, $x\neq1$일 때

$f(x)=\frac{x^4-1}{x^2-1}=\frac{(x^2+1)(x^2-1)}{x^2-1}=x^2+1$이므로

$f(-1)=\lim_{x\to-1}f(x)=\lim_{x\to-1}(x^2+1)=2$

$f(1)=\lim_{x\to1}f(x)=\lim_{x\to1}(x^2+1)=2$

$\therefore f(-1)+f(1)=2+2=4$

0076

답 9

$x\neq a$일 때, $f(x)=\frac{x^3-3x^2+2x}{x-a}$

함수 $f(x)$가 실수 전체의 집합에서 연속이므로 $x=a$에서 연속이다.

즉, $\lim_{x\to a}f(x)=f(a)$이므로

$\lim_{x\to a}\frac{x^3-3x^2+2x}{x-a}=f(a)$ …… ㉠

㉠에서 극한값이 존재하고 $x\to a$일 때, (분모)$\to0$이므로 (분자)$\to0$이어야 한다.

즉, $\lim_{x\to a}(x^3-3x^2+2x)=0$이므로

$a^3-3a^2+2a=0$, $a(a-1)(a-2)=0$

$\therefore a=0$ 또는 $a=1$ 또는 $a=2$

(i) $a=0$일 때

$f(a)=f(0)=\lim_{x\to0}f(x)=\lim_{x\to0}\frac{x^3-3x^2+2x}{x}$
$=\lim_{x\to0}(x^2-3x+2)=2>0$

이므로 조건을 만족시키지 않는다.

(ii) $a=1$일 때

$f(a)=f(1)=\lim_{x\to1}f(x)=\lim_{x\to1}\frac{x^3-3x^2+2x}{x-1}$
$=\lim_{x\to1}\frac{x(x-1)(x-2)}{x-1}=\lim_{x\to1}x(x-2)=-1<0$

이므로 조건을 만족시킨다.

(iii) $a=2$일 때

$f(a)=f(2)=\lim_{x\to2}f(x)=\lim_{x\to2}\frac{x^3-3x^2+2x}{x-2}$
$=\lim_{x\to2}\frac{x(x-1)(x-2)}{x-2}=\lim_{x\to2}x(x-1)=2>0$

이므로 조건을 만족시키지 않는다.

(i)~(iii)에서 $a=1$이고 $x\neq1$일 때,

$f(x)=\frac{x^3-3x^2+2x}{x-1}=x(x-2)$이므로

$a+f(4)=1+4\times2=9$

유형 05 합성함수의 연속

0077

답 ⑤

ㄱ. $f(x)=t$라 하면

$x\to1-$일 때, $t\to0+$이므로

$\lim_{x\to1-}g(f(x))=\lim_{t\to0+}g(t)=-1$

$x\to1+$일 때, $t=0$이므로

$\lim_{x\to1+}g(f(x))=g(0)=-1$

$\therefore \lim_{x\to1}g(f(x))=-1$ (참)

ㄴ. $\lim_{x\to-1-}\{f(x)-g(x)\}=0-0=0$

$\lim_{x\to-1+}\{f(x)-g(x)\}=1-1=0$

$f(-1)-g(-1)=1-1=0$

에서

$\lim_{x\to-1-}\{f(x)-g(x)\}=\lim_{x\to-1+}\{f(x)-g(x)\}$
$=f(-1)-g(-1)$

이므로 함수 $f(x)-g(x)$는 $x=-1$에서 연속이다. (참)

ㄷ. $g(x)=s$라 하면

$x\to0-$일 때, $s\to0+$이므로

$\lim_{x\to0-}f(g(x))=\lim_{s\to0+}f(s)=1$

$x\to0+$일 때, $s\to-1+$이므로

$\lim_{x\to0+}f(g(x))=\lim_{s\to-1+}f(s)=1$

$f(g(0))=f(-1)=1$

즉, $\lim_{x \to 0-} f(g(x)) = \lim_{x \to 0+} f(g(x)) = f(g(0))$이므로

함수 $f(g(x))$는 $x=0$에서 연속이다. (참)

따라서 옳은 것은 ㄱ, ㄴ, ㄷ이다.

0078

답 ③

$f(x) = \begin{cases} x^2-1 & (|x| \le 1) \\ x+1 & (|x|>1) \end{cases}$, $g(x) = \begin{cases} |x| & (|x| \le 1) \\ -1 & (|x|>1) \end{cases}$이므로 두 함수 $y=f(x)$, $y=g(x)$의 그래프는 다음 그림과 같다.

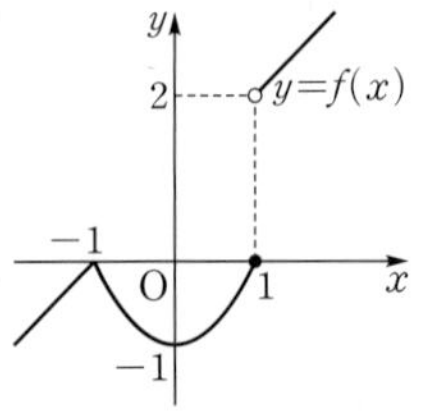

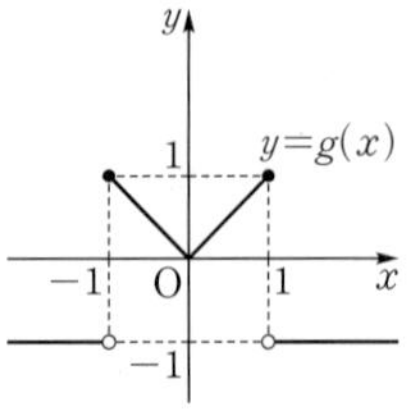

ㄱ. $f(x)=t$라 하면

$x \to 0-$일 때, $t \to -1+$이므로

$\lim_{x \to 0-} g(f(x)) = \lim_{t \to -1+} g(t) = 1$

$x \to 0+$일 때, $t \to -1+$이므로

$\lim_{x \to 0+} g(f(x)) = \lim_{t \to -1+} g(t) = 1$

$\therefore \lim_{x \to 0} g(f(x)) = 1$ (참)

ㄴ. $\lim_{x \to 1-} f(x)g(x) = 0 \times 1 = 0$

$\lim_{x \to 1+} f(x)g(x) = 2 \times (-1) = -2$

에서 $\lim_{x \to 1} f(x)g(x)$의 값이 존재하지 않으므로

함수 $f(x)g(x)$는 $x=1$에서 불연속이다. (거짓)

ㄷ. $g(x)=s$라 하면

$x \to 1-$일 때, $s \to 1-$이므로

$\lim_{x \to 1-} f(g(x)) = \lim_{s \to 1-} f(s) = 0$

$x \to 1+$일 때, $s=-1$이므로

$\lim_{x \to 1+} f(g(x)) = f(-1) = 0$

$f(g(1)) = f(1) = 0$

즉, $\lim_{x \to 1-} f(g(x)) = \lim_{x \to 1+} f(g(x)) = f(g(1))$이므로

함수 $f(g(x))$는 $x=1$에서 연속이다. (참)

따라서 옳은 것은 ㄱ, ㄷ이다.

유형 06 $[x]$ 꼴을 포함한 함수의 연속

0079

답 2

함수 $g(x)$가 $x=1$에서 연속이려면

$\lim_{x \to 1-} g(x) = \lim_{x \to 1+} g(x) = g(1)$이어야 한다.

$f(x) = x^2-2x+3 = (x-1)^2+2 = t$라 하면

$x \to 1-$일 때, $t \to 2+$이므로

$\lim_{x \to 1-} g(x) = \lim_{x \to 1-} [f(x)] = \lim_{t \to 2+} [t] = 2$

$x \to 1+$일 때, $t \to 2+$이므로

$\lim_{x \to 1+} g(x) = \lim_{x \to 1+} [f(x)] = \lim_{t \to 2+} [t] = 2$

$g(1) = k$

$\therefore k=2$

0080

답 ②

함수 $f(x)$가 $x=2$에서 연속이려면

$\lim_{x \to 2-} f(x) = \lim_{x \to 2+} f(x) = f(2)$이어야 한다.

$\lim_{x \to 2-} f(x) = \lim_{x \to 2-} \{[x]^2 + (ax+2)[x]\}$

$= 1 + (2a+2) \times 1 = 2a+3$

$\lim_{x \to 2+} f(x) = \lim_{x \to 2+} \{[x]^2 + (ax+2)[x]\}$

$= 4 + (2a+2) \times 2 = 4a+8$

$f(2) = 4 + (2a+2) \times 2 = 4a+8$

이므로 $2a+3 = 4a+8$

$\therefore a = -\frac{5}{2}$

유형 07 연속함수의 성질

0081

답 ①

ㄱ. $f(x)+2g(x)=h(x)$라 하면 $g(x) = \frac{1}{2}h(x) - \frac{1}{2}f(x)$

함수 $2f(x)$가 $x=0$에서 연속이므로 $\frac{1}{2}f(x)$는 $x=0$에서 연속이고, $h(x)$가 $x=0$에서 연속이므로 $\frac{1}{2}h(x)$는 $x=0$에서 연속이다.

즉, 함수 $g(x)$는 $x=0$에서 연속이다. (참)

ㄴ. [반례] $f(x) = \begin{cases} 1 & (x<0) \\ -1 & (x \ge 0) \end{cases}$, $g(x) = \begin{cases} -1 & (x<0) \\ 1 & (x \ge 0) \end{cases}$이라 하면 두 함수 $f(x)$, $g(x)$는 $x=0$에서 불연속이지만

$\lim_{x \to 0-} f(x)g(x) = 1 \times (-1) = -1$

$\lim_{x \to 0+} f(x)g(x) = (-1) \times 1 = -1$

$f(0)g(0) = (-1) \times 1 = -1$

에서 $\lim_{x \to 0-} f(x)g(x) = \lim_{x \to 0+} f(x)g(x) = f(0)g(0)$이므로

함수 $f(x)g(x)$는 $x=0$에서 연속이다. (거짓)

ㄷ. [반례] $f(x)=x$라 하면 $f(x)$는 $x=0$에서 연속이지만

$\frac{1}{|x|}$은 $x=0$에서 정의되지 않으므로

$\frac{1}{|f(x)|}$은 $x=0$에서 불연속이다. (거짓)

따라서 옳은 것은 ㄱ이다.

0082

답 ⑤

① $f(x)+g(x)=x^2+4+\frac{1}{x-2}$은 $x=2$에서 정의되지 않으므로 $x=2$에서 불연속이다.

② $f(x)g(x)=(x^2+4)\times\frac{1}{x-2}=\frac{x^2+4}{x-2}$는 $x=2$에서 정의되지 않으므로 $x=2$에서 불연속이다.

③ $\frac{g(x)}{f(x)}=\frac{1}{(x-2)(x^2+4)}$은 $x=2$에서 정의되지 않으므로 $x=2$에서 불연속이다.

④ $f(g(x))=\left(\frac{1}{x-2}\right)^2+4$는 $x=2$에서 정의되지 않으므로 $x=2$에서 불연속이다.

⑤ $g(f(x))=\frac{1}{x^2+4-2}=\frac{1}{x^2+2}$은 $x^2+2>0$이므로 모든 실수 x에서 연속이다.

따라서 모든 실수 x에서 연속인 함수는 ⑤이다.

유형 08 곱의 꼴로 나타낸 함수가 연속일 조건

0083

답 3

함수 $f(x)g(x)$가 $x=3$에서 연속이므로

$\lim_{x\to3-}f(x)g(x)=\lim_{x\to3+}f(x)g(x)=f(3)g(3)$이어야 한다.

$\lim_{x\to3-}f(x)g(x)=\lim_{x\to3-}(2x-3)(x-a)=9-3a$

$\lim_{x\to3+}f(x)g(x)=\lim_{x\to3+}(-x+2)(x-a)=-3+a$

$f(3)g(3)=3(3-a)=9-3a$

에서 $9-3a=-3+a$, $4a=12$

$\therefore a=3$

0084

답 -5

함수 $f(x)\{f(x)+k\}$가 $x=1$에서 연속이므로

$\lim_{x\to1-}f(x)\{f(x)+k\}=\lim_{x\to1+}f(x)\{f(x)+k\}=f(1)\{f(1)+k\}$

이어야 한다.

$\lim_{x\to1-}f(x)\{f(x)+k\}=\lim_{x\to1-}(x^2-2x+3)(x^2-2x+3+k)$

$=2(2+k)=4+2k$

$\lim_{x\to1+}f(x)\{f(x)+k\}=\lim_{x\to1+}3x(3x+k)$

$=3(3+k)=9+3k$

$f(1)\{f(1)+k\}=3(3+k)$

에서 $4+2k=9+3k$

$\therefore k=-5$

0085

답 ⑤

함수 $f(x)$가 $x=-1$, $x=0$에서 불연속이고 함수 $g(x)$는 실수 전체의 집합에서 연속이므로 함수 $f(x)g(x)$가 실수 전체의 집합에서 연속이려면 $x=-1$, $x=0$에서 연속이어야 한다.

(i) 함수 $f(x)g(x)$가 $x=-1$에서 연속일 때

$\lim_{x\to-1-}f(x)g(x)=\lim_{x\to-1+}f(x)g(x)=f(-1)g(-1)$이어야 한다.

$\lim_{x\to-1-}f(x)g(x)=2g(-1)$

$\lim_{x\to-1+}f(x)g(x)=g(-1)$

$f(-1)g(-1)=g(-1)$

에서 $2g(-1)=g(-1)$

$\therefore g(-1)=0$

(ii) 함수 $f(x)g(x)$가 $x=0$에서 연속일 때

$\lim_{x\to0-}f(x)g(x)=\lim_{x\to0+}f(x)g(x)=f(0)g(0)$이어야 한다.

$\lim_{x\to0-}f(x)g(x)=g(0)$

$\lim_{x\to0+}f(x)g(x)=2g(0)$

$f(0)g(0)=2g(0)$

에서 $g(0)=2g(0)$

$\therefore g(0)=0$

(i), (ii)에서 최고차항의 계수가 1인 이차함수 $g(x)$가 x, $x+1$을 인수로 가지므로

$g(x)=x(x+1)$

$\therefore g(5)=5\times6=30$

참고

$x=a$에서 불연속인 함수 $f(x)$와 다항함수 $g(x)$에 대하여 함수 $f(x)g(x)$가 $x=a$에서 연속이면 $g(a)=0$이다.

0086

답 ⑤

함수 $f(x)$는 $x=2$에서 불연속이고 함수 $g(x)$는 실수 전체의 집합에서 연속이므로 함수 $\frac{g(x)}{f(x)}$가 실수 전체의 집합에서 연속이려면 $x=2$에서 연속이어야 한다.

즉, $\lim_{x\to2}\frac{g(x)}{f(x)}=\frac{g(2)}{f(2)}$이어야 한다.

$\lim_{x\to2}\frac{g(x)}{f(x)}=\lim_{x\to2}\frac{ax-2}{x^2+1}=\frac{2a-2}{5}$

$\frac{g(2)}{f(2)}=\frac{2a-2}{3}$

에서 $\frac{2a-2}{5}=\frac{2a-2}{3}$이므로

$2a-2=0$ $\therefore a=1$

참고

함수 $\frac{g(x)}{f(x)}$는 $f(x)=0$인 x에서 불연속이다.

따라서 함수 $\frac{g(x)}{f(x)}$의 실수 전체의 집합에서의 연속성을 판정할 때는 먼저 $f(x)=0$을 만족시키는 x의 값이 존재하는지 확인한다.

0087

답 9

함수 $f(x)=\begin{cases} 2x^2+x & (x<a) \\ x^2+5x-3 & (x\geq a) \end{cases}$는 $x\neq a$인 모든 실수 x에서 연속이고 함수 $g(x)$는 실수 전체의 집합에서 연속이므로 함수 $f(x)g(x)$가 실수 전체의 집합에서 연속이려면 $x=a$에서 연속이어야 한다.

즉, $\lim_{x\to a-} f(x)g(x)=\lim_{x\to a+} f(x)g(x)=f(a)g(a)$이어야 한다.

$\lim_{x\to a-} f(x)g(x)=\lim_{x\to a-} (2x^2+x)\{2x-(a+5)\}$

$=(2a^2+a)(a-5)$

$\lim_{x\to a+} f(x)g(x)=\lim_{x\to a+} (x^2+5x-3)\{2x-(a+5)\}$

$=(a^2+5a-3)(a-5)$

$f(a)g(a)=(a^2+5a-3)(a-5)$

에서 $(2a^2+a)(a-5)=(a^2+5a-3)(a-5)$이므로

$(a-5)\{(2a^2+a)-(a^2+5a-3)\}=0$

$(a-5)(a^2-4a+3)=0$, $(a-1)(a-3)(a-5)=0$

$\therefore a=1$ 또는 $a=3$ 또는 $a=5$

따라서 모든 실수 a의 값의 합은

$1+3+5=9$

다른 풀이

함수 $f(x)g(x)$가 실수 전체의 집합에서 연속이려면 함수 $f(x)$가 $x=a$에서 연속이거나 $g(a)=0$이어야 한다.

(i) 함수 $f(x)$가 $x=a$에서 연속일 때

$\lim_{x\to a-} f(x)=\lim_{x\to a+} f(x)=f(a)$이어야 한다.

$\lim_{x\to a-} f(x)=\lim_{x\to a-} (2x^2+x)=2a^2+a$

$\lim_{x\to a+} f(x)=\lim_{x\to a+} (x^2+5x-3)=a^2+5a-3$

$f(a)=a^2+5a-3$

에서 $2a^2+a=a^2+5a-3$이므로

$a^2-4a+3=0$, $(a-1)(a-3)=0$

$\therefore a=1$ 또는 $a=3$

(ii) $g(a)=0$일 때

$2a-(a+5)=0$에서 $a=5$

(i), (ii)에서 모든 실수 a의 값의 합은

$1+3+5=9$

0088

답 ③

$f(x+1)=\begin{cases} 2x+2+a & (x<-1) \\ x+1-a & (x\geq -1) \end{cases}$,

$f(x-1)=\begin{cases} 2x-2+a & (x<1) \\ x-1-a & (x\geq 1) \end{cases}$

이므로 함수 $f(x+1)$은 $x\neq -1$인 모든 실수 x에서 연속이고 $f(x-1)$은 $x\neq 1$인 모든 실수 x에서 연속이다.

따라서 함수 $g(x)$가 실수 전체의 집합에서 연속이려면 $x=-1$, $x=1$에서 연속이어야 한다.

(i) 함수 $g(x)$가 $x=-1$에서 연속일 때

$\lim_{x\to -1-} g(x)=\lim_{x\to -1+} g(x)=g(-1)$이어야 한다.

$\lim_{x\to -1-} g(x)=\lim_{x\to -1-} f(x+1)f(x-1)$

$=\lim_{x\to -1-} (2x+2+a)(2x-2+a)$

$=a(a-4)$

$\lim_{x\to -1+} g(x)=\lim_{x\to -1+} f(x+1)f(x-1)$

$=\lim_{x\to -1+} (x+1-a)(2x-2+a)$

$=-a(a-4)$

$g(-1)=f(0)f(-2)=-a(a-4)$

에서 $a(a-4)=-a(a-4)$이므로

$2a(a-4)=0$

$\therefore a=0$ 또는 $a=4$

(ii) 함수 $g(x)$가 $x=1$에서 연속일 때

$\lim_{x\to 1-} g(x)=\lim_{x\to 1+} g(x)=g(1)$이어야 한다.

$\lim_{x\to 1-} g(x)=\lim_{x\to 1-} f(x+1)f(x-1)$

$=\lim_{x\to 1-} (x+1-a)(2x-2+a)$

$=a(2-a)$

$\lim_{x\to 1+} g(x)=\lim_{x\to 1+} f(x+1)f(x-1)$

$=\lim_{x\to 1+} (x+1-a)(x-1-a)$

$=-a(2-a)$

$g(1)=f(2)f(0)$

$=-a(2-a)$

에서 $a(2-a)=-a(2-a)$이므로

$2a(2-a)=0$

$\therefore a=0$ 또는 $a=2$

(i), (ii)에서 구하는 상수 a의 값은 0이다.

유형 09 새롭게 정의된 함수의 연속

0089

답 1

이차방정식 $x^2-6tx+9t+18=0$의 판별식을 D라 하면

$\frac{D}{4}=9t^2-9t-18=9(t+1)(t-2)$

(i) $\frac{D}{4}>0$일 때, 즉 $t<-1$ 또는 $t>2$일 때

이차방정식이 서로 다른 두 실근을 가지므로 $f(t)=2$

(ii) $\frac{D}{4}=0$일 때, 즉 $t=-1$ 또는 $t=2$일 때

이차방정식이 중근을 가지므로 $f(t)=1$

(iii) $\frac{D}{4}<0$일 때, 즉 $-1<t<2$일 때

이차방정식이 실근을 갖지 않으므로 $f(t)=0$

(i)~(iii)에서 $f(t)=\begin{cases} 2 & (t<-1 \text{ 또는 } t>2) \\ 1 & (t=-1 \text{ 또는 } t=2) \\ 0 & (-1<t<2) \end{cases}$

따라서 함수 $f(t)$는 $t=-1$, $t=2$에서 불연속이므로 구하는 모든 실수 t의 값의 합은

$-1+2=1$

Bible Says **이차방정식의 근의 판별**

이차방정식 $ax^2+bx+c=0$의 판별식 $D=b^2-4ac$에 대하여
$D>0$이면 서로 다른 두 실근을 갖는다.
$D=0$이면 중근(서로 같은 두 실근)을 갖는다.
$D<0$이면 서로 다른 두 허근을 갖는다.

0090

답 2

직선 $x-2y+t=0$이 원에 접할 때 직선과 원의 중심 $(1,\ 1)$ 사이의 거리가 $\sqrt{5}$이므로

$\dfrac{|1-2+t|}{\sqrt{1+4}}=\sqrt{5}$, $|-1+t|=5$

$-1+t=-5$ 또는 $-1+t=5$

$\therefore t=-4$ 또는 $t=6$

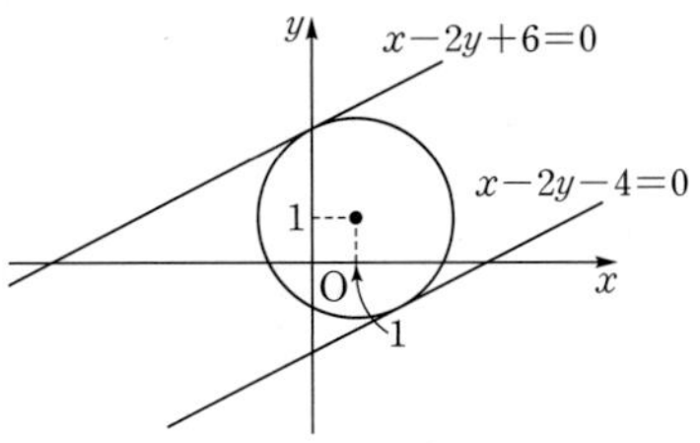

(i) $t<-4$ 또는 $t>6$일 때
원과 직선이 만나지 않으므로 $f(t)=0$

(ii) $t=-4$ 또는 $t=6$일 때
원과 직선이 한 점에서 만나므로 $f(t)=1$

(iii) $-4<t<6$일 때
원과 직선이 서로 다른 두 점에서 만나므로 $f(t)=2$

(i)~(iii)에서 $f(t)=\begin{cases} 0 & (t<-4 \text{ 또는 } t>6) \\ 1 & (t=-4 \text{ 또는 } t=6) \\ 2 & (-4<t<6) \end{cases}$

함수 $f(t)$가 $t=-4$, $t=6$에서 불연속이므로 함수 $(t-a)f(t)$가 한 점에서만 불연속이려면 $t=-4$ 또는 $t=6$에서만 불연속이어야 한다. 즉, $t=-4$ 또는 $t=6$에서 연속이어야 한다.

(a) 함수 $(t-a)f(t)$가 $t=-4$에서 연속일 때

$\lim_{t\to-4-}(t-a)f(t)=\lim_{t\to-4+}(t-a)f(t)=(-4-a)f(-4)$

이어야 한다.

$\lim_{t\to-4-}(t-a)f(t)=(-4-a)\times0=0$

$\lim_{t\to-4+}(t-a)f(t)=(-4-a)\times2=-8-2a$

$(-4-a)f(-4)=-4-a$

에서 $0=-8-2a=-4-a$

$\therefore a=-4$

(b) 함수 $(t-a)f(t)$가 $t=6$에서 연속일 때

$\lim_{t\to6-}(t-a)f(t)=\lim_{t\to6+}(t-a)f(t)=(6-a)f(6)$이어야 한다.

$\lim_{t\to6-}(t-a)f(t)=(6-a)\times2=12-2a$

$\lim_{t\to6+}(t-a)f(t)=(6-a)\times0=0$

$(6-a)f(6)=6-a$

에서 $12-2a=6-a=0$

$\therefore a=6$

(a), (b)에서 $a=-4$ 또는 $a=6$이므로 구하는 모든 실수 a의 값의 합은 $-4+6=2$

Bible Says **원과 직선의 위치 관계**

원과 직선의 위치 관계는 두 가지 방법을 이용하여 알 수 있다.

(1) 판별식 이용하기
원의 방정식과 직선의 방정식을 이용하여 만든 이차방정식의 판별식을 D라 할 때,
① $D>0$
➡ 서로 다른 두 점에서 만난다.
② $D=0$
➡ 접한다. (한 점에서 만난다.)
③ $D<0$
➡ 만나지 않는다.

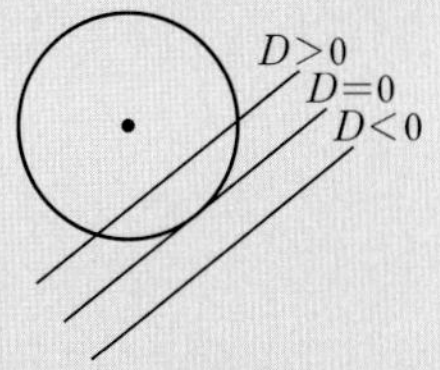

(2) 원의 중심과 직선 사이의 거리 이용하기
원의 중심과 직선 사이의 거리를 d, 반지름의 길이를 r라 할 때,
① $d<r$
➡ 서로 다른 두 점에서 만난다.
② $d=r$
➡ 접한다. (한 점에서 만난다.)
③ $d>r$
➡ 만나지 않는다.

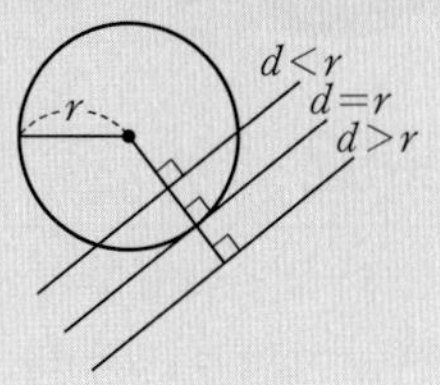

0091

답 12

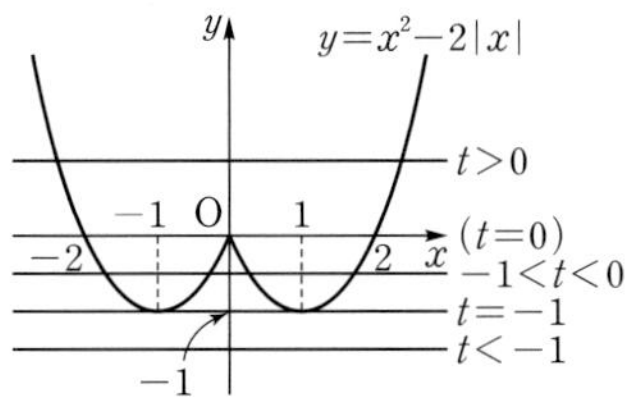

함수 $y=x^2-2|x|$의 그래프와 직선 $y=t$의 위치 관계는 위의 그림과 같으므로

$f(t)=\begin{cases} 0 & (t<-1) \\ 2 & (t=-1) \\ 4 & (-1<t<0) \\ 3 & (t=0) \\ 2 & (t>0) \end{cases}$

따라서 함수 $f(t)$는 $t=-1$, $t=0$에서 불연속이고 함수 $g(t)$가 실수 전체의 집합에서 연속이므로 함수 $f(t)g(t)$가 실수 전체의 집합에서 연속이려면 $t=-1$, $t=0$에서 연속이면 된다.

(i) $f(t)g(t)$가 $t=-1$에서 연속일 때

$\lim_{t\to-1-}f(t)g(t)=\lim_{t\to-1+}f(t)g(t)=f(-1)g(-1)$이어야 하므로

$\lim_{t\to-1-}f(t)g(t)=0$

$\lim_{t\to-1+}f(t)g(t)=4g(-1)$

$f(-1)g(-1)=2g(-1)$

에서 $0=4g(-1)=2g(-1)$

$\therefore g(-1)=0$ ······ ㉠

(ii) $f(t)g(t)$가 $t=0$에서 연속일 때

$\lim_{t\to0-}f(t)g(t)=\lim_{t\to0+}f(t)g(t)=f(0)g(0)$이어야 하므로

$\lim_{t\to0-}f(t)g(t)=4g(0)$

$\lim_{t\to0+}f(t)g(t)=2g(0)$

$f(0)g(0)=3g(0)$

에서 $4g(0)=2g(0)=3g(0)$

$\therefore g(0)=0$ $\cdots\cdots$ ㉡

㉠, ㉡에서 최고차항의 계수가 1인 이차함수 $g(t)$가 $t+1$, t를 인수로 가지므로

$g(t)=t(t+1)$

$\therefore g(3)=3\times4=12$

유형 10 최대 · 최소 정리

0092

답 5

$g(x)=x^2-4x+5=(x-2)^2+1$이라 하면 함수 $y=g(x)$의 그래프는 오른쪽 그림과 같다.

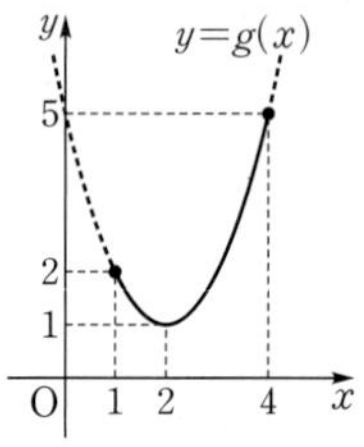

즉, $g(x)$가 최소이면 $f(x)$는 최대이고, $g(x)$가 최대이면 $f(x)$는 최소이다.

닫힌구간 $[1, 4]$에서 함수 $f(x)$의 최댓값과 최솟값은

$M=f(2)=\sqrt{\frac{1}{1}}=1$, $m=f(4)=\sqrt{\frac{1}{5}}$

$\therefore \frac{M^2}{m^2}=\frac{1}{\frac{1}{5}}=5$

0093

답 ①

함수 $y=f(x)$의 그래프가 오른쪽 그림과 같으므로 닫힌구간 $[-1, 2]$에서 함수 $f(x)$의 최댓값과 최솟값은

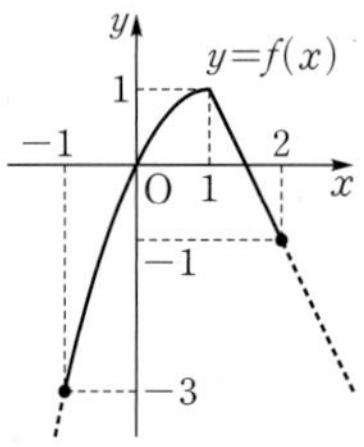

$M=f(1)=1$, $m=f(-1)=-3$

$\therefore M+m=1+(-3)=-2$

유형 11 사잇값의 정리

0094

답 2

$f(x)=x^3-x^2+4x+k$라 하면

$f(-1)=k-6$, $f(1)=k+4$

방정식 $f(x)=0$이 열린구간 $(-1, 1)$에서 오직 하나의 실근을 가지려면 $f(-1)f(1)<0$이어야 하므로

$(k+4)(k-6)<0$ $\quad\therefore -4<k<6$

따라서 정수 k의 최댓값은 5, 최솟값은 -3이므로

$M+m=5+(-3)=2$

0095

답 ④

함수 $f(x)$가 실수 전체의 집합에서 연속이고

$f(-3)f(-1)=-1<0$, $f(-1)f(1)=-2<0$,

$f(2)f(3)=-3<0$, $f(3)f(4)=-9<0$

이므로 사잇값의 정리에 의하여 방정식 $f(x)=0$은 열린구간 $(-3, -1)$, $(-1, 1)$, $(2, 3)$, $(3, 4)$에서 각각 적어도 하나의 실근을 갖는다.

따라서 방정식 $f(x)=0$은 적어도 4개의 실근을 가지므로 구하는 n의 최댓값은 4이다.

0096

답 ②

$x^3+4x=a$에서 $x^3+4x-a=0$

$f(x)=x^3+4x-a$라 하면

$f(-1)=-5-a$

$f(2)=16-a$

방정식 $f(x)=0$이 열린구간 $(-1, 2)$에서 오직 하나의 실근을 가지려면 $f(-1)f(2)<0$이어야 하므로

$(-5-a)(16-a)<0$, $(a+5)(a-16)<0$

$\therefore -5<a<16$

따라서 정수 a는 $-4, -3, \cdots, 14, 15$의 20개이다.

0097

답 ④

$g(x)=\{f(x)\}^2-2f(x)-1$이라 하면

$g(-2)=\{f(-2)\}^2-2f(-2)-1=1-2-1=-2$

$g(-1)=\{f(-1)\}^2-2f(-1)-1=1-2\times(-1)-1=2$

$g(0)=\{f(0)\}^2-2f(0)-1=4-2\times2-1=-1$

$g(1)=\{f(1)\}^2-2f(1)-1=1-2-1=-2$

$g(2)=\{f(2)\}^2-2f(2)-1=4-2\times(-2)-1=7$

따라서 $g(-2)g(-1)=-4<0$, $g(-1)g(0)=-2<0$, $g(1)g(2)=-14<0$이므로 사잇값의 정리에 의하여 방정식 $g(x)=0$이 적어도 하나의 실근을 갖는 구간은 $(-2, -1)$, $(-1, 0)$, $(1, 2)$의 ㄱ, ㄴ, ㄹ이다.

0098

답 3

조건 ㈎의 $\lim_{x\to-1}\frac{f(x)}{x+1}=-6$에서 극한값이 존재하고

$x\to-1$일 때, (분모)$\to0$이므로 (분자)$\to0$이어야 한다.

즉, $\lim_{x\to-1}f(x)=0$이므로 $f(-1)=0$

조건 ㈏의 $\lim_{x\to2}\frac{f(x)}{x-2}=-3$에서 극한값이 존재하고

$x\to2$일 때, (분모)$\to0$이므로 (분자)$\to0$이어야 한다.

즉, $\lim_{x\to2}f(x)=0$이므로 $f(2)=0$

따라서 방정식 $f(x)=0$은 $x=-1$, $x=2$를 실근으로 가지므로

$f(x)=(x+1)(x-2)g(x)$ ($g(x)$는 다항함수)라 하면

$\lim_{x \to -1} \frac{f(x)}{x+1} = \lim_{x \to -1} \frac{(x+1)(x-2)g(x)}{x+1}$

$= \lim_{x \to -1} (x-2)g(x) = -3g(-1) = -6$

에서 $g(-1)=2$ ...... ㉠

$\lim_{x \to 2} \frac{f(x)}{x-2} = \lim_{x \to 2} \frac{(x+1)(x-2)g(x)}{x-2}$

$= \lim_{x \to 2} (x+1)g(x) = 3g(2) = -3$

에서 $g(2)=-1$ ...... ㉡

$g(x)$는 다항함수이므로 모든 실수 x에서 연속이고, ㉠, ㉡에서 $g(-1)g(2)<0$이므로 사잇값의 정리에 의하여 방정식 $g(x)=0$은 구간 $(-1, 2)$에서 적어도 하나의 실근을 갖는다.

따라서 방정식 $f(x)=0$이 열린구간 $(-2, 3)$에서 가질 수 있는 실근의 개수의 최솟값은 3이다.

PART B′ 기출&기출변형 문제

0099

답 7

$f(x) = \frac{x+1}{x^2+ax+2a}$이 실수 전체의 집합에서 연속이려면 모든 실수 x에 대하여 $x^2+ax+2a \neq 0$이어야 한다.

즉, 이차방정식 $x^2+ax+2a=0$의 판별식을 D라 하면 $D<0$이어야 하므로

$D=a^2-4\times 2a<0$

$a(a-8)<0$ $\therefore 0<a<8$

따라서 정수 a는 1, 2, 3, ⋯, 7의 7개이다.

0100

답 ②

함수 $\{g(x)\}^2$이 $x=0$에서 연속이려면

$\lim_{x \to 0-} \{g(x)\}^2 = \lim_{x \to 0+} \{g(x)\}^2 = \{g(0)\}^2$이어야 한다.

$\lim_{x \to 0-} \{g(x)\}^2 = \lim_{x \to 0-} \{f(x+1)\}^2 = \{f(1)\}^2 = a^2$

$\lim_{x \to 0+} \{g(x)\}^2 = \lim_{x \to 0+} \{f(x-1)\}^2 = \{f(-1)\}^2 = (a+2)^2$

$\{g(0)\}^2 = \{f(1)\}^2 = a^2$

에서 $a^2=(a+2)^2$, $4a+4=0$

$\therefore a=-1$

0101

답 5

함수 $g(x)$가 실수 전체의 집합에서 연속이므로 $x=2$에서 연속이다.

즉, $\lim_{x \to 2} g(x) = g(2)$이어야 하므로

$\lim_{x \to 2} \frac{f(x)}{x-2} = 2$ ...... ㉠

㉠에서 극한값이 존재하고 $x \to 2$일 때, (분모)$\to 0$이므로 (분자)$\to 0$이어야 한다.

즉, $\lim_{x \to 2} f(x) = 0$이므로 $f(2)=0$

$f(x)=(x-2)(x+a)$ (a는 상수)라 하면 ㉠에서

$\lim_{x \to 2} \frac{f(x)}{x-2} = \lim_{x \to 2} \frac{(x-2)(x+a)}{x-2} = \lim_{x \to 2} (x+a) = 2+a = 2$

$\therefore a=0$

$\therefore f(x)=x(x-2)$

따라서 $g(x) = \begin{cases} x & (x \neq 2) \\ 2 & (x=2) \end{cases}$이므로 $g(5)=5$

짝기출

함수

$$f(x) = \begin{cases} \frac{x^2-5x+a}{x-3} & (x \neq 3) \\ b & (x=3) \end{cases}$$

이 실수 전체의 집합에서 연속일 때, $a+b$의 값은? (단, a와 b는 상수이다.)

① 1 ② 3 ③ 5 ④ 7 ⑤ 9

답 ④

0102

답 ①

함수 $g(x)$가 $x=0$에서 연속이려면 $\lim_{x \to 0-} g(x) = \lim_{x \to 0+} g(x) = g(0)$이어야 한다.

$\lim_{x \to 0-} g(x) = \lim_{x \to 0-} f(x)\{f(x)+k\} = 2(2+k)$

$\lim_{x \to 0+} g(x) = \lim_{x \to 0+} f(x)\{f(x)+k\} = 0 \times (0+k) = 0$

$g(0) = f(0)\{f(0)+k\} = 2(2+k)$

에서 $2(2+k)=0$ $\therefore k=-2$

0103

답 18

함수 $f(x)$는 $x=-1$, $x=2$에서 불연속이고 함수 $g(x)$는 실수 전체의 집합에서 연속이므로 함수 $f(x)g(x)$가 실수 전체의 집합에서 연속이려면 $x=-1$, $x=2$에서 연속이어야 한다.

(i) 함수 $f(x)g(x)$가 $x=-1$에서 연속일 때

$\lim_{x \to -1-} f(x)g(x) = \lim_{x \to -1+} f(x)g(x) = f(-1)g(-1)$

이어야 한다.

$\lim_{x \to -1-} f(x)g(x) = \lim_{x \to -1-} (-x+2)g(x) = 3g(-1)$

$\lim_{x \to -1+} f(x)g(x) = \lim_{x \to -1+} (2x+3)g(x) = g(-1)$

$f(-1)g(-1) = g(-1)$

에서 $3g(-1) = g(-1)$

$\therefore g(-1)=0$ ...... ㉠

(ii) 함수 $f(x)g(x)$가 $x=2$에서 연속일 때

$\lim_{x \to 2-} f(x)g(x) = \lim_{x \to 2+} f(x)g(x) = f(2)g(2)$

이어야 한다.

$\lim_{x\to2-} f(x)g(x) \lim_{x\to2-}(2x+3)g(x)=7g(2)$

$\lim_{x\to2+} f(x)g(x)=\lim_{x\to2+}(3x-1)g(x)=5g(2)$

$f(2)g(2)=5g(2)$

에서 $7g(2)=5g(2)$

$\therefore g(2)=0$ …… ㉡

㉠, ㉡에서 최고차항의 계수가 1인 이차함수 $g(x)$가 $x+1$, $x-2$를 인수로 가지므로

$g(x)=(x+1)(x-2)$

$\therefore g(5)=6\times3=18$

짝기출

최고차항의 계수가 1인 이차함수 $f(x)$와 함수

$$g(x)=\begin{cases} -1 & (x\le0) \\ -x+1 & (0<x<2) \\ 1 & (x\ge2)\end{cases}$$

에 대하여 함수 $f(x)g(x)$가 실수 전체의 집합에서 연속이다. $f(5)$의 값은?

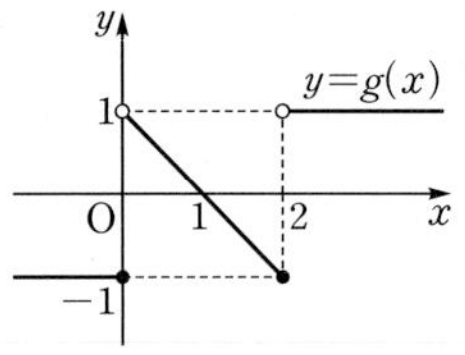

① 15　② 17　③ 19　④ 21　⑤ 23

답 ①

0104

답 ③

ㄱ. $\lim_{x\to-1-}\{f(x)-g(x)\}=-1-(-1)=0$

$\lim_{x\to-1+}\{f(x)-g(x)\}=1-1=0$

$f(-1)-g(-1)=1-1=0$

에서

$\lim_{x\to-1-}\{f(x)-g(x)\}=\lim_{x\to-1+}\{f(x)-g(x)\}$

$=f(-1)-g(-1)$

이므로 함수 $f(x)-g(x)$는 $x=-1$에서 연속이다. (참)

ㄴ. $\lim_{x\to-1-} f(x)g(x)=-1\times(-1)=1$

$\lim_{x\to-1+} f(x)g(x)=1\times1=1$

$f(-1)g(-1)=1\times1=1$

에서 $\lim_{x\to-1-} f(x)g(x)=\lim_{x\to-1+} f(x)g(x)=f(-1)g(-1)$이므로 함수 $f(x)g(x)$는 $x=-1$에서 연속이다. (참)

ㄷ. $g(x)=t$라 하면

$x\to1-$일 때, $t\to0-$이므로

$\lim_{x\to1-} f(g(x))=\lim_{t\to0-} f(t)=0$

$x\to1+$일 때, $t=1$이므로

$\lim_{x\to1+} f(g(x))=f(1)=-1$

즉, $\lim_{x\to1-} f(g(x))\ne\lim_{x\to1+} f(g(x))$이므로

함수 $f(g(x))$는 $x=1$에서 불연속이다. (거짓)

따라서 옳은 것은 ㄱ, ㄴ이다.

0105

답 44

$\lim_{x\to\infty}\frac{g(x)}{x}=\lim_{x\to\infty}\frac{f(x)-2x^2}{x(x-2)}=1$이므로

$f(x)-2x^2$은 최고차항의 계수가 1인 이차함수이다. …… ㉠

한편 함수 $g(x)$가 실수 전체의 집합에서 연속이므로 $x=2$에서 연속이다.

즉, $\lim_{x\to2} g(x)=g(2)$이므로

$\lim_{x\to2}\frac{f(x)-2x^2}{x-2}=4$

위의 식의 극한값이 존재하고 $x\to2$일 때, (분모)$\to0$이므로 (분자)$\to0$이어야 한다.

즉, $\lim_{x\to2}\{f(x)-2x^2\}=0$이므로

$f(2)-8=0$ …… ㉡

㉠, ㉡에서 $f(x)-2x^2=(x-2)(x+a)$ (a는 상수)라 하면

$\lim_{x\to2}\frac{f(x)-2x^2}{x-2}=\lim_{x\to2}\frac{(x-2)(x+a)}{x-2}$

$=\lim_{x\to2}(x+a)$

$=2+a=4$

에서 $a=2$

따라서 $f(x)=(x-2)(x+2)+2x^2$이므로

$f(4)=2\times6+2\times4^2=44$

짝기출

다항함수 $f(x)$는 $\lim_{x\to\infty}\frac{f(x)}{x^2-3x+5}=2$를 만족시키고, 함수 $g(x)$는

$$g(x)=\begin{cases}\frac{1}{x-3} & (x\ne3)\\ 1 & (x=3)\end{cases}$$

이다. 두 함수 $f(x)$, $g(x)$에 대하여 함수 $f(x)g(x)$가 실수 전체의 집합에서 연속일 때, $f(1)$의 값은?

① 8　② 9　③ 10　④ 11　⑤ 12

답 ①

0106

답 ④

함수 $f(x)$가 $x=1$에서 연속이므로

$\lim_{x\to1-} f(x)=\lim_{x\to1+} f(x)=f(1)$이고

$g(x)=\begin{cases}(x^2-2x+3)f(x) & (x<1)\\ (2x^2-x+2)f(x) & (x\ge1)\end{cases}$이므로

$\lim_{x\to1-} g(x)=\lim_{x\to1-}(x^2-2x+3)f(x)=2f(1)$

$\lim_{x\to1+} g(x)=\lim_{x\to1+}(2x^2-x+2)f(x)=3f(1)$

이때 $\lim_{x\to1-} g(x)+\lim_{x\to1+} g(x)=10$이므로

$2f(1)+3f(1)=10$

$\therefore f(1)=2$

짝기출

실수 전체의 집합에서 정의된 두 함수 $f(x)$와 $g(x)$에 대하여

$x<0$일 때, $f(x)+g(x)=x^2+4$

$x>0$일 때, $f(x)-g(x)=x^2+2x+8$

이다. 함수 $f(x)$가 $x=0$에서 연속이고

$\lim_{x\to0-}g(x)-\lim_{x\to0+}g(x)=6$일 때, $f(0)$의 값은?

① -3 ② -1 ③ 0 ④ 1 ⑤ 3

답 ⑤

0107

답 ④

$$f(x)=\begin{cases}-1 & (x\le-1 \text{ 또는 } x\ge1)\\ 1 & (-1<x<1)\end{cases},$$

$$g(x)=\begin{cases}1 & (x\le-1 \text{ 또는 } x\ge1)\\ -x & (-1<x<1)\end{cases}$$

이므로 두 함수 $y=f(x)$, $y=g(x)$의 그래프는 다음 그림과 같다.

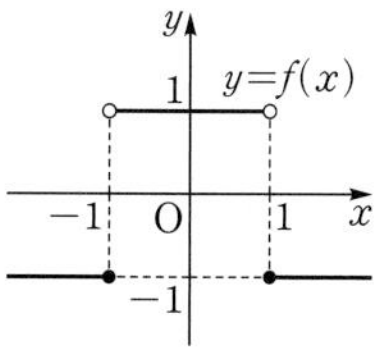

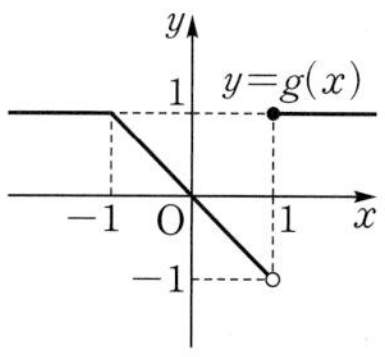

ㄱ. $\lim_{x\to1-}f(x)g(x)=1\times(-1)=-1$

$\lim_{x\to1+}f(x)g(x)=(-1)\times1=-1$

에서 $\lim_{x\to1-}f(x)g(x)=\lim_{x\to1+}f(x)g(x)$이므로

$\lim_{x\to1}f(x)g(x)=-1$ (참)

ㄴ. $x+1=t$라 하면

$x\to0-$일 때, $t\to1-$이므로

$\lim_{x\to0-}g(x+1)=\lim_{t\to1-}g(t)=-1$

$x\to0+$일 때, $t\to1+$이므로

$\lim_{x\to0+}g(x+1)=\lim_{t\to1+}g(t)=1$

즉, $\lim_{x\to0-}g(x+1)\neq\lim_{x\to0+}g(x+1)$이므로 함수 $g(x+1)$은 $x=0$에서 불연속이다. (거짓)

ㄷ. $x\to-1-$일 때 $t\to0-$이므로

$\lim_{x\to-1-}f(x)g(x+1)=\lim_{x\to-1-}f(x)\times\lim_{t\to0-}g(t)$

$=(-1)\times0=0$

$x\to-1+$일 때 $t\to0+$이므로

$\lim_{x\to-1+}f(x)g(x+1)=\lim_{x\to-1+}f(x)\times\lim_{t\to0+}g(t)$

$=1\times0=0$

$f(-1)g(0)=(-1)\times0=0$

즉,

$\lim_{x\to-1-}f(x)g(x+1)=\lim_{x\to-1+}f(x)g(x+1)=f(-1)g(0)$

이므로 함수 $f(x)g(x+1)$은 $x=-1$에서 연속이다. (참)

따라서 옳은 것은 ㄱ, ㄷ이다.

다른 풀이

ㄴ. 함수 $y=g(x+1)$의 그래프는 함수 $y=g(x)$의 그래프를 x축의 방향으로 -1만큼 평행이동한 것이므로 오른쪽 그림과 같다.

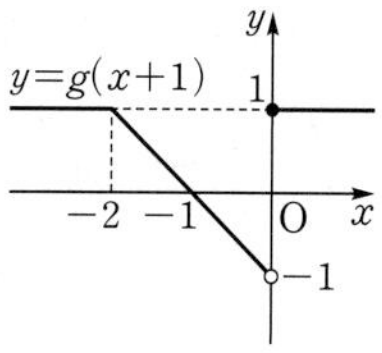

따라서 함수 $g(x+1)$은 $x=0$에서 불연속이다. (거짓)

0108

답 36

함수 $f(x)$가 실수 전체의 집합에서 연속이고 $g(x)$는 $x\neq1$인 모든 실수 x에서 연속이므로 함수 $\frac{f(x)}{g(x)}$가 실수 전체의 집합에서 연속이려면 $x=1$에서 연속이어야 한다.

즉, $\lim_{x\to1}\frac{f(x)}{g(x)}=\frac{f(1)}{g(1)}$이어야 하므로

$\lim_{x\to1}\frac{f(x)}{x-1}=f(1)$ ······ ㉠

㉠에서 극한값이 존재하고 $x\to1$일 때, (분모)$\to0$이므로 (분자)$\to0$이어야 한다.

즉, $\lim_{x\to1}f(x)=0$이므로 $f(1)=0$

$f(x)=(x-1)h(x)$ ($h(x)$는 최고차항의 계수가 1인 이차함수)라 하면 ㉠에서

$\lim_{x\to1}\frac{f(x)}{x-1}=\lim_{x\to1}\frac{(x-1)h(x)}{x-1}$

$=\lim_{x\to1}h(x)=h(1)=0$ ($\because f(1)=0$)

$h(x)=(x-1)(x+a)$ (a는 상수)라 하면

$f(x)=(x-1)^2(x+a)$이므로

$f(2)=2$에서 $2+a=2$

$\therefore a=0$

따라서 $f(x)=x(x-1)^2$이므로

$f(4)=4\times9=36$

짝기출

두 함수

$$f(x)=\begin{cases}x^2-4x+6 & (x<2)\\ 1 & (x\ge2)\end{cases},\ g(x)=ax+1$$

에 대하여 함수 $\frac{g(x)}{f(x)}$가 실수 전체의 집합에서 연속일 때, 상수 a의 값은?

① $-\frac{5}{4}$ ② -1 ③ $-\frac{3}{4}$ ④ $-\frac{1}{2}$ ⑤ $-\frac{1}{4}$

답 ④

0109

답 5

$\{f(x)\}^2-4f(x)=x^2f(x)-4x^2$에서

$f(x)\{f(x)-4\}-x^2\{f(x)-4\}=0$

$\{f(x)-4\}\{f(x)-x^2\}=0$

$\therefore f(x)=4$ 또는 $f(x)=x^2$

즉, 함수 $f(x)$는 구간에 따라 직선 $y=4$ 또는 곡선 $y=x^2$ 중 하나의 모양을 나타낸다.

이때 함수 $f(x)$는 실수 전체의 집합에서 연속이므로 그래프가 끊어진 부분이 없어야 하고, 최댓값과 최솟값이 각각 존재하고 그 값이 서로 다르므로 함수 $y=f(x)$의 그래프는 오른쪽 그림과 같다.

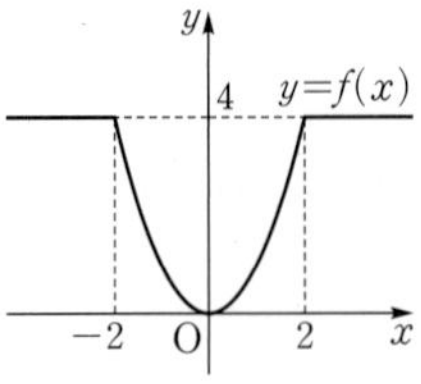

따라서 $f(x)=\begin{cases} 4 & (x<-2) \\ x^2 & (-2\le x\le 2) \\ 4 & (x>2) \end{cases}$이므로

$f(1)+f(3)=1+4=5$

짝기출

실수 전체의 집합에서 연속인 함수 $f(x)$가 모든 실수 x에 대하여

$$\{f(x)\}^3-\{f(x)\}^2-x^2f(x)+x^2=0$$

을 만족시킨다. 함수 $f(x)$의 최댓값이 1이고 최솟값이 0일 때, $f\left(-\frac{4}{3}\right)+f(0)+f\left(\frac{1}{2}\right)$의 값은?

① $\frac{1}{2}$ ② 1 ③ $\frac{3}{2}$ ④ 2 ⑤ $\frac{5}{2}$

답 ③

0110

답 12

조건 ㈎에서 $x\ge 0$일 때, $f(x)=x^2-4x$이고 조건 ㈏에서 함수 $f(x)$는 y축에 대하여 대칭인 함수이므로 함수 $y=|f(x)|$의 그래프는 다음 그림과 같다.

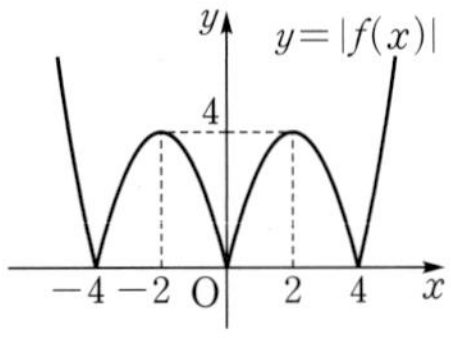

따라서 함수 $g(t)$는 다음과 같다.

$$g(t)=\begin{cases} 0 & (t<0) \\ 3 & (t=0) \\ 6 & (0<t<4) \\ 4 & (t=4) \\ 2 & (t>4) \end{cases}$$

함수 $g(t)$는 $t=0$, $t=4$에서 불연속이므로 함수 $h(t)g(t)$가 모든 실수 t에서 연속이려면 $t=0$, $t=4$에서 연속이어야 한다.

(i) 함수 $h(t)g(t)$가 $t=0$에서 연속일 때

$\lim_{t\to 0-} h(t)g(t)=\lim_{t\to 0+} h(t)g(t)=h(0)g(0)$이어야 한다.

$\lim_{t\to 0-} h(t)g(t)=h(0)\times 0=0$

$\lim_{t\to 0+} h(t)g(t)=h(0)\times 6=6h(0)$

$h(0)g(0)=3h(0)$

에서 $0=6h(0)=3h(0)$

$\therefore h(0)=0$ …… ㉠

(ii) 함수 $h(t)g(t)$가 $t=4$에서 연속일 때

$\lim_{t\to 4-} h(t)g(t)=\lim_{t\to 4+} h(t)g(t)=h(4)g(4)$이어야 한다.

$\lim_{t\to 4-} h(t)g(t)=h(4)\times 6=6h(4)$

$\lim_{t\to 4+} h(t)g(t)=h(4)\times 2=2h(4)$

$h(4)g(4)=4h(4)$

에서 $6h(4)=2h(4)=4h(4)$

$\therefore h(4)=0$ …… ㉡

㉠, ㉡에서 최고차항의 계수가 1인 이차함수 $h(t)$가 t, $t-4$를 인수로 가지므로

$h(t)=t(t-4)$

$\therefore h(6)=6\times 2=12$

짝기출

실수 t에 대하여 직선 $y=t$가 곡선 $y=|x^2-2x|$와 만나는 점의 개수를 $f(t)$라 하자. 최고차항의 계수가 1인 이차함수 $g(t)$에 대하여 함수 $f(t)g(t)$가 모든 실수 t에서 연속일 때, $f(3)+g(3)$의 값을 구하시오.

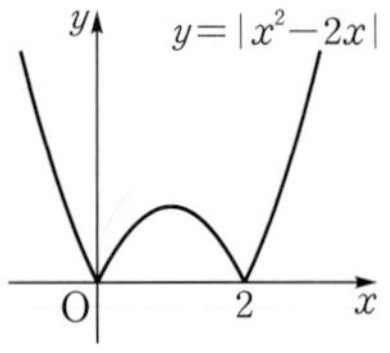

답 8

Ⅱ 미분

유형별 유사문제

PART A′ 03 미분계수와 도함수

유형 01 평균변화율

0111 답 ③

함수 $f(x)=2x^3-3x^2+1$에 대하여 x의 값이 -1에서 a까지 변할 때의 평균변화율은

$$\frac{f(a)-f(-1)}{a-(-1)}=\frac{(2a^3-3a^2+1)-(-4)}{a+1}$$
$$=\frac{(a+1)(2a^2-5a+5)}{a+1}=2a^2-5a+5$$

따라서 $2a^2-5a+5=8$이므로 $2a^2-5a-3=0$

$(2a+1)(a-3)=0$ $\therefore a=3$ ($\because a>0$)

0112 답 ③

x의 값이 1에서 3까지 변할 때의 함수 $f(x)$의 평균변화율은 두 점 $(1, -3)$, $(3, 5)$를 지나는 직선의 기울기와 같으므로

$$\frac{5-(-3)}{3-1}=\frac{8}{2}=4$$

0113 답 ①

함수 $f(x)=x^2+3x+1$에 대하여 x의 값이 a에서 $a+1$까지 변할 때의 평균변화율은

$$\frac{f(a+1)-f(a)}{(a+1)-a}=\{(a+1)^2+3(a+1)+1\}-(a^2+3a+1)$$
$$=2a+4=6$$

$\therefore a=1$

0114 답 2

함수 $f(x)=-x^2+4x$에 대하여 x의 값이 0에서 3까지 변할 때의 평균변화율은

$$\frac{f(3)-f(0)}{3-0}=\frac{3-0}{3}=1$$

x의 값이 1에서 a까지 변할 때의 평균변화율은

$$\frac{f(a)-f(1)}{a-1}=\frac{-a^2+4a-3}{a-1}$$
$$=\frac{-(a-1)(a-3)}{a-1}=-a+3$$

따라서 $-a+3=1$이므로 $a=2$

0115 답 2

x의 값이 a에서 b까지 변할 때의 함수 $f(x)$의 평균변화율이 $\frac{1}{2}$이므로

$$\frac{f(b)-f(a)}{b-a}=\frac{1}{2} \quad \cdots\cdots ㉠$$

이때 함수 $f(x)$의 역함수가 $g(x)$이고 $f(a)=1$, $f(b)=5$이므로

$g(1)=a$, $g(5)=b$

이를 ㉠에 대입하면

$$\frac{f(b)-f(a)}{b-a}=\frac{5-1}{g(5)-g(1)}=\frac{1}{2}$$

따라서 x의 값이 1에서 5까지 변할 때의 함수 $g(x)$의 평균변화율은

$$\frac{g(5)-g(1)}{5-1}=2$$

유형 02 미분계수

0116 답 ③

함수 $f(x)=x^3+ax$에 대하여 x의 값이 -1에서 2까지 변할 때의 평균변화율은

$$\frac{f(2)-f(-1)}{2-(-1)}=\frac{(8+2a)-(-1-a)}{3}=a+3 \quad \cdots\cdots ㉠$$

$f'(x)=3x^2+a$이므로

$$f'(-a)=3a^2+a \quad \cdots\cdots ㉡$$

㉠, ㉡의 값이 같아야 하므로

$a+3=3a^2+a$, $3a^2=3$

$\therefore a=-1$ 또는 $a=1$

따라서 모든 실수 a의 값의 곱은 $-1\times1=-1$

> **참고**
> 미분법을 학습한 이후에는 다항함수의 미분계수를 구할 때 정의를 이용하기 보다는 본 풀이의 방식처럼 도함수를 직접 구하여 풀이 시간을 단축하도록 하자.

0117 답 2

함수 $f(x)=x^2+4x+5$에 대하여 x의 값이 a에서 b까지 변할 때의 평균변화율은

$$\frac{f(b)-f(a)}{b-a}=\frac{(b^2+4b+5)-(a^2+4a+5)}{b-a}$$
$$=\frac{(b^2-a^2)+4(b-a)}{b-a}$$
$$=\frac{(b-a)(b+a+4)}{b-a}$$
$$=b+a+4$$

$f'(x)=2x+4$이므로 $f(x)$의 $x=1$에서의 순간변화율은

$f'(1)=2+4=6$

따라서 $b+a+4=6$이므로 $a+b=2$

0118

답 ④

x의 값이 2에서 $2+2h$까지 변할 때의 함수 $f(x)$의 평균변화율은

$\frac{f(2+2h)-f(2)}{2h}=\frac{\sqrt{2+h}-\sqrt{2-h}}{h}$

함수 $f(x)$의 $x=2$에서의 미분계수는

$$\lim_{h\to0}\frac{f(2+2h)-f(2)}{2h}$$
$$=\lim_{h\to0}\frac{\sqrt{2+h}-\sqrt{2-h}}{h}$$
$$=\lim_{h\to0}\frac{(\sqrt{2+h}-\sqrt{2-h})(\sqrt{2+h}+\sqrt{2-h})}{h(\sqrt{2+h}+\sqrt{2-h})}$$
$$=\lim_{h\to0}\frac{2+h-(2-h)}{h(\sqrt{2+h}+\sqrt{2-h})}$$
$$=\lim_{h\to0}\frac{2h}{h(\sqrt{2+h}+\sqrt{2-h})}$$
$$=\lim_{h\to0}\frac{2}{\sqrt{2+h}+\sqrt{2-h}}$$
$$=\frac{2}{2\sqrt{2}}=\frac{\sqrt{2}}{2}$$

유형 03 미분계수의 기하적 의미

0119

답 2

곡선 $y=f(x)$ 위의 점 $(2, 5)$에서의 접선의 기울기는 $f'(2)$이고 이 접선이 두 점 $(0, 1)$, $(2, 5)$를 지나므로

$f'(2)=\frac{5-1}{2-0}=2$

$\therefore \lim_{h\to0}\frac{f(2+h)-f(2)}{h}=f'(2)=2$

0120

답 ④

ㄱ. 곡선 $y=f(x)$ 위의 점 $(a, f(a))$에서의 접선의 기울기는 곡선 $y=f(x)$ 위의 점 $(b, f(b))$에서의 접선의 기울기보다 크므로

$f'(a)>f'(b)$ (거짓)

ㄴ. 두 점 $(0, 0)$, $(a, f(a))$를 지나는 직선의 기울기가 두 점 $(0, 0)$, $(b, f(b))$를 지나는 직선의 기울기보다 크므로

$\frac{f(a)}{a}>\frac{f(b)}{b}$

$ab>0$이므로 위의 식의 양변에 ab를 곱하면

$bf(a)>af(b)$ (참)

ㄷ. 두 점 $(a, f(a))$, $(b, f(b))$를 지나는 직선의 기울기가 곡선 $y=f(x)$ 위의 점 $(a, f(a))$에서의 접선의 기울기보다 작으므로 $\frac{f(b)-f(a)}{b-a}<f'(a)$

$b-a>0$이므로 위의 식의 양변에 $b-a$를 곱하면

$f(b)-f(a)<(b-a)f'(a)$ (참)

따라서 옳은 것은 ㄴ, ㄷ이다.

0121

답 ⑤

ㄱ. 곡선 $y=f(x)$ 위의 점 $(a, f(a))$에서의 접선의 기울기는 곡선 $y=g(x)$ 위의 점 $(a, g(a))$에서의 접선의 기울기보다 작으므로 $f'(a)<g'(a)$ (참)

ㄴ. 두 점 $(0, 0)$, $(a, g(a))$를 지나는 직선의 기울기는 두 점 $(0, 0)$, $(b, g(b))$를 지나는 직선의 기울기보다 작으므로

$\frac{g(a)}{a}<\frac{g(b)}{b}$ (참)

ㄷ. 곡선 $y=g(x)$ 위의 두 점 $(a, g(a))$, $(b, g(b))$를 지나는 직선의 기울기는 곡선 $y=g(x)$ 위의 점 $(a, g(a))$에서의 접선의 기울기보다 크므로

$\frac{g(b)-g(a)}{b-a}>g'(a)>f'(a)$ ($\because$ ㄱ)

$b-a>0$이므로 위의 식의 각 변에 $b-a$를 곱하면

$g(b)-g(a)>(b-a)g'(a)>(b-a)f'(a)$ (참)

따라서 옳은 것은 ㄱ, ㄴ, ㄷ이다.

유형 04 미분계수를 이용한 극한값의 계산 (1)

0122

답 6

$$\lim_{h\to0}\frac{f(3+h)-f(3-2h)}{h}$$
$$=\lim_{h\to0}\frac{\{f(3+h)-f(3)\}-\{f(3-2h)-f(3)\}}{h}$$
$$=\lim_{h\to0}\frac{f(3+h)-f(3)}{h}-\lim_{h\to0}\frac{f(3-2h)-f(3)}{-2h}\times(-2)$$
$$=f'(3)+2f'(3)=3f'(3)$$
$$=3\times2=6$$

0123

답 ③

$\frac{1}{x}=h$라 하면 $x\to\infty$일 때, $h\to0$이므로

$$\lim_{x\to\infty}\frac{x}{2}\left\{f\left(2+\frac{3}{x}\right)-f(2)\right\}=\lim_{x\to\infty}\frac{f\left(2+\frac{3}{x}\right)-f(2)}{\frac{2}{x}}$$
$$=\lim_{h\to0}\frac{f(2+3h)-f(2)}{3h}\times\frac{3}{2}$$
$$=\frac{3}{2}f'(2)=\frac{3}{2}\times6=9$$

0124

답 ③

$$\lim_{h\to0}\frac{(1+h)^3f(1)-f(1+h)}{h}$$
$$=\lim_{h\to0}\frac{\{2(1+h)^3-2\}-\{f(1+h)-2\}}{h}$$
$$=\lim_{h\to0}\frac{2h(h^2+3h+3)-\{f(1+h)-f(1)\}}{h}$$

$=\lim_{h\to0}(2h^2+6h+6)-\lim_{h\to0}\frac{f(1+h)-f(1)}{h}$

$=6-f'(1)=6-3=3$

0125

답 10

$\lim_{h\to0}\frac{f(2+h)-f(2-2h)}{h}$

$=\lim_{h\to0}\frac{\{f(2+h)-f(2)\}-\{f(2-2h)-f(2)\}}{h}$

$=\lim_{h\to0}\frac{f(2+h)-f(2)}{h}-\lim_{h\to0}\frac{f(2-2h)-f(2)}{-2h}\times(-2)$

$=f'(2)+2f'(2)=3f'(2)=6$

$\therefore f'(2)=2$

한편 $\frac{1}{x}=h$라 하면 $x\to\infty$일 때, $h\to0$이므로

$\lim_{x\to\infty}x\left\{f\left(2+\frac{2}{x}\right)-f\left(2-\frac{3}{x}\right)\right\}$

$=\lim_{x\to\infty}\frac{f\left(2+\frac{2}{x}\right)-f\left(2-\frac{3}{x}\right)}{\frac{1}{x}}$

$=\lim_{h\to0}\frac{f(2+2h)-f(2-3h)}{h}$

$=\lim_{h\to0}\frac{\{f(2+2h)-f(2)\}-\{f(2-3h)-f(2)\}}{h}$

$=\lim_{h\to0}\frac{f(2+2h)-f(2)}{2h}\times2-\lim_{h\to0}\frac{f(2-3h)-f(2)}{-3h}\times(-3)$

$=2f'(2)+3f'(2)=5f'(2)=10$

0126

답 4

$\frac{1}{x}=h$라 하면 $x\to\infty$일 때, $h\to0$이므로

$\lim_{x\to\infty}x\left\{f\left(1-\frac{1}{x}\right)-f\left(1+\frac{2}{x}\right)\right\}$

$=\lim_{x\to\infty}\frac{f\left(1-\frac{1}{x}\right)-f\left(1+\frac{2}{x}\right)}{\frac{1}{x}}$

$=\lim_{h\to0}\frac{f(1-h)-f(1+2h)}{h}$

$=\lim_{h\to0}\frac{\{f(1-h)-f(1)\}-\{f(1+2h)-f(1)\}}{h}$

$=\lim_{h\to0}\frac{f(1-h)-f(1)}{-h}\times(-1)-\lim_{h\to0}\frac{f(1+2h)-f(1)}{2h}\times2$

$=-f'(1)-2f'(1)=-3f'(1)=9$

$\therefore f'(1)=-3$

$\lim_{h\to0}\frac{(1+2h)f(1-h)-f(1-3h)}{h}$

$=\lim_{h\to0}\frac{\{f(1-h)-f(1)\}-\{f(1-3h)-f(1)\}+2hf(1-h)}{h}$

$=-\lim_{h\to0}\frac{f(1-h)-f(1)}{-h}+3\lim_{h\to0}\frac{f(1-3h)-f(1)}{-3h}+2\lim_{h\to0}f(1-h)$

$=-f'(1)+3f'(1)+2f(1)$

$=2f'(1)+2f(1)=2\times(-3)+2\times5=4$

유형 05 미분계수를 이용한 극한값의 계산 (2)

0127

답 20

곡선 $y=f(x)$ 위의 점 $(4, f(4))$에서의 접선의 기울기가 5이므로

$f'(4)=5$

$\lim_{x\to2}\frac{f(x^2)-f(4)}{x-2}=\lim_{x\to2}\left\{\frac{f(x^2)-f(4)}{x^2-4}\times(x+2)\right\}$

$=f'(4)\times4=5\times4=20$

0128

답 ③

$f(2)=3$이고 $x+1=t$라 하면 $x\to1$일 때, $t\to2$이므로

$\lim_{x\to1}\frac{f(x+1)-3}{x^2-1}=\lim_{t\to2}\frac{f(t)-f(2)}{(t-1)^2-1}$

$=\lim_{t\to2}\frac{f(t)-f(2)}{t(t-2)}$

$=\lim_{t\to2}\left\{\frac{f(t)-f(2)}{t-2}\times\frac{1}{t}\right\}$

$=\frac{1}{2}f'(2)=\frac{1}{2}\times8=4$

0129

답 ④

$\frac{1}{x}=h$라 하면 $x\to\infty$일 때, $h\to0$이므로

$\lim_{x\to\infty}\frac{x}{3}\left\{f\left(1-\frac{1}{x}\right)-f\left(1-\frac{3}{x}\right)\right\}$

$=\lim_{h\to0}\frac{f(1-h)-f(1-3h)}{3h}$

$=\lim_{h\to0}\frac{\{f(1-h)-f(1)\}-\{f(1-3h)-f(1)\}}{3h}$

$=\lim_{h\to0}\frac{f(1-h)-f(1)}{-h}\times\left(-\frac{1}{3}\right)-\lim_{h\to0}\frac{f(1-3h)-f(1)}{-3h}\times(-1)$

$=-\frac{1}{3}f'(1)+f'(1)=\frac{2}{3}f'(1)=2$

$\therefore f'(1)=3$

$\lim_{x\to1}\frac{f(x^3)-f(1)}{x-1}=\lim_{x\to1}\left\{\frac{f(x^3)-f(1)}{x^3-1}\times(x^2+x+1)\right\}$

$=3f'(1)=3\times3=9$

0130

답 ①

$\lim_{h\to0}\frac{f(1+h)-f(1-2h)}{h}$

$=\lim_{h\to0}\frac{\{f(1+h)-f(1)\}-\{f(1-2h)-f(1)\}}{h}$

$=\lim_{h\to0}\frac{\{f(1+h)-f(1)\}}{h}-\lim_{h\to0}\frac{f(1-2h)-f(1)}{-2h}\times(-2)$

$=f'(1)+2f'(1)=3f'(1)=6$

$\therefore f'(1)=2$

$\lim_{x\to1}\frac{(x^2-3x)f(x)+2f(1)}{x^2-x}$

$=\lim_{x\to1}\frac{(x^2-3x)f(x)+2f(x)-2f(x)+2f(1)}{x^2-x}$

$=\lim_{x\to1}\frac{(x^2-3x+2)f(x)}{x^2-x}-2\times\lim_{x\to1}\frac{f(x)-f(1)}{x^2-x}$

$=\lim_{x\to1}\frac{(x-2)f(x)}{x}-2\times\lim_{x\to1}\left\{\frac{f(x)-f(1)}{x-1}\times\frac{1}{x}\right\}$

$=-f(1)-2f'(1)=-1-2\times2=-5$

유형 06 관계식이 주어졌을 때 미분계수 구하기

0131

답 2

$f(x+y)=f(x)+f(y)-3xy$에 $x=0$, $y=0$을 대입하면

$f(0)=f(0)+f(0)$

$\therefore f(0)=0$

$f'(1)=\lim_{h\to0}\frac{f(1+h)-f(1)}{h}$

$=\lim_{h\to0}\frac{f(1)+f(h)-3h-f(1)}{h}$

$=\lim_{h\to0}\frac{f(h)-3h}{h}=\lim_{h\to0}\frac{f(h)-f(0)}{h-0}-3$

$=f'(0)-3=5-3=2$

0132

답 ⑤

$f(x+y)=f(x)+f(y)+2xy-1$에 $x=0$, $y=0$을 대입하면

$f(0)=f(0)+f(0)-1$

$\therefore f(0)=1$

$f'(2)=\lim_{h\to0}\frac{f(2+h)-f(2)}{h}$

$=\lim_{h\to0}\frac{f(2)+f(h)+4h-1-f(2)}{h}$

$=\lim_{h\to0}\frac{f(h)+4h-1}{h}$

$=\lim_{h\to0}\frac{f(h)-f(0)}{h-0}+4$

$=f'(0)+4=6$

$\therefore f'(0)=2$

$f'(5)=\lim_{h\to0}\frac{f(5+h)-f(5)}{h}$

$=\lim_{h\to0}\frac{f(5)+f(h)+10h-1-f(5)}{h}$

$=\lim_{h\to0}\frac{f(h)+10h-1}{h}$

$=\lim_{h\to0}\frac{f(h)-f(0)}{h-0}+10$

$=f'(0)+10$

$=2+10=12$

0133

답 ④

$f(x+y)=f(x)f(y)$에 $x=0$, $y=0$을 대입하면

$f(0)=f(0)f(0)$, $f(0)\{f(0)-1\}=0$

$\therefore f(0)=0$ 또는 $f(0)=1$

이때 $f(0)=0$이면 $f(x)=f(x)f(0)=0$이므로 $f'(x)=0$이 되어 $f'(0)=4$에 모순이다.

즉, $f(0)=1$이므로

$f'(1)=\lim_{h\to0}\frac{f(1+h)-f(1)}{h}$

$=\lim_{h\to0}\frac{f(1)f(h)-f(1)}{h}$

$=\lim_{h\to0}\frac{f(1)\{f(h)-1\}}{h}$

$=\lim_{h\to0}\left\{f(1)\times\frac{f(h)-f(0)}{h-0}\right\}$

$=f(1)f'(0)=4f(1)$

$\therefore \frac{f'(1)}{f(1)}=4$

유형 07 미분가능성과 연속성

0134

답 ④

ㄱ. $\lim_{x\to2-}f(x)=\lim_{x\to2-}(-x^2+4)=0$

$\lim_{x\to2+}f(x)=\lim_{x\to2+}(x^2-4)=0$

$f(2)=|4-4|=0$

에서 $\lim_{x\to2-}f(x)=\lim_{x\to2+}f(x)=f(2)$이므로 함수 $f(x)$는 $x=2$에서 연속이다.

$\lim_{h\to0-}\frac{f(2+h)-f(2)}{h}=\lim_{h\to0-}\frac{|h^2+4h|}{h}$

$=\lim_{h\to0-}(-h-4)=-4$

$\lim_{h\to0+}\frac{f(2+h)-f(2)}{h}=\lim_{h\to0+}\frac{|h^2+4h|}{h}$

$=\lim_{h\to0+}(h+4)=4$

이므로 함수 $f(x)$는 $x=2$에서 미분가능하지 않다.

ㄴ. $\lim_{x\to2-}f(x)=\lim_{x\to2-}(-x+2)(x-2)=0$

$\lim_{x\to2+}f(x)=\lim_{x\to2+}(x-2)^2=0$

$f(2)=|2-2|(2-2)=0$

에서 $\lim_{x\to2-}f(x)=\lim_{x\to2+}f(x)=f(2)$이므로 함수 $f(x)$는 $x=2$에서 연속이다.

$\lim_{h\to0-}\frac{f(2+h)-f(2)}{h}=\lim_{h\to0-}\frac{|h|h}{h}$

$=\lim_{h\to0-}(-h)=0$

$\lim_{h\to0+}\frac{f(2+h)-f(2)}{h}=\lim_{h\to0+}\frac{|h|h}{h}$

$=\lim_{h\to0+}h=0$

이므로 함수 $f(x)$는 $x=2$에서 미분가능하다.

ㄷ. $\lim_{x \to 2-} f(x) = \lim_{x \to 2-} (x^2 - x) = 2$

$\lim_{x \to 2+} f(x) = \lim_{x \to 2+} (2x - 2) = 2$

$f(2) = 2 \times 2 - 2 = 2$

에서 $\lim_{x \to 2-} f(x) = \lim_{x \to 2+} f(x) = f(2)$이므로 함수 $f(x)$는 $x=2$에서 연속이다.

$\lim_{h \to 0-} \frac{f(2+h) - f(2)}{h} = \lim_{h \to 0-} \frac{h^2 + 4h + 4 - (2+h) - 2}{h}$

$= \lim_{h \to 0-} \frac{h^2 + 3h}{h} = \lim_{h \to 0-} (h+3) = 3$

$\lim_{h \to 0+} \frac{f(2+h) - f(2)}{h} = \lim_{h \to 0+} \frac{2(2+h) - 2 - 2}{h}$

$= \lim_{h \to 0+} \frac{2h}{h} = 2$

이므로 함수 $f(x)$는 $x=2$에서 미분가능하지 않다.

따라서 $x=2$에서 연속이지만 미분가능하지 않은 함수는 ㄱ, ㄷ이다.

0135 답 4

함수 $f(x)$는 $x=1$에서 불연속이므로 $m=1$

또한 $f(x)$는 $x=-2$, $x=1$, $x=3$에서 미분가능하지 않으므로 $n=3$

$\therefore m+n=4$

0136 답 ③

ㄱ. $\lim_{x \to 1-} g(x) = \lim_{x \to 1-} (x-1)f(x) = 0$

$\lim_{x \to 1+} g(x) = \lim_{x \to 1+} (x-1)f(x) = 0$

$g(1) = (1-1)f(1) = 0$

이므로 함수 $g(x)$는 $x=1$에서 연속이다. (참)

ㄴ. $\lim_{h \to 0-} \frac{i(1+h) - i(1)}{h}$

$= \lim_{h \to 0-} \frac{\{(1+h)^2 - (1+h)\}(-1-h)}{h}$

$= \lim_{h \to 0-} \frac{(h^2+h)(-1-h)}{h}$

$= \lim_{h \to 0-} (h+1)(-1-h)$

$= 1 \times (-1) = -1$

$\lim_{h \to 0+} \frac{i(1+h) - i(1)}{h} = \lim_{h \to 0+} \frac{\{(1+h)^2 - (1+h)\}(1+h)}{h}$

$= \lim_{h \to 0+} \frac{(h^2+h)(1+h)}{h}$

$= \lim_{h \to 0+} (h+1)^2 = 1$

이므로 함수 $i(x)$는 $x=1$에서 미분가능하지 않다. (거짓)

ㄷ. $\lim_{h \to 0-} \frac{j(1+h) - j(1)}{h} = \lim_{h \to 0-} \frac{h^k(-1-h)}{h}$

$= \lim_{h \to 0-} h^{k-1}(-1-h)$ …… ㉠

$\lim_{h \to 0+} \frac{j(1+h) - j(1)}{h} = \lim_{h \to 0+} \frac{h^k(1+h)}{h}$

$= \lim_{h \to 0+} h^{k-1}(1+h)$ …… ㉡

함수 $j(x)$가 $x=1$에서 미분가능하려면 ㉠, ㉡의 값이 같아야 하므로

$\lim_{h \to 0-} h^{k-1}(-1-h) = \lim_{h \to 0+} h^{k-1}(1+h)$

(i) $k=1$일 때

$\lim_{h \to 0-} h^{k-1}(-1-h) = \lim_{h \to 0-} (-1-h) = -1$

$\lim_{h \to 0+} h^{k-1}(1+h) = \lim_{h \to 0+} (1+h) = 1$

이므로 $j(x)$는 $x=1$에서 미분가능하지 않다.

(ii) $k \geq 2$일 때

$\lim_{h \to 0-} h^{k-1}(-1-h) = 0$

$\lim_{h \to 0+} h^{k-1}(1+h) = 0$

이므로 $j(x)$는 $x=1$에서 미분가능하다.

(i), (ii)에서 함수 $j(x)$가 $x=1$에서 미분가능하도록 하는 자연수 k의 최솟값은 2이다. (참)

따라서 옳은 것은 ㄱ, ㄷ이다.

유형 08 미분법 공식

0137 답 ④

$f(x) = x^2 + ax + b$에서 $f'(x) = 2x + a$

이때 $f(2) = 4 + 2a + b = 5$이므로

$2a + b = 1$ …… ㉠

또한 $f'(1) = 2 + a = 3$이므로

$a = 1$

$a=1$을 ㉠에 대입하면 $b=-1$

따라서 $f(x) = x^2 + x - 1$이므로

$f(3) = 9 + 3 - 1 = 11$

0138 답 10

함수 $f(x)$는 최고차항의 계수가 1인 삼차함수이고 $f(0)=3$이므로

$f(x) = x^3 + ax^2 + bx + 3$ (a, b는 상수)라 하면

$f'(x) = 3x^2 + 2ax + b$

$f'(1) = 3 + 2a + b = 2$이므로

$2a + b = -1$ …… ㉠

$f'(2) = 12 + 4a + b = 7$이므로

$4a + b = -5$ …… ㉡

㉠, ㉡을 연립하여 풀면 $a=-2$, $b=3$

따라서 $f'(x) = 3x^2 - 4x + 3$이므로

$f'(-1) = 3 + 4 + 3 = 10$

0139 답 ④

$f(x) = x^n + 2nx + a$에서

$f(0) = 3$이므로 $a=3$

$f'(x) = nx^{n-1} + 2n$

(i) n이 홀수일 때

$f'(-1)=n\times(-1)^{n-1}+2n=n+2n=3n=6$

$\therefore n=2$

그런데 n은 홀수이므로 모순이다.

(ii) n이 짝수일 때

$f'(-1)=n\times(-1)^{n-1}+2n=-n+2n=n=6$

(i), (ii)에서 $n=6$이므로

$f(x)=x^6+12x+3$

$\therefore f(1)=1+12+3=16$

유형 09 곱의 미분법

0140

답 ②

$f(x)=(2x^2+1)(x^2+x+a)$에서

$f'(x)=4x(x^2+x+a)+(2x^2+1)(2x+1)$이므로

$f'(-1)=-4(1-1+a)+3(-2+1)=-4a-3=1$

$-4a=4 \qquad \therefore a=-1$

0141

답 ②

$g(x)=(x^2+x+2)f(x)$에서

$g(1)=4f(1)=12 \qquad \therefore f(1)=3$

$g'(x)=(2x+1)f(x)+(x^2+x+2)f'(x)$이므로

$g'(1)=3f(1)+4f'(1)=9+4f'(1)=5$

$\therefore f'(1)=-1$

$\therefore f(1)+f'(1)=3+(-1)=2$

0142

답 ②

이차함수 $f(x)$는 최고차항의 계수가 1이고 $y=f(x)$의 그래프가 x축에 접하므로 $f(x)=(x-a)^2$ (a는 상수)라 하면

$g(x)=(x-2)f(x)=(x-2)(x-a)^2$

$g'(x)=(x-a)^2+2(x-2)(x-a)$

곡선 $y=g(x)$ 위의 점 (3, 1)에서의 접선의 기울기가 3이므로

$g(3)=1$에서 $(3-a)^2=1$

$3-a=-1$ 또는 $3-a=1$

$\therefore a=2$ 또는 $a=4 \qquad \cdots\cdots$ ㉠

$g'(3)=3$에서 $(3-a)^2+2(3-a)=3$

$a^2-8a+12=0$, $(a-2)(a-6)=0$

$\therefore a=2$ 또는 $a=6 \qquad \cdots\cdots$ ㉡

㉠, ㉡에서 $a=2$이므로

$g(x)=(x-2)^3$

$\therefore g(4)=(4-2)^3=8$

유형 10 미분계수와 도함수

0143

답 3

$f(x)=3x^3-2x^2+4x$에서 $f'(x)=9x^2-4x+4$이므로

$$\lim_{x\to1}\frac{f(x)-f(1)}{x^3-1}=\lim_{x\to1}\left\{\frac{f(x)-f(1)}{x-1}\times\frac{1}{x^2+x+1}\right\}$$

$$=f'(1)\times\frac{1}{3}=9\times\frac{1}{3}=3$$

0144

답 ④

$\lim_{h\to0}\frac{f(1+2h)-3}{h}=4$에서 극한값이 존재하고

$h\to0$일 때, (분모)$\to0$이므로 (분자)$\to0$이어야 한다.

즉, $\lim_{h\to0}\{f(1+2h)-3\}=0$이므로 $f(1)=3$

$$\lim_{h\to0}\frac{f(1+2h)-3}{h}=\lim_{h\to0}\frac{f(1+2h)-f(1)}{2h}\times2$$

$$=2f'(1)=4$$

$\therefore f'(1)=2$

$f(x)=x^3+ax+b$에서 $f'(x)=3x^2+a$이므로

$f(1)=3$에서 $1+a+b=3$

$\therefore a+b=2 \qquad \cdots\cdots$ ㉠

$f'(1)=2$에서 $3+a=2$

$\therefore a=-1$

$a=-1$을 ㉠에 대입하면 $b=3$

따라서 $f(x)=x^3-x+3$이므로

$f(2)=8-2+3=9$

0145

답 22

$\lim_{x\to2}\frac{f(x)-3}{x^2-2x}=1$에서 극한값이 존재하고

$x\to2$일 때, (분모)$\to0$이므로 (분자)$\to0$이어야 한다.

즉, $\lim_{x\to2}\{f(x)-3\}=0$에서 $f(2)=3$

$$\lim_{x\to2}\frac{f(x)-3}{x^2-2x}=\lim_{x\to2}\left\{\frac{f(x)-f(2)}{x-2}\times\frac{1}{x}\right\}$$

$$=f'(2)\times\frac{1}{2}=1$$

$\therefore f'(2)=2$

$g(x)=(x^2+1)f(x)$에서

$g'(x)=2xf(x)+(x^2+1)f'(x)$이므로

$g'(2)=4f(2)+5f'(2)=4\times3+5\times2=22$

0146

답 ③

$\lim_{x\to3}\frac{f(x)-2}{x-3}=2$에서 극한값이 존재하고

$x\to3$일 때, (분모)$\to0$이므로 (분자)$\to0$이어야 한다.

즉, $\lim_{x\to3}\{f(x)-2\}=0$이므로 $f(3)=2$

$$\therefore \lim_{x\to3}\frac{f(x)-2}{x-3}=\lim_{x\to3}\frac{f(x)-f(3)}{x-3}=f'(3)=2$$

또한 $\lim_{x \to 3} \frac{g(x)-1}{x-3}=4$에서 극한값이 존재하고

$x \to 3$일 때, (분모)$\to 0$이므로 (분자)$\to 0$이어야 한다.

즉, $\lim_{x \to 3} \{g(x)-1\}=0$이므로 $g(3)=1$

$\therefore \lim_{x \to 3} \frac{g(x)-1}{x-3}=\lim_{x \to 3} \frac{g(x)-g(3)}{x-3}=g'(3)=4$

$h(x)=f(x)g(x)$에서

$h'(x)=f'(x)g(x)+f(x)g'(x)$이므로

$h'(3)=f'(3)g(3)+f(3)g'(3)$

$=2 \times 1+2 \times 4=10$

0147

답 ①

$\lim_{x \to 2} \frac{f(x^2)-2}{x-2}=8$에서 극한값이 존재하고

$x \to 2$일 때, (분모)$\to 0$이므로 (분자)$\to 0$이어야 한다.

즉, $\lim_{x \to 2} \{f(x^2)-2\}=0$이므로 $f(4)=2$

$\therefore \lim_{x \to 2} \frac{f(x^2)-2}{x-2}=\lim_{x \to 2} \left\{\frac{f(x^2)-f(4)}{x^2-4} \times (x+2)\right\}$

$=4f'(4)=8$

$\therefore f'(4)=2$

또한 $\lim_{x \to 1} \frac{g(x+3)-1}{x^2-x}=2$에서 극한값이 존재하고

$x \to 1$일 때, (분모)$\to 0$이므로 (분자)$\to 0$이어야 한다.

즉, $\lim_{x \to 1} \{g(x+3)-1\}=0$이므로 $g(4)=1$

$x+3=t$라 하면 $x \to 1$일 때, $t \to 4$이므로

$\lim_{x \to 1} \frac{g(x+3)-1}{x^2-x}=\lim_{t \to 4} \frac{g(t)-g(4)}{(t-3)^2-(t-3)}$

$=\lim_{t \to 4} \left\{\frac{g(t)-g(4)}{t-4} \times \frac{1}{t-3}\right\}$

$=g'(4)=2$

$h(x)=f(x)g(x)$에서

$h'(x)=f'(x)g(x)+f(x)g'(x)$이므로

$h'(4)=f'(4)g(4)+f(4)g'(4)$

$=2 \times 1+2 \times 2=6$

0148

답 30

$\lim_{x \to 1} \frac{f(x)-2g(x)}{2x-2}=2$에서 극한값이 존재하고

$x \to 1$일 때, (분모)$\to 0$이므로 (분자)$\to 0$이어야 한다.

즉, $\lim_{x \to 1} \{f(x)-2g(x)\}=0$이므로

$f(1)=2g(1)$ ...... ㉠

$\lim_{x \to 1} \frac{f(x)-2g(x)}{2x-2}$

$=\lim_{x \to 1} \frac{f(x)-f(1)-2g(x)+2g(1)}{2x-2}$

$=\lim_{x \to 1} \frac{f(x)-f(1)}{x-1} \times \frac{1}{2}-\lim_{x \to 1} \frac{g(x)-g(1)}{x-1}$

$=\frac{1}{2}f'(1)-g'(1)=2$

$\therefore f'(1)-2g'(1)=4$ ...... ㉡

$\lim_{x \to 1} \frac{(x-1)f(x)}{g(x)-3}=4$에서 0이 아닌 극한값이 존재하고

$x \to 1$일 때, (분자)$\to 0$이므로 (분모)$\to 0$이어야 한다.

즉, $\lim_{x \to 1} \{g(x)-3\}=0$이므로

$g(1)=3$ ...... ㉢

㉢을 ㉠에 대입하면

$f(1)=2g(1)=2 \times 3=6$ ...... ㉣

$\lim_{x \to 1} \frac{(x-1)f(x)}{g(x)-3}=\lim_{x \to 1} \left\{f(x) \times \frac{x-1}{g(x)-3}\right\}$

$=\lim_{x \to 1} \left\{f(x) \times \frac{1}{\frac{g(x)-g(1)}{x-1}}\right\}$ ($\because$ ㉢)

$=\frac{f(1)}{g'(1)}=4$

$\therefore g'(1)=\frac{1}{4}f(1)=\frac{1}{4} \times 6=\frac{3}{2}$ ($\because$ ㉣)

이를 ㉡에 대입하면

$f'(1)=2g'(1)+4=2 \times \frac{3}{2}+4=7$

따라서 $h'(x)=f'(x)g(x)+f(x)g'(x)$이므로

$h'(1)=f'(1)g(1)+f(1)g'(1)=7 \times 3+6 \times \frac{3}{2}=30$

유형 11 치환을 이용한 극한값의 계산

0149

답 ⑤

$f(x)=x^{14}+x^5+x$라 하면 $f(1)=3$이므로

$\lim_{x \to 1} \frac{x^{14}+x^5+x-3}{x-1}=\lim_{x \to 1} \frac{f(x)-f(1)}{x-1}=f'(1)$

$f'(x)=14x^{13}+5x^4+1$이므로 $f'(1)=14+5+1=20$

0150

답 15

$\lim_{x \to -1} \frac{x^n+2x^2-3x-4}{x+1}=8$에서 극한값이 존재하고

$x \to -1$일 때, (분모)$\to 0$이므로 (분자)$\to 0$이어야 한다.

즉, $\lim_{x \to -1} (x^n+2x^2-3x-4)=0$이므로

$(-1)^n+2+3-4=0$, $(-1)^n=-1$

따라서 n은 홀수이다.

$f(x)=x^n+2x^2-3x$라 하면 $f(-1)=4$이므로

$\lim_{x \to -1} \frac{x^n+2x^2-3x-4}{x+1}=\lim_{x \to -1} \frac{f(x)-f(-1)}{x-(-1)}=f'(-1)$

$f'(x)=nx^{n-1}+4x-3$이므로

$f'(-1)=n \times (-1)^{n-1}-4-3=n-7=8$

$\therefore n=15$

유형 12 도함수와 항등식

0151

답 3

$f(x)=x^2+ax+b$ (a, b는 상수)라 하면
$f'(x)=2x+a$이므로
$3f(x)-\{f'(x)\}^2=-x^2+3x$에서
$3(x^2+ax+b)-(2x+a)^2=-x^2+3x$
$-x^2-ax+3b-a^2=-x^2+3x$
위의 등식이 모든 실수 x에 대하여 성립하므로
$-a=3$, $3b-a^2=0$
$\therefore a=-3$, $b=3$
따라서 $f(x)=x^2-3x+3$이므로
$f(3)=9-9+3=3$

0152

답 15

함수 $f(x)$를 n차 다항함수라 하면 $f'(x)$는 $(n-1)$차 다항함수이다.
조건 (가)에서 $n=1$이면 좌변은 상수이고, 우변은 일차식이 되어 모순이다. 즉, $n\geq 2$이다.
조건 (가)에서 좌변의 차수는 $2(n-1)$, 우변의 차수는 n이므로
$2n-2=n$ $\quad\therefore n=2$
$f(x)=ax^2+bx+c$ (a, b, c는 상수, $a\neq 0$)라 하면
$f'(x)=2ax+b$이므로
$\{f'(x)\}^2=8f(x)+1$에서
$(2ax+b)^2=8(ax^2+bx+c)+1$
$4a^2x^2+4abx+b^2=8ax^2+8bx+8c+1$
위의 등식이 모든 실수 x에 대하여 성립하므로
$4a^2=8a$, $4ab=8b$, $b^2=8c+1$ $\quad\cdots\cdots$ ㉠
$\therefore a=2$ ($\because a\neq 0$)
조건 (나)에서 $f'(0)=3$이므로 $b=3$
이를 ㉠에 대입하면 $9=8c+1$
$\therefore c=1$
따라서 $f(x)=2x^2+3x+1$이므로
$f(2)=8+6+1=15$

유형 13 구간으로 나누어 정의된 함수의 미분가능성

0153

답 ①

함수 $f(x)$가 $x=2$에서 미분가능하므로 $x=2$에서 연속이다.
$\lim_{x\to 2-} f(x)=\lim_{x\to 2-}(x^2+ax)=2a+4$
$\lim_{x\to 2+} f(x)=\lim_{x\to 2+}(2x+2a)=2a+4$
$f(2)=2a+4$
에서 $\lim_{x\to 2-} f(x)=\lim_{x\to 2+} f(x)=f(2)$이므로 함수 $f(x)$는 a의 값에 관계없이 $x=2$에서 연속이다.
또한 함수 $f(x)$가 $x=2$에서 미분가능하므로 $x=2$에서의 좌미분계수와 우미분계수가 같아야 한다.
$f'(x)=\begin{cases} 2x+a & (x<2) \\ 2 & (x>2)\end{cases}$이므로
$\lim_{x\to 2-} f'(x)=\lim_{x\to 2-}(2x+a)=a+4$
$\lim_{x\to 2+} f'(x)=\lim_{x\to 2+} 2=2$
에서 $a+4=2$ $\quad\therefore a=-2$
따라서 $f(x)=\begin{cases} x^2-2x & (x<2) \\ 2x-4 & (x\geq 2)\end{cases}$이므로
$f(1)+f(3)=-1+2=1$

다른 풀이

함수 $f(x)$의 $x=2$에서의 미분가능성을 미분계수의 정의를 이용하여 조사할 수도 있다.

$$\begin{aligned}\lim_{x\to 2-}\frac{f(x)-f(2)}{x-2}&=\lim_{x\to 2-}\frac{x^2+ax-(4+2a)}{x-2}\\&=\lim_{x\to 2-}\frac{(x-2)(x+a+2)}{x-2}\\&=\lim_{x\to 2-}(x+a+2)=a+4\end{aligned}$$

$$\begin{aligned}\lim_{x\to 2+}\frac{f(x)-f(2)}{x-2}&=\lim_{x\to 2+}\frac{(2x+2a)-(2a+4)}{x-2}\\&=\lim_{x\to 2+}\frac{2(x-2)}{x-2}=2\end{aligned}$$

에서 $a+4=2$ $\quad\therefore a=-2$
따라서 $f(x)=\begin{cases} x^2-2x & (x<2) \\ 2x-4 & (x\geq 2)\end{cases}$이므로
$f(1)+f(3)=-1+2=1$

참고

위와 같이 다항함수 꼴로 주어진 경우 본 풀이의 방식을 이용하는 것이 조금 더 편리하다. 하지만 다항함수가 아닌 꼴, 혹은 미분하기 복잡한 형태인 경우도 출제되므로 두 가지 방법을 모두 익혀두고 주어진 함수에 따라 적절히 선택하여 이용하도록 하자.

0154

답 1

함수 $g(x)$가 실수 전체의 집합에서 미분가능하면 $x=1$에서 미분가능하므로 $x=1$에서 연속이다.
$\lim_{x\to 1-} g(x)=\lim_{x\to 1-}(x-1)f(x)=0$
$\lim_{x\to 1+} g(x)=\lim_{x\to 1+}(x^2+ax)=1+a$
$g(1)=1+a$
에서 $\lim_{x\to 1-} g(x)=\lim_{x\to 1+} g(x)=g(1)$이어야 하므로
$1+a=0$ $\quad\therefore a=-1$ $\quad\cdots\cdots$ ㉠
또한 함수 $g(x)$가 $x=1$에서 미분가능하므로 $x=1$에서의 좌미분계수와 우미분계수가 같아야 한다.

$$\begin{aligned}\lim_{x\to 1-}\frac{g(x)-g(1)}{x-1}&=\lim_{x\to 1-}\frac{(x-1)f(x)}{x-1}\\&=\lim_{x\to 1-} f(x)=f(1)\end{aligned}$$

$$\begin{aligned}\lim_{x\to 1+}\frac{g(x)-g(1)}{x-1}&=\lim_{x\to 1+}\frac{x^2-x}{x-1}=\lim_{x\to 1+}\frac{x(x-1)}{x-1}\ (\because ㉠)\\&=\lim_{x\to 1+} x=1\end{aligned}$$

에서 $f(1)=1$

다른 풀이

함수 $g(x)$의 $x=1$에서의 미분가능성을 곱의 미분법을 이용하여 구할 수도 있다.

$g(x)=\begin{cases}(x-1)f(x) & (x<1)\\ x^2-x & (x\geq1)\end{cases}$에서

$g'(x)=\begin{cases}f(x)+(x-1)f'(x) & (x<1)\\ 2x-1 & (x>1)\end{cases}$이므로

$\lim_{x\to1-}g'(x)=\lim_{x\to1-}\{f(x)+(x-1)f'(x)\}=f(1)$

$\lim_{x\to1+}g'(x)=\lim_{x\to1+}(2x-1)=1$에서 $f(1)=1$

0155

답 ④

함수 $f(x)$가 실수 전체의 집합에서 미분가능하면 $x=2$에서 미분가능하므로 $x=2$에서 연속이다.

$\lim_{x\to2-}f(x)=\lim_{x\to2-}(x^2+ax+b)=4+2a+b$

$\lim_{x\to2+}f(x)=\lim_{x\to2+}(bx+2)=2b+2$

$f(2)=2b+2$

에서 $\lim_{x\to2-}f(x)=\lim_{x\to2+}f(x)=f(2)$이어야 하므로

$4+2a+b=2b+2$

$\therefore 2a-b=-2$ ...... ㉠

또한 함수 $f(x)$가 $x=2$에서 미분가능하므로 $x=2$에서의 좌미분계수와 우미분계수가 같아야 한다.

$f'(x)=\begin{cases}2x+a & (x<2)\\ b & (x>2)\end{cases}$이므로

$\lim_{x\to2-}f'(x)=\lim_{x\to2-}(2x+a)=4+a$

$\lim_{x\to2+}f'(x)=\lim_{x\to2+}b=b$

에서 $b=4+a$ ...... ㉡

㉠, ㉡을 연립하여 풀면 $a=2$, $b=6$

따라서 $f(x)=\begin{cases}x^2+2x+6 & (x<2)\\ 6x+2 & (x\geq2)\end{cases}$이므로

$f(1)+f(3)=9+20=29$

0156

답 ④

$f(x)=\begin{cases}-(x-2) & (x<2)\\ x-2 & (x\geq2)\end{cases}$이므로

$h(x)=f(x)g(x)=\begin{cases}-(2x+a)(x-2) & (x<2)\\ -x(x-2) & (x\geq2)\end{cases}$

함수 $h(x)$가 실수 전체의 집합에서 미분가능하면 $x=2$에서 미분가능하므로 $x=2$에서 연속이다.

$\lim_{x\to2-}h(x)=\lim_{x\to2-}\{-(2x+a)(x-2)\}=0$

$\lim_{x\to2+}h(x)=\lim_{x\to2+}\{-x(x-2)\}=0$

$h(2)=f(2)g(2)=0$

에서 $\lim_{x\to2-}h(x)=\lim_{x\to2+}h(x)=h(2)$이므로 함수 $h(x)$는 a의 값에 관계없이 $x=2$에서 연속이다.

또한 함수 $h(x)$가 $x=2$에서 미분가능하므로 $x=2$에서의 좌미분계수와 우미분계수가 같아야 한다.

$h'(x)=\begin{cases}-4x+4-a & (x<2)\\ -2x+2 & (x>2)\end{cases}$이므로

$\lim_{x\to2-}h'(x)=\lim_{x\to2-}(-4x+4-a)=-4-a$

$\lim_{x\to2+}h'(x)=\lim_{x\to2+}(-2x+2)=-2$

에서 $-4-a=-2$ $\quad\therefore a=-2$

따라서 $h'(x)=\begin{cases}-4x+6 & (x<2)\\ -2x+2 & (x>2)\end{cases}$이므로

$h'(1)=-4+6=2$

0157

답 24

함수 $g(x)$가 실수 전체의 집합에서 미분가능하면 $x=1$, $x=3$에서 미분가능하므로 $x=1$, $x=3$에서 연속이다.

$\lim_{x\to1-}g(x)=\lim_{x\to1-}(2x-2)=0$

$\lim_{x\to1+}g(x)=\lim_{x\to1+}f(x)=f(1)$

$g(1)=f(1)$

에서 $f(1)=0$

$\lim_{x\to3-}g(x)=\lim_{x\to3-}f(x)=f(3)$

$\lim_{x\to3+}g(x)=\lim_{x\to3+}(-x^2+8x-15)=0$

$g(3)=-9+24-15=0$

에서 $f(3)=0$

또한 함수 $g(x)$가 $x=1$, $x=3$에서 미분가능하므로 $x=1$, $x=3$에서의 좌미분계수와 우미분계수가 같아야 한다.

$g'(x)=\begin{cases}2 & (x<1)\\ f'(x) & (1<x<3)\\ -2x+8 & (x>3)\end{cases}$이므로

$\lim_{x\to1-}g'(x)=\lim_{x\to1-}2=2$

$\lim_{x\to1+}g'(x)=\lim_{x\to1+}f'(x)=f'(1)$

에서 $f'(1)=2$

$\lim_{x\to3-}g'(x)=\lim_{x\to3-}f'(x)=f'(3)$

$\lim_{x\to3+}g'(x)=\lim_{x\to3+}(-2x+8)=2$

에서 $f'(3)=2$

즉, $f(1)=0$, $f(3)=0$, $f'(1)=2$, $f'(3)=2$이므로

$f(x)=(x-1)(x-3)(ax+b)$ (a, b는 상수, $a\neq0$)라 하면

$f'(x)=(x-3)(ax+b)+(x-1)(ax+b)+a(x-1)(x-3)$

이때 $f'(1)=2$이므로

$-2(a+b)=2$ $\quad\therefore a+b=-1$ ...... ㉠

$f'(3)=2$이므로

$2(3a+b)=2$ $\quad\therefore 3a+b=1$ ...... ㉡

㉠, ㉡을 연립하여 풀면 $a=1$, $b=-2$

따라서 $f(x)=(x-1)(x-3)(x-2)$이므로

$f(5)=4\times2\times3=24$

유형 14 미분법과 다항식의 나눗셈

0158

답 8

$f(x)=2x^3+3x^2-12x+a$라 하면 $f(x)$가 $(x-b)^2$으로 나누어떨어지므로 $f(b)=0$, $f'(b)=0$

$f(b)=0$에서 $2b^3+3b^2-12b+a=0$ …… ㉠

$f'(x)=6x^2+6x-12$이므로 $f'(b)=0$에서

$6b^2+6b-12=0$, $6(b+2)(b-1)=0$

$\therefore b=1$ ($\because b>0$)

$b=1$을 ㉠에 대입하면

$-7+a=0$ $\quad\therefore a=7$

$\therefore a+b=7+1=8$

0159

답 11

다항식 $f(x)$를 $(x-2)^2$으로 나누었을 때의 몫을 $Q(x)$라 하면

$f(x)=(x-2)^2Q(x)+3x+2$ …… ㉠

㉠의 양변에 $x=2$를 대입하면

$f(2)=6+2=8$

㉠의 양변을 x에 대하여 미분하면

$f'(x)=2(x-2)Q(x)+(x-2)^2Q'(x)+3$

위의 식의 양변에 $x=2$를 대입하면

$f'(2)=3$

$\therefore f(2)+f'(2)=8+3=11$

0160

답 12

$\lim_{h\to 0}\frac{f(2+h)-2}{h}=5$에서 극한값이 존재하고

$h\to 0$일 때, (분모)$\to 0$이므로 (분자)$\to 0$이어야 한다.

즉, $\lim_{h\to 0}\{f(2+h)-2\}=0$이므로 $f(2)=2$

$\lim_{h\to 0}\frac{f(2+h)-2}{h}=\lim_{h\to 0}\frac{f(2+h)-f(2)}{h}=f'(2)=5$

$f(x)$를 $(x-2)^2$으로 나누었을 때의 몫을 $Q(x)$,

$R(x)=ax+b$ (a, b는 상수)라 하면

$f(x)=(x-2)^2Q(x)+ax+b$ …… ㉠

㉠의 양변에 $x=2$를 대입하면

$f(2)=2a+b=2$ …… ㉡

㉠의 양변을 x에 대하여 미분하면

$f'(x)=2(x-2)Q(x)+(x-2)^2Q'(x)+a$ …… ㉢

㉢의 양변에 $x=2$를 대입하면

$f'(2)=a=5$

$a=5$를 ㉡에 대입하면 $b=-8$

따라서 $R(x)=5x-8$이므로

$R(4)=5\times 4-8=12$

0161

답 ④

조건 (가)에서 $f(x)$가 $(x-1)^2$으로 나누어떨어지므로

$f(x)=(x-1)^2(ax+b)$ (a, b는 상수, $a\neq 0$)라 하자.

조건 (나)에서 $f(2)-3=0$, 즉 $f(2)=3$이므로

$2a+b=3$ …… ㉠

$f'(x)=2(x-1)(ax+b)+a(x-1)^2$이므로

$f'(2)=3$에서 $2(2a+b)+a=3$

$5a+2b=3$ …… ㉡

㉠, ㉡을 연립하여 풀면 $a=-3$, $b=9$

따라서 $f'(x)=2(x-1)(-3x+9)-3(x-1)^2$이므로

$f'(3)=2\times 2\times 0-3\times 4=-12$

0162

답 3

$f(x)$를 $(x-a)^2$으로 나누었을 때의 몫을 $Q(x)$라 하면

$f(x)=(x-a)^2Q(x)+x-3$ …… ㉠

㉠의 양변에 $x=a$를 대입하면

$f(a)=a-3$

㉠의 양변을 x에 대하여 미분하면

$f'(x)=2(x-a)Q(x)+(x-a)^2Q'(x)+1$ …… ㉡

㉡의 양변에 $x=a$를 대입하면

$f'(a)=1$

$g(x)=x^2f(x)$라 하면 $g'(x)=2xf(x)+x^2f'(x)$

곡선 $y=g(x)$ 위의 점 $(a, g(a))$에서의 접선의 기울기가 9이므로

$g'(a)=9$에서

$2af(a)+a^2f'(a)=9$, $2a(a-3)+a^2=9$

$3a^2-6a-9=0$, $3(a+1)(a-3)=0$

$\therefore a=3$ ($\because a>0$)

PART B′ 기출&기출변형 문제

0163

답 11

함수 $f(x)=x^3-6x^2+5x$에 대하여 x의 값이 0에서 4까지 변할 때의 평균변화율은

$\frac{f(4)-f(0)}{4-0}=\frac{-12}{4}=-3$

이때 $f'(x)=3x^2-12x+5$이므로

$f'(a)=-3$에서 $3a^2-12a+5=-3$

$\therefore 3a^2-12a+8=0$ …… ㉠

이때

$g(a)=3a^2-12a+8=3(a-2)^2-4$

라 하면 $y=g(a)$의 그래프는 오른쪽 그림과 같으므로 ㉠을 만족시키는 모든 실수 a는

$0<a<4$를 만족시킨다.

따라서 구하는 모든 실수 a의 값의 곱은 이차방정식의 근과 계수의 관계에 의하여 $\frac{8}{3}$이므로

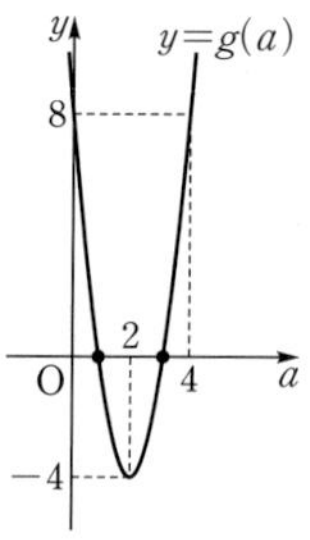

$p=3$, $q=8$

$\therefore p+q=11$

0164

답 ④

$\lim_{h\to 0}\frac{f(1+h)-4}{h}=4$에서 극한값이 존재하고

$h\to 0$일 때, (분모)$\to 0$이므로 (분자)$\to 0$이어야 한다.

즉, $\lim_{h\to 0}\{f(1+h)-4\}=0$이므로

$f(1)=4$

$\lim_{h\to 0}\frac{f(1+h)-4}{h}=\lim_{h\to 0}\frac{f(1+h)-f(1)}{h}$

$=f'(1)=4$

$f(x)=x^2+ax+b$ (a, b는 상수)라 하면
$f(1)=4$에서 $1+a+b=4$
$\therefore a+b=3$ …… ㉠
$f'(x)=2x+a$이므로 $f'(1)=4$에서
$2+a=4$ $\therefore a=2$
이를 ㉠에 대입하면 $b=1$
따라서 $f(x)=x^2+2x+1$, $f'(x)=2x+2$이므로
$f(3)+f'(3)=16+8=24$

짝기출

함수 $f(x)=3x^2+ax+b$가 $\lim_{h\to0}\frac{f(2+h)-4}{h}=3$을 만족시킬 때, 두 상수 a, b에 대하여 a^2+b^2의 값을 구하시오.

답 181

0165 답 28

$\lim_{x\to1}\frac{xf(x)-2x^3}{x-1}=3$에서 극한값이 존재하고
$x\to1$일 때, (분모)$\to0$이므로 (분자)$\to0$이어야 한다.
즉, $\lim_{x\to1}\{xf(x)-2x^3\}=0$이므로 $f(1)=2$
$h(x)=xf(x)-2x^3$이라 하면 $h(1)=f(1)-2=0$이므로
$\lim_{x\to1}\frac{xf(x)-2x^3}{x-1}=\lim_{x\to1}\frac{h(x)-h(1)}{x-1}=h'(1)=3$
$h'(x)=f(x)+xf'(x)-6x^2$이므로
$h'(1)=f(1)+f'(1)-6=3$에서
$2+f'(1)-6=3$ $\therefore f'(1)=7$
$g'(x)=2f(x)f'(x)$이므로
$g'(1)=2f(1)f'(1)=2\times2\times7=28$

짝기출

다항함수 $f(x)$에 대하여 $f(1)=0$, $f'(1)=7$일 때, $\lim_{x\to1}\frac{(x^2+2)f(x)}{x-1}$의 값을 구하시오.

답 21

0166 답 ⑤

$x>0$이므로 $4x<f(2+x)-f(2-x)<2x^3+4x$에서
$4<\frac{f(2+x)-f(2-x)}{x}<2x^2+4$
이때 $\lim_{x\to0+}4=4$, $\lim_{x\to0+}(2x^2+4)=4$이므로 함수의 극한의 대소 관계에 의하여
$\lim_{x\to0+}\frac{f(2+x)-f(2-x)}{x}=4$
$f(x)$는 미분가능한 함수이므로
$\lim_{x\to0+}\frac{f(2+x)-f(2-x)}{x}$
$=\lim_{x\to0+}\left\{\frac{f(2+x)-f(2)}{x}-\frac{f(2-x)-f(2)}{x}\right\}$
$=\lim_{x\to0+}\left\{\frac{f(2+x)-f(2)}{x}+\frac{f(2-x)-f(2)}{-x}\right\}$
$=2f'(2)=4$
$\therefore f'(2)=2$

짝기출

$x>0$에서 함수 $f(x)$가 미분가능하고 $2x\le f(x)\le3x$이다. $f(1)=2$이고 $f(2)=6$일 때, $f'(1)+f'(2)$의 값은?

① 8 ② 7 ③ 6 ④ 5 ⑤ 4

답 ④

0167 답 ⑤

곡선 $y=f(x)$ 위의 점 $(1, f(1))$에서의 접선의 기울기는 $f'(1)$이고, 이 접선과 직선 $y=-\frac{1}{2}x+1$이 서로 수직이므로
$f'(1)\times\left(-\frac{1}{2}\right)=-1$ $\therefore f'(1)=2$
$\frac{1}{x}=h$라 하면 $x\to\infty$일 때, $h\to0$이므로
$\lim_{x\to\infty}2x\left\{f\left(1+\frac{2}{x}\right)-f\left(1-\frac{1}{2x}\right)\right\}$
$=\lim_{h\to0}\frac{2}{h}\left\{f(1+2h)-f\left(1-\frac{h}{2}\right)\right\}$
$=\lim_{h\to0}\frac{\{f(1+2h)-f(1)\}-\left\{f\left(1-\frac{h}{2}\right)-f(1)\right\}}{h}\times2$
$=\lim_{h\to0}\frac{f(1+2h)-f(1)}{2h}\times4-\lim_{h\to0}\frac{f\left(1-\frac{h}{2}\right)-f(1)}{-\frac{h}{2}}\times(-1)$
$=4f'(1)+f'(1)=5f'(1)$
$=5\times2=10$

짝기출

삼차함수 $f(x)$에 대하여 곡선 $y=f(x)$ 위의 점 $(1, f(1))$에서의 접선과 직선 $y=-\frac{1}{3}x+2$가 서로 수직일 때,
$\lim_{n\to\infty}n\left\{f\left(1+\frac{1}{2n}\right)-f\left(1-\frac{1}{3n}\right)\right\}$의 값은?

① $\frac{5}{6}$ ② 1 ③ $\frac{5}{4}$ ④ $\frac{5}{3}$ ⑤ $\frac{5}{2}$

답 ⑤

0168 답 5

조건 (가)에서 $f(a)=f(2)=f(6)=k$ (k는 상수)라 하면
$f(a)-k=0$, $f(2)-k=0$, $f(6)-k=0$
이때 $f(x)$는 최고차항의 계수가 1인 삼차함수이므로 삼차방정식 $f(x)-k=0$의 서로 다른 세 실근이 a, 2, 6이다.
즉, $f(x)-k=(x-a)(x-2)(x-6)$
$f(x)=(x-a)(x-2)(x-6)+k$
$f'(x)=(x-2)(x-6)+(x-a)(x-6)+(x-a)(x-2)$
조건 (나)에서 $f'(2)=-4$이므로
$f'(2)=-4(2-a)=-8+4a=-4$
$4a=4$ $\therefore a=1$

따라서

$f'(x)=(x-2)(x-6)+(x-1)(x-6)+(x-1)(x-2)$

이므로

$f'(a)=f'(1)=-1\times(-5)=5$

0169 답 ③

$\lim_{x\to1}\frac{f(x)g(x)-4}{x-1}=4$에서 극한값이 존재하고

$x\to1$일 때, (분모)$\to0$이므로 (분자)$\to0$이어야 한다.

즉, $\lim_{x\to1}\{f(x)g(x)-4\}=0$이므로

$f(1)g(1)=4$ …… ㉠

$\lim_{x\to1}\frac{f(x)g(x)-4}{x-1}=\lim_{x\to1}\frac{f(x)g(x)-f(1)g(1)}{x-1}=4$

에서 $f'(1)g(1)+f(1)g'(1)=4$ …… ㉡

한편 $\lim_{x\to1}\frac{f(x)-g(x)}{x^2-x}=8$에서 극한값이 존재하고

$x\to1$일 때, (분모)$\to0$이므로 (분자)$\to0$이어야 한다.

즉, $\lim_{x\to1}\{f(x)-g(x)\}=0$이므로

$f(1)=g(1)$ …… ㉢

$\lim_{x\to1}\frac{f(x)-g(x)}{x^2-x}$

$=\lim_{x\to1}\left[\frac{\{f(x)-g(x)\}-\{f(1)-g(1)\}}{x-1}\times\frac{1}{x}\right]$

$=f'(1)-g'(1)=8$ …… ㉣

㉠, ㉢을 연립하여 풀면 $\{f(1)\}^2=4$

$\therefore f(1)=2,\ g(1)=2\ (\because f(1)>0)$

따라서 ㉡에서 $2f'(1)+2g'(1)=4$이므로

$f'(1)+g'(1)=2$

이를 ㉣과 연립하여 풀면

$f'(1)=5,\ g'(1)=-3$

짝기출

두 다항함수 $f(x)$, $g(x)$가

$\lim_{x\to0}\frac{f(x)+g(x)}{x}=3,\ \lim_{x\to0}\frac{f(x)+3}{xg(x)}=2$

를 만족시킨다. 함수 $h(x)=f(x)g(x)$에 대하여 $h'(0)$의 값은?

① 27 ② 30 ③ 33 ④ 36 ⑤ 39

답 ①

0170 답 ③

ㄱ. $\lim_{x\to0-}xf(x)=\lim_{x\to0-}(-x^2)=0$

$\lim_{x\to0+}xf(x)=\lim_{x\to0+}x^2=0$

$0\times f(0)=0$

이므로 함수 $xf(x)$는 $x=0$에서 연속이다.

$\lim_{x\to0-}\frac{xf(x)-0\times f(0)}{x-0}=\lim_{x\to0-}\frac{-x^2}{x}=\lim_{x\to0-}(-x)=0$

$\lim_{x\to0+}\frac{xf(x)-0\times f(0)}{x-0}=\lim_{x\to0+}\frac{x^2}{x}=\lim_{x\to0+}x=0$

이므로 함수 $xf(x)$는 $x=0$에서 미분가능하다.

ㄴ. $\lim_{x\to0-}f(x)g(x)=\lim_{x\to0-}(x^2+x)=0$

$\lim_{x\to0+}f(x)g(x)=\lim_{x\to0+}(2x^2+x)=0$

$f(0)g(0)=0$

이므로 함수 $f(x)g(x)$는 $x=0$에서 연속이다.

$\lim_{x\to0-}\frac{f(x)g(x)-f(0)g(0)}{x-0}=\lim_{x\to0-}\frac{x^2+x}{x}$

$=\lim_{x\to0-}(x+1)=1$

$\lim_{x\to0+}\frac{f(x)g(x)-f(0)g(0)}{x-0}=\lim_{x\to0+}\frac{2x^2+x}{x}$

$=\lim_{x\to0+}(2x+1)=1$

이므로 함수 $f(x)g(x)$는 $x=0$에서 미분가능하다.

ㄷ. $\lim_{x\to0-}|f(x)-g(x)|=\lim_{x\to0-}|-x-(-x-1)|$

$=\lim_{x\to0-}|1|=1$

$\lim_{x\to0+}|f(x)-g(x)|=\lim_{x\to0+}|x-(2x+1)|$

$=\lim_{x\to0+}|-x-1|=1$

$|f(0)-g(0)|=|0-1|=1$

이므로 함수 $|f(x)-g(x)|$는 $x=0$에서 연속이다.

$\lim_{x\to0-}\frac{|f(x)-g(x)|-|f(0)-g(0)|}{x-0}=\lim_{x\to0-}\frac{1-1}{x}=0$

$\lim_{x\to0+}\frac{|f(x)-g(x)|-|f(0)-g(0)|}{x-0}=\lim_{x\to0+}\frac{x+1-1}{x}$

$=\lim_{x\to0+}\frac{x}{x}=1$

이므로 함수 $|f(x)-g(x)|$는 $x=0$에서 미분가능하지 않다.

따라서 $x=0$에서 미분가능한 함수는 ㄱ, ㄴ이다.

0171 답 ②

$\lim_{x\to\infty}\frac{f(x)}{x^3}=1$에서 $f(x)$는 최고차항의 계수가 1인 삼차함수이다.

$\lim_{x\to1}\frac{f(x)}{(x-1)^2}=2$에서 극한값이 존재하고

$x\to1$일 때, (분모)$\to0$이므로 (분자)$\to0$이어야 한다.

즉, $\lim_{x\to1}f(x)=0$이므로 $f(1)=0$

$f(x)=(x-1)h(x)$ ($h(x)$는 이차함수)라 하면

$\lim_{x\to1}\frac{(x-1)h(x)}{(x-1)^2}=\lim_{x\to1}\frac{h(x)}{x-1}=2$에서 극한값이 존재하고

$x\to1$일 때, (분모)$\to0$이므로 (분자)$\to0$이어야 한다.

즉, $\lim_{x\to1}h(x)=0$이므로 $h(1)=0$

$h(x)=(x-1)(x+a)$ (a는 상수)라 하면

$f(x)=(x-1)^2(x+a)$

$\lim_{x\to1}\frac{f(x)}{(x-1)^2}=\lim_{x\to1}\frac{(x-1)^2(x+a)}{(x-1)^2}=\lim_{x\to1}(x+a)=1+a=2$

$\therefore a=1$

$\therefore f(x)=(x-1)^2(x+1)$

한편 $\lim_{x\to2}\frac{f(x)g(x)-3}{x-2}=1$에서 극한값이 존재하고

$x\to2$일 때, (분모)$\to0$이므로 (분자)$\to0$이어야 한다.

즉, $\lim_{x\to2}\{f(x)g(x)-3\}=0$이므로

$f(2)g(2)=3$ …… ㉠

$$\lim_{x\to2}\frac{f(x)g(x)-3}{x-2}=\lim_{x\to2}\frac{f(x)g(x)-f(2)g(2)}{x-2}$$
$$=f'(2)g(2)+f(2)g'(2)=1 \quad \cdots\cdots ㉡$$
$f(2)=3$이므로 ㉠에서 $g(2)=1$
$f'(x)=2(x-1)(x+1)+(x-1)^2$이므로
$f'(2)=2\times1\times3+1=7$
㉡에서 $7\times1+3\times g'(2)=1$이므로
$g'(2)=-2$

짝기출

두 다항함수 $f(x)$, $g(x)$가 다음 조건을 만족시킬 때, $g'(0)$의 값을 구하시오.

> (가) $f(0)=1$, $f'(0)=-6$, $g(0)=4$
> (나) $\lim_{x\to0}\frac{f(x)g(x)-4}{x}=0$

답 24

0172

답 28

$\lim_{x\to1}\frac{f(x)-f'(x)}{x^2-1}=14$에서 극한값이 존재하고,
$x\to1$일 때, (분모)$\to0$이므로 (분자)$\to0$이어야 한다.
즉, $\lim_{x\to1}\{f(x)-f'(x)\}=0$이므로
$f(1)=f'(1)$ ⋯⋯ ㉠
한편 $f(x+y)=f(x)+f(y)+2xy-1$에 $x=0$, $y=0$을 대입하면
$f(0)=f(0)+f(0)-1$에서 $f(0)=1$
$$f'(x)=\lim_{h\to0}\frac{f(x+h)-f(x)}{h}$$
$$=\lim_{h\to0}\frac{f(x)+f(h)+2xh-1-f(x)}{h}$$
$$=\lim_{h\to0}\frac{f(h)+2xh-1}{h}$$
$$=\lim_{h\to0}\left\{\frac{f(h)-1}{h}+2x\right\}$$
$$=\lim_{h\to0}\left\{2x+\frac{f(h)-f(0)}{h-0}\right\}$$
$$=2x+f'(0)$$
위의 식에 $x=1$을 대입하면
$f'(1)=2+f'(0)$, $f'(0)=f'(1)-2$
$\therefore f'(x)=2x+f'(0)=2x+f'(1)-2$ ⋯⋯ ㉡
㉠, ㉡에 의하여
$$\lim_{x\to1}\frac{f(x)-f'(x)}{x^2-1}=\lim_{x\to1}\frac{f(x)-2x-f(1)+2}{x^2-1}$$
$$=\lim_{x\to1}\left\{\frac{f(x)-f(1)}{x^2-1}-\frac{2(x-1)}{x^2-1}\right\}$$
$$=\lim_{x\to1}\left\{\frac{f(x)-f(1)}{x-1}\times\frac{1}{x+1}-\frac{2}{x+1}\right\}$$
$$=\frac{1}{2}f'(1)-1=14$$
이므로 $f'(1)=30$
$\therefore f'(0)=f'(1)-2=30-2=28$ ($\because$ ㉡)

0173

답 ②

두 함수 $f(x)$, $g(x)$의 최고차항의 계수가 1이고
$f(-x)=-f(x)$, $g(-x)=-g(x)$이므로 두 다항함수 $f(x)$, $g(x)$의 모든 항의 차수는 홀수이다.
두 홀수 m, n에 대하여 $f(x)$, $g(x)$의 최고차항을 각각 x^m, x^n이라 하면 두 도함수 $f'(x)$, $g'(x)$의 최고차항은 각각 mx^{m-1}, nx^{n-1}이다.
$\lim_{x\to\infty}\frac{f'(x)}{x^2g'(x)}=3$에서
$m-1=2+(n-1)$, $\frac{m}{n}=3$
위의 두 식을 연립하여 풀면 $m=3$, $n=1$
$f(x)=x^3+ax$ (a는 상수), $g(x)=x$라 하면
$$\lim_{x\to0}\frac{f(x)g(x)}{x^2}=\lim_{x\to0}\frac{(x^3+ax)x}{x^2}=\lim_{x\to0}(x^2+a)=a=-1$$
따라서 $f(x)=x^3-x$, $g(x)=x$이므로
$f(2)+g(3)=6+3=9$

0174

답 32

$$h'(4)=\lim_{x\to4}\frac{f(x)g(x)-f(4)g(4)}{x-4}$$
$$=\lim_{x\to4}\frac{f(x)\times\frac{1}{x-4}-2f(4)}{x-4}$$
$$=\lim_{x\to4}\frac{f(x)-2(x-4)f(4)}{(x-4)^2}=6 \quad \cdots\cdots ㉠$$
㉠에서 극한값이 존재하고 $x\to4$일 때, (분모)$\to0$이므로 (분자)$\to0$이어야 한다.
즉, $\lim_{x\to4}\{f(x)-2(x-4)f(4)\}=0$이므로
$f(4)=0$
$f(x)=(x-4)(x^2+ax+b)$ (a, b는 상수)라 하면 ㉠에서
$$\lim_{x\to4}\frac{f(x)-2(x-4)f(4)}{(x-4)^2}=\lim_{x\to4}\frac{f(x)}{(x-4)^2}$$
$$=\lim_{x\to4}\frac{(x-4)(x^2+ax+b)}{(x-4)^2}$$
$$=\lim_{x\to4}\frac{x^2+ax+b}{x-4}=6 \quad \cdots\cdots ㉡$$
㉡에서 극한값이 존재하고 $x\to4$일 때, (분모)$\to0$이므로 (분자)$\to0$이어야 한다.
즉, $\lim_{x\to4}(x^2+ax+b)=0$이므로
$16+4a+b=0$ $\therefore b=-4a-16$ ⋯⋯ ㉢
이를 ㉡에 대입하면
$$\lim_{x\to4}\frac{x^2+ax+b}{x-4}=\lim_{x\to4}\frac{x^2+ax-4a-16}{x-4}$$
$$=\lim_{x\to4}\frac{(x-4)(x+a+4)}{x-4}$$
$$=\lim_{x\to4}(x+a+4)$$
$$=a+8=6$$
$\therefore a=-2$
$a=-2$를 ㉢에 대입하면 $b=-4\times(-2)-16=-8$
따라서 $f(x)=(x-4)(x^2-2x-8)$이므로
$f(0)=-4\times(-8)=32$

PART A′ 04 도함수의 활용(1)

유형 01 접선의 기울기

0175 답 −6

곡선 $y=f(x)$가 점 $(2, 4)$를 지나고 이 점에서의 접선의 기울기가 3이므로

$f(2)=4$, $f'(2)=3$

$$\therefore \lim_{h\to 0}\frac{2f(2-h)-8}{h}=\lim_{h\to 0}\frac{f(2-h)-f(2)}{-h}\times(-2)$$
$$=-2f'(2)=-2\times 3=-6$$

0176 답 ⑤

$f(x)=x^3+ax+b$에서

$f'(x)=3x^2+a$

점 $(-2, 5)$가 곡선 $y=f(x)$ 위의 점이므로

$f(-2)=5$에서 $-8-2a+b=5$

$\therefore -2a+b=13$ …… ㉠

점 $(-2, 5)$에서의 접선의 기울기가 6이므로

$f'(-2)=6$에서 $12+a=6$

$\therefore a=-6$

$a=-6$을 ㉠에 대입하면 $b=1$

따라서 $f(x)=x^3-6x+1$이므로

$f(1)=1-6+1=-4$

0177 답 ③

$f(x)=x^3+ax^2+b$라 하면

$f'(x)=3x^2+2ax$

점 $(1, 3)$이 곡선 $y=f(x)$ 위의 점이므로

$f(1)=3$에서 $1+a+b=3$

$\therefore a+b=2$ …… ㉠

점 $(1, 3)$에서의 접선과 수직인 직선의 기울기가 $-\frac{1}{5}$이므로

$f'(1)=5$에서 $3+2a=5$

$\therefore a=1$

$a=1$을 ㉠에 대입하면 $b=1$

$\therefore a-b=0$

유형 02 곡선 위의 점에서의 접선의 방정식

0178 답 ③

$f(x)=x^3-x^2+3x+2$에서

$f'(x)=3x^2-2x+3$

$f(1)=5$, $f'(1)=4$이므로 곡선 $y=f(x)$ 위의 점 $(1, 5)$에서의 접선의 방정식은

$y-5=4(x-1)$ $\therefore y=4x+1$

따라서 $a=4$, $b=1$이므로

$a-b=3$

0179 답 5

$f(x)=x^3-2x^2+x+1$이라 하면 $f'(x)=3x^2-4x+1$

점 $(0, 1)$에서의 접선의 기울기는 $f'(0)=1$이므로 접선의 방정식은

$y-1=x$ $\therefore y=x+1$ …… ㉠

점 $(2, 3)$에서의 접선의 기울기는 $f'(2)=5$이므로 접선의 방정식은

$y-3=5(x-2)$ $\therefore y=5x-7$ …… ㉡

㉠, ㉡을 연립하여 풀면

$x=2$, $y=3$

따라서 두 접선의 교점의 좌표가 $(2, 3)$이므로

$a+b=2+3=5$

0180 답 ③

곡선 $y=f(x)$ 위의 점 $(2, f(2))$에서의 접선의 방정식은

$y-f(2)=f'(2)(x-2)$

$\therefore y=f'(2)x-2f'(2)+f(2)$

이 직선이 직선 $y=3x+4$와 일치하므로

$f'(2)=3$이고 $-2f'(2)+f(2)=4$에서

$-6+f(2)=4$ $\therefore f(2)=10$

$g(x)=xf(x)$라 하면 $g'(x)=f(x)+xf'(x)$이므로

곡선 $y=g(x)$ 위의 점 $(2, g(2))$에서의 접선의 기울기는

$g'(2)=f(2)+2f'(2)=10+2\times 3=16$

0181 답 18

$\lim_{x\to 1}\frac{f(x)-3}{x-1}=5$에서 극한값이 존재하고 $x\to 1$일 때,

(분모)$\to 0$이므로 (분자)$\to 0$이어야 한다.

즉, $\lim_{x\to 1}\{f(x)-3\}=0$이므로 $f(1)=3$

$$\lim_{x\to 1}\frac{f(x)-3}{x-1}=\lim_{x\to 1}\frac{f(x)-f(1)}{x-1}=f'(1)=5$$

따라서 곡선 $y=f(x)$ 위의 점 $(1, 3)$에서의 접선의 방정식은

$y-3=5(x-1)$ $\therefore y=5x-2$

이 직선이 점 $(4, a)$를 지나므로

$a=5\times 4-2=18$

유형 03 접선에 수직인 직선의 방정식

0182
답 ④

$f(x)=x^3-3x^2+2$라 하면

$f'(x)=3x^2-6x$

곡선 $y=f(x)$ 위의 점 $(1, 0)$에서의 접선의 기울기는

$f'(1)=-3$이므로 이 접선과 수직인 직선의 기울기는 $\frac{1}{3}$이다.

기울기가 $\frac{1}{3}$이고 점 $(3, 2)$를 지나는 직선의 방정식은

$y-2=\frac{1}{3}(x-3)$ $\quad\therefore y=\frac{1}{3}x+1$

따라서 구하는 y절편은 1이다.

0183
답 ⑤

$f(x)=x^3-2x^2-x+3$이라 하면

$f'(x)=3x^2-4x-1$

곡선 $y=f(x)$ 위의 점 $\mathrm{A}(1, 1)$에서의 접선의 기울기는

$f'(1)=-2$이므로 이 접선과 수직인 직선의 기울기는 $\frac{1}{2}$이다.

따라서 기울기가 $\frac{1}{2}$이고 점 $\mathrm{A}(1, 1)$을 지나는 직선의 방정식은

$y-1=\frac{1}{2}(x-1)$ $\quad\therefore y=\frac{1}{2}x+\frac{1}{2}$

이 직선이 점 $(3, a)$를 지나므로

$a=\frac{3}{2}+\frac{1}{2}=2$

0184
답 ②

$f(x)=-x^3-2x^2+2x$라 하면

$f'(x)=-3x^2-4x+2$

곡선 $y=f(x)$ 위의 점 $(-2, -4)$에서의 접선의 기울기는

$f'(-2)=-2$이므로 이 접선과 수직인 직선의 기울기는 $\frac{1}{2}$이다.

기울기가 $\frac{1}{2}$이고 점 $(-2, -4)$를 지나는 직선의 방정식은

$y+4=\frac{1}{2}(x+2)$ $\quad\therefore y=\frac{1}{2}x-3$

따라서 이 직선이 x축, y축과 만나는 점의 좌표는 각각 $\mathrm{A}(6, 0)$, $\mathrm{B}(0, -3)$이므로 선분 AB의 길이는

$\overline{\mathrm{AB}}=\sqrt{(0-6)^2+(-3-0)^2}=3\sqrt{5}$

유형 04 기울기가 주어진 접선의 방정식

0185
답 ④

$f(x)=x^3+x^2+ax+1$에서

$f'(x)=3x^2+2x+a$

곡선 $y=f(x)$ 위의 점 $(-2, f(-2))$에서의 접선의 기울기가

$f'(-2)=4$이므로

$8+a=4$ $\quad\therefore a=-4$

따라서 $f(x)=x^3+x^2-4x+1$이므로

$f(-2)=-8+4+8+1=5$

직선 $y=4x+b$가 점 $(-2, 5)$를 지나므로

$5=-8+b$ $\quad\therefore b=13$

$\therefore a+b=-4+13=9$

0186
답 ③

$f(x)=x^3+3x^2-4x+6$이라 하면

$f'(x)=3x^2+6x-4$

접점의 좌표를 (t, t^3+3t^2-4t+6)이라 하면 접선의 기울기는 5이므로

$f'(t)=3t^2+6t-4=5$

$3t^2+6t-9=0$, $3(t+3)(t-1)=0$

$\therefore t=-3$ 또는 $t=1$

접점의 좌표는 $(-3, 18)$, $(1, 6)$이므로 접선의 방정식은

$y-18=5(x+3)$, $y-6=5(x-1)$

$\therefore y=5x+33$, $y=5x+1$

따라서 모든 실수 k의 값의 합은

$33+1=34$

0187
답 1

$f(x)=-x^3+6x^2-6x$라 하면

$f'(x)=-3x^2+12x-6$

접점의 좌표를 $(t, -t^3+6t^2-6t)$라 하면 접선의 기울기는 6이므로

$f'(t)=-3t^2+12t-6=6$

$3t^2-12t+12=0$, $3(t-2)^2=0$

$\therefore t=2$

접점의 좌표는 $(2, 4)$이므로 접선의 방정식은

$y-4=6(x-2)$ $\quad\therefore y=6x-8$

이때 $y=6x-8=6(x-1)-2$에서 직선 $y=6x-2$를 x축의 방향으로 1만큼 평행이동하면 위의 접선과 일치하므로 구하는 k의 값은 1이다.

Bible Says 도형의 평행이동

방정식 $f(x, y)=0$이 나타내는 도형을 x축의 방향으로 m만큼, y축의 방향으로 n만큼 평행이동한 도형의 방정식은

$f(x-m, y-n)=0$

0188
답 ①

$f(x)=-x^3+3x^2+2x+4$라 하면

$f'(x)=-3x^2+6x+2$

점 A의 x좌표가 2이므로 $f(2)=12$에서 $\mathrm{A}(2, 12)$이고

점 A에서의 접선의 기울기는

$f'(2)=-12+12+2=2$

두 점 A, B에서의 접선이 서로 평행하므로 두 접선의 기울기가 같다.
즉, 점 B의 x좌표를 a라 하면 $f'(a)=f'(2)$이므로
$-3a^2+6a+2=2$, $-3a(a-2)=0$
$\therefore a=0$ ($\because a\neq2$)
따라서 점 B의 x좌표는 0이고 $f(0)=4$이므로
B(0, 4)
즉, 점 B에서의 접선의 기울기는 $f'(0)=2$이고 점 (0, 4)를 지나므로 접선의 방정식은
$y=2x+4$
따라서 점 B에서의 접선의 x절편은 -2이다.

유형 05 곡선 밖의 한 점에서 그은 접선의 방정식

0189

답 ②

$f(x)=x^3-6x+3$이라 하면 $f'(x)=3x^2-6$
접점의 좌표를 $(t,\ t^3-6t+3)$이라 하면 이 점에서의 접선의 기울기는 $f'(t)=3t^2-6$이므로 접선의 방정식은
$y-(t^3-6t+3)=(3t^2-6)(x-t)$
$\therefore y=(3t^2-6)x-2t^3+3$ ⋯⋯ ㉠
이 직선이 점 (0, 5)를 지나므로
$5=-2t^3+3$, $2t^3=-2$
$\therefore t=-1$
$t=-1$을 ㉠에 대입하면 $y=-3x+5$
이 직선이 점 $(a, 8)$을 지나므로
$8=-3a+5$, $-3a=3$
$\therefore a=-1$

0190

답 ②

$f(x)=x^4+1$이라 하면 $f'(x)=4x^3$
접점의 좌표를 $(t,\ t^4+1)$이라 하면 이 점에서의 접선의 기울기는 $f'(t)=4t^3$이므로 접선의 방정식은
$y-(t^4+1)=4t^3(x-t)$
$\therefore y=4t^3x-3t^4+1$
이 직선이 점 (0, -2)를 지나므로
$-2=-3t^4+1$, $t^4=1$
$(t+1)(t-1)(t^2+1)=0$
$\therefore t=-1$ 또는 $t=1$
따라서 두 접선의 기울기는 $f'(-1)=-4$, $f'(1)=4$이므로 구하는 곱은 $-4\times4=-16$

0191

답 ②

$f(x)=x^3-3x^2+1$이라 하면 $f'(x)=3x^2-6x$
접점의 좌표를 $(t,\ t^3-3t^2+1)$이라 하면 이 점에서의 접선의 기울기는 $f'(t)=3t^2-6t$이므로 접선의 방정식은
$y-(t^3-3t^2+1)=(3t^2-6t)(x-t)$
$\therefore y=(3t^2-6t)x-2t^3+3t^2+1$
이 직선이 점 A(0, 2)를 지나므로
$2=-2t^3+3t^2+1$, $2t^3-3t^2+1=0$
$(t-1)(2t^2-t-1)=0$, $(t-1)^2(2t+1)=0$
$\therefore t=-\frac{1}{2}$ 또는 $t=1$
$f'\left(-\frac{1}{2}\right)=\frac{15}{4}$, $f'(1)=-3$이므로 기울기가 음수인 접선의 기울기는 -3이고 접선의 방정식은
$y-2=-3x$　　$\therefore y=-3x+2$
이 직선에 $y=0$을 대입하면 구하는 x절편은
$-3x+2=0$　　$\therefore x=\frac{2}{3}$

0192

답 ③

$f(x)=x^2+x+a$라 하면 $f'(x)=2x+1$
접점의 좌표를 $(t,\ t^2+t+a)$라 하면 이 점에서의 접선의 기울기는 $f'(t)=2t+1$이므로 접선의 방정식은
$y-(t^2+t+a)=(2t+1)(x-t)$
$\therefore y=(2t+1)x-t^2+a$
이 직선이 점 (2, 1)을 지나므로
$1=4t+2-t^2+a$
$\therefore t^2-4t-a-1=0$
위의 이차방정식의 두 근을 α, β라 하면 이차방정식의 근과 계수의 관계에 의하여 $\alpha+\beta=4$, $\alpha\beta=-a-1$ ⋯⋯ ㉠
또한 $t=\alpha$, $t=\beta$에서의 접선의 기울기는 각각 $f'(\alpha)=2\alpha+1$, $f'(\beta)=2\beta+1$이고 두 접선이 서로 수직이므로
$(2\alpha+1)(2\beta+1)=-1$
$4\alpha\beta+2(\alpha+\beta)+2=0$
$4(-a-1)+2\times4+2=0$ ($\because$ ㉠)
$-4a+6=0$　　$\therefore a=\frac{3}{2}$

다른 풀이
점 (2, 1)을 지나는 직선의 기울기를 m이라 하면 직선의 방정식은
$y-1=m(x-2)$　　$\therefore y=mx-2m+1$
이 직선이 곡선 $y=x^2+x+a$에 접하려면 이차방정식
$x^2+x+a=mx-2m+1$, 즉 $x^2+(1-m)x+a+2m-1=0$이 단 하나의 실근을 가져야 하므로 이차방정식의 판별식을 D라 하면
$D=(1-m)^2-4(a+2m-1)=0$에서
$m^2-2m+1-4a-8m+4=0$
$\therefore m^2-10m+5-4a=0$
위의 m에 대한 이차방정식의 두 실근을 m_1, m_2라 하면 m_1, m_2는 곡선에 접하는 접선의 기울기이고 두 접선이 서로 수직이므로 이차방정식의 근과 계수의 관계에 의하여
$5-4a=-1$　　$\therefore a=\frac{3}{2}$

유형 06 접선의 개수

0193

답 2

$f(x)=x^3-5x^2+3x+2$라 하면

$f'(x)=3x^2-10x+3$

접점의 좌표를 $(t,\ t^3-5t^2+3t+2)$라 하면 직선 $y=2x+4$에 평행한 직선의 기울기는 2이므로

$f'(t)=3t^2-10t+3=2$

$\therefore\ 3t^2-10t+1=0$

구하는 접선의 개수는 위의 이차방정식의 서로 다른 실근의 개수와 같으므로 이 이차방정식의 판별식을 D라 하면

$\frac{D}{4}=(-5)^2-3\times1=22>0$

따라서 이차방정식이 서로 다른 두 실근을 가지므로 구하는 접선의 개수는 2이다.

0194

답 −2

$f(x)=x^2-4x+2$라 하면

$f'(x)=2x-4$

접점의 좌표를 $(t,\ t^2-4t+2)$라 하면 이 점에서의 접선의 기울기는 $f'(t)=2t-4$이므로 접선의 방정식은

$y-(t^2-4t+2)=(2t-4)(x-t)$

$\therefore\ y=(2t-4)x-t^2+2$

이 직선이 점 $(1,\ a)$를 지나므로

$a=2t-4-t^2+2$

$\therefore\ t^2-2t+a+2=0$

점 $(1,\ a)$에서 곡선 $y=f(x)$에 그은 접선이 2개가 되려면 위의 이차방정식이 서로 다른 두 실근을 가져야 하므로 이 이차방정식의 판별식을 D라 하면

$\frac{D}{4}=1-(a+2)>0,\ -1-a>0$

$\therefore\ a<-1$

따라서 구하는 정수 a의 최댓값은 -2이다.

다른 풀이

점 $(1,\ a)$를 지나는 직선의 기울기를 m이라 하면 직선의 방정식은

$y-a=m(x-1)\qquad\therefore\ y=mx-m+a$

이 직선이 곡선 $y=x^2-4x+2$에 접하려면 이차방정식

$x^2-4x+2=mx-m+a$, 즉 $x^2-(4+m)x+2-a+m=0$이 단 하나의 실근을 가져야 하므로 이 이차방정식의 판별식을 D_1이라 하면

$D_1=(4+m)^2-4(2-a+m)=0$에서

$m^2+8m+16-8+4a-4m=0$

$\therefore\ m^2+4m+8+4a=0$

이때 곡선에 그은 접선이 2개가 되려면 위의 m에 대한 이차방정식이 서로 다른 두 실근을 가져야 하므로 이 이차방정식의 판별식을 D_2라 하면

$\frac{D_2}{4}=4-(8+4a)>0,\ -4-4a>0$

$\therefore\ a<-1$

따라서 구하는 정수 a의 최댓값은 -2이다.

0195

답 ②

$f(x)=\frac{2}{3}x^3-2x^2+5$라 하면

$f'(x)=2x^2-4x$

접점의 좌표를 $\left(t,\ \frac{2}{3}t^3-2t^2+5\right)$라 하면 이 점에서의 접선의 기울기는 $f'(t)=2t^2-4t$

곡선 $y=f(x)$에 접하고 기울기가 m인 접선이 2개가 되려면 $f'(t)=m$을 만족시키는 실수 t가 2개이어야 한다.

즉, 이차방정식 $2t^2-4t=m$, 즉 $2t^2-4t-m=0$이 서로 다른 두 실근을 가져야 하므로 이 이차방정식의 판별식을 D라 하면

$\frac{D}{4}=4-2\times(-m)>0,\ 4+2m>0$

$\therefore\ m>-2$

따라서 구하는 정수 m의 최솟값은 -1이다.

유형 07 접선이 곡선과 만나는 점

0196

답 17

$f(x)=x^3-4x+1$이라 하면 $f'(x)=3x^2-4$

점 $\mathrm{A}(1,\ -2)$에서의 접선의 기울기는 $f'(1)=-1$이므로 접선의 방정식은

$y+2=-(x-1)\qquad\therefore\ y=-x-1$

곡선 $y=f(x)$와 직선 $y=-x-1$이 만나는 점의 x좌표는

$x^3-4x+1=-x-1$에서

$x^3-3x+2=0,\ (x-1)^2(x+2)=0$

$\therefore\ x=-2$ 또는 $x=1$

즉, 점 $\mathrm{A}(1,\ -2)$가 아닌 교점 B는 x좌표가 -2이고 직선 $y=-x-1$ 위의 점이므로 $\mathrm{B}(-2,\ 1)$

이때 곡선 $y=f(x)$ 위의 점 $\mathrm{B}(-2,\ 1)$에서의 접선의 기울기는 $f'(-2)=8$이므로 접선의 방정식은

$y-1=8(x+2)\qquad\therefore\ y=8x+17$

따라서 구하는 y절편은 17이다.

0197

답 ④

$f(x)=x^3+2x^2-2x-4$라 하면 $f'(x)=3x^2+4x-2$

접점의 좌표를 $(t,\ t^3+2t^2-2t-4)$라 하면 이 점에서의 접선의 기울기는 $f'(t)=3t^2+4t-2$이므로 접선의 방정식은

$y-(t^3+2t^2-2t-4)=(3t^2+4t-2)(x-t)$

$\therefore\ y=(3t^2+4t-2)x-2t^3-2t^2-4\qquad\cdots\cdots$ ㉠

이 직선이 점 $(0,\ 4)$를 지나므로

$4=-2t^3-2t^2-4,\ t^3+t^2+4=0$

$(t+2)(t^2-t+2)=0$

$\therefore\ t=-2\ (\because\ t^2-t+2>0)$

$f(-2)=-8+8+4-4=0$이므로 $A(-2, 0)$이고

$t=-2$를 ㉠에 대입하면

$y=2x+4$

이 직선이 곡선 $y=f(x)$와 만나는 점의 x좌표는

$x^3+2x^2-2x-4=2x+4$에서

$x^3+2x^2-4x-8=0$, $(x+2)^2(x-2)=0$

$\therefore x=-2$ 또는 $x=2$

따라서 점 $A(-2, 0)$이 아닌 교점 B는 x좌표가 2이고 직선 $y=2x+4$ 위의 점이므로 $B(2, 8)$

$\therefore \overline{AB}=\sqrt{(2+2)^2+(8-0)^2}=\sqrt{80}=4\sqrt{5}$

0198

답 ③

$f(x)=x^3-3x^2+2x+7$이라 하면 $f'(x)=3x^2-6x+2$

곡선 $y=f(x)$ 위의 점 $P(2, 7)$에서의 접선의 기울기는 $f'(2)=2$이므로 접선의 방정식은

$y-7=2(x-2)$ $\quad \therefore y=2x+3$

이 직선이 y축과 만나는 점은 $Q(0, 3)$

곡선 $y=f(x)$와 직선 $y=2x+3$이 만나는 점의 x좌표는

$x^3-3x^2+2x+7=2x+3$에서

$x^3-3x^2+4=0$, $(x+1)(x-2)^2=0$

$\therefore x=-1$ 또는 $x=2$

즉, 점 $P(2, 7)$이 아닌 교점 R는 x좌표가 -1이고 직선 $y=2x+3$ 위의 점이므로 $R(-1, 1)$

$\overline{PQ}=\sqrt{(0-2)^2+(3-7)^2}=\sqrt{20}=2\sqrt{5}$

$\overline{QR}=\sqrt{(-1-0)^2+(1-3)^2}=\sqrt{5}$

$\therefore \overline{PQ}:\overline{QR}=2\sqrt{5}:\sqrt{5}=2:1$

유형 08 접선의 기울기의 최대, 최소

0199

답 ③

$f(x)=\frac{1}{3}x^3-2x^2+3x+\frac{1}{3}$이라 하면

$f'(x)=x^2-4x+3=(x-2)^2-1$

$f'(x)$가 $x=2$에서 최솟값 -1을 가지므로 구하는 접선의 기울기는 -1이고 이 접선이 점 $(2, 1)$을 지나므로 접선의 방정식은

$y-1=-(x-2)$ $\quad \therefore y=-x+3$

이 직선이 점 $(-2, a)$를 지나므로

$a=2+3=5$

0200

답 7

$f(x)=-x^3+3x^2-5x$라 하면

$f'(x)=-3x^2+6x-5=-3(x-1)^2-2$

$f'(x)$가 $x=1$에서 최댓값 -2를 가지므로 직선 l의 기울기는 -2이고 직선 l에 수직인 직선의 기울기는 $\frac{1}{2}$이다.

또한 $f(1)=-3$이므로 $P(1, -3)$

점 P를 지나고 직선 l에 수직인 직선의 방정식은

$y+3=\frac{1}{2}(x-1)$ $\quad \therefore y=\frac{1}{2}x-\frac{7}{2}$

이 직선에 $y=0$을 대입하면

$\frac{1}{2}x-\frac{7}{2}=0$ $\quad \therefore x=7$

따라서 구하는 x절편은 7이다.

유형 09 항등식을 이용한 접선의 방정식

0201

답 ⑤

$f(x)=x^3+\frac{1}{2}ax^2+(2a-8)x+2a-5$라 하면

$f(x)=\frac{1}{2}a(x^2+4x+4)+x^3-8x-5$

$\quad =\frac{1}{2}a(x+2)^2+x^3-8x-5$

이므로 곡선 $y=f(x)$는 a의 값에 관계없이 점 $P(-2, 3)$을 지난다.

$f'(x)=3x^2+ax+2a-8$이므로

$f'(-2)=12-2a+2a-8=4$

따라서 곡선 $y=f(x)$ 위의 점 $P(-2, 3)$을 지나고 이 점에서의 접선에 수직인 직선의 기울기는 $-\frac{1}{4}$이므로 직선의 방정식은

$y-3=-\frac{1}{4}(x+2)$ $\quad \therefore y=-\frac{1}{4}x+\frac{5}{2}$

이 직선이 점 $(2, k)$를 지나므로

$k=-\frac{1}{2}+\frac{5}{2}=2$

0202

답 -2

$f(x)=x^3+(a+1)x^2-a$라 하면

$f(x)=a(x^2-1)+x^3+x^2$

$\quad =a(x+1)(x-1)+x^3+x^2$

이므로 곡선 $y=f(x)$는 a의 값에 관계없이 두 점 $(-1, 0)$, $(1, 2)$를 지난다.

$f'(x)=3x^2+2(a+1)x$이므로

$f'(-1)=3-2a-2=1-2a$

$f'(1)=3+2a+2=5+2a$

두 점 P, Q에서의 접선이 서로 수직이므로

$(1-2a)(5+2a)=-1$, $-4a^2-8a+6=0$

$\therefore 2a^2+4a-3=0$

따라서 구하는 모든 실수 a의 값의 합은 이차방정식의 근과 계수의 관계에 의하여 -2이다.

유형 10 공통인 접선

0203 답 ⑤

$f(x)=x^3-2x^2+1$, $g(x)=2x^2-4x+1$이라 하면
$f'(x)=3x^2-4x$, $g'(x)=4x-4$
두 곡선 $y=f(x)$, $y=g(x)$가 $x=t$인 점에서 접한다고 하면
$f(t)=g(t)$에서
$t^3-2t^2+1=2t^2-4t+1$, $t^3-4t^2+4t=0$
$t(t-2)^2=0$ $\quad\therefore t=0$ 또는 $t=2$
$f'(t)=g'(t)$에서
$3t^2-4t=4t-4$, $3t^2-8t+4=0$
$(3t-2)(t-2)=0$ $\quad\therefore t=\frac{2}{3}$ 또는 $t=2$
따라서 $t=2$일 때, 즉 점 $(2, 1)$에서 두 곡선 $y=f(x)$, $y=g(x)$가 동시에 접하고 접선의 기울기는 $f'(2)=g'(2)=4$이므로 접선의 방정식은
$y-1=4(x-2)$ $\quad\therefore y=4x-7$
이 직선이 점 $(3, a)$를 지나므로
$a=12-7=5$

0204 답 ③

$f(x)=x^3+2x^2+ax$, $g(x)=x^2+x+1$이라 하면
$f'(x)=3x^2+4x+a$, $g'(x)=2x+1$
두 곡선 $y=f(x)$, $y=g(x)$가 $x=t$인 점에서 접한다고 하면
$f(t)=g(t)$에서 $t^3+2t^2+at=t^2+t+1$
$\therefore t^3+t^2+(a-1)t-1=0$ …… ㉠
$f'(t)=g'(t)$에서 $3t^2+4t+a=2t+1$
$\therefore a=-3t^2-2t+1$ …… ㉡
㉡을 ㉠에 대입하여 정리하면
$t^3+t^2-3t^3-2t^2-1=0$, $2t^3+t^2+1=0$
$(t+1)(2t^2-t+1)=0$ $\quad\therefore t=-1$ ($\because 2t^2-t+1>0$)
$t=-1$을 ㉡에 대입하면 $a=-3+2+1=0$

0205 답 7

$y=3x^2+2x$에서 $y'=6x+2$
따라서 점 $(-1, 1)$에서의 접선의 기울기는 -4이므로 접선의 방정식은
$y-1=-4(x+1)$ $\quad\therefore y=-4x-3$ …… ㉠
$f(x)=x^3-ax-1$이라 하면
$f'(x)=3x^2-a$
접점의 좌표를 (t, t^3-at-1)이라 하면 이 점에서의 접선의 기울기는 $f'(t)=3t^2-a$이므로 접선의 방정식은
$y-(t^3-at-1)=(3t^2-a)(x-t)$
$\therefore y=(3t^2-a)x-2t^3-1$
이 접선이 ㉠과 일치해야 하므로
$-2t^3-1=-3$, $3t^2-a=-4$
$t^3=1$ $\quad\therefore t=1$
$t=1$을 $3t^2-a=-4$에 대입하면
$3-a=-4$ $\quad\therefore a=7$

유형 11 곡선과 원의 접선

0206 답 ④

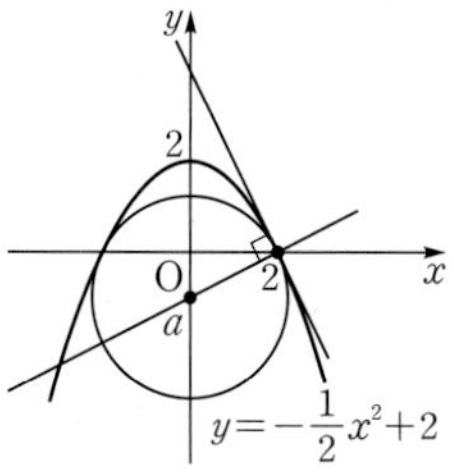

$f(x)=-\frac{1}{2}x^2+2$라 하면
$f'(x)=-x$
곡선 $y=f(x)$ 위의 점 $(2, 0)$에서의 접선의 기울기가 $f'(2)=-2$이므로 이 접선에 수직인 직선의 기울기는 $\frac{1}{2}$이다.
따라서 기울기가 $\frac{1}{2}$이고 점 $(2, 0)$을 지나는 직선의 방정식은
$y=\frac{1}{2}(x-2)$ $\quad\therefore y=\frac{1}{2}x-1$
원의 중심의 좌표를 $(0, a)$라 하면 이 직선이 점 $(0, a)$를 지나야 하므로
$a=-1$
이때 원의 반지름의 길이는 원의 중심 $(0, -1)$과 점 $(2, 0)$ 사이의 거리와 같으므로
$\sqrt{(2-0)^2+(0+1)^2}=\sqrt{5}$

0207 답 ⑤

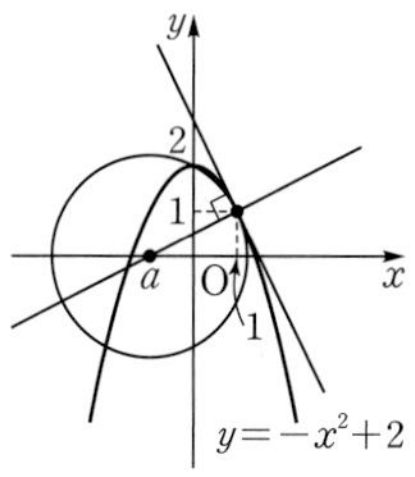

$f(x)=-x^2+2$라 하면
$f'(x)=-2x$
곡선 $y=f(x)$ 위의 점 $(1, 1)$에서의 접선의 기울기가 $f'(1)=-2$이므로 이 접선에 수직인 직선의 기울기는 $\frac{1}{2}$이다.
따라서 기울기가 $\frac{1}{2}$이고 점 $(1, 1)$을 지나는 직선의 방정식은
$y-1=\frac{1}{2}(x-1)$ $\quad\therefore y=\frac{1}{2}x+\frac{1}{2}$
원의 중심의 좌표를 $(a, 0)$이라 하면 이 직선이 점 $(a, 0)$을 지나야 하므로
$\frac{1}{2}a+\frac{1}{2}=0$ $\quad\therefore a=-1$
이때 원의 반지름의 길이는 원의 중심 $(-1, 0)$과 점 $(1, 1)$ 사이의 거리와 같으므로
$\sqrt{(1+1)^2+(1-0)^2}=\sqrt{5}$
따라서 구하는 원의 둘레의 길이는 $2\sqrt{5}\pi$이다.

0208 답 ④

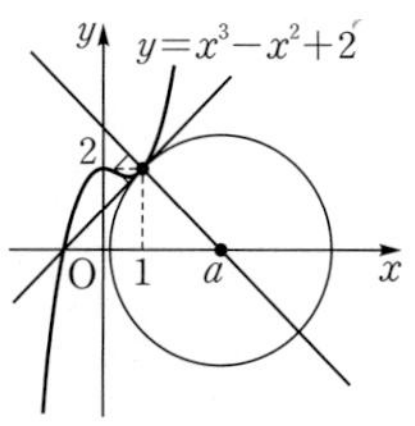

$f(x)=x^3-x^2+2$라 하면
$f'(x)=3x^2-2x$
곡선 $y=f(x)$ 위의 점 $(1, 2)$에서의 접선의 기울기가 $f'(1)=1$이므로 이 접선에 수직인 직선의 기울기는 -1이다.

따라서 기울기가 -1이고 점 $(1, 2)$를 지나는 직선의 방정식은

$y-2=-(x-1)$　　$\therefore y=-x+3$

원의 중심의 좌표를 $(a, 0)$이라 하면 이 직선이 점 $(a, 0)$을 지나야 하므로

$-a+3=0$　　$\therefore a=3$

이때 원의 반지름의 길이는 원의 중심 $(3, 0)$과 점 $(1, 2)$ 사이의 거리와 같으므로

$\sqrt{(1-3)^2+(2-0)^2}=\sqrt{8}=2\sqrt{2}$

따라서 구하는 원의 넓이는

$(2\sqrt{2})^2\pi=8\pi$

유형 12 접선과 축으로 둘러싸인 도형의 넓이

0209
답 ④

$f(x)=2x^3+6x^2+2x-4$라 하면

$f'(x)=6x^2+12x+2=6(x+1)^2-4$

$f'(x)$가 $x=-1$에서 최솟값 -4를 가지므로 구하는 접선의 기울기는 -4이고 이 접선이 점 $(-1, -2)$를 지나므로 접선의 방정식은

$y+2=-4(x+1)$　　$\therefore y=-4x-6$

이 접선의 x절편은 $-\frac{3}{2}$, y절편은 -6이므로 구하는 도형의 넓이는 $\frac{1}{2}\times\frac{3}{2}\times6=\frac{9}{2}$

0210
답 ②

$f(x)=x^3+ax^2-(2a+6)x+a$라 하면

$f(x)=a(x^2-2x+1)+x^3-6x$

$\quad=a(x-1)^2+x^3-6x$

이므로 곡선 $y=f(x)$는 a의 값에 관계없이 점 $\mathrm{P}(1, -5)$를 지난다.

$f'(x)=3x^2+2ax-2a-6$이므로

$f'(1)=3+2a-2a-6=-3$

따라서 곡선 $y=f(x)$ 위의 점 $\mathrm{P}(1, -5)$에서의 접선의 방정식은

$y+5=-3(x-1)$　　$\therefore y=-3x-2$

이 접선의 x절편은 $-\frac{2}{3}$, y절편은 -2이므로 구하는 도형의 넓이는 $\frac{1}{2}\times\frac{2}{3}\times2=\frac{2}{3}$

0211
답 ②

$f(x)=x^3-4x+6$이라 하면 $f'(x)=3x^2-4$

곡선 $y=f(x)$ 위의 점 $\mathrm{A}(1, 3)$에서의 접선의 기울기는

$f'(1)=-1$이므로 접선 l의 방정식은

$y-3=-(x-1)$　　$\therefore y=-x+4$

직선 l에 수직인 직선의 기울기는 1이므로 점 $\mathrm{A}(1, 3)$을 지나고 기울기가 1인 직선 m의 방정식은

$y-3=x-1$　　$\therefore y=x+2$

따라서 두 직선 l, m 및 x축으로 둘러싸인 도형의 넓이는

$\frac{1}{2}\times6\times3=9$

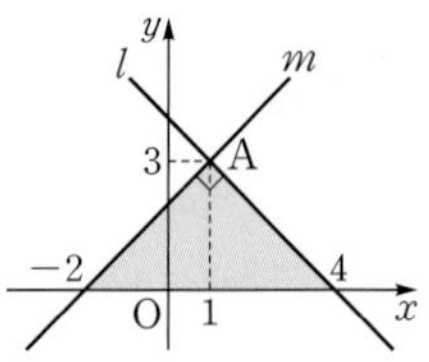

0212
답 10

$f(x)=x^4+3x^2+4$라 하면 $f'(x)=4x^3+6x$

접점의 좌표를 (t, t^4+3t^2+4)라 하면 이 점에서의 접선의 기울기는 $f'(t)=4t^3+6t$이므로 접선의 방정식은

$y-(t^4+3t^2+4)=(4t^3+6t)(x-t)$

$\therefore y=(4t^3+6t)x-3t^4-3t^2+4$

이 직선이 점 $\mathrm{P}(0, -2)$를 지나므로

$-2=-3t^4-3t^2+4$, $t^4+t^2-2=0$

$(t^2+2)(t^2-1)=0$, $(t^2+2)(t+1)(t-1)=0$

$\therefore t=-1$ 또는 $t=1$

$f(-1)=8$, $f(1)=8$이므로 두 점 A, B의 좌표는 $(-1, 8)$, $(1, 8)$

따라서 삼각형 PAB의 넓이는

$\frac{1}{2}\times2\times10=10$

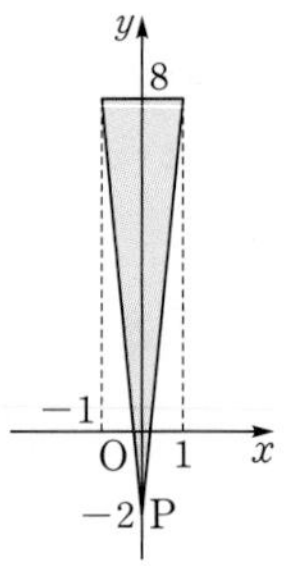

유형 13 곡선 위의 점과 직선 사이의 거리

0213
답 ②

곡선 $y=x^2-2x+3$ 위의 점과 직선 $y=-2x+1$ 사이의 거리가 최소이려면 오른쪽 그림과 같이 곡선 위의 점에서의 접선이 직선 $y=-2x+1$과 평행해야 한다.

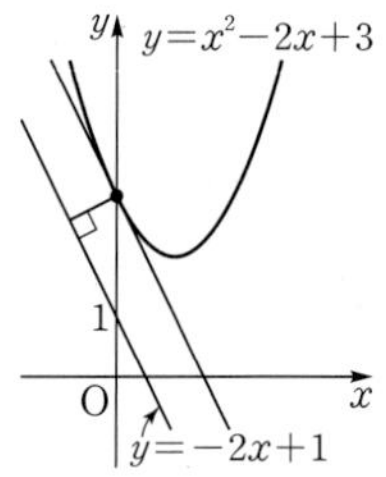

$f(x)=x^2-2x+3$이라 하면

$f'(x)=2x-2$

접점의 좌표를 (t, t^2-2t+3)이라 하면 이 점에서의 접선의 기울기가 -2이므로

$f'(t)=2t-2=-2$　　$\therefore t=0$

따라서 접점의 좌표는 $(0, 3)$이므로 이 점과 직선 $y=-2x+1$, 즉 $2x+y-1=0$ 사이의 거리는

$\frac{|0+3-1|}{\sqrt{2^2+1^2}}=\frac{2\sqrt{5}}{5}$

Bible Says 점과 직선 사이의 거리

좌표평면에서 점 $\mathrm{P}(x_1, y_1)$과 직선 $ax+by+c=0$ $(a\neq0, b\neq0)$ 사이의 거리 d는

$$d=\frac{|ax_1+by_1+c|}{\sqrt{a^2+b^2}}$$

0214

답 ③

두 점 A(1, −1), B(3, 1)을 지나는 직선 AB의 방정식은

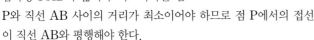

$y+1=\frac{1-(-1)}{3-1}(x-1)$

$\therefore y=x-2$

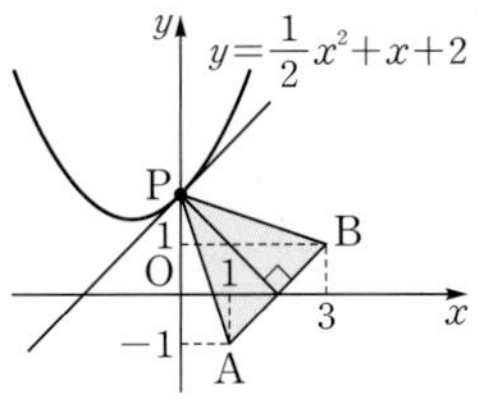

삼각형 PAB의 넓이가 최소이려면 점 P와 직선 AB 사이의 거리가 최소이어야 하므로 점 P에서의 접선이 직선 AB와 평행해야 한다.

즉, 점 P에서의 접선의 기울기가 직선 AB의 기울기 1과 같아야 한다.

$f(x)=\frac{1}{2}x^2+x+2$라 하면 $f'(x)=x+1$

점 P의 좌표를 $P\left(t, \frac{1}{2}t^2+t+2\right)$라 하면 $f'(t)=1$이므로

$t+1=1 \quad \therefore t=0$

따라서 점 P의 좌표는 P(0, 2)이고 점 P와 직선 $y=x-2$, 즉 $x-y-2=0$ 사이의 거리는

$\frac{|0-2-2|}{\sqrt{1^2+(-1)^2}}=2\sqrt{2}$

이때 $\overline{AB}=\sqrt{(3-1)^2+(1+1)^2}=\sqrt{8}=2\sqrt{2}$이므로 구하는 삼각형 PAB의 넓이의 최솟값은

$\frac{1}{2}\times 2\sqrt{2}\times 2\sqrt{2}=4$

0215

답 1

두 점 A(1, 1), B(3, 5)를 지나는 직선 AB의 방정식은

$y-1=\frac{5-1}{3-1}(x-1)$

$\therefore y=2x-1$

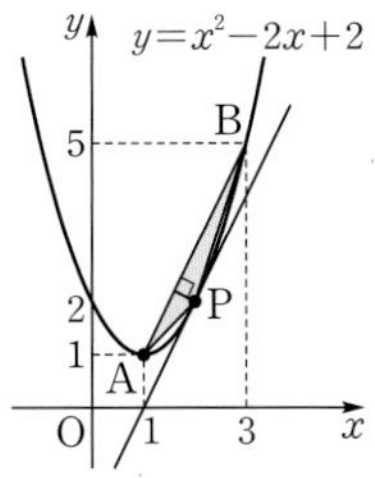

삼각형 PAB의 넓이가 최대이려면 점 P와 직선 AB 사이의 거리가 최대이어야 하므로 점 P에서의 접선이 직선 AB와 평행해야 한다.

즉, 점 P에서의 접선의 기울기가 직선 AB의 기울기 2와 같아야 한다.

$f(x)=x^2-2x+2$라 하면 $f'(x)=2x-2$

점 P의 좌표를 $P(t, t^2-2t+2)$라 하면 $f'(t)=2$이므로

$2t-2=2 \quad \therefore t=2$

따라서 점 P의 좌표는 P(2, 2)이고 점 P와 직선 $y=2x-1$, 즉 $2x-y-1=0$ 사이의 거리는

$\frac{|4-2-1|}{\sqrt{2^2+(-1)^2}}=\frac{\sqrt{5}}{5}$

이때 $\overline{AB}=\sqrt{(3-1)^2+(5-1)^2}=\sqrt{20}=2\sqrt{5}$이므로 구하는 삼각형 PAB의 넓이의 최댓값은

$\frac{1}{2}\times 2\sqrt{5}\times\frac{\sqrt{5}}{5}=1$

유형 14 롤의 정리

0216

답 ③

함수 $f(x)=(x-a)(x-b)$는 닫힌구간 $[a, b]$에서 연속이고 열린구간 (a, b)에서 미분가능하며 $f(a)=f(b)=0$이므로 롤의 정리에 의하여 $f'(c)=0$인 c가 열린구간 (a, b)에 적어도 하나 존재한다.

$f'(x)=2x-(a+b)$이므로 $f'(c)=0$에서

$2c-(a+b)=0 \quad \therefore c=\frac{a+b}{2}$

0217

답 0

함수 $f(x)=x^3-3x+5$는 닫힌구간 $[-\sqrt{3}, \sqrt{3}]$에서 연속이고 열린구간 $(-\sqrt{3}, \sqrt{3})$에서 미분가능하며 $f(-\sqrt{3})=f(\sqrt{3})=5$이므로 롤의 정리에 의하여 $f'(c)=0$인 c가 열린구간 $(-\sqrt{3}, \sqrt{3})$에 적어도 하나 존재한다.

이때 $f'(x)=3x^2-3$이므로 $f'(c)=0$에서

$3c^2-3=0$, $3(c+1)(c-1)=0$

$\therefore c=-1$ 또는 $c=1$

따라서 모든 상수 c의 값의 합은 0이다.

유형 15 평균값 정리

0218

답 ④

함수 $f(x)=-x^3-5x^2+2$는 닫힌구간 $[-1, 2]$에서 연속이고 열린구간 $(-1, 2)$에서 미분가능하므로 평균값 정리에 의하여

$\frac{f(2)-f(-1)}{2-(-1)}=f'(c)$인 c가 열린구간 $(-1, 2)$에 적어도 하나 존재한다.

이때 $f'(x)=-3x^2-10x$이므로

$\frac{-26-(-2)}{3}=-3c^2-10c$, $3c^2+10c-8=0$

$(3c-2)(c+4)=0 \quad \therefore c=\frac{2}{3}\ (\because -1<c<2)$

0219

답 ③

함수 $f(x)=x^2-4x+5$에 대하여 닫힌구간 $[a, b]$에서 평균값 정리를 만족시키는 상수 c가 3이므로

$\frac{f(b)-f(a)}{b-a}=f'(3)$

이때 $f'(x)=2x-4$이므로

$\frac{b^2-4b+5-(a^2-4a+5)}{b-a}=2$, $\frac{b^2-a^2-4(b-a)}{b-a}=2$

$b+a-4=2 \quad \therefore a+b=6$

0220

답 ③

ㄱ. 함수 $f(x)=|x-1|$의 그래프가 오른쪽 그림과 같으므로

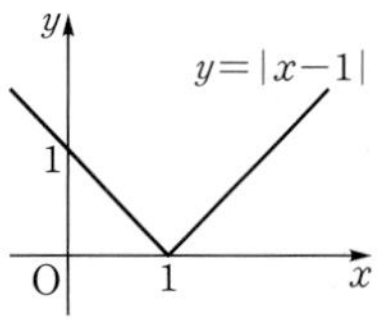

$\frac{f(2)-f(-1)}{3}=f'(c)$, 즉

$f'(c)=-\frac{1}{3}$을 만족시키는 c가 열린구간 $(-1, 2)$에 존재하지 않는다.

ㄴ. 함수 $f(x)=x+|x|$의 그래프가 오른쪽 그림과 같으므로

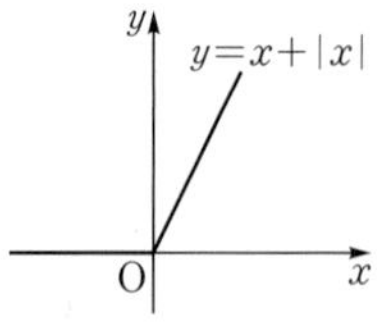

$\frac{f(2)-f(-1)}{3}=f'(c)$, 즉

$f'(c)=\frac{4}{3}$를 만족시키는 c가 열린구간 $(-1, 2)$에 존재하지 않는다.

ㄷ. 함수 $f(x)$는 닫힌구간 $[-1, 2]$에서 연속이고 열린구간 $(-1, 2)$에서 미분가능하므로 평균값 정리에 의하여 $\frac{f(2)-f(-1)}{3}=f'(c)$를 만족시키는 c가 열린구간 $(-1, 2)$에 적어도 하나 존재한다.

따라서 주어진 조건을 만족시키는 함수는 ㄷ이다.

Bible Says 함수 $y=|f(x)|$의 그래프

함수 $y=|f(x)|$의 그래프는 $y=f(x)$의 그래프에서 $y<0$인 부분을 x축에 대하여 대칭이동하여 그린다.

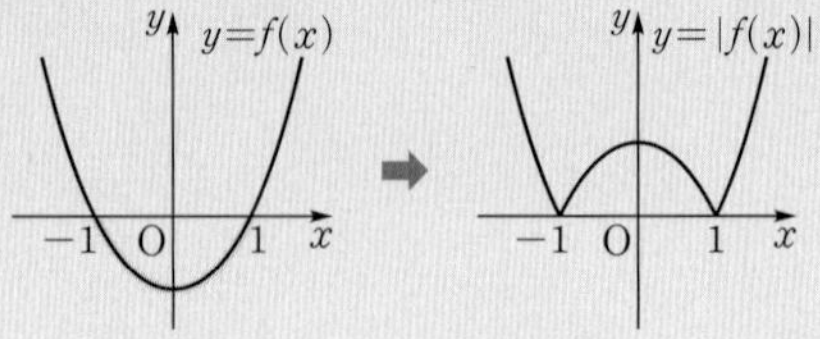

0221

답 ⑤

ㄱ. $f(-x)=-f(x)$에 $x=0$을 대입하면

$f(0)=-f(0)$ $\quad\therefore f(0)=0$ (참)

ㄴ. $f(1)=f(2)=2$이므로 $f(-1)=f(-2)=-2$

함수 $f(x)$가 닫힌구간 $[-2, -1]$에서 연속이고 열린구간 $(-2, -1)$에서 미분가능하며 $f(-2)=f(-1)$이므로 롤의 정리에 의하여 방정식 $f'(x)=0$은 열린구간 $(-2, -1)$에서 적어도 하나의 실근을 갖는다.

또한 함수 $f(x)$가 닫힌구간 $[1, 2]$에서 연속이고 열린구간 $(1, 2)$에서 미분가능하며 $f(1)=f(2)$이므로 롤의 정리에 의하여 방정식 $f'(x)=0$은 열린구간 $(1, 2)$에서 적어도 하나의 실근을 갖는다.

즉, 방정식 $f'(x)=0$은 열린구간 $(-2, 2)$에서 적어도 2개의 실근을 갖는다. (참)

ㄷ. 함수 $f(x)$가 닫힌구간 $[-1, 0]$에서 연속이고 열린구간 $(-1, 0)$에서 미분가능하므로 평균값 정리에 의하여

$\frac{f(0)-f(-1)}{0-(-1)}=2=f'(c)$인 c가 열린구간 $(-1, 0)$에 적어도 하나 존재한다.

또한 함수 $f(x)$가 닫힌구간 $[0, 1]$에서 연속이고 열린구간 $(0, 1)$에서 미분가능하므로 평균값 정리에 의하여

$\frac{f(1)-f(0)}{1-0}=2=f'(c)$인 c가 열린구간 $(0, 1)$에 적어도 하나 존재한다.

즉, 방정식 $f'(x)=2$는 열린구간 $(-1, 1)$에서 적어도 2개의 실근을 갖는다. (참)

따라서 옳은 것은 ㄱ, ㄴ, ㄷ이다.

PART B 기출 & 기출변형 문제

0222

답 ③

$f(x)=x^4-x^2+3$이라 하면 $f'(x)=4x^3-2x$

곡선 위의 점 (t, t^4-t^2+3)에서의 접선의 기울기는

$f'(t)=4t^3-2t$이므로 접선의 방정식은

$y-(t^4-t^2+3)=(4t^3-2t)(x-t)$

$\therefore y=(4t^3-2t)x-3t^4+t^2+3$

이 직선이 점 $(0, 1)$을 지나므로

$1=-3t^4+t^2+3$, $3t^4-t^2-2=0$

$(3t^2+2)(t+1)(t-1)=0$

$\therefore t=-1$ 또는 $t=1$ ($\because 3t^2+2>0$)

따라서 구하는 모든 접선의 기울기의 곱은

$f'(-1)f'(1)=-2\times2=-4$

짝기출

원점을 지나고 곡선 $y=-x^3-x^2+x$에 접하는 모든 직선의 기울기의 합은?

① 2 ② $\frac{9}{4}$ ③ $\frac{5}{2}$ ④ $\frac{11}{4}$ ⑤ 3

답 ②

0223

답 52

$f(x)=x^3+ax+b$라 하면 $f'(x)=3x^2+a$

점 $(1, 3)$이 곡선 $y=f(x)$ 위의 점이므로

$f(1)=3$에서 $1+a+b=3$

$\therefore a+b=2$ $\quad\cdots\cdots$ ㉠

점 $(1, 3)$에서의 접선의 기울기는 $f'(1)=3+a$이므로 이 접선과 수직인 직선의 기울기는 $-\frac{1}{3+a}$이다.

따라서 점 $(1, 3)$을 지나고 기울기가 $-\frac{1}{3+a}$인 직선의 방정식은

$y-3=-\frac{1}{3+a}(x-1)$

$\therefore y=-\frac{1}{3+a}x+\frac{10+3a}{3+a}$

이 직선이 점 $(-2, 0)$을 지나므로

$0=\frac{2}{3+a}+\frac{10+3a}{3+a}$, $12+3a=0$

$\therefore a=-4$

$a=-4$를 ㉠에 대입하면 $b=6$

$\therefore a^2+b^2=16+36=52$

짝기출

곡선 $y=x^3-ax+b$ 위의 점 $(1, 1)$에서의 접선과 수직인 직선의 기울기가 $-\frac{1}{2}$이다. 두 상수 a, b에 대하여 $a+b$의 값을 구하시오.

답 2

0224 답 ⑤

점 $(0, 0)$이 곡선 $y=f(x)$ 위의 점이므로 $f(0)=0$

곡선 $y=f(x)$ 위의 점 $(0, 0)$에서의 접선의 방정식은

$y=f'(0)x$ …… ㉠

점 $(1, 2)$는 곡선 $y=xf(x)$ 위의 점이므로 $f(1)=2$

$y=xf(x)$에서 $y'=f(x)+xf'(x)$이므로

곡선 $y=xf(x)$ 위의 점 $(1, 2)$에서의 접선의 방정식은

$y-2=\{f(1)+f'(1)\}(x-1)$

$\therefore y=\{f'(1)+2\}x-f'(1)$ …… ㉡

이때 두 직선 ㉠, ㉡이 일치하므로

$f'(1)+2=f'(0)$, $f'(1)=0$

$\therefore f'(1)=0$, $f'(0)=2$

$f(x)$가 삼차함수이고 $f(0)=0$이므로

$f(x)=ax^3+bx^2+cx$ (a, b, c는 상수, $a\neq0$)라 하면

$f'(x)=3ax^2+2bx+c$

$f'(0)=2$에서 $c=2$

$f'(1)=0$에서 $3a+2b+c=0$

$\therefore 3a+2b=-2$ …… ㉢

$f(1)=2$에서 $a+b+c=2$

$\therefore a+b=0$ …… ㉣

㉢, ㉣을 연립하여 풀면 $a=-2$, $b=2$

따라서 $f'(x)=-6x^2+4x+2$이므로

$f'(2)=-24+8+2=-14$

0225 답 ②

$f(x)=x^3-2x+1$이라 하면 $f'(x)=3x^2-2$

접점의 좌표를 (t, t^3-2t+1)이라 하면 이 점에서의 접선의 기울기는 $f'(t)=3t^2-2$이므로 접선의 방정식은

$y-(t^3-2t+1)=(3t^2-2)(x-t)$

$\therefore y=(3t^2-2)x-2t^3+1$ …… ㉠

이 직선이 점 $(0, 3)$을 지나므로

$3=-2t^3+1$, $t^3=-1$

$\therefore t=-1$

점 A의 좌표는 $A(-1, 2)$이고 $t=-1$을 ㉠에 대입하면

$y=x+3$

이 직선과 곡선 $y=f(x)$가 만나는 점의 x좌표는

$x^3-2x+1=x+3$에서

$x^3-3x-2=0$, $(x+1)(x^2-x-2)=0$

$(x+1)^2(x-2)=0$

$\therefore x=2$ ($\because x\neq-1$)

즉, 점 $A(-1, 2)$가 아닌 교점 B는 x좌표가 2이고 직선 $y=x+3$ 위의 점이므로 $B(2, 5)$

따라서 선분 AB의 길이는

$\overline{AB}=\sqrt{(2+1)^2+(5-2)^2}=\sqrt{18}=3\sqrt{2}$

짝기출

곡선 $y=x^3-5x$ 위의 점 $A(1, -4)$에서의 접선이 점 A가 아닌 점 B에서 곡선과 만난다. 선분 AB의 길이는?

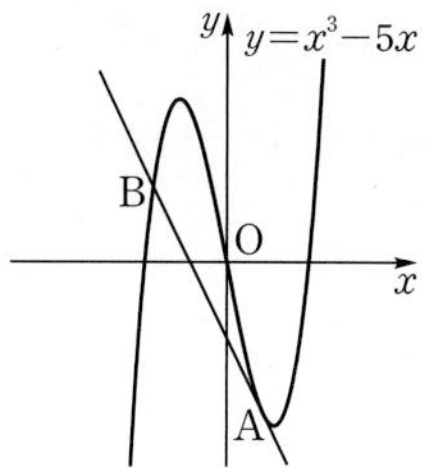

① $\sqrt{30}$ ② $\sqrt{35}$ ③ $2\sqrt{10}$ ④ $3\sqrt{5}$ ⑤ $5\sqrt{2}$

답 ④

0226 답 4

$f(x)=x^3+ax^2+bx+c$ (a, b, c는 상수)라 하면

$f'(x)=3x^2+2ax+b$

곡선 $y=f(x)$가 두 점 $A(0, 4)$, $B(2, 4)$를 지나므로

$f(0)=4$에서 $c=4$

$f(2)=4$에서 $8+4a+2b+4=4$

$\therefore 2a+b=-4$ …… ㉠

두 점 A, B에서의 접선이 서로 평행하므로

$f'(0)=f'(2)$에서

$b=12+4a+b$, $12+4a=0$

$\therefore a=-3$

$a=-3$을 ㉠에 대입하면 $b=2$

따라서 곡선 $y=f(x)$ 위의 점 $A(0, 4)$에서의 접선의 기울기는 $f'(0)=2$이므로 접선의 방정식은

$y-4=2x$ $\therefore y=2x+4$

이 접선의 x절편은 -2, y절편은 4이므로 구하는 도형의 넓이는

$\frac{1}{2}\times2\times4=4$

짝기출

곡선 $y=x^3-3x^2+x+1$ 위의 서로 다른 두 점 A, B에서의 접선이 서로 평행하다. 점 A의 x좌표가 3일 때, 점 B에서의 접선의 y절편의 값은?

① 5 ② 6 ③ 7 ④ 8 ⑤ 9

답 ②

0227

답 ②

삼각형 OAP의 넓이가 최대이려면 점 P와 직선 $y=x$ 사이의 거리가 최대이어야 하므로 다음 그림과 같이 곡선 $y=f(x)$ 위의 점 P에서의 접선이 직선 OA와 평행해야 한다.

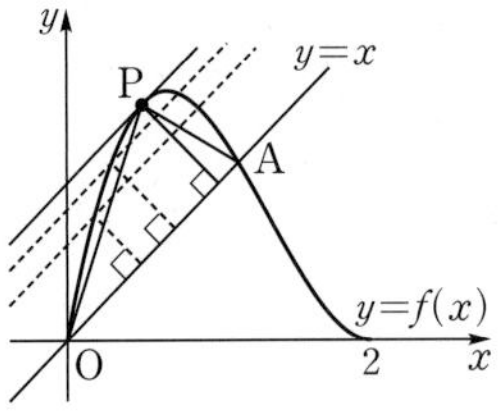

이때 점 P의 x좌표가 $\frac{1}{2}$이므로 $f'\left(\frac{1}{2}\right)=1$이어야 한다.

$f(x)=ax(x-2)^2$에서

$f'(x)=a(x-2)^2+2ax(x-2)$이므로

$f'\left(\frac{1}{2}\right)=a\left(-\frac{3}{2}\right)^2+a\left(-\frac{3}{2}\right)=\frac{3}{4}a=1$

$\therefore a=\frac{4}{3}$

0228

답 ⑤

$f(x)=x^2$에서 $f'(x)=2x$이므로 점 P(1, 1)에서의 접선의 기울기는

$f'(1)=2$

즉, 점 P(1, 1)에서의 접선 l의 방정식은

$y-1=2(x-1)$ $\quad\therefore y=2x-1$

직선 l에 곡선 $y=g(x)$가 접하므로 접점 Q의 좌표를 Q(a, b)라 하자.

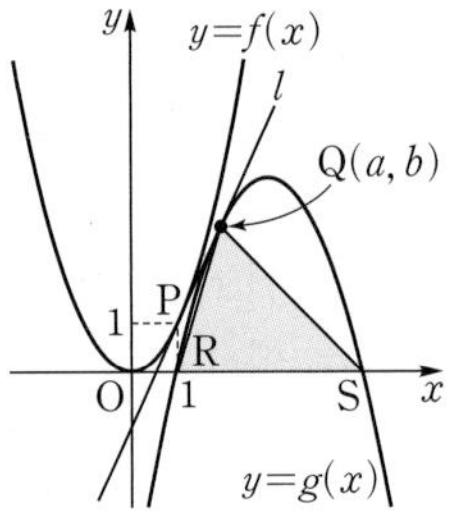

점 Q는 직선 l 위의 점이므로

$b=2a-1$ $\quad\cdots\cdots$ ㉠

$g(x)=-(x-3)^2+k$에서

$g'(x)=-2(x-3)$이고 점 Q(a, b)에서의 접선 l의 기울기는 2이므로

$g'(a)=-2(a-3)=2$

$a-3=-1$ $\quad\therefore a=2$

$a=2$를 ㉠에 대입하면 $b=3$이므로 점 Q의 좌표는 Q(2, 3)이다.

이때 $g(2)=-1+k$이므로

$-1+k=3$ $\quad\therefore k=4$

$\therefore g(x)=-(x-3)^2+4$

곡선 $g(x)=-(x-3)^2+4$와 x축이 만나는 점의 x좌표는

$-(x-3)^2+4=0,\ (x-3)^2=4$

$\therefore x=1$ 또는 $x=5$

따라서 R(1, 0), S(5, 0)이라 하면 삼각형 QRS의 넓이는

$\frac{1}{2}\times\overline{RS}\times(\text{점 Q의 }y\text{좌표})=\frac{1}{2}\times(5-1)\times3=6$

0229

답 32

정사각형 ABCD에서 $\overline{OA}=\overline{OB}=\overline{OC}=\overline{OD}$이고 직선 AB와 직선 CD의 기울기는 각각 $\frac{\overline{OA}}{\overline{OB}}$, $\frac{\overline{OC}}{\overline{OD}}$이므로 그 값은 모두 1이다.

$f(x)=x^3-5x$라 하면 $f'(x)=3x^2-5$

접점의 좌표를 $P(t,\ t^3-5t)\ (t<0)$라 하면 $f'(t)=1$에서

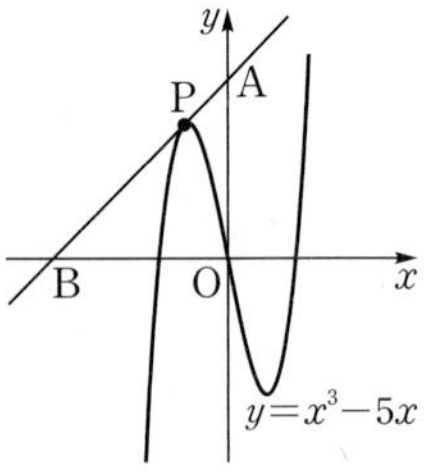

$3t^2-5=1,\ t^2=2$

$\therefore t=-\sqrt{2}\ (\because t<0)$

점 P의 좌표는 $P(-\sqrt{2},\ 3\sqrt{2})$이므로 곡선 $y=f(x)$ 위의 점 P에서의 접선의 방정식은

$y-3\sqrt{2}=x+\sqrt{2}$ $\quad\therefore y=x+4\sqrt{2}$

$A(0,\ 4\sqrt{2})$, $B(-4\sqrt{2},\ 0)$이므로

$\overline{AB}=\sqrt{(4\sqrt{2})^2+(4\sqrt{2})^2}=8$

따라서 정사각형 ABCD의 둘레의 길이는

$4\overline{AB}=4\times8=32$

PART A 05 도함수의 활용(2)

유형 01 함수의 증가, 감소

0230 답 ③

$f(x)=-x^4+2x^2+3$에서

$f'(x)=-4x^3+4x=-4x(x+1)(x-1)$

$f'(x)=0$에서 $x=-1$ 또는 $x=0$ 또는 $x=1$

함수 $f(x)$의 증가와 감소를 표로 나타내면 다음과 같다.

x	$\cdots$	-1	$\cdots$	0	$\cdots$	1	$\cdots$
$f'(x)$	$+$	0	$-$	0	$+$	0	$-$
$f(x)$	↗		↘		↗		↘

따라서 주어진 구간 중 함수 $f(x)$가 증가하는 구간은 $[0, 1]$이다.

0231 답 17

$f(x)=-x^3+3ax^2+bx+5$에서

$f'(x)=-3x^2+6ax+b$

함수 $f(x)$가 $x\le-1$, $x\ge5$에서 감소하고, $-1\le x\le5$에서 증가하므로 이차방정식 $f'(x)=0$의 두 실근은 -1, 5이다.

따라서 이차방정식의 근과 계수의 관계에 의하여

$-1+5=\frac{6a}{3}$, $-1\times5=-\frac{b}{3}$

$\therefore a=2, b=15$

$\therefore a+b=2+15=17$

0232 답 ①

$f(x)=2x^3+6x^2+(3-a)x+1$에서

$f'(x)=6x^2+12x+3-a$

함수 $f(x)$가 감소하는 x의 값의 범위가 $b\le x\le1$이므로 이차방정식 $f'(x)=0$의 두 실근은 b, 1이다.

따라서 이차방정식의 근과 계수의 관계에 의하여

$b+1=-2$, $b=\frac{3-a}{6}$

$\therefore a=21, b=-3$

$\therefore a+b=21+(-3)=18$

유형 02 삼차함수가 실수 전체의 집합에서 증가 또는 감소할 조건

0233 답 10

$f(x)=x^3+ax^2+(a+6)x-1$에서

$f'(x)=3x^2+2ax+a+6$

함수 $f(x)$가 실수 전체의 집합에서 증가하려면 모든 실수 x에 대하여 $f'(x)\ge0$이어야 하므로 이차방정식 $f'(x)=0$의 판별식을 D라 하면

$\frac{D}{4}=a^2-3(a+6)\le0$

$a^2-3a-18\le0$, $(a+3)(a-6)\le0$

$\therefore -3\le a\le6$

따라서 정수 a는 -3, -2, -1, $\cdots$, 5, 6의 10개이다.

0234 답 3

$f(x)=-x^3+2ax^2-(a^2+4)x+5$에서

$f'(x)=-3x^2+4ax-a^2-4$

함수 $f(x)$가 실수 전체의 집합에서 감소하려면 모든 실수 x에 대하여 $f'(x)\le0$이어야 하므로 이차방정식 $f'(x)=0$의 판별식을 D라 하면

$\frac{D}{4}=4a^2-3(a^2+4)\le0$, $a^2-12\le0$

$(a+2\sqrt{3})(a-2\sqrt{3})\le0$ $\quad\therefore -2\sqrt{3}\le a\le2\sqrt{3}$

따라서 정수 a의 최댓값은 3이다.

0235 답 ③

$x_1<x_2$인 임의의 두 실수 x_1, x_2에 대하여 $f(x_1)>f(x_2)$가 성립하려면 함수 $f(x)$가 실수 전체의 집합에서 감소해야 한다.

$f(x)=-x^3+2ax^2+3ax$에서

$f'(x)=-3x^2+4ax+3a$

함수 $f(x)$가 실수 전체의 집합에서 감소하려면 모든 실수 x에 대하여 $f'(x)\le0$이어야 하므로 이차방정식 $f'(x)=0$의 판별식을 D라 하면

$\frac{D}{4}=4a^2+9a\le0$, $a(4a+9)\le0$

$\therefore -\frac{9}{4}\le a\le0$

따라서 정수 a는 -2, -1, 0이므로 구하는 합은

$-2+(-1)+0=-3$

0236 답 6

함수 $f(x)$의 역함수가 존재하려면 $f(x)$가 일대일대응이어야 하므로 실수 전체의 집합에서 $f(x)$는 증가하거나 감소해야 한다. 그런데 $f(x)$의 최고차항의 계수가 양수이므로 $f(x)$는 증가해야 한다.

$f(x)=\frac{1}{3}x^3-ax^2+6ax+2$에서

$f'(x)=x^2-2ax+6a$

함수 $f(x)$가 실수 전체의 집합에서 증가하려면 모든 실수 x에 대하여 $f'(x)\ge0$이어야 하므로 이차방정식 $f'(x)=0$의 판별식을 D라 하면

$\frac{D}{4}=a^2-6a\le0$, $a(a-6)\le0$

$\therefore 0\le a\le6$

따라서 실수 a의 최댓값은 6, 최솟값은 0이므로 구하는 합은

$6+0=6$

유형 03 삼차함수가 주어진 구간에서 증가 또는 감소할 조건

0237

답 ②

$f(x)=\frac{2}{3}x^3+x^2+(a+1)x+2$에서

$f'(x)=2x^2+2x+a+1=2\left(x+\frac{1}{2}\right)^2+a+\frac{1}{2}$

함수 $f(x)$가 $0<x<1$에서 감소하려면 $0<x<1$에서 $f'(x)\le0$이어야 하므로 오른쪽 그림에서

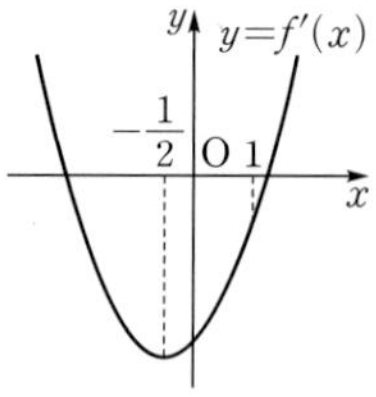

$f'(1)=a+5\le0 \qquad \therefore a\le-5$

따라서 실수 a의 최댓값은 -5이다.

0238

답 ⑤

$f(x)=-\frac{1}{3}x^3+\frac{1}{2}ax^2+6x$에서

$f'(x)=-x^2+ax+6$

함수 $f(x)$가 구간 $(-1, 2)$에서 증가하려면 $-1<x<2$에서 $f'(x)\ge0$이어야 한다.

$f'(-1)=-1-a+6\ge0$에서 $a\le5$

$f'(2)=-4+2a+6\ge0$에서 $a\ge-1$

$\therefore -1\le a\le5$

따라서 정수 a는 $-1, 0, 1, 2, 3, 4, 5$의 7개이다.

참고

$f'(x)$는 최고차항의 계수가 음수인 이차함수이므로 다음 그림에서 $f'(-1)\ge0$, $f'(2)\ge0$이면 $-1<x<2$에서 $f'(x)\ge0$임을 알 수 있다.

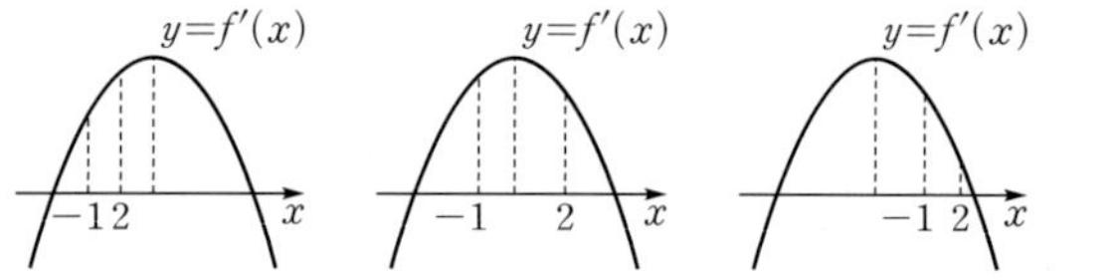

0239

답 9

$f(x)=-\frac{1}{3}x^3+2x^2+(a-6)x+3$에서

$f'(x)=-x^2+4x+a-6=-(x-2)^2+a-2$

함수 $f(x)$가 구간 $(1, 2)$에서 증가하고, 구간 $(4, \infty)$에서 감소하려면 $1<x<2$에서 $f'(x)\ge0$, $x>4$에서 $f'(x)\le0$이어야 한다.

$f'(1)=a-3\ge0$에서 $a\ge3$

$f'(4)=a-6\le0$에서 $a\le6$

$\therefore 3\le a\le6$

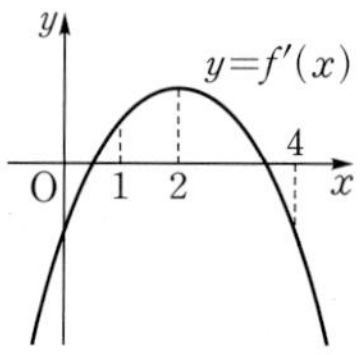

따라서 $M=6$, $m=3$이므로

$M+m=6+3=9$

유형 04 함수의 그래프와 증가, 감소

0240

답 ④

① 구간 $(-\infty, -2)$에서 $f'(x)>0$이므로 함수 $f(x)$는 증가한다.

② 구간 $(-2, 0)$에서 $f'(x)<0$이므로 함수 $f(x)$는 감소한다.

③ 구간 $(1, 3)$에서 $f'(x)>0$이므로 함수 $f(x)$는 증가한다.

④ 구간 $(5, 6)$에서 $f'(x)>0$이므로 함수 $f(x)$는 증가한다.

⑤ 구간 $(6, \infty)$에서 $f'(x)>0$이므로 함수 $f(x)$는 증가한다.

따라서 옳지 않은 것은 ④이다.

0241

답 ④

함수 $y=f'(x)$의 그래프에서 $f'(x)\ge0$인 구간은 $[-1, 2]$이므로 함수 $f(x)$는 구간 $[-1, 1]$에서 증가한다.

0242

답 ③

$y=\{f(x)\}^2$에서 $y'=2f(x)f'(x)$

주어진 그래프에서 $f(x)$, $f'(x)$의 부호를 이용하여 함수 $\{f(x)\}^2$의 증가와 감소를 표로 나타내면 다음과 같다.

x	0	$\cdots$	p	$\cdots$	a	$\cdots$	q	$\cdots$	b	$\cdots$	r	$\cdots$	c
$f(x)$	+	+	+	+	0	−	−	−	0	+	+	+	0
$f'(x)$		+	0	−	−	−	0	+	+	+	0	−	
$f(x)f'(x)$		+	0	−	0	+	0	−	0	+	0	−	

따라서 함수 $\{f(x)\}^2$이 증가하는 구간은 $(0, p]$, $[a, q]$, $[b, r]$이므로 이 구간에 속하는 x의 값은 ③이다.

유형 05 함수의 극대, 극소

0243

답 ③

$f(x)=x^3-6x^2+9x+5$에서

$f'(x)=3x^2-12x+9=3(x-1)(x-3)$

$f'(x)=0$에서 $x=1$ 또는 $x=3$

함수 $f(x)$의 증가와 감소를 표로 나타내면 다음과 같다.

x	$\cdots$	1	$\cdots$	3	$\cdots$
$f'(x)$	+	0	−	0	+
$f(x)$	↗	9	↘	5	↗

따라서 함수 $f(x)$는 $x=1$에서 극댓값 9를 가지므로

$a+b=1+9=10$

0244

답 ⑤

$f(x)=3x^4-8x^3+a$에서

$f'(x)=12x^3-24x^2=12x^2(x-2)$

$f'(x)=0$에서 $x=0$ 또는 $x=2$

함수 $f(x)$의 증가와 감소를 표로 나타내면 다음과 같다.

x	$\cdots$	0	$\cdots$	2	$\cdots$
$f'(x)$	$-$	0	$-$	0	$+$
$f(x)$	↘	a	↘	$a-16$	↗

따라서 함수 $f(x)$는 $x=2$에서 극솟값 $a-16$을 가지므로

$a-16=-4$　　$\therefore a=12$

0245

답 ⑤

$f(x)=x^3+3x^2-9x+a$에서

$f'(x)=3x^2+6x-9=3(x+3)(x-1)$

$f'(x)=0$에서 $x=-3$ 또는 $x=1$

함수 $f(x)$의 증가와 감소를 표로 나타내면 다음과 같다.

x	$\cdots$	-3	$\cdots$	1	$\cdots$
$f'(x)$	$+$	0	$-$	0	$+$
$f(x)$	↗	$a+27$	↘	$a-5$	↗

따라서 함수 $f(x)$는 $x=-3$에서 극댓값 $a+27$, $x=1$에서 극솟값 $a-5$를 가지므로 $M=a+27$, $m=a-5$

$M+m=0$에서 $a+27+a-5=0$

$2a+22=0$　　$\therefore a=-11$

0246

답 3

$f(x)=-x^3+3x+a$에서

$f'(x)=-3x^2+3=-3(x+1)(x-1)$

$f'(x)=0$에서 $x=-1$ 또는 $x=1$

함수 $f(x)$의 증가와 감소를 표로 나타내면 다음과 같다.

x	$\cdots$	-1	$\cdots$	1	$\cdots$
$f'(x)$	$-$	0	$+$	0	$-$
$f(x)$	↘	$a-2$	↗	$a+2$	↘

따라서 함수 $f(x)$는 $x=-1$에서 극솟값 $a-2$, $x=1$에서 극댓값 $a+2$를 가지므로 모든 극값의 곱이 5이려면

$(a-2)(a+2)=5$, $a^2=9$

$\therefore a=3$ ($\because a>0$)

유형 06 함수의 극대, 극소와 미정계수

0247

답 ④

$f(x)=2x^3-3(a+2)x^2+12ax+3$에서

$f'(x)=6x^2-6(a+2)x+12a$

함수 $f(x)$가 $x=-1$에서 극댓값을 가지므로

$f'(-1)=0$에서 $6+6(a+2)+12a=0$

$18a+18=0$　　$\therefore a=-1$

따라서 $f(x)=2x^3-3x^2-12x+3$이므로

$f'(x)=6x^2-6x-12=6(x+1)(x-2)$

$f'(x)=0$에서 $x=-1$ 또는 $x=2$

따라서 함수 $f(x)$는 $x=2$에서 극소이므로 극솟값은

$f(2)=16-12-24+3=-17$

0248

답 4

$f(x)=x^3+ax^2+bx+c$ (a, b, c는 상수)라 하면

$f'(x)=3x^2+2ax+b$

함수 $f(x)$가 $x=1$에서 극대, $x=3$에서 극소이므로

$f'(1)=0$에서 $3+2a+b=0$

$\therefore 2a+b=-3$　　$\cdots\cdots$ ㉠

$f'(3)=0$에서 $27+6a+b=0$

$\therefore 6a+b=-27$　　$\cdots\cdots$ ㉡

㉠, ㉡을 연립하여 풀면 $a=-6$, $b=9$

따라서 $f(x)=x^3-6x^2+9x+c$이므로

극댓값은 $M=f(1)=1-6+9+c=c+4$

극솟값은 $m=f(3)=27-54+27+c=c$

$\therefore M-m=c+4-c=4$

0249

답 ②

$f(x)=x^4-2a^2x^2+4$에서

$f'(x)=4x^3-4a^2x=4x(x+a)(x-a)$

$f'(x)=0$에서 $x=-a$ 또는 $x=0$ 또는 $x=a$

$a>0$이므로 함수 $f(x)$의 증가와 감소를 표로 나타내면 다음과 같다.

x	$\cdots$	$-a$	$\cdots$	0	$\cdots$	a	$\cdots$
$f'(x)$	$-$	0	$+$	0	$-$	0	$+$
$f(x)$	↘	극소	↗	극대	↘	극소	↗

따라서 함수 $f(x)$는 $x=-a$, $x=a$에서 극소이다.

한편 $b>0$에서 $3b-(b-4)=2b+4>0$이므로 $3b>b-4$

즉, $a=3b$, $-a=b-4$

위의 두 식을 연립하여 풀면 $a=3$, $b=1$

$\therefore a+b=3+1=4$

0250

답 1

조건 (가)의 $\lim_{x\to 3}\frac{f(x)-5}{x-3}=12$에서 극한값이 존재하고

$x\to 3$일 때, (분모)$\to 0$이므로 (분자)$\to 0$이어야 한다.

즉, $\lim_{x\to 3}\{f(x)-5\}=0$이므로 $f(3)=5$

$\lim_{x\to 3}\frac{f(x)-5}{x-3}=\lim_{x\to 3}\frac{f(x)-f(3)}{x-3}=f'(3)=12$

$f(x)=2x^3+ax^2+bx+c$ (a, b, c는 상수)라 하면

$f'(x)=6x^2+2ax+b$

$f(3)=5$에서 $54+9a+3b+c=5$

$\therefore 9a+3b+c=-49$　　$\cdots\cdots$ ㉠

$f'(3)=12$에서 $54+6a+b=12$

$\therefore 6a+b=-42$ ...... ㉡

조건 (나)에서 함수 $f(x)$는 $x=2$에서 극값을 가지므로

$f'(2)=0$에서 $24+4a+b=0$

$\therefore 4a+b=-24$ ...... ㉢

㉡, ㉢을 연립하여 풀면 $a=-9$, $b=12$

이를 ㉠에 대입하면 $c=-4$

따라서 $f(x)=2x^3-9x^2+12x-4$이므로

$f'(x)=6x^2-18x+12=6(x-1)(x-2)$

$f'(x)=0$에서 $x=1$ 또는 $x=2$

함수 $f(x)$의 증가와 감소를 표로 나타내면 다음과 같다.

x	$\cdots$	1	$\cdots$	2	$\cdots$
$f'(x)$	+	0	−	0	+
$f(x)$	↗	1	↘	0	↗

따라서 함수 $f(x)$는 $x=1$에서 극댓값 1을 갖는다.

유형 07 함수의 극대, 극소의 활용

0251 답 ⑤

곡선 $y=f(x)$ 위의 점 $(1, f(1))$에서의 접선의 기울기가 4이므로

$f'(1)=4$

$g(x)=(x^2+2)f(x)$에서

$g'(x)=2xf(x)+(x^2+2)f'(x)$

함수 $g(x)$가 $x=1$에서 극값을 가지므로

$g'(1)=0$에서 $2f(1)+3f'(1)=0$

$2f(1)+12=0 \quad \therefore f(1)=-6$

0252 답 ②

$f(x)=\frac{2}{3}x^3+2(2a+3)x^2-4x$에서

$f'(x)=2x^2+4(2a+3)x-4$

함수 $f(x)$가 $x=\alpha$에서 극대, $x=\beta$에서 극소라 하면 α, β는 이차방정식 $2x^2+4(2a+3)x-4=0$의 두 실근이다.

이때 극대가 되는 점과 극소가 되는 점이 원점에 대하여 대칭이므로 $\alpha+\beta=0$

따라서 이차방정식의 근과 계수의 관계에 의하여

$\alpha+\beta=\frac{-4(2a+3)}{2}=0 \quad \therefore a=-\frac{3}{2}$

참고

극값을 갖는 삼차함수 $y=f(x)$의 그래프가 원점에 대하여 대칭이면 $y=f(x)$의 그래프에서 극대가 되는 점과 극소가 되는 점도 원점에 대하여 대칭이다.

0253 답 ②

$f(x)=-x^3+3x^2+9x+1$에서

$f'(x)=-3x^2+6x+9=-3(x+1)(x-3)$

$f'(x)=0$에서 $x=-1$ 또는 $x=3$

함수 $f(x)$의 증가와 감소를 표로 나타내면 다음과 같다.

x	$\cdots$	−1	$\cdots$	3	$\cdots$
$f'(x)$	−	0	+	0	−
$f(x)$	↘	−4	↗	28	↘

함수 $f(x)$는 $x=3$일 때 극댓값 28, $x=-1$일 때 극솟값 −4를 가지므로

$A(3, 28)$, $B(-1, -4)$

따라서 두 점 A, B를 지나는 직선의 방정식은

$y+4=\frac{-4-28}{-1-3}(x+1) \quad \therefore y=8x+4$

즉, 구하는 직선의 y절편은 4이다.

0254 답 5

$f(x)=-x^3-ax^2+5$에서

$f'(x)=-3x^2-2ax$

곡선 $y=f(x)$ 위의 점 $(t, f(t))$에서의 접선의 기울기가 $-3t^2-2at$이므로 접선의 방정식은

$y-(-t^3-at^2+5)=(-3t^2-2at)(x-t)$

$\therefore y=(-3t^2-2at)x+2t^3+at^2+5$

따라서 이 접선의 y절편은

$g(t)=2t^3+at^2+5$

$g'(t)=6t^2+2at$

함수 $g(t)$가 $t=1$에서 극소이므로 $g'(1)=0$에서

$6+2a=0 \quad \therefore a=-3$

$\therefore g(t)=2t^3-3t^2+5$

$g'(t)=6t^2-6t=6t(t-1)$

$g'(t)=0$에서 $t=0$ 또는 $t=1$

함수 $g(t)$의 증가와 감소를 표로 나타내면 다음과 같다.

t	$\cdots$	0	$\cdots$	1	$\cdots$
$g'(t)$	+	0	−	0	+
$g(t)$	↗	5	↘	4	↗

따라서 함수 $g(t)$는 $t=0$에서 극댓값 5를 갖는다.

유형 08 도함수의 그래프와 극대, 극소

0255 답 1

다음 그림과 같이 함수 $y=f'(x)$의 그래프와 x축의 교점의 x좌표 중 0이 아닌 값을 작은 수부터 차례대로 x_1, x_2, x_3, x_4라 하자.

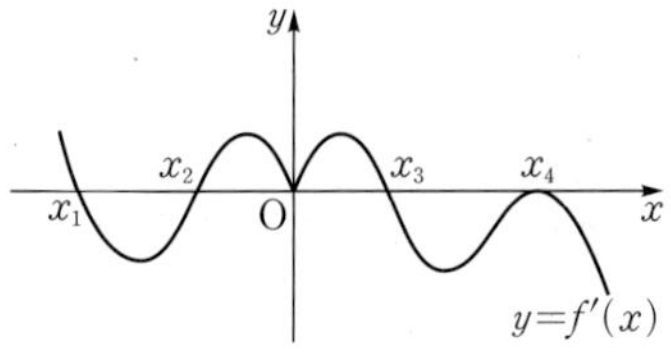

주어진 그래프에서 $f'(x)$의 부호를 조사하여 함수 $f(x)$의 증가와 감소를 표로 나타내면 다음과 같다.

x	$\cdots$	x_1	$\cdots$	x_2	$\cdots$	0	$\cdots$	x_3	$\cdots$	x_4	$\cdots$
$f'(x)$	+	0	−	0	+	0	+	0	−	0	−
$f(x)$	↗	극대	↘	극소	↗		↗	극대	↘		↘

함수 $f(x)$는 $x=x_1$, $x=x_3$에서 극대, $x=x_2$에서 극소이므로
$m=2$, $n=1$
$\therefore m-n=1$

0256 답 4

함수 $y=f'(x)$의 그래프를 이용하여 함수 $f(x)$의 증가와 감소를 표로 나타내면 다음과 같다.

x	$\cdots$	-2	$\cdots$	0	$\cdots$
$f'(x)$	−	0	+	0	−
$f(x)$	↘	극소	↗	극대	↘

$f(x)=-x^3+ax^2+bx+c$ (a, b, c는 상수)라 하면
$f'(x)=-3x^2+2ax+b$
$f'(-2)=0$에서 $-12-4a+b=0$
$4a-b=-12$ …… ㉠
$f'(0)=0$에서 $b=0$
$b=0$을 ㉠에 대입하면 $a=-3$
$f(x)=-x^3-3x^2+c$이고 $f(x)$의 극댓값이 8이므로
$f(0)=8$에서 $c=8$
따라서 $f(x)=-x^3-3x^2+8$이므로 구하는 극솟값은
$f(-2)=8-12+8=4$

0257 답 ③

ㄱ. $a<x<b$에서 $f'(x)<0$이므로 함수 $f(x)$는 구간 (a, b)에서 감소한다.
$\therefore f(b)<f(a)$ (참)
ㄴ. $x=c$의 좌우에서 $f'(x)$의 부호가 바뀌지 않으므로 함수 $f(x)$는 $x=c$에서 극값을 갖지 않는다. (거짓)
ㄷ. $x=0$, $x=b$, $x=d$의 좌우에서 각각 $f'(x)$의 부호가 바뀌므로 함수 $f(x)$는 $x=0$, $x=b$, $x=d$에서 극값을 갖는다. 즉, 함수 $f(x)$가 극값을 갖는 x의 개수는 3이다. (참)
따라서 옳은 것은 ㄱ, ㄷ이다.

유형 09 함수의 그래프

0258 답 ④

주어진 함수 $y=f'(x)$의 그래프를 이용하여 함수 $f(x)$의 증가와 감소를 표로 나타내면 다음과 같다.

x	$\cdots$	-1	$\cdots$	1	$\cdots$
$f'(x)$	+	0	+	0	−
$f(x)$	↗		↗	극대	↘

함수 $f(x)$는 $x=1$에서 극대이고 $x=-1$의 좌우에서 $f'(x)$의 부호가 바뀌지 않으므로 $f(x)$는 $x=-1$에서 극값을 갖지 않는다.
따라서 함수 $y=f(x)$의 그래프의 개형이 될 수 있는 것은 ④이다.

0259 답 1

주어진 함수 $y=f'(x)$의 그래프를 이용하여 함수 $f(x)$의 증가와 감소를 표로 나타내면 다음과 같다.

x	$\cdots$	-1	$\cdots$	3	$\cdots$
$f'(x)$	+	0	−	0	+
$f(x)$	↗	극대	↘	극소	↗

이때 $f(-1)=-1$에서 함수 $y=f(x)$의 그래프는 다음 그림과 같으므로 x축과 만나는 점의 개수는 1이다.

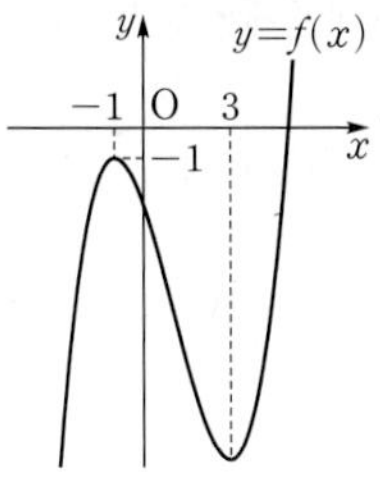

0260 답 ②

$f(x)=-x^3+6x^2-9x+3$에서
$f'(x)=-3x^2+12x-9=-3(x-1)(x-3)$
$f'(x)=0$에서 $x=1$ 또는 $x=3$
함수 $f(x)$의 증가와 감소를 표로 나타내면 다음과 같다.

x	$\cdots$	1	$\cdots$	3	$\cdots$
$f'(x)$	−	0	+	0	−
$f(x)$	↘	-1	↗	3	↘

따라서 함수 $y=f(x)$의 그래프는 다음 그림과 같다.

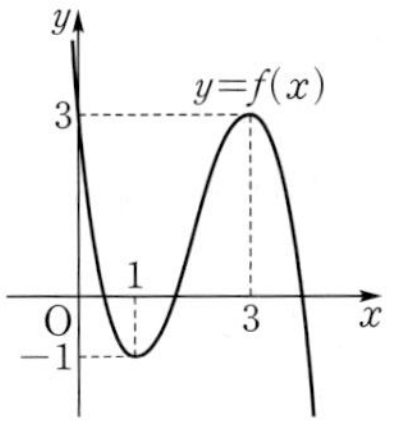

ㄱ. 함수 $f(x)$는 $x=3$에서 극댓값 3을 갖는다. (참)
ㄴ. $x<1$ 또는 $x>3$일 때 $f'(x)<0$이므로 함수 $f(x)$는 구간 $(-\infty, 1)$, $(3, \infty)$에서 감소한다. (참)
ㄷ. 함수 $y=f(x)$의 그래프와 x축의 교점은 3개이다. (거짓)
따라서 옳은 것은 ㄱ, ㄴ이다.

0261 답 ⑤

$f(x)=3x^4+8x^3+6x^2-1$에서
$f'(x)=12x^3+24x^2+12x=12x(x+1)^2$
$f'(x)=0$에서 $x=-1$ 또는 $x=0$

함수 $f(x)$의 증가와 감소를 표로 나타내면 다음과 같다.

x	$\cdots$	-1	$\cdots$	0	$\cdots$
$f'(x)$	$-$	0	$-$	0	$+$
$f(x)$	↘	0	↘	-1	↗

따라서 함수 $y=f(x)$의 그래프는 다음 그림과 같다.

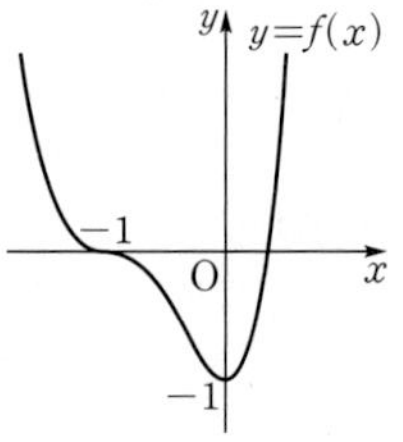

ㄱ. $-1<x<0$일 때, $f'(x)<0$이므로 함수 $f(x)$는 구간 $(-1, 0)$에서 감소한다. (참)

ㄴ. 함수 $f(x)$는 $x=0$에서 극소이다. (참)

ㄷ. 함수 $y=f(x)$의 그래프에서 모든 실수 x에 대하여 $f(x)\geq -1$이다. (참)

따라서 옳은 것은 ㄱ, ㄴ, ㄷ이다.

0262

답 ②

주어진 함수 $y=f'(x)$의 그래프를 이용하여 함수 $f(x)$의 증가와 감소를 표로 나타내면 다음과 같다.

x	$\cdots$	-2	$\cdots$	1	$\cdots$	3	$\cdots$
$f'(x)$	$-$	0	$+$	0	$-$	0	$+$
$f(x)$	↘	극소	↗	극대	↘	극소	↗

이때 $0<f(-2)<f(3)$이므로 함수 $y=f(x)$의 그래프의 개형은 다음 그림과 같다.

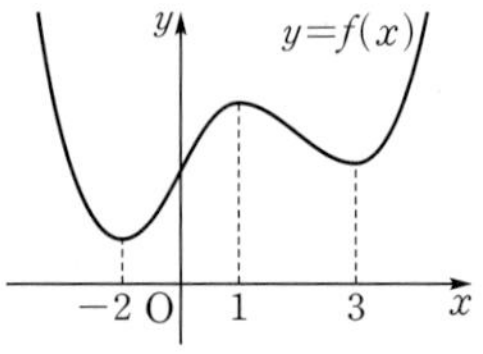

ㄱ. $f(1)>f(0)$ (참)

ㄴ. 함수 $f(x)$는 $x=1$에서 극대, $x=-2$, $x=3$에서 극소이므로 함수 $y=f(x)$의 그래프가 극값을 갖는 점은 3개이다. (참)

ㄷ. 함수 $y=f(x)$의 그래프와 x축의 교점은 없다. (거짓)

따라서 옳은 것은 ㄱ, ㄴ이다.

유형 10 그래프를 이용한 삼차함수의 계수의 부호 결정

0263

답 ④

함수 $f(x)=ax^3+bx^2+cx+d$에서 $x\to\infty$일 때, $f(x)\to-\infty$이므로 $a<0$이고 $f(0)<0$이므로 $d<0$

$f(x)=ax^3+bx^2+cx+d$에서

$f'(x)=3ax^2+2bx+c$

주어진 그래프에서 $f(x)$가 $x=\alpha$, $x=\beta$에서 극값을 가지므로 α, β는 이차방정식 $f'(x)=0$의 두 실근이다.

$0<\alpha<\beta$이므로 이차방정식의 근과 계수의 관계에 의하여

$\alpha+\beta=-\dfrac{2b}{3a}>0 \qquad \therefore b>0\ (\because a<0)$

$\alpha\beta=\dfrac{c}{3a}>0 \qquad \therefore c<0\ (\because a<0)$

따라서 $a<0$, $b>0$, $c<0$, $d<0$이므로 옳은 것은 ④이다.

0264

답 ②

최고차항의 계수가 1인 삼차함수 $f(x)$가 $x=\alpha$, $x=\beta$에서 극값을 갖고, $\alpha>\beta$이므로 $x=\alpha$에서 극소, $x=\beta$에서 극대이다. 따라서 함수 $y=f(x)$의 그래프의 개형은 다음 그림과 같다.

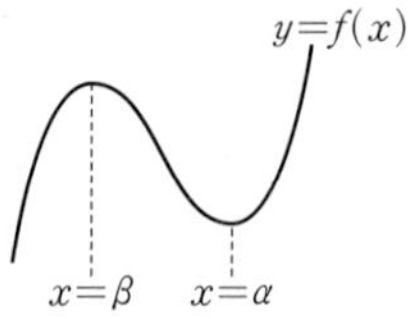

ㄱ. $f(\alpha)<f(\beta)$ (참)

ㄴ. $\alpha+\beta=0$이고 $f(\beta)=0$이면 함수 $y=f(x)$의 그래프의 개형은 다음 그림과 같다.

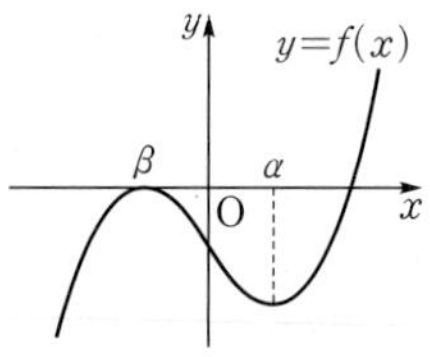

따라서 $f(0)<0$이므로 $c<0$이다. (참)

ㄷ. $f(x)=x^3+ax^2+bx+c$에서

$f'(x)=3x^2+2ax+b$

이차방정식 $f'(x)=0$의 서로 다른 두 실근이 α, β이고

$\alpha>0>\beta$, $|\alpha|<|\beta|$이므로 이차방정식의 근과 계수의 관계에 의하여

$\alpha+\beta=-\dfrac{2a}{3}<0 \qquad \therefore a>0$

$\alpha\beta=\dfrac{b}{3}<0 \qquad \therefore b<0$

즉, $ab<0$이다. (거짓)

따라서 옳은 것은 ㄱ, ㄴ이다.

유형 11 삼차함수가 극값을 가질 조건

0265

답 3

$f(x)=x^3+(a+2)x^2+(a^2-4)x+1$에서

$f'(x)=3x^2+2(a+2)x+a^2-4$

삼차함수 $f(x)$가 극값을 가지려면 이차방정식 $f'(x)=0$이 서로 다른 두 실근을 가져야 하므로 이차방정식

$3x^2+2(a+2)x+a^2-4=0$의 판별식을 D라 하면

$\dfrac{D}{4}=(a+2)^2-3(a^2-4)>0$에서

$-2a^2+4a+16>0$, $a^2-2a-8<0$

$(a+2)(a-4)<0$

$\therefore -2<a<4$

따라서 함수 $f(x)$가 극값을 갖도록 하는 정수 a의 최댓값은 3이다.

0266

답 ④

$f(x)=x^3+ax^2+3ax+2$에서

$f'(x)=3x^2+2ax+3a$

삼차함수 $f(x)$가 극값을 갖지 않으려면 이차방정식 $f'(x)=0$이 중근 또는 허근을 가져야 하므로 이차방정식 $3x^2+2ax+3a=0$의 판별식을 D라 하면

$\frac{D}{4}=a^2-9a\leq 0$에서 $a(a-9)\leq 0$

$\therefore 0\leq a\leq 9$

따라서 함수 $f(x)$가 극값을 갖지 않도록 하는 정수 a는 0, 1, 2, …, 8, 9의 10개이다.

0267

답 -2

$f(x)=-\frac{1}{3}x^3+(a+1)x^2-(2a^2+3a-5)x+3$에서

$f'(x)=-x^2+2(a+1)x-2a^2-3a+5$

삼차함수 $f(x)$가 극값을 가지려면 이차방정식 $f'(x)=0$이 서로 다른 두 실근을 가져야 하므로 이차방정식

$x^2-2(a+1)x+2a^2+3a-5=0$의 판별식을 D라 하면

$\frac{D}{4}=(a+1)^2-(2a^2+3a-5)>0$에서

$-a^2-a+6>0,\ a^2+a-6<0$

$(a+3)(a-2)<0 \qquad \therefore -3<a<2$

따라서 함수 $f(x)$가 극값을 갖도록 하는 정수 a는 -2, -1, 0, 1이므로 구하는 합은

$-2+(-1)+0+1=-2$

유형 12 삼차함수가 주어진 구간에서 극값을 가질 조건

0268

답 0

$f(x)=x^3+ax^2+(a-2)x+3$에서

$f'(x)=3x^2+2ax+a-2=3\left(x+\frac{a}{3}\right)^2-\frac{a^2}{3}+a-2$

삼차함수 $f(x)$가 $-1<x<1$에서 극댓값과 극솟값을 모두 가지려면 이차방정식 $f'(x)=0$이 $-1<x<1$에서 서로 다른 두 실근을 가져야 하므로 $y=f'(x)$의 그래프는 오른쪽 그림과 같아야 한다.

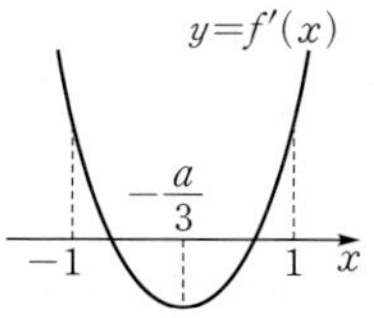

(i) 이차방정식 $3x^2+2ax+a-2=0$의 판별식을 D라 하면

$\frac{D}{4}=a^2-3(a-2)>0$에서

$a^2-3a+6=\left(a-\frac{3}{2}\right)^2+\frac{15}{4}>0$이므로 모든 실수 a에 대하여 성립한다.

(ii) $f'(-1)=3-2a+a-2>0$에서 $a<1$

(iii) $f'(1)=3+2a+a-2>0$에서 $a>-\frac{1}{3}$

(iv) $y=f'(x)$의 그래프의 축의 방정식이 $x=-\frac{a}{3}$이므로

$-1<-\frac{a}{3}<1 \qquad \therefore -3<a<3$

(i)~(iv)에서 실수 a의 값의 범위는 $-\frac{1}{3}<a<1$이므로

$\alpha=-\frac{1}{3},\ \beta=1$

$\therefore 3\alpha+\beta=-1+1=0$

0269

답 ④

$f(x)=x^3-ax^2+2ax+1$에서

$f'(x)=3x^2-2ax+2a=3\left(x-\frac{a}{3}\right)^2-\frac{a^2}{3}+2a$

삼차함수 $f(x)$가 $x>1$에서 극댓값과 극솟값을 모두 가지려면 이차방정식 $f'(x)=0$이 $x>1$에서 서로 다른 두 실근을 가져야 하므로 $y=f'(x)$의 그래프는 오른쪽 그림과 같아야 한다.

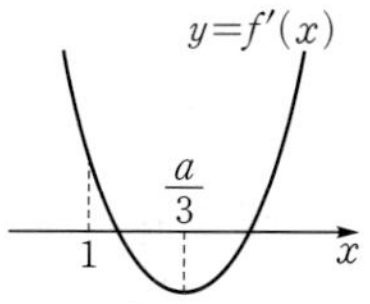

(i) 이차방정식 $3x^2-2ax+2a=0$의 판별식을 D라 하면

$\frac{D}{4}=a^2-6a>0$에서

$a(a-6)>0 \qquad \therefore a<0$ 또는 $a>6$

(ii) $f'(1)=3-2a+2a=3>0$

(iii) $y=f'(x)$의 그래프의 축의 방정식은 $x=\frac{a}{3}$이므로

$\frac{a}{3}>1 \qquad \therefore a>3$

(i)~(iii)에서 실수 a의 값의 범위는 $a>6$

0270

답 2

$f(x)=-\frac{1}{3}x^3+ax^2-(a^2-1)x+2$에서

$f'(x)=-x^2+2ax-a^2+1$

삼차함수 $f(x)$가 $-1<x<2$에서 극솟값을 갖고 $x>2$에서 극댓값을 가지려면 이차방정식 $f'(x)=0$이 $-1<x<2$에서 실근 1개, $x>2$에서 실근 1개를 가져야 하므로 $y=f'(x)$의 그래프는 오른쪽 그림과 같아야 한다.

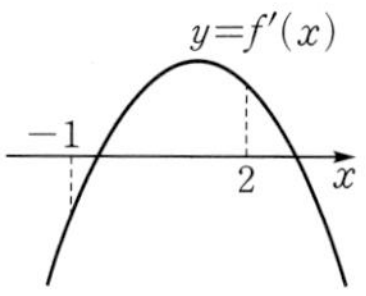

(i) $f'(-1)=-1-2a-a^2+1<0$에서

$a(a+2)>0 \qquad \therefore a<-2$ 또는 $a>0$

(ii) $f'(2)=-4+4a-a^2+1>0$에서

$a^2-4a+3<0,\ (a-1)(a-3)<0$

$\therefore 1<a<3$

(i), (ii)에서 실수 a의 값의 범위는

$1<a<3$

따라서 정수 a의 값은 2이다.

유형 13 사차함수가 극값을 가질 조건

0271

답 ⑤

$f(x)=\frac{1}{2}x^4-2x^3+ax^2+4$에서

$f'(x)=2x^3-6x^2+2ax=2x(x^2-3x+a)$

최고차항의 계수가 양수인 사차함수 $f(x)$가 극댓값을 가지려면 삼차방정식 $f'(x)=0$이 서로 다른 세 실근을 가져야 한다.

이때 방정식 $f'(x)=0$의 한 실근이 $x=0$이므로 이차방정식 $x^2-3x+a=0$이 0이 아닌 서로 다른 두 실근을 가져야 한다.

이 이차방정식의 판별식을 D라 하면

$D=9-4a>0$ $\therefore a<\frac{9}{4}$ …… ㉠

또한 $x=0$이 이차방정식 $x^2-3x+a=0$의 근이 아니어야 하므로

$a\neq 0$ …… ㉡

㉠, ㉡의 공통 범위를 구하면 $a<0$ 또는 $0<a<\frac{9}{4}$

따라서 a의 값이 될 수 없는 것은 ⑤이다.

0272

답 -2

$f(x)=-\frac{1}{4}x^4+\frac{2}{3}ax^3-(2a-1)x$에서

$f'(x)=-x^3+2ax^2-2a+1$

$=-(x-1)\{x^2+(1-2a)x-2a+1\}$

최고차항의 계수가 음수인 사차함수 $f(x)$가 극솟값을 갖지 않으려면 오직 하나의 극댓값을 가져야 하므로 삼차방정식 $f'(x)=0$이 한 실근과 두 허근을 갖거나 한 실근과 중근 또는 삼중근을 가져야 한다.

이때 방정식 $f'(x)=0$의 한 실근이 $x=1$이므로 다음과 같은 경우로 나누어 생각해 볼 수 있다.

(i) $f'(x)=0$이 한 실근과 두 허근을 갖는 경우

이차방정식 $x^2+(1-2a)x-2a+1=0$이 허근을 가져야 하므로 판별식을 D라 하면

$D=(1-2a)^2-4(-2a+1)<0$

$(2a+3)(2a-1)<0$ $\therefore -\frac{3}{2}<a<\frac{1}{2}$

(ii) $f'(x)=0$이 한 실근과 중근 또는 삼중근을 갖는 경우

이차방정식 $x^2+(1-2a)x-2a+1=0$이 $x=1$을 근으로 갖거나 1이 아닌 실수를 중근으로 가져야 한다.

ⓐ 이차방정식 $x^2+(1-2a)x-2a+1=0$이 $x=1$을 근으로 가질 때

$1+(1-2a)-2a+1=0$ $\therefore a=\frac{3}{4}$

ⓑ 이차방정식 $x^2+(1-2a)x-2a+1=0$이 1이 아닌 실수를 중근으로 가질 때, 판별식을 D라 하면

$D=(1-2a)^2-4(-2a+1)=0$

$(2a+3)(2a-1)=0$ $\therefore a=-\frac{3}{2}$ 또는 $a=\frac{1}{2}$

(i), (ii)에서 실수 a의 값의 범위는 $-\frac{3}{2}\le a\le\frac{1}{2}$ 또는 $a=\frac{3}{4}$

따라서 $M=\frac{3}{4}$, $m=-\frac{3}{2}$이므로 $\frac{m}{M}=-2$

0273

답 18

$f(x)=\frac{2}{3}x^3+2x^2-ax$에서

$f'(x)=2x^2+4x-a$

삼차함수 $f(x)$가 극값을 가지려면 이차방정식 $f'(x)=0$이 서로 다른 두 실근을 가져야 하므로 이차방정식 $2x^2+4x-a=0$의 판별식을 D라 하면

$\frac{D}{4}=4+2a>0$ $\therefore a>-2$ …… ㉠

$g(x)=-x^4+8x^3-ax^2$에서

$g'(x)=-4x^3+24x^2-2ax=-2x(2x^2-12x+a)$

최고차항의 계수가 음수인 사차함수 $g(x)$가 극솟값을 가지려면 삼차방정식 $g'(x)=0$이 서로 다른 세 실근을 가져야 한다.

이때 방정식 $g'(x)=0$의 한 실근이 $x=0$이므로 이차방정식 $2x^2-12x+a=0$이 0이 아닌 서로 다른 두 실근을 가져야 한다.

이 이차방정식의 판별식을 D라 하면

$\frac{D}{4}=36-2a>0$ $\therefore a<18$ …… ㉡

또한 $x=0$이 이차방정식 $2x^2-12x+a=0$의 근이 아니어야 하므로 $a\neq 0$ …… ㉢

㉠, ㉡, ㉢의 공통 범위를 구하면 $-2<a<0$ 또는 $0<a<18$

따라서 구하는 정수 a는 $-1, 1, 2, 3, \cdots, 17$의 18개이다.

유형 14 함수의 그래프와 다항함수의 추론

0274

답 -2

$h(x)=f(x)-2$라 하면 $h'(x)=f'(x)$

조건 ㈎에서 $f(-2)=f(1)=2$이므로

$h(-2)=h(1)=0$

조건 ㈏에서 함수 $f(x)$가 $x=-2$에서 극값을 가지므로

$f'(-2)=0$

$\therefore h'(-2)=f'(-2)=0$

따라서 $h(x)=(x+2)^2(x-1)$이므로

$f(x)=(x+2)^2(x-1)+2$

$f'(x)=2(x+2)(x-1)+(x+2)^2=3x(x+2)$

$f'(x)=0$에서 $x=-2$ 또는 $x=0$

함수 $f(x)$의 증가와 감소를 표로 나타내면 다음과 같다.

x	$\cdots$	-2	$\cdots$	0	$\cdots$
$f'(x)$	+	0	−	0	+
$f(x)$	↗	2	↘	-2	↗

따라서 함수 $f(x)$는 $x=0$에서 극솟값 -2를 갖는다.

0275

답 ③

함수 $y=f(x)$의 그래프와 x축의 교점의 x좌표를 구하면

$f(x)=0$에서 $(x-1)(x-2)(x-3)=0$

$\therefore x=1$ 또는 $x=2$ 또는 $x=3$

함수 $y=f(x)$의 그래프를 이용하여 함수 $y=|f(x)|$의 그래프를 그리면 다음 그림과 같다.

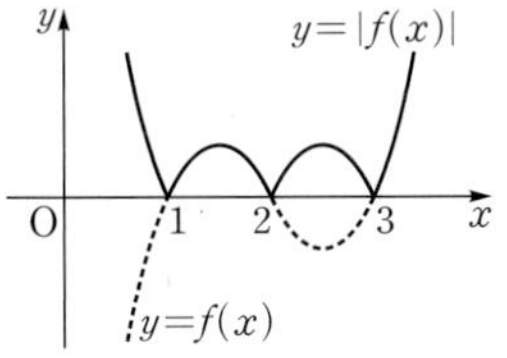

따라서 함수 $|f(x)|$가 미분가능하지 않은 x는 1, 2, 3의 3개이고 극값을 갖는 x는 5개이므로

$m+n=3+5=8$

0276

답 18

모든 실수 x에 대하여 $f'(x)\ge 0$이므로 $f(x)$는 증가함수이고 $f'(2)=0$, $f(2)=2$이므로 함수 $y=f(x)$의 그래프의 개형은 다음 그림과 같다.

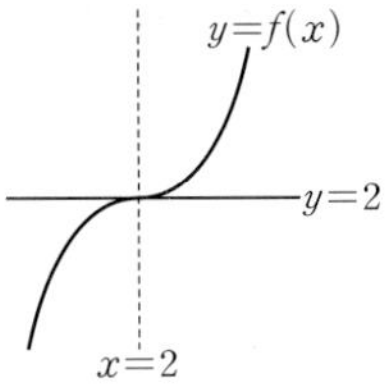

즉, $g(x)=f(x)-2$라 하면 방정식 $g(x)=0$이 $x=2$를 삼중근으로 가지므로

$g(x)=k(x-2)^3\ (k>0)$이라 하면

$f(x)=k(x-2)^3+2$

$f(3)=4$에서 $k+2=4$

$\therefore k=2$

따라서 $f(x)=2(x-2)^3+2$이므로

$f(4)=2\times 8+2=18$

0277

답 ④

$f(-1)=f'(-1)=0$, $f(3)=f'(3)=0$이므로

$f(x)=k(x+1)^2(x-3)^2\ (k<0)$

$f'(x)=2k(x+1)(x-3)^2+2k(x+1)^2(x-3)$

$\quad\quad =4k(x+1)(x-1)(x-3)$

$f'(x)=0$에서 $x=-1$ 또는 $x=1$ 또는 $x=3$

함수 $f(x)$의 증가와 감소를 표로 나타내면 다음과 같다.

x	$\cdots$	-1	$\cdots$	1	$\cdots$	3	$\cdots$
$f'(x)$	$+$	0	$-$	0	$+$	0	$-$
$f(x)$	↗	0	↘	$16k$	↗	0	↘

함수 $f(x)$는 $x=1$에서 극솟값 $16k$를 가지므로

$16k=-8 \qquad \therefore k=-\dfrac{1}{2}$

따라서 $f(x)=-\dfrac{1}{2}(x+1)^2(x-3)^2$이므로

$f(0)=-\dfrac{1}{2}\times 1^2\times(-3)^2=-\dfrac{9}{2}$

0278

답 ②

$g(x)=2x^3+3x^2-12x+a$라 하면

$g'(x)=6x^2+6x-12=6(x+2)(x-1)$

$g'(x)=0$에서 $x=-2$ 또는 $x=1$

함수 $g(x)$의 증가와 감소를 표로 나타내면 다음과 같다.

x	$\cdots$	-2	$\cdots$	1	$\cdots$
$g'(x)$	$+$	0	$-$	0	$+$
$g(x)$	↗	$a+20$	↘	$a-7$	↗

함수 $g(x)$가 $x=1$에서 극솟값 $a-7$을 가지므로 함수 $f(x)$가 $x=1$에서 극댓값 5를 가지려면 두 함수 $y=f(x)$, $y=g(x)$의 그래프는 다음 그림과 같아야 한다.

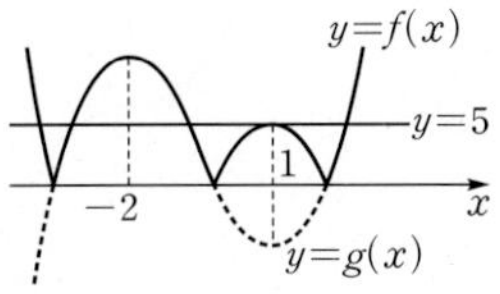

즉, $-a+7=5$에서 $a=2$

따라서 함수 $f(x)$는 $x=-2$에서 극댓값 $a+20=22$를 가지므로

$b=-2$, $c=22$

$\therefore a+b+c=2+(-2)+22=22$

0279

답 ⑤

$f(a)=f'(a)=0$, $f(b)=0$이고 함수 $f(x)$는 최고차항의 계수가 양수인 삼차함수이므로 $y=f(x)$의 그래프의 개형은 다음 그림과 같다.

(i) $a>b$일 때

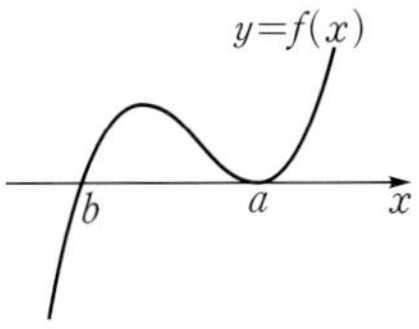

(ii) $a<b$일 때

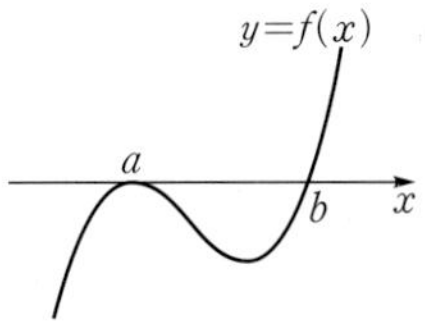

ㄱ. $a<b$이면 함수 $f(x)$는 $x=a$에서 극댓값 0을 갖는다. (참)

ㄴ. $a>b$이면 함수 $f(x)$는 $x=a$에서 극솟값 0을 갖는다. (참)

ㄷ. 함수 $|f(x)|$는 a, b의 값에 관계없이 $x=b$에서만 미분가능하지 않다. 즉, $|f(x)|$가 미분가능하지 않은 x는 1개이다. (참)

따라서 옳은 것은 ㄱ, ㄴ, ㄷ이다.

0280

답 64

$f(1)=0$이고 조건 (가)에서 함수 $f(x)$는 증가함수이므로 다음과 같이 두 가지 경우로 나누어 생각해 볼 수 있다.

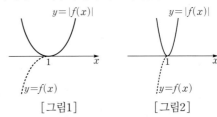

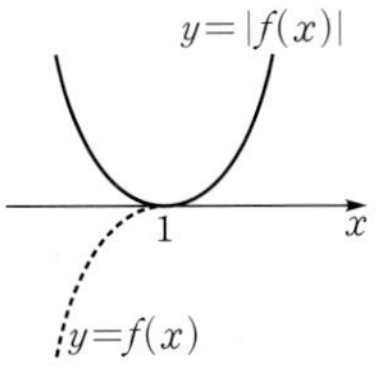

[그림1]

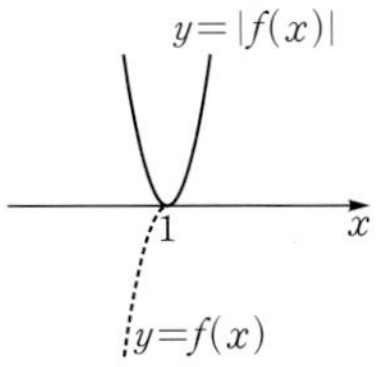

[그림2]

이때 조건 (나)에서 함수 $|f(x)|$가 $x=1$에서 미분가능하므로
함수 $y=|f(x)|$의 그래프는 [그림1]과 같아야 한다.
즉, 함수 $y=f(x)$의 그래프가 $x=1$에서 x축과 접하면서 만나고 $x=1$의 좌우에서 $f(x)$의 부호가 바뀌므로 $f(x)$는 $(x-1)^3$을 인수로 갖는다.
따라서 $f(x)=(x-1)^3$이므로 $f(5)=4^3=64$

Bible Says **증가 또는 감소하는 삼차함수의 그래프**

실수 전체의 집합에서 증가 또는 감소하는 삼차함수 $y=f(x)$의 그래프의 개형은 다음과 같다.

(i) $f'(x)=0$이 중근 a를 갖는 경우

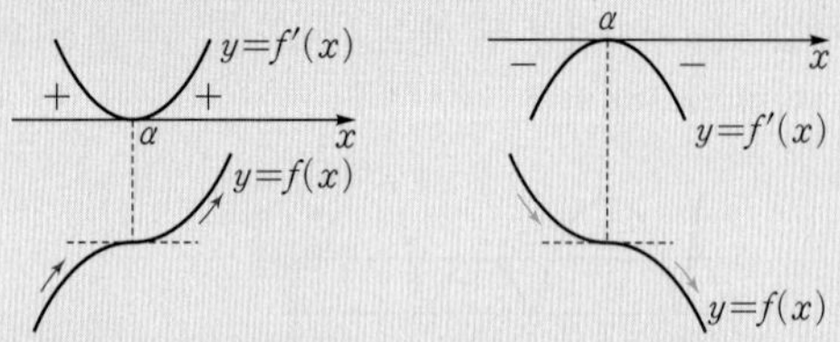

이때 $f(a)=0$인 경우
① $y=f(x)$의 그래프는 x축과 $x=a$에서 접하면서 만난다.
② 방정식 $f(x)=0$은 $x=a$를 삼중근으로 갖는다.
③ $f(x)=k(x-a)^3\ (k\neq0)$과 같이 나타낼 수 있다.

(ii) $f'(x)=0$이 실근을 갖지 않는 경우

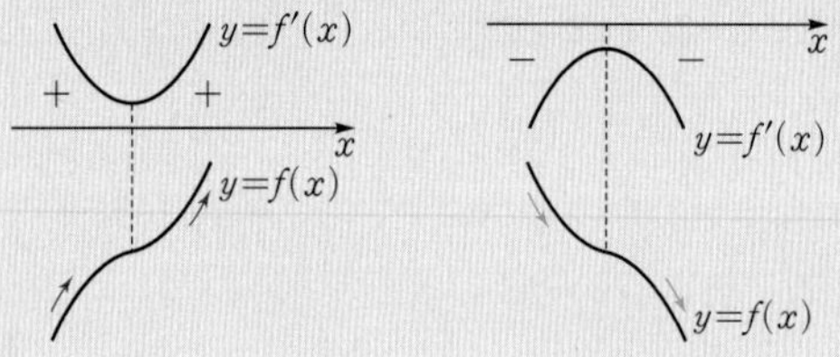

0281

답 31

$g(x)=x^3-6x^2+a$라 하면
$g'(x)=3x^2-12x=3x(x-4)$
$g'(x)=0$에서 $x=0$ 또는 $x=4$
함수 $g(x)$의 증가와 감소를 표로 나타내면 다음과 같다.

x	$\cdots$	0	$\cdots$	4	$\cdots$
$g'(x)$	+	0	−	0	+
$g(x)$	↗	a	↘	$a-32$	↗

따라서 함수 $g(x)$는 $x=0$에서 극댓값 a, $x=4$에서 극솟값 $a-32$를 갖는다.
이때 함수 $|g(x)|$, 즉 $f(x)$가 미분가능하지 않은 x가 3개가 되려면 다음 그림과 같이 $y=f(x)$의 그래프가 x축과 세 점에서 만나고 이 점들에서 그래프가 꺾인 모양이어야 한다.

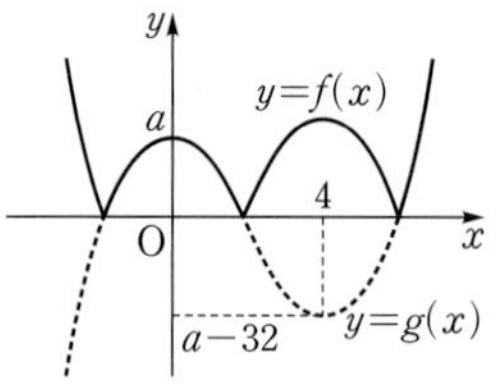

즉, 함수 $g(x)$의 극댓값 $a>0$, 극솟값 $a-32<0$이어야 한다.
이를 만족시키는 a의 값의 범위는 $0<a<32$
따라서 정수 a는 $1, 2, 3, \cdots, 31$의 31개이다.

유형 15 함수의 최대, 최소

0282

답 ③

$f(x)=2x^3-6x+a$에서
$f'(x)=6x^2-6=6(x+1)(x-1)$
$f'(x)=0$에서 $x=-1$ 또는 $x=1$
구간 $[-2, 2]$에서 함수 $f(x)$의 증가와 감소를 표로 나타내면 다음과 같다.

x	-2	$\cdots$	-1	$\cdots$	1	$\cdots$	2
$f'(x)$		+	0	−	0	+	
$f(x)$	$a-4$	↗	$a+4$	↘	$a-4$	↗	$a+4$

따라서 구간 $[-2, 2]$에서 함수 $f(x)$는 $x=-1$, $x=2$에서 최댓값 $a+4$, $x=-2$, $x=1$에서 최솟값 $a-4$를 갖는다.
이때 함수 $f(x)$의 최댓값과 최솟값의 곱이 9이므로
$(a+4)(a-4)=9$, $a^2-16=9$
$a^2=25 \qquad \therefore a=5\ (\because a>0)$

0283

답 7

$f(x)=2x^3+ax^2-12x+b$에서
$f'(x)=6x^2+2ax-12$
$f'(-1)=0$에서 $6-2a-12=0$
$\therefore a=-3$
$f'(x)=6x^2-6x-12=6(x+1)(x-2)$
$f'(x)=0$에서 $x=2\ (\because 0\le x\le 3)$
구간 $[0, 3]$에서 함수 $f(x)$의 증가와 감소를 표로 나타내면 다음과 같다.

x	0	$\cdots$	2	$\cdots$	3
$f'(x)$		−	0	+	
$f(x)$	b	↘	$b-20$	↗	$b-9$

따라서 구간 $[0, 3]$에서 함수 $f(x)$는 $x=2$일 때 최솟값 $b-20$을 가지므로
$b-20=-10 \qquad \therefore b=10$
$\therefore a+b=-3+10=7$

0284

답 ④

$f(x)=x^4-4x^3-2x^2+12x+k$에서
$f'(x)=4x^3-12x^2-4x+12=4(x+1)(x-1)(x-3)$
$f'(x)=0$에서 $x=-1$ 또는 $x=1$ 또는 $x=3$
$x\ge-1$에서 함수 $f(x)$의 증가와 감소를 표로 나타내면 다음과 같다.

x	-1	$\cdots$	1	$\cdots$	3	$\cdots$
$f'(x)$		+	0	−	0	+
$f(x)$	$k-9$	↗	$k+7$	↘	$k-9$	↗

따라서 $x \geq -1$에서 함수 $f(x)$는 $x=-1$, $x=3$일 때 최솟값 $k-9$를 가지므로

$k-9=7 \quad \therefore k=16$

0285

답 ③

$f(x)=x^4-8x^2+6$에서

$f'(x)=4x^3-16x=4x(x+2)(x-2)$

$f'(x)=0$에서 $x=-2$ 또는 $x=0$ 또는 $x=2$

구간 $[-2, 3]$에서 함수 $f(x)$의 증가와 감소를 표로 나타내면 다음과 같다.

x	-2	$\cdots$	0	$\cdots$	2	$\cdots$	3
$f'(x)$		$+$	0	$-$	0	$+$	
$f(x)$	-10	↗	6	↘	-10	↗	15

따라서 구간 $[-2, 3]$에서 함수 $f(x)$는 $x=-2$, $x=2$에서 최솟값 -10, $x=3$에서 최댓값 15를 가지므로

$M+m=15+(-10)=5$

0286

답 -19

$f(x)=-x^2+2x+2=-(x-1)^2+3$이므로

$f(x)=t$라 하면 $t \leq 3$이고

$g(f(x))=g(t)=-t^3+3t-1$

$g'(t)=-3t^2+3=-3(t+1)(t-1)$

$g'(t)=0$에서 $t=-1$ 또는 $t=1$

$t \leq 3$에서 함수 $g(t)$의 증가와 감소를 표로 나타내면 다음과 같다.

t	$\cdots$	-1	$\cdots$	1	$\cdots$	3
$g'(t)$	$-$	0	$+$	0	$-$	
$g(t)$	↘	-3	↗	1	↘	-19

따라서 $t \leq 3$에서 함수 $g(t)$는 $t=3$일 때 최솟값 -19를 갖는다.

0287

답 16

$x+y=4$에서 $y=4-x$

$y \geq 0$이므로 $4-x \geq 0$에서 $x \leq 4$

$\therefore 0 \leq x \leq 4$

$f(x)=x^2y^2=x^2(4-x)^2=x^4-8x^3+16x^2$이라 하면

$f'(x)=4x^3-24x^2+32x=4x(x-2)(x-4)$

$f'(x)=0$에서 $x=0$ 또는 $x=2$ 또는 $x=4$

$0 \leq x \leq 4$에서 함수 $f(x)$의 증가와 감소를 표로 나타내면 다음과 같다.

x	0	$\cdots$	2	$\cdots$	4
$f'(x)$		$+$	0	$-$	
$f(x)$	0	↗	16	↘	0

따라서 $0 \leq x \leq 4$에서 함수 $f(x)$는 $x=2$일 때 최댓값 16을 갖는다.

유형 16 함수의 최대, 최소의 활용

0288

답 ②

점 $Q(a, b)$는 곡선 $y=x^2$ 위의 점이므로 $b=a^2$

$\overline{PQ}=\sqrt{(a-6)^2+(a^2-3)^2}=\sqrt{a^4-5a^2-12a+45}$

$f(a)=a^4-5a^2-12a+45$라 하면

$f'(a)=4a^3-10a-12=2(a-2)(2a^2+4a+3)$

$f'(a)=0$에서 $a=2$ ($\because 2a^2+4a+3>0$)

함수 $f(a)$의 증가와 감소를 표로 나타내면 다음과 같다.

a	$\cdots$	2	$\cdots$
$f'(a)$	$-$	0	$+$
$f(a)$	↘	극소	↗

따라서 함수 $f(a)$는 $a=2$일 때 극소이면서 최소이고

$b=a^2=4$이므로 $2a+b=4+4=8$

0289

답 32

곡선 $y=-x^2+9$와 x축의 교점의 x좌표는

$-x^2+9=0$에서 $-(x+3)(x-3)=0$

$\therefore x=-3$ 또는 $x=3$

$\therefore A(-3, 0), B(3, 0)$

점 C의 좌표를 $(t, -t^2+9)$ $(0<t<3)$라 하면

점 D의 좌표는 $(-t, -t^2+9)$이므로

$\overline{AB}=6$, $\overline{CD}=2t$

사다리꼴 ABCD의 넓이를 $S(t)$라 하면

$S(t)=\frac{1}{2}(2t+6)(-t^2+9)=-t^3-3t^2+9t+27$

$S'(t)=-3t^2-6t+9=-3(t+3)(t-1)$

$S'(t)=0$에서 $t=1$ ($\because 0<t<3$)

$0<t<3$에서 $S(t)$의 증가와 감소를 표로 나타내면 다음과 같다.

t	0	$\cdots$	1	$\cdots$	3
$S'(t)$		$+$	0	$-$	
$S(t)$		↗	32	↘	

따라서 $S(t)$는 $t=1$일 때 극대이면서 최대이므로 사다리꼴 ABCD의 넓이의 최댓값은 32이다.

0290

답 8

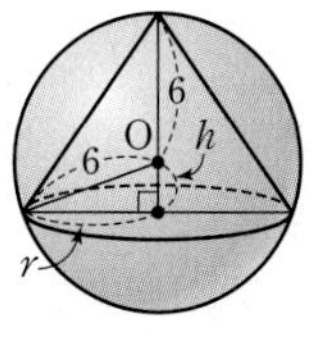

오른쪽 그림과 같이 구에 내접하는 원뿔의 밑면의 반지름의 길이를 r, 구의 중심에서 밑면까지의 거리를 h $(0<h<6)$라 하면

$r^2=36-h^2$

원뿔의 부피를 $V(h)$라 하면

$V(h)=\frac{1}{3}\pi r^2(6+h)$

$=\frac{1}{3}\pi(36-h^2)(6+h)$

$V'(h)=\frac{1}{3}\pi\{-2h(6+h)+(36-h^2)\}$

$=\frac{1}{3}\pi(-3h^2-12h+36)$

$=-\pi(h+6)(h-2)$

$V'(h)=0$에서 $h=2$ ($\because 0<h<6$)

$0<h<6$에서 함수 $V(h)$의 증가와 감소를 표로 나타내면 다음과 같다.

h	0	$\cdots$	2	$\cdots$	6
$V'(h)$		+	0	−	
$V(h)$		↗	극대	↘	

따라서 $V(h)$는 $h=2$일 때 극대이면서 최대이므로 부피가 최대인 원뿔의 높이는 $6+2=8$이다.

PART B' 기출&기출변형 문제

0291
답 ⑤

$g(x)=f(x)-kx$에서

$g'(x)=f'(x)-k$

함수 $g(x)$는 $x=-3$에서 극값을 가지므로

$g'(-3)=0$에서 $f'(-3)-k=0$

$8-k=0$ $\therefore k=8$

0292
답 ③

$f(x)=x^4-4x^3+a$에서

$f'(x)=4x^3-12x^2=4x^2(x-3)$

$f'(x)=0$에서 $x=0$ 또는 $x=3$

구간 $[0, 4]$에서 함수 $f(x)$의 증가와 감소를 표로 나타내면 다음과 같다.

x	0	$\cdots$	3	$\cdots$	4
$f'(x)$		−	0	+	
$f(x)$	a	↘	$a-27$	↗	a

따라서 구간 $[0, 4]$에서 함수 $f(x)$는 $x=0$, $x=4$에서 최댓값 a, $x=3$에서 최솟값 $a-27$을 갖는다.

이때 $M+m=3$이므로 $a+a-27=3$

$\therefore a=15$

짝기출

닫힌구간 $[1, 4]$에서 함수 $f(x)=x^3-3x^2+a$의 최댓값을 M, 최솟값을 m이라 하자. $M+m=20$일 때, 상수 a의 값은?

① 1 ② 2 ③ 3 ④ 4 ⑤ 5

답 ④

0293
답 ②

조건 (가)에서 $\lim_{x\to\infty}\frac{f(x)}{x^3}=2$이므로 함수 $f(x)$는 최고차항의 계수가 2인 삼차함수이다. 즉, $f'(x)$는 최고차항의 계수가 6인 이차함수이다.

조건 (나)에서 함수 $f(x)$가 $x=1$, $x=3$에서 극값을 가지므로

$f'(1)=0$, $f'(3)=0$

따라서 $f'(x)$는 $x-1$, $x-3$을 인수로 가지므로

$f'(x)=6(x-1)(x-3)$

$\therefore \lim_{x\to2}\frac{f(x)-f(2)}{x^2-4}=\lim_{x\to2}\left\{\frac{f(x)-f(2)}{x-2}\times\frac{1}{x+2}\right\}$

$=f'(2)\times\frac{1}{4}=(-6)\times\frac{1}{4}=-\frac{3}{2}$

짝기출

다항함수 $f(x)$는 다음 조건을 만족시킨다.

> (가) $\lim_{x\to\infty}\frac{f(x)}{x^3}=1$
> (나) $x=-1$과 $x=2$에서 극값을 갖는다.

$\lim_{h\to0}\frac{f(3+h)-f(3-h)}{h}$의 값은?

① 8 ② 12 ③ 16 ④ 20 ⑤ 24

답 ⑤

0294
답 ③

방정식 $f'(x)=0$의 두 실근이 α, β이므로

$f'(\alpha)=0$, $f'(\beta)=0$

즉, 함수 $f(x)$는 $x=\alpha$, $x=\beta$에서 극값을 갖는다.

조건 (나)에서 $\sqrt{(\beta-\alpha)^2+\{f(\beta)-f(\alpha)\}^2}=26$이므로

$(\beta-\alpha)^2+\{f(\beta)-f(\alpha)\}^2=26^2$

$10^2+\{f(\beta)-f(\alpha)\}^2=26^2$ ($\because$ 조건 (가))

$\{f(\beta)-f(\alpha)\}^2=576=24^2$

$\therefore |f(\beta)-f(\alpha)|=24$

따라서 함수 $f(x)$의 극댓값과 극솟값의 차는 24이다.

0295
답 ⑤

$h(x)=f(x)-g(x)$에서

$h'(x)=f'(x)-g'(x)$

주어진 $y=f'(x)$, $y=g'(x)$의 그래프를 이용하여 함수 $h(x)$의 증가와 감소를 표로 나타내면 다음과 같다.

x	$\cdots$	−2	$\cdots$	1	$\cdots$
$h'(x)$	−	0	+	0	−
$h(x)$	↘	극소	↗	극대	↘

따라서 함수 $h(x)$는 $x=1$에서 극대이므로 $a=1$

짝기출

그림과 같이 일차함수 $y=f(x)$의 그래프와 최고차항의 계수가 1인 사차함수 $y=g(x)$의 그래프는 x좌표가 -2, 1인 두 점에서 접한다. 함수 $h(x)=g(x)-f(x)$라 할 때, 함수 $h(x)$의 극댓값은?

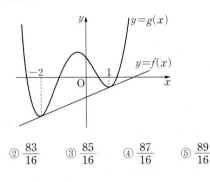

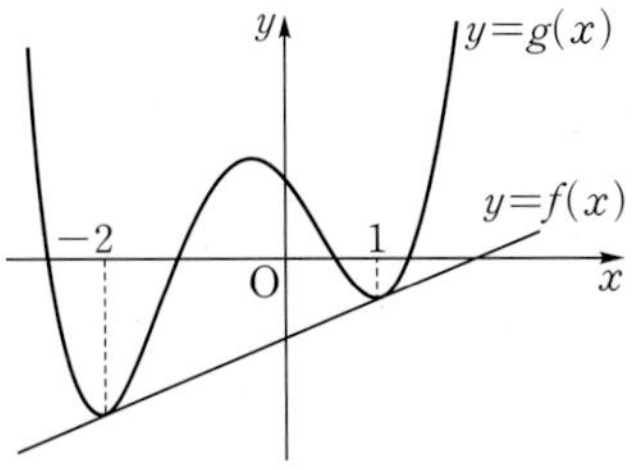

① $\frac{81}{16}$ ② $\frac{83}{16}$ ③ $\frac{85}{16}$ ④ $\frac{87}{16}$ ⑤ $\frac{89}{16}$

답 ①

0296

답 13

$f(x)=x^3-(a+2)x^2+ax$에서

$f'(x)=3x^2-2(a+2)x+a$이므로

곡선 $y=f(x)$ 위의 점 $(t,\ f(t))$에서의 접선의 방정식은

$y-\{t^3-(a+2)t^2+at\}=\{3t^2-2(a+2)t+a\}(x-t)$

$\therefore\ y=\{3t^2-2(a+2)t+a\}x-2t^3+(a+2)t^2$

이 접선의 y절편이 $g(t)$이므로

$g(t)=-2t^3+(a+2)t^2$

$\therefore\ g'(t)=-6t^2+2(a+2)t$

함수 $g(t)$가 열린구간 $(0,\ 5)$에서 증가하므로 열린구간 $(0,\ 5)$에서 $g'(t)\geq 0$이어야 한다.

즉, $-6t^2+2(a+2)t\geq 0$에서

$3t^2-(a+2)t\leq 0,\ t\{3t-(a+2)\}\leq 0$

$\therefore\ 0\leq t\leq \frac{a+2}{3}$

열린구간 $(0,\ 5)$에서 $g'(t)\geq 0$이려면

$\frac{a+2}{3}\geq 5\qquad \therefore\ a\geq 13$

따라서 a의 최솟값은 13이다.

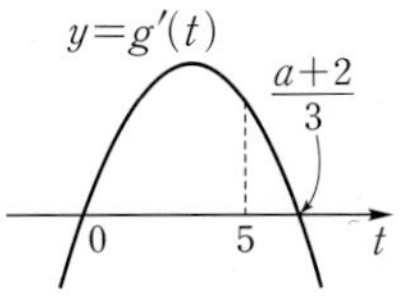

0297

답 ④

$f(x)=x^3+3x^2-9|x-a|+2$에서

$$f(x)=\begin{cases}x^3+3x^2+9x-9a+2 & (x<a)\\ x^3+3x^2-9x+9a+2 & (x\geq a)\end{cases}$$

$$f'(x)=\begin{cases}3x^2+6x+9 & (x<a)\\ 3x^2+6x-9 & (x>a)\end{cases}$$

함수 $f(x)$가 실수 전체의 집합에서 증가하려면 $x\neq a$인 모든 실수 x에 대하여 $f'(x)\geq 0$이어야 한다.

(ⅰ) $x<a$일 때

$f'(x)=3x^2+6x+9=3(x+1)^2+6>0$이므로

$x<a$일 때 함수 $f(x)$는 증가한다.

(ⅱ) $x>a$일 때

$f'(x)=3x^2+6x-9=3(x+3)(x-1)$

$f'(x)\geq 0$이려면 $3(x+3)(x-1)\geq 0$에서

$x\leq -3$ 또는 $x\geq 1$

따라서 $x>a$에서 항상 $f'(x)\geq 0$이려면 $a\geq 1$이어야 한다.

(ⅰ), (ⅱ)에서 $a\geq 1$이므로 실수 a의 최솟값은 1이다.

짝기출

함수 $f(x)=x^3+6x^2+15|x-2a|+3$이 실수 전체의 집합에서 증가하도록 하는 실수 a의 최댓값은?

① $-\frac{5}{2}$ ② -2 ③ $-\frac{3}{2}$ ④ -1 ⑤ $-\frac{1}{2}$

답 ①

0298

답 ③

$g(x)=\frac{f'(x)}{x}$에서 $f'(x)=xg(x)$이고, 함수 $y=g(x)$의 그래프에서 $g(x)=0$을 만족시키는 x의 값은

$x=b,\ x=c,\ x=d\ (b<0<c<d)$

주어진 $y=g(x)$의 그래프를 이용하여 함수 $f(x)$의 증가와 감소를 표로 나타내면 다음과 같다.

x	$\cdots$	b	$\cdots$	(0)	$\cdots$	c	$\cdots$	d	$\cdots$
$g(x)$	$+$	0	$-$		$+$	0	$-$	0	$+$
$f'(x)$	$-$	0	$+$		$+$	0	$-$	0	$+$
$f(x)$	↘	극소	↗		↗	극대	↘	극소	↗

ㄱ. 열린구간 $(b,\ 0)$에서 $f'(x)>0$이므로 $f(x)$는 증가한다. (참)

ㄴ. 함수 $f(x)$는 $x=b$의 좌우에서 감소하다가 증가하므로 $x=b$에서 극솟값을 갖는다. (참)

ㄷ. 함수 $f(x)$는 닫힌구간 $[a,\ e]$에서 $x=b,\ c,\ d$일 때 극값을 가지므로 3개의 극값을 갖는다. (거짓)

따라서 옳은 것은 ㄱ, ㄴ이다.

0299

답 32

$f(x)=x^3+ax^2+bx+c$ ($a,\ b,\ c$는 상수)라 하면

$f'(x)=3x^2+2ax+b$

조건 ㈏에서 함수 $f(x)$는 $x=3$에서 극솟값을 가지므로

$f'(3)=0$에서 $27+6a+b=0$

$\therefore\ 6a+b=-27$ …… ㉠

조건 ㈎에서 모든 실수 x에 대하여 $f'(2-x)=f'(x)$이므로

이 식의 양변에 $x=-1$을 대입하면 $f'(-1)=f'(3)=0$

즉, 함수 $f(x)$는 $x=-1$에서 극댓값을 가지므로

$f'(-1)=0$에서 $3-2a+b=0$

$\therefore\ 2a-b=3$ …… ㉡

㉠, ㉡을 연립하여 풀면 $a=-3,\ b=-9$

따라서 $f(x)=x^3-3x^2-9x+c$이므로 함수 $f(x)$의 극댓값과 극솟값의 차는

$f(-1)-f(3)=(5+c)-(-27+c)=32$

짝기출

최고차항의 계수가 1인 삼차함수 $f(x)$가 다음 조건을 만족시킬 때, $f(x)$의 극댓값을 구하시오.

> (가) 모든 실수 x에 대하여 $f'(x)=f'(-x)$이다.
> (나) 함수 $f(x)$는 $x=1$에서 극솟값 0을 갖는다.

답 4

0300

답 ③

$f(x)=-x^3+3ax^2+4$에서

$f'(x)=-3x^2+6ax=-3x(x-2a)$

$f'(x)=0$에서 $x=0$ 또는 $x=2a$

구간 $[0, 2]$에서 함수 $f(x)$의 증가와 감소를 표로 나타내면 다음과 같다.

(i) $2a\geq 2$, 즉 $a\geq 1$일 때

x	0	$\cdots$	2
$f'(x)$		+	
$f(x)$	4	↗	$12a-4$

구간 $[0, 2]$에서 함수 $f(x)$는 $x=0$일 때 최솟값 4를 가지므로 조건을 만족시키지 않는다.

(ii) $0<2a<2$, 즉 $0<a<1$일 때

x	0	$\cdots$	$2a$	$\cdots$	2
$f'(x)$		+	0	−	
$f(x)$	4	↗	$4a^3+4$	↘	$12a-4$

$f(0)=4$이므로 조건을 만족시키려면 구간 $[0, 2]$에서 함수 $f(x)$는 $x=2$일 때 최솟값 2를 가져야 한다.

즉, $12a-4=2$이므로 $a=\frac{1}{2}$

(i), (ii)에서 $f(x)=-x^3+\frac{3}{2}x^2+4$이므로 구간 $[0, 2]$에서 함수 $f(x)$의 최댓값은

$f(2a)=f(1)=-1+\frac{3}{2}+4=\frac{9}{2}$

짝기출

양수 a에 대하여 함수 $f(x)=x^3+ax^2-a^2x+2$가 닫힌구간 $[-a, a]$에서 최댓값 M, 최솟값 $\frac{14}{27}$를 갖는다. $a+M$의 값을 구하시오.

답 12

0301

답 6

함수 $g(x)$가 실수 전체의 집합에서 미분가능하므로 함수 $g(x)$는 $x=3$에서 연속이다.

$\lim_{x\to 3-} g(x)=b-f(3)$, $\lim_{x\to 3+} g(x)=f(3)$이므로

$\lim_{x\to 3-} g(x)=\lim_{x\to 3+} g(x)=g(3)$에서

$b-f(3)=f(3)$

$\therefore b=2f(3)=2\times(27-54+3a+10)=6a-34$ …… ㉠

또한, 함수 $g(x)$가 실수 전체의 집합에서 미분가능하므로 $x=3$에서 미분가능하다.

이때 $b-f(x)$와 $f(x)$는 모두 다항함수이므로

$$g'(x)=\begin{cases} -f'(x) & (x<3) \\ f'(x) & (x>3) \end{cases}$$

$\lim_{x\to 3-} g'(x)=-f'(3)$, $\lim_{x\to 3+} g'(x)=f'(3)$이므로

$\lim_{x\to 3-} g'(x)=\lim_{x\to 3+} g'(x)$에서

$-f'(3)=f'(3)$　　$\therefore f'(3)=0$

즉, $f'(x)=3x^2-12x+a$이므로

$f'(3)=27-36+a=0$　　$\therefore a=9$

$a=9$를 ㉠에 대입하면 $b=20$

$$\therefore g(x)=\begin{cases} -x^3+6x^2-9x+10 & (x<3) \\ x^3-6x^2+9x+10 & (x\geq 3) \end{cases}$$

$$g'(x)=\begin{cases} -3x^2+12x-9 & (x<3) \\ 3x^2-12x+9 & (x\geq 3) \end{cases}$$

이므로 구간에 따라 나누어 각각 증가, 감소를 조사해 보자.

(i) $x<3$일 때

$g'(x)=-3x^2+12x-9=-3(x-1)(x-3)$

$g'(x)=0$에서 $x=1$ ($\because x<3$)

(ii) $x\geq 3$일 때

$g'(x)=3x^2-12x+9=3(x-1)(x-3)$

$g'(x)=0$에서 $x=3$ ($\because x\geq 3$)

(i), (ii)에서 함수 $g(x)$의 증가와 감소를 표로 나타내면 다음과 같다.

x	$\cdots$	1	$\cdots$	3	$\cdots$
$g'(x)$	−	0	+	0	+
$g(x)$	↘	극소	↗		↗

따라서 함수 $g(x)$는 $x=1$에서 극소이므로 극솟값은

$g(1)=-1+6-9+10=6$

Bible Says　구간으로 나누어 정의된 함수의 미분가능성

미분가능한 함수 $f(x)$, $g(x)$에 대하여

$h(x)=\begin{cases} f(x) & (x<a) \\ g(x) & (x\geq a) \end{cases}$가 $x=a$에서 미분가능하면

(1) 함수 $h(x)$는 $x=a$에서 연속이다.

➡ $\lim_{x\to a-} f(x)=g(a)$

(2) 함수 $h(x)$는 $x=a$에서 미분계수가 존재한다.

➡ $f'(a)=g'(a)$

[방법1] 미분법을 이용

$h'(x)=\begin{cases} f'(x) & (x<a) \\ g'(x) & (x>a) \end{cases}$에서 $f'(a)=g'(a)$

임을 보인다.

[방법2] 미분계수의 정의를 이용

$\lim_{x\to a-} \frac{f(x)-f(a)}{x-a}=\lim_{x\to a+} \frac{g(x)-g(a)}{x-a}$

임을 보인다.

0302

답 ①

$a<3$이고, 함수 $g(x)$는 $x\neq3$인 모든 실수 x에서 미분가능하므로 함수 $g(x)$는 $x=a$에서 미분가능하다.
즉, $x=a$에서의 좌미분계수와 우미분계수가 같아야 한다.

$$\begin{aligned}\lim_{x\to a-}\frac{g(x)-g(a)}{x-a}&=\lim_{x\to a-}\frac{g(x)}{x-a}\\&=\lim_{x\to a-}\frac{|(x-a)f(x)|}{x-a}\\&=\lim_{x\to a-}\frac{-(x-a)|f(x)|}{x-a}\\&=\lim_{x\to a-}\{-|f(x)|\}=-|f(a)|,\end{aligned}$$

$$\begin{aligned}\lim_{x\to a+}\frac{g(x)-g(a)}{x-a}&=\lim_{x\to a+}\frac{g(x)}{x-a}\\&=\lim_{x\to a+}\frac{|(x-a)f(x)|}{x-a}\\&=\lim_{x\to a+}\frac{(x-a)|f(x)|}{x-a}\\&=\lim_{x\to a+}|f(x)|=|f(a)|\end{aligned}$$

이므로 $\lim_{x\to a-}\frac{g(x)-g(a)}{x-a}=\lim_{x\to a+}\frac{g(x)-g(a)}{x-a}$에서
$-|f(a)|=|f(a)|$, $|f(a)|=0$
$\therefore f(a)=0$
따라서 함수 $f(x)$는 $x-a$를 인수로 갖고, 최고차항의 계수가 1인 이차함수이므로 $f(x)=(x-a)(x-k)$ (k는 상수)라 하면
$g(x)=|(x-a)f(x)|=|(x-a)^2(x-k)|$
함수 $y=g(x)$의 그래프의 개형은 다음과 같이 세 가지가 가능하다.

(i) $a<k$일 때

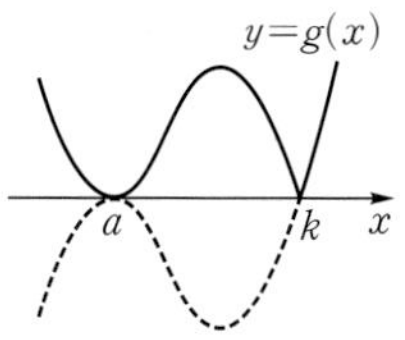

(ii) $a=k$일 때

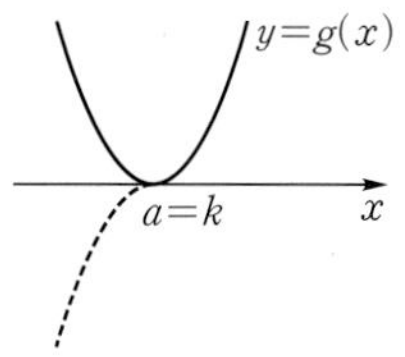

(iii) $a>k$일 때

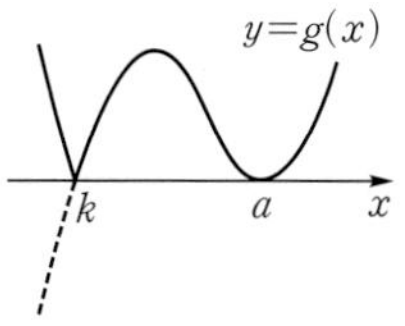

그런데 주어진 조건에서 함수 $g(x)$는 $x=3$에서만 미분가능하지 않고 $a<3$이므로 함수 $y=g(x)$의 그래프의 개형은 (i)과 같고 $k=3$이다.
$\therefore g(x)=|(x-a)^2(x-3)|$
$h(x)=(x-a)^2(x-3)$이라 하면 주어진 조건에서 함수 $g(x)$의 극댓값이 32이므로 함수 $h(x)$의 극솟값은 -32이다.

$$\begin{aligned}h'(x)&=2(x-a)(x-3)+(x-a)^2\\&=(x-a)\{2(x-3)+(x-a)\}\\&=(x-a)(3x-6-a)\end{aligned}$$

이므로 $h'(x)=0$에서 $x=a$ 또는 $x=\frac{6+a}{3}$
즉, 함수 $h(x)$는 $x=\frac{6+a}{3}$에서 극솟값 -32를 갖는다.

$$\begin{aligned}h\left(\frac{6+a}{3}\right)&=\left(\frac{6+a}{3}-a\right)^2\left(\frac{6+a}{3}-3\right)\\&=\left(2-\frac{2}{3}a\right)^2\left(\frac{a}{3}-1\right)=-4\left(1-\frac{a}{3}\right)^3\\&=-32\end{aligned}$$

$\left(1-\frac{a}{3}\right)^3=8$, $1-\frac{a}{3}=2$
$\frac{a}{3}=-1$ $\quad\therefore a=-3$
따라서 $f(x)=(x+3)(x-3)$이므로
$f(4)=7$

Bible Says 함수 $y=|f(x)|$의 그래프

함수 $y=|f(x)|$의 그래프는 $y=f(x)$의 그래프에서 $y<0$인 부분을 x축에 대하여 대칭이동하여 그린다.

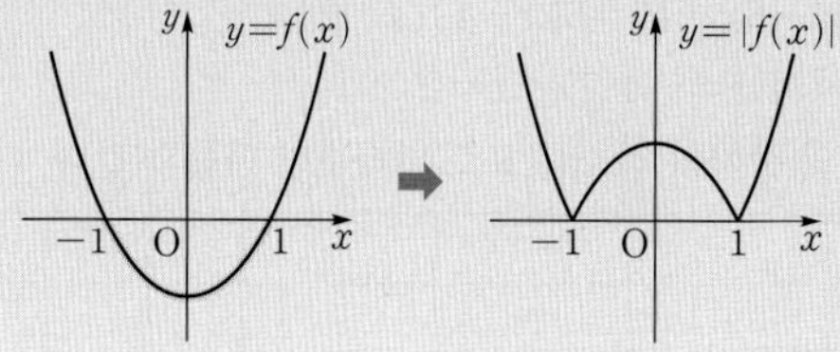

PART A′ 06 도함수의 활용(3)

유형 01 방정식 $f(x)=k$의 실근의 개수

0303

답 ②

$2x^3-3x^2-12x-k=0$에서 $2x^3-3x^2-12x=k$

위의 방정식이 서로 다른 두 실근을 가지려면 곡선 $y=2x^3-3x^2-12x$와 직선 $y=k$가 서로 다른 두 점에서 만나야 한다.

$f(x)=2x^3-3x^2-12x$라 하면

$f'(x)=6x^2-6x-12=6(x+1)(x-2)$

$f'(x)=0$에서 $x=-1$ 또는 $x=2$

함수 $f(x)$의 증가와 감소를 표로 나타내면 다음과 같다.

x	$\cdots$	-1	$\cdots$	2	$\cdots$
$f'(x)$	$+$	0	$-$	0	$+$
$f(x)$	↗	7	↘	-20	↗

함수 $y=f(x)$의 그래프는 오른쪽 그림과 같으므로 곡선 $y=f(x)$와 직선 $y=k$가 서로 다른 두 점에서 만나려면

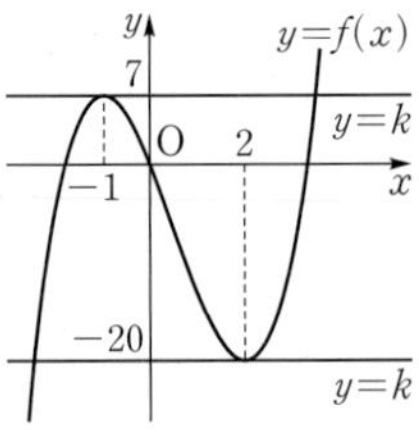

$k=-20$ 또는 $k=7$

따라서 모든 실수 k의 값의 합은

$-20+7=-13$

0304

답 ②

$x^4-4x^3+4x^2+a=0$에서 $x^4-4x^3+4x^2=-a$

위의 방정식이 서로 다른 세 실근을 가지려면 곡선 $y=x^4-4x^3+4x^2$과 직선 $y=-a$가 서로 다른 세 점에서 만나야 한다.

$f(x)=x^4-4x^3+4x^2$이라 하면

$f'(x)=4x^3-12x^2+8x=4x(x-1)(x-2)$

$f'(x)=0$에서 $x=0$ 또는 $x=1$ 또는 $x=2$

함수 $f(x)$의 증가와 감소를 표로 나타내면 다음과 같다.

x	$\cdots$	0	$\cdots$	1	$\cdots$	2	$\cdots$
$f'(x)$	$-$	0	$+$	0	$-$	0	$+$
$f(x)$	↘	0	↗	1	↘	0	↗

따라서 함수 $y=f(x)$의 그래프는 오른쪽 그림과 같으므로 곡선 $y=f(x)$와 직선 $y=-a$가 서로 다른 세 점에서 만나려면

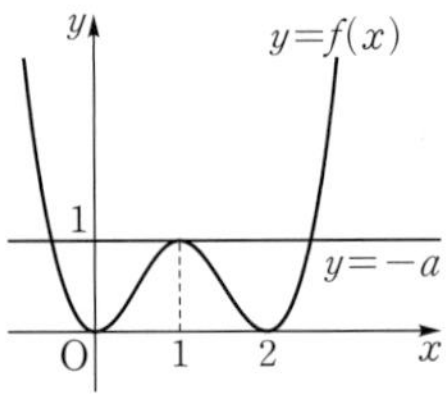

$-a=1$ $\quad\therefore a=-1$

0305

답 4

방정식 $|f(x)|=f(4)$의 서로 다른 실근의 개수는 함수 $y=|f(x)|$의 그래프와 직선 $y=f(4)$의 교점의 개수와 같다.

$f(0)+f(4)=0$에서 $f(0)=-f(4)$

$f'(x)=0$에서 $x=0$ 또는 $x=4$

주어진 함수 $y=f'(x)$의 그래프를 이용하여 함수 $f(x)$의 증가와 감소를 표로 나타내면 다음과 같다.

x	$\cdots$	0	$\cdots$	4	$\cdots$
$f'(x)$	$-$	0	$+$	0	$-$
$f(x)$	↘	$-f(4)$	↗	$f(4)$	↘

따라서 함수 $y=|f(x)|$의 그래프는 오른쪽 그림과 같이 직선 $y=f(4)$와 서로 다른 네 점에서 만나므로 주어진 방정식의 서로 다른 실근의 개수는 4이다.

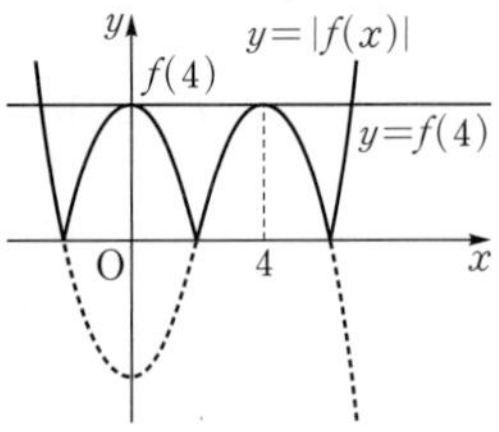

Bible Says 함수 $y=|f(x)|$의 그래프

함수 $y=|f(x)|$의 그래프는 $y=f(x)$의 그래프에서 $y<0$인 부분을 x축에 대하여 대칭이동하여 그린다.

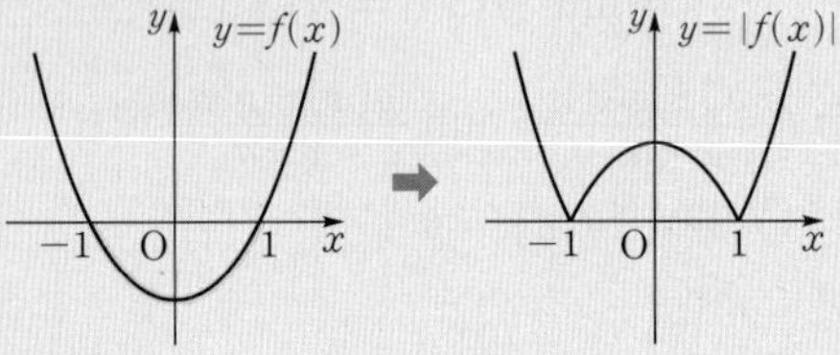

0306

답 5

방정식 $|x^3+3x^2-9x|=5$의 서로 다른 실근의 개수는 함수 $y=|x^3+3x^2-9x|$의 그래프와 직선 $y=5$의 교점의 개수와 같다.

$f(x)=x^3+3x^2-9x$라 하면

$f'(x)=3x^2+6x-9=3(x+3)(x-1)$

$f'(x)=0$에서 $x=-3$ 또는 $x=1$

함수 $f(x)$의 증가와 감소를 표로 나타내면 다음과 같다.

x	$\cdots$	-3	$\cdots$	1	$\cdots$
$f'(x)$	$+$	0	$-$	0	$+$
$f(x)$	↗	27	↘	-5	↗

따라서 함수 $y=|f(x)|$의 그래프는 오른쪽 그림과 같이 직선 $y=5$와 서로 다른 5개의 점에서 만나므로 주어진 방정식의 서로 다른 실근의 개수는 5이다.

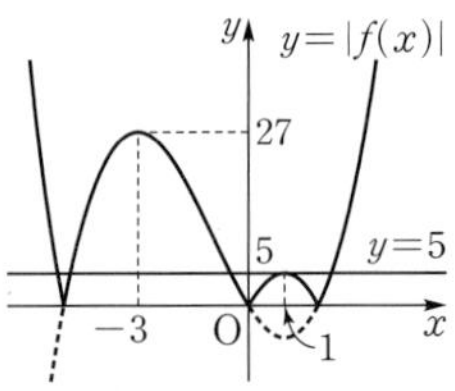

0307

답 4

방정식 $|x^4-4x^3+5|=12$의 서로 다른 실근의 개수는 함수 $y=|x^4-4x^3+5|$의 그래프와 직선 $y=12$의 교점의 개수와 같다.

$f(x)=x^4-4x^3+5$라 하면

$f'(x)=4x^3-12x^2=4x^2(x-3)$

$f'(x)=0$에서 $x=0$ 또는 $x=3$

함수 $f(x)$의 증가와 감소를 표로 나타내면 다음과 같다.

x	$\cdots$	0	$\cdots$	3	$\cdots$
$f'(x)$	$-$	0	$-$	0	$+$
$f(x)$	$\searrow$	5	$\searrow$	-22	$\nearrow$

따라서 함수 $y=|f(x)|$의 그래프는 오른쪽 그림과 같이 직선 $y=12$와 서로 다른 네 점에서 만나므로 주어진 방정식의 서로 다른 실근의 개수는 4이다.

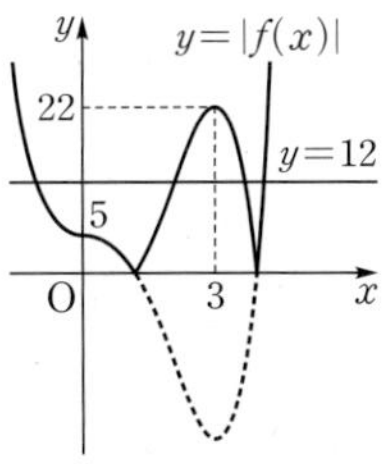

0308

답 18

방정식 $|3x^3-9x^2+8|=k$가 서로 다른 네 실근을 가지려면 함수 $y=|3x^3-9x^2+8|$의 그래프와 직선 $y=k$가 서로 다른 네 점에서 만나야 한다.

$f(x)=3x^3-9x^2+8$이라 하면

$f'(x)=9x^2-18x=9x(x-2)$

$f'(x)=0$에서 $x=0$ 또는 $x=2$

함수 $f(x)$의 증가와 감소를 표로 나타내면 다음과 같다.

x	$\cdots$	0	$\cdots$	2	$\cdots$
$f'(x)$	$+$	0	$-$	0	$+$
$f(x)$	$\nearrow$	8	$\searrow$	-4	$\nearrow$

함수 $y=|f(x)|$의 그래프는 오른쪽 그림과 같으므로 함수 $y=|f(x)|$의 그래프와 직선 $y=k$가 서로 다른 네 점에서 만나려면

$4<k<8$

따라서 정수 k는 5, 6, 7이므로 구하는 합은

$5+6+7=18$

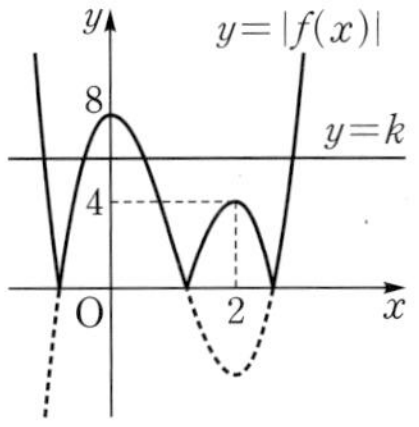

유형 02 방정식의 실근의 부호

0309

답 ②

$x^3-3x^2-9x-k=0$에서 $x^3-3x^2-9x=k$

위의 방정식이 서로 다른 두 개의 양의 실근과 한 개의 음의 실근을 가지려면 곡선 $y=x^3-3x^2-9x$와 직선 $y=k$의 교점의 x좌표가 두 개는 양수이고 한 개는 음수이어야 한다.

$f(x)=x^3-3x^2-9x$라 하면

$f'(x)=3x^2-6x-9=3(x+1)(x-3)$

$f'(x)=0$에서 $x=-1$ 또는 $x=3$

함수 $f(x)$의 증가와 감소를 표로 나타내면 다음과 같다.

x	$\cdots$	-1	$\cdots$	3	$\cdots$
$f'(x)$	$+$	0	$-$	0	$+$
$f(x)$	$\nearrow$	5	$\searrow$	-27	$\nearrow$

함수 $y=f(x)$의 그래프는 오른쪽 그림과 같으므로 곡선 $y=f(x)$와 직선 $y=k$의 교점의 x좌표가 두 개는 양수이고 한 개는 음수이려면

$-27<k<0$

따라서 $\alpha=-27$, $\beta=0$이므로

$\alpha+\beta=-27$

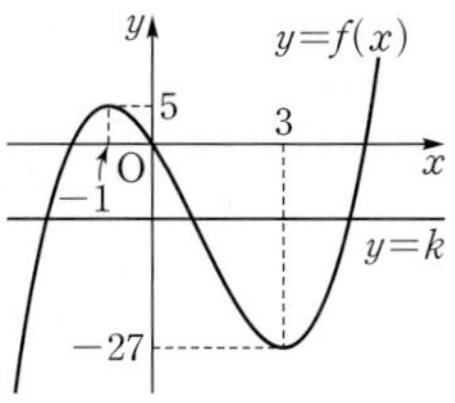

0310

답 -5

$3x^4+4x^3-12x^2-k=0$에서 $3x^4+4x^3-12x^2=k$

위의 방정식이 한 개의 양의 실근과 서로 다른 두 개의 음의 실근을 가지려면 곡선 $y=3x^4+4x^3-12x^2$과 직선 $y=k$의 교점의 x좌표가 한 개는 양수이고 두 개는 음수이어야 한다.

$f(x)=3x^4+4x^3-12x^2$이라 하면

$f'(x)=12x^3+12x^2-24x=12x(x+2)(x-1)$

$f'(x)=0$에서 $x=-2$ 또는 $x=0$ 또는 $x=1$

함수 $f(x)$의 증가와 감소를 표로 나타내면 다음과 같다.

x	$\cdots$	-2	$\cdots$	0	$\cdots$	1	$\cdots$
$f'(x)$	$-$	0	$+$	0	$-$	0	$+$
$f(x)$	$\searrow$	-32	$\nearrow$	0	$\searrow$	-5	$\nearrow$

함수 $y=f(x)$의 그래프는 오른쪽 그림과 같으므로 곡선 $y=f(x)$와 직선 $y=k$의 교점의 x좌표가 한 개는 양수이고 두 개는 음수이려면

$k=-5$

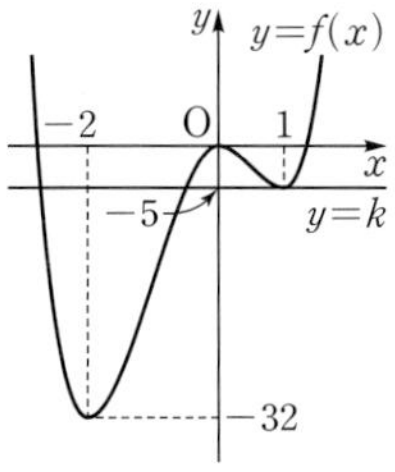

유형 03 삼차방정식의 근의 판별

0311

답 41

$f(x)=\frac{2}{3}x^3+x^2-12x+k$라 하면

$f'(x)=2x^2+2x-12=2(x+3)(x-2)$

$f'(x)=0$에서 $x=-3$ 또는 $x=2$

삼차방정식 $f(x)=0$이 서로 다른 세 실근을 가지려면

(극댓값)$\times$(극솟값)<0이어야 하므로

$f(-3)f(2)<0$에서 $(k+27)\left(k-\frac{44}{3}\right)<0$

$\therefore\ -27<k<\frac{44}{3}$

따라서 정수 k는 -26, -25, -24, $\cdots$, 14의 41개이다.

0312

답 ②

$f(x)=x^3-3ax^2+32$라 하면

$f'(x)=3x^2-6ax=3x(x-2a)$

$f'(x)=0$에서 $x=0$ 또는 $x=2a$

삼차방정식 $f(x)=0$이 서로 다른 두 실근을 가지려면
(극댓값)×(극솟값)=0이어야 하므로
$f(0)f(2a)=0$에서 $32(-4a^3+32)=0$
$a^3-8=0$, $(a-2)(a^2+2a+4)=0$
$\therefore a=2$ ($\because a^2+2a+4>0$)

0313

답 63

함수 $y=2x^3-6x^2-18x+a$의 그래프를 y축의 방향으로 7만큼 평행이동하면 함수 $y=f(x)$의 그래프와 일치하므로
$f(x)=2x^3-6x^2-18x+7+a$
$f'(x)=6x^2-12x-18=6(x+1)(x-3)$
$f'(x)=0$에서 $x=-1$ 또는 $x=3$
삼차방정식 $f(x)=0$이 서로 다른 세 실근을 가지려면
(극댓값)×(극솟값)<0이어야 하므로
$f(-1)f(3)<0$에서 $(a+17)(a-47)<0$
$\therefore -17<a<47$
따라서 정수 a는 $-16, -15, -14, \cdots, 46$의 63개이다.

0314

답 10

$f(x)=-\frac{1}{3}x^3+2ax+4a$에서
$f'(x)=-x^2+2a$
함수 $f(x)$가 극값을 가지려면 이차방정식 $f'(x)=0$이 서로 다른 두 실근을 가져야 하므로
$a>0$ …… ㉠
따라서 $f'(x)=0$에서 $x=-\sqrt{2a}$ 또는 $x=\sqrt{2a}$
삼차방정식 $f(x)=0$이 오직 한 개의 실근을 가지려면
(극댓값)×(극솟값)>0이어야 하므로
$f(-\sqrt{2a})f(\sqrt{2a})>0$에서
$\left(-\frac{4}{3}a\sqrt{2a}+4a\right)\left(\frac{4}{3}a\sqrt{2a}+4a\right)>0$
$\left(-\frac{4}{3}\sqrt{2a}+4\right)\left(\frac{4}{3}\sqrt{2a}+4\right)>0$ ($\because a>0$)
$-\frac{32}{9}a+16>0$ $\therefore a<\frac{9}{2}$ …… ㉡
㉠, ㉡의 공통 범위를 구하면 $0<a<\frac{9}{2}$
따라서 정수 a는 1, 2, 3, 4이므로 구하는 합은
$1+2+3+4=10$

유형 04 두 곡선의 교점의 개수

0315

답 ③

주어진 두 곡선이 서로 다른 세 점에서 만나려면 방정식
$2x^3+4x^2-12x=x^2+k$, 즉 $2x^3+3x^2-12x-k=0$이 서로 다른 세 실근을 가져야 한다.
$f(x)=2x^3+3x^2-12x-k$라 하면
$f'(x)=6x^2+6x-12=6(x+2)(x-1)$
$f'(x)=0$에서 $x=-2$ 또는 $x=1$
삼차방정식 $f(x)=0$이 서로 다른 세 실근을 가지려면
(극댓값)×(극솟값)<0이어야 하므로
$f(-2)f(1)<0$에서 $(20-k)(-7-k)<0$
$(k+7)(k-20)<0$
$\therefore -7<k<20$
따라서 정수 k는 $-6, -5, -4, \cdots, 19$의 26개이다.

다른 풀이
주어진 두 곡선이 서로 다른 세 점에서 만나려면 방정식
$2x^3+4x^2-12x=x^2+k$, 즉 $2x^3+3x^2-12x=k$가 서로 다른 세 실근을 가져야 한다.
$f(x)=2x^3+3x^2-12x$라 하면
$f'(x)=6x^2+6x-12=6(x+2)(x-1)$
$f'(x)=0$에서 $x=-2$ 또는 $x=1$
함수 $f(x)$의 증가와 감소를 표로 나타내면 다음과 같다.

x	$\cdots$	-2	$\cdots$	1	$\cdots$
$f'(x)$	+	0	−	0	+
$f(x)$	↗	20	↘	-7	↗

함수 $y=f(x)$의 그래프가 오른쪽 그림과 같으므로 곡선 $y=f(x)$와 직선 $y=k$가 서로 다른 세 점에서 만나려면
$-7<k<20$
따라서 정수 k는 $-6, -5, -4, \cdots, 19$의 26개이다.

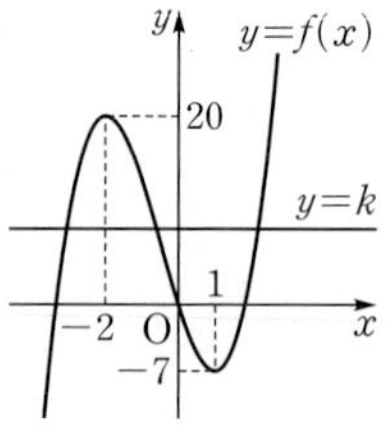

0316

답 28

주어진 두 곡선이 오직 한 점에서 만나려면 방정식
$2x^3-7x^2+3x=2x^2+3x-k$, 즉 $2x^3-9x^2+k=0$이 단 하나의 실근을 가져야 한다.
$f(x)=2x^3-9x^2+k$라 하면
$f'(x)=6x^2-18x=6x(x-3)$
$f'(x)=0$에서 $x=0$ 또는 $x=3$
삼차방정식 $f(x)=0$이 단 하나의 실근을 가지려면
(극댓값)×(극솟값)>0이어야 하므로
$f(0)f(3)>0$에서 $k(-27+k)>0$
$\therefore k<0$ 또는 $k>27$
따라서 자연수 k의 최솟값은 28이다.

유형 05 곡선 밖의 점에서 그은 접선의 개수

0317

답 ③

$y=x^3+3x^2+2$에서 $y'=3x^2+6x$
점 $(0, a)$에서 곡선 $y=x^3+3x^2+2$에 그은 접선의 접점의 좌표를 (t, t^3+3t^2+2)라 하면 접선의 기울기는 $3t^2+6t$이고 접선의 방정식은
$y-(t^3+3t^2+2)=(3t^2+6t)(x-t)$

$\therefore y=(3t^2+6t)x-2t^3-3t^2+2$

이 직선이 점 $(0,\ a)$를 지나므로 $a=-2t^3-3t^2+2$

$\therefore 2t^3+3t^2-2+a=0$ ...... ㉠

점 $(0,\ a)$에서 곡선 $y=x^3+3x^2+2$에 서로 다른 세 개의 접선을 그을 수 있으려면 t에 대한 삼차방정식 ㉠이 서로 다른 세 실근을 가져야 한다.

$f(t)=2t^3+3t^2-2+a$라 하면

$f'(t)=6t^2+6t=6t(t+1)$

$f'(t)=0$에서 $t=-1$ 또는 $t=0$

삼차방정식 $f(t)=0$이 서로 다른 세 실근을 가지려면

(극댓값)×(극솟값)<0이어야 하므로

$f(-1)f(0)<0$에서 $(a-1)(a-2)<0$

$\therefore 1<a<2$

다른 풀이

위 풀이의 ㉠에서 $2t^3+3t^2-2=-a$

점 $(0,\ a)$에서 곡선 $y=x^3+3x^2+2$에 서로 다른 세 개의 접선을 그을 수 있으려면 위의 t에 대한 삼차방정식이 서로 다른 세 실근을 가져야 한다. 즉, 곡선 $y=2t^3+3t^2-2$와 직선 $y=-a$가 서로 다른 세 점에서 만나야 한다.

$f(t)=2t^3+3t^2-2$라 하면

$f'(t)=6t^2+6t=6t(t+1)$

$f'(t)=0$에서 $t=-1$ 또는 $t=0$

함수 $f(t)$의 증가와 감소를 표로 나타내면 다음과 같다.

t	$\cdots$	-1	$\cdots$	0	$\cdots$
$f'(t)$	$+$	0	$-$	0	$+$
$f(t)$	↗	-1	↘	-2	↗

함수 $y=f(t)$의 그래프가 오른쪽 그림과 같으므로 곡선 $y=f(t)$와 직선 $y=-a$가 서로 다른 세 점에서 만나려면

$-2<-a<-1$

$\therefore 1<a<2$

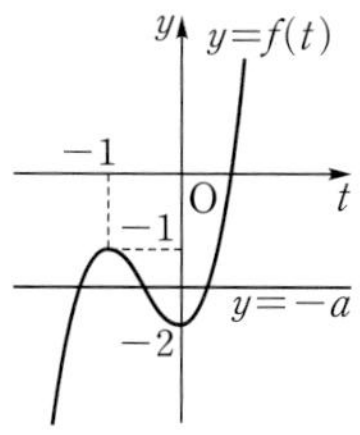

0318

답 2

$y=2x^3-3ax^2$에서 $y'=6x^2-6ax$

점 $(0,\ 2)$에서 곡선 $y=2x^3-3ax^2$에 그은 접선의 접점의 좌표를 $(t,\ 2t^3-3at^2)$이라 하면 접선의 기울기는 $6t^2-6at$이고 접선의 방정식은

$y-(2t^3-3at^2)=(6t^2-6at)(x-t)$

$\therefore y=(6t^2-6at)x-4t^3+3at^2$

이 직선이 점 $(0,\ 2)$를 지나므로 $2=-4t^3+3at^2$

$4t^3-3at^2+2=0$ ...... ㉠

점 $(0,\ 2)$에서 곡선 $y=2x^3-3ax^2$에 서로 다른 두 개의 접선을 그을 수 있으려면 t에 대한 삼차방정식 ㉠이 서로 다른 두 실근을 가져야 한다.

$f(t)=4t^3-3at^2+2$라 하면

$f'(t)=12t^2-6at=6t(2t-a)$

$f'(t)=0$에서 $t=0$ 또는 $t=\frac{a}{2}$

삼차방정식 $f(t)=0$이 서로 다른 두 실근을 가지려면

(극댓값)×(극솟값)=0이어야 하므로

$f(0)f\left(\frac{a}{2}\right)=0$에서 $2\left(-\frac{a^3}{4}+2\right)=0$

$a^3-8=0,\ (a-2)(a^2+2a+4)=0$

$\therefore a=2\ (\because a^2+2a+4>0)$

유형 06 모든 실수 x에 대하여 성립하는 부등식

0319

답 4

$f(x)=3x^4-8x^3+k^2$이라 하면

$f'(x)=12x^3-24x^2=12x^2(x-2)$

$f'(x)=0$에서 $x=0$ 또는 $x=2$

함수 $f(x)$의 증가와 감소를 표로 나타내면 다음과 같다.

x	$\cdots$	0	$\cdots$	2	$\cdots$
$f'(x)$	$-$	0	$-$	0	$+$
$f(x)$	↘	k^2	↘	k^2-16	↗

함수 $f(x)$는 $x=2$에서 극소이면서 최소이므로 모든 실수 x에 대하여 $f(x)\ge 0$이 성립하려면

$k^2-16\ge 0,\ (k+4)(k-4)\ge 0$

$\therefore k\le -4$ 또는 $k\ge 4$

따라서 자연수 k의 최솟값은 4이다.

0320

답 33

$f(x)=3x^4-4x^3-12x^2+a$라 하면

$f'(x)=12x^3-12x^2-24x=12x(x+1)(x-2)$

$f'(x)=0$에서 $x=-1$ 또는 $x=0$ 또는 $x=2$

함수 $f(x)$의 증가와 감소를 표로 나타내면 다음과 같다.

x	$\cdots$	-1	$\cdots$	0	$\cdots$	2	$\cdots$
$f'(x)$	$-$	0	$+$	0	$-$	0	$+$
$f(x)$	↘	$a-5$	↗	a	↘	$a-32$	↗

함수 $f(x)$는 $x=2$에서 극소이면서 최소이므로 모든 실수 x에 대하여 $f(x)>0$이 성립하려면

$a-32>0$ $\therefore a>32$

따라서 정수 a의 최솟값은 33이다.

유형 07 주어진 구간에서 성립하는 부등식 - 최대, 최소를 이용

0321

답 20

$f(x)=2x^3-3x^2-12x+a$라 하면

$f'(x)=6x^2-6x-12=6(x+1)(x-2)$

$f'(x)=0$에서 $x=2\ (\because x\ge 0)$

$x\ge 0$에서 함수 $f(x)$의 증가와 감소를 표로 나타내면 다음과 같다.

x	0	$\cdots$	2	$\cdots$
$f'(x)$		$-$	0	$+$
$f(x)$	a	↘	$a-20$	↗

함수 $f(x)$는 $x=2$에서 극소이면서 최소이므로 $x\ge 0$일 때 $f(x)\ge 0$이 성립하려면

$a-20\ge 0$ $\therefore a\ge 20$

따라서 실수 a의 최솟값은 20이다.

0322

답 5

$f(x)=x^3-6x^2+9x-a^2+4$라 하면

$f'(x)=3x^2-12x+9=3(x-1)(x-3)$

$f'(x)=0$에서 $x=1$ 또는 $x=3$

$1\le x\le 5$에서 함수 $f(x)$의 증가와 감소를 표로 나타내면 다음과 같다.

x	1	$\cdots$	3	$\cdots$	5
$f'(x)$		$-$	0	$+$	
$f(x)$	$8-a^2$	↘	$4-a^2$	↗	$24-a^2$

함수 $f(x)$는 $x=3$에서 극소이면서 최소이므로 $1\le x\le 5$일 때 $f(x)\ge 0$이 성립하려면

$4-a^2\ge 0$, $(a+2)(a-2)\le 0$

$\therefore -2\le a\le 2$

따라서 정수 a는 -2, -1, 0, 1, 2의 5개이다.

유형 08 주어진 구간에서 성립하는 부등식 - 증가, 감소를 이용

0323

답 ①

$f(x)=2x^3-9x^2+12x+a$라 하면

$f'(x)=6x^2-18x+12=6(x-1)(x-2)$

$x<1$일 때 $f'(x)>0$이므로 구간 $(-\infty, 1)$에서 함수 $f(x)$는 증가한다.

따라서 $x<1$에서 $f(x)<0$이 성립하려면 $f(1)\le 0$이어야 하므로

$a+5\le 0$ $\therefore a\le -5$

0324

답 8

$3x^3-2x^2-2x>-x^3+x^2+4x+a$에서

$4x^3-3x^2-6x-a>0$

$f(x)=4x^3-3x^2-6x-a$라 하면

$f'(x)=12x^2-6x-6=6(2x+1)(x-1)$

$x>2$일 때 $f'(x)>0$이므로 구간 $(2, \infty)$에서 함수 $f(x)$는 증가한다.

즉, $x>2$에서 $f(x)>0$이 성립하려면 $f(2)\ge 0$이어야 하므로

$8-a\ge 0$ $\therefore a\le 8$

따라서 실수 a의 최댓값은 8이다.

유형 09 부등식 $f(x)>g(x)$ 꼴의 활용

0325

답 29

$x>0$에서 곡선 $y=f(x)$가 곡선 $y=g(x)$보다 위쪽에 있으려면 $x>0$일 때 $f(x)>g(x)$, 즉 $f(x)-g(x)>0$이 성립해야 한다.

$h(x)=f(x)-g(x)$라 하면

$h(x)=x^3+3x^2-24x+a$

$h'(x)=3x^2+6x-24=3(x+4)(x-2)$

$h'(x)=0$에서 $x=2$ ($\because x>0$)

$x>0$에서 함수 $h(x)$의 증가와 감소를 표로 나타내면 다음과 같다.

x	0	$\cdots$	2	$\cdots$
$h'(x)$		$-$	0	$+$
$h(x)$		↘	$a-28$	↗

함수 $h(x)$가 $x=2$에서 극소이면서 최소이므로 $x>0$일 때 $h(x)>0$이 성립하려면

$a-28>0$ $\therefore a>28$

따라서 자연수 a의 최솟값은 29이다.

0326

답 -17

곡선 $y=f(x)$가 곡선 $y=g(x)$보다 아래쪽에 있으려면 모든 실수 x에 대하여 $f(x)<g(x)$, 즉 $f(x)-g(x)<0$이 성립해야 한다.

$h(x)=f(x)-g(x)$라 하면

$h(x)=-3x^4-8x^3+a$

$h'(x)=-12x^3-24x^2=-12x^2(x+2)$

$h'(x)=0$에서 $x=-2$ 또는 $x=0$

함수 $h(x)$의 증가와 감소를 표로 나타내면 다음과 같다.

x	$\cdots$	-2	$\cdots$	0	$\cdots$
$h'(x)$	$+$	0	$-$	0	$-$
$h(x)$	↗	$a+16$	↘	a	↘

함수 $h(x)$가 $x=-2$에서 극대이면서 최대이므로 모든 실수 x에 대하여 $h(x)<0$이 성립하려면

$a+16<0$ $\therefore a<-16$

따라서 정수 a의 최댓값은 -17이다.

유형 10 속도와 가속도

0327

답 ①

점 P의 시각 t에서의 속도를 v라 하면

$v=\dfrac{dx}{dt}=3t^2-4t+a$

$t=3$일 때 점 P의 속도가 10이므로

$27-12+a=10$ $\therefore a=-5$

0328

답 4

점 P가 원점을 지날 때는 $x=0$일 때이므로

$t^3-4t^2+4t=0$에서 $t(t-2)^2=0$

$\therefore t=0$ 또는 $t=2$

따라서 점 P가 출발 후 다시 원점을 지날 때는 $t=2$일 때이다.

점 P의 시각 t에서의 속도를 v, 가속도를 a라 하면

$v=\frac{dx}{dt}=3t^2-8t+4$

$a=\frac{dv}{dt}=6t-8$

따라서 $t=2$일 때 점 P의 가속도는 $6\times2-8=4$

0329

답 ④

점 P의 시각 t에서의 속도를 v, 가속도를 a라 하면

$v=\frac{dx}{dt}=4t^3-12t^2+18t$

$a=\frac{dv}{dt}=12t^2-24t+18=12(t-1)^2+6$

따라서 $t=1$일 때 점 P의 가속도가 최소이므로 이때의 속도는

$4-12+18=10$

0330

답 10

$h(t)=f(t)-g(t)=2t^3-at^2+18t+10$이라 하면

$h'(t)=f'(t)-g'(t)=6t^2-2at+18$

$t=1$에서 두 점 P, Q의 속도가 같으므로

$h'(1)=0$에서 $6-2a+18=0$

$\therefore a=12$

이때 $h(t)=2t^3-12t^2+18t+10$이고

$h'(t)=6t^2-24t+18=6(t-1)(t-3)$

$h'(t)=0$에서 $t=1$ 또는 $t=3$

따라서 두 점 P, Q의 속도가 다시 같아지는 시각은 $t=3$이고

$h(3)=54-108+54+10=10$

이므로 두 점 P, Q 사이의 거리는 10이다.

유형 11 속도, 가속도와 운동 방향

0331

답 ③

두 점 P, Q의 시각 t에서의 속도를 각각 v_P, v_Q라 하면

$v_P=2t-4$, $v_Q=2t-8$

두 점 P, Q가 서로 반대 방향으로 움직이면 $v_Pv_Q<0$이므로

$(2t-4)(2t-8)<0$, $(t-2)(t-4)<0$

$\therefore 2<t<4$

0332

답 3

점 P의 시각 t에서의 속도를 v라 하면

$v=\frac{dx}{dt}=2t^2+2(1-a)t+4a-12$

$=2(t-a+3)(t-2)$

점 P가 운동 방향을 바꾸는 순간의 속도는 0이므로 $v=0$에서

$t=a-3$ 또는 $t=2$

이때 점 P는 $t=2$에서만 운동 방향이 바뀌어야 하므로

$a-3\le0$ $\therefore a\le3$

따라서 실수 a의 최댓값은 3이다.

0333

답 10

점 M의 시각 t에서의 위치를 $\mathrm{M}(t)$라 하면

$\mathrm{M}(t)=\frac{\mathrm{P}(t)+\mathrm{Q}(t)}{2}=t^3-\frac{3}{2}t^2-6t+a$

점 M의 시각 t에서의 속도를 v라 하면

$v=\mathrm{M}'(t)=3t^2-3t-6=3(t-2)(t+1)$

점 M이 운동 방향을 바꾸는 순간의 속도는 0이므로 $v=0$에서

$t=2$ ($\because t>0$)

따라서 점 M은 $t=2$에서 운동 방향을 바꾸고 이때 점 M이 원점에 있어야 하므로

$8-6-12+a=0$ $\therefore a=10$

참고

일반적으로 운동 방향이 바뀌는 시각을 구할 때는 속도가 0인 시각의 좌우에서 속도의 부호가 바뀌는지 확인해야 하지만 위의 문항의 경우 속도가 인수분해가 가능한 다항함수 형태로 속도가 0인 시각의 좌우에서 속도의 부호가 바뀌는 것을 쉽게 파악할 수 있다.

0334

답 -32

점 P의 시각 t에서의 속도를 v, 가속도를 a라 하면

$v=\frac{dx}{dt}=3t^2+2at$

$a=\frac{dv}{dt}=6t+2a$

$t=2$에서 점 P의 가속도가 0이므로

$12+2a=0$ $\therefore a=-6$

이때 $v=3t^2-12t=3t(t-4)$

점 P가 운동 방향을 바꾸는 순간의 속도는 0이므로 $v=0$에서

$t=4$ ($\because t>0$)

따라서 점 P는 $t=4$에서 운동 방향을 바꾸고 이때의 점 P의 위치는

$4^3-6\times4^2=-32$

유형 12 정지하는 물체의 속도와 움직인 거리

0335

답 ④

자동차가 브레이크를 밟은 지 t초 후의 속도를 vm/s라 하면

$v=\frac{dx}{dt}=36-6t$

자동차가 정지할 때의 속도는 0이므로 $v=0$에서

$36-6t=0 \quad \therefore t=6$

따라서 자동차가 브레이크를 밟은 후 정지할 때까지 걸린 시간은 6초이다.

0336

답 3

열차가 제동을 건 지 t초 후의 열차의 속도를 vm/s라 하면

$v=\frac{dx}{dt}=30-at$

열차가 멈출 때의 속도는 0이므로 $v=0$에서

$30-at=0 \quad \therefore t=\frac{30}{a}$

$\frac{30}{a}$초 동안 열차가 움직인 거리는

$30\times\frac{30}{a}-\frac{1}{2}a\times\left(\frac{30}{a}\right)^2=\frac{900}{a}-\frac{450}{a}=\frac{450}{a}$(m)

이때 열차가 정지선을 넘지 않고 멈추려면 움직인 거리가 150m 이하이어야 하므로

$\frac{450}{a}\le 150 \quad \therefore a\ge 3$

따라서 양수 a의 최솟값은 3이다.

유형 13 위로 던진 물체의 위치와 속도

0337

답 40m/s

물체가 지면에 떨어질 때의 높이는 0이므로 $h=0$에서

$35+30t-5t^2=0,\ t^2-6t-7=0$

$(t+1)(t-7)=0 \quad \therefore t=7\ (\because t\ge 0)$

t초 후의 물체의 속도를 vm/s라 하면 $v=\frac{dh}{dt}=30-10t$

$t=7$일 때 물체의 속도는 $30-70=-40$(m/s)

따라서 물체가 지면에 떨어지는 순간의 속력은 40m/s이다.

0338

답 20

t초 후의 물체의 속도를 vm/s라 하면 $v=\frac{dh}{dt}=2a-10t$

물체가 최고 지점에 도달했을 때의 속도는 0이므로 $v=0$에서

$2a-10t=0 \quad \therefore t=\frac{a}{5}$

즉, $t=\frac{a}{5}$일 때 물체의 지면으로부터의 높이가 최대가 되므로

$2a\times\frac{a}{5}-5\times\left(\frac{a}{5}\right)^2\ge 80,\ \frac{a^2}{5}\ge 80$

$a^2\ge 400 \quad \therefore a\ge 20\ (\because a>0)$

따라서 양수 a의 최솟값은 20이다.

유형 14 속도, 가속도와 그래프

0339

답 ⑤

① 수직선 위를 움직이는 점 P의 시각 t에서의 가속도는 $v'(t)$이므로 속도 $v(t)$의 그래프의 접선의 기울기와 같다.
$v'(a)=0$이므로 $t=a$일 때 점 P의 가속도는 0이다. (참)

② $v(b)=0$이고 $t=b$의 좌우에서 $v(t)$의 부호가 바뀌므로 $t=b$일 때 점 P는 운동 방향을 바꾼다. (참)

③ $c<t<d$일 때 점 P의 속도는 감소한다. (참)

④ $v(d)=0$이고 $t=d$의 좌우에서 $v(t)$의 부호가 바뀌므로 $t=d$일 때 점 P는 운동 방향을 바꾼다.
즉, 점 P는 $t=b$, $t=d$일 때 운동 방향을 두 번 바꾼다. (참)

⑤ $v(c)>0$이므로 $t=c$일 때 점 P는 양의 방향으로 움직인다. (거짓)

따라서 옳지 않은 것은 ⑤이다.

0340

답 ③

점 P의 시각 t에서의 속도를 $v(t)$라 하면 $v(t)=f'(t)$이므로 속도는 $x=f(t)$의 그래프의 접선의 기울기와 같다.

ㄱ. $v(a)=f'(a)=0$, $v(c)=f'(c)=0$이므로 $t=a$, $t=c$일 때 점 P의 속도는 같다. (참)

ㄴ. $t=b$, $t=d$, $t=f$일 때 $f(t)=0$이므로 점 P는 원점을 지난다.
즉, 점 P는 출발 후 원점을 세 번 지난다. (참)

ㄷ. $0<t<f$에서 $v(a)=v(c)=v(e)=0$이고 $t=a$, $t=c$, $t=e$의 좌우에서 $v(t)$의 부호가 바뀌므로 $0<t<f$에서 점 P는 $t=a$, $t=c$, $t=e$일 때 운동 방향을 세 번 바꾼다. (거짓)

따라서 옳은 것은 ㄱ, ㄴ이다.

유형 15 시각에 대한 변화율

0341

답 ④

t초 후의 두 점 P, Q의 좌표는 각각 $(t, 0)$, $(0, 2t)$이므로

$\mathrm{M}\left(\frac{1}{2}t, t\right)$

선분 OM의 길이를 l이라 하면

$l=\sqrt{\left(\frac{1}{2}t\right)^2+t^2}=\sqrt{\frac{5}{4}t^2}=\frac{\sqrt{5}}{2}t$

$\therefore \frac{dl}{dt}=\frac{\sqrt{5}}{2}$

따라서 선분 OM의 길이의 변화율은 $\frac{\sqrt{5}}{2}$이다.

0342

답 $16\pi\,\text{cm}^2/\text{s}$

물을 넣기 시작하여 t초 후의 수면의 높이를 $h$cm, 수면의 반지름의 길이를 $r$cm라 하자.

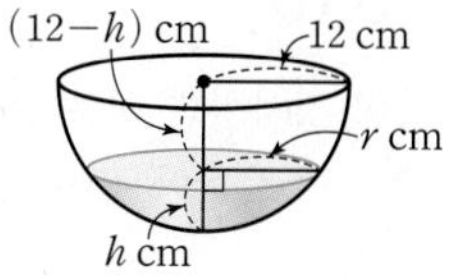

수면의 높이가 매초 2cm씩 올라가므로

$h=2t$

$r^2=12^2-(12-h)^2=12^2-(12-2t)^2=48t-4t^2$

물을 넣기 시작하여 t초 후의 수면의 넓이를 $S\,\text{cm}^2$라 하면

$S=\pi r^2=\pi(48t-4t^2)$

$\therefore \frac{dS}{dt}=\pi(48-8t)$

따라서 수면의 높이가 8cm가 되는 순간, 즉 $t=4$일 때 수면의 넓이의 변화율은

$\pi(48-32)=16\pi\,(\text{cm}^2/\text{s})$

0343

답 $-37\pi\,\text{cm}^3/\text{s}$

t초 후의 원기둥의 밑면의 반지름의 길이를 $r$cm, 높이를 $h$cm라 하자.

원기둥의 높이가 매초 1cm씩 줄어들고 있으므로

$h=8-t$ …… ㉠

원기둥이 반지름의 길이가 8 cm인 구에 내접하므로 오른쪽 그림에서

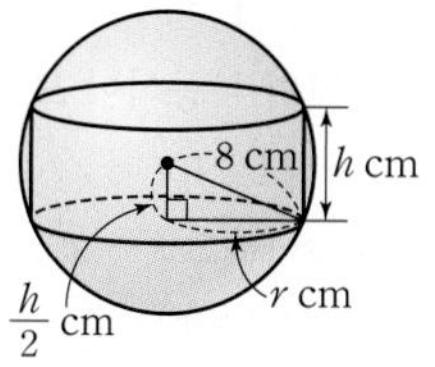

$\left(\frac{h}{2}\right)^2+r^2=8^2$ …… ㉡

㉠을 ㉡에 대입하면

$\left(\frac{8-t}{2}\right)^2+r^2=8^2$

$r^2=64-\frac{1}{4}(8-t)^2=-\frac{1}{4}t^2+4t+48$

t초 후의 원기둥의 부피를 $V\,\text{cm}^3$라 하면

$V=\pi r^2h=\pi\left(-\frac{1}{4}t^2+4t+48\right)(8-t)$

$\therefore \frac{dV}{dt}=\pi\left\{\left(-\frac{1}{2}t+4\right)(8-t)-\left(-\frac{1}{4}t^2+4t+48\right)\right\}$

$=\pi\left(\frac{3}{4}t^2-12t-16\right)$

따라서 원기둥의 높이가 6cm가 되는 순간, 즉 $t=2$일 때 원기둥의 부피의 변화율은

$\pi(3-24-16)=-37\pi\,(\text{cm}^3/\text{s})$

PART B′ 기출 & 기출변형 문제

0344

답 ③

시각 t에서의 두 점 P, Q의 속도를 각각 v_{P}, v_{Q}라 하면

$v_{\text{P}}=\text{P}'(t)=3t^2-2t$, $v_{\text{Q}}=\text{Q}'(t)=2t+4$

이므로 두 점의 속도가 같아지는 순간의 시각 t를 구하면

$3t^2-2t=2t+4$

$3t^2-4t-4=0$, $(3t+2)(t-2)=0$

$\therefore t=2\ (\because t\geq 0)$

이때 $\text{P}(2)=4$, $\text{Q}(2)=a+12$이고 두 점 사이의 거리가 12이므로

$|(a+12)-4|=12$에서

$a+8=-12$ 또는 $a+8=12$

$\therefore a=-20$ 또는 $a=4$

따라서 모든 실수 a의 값의 합은

$-20+4=-16$

짝기출

수직선 위를 움직이는 두 점 P, Q의 시각 $t\ (t\geq 0)$에서의 위치 x_1, x_2가

$x_1=t^3-2t^2+3t$, $x_2=t^2+12t$

이다. 두 점 P, Q의 속도가 같아지는 순간 두 점 P, Q 사이의 거리를 구하시오.

답 27

0345

답 13

$x^3-12x+22-4k=0$에서 $x^3-12x+22=4k$

$g(x)=x^3-12x+22$라 하면

$g'(x)=3x^2-12=3(x+2)(x-2)$

$g'(x)=0$에서 $x=-2$ 또는 $x=2$

함수 $g(x)$의 증가와 감소를 표로 나타내면 다음과 같다.

x	$\cdots$	-2	$\cdots$	2	$\cdots$
$g'(x)$	+	0	−	0	+
$g(x)$	↗	38	↘	6	↗

함수 $y=g(x)$의 그래프는 오른쪽 그림과 같고, 방정식

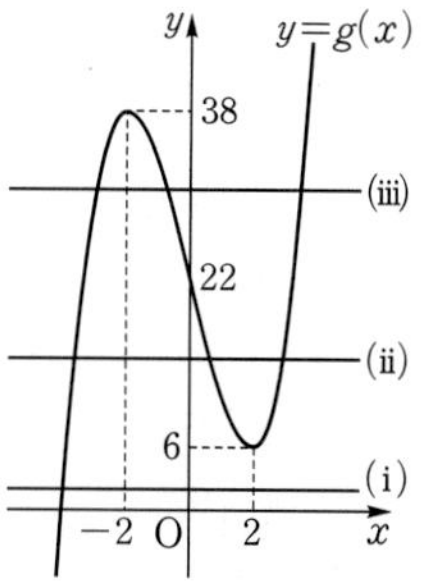

$x^3-12x+22-4k=0$, 즉 $g(x)=4k$가 양의 실근을 가지려면 곡선 $y=g(x)$와 직선 $y=4k$가 y축의 오른쪽에서 만나야 한다.

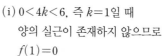

(i) $0<4k<6$, 즉 $k=1$일 때

양의 실근이 존재하지 않으므로

$f(1)=0$

(ii) $6\leq 4k<22$, 즉 $k=2, 3, 4, 5$일 때

양의 실근이 2개 존재하므로

$f(2)=f(3)=f(4)=f(5)=2$

(iii) $4k \geq 22$, 즉 $k=6, 7, 8, 9, 10$일 때

양의 실근이 1개 존재하므로

$f(6)=f(7)=f(8)=f(9)=f(10)=1$

(i)~(iii)에서

$$\sum_{k=1}^{10} f(k)=f(1)+f(2)+\cdots+f(5)+f(6)+\cdots+f(10)$$
$$=0+2\times4+1\times5=13$$

0346

답 ⑤

선분 PQ의 중점 M의 시각 t에서의 위치를 $M(t)$라 하면

$M(t)=\dfrac{P(t)+Q(t)}{2}=t^3-3t^2-9t+\dfrac{a}{2}$

점 M의 시각 t에서의 속도를 v라 하면

$v=M'(t)=3t^2-6t-9=3(t+1)(t-3)$

점 M이 운동 방향을 바꾸는 순간의 속도는 0이므로 $v=0$에서

$t=3$ ($\because t>0$)

따라서 점 M의 운동 방향은 $t=3$일 때 바뀌고 이때 점 M이 원점에 있어야 하므로

$M(3)=27-27-27+\dfrac{a}{2}=0$

$\therefore a=54$

짝기출

수직선 위를 움직이는 점 P의 시각 t $(t>0)$에서의 위치 x가

$x=t^3-12t+k$ (k는 상수)

이다. 점 P의 운동 방향이 원점에서 바뀔 때, k의 값은?

① 10 ② 12 ③ 14 ④ 16 ⑤ 18

답 ④

0347

답 5

$f(x) \geq g(x)$에서 $2x^3-x^2+7 \geq x^2+2x+a$

$2x^3-2x^2-2x+7-a \geq 0$

$h(x)=2x^3-2x^2-2x+7-a$라 하면

$h'(x)=6x^2-4x-2=2(3x+1)(x-1)$

$h'(x)=0$에서 $x=1$ ($\because x>0$)

$x>0$에서 함수 $h(x)$의 증가와 감소를 표로 나타내면 다음과 같다.

x	0	$\cdots$	1	$\cdots$
$h'(x)$		$-$	0	$+$
$h(x)$		↘	$5-a$	↗

함수 $h(x)$는 $x=1$에서 극소이면서 최소이므로 $x>0$에서 $h(x) \geq 0$이 성립하려면

$5-a \geq 0$ $\therefore a \leq 5$

따라서 실수 a의 최댓값은 5이다.

짝기출

두 함수

$f(x)=x^3+3x^2-k$, $g(x)=2x^2+3x-10$

에 대하여 부등식

$f(x) \geq 3g(x)$

가 닫힌구간 $[-1, 4]$에서 항상 성립하도록 하는 실수 k의 최댓값을 구하시오.

답 3

0348

답 ①

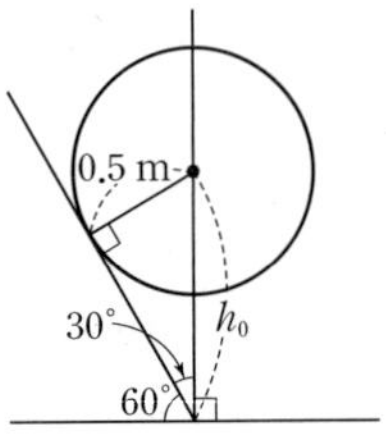

공이 경사면과 처음 충돌하는 순간은 오른쪽 그림과 같이 공이 경사면에 접하는 순간이다.

공의 중심과 바닥 사이의 거리를 h_0이라 하면

$\sin 30^\circ=\dfrac{0.5}{h_0}$, $\dfrac{1}{2}=\dfrac{0.5}{h_0}$

$\therefore h_0=1(\text{m})$

즉, 공이 경사면과 처음으로 충돌하는 순간의 공의 중심의 높이는 1 m이므로 이때의 시각을 구하면

$h(t)=21-5t^2=1$

$5t^2=20$, $t^2=4$

$\therefore t=2$ ($\because t>0$)

t초 후의 공의 속도를 $v(t)$라 하면

$v(t)=h'(t)=-10t$

따라서 구하는 공의 속도는 $t=2$일 때이므로

$v(2)=-20(\text{m/s})$

0349

답 6

(i) $-x^2 \leq 2x+k$에서 $x^2+2x+k \geq 0$

$(x+1)^2+k-1 \geq 0$

위의 부등식이 모든 실수 x에 대하여 성립하려면

$k-1 \geq 0$ $\therefore k \geq 1$

(ii) $2x+k \leq x^4-x^2+5$에서 $x^4-x^2-2x+5-k \geq 0$

$f(x)=x^4-x^2-2x+5-k$라 하면

$f'(x)=4x^3-2x-2=2(x-1)(2x^2+2x+1)$

$f'(x)=0$에서 $x=1$($\because 2x^2+2x+1>0$)

함수 $f(x)$의 증가와 감소를 표로 나타내면 다음과 같다.

x	$\cdots$	1	$\cdots$
$f'(x)$	$-$	0	$+$
$f(x)$	↘	$3-k$	↗

함수 $f(x)$는 $x=1$에서 극소이면서 최소이므로 모든 실수 x에 대하여 부등식 $f(x) \geq 0$이 성립하려면

$3-k \geq 0$ $\therefore k \leq 3$

(i), (ii)에서 k의 값의 범위는 $1 \leq k \leq 3$

따라서 정수 k는 1, 2, 3이므로 구하는 합은

$1+2+3=6$

짝기출

자연수 a에 대하여 두 함수

$$f(x)=-x^4-2x^3-x^2,\ g(x)=3x^2+a$$

가 있다. 다음을 만족시키는 a의 값을 구하시오.

> 모든 실수 x에 대하여 부등식
>
> $$f(x)\le 12x+k\le g(x)$$
>
> 를 만족시키는 자연수 k의 개수는 3이다.

답 34

0350

답 160

$f(x)=2x^3-3(a+1)x^2+6ax$에서

$f'(x)=6x^2-6(a+1)x+6a=6(x-1)(x-a)$

$f'(x)=0$에서 $x=1$ 또는 $x=a$

이때 삼차방정식 $f(x)=0$이 서로 다른 세 실근을 가져야 하므로 $a\neq 1$이고 a는 자연수이므로 $a>1$이다.

따라서 삼차함수 $f(x)$의 최고차항의 계수는 2이므로 $y=f(x)$의 그래프의 개형은 다음 그림과 같아야 한다.

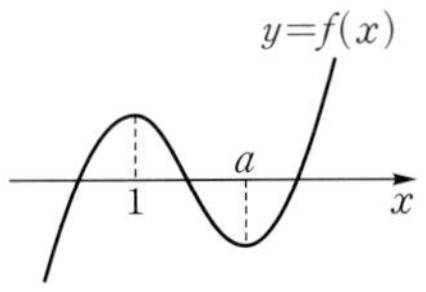

즉, $f(1)>0$, $f(a)<0$에서 $f(1)f(a)<0$이어야 한다.

$f(1)=2-3(a+1)+6a=3a-1$,

$f(a)=2a^3-3(a+1)\times a^2+6a^2=-a^2(a-3)$

에서 $f(1)f(a)=-a^2(3a-1)(a-3)<0$

$(3a-1)(a-3)>0 \qquad \therefore a>3$ ($\because a$는 자연수)

따라서 $a_1=4$, $a_2=5$, $a_3=6$, $\cdots$, $a_n=n+3$이다.

또한 함수 $f(x)$는 $x=1$에서 극대이므로 $a=a_n$일 때, 함수 $f(x)$의 극댓값은

$b_n=f(1)=3a_n-1$

$=3(n+3)-1=3n+8$

$$\therefore \sum_{n=1}^{10}(b_n-a_n)=\sum_{n=1}^{10}\{(3n+8)-(n+3)\}$$

$$=\sum_{n=1}^{10}(2n+5)$$

$$=2\times\frac{10\times 11}{2}+5\times 10=160$$

0351

답 ⑤

$h(x)=f(x)-g(x)$에서 $h'(x)=f'(x)-g'(x)$

$h'(x)=0$, 즉 $f'(x)=g'(x)$에서

$x=a$ 또는 $x=b$

주어진 그래프에서 $h'(x)$의 부호를 조사하여 함수 $h(x)$의 증가와 감소를 표로 나타내면 다음과 같다.

x	$\cdots$	a	$\cdots$	b	$\cdots$
$h'(x)$	+	0	−	0	+
$h(x)$	↗	극대	↘	극소	↗

ㄱ. $x=a$의 좌우에서 $h'(x)$의 부호가 양에서 음으로 바뀌므로 함수 $h(x)$는 $x=a$에서 극댓값을 갖는다. (참)

ㄴ. $h(b)=0$일 때, 함수 $y=h(x)$의 그래프의 개형은 오른쪽 그림과 같다.

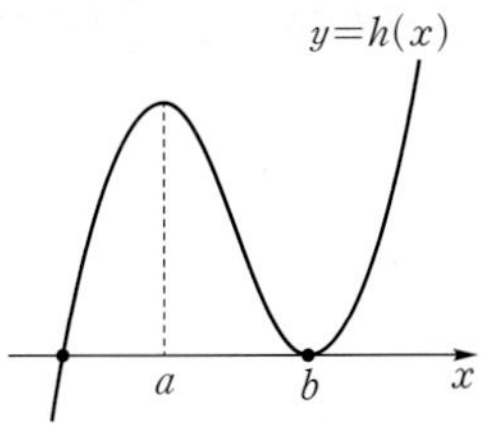

즉, 방정식 $h(x)=0$의 서로 다른 실근의 개수는 2이다. (참)

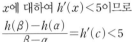

ㄷ. 함수 $h(x)$는 닫힌구간 $[\alpha, \beta]$에서 연속이고 열린구간 (α, β)에서 미분가능하므로 평균값 정리에 의하여 $\dfrac{h(\beta)-h(\alpha)}{\beta-\alpha}=h'(c)$를 만족시키는 c가 열린구간 (α, β)에 적어도 하나 존재한다.

이때 $h'(0)=f'(0)-g'(0)=7-2=5$이므로 함수 $y=h'(x)$의 그래프는 오른쪽 그림과 같다.

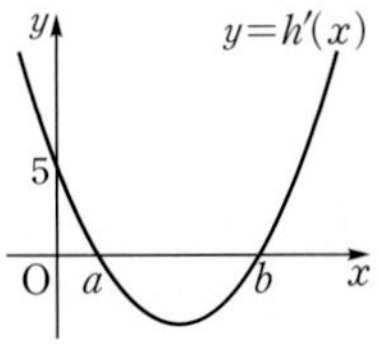

즉, 열린구간 $(0, b)$에 있는 모든 실수 x에 대하여 $h'(x)<5$이므로

$$\frac{h(\beta)-h(\alpha)}{\beta-\alpha}=h'(c)<5$$

$\therefore h(\beta)-h(\alpha)<5(\beta-\alpha)$ ($\because \beta-\alpha>0$) (참)

따라서 옳은 것은 ㄱ, ㄴ, ㄷ이다.

III 적분

유형별 유사문제

PART A′ 07 부정적분

유형 01 부정적분의 정의

0352
답 -16

$\int f(x)dx = x^4-2x^3+ax^2+C$에서

$f(x)=(x^4-2x^3+ax^2+C)'=4x^3-6x^2+2ax$

$f(-1)=4$에서 $-4-6-2a=4$

$\therefore a=-7$

따라서 $f(x)=4x^3-6x^2-14x$이므로

$f(1)=4-6-14=-16$

0353
답 17

$f(x)=F'(x)=(2x^3+ax^2+bx)'=6x^2+2ax+b$

$f'(x)=12x+2a$

$f(1)=4$에서 $6+2a+b=4$

$\therefore 2a+b=-2$ ······ ㉠

$f'(0)=2$에서 $2a=2$

$\therefore a=1$

$a=1$을 ㉠에 대입하면 $b=-4$

$\therefore a^2+b^2=1+16=17$

0354
답 ②

$\int F(x)dx=f(x)g(x)$에서

$F(x)=\{f(x)g(x)\}'=f'(x)g(x)+f(x)g'(x)$

$=4x(x^3-2x+2)+(2x^2+1)(3x^2-2)$

$=10x^4-9x^2+8x-2$

$\therefore F(1)=10-9+8-2=7$

Bible Says 곱의 미분법

미분가능한 함수 $f(x)$, $g(x)$에 대하여
$\{f(x)g(x)\}'=f'(x)g(x)+f(x)g'(x)$

유형 02 부정적분과 미분의 관계

0355
답 12

$F(x)=\int\left[\frac{d}{dx}\{(x+1)f(x)\}\right]dx$

$=(x+1)f(x)+C$

$=(x+1)(x^3-3x)+C$ (C는 적분상수)

$F(1)=2$에서 $-4+C=2$

$\therefore C=6$

따라서 $F(x)=(x+1)(x^3-3x)+6$이므로

$F(2)=3\times2+6=12$

0356
답 ③

$\frac{d}{dx}\int(x-2)f(x)dx=(x-2)f(x)$이므로

$(x-2)f(x)=x^3-x^2+a$ ······ ㉠

㉠의 양변에 $x=2$를 대입하면

$0=8-4+a$ $\therefore a=-4$

$a=-4$를 ㉠에 대입하면

$(x-2)f(x)=x^3-x^2-4$

위의 식의 양변에 $x=3$을 대입하면

$f(3)=27-9-4=14$

0357
답 34

$\frac{d}{dx}\int xf(x)dx=xf(x)$이므로

$g(x)=x^3+x^2$

$\int\left[\frac{d}{dx}\{(x-1)f(x)\}\right]dx=(x-1)f(x)+C$ (C는 적분상수)

이므로

$h(x)=(x-1)(x^2+x)+C$

$h(2)=4$에서 $6+C=4$

$\therefore C=-2$

따라서 $h(x)=(x-1)(x^2+x)-2$이므로

$g(2)+h(3)=12+22=34$

0358
답 7

$\int\left\{\frac{d}{dx}(2x^2-4x)\right\}dx=2x^2-4x+C$ (C는 적분상수)이므로

$f(x)=2x^2-4x+C=2(x-1)^2+C-2$

이때 함수 $f(x)$의 최솟값이 5이므로

$C-2=5$ $\therefore C=7$

따라서 $f(x)=2x^2-4x+7$이므로

$f(2)=8-8+7=7$

0359
답 23

조건 (가)에서 $f(x)+g(x)=\frac{d}{dx}\int(2x^3+3x+2)dx$이므로

$f(x)+g(x)=2x^3+3x+2$ ...... ㉠

조건 (나)에서 $\frac{d}{dx}\int\{f(x)-2g(x)\}dx=2x^3-4$이므로

$f(x)-2g(x)=2x^3-4$ ...... ㉡

㉠, ㉡을 연립하여 풀면

$f(x)=2x^3+2x$, $g(x)=x+2$

$\therefore f(2)+g(1)=20+3=23$

0360
답 ③

ㄱ. $\int f(x)dx=\int g(x)dx$의 양변을 x에 대하여 미분하면

$\frac{d}{dx}\int f(x)dx=\frac{d}{dx}\int g(x)dx$에서 $f(x)=g(x)$ (참)

ㄴ. $\int\left\{\frac{d}{dx}f(x)\right\}dx=f(x)+C$ (C는 적분상수),

$\frac{d}{dx}\int f(x)dx=f(x)$이므로

$\int\left\{\frac{d}{dx}f(x)\right\}dx\neq\frac{d}{dx}\int f(x)dx$ (거짓)

ㄷ. $\frac{d}{dx}\int f(x)dx=f(x)$,

$\int\left\{\frac{d}{dx}g(x)\right\}dx=g(x)+C$ (C는 적분상수)이므로

$f(x)=g(x)+C$

위의 식의 양변을 x에 대하여 미분하면

$f'(x)=g'(x)$ (참)

따라서 옳은 것은 ㄱ, ㄷ이다.

유형 03 부정적분의 계산

0361
답 18

$f(x)=\int\left(\sqrt{x}+\frac{2}{\sqrt{x}}\right)^2dx-\int\left(\sqrt{x}-\frac{2}{\sqrt{x}}\right)^2dx$

$=\int\left\{\left(\sqrt{x}+\frac{2}{\sqrt{x}}\right)^2-\left(\sqrt{x}-\frac{2}{\sqrt{x}}\right)^2\right\}dx$

$=\int 8dx=8x+C$ (C는 적분상수)

$f(1)=10$에서 $8+C=10$

$\therefore C=2$

따라서 $f(x)=8x+2$이므로

$f(2)=16+2=18$

0362
답 ③

$f(x)=\int(-6x+6)dx$

$=-3x^2+6x+C$

$=-3(x-1)^2+C+3$ (C는 적분상수)

함수 $f(x)$가 $x=1$에서 최댓값 $C+3$을 가지므로 모든 실수 x에 대하여 $f(x)\leq0$이려면

$C+3\leq0$ $\therefore C\leq-3$

$f(-1)=-9+C\leq-12$

따라서 $f(-1)$의 최댓값은 -12이다.

유형 04 도함수가 주어졌을 때 함수 구하기

0363
답 15

$f(x)=\int f'(x)dx$

$=\int(6x^2-2x+1)dx$

$=2x^3-x^2+x+C$ (C는 적분상수)

곡선 $y=f(x)$가 두 점 $(1, 3)$, $(2, k)$를 지나므로

$f(1)=3$에서 $2+C=3$

$\therefore C=1$

$f(2)=k$에서 $14+C=k$

$\therefore k=15$

0364
답 ②

$f(x)=\int f'(x)dx=\int\frac{x^4-a^2}{x^2+a}dx$

$=\int\frac{(x^2+a)(x^2-a)}{x^2+a}dx$

$=\int(x^2-a)dx$

$=\frac{1}{3}x^3-ax+C$ (C는 적분상수)

$f(1)=-\frac{2}{3}$에서 $\frac{1}{3}-a+C=-\frac{2}{3}$

$\therefore a-C=1$ ...... ㉠

$f(3)=4$에서 $9-3a+C=4$

$\therefore 3a-C=5$ ...... ㉡

㉠, ㉡을 연립하여 풀면 $a=2$, $C=1$

따라서 $f(x)=\frac{1}{3}x^3-2x+1$이므로

$f(2)=\frac{8}{3}-4+1=-\frac{1}{3}$

0365

답 11

$f'(x)=6x(x-2)=6x^2-12x$이므로

$f(x)=\int f'(x)dx=\int (6x^2-12x)dx$

$=2x^3-6x^2+C_1$ (C_1은 적분상수)

$f(0)=2$에서 $C_1=2$

$\therefore f(x)=2x^3-6x^2+2$

$\therefore F(x)=\int f(x)dx=\int (2x^3-6x^2+2)dx$

$=\frac{1}{2}x^4-2x^3+2x+C_2$ (C_2는 적분상수)

$F(2)=-1$에서 $8-16+4+C_2=-1$

$\therefore C_2=3$

$\therefore F(x)=\frac{1}{2}x^4-2x^3+2x+3$

따라서 $F(x)$를 $x-4$로 나누었을 때의 나머지는

$F(4)=128-128+8+3=11$

Bible Says 나머지정리

다항식 $f(x)$를 일차식 $x-a$로 나누었을 때의 나머지는 $f(a)$이다.

0366

답 10

$\frac{d}{dx}\{f(x)-g(x)\}=-3$에서

$\int \left[\frac{d}{dx}\{f(x)-g(x)\}\right]dx=\int (-3)dx$

$\therefore f(x)-g(x)=-3x+C_1$ (C_1은 적분상수)

$\frac{d}{dx}\{f(x)g(x)\}=8x-7$에서

$\int \left[\frac{d}{dx}\{f(x)g(x)\}\right]dx=\int (8x-7)dx$

$\therefore f(x)g(x)=4x^2-7x+C_2$ (C_2는 적분상수)

이때 $f(1)=-1$, $g(1)=5$이므로

$f(1)-g(1)=-6$에서 $-3+C_1=-6$

$\therefore C_1=-3$

$f(1)g(1)=-5$에서 $-3+C_2=-5$

$\therefore C_2=-2$

$\therefore f(x)-g(x)=-3x-3$,

$f(x)g(x)=4x^2-7x-2=(x-2)(4x+1)$

따라서 $f(x)=x-2$, $g(x)=4x+1$이므로

$f(3)+g(2)=1+9=10$

참고

두 함수 $f(x)$, $g(x)$가 일차함수가 아닌 다항함수로 주어진 경우에도 조건을 만족시키는 두 함수 $f(x)$, $g(x)$는 각각 $f(x)=x-2$, $g(x)=4x+1$이고 $f(1)=-1$, $g(1)=5$가 성립한다.

유형 05 부정적분과 접선의 기울기

0367

답 ③

$f'(x)=3x^2-2ax-1$이므로

$f(x)=\int f'(x)dx=\int (3x^2-2ax-1)dx$

$=x^3-ax^2-x+C$ (C는 적분상수)

곡선 $y=f(x)$가 두 점 $(1, 3)$, $(2, 3)$을 지나므로

$f(1)=3$에서 $1-a-1+C=3$

$\therefore a-C=-3$ …… ㉠

$f(2)=3$에서 $8-4a-2+C=3$

$\therefore 4a-C=3$ …… ㉡

㉠, ㉡을 연립하여 풀면 $a=2$, $C=5$

따라서 $f(x)=x^3-2x^2-x+5$이므로

$f(-1)=-1-2+1+5=3$

0368

답 17

$f'(x)=2x-6$이므로

$f(x)=\int f'(x)dx=\int (2x-6)dx$

$=x^2-6x+C$ (C는 적분상수)

$f(2)=5$에서 $4-12+C=5$

$\therefore C=13$

$\therefore f(x)=x^2-6x+13=(x-3)^2+4$

따라서 구간 $[0, 5]$에서 함수 $f(x)$는 $x=0$일 때 최댓값, $x=3$일 때 최솟값을 가지므로 구하는 최댓값과 최솟값의 합은

$f(0)+f(3)=13+4=17$

0369

답 5

$f'(x)=6x+a$이므로

$f(x)=\int f'(x)dx=\int (6x+a)dx$

$=3x^2+ax+C$ (C는 적분상수)

곡선 $y=f(x)$가 점 $(0, 2)$를 지나므로

$f(0)=2$에서 $C=2$

$\therefore f(x)=3x^2+ax+2$

이차방정식 $f(x)=0$이 서로 다른 두 실근을 가지려면 방정식 $3x^2+ax+2=0$의 판별식을 D라 할 때

$D=a^2-4\times3\times2=a^2-24>0$

$(a+2\sqrt{6})(a-2\sqrt{6})>0$

$\therefore a<-2\sqrt{6}$ 또는 $a>2\sqrt{6}$

따라서 자연수 a의 최솟값은 5이다.

Bible Says 이차방정식의 근의 판별

이차방정식 $ax^2+bx+c=0$의 판별식 $D=b^2-4ac$에 대하여

$D>0$이면 서로 다른 두 실근을 갖는다.

$D=0$이면 중근(서로 같은 두 실근)을 갖는다.

$D<0$이면 서로 다른 두 허근을 갖는다.

유형 06 함수와 그 부정적분 사이의 관계식이 주어졌을 때 함수 구하기

0370

답 ④

$F(x)=xf(x)-3x^4+2x^3-x^2$의 양변을 x에 대하여 미분하면

$f(x)=f(x)+xf'(x)-12x^3+6x^2-2x$

$xf'(x)=12x^3-6x^2+2x$

$\therefore f'(x)=12x^2-6x+2$

$\therefore f(x)=\int f'(x)dx=\int (12x^2-6x+2)dx$

$=4x^3-3x^2+2x+C$ (C는 적분상수)

$f(1)=5$에서 $4-3+2+C=5$

$\therefore C=2$

따라서 $f(x)=4x^3-3x^2+2x+2$이므로 $f(x)$를 $x+1$로 나누었을 때의 나머지는

$f(-1)=-4-3-2+2=-7$

0371

답 18

$(x-1)f(x)=\int f(x)dx-2x^3-3x^2+12x$의 양변을 x에 대하여 미분하면

$f(x)+(x-1)f'(x)=f(x)-6x^2-6x+12$

$(x-1)f'(x)=-6x^2-6x+12=-6(x+2)(x-1)$

$\therefore f'(x)=-6x-12$

$\therefore f(x)=\int f'(x)dx=\int (-6x-12)dx$

$=-3x^2-12x+C$ (C는 적분상수)

방정식 $f(x)=0$, 즉 $-3x^2-12x+C=0$의 모든 근의 곱이 -2이므로 이차방정식의 근과 계수의 관계에 의하여

$-\frac{C}{3}=-2 \quad \therefore C=6$

따라서 $f(x)=-3x^2-12x+6$이므로

$f(-2)=-12+24+6=18$

0372

답 45

$2\int f(x)dx=(x+2)f(x)-7x-4$의 양변을 x에 대하여 미분하면

$2f(x)=f(x)+(x+2)f'(x)-7$

$\therefore f(x)=(x+2)f'(x)-7$ …… ㉠

$f(x)$가 일차함수이므로 $f(x)=ax+b$ (a, b는 상수, $a\neq0$)라 하면 $f'(x)=a$

$f(x)=ax+b$, $f'(x)=a$를 ㉠에 대입하면

$ax+b=a(x+2)-7$

$ax+b=ax+2a-7$

$\therefore b=2a-7$ …… ㉡

또한 $f(-1)=6$이므로

$-a+b=6$ …… ㉢

㉡, ㉢을 연립하여 풀면

$a=13$, $b=19$

따라서 $f(x)=13x+19$이므로 $f(2)=26+19=45$

0373

답 ②

$f(x)+\int xf(x)dx=\frac{1}{4}x^4-2x^3+2x^2-6x$의 양변을 x에 대하여 미분하면

$f'(x)+xf(x)=x^3-6x^2+4x-6$ …… ㉠

$f(x)$를 n차식이라 하면 $xf(x)$는 $(n+1)$차식이므로 ㉠에서

$n+1=3 \quad \therefore n=2$

$f(x)=ax^2+bx+c$ (a, b, c는 상수, $a\neq0$)라 하면

$f'(x)=2ax+b$

$f(x)=ax^2+bx+c$, $f'(x)=2ax+b$를 ㉠에 대입하면

$2ax+b+x(ax^2+bx+c)=x^3-6x^2+4x-6$

$\therefore ax^3+bx^2+(2a+c)x+b=x^3-6x^2+4x-6$

위의 등식이 모든 실수 x에 대하여 성립하므로

$a=1$, $b=-6$, $2a+c=4$

$\therefore a=1$, $b=-6$, $c=2$

따라서 $f(x)=x^2-6x+2$이므로

$f(3)=9-18+2=-7$

Bible Says 항등식의 성질

(1) $ax^2+bx+c=0$이 x에 대한 항등식이면
$a=0, b=0, c=0$

(2) $ax^2+bx+c=a'x^2+b'x+c'$이 x에 대한 항등식이면
$a=a', b=b', c=c'$

유형 07 부정적분과 함수의 연속성

0374

답 12

$f'(x)=\begin{cases} 2x-4 & (x<1) \\ 6x^2+3 & (x>1) \end{cases}$에서

$f(x)=\begin{cases} x^2-4x+C_1 & (x<1) \\ 2x^3+3x+C_2 & (x>1) \end{cases}$ (C_1, C_2는 적분상수)

$f(-2)=10$에서 $4+8+C_1=10$

$\therefore C_1=-2$

함수 $f(x)$는 실수 전체의 집합에서 연속이므로 $x=1$에서 연속이다.

즉, $\lim_{x\to1-}f(x)=\lim_{x\to1+}f(x)$에서

$-3+C_1=5+C_2$, $-5=5+C_2$

$\therefore C_2=-10$

따라서 $f(x)=\begin{cases} x^2-4x-2 & (x<1) \\ 2x^3+3x-10 & (x\geq1) \end{cases}$이므로

$f(2)=16+6-10=12$

Bible Says 함수의 연속

함수 $f(x)$가 실수 a에 대하여 다음 조건을 모두 만족시킬 때, $f(x)$는 $x=a$에서 연속이다.

(1) $f(x)$는 $x=a$에서 정의되어 있다.

(2) 극한값 $\lim_{x\to a}f(x)$가 존재한다.

(3) $\lim_{x\to a}f(x)=f(a)$

0375

답 9

$f'(x)=\begin{cases} 2x-2 & (x<-2) \\ 4x+2 & (x\geq -2) \end{cases}$이므로

$f(x)=\begin{cases} x^2-2x+C_1 & (x<-2) \\ 2x^2+2x+C_2 & (x\geq -2) \end{cases}$ (C_1, C_2는 적분상수)

$f(1)=3$에서 $4+C_2=3$

$\therefore C_2=-1$

함수 $f(x)$는 실수 전체의 집합에서 연속이므로 $x=-2$에서 연속이다.

즉, $\lim_{x\to -2-} f(x)=f(-2)$에서

$\lim_{x\to -2-} (x^2-2x+C_1)=8-4+C_2$

$8+C_1=3 \qquad \therefore C_1=-5$

따라서 $f(x)=\begin{cases} x^2-2x-5 & (x<-2) \\ 2x^2+2x-1 & (x\geq -2) \end{cases}$이므로

$f(-3)+f(-1)=10+(-1)=9$

0376

답 ①

$f'(x)=\begin{cases} -2 & (x<-1) \\ -2x & (-1<x<1) \\ 2 & (x>1) \end{cases}$이므로

$f(x)=\begin{cases} -2x+C_1 & (x<-1) \\ -x^2+C_2 & (-1<x<1) \\ 2x+C_3 & (x>1) \end{cases}$ (C_1, C_2, C_3은 적분상수)

함수 $y=f(x)$의 그래프가 원점을 지나므로

$f(0)=0$에서 $C_2=0$

함수 $f(x)$가 연속함수이므로 $x=-1$, $x=1$에서 연속이다.

$\lim_{x\to -1-} (-2x+C_1)=\lim_{x\to -1+} (-x^2+C_2)$에서

$2+C_1=-1+C_2$, $2+C_1=-1$

$\therefore C_1=-3$

$\lim_{x\to 1-} (-x^2+C_2)=\lim_{x\to 1+} (2x+C_3)$에서

$-1+C_2=2+C_3$, $-1=2+C_3$

$\therefore C_3=-3$

따라서 $f(x)=\begin{cases} -2x-3 & (x<-1) \\ -x^2 & (-1\leq x<1) \\ 2x-3 & (x\geq 1) \end{cases}$이므로 함수 $y=f(x)$의 그래프로 알맞은 것은 ①이다.

유형 08 부정적분과 미분계수를 이용한 극한값의 계산

0377

답 ④

$\lim_{x\to 2}\frac{F(x)-F(2)}{x^2-4}=\lim_{x\to 2}\left\{\frac{F(x)-F(2)}{x-2}\times\frac{1}{x+2}\right\}$

$=\frac{1}{4}F'(2)=\frac{1}{4}f(2)$

$=\frac{1}{4}\times(16-4-4)=2$

0378

답 -1

$f(x)=\frac{d}{dx}\int(2x^2+ax+3)dx=2x^2+ax+3$

$f'(x)=4x+a$

$\lim_{h\to 0}\frac{f(1+2h)-f(1)}{h}=\lim_{h\to 0}\frac{f(1+2h)-f(1)}{2h}\times 2$

$=2f'(1)=2(4+a)=6$

에서 $4+a=3 \qquad \therefore a=-1$

0379

답 8

$\lim_{h\to 0}\frac{f(x+h)-f(x-2h)}{h}$

$=\lim_{h\to 0}\frac{\{f(x+h)-f(x)\}-\{f(x-2h)-f(x)\}}{h}$

$=\lim_{h\to 0}\frac{f(x+h)-f(x)}{h}+\lim_{h\to 0}\frac{f(x-2h)-f(x)}{-2h}\times 2$

$=f'(x)+2f'(x)=3f'(x)$

즉, $3f'(x)=9x^2-18x+12$이므로

$f'(x)=3x^2-6x+4$

$f(x)=\int f'(x)dx=\int(3x^2-6x+4)dx$

$=x^3-3x^2+4x+C$ (C는 적분상수)

$f(-1)=-2$에서 $-1-3-4+C=-2$

$\therefore C=6$

따라서 $f(x)=x^3-3x^2+4x+6$이므로

$f(1)=1-3+4+6=8$

유형 09 부정적분과 도함수의 정의를 이용하여 함수 구하기

0380

답 17

$f(x+y)=f(x)+f(y)-2$의 양변에 $x=0$, $y=0$을 대입하면

$f(0)=f(0)+f(0)-2$

$\therefore f(0)=2$

$f'(x)=\lim_{h\to 0}\frac{f(x+h)-f(x)}{h}$

$=\lim_{h\to 0}\frac{f(x)+f(h)-2-f(x)}{h}$

$=\lim_{h\to 0}\frac{f(h)-2}{h}$

$=\lim_{h\to 0}\frac{f(h)-f(0)}{h}$

$=f'(0)=3$

$f(x)=\int f'(x)dx=\int 3dx=3x+C$ (C는 적분상수)

$f(0)=2$에서 $C=2$

따라서 $f(x)=3x+2$이므로 $f(5)=15+2=17$

0381

답 10

$f(x+y)=f(x)+f(y)+4xy$의 양변에 $x=0$, $y=0$을 대입하면

$f(0)=f(0)+f(0)+0$

$\therefore f(0)=0$

$$f'(2)=\lim_{h\to0}\frac{f(2+h)-f(2)}{h}$$
$$=\lim_{h\to0}\frac{f(2)+f(h)+8h-f(2)}{h}$$
$$=\lim_{h\to0}\frac{f(h)}{h}+8=9$$

즉, $\lim_{h\to0}\frac{f(h)}{h}=1$이므로

$$f'(x)=\lim_{h\to0}\frac{f(x+h)-f(x)}{h}$$
$$=\lim_{h\to0}\frac{f(x)+f(h)+4xh-f(x)}{h}$$
$$=\lim_{h\to0}\frac{f(h)}{h}+4x$$
$$=4x+1$$

$$f(x)=\int f'(x)dx$$
$$=\int(4x+1)dx$$
$$=2x^2+x+C\ (C\text{는 적분상수})$$

$f(0)=0$에서 $C=0$

따라서 $f(x)=2x^2+x$이므로

$f(2)=8+2=10$

0382

답 21

$f(x+y)=f(x)+f(y)+2xy(x+y)$의 양변에 $x=0$, $y=0$을 대입하면

$f(0)=f(0)+f(0)+0$

$\therefore f(0)=0$

$$f'(1)=\lim_{h\to0}\frac{f(1+h)-f(1)}{h}$$
$$=\lim_{h\to0}\frac{f(1)+f(h)+2h(1+h)-f(1)}{h}$$
$$=\lim_{h\to0}\frac{f(h)+2h(1+h)}{h}$$
$$=\lim_{h\to0}\frac{f(h)}{h}+2=3$$

즉, $\lim_{h\to0}\frac{f(h)}{h}=1$이므로

$$f'(x)=\lim_{h\to0}\frac{f(x+h)-f(x)}{h}$$
$$=\lim_{h\to0}\frac{f(x)+f(h)+2xh(x+h)-f(x)}{h}$$
$$=\lim_{h\to0}\frac{f(h)+2xh(x+h)}{h}$$
$$=\lim_{h\to0}\frac{f(h)}{h}+2x^2$$
$$=2x^2+1$$

$$f(x)=\int f'(x)dx=\int(2x^2+1)dx$$
$$=\frac{2}{3}x^3+x+C\ (C\text{는 적분상수})$$

$f(0)=0$에서 $C=0$

따라서 $f(x)=\frac{2}{3}x^3+x$이므로

$f(3)=18+3=21$

유형 10 부정적분과 극대, 극소

0383

답 ②

곡선 $y=f(x)$ 위의 점 $\mathrm{P}(x, y)$에서의 접선의 기울기가 $6x^2+6x-12$이므로

$f'(x)=6x^2+6x-12=6(x+2)(x-1)$

$$f(x)=\int f'(x)dx$$
$$=\int(6x^2+6x-12)dx$$
$$=2x^3+3x^2-12x+C\ (C\text{는 적분상수})$$

$f'(x)=0$에서 $x=-2$ 또는 $x=1$

함수 $f(x)$의 증가와 감소를 표로 나타내면 다음과 같다.

x	$\cdots$	-2	$\cdots$	1	$\cdots$
$f'(x)$	$+$	0	$-$	0	$+$
$f(x)$	↗	극대	↘	극소	↗

함수 $f(x)$의 극댓값이 10이므로

$f(-2)=10$에서 $-16+12+24+C=10$

$\therefore C=-10$

따라서 $f(x)=2x^3+3x^2-12x-10$이므로 $f(x)$의 극솟값은

$f(1)=2+3-12-10=-17$

0384

답 32

$\int\{f(x)-6x\}dx=-\frac{1}{4}x^4+3x^2+C$의 양변을 x에 대하여 미분하면

$f(x)-6x=-x^3+6x$

$f(x)=-x^3+12x$

$f'(x)=-3x^2+12=-3(x+2)(x-2)$

$f'(x)=0$에서 $x=-2$ 또는 $x=2$

함수 $f(x)$의 증가와 감소를 표로 나타내면 다음과 같다.

x	$\cdots$	-2	$\cdots$	2	$\cdots$
$f'(x)$	$-$	0	$+$	0	$-$
$f(x)$	↘	극소	↗	극대	↘

따라서 함수 $f(x)$는 $x=2$에서 극대, $x=-2$에서 극소이므로 구하는 극댓값과 극솟값의 차는

$f(2)-f(-2)=16-(-16)=32$

0385

답 88

$f(x)$가 최고차항의 계수가 1인 삼차함수이므로 함수 $f(x)$의 도함수 $f'(x)$는 최고차항의 계수가 3인 이차함수이다.
이때 $f'(-4)=f'(2)=0$이므로
$f'(x)=3(x+4)(x-2)=3x^2+6x-24$

$$f(x)=\int f'(x)dx$$
$$=\int (3x^2+6x-24)dx$$
$$=x^3+3x^2-24x+C \text{ (}C\text{는 적분상수)}$$

$f'(x)=0$에서 $x=-4$ 또는 $x=2$
함수 $f(x)$의 증가와 감소를 표로 나타내면 다음과 같다.

x	$\cdots$	-4	$\cdots$	2	$\cdots$
$f'(x)$	$+$	0	$-$	0	$+$
$f(x)$	↗	극대	↘	극소	↗

함수 $f(x)$의 극솟값이 -20이므로
$f(2)=-20$에서 $8+12-48+C=-20$
$\therefore C=8$
따라서 $f(x)=x^3+3x^2-24x+8$이므로 $f(x)$의 극댓값은
$f(-4)=-64+48+96+8=88$

0386

답 2

사차함수 $f(x)$의 도함수 $f'(x)$는 삼차함수이고
주어진 그래프에 의하여 $f'(-\sqrt{2})=f'(0)=f'(\sqrt{2})=0$이므로
$f'(x)=ax(x+\sqrt{2})(x-\sqrt{2})=ax^3-2ax$ $(a<0)$

$$f(x)=\int f'(x)dx$$
$$=\int (ax^3-2ax)dx$$
$$=\frac{1}{4}ax^4-ax^2+C \text{ (}C\text{는 적분상수)}$$

$f'(x)=0$에서 $x=-\sqrt{2}$ 또는 $x=0$ 또는 $x=\sqrt{2}$
함수 $f(x)$의 증가와 감소를 표로 나타내면 다음과 같다.

x	$\cdots$	$-\sqrt{2}$	$\cdots$	0	$\cdots$	$\sqrt{2}$	$\cdots$
$f'(x)$	$+$	0	$-$	0	$+$	0	$-$
$f(x)$	↗	극대	↘	극소	↗	극대	↘

함수 $f(x)$의 극댓값이 3, 극솟값이 2이므로
$f(0)=2$에서 $C=2$
$f(-\sqrt{2})=f(\sqrt{2})=3$에서 $a-2a+C=3$
$-a+2=3$ $\therefore a=-1$
따라서 $f(x)=-\frac{1}{4}x^4+x^2+2$이므로
$f(2)=-4+4+2=2$

PART B' 기출 & 기출변형 문제

0387

답 11

$$f(x)=\int f'(x)dx=\int (3x^2+a)dx$$
$$=x^3+ax+C \text{ (}C\text{는 적분상수)}$$

곡선 $y=f(x)$ 위의 점 $(1, 3)$에서의 접선의 기울기가 4이므로
$f(1)=3$에서 $1+a+C=3$
$\therefore a+C=2$ …… ㉠
$f'(1)=4$에서 $3+a=4$
$\therefore a=1$
$a=1$을 ㉠에 대입하면 $C=1$
따라서 $f(x)=x^3+x+1$이므로
$f(2)=8+2+1=11$

짝기출

다항함수 $f(x)$의 도함수 $f'(x)$가 $f'(x)=6x^2+4$이다.
함수 $y=f(x)$의 그래프가 점 $(0, 6)$을 지날 때, $f(1)$의 값을 구하시오.

답 12

0388

답 ④

$$\frac{d}{dx}\int \{f(x)-x^2+4\}dx=\int \frac{d}{dx}\{2f(x)-3x+1\}dx\text{에서}$$

$f(x)-x^2+4=2f(x)-3x+1+C$ (C는 적분상수)
$f(x)=-x^2+3x+3-C$
$f(1)=3$에서 $-1+3+3-C=3$
$\therefore C=2$
따라서 $f(x)=-x^2+3x+1$이므로
$f(0)=1$

0389

답 ③

$$f(x)=\int (2x^3-x^2+2)dx-\int (2x^3+x^2)dx$$
$$=\int (-2x^2+2)dx$$
$$=-\frac{2}{3}x^3+2x+C \text{ (}C\text{는 적분상수)}$$

$f'(x)=-2x^2+2=-2(x+1)(x-1)$
$f'(x)=0$에서 $x=-1$ 또는 $x=1$
함수 $f(x)$의 증가와 감소를 표로 나타내면 다음과 같다.

x	$\cdots$	-1	$\cdots$	1	$\cdots$
$f'(x)$	$-$	0	$+$	0	$-$
$f(x)$	↘	극소	↗	극대	↘

함수 $f(x)$의 모든 극값의 합이 0이므로

$f(-1)+f(1)=0$에서 $C-\frac{4}{3}+C+\frac{4}{3}=0$

$\therefore C=0$

따라서 $f(x)=-\frac{2}{3}x^3+2x$이므로

$f(-3)=18-6=12$

Bible Says 함수의 극대, 극소의 판정

미분가능한 함수 $f(x)$에 대하여 $f'(a)=0$일 때 $x=a$의 좌우에서
(1) $f'(x)$의 부호가 양에서 음으로 바뀌면 $f(x)$는 $x=a$에서 극대이고, 극댓값은 $f(a)$이다.
(2) $f'(x)$의 부호가 음에서 양으로 바뀌면 $f(x)$는 $x=a$에서 극소이고, 극솟값은 $f(a)$이다.

짝기출

함수 $f(x)$가

$$f(x)=\int\left(\frac{1}{2}x^3+2x+1\right)dx-\int\left(\frac{1}{2}x^3+x\right)dx$$

이고 $f(0)=1$일 때, $f(4)$의 값은?

① $\frac{23}{2}$ ② 12 ③ $\frac{25}{2}$ ④ 13 ⑤ $\frac{27}{2}$

답 ④

0390 답 ④

삼차함수 $f(x)$의 도함수 $f'(x)$는 이차함수이고
주어진 그래프에 의하여 $f'(-1)=f'(1)=0$이므로

$f'(x)=a(x+1)(x-1)\ (a>0)$

$f(x)=\int f'(x)dx$

$=\int a(x+1)(x-1)dx$

$=\int (ax^2-a)dx=\frac{a}{3}x^3-ax+C$ (C는 적분상수)

$f'(x)=0$에서 $x=-1$ 또는 $x=1$

함수 $f(x)$의 증가와 감소를 표로 나타내면 다음과 같다.

x	$\cdots$	-1	$\cdots$	1	$\cdots$
$f'(x)$	$+$	0	$-$	0	$+$
$f(x)$	↗	극대	↘	극소	↗

함수 $f(x)$의 극댓값이 4, 극솟값이 0이므로

$f(-1)=4$에서 $\frac{2}{3}a+C=4$ ······ ㉠

$f(1)=0$에서 $-\frac{2}{3}a+C=0$ ······ ㉡

㉠, ㉡을 연립하여 풀면 $a=3$, $C=2$

따라서 $f(x)=x^3-3x+2$이므로

$f(3)=27-9+2=20$

0391 답 ⑤

$f(x)=\int xg(x)dx$이므로

$f'(x)=xg(x)$ ······ ㉠

$\frac{d}{dx}\{f(x)-g(x)\}=4x^3+2x$에서

$f'(x)-g'(x)=4x^3+2x$ ······ ㉡

㉠을 ㉡에 대입하면

$xg(x)-g'(x)=4x^3+2x$ ······ ㉢

따라서 $xg(x)$는 최고차항의 계수가 4인 삼차함수이므로 $g(x)$는 최고차항의 계수가 4인 이차함수이다.

$g(x)=4x^2+ax+b$ (a, b는 상수)라 하면

$g'(x)=8x+a$

$g(x)$, $g'(x)$를 ㉢에 대입하여 정리하면

$x(4x^2+ax+b)-(8x+a)=4x^3+2x$

$4x^3+ax^2+(b-8)x-a=4x^3+2x$

$\therefore a=0,\ b=10$

따라서 $g(x)=4x^2+10$이므로 $g(1)=4+10=14$

Bible Says 항등식의 성질

(1) $ax^2+bx+c=0$이 x에 대한 항등식이면
$a=0, b=0, c=0$
(2) $ax^2+bx+c=a'x^2+b'x+c'$이 x에 대한 항등식이면
$a=a', b=b', c=c'$

0392 답 24

$g(x)=\int xf'(x)dx$에서 함수 $f(x)$를 n차식이라 하면 $f'(x)$는 $(n-1)$차식이므로 함수 $xf'(x)$는 n차식이다.

즉, 함수 $g(x)$는 $(n+1)$차식이므로

$f(x)g(x)=2x^3+4x^2+4x+8$에서

$n+(n+1)=3 \qquad \therefore n=1$

$f(x)=ax+b$ (a, b는 상수, $a\neq0$)라 하면 $f'(x)=a$

$f'(2)=2$에서 $a=2$

$g(x)=\int xf'(x)dx=\int 2xdx=x^2+C$ (C는 적분상수)

$f(x)g(x)=(2x+b)(x^2+C)$

$=2x^3+bx^2+2Cx+bC=2x^3+4x^2+4x+8$

위의 등식이 모든 실수 x에 대하여 성립하므로

$b=4$, $C=2$

따라서 $f(x)=2x+4$이므로 $f(10)=20+4=24$

짝기출

이차함수 $f(x)$에 대하여 함수 $g(x)$가

$$g(x)=\int\{x^2+f(x)\}dx,\ f(x)g(x)=-2x^4+8x^3$$

을 만족시킬 때, $g(1)$의 값은?

① 1 ② 2 ③ 3 ④ 4 ⑤ 5

답 ②

0393

답 9

$F(x)$는 함수 $f(x)$의 한 부정적분이므로

$x<0$일 때

$F(x)=\int f(x)dx=\int (-2x)dx$

$=-x^2+C_1$ (C_1은 적분상수)

$x\geq 0$일 때

$F(x)=\int f(x)dx=\int k(2x-x^2)dx$

$=\int (-kx^2+2kx)dx$

$=-\frac{k}{3}x^3+kx^2+C_2$ (C_2는 적분상수)

$\therefore F(x)=\begin{cases} -x^2+C_1 & (x<0) \\ -\frac{k}{3}x^3+kx^2+C_2 & (x\geq 0) \end{cases}$

이때 함수 $F(x)$가 실수 전체의 집합에서 미분가능하므로 실수 전체의 집합에서 연속이다.

즉, 함수 $F(x)$가 $x=0$에서 연속이므로

$\lim_{x\to 0-} F(x)=\lim_{x\to 0+} F(x)=F(0)$에서

$C_1=C_2$

따라서 $F(x)=\begin{cases} -x^2+C_1 & (x<0) \\ -\frac{k}{3}x^3+kx^2+C_1 & (x\geq 0) \end{cases}$이므로

$F(2)-F(-3)=21$에서

$\left(-\frac{8}{3}k+4k+C_1\right)-(-9+C_1)=21$

$\frac{4}{3}k=12 \qquad \therefore k=9$

0394

답 -7

주어진 그림에서 $f'(-2)=f'(2)=0$이므로

$f'(x)=a(x+2)(x-2)=a(x^2-4)$ $(a>0)$

$f'(0)=-4$에서 $-4a=-4$

$\therefore a=1$

$\therefore f'(x)=x^2-4$

$f(x)=\int f'(x)dx=\int (x^2-4)dx$

$=\frac{1}{3}x^3-4x+C_1$ (C_1은 적분상수)

$f(0)=0$에서 $C_1=0$

$\therefore f(x)=\frac{1}{3}x^3-4x$

$g(x)=\int \left[\frac{d}{dx}\{xf(x)\}\right]dx$

$=xf(x)+C_2$

$=\frac{1}{3}x^4-4x^2+C_2$ (C_2는 적분상수)

$g'(x)=\frac{4}{3}x^3-8x=\frac{4}{3}x(x+\sqrt{6})(x-\sqrt{6})$

$g'(x)=0$에서 $x=-\sqrt{6}$ 또는 $x=0$ 또는 $x=\sqrt{6}$

함수 $g(x)$의 증가와 감소를 표로 나타내면 다음과 같다.

x	$\cdots$	$-\sqrt{6}$	$\cdots$	0	$\cdots$	$\sqrt{6}$	$\cdots$
$g'(x)$	$-$	0	$+$	0	$-$	0	$+$
$g(x)$	↘	극소	↗	극대	↘	극소	↗

함수 $g(x)$의 극댓값이 5이므로

$g(0)=5$에서 $C_2=5$

따라서 $g(x)=\frac{1}{3}x^4-4x^2+5$이므로 $g(x)$의 극솟값은

$g(-\sqrt{6})=g(\sqrt{6})=\frac{1}{3}\times 6^2-4\times 6+5=-7$

짝기출

최고차항의 계수가 1인 삼차함수 $f(x)$가 $f(0)=0$, $f(\alpha)=0$, $f'(\alpha)=0$이고 함수 $g(x)$가 다음 두 조건을 만족시킬 때, $g\left(\frac{\alpha}{3}\right)$의 값은? (단, α는 양수이다.)

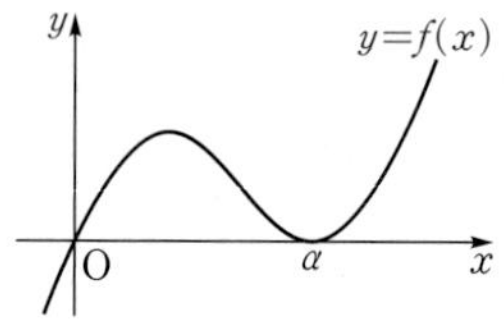

(가) 모든 실수 x에 대하여 $g'(x)=f(x)+xf'(x)$이다.
(나) $g(x)$의 극댓값이 81이고 극솟값이 0이다.

① 56 ② 58 ③ 60 ④ 62 ⑤ 64

답 ⑤

PART A′ 08 정적분

유형 01 정적분의 정의

0395 답 ④

$$\int_1^2 \left(\frac{2x^2-3}{x+1}-\frac{x^2-2}{x+1}\right)dx=\int_1^2 \frac{x^2-1}{x+1}dx$$
$$=\int_1^2 \frac{(x+1)(x-1)}{x+1}dx$$
$$=\int_1^2 (x-1)\,dx$$
$$=\left[\frac{1}{2}x^2-x\right]_1^2$$
$$=0-\left(-\frac{1}{2}\right)=\frac{1}{2}$$

0396 답 2

$$\int_0^1 (4x^3-3ax^2+2x+a^2)\,dx=\left[x^4-ax^3+x^2+a^2x\right]_0^1$$
$$=a^2-a+2=4$$

에서 $a^2-a-2=0$

$(a+1)(a-2)=0$ $\quad\therefore a=2\ (\because a>0)$

0397 답 ③

$$\int_{-1}^3 (3x^2+2kx-3)\,dx=\left[x^3+kx^2-3x\right]_{-1}^3$$
$$=(18+9k)-(k+2)$$
$$=8k+16>8$$

에서 $8k>-8$ $\quad\therefore k>-1$

따라서 구하는 정수 k의 최솟값은 0이다.

0398 답 ①

최고차항의 계수가 1인 삼차함수 $f(x)$에 대하여

$f(-1)=f(0)=f(4)=3$에서 함수 $f(x)-3$은 $x+1$, x, $x-4$를 인수로 가지므로

$f(x)-3=x(x+1)(x-4)$

$f(x)=x(x+1)(x-4)+3$

$\quad=x^3-3x^2-4x+3$

$$\therefore \int_{-2}^0 f(x)\,dx=\int_{-2}^0 (x^3-3x^2-4x+3)\,dx$$
$$=\left[\frac{1}{4}x^4-x^3-2x^2+3x\right]_{-2}^0$$
$$=0-(-2)=2$$

참고

다항함수 $f(x)$에 대하여 $f(\alpha)=f(\beta)=f(\gamma)=k$이면 함수 $f(x)-k$는 $x-\alpha$, $x-\beta$, $x-\gamma$를 인수로 갖는다.

0399 답 ③

$$\int_{-2}^5 \{4f'(x)-2x\}\,dx=\left[4f(x)-x^2\right]_{-2}^5$$
$$=4f(5)-25-\{4f(-2)-4\}$$
$$=-4f(-2)+3\ (\because f(5)=6)$$
$$=15$$

에서 $-4f(-2)=12$ $\quad\therefore f(-2)=-3$

0400 답 10

$f'(x)=8x-3$이므로

$f(x)=\int (8x-3)\,dx$

$\quad=4x^2-3x+C$ (C는 적분상수)

이때

$$\int_0^1 xf(x)\,dx=\int_0^1 (4x^3-3x^2+Cx)\,dx$$
$$=\left[x^4-x^3+\frac{C}{2}x^2\right]_0^1$$
$$=\frac{C}{2}=\frac{3}{2}$$

에서 $C=3$

따라서 $f(x)=4x^2-3x+3$이므로

$f(-1)=4+3+3=10$

Bible Says 도함수가 주어졌을 때 함수 구하기

함수 $f(x)$의 도함수 $f'(x)$가 주어졌을 때

$f(x)=\int f'(x)\,dx$

임을 이용하여 $f(x)$를 적분상수를 포함한 식으로 나타낼 수 있다.

0401 답 12

조건 (가)의 $\lim_{x\to0}\frac{f(x)}{x}=2$에서 극한값이 존재하고

$x\to0$일 때, (분모)$\to0$이므로 (분자)$\to0$이어야 한다.

즉, $\lim_{x\to0}f(x)=0$이므로 $f(0)=0$

$$\lim_{x\to0}\frac{f(x)}{x}=\lim_{x\to0}\frac{f(x)-f(0)}{x-0}=f'(0)=2$$

$f(x)=ax^2+bx+c$ (a, b, c는 상수, $a\neq0$)라 하면

$f'(x)=2ax+b$

$f(0)=0$에서 $c=0$

$f'(0)=2$에서 $b=2$

$f(x)=ax^2+2x$이므로

$$\int_{-1}^2 f(x)\,dx=\int_{-1}^2 (ax^2+2x)\,dx$$
$$=\left[\frac{1}{3}ax^3+x^2\right]_{-1}^2=3a+3=9$$

에서 $3a=6$ $\quad\therefore a=2$

따라서 $f(x)=2x^2+2x$이므로
$f(2)=8+4=12$

참고

다항함수 $f(x)$에 대하여 $\lim_{x\to a}\frac{f(x)-b}{x-a}=c$ (a, b, c는 상수)이면
$f(a)=b$, $f'(a)=c$

$\therefore \int_{-1}^{1}f'(x)g(x)\,dx+\int_{-1}^{1}f(x)g'(x)\,dx$
$=\int_{-1}^{1}\{f'(x)g(x)+f(x)g'(x)\}\,dx$
$=\int_{-1}^{1}\{f(x)g(x)\}'\,dx$
$=\Big[f(x)g(x)\Big]_{-1}^{1}$
$=f(1)g(1)-f(-1)g(-1)$
$=4\times2-(-4)\times2=16$

유형 02 정적분의 계산 - 적분 구간이 같은 경우

0402

답 ⑤

$\int_0^2\frac{x^3}{x+2}dx-\int_2^0\frac{8}{t+2}dt=\int_0^2\frac{x^3}{x+2}dx-\int_2^0\frac{8}{x+2}dx$
$=\int_0^2\frac{x^3}{x+2}dx+\int_0^2\frac{8}{x+2}dx$
$=\int_0^2\frac{x^3+8}{x+2}dx$
$=\int_0^2\frac{(x+2)(x^2-2x+4)}{x+2}dx$
$=\int_0^2(x^2-2x+4)\,dx$
$=\Big[\frac{1}{3}x^3-x^2+4x\Big]_0^2=\frac{20}{3}$

0403

답 5

$\int_{-1}^{3}\{f(x)\}^2dx=1$, $\int_{-1}^{3}\{g(x)\}^2dx=25$이므로
$\int_{-1}^{3}\{f(x)+g(x)\}^2dx$
$=\int_{-1}^{3}[\{f(x)\}^2+2f(x)g(x)+\{g(x)\}^2]\,dx$
$=\int_{-1}^{3}\{f(x)\}^2dx+2\int_{-1}^{3}f(x)g(x)\,dx+\int_{-1}^{3}\{g(x)\}^2dx$
$=26+2\int_{-1}^{3}f(x)g(x)\,dx=36$
에서 $2\int_{-1}^{3}f(x)g(x)\,dx=10$
$\therefore \int_{-1}^{3}f(x)g(x)\,dx=5$

0404

답 16

조건 (가)에서 곡선 $y=f(x)$가 두 점 $(-1,\ -4)$, $(1,\ 4)$를 지나므로
$f(-1)=-4$, $f(1)=4$
조건 (나)에서 곡선 $y=g(x)$가 두 점 $(-1,\ 2)$, $(1,\ 2)$를 지나므로
$g(-1)=2$, $g(1)=2$

유형 03 정적분의 계산 - 피적분함수가 같은 경우

0405

답 ④

$\int_1^2(x+1)^3dx-\int_{-2}^{2}(x-1)^3dx+\int_{-2}^{1}(x-1)^3dx$
$=\int_1^2(x+1)^3dx-\Big\{\int_{-2}^{2}(x-1)^3dx+\int_1^{-2}(x-1)^3dx\Big\}$
$=\int_1^2(x+1)^3dx-\int_1^2(x-1)^3dx$
$=\int_1^2\{(x+1)^3-(x-1)^3\}\,dx$
$=\int_1^2\{(x^3+3x^2+3x+1)-(x^3-3x^2+3x-1)\}\,dx$
$=\int_1^2(6x^2+2)\,dx=\Big[2x^3+2x\Big]_1^2=20-4=16$

0406

답 2

$\int_2^3f(x)\,dx-\int_{-1}^{-2}f(x)\,dx+\int_{-1}^{2}f(x)\,dx$
$=\int_{-2}^{-1}f(x)\,dx+\int_{-1}^{2}f(x)\,dx+\int_2^3f(x)\,dx$
$=\int_{-2}^{3}f(x)\,dx$
$=\int_{-2}^{3}(4x^3-3ax^2+2)\,dx$
$=\Big[x^4-ax^3+2x\Big]_{-2}^{3}$
$=(87-27a)-(8a+12)$
$=-35a+75=5$
에서 $35a=70$ $\therefore a=2$

0407

답 ②

$\int_{-1}^{4}2f(x)\,dx=18$에서 $\int_{-1}^{4}f(x)\,dx=9$이므로
$\int_{-1}^{2}f(x)\,dx+\int_2^3f(x)\,dx+\int_3^4f(x)\,dx=9$에서
$\int_{-1}^{2}f(x)\,dx+\int_3^4f(x)\,dx=10$ $\left(\because \int_2^3f(x)\,dx=-1\right)$ …… ㉠

$\int_{-1}^{2} 2f(x)\,dx+\int_{3}^{4} f(x)\,dx=5$에서

$2\int_{-1}^{2} f(x)\,dx+\int_{3}^{4} f(x)\,dx=5$ …… ㉡

㉡－㉠을 하면

$\int_{-1}^{2} f(x)\,dx=-5$

$\int_{-1}^{2} f(x)\,dx=-5$를 ㉠에 대입하여 정리하면

$\int_{3}^{4} f(x)\,dx=15$

$\therefore \int_{-1}^{2} f(x)\,dx+\int_{3}^{4} 2f(x)\,dx=-5+2\times15=25$

0408

답 8

$f(x)=x^2+ax+b$ (a, b는 상수)라 하면

$$\int_{-2}^{1} f(x)\,dx=\int_{-2}^{1} (x^2+ax+b)\,dx$$
$$=\left[\frac{1}{3}x^3+\frac{a}{2}x^2+bx\right]_{-2}^{1}$$
$$=\left(\frac{1}{3}+\frac{a}{2}+b\right)-\left(-\frac{8}{3}+2a-2b\right)$$
$$=-\frac{3}{2}a+3b+3=0$$

에서 $a-2b=2$ …… ㉠

$$\int_{-1}^{2} f(x)\,dx=\int_{-1}^{2} (x^2+ax+b)\,dx$$
$$=\left[\frac{1}{3}x^3+\frac{a}{2}x^2+bx\right]_{-1}^{2}$$
$$=\left(\frac{8}{3}+2a+2b\right)-\left(-\frac{1}{3}+\frac{a}{2}-b\right)$$
$$=\frac{3}{2}a+3b+3=0$$

에서 $a+2b=-2$ …… ㉡

㉠, ㉡을 연립하여 풀면 $a=0$, $b=-1$

따라서 $f(x)=x^2-1$이므로

$f(3)=9-1=8$

유형 04 정적분의 계산 - 구간마다 다르게 정의된 함수

0409

답 ③

$$\int_{0}^{2} f(x)\,dx=\int_{0}^{1} f(x)\,dx+\int_{1}^{2} f(x)\,dx$$
$$=\int_{0}^{1} (3x^2-2x-3)\,dx+\int_{1}^{2} (-6x+4)\,dx$$
$$=\left[x^3-x^2-3x\right]_{0}^{1}+\left[-3x^2+4x\right]_{1}^{2}$$
$$=(-3)+(-4-1)=-8$$

0410

답 ①

주어진 함수 $y=f(x)$의 그래프에서

(i) $x<1$일 때

$f(x)=-1$

(ii) $x\ge1$일 때

함수 $y=f(x)$의 그래프는 두 점 $(1,\ -1)$, $(2,\ 0)$을 지나므로 직선의 방정식은

$y=\frac{0-(-1)}{2-1}(x-2)$

$\therefore f(x)=x-2$

(i), (ii)에서 $f(x)=\begin{cases} -1 & (x<1) \\ x-2 & (x\ge1) \end{cases}$이므로

$$\int_{-2}^{3} (x-1)f(x)\,dx$$
$$=\int_{-2}^{1} \{(x-1)\times(-1)\}\,dx+\int_{1}^{3} (x-1)(x-2)\,dx$$
$$=\int_{-2}^{1} (-x+1)\,dx+\int_{1}^{3} (x^2-3x+2)\,dx$$
$$=\left[-\frac{1}{2}x^2+x\right]_{-2}^{1}+\left[\frac{1}{3}x^3-\frac{3}{2}x^2+2x\right]_{1}^{3}$$
$$=\left\{\frac{1}{2}-(-4)\right\}+\left(\frac{3}{2}-\frac{5}{6}\right)$$
$$=\frac{31}{6}$$

0411

답 2

함수 $f(x)$가 실수 전체의 집합에서 연속이므로 $x=a$에서도 연속이다.

즉, $\lim_{x\to a-} f(x)=\lim_{x\to a+} f(x)=f(a)$에서

$2a+k=6a$

$\therefore k=4a$

이때 $1<a<3$이므로

$$\int_{1}^{3} f(x)\,dx=\int_{1}^{a} f(x)\,dx+\int_{a}^{3} f(x)\,dx$$
$$=\int_{1}^{a} (2x+4a)\,dx+\int_{a}^{3} 6x\,dx$$
$$=\left[x^2+4ax\right]_{1}^{a}+\left[3x^2\right]_{a}^{3}$$
$$=\{5a^2-(1+4a)\}+(27-3a^2)$$
$$=2a^2-4a+26=26$$

에서

$2a^2-4a=0$, $2a(a-2)=0$

$\therefore a=2$ ($\because 1<a<3$)

Bible Says 함수의 연속

함수 $f(x)$가 실수 a에 대하여 다음 조건을 모두 만족시킬 때, $f(x)$는 $x=a$에서 연속이다.

(1) $f(x)$는 $x=a$에서 정의되어 있다.

(2) 극한값 $\lim_{x\to a} f(x)$가 존재한다.

(3) $\lim_{x\to a} f(x)=f(a)$

0412

답 ②

$f'(x)=\begin{cases} -2x+4 & (x<1) \\ 4x-2 & (x\geq 1) \end{cases}$에서

$f(x)=\begin{cases} -x^2+4x+C_1 & (x<1) \\ 2x^2-2x+C_2 & (x\geq 1) \end{cases}$ (C_1, C_2는 적분상수)

$f(2)=3$에서 $8-4+C_2=3$

$\therefore C_2=-1$

함수 $f(x)$가 실수 전체의 집합에서 미분가능하므로 실수 전체의 집합에서 연속이다. 즉, 함수 $f(x)$는 $x=1$에서 연속이므로

$\lim_{x\to 1-} f(x)=\lim_{x\to 1+} f(x)=f(1)$에서

$3+C_1=-1$

$\therefore C_1=-4$

따라서 $f(x)=\begin{cases} -x^2+4x-4 & (x<1) \\ 2x^2-2x-1 & (x\geq 1) \end{cases}$이므로

$$\begin{aligned}\int_0^2 f(x)\,dx&=\int_0^1 f(x)\,dx+\int_1^2 f(x)\,dx\\&=\int_0^1(-x^2+4x-4)\,dx+\int_1^2(2x^2-2x-1)\,dx\\&=\left[-\frac{1}{3}x^3+2x^2-4x\right]_0^1+\left[\frac{2}{3}x^3-x^2-x\right]_1^2\\&=\left(-\frac{7}{3}\right)+\left\{-\frac{2}{3}-\left(-\frac{4}{3}\right)\right\}\\&=-\frac{5}{3}\end{aligned}$$

유형 05 정적분의 계산 - 절댓값 기호를 포함한 함수

0413

답 ②

$$\begin{aligned}|x^2+x-2|&=|(x+2)(x-1)|\\&=\begin{cases} -(x+2)(x-1) & (-2<x<1) \\ (x+2)(x-1) & (x\leq -2 \text{ 또는 } x\geq 1) \end{cases}\end{aligned}$$

이므로

$$\begin{aligned}&\int_0^2 \frac{|x^2+x-2|}{x+2}\,dx\\&=\int_0^1 \frac{-(x+2)(x-1)}{x+2}\,dx+\int_1^2 \frac{(x+2)(x-1)}{x+2}\,dx\\&=\int_0^1(-x+1)\,dx+\int_1^2(x-1)\,dx\\&=\left[-\frac{1}{2}x^2+x\right]_0^1+\left[\frac{1}{2}x^2-x\right]_1^2\\&=\frac{1}{2}+\left\{0-\left(-\frac{1}{2}\right)\right\}=1\end{aligned}$$

참고

절댓값 기호를 포함한 함수의 정적분은 절댓값 기호 안의 식이 0이 되도록 하는 x의 값을 기준으로 구간을 나눈다.

0414

답 3

$|-3x^2+4x+4|=|3x^2-4x-4|=|(3x+2)(x-2)|$이므로

$|-3x^2+4x+4|=\begin{cases} -3x^2+4x+4 & \left(-\frac{2}{3}<x<2\right) \\ 3x^2-4x-4 & \left(x\leq -\frac{2}{3} \text{ 또는 } x\geq 2\right) \end{cases}$

이때 $a>2$이므로

$$\begin{aligned}&\int_0^a |f(x)|\,dx\\&=\int_0^2 |f(x)|\,dx+\int_2^a |f(x)|\,dx\\&=\int_0^2(-3x^2+4x+4)\,dx+\int_2^a(3x^2-4x-4)\,dx\\&=\left[-x^3+2x^2+4x\right]_0^2+\left[x^3-2x^2-4x\right]_2^a\\&=8+\{a^3-2a^2-4a-(-8)\}\\&=a^3-2a^2-4a+16=13\end{aligned}$$

에서

$a^3-2a^2-4a+3=0$, $(a-3)(a^2+a-1)=0$

$\therefore a=3$ ($\because a>2$)

0415

답 ⑤

$f(x)=|x+1|+|x-2|=\begin{cases} -2x+1 & (x<-1) \\ 3 & (-1\leq x<2) \\ 2x-1 & (x\geq 2) \end{cases}$이므로

함수 $f(x)$의 최솟값은 3이다.

$$\begin{aligned}\therefore \int_0^k f(x)\,dx&=\int_0^3 f(x)\,dx\\&=\int_0^2 3\,dx+\int_2^3(2x-1)\,dx\\&=\left[3x\right]_0^2+\left[x^2-x\right]_2^3\\&=6+(6-2)=10\end{aligned}$$

0416

답 24

최고차항의 계수가 1인 삼차함수 $y=f(x)$의 그래프가 x축과 $x=0$에서 접하고 $x=3$에서 만나므로

$f(x)=x^2(x-3)=x^3-3x^2$

$f'(x)=3x^2-6x=3x(x-2)$

따라서 $|f'(x)|=\begin{cases} -3x^2+6x & (0<x<2) \\ 3x^2-6x & (x\leq 0 \text{ 또는 } x\geq 2) \end{cases}$이므로

$$\begin{aligned}\int_0^4 |f'(x)|\,dx&=\int_0^2(-3x^2+6x)\,dx+\int_2^4(3x^2-6x)\,dx\\&=\left[-x^3+3x^2\right]_0^2+\left[x^3-3x^2\right]_2^4\\&=4+\{16-(-4)\}=24\end{aligned}$$

유형 06 우함수, 기함수의 정적분

0417 답 50

$\int_{-1}^{1}(1+2x+3x^2+\cdots+50x^{49})\,dx$

$=\int_{-1}^{1}(1+3x^2+5x^4+\cdots+49x^{48})\,dx$

$\quad+\int_{-1}^{1}(2x+4x^3+6x^5+\cdots+50x^{49})\,dx$

$=2\int_{0}^{1}(1+3x^2+5x^4+\cdots+49x^{48})\,dx+0$

$=2\Big[x+x^3+x^5+\cdots+x^{49}\Big]_0^1$

$=2\times25=50$

0418 답 ③

$\int_{-a}^{a}\{x^3+3ax^2+(a+1)x-a\}\,dx$

$=\int_{-a}^{a}\{x^3+(a+1)x\}\,dx+\int_{-a}^{a}(3ax^2-a)\,dx$

$=0+2\int_{0}^{a}(3ax^2-a)\,dx$

$=2\Big[ax^3-ax\Big]_0^a$

$=2a^4-2a^2=2-2a^2$

에서 $2a^4-2=0$

$2(a+1)(a-1)(a^2+1)=0$

$\therefore a=-1$ 또는 $a=1$

따라서 구하는 모든 실수 a의 값의 합은

$-1+1=0$

0419 답 ①

$f(x)=ax+b$ (a, b는 상수, $a\neq0$)라 하면

$\int_{-1}^{1}x^2f(x)\,dx=\int_{-1}^{1}(ax^3+bx^2)\,dx$

$=2b\int_{0}^{1}x^2\,dx$

$=2b\Big[\frac{1}{3}x^3\Big]_0^1$

$=\frac{2}{3}b=-2$

에서 $b=-3$

또한

$\int_{-1}^{1}xf(x)\,dx=\int_{-1}^{1}(ax^2+bx)\,dx$

$=2a\int_{0}^{1}x^2\,dx$

$=2a\Big[\frac{1}{3}x^3\Big]_0^1$

$=\frac{2}{3}a=4$

에서 $a=6$

따라서 $f(x)=6x-3$이므로

$\int_{-1}^{1}f(x)\,dx=\int_{-1}^{1}(6x-3)\,dx=-2\int_{0}^{1}3\,dx$

$=-2\Big[3x\Big]_0^1=-2\times3=-6$

0420 답 24

$f(-x)+f(x)=0$에서 $f(-x)=-f(x)$이므로 함수 $f(x)$는 기함수이다.

즉, 함수 $x^2f(x)$는 기함수, 함수 $xf(x)$는 우함수이므로

$\int_{-3}^{3}(2x^2+6x-3)f(x)\,dx$

$=\int_{-3}^{3}\{2x^2f(x)\}\,dx+\int_{-3}^{3}6xf(x)\,dx+\int_{-3}^{3}\{-3f(x)\}\,dx$

$=0+6\int_{-3}^{3}xf(x)\,dx+0$

$=12\int_{0}^{3}xf(x)\,dx=12\times2=24$

Bible Says 우함수와 기함수

일반적으로 우함수와 기함수에 대하여 다음이 성립한다.
(1) (우함수)×(우함수)=(우함수)
(2) (우함수)×(기함수)=(기함수)
(3) (기함수)×(기함수)=(우함수)

0421 답 3

$f(-x)=f(x)$이므로 함수 $f(x)$는 우함수이다.

즉,

$\int_{-2}^{2}f(x)\,dx=4$에서 $2\int_{0}^{2}f(x)\,dx=4$ $\quad\therefore \int_{0}^{2}f(x)\,dx=2$

$\int_{-6}^{6}f(x)\,dx=10$에서 $2\int_{0}^{6}f(x)\,dx=10$ $\quad\therefore \int_{0}^{6}f(x)\,dx=5$

$\therefore \int_{2}^{6}f(x)\,dx=\int_{0}^{6}f(x)\,dx-\int_{0}^{2}f(x)\,dx$

$=5-2=3$

0422 답 ①

$\int_{-1}^{1}|x|(3x^3+4x^2-8)\,dx=\int_{-1}^{1}(3x^3|x|+4x^2|x|-8|x|)\,dx$

$=2\int_{0}^{1}(4x^2|x|-8|x|)\,dx$

$=2\int_{0}^{1}(4x^3-8x)\,dx$

$=2\Big[x^4-4x^2\Big]_0^1$

$=2\times(-3)=-6$

참고

$f(x)=|x|$는 모든 실수 x에 대하여 $f(x)=f(-x)$이므로 우함수이다.

0423

답 7

조건 (가)에서 함수 $f(x)$는 기함수이다.

$\int_{-2}^{5} f(x)\,dx=\int_{-2}^{3} f(x)\,dx+\int_{3}^{5} f(x)\,dx$이므로 조건 (나)에서

$12=5+\int_{3}^{5} f(x)\,dx \quad \therefore \int_{3}^{5} f(x)\,dx=7$

$\therefore \int_{-3}^{5} f(x)\,dx=\int_{-3}^{3} f(x)\,dx+\int_{3}^{5} f(x)\,dx$

$=0+7=7$

유형 07 주기함수의 정적분

0424

답 15

함수 $f(x)$가 모든 실수 x에 대하여 $f(x+4)=f(x)$이므로

$$\int_{-11}^{9} f(x)\,dx=\int_{-11}^{-7} f(x)\,dx+\int_{-7}^{-3} f(x)\,dx+\int_{-3}^{1} f(x)\,dx+\int_{1}^{5} f(x)\,dx+\int_{5}^{9} f(x)\,dx$$

$=5\int_{-3}^{1} f(x)\,dx$

$=5\times 3=15$

0425

답 ②

함수 $f(x)$가 모든 실수 x에 대하여 $f(x)=f(x+2)$이므로

$$\int_{1}^{10} f(x)\,dx=\int_{1}^{3} f(x)\,dx+\int_{3}^{5} f(x)\,dx+\int_{5}^{7} f(x)\,dx+\int_{7}^{9} f(x)\,dx+\int_{9}^{10} f(x)\,dx$$

$=4\int_{-1}^{1} f(x)\,dx+\int_{-1}^{0} f(x)\,dx \quad \cdots\cdots$ ㉠

조건 (나)에서 $-1\le x\le 1$일 때, $f(x)=3x^2-2$이므로

$\int_{-1}^{1} f(x)\,dx=\int_{-1}^{1} (3x^2-2)\,dx$

$=2\int_{0}^{1} (3x^2-2)\,dx$

$=2\Big[x^3-2x\Big]_{0}^{1}=2\times(-1)=-2$

$\int_{-1}^{0} f(x)\,dx=\int_{-1}^{0} (3x^2-2)\,dx$

$=\Big[x^3-2x\Big]_{-1}^{0}=0-1=-1$

따라서 ㉠에서

$4\int_{-1}^{1} f(x)\,dx+\int_{-1}^{0} f(x)\,dx=4\times(-2)+(-1)=-9$

0426

답 6

조건 (가)에서 모든 실수 x에 대하여 $f(-x)=f(x)$이므로 함수 $f(x)$는 우함수이고, 두 함수 $x^3f(x)$, $xf(x)$는 기함수이다.

따라서 조건 (다)에서

$\int_{-1}^{1} (x^3-x+5)f(x)\,dx$

$=\int_{-1}^{1} x^3f(x)\,dx+\int_{-1}^{1} \{-xf(x)\}\,dx+\int_{-1}^{1} 5f(x)\,dx$

$=0+0+\int_{-1}^{1} 5f(x)\,dx=10$

이므로 $\int_{-1}^{1} f(x)\,dx=2$

또한 조건 (나)에서 모든 실수 x에 대하여 $f(x-2)=f(x)$이므로

$\int_{-1}^{1} f(x)\,dx=\int_{-1}^{0} f(x)\,dx+\int_{0}^{1} f(x)\,dx$

$=\int_{1}^{2} f(x)\,dx+\int_{0}^{1} f(x)\,dx$

$=\int_{0}^{2} f(x)\,dx=2$

$\therefore \int_{-2}^{4} f(x)\,dx=\int_{-2}^{0} f(x)\,dx+\int_{0}^{2} f(x)\,dx+\int_{2}^{4} f(x)\,dx$

$=\int_{0}^{2} f(x)\,dx+\int_{0}^{2} f(x)\,dx+\int_{0}^{2} f(x)\,dx$

$=3\int_{0}^{2} f(x)\,dx=3\times 2=6$

유형 08 정적분을 포함한 등식 - 위끝, 아래끝이 상수인 경우

0427

답 3

$\int_{0}^{2} tf(t)\,dt=k$ (k는 상수)라 하면

$f(x)=x^2-6x+k$이므로

$\int_{0}^{2} tf(t)\,dt=\int_{0}^{2} (t^3-6t^2+kt)\,dt$

$=\left[\frac{1}{4}t^4-2t^3+\frac{k}{2}t^2\right]_{0}^{2}$

$=2k-12=k$

에서 $k=12$

따라서 $f(x)=x^2-6x+12$이므로

$f(3)=9-18+12=3$

0428

답 ③

$\int_{0}^{1} f(t)\,dt=k$ (k는 상수)라 하면

$f(x)=3x^2-x+\frac{k^2}{2}$이므로

$$\int_0^1 f(t)\,dt=\int_0^1\left(3t^2-t+\frac{k^2}{2}\right)dt$$
$$=\left[t^3-\frac{1}{2}t^2+\frac{k^2}{2}t\right]_0^1$$
$$=\frac{k^2}{2}+\frac{1}{2}=k$$

에서 $k^2-2k+1=0$

$(k-1)^2=0$ $\quad\therefore k=1$

따라서 $f(x)=3x^2-x+\frac{1}{2}$이므로

$$\int_{-1}^1 f(x)\,dx=\int_{-1}^1\left(3x^2-x+\frac{1}{2}\right)dx$$
$$=2\int_0^1\left(3x^2+\frac{1}{2}\right)dx$$
$$=2\left[x^3+\frac{1}{2}x\right]_0^1$$
$$=2\times\frac{3}{2}=3$$

0429

답 2

$$f(x)=x^2-2+\int_0^1 xf(t)\,dt=x^2-2+x\int_0^1 f(t)\,dt$$

$\int_0^1 f(t)\,dt=k$ (k는 상수)라 하면

$f(x)=x^2+kx-2$이므로

$$\int_0^1 f(t)\,dt=\int_0^1 (t^2+kt-2)\,dt$$
$$=\left[\frac{1}{3}t^3+\frac{k}{2}t^2-2t\right]_0^1$$
$$=\frac{k}{2}-\frac{5}{3}=k$$

에서 $k=-\frac{10}{3}$

$\therefore f(x)=x^2-\frac{10}{3}x-2$

한편,

$$g(x)-f(x)=2x^2+\frac{2}{3}x+t-\left(x^2-\frac{10}{3}x-2\right)=x^2+4x+t+2$$

이므로 방정식 $g(x)-f(x)=0$의 실근이 존재하려면 이차방정식 $x^2+4x+t+2=0$의 판별식을 D라 할 때

$\frac{D}{4}=2^2-(t+2)\ge0$ $\quad\therefore t\le2$

따라서 구하는 실수 t의 최댓값은 2이다.

0430

답 ②

$$f(x)=3x^2-\int_1^{-1} f(t)\,dt+\int_1^2 f(t)\,dt$$
$$=3x^2+\left\{\int_{-1}^1 f(t)\,dt+\int_1^2 f(t)\,dt\right\}$$
$$=3x^2+\int_{-1}^2 f(t)\,dt$$

$\int_{-1}^2 f(t)\,dt=k$ (k는 상수)라 하면

$f(x)=3x^2+k$이므로

$$\int_{-1}^2 f(t)\,dt=\int_{-1}^2 (3t^2+k)\,dt$$
$$=\left[t^3+kt\right]_{-1}^2$$
$$=(8+2k)-(-1-k)$$
$$=9+3k=k$$

에서 $k=-\frac{9}{2}$

따라서 $f(x)=3x^2-\frac{9}{2}$이므로 함수 $f(x)$는 $x=0$일 때 최솟값 $-\frac{9}{2}$를 갖는다.

유형 09 정적분을 포함한 등식 - 위끝 또는 아래끝에 변수가 있는 경우

0431

답 ④

$\int_a^x f(t)\,dt=x^3+ax-2$ $\quad\cdots\cdots$ ㉠

㉠의 양변에 $x=a$를 대입하면

$0=a^3+a^2-2$, $(a-1)(a^2+2a+2)=0$

$\therefore a=1$ ($\because a^2+2a+2>0$)

㉠의 양변을 x에 대하여 미분하면

$f(x)=3x^2+1$

$\therefore f(1)=3+1=4$

0432

답 ③

$\int_a^x f(t)\,dt=x^2-2bx+b^2$ $\quad\cdots\cdots$ ㉠

㉠의 양변에 $x=a$를 대입하면

$0=a^2-2ab+b^2$, $(a-b)^2=0$

$\therefore a=b$

㉠의 양변을 x에 대하여 미분하면

$f(x)=2x-2b$

$\therefore f(a)=2a-2b=0$ ($\because a=b$)

0433

답 2

$xf(x)=\frac{2}{3}x^3-x^2+\int_1^x f(t)\,dt$ $\quad\cdots\cdots$ ㉠

㉠의 양변에 $x=1$을 대입하면

$f(1)=\frac{2}{3}-1=-\frac{1}{3}$ $\quad\cdots\cdots$ ㉡

㉠의 양변을 x에 대하여 미분하면

$f(x)+xf'(x)=2x^2-2x+f(x)$

$xf'(x)=2x^2-2x$ $\quad\therefore f'(x)=2x-2$

$$\therefore f(x)=\int f'(x)\,dx$$
$$=\int(2x-2)\,dx$$
$$=x^2-2x+C\ (C\text{는 적분상수})$$

이때 ㉡에서

$1-2+C=-\frac{1}{3}$ $\quad\therefore C=\frac{2}{3}$

$\therefore f(x)=x^2-2x+\frac{2}{3}$

방정식 $f(k)=\frac{2}{3}$에서

$k^2-2k+\frac{2}{3}=\frac{2}{3}$, $k^2-2k=0$, $k(k-2)=0$

$\therefore k=0$ 또는 $k=2$

따라서 구하는 모든 실수 k의 값의 합은

$0+2=2$

0434 답 ③

$\frac{d}{dx}\int_2^x f(t)\,dt=f(x)$,

$\int_2^x \left\{\frac{d}{dt}f(t)\right\}dt=\int_2^x f'(t)\,dt=\Big[f(t)\Big]_2^x$

$=f(x)-f(2)$

이므로 $\frac{d}{dx}\int_2^x f(t)\,dt=\int_2^x\left\{\frac{d}{dt}f(t)\right\}dt$에서

$f(x)=f(x)-f(2)$ $\quad\therefore f(2)=0$

$f(x)=x^3-ax^2+4$에서

$8-4a+4=0$, $12-4a=0$

$\therefore a=3$

따라서 $f(x)=x^3-3x^2+4$이므로

$\int_0^1 f(x)\,dx=\int_0^1(x^3-3x^2+4)\,dx$

$=\left[\frac{1}{4}x^4-x^3+4x\right]_0^1=\frac{13}{4}$

0435 답 ④

$2f(x)=2x^3-4x+\int_1^x f'(t)\,dt$ …… ㉠

㉠의 양변에 $x=1$을 대입하면

$2f(1)=2-4=-2$ $\quad\therefore f(1)=-1$ …… ㉡

㉠의 양변을 x에 대하여 미분하면

$2f'(x)=6x^2-4+f'(x)$ $\quad\therefore f'(x)=6x^2-4$

$\therefore f(x)=\int f'(x)\,dx$

$=\int(6x^2-4)\,dx$

$=2x^3-4x+C$ (C는 적분상수)

㉡에서

$2-4+C=-1$ $\quad\therefore C=1$

따라서 $f(x)=2x^3-4x+1$이므로

$\int_0^1 f(x)\,dx=\int_0^1(2x^3-4x+1)\,dx$

$=\left[\frac{1}{2}x^4-2x^2+x\right]_0^1=-\frac{1}{2}$

0436 답 -8

$\int_0^1 f'(t)\,dt=k$ (k는 상수)라 하면

$\int_1^x f(t)\,dt=2x^3+x^2\int_0^1 f'(t)\,dt+xf(x)$에서

$\int_1^x f(t)\,dt=2x^3+kx^2+xf(x)$ …… ㉠

㉠의 양변에 $x=1$을 대입하면

$0=2+k+f(1)$ $\quad\therefore f(1)=-2-k$ …… ㉡

㉠의 양변을 x에 대하여 미분하면

$f(x)=6x^2+2kx+f(x)+xf'(x)$

$xf'(x)=-6x^2-2kx$ $\quad\therefore f'(x)=-6x-2k$

$\int_0^1 f'(t)\,dt=\int_0^1(-6t-2k)\,dt$

$=\Big[-3t^2-2kt\Big]_0^1$

$=-3-2k=k$

에서 $k=-1$

즉, $f'(x)=-6x+2$이므로

$f(x)=\int f'(x)\,dx$

$=\int(-6x+2)\,dx$

$=-3x^2+2x+C$ (C는 적분상수)

㉡에서 $f(1)=-1$이므로

$-3+2+C=-1$ $\quad\therefore C=0$

따라서 $f(x)=-3x^2+2x$이므로

$f(2)=-12+4=-8$

유형 10 정적분을 포함한 등식 - 위끝 또는 아래끝과 피적분함수에 변수가 있는 경우

0437 답 ④

$\int_1^x (x-t)f(t)\,dt=\int_1^x\{xf(t)-tf(t)\}\,dt$

$=x\int_1^x f(t)\,dt-\int_1^x tf(t)\,dt$

이므로 주어진 식에서

$x\int_1^x f(t)\,dt-\int_1^x tf(t)\,dt=-x^2+ax+b$ …… ㉠

㉠의 양변에 $x=1$을 대입하면

$0=-1+a+b$ $\quad\therefore a+b=1$ …… ㉡

㉠의 양변을 x에 대하여 미분하면

$\int_1^x f(t)\,dt+xf(x)-xf(x)=-2x+a$

$\therefore \int_1^x f(t)\,dt=-2x+a$ …… ㉢

㉢의 양변에 $x=1$을 대입하면

$0=-2+a$ $\quad\therefore a=2$

$a=2$를 ㉡에 대입하면 $b=-1$
㉢의 양변을 x에 대하여 미분하면
$f(x)=-2$
$\therefore a-b+f(0)=2-(-1)+(-2)=1$

0438 답 ③

$$\int_0^x (x^2-t^2)f(t)\,dt=\int_0^x \{x^2f(t)-t^2f(t)\}\,dt$$
$$=x^2\int_0^x f(t)\,dt-\int_0^x t^2f(t)\,dt$$
이므로 주어진 식에서
$$x^2\int_0^x f(t)\,dt-\int_0^x t^2f(t)\,dt=\frac{1}{2}x^4-2x^3$$
위의 식의 양변을 x에 대하여 미분하면
$$2x\int_0^x f(t)\,dt+x^2f(x)-x^2f(x)=2x^3-6x^2$$
$$2x\int_0^x f(t)\,dt=2x^3-6x^2$$
$$\therefore \int_0^x f(t)\,dt=x^2-3x$$
위의 식의 양변을 x에 대하여 미분하면
$f(x)=2x-3$
$\therefore f(3)=6-3=3$

0439 답 20

$$\int_a^x (t-x)f(t)\,dt=\int_a^x \{tf(t)-xf(t)\}\,dt$$
$$=\int_a^x tf(t)\,dt-x\int_a^x f(t)\,dt$$
이므로 주어진 식에서
$$\int_a^x tf(t)\,dt-x\int_a^x f(t)\,dt=-x^3+x^2+ax-1 \quad \cdots\cdots ㉠$$
㉠의 양변에 $x=a$를 대입하면
$0=-a^3+a^2+a^2-1$, $a^3-2a^2+1=0$
$(a-1)(a^2-a-1)=0$ $\quad \therefore a=1$ ($\because a$는 자연수)
㉠의 양변을 x에 대하여 미분하면
$$xf(x)-\int_1^x f(t)\,dt-xf(x)=-3x^2+2x+1$$
$$\therefore \int_1^x f(t)\,dt=3x^2-2x-1$$
위의 식의 양변에 $x=3$을 대입하면
$$\int_1^3 f(t)\,dt=\int_1^3 f(x)\,dx=27-6-1=20$$

0440 답 −3

$$\int_0^x (t-x)f'(t)\,dt=\int_0^x \{tf'(t)-xf'(t)\}\,dt$$
$$=\int_0^x tf'(t)\,dt-x\int_0^x f'(t)\,dt$$
이므로 주어진 식에서
$$\int_0^x tf'(t)\,dt-x\int_0^x f'(t)\,dt=-\frac{1}{2}x^4+5x^2$$
위의 식의 양변을 x에 대하여 미분하면
$$xf'(x)-\int_0^x f'(t)\,dt-xf'(x)=-2x^3+10x$$
$$\int_0^x f'(t)\,dt=2x^3-10x$$
$$\Big[f(t)\Big]_0^x=2x^3-10x$$
$f(x)-f(0)=2x^3-10x$
이때 $f(0)=5$이므로
$f(x)=2x^3-10x+5$
$\therefore f(1)=2-10+5=-3$

0441 답 2

$$\int_{-1}^x (x-t)f'(t)\,dt=\int_{-1}^x \{xf'(t)-tf'(t)\}\,dt$$
$$=x\int_{-1}^x f'(t)\,dt-\int_{-1}^x tf'(t)\,dt$$
이므로 주어진 식에서
$$x\int_{-1}^x f'(t)\,dt-\int_{-1}^x tf'(t)\,dt=x^3+ax^2+3x+1 \quad \cdots\cdots ㉠$$
㉠의 양변에 $x=-1$을 대입하면
$0=-1+a-3+1$ $\quad \therefore a=3$
㉠의 양변을 x에 대하여 미분하면
$$\int_{-1}^x f'(t)\,dt+xf'(x)-xf'(x)=3x^2+6x+3$$
$$\int_{-1}^x f'(t)\,dt=3x^2+6x+3$$
$$\Big[f(t)\Big]_{-1}^x=3x^2+6x+3$$
$f(x)-f(-1)=3x^2+6x+3$
이때 $f(-1)=3$이므로
$f(x)=3x^2+6x+6$
따라서 방정식 $f(x)=0$의 모든 근의 곱은 이차방정식의 근과 계수의 관계에 의하여 $\frac{6}{3}=2$이다.

유형 11 정적분으로 정의된 함수의 극대, 극소

0442 답 ⑤

$f(x)=\int_1^x (-t^2+2t+3)\,dt$의 양변을 x에 대하여 미분하면
$f'(x)=-x^2+2x+3=-(x+1)(x-3)$
$f'(x)=0$에서 $x=-1$ 또는 $x=3$
함수 $f(x)$의 증가와 감소를 표로 나타내면 다음과 같다.

x	$\cdots$	-1	$\cdots$	3	$\cdots$
$f'(x)$	$-$	0	$+$	0	$-$
$f(x)$	↘	극소	↗	극대	↘

함수 $f(x)$는 $x=3$에서 극대이므로 극댓값은

$$f(3)=\int_1^3(-t^2+2t+3)\,dt=\left[-\frac{1}{3}t^3+t^2+3t\right]_1^3$$
$$=9-\frac{11}{3}=\frac{16}{3}$$

따라서 $a=3$, $b=\frac{16}{3}$이므로

$$a+b=3+\frac{16}{3}=\frac{25}{3}$$

0443

답 ③

$f(x)=\int_0^x(t+2)(t-a)\,dt$의 양변을 x에 대하여 미분하면

$f'(x)=(x+2)(x-a)$

$f'(x)=0$에서 $x=-2$ 또는 $x=a$

이때 함수 $f(x)$는 최고차항의 계수가 양수인 삼차함수이고 $x=-2$에서 극대이므로 $x=a$에서 극소이다.

함수 $f(x)$의 극댓값이 $\frac{10}{3}$이므로

$$f(-2)=\int_0^{-2}(t+2)(t-a)\,dt$$
$$=\int_0^{-2}\{t^2+(2-a)t-2a\}\,dt$$
$$=\left[\frac{1}{3}t^3+\frac{2-a}{2}t^2-2at\right]_0^{-2}$$
$$=2a+\frac{4}{3}=\frac{10}{3}$$

에서

$2a=2 \qquad \therefore a=1$

따라서 $f(x)$는 $x=1$에서 극솟값을 가지므로 구하는 극솟값은

$$f(1)=\int_0^1(t+2)(t-1)\,dt$$
$$=\int_0^1(t^2+t-2)\,dt$$
$$=\left[\frac{1}{3}t^3+\frac{1}{2}t^2-2t\right]_0^1=-\frac{7}{6}$$

0444

답 2

$f(x)=\int_x^{x+1}(4t^3-4t)\,dt$의 양변을 x에 대하여 미분하면

$f'(x)=\{4(x+1)^3-4(x+1)\}-(4x^3-4x)$

$\quad=12x^2+12x=12x(x+1)$

$f'(x)=0$에서 $x=-1$ 또는 $x=0$

함수 $f(x)$의 증가와 감소를 표로 나타내면 다음과 같다.

x	$\cdots$	-1	$\cdots$	0	$\cdots$
$f'(x)$	$+$	0	$-$	0	$+$
$f(x)$	↗	극대	↘	극소	↗

함수 $f(x)$는 $x=-1$에서 극대이므로 극댓값은

$$f(-1)=\int_{-1}^0(4t^3-4t)\,dt=\left[t^4-2t^2\right]_{-1}^0=1$$

함수 $f(x)$는 $x=0$에서 극소이므로 극솟값은

$$f(0)=\int_0^1(4t^3-4t)\,dt=\left[t^4-2t^2\right]_0^1=-1$$

따라서 구하는 극댓값과 극솟값의 차는

$|1-(-1)|=2$

Bible Says 정적분으로 정의된 함수의 미분

(1) $\frac{d}{dx}\int_a^x f(t)dt=f(x)$

(2) $\frac{d}{dx}\int_x^{x+a} f(t)dt=f(x+a)-f(x)$ (단, a는 실수)

0445

답 31

$F(x)=\int_0^x f(t)\,dt$의 양변을 x에 대하여 미분하면

$F'(x)=f(x)=x^3-12x+a$

$f'(x)=3x^2-12=3(x+2)(x-2)$

$f'(x)=0$에서 $x=-2$ 또는 $x=2$

함수 $f(x)$의 증가와 감소를 표로 나타내면 다음과 같다.

x	$\cdots$	-2	$\cdots$	2	$\cdots$
$f'(x)$	$+$	0	$-$	0	$+$
$f(x)$	↗	극대	↘	극소	↗

이때 함수 $F(x)$는 사차함수이므로 함수 $F(x)$가 극댓값과 극솟값을 모두 가지려면 방정식 $f(x)=0$이 서로 다른 세 실근을 가져야 한다. 즉, 함수 $f(x)$의 (극댓값)×(극솟값)<0이어야 하므로

$f(-2)\times f(2)<0$, $(a+16)(a-16)<0$

$\therefore -16<a<16$

따라서 구하는 정수 a는 -15, -14, -13, $\cdots$, 15의 31개이다.

유형 12 정적분으로 정의된 함수의 최대, 최소

0446

답 4

$$\int_0^x(x-t)f(t)\,dt=\int_0^x\{xf(t)-tf(t)\}\,dt$$
$$=x\int_0^x f(t)\,dt-\int_0^x tf(t)\,dt$$

이므로 주어진 식에서

$$x\int_0^x f(t)\,dt-\int_0^x tf(t)\,dt=-\frac{1}{4}x^4+2x^3-4x^2$$

위의 식의 양변을 x에 대하여 미분하면

$$\int_0^x f(t)\,dt+xf(x)-xf(x)=-x^3+6x^2-8x$$

$$\therefore \int_0^x f(t)\,dt=-x^3+6x^2-8x$$

위의 식의 양변을 x에 대하여 미분하면

$f(x)=-3x^2+12x-8=-3(x-2)^2+4$

따라서 함수 $f(x)$는 $x=2$에서 최댓값 4를 갖는다.

0447 답 ②

함수 $f(x)$가 $x=3$에서 극댓값 0을 가지므로
$f(3)=0$에서

$$\int_0^3 \{-t^2+(a+1)t-a\}\,dt=\left[-\frac{1}{3}t^3+\frac{a+1}{2}t^2-at\right]_0^3$$
$$=\frac{3a-9}{2}=0$$

$\therefore a=3$

$f(x)=\int_0^x (-t^2+4t-3)\,dt$의 양변을 x에 대하여 미분하면
$f'(x)=-x^2+4x-3=-(x-1)(x-3)$
$f'(x)=0$에서 $x=1$ ($\because 0\le x\le 2$)
$0\le x\le 2$에서 함수 $f(x)$의 증가와 감소를 표로 나타내면 다음과 같다.

x	0	$\cdots$	1	$\cdots$	2
$f'(x)$		$-$	0	$+$	
$f(x)$	$f(0)$	↘	$f(1)$	↗	$f(2)$

$0\le x\le 2$일 때 함수 $f(x)$는 $x=1$에서 극소이면서 최소이므로 최솟값은

$$f(1)=\int_0^1 (-t^2+4t-3)\,dt$$
$$=\left[-\frac{1}{3}t^3+2t^2-3t\right]_0^1=-\frac{4}{3}$$

0448 답 ④

$f(x)=\int_{-2}^x (2-|t|-t^2)\,dt$의 양변을 x에 대하여 미분하면
$f'(x)=2-|x|-x^2=(2+|x|)(1-|x|)$
$f'(x)=0$에서 $|x|=1$ ($\because 2+|x|>0$)
$\therefore x=-1$ 또는 $x=1$
$-2\le x\le 2$에서 함수 $f(x)$의 증가와 감소를 표로 나타내면 다음과 같다.

x	-2	$\cdots$	-1	$\cdots$	1	$\cdots$	2
$f'(x)$		$-$	0	$+$	0	$-$	
$f(x)$	$f(-2)$	↘	$f(-1)$	↗	$f(1)$	↘	$f(2)$

$$f(-2)=\int_{-2}^{-2} (2-|t|-t^2)\,dt=0$$
$$f(1)=\int_{-2}^1 (2-|t|-t^2)\,dt$$
$$=\int_{-2}^0 (2+t-t^2)\,dt+\int_0^1 (2-t-t^2)\,dt$$
$$=\left[2t+\frac{1}{2}t^2-\frac{1}{3}t^3\right]_{-2}^0+\left[2t-\frac{1}{2}t^2-\frac{1}{3}t^3\right]_0^1$$
$$=-\frac{2}{3}+\frac{7}{6}=\frac{1}{2}$$

따라서 $-2\le x\le 2$에서 함수 $f(x)$의 최댓값은 $\frac{1}{2}$이다.

참고

함수 $f(x)$가 닫힌구간 $[a, b]$에서 연속이면 극댓값, 극솟값, $f(a)$, $f(b)$ 중에서 가장 큰 값이 최댓값, 가장 작은 값이 최솟값이다.

유형 13 정적분으로 정의된 함수의 그래프

0449 답 9

주어진 그래프에서 이차함수 $F(x)$는 $F(0)=F(2)$이고 이차항의 계수가 양수이므로
$F(x)=ax(x-2)=ax^2-2ax$ $(a>0)$
$F(x)=\int_0^x f(t)\,dt$에서
$\int_0^x f(t)\,dt=ax^2-2ax$
위의 식의 양변을 x에 대하여 미분하면
$f(x)=2ax-2a$
이때 함수 $f(x)$의 최고차항의 계수가 1이므로
$2a=1$ $\quad\therefore a=\frac{1}{2}$
따라서 $f(x)=x-1$이므로
$f(10)=10-1=9$

0450 답 ②

주어진 그래프에서 이차함수 $f(x)$가 $f(0)=f(2)$이고 이차항의 계수가 음수이므로
$f(x)=ax(x-2)$ $(a<0)$
이때 $f(1)=1$에서 $-a=1$
$\therefore a=-1$
$\therefore f(x)=-x(x-2)=-x^2+2x$
$g(x)=\int_0^x f(t+1)\,dt=-\int_0^x (t+1)(t-1)\,dt$
위의 등식의 양변을 x에 대하여 미분하면
$g'(x)=-(x+1)(x-1)$
$g'(x)=0$에서 $x=1$ ($\because x\ge 0$)
$x\ge 0$에서 함수 $g(x)$의 증가와 감소를 표로 나타내면 다음과 같다.

x	0	$\cdots$	1	$\cdots$
$g'(x)$		$+$	0	$-$
$g(x)$	0	↗	극대	↘

따라서 $x\ge 0$에서 함수 $g(x)$는 $x=1$일 때 극대이면서 최대이므로 구하는 최댓값은

$$g(1)=-\int_0^1 (t+1)(t-1)\,dt=-\int_0^1 (t^2-1)\,dt$$
$$=-\left[\frac{1}{3}t^3-t\right]_0^1=\frac{2}{3}$$

0451 답 ③

주어진 그래프에서 이차함수 $f(x)$가 $f(-2)=f(4)=0$이고 이차항의 계수가 양수이므로
$f(x)=a(x+2)(x-4)$ $(a>0)$
$g(x)=\int_x^{x+2} f(t)\,dt$의 양변을 x에 대하여 미분하면

$g'(x)=f(x+2)-f(x)$
$=a(x+4)(x-2)-a(x+2)(x-4)$
$=a\{(x^2+2x-8)-(x^2-2x-8)\}$
$=4ax$

$g'(x)=0$에서 $x=0$

함수 $g(x)$의 증가와 감소를 표로 나타내면 다음과 같다.

x	$\cdots$	0	$\cdots$
$g'(x)$	$-$	0	$+$
$g(x)$	↘	극소	↗

따라서 함수 $g(x)$는 $x=0$에서 극소이면서 최소이므로

$k=0$

0452

답 ⑤

$F(x)=\int_a^x f(t)\,dt$의 양변을 x에 대하여 미분하면

$F'(x)=f(x)$

ㄱ. 주어진 그래프에서 $x=a$인 점에서의 접선의 기울기는 음수이므로 $F'(a)=f(a)<0$이다. (참)

ㄴ. 주어진 그래프에서 $F(b)<0$이고, $x=c$인 점에서의 접선의 기울기는 양수이므로 $F'(c)=f(c)>0$이다.
$\therefore F(b)\times f(c)<0$ (참)

ㄷ. 주어진 그래프에서 $x=a$, $x=c$인 점에서의 접선의 기울기는 각각 음수, 양수이므로 $f(a)f(c)<0$이다.
이때 함수 $f(x)$는 연속함수이므로 사잇값의 정리에 의하여 방정식 $f(x)=0$은 닫힌구간 $[a, c]$에서 적어도 1개의 실근을 갖는다. (참)

따라서 옳은 것은 ㄱ, ㄴ, ㄷ이다.

Bible Says **사잇값의 정리의 활용**

함수 $f(x)$가 닫힌구간 $[a, b]$에서 연속이고 $f(a)f(b)<0$이면 $f(c)=0$인 c가 열린구간 (a, b)에 적어도 하나 존재한다.

유형 14 정적분으로 정의된 함수의 극한

0453

답 ③

$f(x)$의 한 부정적분을 $F(x)$라 하면

$$\lim_{x\to2}\frac{1}{x-2}\int_4^{x^2} f(t)\,dt=\lim_{x\to2}\frac{F(x^2)-F(4)}{x-2}$$
$$=\lim_{x\to2}\left\{\frac{F(x^2)-F(4)}{x^2-4}\times(x+2)\right\}$$
$$=4F'(4)=4f(4)$$
$$=4\times4=16$$

0454

답 ②

$f(x)=\int_0^x (2t^3-3t+7)\,dt$의 양변을 x에 대하여 미분하면

$f'(x)=2x^3-3x+7$

$$\therefore \lim_{x\to0}\frac{1}{x}\int_0^x f'(t)\,dt=\lim_{x\to0}\frac{f(x)-f(0)}{x}=f'(0)=7$$

0455

답 ①

$f(x)$의 한 부정적분을 $F(x)$라 하면

$$\lim_{h\to0}\frac{1}{h}\int_{-2}^{-2+h} f(x)\,dx=\lim_{h\to0}\frac{F(-2+h)-F(-2)}{h}$$
$$=F'(-2)=f(-2)=11$$

에서 $4-2a+b=11$

$\therefore 2a-b=-7$ …… ㉠

$f(3)=6$에서 $9+3a+b=6$

$\therefore 3a+b=-3$ …… ㉡

㉠, ㉡을 연립하여 풀면 $a=-2$, $b=3$

$\therefore a+b=-2+3=1$

0456

답 11

$f(t)=t(k-t)$, $f(t)$의 한 부정적분을 $F(t)$라 하면

$$\lim_{x\to1}\frac{1}{x-1}\int_1^x t(k-t)\,dt=\lim_{x\to1}\frac{1}{x-1}\int_1^x f(t)\,dt$$
$$=\lim_{x\to1}\frac{F(x)-F(1)}{x-1}$$
$$=F'(1)=f(1)$$
$$=k-1=10$$

에서 $k=11$

0457

답 24

$f(x)=\int f'(x)\,dx$
$=\int (4x^3+3x^2-5)\,dx$
$=x^4+x^3-5x+C$ (C는 적분상수)

$f(0)=-6$에서 $C=-6$

$\therefore f(x)=x^4+x^3-5x-6$

이때 $g(t)=(2t-1)f(t)$, $g(t)$의 한 부정적분을 $G(t)$라 하면

$$\lim_{x\to2}\frac{1}{x-2}\int_2^x (2t-1)f(t)\,dt=\lim_{x\to2}\frac{1}{x-2}\int_2^x g(t)\,dt$$
$$=\lim_{x\to2}\frac{G(x)-G(2)}{x-2}$$
$$=G'(2)=g(2)$$
$$=3f(2)=3\times8=24$$

0458

답 36

$\lim_{x\to1}\frac{1}{x-1}\int_{f(1)}^{f(x)}3t^2\,dt$

$=\lim_{x\to1}\frac{1}{x-1}\left[t^3\right]_{f(1)}^{f(x)}$

$=\lim_{x\to1}\frac{\{f(x)\}^3-\{f(1)\}^3}{x-1}$

$=\lim_{x\to1}\frac{f(x)-f(1)}{x-1}\times\lim_{x\to1}[\{f(x)\}^2+f(x)f(1)+\{f(1)\}^2]$

$=f'(1)\times3\{f(1)\}^2$

$=3\times3\times2^2=36$

참고

함수 $f(x)$가 미분가능하므로 실수 전체의 집합에서 연속이다. 따라서 함수 $f(x)$는 $x=1$에서 연속이므로 $\lim_{x\to1}f(x)=f(1)$이 성립한다.

0459

답 ⑤

$F(x)=\int_1^x f(t)\,dt$에서 $F(1)=0$ …… ㉠

$\lim_{x\to1}\frac{\int_1^x F(t)\,dt-F(x)}{x^3-1}=\lim_{x\to1}\frac{\int_1^x\{F(t)-f(t)\}\,dt}{x^3-1}=2$

이때 $F(t)-f(t)=g(t)$, $g(t)$의 한 부정적분을 $G(t)$라 하면

$\lim_{x\to1}\frac{\int_1^x\{F(t)-f(t)\}dt}{x^3-1}=\lim_{x\to1}\frac{\int_1^x g(t)\,dt}{x^3-1}$

$=\lim_{x\to1}\left\{\frac{G(x)-G(1)}{x-1}\times\frac{1}{x^2+x+1}\right\}$

$=\frac{1}{3}G'(1)=\frac{1}{3}g(1)$

$=\frac{1}{3}\{F(1)-f(1)\}$

$=-\frac{f(1)}{3}=2$ ($\because$ ㉠)

에서 $f(1)=-6$

Bible Says 정적분으로 정의된 함수의 극한

함수 $f(x)$의 한 부정적분이 $F(x)$일 때,

(1) $\lim_{x\to0}\frac{1}{x}\int_a^{x+a}f(t)\,dt=\lim_{x\to0}\frac{F(x+a)-F(a)}{x}=F'(a)=f(a)$

(2) $\lim_{x\to a}\frac{1}{x-a}\int_a^x f(t)\,dt=\lim_{x\to a}\frac{F(x)-F(a)}{x-a}=F'(a)=f(a)$

PART B′ 기출&기출변형 문제

0460

답 ④

$\int_{-1}^1\{f(x)\}^2dx=\int_{-1}^1(x+1)^2dx=\int_{-1}^1(x^2+2x+1)dx$

$=\int_{-1}^1(x^2+1)\,dx+\int_{-1}^1 2x\,dx$

$=2\int_0^1(x^2+1)dx+0$

$=2\left[\frac{1}{3}x^3+x\right]_0^1=2\times\left(\frac{1}{3}+1\right)=\frac{8}{3}$

$\int_{-1}^1 f(x)dx=\int_{-1}^1(x+1)dx$

$=\int_{-1}^1 x\,dx+\int_{-1}^1 1\,dx$

$=0+2\int_0^1 1\,dx$

$=2\left[x\right]_0^1=2$

$\int_{-1}^1\{f(x)\}^2dx=k\left(\int_{-1}^1 f(x)dx\right)^2$에서

$\frac{8}{3}=k\times2^2\qquad\therefore k=\frac{8}{3}\times\frac{1}{4}=\frac{2}{3}$

0461

답 ①

$\int_{-1}^6 f(x)\,dx$

$=\int_{-1}^1 f(x)\,dx+\int_1^3 f(x)\,dx+\int_3^5 f(x)\,dx+\int_5^6 f(x)\,dx$

$=\int_{-1}^1 f(x)\,dx+\int_{-1}^1 f(x)\,dx+\int_{-1}^1 f(x)\,dx+\int_{-1}^0 f(x)\,dx$

($\because$ 조건 (다))

$=3\int_{-1}^1 f(x)\,dx+\int_{-1}^0 f(x)\,dx$

$=3\left(2\int_0^1 f(x)\,dx\right)+\int_0^1 f(x)\,dx$ ($\because$ 조건 (나))

$=7\int_0^1 f(x)\,dx$

$=7\times3=21$

짝기출

연속함수 $f(x)$가 모든 실수 x에 대하여 다음 조건을 만족시킨다.

(가) $f(-x)=f(x)$
(나) $f(x+2)=f(x)$
(다) $\int_{-1}^1(x+2)^2f(x)\,dx=50$, $\int_{-1}^1 x^2f(x)\,dx=2$

$\int_{-3}^3 x^2f(x)\,dx$의 값을 구하시오.

답 102

0462

답 ①

$\lim_{x\to1}\dfrac{\int_1^x f(t)dt-f(x)}{x^2-1}=2$에서 극한값이 존재하고

$x\to1$일 때, (분모)$\to0$이므로 (분자)$\to0$이어야 한다.

즉, $\lim_{x\to1}\left\{\int_1^x f(t)dt-f(x)\right\}=0$에서 $\int_1^1 f(t)dt-f(1)=0$이므로

$f(1)=0$ ...... ㉠

따라서 $f(t)$의 한 부정적분을 $F(t)$라 하면

$$\lim_{x\to1}\frac{\int_1^x f(t)dt-f(x)}{x^2-1}$$
$$=\lim_{x\to1}\frac{F(x)-F(1)-f(x)}{x^2-1}$$
$$=\lim_{x\to1}\frac{F(x)-F(1)}{x^2-1}-\lim_{x\to1}\frac{f(x)-f(1)}{x^2-1}\ (\because ㉠)$$
$$=\lim_{x\to1}\left\{\frac{F(x)-F(1)}{x-1}\times\frac{1}{x+1}\right\}-\lim_{x\to1}\left\{\frac{f(x)-f(1)}{x-1}\times\frac{1}{x+1}\right\}$$
$$=\frac{1}{2}F'(1)-\frac{1}{2}f'(1)$$
$$=\frac{1}{2}f(1)-\frac{1}{2}f'(1)=-\frac{1}{2}f'(1)\ (\because ㉠)$$
$$=2$$

$\therefore f'(1)=-4$

0463

답 ④

$f(x)=ax^3-3ax^2$에서

$f'(x)=3ax^2-6ax=3ax(x-2)$

이때 $a>0$이므로 함수 $y=f'(x)$의 그래프는 다음 그림과 같다.

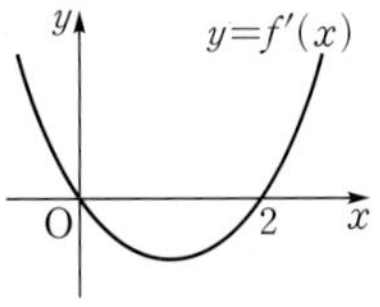

즉, $0<x<2$일 때 $f'(x)<0$이고, $x\le0$ 또는 $x\ge2$일 때 $f'(x)\ge0$이므로

$$\int_{-1}^2|f'(x)|dx=\int_{-1}^0|f'(x)|dx+\int_0^2|f'(x)|dx$$
$$=\int_{-1}^0 f'(x)dx+\int_0^2\{-f'(x)\}dx$$
$$=\Big[f(x)\Big]_{-1}^0+\Big[-f(x)\Big]_0^2$$
$$=\{f(0)-f(-1)\}+\{-f(2)+f(0)\}$$
$$=-f(-1)-f(2)\ (\because f(0)=0)$$
$$=-(-4a)-(-4a)$$
$$=8a=8$$

에서 $a=1$

짝기출

$\int_1^4(x+|x-3|)dx$의 값을 구하시오.

답 10

0464

답 ②

함수 $f(x)$가 연속함수이므로 $x=2$에서도 연속이다.

즉, $\lim_{x\to2-}f(x)=\lim_{x\to2+}f(x)=f(2)$에서

$a=-6$

$\therefore f(x)=\begin{cases}-4x+2 & (0\le x<2)\\ x^2-2x-6 & (2\le x\le4)\end{cases}$

따라서 $f(x)=f(x+4)$에서 $f(x)$는 주기가 4인 주기함수이므로

$$\int_9^{11}f(x)dx$$
$$=\int_5^7 f(x)dx=\int_1^3 f(x)dx$$
$$=\int_1^2(-4x+2)dx+\int_2^3(x^2-2x-6)dx$$
$$=\Big[-2x^2+2x\Big]_1^2+\Big[\frac{1}{3}x^3-x^2-6x\Big]_2^3$$
$$=(-4-0)+\left\{-18-\left(-\frac{40}{3}\right)\right\}$$
$$=-\frac{26}{3}$$

Bible Says 주기함수의 정적분

함수 $f(x)$가 정의되는 구간의 모든 실수 x에 대하여 $f(x+k)=f(x)$이면

(1) $\int_a^b f(x)dx=\int_{a+nk}^{b+nk}f(x)dx$

(2) $\int_a^{a+nk}f(x)dx=\int_b^{b+nk}f(x)dx$ (단, n은 정수)

참고

함수 $f(x)$는 주기가 4인 주기함수이므로 다음 그림과 같이 구간 $\cdots$, $[1, 3]$, $[5, 7]$, $[9, 11]$, $\cdots$에서의 정적분의 값은 모두 같다.

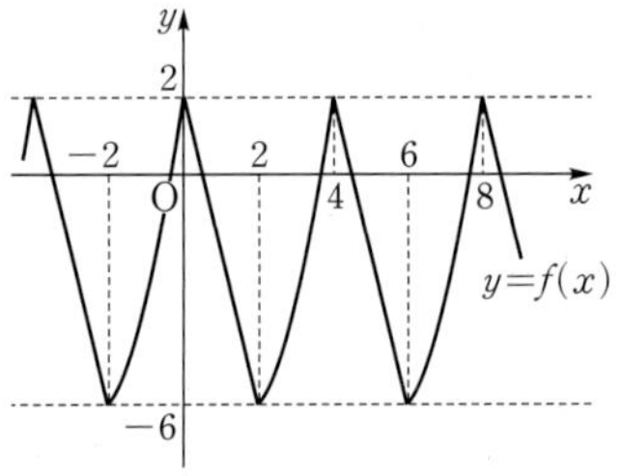

0465

답 ④

$f(x)$는 최고차항의 계수가 1인 삼차함수이고

$f(0)=f(1)=f(2)=0$이므로

$f(x)=x(x-1)(x-2)=x^3-3x^2+2x$

$S(x)=\int_0^x f(t)\,dt$의 양변을 x에 대하여 미분하면

$S'(x)=f(x)$

$S'(x)=f(x)=0$에서 $x=0$ 또는 $x=1$ 또는 $x=2$

닫힌구간 $[0,\ 3]$에서 함수 $S(x)$의 증가와 감소를 표로 나타내면 다음과 같다.

x	0	$\cdots$	1	$\cdots$	2	$\cdots$	3
$S'(x)$		+	0	−	0	+	
$S(x)$	$S(0)$	↗	$S(1)$	↘	$S(2)$	↗	$S(3)$

이때

$S(1)=\int_0^1 f(t)\,dt$

$=\int_0^1 (t^3-3t^2+2t)\,dt$

$=\left[\frac{1}{4}t^4-t^3+t^2\right]_0^1=\frac{1}{4}$

$S(3)=\int_0^3 f(t)\,dt$

$=\int_0^3 (t^3-3t^2+2t)\,dt$

$=\left[\frac{1}{4}t^4-t^3+t^2\right]_0^3=\frac{9}{4}$

이므로 닫힌구간 $[0,\ 3]$에서 함수 $S(x)$의 최댓값은 $\frac{9}{4}$이다.

Bible Says **함수의 최대, 최소**

함수 $f(x)$가 닫힌구간 $[a,\ b]$에서 연속이면 극댓값, 극솟값, $f(a)$, $f(b)$ 중에서 가장 큰 값이 최댓값, 가장 작은 값이 최솟값이다.

짝기출

함수 $f(x)=x(x+2)(x+4)$에 대하여 다음 물음에 답하시오.

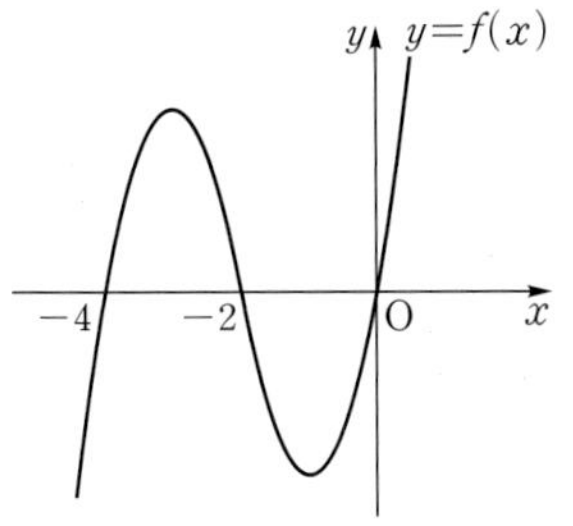

함수 $g(x)=\int_2^x f(t)dt$는 $x=\alpha$에서 극댓값을 갖는다.

$g(\alpha)$의 값은?

① -28 ② -29 ③ -30 ④ -31 ⑤ -32

답 ⑤

0466

답 ②

$f(x)=x^3-4x\int_0^1 |f(t)|dt$에서

$\int_0^1 |f(t)|dt=k$ (k는 상수)라 하면 $k>0$이고

$f(x)=x^3-4kx$

이때 $f(1)>0$이므로

$f(1)=1-4k>0$에서 $k<\frac{1}{4}$

$\therefore 0<k<\frac{1}{4}$ …… ㉠

한편, $f(x)=x^3-4kx=x(x+2\sqrt{k})(x-2\sqrt{k})$이므로 함수 $y=f(x)$의 그래프의 개형은 다음 그림과 같다.

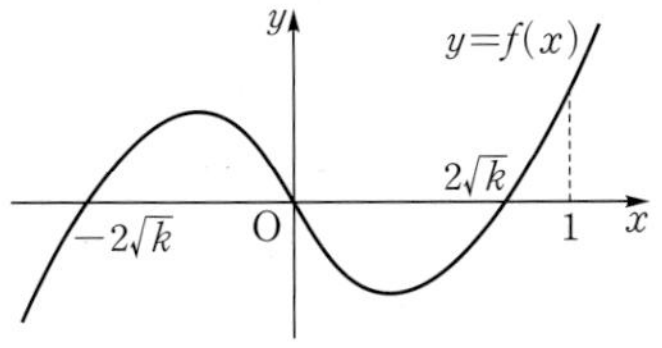

즉, $0<x<2\sqrt{k}$일 때 $f(x)<0$이고, $x\geq 2\sqrt{k}$일 때 $f(x)\geq 0$이므로

$\int_0^1 |f(t)|dt=\int_0^{2\sqrt{k}} \{-f(t)\}dt+\int_{2\sqrt{k}}^1 f(t)dt$

$=\int_0^{2\sqrt{k}} (-t^3+4kt)dt+\int_{2\sqrt{k}}^1 (t^3-4kt)dt$

$=\left[-\frac{1}{4}t^4+2kt^2\right]_0^{2\sqrt{k}}+\left[\frac{1}{4}t^4-2kt^2\right]_{2\sqrt{k}}^1$

$=(-4k^2+8k^2)+\left(\frac{1}{4}-2k\right)-(4k^2-8k^2)$

$=8k^2-2k+\frac{1}{4}=k$

에서 $8k^2-3k+\frac{1}{4}=0$, $32k^2-12k+1=0$

$(4k-1)(8k-1)=0$ $\therefore k=\frac{1}{8}$ ($\because$ ㉠)

따라서 $f(x)=x^3-\frac{1}{2}x$이므로

$f(2)=8-1=7$

0467

답 ⑤

$\int_0^1 g(t)\,dt=a$ (a는 상수)라 하면

조건 (가)에서 $3x\int_0^1 g(t)\,dt+f(x)=-4$이므로

$3ax+f(x)=-4$ $\therefore f(x)=-3ax-4$

다항함수 $f(x)$의 한 부정적분이 $g(x)$이므로

$g(x)=\int f(x)\,dx$

$=\int (-3ax-4)\,dx$

$=-\frac{3}{2}ax^2-4x+C$ (C는 적분상수)

$\int_0^1 g(t)\,dt=\int_0^1 \left(-\frac{3}{2}at^2-4t+C\right)dt$

$=\left[-\frac{a}{2}t^3-2t^2+Ct\right]_0^1$

$=-\frac{a}{2}-2+C=a$

$\therefore \frac{3}{2}a-C=-2$ …… ㉠

한편, 조건 (나)에서 $\int_0^1 g(t)\,dt-g(0)=-1$

이때 $g(0)=C$이므로

$a-C=-1$ …… ㉡

㉠, ㉡을 연립하여 풀면 $a=-2$, $C=-1$

$\therefore f(x)=6x-4$, $g(x)=3x^2-4x-1$

방정식 $f(x)=g(x)$에서

$6x-4=3x^2-4x-1$, $3x^2-10x+3=0$

$(3x-1)(x-3)=0$ $\therefore x=\frac{1}{3}$ 또는 $x=3$

따라서 구하는 방정식의 모든 실근의 합은

$\frac{1}{3}+3=\frac{10}{3}$

짝기출

다항함수 $f(x)$의 한 부정적분 $g(x)$가 다음 조건을 만족시킨다.

> (가) $f(x)=2x+2\int_0^1 g(t)dt$
>
> (나) $g(0)-\int_0^1 g(t)dt=\frac{2}{3}$

$g(1)$의 값은?

① -2 ② $-\frac{5}{3}$ ③ $-\frac{4}{3}$ ④ -1 ⑤ $-\frac{2}{3}$

답 ③

0468

답 ④

$xf(x)=2x^3+ax^2+3a+\int_1^x f(t)dt$ …… ㉠

㉠의 양변에 $x=1$을 대입하면

$f(1)=2+a+3a+0=2+4a$ …… ㉡

㉠의 양변에 $x=0$을 대입하면

$0=3a+\int_1^0 f(t)dt$, $-\int_1^0 f(t)dt=3a$

$\therefore \int_0^1 f(t)dt=3a$

$f(1)=\int_0^1 f(t)dt$에서

$2+4a=3a$ $\therefore a=-2$

이를 ㉡에 대입하면 $f(1)=-6$

$xf(x)=2x^3-2x^2-6+\int_1^x f(t)dt$이므로 양변을 x에 대하여 미분하면

$f(x)+xf'(x)=6x^2-4x+f(x)$

$xf'(x)=6x^2-4x$ $\therefore f'(x)=6x-4$

$\therefore f(x)=\int f'(x)dx$

$=\int(6x-4)dx$

$=3x^2-4x+C$ (C는 적분상수)

이때 $f(1)=-6$이므로

$3-4+C=-6$ $\therefore C=-5$

따라서 $f(x)=3x^2-4x-5$이므로

$a+f(3)=-2+10=8$

Bible Says 부정적분

함수 $f(x)$의 한 부정적분을 $F(x)$라 하면 $f(x)$의 모든 부정적분을

$F(x)+C$ (C는 상수)

꼴로 나타낼 수 있고, 이것을 기호로 $\int f(x)dx$와 같이 나타낸다. 즉, $F'(x)=f(x)$일 때,

$\int f(x)dx=F(x)+C$ (C는 상수)

이때 C를 적분상수라 한다.

0469

답 ④

$\int_0^x f(t)\,dt=xf(x)-\frac{1}{4}x^4+\frac{1}{2}x^2+\int_\alpha^\beta f(t)\,dt$ …… ㉠

㉠의 양변을 x에 대하여 미분하면

$f(x)=f(x)+xf'(x)-x^3+x$

$xf'(x)=x^3-x$

$f'(x)=x^2-1=(x+1)(x-1)$

$f'(x)=0$에서 $x=-1$ 또는 $x=1$

함수 $f(x)$의 증가와 감소를 표로 나타내면 다음과 같다.

x	$\cdots$	-1	$\cdots$	1	$\cdots$
$f'(x)$	$+$	0	$-$	0	$+$
$f(x)$	↗	극대	↘	극소	↗

함수 $f(x)$는 $x=-1$에서 극대, $x=1$에서 극소이므로

$\alpha=-1$, $\beta=1$

$f(x)=\int f'(x)\,dx=\int(x^2-1)\,dx$

$=\frac{1}{3}x^3-x+C$ (C는 적분상수)

㉠의 양변에 $x=0$을 대입하면 $\int_\alpha^\beta f(t)\,dt=0$이므로

$\int_\alpha^\beta f(t)\,dt=\int_{-1}^1 f(t)\,dt=\int_{-1}^1\left(\frac{1}{3}t^3-t+C\right)dt$

$=2\int_0^1 C\,dt=2\Big[Ct\Big]_0^1$

$=2C=0$

$\therefore C=0$

따라서 $f(x)=\frac{1}{3}x^3-x$이므로

$f(\alpha)-f(\beta)=f(-1)-f(1)=\left(-\frac{1}{3}+1\right)-\left(\frac{1}{3}-1\right)=\frac{4}{3}$

짝기출

다항함수 $f(x)$에 대하여

$\int_0^x f(t)dt=x^3-2x^2-2x\int_0^1 f(t)dt$

일 때, $f(0)=a$라 하자. $60a$의 값을 구하시오.

답 40

0470

답 ②

조건 (가)에서 모든 실수 a에 대하여 $\int_{-a}^a f(x)dx=2\int_0^a f(x)dx$이므로 함수 $f(x)$는 우함수이다.

즉, $f(x)=x^4+ax^3+bx^2+cx+10$은 차수가 짝수인 항 또는 상수항으로만 이루어진 함수이므로

$a=0$, $c=0$ $\therefore f(x)=x^4+bx^2+10$

조건 (나)에서 $-6<f'(1)<-2$이고,

$f'(x)=4x^3+2bx$에서 $f'(1)=4+2b$이므로

$-6<4+2b<-2$, $-10<2b<-6$

$\therefore -5<b<-3$

그런데 b는 정수이므로 $b=-4$

$\therefore f(x)=x^4-4x^2+10$

$f'(x)=4x^3-8x=4x(x+\sqrt{2})(x-\sqrt{2})$이므로

$f'(x)=0$에서 $x=-\sqrt{2}$ 또는 $x=0$ 또는 $x=\sqrt{2}$

함수 $f(x)$의 증가와 감소를 표로 나타내면 다음과 같다.

x	$\cdots$	$-\sqrt{2}$	$\cdots$	0	$\cdots$	$\sqrt{2}$	$\cdots$
$f'(x)$	$-$	0	$+$	0	$-$	0	$+$
$f(x)$	↘	극소	↗	극대	↘	극소	↗

따라서 함수 $f(x)$는 $x=-\sqrt{2}$와 $x=\sqrt{2}$에서 극소이므로 극솟값은

$f(-\sqrt{2})=f(\sqrt{2})=4-8+10=6$

0471

답 37

$f(x)=\begin{cases}(x+1)(x-2)^2 & (0\le x<2)\\ -2(x-2)(x-4) & (2\le x\le 4)\end{cases}$이므로 함수 $y=f(x)$의 그래프는 다음 그림과 같다.

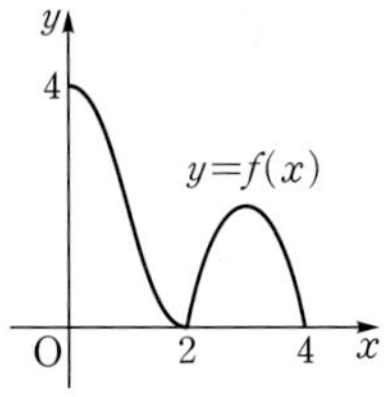

이때 $0\le a\le 2$이므로

$\int_a^{a+2} f(x)\,dx$

$=\int_a^2 f(x)\,dx+\int_2^{a+2} f(x)\,dx$

$=\int_a^2 (x+1)(x-2)^2dx+\int_2^{a+2}\{-2(x-2)(x-4)\}\,dx$

$=\int_a^2 (x^3-3x^2+4)\,dx-2\int_2^{a+2}(x^2-6x+8)\,dx$

$=\left[\frac{1}{4}x^4-x^3+4x\right]_a^2-2\left[\frac{1}{3}x^3-3x^2+8x\right]_2^{a+2}$

$=\left(-\frac{1}{4}a^4+a^3-4a+4\right)-2\left(\frac{1}{3}a^3-a^2\right)$

$=-\frac{1}{4}a^4+\frac{1}{3}a^3+2a^2-4a+4$

$g(a)=-\frac{1}{4}a^4+\frac{1}{3}a^3+2a^2-4a+4$라 하면

$g'(a)=-a^3+a^2+4a-4$

$\quad=-(a+2)(a-1)(a-2)$

$g'(a)=0$에서 $a=1$

$0\le a\le 2$에서 함수 $g(a)$의 증가와 감소를 표로 나타내면 다음과 같다.

a	0	$\cdots$	1	$\cdots$	2
$g'(a)$		$-$	0	$+$	
$g(a)$	$g(0)$	↘	$g(1)$	↗	$g(2)$

함수 $g(a)$는 $a=1$에서 극소이면서 최소이므로 최솟값은

$g(1)=-\frac{1}{4}+\frac{1}{3}+2-4+4=\frac{25}{12}$

따라서 $p=12$, $q=25$이므로

$p+q=12+25=37$

짝기출

함수 $f(x)$를

$$f(x)=\begin{cases}2x+2 & (x<0)\\ -x^2+2x+2 & (x\ge 0)\end{cases}$$

라 하자.

양의 실수 a에 대하여 $\int_{-a}^{a} f(x)dx$의 최댓값은?

① 5 ② $\frac{16}{3}$ ③ $\frac{17}{3}$ ④ 6 ⑤ $\frac{19}{3}$

답 ②

2권

PART A′ 09 정적분의 활용

유형 01 곡선과 x축 사이의 넓이

0472

답 ②

곡선 $y=x^3-3x^2+2x$와 x축의 교점의 x좌표는 $x^3-3x^2+2x=0$에서

$x(x-1)(x-2)=0$

$\therefore$ $x=0$ 또는 $x=1$ 또는 $x=2$

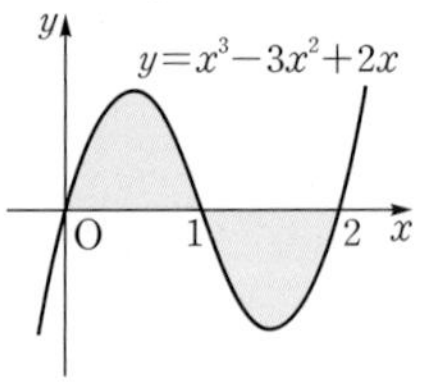

따라서 곡선 $y=x^3-3x^2+2x$와 x축으로 둘러싸인 도형의 넓이는

$$\int_0^2 |x^3-3x^2+2x|dx$$

$$=\int_0^1 (x^3-3x^2+2x)dx+\int_1^2 (-x^3+3x^2-2x)dx$$

$$=\left[\frac{1}{4}x^4-x^3+x^2\right]_0^1+\left[-\frac{1}{4}x^4+x^3-x^2\right]_1^2$$

$$=\frac{1}{4}+\frac{1}{4}=\frac{1}{2}$$

0473

답 ④

곡선 $y=-x^3+1$과 x축의 교점의 x좌표는 $-x^3+1=0$에서

$-(x-1)(x^2+x+1)=0$

$\therefore$ $x=1$ ($\because$ $x^2+x+1>0$)

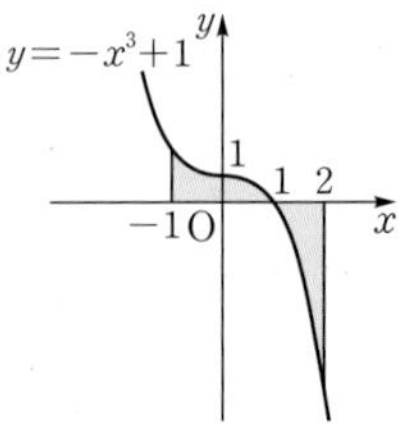

따라서 곡선 $y=-x^3+1$과 x축 및 두 직선 $x=-1$, $x=2$로 둘러싸인 도형의 넓이는

$$\int_{-1}^2 |-x^3+1|dx=\int_{-1}^1 (-x^3+1)dx+\int_1^2 (x^3-1)dx$$

$$=2\int_0^1 1dx+\left[\frac{1}{4}x^4-x\right]_1^2$$

$$=2\Big[x\Big]_0^1+\left\{2-\left(-\frac{3}{4}\right)\right\}$$

$$=4+\frac{3}{4}=\frac{19}{4}$$

0474

답 3

$$\int_0^5 f(x)dx=\int_0^2 f(x)dx+\int_2^5 f(x)dx$$

$$=S_1-S_2=-\frac{8}{3} \quad \cdots\cdots ㉠$$

$$\int_0^5 |f(x)|dx=\int_0^2 f(x)dx-\int_2^5 f(x)dx$$

$$=S_1+S_2=\frac{16}{3} \quad \cdots\cdots ㉡$$

㉠, ㉡을 연립하여 풀면 $S_1=\frac{4}{3}$, $S_2=4$

$$\therefore \frac{S_2}{S_1}=\frac{4}{\frac{4}{3}}=3$$

0475

답 9

$\int_{-1}^x f(t)dt=\frac{2}{3}x^3-3x^2+\frac{11}{3}$의 양변을 x에 대하여 미분하면

$f(x)=2x^2-6x$

곡선 $y=f(x)$와 x축의 교점의 x좌표는

$2x^2-6x=0$에서 $2x(x-3)=0$

$\therefore$ $x=0$ 또는 $x=3$

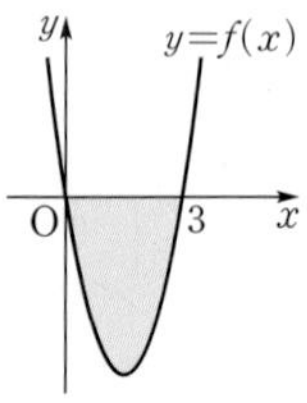

따라서 곡선 $y=f(x)$와 x축으로 둘러싸인 도형의 넓이는

$$\int_0^3 |f(x)|dx=\int_0^3 (-2x^2+6x)dx$$

$$=\left[-\frac{2}{3}x^3+3x^2\right]_0^3=9$$

참고

최고차항의 계수가 a인 이차함수 $y=f(x)$의 그래프와 x축이 $x=\alpha$, $x=\beta$ $(\alpha<\beta)$에서 만날 때, 곡선 $y=f(x)$와 x축으로 둘러싸인 도형의 넓이를 S라 하면

$$S=\frac{|a|(\beta-\alpha)^3}{6}$$

임을 이용하여 정적분 값을 빠르게 계산할 수 있다.

0476

답 18

$$y=x^2-2|x|-3=\begin{cases} x^2+2x-3 & (x<0) \\ x^2-2x-3 & (x\ge 0) \end{cases}$$

함수 $y=x^2-2|x|-3$의 그래프와 x축의 교점의 x좌표는

$x<0$일 때, $x^2+2x-3=0$에서

$(x-1)(x+3)=0$

$\therefore$ $x=-3$ ($\because$ $x<0$)

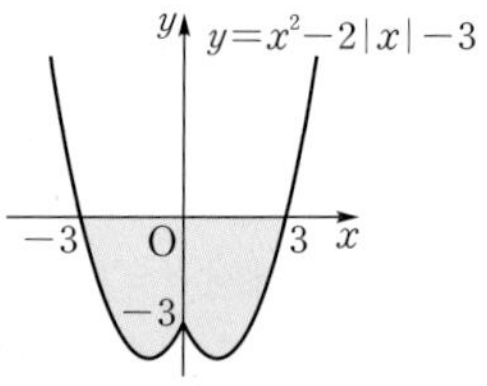

$x\ge 0$일 때, $x^2-2x-3=0$에서

$(x+1)(x-3)=0$

$\therefore$ $x=3$ ($\because$ $x\ge 0$)

따라서 함수 $y=x^2-2|x|-3$의 그래프와 x축으로 둘러싸인 도형의 넓이는

$$\int_{-3}^0 \{-(x^2+2x-3)\}dx+\int_0^3 \{-(x^2-2x-3)\}dx$$

$$=\left[-\frac{1}{3}x^3-x^2+3x\right]_{-3}^0+\left[-\frac{1}{3}x^3+x^2+3x\right]_0^3$$

$$=9+9=18$$

0477

답 96

조건 (가)에서 $f(0)=0$, $f(2)=f'(2)=0$이므로 최고차항의 계수가 양수인 삼차함수 $f(x)$는 x, $(x-2)^2$을 인수로 갖는다.

$f(x)=ax(x-2)^2=ax^3-4ax^2+4ax\ (a>0)$

라 하면 곡선 $y=f(x)$와 x축의 교점의 x좌표는 $ax(x-2)^2=0$에서

$x=0$ 또는 $x=2$

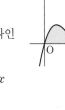

따라서 곡선 $y=f(x)$와 x축으로 둘러싸인 도형의 넓이는

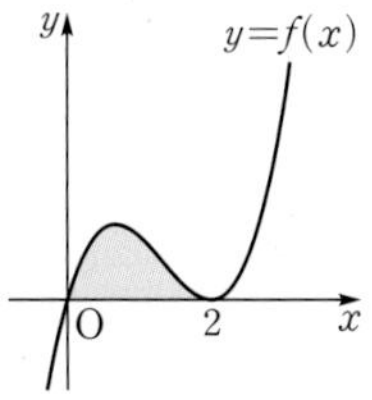

$$\int_0^2 |f(x)|dx=\int_0^2 (ax^3-4ax^2+4ax)dx$$
$$=\left[\frac{1}{4}ax^4-\frac{4}{3}ax^3+2ax^2\right]_0^2$$
$$=\frac{4}{3}a=8$$

에서 $a=6$

즉, $f(x)=6x(x-2)^2$이므로

$f(4)=6\times4\times4=96$

유형 02 곡선과 직선 사이의 넓이

0478

답 36

곡선 $y=x^2-5x+4$와 직선 $y=x+4$의 교점의 x좌표는

$x^2-5x+4=x+4$에서 $x^2-6x=0$

$\therefore x=0$ 또는 $x=6$

따라서 곡선 $y=x^2-5x+4$와 직선 $y=x+4$로 둘러싸인 도형의 넓이는

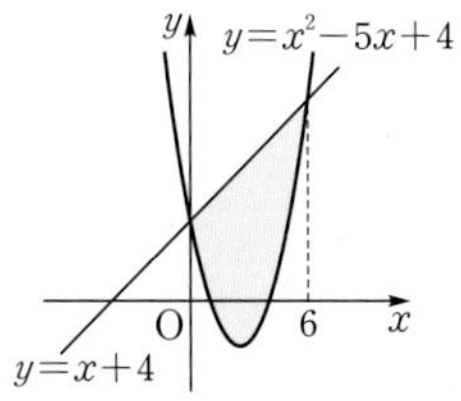

$$\int_0^6 \{x+4-(x^2-5x+4)\}dx=\int_0^6 (-x^2+6x)dx$$
$$=\left[-\frac{1}{3}x^3+3x^2\right]_0^6=36$$

참고

최고차항의 계수가 a인 이차함수 $y=f(x)$의 그래프와 직선 $y=mx+n$이 $x=\alpha$, $x=\beta$ $(\alpha<\beta)$에서 만날 때, 곡선 $y=f(x)$와 직선 $y=mx+n$으로 둘러싸인 도형의 넓이를 S라 하면

$$S=\frac{|a|(\beta-\alpha)^3}{6}$$

임을 이용하여 정적분 값을 빠르게 계산할 수 있다.

0479

답 ⑤

곡선 $y=x^3-ax^2+2$와 직선 $y=2$의 교점의 x좌표는

$x^3-ax^2+2=2$에서 $x^3-ax^2=0$

$x^2(x-a)=0$ $\quad\therefore x=0$ 또는 $x=a$

따라서 곡선 $y=x^3-ax^2+2$와 직선 $y=2$로 둘러싸인 도형의 넓이는

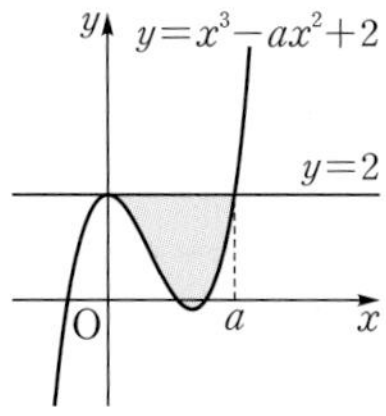

$$\int_0^a \{2-(x^3-ax^2+2)\}dx=\int_0^a (-x^3+ax^2)dx$$
$$=\left[-\frac{1}{4}x^4+\frac{1}{3}ax^3\right]_0^a$$
$$=\frac{1}{12}a^4=3$$

에서 $a^4=36$ $\quad\therefore a=\sqrt{6}\ (\because a>0)$

0480

답 4

주어진 그림에서

$$\int_{-1}^2 f(x)dx=\int_{-1}^0 f(x)dx+\int_0^2 f(x)dx$$
$$=\int_{-1}^0 (x+2)dx+S_1+\int_0^2 (x+2)dx-S_2$$
$$=\int_{-1}^2 (x+2)dx+\frac{1}{2}-S_2$$
$$=\left[\frac{1}{2}x^2+2x\right]_{-1}^2+\frac{1}{2}-S_2=8-S_2=4$$

이므로 $S_2=4$

유형 03 두 곡선 사이의 넓이

0481

답 ④

두 곡선 $y=x^3+x^2+x$, $y=x^2+4x+2$의 교점의 x좌표는

$x^3+x^2+x=x^2+4x+2$에서

$x^3-3x-2=0$

$(x+1)^2(x-2)=0$

$\therefore x=-1$ 또는 $x=2$

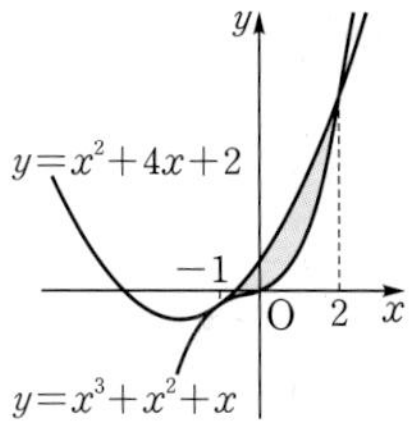

따라서 두 곡선 $y=x^3+x^2+x$, $y=x^2+4x+2$로 둘러싸인 도형의 넓이는

$$\int_{-1}^2 \{(x^2+4x+2)-(x^3+x^2+x)\}dx$$
$$=\int_{-1}^2 (-x^3+3x+2)dx$$
$$=\left[-\frac{1}{4}x^4+\frac{3}{2}x^2+2x\right]_{-1}^2=\frac{27}{4}$$

0482

답 7

$$\int_{-3}^5 \{g(x)-f(x)\}dx$$
$$=\int_{-3}^0 \{g(x)-f(x)\}dx+\int_0^3 \{g(x)-f(x)\}dx+\int_3^5 \{g(x)-f(x)\}dx$$
$$=\int_{-3}^0 \{g(x)-f(x)\}dx-\int_0^3 \{f(x)-g(x)\}dx+\int_3^5 \{g(x)-f(x)\}dx$$
$$=8-4+3=7$$

0483

답 64

곡선 $y=-x^2$을 x축에 대하여 대칭이동하면 $y=x^2$이고 이 곡선을 x축의 방향으로 2만큼, y축의 방향으로 -10만큼 평행이동하면

$g(x)=(x-2)^2-10=x^2-4x-6$

두 곡선 $y=f(x)$, $y=g(x)$의 교점의 x좌표는 $-x^2=x^2-4x-6$에서

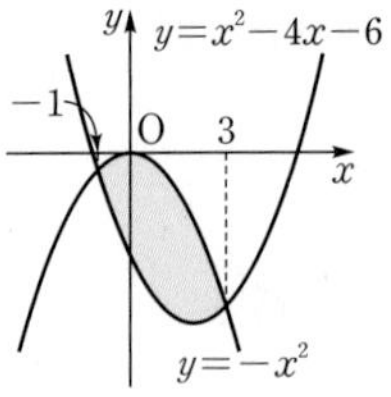

$2x^2-4x-6=0$, $2(x+1)(x-3)=0$

$\therefore x=-1$ 또는 $x=3$

따라서 두 곡선 $y=f(x)$, $y=g(x)$로 둘러싸인 도형의 넓이는

$$S=\int_{-1}^{3}\{-x^2-(x^2-4x-6)\}dx$$
$$=\int_{-1}^{3}(-2x^2+4x+6)dx$$
$$=\left[-\frac{2}{3}x^3+2x^2+6x\right]_{-1}^{3}$$
$$=18-\left(-\frac{10}{3}\right)=\frac{64}{3}$$

$\therefore 3S=64$

유형 04 곡선과 접선으로 둘러싸인 도형의 넓이

0484

답 ②

$f(x)=x^3-x^2$이라 하면 $f'(x)=3x^2-2x$

따라서 곡선 $y=f(x)$ 위의 점 $(1, 0)$에서의 접선의 기울기는 $f'(1)=1$이고 접선의 방정식은

$y=x-1$

곡선 $y=f(x)$와 접선 $y=x-1$의 교점의 x좌표는 $x^3-x^2=x-1$에서

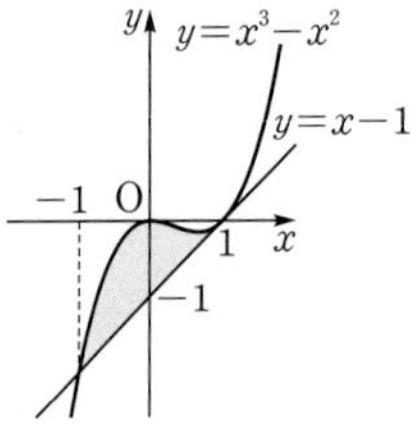

$x^3-x^2-x+1=0$, $(x+1)(x-1)^2=0$

$\therefore x=-1$ 또는 $x=1$

따라서 곡선 $y=f(x)$와 접선 $y=x-1$로 둘러싸인 도형의 넓이는

$$\int_{-1}^{1}\{(x^3-x^2)-(x-1)\}dx=\int_{-1}^{1}(x^3-x^2-x+1)dx$$
$$=2\int_{0}^{1}(-x^2+1)dx$$
$$=2\left[-\frac{1}{3}x^3+x\right]_{0}^{1}$$
$$=2\times\frac{2}{3}=\frac{4}{3}$$

Bible Says **우함수 · 기함수의 정적분**

함수 $f(x)$가 닫힌구간 $[-a, a]$에서 연속일 때

(1) $f(x)$가 우함수이면 $\int_{-a}^{a}f(x)dx=2\int_{0}^{a}f(x)dx$

(2) $f(x)$가 기함수이면 $\int_{-a}^{a}f(x)dx=0$

0485

답 9

$y=-x^2$에서 $y'=-2x$

접점의 좌표를 $(t, -t^2)$이라 하면 곡선 위의 점 $(t, -t^2)$에서의 접선의 기울기는 $-2t$이므로 접선의 방정식은

$y+t^2=-2t(x-t)$

$\therefore y=-2tx+t^2$

이 직선이 점 $\left(-\frac{1}{2}, 2\right)$를 지나므로

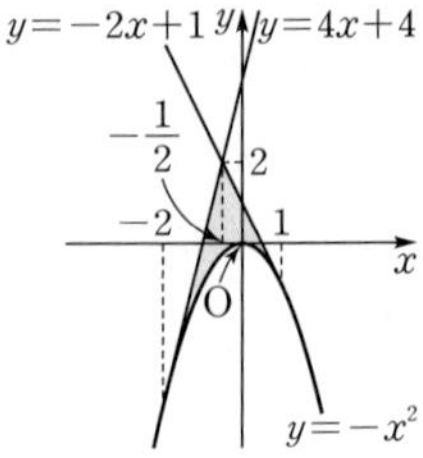

$2=t+t^2$, $t^2+t-2=0$,

$(t+2)(t-1)=0$

$\therefore t=-2$ 또는 $t=1$

따라서 접선의 방정식은 $y=4x+4$ 또는 $y=-2x+1$이므로 구하는 도형의 넓이는

$$S=\int_{-2}^{-\frac{1}{2}}\{(4x+4)-(-x^2)\}dx+\int_{-\frac{1}{2}}^{1}\{(-2x+1)-(-x^2)\}dx$$
$$=\int_{-2}^{-\frac{1}{2}}(x^2+4x+4)dx+\int_{-\frac{1}{2}}^{1}(x^2-2x+1)dx$$
$$=\left[\frac{1}{3}x^3+2x^2+4x\right]_{-2}^{-\frac{1}{2}}+\left[\frac{1}{3}x^3-x^2+x\right]_{-\frac{1}{2}}^{1}$$
$$=\frac{9}{8}+\frac{9}{8}=\frac{9}{4}$$

$\therefore 4S=4\times\frac{9}{4}=9$

0486

답 54

곡선 $y=f(x)$와 직선 $y=g(x)$의 교점의 x좌표는 $x=-1$, $x=1$이므로 곡선과 직선으로 둘러싸인 도형의 넓이는

$$\int_{-1}^{1}|f(x)-g(x)|dx=\int_{-1}^{1}\{f(x)-g(x)\}dx$$

이때 $f(x)-g(x)$는 최고차항의 계수가 음수인 삼차함수이고 삼차방정식 $f(x)-g(x)=0$은 중근 $x=-1$과 한 실근 $x=1$을 가지므로

$f(x)-g(x)=a(x+1)^2(x-1)$

$\qquad\qquad=ax^3+ax^2-ax-a \ (a<0)$

따라서 곡선 $y=f(x)$와 직선 $y=g(x)$로 둘러싸인 도형의 넓이는

$$\int_{-1}^{1}\{f(x)-g(x)\}dx=\int_{-1}^{1}(ax^3+ax^2-ax-a)dx$$
$$=2\int_{0}^{1}(ax^2-a)dx$$
$$=2\left[\frac{a}{3}x^3-ax\right]_{0}^{1}$$
$$=-\frac{4}{3}a=8$$

에서 $a=-6$

즉, $f(x)-g(x)=-6(x+1)^2(x-1)$이므로

$g(2)-f(2)=6\times9\times1=54$

유형 05 두 도형의 넓이가 같을 조건

0487

답 -2

곡선 $y=x^3+(1-a)x^2-ax$와 x축의 교점의 x좌표는

$x^3+(1-a)x^2-ax=0$에서 $x(x+1)(x-a)=0$

$\therefore x=-1$ 또는 $x=0$ 또는 $x=a$

이때 $a<-1$이므로 곡선

$y=x^3+(1-a)x^2-ax$는 오른쪽 그림과 같고 $A=B$이므로

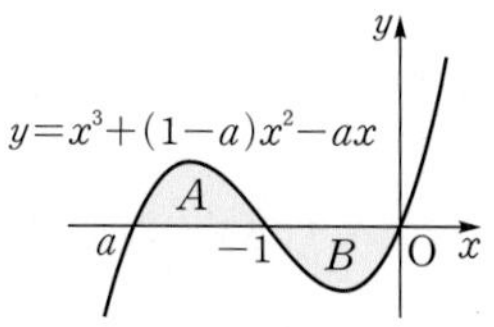

$\int_a^0 \{x^3+(1-a)x^2-ax\}dx$

$=\left[\frac{1}{4}x^4+\frac{1-a}{3}x^3-\frac{a}{2}x^2\right]_a^0$

$=\frac{1}{12}a^4+\frac{1}{6}a^3=0$

에서 $\frac{1}{12}a^3(a+2)=0$ $\quad\therefore a=-2$ ($\because a<-1$)

0488

답 8

주어진 그림에서 함수 $y=f(x)$의 그래프가 x축과 만나는 점의 x좌표 중 1보다 큰 값을 a라 하면

$f(x)=(x-1)(x-a)$ $(a>1)$

이때 함수 $y=f(x)$의 그래프와 x축 및 y축으로 둘러싸인 두 도형의 넓이가 서로 같으므로

$\int_0^a f(x)dx=\int_0^a \{x^2-(a+1)x+a\}dx$

$=\left[\frac{1}{3}x^3-\frac{a+1}{2}x^2+ax\right]_0^a$

$=-\frac{1}{6}a^3+\frac{1}{2}a^2=0$

에서 $-\frac{1}{6}a^2(a-3)=0$ $\quad\therefore a=3$ ($\because a>1$)

따라서 $f(x)=(x-1)(x-3)$이므로

$f(5)=4\times2=8$

0489

답 ③

두 곡선 $y=-x^2(x-3)$, $y=kx(x-3)$의 교점의 x좌표는

$-x^2(x-3)=kx(x-3)$에서 $x(x-3)(x+k)=0$

$\therefore x=0$ 또는 $x=3$ 또는 $x=-k$

이때 $A=B$이므로

$\int_0^3 \{-x^2(x-3)-kx(x-3)\}dx$

$=\int_0^3 \{-x^3+(3-k)x^2+3kx\}dx$

$=\left[-\frac{1}{4}x^4+\frac{3-k}{3}x^3+\frac{3k}{2}x^2\right]_0^3$

$=-\frac{81}{4}+9(3-k)+\frac{27}{2}k=0$

에서 $18k=-27$이므로 $k=-\frac{3}{2}$

유형 06 도형의 넓이의 활용 - 이등분

0490

답 108

곡선 $y=-x^2+6x$와 직선 $y=mx$의 교점의 x좌표는

$-x^2+6x=mx$에서

$x^2+(m-6)x=0$, $x(x+m-6)=0$

$\therefore x=0$ 또는 $x=6-m$

따라서 오른쪽 그림에서

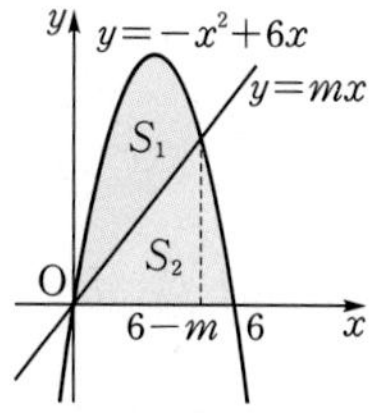

$S_1=\int_0^{6-m}\{(-x^2+6x)-mx\}dx$

$=\int_0^{6-m}\{-x^2+(6-m)x\}dx$

$=\left[-\frac{1}{3}x^3+\frac{6-m}{2}x^2\right]_0^{6-m}$

$=\frac{1}{6}(6-m)^3$

$S_1+S_2=\int_0^6(-x^2+6x)dx$

$=\left[-\frac{1}{3}x^3+3x^2\right]_0^6=36$

이때 $S_1=S_2$에서 $S_1+S_2=2S_1$이므로

$\frac{1}{3}(6-m)^3=36$

$\therefore (6-m)^3=108$

0491

답 2

곡선 $y=x^2-x$와 직선 $y=mx$의 교점의 x좌표는

$x^2-x=mx$에서

$x^2-(m+1)x=0$, $x\{x-(m+1)\}=0$

$\therefore x=0$ 또는 $x=m+1$

곡선 $y=x^2-x$와 x축의 교점의 x좌표는

$x^2-x=0$에서 $x(x-1)=0$

$\therefore x=0$ 또는 $x=1$

따라서 오른쪽 그림에서

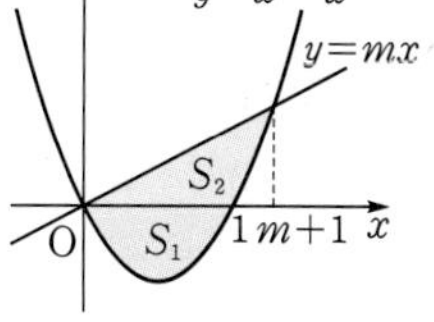

$S_1=\int_0^1(-x^2+x)dx$

$=\left[-\frac{1}{3}x^3+\frac{1}{2}x^2\right]_0^1$

$=\frac{1}{6}$

$S_1+S_2=\int_0^{m+1}\{mx-(x^2-x)\}dx$

$=\int_0^{m+1}\{-x^2+(m+1)x\}dx$

$=\left[-\frac{1}{3}x^3+\frac{m+1}{2}x^2\right]_0^{m+1}$

$=\frac{1}{6}(m+1)^3$

이때 $S_1=S_2$에서 $S_1+S_2=2S_1$이므로

$\frac{1}{6}(m+1)^3=\frac{1}{3}$

$\therefore (m+1)^3=2$

0492

답 4

오른쪽 그림에서

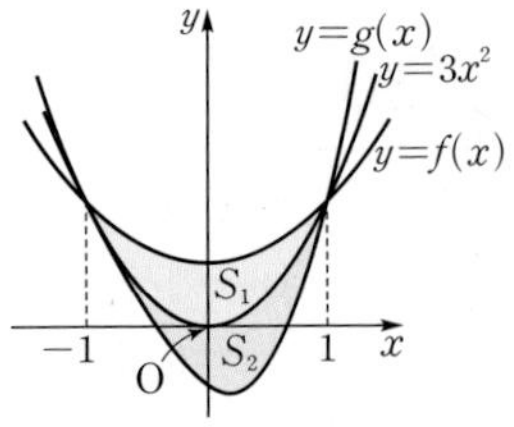

$S_1=\int_{-1}^{1}\{f(x)-3x^2\}dx$

$=\int_{-1}^{1}f(x)dx-2\int_{0}^{1}3x^2dx$

$=\int_{-1}^{1}f(x)dx-2\Big[x^3\Big]_0^1$

$=\int_{-1}^{1}f(x)dx-2$

$S_2=\int_{-1}^{1}\{3x^2-g(x)\}dx$

$=2\int_{0}^{1}3x^2dx-\int_{-1}^{1}g(x)dx$

$=2\Big[x^3\Big]_0^1=2$

이때 $S_1=S_2$이므로

$\int_{-1}^{1}f(x)dx-2=2$

$\therefore \int_{-1}^{1}f(x)dx=4$

유형 07 도형의 넓이의 활용 - 최댓값, 최솟값

0493

답 1

$0<a<2$이므로 곡선 $y=x^2-a^2$과 x축, y축 및 직선 $x=2$로 둘러싸인 도형의 넓이를 $S(a)$라 하면

$S(a)=\int_{0}^{a}(-x^2+a^2)dx+\int_{a}^{2}(x^2-a^2)dx$

$=\Big[-\frac{1}{3}x^3+a^2x\Big]_0^a+\Big[\frac{1}{3}x^3-a^2x\Big]_a^2$

$=\frac{4}{3}a^3-2a^2+\frac{8}{3}$

$S'(a)=4a^2-4a=4a(a-1)$

$S'(a)=0$에서 $a=1$ ($\because$ $0<a<2$)

$0<a<2$에서 함수 $S(a)$의 증가와 감소를 표로 나타내면 다음과 같다.

a	0	$\cdots$	1	$\cdots$	2
$S'(a)$		$-$	0	$+$	
$S(a)$		↘	극소	↗	

따라서 $S(a)$는 $a=1$일 때 극소이면서 최소이다.

Bible Says 함수의 극대, 극소의 판정

미분가능한 함수 $f(x)$에 대하여 $f'(a)=0$일 때 $x=a$의 좌우에서

(1) $f'(x)$의 부호가 양에서 음으로 바뀌면 $f(x)$는 $x=a$에서 극대이고, 극댓값은 $f(a)$이다.

(2) $f'(x)$의 부호가 음에서 양으로 바뀌면 $f(x)$는 $x=a$에서 극소이고, 극솟값은 $f(a)$이다.

0494

답 ②

$f(x)=x^2+4$라 하면 $f'(x)=2x$

따라서 곡선 $y=f(x)$ 위의 점 $(t,\ t^2+4)$에서의 접선의 기울기가 $f'(t)=2t$이므로 접선의 방정식은

$y-(t^2+4)=2t(x-t)$ $\quad\therefore y=2tx-t^2+4$

이때 $0<t<3$이므로 곡선 $y=f(x)$와 접선은 오른쪽 그림과 같다.

곡선 $y=f(x)$ 위의 점 $(t,\ t^2+4)$에서의 접선 및 y축, 직선 $x=3$으로 둘러싸인 도형의 넓이를 $S(t)$라 하면

$S(t)=\int_{0}^{3}\{(x^2+4)-(2tx-t^2+4)\}dx$

$=\int_{0}^{3}(x^2-2tx+t^2)dx$

$=\Big[\frac{1}{3}x^3-tx^2+t^2x\Big]_0^3$

$=9-9t+3t^2$

$=3\Big(t-\frac{3}{2}\Big)^2+\frac{9}{4}$

따라서 $S(t)$는 $t=\frac{3}{2}$일 때 최솟값 $\frac{9}{4}$를 갖는다.

참고

이차함수 $y=a(x-p)^2+q$는

(1) $a>0$일 때, $x=p$에서 최솟값 q

(2) $a<0$일 때, $x=p$에서 최댓값 q

를 갖는다.

0495

답 0

곡선 $y=(x^2-1)(x-k)$와 x축의 교점의 x좌표는

$(x^2-1)(x-k)=0$에서 $(x+1)(x-1)(x-k)=0$

$\therefore x=-1$ 또는 $x=k$ 또는 $x=1$

곡선 $y=(x^2-1)(x-k)$와 x축으로 둘러싸인 도형의 넓이를 $S(k)$라 하면

$-1<k<1$이므로 오른쪽 그림에서

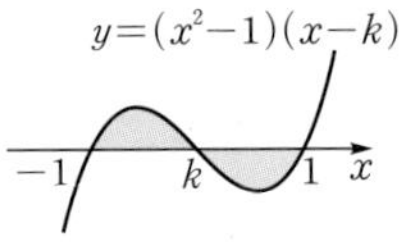

$S(k)=\int_{-1}^{k}(x^2-1)(x-k)dx+\int_{k}^{1}\{-(x^2-1)(x-k)\}dx$

$=\int_{-1}^{k}(x^3-kx^2-x+k)dx-\int_{k}^{1}(x^3-kx^2-x+k)dx$

$=\Big[\frac{1}{4}x^4-\frac{k}{3}x^3-\frac{1}{2}x^2+kx\Big]_{-1}^{k}-\Big[\frac{1}{4}x^4-\frac{k}{3}x^3-\frac{1}{2}x^2+kx\Big]_{k}^{1}$

$=-\frac{1}{6}k^4+k^2+\frac{1}{2}$

$S'(k)=-\frac{2}{3}k^3+2k=-\frac{2}{3}k(k^2-3)$

$S'(k)=0$에서 $k=0$ ($\because -1<k<1$)

$-1<k<1$에서 함수 $S(k)$의 증가와 감소를 표로 나타내면 다음과 같다.

k	-1	$\cdots$	0	$\cdots$	1
$S'(k)$		$-$	0	$+$	
$S(k)$		↘	극소	↗	

따라서 $S(k)$는 $k=0$일 때 극소이면서 최소이다.

유형 08 함수와 그 역함수의 정적분

0496

답 ③

함수 $f(x)=x^2+2\ (x\ge0)$의 역함수가 $g(x)$이므로 두 곡선 $y=f(x)$, $y=g(x)$는 직선 $y=x$에 대하여 대칭이다.

따라서 오른쪽 그림에서 $A=B$이므로

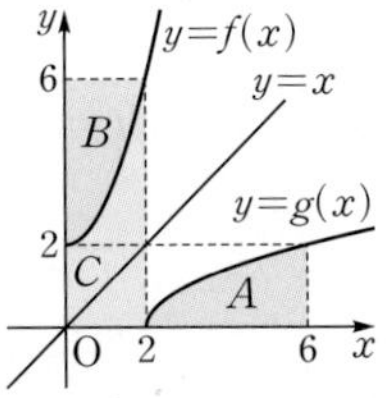

$$\int_0^2 f(x)dx+\int_2^6 g(x)dx=C+A$$
$$=C+B$$
$$=2\times6=12$$

0497

답 10

함수 $f(x)=\sqrt{x-1}$의 역함수가 $g(x)$이므로 두 곡선 $y=f(x)$, $y=g(x)$는 직선 $y=x$에 대하여 대칭이다.

따라서 오른쪽 그림에서 $A=B$이므로

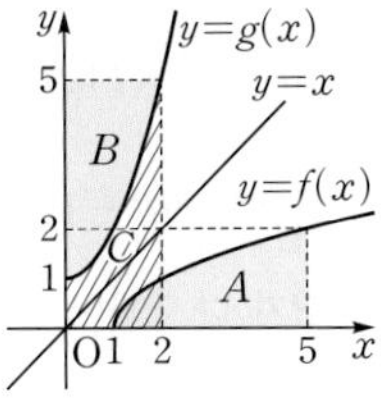

$$\int_1^5 f(x)dx+\int_0^2 g(x)dx=A+C$$
$$=B+C$$
$$=2\times5=10$$

0498

답 3

두 곡선 $y=f(x)$, $y=g(x)$로 둘러싸인 도형의 넓이는 곡선 $y=f(x)$와 직선 $y=x$로 둘러싸인 도형의 넓이의 2배와 같으므로 구하는 도형의 넓이는

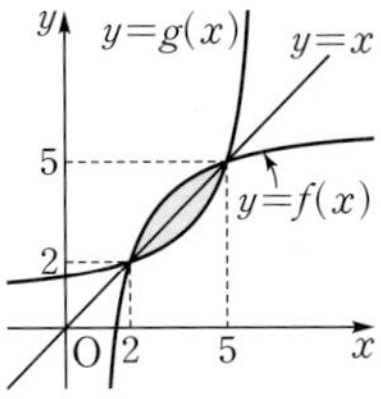

$$2\int_2^5\{f(x)-x\}dx=2\int_2^5 f(x)dx-\int_2^5 2xdx$$
$$=2\times12-\Big[x^2\Big]_2^5$$
$$=24-21=3$$

0499

답 16

두 곡선 $y=f(x)$, $y=g(x)$의 교점의 x좌표는 곡선 $y=f(x)$와 직선 $y=x$의 교점의 x좌표와 같으므로

$2\sqrt{x}=x$에서 $x^2-4x=0$, $x(x-4)=0$

$\therefore x=0$ 또는 $x=4$

두 곡선 $y=f(x)$, $y=g(x)$는 직선 $y=x$에 대하여 대칭이므로 오른쪽 그림에서 $A=B$이다.

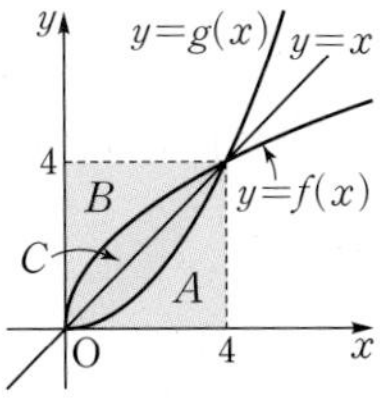

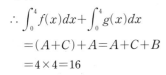

$$\therefore \int_0^4 f(x)dx+\int_0^4 g(x)dx$$
$$=(A+C)+A=A+C+B$$
$$=4\times4=16$$

0500

답 7

두 곡선 $y=f(x)$, $y=g(x)$는 직선 $y=x$에 대하여 대칭이고 $f(2)=2$, $f(4)=4$이다.

따라서 오른쪽 그림에서 $A=B$이므로

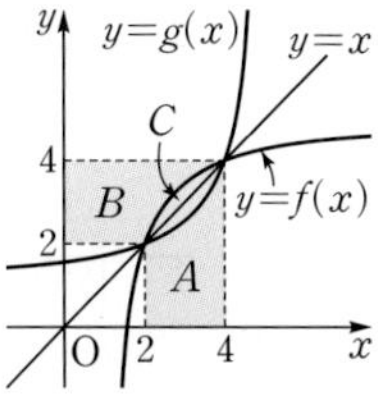

$$\int_2^4 f(x)dx=A+C$$
$$=4\times4-2\times2-B$$
$$=12-B=12-A$$
$$=12-\int_2^4 g(x)dx$$
$$=12-5=7$$

0501

답 ②

$f(x)=x^3-3x^2+4x-1$에서

$f'(x)=3x^2-6x+4=3(x-1)^2+1>0$

이므로 함수 $f(x)$는 실수 전체의 집합에서 증가한다.

두 곡선 $y=f(x)$, $y=g(x)$의 교점의 x좌표는 곡선 $y=f(x)$와 직선 $y=x$의 교점의 x좌표와 같으므로

$x^3-3x^2+4x-1=x$에서 $x^3-3x^2+3x-1=0$

$(x-1)^3=0\qquad \therefore x=1$

오른쪽 그림에서 두 곡선 $y=f(x)$, $y=g(x)$와 x축 및 y축으로 둘러싸인 도형의 넓이는 빗금친 부분의 넓이의 2배와 같으므로 구하는 넓이는

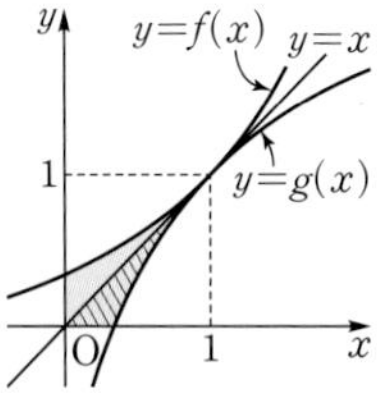

$$2\int_0^1\{x-f(x)\}dx$$
$$=2\int_0^1(-x^3+3x^2-3x+1)dx$$
$$=2\Big[-\frac{1}{4}x^4+x^3-\frac{3}{2}x^2+x\Big]_0^1$$
$$=2\times\frac{1}{4}=\frac{1}{2}$$

유형 09 함수의 주기, 대칭성을 이용한 도형의 넓이

0502

답 ②

조건 ㈎에서 $-1\le x\le1$일 때, $f(x)=x^2$이고 조건 ㈏에서 함수 $f(x)$는 주기가 2인 주기함수이므로 함수 $y=f(x)$의 그래프는 다음 그림과 같다.

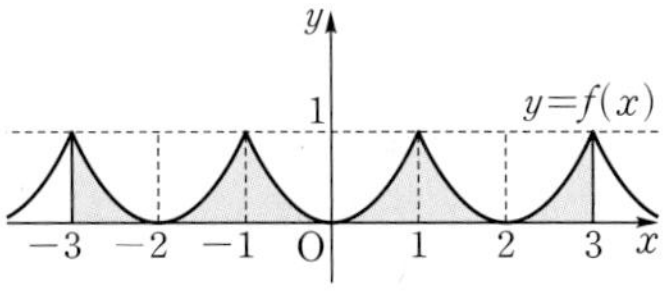

따라서 함수 $y=f(x)$의 그래프와 x축 및 두 직선 $x=-3$, $x=3$으로 둘러싸인 도형의 넓이는

$$\int_{-3}^3 f(x)dx=6\int_0^1 f(x)dx=6\int_0^1 x^2dx$$
$$=6\Big[\frac{1}{3}x^3\Big]_0^1=6\times\frac{1}{3}=2$$

0503

답 ④

모든 실수 x에 대하여 $f(-x)=-f(x)$이므로 함수 $y=f(x)$의 그래프는 원점에 대하여 대칭이다.

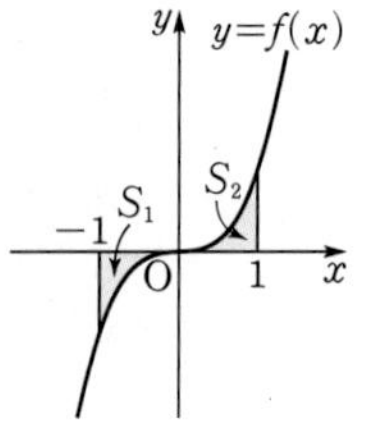

[그림 1]

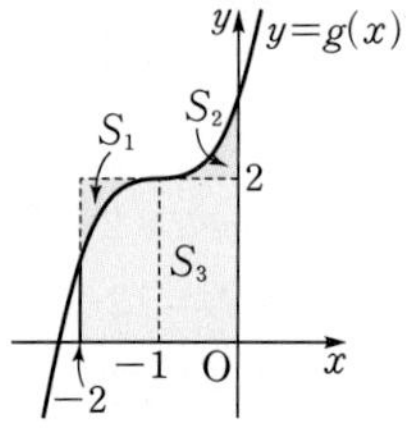

[그림 2]

따라서 [그림 1]과 같이 색칠한 부분의 넓이를 각각 S_1, S_2라 하면
$S_1=S_2$
이때 함수 $y=g(x)$의 그래프는 함수 $y=f(x)$의 그래프를 x축의 방향으로 -1만큼, y축의 방향으로 2만큼 평행이동시킨 것이므로 [그림 2]에서 곡선 $y=g(x)$와 x축, y축 및 직선 $x=-2$로 둘러싸인 도형의 넓이는

$$\int_{-2}^{0} g(x)dx=S_2+S_3=S_1+S_3=2\times2=4$$

참고

함수 $f(x)$가 모든 실수 x에 대하여 $f(-x)=-f(x)$를 만족시킬 때, 임의의 실수 a에 대하여 $\int_{-a}^{a} f(x)dx=0$이다.

0504

답 27

함수 $f(x)$는 $f(0)=1$이고 모든 실수 x에 대하여 증가하므로
$x>0$일 때, $f(x)>1$이다.
또한 함수 $f(x)$는 연속함수이고 모든 실수 x에 대하여
$f(x)=f(x-2)+3$이므로 그래프의 개형은 다음 그림과 같다.

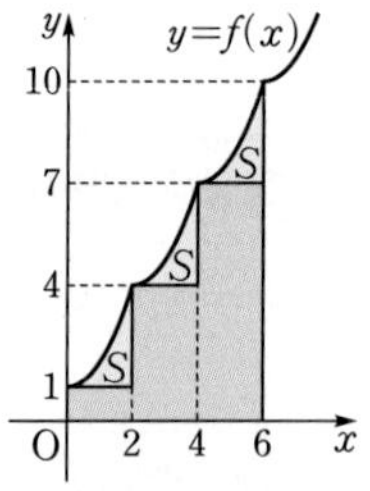

이때 함수 $y=f(x)$의 그래프와 x축, y축 및 직선 $x=2$로 둘러싸인 도형의 넓이는 위의 그림에서

$$\int_{0}^{2} f(x)dx=S+2\times1=3$$

이므로 $S=1$

$$\therefore \int_{0}^{6} f(x)dx=\int_{0}^{2} f(x)dx+\int_{2}^{4} f(x)dx+\int_{4}^{6} f(x)dx$$
$$=3+(S+2\times4)+(S+2\times7)$$
$$=2S+25=27$$

참고

위의 그림에서 $S=1<3$이므로 구간 $[0, 2]$에서 함수 $y=f(x)$의 그래프의 개형은 아래로 볼록한 모양이 되어야 한다.

유형 10 위치와 위치의 변화량

0505

답 ④

점 P의 운동 방향이 바뀌는 시각은 $v(t)=0$에서
$12-4t=0$ $\quad\therefore t=3$
$t=0$에서의 점 P의 좌표가 6이므로 $t=3$에서 점 P의 위치는

$$6+\int_{0}^{3} v(t)dt=6+\int_{0}^{3}(12-4t)dt$$
$$=6+\Big[12t-2t^2\Big]_0^3$$
$$=6+18=24$$

0506

답 ③

시각 t에서의 점 P의 위치를 x라 하면

$$x=0+\int_{0}^{t} v(t)dt=\int_{0}^{t}(6t^2-4t-12)dt$$
$$=\Big[2t^3-2t^2-12t\Big]_0^t=2t^3-2t^2-12t$$

점 P가 다시 원점을 통과할 때 $x=0$이므로
$2t^3-2t^2-12t=0$, $2t(t+2)(t-3)=0$
$\therefore t=3$ ($\because t>0$)
따라서 $t=3$일 때 점 P가 다시 원점을 통과한다.

0507

답 ②

두 점 P, Q가 시각 $t=2$에서 만나려면 $t=2$에서의 위치가 같아야 하므로

$\int_{0}^{2} v_1(t)dt=\int_{0}^{2} v_2(t)dt$에서

$$\int_{0}^{2}(t^2+at)dt=\int_{0}^{2} 2atdt$$
$$\Big[\frac{1}{3}t^3+\frac{1}{2}at^2\Big]_0^2=\Big[at^2\Big]_0^2$$

$\frac{8}{3}+2a=4a$ $\quad\therefore a=\frac{4}{3}$

0508

답 -5

시각 t에서의 점 P의 위치는

$$-80+\int_{0}^{t}(30-6t)dt=-80+\Big[30t-3t^2\Big]_0^t$$
$$=-3t^2+30t-80$$
$$=-3(t-5)^2-5$$

따라서 점 P는 $t=5$일 때 원점에서 가장 가까이 있고 이때의 점 P의 위치는 -5이다.

유형 11 움직인 거리

0509

답 ③

$t=0$에서 $t=4$까지 점 P가 움직인 거리는

$$\int_0^4 |v(t)|dt=\int_0^2(-3t+6)dt+\int_2^4(3t-6)dt$$
$$=\left[-\frac{3}{2}t^2+6t\right]_0^2+\left[\frac{3}{2}t^2-6t\right]_2^4$$
$$=6+6=12$$

0510

답 45 m

물체가 최고 높이에 도달했을 때의 속도는 0이므로

$v(t)=0$에서 $-10t+30=0$

$\therefore t=3$

따라서 물체가 최고 높이에 도달할 때까지 움직인 거리는

$$\int_0^3 |v(t)|dt=\int_0^3|-10t+30|dt$$
$$=\int_0^3(-10t+30)dt$$
$$=\left[-5t^2+30t\right]_0^3=45\ (\text{m})$$

0511

답 ②

점 P가 출발할 때의 속도는 $v(0)=5>0$이므로 출발할 때의 운동 방향과 반대 방향으로 움직인 구간은 $v(t)<0$에서

$t^2-6t+5<0$, $(t-1)(t-5)<0$

$\therefore 1<t<5$

따라서 구하는 거리는

$$\int_1^5 |v(t)|dt=\int_1^5|t^2-6t+5|dt=\int_1^5(-t^2+6t-5)dt$$
$$=\left[-\frac{1}{3}t^3+3t^2-5t\right]_1^5=\frac{32}{3}$$

0512

답 4

자동차가 완전히 정지했을 때의 속도는 0 m/s이므로

$v(t)=-kt+40=0 \qquad \therefore t=\frac{40}{k}$

자동차가 제동을 건 후 $\frac{40}{k}$초 동안 200 m를 미끄러지고 완전히 정지하였으므로

$$\int_0^{\frac{40}{k}}(-kt+40)dt=\left[-\frac{1}{2}kt^2+40t\right]_0^{\frac{40}{k}}$$
$$=\frac{800}{k}=200$$

$\therefore k=4$

유형 12 그래프에서의 위치와 움직인 거리

0513

답 ⑤

ㄱ. $v(2)=0$, $v(4)=0$이고 $t=2$, $t=4$의 좌우에서 각각 $v(t)$의 부호가 바뀌므로 점 P는 $t=2$, $t=4$에서 운동 방향을 두 번 바꾼다. (참)

ㄴ. $t=4$일 때, 점 P의 위치는

$$0+\int_0^4 v(t)dt=\frac{1}{2}\times2\times2-\frac{1}{2}\times2\times2=0$$

따라서 $t=4$일 때, 점 P는 원점을 지난다. (참)

ㄷ. 출발 후 8초 동안 점 P가 움직인 거리는

$$\int_0^8 |v(t)|dt=\frac{1}{2}\times2\times2+\frac{1}{2}\times2\times2+\frac{1}{2}\times(4+1)\times2$$
$$=2+2+5=9\ (\text{참})$$

따라서 옳은 것은 ㄱ, ㄴ, ㄷ이다.

0514

답 2

$t=0$에서 $t=6$까지 점 P가 움직인 거리가 16이므로

$\int_0^6 |v(t)|dt=16$에서 $\frac{1}{2}\times2\times a+\frac{1}{2}\times(4+2)\times a=16$

$4a=16 \qquad \therefore a=4$

따라서 $t=4$에서의 점 P의 위치는

$$4+\int_0^4 v(t)dt=4+\frac{1}{2}\times2\times4-\frac{1}{2}\times(1+2)\times4$$
$$=4+4-6=2$$

0515

답 8

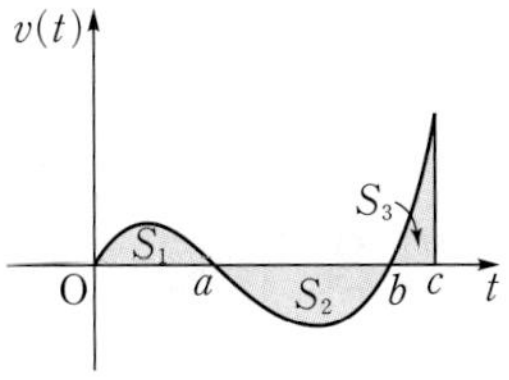

$\int_0^a |v(t)|dt=S_1$, $\int_a^b |v(t)|dt=S_2$, $\int_b^c |v(t)|dt=S_3$이라 하면

$\int_0^a v(t)dt=S_1$, $\int_a^b v(t)dt=-S_2$, $\int_b^c v(t)dt=S_3$

점 P가 $t=a$에서 $t=b$까지 움직인 거리가 4이므로

$S_2=4$

점 P는 $t=c$에서 원점을 지나므로

$$\int_0^c v(t)dt=S_1-S_2+S_3=S_1+S_3-4=0$$

$\therefore S_1+S_3=4$

따라서 점 P가 $t=0$에서 $t=c$까지 움직인 거리는

$$\int_0^c |v(t)|dt=\int_0^a|v(t)|dt+\int_a^b|v(t)|dt+\int_b^c|v(t)|dt$$
$$=S_1+S_2+S_3=4+4=8$$

0516

답 ③

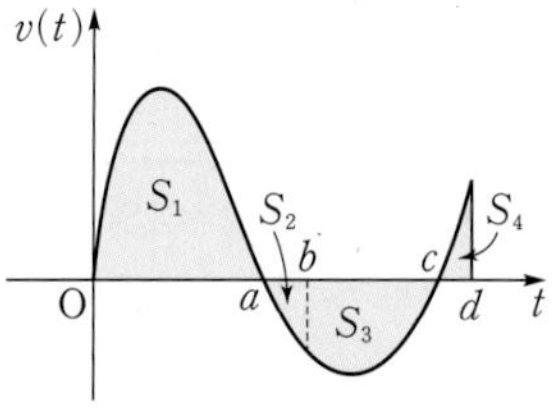

$\int_0^a |v(t)|dt=S_1$, $\int_a^b |v(t)|dt=S_2$, $\int_b^c |v(t)|dt=S_3$,

$\int_c^d |v(t)|dt=S_4$라 하면 $\int_0^b v(t)dt=\int_b^d |v(t)|dt$에서

$S_1-S_2=S_3+S_4$

ㄱ. $\int_0^c v(t)dt=\int_0^a v(t)dt+\int_a^b v(t)dt+\int_b^c v(t)dt$

$=S_1-S_2-S_3=(S_3+S_4)-S_3=S_4$

$\int_c^d v(t)dt=S_4$

$\therefore \int_0^c v(t)dt=\int_c^d v(t)dt$ (참)

ㄴ. $\int_0^a v(t)dt=S_1$

$\int_a^d |v(t)|dt=S_2+S_3+S_4=S_2+(S_1-S_2)=S_1$

$\therefore \int_0^a v(t)dt=\int_a^d |v(t)|dt$ (참)

ㄷ. 점 P의 $t=d$에서의 위치는

$\int_0^d v(t)dt=S_1-S_2-S_3+S_4=(S_3+S_4)-S_3+S_4$

$=2S_4>0$

즉, 점 P의 $t=d$에서의 위치가 0이 아니므로 원점을 지나지 않는다. (거짓)

따라서 옳은 것은 ㄱ, ㄴ이다.

PART B′ 기출 & 기출변형 문제

0517

답 6

점 P의 시각 t에서의 위치를 $x(t)$라 하면

$x(t)=0+\int_0^t (3t^2-4t+k)dt$

$=\left[t^3-2t^2+kt\right]_0^t$

$=t^3-2t^2+kt$

이때 $x(1)=-3$이므로

$1-2+k=-3$에서 $k=-2$

$\therefore x(t)=t^3-2t^2-2t$

따라서 시각 $t=1$에서 $t=3$까지 점 P의 위치의 변화량은

$|x(3)-x(1)|=|3-(-3)|=6$

0518

답 ③

$f(x)=\frac{1}{2}x^2$이라 하면 $f'(x)=x$

곡선 $y=f(x)$ 위의 점 P의 좌표를 $\left(a, \frac{1}{2}a^2\right)$이라 하면

점 $P\left(a, \frac{1}{2}a^2\right)$을 지나고 이 점에서의 접선에 수직인 직선 l의 방정식은

$y=-\frac{1}{f'(a)}(x-a)+\frac{1}{2}a^2$

$\therefore y=-\frac{1}{a}x+\frac{1}{2}a^2+1$ …… ㉠

이 직선이 점 (0, 3)을 지나므로

$3=\frac{1}{2}a^2+1$, $a^2=4$ $\therefore a=2$

즉, P(2, 2)이고 $a=2$를 ㉠에 대입하면 직선 l의 방정식은

$y=-\frac{1}{2}x+3$

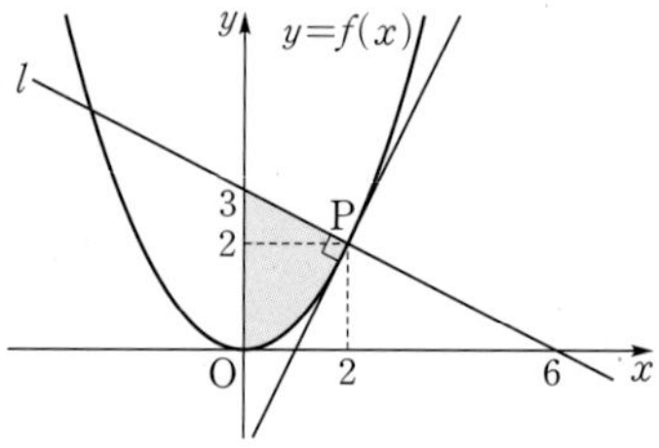

따라서 직선 l과 곡선 $y=f(x)$ 및 y축으로 둘러싸인 부분 중 색칠한 부분의 넓이는

$\int_0^2 \left\{\left(-\frac{1}{2}x+3\right)-\frac{1}{2}x^2\right\}dx=\int_0^2 \left(-\frac{1}{2}x^2-\frac{1}{2}x+3\right)dx$

$=\left[-\frac{1}{6}x^3-\frac{1}{4}x^2+3x\right]_0^2$

$=\frac{11}{3}$

짝기출

자연수 n에 대하여 좌표가 $(0, 2n+1)$인 점을 P라 하고, 함수 $f(x)=nx^2$의 그래프 위의 점 중 y좌표가 1이고 제1사분면에 있는 점을 Q라 하자.

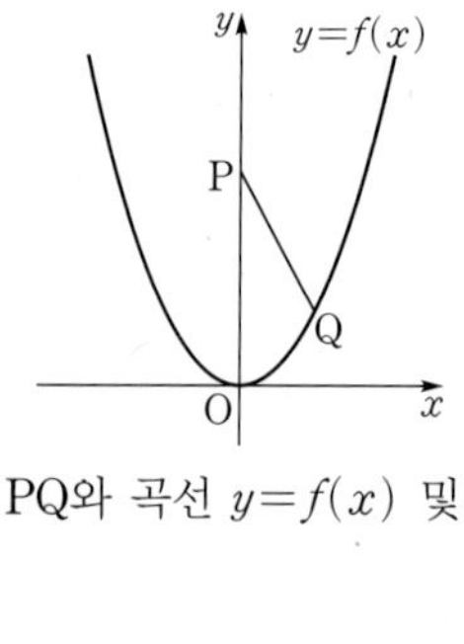

$n=1$일 때, 선분 PQ와 곡선 $y=f(x)$ 및 y축으로 둘러싸인 부분의 넓이는?

① $\frac{3}{2}$ ② $\frac{19}{12}$ ③ $\frac{5}{3}$ ④ $\frac{7}{4}$ ⑤ $\frac{11}{6}$

답 ③

0519

답 40

점 P(a, b)는 함수 $f(x)=\frac{1}{2}x^3$의 그래프 위의 점이므로

$b=\frac{1}{2}a^3$

한편, $S_1=S_2$이므로

$\int_0^1 \frac{1}{2}x^3dx=\int_1^a\left(\frac{1}{2}a^3-\frac{1}{2}x^3\right)dx$

$\left[\frac{1}{8}x^4\right]_0^1=\left[\frac{1}{2}a^3x-\frac{1}{8}x^4\right]_1^a$

$\frac{1}{8}=\left(\frac{1}{2}a^4-\frac{1}{8}a^4\right)-\left(\frac{1}{2}a^3-\frac{1}{8}\right)$

$a^3(3a-4)=0 \quad \therefore a=\frac{4}{3}\ (\because a>1)$

$\therefore 30a=30\times\frac{4}{3}=40$

0520

답 27

시각 t에서의 두 점 P, Q의 위치를 각각 $x_1(t)$, $x_2(t)$라 하면

$x_1(t)=0+\int_0^t v_1(t)dt=\int_0^t(3t^2-2t-4)dt$

$=\left[t^3-t^2-4t\right]_0^t=t^3-t^2-4t$

$x_2(t)=0+\int_0^t v_2(t)dt=\int(4t+5)dt$

$=\left[2t^2+5t\right]_0^t=2t^2+5t$

한편, 두 점 P, Q의 속도가 같아지는 순간은 $v_1(t)=v_2(t)$에서

$3t^2-2t-4=4t+5$, $3t^2-6t-9=0$

$3(t+1)(t-3)=0$

$\therefore t=3\ (\because t\geq 0)$

따라서 구하는 두 점 P, Q 사이의 거리는

$|x_1(3)-x_2(3)|=|6-33|=27$

짝기출

시각 $t=0$일 때 동시에 원점을 출발하여 수직선 위를 움직이는 두 점 P, Q의 시각 $t\ (t\geq 0)$에서의 속도가 각각

$v_1(t)=3t^2+t,\ v_2(t)=2t^2+3t$

이다. 출발한 후 두 점 P, Q의 속도가 같아지는 순간 두 점 P, Q 사이의 거리를 a라 할 때, $9a$의 값을 구하시오.

답 12

0521

답 ⑤

$f(x)=\int f'(x)dx=\int(3x^2-4x-4)dx$

$=x^3-2x^2-4x+C$ (C는 적분상수)

함수 $y=f(x)$의 그래프가 점 $(2, 0)$을 지나므로

$f(2)=0$에서 $8-8-8+C=0$

$\therefore C=8$

$\therefore f(x)=x^3-2x^2-4x+8=(x+2)(x-2)^2$

따라서 곡선 $y=f(x)$와 x축으로 둘러싸인 도형의 넓이는

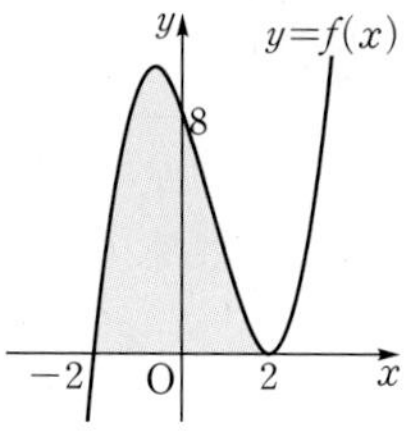

$\int_{-2}^2|f(x)|dx$

$=\int_{-2}^2(x^3-2x^2-4x+8)dx$

$=2\int_0^2(-2x^2+8)dx$

$=2\left[-\frac{2}{3}x^3+8x\right]_0^2$

$=2\times\left(-\frac{16}{3}+16\right)=\frac{64}{3}$

0522

답 16

$f(x)$는 최고차항의 계수가 1인 이차함수이므로

$f(x)=x^2+ax+b$ (a, b는 상수)라 하면

조건 (가)에서 $f(2)=3$이므로

$4+2a+b=3 \quad \therefore 2a+b=-1 \quad \cdots\cdots$ ㉠

조건 (나)에서 모든 실수 t에 대하여 $\int_{-2}^t f(x)dx=\int_1^t f(x)dx$이므로

$\int_{-2}^t f(x)dx-\int_1^t f(x)dx=0$

$\int_{-2}^t f(x)dx+\int_t^1 f(x)dx=0$

즉, $\int_{-2}^1 f(x)dx=0$이므로

$\int_{-2}^1 f(x)dx=\int_{-2}^1(x^2+ax+b)dx$

$=\left[\frac{1}{3}x^3+\frac{1}{2}ax^2+bx\right]_{-2}^1$

$=3-\frac{3}{2}a+3b=0$

$\therefore a-2b=2 \quad \cdots\cdots$ ㉡

㉠, ㉡을 연립하여 풀면 $a=0$, $b=-1$

$\therefore f(x)=x^2-1=(x+1)(x-1)$

곡선 $y=f(x)$와 x축의 교점의 x좌표는

$x=-1$, $x=1$이므로 구하는 도형의 넓이 S는

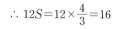

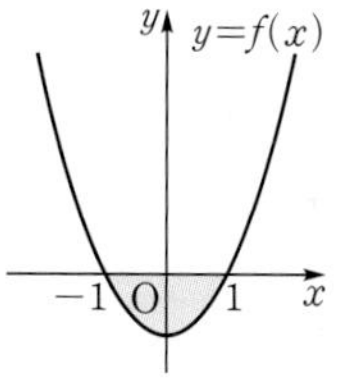

$S=\int_{-1}^1|f(x)|dx=\int_{-1}^1(-x^2+1)dx$

$=2\int_0^1(-x^2+1)dx=2\left[-\frac{1}{3}x^3+x\right]_0^1$

$=\frac{4}{3}$

$\therefore 12S=12\times\frac{4}{3}=16$

짝기출

최고차항의 계수가 1인 이차함수 $f(x)$가 $f(3)=0$이고,

$\int_0^{2013}f(x)dx=\int_3^{2013}f(x)dx$

를 만족시킨다. 곡선 $y=f(x)$와 x축으로 둘러싸인 부분의 넓이가 S일 때, $30S$의 값을 구하시오.

답 40

0523 답 8

두 곡선 $y=f(x)$, $y=g(x)$는 직선 $y=x$에 대하여 대칭이고 $g(1)=0$에서 $f(0)=1$, $g(5)=2$에서 $f(2)=5$이므로 두 함수 $y=f(x)$, $y=g(x)$의 그래프의 개형은 다음 그림과 같다.

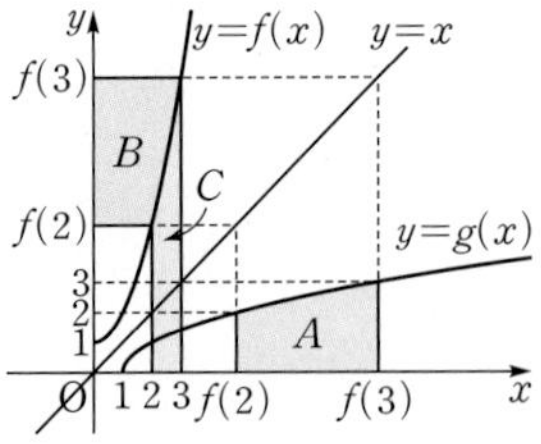

따라서 위의 그림에서 $A=B$이므로

$$\int_2^3 f(x)dx+\int_{f(2)}^{f(3)} g(x)dx=C+A=C+B$$
$$=3f(3)-2f(2)$$
$$=3f(3)-10=14$$

에서 $3f(3)=24$ $\quad\therefore f(3)=8$

짝기출

함수 $f(x)=x^3+x-1$의 역함수를 $g(x)$라 할 때, $\int_1^9 g(x)dx$의 값은?

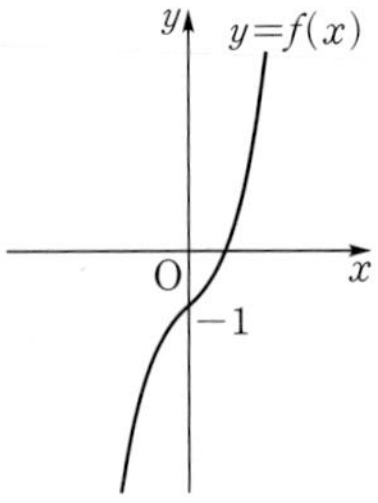

① $\frac{47}{4}$ ② $\frac{49}{4}$ ③ $\frac{51}{4}$ ④ $\frac{53}{4}$ ⑤ $\frac{55}{4}$

답 ③

0524 답 ①

곡선 $y=x^2-5x$와 직선 $y=x$의 교점의 x좌표는 $x^2-5x=x$에서

$x^2-6x=0$, $x(x-6)=0$

$\therefore x=0$ 또는 $x=6$

따라서 오른쪽 그림에서

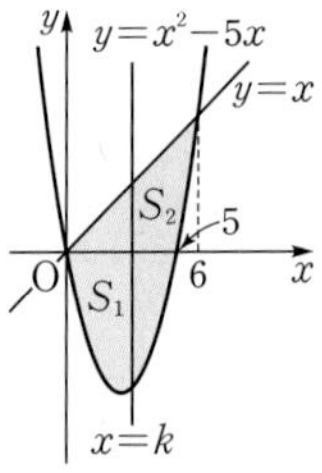

$$S_1+S_2=\int_0^6\{x-(x^2-5x)\}dx$$
$$=\int_0^6(-x^2+6x)dx$$
$$=\left[-\frac{1}{3}x^3+3x^2\right]_0^6=-72+108=36$$
$$S_1=\int_0^k\{x-(x^2-5x)\}dx=\int_0^k(-x^2+6x)dx$$
$$=\left[-\frac{1}{3}x^3+3x^2\right]_0^k=-\frac{1}{3}k^3+3k^2$$

이때 $S_1=S_2$에서 $S_1+S_2=2S_1$이므로

$-\frac{2}{3}k^3+6k^2=36$, $k^3-9k^2+54=0$

$(k-3)(k^2-6k-18)=0$ $\quad\therefore k=3$

0525 답 2

$f(1-x)=-f(1+x)$에 $x=0$을 대입하면

$f(1)=-f(1)$ $\quad\therefore f(1)=0$

$x=1$을 대입하면

$f(0)=-f(2)$ $\quad\therefore f(2)=0$ ($\because f(0)=0$)

따라서 삼차함수 $f(x)$는 최고차항의 계수가 1이고,

$f(0)=f(1)=f(2)=0$이므로

$f(x)=x(x-1)(x-2)=x^3-3x^2+2x$

두 곡선 $y=f(x)$, $y=-6x^2$의 교점의 x좌표를 구하면

$x^3-3x^2+2x=-6x^2$에서

$x^3+3x^2+2x=0$, $x(x+1)(x+2)=0$

$\therefore x=-2$ 또는 $x=-1$ 또는 $x=0$

따라서 두 곡선 $y=f(x)$, $y=-6x^2$의 그래프는 오른쪽 그림과 같으므로 구하는 넓이는

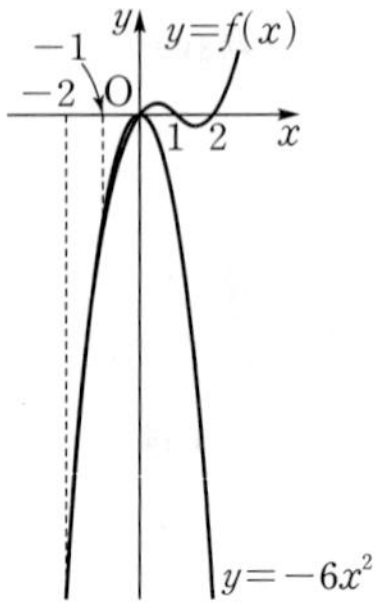

$$S=\int_{-2}^0|f(x)-(-6x^2)|dx$$
$$=\int_{-2}^0|x^3-3x^2+2x-(-6x^2)|dx$$
$$=\int_{-2}^{-1}\{x^3-3x^2+2x-(-6x^2)\}dx$$
$$+\int_{-1}^0\{-6x^2-(x^3-3x^2+2x)\}dx$$
$$=\int_{-2}^{-1}(x^3+3x^2+2x)dx+\int_{-1}^0(-x^3-3x^2-2x)dx$$
$$=\left[\frac{1}{4}x^4+x^3+x^2\right]_{-2}^{-1}+\left[-\frac{1}{4}x^4-x^3-x^2\right]_{-1}^0$$
$$=\left\{\left(\frac{1}{4}-1+1\right)-(4-8+4)\right\}-\left(-\frac{1}{4}+1-1\right)=\frac{1}{2}$$

$\therefore 4S=4\times\frac{1}{2}=2$

0526 답 ⑤

ㄱ. 점 P가 움직이는 방향이 바뀌는 시각은 $v(t)=0$에서

$v(t)=3t^2-6t=0$, $3t(t-2)=0$

$\therefore t=0$ 또는 $t=2$

즉, 시각 $t=2$에서 점 P의 움직이는 방향이 바뀐다. (참)

ㄴ. ㄱ에서 시각 $t=2$일 때 점 P의 움직이는 방향이 바뀌므로 시각 $t=2$에서의 점 P의 위치는

$$0+\int_0^2 v(t)dt=\int_0^2(3t^2-6t)dt$$
$$=\left[t^3-3t^2\right]_0^2$$
$$=8-12=-4$$

즉, 점 P가 출발한 후 움직이는 방향이 바뀔 때 점 P의 위치는 -4이다. (참)

ㄷ. 시각 t에서의 점 P의 가속도를 $a(t)$라 하면

$$a(t)=\frac{d}{dt}v(t)=6t-6$$

가속도가 12가 될 때의 시각을 구하면

$6t-6=12$ $\quad\therefore t=3$

시각 $t=0$에서 $t=3$까지 점 P가 움직인 거리는

$$\int_0^3 |v(t)|dt=\int_0^3 |3t^2-6t|dt$$
$$=\int_0^2 (-3t^2+6t)dt+\int_2^3 (3t^2-6t)dt$$
$$=\Big[-t^3+3t^2\Big]_0^2+\Big[t^3-3t^2\Big]_2^3$$
$$=(-8+12)+\{(27-27)-(8-12)\}=8$$

즉, 점 P가 시각 $t=0$일 때부터 가속도가 12가 될 때까지 움직인 거리는 8이다. (참)

따라서 옳은 것은 ㄱ, ㄴ, ㄷ이다.

0527

답 13

함수 $f(x)$가 실수 전체의 집합에서 증가하고

$\int_0^2 f(x)dx=2$, $\int_0^2 |f(x)|dx=5$이므로

$f(x)=0$을 만족시키는 x가 구간 $[0, 2]$에 적어도 하나 존재한다.

따라서 $f(2)>0$이고 함수 $f(x)$는 실수 전체의 집합에서 증가하므로

$$\int_2^4 |f(x)|dx=\int_2^4 f(x)dx$$

조건 (가)에서 모든 실수 x에 대하여 $f(x)=f(x-2)+3$이므로

$$\int_2^4 f(x)dx=\int_2^4 \{f(x-2)+3\}dx$$
$$=\int_2^4 f(x-2)dx+\int_2^4 3dx$$
$$=\int_0^2 f(x)dx+\Big[3x\Big]_2^4$$
$$=2+6=8$$

$$\therefore \int_2^4 |f(x)|dx=\int_2^4 f(x)dx=8$$

따라서 함수 $y=f(x)$의 그래프와 x축, y축 및 직선 $x=4$로 둘러싸인 도형의 넓이는

$$\int_0^4 |f(x)|dx=\int_0^2 |f(x)|dx+\int_2^4 |f(x)|dx$$
$$=5+8=13$$

짝기출

실수 전체의 집합에서 증가하는 연속함수 $f(x)$가 다음 조건을 만족시킨다.

> (가) 모든 실수 x에 대하여 $f(x)=f(x-3)+4$이다.
> (나) $\int_0^6 f(x)dx=0$

함수 $y=f(x)$의 그래프와 x축 및 두 직선 $x=6$, $x=9$로 둘러싸인 부분의 넓이는?

① 9 ② 12 ③ 15 ④ 18 ⑤ 21

답 ④

0528

답 ①

ㄱ. 점 P의 시각 t에서의 속도를 $v(t)$라 하면

$v'(t)=a(t)=3t^2-8t+4=(3t-2)(t-2)$

$v'(t)=0$에서 $t=\frac{2}{3}$ 또는 $t=2$

$t\geq 0$에서 $v(t)$의 증가와 감소를 표로 나타내면 다음과 같다.

t	0	$\cdots$	$\frac{2}{3}$	$\cdots$	2	$\cdots$
$v'(t)$		+	0	−	0	+
$v(t)$		↗	극대	↘	극소	↗

구간 $(1, 2)$에서 $v'(t)<0$이므로 점 P의 속도는 감소한다. (참)

ㄴ. $v(t)=\int a(t)dt=\int (3t^2-8t+4)dt$

$=t^3-4t^2+4t+C$ (C는 적분상수)

$v(0)=k$에서 $C=k$ $\quad\therefore v(t)=t^3-4t^2+4t+k$

이때 $k>0$이고 $v(2)=k$이므로 함수 $y=v(t)$의 그래프는 다음 그림과 같다.

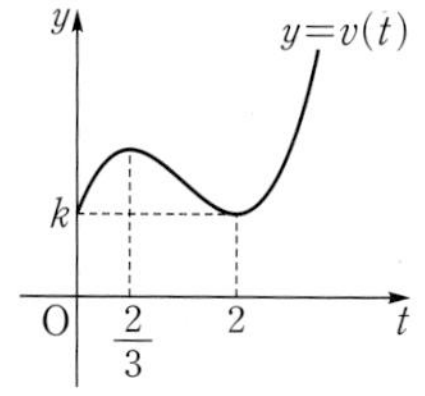

즉, $t\geq 0$일 때 $v(t)$의 부호가 바뀌지 않으므로 점 P는 운동 방향을 바꾸지 않는다. (거짓)

ㄷ. 시각 $t=0$에서 시각 $t=3$까지 점 P의 위치의 변화량은

$\left|\int_0^3 v(t)dt\right|$이고 점 P가 움직인 거리는 $\int_0^3 |v(t)|dt$이므로

$\left|\int_0^3 v(t)dt\right|<\int_0^3 |v(t)|dt$를 만족시키려면 $0\leq t\leq 3$에서

$v(t)<0$인 t의 값이 존재해야 한다.

즉, $0\leq t\leq 3$에서 함수 $v(t)$의 최솟값이 0보다 작아야 하므로

$v(2)<0$에서 $k<0$

즉, 구하는 정수 k의 최솟값은 -1이다. (거짓)

따라서 옳은 것은 ㄱ이다.

짝기출

수직선 위를 움직이는 점 P의 시각 t에서의 가속도가

$a(t)=3t^2-12t+9$ ($t\geq 0$)

이고, 시각 $t=0$에서의 속도가 k일 때, 보기에서 옳은 것만을 있는 대로 고른 것은?

> **보기**
> ㄱ. 구간 $(3, \infty)$에서 점 P의 속도는 증가한다.
> ㄴ. $k=-4$이면 구간 $(0, \infty)$에서 점 P의 운동 방향이 두 번 바뀐다.
> ㄷ. 시각 $t=0$에서 시각 $t=5$까지 점 P의 위치의 변화량과 점 P가 움직인 거리가 같도록 하는 k의 최솟값은 0이다.

① ㄱ ② ㄴ ③ ㄱ, ㄴ
④ ㄱ, ㄷ ⑤ ㄱ, ㄴ, ㄷ

답 ④

MEMO

MEMO

MEMO

MEMO

MEMO